中国交通运输改革开放30年

综合卷

中华人民共和国交通运输部
《中国交通运输改革开放30年》丛书编委会 编

人民交通出版社
China Communications Press

毛泽东主席 1955年11月视察上海港

邓小平同志 1984年1月26日在招商局蛇口工业区视察时，为“明华轮 ”题词

江泽民同志 1998年4月视察江阴长江大桥工地

胡锦涛同志 2005年9月27日视察湖北汉十高速公路

周恩来同志 1957年4月12日视察中波公司

李鹏同志 1993年秋为首都机场高速公路通车剪彩

朱镕基同志 1996年10月视察大连港

温家宝同志 2008年5月1日视察杭州湾跨海大桥

邹家华同志 1993年5月视察山西公路建设

吴邦国同志 1998年1月出席长江口深水航道整治工程奠基典礼

黄菊同志 2004年4月20日亲切接见新世纪产业工人的杰出代表许振超

曾培炎同志 2007年12月20日视察苏通大桥

张德江同志 2008年5月18日在交通运输部指挥中心指导抗震救灾工作

《中国交通运输改革开放30年》丛书

综　合　卷

我国公路水路交通改革发展30年的实践与经验

交通运输部部长　李盛霖

党的十一届三中全会开启了中国改革开放的历史新时期，启动了我国从高度集中和封闭、半封闭状态，到全面改革和全方位开放的伟大历史转折。30年来，在中国特色社会主义伟大旗帜指引下，在党中央、国务院的正确领导下，公路水路交通抓住机遇，深化改革，扩大开放，奋力拼搏，着力发展运输生产力，取得了举世瞩目的发展成就，为经济社会发展和提高人民生活水平提供了交通运输的有力保障。

一、30年交通改革开放的历史进程

在改革开放的春风吹拂下，以党的十一届三中全会到党的十四大召开、党的十四大到党的十六大以及党的十六大以来三个重要发展阶段为标志，全国交通行业勇立改革开放潮头，以思想大解放推动事业大发展，走出了一条中国特色的公路水路交通改革开放和创新发展之路。

——积极探索，放宽搞活（从1978年党的十一届三中全会到1992年党的十四大前）

这一时期，我国公路水路交通基础设施建设严重滞后、运输装备水平落后、运输保障能力不强，成为制约经济社会发展的瓶颈。为扭转被动局面，交通行业解放思想，开拓进取，在放开搞活交通运输市场、探索社会化筹融资机制、制定前瞻性交通发展规划等方面，作了一系列开创性、基础性的探索。

一是率先创办对外开放的“窗口”——蛇口工业区。中国的对外开放是从创办经济特区开始的。1979年2月，经国务院批准，由交通部驻港企业——招商局在深圳创办蛇口工业区，按照国际惯例招商引资，发展出口加工业。交通部门率先创办对外开放的工业区，使蛇口工业区在全国改革开放的棋盘上先行一步，成为全国改革开放浓墨重彩的起笔。从这里，中国向世界敞开了博大的胸怀，最终形成了全方位对外开放的新格局。

二是放宽搞活交通运输的市场。公路水路交通的市场化取向是贯穿交通改革开放30年的一条主线。改革开放初期的放宽搞活打开了市场化改革的大门，打破了所有制单一、封闭的交通运输经济格局。1983年，交通部提出“有河大家走船、有路大家走车”；1985年，又提出“各部门、各行业、各地区一起干，国营、集体、个人以及各种运输工具一起上”。自此，我国公路水路交通运输业突破所有制的束缚，掀起了社会办交通的热潮，集体、个体和中外合资运输业户纷纷涌入交通行业，对缓解交通运输紧张状况起到了重要作用。

三是探索推进交通筹融资的社会化。1984年12月，国务院作出对中国公路交通发展具有历史意义的三项重大决定，即：提高养路费征收标准；开征车辆购置附加费；允许贷款或集资修建的高等级公路和大型桥梁隧道收取车辆通行费（即“贷款修路、收费还贷”政策），使中国公路建设有了稳定的资金来源和加快发展的政策环境。国务院还决定动用粮棉布和低档工业品，用以工代赈方式帮助贫困地区修建公路、整治航道。同时，积极引进外资参与交通基础设施建设，逐步形成了“国家投资、地方筹资、社会融资、引进外资”的多元化交通投融资格局。

四是推进政府职能的转变。针对交通管理体制政企不分、重企轻政等问题，1984 年，交通部提出以“转、分、放”和“实现两个转变”为主要内容的改革思路。“转”就是交通部门要从生产业务型转到行政管理型，发挥政府职能部门的作用；“分”就是要实行政企分开，简政放权；“放”，就是把应该下放的企业放到中心城市，同时放权给企业，使企业有更多的活力，成为按经济规律运行的经济实体。“两个转变”就是各级交通管理部门从主要抓直属企业转变到面向整个交通运输行业，加强行业管理和指导；从直接抓企业的具体生产经营活动转变到抓好行政管理。根据交通部门履行职能的需要，全国建立了五级交通行政管理机构，并对沿海港口体制、海洋运输体制、内河航运体制、公路运输体制、航务航道体制、交通企业经营机制等进行了全面改革。

五是增强交通发展的前瞻性和系统性。把交通发展规划和战略研究放在谋划交通长远发展的重要位置，抓紧制定交通发展战略、发展规划，取得重大进展。1981 年划定国家干线公路网，1987 年制定了《2000 年水运、公路交通科技、经济和社会发展规划大纲》，1989、1990 年提出用几个五年计划的时间建设公路主骨架、水运主通道、港站主枢纽和交通支持保障系统（即“三主一支持”）的战略构想。这些规划和战略构想，为加快交通发展指明了目标和途径。

——求实奋进，深化改革（从 1992 年党的十四大到 2002 年党的十六大）

邓小平同志南方谈话回答了困扰和束缚人们思想的许多重大认识问题，掀起了新一轮思想解放运动；党的十四大明确提出我国经济体制改革的目标是建立社会主义市场经济体制。这一时期，我国公路水路交通行业提出了推进交通运输市场建设，加快国有企业改革，加大对外开放力度，加大交通基础设施建设等重大政策措施，并取得了突破性进展。

一是积极培育和发展适应社会主义市场经济体制的交通运输和建设市场。1992 年，交通部发布《关于深化改革、扩大开放、加快交通发展的若干意见》，进一步加大交通运输改革开放力度；1995 年，交通部制定实施了《关于加快培育和发展道路运输市场的若干意见》，健全运输法规，规范市场行为，鼓励经营者自主经营、平等竞争、协调发展，加快建立全国统一、开放、竞争、有序的道路运输市场体系。1996 年交通部发出《关于进一步加强水运市场管理的通知》，开展全国范围的水运市场调查，推进水运市场的培育和完善。

二是加大实施战略规划的力度。抓住难得的历史机遇，实现了我国公路水路基础设施的飞速发展。1993 年召开全国公路建设工作会议，提出了加快公路建设步伐的目标任务和政策措施。1995、1998 年两次召开全国内河航运建设会议，极大地推动了内河航运基础设施建设。1998 年，为应对亚洲金融危机，国家实施积极财政政策，交通行业乘势而上，通过组织实施公路建设“五纵七横”、“两纵两横三个重要路段”和水运建设“一纵两横两网”发展战略，全面推进公路网、航道网、港口群建设，高速公路快速发展，专业化深水码头泊位迅速增加，显著改变了我国交通基础设施的落后面貌。

三是深化交通行政管理体制改革。从战略上调整交通行业国有企业布局，推动国有交通大中型骨干企业建立现代企业制度，完成了交通国有企业改革攻坚战。1998 年，交通部与直属企业全面脱钩。积极推动全国水上安全监管体制改革，实行“一水一监、一港一监”

的管理体制。深化港口管理体制改革，将原由交通部管理的港口和双重领导港口全部交由地方管理；港口行政管理和装卸作业实行政企分开。积极探索市场经济条件下交通行政管理部门职能定位，建立和完善办事高效、运转协调、行为规范的交通行政管理体系，行业管理提高到一个新水平，有力指导推动了交通运输业的健康发展。

四是提出了交通现代化“三步走”的战略目标。根据十五大提出的到21世纪中叶实现新“三步走”战略，1998年交通部提出实现交通现代化的战略构想：第一阶段，从“瓶颈”制约、全面紧张走向“两个明显”（交通运输的紧张状况有明显缓解、对国民经济的制约状况有明显改善），这个目标到21世纪初实现；第二阶段，从“两个明显”到基本适应，即在总体上交通运输能够适应国民经济和社会发展的需要，这个目标到2020年实现；第三阶段，从基本适应到基本实现现代化，发展水平进入中等发达国家行列，这个目标到21世纪中叶即建国100周年时实现。从现在看，第一步战略已如期实现，第二步战略正付诸实施，我国公路水路交通发展掀开了新的一页。

——与时俱进，科学发展（2002年党的十六大以来）

党的十六大以来，我国公路水路交通围绕全面建设小康社会的战略部署，以科学发展观为指导，积极探索实践交通科学发展之路。

一是牢固树立交通科学发展的新理念。十六大以来，党中央提出了科学发展观、构建社会主义和谐社会、建设社会主义新农村、建设创新型国家等一系列重大战略思想，为交通在新的历史发展阶段实现科学发展指明了方向。交通系统坚持以科学发展观统领交通工作全局，推动交通转入科学发展轨道。从交通是国民经济基础产业和服务性行业的实际出发，明确提出要做好“三个服务”，即：服务国民经济和社会发展全局，服务社会主义新农村建设，服务人民群众安全便捷出行。保证“四个重点”，即从科学发展的理念出发，调整交通投资结构，重点保证纳入国家规划的公路水路重点项目建设、保证农村公路建设、保证交通安全保障工程建设、保证交通科技创新，同时向中西部地区特别是西部地区倾斜、向公益性强的基础项目倾斜。

二是着力推进交通全面协调可持续发展。注重公路水路交通发展的协调性和可持续性。处理好公路与水路的关系，公路、水路内部的关系。积极探索交通可持续发展之路，把资源节约、环境友好作为推进交通增长方式根本转变的重要抓手，落实到交通规划、设计、建设和管理的各个环节，建设资源节约、环境友好型交通行业。努力促进交通发展方式“三个转变”，即交通发展由主要依靠基础设施投资建设拉动向建设、养护、管理和运输服务协调拉动转变；由主要依靠增加物质资源消耗向科技进步、行业创新、从业人员素质提高和资源节约环境友好转变；由主要依靠单一运输方式的发展向综合运输体系发展转变。

三是切实建设服务型政府交通部门。明确提出要做一个负责任的政府部门，推动交通行业成为一个负责任的行业，着力解决交通建设、运输管理、安全监管中直接关系到人民群众切身利益的问题。进一步加快政府交通部门的职能转变，充分认识政府的经济调节、市场监管、社会管理、公共服务职能，强化社会管理和公共服务职能，在服务中实施管理，在管理中体现服务，增强政府交通部门的行政执行力和公信力。通过信息手段，推进政务公开，贯彻《行政许可法》，规范行政权力运行，创新交通公共服务体制，健全完善惠及全民的交通公共服务体系。

四是不断丰富和完善交通战略规划。把制定和完善战略规划摆在突出位置，先后制定并经国务院批准实施了《国家高速公路网规划》、《农村公路建设规划》、《全国沿海港口布局规划》、《全国内河航道与港口布局规划》、《国家水上安全监管和救助系统布局规划》，构成了覆盖国家高速公路、农村公路、沿海港口、内河航道与港口、水上安全监管和人命救助等较为完整的交通长远发展规划体系。先后研究21世纪头二十年公路水路交通发展目标，以及2010年、2020年发展现代交通业的奋斗目标。

二、公路水路交通改革开放取得的重大成就

30年的改革开放，大大地解放和发展了交通运输生产力，交通基础设施建设取得巨大成就，公路水路运输服务能力大大增强，基本适应了国民经济和社会发展的需要。

第一，公路基础设施发展突飞猛进

1978年我国公路通车总里程为89万公里，公路密度9.27公里/百平方公里。到2007年底，我国公路通车总里程达358万公里，公路密度达到37.3公里/百平方公里，均比1978年增长3倍多。总规模约3.5万公里的"五纵七横"国道主干线比原计划进度提前13年基本建成，公路运输大通道主骨架基本形成。

1988年12月我国第一条高速公路——沪嘉高速公路建成通车，结束了我国大陆没有高速公路的历史。20年来高速公路从无到有，快速发展，平均每年建成通车近2 800多公里，相当于韩国（2 968公里）高速公路总里程，2007年建成通车里程（8 574公里）超过日本现有高速公路总里程（7 400公里），创造了世界高速公路发展史上的奇迹。到2007年底，全国高速公路已达到5.39万公里，仅次于美国（7.5万公里），位居世界第二，第三位的澳大利亚为1.8万公里。高速公路在提高运输能力，降低运输成本，增强运输安全性，节约国土资源，改善投资环境，优化产业布局，提高国家经济的机动性，增强国家竞争力，保障国防安全等方面，发挥着越来越重要的作用，已成为我国经济社会发展不可或缺的重要基础设施。

农村公路建设成为社会主义新农村建设的开路先锋。30年来，新改建农村沥青（水泥）路255万公里，是改革开放前的4倍多。目前农村公路总里程达313万公里，全国乡镇、建制村通公路率分别达到99%和88.2%，不通公路的乡镇由1978年的5 018个减少到目前的404个，不通公路的建制村由1978年的213 138个减少到目前的77 334个；客车通达率分别达到98%和81%。农村公路和交通的发展，彻底改变了农村交通长期落后的局面，为统筹城乡协调发展提供了有力支撑。

桥梁隧道建设达到国际先进水平。到2007年底，我国共有公路桥梁57万座，2 319万延米，而1978年仅有12.8万座，328万延米；公路隧道4 673处，256万延米，而1979年仅有374处，5万延米。近年来，先后建成了润扬长江大桥、南京长江三桥、东海大桥、杭州湾跨海大桥、苏通长江大桥等一批施工难度大、科技含量高的世界级大跨度公路桥梁、长大隧道。其中杭州湾跨海大桥全长36公里，是世界上最长的跨海大桥；苏通长江大桥的主跨跨径、主塔高度、斜拉索长度和群桩基础规模创造了四项世界之最。

第二，道路运输能力大幅度提升

改革开放以来，道路运输装备的现代化水平迅速提高，运力向大型化、专业化方向发展。到2007年底，全国民用汽车发展到4 358.4万辆（1978年仅为135.8万辆）；其中公路营运汽车发展到849.2万辆，中高档客车比例已超过营运客车总量的40%。道路运输能力得到巨大增长。2007年全年公路完成客运量205亿人，旅客周转量11 507亿人公里，货运量164亿吨，货物周转量11 355亿吨公里，比1978年分别增长13倍、21倍、10倍和31倍。在综合运输体系中，公路客运量、旅客周转量、货运量、货物周转量所占比重，由1978年的58.8%、29.9%、47.5%、3.5%上升到2007年的92%、53.3%、72%和11.2%。公路运输在抗洪抢险、抗击"非典"和低温雨雪冰冻灾害、"5·12"四川汶川大地震救灾以及北京奥运交通运输保障等方面，都发挥了重要作用。

第三，港航基础设施长期落后局面明显改观

1978年，全国港口生产性泊位仅为735个，沿海万吨级及以上泊位133个，内河没有万吨级以上泊位，没有一个亿吨大港。1978年港口货物吞吐量仅为2.8亿吨，1979年集装箱吞吐量仅为2 521标准箱。改革开放以来，全面推进环渤海、长江三角洲、东南沿海、珠江三角洲、西南沿海港口群建设和内河航道建设，我国港口迅猛发展，现代化管理水平显著提高，成为对外开放的主要门户、综合交通运输体系的重要枢纽和现代物流系统的基础平台。2007年，全国港口生产性泊位达到3.59万个，其中万吨级及以上泊位1 337个，分别比1978年增长了48倍和19倍。港口货物吞吐量和集装箱吞吐量跃居世界第一，分别达到64亿吨和1.14亿标准箱，拥有14个亿吨大港。2006年港口货物吞吐量居世界前10位的港口，我国占了5个（不含香港），上海港成为世界第一大港。2007年集装箱吞吐量居世界前10位的港口，我国占了2个（不含香港、高雄）。上海、深圳集装箱吞吐量居世界第3、第4位。长江干线、京杭运河已成为世界上运量最大的通航河流和运河。2007年我国内河通航里程12.3万公里，其中50%以上为等级航道。

第四，水路运输能力长足发展

水路运输的大发展，有力地保障了我国能源、原材料等大宗货物运输，支撑了国民经济和对外贸易又好又快发展。我国水运承担了90%以上的外贸货物运输量，港口接卸了95%的进口原油和99%的进口铁矿石。国有大型骨干航运企业规模化、专业化、集约化水平不断提高。到2007年底我国民用运输轮驳船19.2万艘（1978年为10万艘），净载重量1.19亿吨（1978年0.16亿吨）。2007年全年水路完成货运量28亿吨，货物周转量64 285亿吨公里，比1978年分别增长5倍和16倍。

第五，水上安全监管和救助能力显著增强

健全完善水上安全管理架构和责任体系，初步建成了全方位覆盖、全天候运行的安全监管和救助体系，突发事件应对能力和人命救助能力明显提高。建立了海上搜救部际联席会议制度，制定了国家海上搜救应急预案。加强"四区一线"（渤海湾、舟山水域、琼州海峡、西南山区和长江干线）重点水域、"四客一危"（客船、客滚船、高速客船、旅游船及危化品船）重点船舶，以及重点时段的安全监管，实施动态值班待命救助制度，初步建立了海陆空立体搜救网络，救助快速反应能力和搜救成功率显著提高。在重点水域实施了船舶航行定线制，组织了一系列重大海难救助和油污染应对处置行动，保护了人命和国家财产安全，避免了重大环境污染。

第六，交通科技创新成果丰硕

坚持“科学技术是第一生产力”，贯彻落实中央建设创新型国家的战略部署，积极推进科技创新，形成了交通行业科技进步的体制机制，提高了科技成果转化率和科技进步贡献率。特殊地质成套筑路技术、高墩大跨径桥梁和公路长大隧道设计与施工技术、码头建设和航道治理技术等取得重大成果，自主研发了一系列成套技术装备。认真做好资源节约、环境保护和节能减排工作，启动了环保公路示范工程和内河水运建设示范工程，在全行业开展节能降耗活动，降低了车船单位运输能耗。

第七，交通法制建设成效明显

交通法制建设在改革开放后取得长足进步。30年来，贯彻落实依法治国基本方略，按照《国务院全面推进依法行政实施纲要》的要求，推进交通立法、执法和执法监督，提高交通依法行政能力。全国人大常委会颁布了《海上交通安全法》、《公路法》、《海商法》、《港口法》等4部法律，国务院颁布了《水路运输管理条例》、《道路运输条例》、《船员条例》等31部行政法规，我部制定了327件规章，目前现行有效交通法律4部，行政法规30件，规章252件，初步建立起了公路水路交通法律法规体系，形成了规范的交通行政执法机制。

第八，交通对外开放与交流合作取得重大进展

适应改革开放的新形势、新需要，深化与周边国家多双边合作。建立了中国—东盟（10+1）和上海合作组织交通部长会议机制；签署了《亚洲公路网政府间协定》；积极参与亚洲公路网、欧亚公路运输通道连接、大湄公河次区域经济合作等多边合作。扩大与发达国家的交通合作。参与了中美经济战略对话，与美国、欧盟等国家签署了海运协定。密切与发展中国家的交通合作，组织和参与交通领域各种双边合作活动，注重多边国际合作，对外交流不断扩大，合作领域进一步拓宽。

三、公路水路改革发展的基本经验

改革开放30年来，我国公路水路交通在改革发展的实践中积累了十分宝贵的经验，概括起来，主要有以下几点：

第一，必须牢牢把握交通行业面临的基本国情和社会主要矛盾，把加快发展作为第一要务。交通为什么要发展、为谁发展、怎样发展，都是由基本国情和社会主要矛盾决定的。新中国成立以来，我国取得了举世瞩目的发展成就，从生产力到生产关系、从经济基础到上层建筑都发生了意义深远的重大变化，但我国仍处于并将长期处于社会主义初级阶段的基本国情没有变，人民日益增长的物质文化需要同落后的社会生产之间的矛盾这一社会主要矛盾没有变。就交通来说，经济社会发展和人民群众对交通运输的日益增长的新需求与交通运输还不能满足这种需求之间的矛盾始终是我们面临的主要矛盾。由此出发，交通行业紧紧抓住发展这个第一要务，聚精会神搞建设，一心一意谋发展，并努力加快发展、适当超前发展；坚持以人为本，努力提高服务能力、服务质量；坚持全面协调可持续发展，自觉地贯彻落实科学发展观，促进交通行业又好又快地发展。扭住发展不放松，这是交通行业改革开放30年来最根本的经验。

第二，必须贯彻中央的方针政策，以好机制、好政策推动交通发展。30年来，全国交通行业在中国特色社会主义理论体系指导下，认真贯彻党中央、国务院提出的关于交通运输是国民经济的战略重点，必须优先发展的方针；贯彻“发展以综合运输体系为主轴的交通业”的方针；贯彻“统筹规划、条块结合、分层负责、联合建设”的方针；贯彻“国家投资、地方筹资、社会融资、利用外资”的投融资方针；贯彻以科学发展观推进交通又好又快发展的方针。正是因为30年来始终贯彻执行这一系列正确的方针政策，使交通的发展具有好的机制，取得举世公认的重大成就，为国民经济、社会发展作出了应有的贡献。

第三，必须抓住发展机遇，加快交通发展步伐。邓小平同志指出：“抓住时机，发展自己，关键是发展经济。”改革开放30年来，我们在几个关键时期抓住了机遇，用好了机遇，使交通建设实现了跨越式发展。一是在十一届三中全会确立全党工作着重点转移到经济建设上来后，交通运输抓住了“优先发展”的机遇。交通部党组不失时机地向国务院领导提出了解决的思路。1984年12月，国务院作出了对中国公路交通发展具有重大历史意义的三项决定。二是在1992年邓小平同志南巡谈话后，交通部党组抓住加快发展的机遇，提出要下定决心，集中力量，加快步伐，抓好“两纵两横和三个重要路段”的国道主干线建设，使我国公路建设的等级和质量迈上了一个新的台阶。三是党的十四大提出要开发开放上海浦东，尽快把上海建成国际经济、金融、贸易中心之一的战略决策后，交通部抓住机遇，加大投入，推动了上海国际航运中心的建设，成功整治了长江口，上海港成为世界货物吞吐量第一大港和集装箱吞吐量第二大港。四是1998年亚洲发生金融危机，中央提出了扩大内需的方针，交通部抓住机遇，进一步加快高速公路和公路网的建设。五是在中央作出实施西部开发战略后，交通部适时召开了西部开发交通建设工作会议，使交通建设从东部推向更广袤的西北地区。六是在进入新时期，党中央、国务院作出建设社会主义新农村战略决策后，交通部启动建国以来规模最大的农村公路建设，使我国农村公路得到了快速发展，极大地改善了农村的交通条件。30年的实践证明，机不可失，时不再来，要抓住机遇、珍惜机遇、用好机遇，牢牢把握战略机遇期对交通发展尤为重要。

第四，必须注重科学规划，使交通发展战略、发展步骤、重大举措落到实处。根据国民经济和社会发展的总体目标，我们大力加强了交通发展战略、发展规划、发展政策的研究，80年代我们制定了建设“三主一支持”的战略构想。在实际工作中，我们又不断加以深化和充实，并认真做好交通建设项目的前期工作，坚持不懈地分步组织实施。1998年，我们又提出实现交通现代化三个发展阶段的目标。进入新世纪，交通部又陆续制定了高速公路、农村公路和沿海港口等中长期发展规划，并得到了国务院的批准。这样，我国交通发展的蓝图更加清晰，步骤更加明确。

第五，必须坚持调动各方面的积极性，营造交通发展的强大合力。30年来，我们坚持统筹规划、条块结合、分层负责、联合建设的方针，充分发挥中央、地方和人民群众的积极性，形成了加快交通基础设施建设的联动机制。各级地方党委和政府对交通发展倾注了心血，给予了坚定支持，在组织领导，征地拆迁、资金筹措等方面做了大量工作，并实行了一系列倾斜政策。广大人民群众充分认识到“要想富先修路”，积极支持并踊跃参加交通建设。交通发展离不开中央与地方的密切配合，离不开各级党委、政府和人民群众的关心支持。只有凝聚各方力量，形成共同推进交通事业的强大合力，才能克服前进道路上的各种困难，不断把交通改革发展事业推向前进。

第六，必须坚持改革开放，不断解放和发展运输生产力。30年来，交通行业的各级领导不断解放思想、转变观念，破除“一大二公”的所有制模式，形成了多形式、多成分的运输经济结构；破除了计划经济的僵化体制，建立了统一开放、竞争有序的公路水路建设市场和运输市场；破除了国家投资的单一渠道，形成了多元化的投融资格局。经过不断深化改革，完成了企业管理体制、港口管理体制、海事救捞体制等重大改革；引进了国外先进技术、资金和管理经验，使交通管理具有了国际视野，交通行业拓展了发展空间。正是与时俱进的思想解放和不断深化的改革实践，推动交通运输业不断提高现代化、市场化、国际化水平。

第七，必须坚持“科教兴交”和“人才强交”战略，把科学技术作为交通发展的第一生产力。改革开放以来，交通科技工作紧密结合基础设施建设、运输生产中的关键问题，通过软科学研究、重大装备开发、行业联合科技攻关、引进先进技术、科学成果推广应用等多种形式，开发应用了一批先进适用的成套技术和装备，使公路、水运的技术水平和技术构成发生显著变化。交通行业科技进步的机制初步形成，促进了科技成果转化率和科技进步贡献率的提高。“交通人才工程”建设也取得很大进展。我们从交通的实际出发，以院校和科研院所为依托，以交通建设的广阔实践为舞台，为公路、水运发展培养造就了一批又一批的高素质人才。科技创新和人才成长，使我国在沙漠等特殊地质的公路建设技术，特大跨径的桥梁建设技术，特长大隧道的建设技术和深水航道的整治技术等方面都取得了重大突破和创新，达到了世界先进水平。

第八，必须坚持依法治交，加强交通法制建设。改革开放以来，我们坚持立法与执法并重、执法与执法监督并举，依法治交通的局面正在逐步形成。《海上交通安全法》、《海商法》、《公路法》、《港口法》、《水路运输管理条例》、《公路运输管理条例》和一批交通行政法规、规章相继出台，初步搭起了交通法规体系框架，为交通改革和发展提供了法制保障。交通法制工作是各项交通管理工作的基础，必须把法制建设提到更加突出的地位，坚持改革、发展与法制建设同步进行，实现各项交通工作的法制化，这是探索交通发展的必然要求。

第九，必须坚持以人为本，不断提高公共服务能力。改革开放以来，特别是进入新世纪以来，我们在科学发展观的指引下，努力坚持以人为本，加强服务型政府建设，推进政府职能、工作作风和工作方法转变，增强交通部门的行政执行力和公信力，着力提高适应经济社会发展能力、统筹规划和协调发展能力、公共服务和组织保障能力、运输和建设市场依法监管能力、安全管理和重大突发事件应急处置能力。只有坚持执政为民，依法执政，做负责任部门和负责任行业，才能使交通发展拥有深厚的群众基础，获得不竭的力量源泉。

第十，必须抓好行业文明和党风廉政建设，为交通发展提供强大精神动力和坚强政治保障。改革开放30年来，以交通建设为中心，以提高职工队伍素质为根本，以加强领导班子建设为基础，以具有行业特点的精神文明建设为重点，积极开展了“学先进、树新风、创一流”等群众性精神文明创建活动，大力宣传了杨怀远、严力宾、包起帆、陈德华、曹广辉、许振超、陈刚毅、孔祥瑞、“华铜海”轮、青岛港等在行业内外具有重大影响的一批先进典型。弘扬了各具特色的交通精神（“铺路石精神”、“筑港精神”、“灯塔精神”、“救捞精神”等），并注重加强交通行业文化建设。认真贯彻中央关于党风廉政建设的部署要求，建立健全了具有交通特色的教育、制度、监督并重的惩治和预防腐败体系，为交通运输不断取得新的成就提供可靠保证。

四、在新的历史起点上推进交通科学发展

在改革开放30年后的今天，我国公路水路交通发展站在了新的起点上。今后发展方向，必须紧紧抓住以下三条：

第一，我们要紧紧抓住我国经济发展战略转型的机遇，加快发展现代交通运输业。用现代科学技术、管理技术改造和提升交通运输，提高基础设施和技术装备的现代化水平和运营效能；适应现代服务业的发展要求，不断拓展交通运输服务领域；走资源节约、环境友好发展之路，加强行业节能减排和资源节约、环境保护。

第二，我们要紧紧抓住国务院机构改革的机遇，加快发展现代综合运输体系。党的十七大明确提出探索实行职能有机统一的大部门体制，十一届全国人大一次会议审议通过《国务院机构改革方案》。2008年3月，组建了交通运输部，在推进现代综合运输体系建设方面迈出了积极的步伐。发展现代综合运输体系，就是推进各种运输方式有机衔接，实现交通运输资源优化配置，发挥各种运输方式比较优势和组合效率。发展现代综合运输体系，符合世界交通发展的普遍规律，是我国交通运输业贯彻落实科学发展观的必然要求，也是发展现代交通运输业的必由之路。加快构建现代综合运输体系，一是加强公路水路民航交通运输规划的衔接，做到“宜路则路、宜水则水、宜空则空”，使各种运输方式有效衔接配合。二是加强中心城市综合交通运输枢纽规划建设中各种运输方式的衔接。按照“布局合理、能力充足、换乘便捷、服务优质”的要求综合考虑市内交通的方便和进出城区的快捷，使各种运输方式之间和某种运输方式内部有机衔接，实现客运“零距离换乘”和货运“无缝衔接”，“人便于行、货畅其流”。三是加强城市客运和农村交通的衔接，统筹规划，合理布局，消除分割，建设统一协调的区域和城乡交通运输网络，使交通运输发展成果惠及城乡，实现公共服务均等化。四是整合交通运输资源，加强公路水路民航运输方式的有效衔接，为邮政业发展搭建便捷、通畅、安全、高效的综合运输平台。

第三，我们要紧紧抓住全面建设小康社会的机遇，确保各项交通规划目标任务的全面实现，获得人民满意的成果。党的十七大在十六大时确定的全面建设小康社会目标的基础上，对我国到2020年的奋斗目标提出了新的更高要求。交通运输发展要按照党的十七大确定的全面建设小康社会奋斗目标的新要求，“十一五”后两年，要确保公路水路交通“十一五”规划目标任务的完成，为“十二五”、“十三五”时期交通运输发展创造良好条件，为逐步实现全国公路、港口、航道、水上安全监管与救助等各项规划而努力奋斗。为此，必须使基础设施网络化程度、信息化水平和运营管理水平得到提升；运输组织进一步优化，服务质量得到提高，公众交通服务领域得到拓展；资源利用水平明显提高，单位运输能耗和污染物排放量明显下降；安全监管、救助打捞和应急保障能力显著提高；行业创新能力不断增强；基本建立符合社会主义市场经济体制要求的交通管理体制机制，形成比较完善的政策法规体

系。到2020年，交通发展的质量和效率显著提高，运输服务和管理显著改善，行业创新实力显著提升，资源节约、环境保护显著增强，基本建成更安全、更通畅、更便捷、更经济、更可靠、更和谐的交通运输服务体系，实现交通运输科学发展、和谐发展、安全发展，使交通运输发展成果惠及城乡、人民共享，适应全面建成小康社会的需要，为本世纪中叶实现交通运输现代化打下坚实基础。

李盛霖

目　　录

上篇　国务院领导、部领导在全国公路、水路相关工作会议上的重要讲话

下篇　全国交通工作会议主报告

上　篇

国务院领导、部领导在全国公路、水路相关工作会议上的重要讲话

上篇出版前言

1978年，我们党召开具有历史意义的十一届三中全会，开启了改革开放历史新时期。从那时以来，我党和全国人民以一往无前的进取精神和波澜壮阔的创新实践，谱写了中华民族自强不息、顽强奋进新的壮丽史诗，使我国的面貌发生了历史性变化。

30年改革开放极大地解放和发展了交通运输生产力，公路水路交通取得了巨大成就，实现了跨越式发展，现代化水平大大提高，服务能力大大增强，为国民经济和社会发展作出了重要贡献。

这些成绩的取得首先是党中央、国务院高度重视和正确领导的结果。历届主管交通工作的国务院领导同志，对发展交通事业提出了一系列指导方针和重要指示，诸如：关于我国交通的发展应该形成各具不同功能、远近结合、四通八达、全国统一的综合交通运输网络体系的方针；关于交通建设要实行“统筹规划，条块结合、分层负责，联合建设”的方针；关于“高速公路不是要不要发展，而是必须发展”的论断；关于交通基础设施建设“要讲速度、讲效率，但最关键的是要确保工程质量”的指示；关于交通工作要认真落实科学发展观，转变发展观念，创新发展模式、提高发展质量，坚持科学发展的指导原则，等等。这些指示内容丰富，对当前和今后交通工作具有重要指导意义。

在纪念改革开放30周年之际，我们把国务院领导同志出席的全国公路水路交通工作会议和专题性会议的重要讲话与部领导的工作报告汇编成册，供广大交通运输干部职工认真学习，深刻领会，以推动交通运输事业又好又快地发展。

编审委员会

李鹏副总理在全国交通工作会议上的讲话

（1985 年 3 月 31 日）

同志们：

交通运输部门是国务院系统的一个重要部门，这次会议是一次重要的会议。我今天来的主要目的，是代表国务院来看望大家，向大家致以亲切的问候。

下面准备讲六个问题：

一、谈谈对交通运输形势的看法

交通运输包括铁路、公路、水运和航空，构成了全国的交通运输事业。交通部现在管辖的主要是公路、水运。建国以来，交通运输事业有了很大发展。从公路来讲，现在公路里程已达到 92 万多公里，除了西藏的墨脱以外，县县通了公路。很多地方做到了乡乡通公路，有些经济比较发达的地区，正在搞村村通公路。公路货运周转量达到了 1100 亿吨公里，客运量达到了 38 亿人次。水运也有了很大发展，去年沿海以及江河主要干线港口吞吐量达到 3 亿 8 000 万吨；内河航道有 10 万 9 000 公里；而且建立了一支 1 000 多万吨的国际远洋商船队，有交通部的，也有地方的，还有中央其他部门的。这支船队，在世界上来讲也算是具有相当规模的。十一届三中全会以来，在交通运输体制方面逐步地进行了一些改革，更进一步解放了交通运输生产力，调动了地方、企业和群众办交通的积极性，交通运输事业的各方面都有了不同程度的发展。但应看到，交通运输仍然是国民经济中一个薄弱环节，远远不能适应国民经济发展的需要，特别是商品流通的需要。从数量上讲，不能满足要求，质量上也存在一些问题。比如说 92 万公里的公路中，有 85% 是四级路和等外路，路况不好。还有很多断头路，南北东西的干线公路都有断头路，如沈阳到哈尔滨是一段一段的，中间有些路段不好走，影响了交通运输的畅通。港口泊位过少，吞吐能力不能满足运输需要，因此一些港口有压港压船现象。在国外一般是港等船，在我们中国一般是船等港。在中国什么叫不压船，我们定了一个指标，即一条船在卸，一条船在等，一比一叫不压船，这实际是低标准。国际上没这个标准。另外，城市和公路干线的结合部，路况很不好。现在公路管理相当混乱，最近有个材料说，晋煤外运，山西有大量的煤，沿海煤不够用，因此采取了多种方式进行运输，但河南、河北、山东等地沿途设卡，对来往卡车任意罚款，罚款名目多达 20 多种。我们的公路运输速度比较低，平均时速只有 30 公里。公路运输的车辆旧，吨位小，而且交通事故多。总之，我们在看到交通运输这些年来有较大发展，做出了很大成绩的同时，要有清醒的头脑，看到整个交通运输还存在着不少问题，仍然是国民经济中一个薄弱环节。

二、中国的交通运输应该有一个较大的发展

我们为自己制订了一个奋斗目标，工农业年总产值到本世纪末要翻两番，也就是从 7 000亿元达到 2 万 8 000 亿元。因为要保持这样一个速度才能达到实现小康水平的目的。从目前执行情况来看是很好的，但越到后期，翻番难度越大。现在交通运输是薄弱环节，如果

交通运输跟不上，将会拖翻两番的后腿，因此交通运输事业必须要有一个较大的发展。

第一，现在我国的商品生产有很大发展，特别是农村实行了联产计酬责任制后，生产力大大解放，农村的产业结构有很大变化，开始由自给自足的小农经济，发展成商品经济，这就需要流通。农村的种植专业户、养殖专业户等，他们的产品都不仅是为自己和家庭需要，而是作为商品拿到市场上交流。不流通，就发展不了经济，要流通，就要求发展交通。另一方面，农民富了以后，购买力增加了，城市大量的生产资料、生活资料要下乡，也要求发展交通运输。

第二个原因，就是中国的能源和其他大宗散货的产需分布不平衡。煤和水力发电，分布在西部，而经济比较发达的东部地区又需要大量能源。煤炭运输占铁路运输的一半，这是我国交通运输的一大特点。现在我国除能源运输外，粮食运输也占很大比重。国内的粮食品种也需要调剂，如东北生产玉米、大豆等，而现在东北要吃大米、白面，因此东北玉米要南调，南方细粮需要运到东北。木材、化肥、建材等散货也需要长距离运输。

第三是外贸发展跟运输分不开，除铁路承担少部分外，外贸运输主要靠船队。现在港口外贸吞吐量是1亿吨，远远满足不了发展的需要。

第四，人员交流，信息、知识、技术的交流，增加了人员往来，再加上全国大学生统一招生，军队、职工探亲，都扩大了人员流动量。特别是人民生活水平的提高，国内旅游需要进一步发展。实际上，国内旅客比国外旅客多得多。今后客运应尽量让航空分担一些，但目前航空客运一年只500万人次，公路客运将近40亿人次，铁路是10亿人次。不过从周转量上讲，铁路比公路要多，因为公路承担的是中、短途运输。

我看这四个方面的原因，决定了交通运输要有较大的发展，要有一个奋斗目标。钱永昌同志的讲话中提到了公路和水运客运量，要从现在的42亿人次，到20世纪末达到138亿人次；货运量由50亿吨达到143亿吨。按照1980年的数算，大体上是翻两番，大体上是与国民经济发展同步的。要实现交通运输的发展与国民经济同步增长，会有许多的困难。需要努力，需要给政策，需要调动各方面的积极因素。总之，在今后的15年，交通运输事业应有一个较大的发展，至少是与国民经济同步增长。只有这样，才能适应国民经济翻两番和社会发展的需要。

三、讲讲调整运输结构的问题

我们应从我国的实际情况出发，合理调整运输结构。所谓运输结构，就是各种运输方式的比例问题。各国有各国的不同情况。日本第一是公路，第二是水运；（前）苏联是大陆国家，以铁路为主；美国现在是以公路为主。因此，要结合我国的实际情况，来确定合理的运输结构。我认为中国是个大陆国家，长期以铁路运输为主，虽然从货运量来讲，公路大于铁路，但从周转量来讲，铁路大于公路，因为公路运距短，目前平均运距只有三四十公里，铁路是500公里。建国以来到现在，交通投资的重点放在铁路上，忽视了公路和水运的作用，这不能不说是个缺点。但从中国实际情况出发，铁路还要继续发展，在交通运输方面仍然要起骨干作用。与此同时，需要有更多的注意力来发展公路，发挥公路在中、短途运输中的作用。并要利用长江、西江、黑龙江、淮河、南北运河等水系的优越条件，发展我国的内河水运事业。还要发挥我国沿海水运的优势。我国有漫长的海岸线，从丹东到北海，有众多的优良港口，而且东南沿海又是我国经济最发达的地区，有发展水运的有利条件。现在看来，更多的发展公路运输，在经济上是合算的。从造价上看，铁路单线每公里造价200万元，三级公路平均30万元一公里；从运量看，三条公路顶一条铁路。因此，建设公路造价低、周期短，而且可发挥地方、企业、人民办公路的作用。公路还有一个好处，就是可以实行门到门运输，机动灵活，时效好。国务院多次讨论交通运输的发展方针，就是：在继续发展铁路的同时，要大力发展公路；要利用中国内河航运得天独厚的优势，进一步发展水运；还要发展航空事业。另一个发展方针，就是各种运输方式不能单独强调各自成网，而应该建立统一的全国交通运输网。因为交通运输最终的目的，是把货物送到需要的地方，哪种运输方式合理，就采用哪种。以港口压船来讲，很大程度上取决于疏运。货到港以后，疏运方式有多种，有的要铁路运输，有的要走水运，如南方的上海，更多的要利用水运和公路。水运虽然时间长些，但成本低，适用于运输大宗散货。今后，要为货主提供方便，货主最怕中转，所以，要开办联运业务，这是提高交通运输效益的重要方式。经营联运，管水、管铁路、管公路，货主委托公司后就可以一直运到目的地。

大家提了个问题，就是既然要重视公路和水运，体现在哪些方面呢？当然，除了政策以外，就体现在投资分配上。能不能在“七五”计划中把铁路投资的一部分用到公路、水运上呢？这实际上难以办到。因为现在铁路的能力也不足，铁路在“七五”期间，承担了大批晋煤外运任务，给他们的投资大部分集中在晋煤外运上了，“七五”期间，铁路要以挖潜改造为主，其他只能集中力量先办两件事：一是已开工的，要继续搞下去；二是两条晋煤外运线路要搞。所以，从铁路挖投资不可能。对公路和水运的投资，从长远看要适当增加，从当前实际情况出发，我们考虑应先给政策，从政策上想些办法。经过几次讨论以后，国务院定了这样几条政策：

第一，适当提高养路费的标准。允许提高到12%，最高到15%。这由各省、自治区、直辖市定。养路费必须全部使用于道路维修及公路的建设，要统收统支，专款专用。现在有一个问题，就是应把城市进出口公路搞好。比如我去济南，到黄河大桥前，道路比较好，但是过了黄河大桥到济南市这一段就非常糟。外面进不去，里面出不来，道路不畅通。这是不利于交通事业发展的。这个结合部的公路，交通部门要帮助建设，请你们考虑。

第二，建设高速公路可以收过路费。国外一般是增加汽油附加税，促进交通发展。我们的油已搞了平价、议价油，不能再搞这种税了。但现已确定征收汽车购置附加费，这已由国务院通过了。这个钱拿到交通部门以后，要集中用到公路上，特别是干线公路上。

第三，港口建设需要的投资大，为发展港口，国务院已批准每吨过港物资平均加收建港费2元。但要说清楚，这笔钱不是给港口发奖金的，是要用于重大项目的建设。

第四，发动群众修路，现在搞无偿劳动，也有问题，所以提出了“以工代赈”的办法，动用部分库存的粮食、棉花、布匹分给贫困地区，用于公路建设。

第五，准备把一部分汽车直接卖给农村的集体企业与个人，发展交通运输。

第六，适当调整铁路短途运输价格。现在铁路与公路比价不合理，铁路价低，公路价高。为了把客货运输量分流一部分给公路，准备今年在物价体制改革中，把铁路短途运价调整一下，在200公里以内，每吨公里平均增加4分钱，增加以后，还是比公路便宜，但估计可以起到一定作用。

对农民办运输一要支持，二要政策引导。农村体制改革以后，生产力发展了，今后将有大批劳力要离开农业从事其他劳动。很多发达国家，由于大量农民拥向城市，产生了许多社会问题及困难。我们不想走这条路，我们的办法是农民“离土不离乡”。这就要在农村、乡镇发展非农业生产，给这些农村劳动力提供出路。你们在讨论中提到现在国营运输企业竞争不过个体运输户，从现象看是有这么个问题。因此，大家提出竞争也可以，但要在同等条件下竞争。对这个问题，应全面地看。农民搞运输，比较辛苦，起早贪黑，很多农民既是司机，又是装卸工，他们是用劳动换取报酬。在竞争中，他们的有利条件是没有国营那么多负担，但同时也要看到他们的不利条件，比如他们的油，大部分是议价的。我们开展社会主义的合理竞争，是为了促进经济的发展，竞争是压力，也是动力。当然，他们中有些人赚的钱是多了一些，但随着时间的发展，国家会制定相应的政策。现在还是鼓励发展的时期，不宜有更多的限制。但应看到国营运输企业的优势，发展自己的优势，开展有利于经济发展的竞争。

四、讲讲改革问题

交通运输的发展，出路在改革，不改革，不可能发展。交通运输的改革，第一，要政企分开。政企分开后，权力要真正下放到企业，让企业有更大的活力。第二，大家办基础设施建设，有的以国家为主，有的以地方为主，但都要注意调动各方面的积极性。今后，交通部及各省、市、区交通厅（局）原则上不要直接管理企业，应代表政府真正成为管理交通运输的行政职能部门。主要是管好交通运输行业的行政管理。现在，一条路上几家管，形成政出多门，层层设关设卡，这种现象要纠正。交通部要经过调查研究，与各部门协商制定交通运输行业管理的政策和法规。制定政策法规，一要站在国家、政府的立场，不能偏向某一方，偏向自己的企业；二要抓好检查监督，使这些政策、法令能够贯彻执行；三要协调好各部门关系以及交通内部的关系。今后的运输计划有两种：一是指令性计划，一是指导性计划。像水陆运输的重点物资，远洋外贸运输，港口的外贸、重点物资的吞吐任务等，都是指令性计划，必须要保证完成。对于重大建设项目，如某些港口建设、交通干线建设，仍然要按管理权限报告审查批准，不能放任自流。政企分开后，交通部任务很重，工作方法要改变，要既管直属，又要管社会运输企业，还要关心农民，关心地方，要真正成为中华人民共和国的交通部。

最近，在天津港召开的港口体制座谈会上，大家认为，天津港的下放试点基本上是成功的，他们的经验可以推广全国。但为了稳妥，已建议国务院批准上海、大连港第二批下放。港口下放实行双重领导、地方为主，主要解决两个问题：一是以港养港，天津港下放这一年，基本上收支平衡，所以，实行以港养港还可以。但有的港收大于支，有的港支大于收，情况不一样。但不管哪种情况，要与“七五”计划挂起钩来核定基数，实行以收抵支财政包干。包干以后，多收的部分，可以留给港口，用于技术改造。二是港口下放后，要全面完成国家下达的指令性计划，港口对货主船主不能有亲有疏，对来往船只和货物装卸发运要一视同仁。下放不是简单更换一下领导关系，更不能出现更多的“婆婆”。天津港下放后，天津港感到方便了，交通部仍同过去一样关心他们，这就很好。实行“双重领导，地方为主”，党的关系、行政关系在地方，这是一个大概念，但不等于什么都以地方为主，港口的重点建设审批权仍在部。钱永昌同志讲了八个字，“修路、建桥、筑港、治河”。当然，八个字不是交通部一家完成，一些重要码头泊位，由交通部审批。重点工程也要进行改革，要实行招标制、贷款制和各种形式的经济责任制。交通部工程本来由直属企业承担的，今后，应允许部外企业参加竞争。如部外企业比交通企业工程期短，投资省，就应该用部外企业。同样，交通部的建筑企业也可以参加其他部门的竞争，可以修水电站、飞机场，甚至修铁路。这种竞争，有利于降低造价，缩短工期。

下面讲讲内河问题。我对内河接触少，总的讲，内河航运存在问题不少，通航里程在一段时间里是下降的。解放初是7万公里，一度达到17万公里，现在下降到10.8万公里。但从运输量讲，近几年出现上升趋势，希望今后能有更大的发展。水利水电工程，要树立综合利用观点。过去，有些水利水电项目的建设，忽略通航设施，造成了碍航闸坝，妨碍了内河航运。这个问题水电部与交通部已成立领导小组，由两位部长负责，分期分批加以解决。今后兴建水利水电工程，一定要综合考虑交通运输问题。同时，交通部门对船闸规模，应从实际出发，不应提出不切实际的要求。如果提出不合实际的要求，过多增加水利水电投资，国家承担不起，只能推迟或使这件事办不成。所以，不要一下要求太高，有些船闸今后就不可以改造？我看不一定，从欧洲建坝历史看，是可以改造的。还有一个问题，要尽量避免修铁路与主要航道平行，这也是经验教训。有人建议沿长江修铁路，这是不能同意的，今后要充分利用长江东西干线和沿海南北海运干线。例如大秦线铁路由晋北修到秦皇岛，运量近1亿吨，要求在“七五”期间实现。到秦皇岛后如何分流？主要是靠水运，运到大连、营口、南通、福州、广州、海南岛、防城港，构成由西到东再到沿海各地的大动脉。

五、讲讲科学技术问题

发展交通运输事业，要依靠科技进步。我国公路、水路运输虽说有很大进步，但与发达国家比还有很大差距。要结合具体情况，学习外国的先进经验，也要总结自己的经验，才能提高科技水平，大幅度提高运输能力。举几个例子：

第一，关于公路，搞不搞高速公路。搞高速公路，在国外是成功的经验，通过能力可达1万辆车以上，还可以收费，回收投资，有很多优点，但造价很高。因此，在推广高速公路时应先试点。现在，上海至嘉定一条路，是地方建的，比较短，只25公里长，真正搞的是京津塘高速公路，160公里长，采用中等标准，时速120公里。另一条是从深圳至广州，外商参与投资搞的。还有一条沈大公路，实际是一级公路，并不是高速公路。高速公路能不能发展，适不适应中国现实的特点，首先把京津塘搞起来看其社会效益。近一个时期内，恐怕更多的要发展一级公路，搞得好车流量也可达到1万辆左右，造价相对讲比较便宜。我看北京到密云的一级公路不错，也有隔离带，过去到密云2个小时，现在1个多小时就可以。因此，要适当发展一、二级公路。另外，铺路技术方面，我参观过西德的铺路机，可以连续作业，既可铺沥青，又可铺混凝土，可以考虑引进制造技术，以提高公路建设的机械化水平。

第二，要通过技术改造，提高码头效益。现在有很多码头设备陈旧，能力小，但全部更新要花很多钱，可以通过技术改造来提高装卸能力。港口管理要现代化，比如采用电子技术，用电子计算机配载等。

第三，发展集装箱运输是提高港口能力的重要途径。不但海运要发展集装箱运输，内陆也要发展，这才能协调起来。天津港集装箱码头积压集装箱很多，原因之一是要在码头拆箱分货。要认真研究在适当地点建立拆箱公司的事。在码头方面，还要建设专业化的煤码头、油码头、粮码头和木材码头等，这也是提高港口能力的一个重要方面。

第四，过驳技术，适合中国的具体情况。中国沿海大部分水深不很理想，只有少数港口可以通过20万吨的船，长江口也只能进2.5万吨级船。所以，过驳是一条适合中国情况的路子。最近，经贸部王品清副部长到香港参观，说香港大部分用过驳。黄浦江也可过驳，长江也可过驳。怎样利用这一技术，要搞一些适合中国情况的装备。现在，长江用了无人分节驳顶推船，我在西德莱茵河见了3 000吨的，效率比较高。

第五，河道、港口需要整治，要挖泥、清淤，有的也要逐步渠化。国外有先进经验，特别是大型挖泥船可以利用。另外，过闸技术也应该加强研究。今后河道水工建筑增多，过闸技术对提高内河航运能力很重要。要研究没有建过船闸的如何改修，原来过闸能力低的可否扩大通过能力等。

我举这几个例子，是为了说明交通系统通过技术改造、技术进步，是会进一步提高效率扩大能力的，这是很重要的问题。

六、最后一个问题，要加强交通队伍和领导班子的建设

这个问题很重要。队伍建设是保证改革沿着社会主义道路前进的问题。改革的目的是建设中国式的社会主义。现在看得很清楚，改革方向是正确的，政策措施是正确的。交通系统职工流动性大，和国内、国外的社会接触面广，因此，更要注意队伍的建设。在向资本主义国家引进技术的同时，也会传来腐朽的东西。所以，我们要教育广大职工，成为有理想、有道德、有文化、守纪律的人，政治思想工作不能放松。当然，政治思想工作用老一套办法不行，要探索新时期的新方法，使其易于为广大职工和青年接受。交通部领导班子进行了调整，一批老同志退了，他们长期在交通战线工作，有成就、有贡献，我们不应忘记他们。新班子要尊重老同志，听取他们的意见。老同志要放手让新班子大胆工作，让他们在工作中增长才干。前些天，我陪同依林、纪云同志接见港澳记者，他们提出一个问题，新上来的同志怎样与老同志合作，有无矛盾。当时我说了8个字，叫“一面学习，一面工作”。学习，就是调查研究，向老同志、专家、群众学习，遇事与群众商量；一面工作，就是工作要大胆，不要怕犯错误。不负责任，不敢工作是最大的错误。有了错误要及时发现，及时纠正。新班子必须要加强团结，同舟共济，取长补短，新班子要有新的作风，新的气象。党和人民对你们寄予期望，要做出成绩来，第一年不可能，第二年应该做出点成绩吧，如二三年以后依然如旧，交通事业得不到发展，说明班子不力，有负于党和人民、老同志对我们的期望，那就要自动下台，让更称职的同志上来。你们对下级领导班子也应该有这样的要求。我们寄希望于交通部以及各级新的领导班子，希望你们努力学习、努力工作，不要辜负党和人民对你们的期望。

李鹏副总理在听取交通部关于全国交通系统厅局长会议情况汇报时的讲话

（1987年3月31日）

1987年3月31日下午，李鹏副总理在中南海听取了交通部钱永昌部长就召开全国交通系统厅局长会议情况的汇报。参加汇报的还有交通部副部长王展意、郑光迪、林祖乙、黄镇东和29个省、市、自治区的交通厅局长及部直属有关单位负责人。国家计委副主任黄毅诚、国家经委副主任林宗棠、国家体改委副主任贺光辉、经贸部副部长王品清、公安部副部长俞雷、国务院口岸办主任石希玉以及财政部工交司、物价局、工商行政管理局、石化总公司的负责人等参加了会议。李鹏同志在会议上的讲话要点如下：

第一，经过交通战线广大职工努力工作，这几年交通运输事业有了较大的发展。交通运输，交通部管的是一部分，主要是公路和水运。就这一部分来说，近几年做出了很大成绩，交通运输那种极度紧张的状况有了初步改善。港口压船、压港情况得到了缓解，到目前为止也是趋于平稳状态，希望这种状况能保持下去。水运、海运也取得了很大成绩，公路的建设也有进展。成绩要肯定，但从整个国民经济上看，交通运输仍然是薄弱环节。

交通部体制改革工作迈出了新步伐。较突出的是港口下放，做了大量工作。这一改革为我们整个的改革提供了经验。要看到体制改革是个长期复杂的任务，所以，一方面改革决心要大，看准了方向就要有百折不挠的精神，不能因为有阻力就退却，要坚持下去；另一方面，又要看到改革的长期性和复杂性，要通过试点取得经验再逐步推开。港口体制改革就是先从天津开始的，然后上海、大连，再到全国。这样做，看起来似乎慢了一点，但工作是扎实的。当然，行业不同，特点不同，不一定都照抄港口改革的办法，可区别对待。交通部管理的公路、水路，地区性较强，改革可以由点到面，逐步推开。

第二，交通体制改革后，部的工作要逐步转向行业管理。有些事情，在企业下放后，可交给地方去做，交通部门要认真地转移到行业管理上来。我们这样大的国家，怎样进行行业管理要摸索经验，如方针政策的研究制定，有些薄弱环节的协调解决等。总之，是在开放搞活的同时注意宏观控制。比如港口增加了码头泊位，当然吞吐能力就提高了，但如果计划下达迟，船就无法按期到货，若订货时间过于集中，也会造成不平衡，港口就会出现紧张状况。这两年，我们搞了两级平衡，解决了不少问题。所以，港口下放后，还要加强宏观控制。港口的下放，使企业有了积极性，地方也有了直接管理的权力，但交通部、国务院口岸办加强了宏观管理，进行了协调工作，也起了重要作用，这两者不可分开。我们是社会主义国家，是有计划的商品经济，宏观控制不可忽视。希望交通部能摸索这方面的经验。这里提一个问题，就是去冬今春，秦皇岛港因煤车冰冻而压车压船；一年5 000～6 000万吨煤，到冬天就冻，是个严重问题。秦皇岛要积极想办法，交通部要负责组织攻关小组，研究解决这个问题。只要采取了有力的措施，问题是可以解决的。

现在港口体制比较顺了，公路管理也制定了一些方针政策，但管理上有差别，有的管得好，有的管得差一些。要发展商品经济，公路作用很大；有水的地区，水运也有很大作用。现在公路运输是不是买方市场？个体、集体和国营运输是在什么条件下竞争？任何一个行业，供大于求就会促使改善服务，供不应求就为出现不正之风提供了条件，加强了行业管理就要注意搞清这些问题。对症下药，提出有力的措施。各省要把公路管好，国家现在已给了一些条件，比如，养路费允许提高到15%。一定要把这笔钱用好，不要把钱用到公路以外的地方去，搞什么楼堂馆所。主要靠改造、挖潜把现有的90多万公里路搞好，改建好更多的公路。就全国来说，现在公路布局已基本差不多了，要加宽改造，更多地搞一些二、三级路，个别地方搞一些一级路。要多搞些黑色路面，有些交通量不大的路可搞沙石路面。至于高速公路还不能多搞，只能搞一些试点并注意总结经验。发展公路，就要用沥青，有些地方可以用水泥。但现在沥青是个大问题，交通部年年喊沥青紧张，希望计、经委下点力量，采取切实措施，把沥青问题解决一下，为交通建设创造有利条件。石油部在沥青价格上也要做适当调整。“七五”期间，公路建设要完成27条干线，这是件大事，要一条一条地抓，要有督促、有检查，完成一条要公开报道。120个深水码头泊位也要很好地抓。

第三，要管理好交通渡口安全。内河渡船安全问题严重，已经发生多次严重的翻船事故，造成人员的重大伤亡，这个问题责任在谁？是在省、市、县、乡，还是在交通部、厅？今后要明确一下责任。如果是国务院和交通部没有提出要求，责任在上面，如果提出了要求，不遵照办，出了重大事故，就要追究当地政府领导的责任。不然一下子掉到江里100多人，人命关天不当回事，这怎么行？我们是人民政府，要对人民负责。交通部门是政府的职能部门，也要负责。这次会后，各位厅长回去要向省长汇报。要先出安民告示，如果今后再发生类似事故，一定要追究责任。交通渡口安全问题，有关地方政府和交通部再不能等闲视之了。

第四，讲一下公路交通监理交接问题。要坚决贯彻国务院决定，把公路交通监理交接工作搞好。今天交通厅长都在这里，把这个问题讲一下。在这次交接前，全国有105个城市的交通安全监理是由公安部门管的。现在决定全部公路交通安全管理工作交公安部门管，这是经过了利弊权衡，认为交公安部门管有好处。因为公安部门是执法机构，有一定的权威。当然，交通部门管，技术上有优势，也可以结合路政管理，所以，有一段时间公安与交通两个部究竟由谁来管，定不下来。再加上农机部门管理拖拉机，于是形成了管理的混乱、事故增多的状况。基于这种原因，国务院领导经再三考虑，作了这个决定。希望各省要用实际行动支持这个决定。交通部门要把监理工作交好，不能搞本位主义。现在应该说主要矛盾在交通部门，因为你们是交的单位。但是公安部门的要求也要合情合理。监理移交工作搞好后，要集中力量整顿交通秩序。今后仍要由公安、交通两部相互协作，把公路秩序抓好。主要解决两个问题：一是要通过整顿，减少交通事故；二是要通过加强管理，提高行车速度。当然提高车速，不能光靠公安部门，还要有技术措施。比如铁路、公路交叉道口的改造问题，还有干线道路，一进城就堵住了，要下决心解决这些问题，当然要有计划地逐步解决。

最后，讲一下老少边穷地区脱贫致富问题，重要的问题在修路。为什么解放这么多年，一些地区仍很贫困，其中主要原因之一是公路不通，有东西运不出来也运不进去。交通不发达，也影响了智力开发。要想富先修路，就是这个道理。这几年“以工代赈”修建公路做了不少工作，四川省在这方面做得不错，抓得紧、成绩大，当然其他省也不错。希望今后继续抓紧这项工作，把这个任务完成好。

张劲夫国务委员在第三次全国安全生产现场会议上的讲话

（1987年4月9日）

第三次全国安全生产天津现场会，共开了4天，今天就要结束了。这次现场会交流了道路、内河交通安全管理工作的经验，研究了在新形势下搞好交通安全管理工作的措施。会议开得很好。下面我讲几点意见。

一、召开这次现场会的意义

全国安全生产委员会这几年一年开一次现场会，抓一个重点。去年抓煤矿，今年抓交通。我们要举一反三，通过抓这些方面安全生产的经验，推动整个安全生产工作。天津市的交通安全管理工作，在天津市委、市政府的领导下，各有关部门通力合作，采取综合治理的方针，面貌有了改变。天津市的经验和会上其他地方介绍的经验，请大家认真研究，结合本地实际，认真推广，坚持下去，力争全国道路、内河交通安全管理工作有个较大的改善，城乡水陆交通秩序逐步有所好转，有效地减少交通事故的发生，为社会主义现代化建设提供一个良好的交通环境。我们这样一项一项地抓下去，全国安全生产形势总会有一个大的转变。

二、对交通安全问题应有新的认识

交通是我国国民经济发展战略的重点之一。不论是道路、水路，还是航空、铁路，都是一切生产过程不可缺少的组成部分，是物质生产的一个重要部门，涉及生产、流通、消费各个领域，是城乡之间、工农业之间、各地区、各部门之间经济联系的物质基础。人们常说，交通是四化建设的“先行官”，道理就在这里。在人类生存和发展过程中，衣、食、住、用、行是人生的要素，行就是交通。交通的安全与畅通，在促进国家经济建设和方便人民群众生活需要方面，都占有十分重要的地位。

建国以来，党和政府十分重视发展我国交通运输事业，从各个方面加强交通管理工作，基本上保证了国家经济建设和人民生活的需要。但是，随着社会主义现代化建设和经济体制改革的发展，各种车辆、船舶大幅度增长，客货流量与日俱增，道路、内河交通日益繁忙紧张。在这种新形势下，交通管理工作问题越来越突出，尤其是城市中“行车难、乘车难、停车难、走路难”的问题，已成为一个严重的社会问题。交通秩序不好，交通事故多，危害人身安全，影响社会治安，给国家建设和人民生命财产所造成的损失十分严重。仅道路交通事故一项，1986年一年即死4万2 000多人，伤14万4 000多人，车物直接损失1亿9 000多万元，加上对受害人的经济补偿10亿5 000多万元，共12亿4 000多万元。在水上交通方面，内河交通事故的情况也很突出，特别是近几年，乡镇客渡船翻沉次数、死亡人数逐年大幅度上升，有的地方处于失管失控状态。

由于各种原因，许多地方特别是大中城市，交通阻塞情况日益严重，影响了交通运输，降低了社会经济效益，由此而造成的经济损失更难以用数字计算。因此，我们对交通安全工作要从保障人民生命财产安全，促进国家社会主义现代化建设的高度来认识，认真贯彻“安全第一，预防为主”的方针，迅速采取切实有效的措施，改变目前的被动局面。

三、交通安全管理工作必须制度化、法律化

当前道路、内河交通事故多，秩序比较乱，原因很多，首先就涉及道路建设、航道建设、车船技术状况、安全设施和管理手段等问题。但交通法规不健全、不具体、不明确，或者虽有规定，一些单位和群众法制观念淡薄，也是重要原因之一。一些单位、企业或个体运输户，只抓生产、抓利润，不顾安全的问题很突出。我们常看到一些人不遵守交通规则，横冲直撞。一些行人不走人行道，走车行道；横过马路不走人行横道，想在哪里走就在哪里走。在内河，大量乡镇客渡船无证无照、违章超载等现象也极为严重。有的乡镇客渡船一心只想赚钱，成倍、几倍超载，安全毫无保障，这怎么能不发生事故！因此，要杜绝和减少这些现象，必须有一整套法规和制度。

全国道路交通规则，公安部已上报国务院审议，待批准后公布施行。交通管理职能部门要根据新的情况抓紧起草一些配套的实施办法。交通安全涉及每一个行车行船走路的人，要搞好宣传教育工作。有了法，就要依法办事，以责论处，不论是什么人，只要违反了交通法规或造成了重大事故，就要依法追究。对违法者不绳以法纪，就会挫伤守法人的积极性，助长不良风气。当然处罚只是一种手段，通过处罚也是要达到教育的目的。同时，机关、团体、企业、事业单位，都要建立和健全严格的安全生产规章制度。行之有效的安全规章制度和操作规程，是人们在长期的实践中用血的代价换来的，必须坚持执行，并把它列为对单位和个人考核的一项重要内容。要在广大驾驶人员和管理干部中进行遵章守纪的教育。对坚持遵守规章制度的要表扬，对不遵守规章制度的要批评教育，因违反规章制度造成严重事故的要处分。对广大交通管理人员要加强教育训练，提高他们的政治、业务素质，真正做到交通管理严格，方式方法适当，服务态度良好，提高执行政策法规的自觉性，提高管理水平。

四、加强领导，把交通安全管理工作提高到一个新的水平

搞好安全生产，是国民经济长期稳定发展的要求。加强交通安全管理工作，要像天津市和其他做得好的地区那样，实行综合治理，这是一条成功的经验。去年10月，国务院《关于改革道路交通管理体制的通知》和最近国家经委、交通部、公安部等八个部门联合下达的《关于加强乡镇船舶安全监督管理的通知》，都提出了这方面的要求。各级地方政府要把水陆交通安全管理工作列入议事日程，统筹安排。首先在建设规划中要列进去，包括项目、经费、人员等等。各部门、各单位，都要把安全生产工作当作大事来抓，要切实纠正只抓生产、不抓安全的错误思想和行为。工作中要抓实事，反对形式主义，摆花架子。措施要具体，要落实到每一个人。一定的时候要集中抓一下，但更重要的是要认真坚持，有计划，有布置，有检查，做到经常化、制度化、条例化。希望宣传工作包括报纸、广播、电视等方面，紧密配合，使广大人民群众都懂得交通安全，注意交通安全，防患于未然。要把专业管理和群众管理结合起来。在各级政府的统一领导下，各地要整顿水陆交通秩序，清理各类非交通占道，严禁一切单位和部门滥收费、滥罚款。在这些工作中，交通管理部门要充分发挥

职能作用，给政府当好参谋。

国务院决定，全国道路交通管理工作统一由公安部门负责，这是道路交通管理体制的一项重大改革。从去年10月到现在，公安、交通部门在各级政府的领导下，从大局出发，进行了交接工作。今后公安部门的任务加重了。有关部门如计委、经委、建委、财政、城建、市政、财贸、工商等部门，要支持公安部门的工作。道路建设和道路交通管理密不可分，公安、交通部门要配合好。对于保障交通安全方面所需的经费，各省、自治区、直辖市政府和交通部门要给予支持，在资金上给予适当照顾。

当前我国政治、经济形势都很好。在改革、开放、搞活的方针指引下，国民经济正在持续稳定协调地发展。今年1月，中共中央发出的《关于当前反对资产阶级自由化若干问题的通知》，批判了极少数共产党员带头鼓吹资产阶级自由化的思潮。这是我国政治思想领域里的一件大事。现在，全党正在深入学习中央的“通知”和小平同志关于坚持四项基本原则，反对资产阶级自由化的一系列重要论述，武装头脑，提高认识。搞资产阶级自由化，就是否定社会主义制度、主张资本主义制度，核心是否定党的领导。因此，反对资产阶级自由化的斗争，关系到党的十一届三中全会以来的路线、方针、政策能否正确地坚持下去，关系到我们的事业将由什么样的一代人来继承，关系到党和国家的命运以及社会主义事业的前途。各级领导同志一定要充分认识这场斗争的性质和深远意义，旗帜鲜明，立场坚定，站在斗争的前列。首先要带头学习好。工作中要严格按照中央的“通知”办事。在新的历史时期，我们一是坚持四项基本原则，一是坚持改革和开放、搞活的方针，这是党的十一届三中全会以来路线的基本点。坚持这两条，我们就不会迷失方向，就可以保证社会主义现代化建设不断向前发展。

邹家华副总理在交通部高等级公路建设经验交流现场会上的讲话

（1989年7月20日）

交通部这次召开的高等级公路建设经验交流现场会，是一次十分重要的会议。会上，辽宁省李长春省长、林声副省长和交通厅的同志，给大家作了很好的经验介绍；钱永昌部长和有关同志介绍了全国公路主骨架建设的规划，都非常重要。下面，我讲几点意见。

首先，我认为对辽宁的经验，要加以充分的肯定。不仅仅要肯定辽宁建设这条公路本身的经验，更重要的是，要充分肯定为了国民经济发展的需要，下决心建设这样一条公路的经验。虽然这条公路还没有完全建成，但是，已经可以肯定地说，这条公路是具有巨大经济效益的，是一条成功的公路。用辽宁同志的话来讲，是一条“腾飞之路”、“志气之路”。辽宁的经验很全面。他们建设这条公路的决策，是有战略眼光的。而战略上的决心，又是建立在对辽宁和全国经济发展进行全面分析这样一个基础上的。

辽宁所以建设这条公路，既分析了辽宁经济发展的需要，又分析了全国经济发展的需要，不但分析了当前的需要，也分析了长远的需要，最后做出了正确的、对辽宁的经济发展有战略意义的决定。他们在几年的奋斗过程中，由于有了这样一个认识基础，虽然遇到许多困难，决心一直不动摇。而且从政治思想的、经济的、行政的、法律的等各个渠道，千方百计地解决问题，积极克服前进中的困难，并且把这样一个认识和决心，通过大量的工作，变成了各个方面和广大群众的共同思想，公路沿线5个市和县、乡以及一些企业，都来支持这条公路建设。因此，就有了一个很广泛的群众基础，而不是靠简单的行政命令。经过几年的努力，已经取得了很大的成果，接近最后的胜利。高速公路虽然要到明年才全线建成，但是在已经建成的路段上取得了非常大的经济效益。所以能够取得效益很重要的一条，就是运输的速度大大提高了。大家昨天在路上参观，一直以100公里左右的速度行进，就亲身体验了这个效益。大家在发言当中，都异口同声地赞同辽宁的经验，也说明，这次会议是很必要的。我们之所以要开这个会议，就是想用辽宁的经验来推动全国高等级公路的建设。希望同志们能结合本地的实际情况，认真学习辽宁的经验，认真落实全国的规划，进一步推动高等级公路建设更快地发展。

我们的公路建设，从建国以来，经过中央和地方的共同努力，经过几代人的艰苦奋斗，已经形成了近百万公里长的公路，对交通运输重要性的认识经过几十年的建设实践，我们越来体会越深了。正如小平同志在讲话中讲到的，能源、交通、原材料、农业这4个领域是国民经济中最重要的领域。我国的农业虽然有了很大的发展，已经完全不同于过去的手工业式的农业经济，但还是不适应国民经济发展的需要，如果按人均占有粮食来说那还处在十分低的水平。农业的好坏对人民生活和社会安定，以及工业发展都有巨大的影响，我们无论如何不能忽视。我们还要把农业作为国民经济的基础来抓。在工业中，最重要的还是能源、交通。这个问题过去也讲，但真正从实践上解决得不够。我们目前的能源还是短腿，最直接地反映在电力上。电力过去是季节性紧张，现在是全年紧张，过去是局部地区紧张，现在是全国性紧张。很多地方停三开四，停四开三，有的地方甚至停五开二。全国的电力，30%是水电，70%是火电。全国发电装机容量到去年年底为止，是1.1亿千瓦。但全国各行各业，包括生活用电总的用电设备的装机容量达到2.8亿千瓦。用1.1亿千瓦的能力去满足2.8亿千瓦的需求，是根本不可能的。尽管我们发电设备发展很快，每年增加1千万千瓦，但用电设备增长更快。这种不平衡的状况，就是电力紧张的直接原因。能源紧张的另一方面就是煤炭的紧张，当前还有一个重要的因素就是运力也十分紧张。所以制约我们经济发展的因素突出的是三个不够：就是电力非常不够，煤炭非常不够，运输非常不够。工业需要电力，电力需要煤炭，煤炭需要交通。三个问题相互交织，又相互制约。三个环节套在一起，必须通盘加以研究，进行规划。这个问题如果不解决，国民经济发展速度就要受到影响。国民经济发展速度的物质基础，最重要的就是能提供多少能源、交通。我们学习四中全会精神，特别是学习小平同志关于加强基础工业的重要讲话，感到非常深刻，具有非常重要的战略意义。如果不能实现小平同志这段讲话中提出的要求，下一步国民经济的发展就将非常困难，就缺乏后劲。

从交通运输来说，对整个经济发展的作用非常突出。我们早就告别了小农经济和手工业生产的时期，走上了社会主义商品生产的道路。不进行交换，不进行流通，就谈不上商品生产。商品经济要流通，流通一定要交通。而且不仅在国内市场流通，还要到国际市场上去流通。随着对外开放，这种流通还要以更大的规模和速度进行。这样的流通格局所引出的第一件事情就是要发展交通。流通的快慢，直接影响到效益的大小。反映到交通上，也是力争加快交通运输的过程，以求更好的效益。从沈大高速公路通车路段这样一点距离，可以体会到，由于流通加快，就产生了与过去不一样的很好的效益。因此，如何更好地发展公路、发展交通，是直接关系到社会主义商品经济发展的问题。小平同志关于加强基础工业的讲话，不仅对当前，而且对长远，都有很深刻的战略意义。他不是一般地讲交通、能源是重点，而是十分强烈地提出哪怕欠债也要加强交通、能源和原材料工业、农业，并且要求多搞一点电、铁路、公路、航运。我们必须坚决地毫不动摇地贯彻小平同志的指示。大家在发言中，对这方面都讲了一些非常好的深刻的看法，我都完全赞同。

在发展交通运输中间，现在的交通工具，有航空、水运、铁路、公路和管道。随着时间的推移，也可能出现新的更多的运输工具。这几种工具之间，不是互相排斥的关系，而是互相补充的关系，都有各自的特点和优点。我们的任务就是把各种交通工具的优点充分发挥出来，加以利用，形成综合的运输能力。火车的优点是能够大容量、长距离地运输；公路运输最大的特点是可以门对门；航空运输特点是高速，大量用于客运，也在向货运发展；水路有很好的运输效益；管道运输虽然有局限，也必须发展。不仅运输原油与成品油，最近还在研究煤炭的管道运输，把煤炭加上水和添加剂，从煤矿运到电厂直接进锅炉。这些运输方式我们都要发展。不要互相排斥，而是要互相补充。我们国家很大，各地条件不同，需要很多各有特点的运输方式。要发展公路，在这一点上，大家没有什么不同意见。前一时期有一点不同看法，是要不要发展高速公路。我们这次会议，用了高等级公路的概念，其中包括高速公路，还包括一级、二级和汽车专用公路。到底建设什么等级的公路，要根据经济发展的需要和运量发展的需要来定。我国目前大多数公路，平均时速是30公里，过去从沈阳到大连，要走12个小时。要发展交通，一个很重要的因素，就是提高运输速度，这是当然的要求。我们的工作就是要想办法提高各种运输工具的速度。经济要发展，效率要提高，全国公路保持在30公里的速度上，经济怎么发展？一天可以办完的事情，两天、三天还走不完，那我们就没有办法发展。如果公路上的行车速度从30公里提高到40公里，全国现有车辆不增加，就可以提高效率30%。所以我们不能满足现有的公路状况。国外许多国家的运货车辆在公路上的行车速度每小时都要跑到七八十公里，甚至上百公里。要提高行车速度，问题有两条：一条是我们公路本身路面质量不好。路面窄，十字路口平面交叉，坑坑洼洼，速度不可能提高，即使汽车好也不行。第二个问题就是混合交通。汽车、拖拉机、马车、行人都挤在一起，根本跑不起来，满足于这种低速度就会阻碍经济效率的提高。不仅公路上要提高行车速度，铁路也是如此。这次我到法国，从巴黎到里昂，高速列车每小时270公里，非常稳。我们的旅客列车现在不超过100公里，货车速度就更低了。因此要提高效率，就必须提高公路的等级，就必须提高行车速度。这两者又是密切相关，要提高行车速度就必须提高公路等级，只有提高公路等级，才有可能提高行车速度。所以现在应该说，高速公路不是要不要发展的问题，而是必须要发展。发展高速公路不仅是着眼于今天，而且着眼于明天。建设一条公路很不容易，它的使用年限绝不是一年半载，而是十年、十五年甚至更长，所以，发展公路，不能只看眼前的运输流量，要想到许多年以后发展的流量，要想到以后许多年经济发展对交通的要求。通过对国外的考察和对国内实践的总结，必须发展高速公路，这样的结论是明确的，这已经不是理论问题。

发展高速公路，要有一个长远的规划。钱部长讲要有30年、50年的规划，这是正确的。特别是对待基础工业，这样的要求不是人为的主观要求，而是事物本身的必然要求。因为建设一条高速路不是一二年可以修成的。特别是具有全国意义的主骨架公路更是这样。而且这种公路的作用同样也不是一二年，公路建设与建成后发挥的作用同样都是长期的。要考虑20年不大修。长江大桥经过了20年，现在通行量也接近饱和。假如这样大的工程，只用几年就饱和怎么能行呢？辽宁的沈大公路考虑日通过量为5万辆是为今后打算的。实现交通部规划需要的建设时间并不需要三五十年，而是为三五十年使用做打算。各地建设公路要首先从最拥挤的路段和预计将要拥挤的路段开始。国内外经验都证明，要搞交通建设，就要根据各地经济发展的实际需要，综合考虑各种运输工具和长期运输发展规划。这样才能按规划逐步实施和最终实现，有秩序地进行，而不至于造成混乱。这里需要提到的是，交通部管辖的公路和水路运输，根据现在我国的体制和资金的分配，要多方考虑，从全国出发，先把大的骨架考虑好。这次提出的规划主要是我国公路的主骨架，在这个主骨架的基础上，各省、自治区、直辖市可以按照本地实际情况和主骨架结合起来，考虑省、区、市的主要干线。省、区、市里有了干线，可以考虑和地区、县里的道路连接。形成一个全国的公路网。有了主骨架，各省、区、市就可以考虑自己的连接骨架的干线。这样，上骨架的就不是一个省、区、市的流量，就要考虑几个地区甚至全国的流量。所以，主骨架的路必须要考虑建高等级路。否则就发挥不了它的作用。主骨架高等级公路，类似沈大路这样的重要线路，一定要全封闭、全立交。根据实际需要，高等级的路一定要全封闭、全立交。当然如兰州到乌鲁木齐的路是否要全封闭、全立交可以考虑，但一般说都要这样考虑的。否则不但速度保证不了，安全更保证不了。沈大路的又一个经验就是，修了这条路以后，交通事故率减少60%到

70%。所以说，主干线，主骨架的路，凡是可能的，都要修成全封闭、全立交。否则，只要有一个平交和红绿灯，高速路的优越性就全没有了。如北京到天津是高速公路，但是到了塘沽港口时就变成了有5个平交道口的路。是否考虑也都搞成全立交，否则就功亏一篑。

除了主骨架，还有主通道，就是水路的主通道。我们国家的水路还是很多的，特别是南方，有很多大江和一条大运河。主通道也要研究规划好。这次提出的主骨架、主通道和主枢纽，要构成全国的交通运输网，将来这样的规划要请同志们多提建议。各省、区、市在这个基础上进行安排，安排省、区、市里的主干线，主要的水路和枢纽，形成多层次的全国的公路、水路运输网络。部里曾提出："统筹规划、条块结合、分层负责、联合建网"。交通部作为国务院主管全国公路、水路交通的一个部门，一定要把全国的交通统筹规划好，要有一个全国统一的规划。交通部只能规划主骨架、主通道、主枢纽，而整个网络的建设还要依靠地方配合、条块结合。因为虽然各地的优势和条件不完全一样，但大家的积极性都很高，所以必须要条块结合。还要分层负责，各自修好自己的路，上下一起形成全国的运输网，我们各省要根据实际情况安排好这方面的工作。

在座谈中，大家提到了政策倾斜的问题，可以肯定，是应该向这方面倾斜的。同志们提了许多好的具体建议，如能交基金、养路费、调节税、土地税、投资方式等，交通部要把同志们的意见综合起来，研究一下。这牵涉到许多部门，需要通盘研究以后，向国务院提出一个向交通倾斜的报告。小平同志已经讲了，我们就要解决好这个问题。修路当然要考虑资金来源，但资金来源也是要多渠道的。中央是一个渠道，地方是一个渠道，集资是一个渠道，外资也是一个渠道。广东提出的股份制方法也是一个渠道。总之要考虑多渠道。各省、区、市都有许多办法，也可以交流，互相启发。广东讲组织公司也是一个方法。法国和英国之间建一条海底隧道，全长50公里，包括往返与工作道共3条，共150公里。隧道两端都有汽车和火车的各种运输配套设施，铁路与公路连接。法国一侧投资600亿法郎。承担任务的是一个国营公司。这个公司的任务：第一是筹款，其次是建设，第三是建成后自己经营、盈亏自负。筹款中，法国政府给了不到100亿法郎，其余都由公司向各方筹款，现在已基本筹集得差不多了。建设中精打细算。讲这个例子目的是说我们可根据我们的实际情况创造我们的经验。当然这并不等于政策不倾斜，而是要大家一起来考虑资金。路建成以后，可以考虑有偿使用。辽宁这条路现在已经收费。收回的钱一方面还款，一方面继续滚动建路，这是可以的。广东建桥后收费也是一个有偿使用滚动建设的办法。国家收的购车附加费也是这样。购车附加费是支持国家公路建设的。要用好这笔钱。其他可能的办法，还可以研究。

这里我要强调一下公路质量问题。这个问题要作为一个特别重要的问题，作为一个重要方针去贯彻。高等级公路的质量关系到效率能不能充分发挥的问题。一定要坚持"十五年二十年不大修"的标准。沈大公路的质量，要求是高的。对京津塘高速公路实行监理制度的办法可以学习。质量问题，一定不能含糊。要提倡一个作风，要么不干，干就要干好。

这次会议是一次很有意义的重要会议，有小平同志讲话做会议的指导思想，有辽宁沈大公路的实际经验做会议交流内容，部里有长远规划，作为我们进一步发展公路建设的方向。会上，一些省、市介绍了本省、市的情况。我相信，通过这次会议，对全国高等级公路建设将有一个推动，对我们整个国民经济发展会有一个促进。

朱镕基副总理在全国交通工作会议上的讲话（摘要）

（1992 年 1 月 11 日）

同志们：

最近，各部都在开厅局长会议或工作会议。我看黄镇东同志的报告作得很好。今天好多交通界的老前辈、老同志都来了，我想用不着多讲了。从去年 12 月到现在，国务院召开了 4 个会议。一个是全国计划会议；一个是全国财政工作会议；一个是全国技术进步工作会议，会上我那个报告实际上是对全年的工交工作作了个布置；第四个是全国体制改革工作会议。这 4 个会议，李鹏总理都亲自听取汇报，决定政策措施，作了重要讲话。方针、政策都很明确了，再加上今天黄镇东同志针对交通部门的特点就如何贯彻党中央、国务院的指示，作了一个很好的报告，所以我没有什么更多的话要讲，确确实实不需要讲了。但是今天和同志们见面，还是要说几句，讲得对不对，请同志们特别是老同志们批评指正。

1991 年交通系统的工作是很有成绩的。交通部门在党中央、国务院领导下，坚持“一个中心，两个基本点”的基本路线，无论在生产建设、企业管理还是精神文明建设等方面，都取得了很好的成绩。这与交通部领导，与在座各位领导同志及各级干部的认真努力，与全系统 500 多万交通职工的努力是分不开的。这里，我向同志们，向交通系统 500 多万职工表示慰问，表示感谢，表示祝贺！

关于今年的工作，黄镇东同志的报告已经讲了。交通部把“管好行业，搞好企业，调整结构，提高效益”作为全年主要工作任务，这个提法很好，我赞成。我认为这个提法贯彻了党中央、国务院所确定的经济工作特别是工交工作的指示和指导方针，这个我就不多讲了。我想加 4 句话，叫做“深化改革，扩大开放，依靠地方，服务群众”，作为对你们这个提法的补充。

在讲这 4 句话前，我想讲一下我自己对于交通和基础设施的重要性的认识。刚才我跟邮电部的同志也是讲了这个问题。我觉得我们当前国民经济中存在的问题，所谓深层次问题，是与结构本身不合理或者失调是有很大关系的。一是产业结构失调，就是说我们现在的交通运输、电信以至于原材料工业，这些行业的发展大大落后于加工工业的发展。这种畸形的发展，就造成我们整个工业上不去。江西、安徽、四川这些地方我都去了，交通运输落后是他们经济的主要问题。他们的任务不是再去搞彩电、汽车、空调，那些东西搞多了，公路也不通，铁路也不通，电信也不通，发展经济不是一句空话吗？所以，如何更加重视我们国家的基础设施产业，特别是交通运输、电信的发展，这是一个必须非常重视、认真去解决的问题。优先发展交通运输、电信和原材料，特别是矿山，这个指导思想应该是非常明确的。别看有些地方搞得红火，这些东西不搞上去，那都是暂时的。我们今年贯彻中央和国务院提出的搞好国营大中型企业的 12 条政策措施，把从折旧里收的“两金”返还给企业，优先把交通运输、电信等统统返还了。总共返回 40 亿元，交通运输、电信这些行业占了 30 亿元，加工工业10亿元不到。这就优先照顾了基础设施产业。但我知道，交通运输现在还有个养路费“两金”没有返回，因为国家财政还很困难，这些措施只能分步实施，一下子都免了，财政也承受不了。所以我首先讲认识，大家要宣传这个观点，要非常重视基础设施产业的发展，要把它放在优先的地位。

现在我讲补充的4句话。

第一句话，是深化改革。

国务院、李鹏同志已明确，今年改革的重点是企业改革，特别是企业经营机制的转换。国务院已经决定，我们要贯彻实施《企业法》，这必须有个《企业法》的实施条例。我们今年首先要制订出一个转换企业经营机制的条例，这是贯彻《企业法》最根本的问题，就是怎样才能使企业真正自主经营，自负盈亏。我们限定3月份以前把它制订出来，体改会议主要是讨论这个东西。1月下旬国务院生产办还要开个会议，来讨论这个条例，3月份就要拿出这个条例来。我们估计还要用一个季度的时间，来协调各个部门的意见。这个条例能不能出台，关键在国务院的各个部门，因为每个部门都有好多规定，不突破这些规定，不改革这些规定，就没有企业的自主经营；没有企业的自主经营，也就没有企业的自负盈亏。现在都是包盈不包亏，负盈不负亏，一年国家亏损补贴×××亿元，这不得了，要坐吃山空的呀！1/3的企业亏损，1/3的企业濒于亏损，就是潜亏，他们账面上不亏损，实际上是亏损，这怎么得了啊！扭转这种情况要靠企业自己着急，感到切肤之痛，一亏就不能发奖金了，降低工资了，还不赶快想办法啊。当然国家在政策、方针上要进行指导，各行其是当然也不行，但在具体的经营决策上，部门就不要再去干预了。要转变职能，不转变职能的话，也不能实现企业的自主经营。这个工作难度是很大的。昨天在会上，李鹏同志讲话以后，要我补充讲了几句。我就讲，制定这个条例，难度很大。举个例子讲，现在企业用工的自主权就不是太大，首先是进入有各种分配，大学生分配，复员军人分配，劳改、劳教人员要回原单位拿原工资，这都是有文件规定的，这样企业能搞好吗？所以，这个问题不解决，自主经营还是一句空话。但解决这个问题难度大得很，必须考虑社会稳定，也不能都推到社会上去，谁管啊！所以要有一系列的配套政策，要建立社会劳动保障体系，要有职业培训，有职业介绍所，有一套专业的人员管理组织机构，这些东西不搞，就都是落空的。所以解决这些问题很不容易，我说拿一个季度来协调这些问题，就是说协调是很不容易的，光写上一句“企业有自主用工权”，没有相应的配套措施，几个部门不协调工作，还不是空话一句嘛，写上也是做不到的。要碰硬，你不碰硬，搞条例就是不准备执行。不解决这些政策问题，怎么关停并转啊？首先要解决债务问题。他资不抵债了，欠了一屁股债，欠了银行，谁去兼并，谁去合并，谁受得了啊？谁去背这个包袱啊？所以必须订个政策，这个工厂已是长期亏损，资不抵债，或者根本没有还债的能力，按破产法也得有个办法，就是过去的债务一风吹了。但银行不同意了，你把我们的贷款都吹了怎么办？我说如果不吹掉的话，还要继续借下去，你不是损失得更多吗？当然，还有怎么补偿等问题，这要有一系列办法，如何去清产核资，盘点还剩下多少资产，怎么补偿，怎么分摊，一系列办法，不是简单说一句“吹了”就行了。这是一。第二，人员怎么安置。你把它关了、停了，人到哪里去，也得想办法。要有一系列的配套政策，才能解决这些问题。但是我想，如果不下决心去碰这些问题，企业经营机制转换不了，还会这样亏下去。恐怕我们国务院各部门及地方负责同志，大家都得下定决心碰碰这个硬啦，不然不得了。你们四句话里面有一句是"搞好企业"，它的中心是转换企业经营机制。在这基础上，来贯彻执行李鹏同志在中央工作会议上的讲话中提出的八条。真正做好八条，不是表面功夫。为什么我们停止一切评比呢？这件事表面功夫比较多，关系学很多，不正之风也有，当然也有评得好的，是少数。只有转换经营机制，搞出来的东西才是扎扎实实的，不是花架子，都是硬功夫。所以我补充这句话，"深化改革"，作为你们搞好企业的补充。希望同志们把重点放在加强企业内部管理上，但更重要的是要转换企业机制。我们订了一个目标，希望国务院能在7月1日颁布执行，但我现在也感到，这任务太艰巨，能否实现，心里还在嘀咕，如果大家都只考虑一个部门一个行业，就不好办了，好多问题就行不通了。

当然我讲的深化改革也不只是对于搞好企业，跟四句话都有关系。"管好行业"也牵涉到部门职能的转换，也要改革，恐怕也要考虑宏观调控，不能搞长官意志，行政干预也不能搞得太多，还是要用宏观调控的手段来把行业管理搞好。过去的许多方法在过去是非常有效的，现在也不能完全取消，还要继续完善，但是完全靠这些东西越来越不灵了。我就讲项目审批，不能否定其作用，没有这东西不得了，但也确实有很多地方是没有控制住，好多项目没有经过审批已经上了。要是真正能控制得住，那何至于现在这样重复建设，到处盲目建设，搞得投资效益很差呢？我想如果企业不建立投资风险机制，自我约束投资机制，银行不建立放贷的风险机制，单靠项目审批是解决不了这个问题的。企业搞项目的负责人，项目搞好了搞坏了，反正到时候拍拍屁股走了，后来人怎么控制也控制不住。所以，研究如何搞好行业的宏观调控，是一个很重要的问题。要适应现在我们已经在实行的邓小平同志确定的计划经济与市场调节相结合的经济运行机制。这个机制是不会变的，只是一个完善的问题，这是中国社会主义的特色，你得适应这个东西，得有一套办法。还是沿用过去那套办法，是不能适应现在市场调节作用越来越大情况下的宏观管理的。还有个进口设备审批问题，我们有个机电设备进口审查办公室，现在看起来也是效果越来越不显著了，根本不经过你审批，什么都进来了，合法的、非法的都可以进，越来越管不住了。我们恢复了在关贸总协定的地位以后，如何保护自己的机电工业、自己的民族工业，还要想办法，要改革。

第二句话，是扩大开放。

交通运输是执行开放政策的先行官。没有交通运输怎么开放？刚才已经讲了交通运输的重要性，但另一方面，我们交通本身也应该开放。李鹏同志去年到上海南浦大桥剪彩后，回来告诉我说，你跟黄镇东、蒋祝平同志讲一讲，要增开对外的班轮班机。我们要加强国际往来，不解决这个问题，就开放不了。但这个事情好像还没有完全解决，还是要抓紧办，要快一点。有些条条框框，要是不适应目前情况的话，我们大家就要考虑适当地改变。

第三句话，是依靠地方。

邮电大发展，交通运输事业也应大发展。邮电大发展除优惠政策外，主要靠地方。我在上海时，大家有句话："当了裤子也要搞程控电话。"交通运输要靠地方的积极性，不靠地方搞不起来。如何引导、鼓励地方的积极性，交通部门在这个方面要多想办法，更多地尊重地方的意见，无非是掌握一点原则，事情不乱，质量要搞好，更快地把交通运输搞上去。交通运输没有一个大的发展，工业就无法振兴，我是有深刻体会的。对多修高速公路我不是很赞成，高速公路太贵了，有的地方现在运力并不大，而且发展也不会很快，那么大的投资修高速公路并不合算。但是看了安徽那条从合肥到南京的公路，我非常高兴，过去几小时到不了南京，现在一个半小时就到了南京，那确实对安徽的经济发展会起很大的作用，对吸引知识分子也会起很大的作用，否则人家不愿意去呀。上次开全国科技进步工作会议的时候，青海省的同志跟我讲，工业确实搞不起来，人都跑了。我跟他讲，现在不改善投资环境，不要说外国人，连中国人也不去了。没有技术人员，没有懂行的，不能吸引知识分子去，怎么行呢！我对他们说，你的当务之急是发展交通，盖点房子，改善设施。条件改善了，人家就去了，工业才能发展起来。依靠地方积极性，发动群众和社会力量来大力发展交通事业，这是个很重要的问题。

第四句话，是服务群众。

交通运输是面向广大群众的，是牵涉到群众的利益的，现在的服务态度，就是黄镇东同志报告里讲的“脏、乱、差”的状况还没有改变，我也不是说交通运输行业服务态度就特别差，现在普遍服务态度都不好。我在上海老讲，我们有些老口号都应再提一提，“我为人人，人人为我”，我在上海一直在讲这些东西。我说百货公司职工，你成天对人发脾气，你回去买菜时不也是一样要挨一顿吗，何必呢？大家都设身处地想一想，改善自己的服务态度，全社会都受益，这就是社会主义道德和共产主义精神嘛，是不是交通部门的宏观调控就包括这个东西，提倡精神文明建设，大抓服务质量。

今年我们要大抓服务态度，改善一下服务质量。去年我没有来得及，因为去年抓清理“三角债”，来不及抓别的事，今年要突出抓质量、品种、效益，其中突出质量。有了质量就有了品种，效益也就出来了，所以今年要狠抓一下质量。去年抓了个民航，想取得一点经验。民航的关键是什么，是它的服务质量。提高民航的服务质量，要突出一个正点率。正点是最大、最好的服务。这口号一提出，全民航系统都认为是抓到点子上了，一切工作都围绕抓正点，正点抓上去了，其他服务质量也跟着上去了。其他服务质量上不去，就不可能正点。交通部还要把提高服务质量问题深化一步，看抓什么，先抓什么，后抓什么，主要抓什么。提口号不是为好看好听，要扎扎实实抓效果。要认真对待，从严管理，不能姑息迁就。现在我们有一种不大好的风气，就是不严，大家你有错、我有错，不管什么事就这么过去了，不认真。交通、铁路、民航搞得好不好，代表国家的形象，代表一个民族的精神。如果连一个机场、一个车站都管不好，你这个国家能管得好吗！交通系统抓服务质量抓得对，但要动真格的，目标要明确，口号要实在，措施要具体，处理要严格，这样，我相信交通事业一定会大大改观。

以上讲了这么4句话作为补充，讲得对不对，请同志们考虑。其他如重视科技进步、科学技术是第一生产力等，在黄镇东同志报告里都有了，我就不多讲了。

在这里，我想再补充一点，就是全系统的精神文明建设问题。要把精神文明建设搞好。要想把各项事业搞好，领导班子建设是最重要的。要真正把中央的一系列政策贯彻落实到基层，没有各级领导班子以身作则，为人表率，清正廉洁，就什么事也搞不成。在座的是各级领导干部，要更加加强自身建设，要深入群众，多作调查研究。领导干部要廉洁奉公，做出好样子，不要请客送礼，大吃大喝。这些方面国务院都是有规定的。在这方面，首先是我们这些人要以身作则。最近我去了十几个省，第一条，不要迎送，迎送干什么呢？地方上的同志一定不要来迎送，这要省掉多少事嘛。总理、副总理、部长加起来有多少个，都迎送不得了，大家不堪负担啊。第二条，不陪餐。一起吃饭就是请客，当然你自己吃饭也要严格要求，四菜一汤，要求严格一点，大家都这么做，风气就出来了。如果省委书记、省长来吃饭，规格能低吗？如果光是省委书记、省长那倒好办，他一来就不是几个人，马上就是多少桌，可能部长下去至少3桌吧。有的说，我们在一起说说话不是节省时间吗？我说节省不了时间，只有一张嘴巴，不是吃饭，就是讲话，节省什么时间呢？第三是绝对不收礼，一条烟，一瓶酒，绝对不收。包括下面的同志，有时你不收，下面的同志，或者带去的同志给你收，这也不好。第四，不在宾馆里听汇报。我去了十几个省，都是到省政府去听汇报，倒有个好处，每个省政府什么样都知道了。哪个艰苦朴素，哪个豪华，我都清楚了。另外，一些生活小节要注意，李鹏同志就批示过，下去不要跳舞，跳舞成风不得了啊。你去参加跳舞了，大家都来跳，不得了。不搞这些增加别人负担的事情。我相信只要我们负责同志，各级领导班子，大家都严格要求自己，讲党性，作风就带出来了。我们往往讲社会风气不好。社会风气怎么会不好？同志们，首先是我们不好嘛。江泽民同志在上海一再讲“上梁不正下梁歪，中梁不正倒下来”，只要我们从部长、厅长到下面局长大家都严格要求，整个社会风气就好了。我们政府机关廉洁，也就敢于去治那些作风不好的人。我认为交通部门在这方面还是比较好的一个部门，希望你们在这个基础上继续努力，把这个问题提到巩固我们的社会主义制度，防止“和平演变”的高度来认识，切实加强精神文明建设，加强思想政治工作，把交通运输事业搞得更好。希望交通运输事业在“八五”期间有一个很大的发展。

谢谢大家。

邹家华副总理在全国公路建设工作会议上的讲话（摘要）

（1993年6月23日）

听了同志们的发言，大家对整个公路建设的认识和意见都讲得很充分，现在强调讲几点意见。

第一点：这次会议开得很好，是一次非常重要的会议。

这次会议之所以重要，因为是和当前的经济形势密切结合的。在我国经济发展过程中，当前要突出解决“瓶颈”问题，“瓶颈”现象主要反映在基础设施不适应，我们这次会议就是为了解决公路基础设施建设这样一个重要问题。

会议开始的时候，黄镇东部长作了一个很好的报告，总结了几年来公路建设工作的经验，制定了目标，提出了任务以及下一步工作的要求。刘锷副部长又讲了今后10年以及30年的长远规划。有了一个长远的规划，我们今后的公路建设从中央到地方就可以围绕这个总体目标，进一步来发展。会议中间介绍了山东的经验，山东的经验很全面，不仅仅是高等级公路建设，而且包括县乡道路的建设。广东的经验也是很丰富的，广东这几年公路发展很快。除此以外，各地也都有很好的经验，有的在会上作了介绍，有的是书面材料。

这次会是采取现场会的形式进行的。大家实地考察了山东的公路，包括高速公路、汽车专用路、一般等级公路和县乡公路。不光考察路，还从领导的指导思想、组织工作、群众工作等方面，从认识和实践的结合上更加深刻地了解了山东公路建设的经验。昨天下午各省领导的发言，说明这次会议加深了我们对公路建设与经济发展的关系的认识。有的同志讲这次会有“七个最”、“五个好”，大家感到很满意，达到了我们设想的要求。山东省为这次会议作出了很大的努力，组织工作做得非常好。

第二点：1989年以来的4年时间，在党中央、国务院的领导下，公路建设取得了很大成绩，特别是高等级公路建设取得了显著成绩，要充分估价。

1989年辽宁会议时，对建设高速公路的认识还不完全一致，有的赞成，有的不大赞成，建高速公路要花很大的投资，当时沈大高速公路已基本建成，认识还不一致。现在比较一致了，而且肯定了，因为开始显示出实际效果来了。那次会议对我国的公路建设起了很大的推动作用。到1992年底，全国高速公路已达652公里，4年来增加了505公里。目前，我国已有18个省、自治区、直辖市已经建成或正在着手建设高速公路，当时只有沈大和沪嘉两条高速公路，那时还在酝酿中的京津塘高速公路现在已基本建成了，实际上对高等级公路的需求是经济发展对交通需求的客观反映。

辽宁会议之后，二级汽车专用公路从无到有，目前已建成2 000多公里，成绩是很大的。我们不可能要求所有的公路都全立交、全封闭，假如现在提出这个要求，就会脱离我国经济发展的实际。但是经济的发展，却要求提高公路运输的运行效率、运行速度，这是我们要努力实现的目标。昨天辽宁的同志讲，我们过去公路平均速度只有30～35公里，重要的原因，是路比较窄，路面质量不高，特别是混合运输，公路上除汽车外，还有行人、自行车、马车、牛车、板车、拖拉机等等，因此，就没有办法提高公路的汽车速度和效率。如果公路上汽车的平均速度能提高1/3，同样的车辆数量，运输量、运输效率就能提高1/3。在这种思想指导下，出现了二级汽车专用路，路面宽度、路面平整度近似于一般二级路，但由于采取了汽车专用，部分封闭和立交的措施，运输速度和效率大大提高，最大的节约是时间的节约，同时也减少了油料的消耗、轮胎的磨损，这是一个非常重要的措施。运输效率和效益不光是一个速度的问题，它是一个综合的、全面的要求。但提高速度始终是交通运输要努力追求的一个目标。从实践中可以看到，不论是火车、飞机还是汽车、轮船，都是通过提高速度不断提高运输效率和效益。回顾历史，速度本身也在不断变化和发展。最早的运输工具是人自己，背个东西从这个地方送到那个地方，以后又以畜力作为动力来完成运输。然后又以机器来牵引车辆，又从陆地、水上交通发展到空中的交通。不管哪一个时期，在新技术水平基础上，都在追求新的运输速度，这是交通运输发展的自然规律。现代小汽车时速达到200公里，甚至更高，这在技术上已解决了，但是如果没有相应的公路，这样高的速度也不可能得到发挥。我们从事交通运输工作的同志们，要采取多方面的措施建设好公路，使车辆的速度得到提高和发挥，以取得最大的运输效率、最大的运输效益，这也是这4年来出现了高等级公路、高速公路的原因。

高等级公路的出现，车速的提高，对我们贯彻中央改革开放的政策，改善投资环境，起了很重要的作用。外商到中国投资，要有合适的投资环境，投资环境当中一个特别重要的条件，就是交通条件。由于出现了高等级公路，提高了运输效益，降低了运输成本，就更加容易吸引外商来投资，各地都有这样的体会。

高等级公路的建设，对发展市场经济，推动市场建设，起了很大的作用。这次去潍坊市寿光县看了一个蔬菜市场，很受启发。按我们过去的观念，都是在城市的附近搞菜篮子工程，在城市郊区搞一些蔬菜基地，解决城市需要的蔬菜。我原想一个寿光县城能需要多少蔬菜，即使搞蔬菜市场也不会太大。到那里一看，这个蔬菜市场非常大。我问他们，蔬菜从哪里来，到哪里去？他们说，全国除了西藏没有不来的。不仅向山东大城市如济南、淄博等供应蔬菜，而且运到北京、运到天津，甚至更远。东北的土豆从东北运到寿光县，然后从寿光批发到其他地方。形成这么一个蔬菜中心，当然原因很多，寿光县本身就是大面积种植蔬菜的传统县，但蔬菜市场之所以能够出现，不是盖个房子就有了市场，首先是要把蔬菜运进去，又能从这里批发到各地，最根本的条件就是交通。从寿光县开汽车一天一宿就可以到北京。北京就不局限于在郊区发展蔬菜市场了，可以从寿光这个蔬菜基地把菜运到北京了。市场经济一个重要认识就是要发展商品生产，通过流通环节，才能形成商品经济，这种情况下交通就成为一个关键环节。寿光蔬菜市场发展的条件，就是有了高等级公路，高速的运输。从这里我们看到一个现实，运输速度的提高，运输的充分发展，对我们今后市场经济的发展，大规模的商品生产，降低商品生产成本，提高整个经济效益，起着很重要的作用。县乡经济能否发展，很重要的一条也是交通问题。

高速公路的出现，运输速度的提高，也推动了一系列产业的发展，例如对汽车工业提出了新的要求，推动了橡胶轮胎工业，也推动了通信事业以及其他工业。公路特别是高等级公路建成后，公路两边土地级差地租升值，这也是建设公路以后带来的效益。现在有些外商愿意投资建设公路，有的外商提出，我花点钱可以，但是你要给我土地。辽宁的同志介绍说375公里沈大高速公路两边形成了大的经济带，从两边土地的升值中，钱又收回来了，而且收得更多。因此，高等级公路建设的征地、拆迁费用要适当，如果费用太高，这条路就建不成，建不成路，两旁的土地也就不能升值，谁也不来投资。开始时费用低一点，路建起来了，两边的土地马上升值，经济也发展了，应该综合来考虑。从这里可以看出，交通的发展与经济的发展紧密相关，交通发展了，就会推动经济发展，经济发展以后，反过来就要求建更多的公路，两者之间是相辅相成的，这是符合市场经济发展规律的要求。大家都在说，“要致富，先修路”，一点也不错，致富以后更要修路。这是一个从实践中总结出来的结论。我们搞社会主义市场经济，如果仅仅局限于很小规模的小农经济状态，那是发展不起来的，所以我们必须走商品经济的道路。商品经济的最大特点是强化商品交换和流通，流通越快，交换越充分，商品经济就越发达，整个社会就越发达。我们从这个理论来认识，就必须加快交通运输的发展。全国各地的实践证明，在交通运输发达的地方，经济发展得就好，凡是交通运输不发达的地方，经济就发展不起来。这是符合客观规律的。

第三点：谈谈山东公路建设的经验。

各地的经验很多，这次会重点介绍了山东的经验，他们概括了7条，这7条都是非常好的，我想再强调几点。

第一条是提高认识，加强领导。这一条是搞好公路建设的一个关键。提高认识是很不容易的，因为各行各业都有自己的重要性，从某种意义上讲也都是对的。要从那么多重要的事情中集中到一个更高点的认识，强调交通运输这一条，这是要大家共同来认识的。从整个经济的重点来讲，不光是交通运输，我们讲基础设施、基础产业是能源、交通，还加上一个通信。这些都对。能源是一个重点，没有能源，交通也通不了，飞机、汽车、轮船没有油也不行啊！没有能源，没有电力，我们整个的经济都要停摆，因此能源是很重要的。反过来再从另外一个角度讲，没有交通。煤炭运输不出去，火电也不能发，所以在一定意义上来讲，交通运输更加重要。这是我们经过几十年的经济建设之后，越来越明确的一个概念。特别是从我们当前经济的实际看，“瓶颈”就在于能源和交通，所以就更需要突出地讲，能源要摆在前头，交通要摆在前头。这个认识不能模糊，不能动摇。能源交通要先行，不仅仅是认识上要先行，我们的整个措施、政策、资金也要保证这个先行，才能真正做到先行。这个认识要坚定。当然别的工作不是不做，各项工作都要做，但是现在是由于“瓶颈”的原因，制约着我们，只有把交通、能源搞上去了，其他方面才会更好地发展，才能有后劲。

加强领导，不光是省里的领导，市里的领导、县里的领导，以至于乡里的领导，各级领导都要重视交通建设，了解情况，解决问题，推动工作前进，使它不断地健康地向前发展。这个工作不仅仅是交通部门的事情，各级领导都要亲自去抓，摆到工作日程上来。我到济青公路的青州路段见到一位项目经理，问他这条路怎么样？他说他参加了好几条高速公路的建设，就数这里最好。山东省政府规定了一条，所有的问题都由各级政府自己协调，不能往上面推。遇到是县的、乡的问题，跟他们一商量都帮助解决了。各级领导都重视，都来抓交通工作，事情就好办了。

第二条是依靠群众、发动群众。当然不是说像过去曾经有过的不尊重科学的客观规律的那种发动群众，大炼钢铁的做法实际上不是发动群众，而是领导的强迫命令，违反了科学的规律，这当然是不行的。公路建设要在各级政府的领导下，把群众发动起来，真正成为群众自己的事情。山东的一条很好的经验就是真正把群众发动起来了，当然还要按照科学的要求来进行，这两者之间是一个辩证的关系。要调动群众的积极性，不等于不要管理，不按科学规律办事。依靠群众、发动群众，不要搞强迫命令，而要使群众真正认识这条路修好以后对经济发展是有利的，是为了经济的发展，为了人民生活水平的提高。

第三条是搞好规划。山东的经验如此，广东的经验也是如此。4 年来建设的实践证明，原来提出的“统筹规划、条块结合、分层负责、联合建网”的方针是正确的。这个方针也适用于这次交通部提出的“五纵七横”、“两纵两横、三条线”的规划。各个省也要有重点、有规划，有了规划才能突出重点，没有规划就没有重点，没有重点也就谈不上什么“突出”了，所以规划一定要安排好。规划本身不仅仅是建设一条公路的问题，对整个的省、市、自治区的地区经济，以及与周围邻省的关系，都要有一个通盘的考虑。不但要安排近期的，而且还要有长远的安排。公路建设，还要与铁路建设、水路建设、航空建设作为一个总的交通体系来统筹规划。这一点是十分重要的，发展经济没有交通不行，发展交通不把运输体系搞好，就要打乱仗。国家要规划好全国的重点公路，叫“主骨架”。各级都要搞好本地区的规划，同时又要注意与总体规划相衔接。当然我们不能要求县里都去规划高速公路，但要把县乡公路规划好。广东已提出到2000 年的时候，从广州到地市最少要达到一级公路；县到地市和地市到县要达到二级公路；县到乡应该有什么公路，都有自己的规划。公路建设要统筹规划，有秩序地进行，既调动两个积极性，又按照规划进行。各个地方不完全一样，要突出重点，要根据资金的可能，进行安排。

第四条，在整个建设中间要贯彻改革的精神。山东的经验，叫做投入少，产出多，效益高。要按照这三个要求来研究我们整个建设中的改革。改革本身不是目的，目的是要通过改革更好地发展经济，增强我国综合国力和提高人们生活水平。

再强调一点，就是要保证公路的质量，建立监理制度。监理制度是一个很重要的措施，把施工单位和监理单位分成两个单位，都对业主负责。业主通过招标，把公路的某一段交给施工单位建设，业主专门聘请监理单位，监督施工质量，也对业主负责。这是我们公路建设很重要的一条制度的改革。特别是高速公路，修好以后，要保证 15 年不大修，保证公路质量稳定。监理和承包者的关系是既要严格监理，又要热情服务，叫做监承共建。从总体上讲，大家为了一个共同的事业把路建好，这是统一的。当然工作是两方面，承包者本身要把质量搞好。监理不能离开质量第一的原则，另一方面，又要热情服务，发现问题，帮助施工单位来解决问题，保证公路的质量。山东的经验中，这也是一条很重要的经验。

第四点：我国的经济形势，总的来讲是好的，但也存在一些新的矛盾和问题。当前一个重要任务，就是要抓紧交通运输等基础设施建设，解决“瓶颈”的问题。

为了解决这个问题，要处理好几个关系。

在交通运输中，铁路、公路、水路、航空、管道等五种运输方式，各有各的长处，不是可以相互替代的关系，而是要形成优势互补的关系，都要发展。现在，我们对内河航运利用得不够。贵州省有南盘江、北盘江，假如这两江能够疏通，贵州的物资就可通过两江一直到达广州，这样出口就有了通道，除了公路、铁路到广西可以出去外，通过航运也可以出去。所以，我们在运输中要充分发挥各种运输工具的长处，把它们组合成一个比较完整的运输体系。各省、市的情况不同，要因地制宜。

关于高等级公路或者是高速公路跟一般公路的关系，我们现在不可能要求所有的路都建成高速公路或是高等级公路，这样投资太大，而且没有必要。要从实际的经济效益出发来研究。当然，在有条件、有需要的地方，应该更多地发展高等级公路，这是随着经济的发展，货流量、车流量的增加提出来的客观要求。虽然投入量大，但是效益增加，回收也快，一切都要从实际出发。比如从连云港到新疆是一条国道，等级应该高一些，但西北段人烟少，通过车辆少，就没有必要都建设成高等级公路。县乡公路也要从实际出发，有的地方经济发展较快，需要修得好一点，有的地方特别是山区里面，刚刚开始发展经济，道路等级低一点，先保证交通通进来，保证山区里的货能够运出来，山里需要的物资能够运进去，也是解决了一个大的问题。随着经济的发展，再考虑从低级路逐步发展成高级路，这也是可以的。我想高级路和低级路，也是一个辩证的关系。要减少一点盲目性，真正从经济效益，从经济发展的实际可能来安排。当然，还要说一句，高速公路、高等级公路，现在还是不够，不是太多了，如有可能应该多建一些。

公路建设在设计上应有适当超前的意识，不能花3年建成了一条高速公路，路上的车就拥挤不堪，那就是问题了。沈大高速公路建成的初期，有人说车流量那么少，建高速公路干什么，现在证明这个看法不符合实际情况。辽宁的同志讲，现在已从日通过1万多车次最高峰发展到日通过4万多车次，每年以25%的速度上升。高速公路建成以后，刺激了公路两边地区经济的发展，必然带来运量的增加。所以高速公路在设计时，应该考虑得超前一点。现在国家已有规划，就是“五纵七横”、“两纵两横、三条线”。这还要进一步具体化，各个省之间的互相衔接，标准、要求、什么时候开工建设等，都要具体化。这里需要提出，不能把公路变成街道，这方面要做出规定。不能公路建成以后，就贴着公路马上建房子，将来公路要拓宽都没有地方了，这个事情要有长远的观点。最好还是公路要绕开城市，才是合理的。公路通过城市，城市也受不了。

现在讲一讲这两天中大家谈得最多的几件事情。

关于资金问题。解决这个问题的办法主要是多渠道筹集资金，包括拨款、贷款、发行债券，合理地筹资，以及各种优惠政策。优惠政策中最重要的是以路养路。公路收费是可以的，这是以路养路，但有一条，不能乱收费。现在乱收费成了风气了，谁都想利用手中的权力，设立一个收费的项目，简直不得了，一定要整顿。贷款集资修建的公路，是要还钱的，允许收费。有的同志说，国家公路，不要收。按说国家投资应该是不收费，有的地方为了滚动起来建设公路，也收一点费，这个问题，你们还可以考虑。建设公路，可以发债券，但要有一个办法。这里我想讲一个问题，我们国家的基础设施建设可以吸收外资来办，昨天同志们提到的“担保”问题，这要看指的是什么意思。如外商到外面筹资让我们担保，那么我们自己去筹不就行了么。所以这个办法是行不通的。广东的办法是，组建公司修路，外商愿意投资，跟我们合资，公司对公司，政府不出面，由公司共担风险，共享成果，不存在担保不担保的问题。总的原则，我们允许吸引外资，方式可以多种多样。还有一种办法，外商自己来建，建成以后收费，连本带息都还清了，这条公路就交还给我们，这也是可以考虑的。

关于交通基础设施建设中的“两金”问题。大家提的意见是有道理的，本来养路费是用于道路养护的资金，没有什么理由再收“两金”。当然，这是历史上遗留下来的问题，交通部已经和财政部交涉了很长时间了，现在国家财政比较困难，到底怎么办，还需要回去以后跟财政进一步商量，采取一个变通的办法解决这个问题。

关于体制上的问题。主要是与公安部门的关系问题，职责要划分清楚，哪些工作公安做比较好，哪些工作交通做比较好，都需要进一步地协商。这里面还有一些利益上的关系，还要协调一下。不然的话，影响公路运输的运行，对公路建设带来不利因素。

大家还提了一件很具体的事情，就是着装的问题。现在大盖帽太多，什么人都戴大盖帽，因此要进行整顿、清理。将来不管着装问题怎么解决，总是要保证养路费正常征收，不要漏了。

这次会议是一次很重要的会议。会议提出的各项任务，大家都赞成，并表示有信心、有决心搞好公路建设。希望同志们回去后，把会议的精神贯彻落实好，把全国公路建设推向前进。

建设全国统一的综合交通运输网络体系

——李鹏总理在听取国家计委、铁道部和交通部汇报编制“九五”计划和2010年远景目标时的谈话

（1995年4月5日）

交通是国民经济的基础产业，也是促进社会发展和提高人民生活水平的基本条件。自古讲衣、食、住、行，现在还要加上用。现在大家对交通的重要性有足够的认识，知道“要想富，先修路”。发达地区改善投资环境要修路，不发达地区脱贫致富更需要修路。城市交通拥挤，严重妨碍居民的工作与生活，也迫切需要修路，改善交通状况。因此，在“九五”和未来15年，我国交通运输事业必须有一个大的发展。

我国交通的发展应该以铁路为骨干，公路为基础，充分利用内河、沿海和远洋运输的资源．积极发展航空事业，形成各具不同功能、远近结合、四通八达、全国统一的综合交通运输网络体系。交通运输建设要充分发挥中央和地方两个积极性，进一步深化交通运输体制改革，促进交通运输事业的健康发展。

关于铁路运输

“八五”是建国以来铁路建设发展最快的时期。老的限制口有的已经缓解，有的甚至出现能力富余，同时又产生了一些新的限制口，总的情况是运力的短缺和富余并存。解放初，我国铁路营业里程是2万公里，“八五”期末可突破6万公里，铁路建设成绩很大。衡量铁路运输能力，不能单纯看铁路线长度，还要计算运输量。只看长度这一个指标，容易过分重视上新线。我国铁路营运里程在5万公里左右徘徊的时候，通过蒸汽机车更换内燃机车、电力机车、安装自动闭塞等一系列技术改造措施，扩大了通过能力，增加了运输量，提高了铁路利用效率。铁路复线算一条线还是两条线？很显然按运输能力，只算一条不够合理。铁路单线不加自动闭塞通过能力一般不足1 000万吨，加自动闭塞一般可达1 500万吨以上，复线自动闭塞通过能力可达6 000万吨以上。同样是一条铁路，复线加自动化装置的运输能力是普通单线6倍。所以单纯计算营运里程是不合理的。用两个指标，即营运里程和运输量，就可以看出铁路有很大的潜力。

还有一个指标是平均每公里铁路的运输密度。根据测算，我国铁路的运输密度即平均每公里通过运量近3 000万吨，是世界上最高的。这除了说明我国铁路效率高以外，还说明几个问题：一是我国国土辽阔，大量货物需要长距离运输；二是资源分布不平衡，资源性产品运输量大。过去是北煤南运、南粮北调，现在是西煤东运、北粮南运、西棉东运。山西、陕西、内蒙古的煤从西向东，东北的粮食向南方，新疆的棉花从西向东部沿海运，这就形成了我们的三大运输线。还有一条是北油南运，现在是以管道为主。新疆石油开发出来，还有西油东运的问题。三是经济发展水平低。经济发达国家运输的货物价值高但重量小，我们运输的货物初级产品多，价值低但重量大、体积大。这3个原因造成我们的货物周转量大。美国

修东西铁路干线的时候，也主要是把西部的资源运到东部。

从客运看，过去主要是人员公务性质的流动。解放初是大军南下，以后是大学生全国统一分配，支援三线建设，还有学校院系调整和搬迁，两地分居造成的探亲，形成客运的主流。现在情况有了一些变化，客运是公务出差、谈生意和旅游的旅客多了，加上民工潮。每年春天上海人到苏州扫墓也兼有旅游的性质，客运量很大。民工潮是一个很大压力，单一个春节就达3 000万人。今年政府管了一下，实行民工有序流动，效果很好，说明管一管确有必要。

总的概念是我们的铁路利用效率高，一年完成货物周转量12 000多亿吨公里，旅客周转量3 600亿人公里。有一个国际组织，要开会推广铁路私有化经验，说铁路一私有化，效率就提高，就扭亏赚钱了。我国的代表把中国铁路运行指标一讲，充分证明铁路私有化也不见得比国有化好。关键还是看有无货源和客源，决定于市场。

安排“九五”计划铁路建设规模，先要看铁路货运弹性系数多少，有多少东西需要运输。根据测算，“九五”时期要增加1.3亿吨煤、5 000万吨矿石和冶金产品、1 000万吨油、1 000万吨粮食和100万吨棉花。棉花重量不大，但占用车皮多。再就是看分布，应上哪几条线，这取决于物资往哪里运。西煤东运主要是四个通道，第一条铁路是大秦线，已经完成；第二条从陕西神木到河北接京九线，到黄骅港，是新建铁路；第三条从山西侯马到山东日照，正在建设铁路复线；第四条西安到四川，是新建铁路，把陕西煤经过安康进入四川。宝成复线也是解决陕西煤到四川的问题。南昆线正在建设，是“九五”的重点。昆明到北海，使西南有一个出海口，不仅是布局需要，还有利于西南经济的开发。昆明到大理是旅游线。内昆铁路，由四川宜宾到云南红果如果建成了，进出四川就方便了。西北主要是建设宝鸡至兰州复线或宝鸡至中卫复线。塔里木油田开发以后，开始经过兰新复线运出来，油多了还得铺输油管线。修建南疆铁路对于保证新疆的石油、棉花运输有很重要的作用，又有利于开发南疆和保持南疆稳定，要很快安排建设。哈尔滨到大连电气化一定要建。北京到上海的高速铁路，从长远发展看是有必要的。什么时候建，还要根据需要与可能，但可以先做好前期准备工作。京九线建成通车，南北通道就缓和了。津浦线以后主要搞客运和运高档货，京九线可以多分流运煤炭。晋东南和阳泉的煤可以通过京九线供应江西、福建、广东，东南沿海一带用煤仍靠海运解决。“九五”时期的铁路建设应保证重点。首先，使已建成的新线配套完善，达到设计能力，保证安全运输，如兰新复线和京九线。其次，应集中力量搞好正在建设的新线，如南昆线、西安—安康线、神黄线等。再次，进一步对老线进行技术改造，建设复线、电气化和自动化，以提高老线运输能力。大连到烟台的铁路轮渡，经济效益较高，可以考虑实施。在“九五”期间乃至后10年，铁路运输仍然是全国交通运输网络的骨干。按照0.3的弹性系数考虑，到20世纪末铁路货运量将达到18亿吨。

“九五”期间建设铁路，哪些是重点，哪些是一般，哪些从长远看应该建设，但“九五”只能作前期工作，如京沪高速铁路、西安到南京、洛阳到湛江、进藏铁路都属于这一类，要规划好。

关于公路建设

“八五”期间，全国公路建设有了很大的发展，公路里程可增加11万公里，全国公路总里程将达到115万公里。公路等级和质量也有很大的提高。高速公路达到2 100多公里，一、二级汽车专用公路1万多公里。部分国道干线公路拥挤状况有了改善。基本上实现了乡乡通公路。贫困地区和民族地区的公路建设也取得了显著成绩。

“九五”期间要加快公路建设，新增里程保持在11万公里，其中高级公路增加一倍左右，逐步建成贯通全国南北、东西的公路干线网，先形成几条通过能力大、规模效益好的快速运输大通道，如北京至珠海、同江至三亚、重庆至湛江的纵线，连云港至新疆霍尔果斯、上海至成都的横线等等。“九五”时期公路建设要有新的特点，以提高水平为主，加大高等级公路的比重。同时，要加强中西部地区公路建设和县乡道路建设。

全国性的公路干线网国家有了统一规划，要调动地方积极性来共同实施。高速公路建设要以经济发展水平和实际需要以及一定的车流量为依据，防止盲目地上。现在，铁路短途运输比重还很大，不合理，要进一步发挥公路在这方面的作用，特别是要发挥公路运输中转环节少、能够门到门服务的优势。公路建设资金来源的主要渠道：一是养路费；二是车辆购置附加费；三是公路建设基金，客车在票价里加一点，货车每吨公里加一点，这一块现在由各省自定，应该逐步加以规范。不足部分利用国内外贷款。从经济效益看，除了大型桥梁和高等级公路通过收费可以把贷款还上，一般公路是社会公益性事业，投资很难收回来。公路建设要以地方为主，资金取之于路，用之于路。要注意解决断头路问题，国家出一点钱，两边地方各出一点钱，三方一努力就接上了。只有这样，公路建设才能加快步伐。

现在公路上拖拉机和农用柴油车跑运输的问题值得重视。一是浪费燃料，同时造成交通堵塞；二是损害路面，虽然胶皮轮好一点，但对路面的破坏比汽车大得多；三是降低行车速度，影响公路利用率，如果车速从30公里提高到60公里，一条路就变成了两条；四是不安全。在交通繁忙和拥挤路段，不能让拖拉机上路。最近一个时期，在原来拖拉机基础上发展起来的农用柴油车，效率要好一些，但仍然是一种高耗能运输工具，从长远看，应逐步为价格低廉的农用汽车所代替。这应作为一项产业政策，逐步加以实施。

关于水运建设

“八五”期间沿海主要港口将建成泊位280多个，其中万吨级以上深水泊位100个，深水泊位总数可达400多个，沿海港口总的吞吐能力达到7亿多吨。集装箱和滚装船等现代化运输系统有了较大的发展。压港压船的现象大为缓解。总的看，沿海港口的合理布局大体形成了。

“九五”期间，中级以上码头泊位和吞吐能力都要继续增加。重点是建设能源、集装箱、重要原材料装卸泊位。要不断完善与提高装卸能力，提高效率，降低成本。上海组合港方案要尽快定下来。利用宁波港的方案，我看是比较现实的。解决长江口拦门沙，提高长江口航道大型海轮的通过能力，是一个很好的方案，但同时又是一个工程浩大、有一定风险的方案，要继续认真论证。总之一句话，上海港口能力不解决，浦东也发展不了，这是问题的关键。大的国际性经济中心必然是货物集散地，必须有大的港口，要能够开班轮，随时接纳、装卸第三代、第四代集装箱船。只有这样，上海才能成为国际性的贸易中心、航运中心，带动长江流域经济的发展。深圳盐田港是为香港分流，它的三期工程由自己搞，但不能、也不必要代替香港的作用。

粮食要有专用码头、专用仓储设施。我们要从国外进口一些粮食，调剂余缺和品种，还要考虑东北粮食南下。目前东北粮食进关主要靠铁路，但海运也是一条重要渠道，而港口能力还不够。在重要港口和铁路口上都要建设粮食仓储设施，以发挥国家储备粮的作用。

沿海运输的主要任务是运送能源、原材料等大宗物资，如煤炭、铁矿石、石油、粮食、棉花、化工原料、木材、钢材等。

到2000年，煤炭陆水联运能力可能接近1.8亿吨，问题是中间环节太多。山西煤上路是100元/吨，到上海就要300元/吨，秦皇岛倒煤的单位和个体户不少，说什么“倒煤”就不倒霉，不“倒煤”就倒霉。要提倡煤矿自主经营，煤出矿就实行联运，一票到货主，大力减少中间盘剥。成立几个大的煤炭运输公司，采取陆水联运形式，把运输价格压下来。煤的用户是三大块：电厂、钢厂和民用。其中，电厂和钢厂用煤是一票到底。民用煤每个城市都有民用煤公司，为什么叫中间环节去倒？大的用户直接供货，小的用户搞些市场竞争，把煤销价降下来。

内河运输具有运能大、能耗小、成本低、占地少、对环境污染比较轻微的好处。我国发展内河航运的潜力是很大的，但没有得到很好开发。内河航运与其他几种运输方式比较，是最为突出的薄弱环节。发展内河航运要坚持水资源综合利用的方针，充分发挥中央和地方两个积极性，加大对内河航运建设的投资力度，有重点地解决关系全局的重大项目。“九五”期间，要以整治提高航道等级为重点，集中力量建设长江干线、西江干线、京杭运河（济宁——杭州）水运主通道和长江三角洲、珠江三角洲航道网，形成“两横一纵两网”基本贯通的格局，以进一步扩大内河航道的通过能力，发展干支直达、江海直达运输。

远洋运输，在扩大对外开放，加强国际间的经济技术交流与合作方面具有举足轻重的作用，我国进出口贸易物资的90%以上是通过远洋运输完成的。改革开放以来，我国远洋运输事业有了很大发展，现在全国从事国际航运的船舶运力已达到2 350万载重吨，居世界前茅，集装箱船队居世界四强之列。其中，中国远洋运输（集团）总公司的船舶运力达到1 700万载重吨，是世界上最大的航运企业之一。我国不仅结束了靠租外国船运输外贸物资的历史，而且还有能力承揽第三国货物，为国家创收一定的外汇。我国在资源上有两大缺口，一是石油，二是铁矿石，要利用国内国外两种资源，利用国外资源离不开远洋运输。今后我国的对外贸易还会继续有大的发展，远洋运输要适应形势的需要，作出新的更大的贡献。

邹家华副总理在全国内河航运建设工作会议闭幕会上的讲话

（1995年10月13日）

交通部召开的这次内河航运建设工作会议是一次很重要的会议，会议开始时，黄镇东同志作了一个很好的报告。这个报告比较全面地总结了新中国成立以来，特别是改革开放17年来，我国内河航运事业取得的成绩，实事求是地分析了内河航运建设方面存在的困难和问题，提出了加强内河航运建设的目标和要采取的方针、政策和措施。刘锷同志介绍了内河航运建设的长远规划和“九五”期间的工作部署。会议期间，江苏、浙江、广东、广西等4个省（区）的同志介绍了发展内河航运的经验，与会代表实地考察了江苏、浙江两省内河航运的情况，大家从中受到了很大启示。我也和大家一样，学习到了许多经验和知识，了解到许多实际情况。江苏、浙江两省通过出台政策和吸引外资等办法，筹措内河建设资金的经验，都是值得肯定和借鉴的。刚才在座谈中，大家对如何加强内河航运建设发表了很多好的意见和建议。有的内容今天我可能要讲到，有的会后请交通部和国家计委等部门再研究。我认为这次会议开得很必要、很成功，对统一认识，明确目标，加强领导，落实政策，进一步振兴我国的内河航运事业将起到积极的推动作用。

下面我讲几点意见。

一、要正确认识发展内河航运和发展国民经济的关系，把内河航运建设放到应有的位置

交通运输是国民经济的基础设施和基础产业。国土资源的开发，城乡经济的发展，对内对外开放的扩大，都有赖于交通运输的发展。同时，交通运输还是建立社会主义市场经济体制的重要条件。商品经济的发展，专业化生产的形成和扩大，地区优势的利用和发挥，统一市场的形成和发育，都要有发达的交通运输作保证。因此，发达国家在工业化过程中，都优先进行交通基础设施建设。社会经济从自给自足小农经济形态走向商品经济形态，形成了社会化大生产的格局，不论在技术、效益、效率和规模上都有了很大的发展。商品经济的发展又极大地推动了市场经济的发展，而对商品经济起着极大推动作用的是流通，包括交通和通信。没有发达的流通，也就没有发达的商品经济，而发达的流通，必须有发达的交通和通信来支撑。经济要发展，交通和能源一样必须先行。能源是经济发展的重要基础条件，而交通则是经济发展中重要的流通条件，两者都是必要的基础设施。我国40多年社会主义经济建设的实践也充分说明了这一点。

现在，我国经济发展过程中遇到的一个突出问题，就是基础设施滞后于经济发展的需要。经过长期的努力，虽然有了一定程度的缓解，但是与需求相比，还是十分不适应。主要反映在包括交通运输在内的基础设施不适应，严重制约了国民经济持续、快速、健康发展。由于基础设施具有建设周期长、投资大的特点，而建成后发挥的作用又是长期的，所以基础设施的建设包括交通设施的建设必须从长远的、战略的、适当超前、注重后劲的原则来考虑

安排，这也是“九五”规划中的重点内容之一。20世纪80年代以来，随着经济的快速发展，客货运输的需求大幅度增加，运输能力不足的矛盾日益突出。铁路干线能力全面紧张，许多重要路段只能满足需求的60%～70%。公路运输也很紧张，尽管车辆增加很多，但公路等级低，路况差，混合交通严重，许多路段经常堵车。水运方面，港口吞吐能力不足，航道通航等级低，船舶老旧，潜力和优势难以发挥。航空运输能力也不适应发展的需要。

要缓解我国交通运输的紧张状况，必须充分发挥综合运输体系中各种运输方式的优势，做到宜陆则陆，宜水则水。现代运输是一个大系统，是铁路、公路、水运、航空和管道五种运输方式有机结合、相互协作而形成的综合运输体系。在这个体系中，五种运输方式各有各的特点，各有各的优势。作为铁路来讲，它的特点是运输能力大，运输成本较低，适于中、长距离客货运输，在全国境内能够显示出它的优势。但是，铁路运输不能代替其他运输方式，铁路运输还需中转换装，用其他运输方式运到用户门口，所以还要发展公路。公路运输的优势是机动灵活，快速直达。但有些长距离的大宗货物也不能都用汽车运输。如煤炭，虽说每年有相当数量的煤炭是靠汽车运输的，但假如煤炭全部用汽车运输就不合算，这等于是用汽油换煤炭。航空的特点是运输速度快，成本较高，我们不会设想用航空运输煤炭等大宗货物。管道运输具有占地少、运量大的优点，但主要用来运输原油、成品油、天然气和水煤浆等。水运有自己的优势，这在下面我将专门讲到，但水运必须先有河、有海。由此可以看出，这五种运输方式之间的关系应该是优势互补和相互联合的关系，而不是相互排斥的关系。从国情看，我国幅员辽阔，地理条件千差万别，任何一种运输方式都不可能包揽所有流通载体的运输任务，要合理分工，发挥优势，共同承担，仅仅注重发展某一种运输方式是不行的。党的十四届五中全会通过的《中共中央关于制定国民经济和社会发展“九五”计划和2010年远景目标的建议》，明确提出要充分发挥铁路、公路、水运、空运、管道等多种运输方式的优势，加快综合运输体系建设。因此，要积极发展综合运输，把各种运输方式有机地结合起来，努力提高运输的综合效益。

改革开放以来，我国交通运输事业有了长足进步，但是各种运输方式都还有很大潜力，特别是内河运输，虽然它受到地理条件的限制，不是每个省都有同样可被利用的河流，但是在有条件的地方，内河运输与其他运输方式相比较，具有运能大、能耗小、成本低、占地少、对环境污染比较轻微的优点。发展内河干支直达、江海直达运输，还可以把外贸物资直接运进运出。因此，许多国家只要有条件，都注重开发内河航运。他们不惜投入巨资整治航道，修建码头，挖掘人工运河，把重要通航河流联结起来，形成四通八达的内河航运网络，使内河航运的优势得到充分发挥。

我国具有发展内河航运的优越自然条件和巨大的潜力，许多省（区）、市的河流目前能够通航，或者经过开发整治可以通航。内河运输是我国综合运输体系的重要组成部分，在为国民经济发展服务中具有不可替代的优势和重要作用，特别是对我国实施沿海、沿江、沿边发展战略更具有独特的功能。因此，大力发展内河航运是缓解我国交通运输紧张状况的重要方针之一。

尽管现在内河航运的作用没有得到充分发挥，但内河航运承担的运量还是相当可观的。我国内河航运在建国后有了一定的发展，有的省份有了很大发展。内河通航里程从建国前的7.36万公里发展到1994年的11.02万公里，最多时曾达到17.2万公里。1994年内河运量达到7亿多吨，其中长江流域达到5亿多吨，珠江流域的运量1亿多吨。我国的长江三角洲和珠江三角洲商品经济活跃，经济快速增长与内河航运发达有直接关系。四通八达的内河航运网，往来穿梭的大小船舶运输，为这些地方的经济发展带来了活力。

内河航运的潜力是很大的，即使在目前已经利用的河道，如果对其进一步进行整治，还可以开发出更大的运力。大家从这两天参观京杭运河江浙段的整治工程中可以得到启示。前两年我到贵州省，了解到那里有南盘江、北盘江，水量比较充足，就感到在那里发展内河航运的前景很好。假如这两江能够疏通，可以走100吨级的船舶，那么贵州的物资就可通过两江直达广州，这样出口就多了一条通道。除了公路、铁路外，还可以通过水运增加商品的流通。这对贵州经济的发展将会产生积极的作用。若能开通汉江上游航运，从陕西也可以进长江、到上海。淮河与大运河沟通后，即可以经过大运河到长江，也可以沿大运河继续南下经钱塘江到杭州湾出海，形成四通八达的水运网络。通过对内河的整治和建设，不但有利于交通运输，而且还有利于防洪、水土保持等，形成多方面的社会效益。我国必须抓住机遇，加快发展，使内河航运的落后面貌尽快得到改变。

二、要坚决贯彻水资源综合利用的方针，协调处理好各部门之间的关系

河流是国家的宝贵资源，具有航运、防洪、灌溉、发电、供水、养殖、旅游等多种功能，应该综合开发，充分利用。

综合开发利用江河水资源是世界上所有发达国家和多数发展中国家所坚持的一项基本原则。这是因为通过江河水资源的综合开发利用，既可以防洪减灾，发展灌溉，增产粮棉，又可以得到成本低廉、环境污染少的水电和运输能力大、基本不占用耕地的水运通道，还有其他综合利用效益。这是我们应当借鉴的成功经验。

我们过去有的时候，由于认识上和工作上的片面性，或者是指导思想上的急功近利，造成水资源利用不能统筹兼顾、兴利避害，有时顾此失彼、利弊并兴，甚至留下后患，使国家的总体利益和长远利益受到损害。目前我国内河的通航里程已从1961年的17万公里，减少到现在的11万公里。其主要原因是碍航闸坝多了，一方面使许多河流断航，通航里程萎缩；另一方面使许多河流的航运不能一船到底，增加了中转倒载环节，影响了内河航运的效率和效益。

关于水资源的综合利用问题，党中央早在1955年就作出明确决定，提出水利建设应同工业、农业、交通的建设密切结合，通盘考虑防洪、灌溉、发电和航运的需要。1988年7月，国家公布了《中华人民共和国水法》，又把水资源的综合利用明确载入了我国的法律。可以说水资源综合利用已成为大家的共识，也有了法律依据。我国应该用这个原则来指导水资源的利用，在具体实施过程中，用这个原则来统一我们的思想和方法，统一我们的工作步骤和规划。

航运是借水行舟，用水而不耗水，其经济效益和社会效益是十分明显的。从水利看，水利不仅是加高加固堤防，更要采取疏浚和加深河道的办法。从这个意义上说，水利与航运是完全能结合起来的。两千多年前，李冰父子修建都江堰，总结了六个字："深掏滩，低作堰"。两千多年过去了，都江堰依然起着重要作用，而且灌溉面积连年扩大。都江堰是我国水利工程的典范。因此，水利要坚持以疏浚为主的方针，仅用堵的办法是不行的。有的地方

必须堵，但堵是为了更好地疏，堵的同时必须兼顾航运的需要。应该看到，在统一规划下，疏浚航道，不仅有利于内河航运事业的发展，也是加强水利建设的重要措施，具有治本的战略意义。为了保护内河航道，还应注意两岸的有关建设，包括护岸、绿化、码头以及其他设施。因此，在开发我国水利水电资源的同时，必须注意保护开发航运以及其他有关功能，这是综合利用水资源的重要体现。为解决好这个问题，我想强调以下几点：

第一，深入学习、坚决贯彻《中华人民共和国水法》。《水法》是新中国第一部关于用水管水的大法。《水法》的公布和实施，标志着我国水资源的开发利用和保护管理进入了有法可依的新时期，这对合理开发利用水资源，充分发挥水资源的多种功能和综合效益具有深远的意义。我们一定要增强法制观念，真正依法办事，认真贯彻落实水资源综合利用的方针，做到一水多用，从而大力推进航运的发展。

第二，各有关部门要认真制定好综合开发利用水资源的规划。河流水系是一个复杂的动态系统，所以要通过充分协商，集思广益，认真吸取各方面的意见，编制好规划。太湖流域的治理和举世瞩目的三峡工程在这方面做得比较好。今后，综合开发利用水资源要逐步形成制度，各方面要共同努力，制定好各个水系的综合开发利用规划，并根据统一规划开展工作。目前长江水系、珠江水系已有了这样的规划，其他重要水系也要抓紧制定综合开发利用水资源的规划，以利于统筹安排，联合开发，各方受益。只有这样，才符合国家长远和全局的利益。

第三，在通航河流上修建水利、水电枢纽工程时，必须切实考虑好通航问题。可以明确规定，今后国家计委在审批水电、水利等建设项目时，必须充分考虑航运的需要。对可通航的河流，必须在安排好有关航运设施建设后才能批准，否则不予批准。通航设施的资金要同时安排够，并按期到位。这些配套资金不能挪作他用，通航设施建设要与水利、水电工程同步进行。

第四，对已建的碍航闸坝，要分类排队，有重要通航价值的河流，要作出复航规划和安排。要按照《水法》的规定，谁建的由谁承担责任，并采取措施，恢复通航。

第五，在河流的梯级开发中，要照顾航运的利益。各梯级枢纽的通航水位应相互衔接，枢纽下泄流量应能满足下游的通航要求，合理解决航运与发电用水、农业用水等之间的关系。

三、要充分发挥中央与地方各方面的积极性，联合办好内河航运事业

水资源的综合开发利用，除了多门类、多学科的技术特征外，还有跨行业、跨地区的社会特征。一条大江大河的治理开发，往往涉及到几个省市，例如长江干流就横跨六省一市。因此，加强内河航运建设，振兴内河航运，是一项复杂的系统工程，只有中央与地方，各地区、各部门、各单位采取协调一致的行动，调动各方面的积极性，才有可能把我国的内河航运搞上去。

内河航运建设要借鉴公路建设的经验。改革开放以来，我国的公路建设建立了比较好的机制，取得了显著成绩，并继续呈现出良好的发展势头。为什么出现了这样一个好的局面呢？我在今年召开的全国交通工作会议上归纳为5条经验。一是有中央确定的明确的经济发展战略，把发展交通提到了重要的位置上；二是公路建设在经济发展中的重要作用已成为全

国各地的共识，并已成为干部群众的自觉行动；三是统筹规划、条块结合、分层负责、联合建设的方针得到了比较好的贯彻落实，正确处理了中央与地方的关系，调动了各方面的积极性；四是交通部有一个完整、统一的全国公路网络建设规划；五是公路建设有了比较稳定的资金来源。

内河航运建设和公路建设虽然有所不同，但从大的方面讲，都属于国家的基础设施建设。上面讲的五条经验，大体上也是适用的，是可以借鉴的，刚才，浙江省的张启楣同志讲的五抓：一抓规划，二抓政策，三抓改革，四抓实施，五抓管理，也很有针对性，总结得很好。这里我再强调几点。

第一，要搞好规划，保证重点。不仅水资源的综合利用要统筹规划，内河航运建设本身也要有一个全国统一的规划。内河航道网络建设，内河港口码头的布局，都要搞好规划。特别是大江大河的航道整治，需要长时期的努力，往往需要几十年的时间，不搞好规划不行。对每一条准备整治的航道，也要根据需要制定好规划，然后根据规划，长期不懈地组织实施。特别要强调的是，规划中应该包括整治后要求达到的目标和标准，要具体规定哪一段航道达到哪一级标准的要求。还有一点值得严肃关注，绝不能忽视，这就是要通过整治航道，同时治理水污染，切实保护好环境。不能把垃圾、污水排到航道、港区内。这两天我们参观京杭运河江浙段，看到污染程度不完全相同，有好有差。我提一个要求，第一步能做到像杭州三堡船闸段那样的标准，希望大家努力。当然，环保治污工作不容易，但必须去做。这是对人民、对子孙后代负责任的问题，一定要从一开始就注意保护环境，否则就要付出巨大的代价。

没有规划，就没有统一的目标、统一的标准，也不可能有统一的行动。在这次会议上，交通部已经提出了初步的规划，还要在实践中进一步加以修订完善，使规划真正起到统揽全局、指导实践的作用。各个地方也要根据国家的统一要求，结合本地的实际，制定好本地区整治航道、发展航运的规划，逐步组织实施。规划的内容中还应考虑到对通航船舶的要求。

交通部对内河的水运主通道规划是：建设“一纵三横”4条主通道（即京杭运河淮河主通道、长江水系主通道、珠江水系主通道、黑龙江松花江主通道），共20条河流，总长1.5万公里。实施这个规划，是一项宏伟的工程，将使我国内河航运的总体水平有一个大的提高。“九五”期间，首先重点建设长江干线、西江干线、京杭运河济宁至杭州段，以及长江三角洲江南航道网和珠江三角洲航道网，形成“两横一纵两网”全线贯通的格局。我赞成交通部提出的这个规划安排和集中力量保证重点的意见。集中力量打歼灭战，曾是我党我军在战争年代实行的一条重要原则，现在我们搞经济建设也要运用这个原则。在一定时间内，集中有限的财力、物力，明确有限的目标，确保重点建设项目。在可能的情况下，建成一段，运行一段，在较短的时间内取得较大的成效。在内河航运建设的资金使用上，中央的资金（包括国家计委和交通部安排的资金）主要用于水运主通道建设，安排事关全局的重大项目，以解决关系国计民生的重要物资运输问题。只有保证重点才能有利于确保全局。

各地区的航运建设，要服从统一的规划安排，做到局部服从全局，不能各自为政，各行其是。按照统一的规划安排进行建设，是国家宏观调控的重要体现，非常重要。例如，航道的局部治理，虽然可以改善某一段通航河流的航运条件，但如果主干线航道不通，各相连河流的航道整治标准不一致，船舶航行就不可能很通畅，内河航运的优势就难以发挥。再如，港口码头建设，同一个经济腹地，大家都争相建设码头，就会形成重复建设，造成浪费。所以，只有在统一规划安排下，发挥各地区、各部门的积极性，才能把事情办好。对用户专用码头，也要加强管理，要服从交通部门制定的统一规划和标准要求，并把航运建设与城市规划建设结合起来。要学习借鉴国外内河航运管理的先进经验。比如，比利时的安特卫普港，管理就很科学，国家管理土地，港口码头谁投资谁经营，港口采用挖入式港池，港区非常干净，值得我们借鉴。这次我们看了杭州港，给我留下了很好的印象。一是港池式码头，不占据航道；二是码头为千家万户服务；三是用市场经济的办法管理码头，码头组建了公司；四是建设文明码头，管理科学化；五是领导班子思想解放，精神面貌好。三堡船闸也是文明生产的典型，希望大家向他们学习。

第二，要多渠道筹集内河航运建设资金。内河航运建设资金严重不足，历史欠账太多，国家的财力也有限。这次经国务院批准，把车购费、港口建设费和水路客货运输附加费原来上交财政的“两金”，自1996年起用于内河航运基础设施和支持系统建设。这是国家对内河航运建设的重视和支持。但是光靠这些资金也不可能解决内河航运建设中的所有问题。因此，还是要多渠道、多层次、多形式地筹集内河航运建设资金，调动各方面兴办内河航运事业的积极性。一是地方要相应集中必要的资金，作为配套资金投入到与中央联合投资的建设项目中或者由地方本身为主组织的项目中，有的还可以把城市建设等各方面资金捆起来用；二是与水电设施一起建成的航道，或与航运设施一起建成的水电设施，继续实行“以电养航”的优惠政策，以电站收入的一定比例维护航道，发展航运；三是可以利用一部分政府间或国际金融组织贷款，争取国外财团进行联合开发建设；四是继续鼓励大厂矿、大企业在交通部门的统筹规划下修建货主码头，疏浚整治自用或公用航道；五是根据国家的产业政策，组建联合开发公司，一面整治航道，一面开发附近的资源（包括土地资源），从资源开发收益中，提取资金用于内河航道建设。可像水电开发建设那样，一条河组建一个航运开发公司，或者采取股份制，组建一个包括航运、水电、水利等在内的开发公司，负责一条河流的综合开发利用。总之，要调动各方面的积极性，筹集资金，发展内河航运事业。在刚才的发言中，大家提出了许多办法，其中大多数是切实可行的，可以大胆地试验。

第三，要认真贯彻统筹规划、条块结合、分层负责、联合建设的方针。前面我已讲过，“统筹规划、条块结合、分层负责、联合建设”的方针是公路建设的一条成功经验。内河航运建设同样要认真贯彻这一方针。交通部要从全国的大局出发，抓好全国的规划和重点项目的安排，规划要考虑到各地的需要，各地对自己担负的任务要认真负责。

内河航运建设有利于当地的经济发展和群众脱贫致富。因此，各地政府必须高度重视，积极支持，做好领导、组织和协调工作。在工程建设中，各地政府要在征地拆迁、沙石料采掘、物资供应等方面给予优惠政策，为施工创造必要的条件。在农闲季节，要像修公路那样，发动群众投工投劳。各地要识大体、顾大局、让小利、算大账，保证各项建设的顺利进行。

搞好内河航运建设，关键是各级领导要有不等、不靠、不要、主动进取的精神，要有愚公移山、坚韧不拔、不怕困难的精神。有了这样的精神面貌，实事求是，依靠群众，就会产生很多办法，克服各种困难。

第四，要认真抓好水运管理体制改革工作。如果说抓基本建设是搞好航运的硬件，那么，抓管理，针对管理体制中存在的影响生产力发展的各种问题进行改革，则是搞好航运的软件。要硬件、软件一齐抓。这样才能使生产力真正得到长期健康的发展。当管理体制成为主要矛盾时，管理体制改革抓好了也可以解放和发展生产力。因此，要严格管理，越是放开，越是要加强管理。

目前水运管理体制存在一些比较突出的问题。如，港口政企不分，阻碍港埠装卸市场的培育和发展，直接影响建立现代企业制度；水上安全监督和船舶检验管理，政令不一，水域分割，在机构上是中央与地方重复设置，造成重复检查、重复收费；长江航运的行政管理政出多门，影响了长江航运市场的发育；有些交通企业还比较困难等等。这些问题要通过改革来逐步解决，使生产关系适应生产力。

水运管理体制改革的总体思路是：在发挥中央和地方两个积极性的前提下，既有统一领导，又有分级管理。港口实行政企分开，明晰产权，政府要强化港口政务管理，同时使港埠装卸企业真正成为自主经营、自负盈亏、自我发展、自我约束的企业法人；在水上安全监督管理上，要统一政令，明确责权，分级管理；沿海和对外开放的江河及部分跨省重要水域，水监机构由中央按水域分管区设置，其他水域由地方政府设置机构管理；船舶检验实行政事分开，划清职责，统一政令，理顺关系；长江干线上，考虑设立长江航运管理委员会，由交通部牵头，水系内各省、直辖市人民政府参加，作为决策协调机构，统筹决定长江水系航运发展、管理的重大事项。这些设想大家可以讨论，请交通部认真研究，与有关部门和地方仔细协商，提出改革的方案。要认真解决国有大中型企业亏损问题，通过兼并、调整产业结构、加快技术改造等措施，搞好国有大中型企业。杭州市的国有企业亏损面只有8%，他们的经验值得大家学习。

水运管理体制改革，必须遵循解放思想、实事求是的原则和“三个有利于”的标准，正确处理改革、发展、稳定的关系，充分发挥中央和地方两个积极性。改革可能会涉及到利益格局的调整，地方的同志要顾全大局，交通部也要照顾到地方的利益。搞建设要靠两个积极性，搞改革、加强管理也要靠两个积极性。只要各方面的积极性都调动发挥出来了，我们的建设和管理工作就都会上一个新台阶、新水平。

关于船的问题也很重要。要依靠科技进步，采用新技术，使内河船舶标准化、系列化。对于新事物和新的科研成果要以敏感的、实事求是的态度来对待。作为领导干部要鼓励创新，允许试验。要积极推广和应用科研成果，大力发展节能低耗高效安全新船型，不断提高内河运输装备水平。

同志们，让我们在以江泽民同志为核心的党中央领导下，在党的十四届五中全会精神指引下，团结奋斗，努力工作，加快内河航运建设步伐，把我国的内河航运事业推向新的发展阶段，为我国国民经济持续、快速、健康发展作出更大的贡献。

宋健国务委员在全国交通科技大会闭幕式上的讲话

（1995年11月3日）

同志们：

全国交通科技大会今天就要结束了。这是为贯彻落实十四届五中全会精神和全国科技大会精神，研究、部署加快交通科技发展的一次重要会议。黄镇东部长在会上做了《实施科教兴交战略，推动交通事业持续发展》的报告，提出了落实科教兴国、科教兴交战略的方针、政策，包括计划和措施等；讨论了《公路、水运交通科技发展“九五”计划和到2010年长期规划》；会议还进行了广泛的经验交流。对交通部党组的各项决定，我都非常赞成。这次会议开得很好，对动员全国人民、科技界、特别是交通战线上的广大职工支持和投身交通建设，是一个极大的促进。我代表国务院向大会取得圆满成功表示祝贺。

改革开放以来，在小平同志建设有中国特色社会主义理论的指引下，公路、水运交通事业发展很快，科技水平迅速提高，交通运输的发展有了质的飞跃。这里，交通科技进步起到了先导和积极的推进作用。当然，发展还并不平衡，还有许多工作要做。刚才，大会表彰了一批科技进步的先进单位和优秀科技人员，从一个侧面反映了交通系统在推进科技进步方面所取得的成绩。从他们身上，我们看到了完成“九五”计划和十五年规划的依靠和希望。近十年来，交通系统坚持邓小平同志提出的科学技术是第一生产力的思想，科技工作取得了很好的成绩，科技实力不断增加，有57项重大科技成果获得国家奖励。如：半刚性基层沥青路面结构、沈大高速公路成套修筑技术、3.5万吨级浅吃肥大型运煤船的开发研制、国际集装箱运输系统工业性试验等，为交通事业的发展作出了积极贡献。借此机会，我代表国务院和全国科技界，向获得表彰的科技进步先进单位、交通青年科技英才和优秀科技人员表示热烈的祝贺，并通过你们向全国交通科技工作者表示崇高的敬意。我相信通过这次会议，进一步实施“科教兴交”的战略，科技工作会对交通事业的发展起到更为重要的推动作用。下面，我讲3点意见。

一、交通科技要为实现“两个转变”做出新贡献

《中共中央、国务院关于加速科学技术进步的决定》的颁布和全国科技大会的召开，是我国政治、经济和科技发展史上的一件大事，是中国科技发展历程中新的里程碑。科教兴国战略的提出，进一步明确了我国科技工作的大政方针和具体任务，必将对我国的经济建设和社会发展产生巨大的作用。党的十四届五中全会通过的《中共中央关于制定国民经济和社会发展“九五”计划和2010年远景目标的建议》是一个跨世纪的宏伟纲领。《建议》提出，实现“九五”和2010年的奋斗目标，关键是实行两个具有全局意义的根本性转变，一是经济体制从传统的计划经济体制向社会主义市场经济体制转变，二是经济增长方式从粗放型向集约型转变，促进国民经济持续、快速、健康发展和社会全面进步。提高我国经济建设的质

量、效益和科技水平，转变经济增长方式，是“九五”期间以及今后相当长一段时间内，我国社会主义现代化建设的中心目标和指导思想。

交通运输是国民经济的基础产业和命脉，没有交通运输就不能支撑现代化建设，但现在交通运输仍是制约国民经济发展的瓶颈。十四届五中全会的《决议》提出，今后15年要加强水利、能源、交通、通信等基础设施和基础工业建设，使之与国民经济发展相适应。要落实这一目标，任务十分艰巨。由于我国的公路、水运交通是在十分薄弱的基础上发展起来的，外延型的发展在相当长时期内还是必要的，还需要继续加大资金和劳动力的投入。但是，我们必须看到，公路、水运交通科技含量不高、整体科技水平与发达国家相比差距较大，高投入、低效益等问题日益突出。要使交通发展保持良好的势头和健康的发展，最终达到世界先进水平，大概需要几代人的努力。从现在开始，就必须逐步实现“两个根本性转变”，充分依靠科技进步，在今后5年到15年加大科技与经济结合的力度，改造传统产业，提高科学水平和管理水平，这是提高劳动生产率的唯一有效途径。振兴科技和繁荣经济又必须以教育为本。归根到底就是要靠科技进步和提高劳动者素质。交通部门这几年的科技工作为我们做了很好的表率。希望交通科技工作要继续为加快交通发展提供具有现代先进水平的高新科技成果，攻克交通发展中迫切需要解决的难题，抓好科技成果向现实生产力的转化工作，在转变经济增长方式的过程中作出新的贡献。

二、依靠科技促进交通由传统产业变为现代产业

人类社会发展到今天，高新技术正日益广泛、深入地渗透到社会生产、生活的各个方面，深刻地改变着人们的生产、生活和思维方式，成为推动社会发展的强大动力。

交通是一个传统产业，长期以来基本依靠传统的技术构成来发展公路、水运交通。我们必须看到，在交通领域发展和应用高新技术、实现产业化，是带动交通产业结构升级、大幅度提高劳动生产率和经济效益的根本途径。当前，在短期内使所有的交通产业都实现现代化也不可能，但把干线、生命线，沿海、大中城市的交通要道实现现代化，是必要的，也是可能的。各级领导干部和交通战线上的科技工作者以及全体职工都要不断提高对发展和应用高新技术的必要性和紧迫性的认识，探索应用高新技术和实现科学管理的办法。我们要树立雄心壮志，大力弘扬创新精神，依靠广大科技人员的积极性，通过开展国际合作与交流，进行科技开发，充分发挥电子、通讯等学科的综合优势，用高新技术武装交通产业，不断提高交通技术水平，创建世界一流的交通事业。

在这次会议上，交通部提出了《公路、水运交通科技发展“九五”计划和到2010年长期规划》，明确了交通科技发展的目标、重点和保障措施。这是个跨世纪的规划，较好地反映了交通事业发展的需求和交通科技发展的方向。思路是好的，措施也是可行的，对提高交通技术构成，促进交通由传统产业变为现代产业必将起到重大的推动作用。我建议，对黄部长的报告和科技发展计划、规划要刊发、宣传，动员全国科技界关心和支持交通产业的现代化。

三、继续深化科技体制改革

实施科教兴国、科教兴交战略，必须坚定不移地深化科技体制改革，继续推动科技力量

进入经济建设主战场。十年来的科技体制改革，已逐步为人们所理解和认同。广大科技人员，包括交通系统的科技人员，做了大量开拓性的工作。最近，中央又再次肯定了“稳住一头、放开一片”的方针，“稳住一头”，就是要稳住前沿，稳住高技术，稳住重点攻关，稳住基础科研力量，当然在这部分人当中也要引入竞争机制；“放开一片”，就是指绝大多数的科研院所都要直接面向市场。要进一步深化科技体制改革，就必须推动结构调整和人才分流。

交通部提出，今后一方面要通过深化改革，逐步建立起公路、水运工程、船舶运输三个行业性的科研中心，主要开展公路、水运交通带有长远性、关键性、全局性和综合性的重大应用研究和技术开发工作，成为科技成果转化和科技人才培养的重要基地。另一方面，鼓励和引导大部分技术开发类型的科研机构转为面向经济建设主战场，并直接进入市场参与竞争的自主经营、自负盈亏、自我发展、自我约束的科技企业法人。这一总体改革思路是很好的，符合党中央、国务院确定的方针和政策。我希望交通系统在下一阶段的科技体制改革中，能够不断创造和总结出好的经验和做法，使科技与经济紧密地结合起来，更好地为经济建设、为发展交通事业、提高科技水平服务。

同志们！交通科技工作是实施科教兴国、科教兴交战略的重要组成部分，交通科技工作者担负着特殊的历史重任。让我们在以江泽民同志为核心的党中央领导下，以十四届五中全会的《建议》为指导，以这次科技大会为新的起点，全面贯彻科教兴国、科教兴交战略，为交通运输现代化作出新的更大的贡献！

李鹏总理关于上海国际航运中心和上海航运交易所的谈话

（1996年1月）

国务院总理李鹏于1月11日来到浙江、江苏、上海等地考察时指出，要积极稳妥地把上海建成国际航运中心，这是开发开放浦东，使上海成为国际经济、金融、贸易中心之一的重要条件，对我国对外开放，对长江经济带的经济发展意义重大。

李鹏说，上海浦东的开发开放是邓小平同志提出的，是以江泽民同志为核心的党中央作出的一项重大决策。几年来的实践证明，这一决策完全正确。他指出，要实现以上海浦东开发开放为龙头，进一步开放长江沿岸城市，尽快把上海建成国际经济、金融、贸易中心之一，带动长江三角洲和整个长江流域地区经济新飞跃，必须大力发展国际航运，形成四通八达的国际国内交通网络。他要求浙江、江苏、上海两省一市和交通部等部门齐心协力，密切合作，建成上海国际航运中心。

1月11日至17日，李鹏总理、吴邦国副总理在浙江、江苏、上海主要领导同志和黄镇东部长的陪同下，先后实地考察了宁波、舟山、南通和上海等地的港口、工厂和农村。1月16日，李鹏在上海主持召开了有两省一市和国务院有关部门主要负责人参加的会议，就建设上海国际航运中心问题进行了研究。

李鹏强调，建设上海国际航运中心必须认真贯彻党的十四届五中全会提出的实现两个根本性转变的精神，以市场为导向，以提高经济效益为中心。要充分利用现有设施，加强港口的技术改造，充分挖掘潜力，切实转变经济增长方式，以最小的代价取得最大的效益，促进我国对外贸易的发展。

李鹏指出，建设上海国际航运中心要从实际出发，态度要积极，步子要稳妥。首先要建立上海航运交易市场，以公平、公正、公开的原则，把主要的货方、船方、港方及其代理引入交易市场，达到规范市场交易、调节市场价格、沟通市场信息的目标。交易市场不以盈利为目的，而是要提供各种优质的服务，提高工作效率，降低运输成本。

李鹏说，上海国际航运中心要发挥上海经济、金融、贸易中心的优势，发挥宁波北仑深水港的优势，发挥上海和江苏集装箱货流大的优势，以上海为中心，浙江、江苏为两翼的格局进行港口组合。有关省市和交通部要研究切实可行的实施方案。

李鹏提出，为了充分发挥宁波北仑深水港的优势，要认真研究分析集装箱货源，组织干线班轮运输。港口要加强管理，简化口岸手续，提高效率。

中央领导对成立上海航运交易所十分重视，1996年1月11日，李鹏总理在视察江苏、浙江和上海时，强调指出：建设上海国际航运中心首先要建立上海航运交易市场，以公开、公平、公正的原则，把主要的货方、船方、港方及其代理引入交易市场，达到规范市场秩序、调节市场价格、沟通市场信息的目的。

为使我国水路运输市场竞争进入规范有序的状态，举世瞩目的上海航运交易所，经过两年多的精心筹备，于1996年11月18日宣告正式成立，它标志着我国水路运输的第一个国家级交易市场已经诞生。

上海航运交易所是为航运交易提供场所、设施、信息等服务，组织航运交易活动、不以盈利为目的、独立承担民事责任的事业法人，航交所交易范围包括：国际海上货物运输、国内沿海和内河货物运输、港口业务、船舶租赁和买卖，以及国务院交通主管部门允许进场交易的其他业务，它的基本功能为：规范航运市场交易行为，依据国家有关法律和《上海航运交易所管理规定》，以公开、公平、公正的原则，组织并规范航运市场的交易活动；调节航运市场价格，在国家主管部门的授权范围内，对主导航运市场价格的国际集装箱运输实行运价报备制度，引导企业展开合理、有序的竞争；沟通航运市场信息，通过收集、整理、分析和发布航运市场信息，成为上海国际航运中心的航运信息中心。

上海航行交易所由国务院主管部门和上海市人民政府进行管理和监督，航交所实行理事会领导下的总裁负责制，理事会是航交所权力机构，具有中国法人资格的经营水路货物运输业务、水路货物运输代理业务、船舶代理业务和港口业务的企业及其他有关企业均可申请成为航交所会员。

吴邦国副总理在接见交通部搞好国有大中型企业座谈会代表时的讲话

（1997年8月15日）

同志们：

在北京时，镇东同志跟我讲，交通部要在这里召开搞好国有大中型企业座谈会。今天来主要是看望大家。

关于这次企业座谈会，我看了有关材料，包括镇东同志的主报告，感到这几年尽管碰到很多困难，但从总体上讲，交通企业包括航运企业、港口企业、施工企业、工业企业，无论是建设上、运营上、改革上都有了较大发展。交通是国民经济持续、快速、健康发展的最基本的保证，过去就讲要想富先修路。这些年交通发展很快，固定资产达到1 800多亿元，航运企业的载重吨位达到了2 200多万载重吨，港口的吞吐量也达到了8亿吨，规模相当大了；公路建设、公路运输这几年发展最快，尤其是高速公路，发展更快。国务院每次开会研究项目，都有高速公路项目，最近一次还有几个高速公路项目。这些年，我看是交通运输发展最快的一个时期，改革进展也很快，120家大型企业集团我们交通企业占了4家，还有一家路桥公司规模小一些，但也在按集团组建；全国512户重点企业中交通企业有11户。在“抓大放小”各个方面都是进展很快的。应该充分肯定交通运输这些年所取得的成绩，一是基本保证了我国内外贸商品流通的需要；二是保证了关系国计民生的重点物资的调度和运输；三是在国家的重点工程建设中，交通基础设施建设取得了很大的成果。

所以说，尽管遇到比较大的困难，这些年交通行业作为先行，尤其是国有大中型交通企业作为排头兵，还是保证了整个国民经济的发展。这是我要讲的第一点。

第二点，就是关于国有企业改革问题。现在对国有企业改革，中央的方针、目标、政策、措施应该讲是明确的，力度在不断加大，希望结合交通实际，逐步加以落实。党中央和国务院强调的比较多的是“抓大放小”、“三改一加强”。我看交通行业也有“抓大放小”、“三改一加强”的问题，以及规范破产、鼓励兼并、减人增效、实施再就业工程的问题，另外还有企业领导班子建设等问题。对今年的企业改革，中央经济工作会议提出了四项任务：一是深化改革，二是加强管理，三是班子考核、培训，四是配套改革。应该讲很明确，整个工作都作了部署，并在今年相继召开了几次大的会议。第一次会议是镕基同志主持的规范破产、鼓励兼并、实施再就业工程会议，会后发了个文件，决定今年拿出300亿元，按400亿元下达；第二次会议是李鹏同志主持的试点企业集团会议，李鹏总理亲自开座谈会，作了重要讲话；第三次会议是在无锡开的学邯钢、抓管理的会，我去讲了话；第四次就是在中央党校、国家行政学院搞的企业干部培训。另外还有一些其他的会议，包括减轻企业负担会等。今年的工作部署都已明确，措施也很明确，关键在落实。刚才，镇东同志跟我讲了3个300亿，兼并破产再就业300亿，上市300亿，拨改贷300亿。拨改贷转为国家资本金这项政策，对港口来说还是有不少含金量的。总之，要结合交通实际把改革深化下去，把企业搞活。

第三，就是要转变观念、提高效益。我想强调两点：

一是形势逼着我们面向市场。突出特点是市场已经变了，过去是人家求我们，现在是我们求人家；过去是卖方市场，现在是买方市场。从国际航运市场来看，现在到了一个运力过剩的周期。中远集团比较困难，很重要一条是因为国际航运市场运力过剩。所以，形势逼着我们要面向市场。过去是独家经营，市场主体只有我们自己，现在有多少呢？仅从事航运的就有几千家企业，包括国内企业和外国企业。上海航运中心我接触过，揽货的有多少？有明的有暗的，有地上的有地下的，什么都有。这种状况也逼着我们要面向市场。过去是找部长，现在找部长也不能解决问题，客户不找你还是没有用，部长下命令也没用。要充分认识这种形势，而且我估计这个形势不是短期的，不是今年过了明年会好一些。这也不是我们交通一个行业面临的问题，全国的工业交通企业都面临这个问题。如果能够进入市场，能够真正面向市场，在市场里面找出路，有自觉性的企业就可能很快发展起来；如果不能够面向市场，还是面向部长，"等、靠、要"的企业就滑下去了。现在就是这么一个优胜劣汰的市场竞争格局，所以，国有大中型交通企业无论如何要转变观念，丢掉幻想，真正面向市场。不是说国家不要支持，刚才我问了一下，关于航运企业的一些优惠政策大多数已协调下来，这是需要的。但最终还是靠企业自己。

二是我想强调一下减人增效问题。国有企业竞争力差，其中一个很重要的问题就是人多。人太多，就没有高的效率和好的效益。在经济转轨的过程当中，在国有企业改革深化的过程当中，必须解决的问题就是减人增效。减人的过程是很痛苦的过程，要考虑职工的安定。现在越来越多的行业在走这条路。举个例子，今年煤炭行业，他们讲盈了1亿4 000万元，实际上盈了3亿4 000万元。他们为啥会盈呢？核心一条就是咬紧牙关减人，要减100万人啊。冶金行业也下决心走这条路，宝钢是一个很好的企业，原来一期二期工程定编3万人，现在坚决压缩到不足1万人。不到1万人是什么概念呢？就是人均钢产量达到600吨，达到了国际先进水平。鞍钢原来也很困难，现在逐步在好转，去年年底听鞍钢汇报，一年就减了16万人。现在纺织也在走这条路。我们交通大中型企业有57万人，刚才镇东同志说富余了3.8万人，这个数我不信。怎么叫多和少？你和国际先进水平比一比，你人均的实物量是多少，国际先进水平的实物量是多少。不这样比就看不到差距，就找不到出路。我们的人工资是低的，但福利是高的，要解决医疗问题、住房问题，解决小孩问题，这个负担是很重的。减人增效这条路是很艰苦的路，要把这个关闯好，要搞多种经营，要分流，主业跟副业要分离。根本想法是要提高竞争力，不论是航运企业、公路企业还是其他交通企业，主要靠两条，一个是靠高效率，另一个是靠低成本。如果没有这两条，你是没有竞争力的。

一定要下决心更新观念，转换机制，减人增效，提高我们交通企业的竞争力。现在不光是国内竞争，还有国际竞争，那就看谁有本事把货拿到手，谁有本事在这种价格下还能赚到钱，谁有本事在买方市场的环境下能够发展壮大。

最后，对大家做出的成绩表示祝贺。我晓得交通这个行业是个很辛苦的行业，我们在座的同志内外都有压力，方方面面做了大量的工作，非常辛苦，我对大家表示慰问。谢谢大家！

邹家华副总理在全国内河航运建设现场会上的讲话

（1998年2月19日）

同志们：

这次内河航运建设工作现场会是在全国上下全面贯彻党的十五大精神的形势下召开的，是继1995年10月会议之后，第二次全国性的研究内河航运建设的会议。这次会议参观、考察了江苏苏南运河整治工程和广西西江桂平、贵港航运枢纽工程，这是上次全国内河航运建设工作会议确定的两个重点。他们都作出了较大的成绩，创造了许多新鲜的经验。这说明了只要有发展内河航运的需要，就可以把这件事情做好，不仅经济实力比较强的地区可以把内河航运建设搞好，经济实力相对困难的地区也可以把内河航运建设搞好。参加这次会议的各方面的同志很多，特别是有关的省、自治区、直辖市和国务院有关部门的负责同志都来了，说明大家非常关心内河航运建设工作。昨天上午，黄镇东同志作了一个很好的报告，比较全面地总结了两年来我国内河航运建设取得的进展和经验，指出了当前存在的主要问题，提出了进一步加强内河航运建设的任务和措施。镇东同志讲的意见我都赞成。刚才，又有9个省区的同志发言，都讲得很好，也有好的经验。通过参观、考察现场，总结、交流经验，对推动内河航运建设的发展，将起到积极的作用。这是我们这次会议所要达到的目的。今后还可以再选几个好的典型进一步推动这项工作。下面，我讲几点意见，跟大家一起探讨、商量。

一、充分认识加强内河航运建设的必要性

改革开放以来，我国公路、水运交通事业快速发展，取得了巨大成就，这是有目共睹的。由于国家把交通列为国民经济的战略重点之一，提出加快综合运输体系建设，内河航运建设也受到各级政府的重视，并得到了相应的发展。重点航道工程的整治，提高了航道通过能力；在长江干线上，新建、改建了一批港口泊位和客运设施，扩大了港口的客货吞吐能力；内河船舶技术状况也有改善，船队规模向大型化方向发展。因此内河航运的潜力和优势开始得到发挥，为缓解交通运输紧张状况，促进国民经济发展和扩大对外开放作出了重要贡献。但是，我国交通基础设施原来的基础十分薄弱，当前交通运输紧张状况虽然有了一定程度的缓解，但总体来说，仍然与国民经济和社会发展不相适应，加快交通基础设施建设，包括内河航运建设，进一步改善交通运输滞后状况，是保持国民经济持续快速健康发展必不可少的条件。对此，我们必须有清醒的认识，绝不可动摇。

把交通作为基础设施提出来，并列为国民经济发展的重点之一，是一个非常重要的决策。从历史上来讲，发展经济到底把什么作为战略重点，经过了很多波折。改革开放后，在总结历史经验教训过程中，认识到交通能源是经济发展的重要基础。现在，这已成为我们大家的共识。从社会经济发展来看，交通是商品经济发展的必要条件。发展经济的先决条件有两个，一是交通，二是通信。只有发达的交通、通信，才能有发达的商品经济，这是一个客

观规律。我们常说，“要致富，先修路”，“小路小富，大路大富，高速公路快富”，这是从发展公路的角度说的，这一说法反映了发展经济必须优先发展交通的这个客观规律。当然，“路”的概念不仅仅限于公路建设，应当扩展到整个交通运输体系。我们的认识要建立在这个规律上，并使之成为指导经济发展的重要方针。

（一）加强交通运输建设，是贯彻邓小平理论和经济建设指导思想的重要体现

十五大的主题是：高举邓小平理论伟大旗帜，把建设有中国特色社会主义事业全面推向21世纪。高举邓小平理论旗帜，不是一句空洞的口号，而是要把邓小平同志在改革开放和现代化建设新时期所作的战略决策和重要指示贯彻落实到各项工作中去。

邓小平同志历来关注我国交通基础设施建设，党的十一届五中全会以后，他在不同场合多次提出交通运输这一基础设施、基础产业的战略地位问题。他指出：“我们整个经济发展的战略，能源、交通是重点，农业也是重点。”还指出：“战略重点，一是农业，二是能源和交通，三是教育和科学。”1989年6月，他在谈到党的基本路线和基本方针政策时，又一次强调：“基础工业，无非是原材料工业、交通、能源等，要加强这方面的投资，要坚持十到二十年，宁肯欠债，也要加强。这也是开放，在这方面，胆子要大一些，不会有大的失误。多搞一点电，多搞一点铁路、公路、航运，能办很多事情。”小平同志这些精辟的论述，表达了他对发展我国交通运输事业的坚定决心，也是加强内河航运建设的一个重要指导思想，我们应该坚定不移地贯彻到实际工作中去。

（二）加强交通运输建设，是全面贯彻十五大精神的实际步骤

十五大对我国改革开放和现代化建设的跨世纪发展作出了全面部署，江泽民同志在十五大上的报告，是我们党带领人民迈向新世纪的政治宣言和行动纲领。

十五大报告在谈到产业政策时指出：“要继续加强基础设施和基础工业。”这是从国民经济和社会发展实际需要提出来的。如果基础设施、基础产业处于滞后状态，国民经济的发展就没有后劲，就不可能按照中央提出的“持续、快速、健康”六字方针的要求发展国民经济。从现在起到21世纪前10年，是我国实现第二步战略目标，向第三步战略目标迈进的关键时期，国民经济将继续保持持续、快速、健康发展的态势，交通运输量会继续增长，这就需要加强交通基础设施建设。

随着农业基础地位的加强，产业结构的调整和对外开放的扩大，农产品和支农物资运输，能源、原材料大宗货物运输，进出口贸易运输等任务会越来越繁重，对运输质量和运输效率的要求也越来越高。现在的交通基础设施状况，还不能适应国民经济发展的需要。改善交通基础设施，包括内河航运设施，是交通部门以及整个社会的重大历史责任。

加快交通基础设施建设，是保持经济持续、快速、健康发展重要因素。在经济体制从计划经济向社会主义市场经济转变过程中，经济活动往往与市场联系非常密切。今年我国的经济发展速度为8%，这是综合各方面的情况和条件提出来的。它的基础还是市场需求。经济的发展，必然要求增加能源，必然要求发展交通，这也就要求加快交通基础设施建设，包括内河航运建设。目前，交通基础设施仍然是国民经济的薄弱环节，内河航运尤为落后。我们要按照十五大提出的发展战略，加快内河航运建设和开发。

十五大报告在讲到要缩小地区差距，实现区域经济协调发展时提出："国家要加大对中西部地区的支持力度，优先安排基础设施和资源开发项目。"我国天然河流基本流向都是由西向东，长江、珠江、西江、淮河、湘江等河流都穿过了中西部的一些贫困地区，在这些崇山峻岭、沟壑纵横的地区建设铁路、公路难度很大，在有条件的地方整治内河航道，发展内河航运，投资省、见效快，是改变这些地区交通闭塞状况，加快经济发展和扩大对外开放的重要举措，也应该是交通扶贫不可忽视的一个方面。

（三）加快内河航运建设，是建立和完善综合运输体系的必要举措

李鹏总理明确提出："我国的交通运输业应该以铁路为骨干，公路为基础，充分发挥水运，包括内河、沿海和远洋航运的作用，积极发展航空运输，适当发展管道运输，建设全国统一的综合交通运输体系。"

由铁路、公路、水运、航空、管道五种运输方式组成的现代交通运输体系，不仅形成了地上、地下、水上、空中相互交叉、衔接的主体交通网络，而且各种运输方式都有其自身的经济技术特点和优点。铁路运输效率较高，但它需要中转换装，不能门对门；公路运输的优点是门对门，机动灵活，我国国土面积大，靠公路运输从事中短距离运输是合算的；航空运输最大的优点是快，但成本较高，而且在货种方面有很大的局限。发展公路运输、铁路运输都要修路，发展航空运输要修机场、买飞机，这些都需要较大的投资。内河航运利用天然河流，是自然资源的综合利用，相对于其他运输方式，运能大，能耗小、成本低、占地少，对环境污染也小，当然在不少情况下也要中转换装。我们的任务就是要发挥各种运输方式的优势，使之在整个综合运输体系中发挥最大的效益。过去有的同志从自己工作的角度只强调铁路，有的同志只强调公路，这都是不正确的。世界上发达国家在建设交通基础设施，推进国民经济和社会发展过程中，都注意综合利用宝贵的水资源，加强内河航运的开发，充分发挥内河航运的作用。我国国土辽阔，适航河流多，里程长，有着发展内河航运的优越条件。有些河流特别是山区河流，目前不具备通航条件，但梯级开发后，航道条件大为改善，具备了发展内河航运的条件。加之，我国能源、粮食、原材料产地分布和生产力布局又不平衡，内河航运具有不可替代的作用。发展内河航运，对于改变我国交通运输与国民经济发展不适应的状况，满足不同地区、不同层次和多样化的运输需求，建立优势互补、互相衔接、协调发展的综合运输体系是十分必要的。

从目前来说，我们对铁路、公路比较重视，航空运输发展也较快，而水运，特别是内河航运还非常薄弱，但潜力很大。江南运河对江苏、浙江两省经济发展起到了较大的作用，运量达到2亿吨，其中江苏境内运量达到1.2亿吨。长江"黄金水道"运量不算大，三峡工程建成后水位抬高，船闸的通过能力规划为5 000万吨，现在才1 000万吨。再如贵州北面是长江水系，南面是珠江水系，假如贵州南北盘江通过红水河进入西江干流，就可以通江达海，这对这个少数民族地区的脱贫致富、经济发展将产生重大影响。因此，我们要利用内河水资源，大力发展内河航运，更好地发挥内河航运的优势。

二、江苏、广西加强内河航运建设的经验值得肯定和借鉴

1995年10月召开的内河航运建设工作会议确实起到了推动和促进作用，在江苏、浙

江、四川、广东、广西、安徽、湖北等内河航运比较发达的省份，各级党政领导和交通部门都加强领导，精心部署，采取各种有效对策和措施，加快了内河航运建设的步伐。特别值得一提的是，苏南运河整治工程的圆满完成和广西贵港以电养航二期工程的截流成功，标志着我国内河航运建设取得了重大进展。我们这次在江苏、广西召开内河航运建设现场会，就是要总结、推广他们的经验，抓住当前的有利时机，把我国内河航运建设提高到一个新的水平。那么，江苏、广西有哪些经验值得肯定和学习呢？

（一）江苏省委、省政府和广西自治区党委、自治区政府，对发展内河航运十分重视，加强了对这项工作的领导，这是一条很关键的经验

江苏、广西都从本地区经济发展的全局出发，审时度势，正确决策，把苏南运河整治工程和西江以电养航开发工程，作为交通基础设施建设的重点工程，并在资金筹措、征地拆迁、施工组织管理、加快工程进度、提高建设标准和质量等方面，勇于探索开拓，采取了一系列优惠政策和措施。为了保证工程的顺利进行，江苏、广西的党政主要负责同志还多次深入现场，进行动员，检查指导工作，并适时协调解决工程施工过程中遇到的各种矛盾和问题。党政强有力的组织领导，这是两项工程顺利实施的重要原因。

（二）认真贯彻“统筹规划、条块结合、分层负责、联合建设”的方针

这就是在统一规划的指导下，发挥中央和地方两个积极性。京杭运河整治工程、西江二期以电养航工程，都是以地方政府为主，中央给了部分投资。苏南运河整治工程贯彻了部省市共建的原则，省交通厅实行工程概算投资包干责任制，征地拆迁所需资金不足部分以及结合地方规划提高建设标准的投资由沿线苏州、无锡、常州、镇江四个市负责，这就弥补了工程建设资金缺口，调动了省市两级的积极性。西江二期工程投资也很大，除交通部投资外，广西大胆利用世行贷款，并自筹了相当数量的建设资金，贵港市也采取了许多优惠政策。实践证明，振兴我国内河航运事业，只有中央一个积极性不够，必须充分调动省地市和广大群众的积极性才能有所作为。

（三）多渠道、多层次、多种方式筹措资金，比较好地解决了内河航运建设资金问题，为内河航运建设提供了比较稳定的资金来源渠道

广西的经验很突出，有创新精神。过去，内河航运建设资金主要靠国家投入，水电主要是电力、水利部门办。现在，广西自治区交通部门在当地政府和有关部门的支持下，在综合利用水资源、改善通航条件的同时，建站办电，用发电的收益进一步整治航道，滚动发展。这是一个好办法，是一件好事情，既能办航，又能办电，对于发展内河航运事业和电力事业都是十分有利的。

（四）注重施工质量，创造了一流工程

交通基础设施建设投资大、周期长，工程质量好，功在当代，利在千秋；工程质量低劣，后患无穷。江苏省委、省政府对苏南运河整治工程提出三大目标：一是要加快整治进度，确保1997年10月全线完工；二是要注重施工质量，建成部优、省优工程；三是要

坚持创一流水平，建成标准化、美化航道，从而使建设者明确了奋斗方向，认清了目标任务，高速度、高质量、高标准地完成了苏南运河整治任务，成为全国内河的“样板航道”。

西江贵港二期工程，为了达到控制造价、提高质量、保证工期的目的，积极推进基本建设管理体制改革，按照国际惯例，引入竞争机制，公平、公正、公开地向国内外招标，择优选定承包商和施工队伍，对关键技术设备也采取国际招标的办法，进行采购，并实行了严谨、严格、严肃的项目监理制，这为快速优质地建设好二期工程奠定了基础。

注重科技进步，增加科技含量，大胆采用新技术、新材料、新工艺，也是这两项工程在控制造价的同时，工程质量得到提高的重要因素。

（五）注意统筹兼顾，发挥综合效益

苏南运河整治工程的胜利竣工，不仅提高了运河的通航能力，而且对防洪、灌溉和发展苏南的旅游事业都有积极意义，同时，在施工建设过程中，还注重了文物、环境保护、吹填造地等项工作，带来了巨大的经济社会效益。这项工程的完成，使古老的运河恢复了青春，带来了现代化的气息，有效地改善了苏、锡、常这一黄金地区的投资环境，更加突出了沿线各市的区位优势，给苏南的经济腾飞注入了新的活力，对江苏经济加快发展和上海浦东开放开发都有重大意义。

西江航运一、二期工程，是一个以航运为主，兼顾发电、灌溉的航电枢纽，既有较高的经济效益，也有很好的社会效益，是综合利用水资源的成功范例。

江苏、广西的经验，各地要结合实际，认真学习借鉴，特别是要从精神上、从思路上学习，不能照搬照抄、生搬硬套，以推动我国内河航运建设的发展。

三、如何进一步加强内河航运建设

内河航运和其他几种运输方式相比，仍是最薄弱的环节，它的优势还没有得到充分的发挥。为了改变这种状况，使宝贵的水资源更好地为国民经济和社会发展服务，交通部已有通盘考虑，镇东同志在报告里已讲了，我再讲几点意见。

（一）要加强以统一规划、突出重点为主要内容的宏观调控

统筹规划非常重要，一个省区要搞好本地规划，一条河流包括跨省区河流也要有统一规划。要把当前和长远结合起来，把重点和一般结合起来，把干流和支流结合起来，把本地和全流域结合起来，把航运和综合利用结合起来。有了规划，工作就有了可以遵循的依据。各省区要在统一规划下开展工作。我国内河航运资源丰富，但未经整治的天然河流由于受气候、地形及周围环境的影响，通航条件差异很大，因此，发展内河航运必须对内河航道、港口码头的布局，以及内河船舶、船队标准等进行统一规划，制订统一的目标、标准。近年来主管内河航运的交通部门十分重视规划工作，国家制订了内河水运主通道规划，各个地方也根据国家的统一要求，结合本地的实际，制定了本地区整治航道、建设港口的规划，并对担负国家重点物资运输和带动地区经济发展的重点河道给予资金技术上的支持。如西江干线南宁以下航道，以及京杭运河徐扬段、苏南段等都是

在统一规划、保证重点的前提下得到治理的。但总的来讲，总体规划落实与宏观管理协调不力，例如：长江航运总体规划虽已做过许多工作，但落实并不十分得力，特别是80年代港口下放后，双重领导港口与地方港口互相争土地，争岸线，条块分割加重，相互扯皮的事时有发生。一些地方和部门全局观念淡薄，各管一行，各行其是，各自为战，致使地方和局部利益高于整体利益的现象时有发生，造成港口建设布局分散与重复建设，同一个经济腹地多家建港，能力不足与能力过剩并存，带来了很大的浪费，总体规划无法全面落实。

强化内河航运发展中长期规划的着眼点应放在国家宏观调控上，对干线港口及航道等基础设施建设规划应由交通部在与地方政府协调的基础上统一制定。交通部已经有了“九五”规划目标，重点是建设“两横一纵两网”。各省区要在这个目标下，制定本省区的内河航运建设规划，使全国的内河航运建设规划具体化。内河航运发展的中长期规划应保证水运建设与沿江城市发展和工业布局协调进行，相得益彰。上述设想能否实现关键在于落实，保持规划的统一性、严肃性和权威性。为此必须将行政手段与法律手段相结合，同时加强教育，使大家都能理解制定和落实规划的重要意义和作用。

（二）必须贯彻水资源综合利用的方针

河流是国家的宝贵资源，具有航运、防洪、灌溉、发电、供水、养殖、旅游等多种功能，应该综合开发、充分利用。综合开发利用江河水资源也是世界上所有发达国家和多数发展中国家所坚持的一项基本原则，但是在过去很长一段时间内，由于我们认识上和工作上的片面性，以及局部和部门的利益驱动，造成了水资源利用不能统筹兼顾，兴利避害。有时顾此失彼，留下后患，使国家的总体利益和长远利益受到损害。有的河流本来是通航的，修了电站后就断航了。刚才贵州的同志讲了，红水河上有几个电站，影响了通航。昨天，我和有关方面的同志专门研究了大化电站通航的问题。如果这个问题能够得到较好的解决，将使西南地区形成一条新的运输大通道，不仅使贵州这个不靠海、不靠江、不靠边的省份的交通状况得到改善，对西南地区经济的发展也将起到积极的作用。事实上，航运、水利、水电是可以做到彼此兼顾的，技术上也是不难解决的。关键是要有全局观念，做好部门之间的协调工作。广西开发内河航运的经验已经充分证明了这一点。今后，任何一条河流的梯级开发，也不管是以谁为主进行开发，都必须综合利用，要认真贯彻“流域、梯级、滚动、综合”的方针，要从流域整体上考虑。进行梯级开发，一个梯级收益用于下一个梯级开发，两个梯级开发建成以后的收益合起来再用于下一个梯级开发，每一个梯级开发都要考虑综合效益，合理解决航运与发电用水、农业用水等之间的关系，做到统筹兼顾，多方受益。在这方面，国家给予了优惠政策，这些优惠政策同样适用于交通部门。

（三）在继续坚持“统筹规划、条块结合、分层负责、联合建设”方针的同时，进一步深化投资体制改革

要把内河航运建设搞上去，没有必要的投入是不行的。这几年内河航运建设借鉴公路建设的成功经验，实行“统筹规划、条块结合、分层负责、联合建设”的方针，除国家对重点工程项目给予一定数量的资金投入外，沿线省、市、区以及受益较大的地、市（县）、企

业，也都筹集一定数量的资金，或采取其他优惠政策，支持内河航运建设，收到了很好的效果。这种能充分发挥各方面积极性的做法，今后必须继续保持。刚才许多同志发言时希望国家支持内河航运建设要有一定的政策，资金有一定的投入。这些意见是合理的。但是，国家能够用于内河建设的资金不多，地方上的财力也有限，解决内河航运建设资金的出路在于深化投资体制改革，调动中央和地方两个积极性，调动社会各方面的积极性，多渠道地筹措内河航运开发资金。

一是在有条件的地方可以实行“以电养航”的政策。经过西江一期工程的建设实践，大家从中得到启发，也积累了一些经验。那就是通过建设航运设施，同时带来发电、灌溉、防洪等综合效益，从而改变航运建设投入大收益小或者是只投入看不到收益的局面。航道建设带来的是社会效益，本身无回报，而水电经济效益高，因此，只要建立一套适应市场经济发展的经营管理机制，国家在政策上适当支持，实行“以电养航”不仅在一定时期内可以偿还建设资金，而且还会积累一部分资金用于开发建设新的项目，实行滚动发展，这是发达国家走过的路子。今后与水电设施一起建成的航道，或与航运设施一起建成的水电设施，可实行“以电养航”的优惠政策，以电站收入的一定比例维护航道，发展航运。这里需要强调，电力部门与交通部门必须协调配合，电网属电力部门管理，如果航电枢纽发的电进不了电网，或进网后电价过低，以电养航的目标也实现不了。有的地方没有建电站的条件，如在平川地方落差很小，也积累了“以航养航”的经验。总之，要结合各地的实际情况，创造新的经验。

二是鼓励大厂矿、大企业在交通部门的统筹规划下，按照“谁投资、谁建设、谁受益”的原则，建设货主专用码头和航道。

三是组建联合开发公司，一面整治航道，一面开发附近的资源（包括土地资源），从资源开发收益中提取资金用于内河航道建设。一条河流可组建一个航运开发公司，或者采取股份制，组建一个包括航运、水电、水利等在内的开发公司，负责一条河流的开发。这样就可以打破地区、部门之间的界限，有利于调动各方面的积极性，为水资源的综合开发利用和振兴内河航运事业开拓出一条新的路子。

四是利用一部分政府间国际金融组织贷款，争取国外财团进行联合开发建设。对那些投资效益明显并对地区经济有重大作用的项目，应该积极创造条件，争取利用国际金融组织及政府间的优惠贷款。

在内河航运开发中，要进一步推进基本建设管理体制改革，引入市场竞争机制，对工程建设实行规范的、严格的招投标制度，并采取政府监督和专业监理相结合，管好用好资金，降低工程造价，确保工程质量。

（四）要加强内河船舶的技术改造，注意保护环境

目前航行于内河的船队，船型老旧，种类繁杂，技术状况差，维护工作量大，装载效率低，安全系数小，对水源和环境也有污染。因此，加快老旧船舶的改造，是发展内河航运、实现内河运输增长方式转变，不可忽视的一个重要方面。要加强船舶标准化工作，采取法律的、经济的、技术的、行政的等多种手段，坚决淘汰老旧船舶，推广技术经济性能好的新型船舶，提高内河运输的效率和效益。要提高环境保护意识，努力治理水污染，重点是治理生

活垃圾、水浮莲等漂浮物以及沿岸单位排污，切实保护环境。

（五）各级党委和政府要重视并加强对内河航运开发工作的领导

内河航运开发离不开党和政府的支持。国外莱茵河、密西西比河之所以能成为世界上航运量最大、航运最发达的河流，关键原因也在于沿线国家和政府的重视和支持，肯于下大力量进行开发治理，使水资源得到了综合利用。我国的实践也充分证明，凡是内河航运搞得好的地区，都是各级党委、政府高度重视、大力支持及有关部门从全局出发，通力协作的结果。

水资源的综合开发利用，需要由政府来统筹规划，作出科学的决策，这是一个部门、一个单位难以做到的。水资源的开发利用，具有跨行业、跨地区的特征，一条大江大河的治理开发，往往涉及到几个省、市、地区，因此，加强内河航运建设，振兴内河航运建设事业，必须由政府来作好地区之间的协调工作。开发内河航运还需要交通、水利、水电、环保等部门的协作配合，只有在政府的组织领导下才可能解决互不协商、互相掣肘的问题。例如：在实行以电养航的政策中，为使电力部门和交通部门在电价、枢纽的建设与管理等方面能取得相互理解和通力合作，政府需要出面做好协调工作，否则以电养航的政策很难执行。另外，在筹措国内资金、引进外资、征地拆迁、加强内河航运安全管理、确保航道畅通等方面，政府要做的工作也很多。

总之，党和政府对内河航运的地位和作用有充分的认识，加强对这一工作的组织领导，并采取切实有效的政策措施加以支持，是调动各方面积极性，把内河航运搞上去的关键因素。关于下一步工作，请交通部与国家计委和有关部门共同商量、落实。希望大家回去以后，尽快向省委、省政府汇报这次会议精神，并结合本地实际，提出加快内河航运建设的政策和措施，力争用较短的时间使我国内河航运的落后面貌得到改变。

提高认识 狠抓落实 进一步加快公路建设步伐

——吴邦国副总理在全国加快公路建设工作会议上的讲话

（1998年6月21日）

召开这次全国加快公路建设工作会议，很有必要，也是非常及时的。会议认真贯彻落实党中央、国务院关于扩大国内需求，调整投资结构，加快公路建设的重大决策；围绕确保完成今年的公路建设任务，进一步提高认识，统一思想，明确任务，制定措施。这对于实现今年经济增长8%的目标，保持国民经济持续快速健康发展，有着重要的意义。

党中央、国务院对加快公路等基础设施建设十分重视。江泽民总书记多次主持中央财经领导小组会议进行研究，作了很多重要指示和批示。朱镕基总理最近几次听取交通部的汇报，强调今年必须加快公路建设步伐。我们要很好地学习领会中央领导同志的指示精神，认真贯彻执行。在昨天的会议上，黄镇东同志在工作报告中提出了加快公路建设的目标任务和要求，我完全赞成。国家经贸委、财政部、人民银行等部门以及部分省的负责同志也提出了很多好的意见。我相信，这次会议必将对加快公路建设起到积极的推动作用。

下面，我结合会上反映的一些情况，讲3个问题。

一、提高认识，统一思想，增强紧迫感

今年3月份，交通部为加快公路建设曾经开过座谈会，为什么到6月份还要再开一次？很重要的一点，就是为了使大家能够认清形势，明确任务，进一步提高认识，把思想统一到中央3号文件精神上来。1997年7月东南亚发生金融危机，在这次危机中，一些国家和地区货币急剧贬值，股市大幅度下跌，不可避免地对我国经济发展带来了多方面的影响。针对这种情况，党中央、国务院决定在鼓励出口的同时，增加国内投资，扩大国内需求，把加快包括公路在内的基础设施建设，作为扩大内需的重点，要求加大农林水利、铁路、公路、通信、环保等基础设施建设以及高新技术产业化、现有企业技术改造和住宅建设的投入，以确保国民经济持续快速健康发展。譬如，将铁路投资由原来380亿元增加到450亿元，公路投资由1 200亿元增加到1 600亿元，邮电通信投资由1 200亿元增加到1 500亿元，住房建设投资再增加500亿元。这是党中央、国务院为应对东南亚金融危机所采取的正确决策。我们应当从国民经济全局来看加快公路建设的重要意义。

（一）加快公路建设直接关系到今年经济增长8%目标的实现

中央3号文件对1998年经济工作提出3条要求：一是确保经济增长速度保持8%；二是进出口总额继续增长；三是人民币汇率基本稳定。朱镕基总理在新一届政府成立后举行的记者招待会上，提出了“一个确保，三个到位，五项改革”，强调要确保1998年8%的增长速度。8%的速度对我们来说不算很快，但也不慢。1997年国民生产总值比上年增长8.8%，

1996 年为9.7%，1995 年为10.5%。为什么今年要求增长8%会引起全世界的关注？主要原因是东南亚发生金融危机后，许多国家经济增长速度都放慢了。我国 1998 年一季度国内生产总值增长7.2%，二季度的数字还没有出来，可能比一季度还要低一点，这样第三季度要达到8%，四季度达到10%，才能确保全年8%的速度。就经济发展本身而言，8%和7.5%没多大区别，就是7%也是相当高的发展速度，但现在还是要保8%，为什么？因为这不仅仅是经济问题，更是一个信心问题，还关系到香港的繁荣和稳定问题。增加公路投资，有利于扩大国内需求，带动相关产业发展。据测算，公路建设与国民经济发展的相关系数是0.4，1998 年投资1 600 亿元，将带动国内生产总值增加640 亿元，可以为工业企业提供152万吨钢材、60 万立方米木材、1.72 亿吨水泥、208 万吨沥青的订单。现在生产企业就怕没订单，有了订单企业就活了。所以，我们要从应对亚洲金融危机的大背景，从整个经济发展全局的战略高度，来看待1 600 亿元公路建设投资，看待加快公路建设问题。

（二）加快公路建设可以缓解就业的压力

下岗职工增多，是当前我国经济、社会生活中的一个突出问题。党中央、国务院对这个问题极为重视，不久前专门召开会议进行研究部署。江泽民总书记、朱镕基总理都到会作了重要讲话，强调做好国有企业下岗职工基本生活保障和再就业工作，是当前关系改革、发展、稳定全局的头等大事，一定要切实抓好。同时，我们还要看到，我国是一个有 12 亿多人口的大国，就业问题十分突出。运输业属于劳动密集型产业，在各种运输方式中，公路行业吸纳劳动力的能力最强。据测算，公路建设投资增加 400 亿元，可增加就业机会 75 万个；完成 1998 年 1 600 亿元公路建设投资，可提供就业机会 325 万个。这对于缓解目前就业压力的矛盾会起到积极作用。

（三）加快公路建设，有利于促进地区经济协调发展，增强经济发展后劲

优先发展交通运输，是经济发达国家在工业化过程中普遍采取的战略。世界各国不惜投入巨资大力修建公路，尤其是高速公路。改革开放 20 年来，我国公路建设取得的成就是举世瞩目的，但是由于基础差、欠账多，从总体上看还远不能适应国民经济和社会发展的需要，公路等基础设施仍然是我国国民经济的薄弱环节。与世界上一些发达国家甚至发展中国家相比，我国的公路仍相当落后。目前，美国公路通车里程为600 多万公里，印度为200 多万公里，而我国只有 120 多万公里。每百平方公里拥有公路里程，美国为67 公里，英国为160 公里，法国为147 公里，日本为303 公里，印度为61 公里，而我国只有 12.8 公里。每万人拥有公路长度，美国为 242 公里，英国为 63 公里，法国为 140 公里，日本为 91.5 公里，印度为22 公里，而我国只有 10.2 公里。高速公路通车里程我国是美国的1/20，加拿大的1/4。至今没有一条横连东西和纵贯南北的高等级公路大通道，无论是全国还是区域均未形成具有规模效益的路网。断头路、“瓶颈路” 尚未从根本上消灭。“公路通，百业兴”。尤其是高等级公路建设，不仅自身有很好的经济效益，而且能够明显加快公路沿线地区经济结构和产业结构调整，缩小城乡差别。1998 年 1 600 亿元投资计划完成后，可新增公路 2.4 万公里，其中新增高速公路 1 117 公里，二级公路 7 600 公里；新增通公路的乡镇 170 个。这将有力地促进生产力的合理布局和经济社会效益的提高。

通过以上分析可以看出，我们肩上承担着两个重任，一个是促进公路建设的发展，一个是带动国民经济的发展。我们要认真贯彻中央3号文件精神，为国民经济的发展分忧、为中央分忧。总之，要从我国经济社会发展的全局和战略高度，来认识加快公路建设的重要性和必要性，认识加快101个在建项目和28个新开工项目建设的意义，认识完成1998年1 600亿元公路建设投资任务的意义。各有关部门和地方人民政府一定要增强紧迫感和责任感，大力协同，密切配合，充分利用当前有利时机和条件，按照江泽民总书记、朱镕基总理的指示，统一思想认识，加强领导，狠抓落实，进一步加大工作力度，确保完成和超额完成今年的公路建设任务。

二、采取切实措施，在加快上做文章

近几个月来，各有关部门和单位已经抓紧工作。中国人民银行提出了支持国民经济发展的10条措施并把公路建设作为重中之重。国家开发银行1998年增加了200亿元贷款规模支持基础设施建设。工商银行、建设银行、招商银行等支持力度也不小。财政对公路建设的支持力度相当大，1998年财政是比较困难的，收入增长速度不如1997年，但支出较多，尽管如此，在1998年财政将要发行的外债中，仍然安排30亿元人民币作为公路建设项目资本金。外债现在还没发，但已采取资金调度办法，先拨款支持公路建设。从1998年公路建设投资计划完成情况来看，总的讲已经很快，但还要加快，以保证全年1 600亿元的投资能够完成和超额完成。1998年1至5月份，全国固定资产投资增长12.7%，其中，基本建设投资增长12.2%，技术改造投资增长9.7%。分行业看，农林水利完成投资110亿元，比1997年同期增长10.4%；铁路完成100亿元，增长50%；公路完成305亿元，增长48%；房地产增长15.2%。这是各地区、各部门认真落实中央3号文件的结果。基础设施等固定资产投资已经拉动了生产资料的生产。从1至5月份来看，钢材、水泥、玻璃的生产开始上升，一些主要的生产资料价格开始遏制住了下跌趋势。

当前需要重视的问题是，与我们面临的建设任务相比，公路建设的进度还不够快，还要加大工作力度，加快建设步伐。1998年1至5月份完成公路建设投资占全年计划的19%，计划新开工的28个项目，现在只开工了2项。应该说，1998年上半年完成计划情况是历史上最好的，与1997年同期的16%相比，1998年公路建设投资进度是创纪录的，是最高的。但是，下半年我们面临的任务也是历史上最重的，还有81%的工作量，相当于1997年全年的工作量，半年干去年一年的活，比往年任何时候的任务都重。虽然如此，工作还是有条件搞上去的，只要苦干实干抓紧干，完全可以完成1 600亿元的投资计划。现在地方积极性很高，各有关方面又大力支持，银行、财政、计划、证监会等有关部门也都有很高的积极性，事情要比过去好办得多。

当前妨碍加快公路建设的因素主要有两点：一是资金问题，包括资本金和贷款。国家规定公路建设项目资本金比例不能低于35%，按照1 600亿元投资计划，公路建设项目资本金还有70亿元的缺口。为解决这个问题，国务院采取了财政拨款30亿元，批准公路客运附加费从1998年7月1日起每人公里增加1分钱等措施。现在还有缺口20亿元，打算通过资本市场再筹集一部分。600亿元银行贷款中，还有295亿元没落实，占49.5%，各家银行都表示，要加快资金落实进度。二是前期工作问题。这方面工作跟不上去，想加快也是快不了的。我们不能再干边设计、边施工、边生产等大呼隆的事了，还是要讲科学、讲程序。前期工作包括勘测设计、征地拆迁、项目审批等。这些问题必须认真加以解决。

怎么加快，我认为重要的是针对上述几方面的问题，结合各地实际，着力做好以下工作。

（一）抓住重点，加快在建项目建设进度

1998 年，公路建设投资规模由原计划的 1 200 亿元增加到 1 600 亿元，要把 101 个在建项目、28 个新开工项目作为重中之重，增加投资，加快建设进度，实现公路建设新的进展。"九五"后 3 年，要重点加快"两纵两横三个重要路段"的建设；按照"五纵七横"12 条国道主干线的建设规划，逐步加快车流量大的路段建设；提高现有路网的等级和质量；提高乡村公路的通达深度。加快在建项目建设，风险小，因为经过了评审，资本金也是落实的。1998 年要确保 28 个新项目开工，各有关方面要加快评估进度，不能拖。除 28 个项目外，还可再提出一批新项目备选。1998 年上半年，银行创造了很好的经验，就是集中各方面力量，包括总行和分行的业务人员以及专家进行评审，加快了项目评估进度。

（二）保证建设资金及时足额到位

关于资本金问题，国家给的政策和资金要用好，财政拨给的 30 亿元要向中西部地区倾斜，支持其发展。公路客运附加费新增部分和从资本市场筹集的资金，都要全部用在公路建设项目上。地方的资本金也要抓紧落实。地方一些同志搞工业的积极性很高，但要考虑效益问题。现在一年期的贷款利率是 7.92%，而 5 月份的物价是负增长 2.5%，加起来是 10% ~ 11%。工业项目的回报率达到 10% ~11% 是很困难的，因为现在市场制约相当严重。所以现阶段不如把资金更多地用到公路建设上。关于信贷资金问题，1998 年总数是 600 亿元，其中 101 个在建项目和 28 个新开工项目的贷款是 400 亿元。其他项目贷款 200 亿元。在这次会上，各家银行都表示要给予支持。总的要求是，不要因为资金问题影响工程进度。同时，银行支持公路建设，交通部门也要支持银行深化改革。关于担保问题，按照商业银行的有关规定，贷款必须有抵押，可以考虑将公路收费权作抵押，如果届时业主不能还款，银行可以拍卖公路收费权；也可用交通厅的规费作抵押，如养路费等，具体怎样做，要注意和今后费改税的政策衔接，做法要规范化。关于谁来借款的问题。不能由公路建设指挥部借款，指挥部是政府的派出机构，由它出面借款不合适，借款单位应该是法人实体，能够承担民事责任。这次会上，大家同意尽快成立高速公路经营公司来解决这个问题。另外，建设项目业主单位要提高透明度，要为银行评估提供资料。银行作为债权人，有权了解建设项目业主单位的有关情况。当然，解决这些问题要有一个过程。公路建设资金的使用要精打细算，不能大手大脚。要加强资金管理，严格成本核算，合理、有效地使用公路建设资金，做到少花钱多办事，保证工程高效益、低成本。

（三）加强公路建设市场监管，保证工程质量

要从严要求，健全责任制。各级交通部门和建设项目业主单位，必须严格按照公路建设市场管理的有关规定，继续推行项目法人责任制、招投标制、工程监理制，严格合同管理，

严禁层层分包、转包，以确保工程质量，降低造价，做到建设项目不超概算。交通部门要加强监督检查，对履约差和出现的质量问题，要认真查处。现在往往很矛盾，一方面要快，另一方面又怕出事，因为快容易导致粗制滥造。这里特别讲讲工程监理问题，这方面我们是有教训的。从陕甘宁地区输送天然气到北京，30 亿元投资的项目，开始我们自己监理，就是搞不好，后来全部撤下来，请外国人来监理，搞得井井有条。是不是中国人就没本事，我看也不是，主要是人际关系太复杂，而且可以不负责任。所以一定要把工程监理这个环节搞好。一是坚持回避制度，不能搞“老子”监督“儿子”；二是要有监理资格，持证上岗；三是监理不好，要追究责任。1998 年任务比较重，交通部门要认真研究一下，关键还是领导干部，对于搞得好的要奖，要重用，搞得不好的不得重用，搞得差的要换人。另外，对在招标、发包过程中为非作歹、乘机捞一把的，一定要严肃查处。

（四）各级干部要保持良好的精神状态

各地参加这次会议的同志要抓紧把会议精神向省、自治区、直辖市及计划单列市的主要领导汇报，地方各级人民政府要尽快明确哪位领导抓这项工作，加快哪些项目。要抓住当前的大好机遇，集中力量，加快建设；要尽快落实项目资本金；要为公路建设创造良好的外部环境和条件，比如征地拆迁等；要上下一条心，各方面通力合作，互相配合，加快工作节奏；要转变作风，深入现场，深入基层，加强指导和协调，及时解决工程建设中的问题。

三、加快公路建设必须坚持正确的方针和政策

这些年公路建设取得很大成绩，是建国以来发展最快最好的时期。表现在三个方面：一是通车里程已达到122.6 万公里，近几年平均每年新增公路里程 2.5 万公里，有的年份达到 3 万公里。二是高速公路从无到有，10 年搞了近 5 000 公里，而且二级以上公路大幅度增加，路面质量明显提高。三是实现了县县通公路，通公路的乡已达到 98% 以上。根据国民经济发展的需要，我们已经确定了公路建设“九五”规划和到 2010 年的目标。即“两纵两横三个重要路段”以及“五纵七横”12 条国道主干线，到 2010 年要在中国形成一个比较现代化的公路网。如何实现国家的规划目标，我看还是要坚持多年来行之有效的方针和政策。主要是：

（一）坚持统筹规划，条块结合，分层负责，联合建设

这是近几年公路建设很重要的经验。统筹规划可以集中力量办大事，避免重复建设，条块结合、分层负责、联合建设可以发挥中央和地方两个积极性，尤其是有利于充分调动地方的积极性。各级地方政府和人民群众的积极性被调动起来了，公路建设才能取得大发展。从这次会议交流的经验看，凡是按照国家制定的国道主骨架要求，从当地的经济和社会发展实际出发，通盘考虑，重视做好地区路网规划的一些省、自治区和直辖市，公路建设特别是高等级公路建设明显加快。“九五”以来，全社会公路建设投资总额每年都在 1 000 亿元以上，其中地方投资比例达到 80% 以上。广东、山东、江苏等省，自筹建设资金已达 90% 以上。由此可见，没有这一条，就没有今天的大好局面。今后的公路建设，仍然要这样

坚持下去。

（二）坚持从大局出发，突出重点，提高公路网的整体水平

公路交通只有形成网络，才能发挥效益。这包括两个方面：一是以“五纵七横”12条国道主干线为骨架的国家公路网。其中“九五”或较长时间要重点建设“两纵两横三个重要路段”的国家骨干公路。二是与国道主干线相连接的地区性、区域性公路网，两者互联互通才能形成完善的公路网络。现在，全国近5 000公里的高速公路分布在23个省（区、市），二级以上公路还不到总里程的11%，这使得通过能力大大受到了限制。从“九五”前两年建设情况来看，“两纵两横三个重要路段”进展是不够理想的。究其原因，除建设资金不足和前期工作跟不上以外，主要是有些省过多地从自身经济发展需要去考虑，把投资的重点放在地区性、区域性的公路网络上，对国家公路网的建设重视不够，这样就出现一些“断头路”，影响了整个网络的形成。今后三年，各地要按照公路建设“九五”计划的目标，确定资金投向，加快本地区国道主干线的建设力度。交通部门要在加强协调方面做好工作。关于提高乡村公路通达深度问题，要从实际出发，宜路则路，宜水则水，关键是能解决当地群众出行不便、运输困难的问题。这对实现国家“八七”扶贫攻坚计划，帮助中西部贫困地区的群众脱贫致富有着重要意义。现在全国还有700多个乡镇、10多万个行政村舟车不通。各有关省、自治区、直辖市要作出规划，提出符合实际的通行标准，分期分批予以解决。

（三）坚持深化投融资体制改革，多方筹集建设资金

公路建设尤其是高速公路建设既是劳动密集型产业，也是资金密集型产业。改革开放以来，中央为筹集公路建设资金，相继批准开征车辆购置附加费、提高养路费征收标准、使用贷款修建的高等级公路和大型桥隧可收取车辆通行费，并允许实行以工代赈修建公路等，逐步形成了“中央投资、地方筹资、社会融资、利用外资”的投资新格局，使公路建设有了比较稳定的资金来源。今后三年公路建设任务能否按期完成，保证资金投入是个重要问题。要继续深化投融资体制改革，扩大筹资渠道。根据公路建设投资规模加大的实际情况，国务院已在年初决定增加银行贷款和发行公路建设债券。利用外资也是一个很重要的方面。利用外资一定要考虑资金的成本，不能饥不择食。国家正在研究以公路交通作为试点，实行费改税。费改税后仍要专款专用，保证公路建设投入。

（四）坚持“建、改、养”并重，确保公路畅通

公路交通是一个系统工程，新建公路是发展，加强现有公路改造和管理养护，提高现有公路通过能力也是发展，不能把全部文章做到新建公路上，还要抓好老路的改造和养护。要正确处理公路建设、改造、养护三者的关系，坚持“建、改、养”并重。这是由我国公路的实际状况所决定的。我国低等级公路占了相当大的比重，又是一个自然灾害发生频繁的国家，每年因各种自然灾害造成的公路损毁情况十分严重，不通或通而不畅的现象时有发生。例如，西藏墨脱县早在80年代公路就通了，后来由于自然灾害破坏，很多年来一直处于时通时不通的状况。这说明即使公路建好了，要保持常年畅通，加强养

护和管理十分必要。同时，高速公路车流量大，行车速度快，路面状况不好、坑坑洼洼很容易造成交通事故。所有这些，对公路的养护提出了更高的要求。加快老路的技术改造，也是改变我国公路交通落后状况的重要举措。几十万公里的低等级公路，不可能也不必要全部新建。充分利用老路拓宽改造，提高老路技术等级，是投入少、产出高、见效快、效益好的成功之路。

进一步加快公路建设，是党中央、国务院统揽全局、审时度势作出的重大决策。我相信，在以江泽民同志为核心的党中央领导下，有各级党委、政府的组织协调，有各部门的通力协作和人民群众的大力支持，有全体交通战线职工的团结拼搏、苦干实干，加快公路建设的任务一定能够圆满完成！

加快交通基础设施建设　为西部大开发当好先行

——吴邦国副总理在西部开发交通建设工作会议上的讲话

（2000 年 7 月 21 日）

这次西部开发交通建设工作会议，是贯彻落实党中央实施西部大开发战略决策的一次重要会议。交通部提出的《加快西部地区公路交通发展的规划纲要》，对西部地区公路交通建设和发展具有重要的指导意义。

1998 年 6 月，交通部在福州召开加快公路建设工作会议，我到会讲了话。当时会议是为应对亚洲金融危机，采取积极的财政政策，扩大内需，将公路建设放在全国经济振兴的大背景下召开的，取得了积极的成果。福州会议以来，利用国债资金，新增公路通车里程 15 000公里，其中高速公路 4 000 公里，集中力量办成了一些多年想办而未办成的大事，大大加快了全国公路建设，推动了国民经济持续快速健康发展。我们这次会议，是在西部大开发的大背景下召开的，是贯彻落实党中央西部大开发战略决策的一项重大措施。所以，我们这次会议要研究的不仅是具体的公路建设项目问题，而且要站在西部大开发的高度，从总体上研究加快西部地区公路建设问题。通过我们的工作，要将西部大开发的战略部署实实在在地向前推进一步。

实施西部大开发战略，加快中西部地区发展，是以江泽民同志为核心的党中央贯彻邓小平同志关于我国现代化建设“两个大局”战略思想，面向新世纪作出的重大决策。实施西部大开发战略，关系到我国东部与中西部协调发展和最终实现共同富裕的社会主义的本质要求，是贯彻落实江总书记“三个代表”重要思想的具体体现和伟大实践；关系到扩大内需和国民经济持续快速健康发展，有利于调整我国经济结构，有利于从整体上提高我国的经济实力；还关系到全国社会稳定、民族团结和边防巩固，有利于增强中华民族大家庭的凝聚力和向心力，为国家的长治久安和社会主义制度的巩固奠定坚实的基础。

在西部大开发中，交通基础设施建设是基础性工作。加快交通等基础设施建设，尽快改变交通落后状况，是实施西部大开发的当务之急和长远大计。去年 2 月 1 日，江泽民总书记在内蒙古自治区考察工作时指出，发挥地区优势，加快改革开放和经济建设步伐，要优先搞好基础设施建设，加强交通建设，逐步形成较为发达的公路等综合运输体系。去年 6 月 9 日，江总书记在中央扶贫开发工作会议上提出，加快中西部地区的发展，从现在起，要作为党和国家一项重大的战略任务，摆到更加突出的位置。中央将继续加大对中西部地区特别是西部地区的扶持力度，优先安排水利、电力、交通、环境保护和资源开发项目。今年 6 月 20 日，江总书记在西北五省区党建工作和西部开发座谈会上又明确指出：“力争用 5 到 10 年时间，使西部地区基础设施和生态环境建设有明显进展。”朱总理在九届全国人大三次会议期间指出，西部大开发第一是基础设施建设，西部地区地域辽阔，交通不发达，首先要进行基础设施建设。他特别强调，西部地区交通建设，近期要以公路建设为重点，全面加强铁路、机场、天然气管道干线建设，扩大西部与东部、西南与西北的运输通道，实现通江达海，形成综合运输体系，并促进西部地区与周边国家的联系和交流。我们一定要充分认识实施西部大开发战略决策的重大现实意义和深远历史意义，充分认识加快西部交通基础设施建设的重要性，抓住机遇，坚定信心，增强责任感、使命感和紧迫感，扎扎实实地把西部交通基础设施搞上去，为实施西部大开发战略当好先行。

首先，西部地区交通等基础设施落后状况，严重制约了经济和社会发展。建国50年来，特别是改革开放20多年来，公路建设取得了巨大成绩。我国公路里程以年均超过2万公里的速度增长，“八五”、“九五”增长速度进一步加快，特别是1998、1999两年，贯彻实施积极的财政政策和扩大内需的重大决策，建设速度又进一步加快。到1999年底，全国公路通车总里程已达到135万公里，比建国初期增加了近16倍，比1978年增加46万公里。十多年前，我国高速公路还是空白，短短十几年，高速公路里程已达到了11 605公里（截至1999年底），跃居世界第三位。我国的交通基础设施无论是在数量上还是在质量上，都有了长足进步，公路密度、高等级公路里程和高级、次高级路面里程、通达深度等都有了明显提高。

但是必须看到，由于自然条件比较差，经济条件落后，加上基础薄弱、起步比较晚等原因，西部地区交通基础设施落后和不足的状况仍然十分突出，而且与东部的差距还在拉大。当前存在的主要问题是“三低”：一是路网密度低。西部地区路网密度每百平方公里为7.8公里，只是全国的一半，是东部地区的1/5。二是公路等级低。西部地区二级以上的公路比重为6.9%，只有全国的一半，比东部地区低11个百分点；等外公路比重为21.8%，比全国高出7.4个百分点，比东部地区高出13.5个百分点；高级、次高级路面比重为30%，比全国低11个百分点，比东部地区低22个百分点。三是通达深度低。在西部地区，不通公路的乡镇有680多个，占全国不通公路乡镇总数的85%。落后的交通基础设施，严重制约了西部经济社会发展。由于交通不畅，丰富的矿产资源得不到开发，得天独厚的旅游资源“藏在深山人未识”；由于交通不畅，区位优势难以形成，引进技术人才、吸引外资、对外开放受到影响；由于交通不畅，群众难以参与市场流通、商品交换，当地经济难以融入整个经济循环之中。特别是交通落后造成的封闭、半封闭环境，导致群众观念落后，意识陈旧，不仅影响经济发展，而且还容易引发一些社会问题。

其次，加快公路等交通基础设施建设，是西部地区市场经济发展的内在要求。“交通兴，百业旺”，“要想富，先修路”，已经成为人们的共识。要加快西部地区的资源开发，把潜在的资源优势转化为经济优势；要加快市场经济的发展，把产品优势转化为商品优势；要扩大外引内联，把政策优势转化为投资环境的优势；要打破封闭隔绝状态，促进群众观念更新，加强区域联系和民族团结等等，都要求我们切实加快公路等交通基础设施建设。

目前，西部地区除区内交通落后外，更缺乏与外界联系的大通道，制约着西部地区与国内外的各种交流，阻碍了全国统一大市场的形成。特别是随着我国对外开放进一步扩大，西部地区将成为对外开放的重点地区，而没有好的交通条件，扩大对外开放就无从谈起。因此，必须大力加强西部地区的交通基础设施建设，尽快打通与外界的通道，大力促进东、中、西部商流、物流、信息流、人才流、资金流的相互沟通，使西部地区从更深的层次，在更广泛的范围，以更直接的形式参与国内外市场的竞争，为西部地区的经济社会发展注入新的活力。

第三，由于西部地区特殊的地理环境和公路交通方便灵活等特点，加快公路建设尤其重要。西部地区通航河流少，铁路密度低，也不可能修建许多机场，在不少地区，公路交通是唯一的运输方式，承担着全社会客货运输的主要任务。许多地区公路运输占全部客货运输量在85%以上，有的达到90%以上，大大高于全国平均水平。但是，正如上面讲到的，西部地区的公路等级、路网密度和通行条件又远远低于全国平均水平，与东部地区相比差距更大。因此，加快西部地区的公路建设，是西部交通基础设施建设的重中之重，必须给予高度重视，扎扎实实地抓出成效。

下面，我就进一步加快西部公路交通基础设施建设问题，再强调几点。

一、要以江总书记关于西部大开发一系列重要指示为指导，树立长期艰苦奋斗的思想

今年6月20日，江总书记在西北五省区党建工作和西部开发座谈会上强调：一要有长期奋斗的思想准备。西部与东部地区的发展差距是长期的历史的和一些客观的原因形成的，要从根本上改变面貌，需要几代人持之以恒和坚韧不拔的艰苦努力，绝不可能一蹴而就。二要突出重点。坚持从实际出发，有所为，有所不为。把基础条件相对较好的地方作为重点，优先发展；把基础设施建设、生态环境保护、发展特色经济、加强科技教育等作为重点，加大投入，加快发展。三要立足于自力更生。西部地区的发展离不开国家和社会各方面的支持，但西部地区要建立在依靠自身力量的基础上，充分发挥自身优势，要靠西部地区各族干部群众团结奋斗，艰苦创业，励精图治。江总书记关于西部大开发的一系列重要指示，就是我们这次会议的指导思想和西部地区公路建设的重要指导方针。

这几年西部地区公路建设的实践告诉我们：加快西部地区公路等基础设施建设，中央加大投入，东部地区和有关部门加大支持力度是必要的，但要把西部地区公路等基础设施尽快搞上去，最重要的是要靠西部地区各族干部群众，发扬自力更生、艰苦奋斗的精神，坚持不懈地苦干实干。今年“两会”以后，我连续跑了8个省区，其中6个省区是西部地区。这些地方，前几年我都去过，这次给我一个很突出的印象，就是这几年西部地区交通基础设施面貌发生了巨大变化。比如，陕西省高速公路建设取得了很大进展，实现了“八百里秦川一日还”。云南省先后建成了10个支线机场，数量是全国最多的，大大促进了旅游业的发展。四川省今年高速公路里程将突破1 000公里。西部地区这些变化，与中央一贯关心、重视西部地区经济社会发展，从财政上以及其他方面给予大力支持是分不开的，但归根结底是西部地区各族干部群众战天斗地，艰苦奋斗的结果。因此，自力更生、奋发图强在西部地区公路建设上是大有文章可做的。西部地区一方面要积极创造条件，改善投资环境，广开渠道，吸引更多的外部资金用于公路等交通基础设施建设；另一方面要合理规划，精打细算，勤俭节约，把有限的建设资金用在刀刃上，使其发挥最大的经济和社会效益。

二、要确定切实可行的奋斗目标

根据江总书记提出的力争用5到10年时间，使西部地区基础设施建设有明显进步的总要求，交通部在调查研究的基础上提出了加快西部公路建设三个阶段的奋斗目标；一是用5到10年时间，使西部地区交通基础设施有明显改善；二是再用10年左右的时间，即到

2020年初步建成西部地区公路骨架网络；三是再用30年左右的时间，即到下世纪中叶建成现代化公路运输网络。实现上述奋斗目标，做好前10年工作是关键。前10年的主要任务是：

一是加快西部地区国道主干线建设。“五纵七横”国道主干线中有8条连通西部地区，主要是丹东到拉萨、青岛到银川、上海到成都、上海到瑞丽、衡阳到昆明、二连浩特到河口、连云港到霍尔果斯、重庆到湛江等，总长1.26万公里，除已建成和在建的以外，今后10年还有3 900多公里需要开工建设。

二是加快西部地区区域路网改造，包括省际间的公路通道建设，重点国道改造、地方路网技术等级结构改造、公路枢纽站点建设，以及国防、边防公路建设。路网改造的重点是，加强省际间公路通道建设，主要安排兰州到云南磨憨、包头到北海、阿勒泰到红其拉甫、银川到武汉、西安到合肥、长沙到重庆、西宁到库尔勒、成都到西藏樟木等8条公路的建设。这8条公路在西部地区的总规模为1.5万公里，已建成2 700公里，在建1 900公里，还有1万公里需要开工建设。

三是加快西部地区实施乡村公路通达工程。有条件通公路的乡、村，特别是老、少、边、穷地区的乡、村，要逐步实现乡乡村村通公路，使公路通达深度明显提高。据初步匡算，实现这个目标，建设里程约15万公里。

大家在座谈中认为，交通部提出的上述规划目标是必要的，也是切实可行的，虽然困难不少，任务相当艰巨，但经过努力是能够实现的。完成这些目标，必将为西部地区经济发展和扩大对外开放创造有利的条件。

三、要科学规划，统筹兼顾

公路规划是公路建设的前提和依据，十分重要。公路建设投资巨大，使用周期长，规划的制定必须尊重客观规律，立足当前，面向未来，统筹兼顾，合理布局，并纳入国民经济和社会发展“十五”计划和长远规划。交通部根据西部地区公路建设的奋斗目标，制定了比较详细的规划方案。这个规划方案已向朱总理作了汇报，朱总理总体上给予了肯定。西部地区各省（区、市）要在全国规划方案的指导下，制定相应的公路建设规划。在制定公路建设规划中，要注意以下几点：一是要树立系统的观点、长远的观点，根据本地区社会经济的发展需要统筹考虑，正确处理需要与可能的关系，着眼于提高路网的整体水平和整体功能；二是要与城市发展、农田水利、国土利用等规划相结合，与其他运输方式的发展规划相协调；三是各省（区、市）的规划之间，要相互衔接、协调配合，既要考虑干线公路，又要考虑县乡公路。

同时，要充分认识做好西部地区公路建设规划工作的艰巨性、复杂性和重要性。改变那种重建设、轻规划的观念。西部地区的地形、地貌和地质条件比较复杂，社会经济发展水平很不平衡，这方面的基础工作也比较薄弱，这些都给规划工作带来了很大难度。因此，要高度重视规划前期工作，加强调查研究和科学分析，对规划方案进行经济技术比较，以期获得最优的规划方案。规划工作做好了，可以节省投资，提高效益，达到事半功倍的效果。由于规划不当，造成的损失是巨大的，有的是难以弥补的，会带来很坏的社会和政治影响。

四、要因地制宜，注重实效

西部地区要根据各自不同的特点，加强分类指导，合理确定各层次路网的发展目标和等级标准，并把握好建设的节奏和步伐，以取得实效。

一是合理确定建设标准。东部发达地区，国道主干线基本上都将以高速公路联通，有的省市提出要市市通高速公路，县县通油路，这对经济发达、人口密集、车辆通行量很大的东部地区来说是适宜的。而西部地区国土面积占全国面积的一半以上，但人口不到全国的1/3，一般来讲，许多地区目前车流量也不大。除少数干线公路外，投资的经济效益在一定时期内不会很好，如果建设标准过高，投资过大，将来的还贷压力也会很大。这一点必须充分估计到。因此，西部地区的公路建设既要适当超前，考虑未来经济发展的需求，又要从实际出发，因地制宜，量力而行，不能把标准定得太高，更不应与东部地区盲目攀比。

二是突出重点，急需先建，有序展开，逐步完善。为适应西部地区经济发展需要，首先要加快建设通往西部地区的国道主干线，近期要集中力量，尽快打通甘肃到云南等8条省际公路通道，这是西部公路建设的重点。其次，各地要确定一批对当地经济发展有重要影响的资源开发路、旅游路、商品集散地公路、出入口公路及扶贫开发路等，作为自己的重点，加紧建设。要本着先通后畅、急需先建、逐步提高的指导思想，量力而行，尽力而为。如先期可把公路建设的侧重点放在路面上，路面不一定很宽，但要有一定的强度和平整度，保证车辆行驶安全、畅通。随着西部地区大开发的深入进行和西部地区经济总量、车辆数量的增加，西部地区公路网的技术等级也要逐步提高，将来也要建更多的高等级公路。

三是要坚持建、管、养并重。西部地区公路等级比较低，等外公路数量很大，加上自然环境比较恶劣，加强公路的养护、管理和技术改造，对于保持畅通，增强抗灾能力，提高使用效益，显得尤为重要。特别要强调的是，加快老路的改造，通过对老路进行拓宽、裁弯取直、完善防护工程、提高路面等级等等，既可以满足当前需要，又可节省大量投资，要予以高度重视。

四是在加快公路建设的同时，有条件的地方，要重视发展航运。我国有很多重要的江河，如长江、珠江、汉江等都流经西部地区，一些地区崇山峻岭、沟壑纵横，修建铁路、公路难度很大，却有发展航运的有利条件。结合兴修水利，整治航道，发展航运，不仅投资省、见效快，有些还可以借江出海，是改变这些地区交通闭塞状况，加快经济发展和扩大对外开放的重要举措。这应该是西部交通建设中不可忽视的一个方面。

另外，在西部地区的公路建设中，既要发挥群众的积极性，又要保护好群众的积极性。严禁搞强迫命令、乱集资、乱摊派，加重群众负担，真正把好事办好。

五、要坚持质量第一的方针

交通基础设施建设投资巨大，责任重大，建设质量如何，必然会引起全社会的广泛关注，也是我们比较担心的一个问题。加快建设，当然要讲速度、讲效率，但最关键的是要确保工程质量。质量就是生命，质量关系到人民生命财产安全，关系到西部大开发的成败。在建设过程中，要处理好速度与质量的关系，如果质量与速度发生矛盾，毫无疑问，首先要保证质量，决不能为了图快和省钱而在工程质量上凑凑合合，降低标准，更不能出现“豆腐渣”工程。特别是西部地区地质地形复杂，各种自然灾害频繁，加上工程技术人员比较缺乏，施工管理力量也相对薄弱，因此，加强工程质量管理，提高建设质量，显得尤为重要。

一要全面开放建设市场，让优秀的设计、施工队伍参加投标，参与建设。这样有利于引进东部地区和国外的先进技术和管理经验，建设优质工程，也有利于把西部地区的队伍带起来，提高自身水平。如果搞地区保护、部门保护，只能保护落后，不利于西部地区的发展。

二要全面落实质量责任制，建立公路工程质量行政领导人责任制，项目法人责任制，参建单位工程领导人质量责任制。项目主管部门、主管地区的领导责任人，项目法人代表，勘察设计、施工、监理等单位的负责人，要按各自的职责对经手的工程建设质量负终身责任，如果出现质量问题，不管调到哪里工作，不管担任什么职务，都要追究责任，严肃处理。

三要整顿规范建设市场，完善和落实招投标制，执行好合同、监理制度，真正做到公正、公平、公开，严禁“暗箱操作”。凡违规操作的，一经发现要严肃查处，决不能姑息迁就。公路工程建设，必须由具备相应资质条件的监理单位进行监理。监理单位必须配备足够的、合理的监理人员。未经监理人员签字认可，建筑材料、构配件和设备不得在工程上使用，不得进入下一道工序。重点路段、桥梁、隧道要实行旁站式监理，决不留任何隐患。

四要严格建设资金的监管，坚决打击工程建设中的腐败现象。必须建立严格的建设资金管理制度，从多方面加强对资金使用情况的监督检查，防止挤占挪用。对使用财政预算内专项资金的建设项目，要设立专项账户，专款专用。特别要防止借工程建设之机，搞楼堂馆所，搞非生产性建设。工程建设领域的经济犯罪，是当前反腐败斗争中的重点问题之一。加大工程建设领域反腐败斗争的力度，既是确保工程质量的迫切需要，又是贯彻落实中央关于反腐败工作部署的措施，必须狠抓不放。在西部地区交通建设中不能再发生贪污挪用建设资金的事。一经发现，必须严肃查处。

五是要结合西部地区山多、隧道多、桥梁多、地质灾害多的情况，针对建设中的关键技术和技术难点，组织力量进行攻关，积极采用新技术、新材料、新工艺，确保建设质量。

六、要注意生态环境的保护和治理

现代社会文明程度的提高，使人们越来越清楚地认识到，必须寻求一条兼顾当代和子孙后代的发展道路，就是要在工业化和城市化进程中，实现社会、经济的发展与人口、资源、环境的协调，走一条社会全面进步，经济稳步增长的可持续发展之路。西部大开发要处理好经济建设和环境保护的关系。由于千百年来多少次战乱、多少次自然灾害和各种人为原因，西部地区自然环境不断恶化，特别是水资源短缺，水土流失严重，生态环境越来越恶劣，荒漠化年复一年地加剧，并不断向东推进。这不仅对西部地区，而且对其他地区的经济社会发展也带来不利影响。改善生态环境，提高环境质量，是西部地区开发建设必须研究解决的一个重大课题。西部发展不能以牺牲环境为代价。公路建设项目在勘测、设计、施工中要充分考虑生态环境保护和水土保持，保护耕地，节约用地。取石挖土要与造地、绿化相结合，避免造成新的水土流失。公路建设要同时安排其两旁的防护和绿化工程，形成公路沿线的绿色长廊，努力把公路建设与周边环境改善结合起来，使之协调和谐地发展。

七、要制定鼓励政策，加快西部公路建设

加快西部地区交通建设需要大量资金投入。据交通部初步测算，仅建成上述1.5万公里8条省际间公路通道，就需要投资约1 500亿元。钱从哪里来？是大家普遍关心的问题。西部大开发，包括加快交通基础设施建设，不能简单地沿用旧体制和传统的发展模式，要适应建立社会主义市场经济体制的要求，积极采用新思路、新办法、新机制，探索新的发展模式。国务院西部开发办正在组织有关部门研究制定相关政策。主要考虑以下几个方面：

一是在长期国债资金、中央财政性建设资金、国家政策性银行贷款以及国际金融组织和外国政府优惠贷款等使用方面，尽可能加大对西部地区交通等基础设施建设投资支持力度。

二是交通部车辆购置附加费专项资金要加大对西部地区公路建设的支持和倾斜力度，力争在原有的基础上有较大幅度的增加。

三是在用地政策、项目审批、“以工代赈”和“以粮代赈”等方面，采取鼓励和支持西部地区公路建设的政策。

四是把已建成的效益好的公路项目，按照有关程序和规范管理的要求，组织上市，公开向国内外发行股票；转让公路经营权，盘活存量资产，以“老路”换“新路”。

五是在市场准入方面实行开放政策，积极吸引外资。要充分利用加入世贸组织的过渡期，在西部地区将一些长期保护、垄断的行业优先开放，鼓励、吸引内外资进入西部，参与交通、能源、通信等基础设施建设。

公路建设是社会公益性事业，涉及到方方面面。因此，加快西部地区的公路建设，不仅需要中央加大投入，还应得到各级地方政府、广大人民群众和有关部门的理解、支持和配合。东部地区要积极支持西部地区的公路建设。实施西部大开发，不仅是西部地区的大事，也是东部地区和全国人民的大事。全国公路运输大通道的贯通和路网的形成，有赖于东中西部的协调发展。东部地区要从大局出发，树立全国一盘棋的思想，动员和引导东部地区的交通部门和企事业单位帮助支持西部地区发展交通。各有关部门也要积极支持西部地区，近期要重点加大对西部地区交通基础设施建设的支持力度。

加快西部地区交通建设，是全国交通系统全体干部职工肩负的光荣而艰巨的历史使命。我们一定要保持良好的精神状态，开好头，起好步。我相信，在以江泽民同志为核心的党中央领导下，在各级党委和政府的关心支持下，交通系统的广大干部职工一定能够发扬艰苦奋斗、勇于奉献的光荣传统，为西部大开发当好先行，作出新的贡献！

黄菊副总理在听取交通工作汇报时的讲话

（2004年1月5日）

注：2004年1月5日，交通部党组书记、部长张春贤同志，党组成员、副部长洪善祥、胡希捷、翁孟勇同志，党组成员、驻部纪检组组长金道铭同志，党组成员、副部长冯正霖同志，以及部分司局负责同志，向黄菊副总理汇报了去年的工作情况和今年的工作安排。黄菊副总理作了重要讲话，充分肯定了一年来交通工作取得的显著成绩和积极有益的探索，对交通改革发展中的一些基本问题作了深刻阐述，对做好今年的工作提出了明确要求。黄菊副总理的重要讲话，充分体现了党中央、国务院对交通工作的高度重视和有力支持，是我们做好交通工作的强大动力。我们要认真学习、深刻领会和贯彻落实好讲话精神。

今天，主要是听取交通部一年来的工作情况汇报和2004年工作的打算。上星期我和培炎同志专门听取了交通部关于高速公路网规划制定情况的汇报，刚才又听了春贤同志代表党组所作的工作汇报。总的感觉是，交通部领导班子团结，工作扎实，精神状态很好，这是我们做好交通工作的基础。全国交通工作在过去的一年里，各项建设加快，取得了很大成绩，同时，又任重道远。交通部对今年的工作，注重前瞻性，抓规划，抓重点，作出了进一步加快发展的部署，我都赞成。下面，我谈几点意见。

一、充分肯定过去一年交通工作取得的成绩

过去一年中，你们认真贯彻落实党的十六大、十六届三中全会精神，按照党中央、国务院的一系列决策部署，紧紧抓住和着力解决交通改革、发展中的一些重大问题，正确处理改革、发展、稳定的关系，以新思路、新理念、新举措全面推进各项工作，取得了较好的成效。特别是去年上半年突如其来的非典疫情给交通运输造成了很大的困难，交通系统广大干部职工一手抓抗击非典不动摇，一手抓运输生产不放松，交通基础设施显著改善，运输生产取得重大成绩。

——公路国道主干线建设继续加快，重视和加强了农村公路建设，全年新增公路通车里程4.6万公里，其中高速公路4 600多公里，完成新改建农村公路10.2万公里，使我国公路通车总里程达到181万公里，其中高速公路通车总里程近3万公里。特别是农村公路建设得到了农民的欢迎和支持，被称之为“民心”工程和“德政”工程，为解决“三农”问题做出了贡献。

——运输生产方面，沿海港口和内河航运建设也有了新的局面，港口货物吞吐量和集装箱吞吐量快速增长，主要港口完成货物吞吐量26亿吨，集装箱吞吐量超过4 800万箱，位居世界第一，不容易，为国民经济发展和外贸进出口增长提供了有力的支持和保障。去年上半年交通运输生产由于受非典影响，旅客运输大幅度下降，但是广大交通系统的干部职工一刻也没有放松做好运输工作，到下半年，客货运输量有了很大提高，全年公路、水路货运量比上年略有增长，客运量基本上恢复了上年的水平。取得这一成绩，比在去年年初我们预想的要好得多，成绩来之不易。

——在抗击非典中，交通系统起步比较早，工作积极主动，克服运输点多、旅客多的困

难，动员全行业的力量，认真落实防控非典的各项措施，既防止了非典疫情传播，保证了旅客安全，又保障了交通畅通和紧急物资运输，为全国取得抗非典胜利作出了贡献。

——加强了安全管理工作，事故起数和沉船数明显下降。组织实施了内河船舶航行定线制，开展了海空立体救助，实施了公路交通安全保障工程，使安全管理上了新的水平。

此外，组织实施了四项示范工程，通过制度创新和管理创新，为提高公路水路建设、运输、管理、服务水平积累了经验。同时，认真解决群众反映强烈的问题，清理整顿公路收费站点成效显著。

当前，我国经济发展正处于经济周期的上升阶段，交通运输瓶颈制约又在显现，交通基础设施仍比较薄弱，地区和城乡差距依然明显。原油、煤炭吞吐能力不适应市场需要，进口原油运输出现了“压船”现象，煤炭运输出现“船等煤”现象；外贸集装箱船舶运力和泊位紧张。要针对存在的问题和突出矛盾，立足当前，着眼长远，采取相应措施，保证交通行业持续快速健康发展。

二、正确认识和把握交通改革发展中的基本问题

交通运输是重要基础产业，交通运输的发展关系国民经济和社会发展的全局。所以，需要增强工作的前瞻性、预见性和主动性，深化对交通运输发展客观规律的认识，努力提高交通运输的公共服务能力和公共服务水平。我们是一个发展中的大国，东中西部发展情况也不一样，对交通的要求也不同，我们虽然有了世界第一、世界第二这样一些指标，但归结起来，交通运输整体服务水平与发达国家相比差距还很大。今年，交通建设、改革和发展的任务十分繁重，大家一定要以“三个代表”重要思想和党的十六大精神为指导，认真贯彻落实中央经济工作会议精神，把握大局，明确任务，突出重点，狠抓落实。

第一，要整体考虑和统筹协调交通的规划、建设、管理工作。规划、建设和管理是交通运输发展中的三个重要环节。规划是龙头，建设是基础，管理是保障。要通过深入分析研究、准确判断国民经济发展和全面建设小康社会对交通运输的需求，借鉴国外先进经验，结合我国国情，科学制定规划。规划要做到高起点、高质量、高水平，突出安全、快速、畅通、经济和可持续发展。要提高规划的前瞻性和指导性，保证交通发展有一定的超前度和必要的宽裕能力。交通运输建设要依据规划进行，区分轻重缓急。当前，要加强关键部位和薄弱环节，特别是原油、煤炭等能源和重要原材料以及外贸进出口运输能力建设，缓解交通运输对经济的瓶颈制约；长远看，要加强重要交通干线和枢纽以及农村公路建设，为增强国民经济发展后劲提供基础设施保证。在规划的编制、基础设施建设、运输生产过程中还要不断提高管理水平，坚持以人为本，提倡精细管理，把管理渗透到每个层面、每个环节；要与时俱进，切实转变管理理念，推进管理的科学化和制度化，提高管理质量和效率，降低管理成本。

第二，不断提高依法行政的能力和水平。《行政许可法》已经全国人大通过，今年7月1日开始实施，这是一部规范政府行为的重要法律，其所确立的一系列重要制度，是对现行行政许可制度的规范和重大改革，对进一步转变政府职能、改革行政管理方式和推进依法行政，具有重要意义。交通直接面向社会、面向广大人民群众，其社会性、公益性、服务性都很强，大家要认真学习和贯彻执行好《行政许可法》，抓紧做好有关行政许可规定的清理工作，完善相关制度，健全民主、科学和透明的决策程序，规范政府行为，坚持依法行政。要加强管理创

新，精简管理内容，改变管理方式，提高管理效能，充分发挥市场在资源配置中的基础性作用，培育市场，规范秩序，把该管的事管好、管到位，把该由市场调节的事交给市场、交给企业。

第三，突出重点，分类指导，狠抓落实。突出重点，就是要围绕加快交通运输发展这个中心，重点加快公路国道主干线、西部开发省际通道、农村公路、沿海港口等交通基础设施建设，提高交通通行能力、公共服务能力和市场监管能力。基础设施建设和运营要突出功能性、服务性；运输生产要努力做到"四个确保"：确保关系国计民生的煤炭、原油、铁矿石等国家战略资源的运输，确保外贸进出口货物的运输，确保农村农用物资和城市居民蔬菜、副食品供应的运输，确保旅客运输和化学危险品运输安全。分类指导，就是要从区域发展不平衡的实际出发，东部地区加大路网密度，中部地区加快公路联网，西部地区做到公路联通；从各类交通基础设施发展不平衡的实际出发，抓好重点交通基础设施项目建设和农村交通基础设施项目建设；从公路、水路发展不平衡的实际出发，统筹兼顾，协调发展。狠抓落实，就是工作要细致，措施要到位，责任要明确，聚精会神搞建设，一心一意谋发展；作风要扎实，坚持讲真话、办实事、求实效，进一步转变工作作风，深入基层调查研究，及时发现和解决问题，提高工作的系统性和预见性，树立正确的政绩观，把维护好和实现好人民群众的根本利益作为工作的出发点和落脚点。

三、对做好2004年交通工作的几点具体意见

1. 加强公路国道主干线建设

要集中力量加快"五纵七横"国道主干线系统建设，确保在本届政府任期内全面建成。现在，"五纵七横"国道主干线在建和未开工的项目还有6 200多公里，占规划里程的18%，主要集中在中西部地区，在保证合理工期和建设质量的前提下，要加快进度，抓紧做好前期工作，简化项目审批程序，提高工作效率，保证尽早开工。西部开发省际通道也要加快建设步伐，尽快形成通行能力。要配合东北地区等老工业基地振兴战略的实施，支持东北地区对内、对外贸易通道和运输枢纽的建设。

2. 做好国家高速公路网规划

高速公路网规划是国家对道路交通运输体系的一项长期的战略性规划，对未来我国交通运输业的发展至关重要。规划要贯彻落实党的十六届三中全会关于经济建设"五个统筹"和"五个坚持"的要求，立足我国国情和未来20年内我国经济建设和社会发展需要，重点做好高速公路网的宏观布局。具体可按照前不久我和培炎同志一起听取你们关于国家高速公路网规划问题汇报时确定的原则性意见，抓紧做好各项工作。

3. 加强农村公路建设

加快农村公路建设，对于促进农村经济发展，增加农民收入至关重要，要在去年取得的成绩基础上，继续加大支持农村公路建设的力度。要编制好全国农村公路建设规划，采取更加有效的措施，加大建设资金的投入，逐步形成中央政府引导、地方政府为主、社会各方面共同参与的农村公路建、管、养新体制。要统筹考虑农村公路建设的技术标准、质量管理、资金监管等问题。对东中西部地区要区别情况，有重点、有步骤地实施农村公路通达和通畅工程。要加大对粮食主产区公路建设的扶持力度，改善粮食主产区农民的生产生活条件。重视和加强革命老区、少数民族地区的交通基础设施建设。

4. 重视沿海港口建设

我国沿海主要港口近十多年来，货物吞吐量增长了3.5倍，主要港口集装箱吞吐量连续十多年每年以30%以上的速度递增，这在世界港口发展史上是少有的。近年来，港口建设明显滞后于国民经济快速发展和进出口贸易快速增长，港口吞吐能力特别是集装箱吞吐能力不适应国民经济发展需要的矛盾越来越突出，这个问题如不尽快解决，有可能形成新的瓶颈制约。要重视和切实加强港口建设，加快资源整合，形成结构合理、层次分明、功能完善、优质安全、便捷高效、文明环保的现代化港口体系。近期重点是加快上海国际航运中心和20个主枢纽港的建设与改造，加快沿海主要港口集装箱等专业化码头的建设，加快沿海主要港口原油、煤炭、粮食码头建设。

去年我看了大连、天津、青岛等港，发展都很快，特别是青岛港，散货、粮食、集装箱和铁矿石增长较快。感觉港口发展很快，但有点散。长江三角洲地区要发挥组合港的作用，没有组合港发展是很难的，不适应的矛盾会越来越突出，特别是集装箱的吞吐能力不适应国民经济发展的矛盾会越来越突出。长江口深水航道二期还得坚持下去，三期就是保持水深和升级，不仅对上海，而且对南京以下等都有重要的意义。长江口深水航道治理要坚持。要加强各方的协调，几管齐下，才能实现组合港的发展，这方面难度很大，但组织引导还是要交通部来做。港口建设是交通部特有的优势。

5. 治理公路超载超限运输

国务院即将召开全国治理公路超限超载运输会议，交通部门要按照国务院的部署和要求，把治理公路超限运输作为整顿和规范市场秩序的一项重点工作，狠抓落实，不能半途而废。同时，加强舆论宣传，及时总结经验，巩固治理成果。

6. 加强水上运输安全

安全责任重于泰山。最近一段时间，重特大安全生产事故连续发生，对人民生命和财产造成巨大损失，也造成了很不好的影响，对此，中央和国务院领导同志高度重视，国务院常务会议决定立即派出18个督查组，对各地安全生产责任制和各种措施落实情况进行一次督促检查，坚决遏制事故多发的势头，让全国人民平平安安过好年。昨天，这18个督查组已奔赴各地。水上交通安全是全国安全生产的一项重要内容，要时刻绷紧水上运输安全这根弦，任何时候都不能麻痹和松懈，关键是要落实安全生产责任制，落实安全措施。要加强旅客运输密集地区的安全监管力度，督促县乡政府落实乡镇渡口和运输船舶安全责任制，防止发生群死群伤的重特大事故。要加强人命救助的装备建设，增强救助的有效性，关键时刻能冲得上去，救得下来。要加强船舶检验和市场准入管理，坚决杜绝不合格船舶进入航运市场。

再过两天，春运工作就要开始，要精心组织，慎之又慎，细之又细，合理安排好车船运力，加强安全措施，落实安全责任，确保服务质量，使人民群众平平安安回家，高高兴兴过年。春运期间是交通系统干部职工工作最繁忙的时候，同志们很辛苦，请你们代为转达对交通系统广大干部职工及其家属的节日祝贺和亲切问候。我相信，在新的一年里，在党中央、国务院的正确领导下，在春贤同志为班长的交通部党组带领下，交通工作一定会取得新的更大成绩。

黄菊副总理在长江三角洲交通发展座谈会上的讲话

（2004年1月28日）

我和国务院有关部门负责同志这次到江浙沪，一是来看看长江三角洲地区新的经济发展情况，听听未来发展的打算；二是就长江三角洲地区交通运输问题，重点是公路和水运问题进行调查研究，进一步理清思路，通盘考虑和统筹协调交通发展，发挥长江三角洲地区交通综合优势，促进长江三角洲地区经济社会协调发展。这次考察，看了浙江的宁波港，听了浙江省关于宁波港和舟山一体化的港口建设及公路建设的设想；到江苏看了张家港、太仓港、江阴大桥和京杭运河望虞河段，听了江苏省关于公路建设和沿江经济发展及相应的港口建设的打算；在上海看了深水港建设工地，听了上海市关于外高桥港区、洋山港建设和长江口航道疏浚情况汇报。对两省一市关于整个长江三角洲地区交通运输综合开发、功能互补、联动发展的设想有了比较全面的了解。刚才，李全林、王永明、杨雄同志分别代表江苏省、浙江省和上海市作了发言，谈了两省一市发展交通特别是水运发展的设想，也提出了一些很好的意见和建设。张春贤、张国宝同志从国家交通建设全局的角度，对长江三角洲交通发展提出了许多好的设想和意见，我都赞成。对两省一市负责同志提出的思路和意见、建议，交通部、发展改革委及有关部门要认真研究，在交通运输规划、建设和管理工作中充分加以考虑和吸收。下面，我讲几点意见。

一、坚持科学的发展观，率先全面建成小康社会，率先基本实现现代化

这次到江浙沪考察，沿途看到了长江三角洲地区农村、集镇和城市的面貌，一路听了两省一市领导同志的情况介绍，所见所闻，很受鼓舞，很受启发。改革开放以来特别是近几年来，江苏、浙江、上海两省一市坚持以邓小平理论和“三个代表”重要思想为指导，坚定不移地贯彻党的路线、方针、政策，坚持深化改革，扩大开放，开拓创新，真抓实干，充分发挥比较优势，保持了较快的经济发展速度，综合实力不断增强，已经成为中国经济和文化科技最发达的地区之一。到2003年底，长江三角洲地区两省一市，以全国2.2%的国土面积、10.4%的人口，创造了全国22.1%的国内生产总值、24.5%的财政收入、28.5%的进出口总额。经济持续快速发展，不仅使江浙沪两省一市经济社会面貌发生了变化，也使这个地区的人民生活水平得到显著提高，而且有力地带动了其他地区的发展，为全国现代化建设作出了重要贡献。这些成绩的取得，是党中央、国务院正确领导的结果，也是两省一市党委、政府以邓小平理论和“三个代表”重要思想为指导，带领广大干部群众团结一致、艰苦奋斗的结果。去年以来，江浙沪两省一市认真贯彻落实党的十六大、十六届三中全会和中央经济工作会议精神，加快发展，率先全面建成小康社会、率先基本实现现代化的积极性很高，信心很足，广大干部群众精神状态很好，各方面工作都呈现出蓬勃向上的发展势头。我相信，只要把这种积极性保护好、发挥好、引导好，长江三角洲未来经济社会发展的前景一定会更加灿烂辉煌。

长江三角洲地区在我国现代化战略全局中占有十分重要的地位。中央一再强调，东部地

区加快发展，有利于增强国家财力、物力和科技实力，更好地支持中西部地区的发展和东北地区等老工业基地的振兴。要继续发挥优势，有条件的地方要率先基本实现现代化。从长江三角洲地区的实际情况看，率先实现现代化，不仅是可能的，也是必要的。在新世纪、新阶段，江苏、浙江和上海要按照中央的部署和要求，适应新形势，站在新起点，实现新跨越，再攀新高峰。

对江浙沪今后的发展，根据中央精神再提几点要求：第一，坚持“五个统筹”，牢固树立全面、协调、可持续的科学发展观。现在长江三角洲地区不是要不要发展的问题，而是如何在更高的水平上发展，如何发展得结构更合理、更有效、更协调的问题。江浙沪要在现有基础上，开拓创新，走出一条全面、协调、可持续发展的新路子，创造新经验，做出新贡献。现在江浙沪经济社会发展总的趋势是好的，但也给我们提出了更高的要求和深层次的思考。近年来，能源和交通对经济发展的瓶颈制约越来越明显。按照目前的经济发展速度与能耗比例关系，我们还面临着进一步调整经济结构等课题。这些课题解决好了，长江三角洲地区两省一市就能真正抓住21世纪头20年特别是近十年难得的历史机遇，获得更大发展，成为今后我国经济社会发展的亮点。希望江浙沪的同志立足当前，着眼长远，坚持“五个统筹”，牢固树立科学的发展观，走新型工业化道路，以信息化带动工业化，以工业化促进信息化，调整和优化产业结构，加强交通等基础设施建设，合理利用和节约能源，保护生态环境，实现全面、协调和可持续发展。第二，发挥整体优势，实现优势互补，共同发展。江浙沪各有优势，各有特点，要充分发挥各自特长和优势，促进本地区经济社会协调发展。同时，一定要处理好中国特色、时代特征和本地特点的关系。长江三角洲两省一市经济上紧密联系，相互依存，具有很强的共融性和互补性。要相互学习、相互服务、相互促进，既要突出各自特点，又要合理分工，扬长避短，形成整体优势，提高整体竞争力，实现互利、互惠、互补，做到共同发展。第三，充分发挥对全国经济发展的带动作用，为东、中、西地区协调发展作出更大贡献。江浙沪不仅自己要继续加快发展，还要进一步密切与中西部地区的经济联系，加强与中西部地区的合作，充分发挥对中西部地区发展的促进作用，为全国东、中、西地区协调发展作出新的更大贡献。这既是全局意识的具体体现，也是长江三角洲地区长远发展的需要。

二、抓紧建设现代化交通运输体系

便捷高效的现代化交通运输体系是支撑经济运行、促进经济增长和提高发展质量必不可少的基础，是经济发展和社会进步的重要前提条件。“九五”和“十五”期间，江浙沪两省一市高度重视交通运输的发展，加大了投入和建设力度，长江三角洲地区已经初步形成了枢纽型、功能型公路、铁路、港口、内河、民航等多种方式并存的综合运输体系。但是，与长江三角洲地区经济快速发展的需要相比，目前的交通运输条件仍然很不适应。长江三角洲地区要率先基本实现现代化，一个重要的前提是必须率先实现交通现代化。因此，江浙沪今后要做好两篇大文章：一是做好经济发展这篇大文章，二是做好交通发展这篇大文章。

近代世界交通发展的历史进程，大体上经历了以水运为主、铁路为主、公路为主和以综合运输体系为主这样几个发展阶段。从长江三角洲当前所处经济发展阶段和今后发展的需要看，必须遵循交通发展的客观规律，瞄准世界先进水平，坚持高起点、高标准，建设一个各种运输方式布局协调、衔接顺畅、优势互补、智能化、信息化的现代交通运输体系，发挥交通的综合优势。需要特别指出的是，长江三角洲地区经济发达，城镇星罗棋布，长江黄金水道、大运河和无数河湖港汊组成了航运网，众多的港口分布在沿海及长江两岸，海运、内河航运和港口条件全国首屈一指。长江三角洲地区除了要继续发挥铁路、民航的作用之外，加快公路、水运集疏运的发展，具有重要的特殊意义。为此，今后一个时期，长江三角洲地区航运和公路交通建设要重点抓好以下几个方面：

第一，大力发展航运事业。长江三角洲地区的内河航运和海运都有得天独厚的优势。长江三角洲海运最具优势。全国货物吞吐量最大的上海港和吞吐量占第二位的宁波港都在这个地区。随着经济的快速发展和外贸进出口的扩大，海运显得越来越重要。大力发展海运，为海运发展做好服务工作，是长江三角洲地区两省一市的共同任务。长江三角洲地区水网密布，发展水运具有天然的优势。长江三角洲以长江、大运河为主干的内河航道网连接了区域内主要城市和80%以上的县级市，沟通了主要资源地和消耗地，内河运输担负着华东地区物资交流和港口集疏运任务，为省市间的经济交流和外贸物资运输提供了便利的条件，在服务区域经济发展中发挥了独特的作用。要加快高等级内河航道网建设，提高内河航道等级，形成江浙沪通畅衔接的航道网。做好长江口航道疏浚工作，打通长江航道的瓶颈，更好地发挥长江下游港口和航道的作用。同时，水运要与公路、铁路等干线和枢纽结合起来，强化综合运输功能，满足不同货物种类的运输需求，为用户提供便利和选择，为长江三角洲的主要港口提供便捷的集疏运条件。

第二，重点加强港口建设。长江三角洲港口资源十分丰富，今后一个时期，要加大港口建设力度，进一步促进长江三角洲地区外向型经济的发展。上海国际航运中心以上海为中心、苏浙为两翼共同组成，既包括由上海港、宁波港和长江南京以下港口组成的集装箱运输系统，也包括由宁波、舟山等港口组成的矿石、原油等大宗散货海进江中转运输系统，以及长江南京以下港口组成的江海物资转运系统。当前要抓好以下几个重点：加快洋山深水港区建设，建成负15米以上水深的码头，适应第五代、第六代以上大型集装箱船舶全天候作业的要求；继续进行长江口深水航道建设，做好二期工程建设，抓紧研究三期工程，为江苏港口的发展创造更好的通航条件，带动长江流域的经济发展；整合宁波和舟山的港口资源，发挥北仑港和舟山的深水岸线优势，形成原油、铁矿石的海进江中转运输系统；加快上海港外高桥五期工程和太仓港区二期工程等建设，适应集装箱运输发展的需要。

第三，加快公路等交通设施建设。长江三角洲大中城市相距不过几十公里，随着城市化进程的加快，城市规模不断扩大，已经形成了大中小城市首尾相连、连绵不断的城市带。目前长江三角洲地区的交通，在很大程度上已经带有都市交通的特征，区域高速公路网、城际快速交通体系已初具规模。随着汽车步入家庭和都市圈的不断扩大，要统筹协调，把建设大容量的公路通道和有效加大路网密度摆在更加突出的位置。要加快沪宁、沪杭高速公路扩建，兴建跨省市高速公路，提高省际公路通行能力，加快建设杭州湾大桥、崇明越江通道、苏通大桥、润扬大桥等，使长江三角洲主要城市间形成3小时快速通道，加快物流和人员的流动速度，促进世界级特大都市圈的形成。同时，要加强长江三角洲地区对外通道和港口集疏运通道建设，增强辐射和带动功能。

三、建设长江三角洲现代化交通要坚持的几个原则

加快江浙沪的现代化交通建设，为这一地区经济社会发展提供交通运输保障，必须坚持以下几个重要原则。

第一，要坚持效率优先、协调发展。新形势下加快现代化交通运输体系建设，要坚持效率优先，协调发展，使各自的优势变成综合优势和整体优势，达到互利互惠、共同发展、提高整体竞争力的目的。长江三角洲两省一市要优化区域交通网络，整合交通资源。江苏和浙江的发展空间大、资源丰富、外向型经济发达，两省要进一步与上海形成优势互补、共同发展的格局。上海在长江三角洲地区经济发展中应该发挥好服务功能，依托长江三角洲这个腹地，立足长江三角洲、面向长江三角洲、服务长江三角洲，使上海更好地发展。需要着重指出的是，长江三角洲地区港口资源丰富，特色鲜明、功能互补，具有实行分工协作、形成综合实力的优越条件。当前要重视统筹港口建设，加强市场引导，拓展发展空间，整合港口资源，增强综合竞争能力，把长江三角洲地区港口群规划好、建设好、管理好。这是江浙沪两省一市共同的任务，更是共同的利益所在。两省一市要从全局高度出发，从国家利益出发，心往一处想，劲往一处使，把建设长江三角洲港口群作为一个国家战略切实实施好。在这方面，交通部要起到行业统筹规划的作用，发展改革委要做好规划和协调工作。

第二，要坚持点面结合、整体推进。要系统研究长江三角洲集装箱运输、铁矿石和石油等重要战略物资运输的合理布局，抓好其他港口、公路和内河集疏运的建设，做到整合资源、完善功能、全面推进、协调发展。在港口建设上，既要抓紧集装箱和大型原油、铁矿石码头的建设，也要妥善解决好老港区的改造和功能调整；既要进一步突出发展公用码头，也要合理发展和利用企业专用码头，并且要加强港口岸线资源的合理利用和保护。在公路网的加密上，既要重点布置好快速疏港通道和对外通道，提高通行能力和可靠性，也要重视农村公路的建设，促进城乡一体化发展。既要加快建设进度，也要研究有利于形成集装箱枢纽港的便利政策，包括航运政策和口岸监管方式，促进港口通过竞争，提高国际竞争力。

第三，要坚持规划、建设和管理并重。交通运输的规划、建设和管理，是交通运输发展的三个基本环节，要切实处理好三者关系。在制订规划过程中，首先要根据全面建设小康社会的目标，借鉴国际经验，结合我国国情，尽可能准确预测远景发展需要，使规划具有前瞻性和指导性。二要根据经济和社会发展实际，科学合理地确定布局、规模和标准，确保投资效益，提高资源利用率。三要注意公路、水运、铁路、航空的协调发展。各种运输方式是综合运输体系的子系统，服务对象有所区别，各有分工，各有优势，要体现优势互补。四是在规划制订和完善过程中，要坚持科学决策、民主决策原则，使规划建立在调查研究、集思广益、充分论证的基础上。实施规划，要分阶段、有步骤。搞好交通建设，必须扎实细致地做好包括勘察设计等在内的前期工作，千方百计确保施工质量。要适应现代化交通的特点，在搞好设施维护保养的同时，充分利用现代管理技术和信息化手段，提高效率和质量，降低管理成本。

长江三角洲地区交通运输发展是一件大事，两省一市负责同志在发言中提出的一些请求国家帮助解决或给予支持的问题，春贤、国宝同志对其中的一些问题已经进行了答复，有些问题还要带回去进一步研究，有关部门都要以积极负责的态度，帮助解决建设中遇到的问题，并继续给予大力支持和配合。

江苏、浙江和上海在我国现代化建设全局中的地位举足轻重，党中央、国务院和全国人民对两省一市寄予厚望。希望大家在以胡锦涛同志为总书记的党中央领导下，以邓小平理论和“三个代表”重要思想为指导，认真贯彻落实党的十六大和十六届三中全会精神，增强历史使命感和责任感，抓住难得历史机遇，实现全面、协调和可持续发展，努力开创新局面，创造新经验，做出新贡献。

温家宝总理考察铁路、公路运输时的讲话

（2004 年 7 月 29 日）

今天下午，我和国务院有关部门负责同志来了解铁路、公路的运输情况，察看了京昌高速公路西沙屯收费站和北京铁路局茶坞货运站，看望了运输系统的干部和职工群众。刚才，铁道部、交通部负责同志作了汇报，几个铁路局、中海集团和北京市交通委员会负责同志也作了发言，讲得都很好。现在正值暑运、用电高峰和防汛关键时期，全国交通运输系统广大干部职工不畏酷暑，坚守岗位，勇挑重担，克服困难，千方百计增加运力和保证运输安全，为保障人民群众正常生活和经济平稳较快发展作出了重要贡献。在此，我代表党中央、国务院向奋战在交通运输第一线的广大干部职工，表示亲切慰问和衷心感谢。

多年来，我国铁路、公路、水运等交通建设有了很大发展。2003 年全国铁路新线铺轨 1 781公里，投产新线 1 164 公里。到 2003 年底，全国铁路营业里程达到 7.3 万公里，居世界第三位。2003 年全国新增公路通车里程 4.46 万公里，其中高速公路 4 615 公里。到 2003 年底，公路通车总里程达到 181 万公里，其中高速公路为 2.97 万公里，稳居世界第二位。铁路、公路等交通建设规模的扩大，对国民经济和社会发展起到了重要作用。

今年以来，在交通运输需求高速增长、运输能力非常紧张的情况下，铁路、交通部门认真贯彻执行党中央、国务院关于宏观调控的各项部署，针对煤电油等供应紧张情况，积极调整运输结构，大力挖掘运输潜力，确保重点物资运输，坚持抓好运输安全工作，各项工作都取得了新的成绩和进步。上半年铁路完成的货物发送量同比增长 8.7%，货物周转量增长 10.9%。6 月份铁路日均装车超过 10 万车，创历史新高。上半年公路完成货运量同比增长 15.3%，货物周转量增长 15.1%，创造历史同期最高水平。水路运输、港口吞吐量也大幅度增长。对交通运输系统做出的大量很有成效的工作，各个方面都是有目共睹的，中央是给予充分肯定的。

党中央、国务院对铁路、交通运输工作高度重视，在实施加强宏观调控中把缓解供求紧张作为一项重要任务，提出了明确要求和部署。前几天，胡锦涛总书记对搞好铁路运输工作又作出重要指示。当前，国民经济总体保持良好态势，正在朝着宏观调控的预期目标发展，但是经济运行中的突出矛盾没有根本解决，特别是煤电油运供求紧张的矛盾尚未有效缓解，交通运输仍然是制约国民经济发展的瓶颈，铁路运输紧张的矛盾更加突出，有些线路、地区和时段的供不应求的状况还在加剧。运力供求紧张，是经济社会发展中多种因素的综合，这里有经济增长方式粗放、某些行业投资规模过大对运力需求过多增加的因素，也有铁路、交通运输能力建设不足和综合运输体系建设滞后的问题。努力缓解交通运输紧张的状况，仍然是经济工作特别是加强宏观调控的一项重要任务。各部门、各地方要继续认真贯彻落实党中央、国务院对下半年经济工作的各项部署，进一步做好交通运输工作。下面，我提出几点希望和要求。

1. 加强组织领导，强化运力协调。交通运输状况关系国家改革发展稳定大局，关系广大人民群众日常生活和切身利益。各有关部门和地区特别是铁路、交通系统，一定要提高认

识，统一思想，切实把缓解当前运力供求紧张状况作为一项重要而紧迫的任务。要从多方面采取措施，积极努力工作。就增加运力供给来说，交通运输系统要精心组织，合理调度，突出重点。铁路、公路、水运等各种运输方式要相互衔接，协调配合，形成合力。各有关部门、地方、企业，都要正确处理局部利益与全局利益、眼前利益与长远利益的关系，顾全大局，各负其责，加强协作。要综合运用经济、法律和必要的行政措施引导、调节运力需求。要加强监测分析，建立“反应灵敏、运转有序、精干高效、保障有力”的应急处理机制，确保在关键时刻能够快速反应、有效应对。

2. 实行运力倾斜，确保重点物资运输。搞好煤炭、石油、化肥、粮食等重点物资运输，是当前整个交通运输工作的重中之重。在当前煤电油运供求紧张的情况下，做好重点物资运输工作尤为重要。要继续实行运力倾斜，保证重点物资运输任务的全面落实。当前正值暑期用电高峰，铁路部门要全力抓好电煤运输，突击抢运电煤，加快车辆周转，加大紧缺地区电煤运量；同时，现在也正处于每年汛期关键阶段，一旦遇到严重水灾和洪涝灾害，造成铁路中断，如果电煤不足，势必会造成大面积停电，严重影响国民经济的发展和人民群众的生活。要把运力事先安排落实到易发生水灾断道的地区，提高电煤库存水平。交通部门要认真落实公路水运联运电煤抢运的措施，保证联运通道沿途公路收费站点为电煤运输车辆提供便利。各产煤省、各煤炭企业要做好煤炭生产组织和装车，确保兑现已确定的重点电煤供货合同，没有兑现的重点合同要及时兑现。各电力企业要主动与煤矿、铁路、交通等部门搞好协作，积极落实煤炭货源。总之，要确保全国电力迎峰度夏工作顺利进行和国民经济持续发展。

3. 优化运力配置、挖掘运输潜力。近年来，铁道、交通部门为保证重点运输，积累了很多经验，要认真总结成功做法，充分利用现有设施能力，尽可能多增加运量。铁路要加强运输集中统一指挥，提高运输组织水平，适当增加机车车辆，提高运用效率。交通部门要组织好公路水运联运，充分发挥骨干企业的作用，及时做好车船的组织调配工作，提高运输效能。港口运输要采取均衡集港和分流物资的措施，加强船舶运力调控和调度，缓解压船压港矛盾。

4. 切实严格管理，确保运输安全。交通运输是事故多发领域。全国7万多公里铁路线上，每天有15 000多对货物列车在运行，有几百万旅客在乘车。铁路已成功地实施5次大面积提速，列车速度、列车密度、列车载重进一步提高，这既扩大了铁路的运输能力，同时也对铁路安全提出了严峻考验。当前正处于汛期，高温酷暑，铁路主要干线运输能力一直处于饱和状态，设备超负荷运转；公路、水路运力也很紧张，安全生产形势更加严峻。因此，必须高度重视安全运输工作。安全运输直接关系到人民群众的生命财产安全，绝不能有丝毫疏忽和麻痹思想。要牢固树立“安全责任重于泰山”的观念，认真贯彻“安全第一、预防为主”的方针，正确处理安全与生产、安全与效益的关系，始终把运输安全工作摆在首位。要进一步加强对交通运输安全工作的领导，全面落实安全生产责任制，深入开展安全生产大检查，及时排查整治各类隐患，坚决杜绝重特大事故的发生。铁道部、铁路局要把影响安全的因素预想得多一些，把工作做得更充分一些，确保提速持续安全。今年雷雨天气较多，一些地区暴雨成灾，要严密组织好抗洪抢险工作，保证汛期铁路、公路干道和水运通道安全畅通。要重视安全基础工作，通过提高设备质量、提高人员素质、规范管理，强化安全保障。

要认真组织制订应对交通运输重特大事故的应急预案，提高处理突发事件的能力。

5. 加快运力建设，搞好扩能配套。从根本上解决运力供求紧张问题，必须加快交通基础设施建设，扩充运输能力，推进路网建设和技术装备现代化。要切实抓好重点项目建设，在保证质量的前提下，加快工程建设进度，力争早投产、早运营，早日发挥效益。对已经批准的铁路、公路和港口建设项目，要积极做好各项准备工作，力争尽快开工建设。在当前加强宏观调控工作中，坚持有保有压、区别对待，对交通运输重点建设项目要给予积极支持。继续抓紧实施《中长期铁路网规划》，尽快论证和完善国家高速公路网规划。加快港口和集疏运体系建设。国务院有关部门要加强同铁道、交通部门的沟通和协商，以加快推进交通运输扩能配套建设。

6. 深化运输改革，转变经营机制。积极稳妥地推进铁路改革，深化交通系统改革和运输企业改革，既是完善社会主义市场经济体制的内在要求，也是加快建设综合运输体系，提高各种运输方式效率的重要途径。铁路系统要继续推进主辅分离改革，认真总结经验，把工作做细做实，在保持稳定的前提下，逐步实现铁路社会职能的移交。要积极探索建立我国铁路新的管理体制，从我国国情和路情出发，认真研究改革的总体方案。交通部门要深化收费公路管理体制改革，继续完善海上搜救体制改革。前几天，颁布实施了《国务院关于投资体制改革的决定》，这是完善社会主义市场经济体制的重大举措，对推进交通运输等基础产业的改革意义重大，铁路、交通部门要结合行业特点，认真贯彻落实这个《决定》精神，努力实现交通运输行业投资体制改革的新突破。交通运输企业要进一步深化改革，加快建立现代企业制度，转变企业经营机制，提高经营管理水平。

7. 规范运输秩序，提高服务水平。在当前运输能力十分紧张的情况下，尤其要注重规范运输经营行为，防止出现各种形式的乱收费、乱加价、乱罚款，维护正常的运输市场秩序。治理公路超限超载运输工作已取得明显成绩，要坚持运用价格、法规、综合管理手段，进一步抓好治理工作。在治理过程中要注重及时解决出现的新问题，把治理公路超限超载运输与严格规范公路收费结合起来，处理好治理工作与确保重点物资运输的关系，保证重点物资运输畅通，保证农副产品绿色通道畅通，鼓励依法增加运量。要强化职业道德教育，进一步搞好路风建设，加强监督检查和企业自律管理，纠正行业不正之风。要增强服务意识，改进服务方式，完善服务设施，不断提高运输服务水平。这对于缓解当前运输紧张状况和保证运输安全也有着重要作用。

同志们，党中央、国务院对铁路、交通运输部门寄予厚望，你们的责任重大，任务艰巨，工作光荣。希望交通运输系统的全体干部职工，在以胡锦涛同志为总书记的党中央领导下，坚持以“三个代表”重要思想为指导，再接再厉，顽强拼搏，不负重托，为确保重点物资运输，确保电力平稳度夏，确保社会生产和人民生活不受影响，实现经济平稳较快发展，作出更大的贡献。

黄菊副总理在全国交通工作会议上的讲话

（2004年12月26日）

同志们：

今天主要是来看望大家。在即将过去的一年里，交通部门的同志们认真贯彻落实中央的各项决策部署，工作很努力，很辛苦，也很有成效。我代表党中央、国务院，向你们并通过你们向交通系统的广大干部职工表示亲切的慰问和衷心的感谢！

交通运输业是国民经济的基础产业。党中央、国务院对交通运输工作一贯高度重视。去年的中央经济工作会议和十届全国人大二次会议《政府工作报告》，对做好今年的交通运输工作做出了部署。今年7月27日，温家宝总理在考察铁路、公路运输时，要求交通运输部门加强组织领导，采取有效措施，切实做好工作，努力缓解运输供求紧张状况。一年来，面对交通运输需求高速增长、运输能力非常紧张的状况，交通部门按照中央的部署和科学发展观的要求，紧密结合交通工作实际，创新工作思路，调整工作部署，做了大量扎实有效的工作，各方面都取得了很好的成绩，为保障国民经济平稳较快发展和提高人民群众生活水平作出了重要贡献。主要表现在以下几个方面：

一是交通基础设施建设取得新进展，通行保障能力不断增强。今年底，全国公路通车总里程可达185.6万公里，其中高速公路里程3.41万公里。全年新增公路通车里程4.6万公里，其中高速公路4 400多公里。连云港至霍尔果斯、北京至珠海国道主干线全线贯通，“两纵两横三个重要路段”公路国道主干线全部建成，“五纵七横”公路国道主干线完成86%。新增万吨级以上泊位47个、吞吐能力增加1.19亿吨。改善内河航道里程691公里，新改建农村等级公路25万公里，其中沥青路和水泥路13万公里。交通基础设施规模的不断扩大，有效地提升了通行保障能力，有力地支持了经济社会发展，使人民群众出行更加方便。

二是公路水路运输生产持续快速增长，为经济发展和人民群众出行提供了更好的服务与保障。全年完成的公路、水路客运货运量同比增长11.3%、7.0%和5.6%、13.8%。尤其是港口货物吞吐量和集装箱吞吐量大幅增长，港口完成货物吞吐量40亿吨，同比增长21.3%；集装箱吞吐量超过6 150万标准箱，同比净增1 250万标准箱。特别值得肯定的是，在今年夏天，电力迎峰度夏和防汛抗旱的关键时刻，交通部门坚决贯彻中央保障煤电油运的部署，顾全大局，勇挑重担，组织和协调运力，开辟运输煤炭的公路、水路联运通道，全力保障电煤等重点物资运输。广大交通干部职工不畏酷暑，坚守岗位，克服困难，在一个月内增运煤炭275万吨，有力地缓解了华东和华南电煤紧缺的局面。据统计，全年各主要港口累计完成煤炭发运3.4亿吨，同比增长17%；全国港口接卸进口原油1.1亿吨，同比增长37%。交通部门为保障煤电油运做出的努力和贡献，得到了胡锦涛总书记、温家宝总理等中央领导同志的充分肯定。同时，今年港口和公路、航运企业也取得了较好的经济效益。

三是进一步加强了交通规划编制工作，更加重视区域交通协调发展。这是今年交通部门工作的一个重要特点。交通部门今年完成并经国务院常务会通过了《国家高速公路网规划》、《长江三角洲、珠江三角洲、渤海湾三区域沿海港口建设规划》等重要规划编制工作，全面启动了公路、水路交通"十一五"规划编制工作。同时，按照中央统筹区域协调发展的决策部署，加强了区域交通规划和建设工作。提出了长江三角洲、泛珠江三角洲公路水路区域交通一体化发展思路，并编制了发展规划；研究制定了促进东北地区区域交通发展的规划；加强了对革命老区农村公路规划和建设；制定和实施了粮食主产区公路建设规划。这些规划都很好地体现了"五个统筹"的要求，对促进区域协调发展将产生积极的作用。

四是交通安全工作得到加强，水上交通安全形势进一步好转。安全生产管理的基础工作不断夯实，水上专业救助力量建设进一步得到加强，海空立体救助体系初步形成，做到了"冲得上、救得下"；实施了公路交通安全保障工程和危桥改造工程；扎实开展了车辆超限超载治理工作。采取这些措施取得了初步成效。全年水上事故件数、沉船数、死亡人数和直接经济损失同比出现下降。

五是行业文明建设取得新成绩，干部职工保持了良好的精神状态。今年交通战线涌现出新时期产业工人的优秀代表许振超、基层交通局长的楷模赵家富这两个全国先进典型。中远集团和中海集团在思想政治工作以及经营管理方面也取得了突出成绩。这是交通系统长期以来加强行业文明建设的丰硕成果。这些先进典型集中反映了交通系统干部职工队伍的精神风貌，极大地激发了广大干部职工奋勇争先、为全面建设小康社会拼搏奉献的热情。

今年这些成绩的取得，是党中央、国务院正确领导的结果，是交通部坚强有力的领导和交通部门广大干部职工奋力拼搏、忘我奉献的结果。党中央、国务院对交通运输部门的工作是满意的。希望同志们再接再厉，取得更大成绩。

明年是贯彻落实科学发展观、进一步巩固宏观调控成果、保持经济社会发展良好势头的关键一年。做好明年的经济工作，对于全面实现"十五"计划目标，为"十一五"期间经济社会发展奠定坚实基础，具有重要意义。12月初召开的中央经济工作会议，全面分析了当前国际国内形势，提出了明年经济工作的总体要求、指导原则和主要任务。交通部门要深入学习领会和贯彻落实中央经济工作会议精神，按照科学发展观的要求，结合行业实际，把明年交通工作部署好、安排好，把各项任务完成好，努力推进交通全面协调可持续发展。

对明年的交通工作，春贤同志还要进行全面具体的部署安排。这里，我提几点要求：

1. 更加重视公路水路运输能力建设，发挥综合运输体系的作用。构建便捷高效的现代化交通运输体系，是促进国民经济平稳较快增长，实现社会各项事业健康协调发展，保持社会和谐稳定的重要支撑和先导条件。经过多年的努力，公路、水路交通建设取得了显著成绩，但与国民经济和社会发展的要求相比，还存在着能力建设不足、综合运输体系建设滞后、整体服务功能不强的问题，交通运输仍然是制约发展的"瓶颈"。特别是一些重要经济干线、重要区域通道和重要枢纽港口，运能不足的矛盾十分突出，综合运输效能还有待进一步发挥。交通部要抓住加快公路水路基础设施建设、提高技术装备水平、加强运输组织协调、优化车船运力结构、积极发展综合运输体系、提高运输整体效能等关键环节，加快建设运力保障体系。一是要远近结合，统筹谋划交通发展。国家高速公路网规划、农村公路建设规划、全国沿海港口布局规划、全国内河航道及港口布局规划在国务院批准之后，要抓紧组织实施，研究制定相应的投融资政策，吸引更多的国内外资金参与建设和经营，保证规划提出的各项任务顺利完成。要认真分析国内外交通发展趋势，紧紧围绕全面建设小康社会目标，借鉴国外的先进经验，高水平、高起点制定“十一五”公路、水路交通发展规划，努力适应今后经济社会发展需要。二是要集中力量，加快国道主干线和沿海枢纽港口建设步伐，尽快形成全国公路运输大通道和对内对外集散枢纽，形成有效的通过能力。对那些繁忙的区域干线和重要港口，要抓紧扩能增容，推进区域港口群资源整合，加快煤炭、原油、铁矿石以及集装箱等专业化码头建设。三是要继续加快西部地区交通基础设施建设，围绕实施振兴东北等老工业基地战略，积极做好公路水路交通规划的制定和实施，促进区域经济协调发展。四是要把内河航运建设摆在更加突出的位置，充分发挥水运的优势，制定完善规划和相关措施，因地制宜，加快长江黄金水道、京杭运河以及珠江等适合通航河流的航道建设，提高航道等级，形成通畅衔接的航道网。

2. 努力挖掘运输潜力，缓解交通运输紧张局面。近年来，交通运输部门为保证重点运输，采取了许多行之有效的措施，取得了好的效果。要认真总结成功经验，充分利用现有设施能力，尽可能多增加运量。要强化运力储备和调度，加强铁路、公路、水运联运的组织协调，加强路、港、车、船各方衔接配合，提高集疏运效率，增加运输能力。要合理调配运力，继续保证煤炭、石油等重点物资运输。切实做好春运和“黄金周”假日运输组织工作，加强安全监管，确保老百姓“走得了、走得好、走得安全、走得有序”。

3. 进一步做好交通安全工作。确保人民群众生命财产安全是坚持以人为本的内在要求，是构建和谐社会的重要基础，也是交通部门头等重要的工作。近年来，交通行业安全管理措施和应急体系建设得到加强，但安全责任制的落实和搜救专业力量建设仍然存在不少薄弱环节。要时刻牢记安全责任重于泰山，切实加强安全监管，避免发生重特大事故，确保人民群众生命财产安全。一要切实落实各项安全生产责任制和各项措施，完善监管体系，继续加大对旅客运输重点地区的监管力度，形成严密的防控体系，对重点船舶如客滚船等加强盯防。二要突出重点，抓好客船的安全工作，督促落实乡镇船舶安全责任，加大乡镇渡口以及船舶的监管力度。三要建立健全应急预案，加大水上救助专业力量建设，尽快形成较为完善的海空立体救助体系，增强救助的快捷性和有效性。

4. 加大交通系统和运输企业改革力度。中央经济工作会议强调，要抓住当前有利时机，按照党的十六大和十六届三中、四中全会精神，加大改革力度，积极稳妥地做好各项改革工作。交通部门要进一步解放思想，利用近年来运输收益不断增加的有利条件，不失时机地加快改革步伐，力争明年交通系统和运输企业改革取得新的进展。今年国务院颁布实施了《关于深化投资体制改革的决定》，这是完善社会主义市场经济体制的重大举措，对推进交通运输等基础产业的改革很有意义。交通部门要结合行业特点，认真贯彻落实这个文件精神，努力实现交通行业投资体制改革的新突破。要继续推行投资人招标制度，规范公路建设项目投资人招标管理，开展设计施工总承包试点工作，积极培育公路建设项目代建市场。要深化收费公路管理体制改革。继续完善海上搜救体制改革。加快农村公路养护管理体制改革。交通运输企业要加快建立现代企业制度，转变企业经营机制，提高经营管理水平。为了减轻中央企业负担，提高企业市场竞争力，在总结中石油、中石化、东风汽车集团试点经验的基础上，国务院决定中央企业分离办社会明年要全面推开。交通行业的中央企业要做好准备，把这项改革组织好、实施好，通过改革增强企业发展的后劲。

5. 继续大力规范运输秩序。要巩固和扩大治理车辆超限超载运输工作成果，综合采取经济、法律、行政手段，继续加大治理工作力度。要把治理公路超限超载运输与严格规范公路收费结合起来，防止出现各种形式的乱收费、乱加价、乱罚款，维护正常的运输市场秩序。要处理好治理工作与确保重点物资运输的关系，保证煤炭等重点物资运输畅通，保证农副产品绿色通道畅通，鼓励依法增加运量。要强化职业道德教育，进一步搞好路风建设，加强监督检查和企业自律管理，纠正行业不正之风。要增强服务意识，改进服务方式，完善服务设施，不断提高运输服务水平。

同志们，党中央、国务院对交通部门寄予厚望，你们的责任重大、任务艰巨、工作光荣。我相信，在以胡锦涛同志为总书记的党中央正确领导下，坚持以邓小平理论和“三个代表”重要思想为指导，只要交通系统全体干部职工继续发扬吃苦耐劳精神，顽强拼搏，开拓进取，我国交通工作一定能够取得新的更大成绩，做出新的更大贡献。

元旦、春节即将来临，请与会的同志们代为转达对交通系统广大干部职工及其家属的节日祝贺和亲切问候。

谢谢大家。

黄菊副总理在郑和下西洋600周年纪念大会上的讲话

（2005年7月11日）

女士们，先生们，朋友们，同志们：

今天，我们在这里隆重集会，纪念郑和下西洋600周年，追思他为开展中外经济文化交流、促进睦邻友好、发展航海事业作出的杰出贡献，激励全体华夏儿女为实现中华民族的伟大复兴而共同奋斗。

郑和是我国伟大的航海家和杰出的和平使者。郑和原名马和，公元1371年生于我国云南昆阳州（今云南晋宁县）宝山乡和代村，因战功卓著被明成祖赐姓郑，任内官监太监，史称“三宝太监”。600年前的今天，即1405年7月11日，郑和正式受命出使西洋，随后，他率领由208艘船舶和27 800人组成的远洋船队，开始了下西洋的伟大创举。从1405年到1433年的28年间，郑和率领船队连续七下西洋，经我国的东海、南海，沿印支半岛到南洋诸国，再经马六甲海峡到印度洋沿岸国家以及非洲东海岸，足迹遍及30多个国家和地区，创造了世界航海史上的奇迹。

郑和下西洋，推动了我国古代航海事业达到顶峰，成为十五、十六世纪世界大航海时代的先驱。我国考古发现8 000年前新石器时代的船桨和独木舟遗迹（《中国科技史·航海卷》浙江萧山跨湖桥遗址考证）、《易经》上记载的黄帝“刳（kū）木为舟、剡（Yǎn）木为楫”，充分证明我国上古先民就有航运活动。在我国夏商两代，航运已成为人们实现物品交换的运输方式。相传2 200多年前，秦朝人徐福跨海东渡，将中国先进文化和生产技术传到日本。汉朝在开辟陆上丝绸之路的同时，开辟了海上丝绸之路。在唐、宋、元、明时代，我国古代航海技术和航海事业得到快速发展，走在世界前列。郑和下西洋是世界古代航海史上时间早、规模大、技术先进、活动范围广的洲际航海活动，比哥伦布到达美洲大陆的航行早了87年，比达·伽马绕过好望角到达印度的航行早了92年，比麦哲伦的环球航行早了114年。郑和下西洋时的船舶建造、天文航海、地文航海、季风运用和航海气象预测等方面的技术和航海知识，在当时都处于世界领先地位，绘制的《郑和航海图》“是世界上一幅真正科学的海图”（李约瑟《中国科学技术史》），在世界地图学、地理学史和航海史上占有重要地位（《中国大百科全书·中国历史》第三卷第1525页）。

郑和下西洋，促进了海外贸易，带动了中外经济交流与发展。郑和下西洋期间，按照平等自愿、互惠互利的原则，通过多种形式与当地开展双边贸易，使双方互通有无。郑和还在亚非航线上建立了多个贸易货物储存转运的“官厂”，适应了开展大规模海外贸易的需要。郑和船队把中国的丝绸、瓷器、茶叶、漆器、麝香、金属制品和书籍等运往国外，换回当地的香料、药材、动植物、珠宝及生产瓷器所需原料等多种货物。海外对中国产品的需求和亚非国家产品进入中国市场，推动了中国和这些国家的经济发展。

郑和下西洋，传播了中华文明，促进了中外文化的双向交流和共同进步。中华民族历史悠久，创造了光辉灿烂的古代文明。15世纪初，中华文明仍居于世界先进行列。郑和下西洋，向海外传播科学文化、典章制度、文教礼仪、宗教艺术等中华文明，将中国在建筑、绘画、雕刻、服饰、医学等领域的精湛技术带入亚非国家，用中医中药给当地人治病，传授凿井、筑路、捕鱼技术，推广农作物栽培方法和农业技术，推行货币、历法、度量衡等先进技术。同时，亚非国家的文明成果也传入中国，郑和带回的药物丰富了我国的药典，阿拉伯的过洋牵星术丰富了我国的航海技术，青花料的引进和使用提高了我国瓷器工艺水平。郑和七下西洋，在中外文化交流史上写下了新的篇章。

郑和下西洋，推行亲仁善邻，巩固和发展了中国与亚非国家的友好关系。明朝初期的中国，是一个综合实力走在世界前列的强国，但没有恃强凌弱。郑和下西洋是世界上公认的和平之旅，28年间，郑和船队始终奉行"共享太平之福"（明成祖朱棣派遣郑和出使西洋诏书语。《中国大百科全书·中国历史》第三卷第1526页）的对外政策，发展与各国的友好关系，每到一地，都入境问俗，尊重当地的风土人情和宗教习俗，发展友好关系，谋求地区和平，在中国与亚非国家之间架起了友谊的桥梁，进一步树立了中国的和平友好形象。

郑和下西洋，展示了中华民族不畏艰险、勇往直前的气概和开放进取、海纳百川的胸怀，为我们留下了宝贵的精神财富。中华民族是一个勤劳勇敢、自强不息的民族。600年前，面对人类还未知或知之不多的广阔无垠的海洋，面对洪涛接天、巨浪如山、险象环生的长途远航，面对开辟航线、校正航向、寻找港口、探索气候地理水文、应对流行疾病等种种困难和挑战，郑和与他的船队没有退缩，以无所畏惧的英雄气概，一往无前，百折不挠。中华民族又是一个开放的民族，在历史上就致力于打开国门、走向世界，同各国人民进行经济文化交流和睦邻友好往来。公元前2世纪，汉武帝派遣张骞出使西域，揭开了东西方交往新的一页。汉、唐、宋、元各代，中国与亚非欧洲的交往不断扩大。而郑和下西洋，则将中外交流提高到新的水平。

郑和下西洋，发扬了中华民族重视海洋、探索海洋的科学精神，为振兴我国海洋事业提供了重要启示。中国是一个既有陆域又有海域的国家，中华民族探索海洋经济、发展海洋文化经历了漫长的历程。郑和重视科学航海，不遗余力地推动远洋航海事业。为掌握海洋知识和航海技术，郑和广泛收集和研究前人有关太平洋、印度洋海域的记述、文献和图籍，并在航海实践中加以验证，不断丰富海洋知识和海洋调查经验。郑和充分利用我国古代高超的造船技术，建造适应远洋航行的超大型船舶，组成了一支技术先进、功能齐全的庞大船队，被孙中山先生评价为"中国超前轶后之奇举"（《孙中山全集》第六卷《建国方略》）。郑和下西洋，是中华民族数千年来勇于探索海洋、经略海洋的生动写照，必将激励我们不断增强海洋意识，加倍努力，振兴中国的海洋事业。

郑和航海事业的成功不是偶然的。明代"永乐盛世"坚实的经济基础、稳定的社会环境、睦邻友好的对外政策，以及先进科技和人才支撑，成就了郑和七下西洋的壮举。郑和航海是中国人的光荣，也是全人类的成就，其功绩属于中国，也属于世界。

今天，我们纪念郑和，就是要大力弘扬郑和敬业献身、忠心为国，敢为人先、科学探索，百折不挠、奋勇拼搏，崇尚和平、敦信修睦的伟大精神，让郑和精神世代相传，激励一代又一代中华儿女奋发努力，创造新的辉煌。

纪念郑和，要加强爱国主义教育，增强中华文明的认同感和自豪感，增强中华民族的凝聚力和向心力，为建设社会主义先进文化、构建社会主义和谐社会、实现中华民族伟大复兴打牢思想基础，增添强大动力。

女士们，先生们，朋友们，同志们！

当我们回顾郑和下西洋光辉历史的时候，我们清醒地看到，能否牢牢把握时代发展潮流，将本国的发展与世界的发展紧密结合，是一个国家兴衰荣辱的关键。在15世纪，随着航海带来的地理大发现和资本主义的兴起，人类社会开始向近代工业文明过渡。当时的西方处于资本主义的前夜，商品经济的发展和资本原始积累迫切要求拓展新的空间。远洋航海和地理大发现打破了海洋阻隔，过去那种国家和地区闭关自守和自给自足的状态，被各方面相互往来和相互依赖所取代。在这重要的历史关头，当时中国的封建统治者没有顺应历史潮流而进，在明朝永乐之后，明清两代采取了“禁海”、“迁海”政策，开始了长达数百年的闭关锁国，阻碍了中国与世界的融合，阻碍了中国经济社会的发展，我国综合实力由盛而衰，给西方列强的侵略提供了可乘之机。鸦片战争打开了中国关闭已久的大门。鸦片战争之后的一系列不平等条约，使我国沦为半殖民地半封建社会，给中国人民留下了惨痛的历史教训。

新中国成立以后，中国走上了独立自主的发展道路，经济社会取得了长足进步。特别是20世纪70年代末以来，中国实行了改革开放政策，加快与世界的交流和融合，坚持把发展作为执政兴国的第一要务，加快我国经济发展和社会全面进步，从而进入了一个发展最快、进步最大、变化最深刻的历史时期，古老的中国焕发出新的活力。

在纪念郑和下西洋600周年之际，中国人民要深刻汲取正反两方面的历史经验，坚定不移地走自己选择的正确道路，建设有中国特色的社会主义。

第一，我们要坚定不移地走改革开放之路

20多年前，邓小平同志纵观历史，就郑和下西洋这一重大历史事件，深刻阐述了当代中国实行改革开放的重要性、必要性。他指出：“总结历史经验，中国长期处于停滞和落后状态的一个重要原因是闭关自守。经验证明，关起门来搞建设是不能成功的，中国的发展离不开世界。”（《邓小平文选》第三卷第78页）今天，我们纪念郑和下西洋，就要坚持改革开放的基本国策，进一步深化改革，扩大开放。要不断完善社会主义市场经济体制和其他方面的体制，自觉调整和改革生产关系同生产力、上层建筑同经济基础不相适应的方面和环节，不断解放和发展社会生产力。要积极稳妥地推进政治体制改革，扩大社会主义民主，健全社会主义法制，保证人民依法实行民主选举、民主决策、民主管理、民主监督。要坚决冲破一切妨碍发展的思想观念，坚决改变一切束缚发展的做法和规定，坚决革除一切影响发展的体制弊端，营造鼓励人们干事业、支持人们干成事业的社会氛围，放手让一切劳动、知识、技术、管理和资本的活力竞相迸发，让一切创造社会财富的源泉充分涌流。要树立宽广的世界眼光，全面观察世界经济、政治、文化、科技、军事等发展大势，积极借鉴各国在经济发展和社会进步中创造的有益成果和经验，掌握对外开放的主动权。要进一步实施“走出去”战略，继续发展双边、多边经贸关系，积极参与区域经济合作，在更大范围、更广领域、更高层次上参与国际经济技术合作和竞争，全面提高对外开放水平。要认真履行加入世贸组织承诺，扩大开放领域，在世贸组织框架内，本着互惠互利、公平贸易的原则，通过磋商谈判，加强对话沟通，解决存在的贸易争端，实现双赢。

第二，我们要坚定不移地走和平发展之路

我们要汲取郑和下西洋所展示的和平发展的有益经验，坚持正确的对内对外方针政策。

对内，要坚持把构建和谐社会作为发展的一项重要战略任务。本世纪头20年，对我国来说，是一个必须紧紧抓住并且可以大有作为的重要战略机遇期。我们要集中力量，全面建设惠及十几亿人口的更高水平的小康社会。用好这个战略机遇期，力争有所作为，必须加快构建社会主义和谐社会，建设一个民主法治、公平正义、诚信友爱、充满活力、安定有序、人与自然和谐相处的社会。要坚持以邓小平理论和“三个代表”重要思想为指导，坚持社会主义的基本制度，坚持走中国特色社会主义道路；要树立和落实科学发展观，坚持以经济建设为中心，坚持“五个统筹”，促进社会主义物质文明、政治文明、精神文明建设和和谐社会建设全面发展；要坚持以人为本，始终把最广大人民的根本利益作为一切工作的根本出发点和落脚点，促进人的全面发展；要尊重人民群众的创造精神，调动一切积极因素，激发全社会的创造活力；要注重社会公平，正确反映和兼顾不同方面群众的利益，正确处理人民内部矛盾和其他社会矛盾，妥善协调各方面的利益关系；要正确处理改革发展稳定的关系，坚持把改革的力度、发展的速度和社会可承受的程度统一起来，使改革发展稳定相互协调、相互促进，确保人民群众安居乐业，确保社会政治稳定和国家长治久安。

对外，要坚持独立自主的和平外交政策，不断推进世界和平与发展的崇高事业。我们将始终不渝地高举和平、发展、合作的旗帜，永远做维护世界和平、促进共同发展的坚定力量，永远不称霸，中国人民愿同各国人民一道，推动建立公正合理的国际政治经济新秩序，提倡国际关系民主化，尊重世界多样性，促进树立新安全观，努力实现全球经济均衡可持续发展。要正确处理与发达国家、发展中国家的外交关系，在国际事务中伸张正义，主持公道，反对霸权主义和强权政治，反对恐怖主义。要坚持“与邻为善，以邻为伴”的周边外交方针和“睦邻、安邻、富邻”的周边外交政策，加强与各国的交流与合作，追求繁荣与发展，实现互利与共赢。

对台工作，要坚持“一国两制”的方针，推进祖国统一大业。实现祖国完全统一，是海内外中华儿女的共同心愿。和平解决台湾问题，符合两岸同胞的根本利益，符合中华民族的根本利益。当前，两岸关系正处在关键时期，出现了一些有利于遏制“台独”分裂活动的新的积极因素。中国国民党主席连战、亲民党主席宋楚瑜相继率团到大陆参观访问，就促进两岸关系发展等相关重大问题达成了共识。我们要继续以最大的诚意、尽最大的努力争取和平统一的前景，反对“台独”分裂活动，继续争取在一个中国原则基础上恢复两岸对话与谈判，扩大和深化两岸人员往来和经济、文化等领域的交流与合作，积极推进两岸直接“三通”，进一步密切两岸经济关系，努力维护台海地区和平稳定。我们要广泛团结包括台湾同胞在内的全体中华儿女，团结一切可以团结的力量，把祖国统一、民族团结的伟大事业不断推向前进。

要坚持“一国两制”、“港人治港”、“澳人治澳”、高度自治的方针不动摇，维护基本法在香港、澳门地区的宪制性法律地位，支持香港、澳门特别行政区政府依法施政、提高管治水平。继续推动港澳同内地的经贸合作，促进港澳经济发展。发展壮大爱国爱港、爱国爱澳力量，反对外部势力干涉港澳事务。

第三，我们要坚定不移地走持续创新之路

创新是一个民族进步的灵魂，是一个国家兴旺发达的不竭动力。今天我们纪念郑和，就要弘扬他敢为人先、勇于探索、不断进取的创新精神，坚定不移地走持续创新之路。要坚持解放思想、实事求是、与时俱进，以宽广的眼界和胸怀，积极推进理论创新、制度创新、科技创新、文化创新和其他各方面的创新。要以理论创新为社会发展和变革的先导，以马克思主义的理论勇气，总结实践的新经验，借鉴当代人类文明的有益成果，在理论上不断扩展新视野，作出新概括，不断指导和推动建设有中国特色社会主义的伟大实践。要不断推进体制、机制、制度和管理创新，进一步解放和发展社会生产力，为我国经济社会发展提供制度保障和支持。要坚持“科学技术是第一生产力”，积极推进国家知识创新体系建设，加快以知识创新、技术创新为重点的科技创新步伐，增强自主创新能力，加速科技成果向现实生产力转化。要积极推进文化创新，立足于改革开放和现代化建设的实践，着眼于世界文化发展的前沿，发扬民族文化的优秀传统，汲取世界各民族的长处，在内容和形式上进行创新，不断增强中国特色社会主义文化的吸引力和感召力。要在全社会形成尊重劳动、尊重知识、尊重人才、尊重创造的良好风尚，努力营造鼓励创新、支持创新、保护创新的良好氛围，不断提高全社会的创新能力和全体人民的科学文化素质，从根本上提高国家的综合竞争力。

第四，我们要坚定不移地走艰苦奋斗之路

我们要弘扬郑和精神，发扬艰苦奋斗的传统美德。历史经验证明，国家要强盛，民族要兴旺，在任何时候都不能忘记“成由勤俭败由奢”的道理。我们在全面建设小康社会的进程中取得了举世瞩目的伟大成就，但是，我国还处于社会主义初级阶段，生产力发展的水平还比较低，资源不足和高消耗的矛盾十分突出。尽管我国总体上进入了小康社会，但与全面小康社会相比还存在较大差距，从我国国情出发，我们要建设的全面小康社会只能是一个节俭型的社会。因此，我们必须坚持艰苦奋斗、勤俭节约，提倡勤俭办一切事业。要把有限的资金更多地用于发展经济和改善人民生活，反对讲排场，比阔气，铺张浪费。要改革和完善管理体制和制度，制止奢侈浪费之风。要通过多种形式，在全社会进行艰苦奋斗、勤俭节约教育，使资源意识和节约意识深入人心，在全社会形成崇尚节约的良好风气。要着力建设节约型社会，大力发展循环经济，加强生态环境保护和建设，推进资源节约、资源综合利用和清洁生产，在生产、流通、消费诸环节尽可能节约和高效利用资源，不断满足人民群众日益增长的物质、文化和生态环境需求，真正走上生产发展、生活富裕、生态良好的文明发展道路。

女士们，先生们，朋友们，同志们!

海洋是人类文明的摇篮，是世界经济和社会可持续发展的宝贵财富。21 世纪，开发、利用和保护海洋已成为各国的发展战略。中国既是陆上大国，也是海洋大国，拥有 18 000 多公里的海岸线，300 多万平方公里的海洋面积，可利用的国际海底和公海 2 亿多平方公里。大力发展海洋事业，对于保障国家安全、维护主权权益、保护资源环境、促进经济社会发展都具有十分重要的战略意义。

新中国成立特别是改革开放以来，我国海洋事业得到快速发展，在我国经济发展和对外开放中的地位和作用日益突出。大力发展海洋经济，实现由航运、海洋和造船大国向航运、海洋和造船强国的跨越，是我国经济社会全面协调可持续发展的重要战略任务之一。要加快航运强国建设，建设具有一流国际竞争力的远洋船队，不断提高我国航运的总体水平和竞争实力，维护国家经济安全；要加快港口发展，早日建成布局合理、层次分明、功能完善的现代化港口体系。要加快船舶工业结构调整和产业升级，切实增强自主创新能力和配套能力，全面提高生产效率和综合素质，使我国早日跻身世界造船强国行列。要加快海洋强国建设，坚持开发保护并举、速度效益统一，发展海洋产业。遵照《联合国海洋法公约》，坚持人类共同继承财产、公平分享海洋利益、合作开发和保护海洋以及和平利用海洋的原则，维护海洋权益，发展海洋经济、海洋科技和海防力量；更加注重海洋生态环境的保护，全面、合理开发利用海洋资源，促进海洋经济的可持续发展；维护本国管辖海域的主权，加强海域使用管理立法，强化海域行政管理；尊重各国海洋权，参与国际海底区域资源勘探开发和管理，和平利用公海和国际海底区域；对存在争议的海洋区域，要坚持和平协商的基本方针友好协商解决，一时解决不了的，可以搁置争议，加强合作，共同开发。

国家已决定把每年的 7 月 11 日定为中国“航海日”。这既是对郑和航海的纪念，更是促进全社会更加重视和强化海洋意识和“蓝色国土”观念，进一步关注航海、关注海洋的重要举措。要宣传普及航海及海洋知识，广泛开展“热爱祖国、睦邻友好、科学航海”教育，弘扬郑和精神，增强全民族的航海意识、海洋意识和海防意识，增强建设航海强国和海洋强国的责任感和使命感，进一步加快航海及海洋事业的发展壮大，走可持续发展道路。

女士们，先生们，朋友们，同志们!

我们伟大的祖国是一个有着五千多年灿烂文明历史的国家，我们伟大的民族是一个历经磨难而又自强不息的民族。实现国家的现代化，实现祖国的完全统一，实现中华民族的伟大复兴，是历史赋予我们的光荣使命。让我们更加紧密地团结起来，万众一心，众志成城，为全面建设小康社会，加快社会主义现代化建设，为推动世界和平与发展而努力奋斗。

加快长江黄金水道建设 促进沿江经济更快更好发展

——黄菊副总理在合力建设黄金水道促进长江经济发展座谈会上的讲话

(2005年11月28日)

同志们:

在中央经济工作会议前夕，长江沿江七省二市和交通部的党政主要领导同志共商长江水运黄金水道发展大计，这是贯彻落实党的十六届五中全会精神、健全区域协调互动机制的重要举措，也是促进沿江东中西部各省市更好的发挥各自优势、进一步拓展发展空间的必然选择。大家通过座谈会的方式，凝聚共识，形成合力，加快建设长江黄金水道，促进形成沿江东中西互动、优势互补、相互促进、共同发展的新格局。这种方式很好，很有必要。

今天的座谈会上，沿江各省市负责同志畅所欲言，共同研讨发展长江水运、合力建设黄金水道大计，大家对建设长江黄金水道、促进沿江经济协调发展给予了高度重视和积极支持，并提出了很好的意见和建议。下面，我谈两点意见。

一、充分认识促进长江水运发展的战略意义

党中央、国务院和沿江各省市一贯重视开发长江、建设长江、发展长江。新中国成立以来，特别是改革开放以来，长江沿江各省市和交通部坚持以邓小平理论和“三个代表”重要思想为指导，深化改革，扩大开放，开拓进取，加快发展，在长江水运的体制改革、行业管理、设施建设、运输服务等方面取得了显著成绩，为国民经济的持续快速发展做出了巨大贡献。在全面建设小康社会新的历史阶段，树立和落实科学发展观，加快建设黄金水道，大力发展长江水运，对长江沿江经济全面协调和可持续发展全局，具有重要意义。

第一，长江水运已成为长江沿江经济快速发展的重要基础。长江沿江经济发展是长江水运发展的决定因素，长江水运发展对长江沿江经济发展具有重要的支撑作用。长江干流七省二市土地面积占全国的18%，人口占全国的37%，GDP占全国的41%，外贸进出口额占全国的30%，在全国经济格局中具有举足轻重的地位，也是我国与世界经济紧密联系的重要区域。长江沿江经济发展与长江水运的发展密切相关，互为依托，互为支撑。长江流域资源丰富，人口众多，产业密集，大中城市密布，集聚了我国40%以上的经济总量，目前已成为我国经济总量规模最大、实力最强和最具发展活力的经济区，在全国经济发展中占有十分重要的地位。长江是我国内河水运最发达、运输规模最大和最为繁忙的通航河流，是长江流域综合运输体系中的主骨架。在沿江经济快速发展的带动下，长江水运货运量大幅攀升，已超过欧洲的莱茵河和美国的密西西比河。2004年长江水系完成的水运货运量达到12.6亿

吨，占流域全社会运量的20%以上，货物周转量占60%。目前，沿江大型企业生产所需80%的铁矿石、72%的原油、83%的电煤都通过长江水路运输。沿江各省市依托长江，发挥水运的大通道功能，形成了以冶金、电子、机械、汽车、原油、化工等为主体，以高新技术产业为主导的长江经济带，外向型经济发展迅猛。现在，沿江各省市又相继提出了构筑沿江产业密集带的设想，沿江重化工业、机械制造加工业和现代物流业将有快速发展。可以说，长江水运与长江沿江经济相辅相成，长江沿江经济的发展直接带动了长江水运的发展，而长江水运的快速发展又有力地促进了沿江产业带的形成和沿江经济的持续快速发展。

第二，长江水运发展取得的显著成绩，是党中央和国务院正确领导、各省市和交通部共同关心重视和支持的结果。党中央、国务院非常重视长江黄金水道的建设。胡锦涛总书记在有关省市视察时做出过重要指示。温家宝总理在今年8月召开的中部地区崛起座谈会上明确提出要“加强长江水运建设，充分发挥长江‘黄金水道’的优势，加快港口建设，发展江海联运，促进沿江对外贸易和经济发展”。多年来，交通部和各省市重视长江航道整治，加强港口设施建设，大力发展船舶运力，努力培育水运市场，做了大量的工作。一是完成了世界级的河口治理一期和二期工程，使长江口航道水深从7米提高到10米，并向上延伸至南京。下一步长江口航道水深要达到12.5米，届时5万吨级海轮可直达南京。世界最大的三峡水利枢纽建成蓄水，改善川江660公里航道条件。这些举世瞩目的大工程，大大提高了长江航道的通过能力。二是长江干线建成了一大批港口码头，初步形成了煤炭、原油、矿石及集装箱等专业化的港口体系，并逐步发展成为区域的运输集散综合枢纽。三是沿江中心城市积极实施“以港兴市”的发展战略。上海国际航运中心对内河主要港口的引擎和辐射作用日趋明显，即将投产的洋山深水港区，将进一步提升上海国际航运中心的服务能力和对长江水运的带动作用。四是长江水运市场不断发展和完善，调动了社会各界发展长江水运的积极性，长江船舶运力稳步增长，目前长江水运企业达2 000多家，直接从业人员超过100万人，水运相关产业人员达5 000多万人。

第三，长江水运要在现有基础上加快发展，为沿江经济发展和对外贸易提供战略支撑。长江经济带是继沿海经济发展后我国经济加快发展的主轴，也是我国对外开放和外向型经济发展的重要地区。充分利用长江沿江的资源、技术和人才等优势，把长江沿江经济打造成具有较强创新能力和发挥积聚与带动效应的沿江经济走廊，具有重要的战略意义。随着全球范围产业重组和结构调整步伐加快，长三角及长江沿江地区将继续成为我国承接国际产业转移的重点地区，外向型经济特征更加凸显。长江水运是联结国际和国内两个市场的纽带，是长江流域外贸货物运输的主力军。充分发挥长江水运的内引外联作用，对于打造具有较强创新能力和发挥积聚与带动效应的经济走廊，加快沿江经济融入国际市场具有重要的支撑作用。同时，长江贯通我国东中西部，实施中央提出的我国发展新阶段的总体战略布局，沿江经济发展既要重视发挥长三角的龙头带动作用，也要重视促进整体推进。长江水运以其干支网络连接着上、中、下游地区中心城市及众多中小城镇，沟通主要资源地和消耗地，担负着沿江地区的物资交流和货物集疏运，起到了贯通东中西部的运输主通道作用。加快长江水运发展，对于实施中央提出的我国发展新阶段的总体战略布局，将起到至关重要的作用。

第四，发展长江水运要作为坚持可持续发展战略、建设节约型社会的长远举措。内河水运是一种战略资源。从近代世界交通发展历程看，当经济社会发展到一定阶段后，在发展铁路、公路运输基础上，要高度重视和加快内河水运发展。我国经济社会发展与环境资源的矛盾日益突出，建设资源节约型、环境友好型社会，促进经济发展与人口、资源、环境相协调，是实现我国经济社会全面协调可持续发展的必由之路。党的十六届五中全会提出了到2010年我国人均GDP比2000年翻一番、资源消耗下降20%的明确目标。长江水运占全国内河水运量的80%，具有运能大、能耗小、成本低、占地少、污染轻等比较优势。在长江流域综合交通运输体系建设中，重点加快长江水运的发展，节约土地资源，减少能源消耗，降低运输成本，满足环保要求，具有现实意义和长远意义。

总之，我们要从全局高度和以战略眼光来看待长江水运发展，以进取的精神和务实的态度来推进长江水运发展，把建设长江黄金水道作为我国现代化建设总体战略布局的重要组成部分切实实施好。

二、坚持以科学发展观统领长江水运发展

党的十六届五中全会对我国“十一五”时期经济社会发展进行了全面部署，沿江经济发展对长江水运发展也提出了新的更高要求，预计“十一五”期，长江流域地区国内生产总值将保持年均9%～10%的增长速度，占全国GDP的43%左右。沿江经济的持续快速发展，要求长江水运必须在运输能力、服务质量等方面适应新的发展要求，长江水运发展进入了一个重要的战略机遇期。

（一）加强长江水运发展的规划工作

长江水运发展必须坚持科学发展观，准确把握地区经济发展的差异性和长江水运发展的整体性，立足当前，着眼长远，研究制定发展规划，既要考虑水运自身的发展规律，又要考虑沿江经济的发展要求；既要加快长江干线的发展，又要兼顾干支相通，使长江水运更好地适应和促进沿江经济发展。要合理布局长江港口，整合港口资源，打破地区界限，明确功能定位，加强统一规划，避免重复建设。长江岸线资源是不可再生的重要资源，要贯彻深水深用、浅水浅用的原则，做好岸线规划和加强对岸线的管理。要充分利用长江水运资源，加强沿江工业布局，建设沿江经济走廊。要处理好长江航道建设、港口建设、船舶更新改造的关系，促进长江水运整体水平的提高。

（二）突出重点、整体推进，全面加快建设步伐

航道是水运的基础。要高度重视长江航道建设，加大建设力度。与此同时，我们要认识到大江大河的治理是一个长期的过程，航道建设应该有重点、有步骤、分阶段，做好近期整治和长期治理的结合。近期要重点加强下中上游碍航浅滩的疏浚整治，使航道畅通安全。要加强观测航道的变化，掌握航道演变规律，为长期治理做好准备。要加强港口建设，完善港口配套设施，拓展港口综合功能和提高管理水平。要发挥上海国际航运中心的龙头作用，辐射和带动沿江港口。要加快船舶的标准化、大型化、专业化建设，降低运输成本，提高科技含量。加强支持保障系统建设，形成长江干流与主要支流全方位覆盖、全天候运行、监管有力、运转高效、反应快速、服务优质的支持保障体系。

交通部在“十一五”加大了对长江航道和港口等基础设施的投入力度，鼓励和支持地

方对长江支流水运基础设施的建设，引导船舶更新改造。沿江省市政府也要建立稳定的水运建设资金来源，拓宽资金渠道，鼓励社会资金和外国资本进入水运行业。同时，要研究制定扶持长江水运加快发展的政策措施。

（三）加快水运结构调整，提升水运生产力水平

加快水运结构调整，转变经济增长方式是贯彻落实科学发展观的基本要求，也是提高长江水运核心竞争力的重要手段。要以水运结构调整为主线，通过结构优化升级，转变增长方式，不断提高长江水运发展的质量和效益。

提升长江水运生产力水平必须依靠科技进步。要加快实施"科技兴航"战略，以科技为依托，以信息化为主导，加强科技创新，加快科技成果向水运生产力的转化，逐步实现港口功能物流化、码头专业化、装卸机械化、船舶标准化，推进"数字航道"、"智能航运"的建设。

长江水运要充分发挥自身的比较优势，注重与铁路、公路、民航、管道等运输方式的有效衔接。要拓展水运功能，发挥水运的运输、装卸、仓储、配送、加工、商贸等综合功能，向现代物流方向发展。

（四）形成合力，共同建设长江黄金水道

中央有关部委和沿江各省市政府既要加大对长江水运的投入，在资金、项目方面给予倾斜和支持，更要在提供好公共服务、创造良好发展环境方面下工夫。要加强政策引导和扶持，加强体制创新，整合管理资源，坚持依法行政，加强市场监管，培育和建立统一、开放、竞争、有序的水运市场。要加快水运相关法律法规的立法进程。

要加强中央与地方、省市之间的协调，形成合力发展长江水运的良好机制。行业主管部门要加强对长江水运的规划、建设、管理和指导，在涉及长江水运发展的重大问题上，要充分调查研究，听取地方意见，做到科学决策和民主决策。有关部委在长江水资源的综合开发利用上，要妥善处理好水运与其他行业的关系，加强协调，密切配合，协同推进，联动发展。沿江各省市要加强沟通，加强横向联系和合作，充分利用好长江黄金水道，为地方经济服务和流域经济服务，为全国经济发展作出更大贡献。

同志们！加快发展长江水运，是中央和地方各级政府的共同责任。党中央、国务院寄予厚望，我们要增强历史使命感和责任感，在以胡锦涛同志为总书记的党中央领导下，以邓小平理论和"三个代表"重要思想为指导，坚持科学的发展观，认真贯彻落实党的十六届五中全会精神，抓住机遇，奋勇拼搏，上下一心，形成合力，为长江水运与沿江经济的全面协调可持续发展做出新的贡献。

华建敏国务委员在国家海上搜救部际联席会议第一次会议上的讲话

（2005年12月7日）

今天召开国家海上搜救部际联席会议第一次会议，主要是研究海上搜救有关问题，明确联席会议各成员单位的职责和任务，部署今后的重点工作。刚才，交通部翁孟勇副部长汇报了“十五”以来海上搜救工作的基本情况，提出了下一步的工作重点；徐祖远副部长就联席会议各成员单位的职责、工作要求作了说明；各部门也结合工作实际提出了很多好的意见和建议。交通部要根据大家的意见和建议，进一步完善工作部署。下面，我讲几点意见。

一、提高认识，增强做好海上搜救工作的紧迫感和责任感

海上搜救担负着海上人命救助和船舶污染应急处置的重任，是国家应急体系的重要组成部分。党中央、国务院对做好应急工作高度重视。2003年7月，锦涛总书记和家宝总理在全国防治非典工作会议上，提出了加快突发公共事件应急机制建设的任务。党的十六届三中、四中、五中全会都强调要建立健全社会预警体系和应急机制，提高处置突发性事件能力。近两年来，国务院把加快建立健全突发公共事件应急机制、提高政府应对公共危机的能力，作为全面履行政府职能的一项重要任务，用了很大力量组织制定国家突发公共事件总体应急预案，以及专项和部门应急预案。经过多方努力，包括总体应急预案、专项预案和部门预案在内的应急预案编制工作基本完成。全国31个省（区、市）的省级突发公共事件总体应急预案均已编制完成；各地区还结合各自实际编制了专项应急预案、保障预案和地市分预案。许多区、县以及企事业单位也制定了应急预案。全国应急预案框架体系已基本形成。《国家海上搜救应急预案》就是25件专项预案之一，为实施海上应急反应提供了重要依据。为切实加强对全国海上搜救和船舶污染应急反应工作的组织领导，今年5月国务院批准建立了国家海上搜救部际联席会议制度，这是进一步完善海上搜救工作机制的重要举措。

近年来，我国海上搜救工作取得了明显的成效。各级海上搜救机构和有关部门以科学发展观为指导，认真贯彻中央关于加强应急工作的部署，始终以人命救助为重点，多次成功组织了较大规模的海上救助行动，化解了严重危害海洋生态环境的船舶油污染险情，在国际国内产生了良好的影响，特别是近几年，出色完成了多次重大海上搜救任务，大大提高了救助成功率。比如，成功实施了大连“5·7”空难、“辽旅渡7”轮沉没、“阿提哥”油轮触礁原油泄漏和东沙避风渔民救助等数十起重特大事故和险情处置的协调、组织工作。在今年防抗“海棠”、“麦莎”等台风和“10·22”等寒潮大风的过程中，快速启动应急措施，有效减少和化解了险情。今年1~11月，有15 436人在海上遇险，获救14 702人，救助成功率达95.2%。在每次重大搜救行动中，交通、公安、渔业、卫生、海洋、气象等部门和地方政府及军队大力协同配合，广大搜救人员发扬不畏艰险、顽强拼搏的精神，战狂风、斗恶

浪，出生入死，忠实履行职责，最大限度地挽救了海上遇险人员的生命，减少了人民群众财产损失和环境影响。对海上搜救工作取得的成绩，要给予充分肯定。对各部门和各单位作出的贡献表示衷心的感谢!

与此同时，也要清醒地看到，在海上搜救工作中我们还面临着严峻挑战。一是我国是一个拥有300万平方公里海域面积的海洋大国，每年有万余人在海（水）上遇险。每当发生海上重特大事故，往往难以完全依靠自身力量抵御各种风险，极易造成严重的人员伤亡和经济损失。二是我国海域辽阔、海况复杂，航行船舶众多，各种海上活动频繁，海上事故易发多发。改革开放以来，我国水运呈现蓬勃向上、快速发展的良好势头。近年来，我国的港口货物吞吐量、集装箱吞吐量和外贸货物吞吐量，都以年均两位数的速度快速增长。尤其是每年大量原油的进口，使得海上油类运输十分频繁，需要提高能够有效防止和迅速处置重大船舶油污染事故的能力。三是我国是世界航运大国，每天都有数百艘船舶航行于世界各地，也有大量外国船只航行于我国海域。我国已加入国际海上搜救公约，并连续九届当选国际海事组织A类理事国，我们有责任、有义务履行国际公约，积极参与双边和多边搜救事务。在涉外或跨国搜救行动中，搜救是否及时有效，处置成功与否，国际社会非常关注，也直接关系到我国国际形象。

总的看，我国海上搜救基础和搜救力量比较薄弱，搜救体制和机制还不适应经济和社会发展的要求。“十一五”是我国全面建设小康社会的关键时期，经济的快速发展，对外开放的扩大和深化，以及我国海洋强国战略、“走出去”战略的实施，养殖捕捞业的迅速发展，海上旅游、海洋资源勘探和开发利用等活动的日益增多，对海上安全提出了更高的要求，海上搜救面临的任务更加艰巨繁重。没有强大的海上搜救力量，海上生产活动就没有安全保障，就没有航运事业和海洋开发的快速健康发展。做好海上搜救工作，保障人民群众海上活动安全，是维护人民群众的根本利益的必然要求，也是构建社会主义和谐社会的具体行动，还是贯彻落实科学发展观的重要体现。我们要充分认清面临的形势和任务，进一步增强做好海上搜救工作的紧迫感和责任感，认真履行海上搜救的重要职责，努力为发展航运事业，促进海洋开发和环境保护提供必要的保障。同时，还要从全局和政治的高度，高度重视海上搜救工作，履行好国际义务，维护我国权益，树立负责任的大国形象。

二、突出重点，加快海上搜救能力建设

海上搜救工作千头万绪，涉及多个方面，需要做的事情很多。当前，要突出重点，把搜救能力建设放在首位，重点抓好以下几方面的工作。

1. 制定发展规划，加快海上搜救现代化建设。要按照“建立全方位覆盖、全天候运行、快速反应的水上安全保障体系，对发生在我国搜救责任区内的险情实施快速有效救助”的海上搜救总体目标，加快制定和实施海上搜救体系建设规划，逐步建立与我国航运发展和海洋开发相适应的现代化搜救力量。首先，要加快装备更新发展步伐，逐步在全国沿海主要水域配备可在恶劣海况条件下及夜间实施救助的救助直升机、全天候大功率救助船、快速救生船。其次，要建立海上搜救指挥系统，整合海事监控系统、船舶自动识别系统、船舶交通管理系统，提高预警、预测和应急反应能力，提高搜救效能。第三，要加强水上油污染应急体系建设，建立油污染赔偿基金，提高船舶油污染防控和应急处置能力。第四，要高度重视搜

救职工队伍的思想政治建设、业务能力建设和作风建设，形成一支业务精湛、装备先进、作风优良的现代化专业救助队伍。

2. 加强资源整合，提高整体协同和快速反应能力。我国海上各种事故易发多发，搜救任务比较繁重，仅靠专业救助力量是远远不够的，大量的搜救任务必须依靠公务船舶、军用舰艇、商船和渔船等非专业救助力量就近、及时完成。但目前我国海上搜救整体能力不强，应急资源有限且比较分散，交通、公安、农业、海洋、海关等部门，一些地方政府以及部队等，都不同程度地掌握着一定的海上应急资源。实现条块之间的有效整合，加强各部门间的密切配合，及时、有效地组织社会资源，形成专业力量与社会力量相结合，军队与地方相结合，多部门参加的搜救应急格局，非常必要。交通部要组织有关部门，摸清各方面可用的应急资源底数，建立健全完善的协作制度和严密的联动机制，加强合演合练，保证在应急指挥时，可以就近快速调动各种搜救资源，增强整体协同和快速反应能力。

3. 认真落实《国家海上搜救应急预案》，做好预警预防工作。《国家海上搜救应急预案》是做好搜救工作的指南，要坚持预防与应急相结合、常态和非常态相结合，做好深入细致的工作，真正把各项预防和应急措施落实到位，做到"防备结合"。这里说的"防"，主要是指避免事故的发生，"备"是指做好应对事故险情的抢险准备工作。要更扎实地做好应急准备工作，才能做到"有备"而"无患"。要努力把握工作的规律性，健全海上各种险情的预测预警监测体系，加强险情分析和预报，健全力量储备制度，搞好培训和预案演练，增强搜救工作的针对性和有效性。我国渔船装备较为落后、人员素质相对较低，抵御海上各种风险的能力较弱，要作为事故防范的重点。要努力提高渔船的装备水平，配备恶劣气象预报的接收设备，增强防灾减灾意识和能力。

4. 加大投入，积极为海上搜救工作提供保障。海上搜救工作是一项社会公益事业，要建立以政府投入为主的经费保障机制。各级政府要将搜救基础设施建设纳入国民经济和社会发展规划，纳入应急救援体系建设的总体规划，将搜救经费纳入财政预算，逐步加大对海上搜救工作的投入。另外，大量的海上搜救行动是在各级搜救机构协调下，依靠社会力量参与完成的。社会力量参与海上搜救行动，承担着较重的经济负担和可能带来的风险，如果得不到合理补偿，将会挫伤社会参与救助的积极性，要抓紧研究调用社会力量参与救助的补偿、奖励机制问题，实现搜救工作的可持续发展。

5. 健全法律法规，提高搜救科技水平。要加快制定《海上搜救条例》，及时修订《海上交通安全法》，为海上搜救工作顺利进行提供法律保障。海上搜救工作技术性、风险性很强，要牢固树立依靠科技、科学施救的观念，高度重视科学技术的运用，加强海上各种灾害预警、灾害防御和灾害救助技术的研究，提高搜救技术装备水平。要加强搜救高技术人才的培养，完善人才的吸引、凝聚和激励机制。

6. 加大宣传力度，加强国际交流与合作。要向全社会广泛宣传海上搜救工作的重要地位和作用，宣传搜救应急预案的主要内容以及应急处置的规程，形成全社会关心、支持搜救工作的良好氛围。大力普及海上各种险情的预防、避险、自救、互救等知识，提高公众应对险情的能力。这也是今年全国应急管理工作会议上部署的重要任务这一。要积极履行国际义务，加强与周边国家和地区在搜救领域的合作，建立良好的睦邻合作关系，树立起负责任的大国形象。同时，要注重学习借鉴国外的成功经验、有效方法和先进技术。

三、充分发挥部际联席会议的职能作用，共同做好海上搜救工作

海上搜救涉及到多个方面，要求快速反应，高度协同。部际联席会议制度是我们借鉴发达国家建立高效协调应急指挥机制的一种尝试。我们要充分利用好这个平台，切实加强对全国海上搜救和船舶污染事故应急工作的组织领导，协调、整合各方力量，最大限度地减少人员伤亡、财产损失和环境污染。

1. 明确各方职责，加强协调配合。部际联席会议由军地13个部门和单位组成。交通部作为牵头单位，要切实履行好组织、协调、指导和监督的职能，重要情况要及时向国务院报告。各成员单位要严格按照联席会议确定的职责分工，加强联系沟通，切实负起责任；要加强领导，指定专人负责，密切与其他相关单位的联系，确保指挥有力，行动协调。海上搜救工作是一项系统工程，除联席会议各成员单位外，其他相关部门也要密切配合，大力支持海上搜救工作。在处理重大涉外搜救事故时，中国海上搜救中心除与各国海上搜救中心之间进行沟通联系外，还要加强与我国外交（事）部门的联系。另外，对于海上和内河污染事故的应急处理，有关部门要明确职责范围、各负其责，不能出现管理空白。

2. 完善细化预案，健全规章制度。各成员单位要按照《国家海上搜救应急预案》和职责分工，结合各自的实际，尽快制订与应急预案相衔接、相配套的具体工作方案以及工作程序、工作制度、保障措施等，做到准备充分，反应迅速，处置及时。交通部要加强统筹协调和工作指导。当前，冬季已经来临，各部门要根据冬季海上各种险情、事故多发的特点，重点抓好基层和重点部位的防控预案的细化和完善，加强冬季搜救值班和待命工作。要对重点区域和旅客运输、危险品运输等重点船舶采取有效的预防措施，加强管理，消除安全隐患。

3. 坚持条块结合，强化地方责任。海上搜救应急行动中，由事件发生地的海上搜救机构实施应急指挥，可以确保及时分析判断形势，正确决策，相机处置。目前，绝大部分沿海省（区、市）都建立了海上搜救指挥机构，并由这些省（区、市）的负责同志亲自挂帅，这样做，进一步加强和完善了搜救工作的组织协调机制。要充分发挥中央和地方两个方面的优势，坚持条块结合，主要依靠地方做好海上搜救工作。部际联席会议要加强与地方的沟通联系，及时向地方通报情况和信息，有关部门要加强对地方的业务指导。要树立全局意识，加强搜救区域合作。

4. 加强海上搜救机构建设，畅通信息渠道。要按照立足实际、充实加强、重在质量的方针，抓紧完善海上搜救应急管理机构，把政治素质好、熟悉业务、作风过硬的同志充实到各级搜救机构中。中国海上搜救中心是联席会议的办事机构，要认真履行好值守应急、信息汇总、综合协调职能，发挥运转枢纽作用。要加快建立高效畅通的海上搜救应急信息系统，加快信息资源的开发、利用和共享，实现多部门间的协同应对，为搜救工作提供好信息保障。

总之，海上搜救工作的任务日益繁重，我们肩负的责任非常重大。我们要在以胡锦涛同志为总书记的党中央领导下，以邓小平理论和“三个代表”重要思想为指导，认真贯彻落实科学发展观，求真务实，开拓进取，努力开创海上搜救工作的新局面。

黄菊副总理在全国交通工作会议上的讲话

（2006年1月15日）

同志们：

很高兴出席这次全国交通工作会议。这次来主要是看望大家。在过去的“十五”里，交通部门广大干部职工非常辛苦，工作很努力，取得了很大成绩。这里，我代表党中央、国务院，向交通部门在“十五”时期取得的显著成绩表示祝贺，对交通系统全体干部职工表示衷心的感谢和亲切的慰问！

下面，我讲两个方面的意见。一是对过去5年的交通工作谈几点看法；二是对今后5年的交通工作提几点希望。

一、“十五”时期交通工作成绩突出，要充分肯定

在过去的五年中，交通部门坚持以邓小平理论和“三个代表”重要思想为指导，认真贯彻落实科学发展观和党中央、国务院一系列方针政策，团结拼搏，开拓进取，克服了种种困难，全面完成了“十五”交通发展各项目标和任务，实现了交通事业发展的历史跨越。“十五”交通建设投资比建国以来头50年完成的投资总和还要多。全国公路通车总里程快速增长，沿海港口吞吐能力大大增强，为国民经济和社会发展作出了重要贡献，也为我国由交通大国向交通强国迈进奠定了坚实基础。

概括起来，“十五”时期的交通工作有6个比较突出的特点：

一是高速公路建设不断迈上新台阶，对经济社会发展起到了有力的推动作用。“十五”时期，我国高速公路先后跃上了2万公里、3万公里和4万公里3个大台阶，高速公路里程已稳居世界第二位。“两纵两横三个重要路段”全部建成，全国有19个省区高速公路突破1 000公里。高速公路建设的跨越式发展，在改善投资环境，促进资源开发利用，优化产业布局，拉动经济增长，增强国家竞争力，以及保障国防安全等方面，都发挥着越来越重要的作用。同时，“十五”时期我国建成和开工建设了润扬长江大桥、南京长江三桥、苏通长江大桥、上海东海大桥和杭州湾跨海大桥等一批具有世界先进水平的特大公路桥梁，标志着我国进入了世界公路桥梁建设强国行列。

二是沿海港口适应能力迅速扩大，对我国外向型经济快速发展起到了重要保障作用。“十五”时期，沿海港口建设扭转了长期徘徊不前、港口能力严重不足的被动局面，港口建设步伐明显加快，一批大型集装箱、原油、矿石、煤炭泊位相继开工和投产，沿海港口群泊位向大型化、专业化方向发展，适应能力大大提高。上海国际航运中心洋山深水港区一期工程建成开港，长江口深水航道整治工程实现－10米水深。港口货物吞吐量和集装箱吞吐量都居世界第一。沿海港口建设大踏步前进，有力地支撑了外向型经济的快速发展，现在占我国进出口总额86%以上的外贸物资通过海运完成。

三是重点加强农村公路建设，为促进解决“三农”问题作出了积极贡献。“十五”时

期，交通部门积极贯彻落实中央关于重视解决“三农”问题的重大决策，把农村公路建设摆在重中之重的位置，启动了建国以来规模最大的农村公路建设工程。5 年新增的沥青、水泥路超过了建国头 50 年的总和，这是一个了不起的成就，是“十五”交通工作的一大亮点。大规模建设农村公路，改善了农民群众生产生活条件，加快了农村产业结构调整和城镇化建设，促进了农民收入的增加，充分体现了统筹城乡发展和全面建设小康社会的要求。

四是海上安全监管和救助的能力显著提高，海上安全形势进一步好转。“十五”时期，海上安全监管和人命救助部门坚持以人为本，加强了重要水域、重要船舶、重要时段的安全监管，健全了海上搜救制度和协调机制，建立了海空立体搜救网络，加强了救助力量建设。过去 5 年，在船舶进出港数量、港口货物吞吐量成倍增长的情况下，水上交通事故的件数和死亡人数都下降了 1/3 以上，避免了重大海难事故和环境污染事故，树立了我国良好形象，也产生了积极的社会反响。

五是制定了高速公路、农村公路和港口建设的发展规划，增强了交通发展的前瞻性、科学性和有序性。交通规划工作着眼于交通长远发展和可持续发展，科学把握今后一个时期交通发展的阶段性特征，正确认识交通发展面临的突出问题，明确了主要任务，制定出台了一批国家级规划，提高了交通发展规划的层次性、权威性，也扩大了规划的覆盖面。《国家高速公路网规划》、《农村公路建设规划》、《长江三角洲、珠江三角洲、渤海湾三区域沿海港口建设规划》已经国务院批准实施；《全国沿海港口布局规划》、《全国内河航道与港口布局规划》、《国家水上安全和救助及设施建设规划》也已编制完成。同时，还编制完成了长江三角洲、泛珠江三角洲、东北老工业基地、中部地区、京津冀暨环渤海等区域交通发展规划和专项规划。这些规划的制定和出台，对于加快建设现代交通运输体系、更好地支持经济社会发展，必将起到重要的作用。

六是党风廉政建设和行业文明建设不断加强，为交通改革发展提供了有力的政治保障和精神动力。几年来，交通系统坚持教育、制度、监督三者并重，加强对权力运行全过程的监督和制约，狠抓交通基础设施建设领域反腐倡廉工作，收到了较好效果。通过总结推广润扬大桥、开阳高速公路等工程加强廉政建设的经验，在行业内外起到了很好的典型示范作用。胡锦涛总书记等中央领导同志对交通部门加强党风廉政建设的措施和成效，都给予了充分肯定。“十五”时期，交通系统广泛深入开展行业文明创建活动，涌现出了当代产业工人的杰出代表许振超、模范养路工陈德华、基层交通局长的楷模赵家富、公路局长的楷模曹广辉等一批过得硬、影响大的全国重大先进典型。这些先进模范人物代表了交通广大干部职工队伍的主流，展现了交通战线职工爱岗敬业、艰苦奋斗、无私奉献的精神风貌，也在社会上树立了良好的行业形象。

“十五”时期交通改革发展取得的巨大成就充分说明，交通部门贯彻中央的决策部署是坚决积极的，交通战线的广大干部职工是一支过硬的队伍。中央对交通部门的工作是满意的。希望大家继续发扬交通行业优良传统和作风，做出更大努力，实现更大发展，为国家现代化建设作出更大贡献。

二、全面贯彻落实科学发展观，努力实现“十一五”交通事业发展新跨越

在刚刚过去的“十五”时期，我国经济社会发展取得了巨大成就，经济实力、综合国

力和人民生活水平得到显著提高，我国现代化建设已经站在更高的历史起点上。“十一五”时期，是我国全面建设小康社会的关键时期。我们必须紧紧抓住机遇，应对各种挑战，努力开创社会主义现代化建设的新局面，为今后十年顺利发展打下坚实基础。党的十六届五中全会通过的《建议》明确提出，要以科学发展观统领经济社会发展全局，这是《建议》最鲜明的特点。认真落实科学发展观，并把科学发展观贯彻到改革开放和现代化建设的全过程，是完成“十一五”各项工作，全面建设小康社会的根本保证。在去年11月底召开的中央经济工作会议上，胡锦涛总书记、温家宝总理发表了重要讲话，深入分析了当前的国际国内形势，全面总结了2005年的经济工作，明确提出了2006年经济工作的指导思想、总体要求和主要任务，具体部署了今年的经济工作。会议要求，要坚持以科学发展观统领经济社会发展全局，保持宏观经济政策的连续性和稳定性，着力加快改革开放，着力增强自主创新能力，着力推进经济结构调整和经济增长方式转变，着力提高经济增长的质量和效益，实现又快又好发展，促进和谐社会建设，为顺利实施“十一五”规划开好局、起好步。

交通运输是国民经济的基础产业和先导产业。党中央、国务院对交通工作十分重视，对交通部门的广大干部职工寄予厚望。确保“十一五”第一年交通工作开局良好，实现“十一五”交通事业发展新的跨越，关键是要按照十六届五中全会和中央经济工作会议的决策部署，认真落实科学发展观，转变发展观念，创新发展模式，提高发展质量，落实“五个统筹”，科学发展交通事业。

根据工作需要，最近中央对交通部领导班子进行了调整，张春贤同志去湖南省任职，李盛霖同志担任交通部部长。相信大家一定会大力支持李盛霖同志的工作，继续团结一致、紧密配合，维护和发展交通工作的好形势、好局面，把今年和“十一五”时期的交通工作做得更好。

对“十一五”时期和今年的交通工作，李盛霖同志还要做具体部署。这里，我提7点要求：

1. 按照科学发展观的要求，不断增强交通发展的全面性、协调性和可持续性。在“十一五”交通发展中，要加快转变交通增长方式，在建设、运输、管理等环节，建立健全节约资源的体制和机制，形成有利于节约资源、循环利用的交通供给和消费方式，以尽可能少的交通运输资源满足最大的运输需求，建设节约型、集约型、循环经济型行业；要加快运输结构调整，促进运力结构、运输组织结构和经营结构调整优化，提高运输企业组织化、规模化和集约化水平；要把增强自主创新能力作为交通科技发展的战略基点和调整结构、转变增长方式的中心环节，加强交通行业自主创新能力建设和人才队伍建设，建立交通科技创新体系，加强信息化建设，推进道路、水路运输管理信息化；要努力推动交通全面协调可持续发展，促进城乡、区域交通协调发展，统筹兼顾公路与水路、农村公路与国省干线公路和高速公路网建设，处理好规划、建设、管理和结构、质量、效益的关系，处理好交通发展与综合交通发展、与自然和生态环境保护、与经济社会发展的关系；要不断深化交通改革，扩大对外合作与交流，加强法制建设，为交通发展提供良好的体制、机制和法制环境。

2. 进一步加快农村公路建设，为建设社会主义新农村作贡献。最近，家宝同志在批示中指出：加快农村公路建设，是改善农村基础设施的一项重大任务，要按照国务院批准的《农村公路建设规划》的总体要求，完善政策措施，抓好落实。交通部门要认真贯彻家宝同志指示，继续抓好农村公路规划、建设、管护。要充分依靠和发挥中央、地方和广大人民群众的积极性，周密筹划、精心实施好农村公路“五年千亿元建设工程”，采取多种措施加快推进农村公路建设，逐步实现村村通的目标。要加快欠发达地区特别是革命老区、民族地区、边疆地区农村公路建设，帮助农民群众加快脱贫致富。要加快农村公路养护体制改革，切实提高农村公路建设和养护质量，让广大农民群众得到更多的实惠，为建设社会主义新农村作出积极贡献。

3. 继续加快推进国家高速公路网建设，为经济社会发展提供战略支撑。高速公路是运输大通道的主骨架，是经济社会发展的重要支撑。要坚持交通适度超前发展，坚定不移地实施国家高速公路网规划，争取用10年或者更多一点时间建成国家高速公路网络，带动国省干线和农村公路发展，形成和完善全国公路运输骨架和网络。同时，要通过不断深化改革，建立健全高效顺畅安全便捷的高速公路体制，消除高速公路管理的体制性障碍，更好地发挥高速公路的整体效益。

4. 加快区域交通一体化步伐，促进区域经济协调发展。促进区域协调发展是全面建设小康社会的重要内容，更好地发挥交通运输的桥梁和纽带作用，是实现区域协调发展的重要途径。要根据国家“十一五”规划建议的要求，继续完善区域交通发展规划，按照东部加密、中部成网、西部联通的思路，坚持突出重点和加强分类指导，加快区域交通一体化建设步伐，加强区域之间的交通衔接，促进生产要素合理流动，为形成东中西部良性互动、优势互补、相互促进、共同发展的经济发展格局提供基础和条件。要特别注意解决省际之间、区域之间的“断头路”问题，构建区域间相互贯通的交通运输体系。

5. 以长江黄金水道建设为重点，加快内河水运发展。内河水运具有运量大、能耗小、成本低、占地少、污染轻等比较优势。要切实把发展内河水运作为实施可持续发展战略的重要措施提到重要议事日程。要加强全国内河水运规划和发展政策研究，加大对内河水运发展的扶持和倾斜力度。要重点把长江黄金水道建设好，充分发挥中央和沿江省市两个积极性，加强规划，加快建设，搞好航道整治、港口建设、船型标准化和支持保障，提升长江水运生产力水平，充分利用长江水运资源，促进长江沿江经济和对外贸易的发展。

6. 更加注重水上安全监管和救助，严防重特大事故发生。水上运输是高风险行业，安全事故易发多发。要坚持以人为本，把保障人民群众生命财产安全放在第一位。高度重视和加强水上安全监管，落实安全生产责任制和各项措施，加强对重点船舶、重点时段、重点区域的安全监管和专项整治，加大对客船和乡镇渡口、船舶的监管力度。切实加大投入，完善预案，健全安全监管体系和安全防控体系，形成水上安全管理长效机制。坚持专群结合、军地结合，提高海上搜救和船舶污染事故应急反应和处置能力。加快海上专业救助能力建设，努力提高搜救队伍素质，推进搜救设施和装备建设，实施海空立体救助。

7. 加强党风廉政建设，构建和谐交通，创建文明行业。要着力建立健全具有交通特色的教育、制度、监督三者并重的惩治和预防腐败体系。继续深化交通基础设施建设领域的廉政工作，加大治本和抓源头工作力度，建设廉政交通，为交通事业健康发展提供坚强的政治保障。要结合行业实际，加强行业文明建设，构建富有时代精神和交通特色的行业文化。进一步弘扬爱岗敬业、艰苦奋斗、无私奉献精神，增强交通行业的凝聚力和战斗力，树立良好形象，建设和谐的交通行业。

一年一度的春运已经开始。交通部门要加强春运组织协调和安全保障，确保旅客走得了、走得好、走得安全，为人民群众过一个平安祥和的春节做好服务工作。

同志们，“十一五”交通改革发展任务艰巨、责任重大、使命光荣，我们要在以胡锦涛为总书记的党中央领导下，坚持以邓小平理论和“三个代表”重要思想为指导，认真贯彻落实科学发展观，团结一心，奋力拼搏，开拓进取，推动“十一五”交通工作迈上新台阶，为全面建设小康社会作出新的更大贡献。

在新春佳节即将来临之际，我提前给同志们拜个早年，祝大家新春愉快，家庭幸福！并请同志们代为转达对交通广大干部职工的节日祝贺和亲切问候。

谢谢大家！

华建敏国务委员在2006年海上联合搜救演习结束时的讲话

（2006年6月22日）

2006年海上联合搜救演习胜利结束了。这次演习，组织安排严密，实战性强，充分展示了我国海上搜救力量的良好素质和整体实力，达到了预期目的，取得了圆满成功。大家辛苦了！我代表国务院向大家表示热烈的祝贺！向所有参与演习的工作人员表示亲切的慰问！

这次演习，检验了《国家海上搜救应急预案》，为进一步完善海上应急反应和搜救机制，加强各方面的协调与配合，提高海上搜救能力，进行了有益的探索，提供了宝贵的经验。这次演习有3个特点。一是针对性强。近年来，我国海上运输增长迅速，海洋资源开发加快，保障海上交通和生产安全任务繁重。渤海湾是客滚船运输繁忙的区域，也是我国海上安全监管的重点区域。这次在渤海湾进行演习，是对我们联合搜救能力的一次实战检验，必将有力地促进全国的海上搜救工作。二是协同性高。这次演习规模大，科技水平高，涉及面广，综合性科目多。参加演习的有海上安全监管与搜救、公安边防、军队和香港特区等多方面的搜救力量，共调动28艘船舶，3架飞机，400余人参加演习。各参演单位和全体参演人员密切配合、协同作战，完成了险情处置、人员搜救、消防灭火和海上清污等多个预定科目，充分显示了我国海上搜救协作机制的优势。三是社会参与广泛。这次演习，邀请了150余名社会各界人士现场全程观摩，各大新闻媒体也给予了高度关注，这是对海上搜救工作的一次生动宣传，有利于提高公众的安全意识，普及海上险情预防、避险逃生等知识，也有利于社会各界对海上安全工作的支持。

有效应对突发公共事件，是政府的一项重要职责。履行职责不是一句空话。这几年的实践表明：有没有真正树立以人为本的观念结果就不一样，有没有忧患意识就不一样，有没有应急预案就不一样，有没有专业队伍和良好的技术装备就不一样，队伍有没有经常演习不一样，演习有没有从实战出发效果还是不一样。我们搞演习，好比是磨剑，目的是把剑越磨越亮，把队伍越练越强，努力提高应对突发事件的能力。今天的搜救演习是在大雾天气下进行的，在这种情况下演习，更能够锻炼队伍，提高我们在复杂环境下应对突发事件的本领，更有利于提高实战能力。

近年来，在党中央、国务院的领导下，各有关部门和地区认真贯彻落实科学发展观，按照“队伍精干、装备精良、技术精湛，在关键时候发挥关键作用”的要求，全面加强海上安全监管和搜救能力建设，取得了显著成效。改革水上安全监管体制，基本形成了海上搜救组织体系；加强了基础设施和信息化建设，初步建立起海空立体监管和救助网络；建立了一支作风硬、素质高的专业人才队伍，关键时刻冲得上去，救得下来。“十五”期间，全国水上交通事故件数、死亡人数与“九五”相比大幅度下降，共组织、协调重大搜救行动4 000多次，53 000多人因此获救。成功组织实施了大连“5・7”空难、“辽海”轮火灾等数十起重特大事故的救助和处置工作。今年5月，成功救助了因台风“珍珠”袭击而遇险的22

艘越南籍渔船和330多名越南渔民，为此，越南领导人专门致电胡锦涛总书记表示感谢。中央和国务院领导同志对同志们这些年来的辛勤工作和取得的成绩给予了充分的肯定，并希望大家再接再厉，不断提高海上救助水平。

大家一定要认真贯彻落实中央领导同志的重要指示精神，扎扎实实地做好各项工作。第一，要坚持预防为主，全面加强海上安全监管，真正把《国家海上搜救应急预案》规定的各项措施落到实处。第二，要科学规划，加大投入，不断提高装备水平和应急处置能力。第三，要加强协调配合，进一步整合各类资源，形成专业力量与社会力量相结合、地方与军队相结合、多部门协同配合的救助格局。第四，要加强国际交流与合作，建立健全互助机制，提高对我船舶和公民在国际海域的安全保障能力。

同志们，做好海上安全监管和搜救工作，任务艰巨而光荣。让我们在以胡锦涛同志为总书记的党中央领导下，以邓小平理论和“三个代表”重要思想为指导，全面加强海上安全监管，切实提高海上搜救能力，为我国经济社会全面协调可持续发展、构建社会主义和谐社会作出新的更大贡献。

曾培炎副总理听取交通部汇报工作时的讲话

（2006 年 12 月 22 日）

今天主要是听取交通部一年来工作情况和明年工作安排的汇报，也借此机会和部党组的同志们见个面。一年来，交通部认真贯彻党中央、国务院决策部署，坚持以科学发展观为统领，为经济社会发展全局服务、为新农村建设服务、为人民群众服务，各项工作取得明显成效。关于明年的安排，你们提出要做好 8 个方面的工作，把握好 4 个环节，包括抓紧调整结构，搞好环保节能，加强自主创新，提高服务水平，考虑得比较全面。刚才，盛霖同志讲得很好。下面，我着重就做好明年交通工作，讲 3 点意见。

一、继续优先发展交通运输业

交通运输既是基础设施，又是服务业，是国民经济的先行官，也是人民生活的重要保障。1998 年以来，我国交通设施建设显著加快，公路网络和航运体系不断完善，有力地促进了国民经济持续快速健康发展。同时应当看到，一些地方公路拥堵的现象仍比较严重，广大农村和山区道路条件还比较差；港口能力增长滞后于经贸发展，这些问题需要引起高度重视。

“十一五规划”提出：要优先发展交通运输业，进一步完善公路网络，积极发展水路运输；搞好多种运输方式相互衔接，建设便捷、通畅、高效、安全的综合交通运输体系。明年是“十一五”时期的第二年，我们要从全局出发考虑交通问题，增强交通工作的前瞻性、预见性和主动性，积极推进重点工程建设，保持交通平稳较快发展的良好势头。

二、促进交通运输全面协调可持续发展

做好明年的交通工作，要以邓小平理论和“三个代表”重要思想为指导，全面落实科学发展观，按照构建社会主义和谐社会的要求，认真贯彻中央经济工作会议精神，加快转变交通增长方式，大力调整交通运输结构，统筹城乡、区域和可持续发展。要优化高速公路、高等级公路、农村公路和水路布局，协调近期、中期和远期建设，突出加强关键部位和薄弱环节，努力实现又好又快地发展。

1. 统筹安排公路建设布局。东部地区要加大路网密度，中部地区要推进公路联网，西部地区要加快公路连通。完成“五纵七横”国道主干线建设，继续推进西部开发 8 省际通道建设。加强重要交通干线和枢纽建设，加强原油、煤炭、粮食以及外贸运输能力建设。

2. 抓好农村公路建设。有重点、有步骤地实施农村公路通达和通畅工程，同步发展农村运输，有条件的地方推进城乡公交一体化。对中西部地区、粮食主产区、革命老区和民族地区农村公路建设，实行倾斜和扶持。加大财政支持力度，鼓励社会资金投入，完善农村公路建、管、养、运体制。

3. 加快水运发展。推进沿海港口结构调整和资源整合，逐步形成层次分明、功能完善、便捷高效、文明环保的现代化港口体系。重点加快煤、油、矿、箱等专业化码头的建设。统

筹运输衔接，健全投资机制，更好地促进内河水运发展。

4. 推进节约降耗和环境保护。狠抓车辆、船舶节能，加大“三废”治理力度，推进资源节约代用、回收利用和循环使用，改进交通勘察、设计、施工方法，利用好土地、岸线等稀缺资源。

5. 加强质量和资金监管。提高建设项目工程质量，严格监理，严格检查。查处贪污腐败现象，杜绝浪费行为。

6. 做好交通安全监管工作。元旦将至，春运在即，要特别注意强化监督检查，确保公路客运、船舶渡口以及施工项目安全。

三、认真研究解决交通发展中的问题

1. 关于高速公路建设。要完善国家高速公路网，修好断头路和区域通道的贯通路段。要把握建设节奏，发挥整体效益，拓宽资金渠道，充分利用社会资金开展公路建设。

2. 关于收费公路。收费公路要控制范围，规范使用，增加管理的透明度。要严格控制公路服务区建设规模和标准，千方百计节约集约用地。

3. 关于长江黄金水道。继续推进长江口深水航道三期建设。加强干线航道疏浚整治，拓宽黄金水道，发掘运输潜力。

4. 关于三峡船闸通航问题。当务之急是疏通好积压的船舶。要加强调度管理，适当控制船舶通行数量，加快翻坝公路和升船机建设，推进船型标准化。

5. 关于农村公路建设。各级政府投资都要向农村倾斜，弥补资金缺口。要贯彻量力而行、尽力而为的原则，不增加县乡政府的负债，不加重农民的负担。在自愿的前提下，可以鼓励农民投工投劳修公路。

6. 关于水上救助装备建设。这是国家公共安全体系的重要组成部分，应以政府投入为主，合理增加投资和运行费用。

全国交通工作会议马上就要召开了，请代为转达对同志们的问候，祝大家身体健康，工作顺利！

大力发展现代交通运输业

——张德江副总理在交通运输部调研时的讲话

（2008 年 8 月 21 日）

同志们：

根据新一届国务院领导的分工，由我分管交通运输部，我感到责任非常重大。今年 3 月 25 日，根据胡锦涛总书记、温家宝总理的指示，我曾到国家民航局进行了调研，对进一步做好民航工作和确保民航安全讲了一些意见和要求。4 月 16 日，盛霖、孟勇同志到我办公室，介绍了交通运输工作基本情况。5 月份我先后到部里和四川地震灾区，检查交通运输抗震救灾工作，看望一线的交通运输干部职工。今天到部里来，主要是想和大家见个面，进一步做些调研。刚才，盛霖同志代表交通运输部汇报了今年以来的工作情况和下一步工作打算，我都赞同。今天我讲 3 个问题。

一、近年来交通运输工作取得了显著成绩

交通运输业是重要的基础产业，是国民经济的命脉，在国家现代化建设事业中具有基础性、全局性、战略性的地位和作用。党中央、国务院历来高度重视交通运输工作，始终把交通作为需要突出加强的重要基础设施和重要基础产业。胡锦涛总书记在党的十七大报告中明确提出，要“加强基础产业、基础设施建设，加快发展现代能源产业和综合运输体系”。温家宝总理在 2007 年十届全国人大五次会议《政府工作报告》中强调：“加快大型水利、能源基地、铁路干线、国道主干线等重要基础设施建设”。近年来，交通运输系统坚持以科学发展观为指导，认真贯彻落实党中央、国务院的方针政策和决策部署，思路明确，措施有力，各项任务取得了很大进展。交通运输事业发展实现了历史性跨越，是我国改革开放 30 年来最为显著的变化之一，为促进经济社会发展提供了有力支撑和坚强保障。

一是交通运输基础设施建设取得重大进展。目前，全国高速公路 5.39 万公里，居全世界第二位，实现了历史性突破；“五纵七横”国道主干线，于去年底提前 10 年基本贯通，由高速公路和国省干线公路组成的公路运输大通道主骨架初步形成。农村公路建设取得历史性成就，公路总里程达到 302 万公里，从根本上改善了我国农村的交通条件，成为了社会主义新农村建设的一大亮点。截止到 2007 年底，运输航班运营机场达 152 个，比 2002 年增加 11 个。水运事业发展迅速，我国已有 14 个亿吨大港（美国仅有 5 个），比 5 年前增加 1 倍，万吨级以上泊位 1 402 个，内河通航里程 12.3 万公里。全国邮政邮路 2.1 万条，单程总长 337 万公里。交通基础设施的不断完善，有效提升了通行保障能力，有力地支持了经济社会发展，更加方便了人民群众出行。

二是交通运输生产持续快速增长。2007 年，我国公路水路完成客运量、旅客周转量、货运量、货物周转量分别为 208.2 亿人、11 522 亿人公里、190.1 亿吨、73 440 亿吨公里，同比分别增长 10.6%、12.9%、10.8%、12.6%。我国港口货物吞吐量和集装箱吞吐量连

续5年居世界第一。2007年，港口货物吞吐量达64.1亿吨，是5年前的2.76倍；集装箱吞吐量达1.127亿标准箱，是5年前的4.22倍。内河航运发展也很快。2007年，长江干线完成货运量11亿吨，是美国密西西比河的2倍，欧洲莱茵河的3倍。航空运输总周转量（不含香港、澳门、台湾地区）在国际民航组织缔约国中的排名，从1978年的第37位上升到2005年的第2位，成为仅次于美国的第二大航空运输系统。邮政业加速发展，邮务、储蓄、快递物流三大业务快速增长，结构进一步调整。

三是系统科学的长远发展规划体系基本形成。通过努力，先后编制完成了国家高速公路、农村公路建设、民用航空发展、全国沿海港口布局、全国内河航道与港口布局、国家水上安全监管和救助系统布局等一系列长远规划。根据中央区域发展的部署，编制了西部开发、东部振兴、中部崛起、长三角、泛珠三角、环渤海、京津冀、海峡西岸等区域公路水路交通发展规划、纲要、指导意见等。同时，还编制了许多专项规划，基本形成了长远规划、区域规划和专项规划相结合、比较完整的规划体系。规划要着眼长远，交通绝对不是一个省的问题，而是全国性的问题。

四是全天候、海陆空立体格局的交通安全监管能力和搜救能力显著增强。改革水上安全管理体制，加强重点水域、重点船舶、重点时段的安全监管和基础性建设；建立海上搜救部际联席会议制度，形成了"专群结合、军地结合"的联合救助力量；建立了海陆空立体搜救网络，救助快速反应能力和搜救成功率显著提高。在客货运输量大幅增长的情况下，交通事故和死亡人数连年下降，为促进全国安全生产形势稳定好转作出了积极贡献。

五是在抗击重大自然灾害和确保奥运运输及安全保障中发挥了重要作用。今年年初，我国南方地区发生了历史罕见的大范围持续低温雨雪冰冻灾害，5月12日又发生四川汶川特大地震。交通运输系统在严重受灾的情况下，顾全大局，坚决贯彻党中央、国务院的部署要求，第一时间做出反应，迅速启动应急预案，积极组织协调，抢修受损基础设施，确保交通生命线畅通，全力抢运受伤人员及受灾人员、救灾物资，为抗震救灾作出了重大贡献，甚至作出了牺牲，关键时刻靠得住、用得上，应该大力宣传和表彰。按照中央的统一部署，交通运输部门把奥运会、残奥会交通运输和安全保障工作作为重中之重，交通运输和安全保障措施到位、工作到位、责任到位。没有发生人为责任事故，没有出现旅客滞留现象，为成功举行奥运会提供了交通运输保障。实践证明，交通运输部门在关键时刻能发挥关键作用，交通运输干部职工是一支能打硬仗、值得信赖的队伍。

六是干部职工队伍建设得到加强。抓党风、促政风、带行风，广泛开展"学先进、树新风、创一流"活动，不断推进交通运输行业党的建设、文明建设和队伍建设，干部职工立足本职、干事创业的积极性高，行业凝聚力强、精神状态好。培育了铺路石精神、救捞精神、灯塔精神，培养了一支特别能吃苦，特别能战斗，特别能奉献的职工队伍，涌现出了许振超、陈刚毅、王顺友等一大批先进人物。这些模范人物是新时期工人阶级和知识分子的杰出代表，为我们树立了学习榜样。交通运输行业精神，是我们国家宝贵的精神财富，要继续发扬光大。

今年以来，交通运输部门认真贯彻落实党的十七大精神，按照中央的决策部署，一手抓抗击重大自然灾害，一手抓交通运输改革发展，全力加强奥运交通运输和安全保障，各项工作都取得了新的进展，为经济社会平稳较快发展作出了应有贡献。

这些成绩取得，是党中央、国务院的正确决策、坚强领导的结果，是交通运输系统广大干部职工团结奋斗、辛勤工作的结果。这里，我代表国务院向交通运输系统广大干部职工表示衷心感谢和诚挚慰问！

二、贯彻落实好中央组建交通运输部的重大决策

组建交通运输部，是贯彻落实党的十七大和十七届二中全会精神，深化行政管理体制改革的重大举措。发展综合运输体系，是适应我国经济社会发展新阶段、新形势、新任务的现实需要和长远需要，符合世界交通运输的发展规律和发展趋势，也是我国交通运输发展的内在要求。组建交通运输部有利于优化交通运输布局，加快形成便捷、通畅、高效、安全的综合运输体系，也有利于进一步转变政府职能、理顺职责关系，加强社会管理和公共服务。我们必须深刻领会中央组建交通运输部重要决策的战略意义，充分认识交通运输工作在经济社会发展全局中的重要地位和作用，把思想和行动统一到中央的决策部署上来，进一步增强责任感、紧迫感，尽职尽责、不辱使命，做好各项工作。

目前，机构改革、新部组建工作正在紧张有序地进行，并取得了重要进展。这里，我再强调几点。

一要把转变职能作为机构改革、新部组建的核心。组建交通运输部不是简单的归并和拼盘，要从职能转变上去好好地研究，去思考。着力强化社会管理和公共服务职能，提高交通运输安全监管水平和应急处置能力，增强交通运输服务功能，缩小区域，城乡间公共运输服务差距，促进基本公共运输服务均等化。

二要把理顺关系作为机构改革、新部组建的关键。按照“大部门、大管理、大统筹、大协调”的基本思路，优化组织机构，建立健全决策权、执行权、监督权既相互制约又相互协调的权力结构和运行机制，充分发挥公路、水运、民航、城市公共交通及邮政等专业管理部门的作用，形成各种运输方式既自成管理体系、高效运行，又优势互补、相互衔接、统筹发展的格局。机构改革要体现大部制的特色，着力解决几个行业的融合问题。同时，探索在大交通管理框架内实行大司局制。

三要把加强组织领导作为机构改革、新部组建的保障。这次改革涉及到职能调整、资源整合以及部门职责的理顺，涉及的部门多、人员多，遇到的矛盾和问题也不会少，任务相当艰巨繁重。要加强领导、周密部署、平稳过渡、减少震动，做到人心不散、队伍不乱、工作不断、行业稳定。

三、努力促进交通运输事业又好又快发展

我国交通运输事业发展已站在了新的历史起点，经过改革开放30年的发展，基本适应我国经济社会发展需要，但还有薄弱环节需要完善，我国交通运输业仍处于大建设、大发展时期。我们要以党的十七大精神为指导，深入贯彻落实科学发展观，用世界眼光和战略思维谋划交通运输发展，进一步解放思想，深化改革开放，加强自主创新，加快发展现代交通运输业，为实现全面建设小康社会奋斗目标作出更大贡献。

当前和今后一个时期，应重点做好以下工作。

第一，继续加强交通运输基础设施建设。全面建设小康社会，加快推进工业化、现代化，对交通运输提出新的更高要求。今年初发生的低温雨雪冰冻灾害和“5·12”汶川大地震，暴露了我国交通运输基础设施不足、应急能力不强、衔接不畅、体制不顺等突出问题。

必须继续加大交通运输基础设施投入，加快交通运输能力建设。当务之急，是抓紧交通运输基础设施恢复重建，增强应对突发事件和复杂情况的能力。在交通基础设施建设中，要坚持百年大计，质量第一，科学设计、科学施工、科学管理，保证一流工程质量，提高环境保护水平，节约能源、土地等资源。

第二，积极推进综合交通运输体系建设。加快形成便捷、通畅、高效、安全的综合运输体系，充分发挥各种交通运输方式的整体优势和综合效率，是中央赋予交通运输部的重要职责。应该成为交通运输部的中心任务。发展综合运输体系，规划是龙头。同时，要着重抓好3个环节：一是优化交通运输布局。要从发展综合运输的角度统筹考虑和规划5种运输方式的合理布局，从实际出发，宜水则水、宜陆则陆、宜铁则铁，大力节约资源、保护环境，减少浪费，充分发挥土地、岸线等资源的最大使用效率，促进交通运输科学发展、集约发展，加快形成全国综合运输网络。二是加强运输方式衔接。要充分适应现代交通和物流发展的趋势和要求，统筹考虑和加强各种运输方式基础设施建设的衔接，加强运输组织的协调，实现多种运输方式之间的零换乘、无缝衔接，形成综合运输效益。三是统一交通运输标准。在实施综合运输规划的基础上，制定有效的综合运输政策，在建设、管理、运营、收费等方面实行统一的标准和规范，提高交通运输的现代化、市场化水平。

第三，加大交通运输系统改革力度。要进一步解放思想，积极推进各项改革。深化交通运输管理体制改革，逐步形成“责权一致、分工合理、决策科学、执行顺畅、监督有力”的交通运输管理体制。积极推进高速公路国有资产监管和管理体制、农村公路管养体制、港口管理体制等专项改革。加快民航空管体制、机场管理体制改革。进一步完善邮政体制，做大做强邮政物流业，做好邮政储蓄工作。

第四，认真做好交通运输安全保障工作。交通运输安全是全国安全生产的重要组成部分。当前交通运输安全基础还不牢固，安全隐患和薄弱环节依然存在，我国每年安全事故死亡10万人左右，其中道路交通事故死亡人数达8万多人。必须把交通安全工作摆在更加突出的位置，警钟长鸣，常抓不懈。确保奥运会、残奥会运输和安全，是当前交通运输工作的重中之重。在交通运输部门广大干部职工的努力下，确保了前一阶段交通运输安全。现在奥运会正在进行，9月份还要举办残奥会，不能有丝毫的松懈和麻痹。要把交通安全工作做得更深、更细、更实，严格落实各项工作责任制，严格落实各项防范措施，确保万无一失。

第五，切实加强领导班子建设和队伍建设。要深入学习领会党的十七大精神和中央领导同志关于科学发展观的论述，提高思想政治水平和政策水平，增强贯彻落实科学发展观的自觉性，加强团结，密切配合，相互支持，建设一个政治上坚定清醒、业务上内行精通、作风上正派清廉的领导班子。同时，要弘扬交通运输行业精神，加强对职工的爱国主义、集体主义和职业道德教育，鼓励广大职工努力学习科学知识和职业技能，建设一支特别能战斗、特别能奉献的职工队伍。

盛霖同志在汇报中提出的3个问题都很重要，都应该解决，我赞成你们的思路和想法。你们可以与有关部门积极沟通和协商，研究提出具体意见，按程序报国务院审议。

同志们，让我们在以胡锦涛同志为总书记的党中央领导下，高举中国特色社会主义伟大旗帜，以邓小平理论和“三个代表”重要思想为指导，深入贯彻落实科学发展观，努力改革创新，认真履行职责，促进交通运输事业发展迈上新的台阶，为社会发展提供更加有力的交通运输保障。

钱永昌部长在交通部高等级公路建设经验交流现场会上的讲话

（1989年7月18日）

同志们：

最近，全国都在学习贯彻小平同志的3次讲话和十三届四中全会精神。小平同志的讲话和四中全会深刻地总结了过去，展望了未来，并进一步指明了我国改革和建设的方向，在我们党和国家的历史上具有划时代的意义。小平同志讲话中有关今后经济建设部分特别强调了在现代化建设中，要重视加强原材料、交通、能源等基础工业的发展，要多搞一点铁路、公路、航运，为我国交通事业的发展指明了方向。我们召开这次高等级公路建设经验交流现场会，就是要认真学习、坚决贯彻落实小平同志的指示和四中全会精神，总结交流辽宁省和其他省、市建设高等级公路的经验，这对于推动公路现代化建设具有重大指导作用。

我们之所以在这里开这次会，是因为辽宁省建设了一条高标准、高质量、全国里程最长的高速公路和在建设中形成的“沈大精神”，为我们提高建设高等级公路必要性的认识以及加强领导、资金筹集、设计施工、公路管理等方面提供了比较系统的宝贵经验。会议将认真听取他们的经验介绍，参观沈大高速公路现场。在这里，我代表交通部和全国交通系统，对辽宁省委、省政府及有关部门和辽宁人民为公路现代化建设做出的重要贡献，表示感谢！

这次会议，有国务院领导和国务院办公厅、国家计委、部分省市的领导同志参加。为推广高等级公路建设经验，推动和加速高等级公路建设，有这么多的领导同志参加，这是新中国建立以来公路建设史上的第一次。会议期间，邹家华国务委员还将作重要指示。我相信，这次会议一定能开成一个推动我国公路现代化建设的动员会和进军会，将成为我国高等级公路建设的新起点。

下面，我讲3个问题，供大家参考：一是我国公路发展的概况；二是我国发展高等级公路的初步实践；三是我国高等级公路发展战略设想。

一、我国公路发展的概况

新中国成立后，党和政府对公路建设是很重视的。解放初期根据当时的客观条件制定了“民办公助，民工建勤”的修建公路方针，随着社会主义建设的发展，尤其是十一届三中全会以后，更对公路建设提出了明确的方针并予以极大的关心，使公路建设有了很大发展。从1949年到1988年，公路里程由8万公里发展到近100万公里，其中高速公路147公里；汽车专用路和一级公路1 673公里；二级公路3.3万公里；三级公路15.9万公里；四级公路50万公里；等外路30万公里。公路通车里程1988年为1949年的12.5倍，年均增长2.3万公里。全国2 200多个县（市）中，除西藏的墨脱县因地质、地形和气候条件复杂未修通公路外，其他所有的县（市）、95%的乡（镇）和71%的村庄都通了公路和汽车。

十一届三中全会以后，党的工作重点转移到以经济建设为中心的轨道上来，贯彻改革开放的方针，发展有计划的商品经济，对公路建设提出了新的更高的要求。在公路交通的发展上，自1984年开始我们相继提出了“有路大家跑车”，“多层次、多形式、多渠道的发展交通”，“各部门、各地区、各行业一起干，全民、集体、个体一起上”，“多家经营、鼓励竞争”，“谁建、谁用、谁受益”，“普及与提高相结合，以提高为主”，“干线公路要以新建为主”等一系列方针。并且在国务院的直接领导和支持下，制定了几项发展交通的政策：一是适当提高养路费率；二是增收汽车购置附加费；三是允许集资、贷款修建的高速公路、独立大桥和隧道等，收取一定费用偿还本息；四是确定能源、交通基金返还；五是实行“以工代赈”的办法修建县乡道路；六是多方集资，以地方财政为主，国家适当补助等。这些政策的实施，使原来十分缺乏的公路建设资金有了部分长期稳定的来源。

各省、自治区、直辖市人民政府都十分重视交通的改革、建设、发展和管理工作，把交通建设列入重要议事日程，积极支持上述方针、政策的贯彻落实。特别是“七五”以来，许多省、自治区、直辖市在集资、征地、拆迁、税费征收、路政、运政及安全管理等方面制定了一些地方性的方针、政策和管理办法，加速了公路交通的发展。

近几年来，在国务院和各省、自治区、直辖市人民政府的领导下，交通系统利用有限的资金，在原来欠账较多的情况下，重点建设了全国城市出入口、重点经济区、贫困地区和边远地区的公路。主要表现在：

一是国家集中资金重点安排了干线公路的建设。“七五”期间共安排47条，计划建成干线公路27条，现已建成投入使用4条，明年可全部完成。其中安排了6条高速公路的建设，有部分已建成投入使用，效果很好，对发展国民经济起到了重要作用。

二是由交通部门拨款修建了大中城市出入口公路共3 000多公里，拓宽了路面，提高了质量等级，使110多个大中城市出入口公路交通的拥挤状况，得到了不同程度的缓解。

三是各省、自治区、直辖市根据本地的实际，制订了发展规划，修建了省、区、市内公路。如山西省为了提高晋煤外运能力，10年间全省共完成公路基建投资10.32亿元，新建公路2 614公里，新建和改建桥梁1 347座、4.53万延米，促进了乡镇企业和煤炭生产的发展。目前，从山西经公路运往外省的煤炭，每年已达2 400万吨。

四是许多省、自治区、直辖市创造了多方集资和利用外资等办法，筹集了建设资金。如广东省政府多方集资和积极利用外资，连续建成投入运行10多座独立大桥，使一些交通量大的主要渡口改渡为桥，使广东的经济发展速度走在了全国各省的前列。广东东莞县1980年以来，集中资金大建水泥路，使全县的水泥路占全县通车里程的50%左右，一跃成为全国修建水泥路最多的县（后改为市），吸引了大量外商在该县兴办“三资”企业，使该县以粮为主的单一经济，很快改变为多元化的现代商品经济。

五是从1984年开始，国家采取“以工代赈”办法，国家拨出库存粮食63亿市斤、棉花1.2亿市斤、棉布3.3亿米，折合资金17.8亿元，由地方积极解决配套资金，连续3年帮助贫困地区发展交通。在全国220个贫困县中，共修建县、乡道路和机耕道12万公里，其中新建等级公路5万多公里，桥梁7 200座、16万延米，改善了贫困地区的交通条件，促进了商品经济的发展，使60%的贫困地区初步脱贫。特别是四川、云南和甘肃利用粮、棉、布修建公路成绩显著。从1987年开始，又利用库存低档工业品和“以工代赈”办法，在四川、江西、宁夏等贫困地区试点发展交通，1988年已全面推开，效果很好。

六是公路桥梁建设也发展很快。到1988年底，全国拥有公路桥16万多座、474.4万延米。在万里长江上，现在已建设了20多座现代化公路桥和公路铁路两用桥。在5 000多公里的黄河上，已建起了40多座大桥；济南黄河大桥和郑州黄河大桥在技术的先进性和长度上分别居亚洲第一位。在珠江、松花江及其他河流上也建设了许多大桥。这些桥梁的建成打破了几千年来的江河阻隔的自然状态，使“天堑变通途”。

40年来，我国公路交通发展，虽然取得了很大成绩，但是，还存在很多问题。主要表现在：投资比例小，公路建设欠账多，通车里程少，公路标准低、质量差，通过能力小。二级以上的高等级公路仅占3.4%，等外路占30%，混合交通相当严重。由于以上原因，造成了公路运输时速慢、效率低、事故多、人员死亡率高和经济损失大，燃油和运力浪费严重，综合运输经济效益差。我国公路运输的长期落后面貌，已经严重地制约着国民经济的发展。我们必须尽快改变这种落后面貌，实现交通运输的现代化，以适应我国国民经济发展的需要。

二、我国发展高等级公路的初步实践

随着社会主义建设、改革开放和商品经济的发展，我国汽车运力也有较大的发展。到1988年底，民用汽车已发展到464万多辆（其中客车130多万辆），比新中国建立前增长62.6倍。1988年与1978年相比，民用汽车增长了2.4倍，公路货运量和货运周转量增长了7.8倍和9.9倍，公路客运量和旅客周转量增长了4.1倍和3.8倍。我国集装箱运输和大件运输，已有所发展，方兴未艾。运力的发展又对公路建设提出了新的要求。随着我国经济建设的发展和人们对公路运输在发展国民经济中重要地位的认识的提高，必然提出对高等级公路的需求。我们除了在数量上增加公路里程外，更重要的是探索和明确了适合中国国情的发展高等级公路的方向。但同时，我国又是一个建设资金不富裕的国家，高速公路的巨额投资，又限制了高速公路的发展。通过各地的实践和总结经验，创造出了既能解决混合交通带来的弊端，又比较节省投资的办法，建设了封闭式汽车专用路（二级路的路面，实行封闭，老路保留，供混合交通使用。车速平均可达60～80公里甚至100公里）。同时，在有条件的省、区、市，逐步建设完全符合国际标准的高速公路，以逐步适应我国经济发展的需求。

高等级公路具有运输经济效益好的优越性。由于高等级公路行车速度快、通过能力大、运行时间短、运输成本低，促进了汽车运输向大型化、拖挂化、集装箱化和专用化方向发展，加快了客货与资金的周转，有利于商品的流通和运输经济效益的提高。高速公路一般时速可达80～120公里，比我国当前公路混合交通的时速提高1～3倍，我国现有汽车464万辆，如果加强管理，改善道路状况，将时速从30公里提高到经济时速60公里，就能使经济效益成倍增长。

高速公路具有交通事故少的优越性。由于高速公路平、直、宽，中间有分隔带，全封闭和全立交，并采用现代化指挥监控系统，排除了纵横干扰，使交通事故大大减少。据了解，日本和美国的高速公路比一般公路的交通事故和死亡人数均可减少1倍以上。据沈大路的辽阳管理所管辖的50公里统计，死亡人数下降83.3%，受伤人数下降54.3%。据测算，我国每修建100公里高速公路，每年可减少死于交通事故的人数为164人。

高等级公路具有社会效益高的优越性。由于高速公路的汽车流量很大，每昼夜可通过4

万车次以上，相当于四五条一级公路的通过能力，运输效率比一般公路要大得多。据测算，沈大高速公路建成后，按设计能力每昼夜通过能力达5万车次，年货运量可达8 000万吨，年客运能力达1.3亿人次，时速可达100公里以上，从沈阳至大连可缩短时间七八小时，节省运费和各种消耗，每年达4亿元以上。据了解，美国、联邦德国、法国、意大利和日本等国高速公路的社会效益比我国还要好。

现在世界上修建高速公路较多，居前几位的国家有：美国、联邦德国、意大利、法国、加拿大、日本和英国，其他一些发展中国家也在加速发展高速公路。

从世界交通运输格局来看，在过去短短的二三十年间，尽管世界各国都存在着资金与能源短缺，但由于高速公路有许多独特的优越性，深受各国重视，已经在许多不同社会制度、不同经济水平的国家得到发展，在各国的经济、社会、科学技术、军事和国际交流等方面，产生了巨大的作用。

修建高速公路是世界各国发展公路交通的必然趋势，修建高等级公路也是我国公路交通发展的必由之路。我国的高速公路建设还刚刚起步，我们要根据我国国情，在力所能及的情况下，加快高等级公路的发展。

经过专家们的经济论证和预测，当汽车交通量平均达到每天1万辆或近期内将要达到1万辆的路段，修建高速公路从经济上说是合理的。在2000年前，我国有3 300公里的路段每天的汽车交通量将逐渐达到平均1万辆。从我国经济发展情况来看，内陆大城市与大城市之间，内陆大城市与主要港口城市之间以及大城市与卫星城市之间，应该修建高速公路或高等级公路。

高等级公路发展起来以后，有利于改善综合运输体系，大幅度提高为港口疏运的能力，减轻对港口的压力；同时，也增大为铁路分流的能力，减轻铁路的压力；有利于改善各种运输方式之间的比例和结构，形成综合运输网络，使各种运输方式各得其所，各展其长，协调发展。

党的十一届三中全会以来，随着改革开放政策的进一步贯彻落实，我国许多省、自治区、直辖市领导、交通部门和各方面的专家，在调查研究、分析我国情况的基础上，对我国建设高等级公路的可行性进行了一系列探索研究和建设试点工作。“六五”、“七五”期间，我国先后在上海、广东、北京、天津、河北、辽宁、陕西、河南、湖北、安徽、山东、四川、贵州和海南等省市进行了高等级公路建设的试点。这些省市对建设高等级公路都很重视，都积累了一些建设的经验，并取得了初步的效益。请大家在这次座谈中进行交流。辽宁省的经验，是一个从我国国情出发、符合我国实际、比较全面的经验，值得学习、推广。现在我主要讲一下辽宁省在建设沈大高速公路方面的几条经验。

1. 领导重视，决心大

沈大高速公路的建设，得到了国务院领导的关心、重视和支持。辽宁省委、省政府领导对发展高速公路的重要性和深远意义有深刻的认识。他们从1984年起在老路上改造一级路，逐步发展成全线建高速路，是有一个在实践中逐步提高认识的过程，是他们克服了各种障碍与困难的结果，没有领导的很大决心是办不到的。对于建路的巨额投资，他们明确提出了“政治动员、行政干预、经济补偿、各方支持”的方针，给了一些倾斜政策，在投资上作了重点保证。在建设过程中，省领导经常深入现场，加强领导，及时研究、当机立断解决问题，并组成了强有力的领导班子，直接领导和指挥建设工作。省属各级领导、各有关部门和公路沿线各市、县领导，在规划、设计、征地、拆迁、施工、人力、物力上，都给予了大力支持。

2. 发扬自力更生精神，积极筹集资金

沈大高速公路投资概算22亿元，辽宁省积极筹集资金，从提高养路费率、汽车购置附加费、能源交通基金返还和贷款等渠道共自筹资金18亿元，占总投资的80%。交通部也给予了一定的补助。

3. 精心设计，精心施工

辽宁省坚持了设计的先进性。设计单位认真学习了国外先进经验，并结合我国和辽宁省的实际情况，精心组织设计，并采用了比较先进的技术设备和手段，以提高设计的精度和效率。对施工质量严格要求，从已建成的路段看，沈大高速公路线型比较流畅、布局比较合理、质量比较好，受到各方的好评。

4. 集中统一，加强管理

高速公路建成以后，重在加强管理，这是按照设计要求，提高效益，发挥高速公路优越性的关键。省委、省政府对如何管好这条高速公路非常重视，多次召开省长办公会议研究方案和措施，并组织落实，已成立了沈大高速公路管理局，实行集中统一管理，保证安全、快速、高效、畅通。辽宁省政府还及时制定和颁布了《辽宁省高速公路管理办法》，是非常必要的，这是管理好高速公路的重要手段。辽宁省成立高速公路管理局和制定颁布“高速公路管理办法”的做法是比较好的，希望在实践中进一步健全和完善。

三、我国高等级公路的发展战略设想

交通运输是国民经济的战略重点之一，对国民经济和社会发展具有举足轻重的作用。公路交通运输经过10年改革和“六五”及“七五”前3年的建设，取得了很大成绩，但在很大程度上带有“还账”和“补课”的性质。要从根本上扭转公路交通的“滞后”状态，必须在完成“七五”后两年任务的同时，切实抓紧“八五”以及更长远的公路建设规划与设想制定和研究工作。

1. 树立正确的指导思想，制定公路建设和发展战略规划

邓小平同志今年6月9日在接见首都戒严部队军以上干部时的讲话中指出：我们原来制定的“基本路线和基本方针、政策都不变。”“我赞成加强基础工业和农业。基础工业，无非是原材料工业、交通、能源等，要加强这方面的投资，要坚持10到20年，宁肯欠债，也要加强。这也是开放，在这方面，胆子要大一些，不会有大的失误。多搞一点电，多搞一点铁路、公路、航运，能办很多事情。”小平同志的讲话非常重要，非常深刻。以这样的高度又这样具体明确地讲加强交通建设还是第一次。我们要坚决贯彻执行。我们应当把小平同志的讲话精神作为我们制定发展交通战略和长远规划设想的指导原则，贯彻落实到规划和建设高等级公路的全过程中去。

2. 我国交通建设的长远设想是公路主骨架，水运主通道和港站主枢纽

我部在今年全国交通工作会议期间，对我国交通建设的长远规划设想，进行了研究和部署。我们明确了几个认识问题：一是交通规划建设，必须树立长远观念；二是交通运输是国民经济的基础产业，只有超前进行规划和建设，才能适应国民经济和社会发展的需要；三是交通建设投资大，周期长，一条大江大河的整治，一个港口群体的建设，高等级公路网的形成，都需要几十年的时间。只有搞好三五十年的长期规划，才有利于建设的连续性和系统性，才有利于提高建设效率和投资效益。

我们的长远规划基本设想是：从“八五”开始，用几个五年计划的时间，在发展以综合运输体系为主轴的交通业的总方针指导下，统筹规划，条块结合，分层负责，建设公路主骨架、水运主通道、港站主枢纽，以适应国民经济和社会发展的需要。建设公路主骨架，主要是：建设一些高标准、高质量、全封闭和全立交的汽车专用路和高速公路。重点建设12条共2~2.5万公里的国道主干线，将全国重要城市、工业中心、交通枢纽、对外口岸连接起来，逐步形成一个与国民经济发展格局相适应，与其他运输方式相协调，由高速公路和一二级汽车专用公路组成的快速、安全的国道主干线系统。

“八五”要在“七五”计划执行情况的基础上起步。“七五”计划原定要完成建设干线公路42条，建成投产27条。到1990年，公路总里程达到100万公里的目标，这一目标已提前于1988年底实现了。其中高速公路、汽车专用公路和一级公路的目标要达到2 000公里，已完成1 820公里，预计可以超额完成。二级公路要求达到30 000公里，也已提前和超额完成，达到32 949公里。只要“七五”全面超额完成公路建设任务，为“八五”打好基础，“八五”公路建设规划，特别是高等级公路建设规划，就一定能够实现。

3. 几项政策

今后建设高等级公路，必须重点明确、解决几项政策和措施：

（1）规划和建设要分层负责。国家主要负责全国性主骨架的规划布局、建设、协调和部分投资补助。省、区、市主要负责全国性主骨架在本地区的工程项目的施工建设，以及区域交通网与主骨架项目的衔接。各地交通部门要在当地政府领导下，围绕主骨架建设的总体布局，搞好本地区交通运输网的规划和建设。

（2）长远规划可分阶段实施。各个五年计划要与长远规划相衔接，主骨架的线路建设项目不一定都从起端开始，可按轻重缓急，从客货运的繁忙地段开始建设。突出建设重点，优先发展主骨架，并不是其他项目一概不搞，而是要在集中财力建设重点项目的同时，统筹兼顾。而且主骨架也必须有一个支架的网络。

（3）高等级公路建设资金，主要由地方自筹，实行多渠道集资。国家今后的投资部分主要用于全国性大骨架和对经济发展有重大影响，社会效益显著的项目。用小的比例对地方项目作适当补助。地方自筹可以考虑下列资金来源：即适当提高养路费率；争取多返还一些能源交通基金；利用汽车购置附加费；利用国内外贷款；发行高等级公路建设债券；建成投入营运后，收取过路费等。

（4）请各省、自治区、直辖市政府在可协调的范围内，对高等级公路建设使用土地，与修建铁路和机场一样，实行减免、优惠土地税费的政策。

（5）公路建设重在社会各方受益。要充分利用各自的优势和有利条件，动员各方支持高等级公路建设，大家受益，大家出力。

（6）老路留作混合交通使用，新建高等级公路一律离开老路，另选新线，绕过城市和居民区。

（7）建好一条管好一条。各地要制定好高等级公路管理办法。部将在综合各地经验的基础上，制定全国的管理办法。

（8）坚持收好各种规费，为建设新线积累资金。希望在这方面能得到公安部门的有力支持和配合。

（9）为了使有限的资金能够获得较高效益，今后国家对各地修建高等级公路补助资金的投向，要根据各省、自治区、直辖市政府重视的程度和工作的进程而定。哪里对修建高等级公路的积极性高、决心大，规划和可行性研究以及集资、征地、拆迁等准备工作做得好，条件成熟，就优先给予补助，以提高投资效益，而且补助拨款将根据进度而定。

（10）希望各地大力加强规划和前期工作。应该看到交通系统的规划和前期工作力量是比较薄弱的，必须大力加强，以适应需要。

同志们！希望这次经验交流现场会，能够推动与促进我们的公路建设，能够成为我国公路建设现代化的一个新起点。

邹家华国务委员每次听取我们工作汇报时，都十分强调公路建设的重要性，基础设施建设的重要性，并要求我们，要就不干，要干就干一件完一件，集中力量抓出成果成效。我们希望在大家的共同努力下，经过几个五年计划，使公路建设逐步和更早地适应国民经济的要求。

解放思想　加快步伐
实现公路建设新目标

——黄镇东部长在全国公路建设工作会议上的讲话

（1993年6月18日）

同志们：

全国公路建设工作会议今天开幕。这次会议是1989年7月在辽宁召开的高等级公路建设经验交流会的继续。去年，邹家华副总理指示我们，要再召开一次公路建设工作会议，进一步推动全国的公路建设。根据这一指示，我部与山东省政府商量后决定在山东召开这次会议。会议的任务是：认真贯彻落实党的十四大和李鹏总理在八届全国人大一次会议上所作《政府工作报告》的精神，以加快公路交通基础设施建设为主题，分析形势，总结经验，明确任务，力争公路建设到2000年上一个新的台阶。

这次会议之所以在山东召开，是因为山东的公路建设和养护在全国是名列前茅的。会议将采取大会、座谈和参观相结合，边听、边看、边议的形式。正如邹副总理指出的，这次会议也是一次公路建设的现场办公会。

这次会议是交通基础设施建设方面的高层次会议。邹副总理在百忙之中亲临会议，并将就加快我国公路建设问题作重要指示。这是党中央、国务院对这次会议的重视和关怀，是对我们从事交通工作同志的鼓舞和鞭策。山东省委书记姜春云同志、省长赵志浩同志，以及各省、自治区、直辖市领导同志和国务院有关部委负责同志出席会议，这是对交通工作的极大支持。我代表交通部和交通系统广大职工，表示衷心的感谢！

现在，我汇报4个问题。

一、全国公路建设的新发展

辽宁会议以来，全国公路建设特别是高等级公路建设取得了新成绩，获得了新发展，其主要特点是：

第一，统一思想，转变观念，加快了高等级公路建设步伐。辽宁会议的主要成就是统一了思想，使大家认识到建设高等级公路不仅不违反国情，而且是国情所需，是解决我国公路混合交通，提高汽车通行能力，改善投资环境，促进经济发展的重要条件。“要想富，先修路”，“大路大富，高速公路快富”，已成为社会的共识。各级党委和政府亲自抓交通、促交通，加强对高等级公路建设的领导，认真研究建设规划，深入发动群众，加强组织协调，动员各方面支持公路建设，强化工程指挥工作，为公路建设排忧解难。在各级党政领导的高度重视和广大群众的大力支持下，一个加快高等级公路建设的新局面正在全国范围内形成。从1988年底至1992年底，新增高速公路里程相当于1988年前的3.4倍；新增一级公路里程为以往历年所建总和的113.7%；二级汽车专用公路从无到有，新建2 000多公里；新增一般二级公路里程为以往历年所建总和的60%。到1992年底，全国公路通车里程为105.7万公里，其中高速公路650多公里，一级公路3 500多公里，二级汽车专用公路2 000多公里，一般二级公路5.3万公里。

第二，坚持改革开放方针，采取各种扶持政策，拓宽了建设资金渠道。公路建设资金，从向车辆征收养路费、车购费、通行费等渠道筹集，发展到向土地开发、土地增值等方面筹集；从向本行业筹集，发展到向社会发行建设债券、集资入股等方式筹集；从向国内筹集，发展到积极利用外资。近几年来世界银行贷款逐年翻番，目前已有23个省、自治区、直辖市使用或在近期内即将使用国际金融组织或外国政府贷款修建公路。使用国际商业资本，中外合资或外商独资建设高等级公路，也已经开始，如山西太原至旧关，福建福州至泉州，广东的广州、深圳至珠海高速公路等。还有一些项目正在招商洽谈中。

第三，加强规划和前期工作，保证了公路建设顺利进行。“七五”末，我部提出了“三主一支持”交通发展长远规划。近几年来，不断深化了这个长远规划的研究工作，编制了“五纵七横”国道主干线系统规划和与之相配套的公路主枢纽布局规划，对全国干线公路建设起到了宏观指导的作用。为抓好“八五”、“九五”建设项目的前期工作，我部已多次召开专题会议，对重点建设项目进行了反复深入的研究，确定了前期工作完成时间。“八五”期间开工建设项目的前期工作已基本完成，要求“九五”期间开工建设项目的前期工作在1995年底全部做完。各省、自治区、直辖市对公路建设项目前期工作很重视，大多能做到组织、人员、资金三落实，建设项目的可行性研究得到加强，初步设计质量有了提高，项目建设单位注意做好施工前的准备工作，重点工程建设进度明显加快。

第四，依靠科技进步，完善工程管理，提高了工程质量。广大交通科技人员围绕高等级公路建设组织科技攻关，取得了一系列重大科技成果。公路、桥梁计算机辅助设计系统已在全国大多数省份推广应用，高等级公路半刚性基层沥青路面和抗滑表层成套技术，公路路基综合稳定技术，水泥路面施工技术，以及黄石、铜陵两座新型结构的长江公路大桥等，都具有较高的科学技术水平，有的达到了国际先进水平，并取得了显著的经济效益。与此同时，近几年高等级公路建设管理体制不断改革完善，按照建立社会主义市场经济体制的要求，采用了招标、投标方式选择施工队伍，并使这些做法逐步走向了规范化。对工程施工实行监理制度，推行“菲迪克条款”，这一制度已由3年前的试点、试行，进入普及推广，收到了良好效果，既控制了投资规模，降低了工程造价，也提高了工程质量，保证了工期。

辽宁会议以来全国公路建设的新发展，为今后公路建设提供了有益的经验，打下了坚实的基础。

二、全国公路建设面临的问题

以去年年初邓小平同志南巡重要谈话和党的十四大为标志，我国改革开放和现代化建设进入了蓬勃发展的新阶段。交通运输是对国民经济发展具有全局性、先导性影响的行业。国民经济要上新台阶，交通运输是关键。党的十四大报告提出：“加快交通、通信、能源、重要原材料和水利等基础设施和基础工业的开发与建设。这是当前加快经济发展的迫切需要，也是增强经济发展后劲的重要条件。”李鹏总理在八届全国人大一次会议上的《政府工作报告》中指出：“随着经济增长速度加快，基础设施尤其是交通运输已成为国民经济发展的主要制约因素。”当前，国民经济和社会发展对交通运输的需要同交通运输滞后状况的矛盾越来越突出，这是我们面临的迫切需要解决的重要课题。

公路运输是分布面很广、客货运输量很大、与各行各业和人民生活关系非常密切的一种运输方式。到1992年，公路客运量和旅客周转量分别占全国各种运输方式客运总量和周转量的85%和45.9%；货运量和货物周转量分别占全国各种运输方式货运总量和周转量的74.7%和12.9%。改革开放10多年来，特别是“七五”以来，我国公路运输有了很大发展，但与世界发达国家比较还相当落后，与国民经济加速发展的新形势要求很不适应。这种“落后”和“不适应”，集中反映在公路交通基础设施方面，存在的主要问题是：

——我国公路数量少、密度低。公路密度，每平方公里国土面积仅有110米公路。全国还有2 000多个乡镇、19万个行政村不通公路，仍然处于人背肩挑的原始状况，而且集中在老少边穷地区，制约了这些地区的经济发展和人民生活水平的提高。

——公路等级低、质量差。二级以上公路只占全国公路通车里程的5.58%，等外路占25.5%。至今还没有一条基本贯通南北、东西的高等级公路。现有的高级、次高级路面中，有60%亟待改造。还有不少危桥、临时式桥梁需要改建。公路抗灾能力很弱。

——公路通行能力不足。公路国道网中年均昼夜交通量超过设计通行能力上限的路段占国道网总里程的一半以上。“七五”期间，公路网通行能力虽然提高了49%，而旅客周转量与货物周转量却增加了52%和98%，致使公路交通日趋紧张，特别是国家干线公路以及通往开放港口、陆路口岸、旅游地区的公路经常出现车辆阻塞现象。

——混合交通严重。拖拉机、畜力车、自行车、行人与汽车在一条路上挤，行车速度很慢，目前全国干线公路的平均时速只有三四十公里。这种状况严重影响了公路运输的经济效益和社会效益。

上述问题说明，公路交通基础设施欠账太多，严重滞后。主要原因，是对公路建设长期投入不足，建设规模与国民经济发展速度不相适应。现在，我们必须采取各种措施，努力改变公路交通的这种落后状况。

三、全国公路建设的任务

为了缓解不断增长的运输需求同交通运输滞后状况的矛盾，使交通运输基本适应国民经济和社会发展的需要，交通部在“七五”末期制订了发展公路、水路交通的长远规划，即：从“八五”开始，用几个五年计划的时间，在发展以综合运输体系为主轴的交通业的总方针指导下，统筹规划，条块结合，分层负责，建设公路主骨架、水运主通道、港站主枢纽及其相应的支持保障系统。这个长远规划，简称“三主一支持”。在这个规划中，公路建设的重点是“五纵七横”国道主干线系统，总里程约3.5万公里。

去年，在学习贯彻邓小平同志南巡谈话和党的十四大精神的过程中，交通部制订了到2000年我国公路、水路运输和基础设施建设上新台阶的主要目标。在公路运输和基础设施建设方面，根据国民生产总值年均增长8%~9%的发展速度测算，预计到2000年全社会公路客运量和旅客周转量分别为1990年的2.77倍和3.09倍，年均增长速度为10.8%和11.9%。全社会公路货运量和货物周转量分别为1990年的2.35倍和2.80倍，年均增长速度为8.9%和10.8%。为适应运输需求的增长，二级汽车专用路以上公路需翻两番，达到

1.85万公里；黑龙江同江至海南三亚、北京至广东珠海、江苏连云港至新疆霍尔果斯、上海至四川成都“两纵两横”国道主干线应基本以高等级公路贯通；北京至沈阳、北京至上海和西南地区公路出海通道等3个重要路段力争建成，形成高等级公路运输大通道；其他国道主干线及通往重要港口和陆上主要口岸的干线公路混合交通和拥挤状况应有明显改变。

今后8年，要下大力量抓好高等级公路建设。公路运输必须重视规模效益，重视大通道的建设。互不相连的路段建设不能体现规模效益和高等级公路的优势，因此必须下定决心，集中力量，首先抓好“两纵两横”和3个重要路段的建设。“两纵两横”和3个重要路段贯穿23个省、自治区、直辖市，连接100多个大中城市，全长约1.78万公里，占规划的“五纵七横”12条国道主干线总里程的50.8%。建设好这几条国道主干线，真正形成大通道的功能，对国民经济和社会发展具有重要战略意义。

为了搞好“两纵两横”和3个重要路段的建设，经与各省市协商，具体部署如下：

（一）建设的基本原则

要根据“统筹规划、条块结合、分层负责、联合建设”的方针，按照“统一规划、分段建设、全线贯通”的原则，来进行建设。这几条主干线里程长，跨越省份多，沿线地形条件和经济、社会发展差异较大，因此，关键是加强组织协调，全面规划，通盘考虑，分段分期实施，最终实现全线贯通，形成整体能力。在今年4月召开的全国交通建设前期工作会议上，部已与有关省市就这几条国道主干线在本地区路段的建设时间、建设标准和前期工作进度安排等交换了意见，并确定了相邻两省接线点的协调时间。对有的省来说，这几条国道主干线在本省内的路段，特别是与相邻省连接的路段，可能不是本省当前交通最紧张、经济发展最需要的路段。有的省境内的路段长，如江苏省有4条，河南、湖北、广东、上海都有2条，除上海外，其他4省的总里程一般都在上千公里，前期工作和资金安排上可能有难度。但这些路对相邻省的经济发展，特别是对整条国道主干线的贯通，形成整体通过能力，提高公路运输在整个国民经济和综合运输体系中的地位，都有着十分关键的意义。因此，希望有关省市以国民经济和公路运输发展的大局为重，树立全国一盘棋的思想，通力合作，努力完成。

（二）建设的基本标准

除部分交通量不太大的区段利用已有的公路外，其余将基本达到汽车专用公路标准。

（三）建设的资金安排

建设资金主要靠地方解决。各有关省市要在资金上向这几条主干线倾斜。中央安排的资金也向它们倾斜，根据有关省市任务大小、进度快慢，进行安排。对任务重的，投入多些；对动手快的，投入早些。在统一规划下，谁积极，谁先干，支持谁。

（四）建设的前期工作

近期内有关省市公路建设的前期工作，要以“两纵两横”和三个重要路段建设为重点，做到前期工作超前2~3年，具有一定的项目储备。

除“两纵两横”和三个重要路段外，其他国道主干线的繁忙路段也需加快建设，如加强七大经济区域联系以及打通重要边境口岸的干线公路等，都要在近期抓紧完成前期工作。重点建设“两纵两横”和三个重要路段，不会影响对没有这些建设任务的省份的资金安排。我们支持国道主干线建设的原则不变，对各省建设国道主干线上交通繁忙路段的积极性，我部将一如既往地给予支持。只要是列入部计划的项目，投资标准与“两纵两横”和三个重要路段一样。

与此同时，要继续重视县乡公路和扶贫公路建设，提高公路等级，增加路网密度。在全国公路网中，县乡公路的比重占60%，覆盖着我国80%的农业人口，是直接为农村经济建设和乡镇企业服务的交通基础设施。各地交通部门要作为一项长期的战略任务，在各级政府的领导和支持下，采取民办公助、民工建勤、以工代赈的办法，搞好县乡公路的自建自养。交通扶贫，是一项长期的重要工作，是贫困地区脱贫致富的一条重要途径。国务院非常重视这项工作，拿出物资补助老、少、边、穷地区修路。最近国务院决定每年安排资金用于以工代赈，请各省领导支持利用这部分资金改善贫困地区的公路运输条件。

总之，通过“八五”、“九五”的建设，要使全国公路交通出现新的面貌，迈上新的台阶。

四、加快公路建设的政策措施

要完成“八五”、“九五”的公路建设任务，必须进一步解放思想，开拓思路，研究采取相应政策措施。

第一，要用好国家对公路建设的现有扶持政策

到目前为止，国家对公路建设的扶持政策共有五项，即：征收公路养路费；征收车辆购置附加费；贷款（包括需归还的集资）修建公路、桥梁、隧道收取车辆通行费；民工建勤养护公路和修建县乡道路；以工代赈修建公路。各地政府和各级交通部门贯彻落实上述政策，取得了显著成效。但各地情况差别较大，需要进一步加强这方面的工作。特别是要收好用好养路费和车辆购置附加费，这是当前我国公路建设和养护的主要资金来源。当前，交通规费稽征工作难度加大，一些地方出现收费滑坡。对此，一定要给予足够重视，及时采取措施，保障稽征人员正常执行公务的权力，确保各项规费应征不漏。各级交通部门要克服困难，搞好服务，依法行政，按章征费，强化源泉管理，不断改善自身的征管方法和技术手段，提高征管水平。

第二，紧紧依靠各地政府的领导和支持，进一步完善对交通的优惠政策

近几年来，我国交通建设之所以取得重大进展，是和各地政府的重视、支持分不开的。前一段各地政府对交通的优惠政策，凡是符合实际行之有效的，希望继续坚持和进一步完善。一是希望调整投资结构，把交通作为建设重点，根据各地财政情况，适当增加对交通建设的投入；二是公路养路费上交的能交基金和预算调节基金中属于地方支配的部分，希望能全部返还给交通部门用于交通建设；三是在交通建设征地、拆迁方面，希望尽量给予优惠，以便使有限的建设资金能最大限度地直接用到工程上去；四是希望参照兄弟省、自治区、直辖市实行的优惠政策，将适合本省本地情况的加以适当移植，成为自己的新的优惠政策。

在制订扶持政策和优惠办法时，凡涉及农民切身利益的，要慎重对待，按照中央、国务院的有关规定办理。要采取切实措施，坚决制止乱设卡、乱收费、乱集资、乱罚款的不正之风。

第三，采取更多的改革开放措施，筹集建设资金

根据需要与可能，并参照各地加快交通基础设施建设的经验，在筹集资金方面，可考虑采取以下办法：

一是建立公路建设股份公司，向社会筹集资金，作为高等级公路建设的一种重要方式。

二是支持公路建设投资单位结合高等级公路建设，在公路两侧进行土地开发，征收土地增值费等。

三是在征收流转税时，根据各地的实际情况和承受能力，适当征收公路交通基础设施建设附加费。

四是努力吸引外资，鼓励中外合资或外商独资建设公路、独立大桥和隧道。

五是建立起建设资金广泛筹集、有偿使用、滚动发展的良性循环机制。中央或地方投入的路桥建设资金，凡是效益好和有偿还能力的，要实行有偿使用。

第四，处理好新建与养护的关系，加强现有公路的养护和管理

我国现有公路有很多是超年限服役，超负荷运转。保证现有公路的完好畅通，对缓解交通运输紧张状况具有重要作用。我们必须认真贯彻“全面养护，积极改善，防治结合，预防为主，按章征费，依法治路，强化管理，保障畅通”的方针，切实把现有公路养好管好；在养好公路，不断提高好路率的同时，积极主动地进行公路水毁和其他病害的防治工作；不断地对现有公路进行技术改造，裁弯取直，加宽降坡，改善路面结构；有计划有步骤地对交通繁忙的国省干线公路，沿海、沿江、沿边经济开发区域的公路，旅游公路，以及其他具有“窗口”、“通道”作用的公路，实施 GBM 工程，搞好公路的标准化、美化和管理规范化建设，以提高通行能力、抗灾能力和服务水平。

各级交通部门要合理确定养路费中用于养护和用于基建的比例，切实保证现有公路的养护，坚决防止抓了新路丢了老路的倾向。

在公路管理方面，国务院办公厅文件要求，在高速公路管理中，公路及公路设施的修建、养护和路政、运政管理及稽征等，由交通部门负责。我们要认真落实文件精神，切实管理好公路，保证畅通。目前，我国高速公路正在起步阶段，对管理好高速公路，需要有一个积累经验的过程。因此，对高速公路管理的组织机构形式，由省、自治区、直辖市人民政府根据当地实际情况确定，并不断总结经验，改善和加强管理，更好地发挥高速公路的效益。

同志们，我们面临的任务是光荣而艰巨的。我们一定要牢牢抓住加快交通发展的历史机遇，克服前进中的各种困难，解放思想，转变观念，实事求是，真抓实干，为实现“八五”、“九五”公路建设的新目标而共同奋斗！

抓住机遇　加快发展
振兴我国内河航运事业

——黄镇东部长在全国内河航运建设工作会议上的讲话

（1995年10月9日）

同志们：

在全党全国认真学习和贯彻落实党的十四届五中全会精神，总结“八五”、迎接“九五”的关键时刻，酝酿准备已久的全国内河航运建设工作会议今天开幕了。国务院领导同志对加快内河航运建设十分重视，在今年1月召开的全国交通工作会议上，邹家华副总理指示我们，“今年一定要把水运很好地抓一抓”，随后多次听取了我们的汇报，这次又在百忙之中亲临会议并将作重要讲话，这充分体现了党中央、国务院对交通工作的亲切关怀和重视。

这次会议的主要任务是：回顾总结我国内河航运建设的实践和经验；进一步统一和提高对发展内河航运事业重要性、紧迫性的认识；按照《中共中央关于制定国民经济和社会发展“九五”计划和2010年远景目标的建议》要求，研究确定内河航运建设的规划、重点和方针政策，动员各方面力量，加快内河航运建设，使内河航运事业更好地为国民经济发展服务。出席这次会议的还有有关省、自治区、直辖市人民政府和国务院有关部委的负责同志，这是对交通工作的极大关心和支持。我代表交通部和交通系统广大职工表示衷心的感谢！

一、建国以来我国内河航运建设的回顾

新中国成立后，我国内河航运经历了曲折的发展过程。建国初期，党和国家十分重视内河航运建设，内河航运事业发展较快。到1961年，全国内河通航里程由建国前的7.36万公里，发展到17.2万公里，达到历史最高水平。60年代以后，由于种种原因，内河航道长期失修失养，通航里程逐年缩短，有的地区内河航运呈萎缩状态。党的十一届三中全会以来，党和国家把交通运输列为国民经济发展的战略重点之一，提出加快综合运输体系建设，内河航运建设再次受到各级人民政府的重视，经过广大交通职工艰苦努力，开始走向逐渐发展的道路，并取得了多方面的成绩。

（一）内河航运基础设施有所改善

航道建设，重点整治了长江干线及其主要支流、西江干线、京杭运河、黑龙江和松花江等航道，新建、改建了葛洲坝等船闸和升船机。到1994年底，我国内河通航里程达到11.02万公里，其中300~500吨级航道1.1万公里，1 000吨级航道5 800公里。内河港口建设，重点新建、改建长江干线煤炭、矿石、件杂货、集装箱码头和客运设施。到1994年底，年吞吐量在1万吨以上的内河港口有1 760多个，拥有内河万吨级以上深水泊位42个。与此同时，还对内河航运建设管理体制进行了改革，逐步推行了工程设计、施工招标投标制

和工程监理制，收到了较好的效果。

（二）内河航运支持保障系统建设得到加强

在主要内河航道设置了航标，建成了一批航运通信工程和交通管制工程，比较好地保证了船舶的航行安全。围绕内河航运建设中的重要技术问题，加强了科技攻关，取得了可喜成果，如汉江游荡性航道整治工程、湘江千吨级河湖航道整治工程、西江千吨级航道广东段整治工程、内河挖入式港池码头、分节驳顶推船队运输方式、节能高效内河新船型、珠江船舶航行防抗雷雨大风能力研究项目等都具有较高的科技水平，提高了经济效益。

（三）内河航运建设规划和前期工作受到重视

“七五”期末，根据交通长远发展“三主一支持”的战略构想，编制了“两纵三横”五条水运主通道（即沿海南北主通道、京杭运河淮河主通道、长江水系主通道、珠江水系主通道、黑龙江松花江主通道）总体布局规划和港口主枢纽总体布局规划，并修改、完善了长江、珠江等主要水系航运规划，明确了我国内河航运建设的发展目标和建设重点，对内河航运建设起了指导作用。我部多次召开内河航运建设前期工作会议，对重点建设项目进行反复研究。“九五”期间将要开工建设的项目前期工作可在近年内完成。不少省、自治区、直辖市对内河航运建设的前期工作也很重视，做到机构、人员、经费三落实，建设项目的可行性研究得到加强，初步设计质量有了提高。

（四）内河航运改革开放不断深入

打破了单一所有制的禁锢和交通部门独家经营内河航运的封闭状态，实行“有河大家行船”的方针，鼓励社会各行各业参与营运，形成了以公有制为主体，多形式、多层次、多成分的内河航运格局，内河运力有了较大的发展。目前，我国拥有内河民用运输船舶近35万艘、2 000多万载重吨、90多万客位，比1978年分别增加2.5倍、3倍和0.8倍。对内河航运建设投资管理体制也进行了改革，拓宽了筹资渠道，包括鼓励有关部门、货主以及社会各界采取多种形式筹资建设内河航运基础设施。部分省、自治区、直辖市积极采取措施，扶持内河航运建设，开征了专门用于内河航运基础设施建设的资金或基金，有的还允许航道部门结合港区、航道的整治，营造土地进行开发，自主经营河沙。京杭运河建设发挥中央和地方两个积极性，效果显著。在省市重视和支持下，西江一期工程桂平枢纽航电结合、以电养航，取得了宝贵经验。还有的省在利用外资建设内河航运基础设施方面进行了尝试。

内河航运建设的发展，为国民经济发展和对外开放提供了重要的交通条件。1994年，全国内河航运完成货运量7亿多吨，完成货物周转量近1700亿吨公里，分别比1978年增长1.1倍和2.4倍。内河港口完成货物吞吐量8.7亿多吨，其中完成外贸货物吞吐量1500多万吨，完成集装箱吞吐量36万国际标准箱。在长江、珠江三角洲等水运发达地区，内河航运已成为完成社会运输的主力军，京杭运河江浙段年运量已达1.6亿吨，占内河货运量的23%，占水运货运量的15%，珠江年运量达1亿多吨，对这些地区的经济快速发展起到了重要的作用。长江下游深水泊位及芜湖、九江、黄石、武汉4港10个外贸码头的建成，促进了长江沿线的开发、开放和长江流域经济走廊的形成。

总的看，内河航运建设有成绩，有发展，但是与需要相比，与资源潜力相比，差距很大，与其他运输方式相比，发展相对迟缓，不能适应国民经济持续、快速、健康发展的要求。主要的问题是：

——内河航道等级太低，通行能力差。在我国现有通航河流中，自然航道所占比重很大，可通航300吨级以上船舶的航道仅占通航总里程的15%，可通航1 000吨级以上驳船的航道仅占5.3%。不少航道出现淤浅、堵塞，船闸超负荷运行，而且碍航建筑物有增无减。据统计，在现有通航河流上，碍航闸坝达1 300多座，碍航里程2万多公里，造成内河航运不能畅通。

——内河港口泊位少，装卸设备和装卸工艺陈旧落后。目前吞吐量在1万吨以上的内河港口，大部分是利用自然坡岸稍加整修后形成的，而且大多数内河港口缺乏库场等基础设施，装卸机械化程度不到10%，吞吐能力严重不足。

——内河船舶平均吨位小，老旧船舶多，船型、机型复杂，性能差，效率低。据统计，我国内河船舶平均吨位只有90吨左右，不及美国等国家船舶平均吨位的1/10。

——航标、通信等辅助设施不配套，且未得到有效的保护，被盗现象时有发生，影响了内河航行安全和港口能力的发挥。

这些问题说明，我国内河航运基础差、欠账多，内河航运的潜在优势还远远没有发挥出来。其主要原因：一是内河航运建设长期投入过少，无稳定的资金来源；二是水资源综合利用的关系处理得不够好，限制了内河航运的合理开发利用；三是对内河航运在综合运输体系中的地位和作用认识不足，使内河航运与其他运输方式之间发展不够协调。我们必须采取有效措施，努力改变内河航运的落后状况。

二、充分认识内河航运在国民经济发展中的重要地位和作用，增强加快内河航运建设的使命感和责任感

我国幅员辽阔，江、河、湖泊众多，流域面积1 000平方公里的河流有1 500多条，流域面积10 000平方公里的河流有80多条，河流总长43万公里，绝大多数河流水量充沛、终年不冻，具有发展内河航运的优越的自然资源条件。

现代交通由铁路、公路、水运、航空、管道5种运输方式组成，各种运输方式都有其自身的经济、技术特点。同其他运输方式相比，内河航运虽然速度较低，但却具有许多其他运输方式不可取代的优势和发展潜力，主要表现在几个方面：

一是内河运输工具载重量大。世界上最大的内河船队已达8万多吨级，我国长江干线普通船队为万吨级，最大的达3万吨级，载重量大和对超大型货物的适应性是其他运输方式所无法比拟的。

二是内河航运建设投入少、产出多。内河航运建设投资较省，特别是在我国一些通航河流的中下游和主要支流，利用天然河道，单位投资的产出量以及单位投资形成的总体运输能力比其他运输方式具有明显的优势。

三是内河航运成本低。美国内河航运的运输成本为铁路的1/4，公路的1/15；德国内河航运的运输成本为铁路的1/3，公路的1/5。我国由于航道、港口、船舶等主要技术装备非常落后，目前，内河航运的运输成本除长江干线大体与全国铁路平均运输成本接近外，其他

河流高于铁路。

四是内河航运能耗低。由于内河船舶、船队载重吨位大，单位马力拖带量高，充分利用水的浮力，可节约能源。据美国测定，一加仑燃料，大型柴油卡车可运货59吨英里，火车可运202吨英里，内河船舶则为514吨英里。我国测定，水运单位能耗约为铁路的2/3。

五是内河航运建设占地少。每公里铁路需占土地30～40亩，公路约占15亩，内河航运主要利用天然河道，与海运、空运、油气管道一样，基本上不占用或很少占用土地，而且中下游航道整治时还可增加土地面积。

六是内河航运是水资源综合利用的重要组成部分。在统一规划下，疏浚航道，可以同时增加断面输水能力，有利于泄洪，发展航运和兴修水利是一致的。

充分认识内河航运独有的特点和优势，并不意味着各省（区）的交通发展中，在每个水系、每条河流的开发建设中，都必须将内河航运发展置于首位，而是应该从实际出发，因地制宜。内河航运建设的必要性，在具备水资源的天然条件下，主要是由国民经济发展对内河航运的需求决定的。

当前，我国的改革开放和现代化建设事业已进入一个新的历史阶段，对内河航运提出了新的更高的要求。内河航运在建设江、河沿岸经济走廊，实现我国经济发展由东向西推移的战略格局中居重要位置。

从经济发展需求看，全国天然河流基本走向都是从西向东，主要支流纵贯南北，与我国大宗货物流向基本一致。长江、西江流域内工农业生产发达，拥有沿江建港、建厂、建设仓储基地的优势，有条件形成沿江产业密集带，而且以上海浦东开发开放为龙头、以三峡工程建设为契机、进而带动沿江经济全面发展的战略已付诸实施，开发长江、西江航运，可以沟通西部地区、西南地区与沿海交通运输，推动东、中、西三个地带经济滚动式发展，缩小梯度差。发展内河航运，也是根据国家“八七”扶贫攻坚计划要求，搞好交通扶贫的重要内容。

从能源和外贸运输需求看，长江、珠江、黑龙江及其主要支流在能源和外贸运输中具有优势。沿长江布局的石油化工、钢铁冶炼等工业基地，使长江航运在原材料运进及产品运出中发挥了重要的作用。我国能源特别是煤炭资源分布不均匀，形成了北煤南运、西煤东调的格局。京杭运河、淮河上游连通鲁南、两淮、豫西等矿区，下游通达江、浙、沪能耗中心，珠江上游连通贵州、云南，下游可到广西、广东、海南的缺煤地区。这些河流为煤炭调运提供了经济的运输线路。充分利用内河航运打通内地出海通道，也有利于实现中西部省（区）借江出海发展外向型经济。

从旅客运输需求看，随着人民生活水平的提高和国内外旅游事业的发展，长江、珠江水系及京杭大运河沿岸等风景名胜地区的旅游量将逐年上升，内河航运对发展旅游事业将起到重要作用。

内河航运在国民经济发展中所处的地位和作用，使我们深切感到加快内河航运建设的重要性和必要性。内河航运建设的任务相当艰巨，我们面临着既要解决历史上遗留下来的滞后问题，还要尽可能满足国民经济不断增长产生的新需求的局面。我们必须站在国民经济全局的高度，以对国家、对人民、对子孙后代高度负责的态度增强使命感和紧迫感，采取切实有效的措施，加强内河航运建设。

三、内河航运长远发展规划和“九五”建设目标

制定内河航运发展规划的指导思想是：以《中共中央关于制定国民经济和社会发展“九五”计划和2010年远景目标的建议》为指针，抓住机遇，深化改革，突出重点，加快发展。

为从根本上改变我国交通运输滞后的局面，根据中央关于做好中长期计划的指示精神，交通部在“七五”期末提出：从“八五”开始，用几个五年计划时间，建设公路主骨架、水运主通道、港站主枢纽和交通支持保障系统（简称“三主一支持”）。内河航运长远发展规划是其中的重要组成部分。

内河航运主通道的布局原则是：以适应国民经济发展和生产力布局对内河航运提出的要求为依据，优先考虑能源及外贸货物运输需要，为加快北煤南运、西煤东调和促进我国外贸事业的发展创造条件；认真贯彻水资源综合利用的方针，充分发挥河流的航运、水利、发电等综合效益；在发展综合运输体系的前提下，充分发挥内河航运的优势。

内河的水运主通道规划是：建设“一纵三横”共4条主通道，即京杭运河淮河主通道、长江水系主通道、珠江水系主通道、黑龙江松花江主通道，共20条河流，总长15 000公里左右。同时，相应建设港口码头和支持保障系统，发展船舶运力。主通道的标准是通航1 000吨级船舶的三级航道和部分通航500吨级船舶的四级航道。加上沿海南北主通道，这些水运主通道可以连接省会和百万人口以上城市17个，连接开放城市24个，经济特区5个，将承担内河航运总运量的80%以上，可以组织大型船队直达运输，提高航速，基本上改变航道拥挤、水上交通混乱、干支不畅、货运不能直达等状态，提高运输效益。

“九五”期间，将根据国民经济发展、产业布局、国土开发和对外开放的需要，集中力量，突出重点，抓住典型，选择几条不同类型、不同规模的河流，集中使用有限的财力物力，依靠科技进步，争取在较短时间内搞出样板，做出成绩。重点建设内河航运基础设施，改善航道里程2 400公里，其中三级航道900公里，四级航道600公里，五级航道900公里；建设内河港口泊位160个，新增吞吐能力4 200万吨。初步形成“两横一纵两网”（长江干流、西江干流、京杭运河济宁至杭州段和长江三角洲江南航道网、珠江三角洲航道网）全线贯通的格局。

四、加快内河航运建设的方针、政策和措施

搞好内河航运建设，要从我国的具体国情出发，解放思想，勇于探索，发挥中央和地方两个积极性，采取切实可行的方针、政策和措施。

（一）坚定不移地贯彻落实“统筹规划，条块结合，分层负责，联合建设”的发展方针

“七五”、“八五”期间，我国公路建设遵循国务院领导同志提出的这一方针，有了好的体制、机制和政策，使公路建设进入了历史最好时期，取得了很大成绩。内河航运建设要借鉴公路建设的经验，贯彻落实好“统筹规划，条块结合，分层负责，联合建设”的方针。要坚持水资源综合利用原则，使内河航运建设与水资源综合开发利用和国民经济发展相协

调。要用系统工程的方法，把每条河流、每个水系、每个流域规划好，把航道、船闸、港口、船舶和相关的配套支持系统规划好。既要正确处理好中央与地方、地方与地方之间的关系，又要处理好航运与水利水电各方面开发建设的关系。要发挥中央和地方两个积极性，中央资金主要用于安排内河水运主通道，解决关系全局的重大项目，地区性航道和地方内河港口以地方为主进行建设，努力探索内河航运建设的好机制。

（二）扩大资金来源，加大内河航运建设的投资力度

开辟新的资金渠道，建立稳定的筹资来源，是我们近几年来研究探索内河航运建设的一个重点和难点。在国务院领导和有关部门的关心、支持下，有所进展，“九五”期间中央用于内河航运建设的主要资金来源：一是国家投资，争取投资有所增加。鉴于目前我国内河航运在各种运输方式中最为落后、历史欠账也最多的实际情况，建议国家在原有基础上增加预算内非经营基金和优惠贷款，用于内河航运建设。二是开辟新的投资来源。国家税制改革后，经国务院领导批准，自1996年起，车购费免交的预算调节基金、港口建设费和水路客货运附加费免交的能源交通重点建设基金、国家预算调节基金，不再返回原来的资金渠道，这部分资金由交通部统一安排用于内河航运基础设施和支持系统建设，作为加强薄弱环节和宏观调控的手段。初步考虑，“九五”期间这部分资金将主要用于支持内河航运主通道和主枢纽的基础设施及支持系统建设。中央这笔资金来之不易，是交通投资结构的内部调整，我们只有努力做好工作，用好这笔资金，尽快在投资效益上取得成果，用事实证明内河航运的优越性，才不辜负国务院对内河航运工作的重视和支持。三是利用外资。“八五”期间，我们已就使用世行贷款建设内河航运项目，作了一些开拓性的准备工作。“九五”期间，除了使用好世行贷款外，还拟再选择一些经济效益好、对国民经济和扩大开放作用大的项目，争取利用国际金融组织和政府间优惠贷款安排建设。四是进一步研究筹资政策，加快内河航运建设。

“九五”期间，除了中央筹集的资金外，还需要地方有足够的配套资金，这是当前“九五”计划能否落实的一个关键。内河航运建设要从单纯依靠国家投资，逐步走向投资主体多元化。为此，各地应在积极争取地方财政加大内河航运投资力度的同时，广开资金渠道，多方筹集资金。省、自治区、直辖市交通部门一定要收好、管好、用好各项规费和资金，还可以建立交通建设基金，由省交通部门集中管理，部分用于部、省合作的内河航运建设项目。

与此同时，要通过深化改革，调动各方面的积极性。一是按照“谁投资、谁建设、谁受益”的原则，继续鼓励企业在统一规划下，按国家有关规定建设专用码头和航道。二是在有条件的通航河流上，结合航道整治兴建航运梯级，请各地给予优惠政策，实行航电结合，以发电净收入用于航道整治。三是允许内河港口、航道建设投资者吹填造地，进行土地综合开发，收益用于内河航运建设。四是经批准允许成立“内河航运建设开发公司”，对内河航运建设项目进行筹资、经营管理、资产管理及负责偿还贷款。

（三）确保重点，集中力量建设内河水运主通道

内河航运建设任务艰巨，需要安排的建设项目很多，资金缺口相当大，不可能齐头并举，遍地开花。必须区分轻重缓急，统筹安排，远近结合，分期实施，才能奏效。要抓住几

个开发价值高的典型项目，争取在较短的时间里搞出经济效益显著的样板工程。

为此，我们考虑“九五”计划中央资金的安排，要在统一规划的前提下，优先安排经济发展急需、建设条件较好、效益显著的项目；优先安排前期工作完善、具备开工条件的项目；优先安排地方政府和人民群众积极性高、地方配套资金落实到位的项目。同时，支持对贫困地区、少数民族地区脱贫致富起重要作用的项目。在安排资金额度上，将采取和公路建设同样的办法，只对工程费用给予支持，并与概算脱钩，按技术等级、建设标准核定。同时要加强前期工作的管理，认真实行施工招标投标和监理、验收制度。

（四）依靠科技进步，研制和推广技术经济性能好的内河定型船舶

依靠科技进步是振兴我国内河航运事业的重要途径。要围绕内河航运发展的总体目标，积极进行技术开发和推广应用。重点是航道整治工程新材料、新工艺、新技术的推广应用，航道疏浚设备的开发；效率高、能耗低、技术经济性能好的内河船舶的开发和推广；内河码头新结构的研究及高效装卸设备的开发；长江三峡工程航运重大技术及内河航运安全保障技术的研究和应用等。当前要抓紧研究内河船舶技术政策，按航道等级标准和航区特点统一船型尺度，逐步实现内河船型标准化，这是挖掘内河航运潜力，减少内河交通事故的重要措施。要研制和推广技术经济性能好的内河定型船舶，更新老旧船舶。在主要内河运输干线，今后不再发展水泥船，对现有的水泥船和不符合标准船型的钢质船要逐步淘汰。对此，李鹏总理特别关心，一再指示我们加强船舶技术改造，推广符合航道等级标准的船型，提高内河船舶的运载能力。我们一定要认真抓好这项工作。

（五）正确处理好建设和管理的关系，提高对航道、港口、船闸、船舶和环境保护的管理水平

在抓好内河航运基础设施建设的同时，要搞好航道、港口、船闸、船舶的日常养护管理工作，这对发挥生产潜力、缓解运输紧张状况具有重要作用。在航道管理与养护工作中，必须认真贯彻“深化改革，依法治航，加强养护，科学管理，保障畅通”的方针，切实把现有的航道养好管好。要高度重视环保工作，采取措施，加强管理，防止或最大限度地减少船舶对水质的污染，保护好生态环境。

为适应水运事业的发展，要认真搞好水运管理体制改革。当前要切实抓好治理水上“三乱”的工作，坚决禁止乱设卡、乱收费、乱罚款。在国务院的重视和领导下，治理公路上的“三乱”已取得一定成效。现在水上“三乱”开始萌发，有的地方比较严重，我们要高度重视，抓紧治理。

（六）紧紧依靠各地政府的领导和支持，进一步制定和完善对内河航运建设的优惠政策

近几年来，我国交通建设之所以取得重大进展，是和各地政府的重视、支持分不开的。各地政府“八五”期间对内河航运建设的优惠政策，凡是符合实际、行之有效的，希望在“九五”期间继续坚持，并进一步完善。一是在内河航运建设征地、拆迁方面，希望尽量给予优惠，以便把有限的建设资金最大限度地直接用到工程上去；二是对内河航道、港口附近

的荒滩以及工程吹填造地，希望允许投资者综合开发土地资源，收益用于航道、港口基础设施建设；三是对综合利用水资源，解决碍航闸坝，进行装机发电以电养航等交通部门难以解决的一些矛盾，希望各级政府给予协调和帮助；四是对兄弟省、自治区、直辖市实行的优惠政策，希望结合本地情况加以适当移植，成为自己的新的优惠政策。各地交通部门要在当地人民政府的领导下，像重视公路建设一样，重视和加强内河航运建设，要多向政府汇报，争取政府支持、帮助，协调好与兄弟部门的关系。

同志们！这次全国内河航运建设工作会议是一次重要的会议，它标志着我国内河航运事业进入了一个新的发展阶段。我们要在邓小平同志建设有中国特色社会主义理论的指引下，在党中央、国务院领导下，以这次会议为新的起点，群策群力，奋发图强，为完成历史赋予我们这代人振兴内河航运事业的重任而努力奋斗！

实施科教兴交战略
推动交通事业持续发展

——黄镇东部长在全国交通科学技术大会上的讲话

（1995年11月1日）

同志们：

今年5月，党中央、国务院召开了全国科学技术大会，作出了《关于加速科学技术进步的决定》，向全党、全国人民发出了实施科教兴国战略的伟大号召。党的十四届五中全会通过的《中共中央关于制定国民经济和社会发展“九五”计划和2010年远景目标的建议》提出，把实施科教兴国战略，促进科技、教育与经济紧密结合，作为今后15年我国经济和社会发展必须贯彻的一条重要方针。坚持邓小平同志“科学技术是第一生产力”的思想，坚定不移地实施科教兴国战略，这是以江泽民同志为核心的党中央，在改革开放和社会主义现代化建设的新形势下，为确保我国现代化建设分三步走战略目标的顺利实现而作出的重大战略决策，具有重要的现实意义和深远的历史意义。

为了贯彻落实中央的战略方针，部党组决定召开全国交通科学技术大会。这次会议的主要任务是，回顾总结改革开放以来，全国交通系统依靠科技进步加快交通发展的实践和经验；坚持邓小平同志“科学技术是第一生产力”的思想，统一全系统实施科教兴交战略的认识；研究讨论《公路、水运交通科技发展“九五”计划和到2010年长期规划》；安排部署加快交通科技发展，深化交通科技体制改革，推进交通科技进步的各项工作任务；动员交通系统全体干部职工把交通发展转移到依靠科技进步和提高劳动者素质的轨道上来，加速实现交通运输现代化。现在，我代表党组讲几点意见。

一、交通科学技术工作的发展现状

改革开放以来，在党中央、国务院制定的一系列科技工作方针、政策的指引下，全国交通系统深化科技体制改革，依靠科技进步，使交通基础设施、运输生产和支持保障系统的面貌发生了深刻变化，一批较高水平的科技成果已经和正在转化为现实生产力，对推动我国公路、水运交通进入历史最好发展时期，作出了很大贡献。集中表现在以下3个方面。

（一）交通科技进步使公路、水运交通的技术水平和技术构成发生显著变化

近10年来，交通科技工作紧密结合运输生产、工程建设、技术改造和技术引进中的关键技术问题，通过软科学研究、科技攻关、工业性试验、重大装备开发、行业联合科技攻关、引进技术消化吸收、成果推广应用、国际科技合作与交流等多种形式，为交通事业发展提供了一批先进适用的成套技术和装备。由部、省组织鉴定的科技成果，这几年来年均达

500 项左右，近 10 年获交通部科技进步奖的有 629 项，其中获国家奖励的有 57 项。

在公路交通领域，交通科技工作面向高等级公路建设和道路运输的主战场，起到了促进和先导作用，取得了显著的效益。公路和桥梁 CAD 技术以及航测遥感技术的开发应用，改变了我国公路工程设计长期沿用人工测量、手工绘图的落后局面。经过系统研究和工程实践提出的半刚性基层沥青路面结构、各种形式的水泥混凝土路面结构，为高等级公路具有优良使用功能的路面提供了技术保证。高等级公路的安全设施，监控、收费、通信系统，在设计和施工技术上迈上了一个新的台阶。沥青路面与桥梁评价养护管理系统的推广应用，使传统的养护决策管理方法已从经验型向科学型转变。此外，自行开发并批量生产的施工装备和运输装备，部分满足了公路建设和道路运输的急需。

在水路交通领域，交通科技工作以解决内河航运建设、港口建设、运输方式改革、水上安全管理等关键技术为主攻方向，在一些方面取得了突破性进展。结合汉江、湘江、西江等内河航道的整治，开发应用了新技术、新材料和新结构，其中西江千吨级航道广东段整治工程，获 1995 年国家科技进步二等奖。长江口拦门沙航道演变规律和整治技术研究，为长江口深水航道工程前期工作提供了重要科学依据。为适应港口建设的需要，研究开发了真空预压加固软基处理等多项筑港技术，并研制成功了 1 600 吨/小时连续散货卸船机等多种大型高效装卸设备。先后开发并推广应用了 3.5 万吨级浅吃水肥大型运煤船、分节驳顶推船队运输方式、国际集装箱多式联运系统，取得了较大规模的经济效益，并分别获得了国家级的科技奖励。船舶运输控制系统的研制开发水平和能力，在国内已居领先地位；上海水上交通管制系统（一期工程）达到国外 90 年代先进水平，在保障船舶航行安全，提高港口和船舶的营运效率上起到了明显作用。

（二）交通行业科技进步的机制初步形成

交通科技工作认真贯彻“经济建设必须依靠科学技术，科学技术工作必须面向经济建设”的方针，逐步形成了全行业的科技进步机制。部和省厅两级交通主管部门“八五”期间实施的“集资投入、共同管理、协调计划、联合攻关”的行业联合科技攻关计划，已成为推进交通全行业科技进步工作的有效组织形式。各省、自治区、直辖市交通厅局，在当地人民政府领导下，普遍加强了科技管理工作，结合实际情况，认真组织科技攻关和推广应用具有显著经济效益和社会效益的成熟技术，创造了许多有效的经验和做法。与此同时，作为规范行业技术发展的技术监督工作得到了加强。到 1994 年底，已批准发布国家和交通行业标准共 658 项。交通计量和质量控制科研工作取得了较多成果，制定了一批重要的交通专业计量器具检定规程。船舶检验的规范基本上达到了门类齐全，为中国船检事业的发展起到了积极的促进作用。

交通系统大中型企业（集团）依靠技术进步，取得了明显的效益。许多大型港航企业已逐步建立计算机管理系统，采用了现代通讯手段，其中中国远洋运输（集团）总公司和沿海主要港口的现代化管理手段已居国内先进行列。上海海运（集团）公司、大连港务局等企业依靠科技进步和加强管理，有效地降低了耗能指标，提高了企业的经济效益，被评为全国节能先进企业。中国港湾建设总公司在承包澳门国际机场、中国公路桥梁建设总公司在承建黄石长江大桥工程中，都充分利用先进技术，保证了施工进度和质量。扬州客车厂通过大规模技术改造，已成为我国最大的客车制造企业。西安筑路机械厂通过引进、消化吸收国外先进技术，极大地提高了全厂的整体技术水平和技术构成。上海港口机械厂坚持技术创新，已被国家经贸委确定为抓斗装卸桥的国产化基地。

在推进交通科技进步工作中，专业科研机构、设计单位及高等院校的科研力量十分活跃，发挥了积极的作用。他们在面向经济建设主战场、发展高新技术及其产业、加强应用基础性研究3个层次上向前推进，呈现出良好的发展局面。

（三）交通科技体制改革逐步深入

中共中央《关于科学技术体制改革的决定》颁布以来，交通科研机构紧紧围绕科技与经济结合这个核心问题，以运行机制和管理制度改革为重点，通过推进技术成果商品化、发展技术市场和改革拨款制度，进行了有益的探索和实践，交通科技体制和运行机制已经发生了实质性的变化。大多数技术开发类型的交通科研机构主动面向经济发展，逐步走上按照市场机制运行、自主发展壮大的道路，来自市场的课题和经费收入逐年以较大幅度增长，占总收入的比例有些已达到80%以上。我部所属的上海船研所、公路科研所、重庆公路科研所和水运科研所等科研机构在这方面都取得了显著的效果。从1988年以来，上海船研所技术合同额平均每年以30%的速度增长，今年预计可达1.5亿元。社会公益性的科研机构也在拓宽业务领域和功能，形成自我积累、自我发展能力上迈出了有益的步伐。

在科研机构面向经济发展的同时，单位内部开始进行了适应性的结构调整和人员分流。研究开发、设计施工、生产经营一体化的实体在科研机构中起到了越来越重要的作用。在从事重大科技攻关和面向经济建设主战场的过程中，一支技术结构比较合理、门类基本齐全的交通科技队伍正在茁壮成长，并产生了一批学术和技术带头人，涌现出了曾威、窦国仁、梁应辰、刘济舟、沙庆林、包起帆等优秀科技人员和一批青年科技英才，此外，还培养成长了一批优秀的科技管理和经营管理人员。

在大力促进科技队伍进入经济主战场的同时，各级政府交通管理部门，着眼于科技和交通的长远发展，高度重视科研基础设施的发展和纵深配置。由部投入为主的具有国内先进水平的公路交通综合试验场、港口装备和工艺试验场、航海安全试验室、船舶运输控制系统国家工程研究中心等正在建设中，“九五”期间可以全面投入使用。许多地方交通部门的科研机构积极进行科研基础设施建设，科研条件和手段有了较大的改善。

在肯定成绩的同时，我们也必须清醒地看到，交通科技工作的现状还远远不能满足交通事业发展的需要，制约科技第一生产力解放和发展的问题仍很突出，主要表现在：一是在思想观念、体制、机制等方面，科技与交通发展的结合还不够紧密，科技成果的转化率和科技进步的贡献率都比较低；二是交通企业依靠科技进步的动力和实力不足，以粗放经营为主的经济增长方式还没有根本改观；三是科技投入未能与交通发展实现同步增长，与需求不相适应；四是科研机构综合实力还不够强，在组织结构调整、科技人员分流方面没有达到改革预期目的，内部运行机制也有待进一步完善，专业技术人才不足现象日趋严重，科技发展缺乏后劲。这些问题都直接影响和制约交通科技与交通事业的发展，迫切需要我们在新形势下采取有效措施，加以解决。

二、坚持科学技术是第一生产力的思想，坚定不移地实施科教兴交的战略

“科学技术是第一生产力”的思想，是邓小平同志关于科技工作一系列论述的精髓，是建设有中国特色社会主义理论的重要组成部分，是科教兴国战略的理论依据。现代科学技术的发展，使科学与生产的关系越来越密切了。科学技术作为第一生产力，越来越显示出巨大的作用。根据十年来对发达国家的发展情况分析，科技进步在经济增长中的贡献率占60%～70%以上，科学技术在这些国家的经济发展中起了主要作用。当今世界上国与国之间综合国力的竞争，说到底是科技与经济实力的竞争，而经济实力又取决于科技和人才发展的水平。

党中央、国务院提出的科教兴国战略，是全面落实科学技术是第一生产力思想的伟大战略决策。从交通系统的实际情况看，实施科教兴国战略是非常必要的。作为传统产业的公路、水运交通，由于历史的原因，目前仍处于大规模的基础设施建设时期，其产业结构不合理、技术水平落后、劳动生产率低等问题与发展目标的矛盾日益突出。如不及时将目前高投入、高消耗、低效益和低效率的粗放型发展模式，转入依靠科技进步和提高劳动者素质的轨道上来，提高交通发展的质量和效益，不仅要为当前的发展付出高昂的代价，而且会使公路、水运交通逐步失去可持续发展的能力和潜力。实施科教兴国战略，加速发展和应用高新技术，改造公路、水运交通传统产业，使其转向充分依靠科技进步和加强科学管理的内涵发展方式已成为当务之急。当前，国际范围内的交通运输结构和生产方式正在酝酿和发生着重大变革，科技和经济实力已经成为决定交通运输企业参与国内、国际市场竞争和发展的主导因素。如不抓住机遇迎头赶上，我国与经济发达国家在交通领域的差距将越来越大，竞争能力将更加减弱，交通现代化的路程将更加漫长。因此，在以新的姿态迈向21世纪的进程中，部党组从公路、水运交通发展面临的形势和实际情况出发，以实施科教兴国战略为指针，决定在全国交通系统实施科教兴交的战略。

科教兴交，是指在交通系统全面落实“科学技术是第一生产力”的思想，坚持教育为本，把科技和教育摆在交通发展的重要位置，增强交通系统的科技实力和向现实生产力转化的能力，提高交通职工队伍的科技文化素质，切实把交通发展转移到依靠科技进步和提高劳动者素质的轨道上来，推动交通事业持续发展，加速实现交通运输现代化。

实施科教兴交战略，科技、教育部门责任重大，但仅仅依靠科技、教育部门是远远不够的。科教兴交涉及到交通系统各个领域，是全系统方方面面的共同任务。我们要增强科教兴交的历史紧迫感和责任感，在体制、机制及观念等方面克服阻碍科教兴交的不利因素，自觉地投身到科教兴国、科教兴交的伟大事业中去，扎扎实实做好各项工作，使科教兴交的战略落到实处。

三、努力实现科技与交通发展的紧密结合

实施科教兴交战略，要努力实现科技与交通发展的紧密结合。部制定的《公路、水运

交通科技发展“九五”计划和到2010年长期规划》，提出了“九五”和到2010年科技发展的总体目标。即：围绕国道主干线、水运主通道、港站主枢纽和支持保障系统的建设，并为提高运输生产效率、效益和安全保障，研究开发和应用先进适用的成套技术，发展和应用面向交通行业的电子信息及通信技术、自动控制技术和新材料技术等高新技术，大力发展高速、重载的交通运输装备，使交通全行业的技术水平和技术构成有一个较大幅度的提高和新的突破，形成快速、准时、经济、便利、安全、优质的水上、陆上客货运输体系；建立适应社会主义市场经济发展，符合科技自身发展规律，科技与交通运输生产和建设密切结合的新型交通科技体制。到2000年，科技进步对交通增长的贡献率在现有基础上提高到50%左右，劳动生产率较20世纪80年代有较大幅度提高，交通科学技术的水平接近发达国家90年代初水平；到2010年，科技进步贡献率力争再增加10～15个百分点，交通科学技术的水平达到21世纪初的国际水平。这一总体目标体现了各项科技工作和科技活动，紧紧围绕交通建设和运输生产中关系全局的重大问题，提供关键技术保障的思路；体现了加速依靠科技进步，大幅度提高公路、水运交通增长的质量和效益的要求；体现了加快建立现代化交通研究开发体系，贯彻“稳住一头、放开一片”的方针；体现了“目标明确、适应市场、重点突破、协调发展、加速转化、重在应用”的原则。我们一定要采取切实有效的措施，保证这一总体目标的顺利实现。

（一）针对重大技术问题，组织力量进行攻关

坚持有限目标、突出重点，“有所为、有所不为，有所赶、有所不赶”的原则，对公路、水运交通发展具有重大影响的，带有方向性、综合性的科学技术问题，包括国道主干线系统建设和管理技术、沿海和长江“T”形主通道建设和管理技术两个方面15个重大和关键技术问题，集中组织力量攻关，以期取得突破性进展。其中，国际集装箱运输电子信息传输和运作系统（EDI）及示范工程、集装箱港口技术装备开发研制和船舶运输控制系统已分别获得国家批准立项，我们一定要花大力气，认真组织实施好。对其他项目要继续争取列入国家“九五”期各类重点科技项目计划或列入部重点科技项目计划。还要积极开展软科学研究，更好地为交通改革与发展服务，为领导决策提供科学依据。要进一步推进行业联合科技攻关，开发既具有地方特色又体现行业共性的先进适用技术群体。要根据近期目标和长远目标相结合的原则，在智能公路运输系统开发、内河航道质量的提高、运输技术装备结构优化和综合运输管理现代化等方面，作必要的研究试验工作，为21世纪初的公路、水运交通发展做好技术准备。

（二）大力加强科技成果的推广应用和产业化工作

科技与经济结合的中心环节是科技成果转化为生产力，加速科技成果商品化、产业化进程。到2000年，交通科技成果的应用率要达到80%左右，推广率达到40%～50%，转化率达到20%～30%；到2010年，交通科技成果的推广率和转化率应较“九五”期再提高10～15个百分点。要特别注意提高科技成果的配套性、成熟性、综合性和实用性，充分发挥市场机制的作用。要通过制订宏观战略、政策，指导科技成果转化，建立科技成果转化的机制，运用一定的行政手段组织和促进科技成果的推广应用，并把是否应用最新科技成果作为

工程项目评优的重要条件之一。“九五”期间，部要根据符合产业政策和技术发展方向，技术先进适用、应用量大面广、经济效益和社会效益明显的选择原则，继续完善和发展示范性推广和推荐性推广两种政府主导型的推广应用工作。在推广应用科技成果过程中注意发挥科学技术在交通扶贫工作中的作用。同时还要加强交通科技成果资料的出版发行工作，使科技成果能更广泛、更迅速地被广大职工了解和应用。

在把握高技术发展趋势，重点开发和应用面向公路、水运交通行业需要的高技术的基础上，要强化其成果产业化工作，积极应用高新技术改造传统产业，使整个交通行业的技术水平和技术构成有一个较大幅度的提高和突破。部计划在“九五”期间，建立船舶运输控制系统、智能公路运输系统和港口工艺系统等3个高新技术工程研究中心和相应的产业化基地，并要创造条件，大力支持一批科技成果的产业化工作。

（三）积极促进技术市场和信息市场的发展

在社会主义市场经济体制下，各种生产要素均将进入市场，参与竞争。同样，科技成果作为一种技术商品，也将进入市场。实现科技与交通发展的紧密结合，要搞活技术市场主体，放开技术市场要素，拓宽技术市场范围，扩大技术市场功能。要调动和鼓励科研院所、高等院校、大中型企业等市场主体进入市场，开展各种形式的技术贸易活动和具有高技术含量的服务贸易；鼓励各种技术中介组织面向行业开展技术咨询、经纪、信息、知识产权、资产评估等服务。要促进科技计划管理与技术市场接轨，进一步把市场机制引入各类科技发展计划，使市场需求成为计划项目的重要来源，使计划项目成果能通过市场源源不断地进入生产领域，得以广泛应用和推广。要根据“逐步建立现代化的信息网络，加快国民经济信息化进程”的要求，充分利用现代化通信和计算机技术，形成交通行业的技术交流、交易网络，逐步连接被称为信息高速公路雏形的国际互联信息网，最终建成交通科技信息网，开展交通技术交易的电子数据交换，实现科技信息共享和交流、交易的现代化。对现有的交通科技信息（情报）机构和组织，要通过深化改革，在运行机制上进一步适应社会主义市场经济发展的需要。

（四）扩大对外开放，广泛开展国际科技合作与交流

坚持平等互利、成果共享、尊重国际惯例的原则，积极推进国际科技合作与交流，应当成为促进交通科技发展的一项长期的基本政策。在做好调查研究的基础上，大力推进和完善政府间科技合作，努力扩展民间科技合作的领域和规模。根据交通发展和交通科技重点攻关任务的需要，有目标、有计划地与国外科技机构和国际组织开展合作研究、合作开发、合作设计、合作生产和科技信息服务。要特别注意自主研究开发与引进国外先进技术的结合问题，在学习、引进国外先进技术的同时，坚持不懈地着力提高自主研究开发和自主创新能力。要鼓励高新技术企业和有实力的科研单位到国外开展技术贸易和技术承包，参与国际竞争。要继续为科技人员参加国际学术活动、进行学术访问、对等交流和客座研究创造条件。

四、加快深化交通科技体制改革的步伐

实施科教兴交战略，必须深化科技体制改革，继续推动科技力量以多种方式进入经济、

长入经济，以改革促进交通科技进步总体目标的实现。深化科技体制改革的基本方针是“稳住一头，放开一片”，改革的重点是调整科技系统的组织结构、合理分流科技人才。到本世纪末，要初步建立适应社会主义市场经济体制和符合科技自身发展规律，有助于科技与经济紧密结合的新型交通科技体制。

（一）推进大中型企业（集团）的技术进步工作

交通企业特别是国有大中型企业（集团）是交通建设和运输生产的重要支柱，处于行业排头兵的地位。交通企业只有逐步成为技术开发和成果转化的主体力量，加强企业的科学管理，实现降低能源和原材料消耗，提供快速、准时、经济、便利、安全、优质运输服务，提高产品的市场竞争能力，才能在社会主义市场经济条件下取得真正的发展地位。

交通企业目前确实存在着不少困难，特别是资金和人才缺乏已成为交通企业推进技术进步的主要障碍。我们要坚定不移地把促进企业技术进步作为建立现代企业制度的重要内容和搞好国有大中型企业的关键环节。推动企业技术进步要从深化企业改革入手，转换企业经营机制，强化企业管理，这是推动企业技术进步的必要前提。要在深化经济体制改革中，增强交通企业依靠科技进步的活力和动力。交通企业要正确贯彻“引进、消化、开发、创新”的方针，在广泛吸纳国内研究开发成果和国外先进技术的基础上，紧紧围绕交通发展和市场需求，不断开发新产品、新技术、新工艺和新材料，加快技术改造步伐，充分发挥高新技术在交通企业技术改造中的作用。各类交通企业的技术发展要形成合理的层次，有不同的技术进步要求。要努力发展技术创新体系，逐步建立和完善技术开发机构，真正做到机构落实、经费落实、任务落实，并充分发挥其在技术开发、成果转化中的作用。有条件的大型企业和企业集团，可以按照国家经贸委的要求，积极建立企业技术中心。要加强企业与科研机构、高等院校的联合与合作，通过“产学研”一体化的形式，促进企业的技术进步工作。继续推动企业采取有效措施，大力开展群众性的技术革新和合理化建议活动，进一步加强技术培训工作，不断提高企业职工的技术素质，建设一支适应社会主义市场经济要求的、高素质的、跨世纪的劳动者队伍。

加强推进企业技术进步工作的指导，在大中型企业中逐步开展科技进步贡献率的统计分析工作，制定和完善企业技术进步的考核办法和指标体系，加强对企业技术进步工作的检查和监督。

（二）加速建立现代化的研究开发体系，逐步形成交通系统科研力量的合理配置

现代化研究开发体系是新型科技体制的组织基础。要按照“稳住一头，放开一片”的方针，调整科研机构，分流人才。无论是从科技自身发展的需要看，还是从为交通发展服务的需要看，都必须稳住少数重点科研院所和一支精干的、高水平的科技队伍，从事交通应用基础研究、高技术研究、重大科技攻关、重大工程建设前期技术开发工作、社会公益性研究以及信息、标准化和质量检测等方面工作。国家科委要求在“九五”期间基本完成独立科研机构的结构性调整工作，要建设一批国家重点科研机构，包括基础研究、高技术研究基地和行业性研究开发中心、区域性研究开发中心，形成一支约10万人的“攀高峰”队伍。国

家通过宏观调控，对重点科研机构将实施相关科技计划并提供必要的经费支持。部党组根据部属科研机构的实际情况，决定在进一步完善部属技术开发类型科研单位内部运行机制的基础上，对部公路科研所、重庆公路科研所、部水运科研所、南京水利科学研究院、天津水运工程科研所以及上海船研所等科研机构，进行优化组合，形成公路、水运工程、船舶运输3个行业性的科研中心，并建设相应的工程研究中心和产业化基地。这3个科研中心将成为行业科学研究和技术开发的主力军，主要开展公路、水运交通带有长远性、关键性、全局性和综合性的重大应用研究和技术开发工作，成为科技成果转化和科技人才培养的重要基地。3个科研中心的建设是“九五”期间，部在交通支持保障系统十大工程建设中的重要组成。各地也要根据实际情况，相对集中力量，重点建设区域性交通研究开发中心，充分发挥地方资源特色和优势。

交通系统大部分科技力量是从事技术开发和技术服务活动的，这支科技力量直接进入市场，按市场机制为经济建设服务，是实现科技经济一体化的必由之路。要鼓励、引导、推动大部分技术开发机构及其科技人员，以多种形式进入企业和市场，走自负盈亏、自主发展的企业化经营的道路。其中具有技术开发和创新能力的科研机构，可以直接进入大中型企业或企业集团，成为企业技术开发中心，或整建制转化为从事高新技术产品研制和生产经营活动的科技企业法人。社会公益型科研机构，也要逐步优化组织结构和专业结构，建立“开放、流动、竞争、协作”的运行机制，不断增强自我积累、自我发展能力，逐步完善具有生机和活力的发展机制。科技系统结构调整、人才分流涉及面广，政策性强，操作难度大，要积极稳妥地推进。各级领导干部与科技工作者要进一步解放思想，更新观念，同心协力做好这项工作。

交通系统的高等院校也是科技系统一个重要组成部分和有生力量。与我国交通教育事业发展相适应，高等院校的科学研究也有了较快的发展，取得了一些好的科研成果。今后，应在主要做好人才培养的同时，注意发挥人才和设备优势，正确处理和协调教学与科研的关系，积极开展应用基础研究和技术开发，力争在行业科技进步工作中发挥更大的作用。

总之，我们要充分发挥部属科研单位、高等院校、地方交通部门、设计单位和交通企事业单位5个方面科技力量的作用，形成交通系统各类科研力量合理配置、科学分工、优势互补、有机结合的科技进步体系。

（三）政府交通主管部门要进一步转变职能，加强科技宏观管理

深化科技体制改革要理顺关系，改变科技工作多头管理，力量分散的状况，建立适应社会主义市场经济体制的宏观科技管理体系。各级交通科技管理部门要转变职能，加强宏观调控，强化间接管理和协调、服务职能。在组织实施好发展战略和重大科技问题研究开发，推进科技成果转化为现实生产力的同时，要加强研究开发工作与工程规范、标准制订的衔接配合。继续抓好交通标准化、计量与质量以及船舶检验等技术监督工作。交通标准化工作要以客货运输、安全、服务质量、节能、环境保护和运输基础标准为重点，积极开展对我国将产生重大影响的国际标准的宣贯与推广工作。要加强对专用计量器具依法实施管理与监督，进一步开展质量监督检验、检测和认证工作。要重视法制建设，认真贯彻落实《科技进步法》及与之相配套的法规、规章。要继续抓好有关知识产权保护的工作，宣传和组织学习好国家

有关知识产权法律，并结合交通行业特点，解决好科技成果的产权归属分享问题，在专利、技术纠纷、著作权、反对不正当竞争等方面，支持保障知识产权人的合法权益。

五、为加速科技进步创造良好环境和条件

为加速交通科技进步，在创造良好环境和条件方面，我们还须做好以下3项工作。

（一）进一步加强对科技工作的领导

科教兴国、科教兴交，关键在领导。江泽民同志在全国科学技术大会的讲话中指出，“党的领导是实施科教兴国战略的政治保证。抓好科技进步的关键在于各级党委和政府。”交通系统各级领导干部要高度重视科技进步工作，在实际工作中，党政一把手要亲自抓第一生产力，从思想和行动上确保科教兴交战略落到实处。这里，对交通系统各级领导干部提出四点具体要求。一是要深入学习邓小平同志建设有中国特色社会主义理论，牢固树立“科学技术是第一生产力”的思想，强化科技教育意识，带头学好科技知识。面临日新月异的科技发展，只有不断提高科技素质，才能提高决策水平和领导能力。二是要进一步摆正“第一生产力”的位置，真正把科技和教育工作列入重要议事日程上来，从战略全局出发组织协调好本地区、本部门的科技进步工作，并且亲自抓好一些关键科技项目，坚决克服把发展科学技术看成是见效慢的软任务，在实际工作中将它放在次要位置的倾向。三是要认真组织和推动科技成果的应用和转化，科学技术只有通过向现实生产力的转化才能真正形成第一生产力，一定要为有利于科技成果转化积极创造环境和条件。四是每年要专题研究科教工作，采取切实可行的措施，解决科教工作中的实际问题，对落实各项科技政策、措施的情况进行监督检查，多做一些实事。

（二）多渠道、多层次地增加交通科技投入

科技投入是科技事业发展的支撑条件和实施科教兴交战略的基本保证。按照到2000年全社会研究开发经费占国内生产总值的比例达到1.5%的总体要求，要建立多层次、多元化的交通科技投入体系，努力增加科技投入。国家财政支出中用于科技活动的经费是我部科技资金的主要来源，要继续争取国家有关部门加大对交通科技发展的各项经费支持。部还要根据实际财力，尽量设法提高自身的科技投入量。为支持交通科学技术的发展，部每年都投入了一定的科技发展专项资金。部已决定，在“九五”期间每年的投入量要比“八五”期增加一倍左右，主要用于支持软科学和技术政策研究、科研成果的推广应用、成果奖励、科技信息交流、行业标准的制定和修订工作以及少量重点研究开发项目等。此外，为提高高等院校教师的教学能力和水平，在部设立的交通教育发展专项资金中，适当安排科研项目资助资金。

大部分省、自治区、直辖市交通厅局已建立了科技发展专项资金，但额度一般偏小。我们希望各地制定切实可行的增加科技投入的量化指标和保障措施，努力建立和加大科技发展专项资金。专项资金的来源，一是可从掌握使用的专项经费中按一定比例提取；二是每年在基建拨款中安排一定数量的专项资金用于重点科研基地和重大科技工程的建设，并在重点建设项目经费中划出一定数量的资金，用于解决相应的科技问题。“九五”期间，部将继续与

各省厅采取行业联合科技攻关的形式，充分发挥部和各省厅两级交通主管部门的积极性，达到“增加投入，结合经济，减少重复，提高水平”的目的。

交通大中型企业（集团）要努力增加科技投入，用于企业的技术开发、新技术推广和必要的技术基础工作。要认真执行《企业财务通则》和《企业会计准则》允许企业的研究开发费用在税前列支的规定，并与技术引进、技术改造经费相配套，拿出一定数量的资金用于技术创新工作。

要继续鼓励和引导研究与开发类科研机构以多种形式进入经济建设的主战场，发展新型的科研生产经营实体，努力开拓技术市场，发展高新技术产业，通过积极组织创收、自我积累、吸收社会资金等方式增加科技投入。同时，要提取一定比例的研究开发费用，用于技术储备和后劲发展的研究工作。社会公益性科研机构的经费来源要继续保持多元化特征，使自我投入的能力起到辅助和补充的作用。重点高等学校、设计单位和有关事业单位也应从单位发展基金中提取一定数量的资金，用于支持科技发展活动。

在重大科技项目、科技工程和高新技术产业化工作中，要尽量拓宽科技金融资金渠道，充分利用科技贷款的资源，使其逐步成为科技投入的一个有效渠道。

在增加科技投入的同时，要特别注意加强科技经费的管理，提高经费的使用效益。对科技资金要做到专款专用，合理配置其使用范围，完善预算管理体制和财务管理方式，加强财务制度建设和财务监督检查，进一步提高资金使用效益。

（三）加速交通系统专业技术干部队伍建设

加速科技进步，人才是基础。实施科教兴交战略，要求我们坚持教育为本，采取切实有效的措施，加速建设一支知识结构、层次结构和年龄结构合理的专业技术干部队伍，培养和造就年轻一代德才兼备的学术、技术带头人，全面提高科技人员的素质。到2000年，基本改变高级专业技术人员年龄老化，中青年骨干人才不足，新一代学术和技术带头人缺乏的状况；2010年完成科技人才的代际转移，形成合理的梯队布局。各级交通部门、交通企事业单位都要以交通事业发展对人才需求为依据，制定相应的计划和规划，保证交通系统跨世纪专业技术人才的培养工作有目标、有计划地进行。要积极创造条件，大胆起用青年专业技术人员在重点科研、重点工程和重点运输生产任务中承担主要责任，使拔尖人才在实际工作锻炼中百炼成钢。部党组决定设立“交通部跨世纪优秀专业技术人才培养专项经费”，用于资助具有发展潜力的青年专业技术人员独立进行重要的专业技术工作，奖励为交通运输事业发展做出突出贡献的优秀青年专业技术人员。要在政治上多关心青年专业技术人员的成长，帮助他们树立正确的世界观和人生观，大力弘扬爱国精神、求实创新精神、拼搏奉献精神、团结协作精神，以此作为科技界精神文明建设的重要内容。要建立老中青传帮带制度，充分发挥中老年专家、学者在发现人才、培养人才工作中的作用。要按照全国交通成人和职业技术教育工作会议精神，大力发展交通成人教育和职业技术教育，提高广大交通职工的科学文化素质。同时，要认真贯彻落实《中共中央、国务院关于加强科学技术普及工作的若干意见》，多渠道、多方式在交通系统职工中普及科技知识、科学思想和科学方法。

要提倡尊重知识、尊重人才，创造人尽其才、人才辈出的社会环境，切实改善科技人员的工作、学习和生活条件。希望各单位的领导在这些方面多做些实事。部党组决定把努力解决科研单位科技人员住房困难问题和加快科研条件建设，作为当前要办的两件实事抓紧、抓好。部拟结合“九五”科研基础设施计划，实施部属科研单位的“康居工程”，力争到2000年，部属科研单位职工住房情况有明显改善，使目前的人均拥有建筑面积增加一倍。有重点地进一步加快科研条件建设，加大3个科研中心重点试验室的建设力度，加强工程研究中心和高新技术产业化基地建设，进一步加快试验仪器设备的配套和更新。

同志们！实施科教兴国、科教兴交的战略，是实现公路、水运交通发展目标的重大战略措施，是交通系统全体干部职工的一项历史性任务。我们要在党中央、国务院的领导下，在《中共中央、国务院关于加速科学技术进步的决定》和全国科学技术大会精神的鼓舞下，以这次交通科学技术大会为新的起点，发扬勇于探索、真抓实干、顽强拼搏的传统，为促进交通科学技术新的解放和大的发展，为加速实现交通运输现代化，作出新的更大的贡献！

坚定信心　扎实工作
搞好国有大中型交通企业

——黄镇东部长在交通部搞好国有大中型企业座谈会上的讲话

（1997年8月6日）

同志们：

今天，我们请部属和双重领导国有大中型交通企业的主要负责同志来开座谈会，专题研究搞好部属和双重领导大中型交通企业的问题。国务院领导很重视，吴邦国副总理在我部关于搞好国有大中型交通企业的报告上作了重要批示，指出会议的重点要放在转变观念练内功上，并强调市场经济条件下，企业最终要靠自身的竞争力，而不是政府的保护。邦国副总理的批示为我们开好这次会议指明了方向。所以，我们座谈会的主要目的是：认真贯彻党中央、国务院关于搞好国有企业的指示精神，回顾总结近年来交通部直属和双重领导交通企业的改革与发展情况，分析面临的困难和问题，交流搞好企业的经验，进一步统一思想，明确任务，研究措施，坚定信心，使国有大中型交通企业通过深化改革和加强管理，更好地走向市场，增强活力，提高效益，壮大实力，为国民经济持续、快速、健康发展作出更大的贡献。

一、部属及双重领导国有大中型交通企业的基本情况

到1996年末，部属和双重领导企业共有75家，拥有资产总额1 823.6亿元，净资产额718亿元，在职职工57.6万人。其中，部直属企业38家，拥有资产总额1 299.3亿元，净资产额462.9亿元，在职职工31.79万人（不包括招商局境内外资产和人员）；沿海和长江双重领导港口企业37家，拥有资产总额524.3亿元，净资产额255亿元，在职职工25.6万人。

党的十一届三中全会以来，国有大中型交通企业的改革与发展沿着政企分开、简政放权、所有权和经营权分离、转换经营机制的思路，进行了不断的探索和实践。对港口来说，还有管理体制改革。特别是十四大以来，国有大中型交通企业按照建立社会主义市场经济体制和建立现代企业制度的要求，以市场为导向，进一步深化改革，努力转变经济增长方式，取得了一定成绩。

（一）国有大中型交通企业稳步发展

——资产规模扩大。近年来，各企业普遍加大了主业投入，大力发展多种经营，经济实力不断发展壮大。1996年末与1993年末相比，75家部属和双重领导国有大中型交通企业的资产总额和净资产额分别增加1 061亿元和394亿元，年均增长33.71%和30.43%。其中，航运企业分别增加387.2亿元和144.8亿元，沿海及内河港口企业分别增加238.6亿元和

121.9 亿元，施工企业分别增加 102.5 亿元和 18.3 亿元，工业企业分别增加 10.8 亿元和 1.1 亿元。

——生产能力增加。1996 年，航运企业共拥有运输船舶 3 769 艘，2 276 万载重吨，比 1993 年末增加了 69 万载重吨，水上社会总运力的 2/5 集中在国有大中型航运企业；施工企业拥有施工设备 22 365 台，比 1993 年增加 3 110 台，水运施工企业和公路施工企业年生产能力分别达到了 135.06 亿元和 86.35 亿元，比 1993 年增长 40.5% 和 76.9%；工业企业拥有固定资产合计 5.8 亿元，完成年工业增加值 1.7 亿元，比 1993 年有较大幅度增加。“八五”期间，沿海港口增建、扩建生产泊位 92 个，年增吞吐能力 1.1 亿多吨；内河港口增加生产泊位 47 个，年增吞吐能力 1 600 多万吨。

——完成生产量增多。1996 年，航运企业完成货运量 3.3 亿吨、货物周转量 14 764 亿吨公里，分别比 1993 年增加 7.5% 和 21.6%；沿海及长江主要港口共完成货物吞吐量 8 亿多吨，比 1993 年增长 13.3%；施工企业完成施工产值 117 亿元，比 1993 年增长 134%，其中，水运施工企业产值由 1993 年 38 亿元增长到 1996 年的 70 多亿元，增长近 2 倍，公路施工企业产值由 1993 年 31 亿元增长到 1996 年的 47 亿元，增长 51.6%；工业企业完成工业产值 6.4 亿元，比 1993 年增长 52%。

——为国民经济和社会发展作出了重大贡献，保证了国家重点物资和战略物资运输任务。如 1995 年，中远（集团）总公司服从国家大局的需要，紧急调配运力，运输进口粮食 1 200 万吨，占当年国家进口粮食的 70%，为国家多支出了约 1 800 万美元的费用。沿海和长江航运的重点物资和外贸进出口货物运输，国有交通航运企业和港口仍然是主力军。

（二）国有大中型交通企业改革不断深入

——转换企业经营机制力度加大。改革初期部里主要抓了实行政企分开，转机建制，制定了《全民所有制交通企业转换经营机制实施办法》，提出了《关于认真贯彻执行〈全民所有制工业企业转换经营机制条例〉的意见》，将属于企业的经营自主权还权于企业，使国有大中型交通企业逐步成为自主经营、自负盈亏的法人实体，为建立现代企业制度打下了较好基础。

——建立现代企业制度试点工作取得初步成效。部成立了建立现代企业制度工作领导小组，选定了 9 家交通企业作为部的试点单位进行试点。广州海运（集团）公司被列入国务院百家建立现代企业制度试点企业。中远（集团）总公司、长航（集团）总公司、营口港、一航局和三航局都已有试点方案，待批复实施。在股份制试点方面，国有大中型交通企业迈出了坚实的步伐。已有广州海运（集团）公司控股的海南海盛船务实业股份有限公司、上海海运（集团）公司控股的上海海兴轮船股份有限公司、天津港务局控股的津港储运股份有限公司、中港总公司控股的上海港机股份有限公司、长航（集团）总公司控股的南京水运实业股份有限公司等 5 家上市公司，在股市上有比较好的表现。

——企业组织结构调整步伐加快。按照“抓大放小”的要求，部重点抓了中远、长航、中海、中港、路桥 5 大集团的组建和资产重组工作。其中，中远、长航、中海、中港已被国家列入 120 家试点企业集团名单。各企业也都根据转变经济增长方式的要求，按照规模经营、集约经营的要求和市场变化，结合实际情况，制订了企业内部组织结构调整方案，向专业化经营管理方向发展。例如，长航集团今年调整了武汉、芜湖、上海3个子公司的经营结构，成立了武汉客运有限公司和上海集装箱运输综合发展有限公司，在发挥整体资源优势和培育新的经济增长点方面迈出了一大步。中远集团的企业内部结构调整也在统一思想认识的基础上，拟定了方案，准备组织实施。

——企业管理工作得到加强。部制定了《关于深化改革和加强企业管理工作的意见》，广泛开展了“转机制、抓管理、练内功、增效益”和“外学邯钢，内学青岛港”活动，建立了企业内部管理体系，加强了企业班组建设和生产现场管理，推行了ISO9000质量管理标准，完成了企业清产核资工作，促进了交通企业管理水平的提高。

——扭亏增盈工作取得明显进展。1996年9月，部召开了扭亏增盈工作座谈会，提出了企业扭亏增盈的措施，把扭亏增盈作为考核企业负责人业绩的重要内容。几个亏损企业加大工作力度，一级抓一级，层层抓落实，取得了较好效果。

——企业的配套改革稳步推进。以分配、劳动和社会保障制度改革为重点，完善了港航运输企业、工业企业工效挂钩办法和施工企业百元产值工资含量办法，推行了劳动合同制度，实行了部直属企业基本养老保险系统统筹。许多企业从本企业情况出发，改革了分配制度、用工制度，部分富余人员已从岗位中分离出来。

（三）国有大中型交通企业面临的困难和问题

国有大中型交通企业虽然有成绩、有发展，但目前面临的困难和问题还不少。突出表现在以下3个方面。

第一，经济效益不高。近年来，相当数量的国有大中型交通企业的效益徘徊不前，有的企业效益下降过快甚至亏损。6家航运企业1996年的总资产额、净资产额比1993年增长了78%和92%，而实现利润却比1993年下降了77%，净资产收益率仅为0.27%，是1993年的1/24。38家港口1996年的总资产额、净资产额分别比1993年增长了68%和71%，实现利润比1993年下降了46%；净资产收益率只有2.54%，与1993年相比每年平均递减35%。长江港口已连续3年亏损，沿海港口中连云港也出现了亏损。航运企业1996年亏损的有大连、上海两家海运公司和黑龙江航运管理局。两家施工企业集团虽没有亏损企业，但盈利水平很低，净资产收益率只有1.46%，比1993年下降了49%，产值利润率也逐年下降。几家工业企业情况稍好，净资产收益率为7.94%，比1993年也下降了33%。

第二，市场占有率下降。即使在近几年国家加强宏观调控、实行适度从紧的财政货币政策的条件下，运输量和工程量每年还都有一定幅度的增长，但是部属及双重领导企业在交通运输和建设市场中所占份额却下降了。1996年，中远、长航、中海3家航运集团企业的客运量和旅客周转量、货运量和货物周转量在全社会水路运输中的比重分别比1993年下降3.4%和5%、11.8%和5.4%，其中沿海下水煤炭运量占有率已由过去的75%下降到50%，金属矿石等在大宗货物运量也大幅度下降。公路、水运施工企业市场占有率呈缩小趋势，其中水运施工企业在水运施工市场上的占有率连续3年递减，1994年为59.49%，1996年为54.73%。

第三，发展后劲不足。一是设备设施老化。国有大中型交通企业在计划经济体制下配套购置的大批设备设施，大多超龄服役，落后低效。远洋运输企业的老旧和超龄船舶占总载重吨位的比例达到38.7%，沿海运输企业高达56.8%，内河运输企业达18.5%。公路施工企业的技术装备水平不仅与国外同类企业相比有较大差距，就是与地方交通部门和其他行业的施工企业相比差距也比较大。公路施工企业的设备新度系数只有0.499，水运施工企业的设备新度系数只有0.51，港口企业的技术装备水平也较低。二是企业负债率较高。平均负责率已超过65%，有的甚至超过100%。其中，航运企业负债率为65.5%（其中，中远为68.06%，中海为61.08%，内河航运企业为64.89%），沿海及长江双重领导港口为49.87%（其中，秦皇岛港为37.58%，沿海港口为49.62%，长江港口为64.23%），施工企业负债率为72.96%（其中，水运施工企业为70.30%，公路施工企业为77.70%），工业企业负债率为63.38%。三是科技含量低。企业科研能力弱，技术水平和科技对企业效益增长的贡献率都比较低。

造成这些困难和问题的原因是多方面的，主要是：

1. 宏观调控不力，市场竞争不规范。一是适应社会主义市场经济体制的宏观调控体系尚未建立，盲目投资、重复建设港口、船队的问题未能得到及时有效的制止和纠正。二是交通法制不健全。《港口法》、《水运法》等龙头法尚未出台，使交通企业在参与市场竞争中，缺乏必要的法律保障。三是交通运输市场和建设市场发育不良，管理措施和力度不够，市场中的垄断封锁、条块分割、非法经营加重了国有企业经营困难。企业间的不正当竞争导致利润转移，比如1996年4家航务工程局中标价49.6亿元，和标底相差6.1亿元；公路施工企业中标价和标底相差16.6亿元。四是价格体系不合理。近年来，企业成本中的财务费用、燃料、原材料等价格上涨过快，交通企业的不可控成本开支逐年增加，而许多交通企业的产品和运输服务价格未能及时调整，直接影响了企业营运收入和经济效益。

2. 企业社会负担沉重。一是富余人员过多。据初步统计，在57万职工中，就有离退休职工12.1万人，离退休职工与在职职工比为1∶4.7，富余人员3.8万人，占在职职工的6.7%。离退休人员的生活、医疗、福利等支出很大，而富余人员一时又难以分流安置。二是正常的资本金注入机制尚未建立，企业之间相互拖欠的问题至今未能得到很好解决，企业资金严重紧张问题一直没有得到缓解。三是社会负担过重，企业办社会等不合理负担尚未消除，各种摊派屡禁不止。

3. 思想观念不适应。随着社会主义市场经济体制的逐步建立，市场机制开始发挥作用，外部环境发生了很大的变化，但是不少企业的经营观念转变迟缓，滞后于改革和经济形势的发展。依然存在着“经营靠计划、发展靠政府”的思想，缺乏走向市场、适应市场的竞争意识和自觉抓管理、练内功的精神。面对严峻形势，有的进取心不强，精神状态不好，过多强调外部条件，缺乏开拓、创新、发展意识，抓不住机遇。有的集团意识不强，凝聚力不够，各自为战，内耗严重，集团运作机制没有真正形成，本位主义、山头主义在个别单位依然存在，使企业集团的优势得不到充分发挥。

4. 体制不顺，机制不活。长期以来形成的以完成计划指标为目的的经营方式没有彻底改变，企业的组织结构和资产结构不合理，“大而全”、“小而全”，经营粗放，未能真正实现优化组合，建立起专业化、规模化、集约化的经营体制。企业内部机制不活，激励机制、约束机制、监督机制尚未真正确立，广大职工的积极性和创造性没有充分调动起来。

5. 企业管理工作薄弱。不少企业管理基础工作松懈，管理制度不健全，执行制度不严格，尤其是资金管理，漏洞很多。一些企业新办小公司或三产企业，“四世同堂”，甚至“五世同堂”，资金分散，管理混乱，导致国有资产流失。企业依法管理水平低，自我约束和自我保护能力弱，因各种经济纠纷和经济违法案件而造成的经济损失数额巨大。有些企业家大业大，讲排场、摆阔气，铺张浪费严重。有些企业经营决策水平低、失误多，不按决策程序办事，不经过科学论证盲目投资，造成巨大损失。典型的例子是上海海运（集团）公司在荷兰、德国花19亿元人民币建造的4艘客箱船，造价昂贵，又不适用，损失严重，使企业背上沉重包袱。类似这样的决策失误、大量投资没有收益的情况，不少企业都是有教训的。

二、统一思想，提高认识，坚定搞好国有大中型交通企业的决心和信心

当前，国有大中型交通企业改革正处在一个非常关键的时刻。党中央、国务院对国有企业改革十分重视。中央经济工作会议要求今年要把搞好国有企业放在更加突出的位置，力求取得较大进展。李鹏总理在八届全国人大五次会议上作的政府工作报告中指出：“国有企业改革是今年经济体制改革的重点，也是政府工作的突出任务”，“务求在国有企业改革和发展方面取得实效”。我们一定要统一思想，提高认识，坚定决心，充满信心，以高度的政治责任感，搞好国有大中型交通企业。

（一）对国有大中型交通企业存在的困难和问题要有正确和全面的认识

目前我国正处在由计划经济向社会主义市场经济转轨的重要时期，因此国有企业的困难是深化改革中必然要暴露出来的问题，是发展过程中的问题，是前进中的问题。但是决不能掉以轻心，而要正视这些问题，坚信通过深化改革，我们能够克服当前困难，国有大中型企业是大有希望的。结合国有大中型交通企业的实际，我们可以从3个方面来进行分析。

首先，要看到国有大中型交通企业有了很大发展。尽管相当一部分国有大中型交通企业目前存在活力不强、经营困难、负担沉重等问题，但是从总体上看，国有大中型交通企业的整体实力增强了，运输量、施工及工业生产增加值上升了，还承担了一部分改革成本，对交通事业的发展应该说起到了支撑作用，国有大中型交通企业在交通运输中的主导地位还没有动摇。

其次，要看到国有大中型交通企业扭亏增盈的潜力很大。两年来，国有大中型交通企业确实出现效益下降的问题，且下降势头很猛。但是应该看到，产生这一问题的原因很多，除了企业自身的问题外，还有外部环境和历史遗留问题。对此，国务院领导同志多次做过精辟透彻的分析。尽管企业效益下降，但是从部属和双重领导交通企业的经营状况看，一是亏损企业所占比重不大，施工企业和大多数港口均未发生亏损，工业企业在特别困难的条件下仍取得了较好的经营业绩。二是亏损企业扭亏增盈工作已经取得实效，长航（集团）总公司从去年开始已大幅度减亏。这说明，企业通过自身的努力，还是有希望不断提高效益的。

第三，国有大中型交通企业面临的许多困难和问题，是历史形成的，是体制、结构和管理上深层次问题的反映。从根本上说，解决企业困难和问题的出路在于深化改革。但是，企业改革要充分考虑到国家、企业和职工的承受能力，只能是一个渐进的过程，交通企业在新的宏观经济环境下真正走向市场，也有一个从不适应到适应的过程。我们应客观地、辩证地、全面地看待这些困难和问题，坚定信心，克服畏难情绪。

（二）改革开放取得的成就和经验为搞好国有大中型交通企业打下了较好基础

10多年来，改革开放不仅创造了巨大的物质财富，更重要的是丰富了理论，积累了实践经验。在此基础上，党中央、国务院提出了一系列国有企业改革和发展的正确指导思想和方针政策，特别是江泽民总书记关于国有企业问题的两次重要讲话，明确了企业改革的方向、目标和指导方针。国有企业改革的方向是建立产权清晰、权责明确、政企分开、管理科学的现代企业制度；改革的目标是到“九五”末，在大多数国有大中型骨干企业中基本建立现代企业制度；改革的方针是江总书记讲的关于国有企业改革的八条；改革的基本思路是“抓大放小”、“三改一加强”、建立社会保障体系，走“鼓励兼并、规范破产、下岗分流、减人增效”的路子、实施再就业工程等；判断改革的成败标准是小平同志提出的3个“有利于”。这些正确的指导思想和方针政策，是建设有中国特色社会主义理论的重要组成部分，为搞好国有大中型企业提供了最可靠的保证。

近年来，全国涌现了像邯郸钢铁公司、长虹电子集团等一批在改革发展、实行“两个转变”中获得成功的先进国有企业。在国有大中型交通企业中也出现了一批具有活力的先进企业，如青岛港务局、上海远洋运输公司、三航局等和“华铜海”轮以及一批“华铜海”轮式的先进典型。这些企业、单位的实践，不仅为搞好国有大中型交通企业提供了不同类型的经验，树立了榜样，也使我们对从整体上搞好国有大中型企业增强了信心。

（三）搞好国有大中型交通企业面临的良好机遇和有利条件

在党中央、国务院的正确领导下，经过近几年的努力，国家宏观调控实现了“软着陆”，既有效地抑制了通货膨胀，又保持了经济快速增长，国民经济进入适度快速和相对平稳的发展转道。“九五”时期和下世纪的头10年，国家将进一步抑制通货膨胀，调整产业结构，实施科教兴国战略，国民经济将继续保持持续增长的良好发展势头，我国外贸进出口也将继续增长，这就为国有大中型交通企业开拓国内和国际市场提供了良好的外部条件，为搞好国有大中型交通企业提供了坚实的经济基础。

党的十四届五中全会通过的《建议》和八届人大四次会议通过的《纲要》，都将交通继续列为社会主义现代化建设的重点之一，要求在今后15年内取得明显进展，到2010年，使我国交通运输与国民经济发展相适应，并提出要充分发挥各种运输方式的优势，加快综合运输体系的建设，形成若干条通过能力强的南北向、东西向的运输大通道。这既是中央赋予我们的历史使命，也是国有大中型交通企业最大的发展机遇。最近，国务院和国家有关部门对搞好试点企业集团和国有大中型企业又出台了很多政策措施，这也为国有企业的发展提供了有利条件。

（四）充分认识搞好国有大中型交通企业的重任已经历史地落到了我们的肩上

交通运输是国民经济的重要组成部分，国有大中型交通企业在交通事业的发展中占主导地位，在国家重点物资运输、支农物资运输、抢险救灾物资运输、外贸货物运输乃至战备物资运输中，是政府随时可以调遣的骨干力量，同时，部属及双重领导企业是当今我国交通运输生产力水平的代表者，在社会主义市场上具有重要的带头作用和示范作用，它们的装备水平、管理水平、服务质量不仅代表了交通行业的形象和声誉，同时对从事交通运输的其他经营者也有着重大的影响。只有搞好国有大中型交通企业，才能巩固和保持公有制经济在交通领域中的主体地位，才能使国有企业在交通运输事业的发展中继续发挥主导作用，才能保证2010年交通发展奋斗目标的顺利实现，才能在激烈的国际竞争中发展和壮大民族经济，才能适应国民经济持续、快速、健康发展的需要。

江泽民总书记指出："搞好国有企业特别是大中型企业，既是关系到整个国民经济发展的重大经济问题，也是关系到社会主义制度命运的重大政治问题。"江总书记的这段话将搞好国有大中型企业的重要性说到了要害上。因为国有大中型企业是公有制的主体，如果国有大中型企业搞不好、搞不活，公有制的主体地位就要受到影响，社会主义制度的经济基础就会失去支撑。作为党的领导干部，我们必须站在全局的高度，进一步统一思想，深刻认识搞好国有大中型交通企业的重要性。

搞好国有大中型交通企业不但十分必要，而且是一项紧迫任务。完成这项紧迫任务，是我们的历史使命。国有大中型交通企业当前存在的问题，特别是思想观念不适应、体制不顺、机制不活、管理水平不高、经济效益较差、市场占有率下降、发展后劲不足，以及市场不规范、企业包袱沉重等等，都需要靠大家努力，及时解决。这个责任历史地落到了我们这代人的肩上。我们不应该，也不可能把这一紧迫任务推到10年、20年后的下一代去完成。否则，不仅会推迟我国的社会主义现代化建设进程，而且是涉及到我国21世纪向何处去的大问题。这关系到我们国家的命运和前途。总结近现代史上的兴衰成败，我们知道落后就要挨打。150多年前，中华民族落后了，香港被英帝国主义占领。在中国共产党领导下，通过改革开放，我们综合国力增强了，香港顺利回归祖国。我们再也不能甘心于落后了，中华民族只有强大起来，才能在国际竞争中掌握主动，中华民族才能自强于世界民族之林。我们在座的同志，包括部里的同志和企业的领导同志，都应该增强忧患意识，认识到搞好国有大中型企业的紧迫性，意识到肩上的责任，唤起广大职工，调动他们的积极性，在邓小平建设有中国特色社会主义理论指引下，打好搞活国有大中型交通企业这场攻坚战。

今后一个时期，搞好国有大中型交通企业的指导思想是：以邓小平建设有中国特色社会主义理论为指导，认真贯彻党的基本路线、基本方针，处理好改革、发展、稳定三者关系，切实推进两个根本性转变，按照"抓大放小"、"三改一加强"的要求，集中力量抓好大企业、大集团，促进国有大中型交通企业持续、快速、健康发展，为国民经济提供良好的运输保障。

三、采取有效措施，进一步加大搞好国有大中型交通企业的工作力度

按照中央要求，把搞好国有交通企业放在更加突出的位置，通过深化改革，力求取得较大进展，这是今年全国交通工作会议确定的一项重要任务。为此，部要在以下6个方面加强工作，加大力度。

（一）抓紧落实国家已有的优惠政策，争取出台新的政策措施

近年来，中央出台了一系列搞好国有大中型企业的政策措施。这些政策措施对于缓解企业困难、深化企业改革、增强企业活力有着十分重要的意义，我们要结合自身情况，采取有

力措施，抓好落实。

国务院和国家有关综合部门出台的搞活国有大中型企业的一系列优惠政策，涉及面广，综合性强。这次会上专门印发了《国务院及综合部门关于企业改革的若干政策索引》，请大家根据索引找文件，认真学习研究。

国务院明确提出，今年国家要着重抓好一批重点企业，确定是1 000户，已分两批公布512户，其中国有大中型交通企业有11户，包括航运企业3家、港口企业8家；国家确定了120家大型企业集团，包括中远、长航、中海、中港4家交通企业集团；另外还确定了111个优化资本结构试点城市。也就是说，国家确定的重点企业、大型企业集团和111个试点城市范围内的工业企业可以享受国务院出台的有关优惠政策。下面，结合《索引》介绍几项政策。

一是国务院决定由国家银行拿出300亿元呆坏账准备金冲销额，支持111个试点城市和重点企业的兼并、破产、重组和减人增效。具体内容是：（1）优势企业兼并连续3年亏损的国有企业，被兼并企业所欠银行利息可以免掉，本金由兼并企业承担，5年内还本不付息。如果兼并企业资金困难，还可以再宽限两年还本。（2）该项政策也适用于企业破产。在111个试点城市，如果国有工业企业关门走人、资产变现、职工进入再就业中心重新安置，即真破产，银行呆坏账可以在这300亿中冲销掉。（3）对某些重点行业的重点国有亏损企业，在以产定人、减人增效的基础上，如果当年停掉一部分利息、能够扭亏增盈的，也可以享受该项政策。

我们的交通大中型企业，破产的还没有，兼并的开始有了，可以享受第一项政策了。特别是第三政策，我们有些企业是可以利用的。这些政策主要针对111个试点城市的工业、内贸、外贸、建筑安装企业和两个特殊行业。兼并和被兼并企业有一方属于试点城市的企业，512户重点企业及120家大型企业集团也可以享受其中有关兼并的政策。这300亿，就是国家承担的改革成本。

二是国家确定300亿股票上市指标，这300亿元指标，国务院领导多次明确指示，要更多地用于重点企业和试点企业集团。这项政策的好处在于，一方面可以壮大企业集团、推进“三改一加强”，另一方面可以稳定股市，抑制过度投机。另外，国家还决定发行40亿元可转换债券，全部用于重点企业。

企业要深入研究，把政策研究透了，是能够找到对自己有用的规定的。

三是关于增资减债政策。具体有两项，第一是1988年以前拨改贷形成的债务转为国家资本金。截止到1996年底，拨改贷本息余额全国还有385亿元，国家准备在今年年底前完成300亿元拨改贷本息余额转为资本金计划。今年我们上报了一批，凡符合条件还没有报的企业，要尽快申报。

第二是落实李鹏总理在今年政府工作报告中提出的“关于将1988年以后基本建设经营性基金形成的债务转为国家资本金”的决定。最近吴邦国副总理主持召开会议，明确了今年要做3项工作：核清账目、制定具体办法、争取年内起步。1988年以后有关经营性基金使用账目，我们交通行业是清楚的，各有关单位要做好债务核转的准备工作，待有关办法出台后，由部里归口上报，争取尽快转成资本金。

为了搞好国有大中型交通企业，几个月来部在调查研究的基础上，结合国有大中型企业存在的困难，提出了《交通部关于搞好国有大中型企业若干政策和措施》的初步意见。由于有些问题要向国务院请示，有些要与综合部门协调，这个材料还不成熟。这次会议没有发给大家。我们将继续努力尽快出台这些政策措施。

（二）转变职能，政企分开，落实企业自主权

使企业成为独立的市场主体和法人实体，是社会主义市场经济体制的根本要求。在政府与企业的关系问题上，政府主管部门要继续转变职能，进一步实行政企职责分开。部对企业工作的重点主要是通过加强宏观调控和行业管理，抓好制定政策、试点指导、规范市场、提供服务、组织协调、监督检查等方面的工作，着力于为企业创造良好的外部环境。今后部对企业主要抓两条：一是企业领导班子建设，二是国有资产经营责任制。除抢险救灾和国家下达的指令性任务外，部机关各司局不干预企业经营自主权范围内的事情，更不能干预企业正常的经营活动，要继续按照“不干预，多支持，办实事”的原则处理。转机条例中规定的企业 14 项自主权还有哪些尚未落实的，请大家提出来，凡属部职责范围内的，由部负责落实。但同时，企业也要受国有资产所有者的约束，确保国有资产的保值增值，不能损害所有者的权益。

（三）加强宏观调控和行业管理，为企业创造良好的市场环境

1. 加强水运市场宏观调控和行业管理

一是继续实行适度从紧的运力投放政策，严格控制国内沿海、内河运力供给总量，鼓励国内水运企业参与国际海运市场竞争。二是把好市场准入关，逐步改善运力结构，促进航运企业规模经营，提高竞争能力。三是加强对国际航运企业的监督管理，采取国际通用手段监督航运公司的市场行为。四是加快港口法、国际海运管理条例的报批工作，修改国际集装箱管理规定等规章，强化水运市场的监督管理。

2. 严格管理公路、水运建设市场

在公路建设方面，进一步从严审查设计、施工、监理单位的资质，防止不具备资质条件的单位进入市场。规范招投标行为，确定合理标价，使中标企业能获得合理利润。在港口建设方面，依法加强对港口建设的宏观调控，重点解决重复建设、盲目建设和企业间低价竞争问题。

3. 扶持企业开拓新兴市场

鼓励发展高速客运、陆岛运输、液化气运输等市场前景看好的新型运输方式，建立水运工程船机设备的大型租赁市场，为避免固定资产重复投资创造市场条件。

4. 帮助企业打入国际市场

帮助本国企业开拓国外市场是各国政府部门的通行作法。部最近几年也有意识地加强了这方面的工作，在双边和多边的政府交通部门交往中，多次组织有关企业参加会谈、接见等活动，帮助企业疏通商务渠道，寻找经济合作的机会，在承揽国外工程项目、扩展航运业务、出口交通工业产品和劳务外派等方面取得了积极成果。今后，部将继续坚持这一行之有效的做法，为企业打入国际市场多办实事。

(四) 继续抓好组建大型交通企业集团的工作

发展大型企业集团是我国经济改革与发展中的一项具有战略意义的任务。组建集团不是搞拉郎配，不是搞1+1=2，而是通过集团这种组织形式来优化资产结构，达到规模经济要求，提高市场竞争力。也只有走集团化的路子，才能有较好的投入产出效益。在集团组建上，如果我们不尽快突破，建立现代企业制度也很困难。目前，我国经济已发展到相当水平，正是发展大企业、大集团的有利时机，我们要通过组建大型交通企业集团，从整体上促进“抓大”工作的开展

对已经国务院批准组建的企业集团，部要加强集团组建的指导工作和集团优惠政策的落实工作。集团内部要统一认识，克服本位主义，正确处理局部利益与整体利益的关系，增强集团意识，形成合力，一致对外，避免内部竞争、各自为战，尽快在市场竞争中形成优势。要尽量争取路桥集团进入国家企业集团试点范围。针对目前部属交通工业规模小、经营分散的特点，可通过改组、兼并、联合、股份制等方式组建跨地区、跨行业的工业集团。

(五) 推行资产经营责任制

根据国务院《国有企业财产监督管理条例》，经过1年多的准备，在广泛征求各方面意见的基础上，部制定出台了《交通部直属企业资产经营责任制暂行办法》和《交通部直属企业资产经营责任制考核奖罚办法（试行)》。实行资产经营责任制，目的是加强对部属企业国有资产的监督管理，维护国有资产所有者权益，落实企业法人财产权，明确资产经营责任，促进企业转换经营机制，强化内部约束机制，提高企业经营管理水平，提高资产经营效益，实现国有资产的保值增值。这两个办法，提出了考核、评价企业领导人经营责任的指标体系和企业领导人取得合理报酬的计算方法，有利于在部属企业中建立起激励机制和约束机制。部决定从今年起在广州海运（集团）有限公司、第三航务工程局、秦皇岛港务局试行资产经营责任制，通过试点后再对两个办法进行补充、完善，从明年起在部属企业中全面推开。

(六) 加强企业领导班子建设

一是做好对企业领导班子的考核工作。要按照中组部7号文件的要求，在前两年对部属企业领导班子考核的基础上，进一步抓好对部属企业领导班子的考核。各企业领导班子要认真制订整改措施，切实抓好考核后的整改工作。

二是加强领导班子的思想政治建设。根据江泽民总书记提出“讲学习、讲政治、讲正气”的要求，继续抓好党政正职及45岁以下的中青年干部培训，进一步在部属企业中开展创建“五好领导班子”，争当“优秀班长”、“模范带头人”的活动。

三是加强领导班子的组织建设。基本思路是：稳中有动，配强正职，抓好大的，强化弱的。稳中有动，就是绝大部分企业领导班子要保持相对稳定；配强正职，就是选拔政治思想素质好、作风正、能力强、相对年轻的同志担任党政正职；抓好大的，就是抓好几大集团和武警系统领导班子的建设；强化弱的就是对目前比较弱的班子，要加大调整力度。对属于以下情况的要及时进行调整：不认真贯彻中央的方针、政策和部党组的决定，政治思想素质差

的；思想不解放，打不开局面，工作抓不上去的；党政正职起不了核心作用，带不好班子，抓不好工作的；不顾全大局，在班子中闹不团结的；经考核不称职的；因独断专行导致决策失误，给企业造成重大损失的；滥用权力，以权谋私，肆意挥霍和侵吞国家资产的。对身体不好，不能坚持正常工作的和达到国家规定退休年龄的，也要从现职岗位上退下来。现在企业领导班子进入了新一轮交替时期，要继续采取多种措施，加快培养选拔优秀的中青年干部进入领导班子。

四是加强领导班子的制度建设。各企业领导班子要认真学习中共中央4号文件，贯彻执行部党组颁发试行的《交通部部属企业领导班子工作规则》，制定本单位的工作程序和规定，建立健全各项规章制度。要坚持和发扬民主集中制，搞好班子团结，防止个人说了算。

五是加强对领导干部的监督。要认真搞好党内监督和领导班子的自身监督，加强财务审计监督和群众监督。增加考核领导干部的透明度，广泛听取群众意见，及时反馈考核情况；坚持和完善职代会民主评议领导干部制度，充分发挥人民群众的监督作用。要加强党风廉政建设，提倡艰苦奋斗、无私奉献，反对奢侈浪费。

四、搞好国有大中型交通企业的关键在于企业自身努力

搞好国有大中型交通企业，既需要政府部门给予必要的帮助、指导，创造良好的外部环境，更需要企业自身积极进取，大胆实践，苦练内功。当前，国有大中型交通企业必须在实行“两个转变”方面下一番苦工夫。各个企业都要根据自己的特点，从实际出发，深入研究自己企业在“两个转变”方面取得的进展、存在的主要问题和实现“两个转变”需要采取的对策措施。这里，结合部属和双重领导交通企业的情况，对“两个转变”中的一些共性问题讲几点意见。

（一）企业领导和职工要进一步更新观念，开辟走向市场、融入市场的广阔道路

建立社会主义市场经济体制，加快国有企业改革，着力进行企业制度的创新，是前无古人的创举。只有不断解放思想，更新观念，勇于探索，才能使国有企业在市场经济中站稳脚跟，开拓发展。搞好国有企业改革、发展的前提是要转变观念，不仅要转变计划经济时代形成的旧观念，也要转变习惯于停留在改革的某一时期、某一阶段的过时观念。

改革开放十几年来，部属和双重领导交通企业的各级领导，在转变观念方面已经取得了较大进展，树立了一些新的观念。但是也应该指出，我们的观念转变还处于初始阶段。一方面，传统的计划经济留下来的一些旧观念还没有完全消除；另一方面，市场经济必须具备的新观念还没有完全树立起来，我们现有观念的广度、深度还远远不够，需要继续努力。在体制转轨方面，要树立企业是市场主体的观念，改革是解放和发展生产力必由之路的观念，改革胆子要大、步子要稳的观念，改革会有风险、错了就改的观念，不争论、大胆地试、大胆地闯的观念等。在增长转型方面，要树立市场观念、质量观念、效益观念、科技进步观念、结构优化观念、内涵生产力观念、人的素质观念等。只有进一步更新观念，才能为我们国有大中型交通企业实行“两个转变”打好思想基础，同时也为企业进一步走向市场、融入市场开辟更加广阔的道路。

（二）要理顺经营管理体制，解决体制转轨的主要矛盾

一是继续抓好建立现代企业制度试点工作。要加大试点工作力度，力求在转换机制和探索建立现代企业制度上取得实效。被列为国家试点的中远、中海、长航、中港等4个企业集团，要逐步建立以资本为主要联结纽带的母子公司体制，对组织结构进行调整，实行资产重组，形成规模经济，提高国有资产的营运效率和效益，发挥“龙头”作用。在试点企业集团内列为试点的一航局、三航局、广海公司等企业亦按上述原则，将试点方案可操作部分运作起来。其他列入试点范围的企业，要落实试点总体方案和配套制度，争取尽早试行。进行公司制改造的企业，要严格按《公司法》的要求办事。对未纳入试点的企业集团，要总结前段工作，逐步完善条件。集团所属子公司要主动配合母公司推进集团组织建设，努力跟上试点企业集团中的改革进程。

二是积极推进企业配套改革。要主动配合有关部门，深化劳动、人事和分配制度改革。积极创造条件，逐步实行企业领导干部聘任制，职工全员劳动合同制，稳步推进工资制度改革，建立企业内部激励机制，调动企业领导和职工的积极性。要认真贯彻《中共中央办公厅、国务院办公厅关于进一步解决部分企业职工生活困难问题的通知》，采取多种途径筹集解困资金，切实保障改制后职工分流安置和离退休职工的基本生活，维护社会稳定。积极探索分流企业富余人员、分离企业办社会职能的有效途径，主动配合地方政府推进“再就业工程”，搞好再就业工作。

（三）要转变经济增长方式，着力抓好质量和效益

1. 加强企业管理，特别要搞好各项基础工作

搞好国有大中型交通企业需要改善宏观环境，提供良好的外部条件，但任何宏观环境和外部条件的改善，都不能代替企业管理。加强企业管理既是企业固本治本的长远大计，也是解决企业困难、搞好企业的最现实、最有效的措施。要紧紧围绕转变经济增长方式，从交通企业特点出发，重点抓好各项基础管理工作。

一是按市场经济要求更新企业管理的内容。在建国后的几十年中，国有大中型交通企业已经形成了一套比较完整的管理体系，要在坚持和完善好的传统方法和借鉴国外先进管理经验的基础上，结合深化改革，按照“管理科学”的要求，在经营管理、投资管理、决策管理等方面制定出一套符合社会主义市场经济要求的管理规则、管理程序和定额标准。企业管理的各项基础管理工作，都要和市场密切联系起来，根据企业内外部环境的变化，进行相应的调整和改革。要注意利用先进的计算机管理信息系统，把标准化管理、定额管理、计量管理、设备管理、内部信息管理等各项专业管理和相应的管理方法贯穿起来，建立起有效的、先进的管理体系。

二是下大力气抓好安全管理。安全生产是发展生产力的前提条件，安全生产搞不好，就会直接破坏生产力，经济效益更无从谈起。今年上半年，安全生产形势非常严峻，部直属和双重领导企业共发生25起水上交通事故，沉船2艘，死亡40人，尤其是重大恶性事故一再发生，给国家财产和人民生命安全造成重大损失。特别是今年6月份大庆256油轮在长江南京段的起火事故影响很大。因此，必须把安全生产摆在企业管理的首位，从思想认识上、规

章制度上、措施落实上切实保证安全生产，坚决减少或杜绝重大恶性事故的发生。

三是全面加强质量管理。牢固树立质量第一的观念，靠过硬的质量打开市场、赢得用户。要继续贯彻国务院《质量振兴纲要》，加大质量管理工作力度，全面加强和改进质量管理，推动交通运输服务质量、工程质量、产品质量提高到一个新水平。要努力贯彻 ISO9000 系列标准，规范企业管理工作，企业要下苦工夫、硬工夫，努力取得认证，通过提高企业产品质量和服务质量，扩大市场占有率。

四是强化财务管理。企业生产伴随着资金运动。建立社会主义市场经济体制要求企业必须重视和加强财务管理。首先，要加强资金管理。加速资金周转，减少资金占用，提高资金利用效率，有条件的企业应通过建立内部银行、结算中心、财务公司等，集中调度资金、降低货币存量；加大应收款的催收力度，缩短应收账款回收期，压缩结算资金，及时清算各类账款和各项应交款项，尽量减少企业间相互拖欠造成的坏账风险。企业主要负责人要重视资金平衡，把需要和可能结合起来，改善资金管理上的薄弱环节。其次，要加大成本管理力度，降低成本费用支出。严格控制企业招待费、会议费、差旅费等非生产性支出，最大限度地压缩和减少管理费用支出，建立严格的约束机制；要学习邯钢“模拟市场核算，实行成本否决”的经验，大力推广目标成本责任制，把成本费用分摊到基层部门直至班组和职工个人。

2. 认真抓好企业扭亏增盈工作

根据国务院领导同志指示，今年下半年将在报纸上公布上半年企业扭亏增盈情况，部属企业务必要在这方面取得成效。要继续贯彻国务院批转的《关于建立企业扭亏增盈工作目标责任制的意见》和部属企业扭亏增盈工作座谈会精神，完善扭亏增盈工作目标责任制，一级抓一级，把扭亏增盈的目标分解到基层，落实到人头。部负责抓几个大集团企业，大集团企业抓下属企业。企业扭亏增盈工作要与企业“三改一加强”结合起来，开展“减员增效”，严格定员、定额，建立竞争上岗机制。在强化主业的同时，要进一步重视发展多种经营，充分有效地利用各种资源，减少亏损。亏损企业年内要切实做到扭亏或减亏。扭亏增盈工作要动真格的，按照国务院文件精神，把扭亏增盈工作作为考核企业负责人的重要内容。经营性亏损企业除应停发奖金、相应降低企业主要负责人的工资外，还要根据责任大小对企业主要负责人给予必要处置。因企业领导班子严重失职、管理混乱等原因造成企业亏损的，要及时整顿或调整，并限期扭亏或减亏。这次会议结束后，各单位要对近年来效益不好的投资项目和所办的各类公司进行一次清理，认真总结经验教训，及时采取补救措施。

3. 加速企业技术改造步伐

搞好企业技术改造是企业转变经济增长方式，提高企业竞争能力和经济效益的关键环节。我们国有大中型交通企业与跨国集团及管理先进企业的最大差距主要体现在技术开发能力薄弱上。没有开发能力的企业就没有生命力。在一定意义上讲，人才培养和科技能力决定了企业未来。对困难企业来说，这也是企业走出低谷的有效途径。这方面，我们的大中型企业要舍得花本钱。

所有交通企业都要以市场需求为导向，加快技术改造步伐，提高劳动生产率和技术创新能力。一是拓宽资金渠道，加大企业技术改造资金投入，用少量的增量投入优化大批存量资产，走投入少、见效快、效益好的路子。二是重视引进技术的消化、吸收和创新。除中远集团已建立技术开发中心外，我们鼓励和支持中海、长航、中港等大中型企业和企业集团建立技术开发中心。在消化、吸收引进技术的基础上，逐步建立交通企业自主创新的技术进步机制。三是继续抓好“产、研、学”联合攻关工作，推动企业和科研教育单位共同组建技术开发机构和经济实体。四是要重视技术改造项目的管理。立项前要对项目进行深入细致的科学分析，选准项目；项目实施中要注意引入先进的管理方法，落实责任；建成后要对项目进行效益考核，进行后评估，不断提高技术改造项目的成功率。

（四）盘活存量，控制增量，积极探索市场经济条件下企业发展的新路子

经过40多年的发展，特别是十一届三中全会以来十多年的发展，部属企业和双重领导港口已拥有总资产近2 000亿元，仅中远集团一家就有500多亿元的资产，应该说，国有交通企业规模已经不小，摊子铺得也比较大。现在的问题是有相当一部分国有资产沉淀在那里，不能产生效益。今后企业发展要严格控制规模总量的增长，不宜追求外延扩张，盲目上新项目，走“大而全、小而全”重复建设的老路。国有大中型交通企业都要眼睛向内，挖潜改造，通过发行债券、股份制、股票上市、转让经营权和租赁经营等形式，盘活存量资产，使其发挥效益。这些形式，资本主义制度下可以用，社会主义制度下也可以用。

江泽民总书记在中央党校省部级干部进修班毕业典礼的讲话中指出：“要坚持生产关系一定要适合生产力发展水平的马克思主义基本观念，以是否有利于发展社会主义社会的生产力、有利于增强社会主义国家的综合国力、有利于提高人民的生活水平为标准，努力寻找能够极大促进生产力发展的公有制实现形式，一切反映社会化生产规律的经营方式和组织形式都可以大胆利用。”江总书记这段话，既有理论性，又有实践性，指出了坚持马克思主义基本观点和评价标准，强调了“一切反映社会化生产规律的经营方式和组织形式都可以大胆利用。”对我们进一步解放思想具有重要的指导意义。我们要遵照江总书记的指示，大胆实践，勇于探索，通过“三改一加强”，采取多种形式提高国有资产的运行质量和效益，找到国有大中型企业发展的新路子。

在改革和探索过程中要注意把握以下几个问题：一是在搞合资合作经营时，国有企业要坚持控股，保持公有制的主导地位；二是参股经营，要认真进行市场调查，作好项目的评估工作，不能不讲效益，盲目投资；三是目前我国还处于建立社会主义市场经济体制的初始阶段，市场运作很不规范，在操作过程中要谨慎行事，严格履行审批手续。

此外，我们的港航、施工企业主要是为大货主、大用户服务的，可以与他们建立某种形式的联合体，实现利益共享，风险共担。

（五）要坚持“以人为本”，加强职工队伍建设，调动广大职工的积极性、创造性

搞好国有大中型交通企业，要贯彻“以人为本”的方针。要认真加强企业思想政治工作，对职工进行社会主义、爱国主义、集体主义、优良传统和职业道德教育，增强主人翁责任感和敬业精神、奉献精神。要坚持不懈地开展群众性精神文明建设活动，把学习包起帆、“华铜海”轮、青岛港、创建文明行业的“三学一创”活动作为创建文明企业的重要内容和任务。要加强职工培训，除国家有关部门统筹规划和组织安排以外，大中型交通企业要建立

自己的职业教育体系，采取多种形式有计划分门类地培训职工，不断提高职工队伍的整体素质。要加强企业文化建设，形成符合社会主义精神文明建设要求又富于个性的企业价值观念，促进企业两个文明协调发展。要全心全意依靠职工群众，搞好民主管理，发挥工人阶级的创造精神。要树立和发扬艰苦奋斗、勤俭节约的精神，坚决反对奢侈浪费。领导干部要处理好企业改革、发展和稳定的关系，发挥表率和带头作用，越是困难越是要与群众同甘共苦，以自己的人格力量影响群众，增强企业的凝聚力和向心力，保证职工队伍的稳定。

同志们！搞好国有大中型交通企业是一项十分紧迫而又艰巨的任务。我们要在邓小平建设有中国特色社会主义理论和党的基本路线指引下，紧密地团结在以江泽民同志为核心的党中央周围，振奋精神，同心同德，扎实工作，用3年左右的时间搞好国有大中型交通企业，为改革、发展、稳定作出新的贡献。

贯彻落实十五大精神
开创我国内河航运建设的新局面

——黄镇东部长在全国内河航运建设现场会上的讲话

（1998年2月18日）

同志们：

全国内河航运建设现场会，从2月15日起开始参观、考察苏南运河整治工程，昨天又参观、考察了广西西江桂平、贵港航运枢纽工程。这次现场会是继1995年10月在江苏、浙江召开的全国内河航运建设工作会议之后，又一次专门研究全国内河航运建设工作的重要会议。去年10月，邹家华副总理在参加苏南运河整治工程通航庆典时指示我们，1995年内河航运建设工作会议以来，形势发展很好，可以再召开一次内河航运建设现场会总结一下，进一步推动全国的内河航运建设。我们这次现场会就是根据邹副总理的这一指示召开的。主要任务是：以邓小平理论和党的十五大精神为指导，总结两年来全国内河航运建设的基本情况，交流、推广苏南运河、广西西江及其他内河航运建设的经验，提高认识，明确任务，研究措施，进一步推动全国内河航运建设。

这次会议在江苏、广西召开，是因为这两个省区的内河航运建设走在了全国的前面，突出体现在苏南运河整治工程和西江桂平、贵港航运枢纽工程。苏南运河整治实施标准化，全线达到四级航道标准，两岸全部筑砌护岸，设置航行标志，港口和船舶停靠区不占用航道水域，岸坡栽树、种草绿化，使千年的古运河，再展新姿，恢复了生机与活力，是全国内河航运建设的样板。广西西江桂平、贵港航运枢纽工程通过"以电养航"试点，实施航道渠化、梯级开发，提高了西江通航标准和能力。使西江从南宁至广州850公里全线达到通航1 000吨级的三级航道标准，是内河航运建设滚动发展的典型。

这次会议是交通基础设施建设方面的又一次高层次会议。邹副总理亲临会议，并将作重要讲话，充分体现了党中央、国务院对内河航运建设工作的重视和关怀。江苏、广西等省、自治区、直辖市人民政府和国务院有关部门的负责同志出席这次会议，是对交通工作的关心和支持。我代表交通部和全国交通系统广大干部职工表示衷心的感谢！

现在，我汇报两个问题。

一、两年来全国内河航运建设的成绩和经验

1995年召开的全国内河航运建设工作会议，是一次统一思想、提高认识、规划蓝图、协调行动的会议，对我国内河航运建设起到了积极的推动作用。各省、自治区、直辖市根据会议的部署，采取各种有效措施，加快了内河航运建设步伐，取得了较大成绩，积累了许多经验。

（一）内河航运建设的主要成绩

内河航道建设成绩显著。两年来，我们按照内河水运主通道规划，集中力量建设了

1995年全国内河航运建设工作会议确定的“一纵两横两网”中的一批重点工程。京杭运河山东段、江苏段、浙江段全面开工，苏南段208公里四级（500吨级）航道整治工程提前完成。长江干线完成了兰家沱至宜宾航道整治工程，界牌水道整治工程即将完工，密切配合三峡工程进行了航运枢纽总体布置、三峡工程二期施工期通航、三峡工程库尾回水变动区和葛洲坝下游航道及港口整治的科研工作，完成了库区复建和航运规划工作。西江干流重点建设了西江航运建设二期工程南宁至贵港段三级航道，贵港航运枢纽工程截流成功，1 000吨级船闸建成通航；广东西江崖门3 000吨级出海航道试挖成功。长江三角洲江南航道网将完成苏申外港线、长湖申线、杭申线、乍嘉苏线、六平申线等航道整治工程。还安排建设了湖南湘江航运建设二期工程（衡阳至株洲段包括大源渡航电枢纽）、乌江航道整治工程贵州段和四川段、湖北江汉航线（包括航道及船闸工程）、四川岷江航道以及安徽南淝河航道整治工程，以及黄河、淮河对中西部地区开发有重要作用的内河航运建设项目，完成了松花江干流佳木斯至同江段航道整治工程，黑龙江三姓浅滩整治二期工程正抓紧进行。两年来，改善内河航道1 740公里，其中三级以上航道520公里，四级航道226公里。到1997年底，我国内河通航里程达到11.1万公里，其中三级以上航道7 000公里，四级航道5 400公里。

内河港口建设取得新的进展。继续完善水运主通道上承担原材料和外贸物资运输的重点港口的散货、杂货、外贸码头建设，完成了长江干线上的重庆港猫儿沱港区扩建工程、城陵矶港外贸码头、沙市盐卡新港区、宜昌港临江坪码头、铜陵港横港作业区等工程，开工建设了黄石港2、3号码头扩建工程、万县港红溪沟港区一期工程、九江港外贸码头二期工程、安庆港五里庙港区二期工程、马鞍山港外贸码头工程、芜湖港裕溪口32号码头扩建工程、高港杨湾港区一期工程等项目。两年来，新建内河主要港口泊位31个，新增吞吐能力1 095万吨。到1997年底，内河主要港口拥有万吨级以上深水泊位50多个。

支持保障系统建设得到加强。苏南运河苏州航段建成了航行监控系统，这在我国运河建设史上尚属首次；长江干线建成了南京—浏河口交管工程，标志着我国内河船舶安全监督管理逐步走向科学化、现代化；哈尔滨、黑河船舶卧冬基地和其他配套设施正在建设中；《内河通航水域桥梁警示标志》交通行业标准通过专家评审；包括内河航运建设在内的《公路、水运交通主要技术政策》修订工作完成，并颁布施行；围绕内河航运建设中的重要技术问题，加强了科技攻关，取得了新的成果。

内河货运有所发展。到1997年底，我国拥有内河民用运输船舶近26万艘、2 200多万载重吨，与1995年相比虽然有所下降，但船舶平均吨位上升，全国内河货运仍呈增长态势。1997年，全国内河航运完成货运量8.5亿吨，完成货物周转量1 880亿吨公里，分别比1995年增长16.4%和18.5%。内河主要港口完成货物吞吐量42 600万吨，其中完成外贸货物吞吐量2 200万吨，完成集装箱吞吐量53万国际标准箱。在水运发达的长江三角洲，内河航运形势更好。江南运河包括苏南和浙江内河航运量达到2亿吨，其中苏南段航运量达到1.2亿吨，促进了地区经济的发展，成为世界上仅次于美国密西西比河的内河航运繁忙的区域。

（二）内河航运建设的主要经验

邹副总理在1995年召开的全国内河航运建设工作会议上明确指出：“内河航运建设要借

鉴公路建设的经验。"两年来，各省、自治区、直辖市认真贯彻落实邹副总理的指示精神，解放思想，开动脑筋，勇于探索，大胆实践，把公路建设的好机制、好政策、好经验推广到内河航运建设，并结合内河航运建设的实际，创造了许多新的经验。这些经验归纳起来主要有以下几条：

1. 切实加强领导，依靠广大群众。领导的重视和人民群众的支持是搞好内河航运建设的根本经验。近几年来，党中央、国务院十分重视内河航运事业，提出要充分发挥包括内河航运在内的各种运输方式的优势。邹家华副总理在主持召开了1995年全国内河航运建设工作会议后，多次亲临苏南运河工程现场视察。各省、自治区、直辖市领导对内河航运建设也很重视。江苏省委、省政府把交通基础设施建设放在全省经济建设的突出位置，决定建设一批事关全局的战略性交通工程，并把苏南运河整治工程列为全省6大交通重点工程，作为省政府每年要办的实事进行考核检查。为了保证苏南运河整治工程的顺利进行，江苏省利用广播、电视等传媒形式进行宣传，并组织专门班子开展调查、说服动员工作，把沿线人民群众发动起来。广大人民群众识大体、顾大局，舍小家、为大家，积极支持和参与内河航运建设，作出了很大的贡献。广东省人大审议通过了省政府提出的《关于加快航道建设步伐，促进我省航运事业发展议案》，制定了发展内河航运的一系列政策措施，包括加大资金投入、实行优惠扶持政策、理顺航道管理体制、坚决贯彻水资源综合利用的方针等。浙江、陕西、广西等省、区的领导把内河航运建设摆在重要的位置，作为大事去抓。

2. 调整投资结构，加大内河航运建设投资力度。历史欠账太多，资金严重不足，是制约我国内河航运建设发展的重要原因之一。在国务院领导和有关部门的关心和支持下，内河航运建设资金渠道得到落实。经国务院领导批准，自1996年起，车辆购置附加费免交的国家预算调节基金，港口建设费和水路客货运附加费免交的能源交通重点建设基金、国家预算调节基金，不再返回原来的资金渠道，以此建立了内河航运建设基金，用于内河航运基础设施和支持系统建设。为了切实保证这项资金按照国务院的要求使用，财政部与我部共同制定了《内河航运建设基金使用管理暂行办法》，并完成了这项资金的"九五"计划安排工作，成为内河航运建设比较稳定的资本金来源。许多地方政府也加大内河航运建设投资力度，其显著特点是继续实行"八五"时期内河建设优惠政策，多渠道、多层次、多形式地筹集内河航运建设资金。广东省人民政府明确"九五"期每年安排用于交通方面的财政预算内投资50%用于航道建设，并每年按一定比例增长；"九五"期从公路建设规费中每年安排2亿元，2001~2010年每年安排5 000万元用于航道建设。广西自治区人民政府继续执行"八五"期的资金政策，征收航运建设基金、港口建设基金和船舶建设基金用于内河航道建设，并安排部分公路建设基金用于内河航道建设。两年来，部和省合资建设项目共完成投资61.34亿元，占"九五"计划的31.8%。

3. 发挥中央、地方以及其他方面的积极性，共同建设。"统筹规划、条块结合、分层负责、联合建设"是公路建设的一条成功经验，在内河航运建设中得到了推广，并有发展。不仅体现在中央与地方联合建设，还体现在各省（区）与地市联合建设，交通部门与其他部门联合建设。如江苏对苏南运河整治工程实行了省市共建办法，由省交通厅、沿线四个市的人民政府共同对省实行工期、投资、质量包干。浙江省在杭嘉湖内河航道网建设中实行省市"六统四分"的办法，即省负责"统一标准、统一设计、统一对外、统一对上、统一监理、统一协调”，市作为本地工程建设的项目业主，负责“分市筹资、分市建设、分市经营、分市还贷”，效果很好。四川嘉陵江东西关航电枢纽由中国华能集团公司、四川省投资公司、四川省港航开发有限责任公司、武胜县光明实业公司、岳池县电力公司、蓬溪县电力局等企业和单位组成股份有限公司共同出资建设，是跨行业、跨部门联合建设的典型。

4. 合理开发利用水土资源，讲求综合效益。合理开发利用水资源和土地资源是我国经济发展的一项重要方针，也是内河航运建设的一条独特经验。两年来，在有关部门的支持和配合下，综合利用江河水资源、“以电养航”取得进展。我部拟安排部分内河航运建设基金，用于西江贵港航运枢纽工程、湘江大源渡枢纽、闽江沙溪官蟹航运枢纽等“以电养航”工程项目。西江贵港航运枢纽是西江干线继桂平航运枢纽之后又一个以航运为主，兼顾发电、防洪、灌溉等综合利用水资源的航电枢纽工程，枢纽建成后，将大大改善库区航运条件，还可以利用发电收益来维护和管理枢纽工程，并为内河航运建设筹集部分资金。实践证明，交通部门在建设航道的同时，投资水电建设是能够有所作为的。由于我国人口众多，土地资源相对不足，在经济建设中必须贯彻执行“十分珍惜和合理利用土地”的方针。苏南运河整治工程在这方面作了示范。工程所开挖的土方50%得到了有效利用，少压废土地9 700多亩，复耕土地3 900多亩，全线护岸工程减少了水土流失，保护了耕地，同时有效地解决了航道淤浅的问题。广东省利用西江崖门出海航道疏浚工程，吹填造地近千亩。发展内河航运，少占耕地，不占耕地，甚至吹填造地，扩大土地资源的优势，在五种运输方式中是十分突出的。同时，航道浚深加大了行洪断面，提高了防洪标准，综合效益也是显著的。

5. 坚持基建体制改革，采用先进的管理办法。两年来，按照建立社会主义市场经济体制的要求，进行了内河航运基建体制改革，推行了项目法人负责、工程监理制，完善了招标投标制、合同管理制。广西自治区交通厅成立业主执行机构“西江航运建设二期工程指挥部”，负责贵港枢纽工程征地、计划、项目招标签约、资金筹集、支付、竣工验收及外部协调工作；通过招标投标，择优选定承包商；同时组建“西江航运建设二期工程监理部”，负责合同项目的进度、投资、质量控制。他们还组织开发了“内河航运建设项目管理及监理微机网络系统”，大大提高了管理效率。江苏省在苏南运河整治工程中，改变以往工程建设成立指挥部的传统做法，将工程建设项目管理工作交由厅航道局和沿线各市航道部门，严格实行目标责任制、投资包干责任制等管理制度，不仅节省了人员和各种经费开支，提高了工作效率，还锻炼了航道职工队伍，培养了各级航道建设管理人才，形成了“艰苦奋斗、自加压力、奋力进取、无私奉献”的运河精神。

6. 积极推广应用新工艺、新材料、新技术，提高工程的科技含量。依靠科技进步是振兴内河航运建设事业的重要途径。两年来，围绕内河航运建设发展的总体目标，积极进行了航道整治工程新工艺、新材料、新技术的开发和推广应用。苏南运河整治工程，部分航段采用土工布、水泥粉喷桩、细粒混凝土输送泵施工等新工艺、新材料、新技术，处理大面积滑坡、流沙地段、淤泥或软土地段。针对部分航段船舶运量大，无法断航施工的状况，在不少桥梁施工中采用了转体施工新工艺，有的还采用了在老桥上架新桥，再利用新桥拆老桥的做法。这些新材料、新工艺、新技术的应用，既减少了工程量，又节省了经费，加快了工程进度。长江界牌水道整治工程，摸索出了导轨牵引滑动法，成功地解决了深水土工布软体排沉放问题，还通过全面质量管理活动，较好地解决了锁坝护岸段工程围堰、丁坝沙枕坝心施工、水力冲枕冲填量控制等技术问题，保证了施工质量。会上，江苏、广西等省、区将介绍他们的好的做法和经验，部分经验将以书面形式进行交流，希望大家互相学习、积极推广。

（三）内河航运建设当前还存在的一些问题

两年来，全国内河航运建设虽然取得了较大进展，但内河航运的落后面貌尚未得到根本改变，同水路运输发展的要求，同综合运输体系建设的要求，同保障国民经济持续、快速、健康发展的要求相比，都不相适应，仍然是我国综合运输体系中最薄弱的环节。目前内河航运建设存在的问题，主要表现在以下几个方面：

一是内河航道多数仍处于自然状态，通航能力低，一些有重要通航价值的河流上的碍航闸坝还未能得到较好解决，碍航闸坝问题仍较严重。全国现有各种碍航闸坝2 500多座，其中在通航河流上有1 300多座，由于缺少过坝设施，碍航总里程4万多公里，其中分段通航20 400公里，断航20 030公里。如作为西南地区主要是贵州、广西、云南水运通道的红水河，由于历史的原因，水资源没能综合开发利用，特别是大化电站建坝后航道条件大为改善，由于没有过坝设施，造成断航20多年，沿河地区广大人民群众特别是贵州黔南地区少数民族对此反应强烈，邹副总理也曾对此做过多次批示，但到目前为止，红水河复航问题还没有得到全面解决。红水河如果全面复航，黔西南地区通过南北盘江进入红水河、黔江，直接与西江干流相通，这个地区的资源优势可以变为商品优势，对这个少数民族地区的脱贫致富极为重要。从发展内河航运事业来讲，不仅是干流梯级开发，而且是水系的流域开发，可以促进整个地区的经济发展。

二是资金紧张，有些地方的配套资金不到位，建设速度慢。“九五”时期是建国以来内河航运建设资金需求最多的5年，中央和地方筹资（含世行贷款）比例大体相当，1996和1997年中央投资已基本到位，但由于一些地方至今没有比较固定的资金来源，或虽有了资金政策却未能较好地落实，或因建设项目多、资金不能集中使用，使得地方内河航运建设的重点项目资金缺口较大，不能不放慢建设速度。

三是部分项目前期工作进度较慢。前期工作已抓了多年，虽然有所改善，但与建设需要相比仍有很大差距。在“九五”新建项目前期工作中，长江干线港口项目完成可行性研究报告审批的不到80%，航道项目仅占30%，支持系统项目占40%；黑龙江完成可行性研究报告审批的不到40%。

四是内河港口泊位少，多数港口设施和装卸工艺落后，有的地区内河港口布局不合理，重复建设的现象比较严重，一些企业“大而全”、“小而全”的观念没有转变，盲目建设专用码头，不仅规模较小，而且布点多，建成以后服务面小，货源不足，能力得不到充分利用。

五是内河船舶船型杂乱，平均吨位小，水泥船多，安全性能差、能耗高、污染严重。随着航道基础设施的改善，船舶标准化、规范化已成为十分紧迫的问题。先进的航道设施，落后的船舶装备，是制约内河航运发展的重要原因。任其发展下去，就失去内河航道建设的意义。如京杭运河苏北段按三级以上航道标准整治后，可全年通航1 000吨级以上船舶和船队，近几年来虽然运量和船舶数量增长较快，但标准船型微乎其微，大部分船舶为100吨左右的舱口驳及挂桨机船，还有许多30吨以下的小船。长江干线、西江干流的船型也未达到与航道相应的标准。这不仅严重影响了航道通过能力，影响了内河航运效益的发挥，也造成了环境污染和航道阻塞。

我们要认真总结内河航运建设的经验，高度重视所面临的困难和问题，进一步认识内河航运建设的重要性和迫切性，采取有力措施，尽快改变我国内河航运建设的落后面貌。

二、全国内河航运建设面临的新形势和主要任务

党的第十五次全国代表大会确定了高举邓小平理论伟大旗帜，把建设有中国特色社会主义事业全面推向21世纪的战略任务。我们要按照十五大精神，紧密联系实际，推动全国内河航运建设深入发展。

（一）内河航运建设面临的新形势

从现在起到下世纪的前十年，是我国实现第二步战略目标、向第三步战略目标迈进的关键时期。根据全国人大通过的《国民经济和社会发展“九五”计划和2010年远景目标纲要》，我国内河航运面临着新的发展形势：

——国民经济持续发展，内河航运将进一步发挥重要作用。改革开放以来我国经济一直处于快速发展中，特别是近几年国民经济成功地实现了“软着陆”。可以预见，世纪之交我国国民经济仍将保持持续、快速、健康发展的态势。我国经济发展是以能源、原材料等大宗货物运输作保障的，随着市场经济的活跃、区域经济的发展等，将带来交通运输量的继续增长。同时，随着内河航运“一纵两横两网”的逐步完善，对国民经济的支持保障能力也将进一步提高。

——生产力布局的改善，对内河航运的需求提出更高要求。冶金、石化、电力、汽车等主导产业多是大用水、大耗能、大运量的产业，随着市场机制进一步发挥作用，沿江布局、依水建厂的趋势会更加明显，对内河航运的运输需求和规模化、集约化要求也更加强烈。如广东东平水道68公里航道整治后沿岸已建码头泊位20多处，建厂30多家，年运量从1990年的800多万吨猛增到1996年的4 200万吨。

——对外开放继续扩大，要求内河航运承担对外物资交流的任务将更重。继沿海经济发展战略之后，沿江、沿边、沿交通干线地区和内陆中心城市将成为外向型经济发展的新地域。对外开放的新格局，不仅要求水运在大通道上增加对外交流的能力，而且要求水运体系进一步完善，发挥内陆地区借河出海发展外向型经济的作用。

——东中西三大地带经济互补，七大经济区域逐步形成，需要内河航运发挥运输大通道的作用。实施以上海浦东为龙头的长江流域发展战略，推动了长江三角洲外向型经济迅猛发展，带动沿江产业带形成；长江三峡工程也在带动长江中上游地区以三峡建设为契机的资源开发，促进沿江社会经济的发展。西南和华南部分省区，以煤炭、水电、矿产资源开发为基础，将形成优势产业各异的能源基地、有色金属基地、磷化工基地、热带亚热带农作物基地及旅游基地。通过西江和水陆联运，把资源从相对落后的西南地区引到沿海，把技术、资金从华南地区推向内陆。中部五省是我国重要的农业基地、原材料基地、机械工业基地，长江水系贯穿其中，将在大宗物资运输方面发挥重要作用。

——运输结构变化，将对内河航运产生一定影响。京九铁路的建成，增加了一条南北运

输大通道，不仅在能源南调中缓解了沿海港口的紧张局面，而且会影响长江铁水联运的流量流向。南昆铁路与西江干线相连，使西南资源密集地区与外向型经济发达的珠江三角洲的交通联系更加顺畅。京杭运河徐州至济宁段三级航道的建成、淮河的治理，使煤炭得以大量南运；作为样板的江南运河整治工程，使该地区内河航运条件大为改观；水网运输会更加繁忙。

根据上述形势分析，预计2000年内河货运量和货物周转量分别为9亿吨和2 100亿吨公里，“九五”期间平均年增5%和5.8%；2005年分别达到11.8亿吨和2 850亿吨公里，“十五”期间平均年增4.9%和6.3%；2010年分别达到14.4亿吨和3 600亿吨公里，五年平均递增4.1%和4.8%。

未来十几年里，内河航运面临的新形势和新要求，既是挑战又是机遇。党中央、国务院十分重视内河航运事业的发展，我国《国民经济和社会发展“九五”计划和2010年远景目标纲要》继续把交通列为经济建设的战略重点，提出要加快综合运输体系建设，充分发挥包括内河航运在内的各种运输方式的优势。李鹏总理在1997年8月发表的《建设统一的交通运输体系》一文中更明确地指出：“我国的交通运输业应该以铁路为骨干，公路为基础，充分发挥水运，包括内河、沿海和远洋航运的作用，积极发展航空运输，适当发展管道运输，建设全国统一的综合交通运输体系”，“水运在我国有悠久历史，并不因为铁路、高速公路和航空等运输方式的发展而降低它的作用”，要“进一步加强水运建设”。国民经济和社会的发展，为内河航运带来了更加旺盛的市场需求；综合国力的提高，为内河航运发展提供了更加坚实的物质基础和资金来源；内河航运载重量大、能耗和成本低、不占地或少占地（处理好了，还可以造地）的优势，又为内河航运的发展提供了客观条件。我们要按照综合运输体系建设中“宜水则水、宜陆则陆”的原则，充分发挥内河航运的优势和潜力，加大内河航运建设的力度。

（二）内河航运建设的主要任务

1995年内河航运建设工作会议讨论确定了全国内河航运长远发展规划，这个规划的远景目标现在仍然不变，即坚持“统筹规划、条块结合、分层负责、联合建设”的发展方针，建设“一纵三横”水运主通道，共计20条河流，总长15 000公里，相应建设港口码头和支持保障系统，发展船舶运输。从本世纪末到下世纪前10年，或者更长一点时间，内河航运建设的主要任务是实现“一纵两横两网”全线贯通。

——京杭运河淮河主通道：在“九五”建成京杭运河江南段样板航道的基础上，沿京杭运河继续向北推进。以江苏、山东两省为主，对扬州至济宁段运河（湖区除外）完善护岸、设置标志标牌、进行绿化美化，让千年古运河再现青春。同时由江苏省结合水利工程，建设苏北运河的小船分流线（徐州至洪泽湖航道），为适应水网地区小船运输和提高大运河通行能力创造条件。淮河干流按照1 000吨级航道标准，梯级渠化结合疏浚，提高航道等级。

——长江水系主通道：干线上游航道，根据三峡水库不同蓄水位的要求，组织实施有关水运基础设施和支持系统设施的复建工程；中游航道，根据三峡枢纽运行给航道带来的影响，兴利除弊，整治碍航浅滩，提高航道等级；下游航道，重点整治长江口深水航道，在水利部门加固徐六泾节点、稳定“三沙”河段河势的基础上，做好治理白茆沙、福姜沙、通州沙航道前期工作。主要支流，建成湘江大源渡航电枢纽，使衡阳至城陵矶439公里航道全部达到1 000吨级标准；结合国家南水北调中线方案的确定，开发汉江航电枢纽工程，实现安康以下梯级渠化目标；根据安徽经济发展的需要，建设合肥至裕溪口1 000吨级航道，实现合肥地区借江出海的目的。

——珠江水系主通道：在建成西江二期工程的基础上，继续向矿山资源产地延伸。结合水电建设工程，打通并进一步改善南北盘江和红水河航道。同时搞好西南物资外运中转港的建设，在充分发挥已建成港口的作用的基础上，适当安排主要铁水中转港的建设。

——长江三角洲江南航道网：在京杭运河江南段、苏申外港线、长湖申线、杭申线等航道建设的基础上，有关省市要加强协调，按300～500吨级标准建设并沟通水网地区的跨省际干线航道。要按照“成网直达”的发展思路，继续整治连通运河干线两侧的支线河道，进一步完善本地区的航道网建设，以充分发挥内河航运的优越性。

——珠江三角洲航道网：重点建设莲沙容水道、小榄水道等1 000吨级航道；整治西江肇庆至崖门出海航道、白泥水至横门出海航道，以适应该地区江海直达运输需求。内河航运建设要“成龙配套”。内河航道、港口、船舶、水运工业、通信导航及其他支持保障系统，要统筹兼顾、协调发展。只有这样，才能形成整体优势，使内河航运建设取得显著成效。

（三）搞好内河航运建设需要采取的主要措施

为了搞好内河航运建设，我们要在借鉴我国现有经验和外国先进经验的基础上，采取以下主要措施：

1. 增加投入，确保建设资金到位，扩大筹资渠道。要使内河航运走出困境，迫切需要中央和地方各级政府继续给予资金上的扶持，加大对内河航运建设的投资力度。一方面，中央投资要保持现行政策的稳定。经国务院批准，车购费、港建费免交的预算调节基金和能源交通建设基金不再返回原资金渠道，作为内河航运建设基金，纳入财政预算管理。这项措施在“九五”建设中发挥了重要作用，要争取国务院批准，继续保持下去。另一方面，地方投资要扩大新的来源。近两年来，各地区内河建设资金到位不平衡，地方配套资金的缺口较大。希望各省、自治区、直辖市交通部门在争取地方预算内投资、经批准开征专项建设基金等方面，相互学习借鉴；在利用外资、以电养航、水资源综合利用、土地综合开发、实行股份制等方面，开拓思路，扩大筹资渠道。通过投资主体多元化，加大内河航运建设的投资力度。李鹏总理在《建设统一的交通运输体系》一文中指出：“整治内河航道和建设泊位的资金，一方面依靠国家和地方政府的投入，一方面建立内河航运建设基金”。我们要采取有效措施，落实国务院领导的指示。

2. 发展建设市场，提高管理水平。一是在工程建设中，要以整顿建设市场、提高工程质量、控制工程造价为重点，搞好建设项目的管理工作。二是在日常的养护工作、运营工作中，要贯彻实施《质量振兴纲要》、《内河航道管理和养护工作纲要》，切实把现有的航道、船闸、港口、船舶养好管好。三是在水运管理体制方面，要深化改革，不断提高内河航运管理水平。四是加强立法，规范管理。要积极促进《港口法》、《航道法》早日出台，抓紧《船舶法》、《水运法》的起草工作，提高依法行政的层次和力度，使内河航运管理工作走上法制化、规范化轨道。五是引进现代化的管理手段。要运用微机、标志、标牌以及电视、雷达、全球定位系统（GPS）等现代监控手段进行管理。标牌设计要考虑到夜间航行和远距离航行，使之更明显、醒目；一些旅游航线，还要与国际惯例接轨，采用中英文对照，便于外国朋友识记。

3. 依靠科技进步，加快船舶更新改造。目前，随着航道、港口设施的改善，实现船型标准化已成为内河航运转变增长方式的一个紧迫问题。一方面，要制定内河船舶的技术政策和技术标准，加强船型标准化工作，研制和推广技术经济性能好、符合航道等级标准的船型，包括建造一些舒适、快速的新型旅游客船。另一方面，要采取正确引导与强制推行两种手段相互配合，充分发挥市场机制的作用，通过经济的、技术的、法律的、行政的措施，更新老旧船舶，淘汰木质和水泥船。船检、港监、运管、航道等部门要按照各自分工，研究制定有利于标准船型发展的货源分配、规费标准等方面的优惠政策；同时，要把船舶的技术标准作为控制市场准入的条件和手段，逐步提高内河航运的整体素质和水平。在这次会议上，部科技司、水运司提出了《加强内河运输船舶船型标准化及管理工作的意见》（草案），征求大家意见，修改后将颁发执行。除此之外，还要组织力量对内河航运建设的重大技术问题，如对高坝通航技术及高水位差下的港口装卸工艺进行科技攻关；在航道整治、码头建设中，采用现代技术手段提高勘测设计的质量，提高施工的机械化水平；注重采用新工艺、新材料、新技术，提高工程质量，降低建设成本。

4. 抓紧抓好建设项目的前期工作，提高工作质量。今后两年多时间里，我们要在确保完成“九五”内河航运建设任务的同时，作好“十五”计划及2010年发展规划的前期准备工作。交通基础设施建设的前期工作，从广义上讲，包含了发展战略研究、长期规划、五年计划和建设项目的可行性研究、初步设计等一系列具体工作，是基本建设科学管理的重要组成部分。按照水资源综合利用的原则，我们要积极配合水利水电部门对我国大江大河和主要支流进行梯级开发的战略性规划，发展内河航运事业。内河航运建设的前期工作是项目决策和立项的基础，也是项目能否顺利实施、投入产出是否合理的保证，各级领导务必高度重视，加大工作力度，提高工作质量。凡是“十五”初期开工的项目，要在2000年以前完成前期工作；“十五”中期开工的项目，要在2001年以前完成前期工作；“十五”后期开工的项目，要在2002年以前完成前期工作。部拟于今年第四季度召开全国公路、水路交通建设前期工作座谈会，请各省、自治区、直辖市交通部门的领导，组织力量，做好准备。

搞好内河航运建设工作，关键在领导。实践证明，在内河航运有发展潜力的省、自治区、直辖市，主要领导同志的重视程度直接关系到建设投资能否到位、建设项目能否顺利实施、内河航运事业能否兴旺发达。各级交通部门的领导同志一定要切实负起责任，按照十五大要求的“抓住机遇而不可丧失机遇，开拓进取而不可因循守旧”，加大工作力度，把内河航运建设事业搞上去。

同志们！内河航运作为我国统一的交通运输体系的重要组成部分，具有许多其他运输方式不可取代的优势和发展潜力，这一点在上次内河航运建设工作会议上已经取得了共识。这次内河航运建设现场会，大家耳闻目睹，又有了进一步的切身体会。让我们高举邓小平理论伟大旗帜，在党中央、国务院领导下，再接再厉，艰苦奋斗，为改变我国内河航运的落后面貌、实现水运主通道建设的远景目标而努力奋斗！

加快公路建设　深化体制改革
促进国民经济持续快速健康发展

——黄镇东部长在全国加快公路建设工作会议上的讲话

（1998年6月20日）

同志们：

为应对东南亚金融危机，党中央、国务院制定了今年“务必使全国经济增长速度保持8%，进出口总额继续增长，人民币汇率基本稳定”的宏观经济目标，作出了加快基础设施建设扩大内需的重大决策，而加快公路建设是重要措施之一。朱镕基总理对加快公路建设非常关心、重视，从今年2月开始，多次听取汇报，作了批示，几项加快公路建设的重要政策，亲自作出了决定。这次会议也是朱镕基总理同意召开的。邦国副总理对加快公路建设抓得很具体、很实在，帮助我们解决了很多难题，又专程来福州参加加快公路建设工作会议，要与我们座谈，并要作重要讲话，给我们鼓劲。国务院的各个综合部门和银行系统的各级领导对加快公路建设十分支持，这次会议这么多的部门和银行来参加，还是第一次，所以，我们一定要开好这次会议。这次会议的主要任务是，贯彻落实党中央、国务院关于加快公路建设的指示精神，进一步提高认识，统一思想，明确任务，制定措施，动员全国交通系统和全社会力量，把我国公路交通事业推向一个新的发展阶段，为国民经济持续、快速、健康发展作出贡献。

一、目前我国公路交通的状况

（一）全国公路建设取得的主要成就

改革开放以来，特别是“八五”以来，我国公路交通事业进入了快速发展的新时期。

1. 公路建设速度加快，基础设施落后面貌明显改变。到1997年，全国公路通车里程达到122.6万公里，比1978年增长33.6万公里，比1990年增长19.8万公里。公路密度达到12.77公里/百平方公里，每百平方公里比1978年提高3.5公里，比1990年增加2.1公里。公路质量也有了较大提高，等级公路的比重达到81.3%，比1978年提高23.5个百分点，比1990年提高9.3个百分点，其中，二级以上的公路达到13.09万公里；高速公路从无到有，1997年末达到4 771公里；高级、次高级路面铺装率达到38.1%；等外公路比重大幅度下降，从1978年的36.94万公里下降到1997年的22.89万公里。目前，长达35 000公里的“五纵七横”国道主干线规划正在实施，其中“两纵两横三个重要路段”，全长17 000公里，已完成6 513公里，正在开工建设6 320公里，分别占36.6%和35.5%，与此相配套的公路主枢纽也已起步建设。公路通达深度有了进一步提高，实现了县县通公路，全国乡（镇）通公路、行政村通机动车的比例由1990年的90%和78%上升到1997年的98.5%和85.8%。

1985年至1997年，全国共投入交通扶贫资金236亿元，为贫困地区新、改建公路20.8万公里，新建桥梁、隧道12 565座、49.5万延米，为3 600多个乡镇修通了公路。大中城市出入口公路、口岸公路、陆岛公路、国边防公路等都得到改善。20年来，建成500米以上的桥梁667座、250米以上隧道263处，其中一部分桥梁、隧道的规模和技术达到了国际先进水平。

2. 公路运输能力显著增强，在综合运输体系中的地位进一步提高。公路交通条件的改善，特别是高速公路的发展，使公路运输能力显著增强。民用汽车从1978年的135.8万辆增加到1997年的1 219万辆。其中，客车净增554.7万辆，货车净增501.1万辆。1997年，全社会公路运输完成客运量120.5亿人次，旅客周转量5 541亿人公里，货运量97亿吨，货物周转量5 271亿吨公里，分别比1978年增加7倍、9倍、10倍和18倍，比1990年增加85.9%、111.4%、34.9%和57%。全社会公路运输完成的客货运量和客货周转量占五种运输方式的比重已从1990年的83.9%、40.6%、74.6%和12.8%分别上升到1997年的90.9%、55.4%、76.6%和13.8%。公路班车客运、旅游客运、出租客运、包车客运稳步发展，货物集装箱、零担、大型物件、冷藏保鲜、危险货物等专项和特种运输快速发展。尤为引人注目的是依托高等级公路的快速客货运输迅猛发展，凭借机动灵活、门到门、快速便捷的优势，在五种运输方式中显示出较强的竞争力，促进了综合运输结构的调整和运输服务水平的提高。

3. 公路交通对国民经济和社会发展的促进作用越来越大。公路交通的发展，改善了投资环境，促进了沿线地区国土开发和产业结构调整，对社会发展产生了积极影响。特别是高速公路的建成，既为客流、物流提供了快速通道，又促进了沿线产业带的形成和经济的繁荣，如沈大、济青、京津塘、广深、昌九、京石等高速公路沿线地区的经济增长速度明显高于周边地区。各地机场公路、疏港公路以及重要能源和原材料产地公路的普遍改善，提高了铁路、水运和民航港站枢纽的通过能力，促进了综合运输体系的发展。扶贫公路的建设，改善了贫困地区的交通条件，加快了脱贫致富步伐，为实施国家"八七"扶贫攻坚计划作出了贡献。公路的发展，扩大了需求，增加了就业机会，带动了建材、石化、机械、汽车、运输、旅游、商业等相关行业的发展，促进了国民生产总值的增长。一条条公路的开通，使沿线人民群众开阔了眼界，转变了观念，促进了精神文明建设和社会进步。

（二）公路建设的主要经验

改革开放以来，各地在公路建设的实施中，努力探索，勇于开拓，积累了许多好的经验和做法。主要是：

1. 公路建设必须紧紧依靠各级党委、政府，紧紧依靠人民群众。公路建设需要巨额的资金投入，涉及到社会的方方面面，必须发挥中央和地方两个积极性，得到全社会的理解和支持。在"统筹规划、条块结合、分层负责、联合建设"的方针指导下，各级党委、政府都把公路建设作为本地经济发展的重点，纳入经济建设的总盘子，列入重要议事日程，形成了公路建设一把手抓、抓一把手的良好局面，制定了许多有利于公路发展的优惠政策；广大人民群众自力更生，艰苦奋斗，积极主动的参与公路建设，使公路建设由单一部门行为转变为整个政府行为，由行业行为转变为社会行为，有力地促进了公路事业的发展。

2. 公路建设必须根据国民经济和社会发展需要，制定科学的规划。从“七五”末开始，我们在充分论证的基础上，提出了从1991年起用大约30年时间建设我国公路、水路交通“三主一支持”的长远发展规划，相应编制了公路“五纵七横”国道主干线规划和公路主枢纽布局规划，明确了分步实施的主要目标：在“五纵七横”国道主干线建设取得明显进展的同时，到2000年或稍长一段时间完成“两纵两横三个重要路段”的建设，即黑龙江同江～海南三亚、北京～珠海、江苏连云港～新疆霍尔果斯、上海～成都和北京～沈阳、北京～上海、四川成都～广西北部湾。各省、市、自治区在这一宏观规划的指导下，制定了本地区的区域路网规划。全国公路发展的长远规划对公路基础设施建设起到了宏观指导作用，避免了重复建设、盲目建设。

3. 公路建设必须改革投融资体制，多渠道筹集资金。公路建设能够取得显著成绩，很重要的一个原因就是改革了投融资体制。公路建设资金由单纯依靠计划投资，逐步发展到政策筹资和社会融资，从单一的养路费、车购费发展到向银行贷款、向社会发行债券、股票和有偿转让公路收费权以及利用外资等，逐步建立并坚持了“国家投资、地方筹资、社会融资、利用外资”和“贷款修路、收费还贷、滚动发展”的投融资机制，有效地缓解了公路建设资金严重不足的状况。

4. 公路建设必须依靠科技进步和提高劳动者素质。近年来，我们实施了“科教兴交”战略和“交通人才工程”，加强了对公路交通专业人才的培养，同时围绕公路建设开展科技攻关。公路交通专业人才逐年增加，在公路建设和管理工作中，充分发挥着骨干作用。公路和桥梁的CAD技术以及航测遥感技术、半刚性基层沥青路面结构、各种形式的水泥路面结构技术的开发利用，提高了公路建设速度和质量，降低了造价。以江阴、铜陵、黄石、万县长江公路大桥和虎门、海沧公路大桥为代表的深水、大跨径桥梁设计和施工技术，达到了世界先进水平。高等级公路的安全、监控、收费、通信系统的开发，显著提高了通行能力。路面与桥梁评价养护管理系统的推广运用，使传统的养护管理从经验型向科学型转变。

5. 公路建设必须加强市场管理，确保工程质量。为了加强公路建设市场管理，制定了《公路建设市场管理办法》，对公路建设市场的运作行为进行了规范。在公路建设中，广泛推行了国家基本建设的四项基本制度，即项目法人责任制度、资本金制度、招投标制度和工程监理制度；强化了体现市场经济机制的项目合同管理；在建设项目管理上引进、吸收了菲迪克条款，工程项目从论证到设计，从施工到验收，坚持了质量第一的原则，严把质量关，工程建设质量普遍有所提高。

（三）当前公路建设存在的主要问题

改革开放20年来，我国公路建设取得的成就是举世瞩目的，但是由于基础差、底子薄、欠账多，从总体上看还远不能适应国民经济和社会发展的需要。主要表现为：

1. 公路基础设施总量不足。目前，我国的公路通车里程与我国的国土面积和人口数量相比，仍相当落后。公路密度每百平方公里美国为67公里，英国为160公里，法国为147公里，日本为303公里，巴西为23公里，印度为61公里，而我国只有12.8公里。每万人拥有公路长度，美国为242公里，英国为63公里，法国为140公里，日本为91.5公里，巴西为126公里，印度为22公里，而我国只有10.2公里。高速公路通车里程仅是美国的

1/20，加拿大的1/4，至今没有一条横连东西和纵贯南北的高等级公路大通道，无论是全国还是区域均未形成具有规模效益的路网，断头路、“瓶颈路”尚未从根本上消灭。全国还有1.5%的乡镇不通汽车、14.2%的行政村不通机动车。

2. 公路基础设施质量不高。从总体上看，我国公路技术等级低、通行能力差、抗灾能力弱。三级以下的公路占89.3%，等外路占18.7%，大部分还是低等级公路，二级以上公路只占总里程的10.7%。混合交通严重，车辆拥挤度大，平均行车速度低，导致车辆油耗高，营运效率低。每年水毁、泥石流、滑坡等自然灾害造成公路损毁严重，损失达数十亿元。

3. 公路建设资金缺口很大。我国的公路交通之所以落后，根本的原因是长期缺少建设资金。“七五”以来，国家出台了多项政策，使公路建设有了比较稳定的资金来源，但与公路建设规模要求相比，资金缺口仍然很大。公路作为国家的基础设施，除了少量的高等级公路可以作为收费公路外，大量的普通公路是社会公益性的，不应该作为收费公路建设。由于资金不足，近年来，各地大量使用了国、内外银行贷款、债券，甚至集资进行公路建设，到1997年底，全国公路建设利用国内外银行贷款余额达到1 600亿元，还本付息的压力很大。今后的建设更需要大量的资金。因此，资金短缺将是公路建设长期面临的问题。

4. 公路建设项目的前期工作比较薄弱。一是前期工作进度滞后，“九五”期间要建设的“两纵两横三个重要路段”，还有将近三分之一处于前期工作阶段，成为影响工程进度的一个制约因素；二是有些项目的前期工作深度不够，质量不高，有的把项目可行性研究报告作为“可批性报告”，有的随意提高建设标准，改变建设规模，造成建设成本上升和资金浪费；三是公路的国家路网和地区、区域路网建设关系处理不妥，重点不突出，规模效益难以发挥，更缺少建设项目的技术储备，前期工作的超前性差等。

二、加快公路建设的目标、任务和措施

加快公路建设是党中央、国务院作出的重大决策，是确保今年经济增长目标的重要措施之一，对于维护改革、发展、稳定的大局具有战略意义，也为改变我国公路交通滞后局面带来了极好的机遇。交通系统各级领导要充分认识肩负的崇高使命，以高度的政治责任感，积极行动起来，采取有力措施，确保完成今年和未来几年的建设任务。

（一）加快公路建设的主要目标

党中央、国务院要求，“九五”后三年，重点加快同江至三亚、北京至珠海、重庆至北海和上海至成都、连云港至霍尔果斯以及北京至沈阳、北京至上海即“两纵两横三个重要路段”的建设；按照“五纵七横”12条国道主干线的建设规划，逐步加快车流密度大的路段的建设；提高现有路网的等级和质量，提高乡村公路的通达深度。

按照党中央、国务院的总体部署，我们加快公路建设的主要目标是：快干七条线，建设主骨架，改善公路网，扩大覆盖面，力争全国公路在总量、质量和管理水平上实现新的突破。到2000年，“两纵两横三个重要路段”中的北京至沈阳、北京至上海和西南出海通道等三个重要路段基本贯通；到2002年，“两纵两横三个重要路段”基本建成。到2000年，全国公路总里程将达到130万公里以上，高速公路超过8 000公里，二级以上公路超过16万

公里。投资总规模将到5 000亿元。

1. 集中力量，建设横连东西、纵贯南北的公路大通道。按“九五”规划，要加快建设“两纵两横三个重要路段”和“五纵七横”国道主干线上车流密度大的路段。到2000年，全国公路总里程增加7.4万公里，新增高速公路3 200多公里。建设一批具有国际先进水平、对国民经济和社会发展有重大意义的特大型桥梁和隧道，如深圳湾公路大桥、厦门海沧公路大桥，江阴、扬镇、南京、芜湖、武汉军山、重庆等长江大桥，洞庭湖、鄱阳湖大桥以及四川二郎山隧道、鹧鸪山隧道和陕西秦岭隧道等。

2. 强化路网改造，消灭国道干线上的断头路。东部地区的国省干线和重要县道原则上按二级及以上标准进行路网改造；中西部地区的国省道干线一般也要按二级以上标准建设，交通量较小的国省干线和重要县道原则上按三级及以上标准进行路网改造，使现有公路的等级和路面质量跃上一个新台阶。到2000年，力争二级以上公路净增3万公里，总量接近16万公里，占全国公路总里程的比重达到12.3%。

3. 县乡公路、扶贫公路及国边防公路建设取得新的进展。到2000年，新增通公路的乡镇240个、行政村3万多个，进一步提高乡村道路的通达深度；完成交通扶贫计划确定的公路建设任务，建成公路或乡村道路15万公里；建成一批新的国边防公路，特别是要加强进藏公路、沿海主要通港公路和沿边地区断头路的建设。

4. 以国道主干线为依托的公路主枢纽建设初见成效。重点建设公路主枢纽的信息系统。到2000年，建成100余座客货站场。

（二）今年公路建设的主要任务

国务院要求，今年公路建设要有突破，投资规模相应扩大，可比原计划增加30%以上，重点加快在建项目建设，并力争开工建设一批新项目。

据此，今年全社会公路建设投资，由原定1 200亿元增加到1 600亿元，增加400亿元，增幅为33.33%。按重点公路项目、路网改造和公路主枢纽、县乡公路和国边防公路三个层次安排：重点公路建设项目900亿元，路网改造和主枢纽建设500亿元，县乡公路、国边防公路建设200亿元。在项目安排上，从原计划135个重点建设项目中，选择有条件加快的项目101个，增加贷款353亿元；选择“两纵两横三个重要路段”中基本具备开工条件的项目14个和“五纵七横”国道主干线中重要项目14个共28个，作为新开工项目，增加投资90亿元，其中安排贷款47亿元。

上述计划完成后，今年可新增公路通车里程2.4万公里以上，公路总里程达到125万公里以上，提前两年超额完成“九五”计划123万公里的目标；新增高速公路通车里程1 117公里，比原计划821公里增加296公里，建成二级公路7 600公里；新增通公路的乡镇170个，使乡镇通公路的比重从1997年的98.5%提高到98.8%。

这一计划的实施，将对我国经济增长产生积极影响。根据国内外研究成果测算，今年全国公路建设投资规模如果比1997年增加400亿元，达到1 600亿元，可以相应拉动当年GDP增加值净增160亿元，达到654亿元；以1997年GDP为基数，拉动当年GDP增幅0.21个百分点；可增加就业机会75万个，达到325万个；增加水泥用量4 300万吨，沥青52万吨，钢材52万吨，木材38万立方米。

今年3月部召开加快公路建设座谈会，传达中央3号文件以后，各省市按照会议部署，迅速采取了行动，认真研究落实加快公路建设的具体措施。目前，绝大多数省市调整修订了今年的公路建设计划，积极落实建设项目，抓紧筹集资本金，落实银行贷款。据5月初统计，今年全社会公路建设计划总投资可以达到1 600亿元以上；拟使用银行贷款的建设项目266个，需国内银行贷款600亿元，目前已基本落实257亿元，占总贷款额的43%；今年计划新开工的28个重点公路项目，已开工2项，前期工作已完成5项，其他项目的前期工作也在抓紧进行。总的来看，形势比较好，全国范围加快公路建设的高潮开始形成。总体进度1~5月份累计完成建设投资305亿元，占年计划1 600亿元的19%，虽然比去年同期提高了2.7个百分点，比前年同期提高了4.1个百分点，但从加快公路建设的要求看，还不够理想。突出的问题是：公路建设资本金缺口较大，项目贷款落实进度比较缓慢；部分重大项目前期工作跟不上，已经影响按计划开工；少数地方动作迟缓，措施乏力，进展情况不能令人满意；南方地区今年雨水多，施工天数短，北方地区只有4~5个月施工期。时不我待，任务艰巨。这些问题，我们要高度重视，及时解决。

（三）完成公路建设任务的主要措施

1. 提高思想认识，加强组织领导。各级交通部门要深刻领会党中央、国务院的指示精神，进一步提高认识，增强责任感，将加快公路建设作为当前一项事关全局的政治任务，积极协调好各方面的关系，做好群众的组织发动工作，认真组织实施。一些行动较慢的地区，要立即按照加快建设的要求，制定切实可行的工作计划，明确阶段目标和工作进度，明确各方责任，定期督促检查。要重点抓住在建项目，落实资金，加快进度，凡是具备开工条件的，要早日开工。主要领导要亲自抓，层层抓落实，以推动公路建设工作顺利进行。

2. 抓紧落实国务院支持公路建设的政策措施。加快公路建设，增加贷款400亿元，必须解决资本金不足的问题。国务院已作出决定，采取以下几项措施：一是国家财政拨款30亿元资金，主要用于中西部公路建设。二是同意公路客运附加费每人公里增加1分钱，客运附加费作为公路建设基金，纳入财政预算管理，全额用于公路建设。从7月1日开始执行，今年可筹集资金20亿元。三是同意交通部与证监会研究，将效益好并有中央投资的收费公路项目进行资产重组，发行股票，争取年内上市，解决今年缺口的资本金。四是境内收费公路投资基金可作为产业投资基金试点。我部一定积极配合国务院有关部门，尽快组织实施；各省、市、自治区交通厅局也要会同当地有关部门抓紧做好银行贷款和有关政策的落实工作。

3. 争取地方政府继续对公路建设实施优惠政策。近年来，各级地方政府为支持公路建设，制定了许多优惠政策，对公路建设起到了巨大的推动作用。在当前加快公路建设的新形势下，各地要抓住机遇，拓宽思路，积极争取地方政府继续实施已有的优惠政策，增加地方财力对公路建设的投入；并从本地区实际出发，为公路建设出台一些新的支持政策；在政策允许的范围内，为公路建设的征地、拆迁、施工、占地、用料等方面营造宽松的环境。

4. 加快建设项目的前期工作，确保工作质量。建设项目的前期工作是加快公路建设的决定性因素之一，要尽快扭转前期工作滞后的局面。对今年计划新开工项目，要集中力量，逐个突破，确保年内开工建设；对今后两年的公路建设项目，应统筹规划，分清轻重缓急，确定各项目前期工作完成时间；要加强领导，实行目标管理，做到组织、人员、资金三落实；加强检查督促，保证质量和进度；争取简化项目审批程序，赢得时间。建设项目的前期工作一定要满足建设工作的需要，并留有一定的技术储备。

5. 切实抓好银行贷款的落实到位。中央指出，加快公路建设的资金来源主要是增加银行贷款和发行公路债券。中国人民银行和工商银行、建设银行、开发银行、招商银行等国内主要银行认真落实国务院的决策，积极主动采取措施，筹措调拨资金，增加公路建设贷款。当前的关键是我们要抓好贷款的落实到位。各地交通主管部门和建设业主单位，要根据统一规划和建设重点，及时准备好项目，配足资本金，主动与银行洽谈，加快项目贷款的落实。现有的收费公路和养路费或各地建立的公路建设基金，取得银行同意后可以作为贷款和发行债券的担保。部将在各个方面积极予以协调和支持。

6. 加强公路建设市场监管，确保工程质量。各级交通主管部门和建设业主单位，要严格按照公路建设市场管理的有关规定，实行基本建设"四项制度"，以提高工程质量、规范市场行为、控制工程造价为重点，搞好建设市场的管理工作。要严格基本建设程序管理，加强设计文件、招标文件的审查和施工单位、监理单位的资格预审；要规范建设单位项目报建、开工报告审批和招投标行为，强化对建设单位、施工单位和中介机构的监督约束，杜绝非法分包、转包；要完善质量保证体系，加强技术指导和监督，加大质量监督力度。交通主管部门要组织力量，深入一线检查、指导，对履约差和出现严重质量问题的单位，要及时严肃查处，直至清退出场。

7. 依靠科技进步，提高公路建设效益。要积极采用航测遥感、全球卫星定位系统、地理信息系统以及计算机辅助设计（CAD）等公路测设技术，大力推广软土地基处理、改性沥青和路面防滑等新技术、新工艺、新材料，组织钢箱桥梁桥面沥青铺装技术的联合攻关，努力跟踪国外公路、桥梁建设的先进技术，重视应用信息、微电子和自动控制技术，提高公路、桥梁和隧道的勘测、设计、施工技术水平，不断提高公路建设的科技含量，加快建设速度，提高质量，降低成本。

三、深化公路管理体制改革

深化公路管理体制改革是加快公路建设的动力和条件，建立科学的管理体制必将提高公路的营运效益，有力地推动公路事业的发展。因此，深化公路管理体制改革也是公路事业健康发展的重要任务。

（一）公路管理体制改革的必要性和紧迫性

我国现行的公路管理体制在公路规划、建设、养护、管理等方面，都发挥了十分重要的作用。但是，随着改革开放的不断深入，这种在计划经济框架下形成的管理体制，已经不能适应公路事业发展的需要。一方面，传统管理体制的种种弊端逐步暴露出来；另一方面，随着公路事业的发展，公路数量的增加和技术标准的提高，特别是收费公路的出现等，都给管理工作带来了许多新情况、新问题。加之多年来，我们的主要精力放在公路建设方面，对公路管理体制改革问题研究不够，因而存在的问题比较多，主要表现在以下3个方面。

1. 政企不分，事企不分，大锅饭严重。目前的公路管理机构，既有代表国家管理公路的行政职能，又承担着公路的设计、施工、养护等生产任务，政事企合一。这种体制，生产按计划安排，经费按人头划拨，大锅饭现象十分严重。干部职工的竞争意识、忧患意识比较淡薄。大量的各类站、厂、库和设计、施工、养护等生产性单位，都依附于各级公路管理机构，长期依靠吃养路费过日子。这样，既影响了公路管理，又压抑了生产单位的积极性和主动性。

2. 机构重叠，职能交叉，关系不顺。当前公路管理机构重复设置的问题比较突出，部分省（区）在公路管理局以外，又平行设置了高速公路管理局或高等级公路管理局以及路政管理局，有的还准备设置收费公路管理局等，在一个行政区域内出现了几个公路管理机构，形成了多头管理。此外，机构名称也不规范。省一级公路管理机构的名称基本都叫公路管理局，到地市以下名称就比较乱，有叫公路管理局或分局的，有叫公路管理总段的，还有叫公路管理处等。同样的机构，同样的职能，做同样的事情，名称却多种多样。

3. 人员膨胀，队伍庞大，成本增加。近几年，全国公路系统人员急剧增加，从1980年到1997年净增31.2万人。同期公路里程增长38%，而养护职工增长55%。特别是行政管理人员比例过大，全国平均约占27%，个别省比例还要大。造成人员膨胀的原因，一是重复设置机构，扩充了人员；二是由于公路养护系统是事业单位，工资福利基本有保障，大锅饭的体制吸引大量的人员流入。人员膨胀，队伍庞大，挤占了大量的养护经费，公路的正常维修和养护得不到保证。

随着公路事业的发展，深化改革、加强管理已经成为当前的一项迫切任务。

（二）改革的指导思想和基本原则

为了促进管理工作进一步加强，推动公路事业更快更好地发展，从今年起，要结合政府机构改革，积极稳妥地推进公路管理体制改革工作。

深化公路管理体制改革的指导思想是：以党的十五大精神为指针，以“三个有利于”为标准，以《公路法》为依据，按照建立社会主义市场经济体制的要求，精简机构，理顺关系，消除弊端，加强管理，提高效率，努力构筑一个科学合理的公路管理体系，建设一支高素质的专业化公路管理队伍，逐步建立符合社会主义市场经济体制要求的公路管理体制。

基本原则是：

——按照建立社会主义市场经济体制的要求，转变管理职能，政企分开、事企分开。

——按照精简、统一、效能的原则，调整机构，精兵简政。

——按照权责一致的原则，明确职能，划分权限，克服多头管理、政出多门的弊端。

——按照依法治国的原则，加强公路法制建设，依法行政。

——按照质量、效益原则，改革公路养护体制。

（三）改革的主要任务

1. 改革管理机构，建立一支高素质的专业化管理队伍。依据《公路法》，公路管理机构从中央到地方按四级设置，每一级设立一个公路管理机构，在政府交通主管部门的领导下，行使本辖区内公路的规划、建设、养护、路政和收费公路等有关行政管理职责。同时规范名称，建议省级、地市级公路管理机构的名称为公路管理局，县级公路管理机构的名称为公路管理段。各级公路管理机构在改革中，都要政企分开、事企分开，转变职能，精简机构，压缩编制，加强对公路管理人员的培训，严格按照标准录用公路管理人员，建立起精简高效、运转协调的管理机构，培养一支高素质的管理队伍。

2. 建立符合现代企业制度的高速公路经营管理体制。高速公路的经营管理要按照“产权清晰、权责明确、政企分开、管理科学”的现代企业制度的要求，组建高速公路经营公司，实行企业化管理。高速公路经营公司要根据高速公路的数量设立，注意规模经营、规模效益和调节建设还贷的能力，要有一定的规模要求，不能规模过小。高速公路经营公司的主要任务，是根据公路建设规划，负责高速公路的资金筹集、建设管理、收费还贷、保养维护以及其他经营管理，发展高速公路事业。高速公路的路政管理职责，由省级交通主管部门或授权省级公路管理机构行使。高速公路经营公司也要减员增效，避免人员膨胀。高速公路的收费站点要规范合理设置，避免多次收费。

3. 改革养护体制，提高公路的养护质量和效率。养护体制的改革要贯彻事企分开、提高质量和效益的原则。当前要解决的主要问题，一是实行事企分开，分离公路管理机构所附属的生产性单位，使这些单位转变为自主经营、自负盈亏、自我发展、自我约束的法人实体，进入市场，参与竞争。二是公路养护要逐步向社会化、专业化、机械化方向发展。各地要结合本地公路具体情况，对现有的养护道班进行调整改组，实行大道班管理，改变过于分散、效率低下的状况，实现限编减员，提高养护机械化程度，提高公路养护效率。具备条件的地方，可以成立专业化养护公司，实行企业化管理，独立核算、自负盈亏、参与公路养护市场的竞争。三是改革现行养护经费按计划安排的办法，推行养护工程费制度，按养护定额和养护工程量核定养护费用。养护工程也要实行招投标制和工程监理制，彻底改变养路费养人不养路的状况。四是要压缩养护队伍。各地要根据公路技术状况，严格核定人员编制，今后 3 年公路养护队伍分流、精简 30%。

4. 改革、完善公路建设市场管理。公路建设市场是打破地区和部门界限，面向全社会开放的市场。为建立一个统一开放、竞争有序的公路建设市场，各地要依据《公路法》和《公路建设市场管理办法》，对公路建设市场进行整顿，规范运作行为，维护市场秩序。重点是继续推行项目法人负责制度、招投标制度和工程监理制度，特别要加强对招投标工作的监督，切实做到工期合理、标段合理、报价合理。要严格合同管理，项目业主、设计、施工、监理等单位都要严格按合同办事。各级交通主管部门要加强监督检查，对不履行合同的单位或建设中的违纪行为，要认真查处。

5. 严格审批，规范收费公路的管理。“贷款修路、收费还贷”是国家为解决公路建设资金短缺、调动各方面力量发展公路事业的一项重要政策，《公路法》对收费公路的管理也作出了明确的规定，我们必须执行好。目前收费公路存在的突出问题是站点过多，特别是普通公路上的收费站点过密和高速公路省际间的重复设站收费，已引起社会的关注。各级交通主管部门对此要高度重视，按照“严格审批、清理减少、规范建设、文明服务”的要求，加强对收费公路的管理。首先，要严格审批，坚决杜绝越权或放宽条件审批。普通公路原则上不再增加新的收费站点，并逐步减少现有数量，直至取消普通公路的收费。二是依据《公路法》和有关规定，对收费公路进行清理。凡是不符合收费条件的，一律停止收费；已经还清贷款的普通公路，也要停止收费；对符合收费条件的公路，站点过密的，要合并站点，减少收费次数。高速公路收费站点的设置要合理安排，合理设站，省际之间不能设两个站，各收各的费。三是规范收费公路的管理。部正在制定收费公路管理条例，争取今年报国务院审批执行。四是对收费公路要严格要求，加强管理。所有的收费公路必须保持良好的路容、路貌和良好的站容、站貌，所有的收费人员必须具备良好的职业道德和熟练的业务技能，做到文明服务，礼貌收费，使公路收费站成为向社会展示公路行业良好形象的窗口。

关于费改税问题，最近国务院已明确先从公路交通突破，有关部门正在研究。我们要积极配合，做好工作，贯彻落实好国务院的决定。

6. 加强公路法规体系建设。要贯彻落实《公路法》，实现依法治路，必须尽快出台与之相配套的公路法规和规章，进一步完善公路法规体系。一是抓紧起草由国务院颁布的《收费公路管理条例》和《高速公路管理条例》，组织修订《公路管理条例》。二是抓紧制定由交通部颁布的《公路路政管理规定》等一批规章。三是加强地方立法。各地应根据本地区的实际情况，制定与《公路法》相配套的地方法规。四是做好现有法规、规章的清理工作。凡与《公路法》相抵触的法规要及时修改或废止。争取在“九五”期间初步建立起以《公路法》为龙头的公路建、管、养法规体系。

改革公路管理体制是一项十分艰巨而复杂的工作，也是一项涉及方方面面的系统工程。各级交通主管部门和公路管理机构应按照态度要积极、工作要扎实、步子要稳妥、推进要有序的要求，加强领导，深入研究，在抓好试点的基础上，逐步推开。

搞好国有企业，今年是一场攻坚战。全国交通系统的2 200多家国有汽车运输企业，从经营状况看，亏损的约占1/3左右，另外还有1/3处于保本微利状态，形势不容乐观。因此，搞好国有交通运输企业的任务十分艰巨。关于这个问题，将在会议总结时专题部署。

同志们，加快公路建设是党中央、国务院交给我们的一项光荣而艰巨的任务。圆满完成这项任务，关键在于加强领导，改进作风，狠抓落实。让我们在以江泽民同志为核心的党中央正确领导下，齐心协力，求真务实，苦干实干，为国民经济持续、快速、健康发展作出新的贡献。

贯彻落实中央决策　加快西部交通建设为实施西部大开发战略作出贡献

——黄镇东部长在西部大开发交通建设工作会议上的讲话

（2000 年 7 月 20 日）

同志们：

经国务院同意，今天我们在成都召开西部开发交通建设工作会议。会议的主要任务是，根据中央实施西部大开发战略部署的要求，分析西部地区交通工作面临的新形势，明确发展目标，制定发展措施，动员全国特别是西部地区交通系统和社会力量迅速行动起来，齐心协力，团结奋斗，真抓实干，把西部地区的交通建设推向一个新的发展阶段，为实施西部大开发战略作出贡献。

国务院领导同志十分重视这次会议。会议之前，邦国副总理和镕基总理先后专题听取了我部关于加快西部地区交通建设的汇报。明天邦国副总理将亲临会议，与同志们座谈，并就加快西部地区交通建设作重要指示。这是党中央、国务院对西部地区交通建设的关心和支持。国务院有关部委和金融部门的负责同志，以及西部地区省、区、市的领导同志都出席了这次会议。我们要集中精力，认真开好这次会议，使这次会议成为加快西部地区交通建设的动员会、誓师会。下面，我讲 3 个问题。

一、加快西部地区交通建设是实践“两个大局”战略思想和“三个代表”重要思想的具体体现

世纪之交，党中央、国务院按照邓小平同志“两个大局”的战略思想，作出了实施西部大开发的战略决策，对于中华民族全面振兴和共同繁荣，实现我国现代化宏伟目标，维护民族团结，保持社会稳定和巩固边防，不仅具有重大的经济意义，而且具有深远的政治和社会意义。加快西部地区交通建设是实施西部大开发战略的重要组成部分，也是西部大开发的基础性、先导性工程。因此，各级交通部门要把加快西部地区交通建设摆到更加突出的位置，高度重视，加强领导，精心筹划、精心组织，打好交通基础设施建设这场硬仗，促进西部大开发战略的顺利实施。

（一）我国交通事业的快速发展，充分证明实践“两个大局”的战略思想是我国经济社会发展的本质要求

改革开放初，邓小平同志指出，“沿海地区要加快对外开放，使这个拥有两亿人口的广大地带较快地先发展起来，从而带动内地更好地发展，这是一个事关大局的问题。内地要顾全这个大局。反过来，发展到一定的时候，又要求沿海拿出更多的力量来帮助内地发展，这也是个大局。那时沿海也要服从这个大局。”经过 20 年的实践，我国经济建设和各项事业

取得了举世瞩目的成就。国民经济发展第二步战略目标即将全面实现，翻两番的任务提前完成；温饱问题基本解决，到本世纪末人民生活将达到小康水平；社会主义市场经济体制将初步建立，全方位、多层次、宽领域的对外开放格局基本形成。特别是东部沿海地区的社会生产力水平有了显著提高。

国民经济的持续快速增长和总体实力的增强，为交通建设的快速发展创造了有利的条件。我国交通建设呈现出强劲的发展势头，公路、水运基础设施建设取得了长足进步。以公路交通建设为例，截止到1999年底，全国公路总里程达到135.2万公里，位居世界第四位。“六五”、“七五”和“八五”期间年均新增公路里程分别为1.1万、1.7万和2.6万公里。“九五”期间，由于国家采取扩大内需，拉动经济增长的积极财政政策，预计年均新增公路里程可达到4.8万公里。在公路总里程中，二级以上高等级公路达到16.9万公里，比改革开放初增加了12倍多。全国公路网密度达到14.1公里/百平方公里，比改革开放初增加了50%。高速公路从无到有，仅用10多年的时间就建成1.1万公里，跃居世界第三位。全国乡镇、行政村通公路的比例也由改革开放初的91.5%和65.8%上升到98.3%和90%，分别增长了7个百分点和24个百分点。

在全国公路交通发展中，东部地区的建设成就尤为突出。20年来，东部地区新增公路总里程19.6万公里，约占全国新增里程的43%；高速公路里程达6 768公里，占全国高速公路里程的58%；公路网密度也由1980年的22.3公里/百平方公里，提高到1999年的36.8公里/百平方公里。

我国公路交通建设之所以取得这样的成就，是认真贯彻“两个大局”战略思想，坚持解放思想、实事求是思想路线的结果，是紧紧围绕国家经济建设重点，服从和服务于国民经济发展大局，抓住机遇，充分调动人民群众积极性，采取积极财政政策，加快建设的结果。实践证明，“两个大局”的战略思想，完全符合我国社会主义现代化建设的实际。我们一定要继续贯彻“两个大局”的战略思想，加快西部地区交通建设，为实施西部大开发战略创造良好的交通条件。

（二）加快西部地区交通基础设施建设，是实践“三个代表”重要思想的具体体现

面对国际形势的发展变化和国内改革与建设出现的新情况、新特点，江泽民总书记提出“三个代表”的重要思想，这不仅是新时期加强党的建设的伟大纲领，也是做好交通工作的重要指导思想。

交通与国民经济、社会发展和人民群众生产生活密切相关。建国50年来，特别是改革开放20年来，我国西部地区交通事业也得到了较快的发展。截止1999年底，西部地区公路总里程达到41.7万公里，公路网密度达到7.8公里/百平方公里，均比改革开放初增加2.6倍。二级以上等级公路近2.8万公里，高级、次高级路面近12.1万公里，分别比改革开放初增加了9.4倍和5.2倍。高速公路里程达到1954公里，四川省高速公路里程有望突破1 000公里，广西、云南、陕西、重庆高速公路建设进展也较快。通乡、通行政村公路比重分别达到96%和80%。广西的西江，云南的澜沧江，四川、重庆、贵州的内河航运都有了较大的发展。但由于受历史、自然地理环境和经济社会等诸多因素的影响，目前，西部地区

公路交通发展水平与东部地区存在着较大的差距，而且差距还在拉大。从数量上看，1980年我国东部地区公路网密度是西部地区的4.2倍，到1999年差距扩大到近5倍。从质量上看，1980年我国东部地区二级以上公路里程占总里程的比重比西部地区仅多0.7个百分点，到1999年差距扩大到了11个百分点；西部地区高级、次高级路面里程比重也比东部地区少20个百分点；不通公路的乡镇、行政村数量分别是东部地区的20倍和2倍，占全国总数的94%和57.6%。有些可以通航的河流，由于种种原因，没有得到充分的利用。交通落后成为制约西部地区社会生产力发展的重要因素，影响了各族人民群众生活水平的提高，也制约了西部地区科技、教育、文化、卫生等各项事业的发展。

加快西部地区交通建设，是社会生产力发展的内在要求。通过发展交通，加快西部地区人流、物流、信息流，促进资源的开发和转化，不仅可以使西部地区蕴藏的土地、矿产、森林、旅游等资源优势转化为经济优势，变为现实的社会生产力，而且能为东部地区经济结构调整提供市场和能源、原材料支持，促进全国经济结构调整和产业化升级。

加快西部地区交通建设，对于打破西部由于交通落后而形成的地区封闭状态，促进文化交流，提高西部地区各族人民的思想道德水准和科学文化素质具有重要意义。加强社会主义精神文明建设，培养和造就一代有社会主义思想道德和科学文化知识的新人，就必须加速改变西部地区交通闭塞、信息不畅的状况。实施西部大开发战略，加快交通基础设施建设，正是促进西部地区全面走向文明进步的有力措施。

加快西部地区交通建设，符合西部地区各族人民群众的愿望和要求。西部地区各族人民思变盼富的愿望十分强烈，“要致富，先修路”。实施西部大开发战略，加快西部交通建设，不仅要打通西部运输大通道，与东中部联网，与周边国家连通，而且要着力改善西部地区的“微循环”，加快农村公路建设进度，解决偏远地区、民族地区以及深山区、石山区、黄土高原区、水库库区等地区不通公路的状况，为这些贫困地区的社会经济发展和脱贫致富创造条件。

加快西部地区交通建设，实践江总书记“三个代表”的重要思想，就要着眼于西部地区生产力布局和经济结构调整，切实改变西部地区经济社会落后面貌，缩小西部与东、中部地区发展差距，实现共同富裕，从而体现社会主义制度的根本原则和本质特征。

（三）以公路建设为重点，开创西部地区交通基础设施建设的新局面

朱镕基总理在去年底中央经济工作会议上的讲话中，在今年九届人大三次会议上所做的《政府工作报告》中，都强调实施西部大开发战略首先是要加快基础设施建设，指出这是实施西部大开发的基础，“必须下更大的决心，以更多的投入，加强基础设施建设”，“近期要以公路建设为重点，全面加强铁路、机场、天然气管道干线建设”。并提出“在西部地区搞基础设施建设，不仅投资大，而且某些项目短期难以见效，要有战略眼光，适当的超前安排”。朱总理的讲话，十分明确地阐述了交通基础设施建设在西部大开发中的地位和作用，完全符合西部地区的实际。这对我们明确西部地区交通建设重点，研究制定西部地区交通发展规划具有十分重要的指导意义。

我国西部地区地域广阔，地理条件复杂，人口稀少，生产活动分散，产品品种多样，且批量小、价格低、季节性强，客、货运输需求具有点多、面广以及批次多、运距短等特性。

公路交通运输机动灵活，方便快捷，直达性能好，能门到门服务，可以连接农村与城镇、产地与销地，直接服务于生产和生活。这种独特的优势决定了公路交通在西部开发和发展中占有特别重要的地位，是一种主要的运输方式。同时公路运输又是其他运输方式集疏运的主要工具。据1999年统计，目前在我国西部地区公、铁、水三种主要运输方式中，公路线路里程占90%以上；公路运输的客、货运量分别占综合运输总量的93.9%和87.1%，旅客运输周转量和货物运输周转量分别占综合运输总量的60.8%和32.8%，均高于全国平均水平。因此，以公路建设为重点加快交通基础设施建设这一决策，是符合我国西部地区经济发展实际的，也是完全正确的。在发展公路交通的同时，也应发展其他运输方式，特别是有条件的地方要重视水运基础设施建设，如四川、广西、贵州、云南、重庆等省、区、市水运资源丰富，其他省、区也有一些河流、湖泊、水库，具备发展航运的优势。要结合兴修水利，整治航道，发展航运，这样不仅占用土地少，投资省，见效快，还可以借江出海，是促进经济发展、扩大对外开放的重要举措。

党中央、国务院对加快发展西部地区的交通事业寄予了很大希望，要求我们真抓实干，奋发图强，为西部大开发创造快速、便捷的交通运输条件。西部大开发对加快交通建设来说既是机遇也是挑战。我们要知难而进，迎接挑战，要以对党和国家、对人民、对历史高度负责的精神，加快西部地区交通建设，力争用5到10年时间，使西部地区交通基础设施建设有明显的进展，为推动西部地区的经济繁荣、社会进步、民族团结创造一个良好的局面。

二、加快西部地区交通建设的有关政策措施

根据西部大开发对交通基础设施建设的要求，我部反复进行了以公路建设为重点的发展思路和政策研究，并与各省、区、市多次交换意见和讨论，形成了较为一致的意见，国务院领导同志也表示原则同意。水路建设发展思路的研究，尚在进行之中，今年我们将召开发展西部内河航运专家研讨会，集思广益，提出西部航运发展战略和规划目标。这次会议上希捷同志将就加快公路建设的指导思想、发展目标、建设重点作详细介绍。我在这里重点谈一谈有关的政策措施问题。

为确保西部大开发战略决策的顺利实施，根据改革开放以来取得的成功经验和西部地区的实际，同时借鉴国际上区域开发的先进做法，国务院西部开发办正在组织研究落实相关政策。这些政策出台后，我们要结合西部地区交通建设的实际，认真研究，加以落实，以加快西部地区交通基础设施建设。现阶段，可研究争取的主要政策措施有：

第一，国家加大对西部地区交通建设的投入，拓宽和完善投融资政策。西部地区各省、区、市自筹资金能力较弱，尚未形成交通基础设施建设投入产出的良性循环，自我发展还比较困难，需要国家加大投入，予以支持。为保证西部公路建设有更多的资金来源，在充分用好现有资金和政策的基础上，近期要更好地发挥国家财政债券政策的作用，提高对公路基础设施建设的投入比重；条件成熟时，研究发行公路建设债券，或建立西部公路交通基础设施投资基金；积极争取国内政策性和商业性银行专项贷款，并能适当延长贷款期限。继续积极引导外资投向，优先安排国际金融组织贷款和利用政府优惠贷款用于西部地区公路建设。

第二，加大实行公路建设特别是农村公路建设“以工代赈”政策的力度。目前在粮食比较富余的情况下，有条件的地区可以积极探索“以粮代赈”修建公路的可行性。同时，

当前中低档工业品相对过剩，比过去更有条件实行“以工代赈”政策，这样既可带动工业企业生产，扩大内需，又可以调动农民修建公路的积极性。

第三，对西部地区公路建设用地，按照国务院《中华人民共和国耕地占用税暂行条例》（国发〔1987〕27号）中对铁路、民航建设用地的规定执行；西部地区公路建设使用“四荒”（荒山、荒沟、荒丘、荒滩）土地免征土地补偿费，占用其他耕地减免补偿费，具体政策由各省、区、市人民政府制定。

第四，根据公路建设项目的特点，在符合审定的公路发展规划的前提下，适当简化大中型项目审批程序，把立项、可研、开工报告适当合并进行审批。

第五，针对西部地区特殊地理和地质条件下的项目设计、施工的特点，加大对西部地区的科技教育投入，坚持科技创新，依靠科技进步，提高建设项目的工程质量和效益。

第六，修订“公路建设项目投资安排标准和管理办法”，中央安排投资公路建设的车辆购置费，要加大对西部地区公路建设的支持和倾斜力度，较大幅度地提高中央投资的比重，同时继续保持并提高对西部地区扶贫公路建设的投入。

以上政策措施，有的需要国务院决定，有些需要省、区、市人民政府研究，希望大家从实际出发，广开思路，积极探索，提出更多、更有益的政策措施，切实加快西部地区交通建设。

三、加快西部地区交通建设需要重视的几个问题

实施西部大开发战略，加快交通基础设施建设需要做的工作很多，需要研究的问题也很多，我们要认真总结我国改革开放20年来公路交通发展的成功经验和教训，从西部地区具体情况出发，努力探索与西部大开发战略相适应的公路交通发展的新路子。

（一）坚持以规划为指导，保证交通建设有序、快速、高效地进行

近年来我国交通建设，特别是公路建设之所以能有计划、有步骤、持续快速地发展，应当说，以“国道主干线系统规划”为龙头的全国30年公路网规划发挥了很重要的作用。实践证明，只有制定一个科学、系统的发展规划，才能合理确定公路建设的目标、规模、重点、技术标准及实施序列；才能调动各方面的积极性，围绕国家全局这个大目标，分层负责，联合建设，使公路交通发展在有限的资金条件下，最大限度地满足经济社会发展的需要。因此，加快西部地区交通建设必须坚持以规划为指导，立足当前，着眼长远，量力而行，稳步推进。

在西部地区交通建设中，我们要认真总结“八五”和“九五”期间，始终坚持“三主一支持”建设规划，保证交通基础设施持续健康发展的成功经验，始终保持规划的严肃性和连续性，围绕建设目标和建设重点来安排建设项目的前期工作，保证规划目标的如期实现。经过调查研究，我们这次会议提出了《加快西部地区交通发展的规划纲要》，胡希捷副部长还就《加快西部地区公路发展总体规划》作说明，这是一个初步意见，提供同志们讨论。建设规划明确后要注意不断地深化和补充、完善规划内容，以适应西部地区经济社会发展的需要。

（二）坚持重视和加强前期工作，保证建设项目的顺利实施

从1998年到现在，得益于国家的积极财政政策，我国公路建设连续3年保持了高增长态势，成效显著。总结这3年的经验，其中很重要的一条，就是从“八五”开始，在规划的指导下重视和加强建设项目的前期工作，保证了公路建设持续快速发展。加快西部地区交通建设，同样要在总体规划的指导下，重视和加强前期工作。要增加前期工作的投资，不断积累前期工作项目库的技术储备。前期工作要有合理的周期，保证前期工作的质量。对建设项目所涉及的每个技术方案的比选，其深度如何，都直接关系到投资的规模，关系到建成后的使用效益，关系到生态环境的保护和人民群众的切身利益，必须给予高度的重视。实施西部大开发战略，加快交通基础设施建设，必须做到重点建设项目前期工作先行。1998年部已对“九五”跨“十五”计划的重点建设项目前期工作做了安排和部署。今年第四季度，还将召开交通基础设施重点建设项目前期工作会议，检查1998年会议安排的前期工作进展情况，并就“十五”计划后3年的重点建设项目前期工作进行深入的研究。希望西部地区交通系统各级领导要认真抓好交通建设项目的前期工作，分清轻重缓急，突出重点，把建设项目的前期工作落到实处，提高建设项目前期工作的质量，这是加快西部地区交通建设的重要前提条件。

（三）坚持实事求是，量力而行，合理确定建设规模和标准

实施西部大开发战略，为加快西部地区交通建设带来了难得的发展机遇。当前西部地区交通系统的广大干部职工热情很高，对加快西部地区交通基础设施建设充满了信心和希望。各省、区、市也纷纷抓住机遇，乘势而上，在不长的时间内提出了交通建设计划方案。但有些地区急于求成，超出当前财力的可能和技术管理能力，盲目追求建设项目的高标准，片面强调适度超前。这种倾向如不及时纠正，将会欲速则不达，挫伤广大干部职工的积极性，反而不利于加快西部地区交通建设。因此，在加快西部地区交通建设的进程中，我们一定要坚持正确的指导思想，在中央大力支持下，既要增强紧迫感，又要坚定长期艰苦奋斗的信心，一切从实际出发，坚持有所为，有所不为，正确处理需要与可能的关系，从满足经济发展的需求出发，从地形地貌和工程地质条件的特点出发，合理确定技术标准和建设规模，正确把握建设时机，分期分批组织实施，把高昂的工作热情和科学求实的态度结合起来，提高交通建设的经济效益和社会效益。

（四）坚持以质量为中心，加快西部地区交通建设

加快西部地区交通建设，不仅要强调速度和效率，更要强调质量。要按照朱镕基总理提出的“严格要求，严格制度，严格管理，严格责任，要以对国家，对人民，对历史极端负责的精神和一丝不苟的认真态度，扎扎实实地把工程建设质量提高到一个新水平”的要求，端正交通基础设施建设的指导思想，牢固树立质量意识，强化质量措施，把提高交通建设工程质量落到实处。

这几年在加快公路建设过程中，各级交通部门都非常重视工程质量，出台了许多质量保证措施和奖惩措施，对提高工程建设质量起到了重要的作用，特别是通过去年以来开展的

"公路建设质量年"活动，认真总结了质量管理工作中的经验与教训，质量意识得到了普遍提高，责任制逐步得到落实，效果是显著的，为全行业工程质量上台阶奠定了基础。但质量工作还有薄弱环节，部分地区公路质量通病和质量隐患依然存在，设计质量不高，监理监管不严，市场不规范的问题还不同程度地存在。特别是强调建立质量责任制后，一些工程技术人员怕担风险，而不考虑技术创新和降低造价，采取保守的设计方案或工程措施，以一种倾向掩盖另一种倾向，这也是质量意识不高的表现。部决定，今、明两年继续开展"公路建设质量年"活动，在去年"打基础，见成效"的基础上，今年"抓巩固，上台阶"；明年"再提高，上水平"，目的是基本消灭质量通病，杜绝重大质量事故，提高建设项目科技含量，实现真正意义上的质量责任制，全面提高工程质量。在质量问题上，西部地区没有"特区"，西部地区交通基础设施建设的成败关键在于工程质量，质量责任重如泰山。要坚持高标准，严要求。要加强建设市场、质量监督及工程监理的规范和监管工作，落实《招标投标法》，认真贯彻落实交通部关于《在交通基础设施建设中加强廉政建设的若干意见(试行)》的要求，严禁挪用公路建设的专项资金，加大工程项目反腐败斗争的力度，为交通建设创造良好的外部环境，扎扎实实地把建设质量搞上去，建一条路，确保一条路的质量，这样才能真正为西部地区经济发展和社会文明进步服务。

（五）坚持科技创新，依靠技术进步

西部地区有其特殊的自然地理环境和社会经济发展状况，从地形地貌和气候特征来讲，处于我国三个一级区划，即云贵川的西南潮湿暖流区；新疆、甘肃、陕西、宁夏和内蒙古一部分地区的西北干旱区；青藏高原的高寒冻土区，山高谷深，戈壁沙漠，盐碱冻土，地形复杂，气候条件恶劣，地质灾害频繁，与东部沿海地区相比，工程地质特殊，增加了建设难度。在西部地区公路建设中，采用适合西部特点的先进技术，可以加速西部地区公路交通事业的发展，充分发挥有限资金的投资效益，节约大量的宝贵资源。因此，加快西部地区交通建设，要坚持科技创新，依靠技术进步。例如：山区高等级公路修筑技术、公路建设与生态环境保护技术、沙漠地区路基路面防护技术、青藏高原多年冻土地区路基路面结构及修筑技术、大温差条件下沥青混合料路用性能技术等等，都与西部公路建设密切相关，需要深入研究。为支持西部地区交通建设，加快科技创新步伐，我部准备出台加大对西部地区交通建设科技经费投入的政策，提高西部地区交通建设的科技含量和技术水平，组织力量对西部地区交通建设有重大影响的课题进行科技攻关，力争有所突破和创新。

（六）坚持推进东中西部经济技术合作，加强人才交流和培养

人才缺乏、技术力量薄弱是制约西部地区发展的重要因素。目前西部地区交通运输教育水平都不同程度地低于全国平均水平。汇聚更多较高素质的各类交通人才，参与西部地区交通基础设施建设，是实现西部地区交通发展目标的关键。由于人才培养需要一定的周期，因此西部地区在加快交通基础设施建设的过程中，要始终坚持培养人才与交流引进人才相结合。要开放设计、施工、监理市场，采取积极措施，吸引有条件的东部省市到西部地区帮助管理和开发建设项目。重点建设项目的前期工作也可以交由东部地区有资质的规划设计部门去做，以提高质量。要以项目建设带动人才交流和培养。东部有条件的地区和企业可投资西

部的公路经营性项目，积极探索开拓经济技术合作的领域和形式，使东西部地区相互支持，共同受益，共同发展。

（七）坚持建管养并重原则，树立建设是发展，养护管理也是发展的思想

重建轻养是长期困扰交通基础设施发展的老问题。究其原因，有资金问题，有追求政绩的问题，更有领导者的指导思想和养护管理运行机制等方面的问题。在西部地区交通发展中，正确处理新建与改建、建设与养护的关系具有十分重要的现实意义。如果只注重西部地区交通基础设施的建设，而不加强管理和养护，不仅不能发挥公路交通应有的经济效益和社会效益，而且可能会造成更大的浪费。从这个意义上说，建设是发展，养护管理也是发展，而且具有更重要的发展内涵。所以，在加快西部地区交通基础设施建设的同时，要切实加强养护管理，积极探索改革和完善社会主义市场经济条件下的养护管理运行机制，保证公路交通事业的健康发展。

（八）保持良好的精神状态，起好步，开好局

加快西部地区交通基础设施建设不可能一蹴而就。没有努力拼搏的工作精神，科学求实的工作态度，艰苦奋斗的工作作风是难以完成的。我们必须保持良好的精神状态，在不断开拓创新中，走出一条加快西部地区交通建设的新路子，力争在今、明两年有一个良好开局。

今年全国公路重点建设项目共计259个，其中西部地区78个（不含广西、内蒙古），约占全国建设项目总数的30%。在重点项目中，全国新开工项目有34个，其中西部地区有13个，占全国新开工项目的38%。重点项目和新开工项目均比去年上升了2个百分点。

今年全国公路建设计划投资规模为1 800亿元，根据目前的建设态势，预计可与去年持平。在今年的公路建设投资规模中，西部地区为402亿元。其中重点项目216.9亿元，路网改造140亿元，县乡公路45.1亿元，分别占全国公路建设投资规模的20.7%、22.6%、18.7%和19.5%。

从1~6月投资完成的情况看，与东部地区相比，西部地区建设进度加快，在全国所占比重明显上升。与去年同期相比，1~6月西部地区增加投资25.5亿元，增长了16.8%，比东部地区高8.6个百分点。从这两年公路建设完成的投资看，西部地区在全国所占比重已呈逐步提高态势，1998年为21.2%，1999年为22.6%，今年1~6月已上升到23.4%。

以上情况表明，中央实施西部大开发战略在公路建设上已开始出现明显效应，具备了起好步，开好局的条件。国务院已明确在今年西部地区已有的35.1亿元公路建设财政债券的基础上，如有可能，下半年继续增发西部公路建设财政债券，以加快西部地区公路建设。可以肯定，随着西部地区公路建设财政债券的进一步落实，公路建设的良好发展态势会得到进一步保持。但我们也要清楚地看到，起好步，开好局，还有许多问题亟待解决。如公路建设项目资本金缺口较大，项目贷款难度增加；部分重大项目前期工作跟不上，影响按计划开工；西部开发相关政策尚不完善，有待进一步落实等等。这些问题都是前进中的问题，发展中的问题，我们要坚定信心，知难而进，以最大的决心，尽最大的努力，把西部地区的交通基础设施搞上去。

同志们！改革开放以来，在我国公路交通发展的进程中，曾召开过3个具有重要历史意

义的会议。第一个会议是 1989 年 7 月，在沈阳召开的全国高等级公路建设经验交流现场会。这次会议明确了中国必须发展高速公路，并提出了建设高等级公路的政策措施。第二个会议是 1993 年 6 月，在济南召开的全国公路建设工作会议。这次会议确定了到 2005 年前全国高等级公路建设重点是“两纵两横三个重要路段”，打通对国民经济和社会发展具有重要战略意义的大通道，全国掀起了高等级公路建设热潮。第三个会议是 1998 年 6 月，在福州召开的全国加快公路建设工作会议。这次会议为落实中央实施积极财政政策，加快基础设施建设，扩大内需的重大决策，作出了加快全国公路建设的部署，明确了“加快”的目标、任务和措施。这 3 个会议都是在国务院领导同志关心重视下召开的，先后主管交通工作的家华副总理、邦国副总理分别到会作了重要讲话。今天，我们在这里召开西部开发交通建设工作会议，相信同样是一个具有历史意义的会议，必将对西部交通建设产生重要的推动作用。

实施西部大开发战略，加快西部地区交通建设，是一项长期而艰巨的任务。我们要认真贯彻落实中央关于西部大开发的各项决策，按照江总书记提出的“三个代表”的要求，坚持“统筹规划，条块结合，分层负责，联合建设”的基本方针，抓住机遇、开拓进取、求真务实、扎实工作，决不辜负党中央、国务院对我们的期望，决不辜负西部地区各族人民群众对我们的期望，勇于承担起历史的重任，为实施西部大开发战略做出应有的贡献。

发挥交通运输优势　促进区域经济协调发展

——张春贤部长在江浙沪交通发展座谈会上的讲话

（2004年1月29日）

黄菊副总理放弃春节休息，不辞辛苦，专程视察和调研长江三角洲地区的水路、公路交通情况，充分说明党中央、国务院极为重视江浙沪三省市在我国经济社会发展全局中的地位和作用，充分说明党中央、国务院对进一步加快交通发展的重视和支持。刚才，江苏李全林副省长、浙江王永明副省长、上海市杨雄副市长，国家发改委张国宝副主任围绕加快推进长三角交通发展步伐，抓紧建设现代化交通运输体系问题讲了很好的意见。下面，陈良宇书记、黄菊副总理还要做重要讲话。我部将认真按照黄菊副总理重要讲话要求，贯彻落实好这次会议的精神，支持和配合两省一市完善规划、加快建设，使长三角的交通发展再上一个新台阶，更好地促进和服务于区域经济协调发展。

下面，我就长三角交通发展问题讲3点意见：

一、长三角地区加快发展需要交通提供强有力的支撑

长江三角洲是我国经济最活跃、最具有国际竞争力和发展潜力的地区之一。2003年三省市GDP增长率都超过两位数，经济总量已占全国的1/5以上，对外贸易总量占全国3成。保持这样的发展态势，长三角有条件、有能力跻身世界六大都市圈的行列，这对增强我国在世界经济中的竞争力至关重要。从现实需要和长远趋势看，从国际经济中心成长的规律看，构筑现代化的交通运输是促进长三角区域经济协调发展、促进社会全面进步的重要基础，是长三角地区实现“两个率先”的重要内容，也是实现“两个率先”的重要保障。

长三角地处我国沿海经济带与沿江经济带的交汇点，也处于国际物流与国内物流的结合部，公路、水路交通有着得天独厚的条件和优势，在综合运输体系中居于主导地位。目前，公路运输承担着三角洲区域内和对外沟通的绝大部分客货运输任务，水运是进出长三角及区域内大宗散货的主要运输方式，进出口货物绝大部分由水运承担。三角洲地区拥有高速公路3 681公里，密度是全国平均水平的5.6倍；拥有8个沿海主要港口、26个内河规模以上港口，是我国港口密度最大的地区之一；内河通航里程约3.7万公里，占全国的28%，航行船舶11万艘、1 560万载重吨，比整个欧洲的内河运力规模还大，长三角一直是我国内河航运最繁忙的地区。2003年，两省一市全社会总货运量是25.3亿吨，总货物周转量是1.15万亿吨公里，其中公路、水路两种方式完成货运量24.4亿吨、货物周转量1.08万亿吨公里，分别占综合运输的96.4%和94.4%。其中，公路货运量、货物周转量分别占65.5%和6.6%，水路货运量、货物周转量分别占30.9%和87.8%。2003年，两省一市全社会总客运量是27亿人，总旅客周转量是1 779亿人公里，公路完成客运量25.3亿人次、旅客周转量1 363亿人公里，占综合运输的比重为93.6%、76.6%。长三角主要港口完成货物吞吐量10.2亿吨，占全国的40%；完成集装箱吞吐量1 540万标箱，约占全国的1/3；完成外贸吞

吐量3.09亿吨，也是全国的1/3。

长三角经济的高速发展直接引发交通运输需求大幅度上升，公路交通流量和港口吞吐量的实际需求远远超出常规预测。沪宁高速公路1996年建成通车以来，交通流量持续增长，全线年均交通增长率接近20%，部分路段超过24%，杭甬高速公路通车之初的1997年年均交通量为1.5万，2003年达到4.1万，年均增长达18%。江阴长江大桥建成后交通量迅速增长，2003年达到日均3.7万，年均增长18%。近年来上海港和宁波港的货物吞吐量的快速增长，得益于公路、水路运输条件的改善，也充分说明了交通运输在长三角的重要地位。上海港集装箱吞吐量突破1 100万标箱，年增260多万箱，一年一个台阶，跃升为世界集装箱大港的第三位，上海港货物吞吐量突破3亿吨，位居世界第二；宁波港货物吞吐量已居我国沿海港口第二位、世界港口第五位，特别是集装箱吞吐量以年均50%左右的速度上升，去年比前年增长近100万标箱，这种跳跃式的发展远远超出预料。

所以，不论从过去、现状看，还是从未来、发展看，长三角经济的繁荣和经济结构的优化都与公路、水路交通的支撑作用密切相关。公路、水路交通已成为保障长三角地区经济持续快速增长、加强对外辐射和参与国际竞争的重要基础和不可或缺的条件。

二、实现“两个率先”交通必须快速协调发展

长三角以上海为中心，江浙为两翼的区域经济格局要实现协调发展，优化资源配置，发挥比较优势，增强国际竞争力，实现“两个率先”，离不开现代化的综合交通和物流体系。

从长三角区域交通现状来看，目前公路网存在的主要问题是：沟通上海、南京、杭州、宁波四大交通枢纽的跨省市高速公路大通道通行能力已显紧张。2003年，沪宁高速公路无锡以东路段交通量达每天7.2万（按小客车计），无锡以西路段为3.6万，目前正在安排扩建，预测20年后，沪宁路最繁忙路段年均交通量将达到13.5万，最小路段也将达到5.6万。杭甬高速杭州附近路段出现了严重拥堵，只能边通车边加宽改造。分析多年来我国运输量和经济发展之间的关系，可以看到，GDP每增长1个百分点，客运量增长0.7个百分点，货运量增长0.5个百分点左右，而主要干线交通量的增长要快于客货运量的增长。随着长三角地区经济的快速增长，主要干线的能力和需求的矛盾将进一步加剧。依托杭州湾大桥、苏通大桥和上海—崇明—苏北通道等咽喉工程，促进区域高速公路一体化还面临着艰巨任务；城际高速公路网需要进一步加密；拓展长三角经济腹地，辐射山东、安徽、江西、福建等更广泛地区的对外通道尚未建成。

长三角地区港口发展面临的主要问题有4个：一是港口能力不足，结构不合理。2003年长三角主要港口总吞吐能力为8亿多吨，实际完成10.2亿吨，能力缺口很大，而且存在着严重的不平衡，公用码头超负荷运行，企业专用码头能力还有富余；码头构成不合理，中小码头偏多，万吨级以上深水泊位仅占泊位总数的21.6%，大型专业化集装箱、铁矿石和原油泊位尤其缺乏。专业化集装箱码头总吞吐能力为1 250万箱，实际完成1 540万箱；大型原油接卸码头总吞吐能力为3 300万吨，实际完成3 090万吨，接近饱和；大型铁矿石接卸码头总吞吐能力只有3 300万吨，实际完成达5 810万吨。二是长江口航道水深依然不足，不适应国际航运船舶大型化的发展要求。三是港口集疏运通道建设滞后。除上海外高桥港区已有高等级公路连通外，其余港区尚未实现高速公路直接进入，铁路及内河集疏运系统与港

口衔接不畅。四是港口深水岸线资源分布不均衡，码头建设比较分散，不利于与多种集疏运方式的衔接和现代物流的发展，港口布局有待进一步优化。

从当今世界港口发展的趋势看有5大特点：第一，港口继续向大型化发展。第二，港口功能从传统的装卸、储存向集经济、贸易、金融服务为一体的综合服务中心发展。第三，港口和港口群的经营越来越向企业化、市场化、集团化方向发展。第四，港口在综合运输体系当中的地位更加突出。第五，港口信息化、智能化技术应用将更加广泛。顺应这种发展趋势，我国港口发展不仅要尽快解决提高能力的问题，而且在服务功能方面要适应集约化、专业化、综合性等更高的要求。建设上海国际航运中心是长三角交通发展的重点，是促进上海浦东开发、长江三角洲和长江经济带发展，加快我国经济建设的一个关键举措。从参与国际经济分工和竞争的客观需要考虑，从实现港口功能质的跨越考虑，与香港、新加坡、鹿特丹等发达的国际航运中心相比，上海国际航运中心在深水码头、深水航道、港口集疏运条件等硬件上还有差距，作为以腹地加中转为特征的枢纽港，在通关条件、航运要素市场发育程度以及政策法规等软环境方面更显薄弱。

此外，内河航道等级低，通过能力差，船舶技术水平不高，内河航运总体竞争优势尚未得到充分发挥也是一个值得重视的问题。

随着长三角地区经济的持续发展，公路、水路客货运输量还将在很长的时期继续保持快速增长，港口货物吞吐量和集装箱吞吐量将上升到新的台阶，这将给交通基础设施的服务能力带来更大的压力，对交通综合服务水平也将提出更高的要求。我们初步预测，到2010年，长三角的货运量将达到38亿吨，客运量42亿人次，其中公路、水路两种方式将承担货运量的97%、客运量的95%。到2010年，长三角地区的港口货物吞吐量将达到16亿吨左右，占全国35亿吨的约45%。长三角集装箱吞吐量将达到4 300万标箱，接近目前规模的3倍，占全国的36%左右，珠三角将达到3 800万标箱。

我国钢铁、石油、化工所需的铁矿石、原油等原料对国际市场的依赖程度较高。从主要货种来看，长三角的原油吞吐量2003年为1.1亿吨，预计到2010年为1.7亿吨；铁矿石2003年为1.2亿吨，预计到2010年达到2.1亿吨；煤炭吞吐量2003年为1.3亿吨，预计到2010年达到3亿吨。

所以，长三角地区不论是公路交通，还是水路交通都面临着突出重点、扩大能力，防止出现制约经济发展的现实问题，更面临着加快协调发展、提升服务质量、增强国际竞争力、应对未来更严峻挑战的考验。

三、加快长三角交通协调发展的初步思考

我们考虑，在现有基础上，充分发挥长三角公路、水路交通的区域性和综合性两大优势，充分发挥中央与地方、政府与市场的优势和作用，切实提高规划水平，加快重点项目建设，加大多方位协调力度，这样才能够抓住战略机遇期，促进长三角地区协调发展、加快发展，率先实现现代化。

1. 统揽区域发展，制定高水平规划

长江三角洲地区的经济融合已成为区域发展的大趋势。为充分利用资源，提高发展质量，要引进现代理念和技术，按照合理布局、完善功能、联合开发的原则研究提出长三角交

通规划。规划中需要着重研究以下几个主要问题：从国家总体目标出发，按照市场规律，突破行政界限，确立科学的功能定位、合理的地域分工，突出优势互补，最大限度地发挥长江三角洲交通设施的综合效益，实现公路、港口、内河等多种方式的协调发展和仓储、物流、加工及配送等多种功能的有机衔接。

长江三角洲港口未来的发展规划要把握大的功能格局，统筹考虑区域内城市与港口资源的优势，着重安排好集装箱运输体系、大宗散货海进江中转运输体系和长江沿岸地区江海物资转运体系这三大体系。

——集装箱运输体系　要充分发挥上海经济、贸易、金融、信息及航运的优势，发挥浙江宁波和舟山深水港口的优势，发挥江苏外向型经济发达、集装箱生成量大的优势，形成以上海港为中心、以浙江宁波港和江苏苏州港及长江口内南京以下其他港口为两翼的上海国际航运中心集装箱运输体系。

——大宗散货海进江中转体系　要依托宁波和舟山深水港口条件，建设20万吨级以上的大型进口原油和铁矿石接卸码头，并充分利用长江口深水航道，在长江口内建设大型铁矿石减载接卸码头，形成原油、铁矿石向长江三角洲和长江流域地区运输的海进江和水陆联运中转体系。

——长江沿岸地区江海物资转运体系　长江南京以下沿岸地区要通过市场运作方式整合现有港口资源，形成专业化、规模化的港区，并为长江中上游地区提供足够的港口岸线和转运设施，形成长江中上游地区的江海转运体系。

进一步完善长三角地区内河骨干航道网规划，尽快形成以集装箱运输为主的高等级内河航道网络，未来长三角地区要形成以“两纵六横”近4 000公里、共23条航道为骨干的高等级航道网。要提高骨干航道等级，推进船型标准化，为上海国际航运中心集装箱和大宗散货疏运提供畅通、高效和低成本的服务，提高内河航运的竞争力。

要依托国家高速公路网规划，完善长三角区域公路布局。现在正在修订的国家高速公路网规划，重点考虑了长三角等区域经济发展的需要，共有10条国家高速公路主线覆盖长三角并沟通山东、安徽、江西、福建等更广泛地区。长三角地区可以依托国家高速公路网规划，补充新的跨省市高速公路通道，进一步加密城际高速公路网，做好跨江跨海湾通道工程的接线布局，以交通干线接轨增强经济辐射、带动产业融合。

2. 加快重点项目的建设

近期，我部将加大力度，积极支持长三角地区集中力量加快以下重点项目建设：

港口方面，加快洋山港区、外高桥港区、北仑港区和太仓港区专业化集装箱码头的建设；加快长江口外20万吨级矿石接卸码头的建设，特别是要加快实施长江口内大型减载接卸码头的建设；建设长江口外20万吨级原油接卸码头；在长江口深水航道治理二期工程的基础上，建议连续实施三期工程。相应加快南京以下工业港区整合和江海中转港区建设，形成南京以下工业走廊和江海大宗散货中转基地。

从发展长三角综合运输优势的需要出发，加快高等级内河航道网建设，近期建设的重点是扩建京杭运河部分区段、长湖申线、杭申线、苏申外港线、苏申内港线、太浦河、杭甬运河及上海市“一环十射”等骨干航道，提高通航能力。

公路方面要扩能和新建相结合，重点抓好沪宁、沪杭、杭甬3条高速公路扩能改造，积极稳妥地推进“七桥十路”（润扬、苏通、南京第三、杭州湾、东海、上海崇明、舟山连岛桥梁工程；5条国家高速公路在建及拟建路线，5条沪苏、沪浙对接高速公路）。考虑到人口密度、经济总量和未来发展潜力，无论是新建还是扩能改造，都要增强前瞻性，尽量采用较高的技术标准。对疏港公路、城市出入口公路、与主要开发区及产业基地连通的公路要深化建设方案，完善服务功能。

3. 互利共赢加大多方位协调力度

长三角区域经济一体化、交通一体化取得实质性进展、取得成功的一个关键在于两省一市的密切合作，也离不开区域内市区之间、区县之间的积极协调。只有两省一市加强协调、形成合力，长三角公路、水运的规划、建设和管理才能体现综合优势，实现联动发展。走联合开发、利益共享的路子是长三角地区构筑大交通，实现更高水平发展的有效途径，也符合客观经济规律。我们认为，目前加强协调的切入点可以放在规划协调、政策协调和管理协调等几个方面。规划协调要从区域整体的需要出发，提出综合性、组合型的基础设施和服务体系框架，发挥系统的最大效益，达到共同发展的目的。比如，浙江省正在实施的宁波~舟山港口一体化规划和管理就是这种协调的积极尝试。政策协调总的原则是政府引导、市场驱动、行业互动。根据十六届三中全会精神，为促进资金、资源在长三角区域内优化配置，可以开拓思路，在港口建设领域以更加开放的姿态制定有吸引力的政策，充分吸收民间资金、异地资金，鼓励港口企业间相互参股或跨地区经营。管理协调就是针对港口采用新的组合方式，实行跨行政区域经营管理的新情况，研究建立强有力的协调机制和高效的运行机制。我部直管的海事等相关部门的机构设置和管理方式，可以据此相应进行调整。

弘扬郑和精神　再造航运辉煌

——张春贤部长在郑和下西洋600周年纪念大会上的讲话

（2005年7月11日）

各位领导，各位来宾，同志们，朋友们：

中国是世界四大文明古国发祥地之一，有着悠久的历史和灿烂的文化，绵长的海岸线、优良的港口岸线资源和广阔的海洋面积，是经济社会发展的重要资源，也为航运业的发展提供了得天独厚的条件。600年前，中国古代伟大的航海家郑和率领船队七下西洋，先后抵达亚非30多个国家和地区，极大地促进了中外经济文化交流，创造了热爱和平、睦邻友好、开放交流的郑和精神，在世界航运发展史上写下了具有重要里程碑意义的一页，铸就中国古代航运业的辉煌。

新中国成立以来，特别是改革开放20多年来，伴随着社会主义现代化进程，古老的航运业重新焕发出勃勃生机，为构建和谐社会、促进经济社会可持续发展和扩大开放、融入经济全球化发挥了重要作用，已经成为在国际社会具有重要影响力和竞争力的航运大国。

——我国港口总体规模和吞吐量居于世界前列。截至2004年底，我国大陆拥有港口1 430个，3.5万个生产泊位，其中万吨级以上泊位944个，132个港口对外开放。近10年来，我国港口货物吞吐量一直以年均20%以上的速度快速增长，有8个港口跻身世界亿吨大港行列。去年全国港口完成吞吐量41.7亿吨，居世界第一位，比1980年增长19倍；集装箱吞吐量完成6 160万标准箱，跃居世界第一位，世界集装箱吞吐量的1/4由中国港口完成。

——船队和港口装备水平显著提高。到2004年底，我国拥有沿海运输船舶8 700艘，载重量1 544万吨；远洋运输船舶2 071艘，载重量3 259万吨，位列世界第四大船队。筑港技术有了质的飞跃，港口生产管理信息化、自动化和智能化技术得到普遍应用，现代化水平明显提高，生产效率居世界一流水平。

——港口布局进一步优化。《长江三角洲、珠江三角洲、渤海湾三区域沿海港口建设规划》已经国务院常务会议通过。正在组织编制《全国沿海港口布局规划》、《全国内河航道及港口布局规划》。岸线管理进一步加强，港口资源不断优化整合，布局结构日趋合理，内河航道得到有效整治。

——航运对经济发展的促进作用日益增强。2004年，我国外贸进出口总额达1.15万亿美元，其中90%以上的外贸物资运输通过海运完成。全国各主要港口累计完成煤炭发运量3.4亿吨，金属矿石吞吐量4.31亿吨，石油天然气制品4.52亿吨。中国连续多年当选为国际海事组织A类理事国，在国际海事界发挥着日益重要作用。

航运是最经济、最环保的运输方式。展望未来，中国经济在较长时间内将继续保持较快增长，与世界经济联系将更加紧密。经济全球化和产业结构调整促进重化工工业、加工制造业向港口及交通干线转移，带来巨大的运输需求。预测到2010年，我国港口吞吐量将达到

61 亿吨，集装箱吞吐量将达到 1.4 亿标准箱。中国将成为全球航运市场最具活力和增长潜力的市场之一。

弘扬郑和精神，再造航运辉煌，促进我国港航事业全面协调可持续发展，是历史赋予我们的新的使命。我们要坚持科学的发展观，把港航事业发展摆在更加突出的战略位置，加快组织实施全国沿海港口发展规划，重点加快煤炭、石油、矿石和集装箱等大型专业化港口码头和进出港深水航道建设。大力推进三大港口群建设：华南地区形成以香港为中心的珠江三角洲港口群，华东地区形成以上海为中心的长江三角洲港口群，北方形成以大连、天津、青岛港为主的环渤海湾港口群，逐步形成布局科学、结构合理、层次分明、功能完善的中国沿海港口体系。大力发展远洋运输，建设一流的远洋船队，为促进经贸发展、维护国家经济安全提供保障。

谢谢大家！

合力建设长江黄金水道　促进沿江经济全面协调发展

——张春贤部长在合力建设黄金水道促进长江经济发展座谈会上的讲话

（2005 年 11 月 28 日）

尊敬的黄菊副总理，各位领导、同志们：

今天，由上海市、湖北省、重庆市和交通部共同发起，沿江上海、江苏、安徽、江西、湖北、湖南、重庆、四川、云南七省二市和交通部及国家有关部委参加的“合力建设黄金水道，促进长江经济发展”座谈会在北京召开了。这标志着部、省、市在深入贯彻落实党的十六届五中全会精神、加快长江水运建设、发挥黄金水道作用、促进沿江经济全面协调发展等方面迈出了实质性的步伐，必将对长江水运乃至全国水运的发展起到重要的指导和推进作用，也将有力地推动沿江经济的全面协调发展。

长江全长 6 300 余公里，是我国第一、世界第三大河，干流流经七省二市，是我国唯一贯穿东、中、西部的水路交通大通道，主要支流沟通了长江南北地区，其巨大的运能资源和重要的地位以及发挥的作用是其他方式不可替代的。党的十六届五中全会明确提出“要继续推进西部大开发，促进中部地区崛起，鼓励东部地区率先发展，形成东中西互动、优势互补、相互促进、共同发展的格局”。贯彻落实以人为本，全面、协调、可持续的科学发展观，促进区域经济全面协调发展，迫切要求进一步开发利用好长江黄金水道。

近年来，中央和国务院领导同志多次就水路交通发展问题做出指示，胡锦涛总书记在视察湛江港时提出港口发展要“理清思路、发挥优势、抓住机遇、加快发展”。温家宝总理在国务院常务会议上指出要“高度重视水运，充分利用长江黄金水道”，在今年促进中部地区崛起座谈会上指出“加快水运建设，发展中部地区以长江航运为主的水运体系”。黄菊副总理去年在上海召开的长江三角洲交通发展座谈会上，明确要求大力发展航运事业，加大港口建设力度，加快建设上海国际航运中心，继续进行长江口深水航道建设，抓紧研究三期和深水航道继续向上延伸的实施方案，带动长江流域的经济发展。今天黄菊副总理又亲临会议并作重要讲话，充分说明了中央领导对发展长江水运的重视。

多年来，交通部致力于发展长江水运，长江水运基础设施建设一直是全国内河水运的重点。镇东书记任部长时对长江水运给予了高度关注，曾委托我对长江航道建设问题进行了专题调研，“九五”、“十五”期我部加大了对长江水运建设的投入力度。为了贯彻、落实党中央国务院领导同志对发展长江水运的指示精神，今年交通部把建设黄金水道作为重点工作之一，并就推进此项工作做了部署。主要开展了 3 个方面的工作：一是深入研究长江水运的发展问题，形成了《关于合力建设长江黄金水道促进流域经济协调发展的意见》，先后 3 次召集沿江省市交通部门的负责同志共同研究，并征求了沿江省市政府的意见；二是比较系统地对国外发达国家如美国、欧洲的内河水运发展情况进行了分析研究；三是我和几位副部长分头到沿江省市进行调研，与沿江省市领导交换意见，共同探讨长江水运的发展问题。在此基础上，结合“十一五”规划的编制，我部又组成专门班子对长江水运现状、存在问题和建设重点等方面进行深入研究，进一步梳理了长江水运的发展思路。

下面，我代表交通部，向黄菊副总理、各位领导，同志们汇报4个方面的情况。

一、长江水运发展的基本情况

沿江7省2市集聚了我国41%以上的经济总量，在全国经济发展中占有十分重要的地位。长江水运量占全国内河水运总量的80%，是我国内河水运最重要、运输规模最大和最为繁忙的通航河流，是长江流域综合运输体系中的主骨架。

长江水运有力促进了沿江产业带的形成。据统计，沿长江37个地级以上城市土地面积占七省二市的23%，人口占40%，GDP占了60%，外贸进出口额更是占到93%，初步形成了沿江经济产业密集带和核心区。沿江钢铁产量占全国的36%，石化产量占全国的28%，汽车产量占全国的47%，火电装机容量占全国的16%。沿江大型企业生产所需80%的铁矿石、72%的原油、83%的电煤是依靠长江水运来保障的。

长江水运是流域综合运输体系的重要组成部分。2004年，长江水系水运货运量达12.6亿吨，是1995年的1.8倍，年均递增6.6%；货物周转量5 053亿吨公里，是1995年的2.9倍，年均递增12.4%。长江水系完成的水运货运量占流域全社会运量的20%以上，货物周转量占60%。长江干线（云南水富—长江口）水运货运量达7.3亿吨，是1995年的2.6倍，年均递增11%；货物周转量3 284亿吨公里，是1995年的4倍，年均递增16.5%。长江水运客运量达到2 278万人次。长江干线完成的水运货运量和货物周转量分别占流域全社会运量的14%和33%。

长江干线规模以上港口吞吐量达到6.4亿吨，是1995年的2.8倍，年均递增12.4%。其中，江苏省港口吞吐量3.7亿吨；安徽省港口吞吐量0.65亿吨；江西省港口吞吐量0.08亿吨；湖北省港口吞吐量0.6亿吨；湖南省港口吞吐量0.1亿吨；重庆市港口吞吐量0.3亿吨；四川省港口吞吐量0.06亿吨；云南水富港吞吐量为50万吨。

长江水运是沿江省市外向型经济发展的重要支撑。2004年长江江海直达运输量4.4亿吨，是1995年的3.2倍，年均递增13.6%。万吨级以上海船年进出长江口达到3万艘次，年均递增7.2%。2004年长江水运外贸货物运输量达2.3亿吨。

与国外内河水运发达的通航河流美国密西西比河和欧洲莱茵河相比，长江干线水运货运量是密西西比河干线水运货运量（4.6亿吨）的1.6倍，是莱茵河干线水运货运量（3.1亿吨）的2.3倍；长江水系水运货运量是密西西比河水系水运货运量（6.48亿吨）的1.9倍。从分河段情况来看，密西西比河运量最大的河段是巴吞鲁日至入海口段，水运量达到3.95亿吨，长江干线运量最大的河段是上海段为5.3亿吨，其次为江苏段为4.2亿吨，均高于巴吞鲁日至入海口段的水运量。安徽河段水运量达到1.35亿吨，湖北段达到1亿吨。这些数据表明，长江水运货运量已超过了美国的密西西比河和欧洲的莱茵河，是目前世界上内河运输最繁忙、运量最大的通航河流。但长江水运的总体水平不高，运能还没有得到充分发挥，加快发展长江水运的任务还十分繁重。

"九五"以来，特别是在"十五"期间，在党中央、国务院的正确领导下，在国家有关部门的大力支持下，交通部与沿江省市采取措施，共同加快长江水运发展，取得了明显成效。

（一）加大资金投入，扩大港航设施通过能力

1996 年，中央建立了内河水运建设专项资金，每年投入 18 亿元用于内河水运基础设施建设。地方人民政府在逐步加大内河水运建设资金规模的同时，也出台了相应扶持和优惠政策，初步扭转了长江水运基础设施建设资金严重缺乏的局面。“九五”以来，长江干线航道建设资金为 124 亿元，长江三角洲、港口和支流航道的建设资金为 350 亿元。

1. 港口设施

“九五”以来，在长江干线建成了一批港口码头，初步形成了煤炭、原油、矿石及集装箱等专业化的港口体系。在上海和江苏南京以下港口建成了具有世界先进水平的专业化泊位，设施设备配套较为完善，后方集疏运较为通畅，已逐步发展成为区域的综合货运枢纽；新建了南京以下一批万吨级海船泊位，新增港口吞吐能力 2.4 亿吨。先后建成马鞍山、芜湖、九江、黄石、武汉、城陵矶等外贸码头，建成重庆主城、万州集装箱码头，新增港口吞吐能力 5 500 万吨。即将投产的洋山深水港区，将进一步提升上海国际航运中心的服务能力和对长江水运的带动作用。初步形成了长江煤炭、原油、矿石及集装箱等专业化的港口体系。

2. 干流航道

以“九五”期交通、水利部门联合实施的长江中游界牌水道治理工程为标志，拉开了长江航道系统治理的序幕。在长江下游，实施了长江口深水航道治理一、二期工程，长江口航道水深由原来的 7 米提高到 10 米。今年 11 月 21 日 10 米深水航道已经延伸到南京，5 万吨级海船可乘潮直达南京。在长江中游，实施了界牌（湖南、湖北）、碾子湾（湖北）等水道整治和清淤应急工程，正在实施陆溪口（湖北）、罗湖洲（湖北）等水道整治工程。在长江上游，实施了三峡库区航道设施淹没复建工程，正在实施泸州至重庆三级航道整治工程。长江干线 2 838 公里中，水富至宜昌长 1 074 公里，可通航 500 ~ 3 000 吨级内河船舶；宜昌至武汉长 624 公里，可通航 1 000 ~ 5 000 吨级内河船舶及组成的船队；武汉至长江口长1 140 公里，可通航 3 000 ~ 5 000 吨级内河船舶及组成的船队。武汉以下可通航 5 000 吨级海船，南京以下常年通航 3 万吨级海船，5 万吨级海船可乘潮到南京。

3. 长江三角洲与支流航道

全面启动了以京杭运河为主的长江三角洲高等级航道网建设；实施了嘉陵江、湘江、汉江航电结合、梯级开发建设工程；对安徽、江西、湖南、湖北省等主要支流航道进行了整治。

长江干流沟通我国东中西部，主要支流以及长江三角洲水网航道辐射大江南北，形成了较为通畅的长江水运体系。

（二）开放培育市场，提高水运运输能力

从 1984 年开始，对长江水运体制进行了改革，实行事企分开、港航分管，实行了“有水大家行船”的政策，极大地激发了社会发展长江水运的积极性，船舶运力和运输呈现快速发展势头。为适应长江沿江特别是中下游地区迅猛发展的外向型经济需要，沿江开放了 15 个一类开放港口口岸，逐步放开了长江水运运价管理，鼓励外资和社会资本投资长江港口码头建设。2002 年港口全部下放地方管理，港口与城市和地方经济发展关系更加协调。

经过 20 多年的发展，目前从事长江省际运输的水运企业达 2 000 多家，民营和个体船

舶经营者近10万个，直接从业人员达100万人。长江水系省际运输船舶8.1万艘、1 970万载重吨，分别是1995年的1.35倍和2.3倍，船舶平均吨位达243吨，比1995年提高了74%。目前，长江干线船舶平均吨位为750吨，是1995年的2.4倍。

（三）加强安全监管，强化水运支持保障能力

“九五”以来，建成了部分河段船舶交通管制系统（VTS）、船舶识别系统（AIS）和水上12 395搜救报警救助系统，实现了巡航救助一体化。建成了微波通信工程、光纤通信传输网、船岸移动通信网和水上消防、水上110报警服务联动系统。“十五”期间，交通部在长江江苏段（南京至浏河口）、安徽段和三峡库区段分别实施了船舶定线制，对传统上长江船舶“上行走缓流、下行走主流”的航行制度进行了改革，与海船航行规则接轨，减少了船舶航路交叉，水上交通事故特别是船舶碰撞事故大幅度减少，水运生产力水平明显提高。

以上这些成绩的取得，依赖于沿江各省市经济的快速增长，依赖于各省市和国家有关部委对于长江水运发展的大力支持。我们深深体会到：加快沿江产业布局和沿江经济的快速发展直接带动了长江水运的发展，而长江水运条件的改善又促进了沿江产业布局。目前沿江经济与长江水运开始呈现良性互动的良好局面，长江水运的优势得到了较好的发挥，长江黄金水道得到了较好的利用。

二、近期发展长江水运的几个问题

在实际工作中我们感到，长江水运发展涉及面广，面临的问题较为复杂。有些问题通过我们的共同努力是能够解决的，有的问题是特定历史阶段或条件下形成的，有的是客观规律的体现，需要我们认识和把握。主要有以下几个方面：

（一）航道治理与河势控制的问题

航道是水运的基础，航道治理是大家都非常关注的问题。但是航道治理受多种因素的影响，其中最重要的是航道治理与河势控制结合的问题。只有当河势稳定，或出现有利于实施航道治理的形态时，抓住机遇、实施整治能取到事半功倍的效果。从世界各国航道治理的经验看，航道整治必须与河势控制相结合。对河势演变的认识需要较长时间的观测、研究，如长江口深水航道的治理从研究到二期工程的竣工，历时近50年。

长江水量大、输沙量大、航道条件复杂，全河段航道治理是一个长期的、系统的、渐进的过程，如密西西比河、莱茵河的系统治理经历了100多年。

长江南京以下江面宽阔、分汊较多、滩槽不稳，治理难度大，尤其是三沙水道（福姜沙、白茆沙、通洲沙）是维护和治理的重点和难点。目前三沙水道的治理，需与河势控制工程相结合。

荆江河段九曲回肠，历史上两岸崩塌严重，浅滩众多，是防洪和航道治理的重点和难点。三峡工程运行后，清水下泄、河床下切、水位下降，部分水道坡陡、水浅、流急，河道的演变规律需重新认识和把握。

上游三峡工程蓄水后，库区航道条件得到较大改善；随着三峡水库蓄水位的逐步提高，库尾、回水变动区的范围不断发生变化，影响到乌江口、重庆朝天门港码头前沿水深，库尾

航道（涪陵到重庆260公里）泥沙淤积，将成为今后航道维护和治理的重点。

（二）长江大桥通航净空高度问题

改革开放以来在长江上相继建成了一批桥梁，数量已从20世纪70年代的3座发展到目前的38座，在建还有11座，近期拟开工建设17座。随着长江南北经济交流进一步加大，桥梁建设将进一步加快，预计到2020年跨江桥梁（通道）将达到124座。长江桥梁净空碍航矛盾反映比较突出的是南京长江大桥。南京长江大桥建成于20世纪60年代末，建成后为我国经济社会发展作出了巨大贡献。南京长江大桥通航净空尺度24米的确定，当时是经过了一定的调查研究和论证，建成后的相当长一段时期也是满足长江水运要求的。但是现在看来，由于受南京长江大桥和芜湖长江大桥通航净空高度24米的限制，万吨级海船只能到南京（以散货船为代表船型的万吨级海船干舷以上高度一般大于28米），南京到铜陵213公里可供万吨级海船通航的深水航道没有得到充分利用。目前，长江安徽段385公里，航道条件优良，而完成的水运量为1.35亿吨，港口吞吐量为0.65亿吨。一桥之隔的长江南京以下江苏段404公里，2004年完成水运量4.2亿吨、港口吞吐量3.7亿吨，形成鲜明对比。

尊重历史，正视现实，面向未来。一是今后桥梁的建设须充分考虑航运要求，为航运留有足够的发展空间；二是当前要积极从船型和运输组织等方面采取措施。

（三）三峡船闸通过能力问题

近年来，随着三峡库区水运量呈现“跳跃式”增长，三峡船闸通过能力相对不足。上世纪80年代，国家对三峡船闸通过能力做了大量论证工作，预测三峡船闸单向下水货运量2000年为1 550万吨，2030年为5 000万吨。随着西部大开发战略的实施和三峡水库蓄水后库区航道条件的较大改善，带动了上游水运快速发展，三峡断面水运量从20世纪80年代初的347万吨迅速发展到2004年的4 300万吨（下水2 900万吨），增加了10倍多，大大超过了当年论证预测的水平。三峡船闸设计时，设计过闸船型80%为万吨级船队，20%为3 000吨级船队，一次通过量为10 200吨。而目前过闸船舶船型众多，平均吨位623吨，一次平均通过量5 000吨，与当时设计考虑的过闸船舶差异较大。为满足水运发展需求，采取了三峡水运翻坝运输措施，2004年翻坝货运量超过870万吨。

今后三峡船闸通过能力不足的问题将凸现，2006年汛后三峡船闸将单线运行（约一年），翻坝运输量将增加。预计2010年、2020年的过坝货运量分别为6 700万吨（下水4 360万吨）和1.04亿吨（下水6 315万吨）。

（四）船型标准化问题

船型标准化主要是指船舶大型化、专业化、系列化。目前在长江上的营运船舶标准化程度低，部分船舶技术落后，安全性能差，水运效率低，影响了水运优势的发挥，与欧美内河运输发达国家相比存在较大差距。据统计，长江水系现有内河营运船舶8.1万艘，有300多种船型，平均吨位只有243吨，而密西西比河营运船舶平均吨位达到1 350吨。

推进船型标准化是发展长江水运的重要途径。实施内河船型标准化能够在相当程度上提高航道和船闸的通过能力，提高船舶安全性能，提升内河水运竞争力，提高水运生产力水平。

推进船型标准化是一个渐进的发展过程。美国于1918年颁布了内河货运驳船的标准，此后用了50多年的时间才实现了标准化。欧洲内河船舶标准化用了40年的时间。我国由于干支航道条件差异较大，水运企业经营管理水平较低，经济实力较弱，都导致了实现船型标准化要经过一个较长的发展过程。

三、长江水运发展的总体目标和近期任务

随着沿江地区经济社会持续较快发展，特别是工业化进程的加快，长江水运也开始进入全面和较快发展的新阶段，未来长江水运将保持稳定增长的态势。预计2010年、2020年长江干线水运货运量将分别达到10亿吨和13亿吨。

针对长江水运目前存在的主要问题和面临的任务，我部将以科学发展观为统领，注重生态环境保护和水资源综合利用，构建现代综合运输体系，坚持高起点和高标准，从更高层次和更高水平上考虑长江水运的未来发展，更好地服务于沿江省市的经济发展。长江水运发展的目标和近期任务是：

（一）总体目标

到2020年，长江水运实现现代化，适应沿江经济社会发展需要，为沿江经济社会全面协调可持续发展提供高效、畅通和有竞争力的水运服务。长江水运的优势充分体现，长江黄金水道的作用充分发挥。

具体目标是：

结合水利河势控制工程，长江干线主要碍航河段航道得到系统治理，南京以下航道实现深水化，中游航道基本畅通，上游航道通航条件全面改善。长江中游航道通过能力较现在平均提高2倍以上，可以为船舶运行提供安全和较为宽松的通航环境。建成长江三角洲“两纵六横”4 200公里高等级航道网，长江主要支流嘉陵江、湘江、赣江、汉江等完成治理或实现梯级开发。长江水系形成与长江口深水航道相衔接、干流畅通、干支直达的高等级航道体系。长江水运在流域综合运输体系中的地位得到巩固和加强。

形成以上海国际航运中心为龙头，布局合理、层次分明、分工协作、优势互补的长江港口体系。

干线货运船舶基本实现标准化，船舶平均载重吨位达到1 200吨以上，达到欧美内河水运发达国家的平均水平，船舶运输成本降低30%以上。客运船舶向旅游化、舒适化方向发展。船舶的性能及主要技术达到世界先进水平。

形成统一开放、竞争有序的长江水运市场。形成完善的长江干线水运安全监管体系，提高快速反应能力，有效保障人命财产安全。

（二）近期任务

“十一五”期是我国全面建设小康社会的关键时期，对于长江水运来讲，“十一五”期也是非常重要的机遇期。为此，交通部将与国家有关部委及沿江各省市一道树立紧迫意识，密切通力合作，开启长江黄金水道全面建设、加快发展、充分发挥优势的新阶段。“十一五”期全力实施6项工程。

1. 航道治理工程

包括长江干线以下4个航段：

——南京以下段：在上海市、江苏省以及交通部的共同努力下，长江口航道通过一期、二期工程的治理已经实现10米深水航道目标，5万吨级船舶可以乘潮进出长江口。为了将10米深水航道延伸至南京，交通部从去年开始对长江南京以下航道进行了深入调研，组织有关单位开展了前期工作并启动了10米深水航道向上延伸工程，通过实施必要的局部航道治理，现在10米深水航道已经延伸到南京，可通航3~5万吨级海船。

为了尽快实现长江口航道水深12.5米的目标，交通部已经向国家有关部门上报了长江口深水航道治理三期工程的工程可行性研究报告，计划在2006年开始，利用3年的时间，主要通过实施疏浚工程，全面建成长江口12.5米深水航道，实现第三、四代集装箱船全天候双向通航和10万吨级散货船满载乘潮进出长江口。与长江口深水航道治理三期工程同步，将12.5米深水航道延伸至江苏太仓港区。

在实施长江口深水航道治理三期工程的同时，交通部将密切关注长江下游水利河势控制工程的实施情况，与水利河势控制工程的进展相协调，启动福姜沙、通洲沙、白茆沙航道治理工程前期工作，适时实施“三沙”航道治理工程。

——南京至武汉段：加快部分浅水及碍航航道的整治工程，到2010年安徽安庆以下航道水深达到6米，可通航5 000~10 000吨级海船。武汉以下航道水深达到4.5米，较大幅度地延长5 000吨级海船的通航期。

——武汉至宜昌段：由于三峡水库蓄水发电造成大坝下游的水流和泥沙情况发生较大变化，坝下一定范围的航道处于新的调整变化过程中。对此，交通部正在组织有关单位开展专题研究工作，争取尽快掌握三峡水库蓄水发电后长江中游航道的演变规律，同时，加强与有关部门沟通，使航道治理与水利工程相协调。“十一五”期间，以解决航道碍航和不畅为重点，有步骤的实施10处航道控制和疏导工程，防止航道向不利方向演变。对具备治理条件和治理时机的河段，及时实施航道整治工程。

利用航道自然水深，使3 000吨级海船季节性通航至湖南岳阳（城陵矶）港。

——宜昌至水富段：为适应三峡水库蓄水至156、175米，有计划地实施航运配套工程。加快实施泸州至重庆、宜宾至泸州、水富至宜宾三项航道建设工程，将三级航道延伸至云南水富，通航千吨级船舶。

2. 港口建设工程

借鉴国内外港口的发展经验，加快港口结构调整和升级，向集约化、规模化方向发展，是港口提高运行效率、提升服务水平、拓展发展空间的重要取向。“十一五”期间，着重从3个方面推进长江港口的发展：

——继续推进上海国际航运中心的建设。上海国际航运中心洋山港区一期工程即将投产，应在此基础上，继续实施后续工程，尽快形成规模效益。利用长江口深水航道治理二期工程10米水深条件，充分发挥上海外高桥港区的作用，继续实施江苏苏州太仓港区建设工程，提高上海国际航运中心长江一翼集装箱运输能力。

——加快建设若干个具有区域性枢纽作用的主要港口。长江干线的上海、南通、苏州、镇江、南京、马鞍山、芜湖、安庆、九江、黄石、武汉、岳阳、荆州、宜昌、重庆、泸州等主要港口在地区经济社会发展中发挥了重要作用。在加快上海国际航运中心建设的同时，要重视这些港口的建设和发展，对于其中具有区位优势、能够发挥区域性枢纽作用的港口，应着力支持其做大做强。

——拓展港口功能，实现港口结构升级，提升港口服务能力和水平。要重视利用港口优势，发展临港工业，促进地区经济发展，在港口发展中不断拓展港口功能，适应现代物流发展趋势，提升港口服务能力和水平。

近期重点建设、逐步完善5大港口运输体系，主要是：以上海国际航运中心为核心的集装箱运输体系；铁矿石江海转运体系；煤炭专业化运输体系；汽车滚装运输体系和石油及液体化工品江海运输体系。

3. 船型标准化工程

船型标准化既是发展长江水运的重要途径，也是长江水运现代化的重要标志。“十五”期间，交通部联合上海、江苏、安徽、重庆等省市实施了京杭运河和三峡库区船型标准化工程，取得了很好的经济、社会效益，也积累了一些工作经验。“十一五”期，在充分发挥市场配置资源作用的前提下，交通部还将联合沿江省市政府综合运用经济、法律和必要的行政手段，发挥政府的引导作用，积极推进长江干线运输船舶标准化进程，干线货运船舶平均吨位达到1 000 吨以上。重点发展四大标准船舶系列，分别是江海直达运输船舶、内河集装箱内支线运输船舶、内河大宗散货运输船舶和内河汽车滚装船。

4. 三峡过坝运输扩能工程

根据目前三峡库区水运量快速增长和船舶通过三峡船闸的实际情况，三峡永久船闸通过能力与水运量需求之间存在一定的不平衡性，需采取多种措施，全面提高三峡坝区综合通过能力。交通部将会同有关省市，积极与相关单位加强沟通与协调，从3个方面开展工作。

——加强协调，完善应急翻坝运输方案，推动建立长期翻坝运输体系。交通部已经制定了应急和长期翻坝运输方案，并报送了国家有关部门。交通部还将与有关单位加强协调，保障翻坝运输体系及时、有效、可靠运转。

——支持湖北省较高等级翻坝公路的建设。

——加快推进三峡库区船型标准化进程。

——协调有关部门加快升船机的建设。

5. 水运保障工程

为保障长江水运安全、有序和健康发展，“十一五”期间，交通部将加大对水运支持保障系统的建设力度。主要有：

——建设长江水运信息系统，完善长江船岸通信网络。

——完善长江搜救体系，推广巡航与救助一体化，实施联合执法。

——建设重点水域船舶交通管理系统、污染控制清除系统。

——加强长江航运公安治安防控体系建设，提高反恐预控能力。

6. 干支联动工程

要全面发挥长江水运作用，必须实现干支联动，形成有机衔接、货畅其流的水运体系。长江干流与支流水运是一个系统，干流水运可以为沿江省市提供优良的水运条件，带动支流水运的发展，有效扩大干流水运的服务腹地。支流水运的开发不仅可以促进地区经济的发展，还可以促进干流水运的繁荣，形成干流与支流水运全面良性发展、相互促进的格局。“十一五”期间，对各省市干流与支流可考虑的重点项目是：

上海市：连续实施长江口深水航道治理三期工程，鼓励发展长江到上海国际航运中心洋山深水港区的集装箱转运体系，建设长江三角洲高等级航道网中赵家沟、大芦线等6条航道，形成上海主要集装箱港区的高等级内河集疏运通道。

江苏省：继续实施长江口深水航道向上延伸工程，2010年12.5米水深航道到太仓，建设长江三角洲高等级航道网京杭运河、苏申外港线等7条航道，建设京杭运河、连申线上的5座船闸，建设苏州、徐州等内河5个港口。

安徽省：整治长江干线东流、太子矶水道航道，2010年6米水深航道到安庆，实现5 000吨级海船满载直航，实施芜太运河、沙颍河航道建设工程和沿江港口基础设施建设工程。

江西省：建设一条航道（赣江樟树至南昌）、两个港口（南昌、九江港）和一个航电枢纽（赣江石虎塘）。

湖北省：整治长江干线罗湖洲、马家咀、武穴、芦家河等10处航道，2010年实现4.5米水深航道到武汉，建设宜昌、荆州、武汉、黄石等港口基础设施，推进汉江航电结合、梯级开发工程，实施引江济汉通航工程。

湖南省：建设两个航电枢纽（包括湘江株洲、长沙枢纽）和3个港口（长沙、岳阳、湘潭），实施资水下游航道整治工程。

重庆市：加快推进两个航电枢纽（嘉陵江草街、利泽）建设，实施4个港区（重庆主城区、涪陵、万州、江津港区）建设工程。

四川省：实施泸州至重庆、宜宾至泸州三级航道整治工程，加快实施嘉陵江航电结合开发工程，实现全江渠化目标，建设宜宾、泸州港口。

云南省：增加水富至宜宾三级航道整治工程和水富港建设工程。

四、合力加快发展长江水运的政策措施建议

建设好长江黄金水道，充分发挥黄金水道的作用是一项长期的任务，需要中央与地方形成合力，采取综合措施。为此，建议共同采取以下5项措施：

（一）编制和完善相关规划

交通部相继组织完成了《全国内河航运发展战略》、《长江干线航道发展规划》、《西部地区内河航运发展规划》、《促进中部地区崛起公路水路交通规划纲要》和《长江三角洲高等级航道网规划》的编制工作。

建议各省市根据沿江产业布局和开发利用规划，抓紧制定和完善省市水运发展规划，全面启动省市港口布局和主要港口、重要港口总体规划的编制与审批工作，编制好“十一五”水运发展规划。

（二）加大长江港航设施建设资金投入力度

交通部将进一步拓展资金渠道，扩大水运建设资金规模，加大对长江航道和内河港口等

基础设施的投入力度。“十一五”期交通部拟安排投资150亿元，用于长江水运建设。

建议地方人民政府根据建设需要逐步建立稳定的水运建设资金来源，多渠道扩大水运建设资金规模，专项用于航道、港口基础设施和支持保障系统建设。在可能情况下出台支持地方水运发展的相关政策。

鼓励社会资金投资建设、经营长江港航设施。

（三）深化改革，加快立法进程

推进国有水运企业建立现代企业制度，完善公司治理结构，实施股份制改革。鼓励个体、私营水运企业健康发展，实施制度创新。实现长江水运企业投资主体和产权多元化，引导和鼓励长江水运企业做大做强。

健全长江水运市场监管机制，整合管理资源，精简管理机构和人员，提高工作效力和服务水平。

加快水运管理立法进程，尽快出台《航道法》等法律法规。

（四）着力推进长江干线船型标准化

为了实质性推动长江干线船型标准化，“十一五”期交通部将筹集10亿元资金，用于引导长江干线船型标准化。

建议沿江各省市根据本地区航运企业、船舶数量及经营情况，安排一定数量的资金支持船型标准化。

（五）建立长江水运发展协调机制

为了保障长江水运发展总体目标的顺利实现，建议成立部省市协调领导小组，成员由国家部委和沿江省市主管领导组成，研究协调长江水运发展的重大问题。下设办公室，根据领导小组具体要求开展有关工作。

经过“十一五”期的建设，2010年长江水运的整体效果是：实现南京以下航道可满足10万吨级海船江海直达，武汉以下5 000吨级海船常年江海直达；武汉以上航道更为通畅，千吨级船舶直达云南水富。长江干线与主要支流初步实现高等级航道贯通，长江三角洲高等级航道网进入全面实施阶段。上海国际航运中心作用进一步发挥，长江沿线主要港口功能得到拓展，集装箱等港口运输体系更加完善。长江干线船型标准化取得明显进展，货运船舶平均吨位达到1 000吨，水运安全保障能力明显提高。预测2010年长江干线货运量达到10亿吨以上，集装箱运量达到2 500万TEU，长江水运满足运量增长要求，较好适应经济发展需要，为2020年实现长江水运现代化奠定坚实基础。

以上是交通部从沿江经济发展需要的角度出发，对长江水运现状与未来发展的主要方面所进行的一些思考，真诚欢迎各位领导和同志们提出完善意见。今天的座谈会对长江水运的发展意义十分深远，交通部将全力做好各项工作，把发展长江黄金水道的着力点放在更好地服务和促进沿江经济的发展上来，做出交通部门的新贡献。

谢谢！

下　　篇

全国交通工作会议主报告

下篇出版前言

公路水路交通30年的改革发展实践，凝聚了几代交通人的不断探索和心血智慧，闯出了一条中国特色的交通创新发展之路，为经济社会发展提供了有力支撑，为进一步深化改革、扩大开放创造了有利条件，为继续推进交通运输现代化奠定了坚实的基础。

30年来，交通工作的重大发展决策和改革举措，有的是在全国交通工作会议上提出来的，有的是在全国交通工作会议上加以贯彻的。历年的交通工作会议既是对上年工作的全面总结，也是对下年工作的动员部署。改革开放30年，一共召开了28次全国交通工作会议（1979年、1981年召开过专题会议）。会议的工作报告全面客观反映了交通改革开放的历史进程、取得的巨大成就和探索的成功经验。

温故而知新。为回顾既往，总结经验，探索规律，指导未来，在改革开放30周年之际，我们把这些报告汇集起来，主要供交通运输系统各级领导干部阅读参考。

编审委员会

继续贯彻调整、改革、整顿、提高的方针，为实现交通运输现代化而奋斗

——彭德清部长在全国交通工作会议上的讲话

（1980年4月5日）

同志们：

1978年5月召开全国交通工作会议后，到现在已将近两年了。两年来，全党和全国人民在党中央的正确领导下，取得了很大的成绩，全国形势大好。我们交通运输战线也同其他战线一样，水陆交通运输都有新的发展，形势也很好。我们这次会议，要认真总结这两年来的工作，研究在新形势下出现的新问题，讨论如何进一步贯彻党的政治路线、思想路线和组织路线，继续执行以调整为中心的八字方针，研究解决当前工作中的一些方针政策性问题，讨论落实今年的任务和措施，加速交通运输事业现代化的建设。现在，我代表部党组讲四个问题。

一、两年来工作的回顾

两年来，我们在党中央和国务院的正确领导下，坚决贯彻执行党的路线、方针和政策，实行工作着重点的转移，分期分批地进行了企业的整顿工作，认真贯彻八字方针，深入持久地开展了增产节约运动，连年全面超额完成运输生产任务。整个交通战线出现了政治上安定团结，生产上持续发展的大好局面。取得的主要成绩是：

第一，大力进行了企业的整顿工作

这两年，部属企业和各地交通部门，集中精力，大力进行企业整顿工作，继续深入地揭批林彪、“四人帮”的罪行，粉碎了林彪、“四人帮”的帮派体系，平反昭雪了大批冤、假、错案，认真处理了历史上遗留下来的问题，落实了党的政策，整顿和调整了各级组织的领导班子，加强了思想政治工作，恢复和健全了企业的管理制度，从思想上、政治上、组织上拨乱反正，扭转了企业的混乱状况。交通战线安定团结、生动活泼的政治局面正在进一步巩固和发展。

由于大力进行了整顿工作，使企业的面貌普遍发生了变化。职工的思想觉悟提高了，纪律性加强了，领导作风改进了，企业管理工作开始走上正轨。现在，部属大中型企业中，已有24个建成了大庆式企业，占直属大中型企业总数的36.4%。全国各省、市、自治区交通部门所属大中型企业中，已有近百个单位建成了大庆式企业，约占各地所属大中型企业的1/3。

第二，运输生产连续创造了较好水平

1978年，全国水运和公路部门的货运量达到了12亿8 000多万吨，比1977年增长了7.3%。其中：地方汽车、轮驳船货运量达到7亿9 700万吨，比1977年增长12.2%；部属水运货运量达到1亿2 900多万吨，比1977年增长26.9%，港口吞吐量达到2亿8 000多万吨，比1977年增长26.5%，都创造了历史最好水平。1979年，省市汽车、轮驳船完成货运

量8亿零900多万吨，比1978年增长1.5%；部属水运货运量完成1亿3 800多万吨，港口吞吐量完成2亿9 800多万吨，分别比1978年增长7.1%和5.7%，又创造了历史最好水平。货运质量、上缴利润也普遍有所提高。1979年，全国交通系统全民所有制企业共实现利润20亿9 000多万元。其中直属企业实现利润9亿3 300万元，比1978年增长了7%。

第三，公路建设和港口建设有很大的发展

两年中，共建成国防边防公路44条，2 500公里，是筑路成效最好的两年。共修建县社公路和山区公路5万多公里，使1 670多个公社通了车。铺筑黑色路面2万7 000公里。到去年底，全国公路里程已达89万公里。目前，全国不通公路的县只有两个，全国通汽车的公社已达到90%以上，大队已达到70%以上。

沿海港口建设，两年共新建万吨级泊位7个，加上挖潜、改造共新增吞吐能力900多万吨。全国现共有深水泊位133个。与宝山钢铁厂配套的北仑港的建设进展很快，10万吨级码头的主体工程已经建成。在航道疏浚整治上，也做了大量工作。同时，还大力进行了老港的挖潜、革新、改造。上海港、青岛港和秦皇岛港自力更生改造煤码头，取得了显著的成绩。上海港将10万吨级旧船改为海上过驳平台，为解决码头泊位不足提供了新的经验。

第四，交通工业在产量和质量上都有较大的提高

1978年全国水运工业共完成造船1 693艘、57万吨，创造了历史最好水平。1979年，又完成造船2 099艘，63万吨，取得了更好的成绩。上海船厂建造了我国第一艘出口的万吨货轮，使我国造船工业进入国际市场有了一个良好的开端。

公路交通工业有很大的发展，两年来完成工业总产值近30亿元，其中由部直接安排生产长途客车8 800多辆，挂车1万辆，筑路、养路、装卸、汽车保修等专用机械6 200多台。

第五，远洋运输事业和沿海运输有很大的发展

我国远洋运输船队，到去年年底，已拥有船舶521艘，905万吨，挂靠100多个国家和地区的416个港口。去年共完成货运量4 200多万吨，担负外贸海运我方承运量中的70%左右，已成为一支初具规模的、开始打入国际航运市场的远洋航运队伍。在经营管理上也逐步改善，开通的国际班轮航线已达15条，对日本和朝鲜已实现包航线运输，对澳大利亚、东南亚、波斯湾、西北欧、地中海、美洲及东西非等航线，也已具备了包运条件。对香港的运输，除上海、天津、大连、青岛、广州、厦门、汕头各港口都已有货运班轮外，上海、广州、汕头、厦门已有到香港的客运班轮。国际集装箱运输业务正在发展，上海、天津、青岛、黄埔等港，都在试行集装箱运输，开往澳大利亚的集装箱运输已取得了良好的营运效果。

部属沿海和长江运输也有相当的发展。现有船舶运力共419万吨。两年共完成运量1亿8 800万吨，平均每年递增12.1%。沿海船舶也开始承担外贸运输任务。上海海运局去年有25万吨运力，广州海运局有10万吨运力参加远洋运输，分别运货69万吨和14万吨。

去年6月开辟了通过台湾海峡的南北航线，取得了很好的经济效果。到去年底，通过台湾海峡的船舶已达540艘次，共节约运力1 680万吨天，节约燃料油25 400多吨，在经济上和政治上都有很大的意义。

第六，港务监督和海上救助打捞事业成绩很大

全国各港务监督，有了很大的加强，积极开展工作，安全引航船舶2万多艘次，维护了国家主权。目前已有3个救捞局，拥有较大的救助和拖航船舶50余艘，在装备上和技术上，都已具有相当水平。去年一年中，共救助、打捞船舶89艘，并完成了拖航大型海上钻井平台和救助外轮等各项艰巨任务。国际瞩目的打捞“阿波丸”工程，已捞取锡锭和橡胶等货物2472吨，今年内即可胜利完成这项工程。

第七，科研、教育工作得到了恢复和发展

两年来，各级交通部门根据现代化建设的要求，积极恢复和加强科研和教育工作。目前，全国交通系统恢复和新建的科研机构已达一百多个，大专院校10所，中专48所，为培养交通运输专业人才奠定了基础。全国科技大会以后，各级交通部门都着手研究制订了科研规划，确定了一批科研重点项目，并已取得一些重大成果。各运输企业还推广了集装箱运输、成组运输、散装运输和分节驳顶推船队等先进运输方法。电子计算机技术、自动化通讯导航设备等现代化技术的研究、建设和应用，以及从国外引进新技术、新设备的工作，都已开始进行。

第八，积极开展对外业务，开始闯出了一些路子

去年以来，我们开始组织远洋运输、水运工业、航务工程、公路工程、救捞、拖航等各方面的力量，积极进入国际市场，开展对外业务，取得了一定成绩。远洋运输公司去年承揽第三国货载580万吨，增收外汇1亿1 000万美元。此外，还开展了出租船舶业务，同国外航运界组织合营公司，以及组织劳务出口，已派出船员320多人。外轮代理、外轮理货和港口外轮服务工作，这两年也有了明显的改进和发展，争取了更多的外汇收入。水运工业积极组织生产出口货轮、拖轮、驳船、锚链等产品，并开展承修外轮和开展对外来料加工业务。现已安排建造出口船舶19艘，共34 600吨。两年来，我们还进一步加强了香港招商局的工作。明确了招商局要以航运为中心，同时发展其他业务的方针。香港的两个船队，去年一年中已自力更生增加了23万吨船舶。蛇口工业区的建设也正在进行，这是我们航运事业对外发展的一个重要基地。

两年来，援外工作在各省、市、自治区交通部门的共同努力下，也取得了很大成就。到去年底，交通援外项目已达118项，分布在28个国家，已竣工移交了86项，这些工程普遍得到了各受援国政府和人民的好评。为了改变过去在援外工作上“光出不入”的做法，去年成立了“中国公路桥梁工程公司”，对外承包工程项目，变为“有出有入”，已承包6个工程项目，总金额达到1 100多万美元。

第九，调整工作已有进展

为了调整交通运输内部的比例关系，缩短基建战线，去年部直属企业共停缓建62个工程项目和单项工程，其中大中型项目29个，共压缩投资2亿9 700多万元。各省、市、自治区交通部门也大力压缩了基建战线，调整了工业生产，关、停、并、转了一部分工厂。

第十，职工福利建设和环境保护方面也取得了较大成绩

去年，全国交通系统共安排建设职工宿舍344万平方米，已竣工168万多平方米；其中直属单位共开工182万平方米，已竣工78万平方米，都是完成较好的一年。各企业还普遍注意了改善职工食堂、托儿所等方面的工作。

在环境保护、防止水域污染、治理三废等方面，采取了一些有效措施，也取得了不少成绩。

我们实事求是地总结两年来取得的成绩，就是要使交通战线的全体干部和职工，了解我们工作进展的全貌，认清大好形势，提高向现代化进军的信心，进一步鼓足干劲，坚定不移地遵循三中全会、四中全会、五中全会的精神，继续在调整中稳步前进。

但是，必须看到我们工作中还存在不少问题，交通运输仍是国民经济中的薄弱环节。我们还有一些企业没有整顿好，企业的经营管理水平、生产水平和技术水平还很低。我们的港口能力，航道状况，公路的数量和质量，车船数量、性能和种类，都不能适应国民经济发展的要求。我们交通运输内部港与航，路与车，运输和装卸，前方和后方，生产和生活等方面都存在着比例不协调的情况。我们的工业在组织专业化协作方面，还需要做大量的艰巨的工作。我们的科学技术和教育工作还很落后，远不能适应向现代化进军的要求。在交通管理体制上也存在不少问题，需要认真加以研究和改革。特别是运输安全质量和服务质量问题还很突出，去年一年共发生交通安全事故12万1 591起，死伤共达10万零4 127人，造成的直接经济损失8 043万元。

我们所以能取得一些成绩，是由于有党中央、国务院的正确领导，各省、市、区和兄弟部门的积极支持，以及我们交通战线广大职工的积极努力。但应该看到我们工作中还存在很多问题。一定要正视这些问题，丝毫不能自满和松懈，要谦虚谨慎，戒骄戒躁，发扬成绩，克服缺点，努力把我们的工作做得更好，把交通运输事业提高到一个新的水平。

二、今年的工作任务

1980年是调整国民经济的关键一年。把今年的工作做好，对于打好向现代化建设进军的基础，具有极为重要的意义。最近，中央领导同志对当前的形势和任务，对经济工作方面的方针政策问题，都作了明确的指示；不久前召开的五中全会，党中央又作出了一系列的重大决定。这些，都是指导我们工作的重要依据。今年，整个交通战线的主要任务是继续贯彻执行调整、改革、整顿、提高的方针，切实调整好各种比例关系，进一步进行企业整顿工作，认真制订好发展交通运输的十年规划，大抓增产节约，努力全面完成国家的计划，在向现代化的进军中前进一步。

当前必须抓好的主要工作是：

第一，进一步搞好现有企业的整顿和提高工作

今明两年内，要把所有的大中企业都整顿好。没有整顿好的企业，要抓紧进行整顿；经过整顿的企业，也要根据现代化建设的要求，以运输、生产为中心，以提高经济效果为重点，进一步提高管理水平、技术水平和生产水平。要努力建设一个团结一致搞四化的精干的领导班子，切实把年富力强的有一定业务管理和技术管理水平的干部，充实到领导班子中来。要加强职工队伍的建设和培养，提高职工的思想觉悟和技术水平。要搞好企业的民主管理，健全以岗位责任制为中心的各项规章制度，加强经济核算，加强企业管理的基础工作，整顿和加强原始记录、统计、计量和工艺管理工作。要贯彻安全质量第一的方针，坚决保证安全生产。大力提倡文明生产。使我们的企业在整顿中提高，在整顿中前进。

第二，广泛、深入、持久地开展增产节约运动，完成和超额完成今年的运输生产任务

今年，一定要保证完成和超额完成汽车、轮驳船货运量9亿零784万吨。其中地方汽车、轮驳船完成货运量7亿7 386万吨；部属水运企业完成货运量1亿3 400万吨。同时要保证完成外贸物资、石油、煤炭和轻纺工业原材料和产品及支农物资等重点物资的运输，尤其要配合铁路完成阳～青～申煤炭出口的运输任务。港口吞吐量完成2亿8 600万吨。要求通过新建和挖潜、改造扩大港口吞吐能力1 000万吨。要继续发展远洋船队和沿海、内河的船队。修造船工业要努力提高产品质量，改进产品设计，大力增加短线和配套产品的生产。基本建设必须按质、按量、按时完成今年的计划。要努力增收节支，企业的上缴利润和外汇收入必须力争超额完成计划。

从今年第一季度的情况来看，直属企业和省、市交通运输生产完成计划比预计要好。但是，我们绝不能麻痹松懈，一定要把增产节约运动广泛、深入、持久地开展下去，充分调动广大职工的积极性，加强运输组织工作，改善经营作风，提高服务质量，保证完成和超额完成今年的计划。

所有企业都要认真总结去年的经验，组织力量走出去，扩大货源，广开生产门路，把运输生产搞活。要组织经济调查，掌握市场动态。要实行产、运、销直接挂钩，推广运输合同，恢复和开展方便货主和群众的服务项目。要大力搞好铁路、公路、水运的联运工作，搞好合理运输。要认真组织好短途运输，开辟和发展山区运输，很好地完成支农运输任务。要把客运工作搞好，特别是要搞好方便农民的农村客运工作。长航在“三三〇”工程截流前，要抓好进出川物资运输，并做好截流后客运中转的准备工作。远洋运输公司和新成立的各个对外经营的公司，都要积极打入国际市场，争取更多的货源，积极承包对外工程项目，生产国际市场适销产品，为国家多创外汇。要加强援外工作，进一步开展对外承包工程的业务。各省市交通部门有条件的企业，也要积极争取与外商开展来料加工、合营、补偿贸易和生产出口商品等业务。

要十分重视节约能源的工作。要有专人管理，认真核定煤、油、电的消耗定额，大力总结推广现有的节能经验，研究和制订新的节能措施，对节能有贡献的单位和个人要进行奖励。今年内要组织力量，进行一次节能工作大检查。各企业一定要保证完成节油10%，节煤5%、节电3%的要求。

认真抓好增收节支工作，把增产节约运动与扭亏增盈和清产核资工作结合起来。我们的企业增收节支的潜力很大。去年远洋运输公司派出几个工作组到国外检查港口使用费账目，共找回了200多万美元。天津港去年增加了服务项目，加强了收入管理，清理了漏收错收，1至10月份，仅杂项作业收入就比前年增收了260多万元。必须大抓增收节支工作，要认真加强经济核算，严格财经纪律，反对铺张浪费，努力降低运输和生产成本，力争能比去年降低百分之五。对亏损的企业，要限期扭亏为盈。清产核资工作在年底以前要搞完，以便为今后改革经济管理体制，实行固定资产有偿占用及流动资金实行银行贷款创造条件。

第三，在交通运输的安全质量方面打一个进攻仗

各个企业、各级干部和全体职工，必须以高度的政治责任感，认真贯彻去年全国交通安全工作会议纪要的精神，切实把安全生产搞好，把事故显著地降下来，特别要防止发生重大恶性事故。要经常加强船员、汽车驾驶员、生产调度和其他人员安全生产的教育和管理，认真遵守交通规则、操作规程和岗位责任制。要加强路政、航政管理，坚决取缔违章行车行船，对违反交通安全规则而造成的事故，要给以法律和经济制裁。

要进一步提高运输服务质量、货运质量和产品质量。所有运输企业，都要改进服务态度，提高货运质量，做到“信得过”、“三满意”。要认真学习推广上海港严格把好质量关的经验。要不断研究改进运输、装卸机具，减少货物的散失、损坏和差错。工业企业和基本建设单位，要把提高产品质量和工程质量放在头等重要的地位，学习和推广全面质量管理和创全优工程的经验。建立和健全质量管理制度，加强质量监督检验机构，并以班组为基础，建立群众性的质量监督网，争取在今年内创出一批优质产品和全优工程来。

第四，大搞企业的挖潜、革新、改造

挖、革、改是我们当前发展运输生产，向现代化进军的主要措施。首先要抓好老港、老厂的挖潜改造，企业的折旧基金应主要用于现有企业的挖潜改造上，要认真制订企业挖潜、革新、改造规划，管好用好这方面的资金。国家要求，今年沿海港口要通过挖潜改造，扩大吞吐能力600万吨，这是一个十分重要的任务。今明两年，重点进行上海、天津、大连、秦皇岛、连云港等港煤炭、石油、集装箱专用码头的改造，以及南京、南通、芜湖、九江、武汉、城陵矶、重庆等长江港口的改造。要发展海上过驳作业，解决码头泊位不足的矛盾。要采取各种措施，提高港口的开工舱口数。要重点抓好上海船厂自力更生改造老厂进行现代化建设的工作，为交通系统老企业的改造，树立样板。各省、市、自治区交通部门，也要进一步发扬自力更生、艰苦创业的好传统，发动群众，大搞双革，不断提高所属企业的生产能力。

第五，进一步调整基本建设战线，加速港口和其他重点工程的建设

港口是整个国民经济和交通运输内部的一个突出的薄弱环节，因此，要进一步调整基本建设战线，加强港口建设。决定今年继续停缓建44个项目和单项工程，以便集中财力物力用于重点港口的建设上，千方百计增加港口吞吐能力。一、今年要集中力量加快在建码头的收尾配套工程的进度，尽快发挥经济效益；二、要抓紧对石臼所煤炭出口港和秦皇岛港煤码头二期工程建设的准备工作，并积极抓好秦皇岛港八号码头的改造工程；三、采取措施，保证北仑港矿石中转码头按时投产，并加快裕溪口煤码头的建设进度；四、要利用外资在香港建设一二个码头；五、在各个港务局统一规划下，鼓励其他企业自建专用码头；六、要逐步解决连接港口的铁路、公路、内河的疏运能力，搞好港、航、路、贸的协作。其他建设工程，也必须集中力量打歼灭战，保证按时投产，提高质量，降低造价。对停缓建的项目，要做好善后工作。

第六，加强远洋运输船队的建设

目前，我国远洋船队数量不够，船龄偏老，船舶类型不齐，经营管理水平和技术业务水平不高，在国际航运市场的竞争能力还很低。我们这样一个大国，面对当前和未来的世界政治经济形势，必须加快建设一支具有现代化经营管理水平的强大的远洋运输船队。这在政治上、经济上、国防上都具有重要意义。

发展远洋船队，要立足于国内造船；在目前国内造船尚有困难的情况下，继续利用银行贷款买船。我们计划1980年到1982年，再买200万吨船，使远洋船队发展到1 200万载重吨，具有承运外贸货物6 000万吨的能力。船队结构也要进行调整，以购买70年代初期的百杂货船、专用船、多用途船为主，并买一部分三五千吨的船舶。同时相应地加强现有船员队伍和管理人员的技术业务训练，提高技术业务水平和经营管理水平。

第七，认真抓好公路和内河航道的建设

我国的公路数量少，质量差，标准低，对工农业生产和旅游事业的发展，对加强国防和方便人民生活都有很大影响，因此，必须大力改善公路状况。由于目前国家还不可能大量增加公路建设的投资，各省、市、自治区交通部门必须切实收好、用好、管好养路费，真正实行以路养路，专款专用，不许挪用。在公路建设上要贯彻统一规划，分级管理，修养并重，普及和提高相结合的方针，继续采取民办公助、民工建勤的办法，修路养路。要下力量抓好现有公路的养护，有计划、有重点地逐步改造现有公路。特别是对地区间的断头路，城市郊区的卡脖子路段，要有计划地进行改造，接通断头线，改造危桥和渡口，研究解决混合交通问题，不断提高通过能力。要有重点地规划、建设一级公路和高速公路，特别是要尽快地把广州到深圳、北京到八达岭的公路改造为一级或二级公路。为了加强全国公路网的规划、建设和管理，要在普查的基础上，划分公路等级，实行分级管理，并制订出切实可行的发展计划。

在内河航运建设上，当前存在的问题更多，航道淤浅、闸坝碍航十分严重，以致通航里程越来越短，航道越来越窄。这是当前迫切需要解决的问题。为了加强内河航运工作，部已上报要求批准设立内河航运局，以协助各省、市、自治区把这方面的工作做好。当前，主要是进行开发内河航运的规划和研究，并尽快制订内河航道的管理办法，制止闸坝碍航、破坏航道、污染河流、航运秩序混乱的情况继续发展，并会同有关部门共同研究解决原有的碍航问题。与此同时，要配合国家建设的需要，重点建设和改造长江、南北大运河的济宁至长江边段和淮河及西江。各级交通部门也要根据现有条件，参照湖南整治录水、攸水的经验，广东对连江进行综合治理发展航运的经验，山东济宁地区、湖南桃源县结合兴修水利发展航运的经验，对一些重要航道，自力更生地进行一些初步整治，改善通航状况。要加强养河费的征收和管理，有重点地用于改善航运条件上。

第八，认真制订实现交通运输现代化的长远规划

搞社会主义现代化建设，必须有一个科学的、实事求是的长远规划。必须认真总结30年来的经验，研究我国发展交通运输的特点和条件，研究和学习外国经验，在广泛调查研究的基础上，制订一个分阶段的实现中国式的交通运输现代化的长远规划，做到全面规划，统筹安排，综合平衡，这是进行交通运输现代化建设的一项重要的基础工作，一定要十分重视。现在，我们在1978年提出的长远设想的基础上，提出一个十年规划设想，作为一个草案，在这次会上发给大家讨论、修改。最近，国务院明确提出，要把编制十年规划作为一件大事来抓，我们要上下一致，同心协力，把发展交通运输的十年规划制订好。

第九，进行交通运输经济体制改革的调查研究和试点工作

交通运输系统的经济管理体制，情况复杂，涉及面广，又缺乏经验，因此，对这项工作，要解放思想，勇于探索，立志改革，但步子要稳。总的要求是既要加强政府部门的行政管理，又要发挥企业的主动性和积极性，扩大企业自主权，按经济规律办事。各级交通部门，一定要进行调查研究，经过反复实践、试验，找出一套适合于我国特点的新的交通运输经济管理体制和管理办法来，为今后进行全面改革做好准备。

妥善处理好政企关系，当前首先要解决的：一是要大力改进机关的作风和管理方法，克服政出多门、互相推诿、踢皮球以及对下面管得过死的做法；二是各级交通行政部门要把对交通运输进行行政管理的职能担当起来，建立和健全交通运输的法制工作，加强对运输市场的管理，加强路政和航政工作；三是积极进行扩大企业自主权和政企分开的试点，使企业在经营管理上有更多的主动性和灵活性。在这方面，各省、市交通部门去年以来已进行了试点，并取得了一些经验，在这次会议上要加以总结和推广，直属企业也要很好学习这些经验，并在今年内做出成绩来。从今年起，各级交通部门都要把法制工作抓起来，部里已设立专管立法的工作机构。要组织力量把历年来形成的法律、条例、法规进行重新审订，并根据新的情况制订新的法规。这次会上，我们准备把几个法规草案交大家讨论修改，待成熟后，再报人大和国务院审查批准施行。

要进行交通工业的调整和改组工作。当前，不论直属和地方的交通工业，都已具有相当大的规模，但普遍存在着“大而全”、“小而全”、不配套、管理水平低、生产技术落后和“吃不饱”等等问题。因此，要把调整和改组交通工业放到重要议事日程上来：一是部和省、市、自治区交通部门都要根据实际情况，制订出改组交通工业的规划，逐步把一些“小而全”、“大而全”的工厂纳入专业化协作的轨道；二是试行组织水运工业、公路交通工业、筑港装卸机械工业等专业公司，今年，首先要在上海试点，组织水运工业公司，以便取得经验，逐步推广；三是要加强北方沿海地区修造船工业的整顿和建设，尽快形成一个具有相当能力和水平、门类齐全的修造船工业基地，以适应远洋运输发展的需要；四是调整好现有交通工业的生产，大力发展配套件和短线产品的生产。

第十，加强教育科研工作，加强港务建设和打捞救助工作

要从根本上改变交通运输的落后面貌，必须切实加强交通运输的教育、科研工作。一定要下最大的决心，花大力来抓这项工作，并舍得下本钱。今年要增加投资已有困难，从明年起要加以适当调整。

要高度重视和加强教育工作。现有的大专院校和中等专业学校、技工学校，是培养交通技术力量的主要基地。一定要加强领导，认真办好。要增加教师力量，提高师资水平，增添必要的设备，改进教学办法，不断提高教学质量，多快好省地培养人才。要大力抓好职工培训工作和技术考核制度。今明两年内要大力轮训干部和工人，把职工的技术业务水平和企业的经营管理水平大大提高一步。

在科研工作方面，当前主要是要健全科研机构，充实科研技术力量，加强对科研工作的领导，关心和改善科研人员的工作条件和生活条件。科研单位要认真制订科研规划，研究解决生产中的科学技术问题，提出向交通运输现代化进军的科研课题。要开展交通运输经营管理方面的科学研究工作，解决交通运输现代化管理问题。要加强科技情报工作，学习研究和引进国外的先进科学技术。

加强港务建设和打捞救助工作。为维护我国航运港口主权，必须加强港监和船检工作，实施对外轮管理和严格整治港口航道的船舶航行秩序。进一步加强打捞救助工作领导，加强队伍建设，提高技术水平，切实做好海上救助工作。今年坚决完成打捞“阿波丸”的任务。

搞好环境保护工作，是科研工作中的一个重要课题。从今年起，要认真进行调查研究，制订环境保护规划，制订港口和内河环境保护条例，并逐步建立起一支“三废”测试和治理队伍，引进必要的新的技术设备，加强科学研究，有重点地建设一些环境保护项目。各个工厂企业，还应大抓文明生产，利用港区、厂区、站内、场内的空地，大搞种树种花，既有利于环境保护，又美化了港容、厂容。

三、关于当前交通运输工作中需要研究解决的几个问题

在国民经济进行调整的过程中，交通运输工作中出现了一些新的情况和问题。这些问题对发展交通运输事业和进行交通运输现代化建设有直接影响。现在，提出下面几个问题，并谈谈对这些问题的初步看法和意见，希望大家认真讨论研究，得出统一认识，找出切实可行的解决办法。

（一）关于加强对运输市场的管理问题

近两年来，在运输市场上出现了一些新的情况，大量的机关企事业汽车和农副业车船都在大搞运输，社会上的待业青年和职工家属也纷纷组织起来搞运输和装卸，出现了争货源、争线路、自由提高或压低运价等情况，造成了运输市场的混乱现象，而且大批车船相向空驶，大量浪费运力和燃料，打乱了计划运输，使专业运输企业的货源得不到保证，造成了经营上的困难。

应该如何对待和解决这个问题，请大家讨论。我们意见：一定要坚决执行国务院关于统一管理运输市场的有关规定。既要加强行政管理，又要按照经济规律办事，当前可采取的办法是：

第一，要会同有关部门制订经营运输的统一的经济政策，对经营运输的车、船、企业，要实行单独经济核算，并与专业运输企业规定同样的税收、运价、上缴利润、燃料供应价格和供应标准。

第二，专业运输企业应努力改进经营管理，提高运输效率，降低运输成本，改进服务态度，提高运输质量，并增加各种类型的专用车辆，真正做到方便、及时、价廉、质量好，使货主单位放心把货交给专业运输企业承运。

第三，各级交通行政部门要发挥政府职能部门的作用，首先要抓好公路的规划、建设和管理，加强交通运输的法制工作，在各级党政领导下，坚持“四统”，即统一管理货源，统一平衡运力，统一计费标准，统一供应油料，整顿和管理好运输市场。对参加社会运输的机关企事业和农副业车、船，要由交通部门核发营业牌照。燃料和零配件的供应，要由交通部门和供应部门共同核定。交通部门要按照政府的有关法令、政策，对社会车辆进行监督和管理。要继续贯彻执行国务院关于组织机关企事业车辆参加运输的指示，总结经验，提出切实可行的组织管理办法。要学习辽宁省的经验，封存一部分多余的运力，特别是要把那些耗油大的“油老虎”车封存起来。

第四，在认真调查研究的基础上，同物价管理部门商讨适当调整运价，改变目前在运价上存在的山区和平原一个样、上游和下游一个样、难运和好运一个样、长途和短途一个样，和任意规定优价的范围和货种等不合理现象。

第五，力争合理解决汽车分配问题。提请国家将汽车优先分配给交通部门，并统筹解决交通部门的购车资金问题。对非专业运输的企事业和机关车辆的分配数量都应加以控制。

（二）关于集体所有制运输企业问题

全国交通系统的集体所有制运输企业有近万个，拥有职工 185 万人，有各种运输车辆

40万辆，各种运输船舶300万吨。每年可完成货运量约6亿吨，这是交通战线中的一支重要的运输力量。但目前集体所有制运输企业困难重重，主要是：税收太高，除了3%的工商税外，还有累进所得税，最高达盈利的55%，此外有的地方还有附加税，甚至任意进行平调；职工劳保福利支出负担太重，不少企业仅老年职工的退休费就占企业盈利的一半以上；企业的经营阵地被挤得越来越小，不少企业亏损，甚至无活可干，生活困难，设备维修保养、技术改造和建设职工宿舍等生活福利设施的材料设备，没有供应渠道，有的连简单再生产都难以维持。

各级交通部门必须认真加强对集体所有制运输企业的领导，当前，首先要对集体所有制运输企业进行整顿，加强领导班子建设，提高经营管理水平和生产水平。其次，要在各个方面，给予积极的扶持，在分配货源上，要给予适当照顾；要严格制止平调集体所有制运输企业的财产和资金；要争取尽快解决过高的税收和材料供应渠道问题。还要组织力量，经过认真的调查研究，修改制订集体所有制运输企业的条例，以便从根本上解决有关集体所有制运输企业的发展方向、管理体制、经营方针等问题。

（三）关于远洋运输公司与沿海省、市组织合营外贸运输公司问题

去年以来，沿海的一些省、市，要求发展本省的外贸海运事业，这种积极性是好的，对发展外贸海运事业是一件好事。目前，沿海各省经营外贸海运的做法，大致有以下几种情况：一是福建、广东是国务院批准的两个经济特区，并靠近香港，历来有开往香港的船舶，负责及时运输本地供应香港市场的货物。在客运上，福建最近已与香港益丰公司合营了由厦门开往香港的班轮航线。二是江苏的做法，最近经过批准，已由远洋运输公司与江苏省交通局共同投资，组织了合营远洋运输公司，负责本省到香港的外贸海运任务。浙江省也准备按这个办法搞。三是有些省市准备自己经营外贸海运事业。我们的意见，考虑到外贸海运事业比较复杂，涉外性强，还有航行安全问题。为了确保我国远洋航运的权益，增强在国际航运市场上的竞争能力，更好地为发展外贸服务，对外贸海运，必须贯彻执行中央确定的集中统一管理的方针，实行统一政策，统一对外，统一调度指挥。因此，在外贸海运中，主要应发展壮大中国远洋运输公司船队这支主力部队，同时也要积极支持沿海各省、市、自治区交通部门发展外贸海运事业。在做法上，我们主张按江苏的办法，由中远公司与沿海各省、市交通部门组织合营航运公司，以便做到既能有利于外贸海运的集中统一管理，合理使用运力；又能有利于为外贸服务，增加外汇收入和发展各省的外贸海运事业。合营的办法，可以由中远公司与省、市交通部门共同投资，单独核算，自负盈亏，利润按比例分成，亏损按比例分担。任务主要是负责承运本省的外贸进出口物资。在管理上，合营公司要执行中远公司的规章制度，统一对外，统一使用中远公司的运价、签证和标志，船舶由中远公司统一调度指挥；在香港地区的代理业务，除经中央批准的广东珠江公司外，其他航运机构的业务，必须由招商局和航委统一领导；凡到国内港口的各种船舶，则统由外轮代理公司办理代理业务。省、市交通局则负责公司的党政领导和组织货源。至于福建、广东，由于它的特殊条件，可仍按原来的办法进行。对于其他省、市，所有进出口外贸物资，中远公司应负责全部承运。

（四）关于开放长江口岸搞好外贸运输问题

为了有利于沿江各省开展对外贸易，国务院已批准长江的八个港口开办外贸运输业务。各有关部门一定要认真贯彻执行五部一委报告中所确定的方针、政策和原则分工，认真把这件事办好。

第一，长江港口开办外贸运输业务，目的是为了支持沿江各省发展对外贸易，我们交通部门一定要努力把沿江各省的外贸运输组织好。由于各省经营出口业务还只是刚刚开始，初期可能外贸货运量不多，在这种情况下，各个运输部门要从大局和长远着眼，保证及时派船，保质保量完成运输任务。

第二，关于长江外贸运输的组织和分工问题。由于长江航道、港口等客观条件的限制，远洋船舶不可能直达所有港口，因此需作必要的分工：南京长江大桥以下，由远洋运输公司直接派船运输；南京长江大桥以上，由上海海运局派船承运，归远洋调度；中转运输和零星物资的运输，由长航派船承运至张家港或上海港的中转站。有关外贸运输的管理和收费办法，应按这个分工制订。

第三，长航应负责规划和抓紧各港外贸码头的建设，创造开展外贸运输的条件。当前要重点建设南京港，以适应远洋船舶直接进出和靠泊的要求，其他港则应尽量利用现有的条件，先把外贸运输业务开展起来，以后再逐步改造。

第四，要贯彻统一对外的原则，加强港口业务的统一管理。港口的行政业务由港口主管部门统一负责，根据交通运输的现行体制，重庆、城陵矶、武汉、九江、芜湖、南京、南通港，仍归长航领导，张家港仍归上海港领导。外轮代理工作实行双重领导，党政工作归港务局管，业务以总公司领导为主。港务监督由港务局负责，业务归部港监局领导。

第五，长航要负责长江航道的水深条件和做好引航工作，保证海轮进江的安全。

（五）关于积极发展集装箱运输问题

集装箱运输是一种先进的运输方式，装卸简便迅速，能加强车、船周转，货损货差少，能保证货运质量，并可通过联运，实行“门到门”直达运输。因此，世界各工业先进国家都在大力发展这种运输方式，预计在国际贸易中，将有75%的件杂货实行集装箱运输。

目前我国的集装箱运输还处于初创阶段，为了加强对集装箱运输的组织领导工作，部已设立专门机构。在业务分工上，根据现行的交通运输体制：远洋局负责经营国际集装箱海运工作和外轮代理业务；各港负责经营装卸、拆箱、保管、中转等工作；公路局负责组织内陆汽车集装箱运输；上海、广州海运局和长航，分别负责经营沿海和长江的集装箱运输。远洋局除应进一步搞好中澳集装箱运输航线外，今年要开辟中美直达集装箱运输航线和上海、天津至香港的集装箱运输，并作好开辟中国到日本、波斯湾、中欧和地中海集装箱运输的准备工作。在国内，要大力发展5吨的集装箱运输，除继续经营好沿海和长江现有的五条集装箱运输航线外，还应逐步开辟新的航线，要积极开展铁路、水运和汽车的集装箱联运工作，有条件的地区要组织公路直达“门到门”的集装箱运输。

为适应集装箱运输发展的需要，要加快沿海港口集装箱码头的建设进度，尽快将天津港的一个年吞吐10万箱的集装箱码头，和上海港的一个年吞吐5万箱的半集装箱泊位，及后方的中转站建成投产。1985年前，再在天津、上海、黄埔各建一至两个集装箱码头。其他港口也要利用现有条件开展集装箱运输。并准备在广州、天津等地建设几个集装箱中转站。各省、市交通部门，也要组织集装箱联运工作，为集装箱运输逐步向内陆延伸创造条件。

（六）关于大力加强水陆交通的客运工作问题

近几年来，公路和水运客运工作发展很快，特别是开辟了上海、厦门、广州、汕头到香港的四条航线的客运班轮，这是客运工作中一个新的发展。但是，当前客运紧张的情况仍然存在，随着工农业生产的增长，人民生活的改善，国际旅游事业的发展，客运工作不适应需要的情况越来越突出。

各级交通运输企业一定要重视客运工作，克服重货运轻客运的思想，努力把客运工作做好。要把客运的安全和服务质量放在第一位，确保旅客的安全，千方百计方便旅客，为旅客服务。要适当增加客运运力，广州、汕头、上海、厦门至香港的客运航线，目前还都只有一条船，需要准备后备力量；长江、渤海湾、上海至宁波、上海至福州等航线由长航局和上海海运局分别负责增开客船；公路运输也要尽力增加客车。要努力改进客运条件，加强客运站点的建设，改进客票发售办法，方便群众。要积极作好开辟至台湾的客运航线的准备，远洋局要选择两条客货轮，为与台湾通航准备条件。有条件的地方和企业，要积极开展国际旅游客运业务。合理处理客运工作中交通部门与城建部门、旅游部门的关系，应本着方便群众，经济合理，统筹安排，分工协作的原则进行解决。城市汽车客运的经营范围应限于市区，市区以外和凡是定时、定线、定点的长途旅游，应由交通部门经营。

四、坚持和改善党的领导，加强思想政治工作

坚持和改善党的领导，不断加强思想政治工作，这是我们完成一切任务的根本保证。不久前召开的党的十一届五中全会，着重讨论了坚持和改善党的领导问题，并作出了一系列的重要决议，通过了《关于党内政治生活的若干准则》，提出了《中国共产党章程》（修改草案）。我们必须认真学习和贯彻这些重要指示和文件，在党中央的统一领导下，不断加强和改善交通战线党的领导工作。现在，我根据中央的有关指示，结合交通战线的情况，就如何坚持和改善党的领导，加强思想政治工作，讲几点意见：

（一）坚持和改善党的领导

必须坚定不移地执行党的政治路线，切实把工作重点转移到社会主义现代化建设上来。当前迫切需要解决好以下几个方面的问题：

一是要做好发现和培养人才的工作，加强各级领导班子和干部队伍的建设。从实现交通运输现代化的要求来看，我们的干部队伍，无论在思想上、管理上、技术上都还很不适应，特别是各级领导班子，更要在管理上、技术上大大提高一步。我们准备在两三年内把相当于船长、政委、装卸队长、车间主任、工程队长以上的干部普遍轮训一遍。经中央组织部同意，部直属企事业单位的干部实行“双重领导，以部为主”的管理。根据干部管理权限和分工，部负责轮训省、市、自治区交通厅、局及部属一级企事业单位的领导干部约1 300多人，在上海海运学院、西安公路学院和武汉水运工程学院3个基地进行，计划从今年二季度

开始，在两年内轮训一遍，部办的交通干部学校，也要在今年下半年举办第一期轮训班。其他干部则由各省、市、自治区交通部门和部属一级企事业单位负责轮训，各单位都要认真作出培训干部规划，建立工作机构，加强领导，把这一工作搞好。

各级党委要善于在实际工作中发现人才，把优秀的干部和技术人员提拔到领导工作岗位上来。现在，我们各级领导班子中，年富力强，有专业知识的干部少，是迫切需要解决的问题。我们希望，到1982年，各级领导班子内具有专业知识的中青年干部要达到50%以上；各部属企业，特别是大中型企业，在今年下半年内至少要选拔一、二名经过考察、符合要求的中青年干部进入领导班子。各单位还要建立后备干部名单，直属企业要把后备干部的名单和考察材料尽快报部。我们打算以38个大中型企业为重点，组织力量对后备干部进行一次考察，把1980年和1981年可以进入领导班子的后备干部的情况掌握起来，并着手建立第二批后备干部名单。培养和发现人才是我们这些老同志的重要责任，我们一定要把培养好接班人看成是党交给我们的一个重要的任务，努力把这件事办好。

二是要加强对党员的教育，充分发挥党员的模范带头作用。党有没有战斗力，要看我们的广大党员是不是能够发挥模范带头作用，带领群众前进。各级党委必须大力加强对党员的教育，恢复和建立对党员上党课的制度，以《中国共产党章程》（修改草案）、《关于党内政治生活的若干准则》等文件作为基本教材，使每个党员都懂得党员的权利和义务，努力当一个合格的共产党员，党的各级领导干部要带头学好，为党员作好表率。要健全党的组织生活，恢复和坚持党的民主集中制，开展批评和自我批评，加强党的纪律检查工作，严格党纪党法，同损害党的利益的现象进行斗争。

三是要改进党的工作方法。党委要抓大事，改变党委包办一切的做法。在企业中实行党委领导下的厂长（经理）分工负责制。重大问题，经过党委集体讨论决定，分头去办。企业中的日常生产工作，应由厂长、副厂长，总工程师、总会计师根据各自的职责，全权负责。要注意团结和发挥非党干部的作用，发挥他们的专业特长，使他们做到有职、有权、有责。

（二）加强对职工的思想政治工作

交通战线具有流动、分散、点多、面广的特点，加强思想政治工作尤为重要。我们向大家明确宣布，交通部的政治部要保留，而且要加强，部属企业的政治工作机构、远洋船舶上的政委、政干，也要加强。

当前，思想政治工作的中心任务是：认真贯彻执行党的政治路线、思想路线和组织路线，进一步巩固和发展安定团结的政治局面，团结和教育广大干部和职工积极为实现四化而斗争。实现社会主义现代化，就是当前最大的政治。企业的政工人员要懂得技术和业务，了解生产情况，把政治工作深入到经济工作中去，在完成生产建设任务中发挥保证作用。

要教育干部和职工维护生产秩序、工作秩序、社会秩序，进一步巩固和发展安定团结的政治局面，同心同德、集中精力搞四化。要对职工特别是对青年职工，广泛开展形势教育，大鼓干劲，坚定实现四化的信心；要加强革命传统教育和英雄模范人物事迹的宣传教育，鼓励广大职工学先进，赶先进；要发扬奋发图强，埋头苦干，为实现四化而献身的良好社会风尚；要不断加强职工遵法守纪的教育，提高组织性和纪律性。

要在增产节约运动中广泛发动群众开展劳动竞赛，根据各个企业的特点，组织青年突击手活动、三八红旗手活动、百日无事故赛、安全优质赛、攻关赛等各种形式的竞赛活动，并认真组织好先进英雄模范人物的评选工作。在这次会议上，我们还要表彰交通系统的先进企业122个，劳动模范231人。我们要大力宣传这些英雄模范人物的先进思想和先进经验，使广大职工学有榜样，赶有目标，争为四化建设多做贡献。

工会和青年团是党密切联系群众的纽带，要充分发挥他们的作用，依靠他们广泛开展群众性的思想工作。

（三）努力改进领导作风

各级领导机关和领导干部，都要认真改进工作作风，深入下去，解决实际问题，不要光坐在上面开会、办公文。要大力整顿和建设各级领导机关，明确职责分工，克服不负责任、踢皮球、瞎指挥等官僚主义作风。

必须继续提倡和发扬艰苦创业的精神，要扎扎实实工作，反对说大话，说空话，不干实事，当官做老爷的坏作风。党员、干部、特别是各级领导干部，在这方面要做好群众的表率，当好人民的勤务员，勤勤恳恳地为人民服务。任何领导干部不得把个人凌驾于党组织之上，不得利用职权谋私利，搞特殊化，反对请客送礼等一切不正之风，时刻注意与群众同甘共苦。

同志们，党的十一届五中全会号召全党紧密团结在党中央周围，万众一心，紧张努力，在各条战线创造出优异的成绩，来迎接党的十二大的召开。我们交通战线的全体职工和干部，要坚决响应党的号召，努力做好各项工作，完成和超额完成今年的运输生产任务，向党的十二大献礼。

调动各方面积极性　加速交通运输事业发展

——彭德清部长在全国交通工作会议上的讲话

（1982 年 2 月 24 日）

同志们：

上次全国交通工作会议是 1980 年 4 月召开的，到现在将近两年了。两年来，交通战线的形势发展很快，出现了许多新情况。这次会议就是要着重研究这些新情况，围绕提高经济效益，制订各项措施，加速交通运输事业的发展。两年来，中央领导同志对交通运输工作做了许多重要指示。赵总理在政府工作报告中对发展交通运输事业提出了明确的要求。耀邦同志曾先后两次听取了交通部的工作汇报；万里同志在去年初用一个多月的时间，视察了沿海主要港口、京杭运河和京、津、塘公路；前几天，国务院又专门召开常务会议，听取了交通部的汇报。他们对发展交通运输的方针任务作了很多重要指示，这是我们今后搞好交通运输工作的依据，希望同志们要很好学习，回去后要认真传达，贯彻落实。现在，我代表部党组就当前交通运输战线的形势，有关交通运输的具体方针政策，以及今年的工作安排讲一些意见，提请大家讨论。

一、当前交通运输战线的形势

1980 年以来，全国交通战线的各级领导和职工，认真学习中央工作会议和六中全会的有关文件，进一步提高了认识，增强了贯彻三中全会以来的路线、方针、政策的自觉性，政治上实现了进一步的安定团结，运输生产在调整中稳步发展，总的形势是好的。

两年来，全国各省、市、自治区交通部门和部直属企业都完成或超额完成了运输生产计划，基本保证了外贸和国内重要物资及旅客的运输，有些省、市的运量还逐年有所提高。交通部门完成的货运量，1981 年已达 11 亿 3 434 万吨，约占全国铁路、交通部门总运量的 52%，水陆客运大幅度增长，1980 年比 1979 年增长了 22.8%，1981 年又比 1980 年增长了 13.8%。水运和公路运输在国民经济中发挥了越来越重要的作用。

两年来，我们坚持在调整中前进，交通运输的建设有了进一步发展，内部比例关系开始逐步趋向协调、合理。全国沿海共新建、改建码头泊位 18 个，新增吞吐能力 839 万吨。海洋船舶新增 110 万吨，内河船舶新增 45 万吨。公路通车里程新增 2 万多公里，其中新建国防、边防公路 2 300 多公里；建设永久性桥梁 10 多万延长米，改造旧路、铺设油路 1 万多公里。干线公路的好路率平均已达 57.7%，其中辽宁、山东、广东、安徽、福建、山西、河南已达到 70% 以上。

两年来，我们继续抓了企业的整顿工作，多数企业的领导班子有了进一步的加强，企业的管理水平和经济效益有所提高。在整顿企业的同时，对交通运输的管理体制进行了调查研究，并做了一些初步改革。全国交通系统在试行经济责任制中，大部分企业实行了利润包干、利润分成、亏损包干、预算包干，有不少企业还在企业内部实行了层层包干。各级交通部门还针对当前运输市场情况，在改革运输管理方面采取了一些措施，组织了多种形式的联合经营，四川的南充、江苏的苏州、黑龙江的肇州等地区，在这方面已取得了一些初步经验。与此同时，不少省、市、自治区交通部门还注意了进一步发挥政府职能机构的作用，加强了对交通运输的行政管理，制订和颁布了一些管理办法，在整顿运输市场和交通秩序方面做了大量工作，取得了一定成效。

两年来，在发展新的运输方式，开办新的运输业务方面，也有较好的进展。长江干线和各省、市的顶推分节驳运输船队已发展到40多万吨。上海、天津、黄埔、青岛等几个港口，都已开办了进出口集装箱运输业务，远洋运输公司已开辟了21条国内外集装箱运输航线，公路和内河也开始组织集装箱运输。各种形式的联运业务有了进一步开展。海洋运输自1979年在台湾海峡恢复通航以来，经济效果显著，在政治上也具有重要意义。

在对外运输和开展对外业务方面，也取得了较好的成绩。自1979年开始，我远洋运输公司在国际航运市场上承揽第三国货载已达2 000多万吨，共收入5亿多美元。部直属的两个海运局也抽出部分运力参加远洋运输。利用香港阵地发展船队成绩显著。蛇口工业特区的建设进展很快。沿海各省、市、自治区的外贸海运业务也有了发展，江苏、浙江、河北三省与远洋总公司合营的远洋运输取得了较好的经济效益。山东、天津等省、市也自办了远洋运输船队。我国海上救助打捞和拖航业务发展很快。对外承包工程和交通援外工作在部属各单位和各省、市、自治区交通部门的共同努力下，任务完成较好，赢得了国际上的好评。

两年来，交通运输生产和基本建设取得的成绩是显著的，主流是好的，但存在的问题还很多，交通运输仍然是国民经济中突出的薄弱环节。特别是随着八字方针的深入贯彻，经济政策的进一步放宽，工农业生产有了很大的发展，商品经济空前活跃，整个国民经济发生了深刻的变化。反映在交通运输上，外贸运量急剧增长，货种结构发生了很大变化，百杂货和短途运输的运量显著增加，客运量大幅度上升，各行各业对交通运输提出了许多新的要求，交通运输这个薄弱环节就更加显得不能适应。港口泊位少，疏运能力不足，堆场、仓库等设施不配套；内河航运未能很好开发利用，由于多种原因，从60年代中期开始，航道逐年缩短，航运出现萎缩；公路的标准低、路况差、断头路多、通过能力小，交通部门的客货营运汽车数量少、车型老、车况差。在管理体制和管理方法上，既没有完全突破老框框，在新形势下，又缺少完善的管理方法，影响了运输能力、运输效率、管理水平、经济效益的提高，迫切需要加以改革。特别是经济调整时期，如何在坚持计划经济的前提下，发挥市场调节的辅助作用，把交通运输搞活，加快交通运输事业的发展速度，我们缺乏足够的思想准备和相应的政策措施，影响了各方面积极性的进一步发挥。

交通运输中存在的这些问题，有些是历史遗留下来的，有些是我们工作中的缺点和失误造成的，有些则是在新形势下产生的新情况、新问题。面对这些情况和问题，我们一定要加强学习，提高政策理论水平，加深对党的三中全会以来路线、方针、政策的理解，认真调查研究，找出新办法，打开新局面。只要我们按照调整、改革、整顿、提高的八字方针，坚持实践，敢于创新，交通运输事业的发展一定会有一个较快的速度，交通运输的面貌一定会有一个较大的变化。

二、新形势下加速发展交通运输的若干方针政策

交通运输的发展规划和“六五”计划，我们正在制订。总的设想是：用10年或稍多一点时间，把远洋船队发展到3 000万吨，沿海港口的深水泊位达到300个，内河要以长江、珠江水系为骨干，逐步建设江海相通、干支直达的水运网。建设10万公里国家干线公路网，交通部门营运的客货汽车在更新的基础上达到30万辆。各省、市、自治区交通厅（局）也要抓紧制订本地区的交通运输发展规划，在4月份以前报省，纳入省的规划，同时报部进行综合平衡。

要实现上述奋斗目标，使交通运输适应形势发展的要求，必须认真贯彻赵总理在政府工作报告中提出的10条经济建设方针，努力加快交通运输的发展速度，提高运输效率和经济效益，做到货畅其流。由于交通运输是一个突出的薄弱环节，国家对交通运输是积极支持和鼓励其发展的，但在经济调整时期，国家又不可能拿出更多的投资来建设交通运输。如何对待和处理好这一问题，是摆在我们交通部门面前的一个重大课题。为此，必须在国家计划经济指导下，采取放宽搞活的措施，调动起各方面发展交通运输的积极性。既要认真挖掘交通部门现有企业的潜力，从内涵方面扩大运输生产能力；又要重视各种社会力量，发挥它们在建设交通运输中的积极作用，这样，交通运输才能更好、更快地发展。同时，一定要加强管理，使搞活交通运输与加强管理同步而行，做到“活而不乱，管而不死”，确保运输畅通。这次会议，就是要通过学习中央、国务院领导同志指示精神，研究新情况、新问题，提高认识，统一思想，共同来研究解决好这个问题。

下面，我讲一些具体意见：

（一）调动各方面的积极性，振兴我国的水运事业

去年12月，部党组在直属单位计划会议上提出的振兴水运事业的10条任务，这是在水运方面贯彻八字方针和赵总理政府工作报告精神的具体体现，现在正在逐步落实。这10条任务，已印发给大家。这里，我想侧重讲一讲如何搞活水上运输，协调好中央直属企业与地方企业的关系，实行中央与地方相结合，大、中、小并举，进一步调动各方面发展水运的积极性，加快水运事业的发展。

第一，支持各省、市、自治区建立海运轮船公司。现在沿海各省、市、自治区发展外贸运输有三种情况：一是广东、福建的特区办法；二是与中远组织合营公司；三是自营外贸运输。这些都是我国外贸运输事业的组成部分，我们都要积极支持，在国内港口装卸、代理工作中，要一视同仁。从一年多来的实践看，江苏、浙江、河北三省与中远组织的合营公司效果较好，有利于协调配合，相互支持，统一对外，对国家，对省、市都有好处，我们提倡这种形式。为了支持和协调长江沿线各省开展外贸运输，我们准备组建“中国远洋运输扬子江股份有限公司”，由中国远洋运输总公司、上海海运局、长江航运局、中国国际信托投资公司和沿江各省、市，根据自愿互利原则，共同投资。不论是合营或自营的海运轮船公司，在行政管理上要统一，都必须遵守国家的政策法令，一致对外。国内代理工作要坚持统一。目前，国内有大量出口物资运到香港和日本去中转，不仅增加了运输费用，而且“肥水落入外人田”，使国家受到了损失。这种状况必须改变，能在国内中转的物资应该在国内中

转，不要运到香港、日本去中转。我们对外贸运输已拟订了一个管理办法，请大家讨论修改后，报国务院批准颁布。

中远船队要在外贸运输中发挥主力作用，要跟上形势发展的要求，改变作风，方便货主，薄利多运。要不断提高经营水平，加强计划管理，统一调度，搞好现场管理。要积极发展和更新船队，并增加一些中、小船舶；积极发展集装箱运输；增开直达班轮，中、小港口也要逐步增开。

第二，积极采取措施，充分发挥沿海运输的作用。目前沿海铁路运输紧张，而我国的内河又大多是东西走向，发挥沿海运输的作用，做到江海相通，对发挥水运优势，缓和南、北运输的紧张状况有重大意义。要提高沿海运输的能力，一是要增加沿海运输的运力，特别是增加客船和各种专用船，现有的运力首先要保证沿海运输的需要。二是要充分利用沿海现有的大、中、小港口，提高装卸效率，挖掘港口潜力，改善港、航衔接，缩短船舶停港时间；所有港口，对到港的各种船舶要统筹安排，一视同仁。三是要大力组织合理运输，努力实现南、北，江、海，干、支直达。

第三，积极开发利用内河航运，大力提高内河运输能力。我国内河的航运条件很好，潜力很大，充分利用内河航道，对改善我国交通运输结构具有十分重要的意义。在内河航运建设上，要统一规划、综合治理、干支结合、分期实施、逐步改善。当前重点是要充分发挥长江航运的作用，逐步改革长江航运的管理体制，使长江水系能做到干支直达，运输畅通。对长江航运管理体制的改革，我们已提出了一个方案，请大家讨论研究。主要要求是：在国家计划指导下，长江的航运、装卸企业要允许多家经营，也可以组织联合运输公司；要允许和支持地方船舶参加干线运输；长江的港口和航运企业要分开，大港口由交通部统一管理，港口要对地方船舶开放，在服务和收费上要一视同仁；长航对所属企业要下放权力，逐步推行经济责任制，实行独立核算，各分局和港口在保证完成国家计划和重点物资运输的前提下，可以自揽货源，自行组织运输。长江航运要实行政企分开，行政管理要加强，实行集中统一领导，分级管理。与此同时，要配合国家发展能源和其他重点建设的要求，加速京杭运河济宁以南、西江、淮河、松辽水系和其他内河航运的建设。在内河航运建设上，有些需要国家制订的方针政策，交通部门有责任提供情况和建议。有些是交通部门自己可以办到的事，要努力作好。多年来，不少省、市在发动群众、自力更生、艰苦奋斗、改善航运条件方面，创造了很多很好的经验，要认真总结推广。关于有重点地解决一些河流上碍航闸坝问题，应根据已有的文件精神，谁修建谁负责解决。

第四，加强技术改造，挖掘现有港口的潜力，改革港口管理体制。要对现有港口大力进行改造，增加吞吐能力，并充分利用现有的中、小港口。在建设新的港口时，要贯彻大、中、小并举，中央和地方相结合的原则，部重点抓好大港口的建设和管理，中、小港口由省、市、自治区建设和管理，部给予可能的支持和帮助。要鼓励货主部门在统一规划下建设自用码头，原则是谁建、谁用、谁受益。为了缓和现有港口的压力，有条件的港口要努力发展水上过驳作业。港口物资的疏运，要注意充分利用公路和内河。在港口管理体制上，要逐步实行政企分开，首先要把大连港政企分开的试点工作搞好，尽快取得经验；其他港口要进一步扩大自主权，在保证完成国家计划的前提下，港口有权自揽货源，组织运输。长江部分港口准备对外轮开放，但需经国务院正式批准，我们已写了专门报告。目前，要积极研究南通、张家港、镇江大港和南京等港对外轮开放问题，做好各项准备工作。

（二）动员各方面的力量，加强公路建设

当前公路建设的方针应该是：全面规划，加强养护，积极改善，重点发展，科学管理，保证畅通。要积极建设10万公里国家干线公路网。最近，国家干线公路网的试行方案已经国家计委、经委和交通部联合颁发，这是我国公路交通现代化建设的一项重大措施，要抓紧进行可行性研究，提出分年实施计划。建设国家干线公路网的关键是要改造“卡脖子”路段和接通断头路。根据耀邦同志关于要责成各省、市、自治区限期把断头路接通的指示，在最近两三年内要先把长度在50公里内对经济建设具有重要意义的断头路接通（包括建公路桥），所需资金和统配材料，由地方自筹解决。大力养好现有公路，要根据经济效益，抓好一些重要路段的改造，积极发展高级、次高级路面，提高现有公路的通过能力并修建京、津、塘一级公路和广州至深圳高速公路，为现代化的公路建设摸索经验。要大力加强养路队伍的建设，认真执行“定包奖”等经济责任制。要积极修建县、社公路，改善农村交通条件。要认真抓好国防、边防公路的建设，当前的重点是建设好青藏、天山两条公路，一定要保证质量，按计划建成通车。今后，对国防、边防公路的建设，首先要考虑那些不仅军事上重要，而且在经济上有重大作用的路段。对已建成的国防、边防公路要组建养护队伍，加强养护，改变只修路不养护的状况。

公路建设不能完全依靠国家投资，要动员各方面的力量来修路建桥。要继续实行民工建勤制度和民办公助修建公路的做法，尤其是县、社公路，主要应用民办公助的办法来修建。实行民工建勤和民办公助修路，一定要与当地群众的利益结合起来，同时要给予适当的补助。

养路费是公路养护和改造的主要经费来源，一定要坚持“统收统支，专款专用”的原则，防止漏收，不得拒交，严禁平调、挪用，在使用上要精打细算，避免浪费。目前，有些省、市、自治区仍有挪用养路费的情况，在交通部门内部也有把养路费作其他开支的，这都违反国家规定，必须严格禁止。只要把养路费收好、管好、用好，全国多数地区在满足正常养护需要的前提下，每年拿出1/3左右的养路费来改造公路是可能的。所需三大材应纳入国家和地方计划。

要加强路政管理，搞好公路绿化。路政管理要抓好立法和执法，除了要尽早公布公路法外，各省、市、自治区还可以制订一些公路管理的暂行办法，加强宣传教育，动员各方面的力量来保护公路，严禁破坏公路、堵塞交通和任意砍伐行道树的行为，对严重破坏公路的行为，要依法严办。

（三）在计划经济指导下，把公路运输搞通、搞活、搞上去

当前，公路运输由于多种原因，各部门进入运输市场的车辆很多，面对这个实际情况，必须正确地对待这部分运输力量，在统筹安排下，发挥他们的积极作用，在坚持计划运输的前提下，允许进行市场调节，以适应社会对运输的多种需求。同时要加强管理，根据1981年中央二十号文件和国务院三号指令精神，积极组织合营、联营，开展合理运输，减少运力和油料的浪费；国家的重点物资，跨地区运输的大宗物资和港口集散物资等，应由交通部门实行计划运输。所有参加社会营业性运输的车辆，必须具备对外营运的条件，经交通主管

部门的审查同意，工商行政管理部门发给牌照后，方可经营，并要接受交通主管部门的管理和监督，执行国家的运输政策和法规，按期向交通部门报送统计资料。农村拖拉机不得从事营业性运输。个人不得购买汽车从事营业性运输。搞活运输和加强管理目的都是为了把交通运输搞活、搞通、搞上去，只要符合这个要求，在具体做法上，各地可以因地制宜。

交通部门专业运输，是我国公路运输中的骨干力量，这支力量不仅不能削弱，而且应该加强。国家应采取相应措施，更好地支持专业运输的发展。各级交通部门对所属的专业运输企业要逐步实行政企分开，权力下放，扩大企业的自主权，实行独立经营。各个企业要有计划地改造和更新车辆，增加大吨位柴油车、小型货车和各种专用车辆。尤其是要克服“官商”作风，努力改善服务态度，改进经营管理，提高运输质量，树立信誉，积极承担国家的重要运输任务，使交通部门的运输企业在公路运输中真正发挥主力军作用。

近两年来，很多省、市、自治区在运输企业中积极推行多种形式的联合经营，取得了很好的经验。从实际情况看，联合经营是组织合理运输的很好形式，它对减少运输环节，节约能源和运力，改善运输秩序，方便群众和货主，节省运输费用，都起到了很好的作用，各地应该很好总结这方面经验，积极提倡和推广。联合经营，可以有多种形式，但必须坚持平等自愿原则，照顾到各方面的利益，既要做到对参加联营的各个运输企业都有好处，又要做到对群众和货主单位有利，只有这样，才能得到巩固和发展。

要大力发展公路集装箱运输。公路集装箱运输灵活方便，能做到“门对门”直达，对保证货运质量，提高运输效率，都有重大作用。要积极研究和推广这一新的运输方式，改善运输的组织和管理，增加集装箱运输的各种设备，改善公路条件，建立集装箱运输点，组织集装箱衔接运输和水、陆联运工作。

最近国家经委和我们联合起草了《关于改善和加强公路运输管理的暂行草案》，已上报国务院待批。

（四）努力办好水陆客运，提高服务质量

近几年来，水陆客运量大幅度增长，并且有进一步发展的趋势。当前的突出问题是客运运力不足，客运设施不适应，一些车船和站点既脏又乱，服务质量差，不正之风相当严重，群众意见很多。各级交通部门应加强对客运工作的领导，加强水陆客运的建设。客运线路要畅通，不得分段割据。要努力增加客运车船，建设客运站点，调整和增开客运线路，增加班次，解决群众“行路难”的问题。要积极改进车型、船型，提高客运的安全性和舒适性。要重视长江的短途客运。有关省、市、自治区要按照国家经委指示，充分发挥汽车运输的作用，尽一切努力完成为火车客运分流的任务。上海、广州两个海运局和有关的省、市、自治区要积极发展南北客运航线，以缓和铁路南北客运的紧张状况。公路客运要大力发展夜宿农村的班车，方便农民群众。上海、广东、福建要继续办好至香港的客运班轮。上海至福州，广东至厦门的客运班轮，要在近期内实现通航。

要加强对客运工作人员的教育，树立全心全意为旅客服务的思想，改进服务态度，提高服务质量，纠正歪风邪气，搞好站点和车船卫生。要加强客运站点和车船的治安保卫工作，打击倒卖客票、破坏客运秩序、危害旅客安全的不法分子，保护旅客的经济利益和生命安全。

客运工作事关旅客的生命安全，一定要加强领导，严格管理。各省的水陆客运，应在省交通厅（局）领导下，统一经营。非交通部门不得从事客运业务，尤其要严禁拖拉机和农副业船从事营业性客运。对农村渡船要督促当地政府和有关部门加强管理，保障安全。对从事客运的车、船和驾驶人员，交通监理、船检和港监部门要加强检验、考核和审查，不符合条件的车、船和驾驶人员，要严格禁止进行旅客运输。

（五）加强对集体所有制企业的领导，积极扶持集体所有制运输企业

交通系统现有集体所有制运输企业近 1 万个，职工 200 多万人，年运量约 6 亿吨，占省、市、自治区专业运输总运量的 50% 以上，是我国专业运输的一支重要力量。但是，多年来，由于受“左”的影响，以及历史情况的变化，对集体所有制运输企业发生和存在的问题，没有及时解决。在这些问题中，有些涉及到国家的政策规定，如燃物料供应的渠道、价格、缴纳费用过多和累进税过高等问题，我们进行了一些调查，已向国务院写了报告。目前，国务院正在制订关于集体所有制企业的统一规定。

各级交通部门一定要重视集体所有制运输企业，认真加强领导。要健全集体所有制企业的领导机构，加强领导班子。要分期分批对集体所有制企业进行整顿，不断改善企业的经营管理。

集体所有制运输企业，是劳动群众集体占有生产资料的社会主义性质的经济组织，在这方面它与全民所有制的国营企业是有区别的。因此，在一系列经济政策上，要放得更宽一点，使集体所有制运输企业在经营、管理、财务、分配等经济活动上，有更多的自主权。

要坚决制止对集体所有制企业进行任何平调。目前存在的某些不合理的或过多的收费，凡是交通部门内部有权解决的，要逐项研究，分别情况，该减免的减免，特别是对少数困难企业要给予适当照顾。在处理全民和集体所有制企业的关系上，要统筹安排。

要保持和发挥集体所有制企业的特点，企业的规模不宜过大，经营要灵活，车、船和工具设备要实行土洋结合。目前，有少数集体所有制企业生产和生活出现难以维持的局面，各级交通部门要逐个进行研究，分别不同情况，采取措施，加以解决，根本办法是要调动企业、职工的积极性，提高生产，增加收益。要教育职工正确处理国家、集体和个人三者利益之间的关系，纠正分光吃光的做法，在收入中提取必要的公益金，在企业中建立起老年职工退休的社会保险和职工福利基金。

（六）大力发展对外业务，为国家争取更多外汇收入

交通运输部门发展对外业务，是为国家争取外汇收入的一个重要途径，要努力学会开辟国内外两个阵地，利用两种市场，进行两种经营的本领。远洋运输要在保证完成我国的外贸运输任务的同时，大力开辟国际货源，增加揽运第三国货载的比重。要利用香港的阵地，加快发展第二船队，并加速蛇口工业特区的建设。要大力组织劳务和技术输出，尽最大可能争取在国外承包更多筑路、建桥、建设港口码头等工程。要在保证国内船舶需要的前提下，组织好外派船员工作。部内有关部门和企业，有关的省、市、自治区交通部门要认真挑选、培训外派船员，保证外派船员的质量。拖航公司要改善经营管理，争取承揽更多的拖航业务。所有对外业务，都要严格遵守外事纪律，提高信誉，扩大政治影响。

（七）加强交通运输的行政管理

长期以来，在交通运输的管理上由于政企不分，该管的没有很好地管起来。当前，在这方面存在的问题比较多，必须切实加强管理，真正做到“活而不乱、管而不死”。

第一，各级交通部门是各级政府主管交通运输的职能部门，要有全局观点，真正站在国家利益的立场上，把交通运输的行政管理工作管好。不仅要管好交通部门的运输企业，而且对所有从事交通运输的企业和个人都要加强管理，贯彻执行国家有关交通运输的政策法令和规章制度，协调好各方面的关系。

第二，各级交通部门要逐步实行政企分开，充分发挥政府职能作用。交通部的主要任务是：根据中央的方针政策，加强对全国交通运输的领导，研究制订交通运输方面的具体方针、政策，并监督贯彻执行；制订交通运输法规，加强交通运输的经济立法工作；制订交通运输的发展规划，对交通运输的发展方向、速度、规模和各种比例关系，进行综合平衡，统筹安排；与各级交通部门分工负责，抓好公路、航道、港口等各种重要基础设施的建设；统一航政、路政管理，加强港监、船检和公路监理工作，维护好正常运输秩序，确保运输生产的安全；对企业进行协调和监督，保证国家运输计划的完成；凡属国家政府之间的交通运输协定、协议，由交通部归口管理。省、市、自治区交通厅（局）要根据这个要求，明确自己的职责，认真负责搞好本地区的行政管理工作。

第三，在进行交通运输的行政管理时，要把行政手段与经济办法结合起来，重视运用经济杠杆和经济立法。要按照客观经济规律来组织运输，指导企业的经济活动。当前，特别是要配合有关部门加强运价政策、税收政策、节能政策的研究。

第四，我们的国家大，各省、市、自治区的自然地理条件不一样，经济发展不平衡，特别是当前经济调整改革时期，很多问题还需要通过实践才能逐步完善，一时还很难完全统一。各省、市、自治区应在总的方针、政策的范围内，根据具体情况，从实际出发，因地制宜地制订一些暂行办法，在省、市、自治区党委和政府直接领导下，把本地区的交通运输管好。

以上7条，既是我们当前发展交通运输事业应遵循的方针和政策，也是今后一段时间内的主要任务。为了使这些问题得到落实，我们已分别提出了一些方案、办法和意见，有的已正式报送国务院或有关部门，有的尚是草稿，这次会上都印发给大家，请大家讨论提意见，以便逐步完善。

三、今年的工作任务

现在正在召开的全国工交会议，对今年的工交生产提出了以提高经济效益为核心，实现“保四争五”的要求。我们一定要围绕这个要求，安排好今年的交通运输工作。

（一）鼓足干劲，保质保量，扎扎实实，全面完成全年交通运输生产计划

今年客货运输计划，直属水运货运量1亿3 500万吨，客运量3 000万人次，沿海港口吞吐量2亿零800万吨，各省、市、自治区汽车货运量5亿吨，轮驳船货运量2亿4 530万吨，汽车客运量28亿人次。要认真加强对基本建设的领导，努力完成今年的基建任务，重点抓好港口建设和国防、边防公路的建设。

对今年国家安排的运输生产计划，我们一定要争取超额完成。不切实际的高指标要反对，但经过努力可以完成的，一定要努力完成，特别是要防止在推行经济责任制后，为了多得利润留成，把超产余地留得过多的倾向。

在今年的运输生产中，要重点抓好煤炭运输、外贸运输和旅客运输，这三项运输任务一定要采取切实措施，保证完成。今年水运煤炭运输计划为 3 390 万吨、港口吞吐量为 3 474 万吨，经过综合平衡后，已基本落实，但有些港口和航线的运力比较紧张，一定要大力挖潜，使煤炭运输计划不留缺口，而且要千方百计争取多运。

（二）有计划、有步骤地进行企业的全面整顿，提高企业的经济效益

要按照赵总理在政府工作报告中提出的整顿重点和国务院最近颁发的六条标准，分期分批地进行企业的全面整顿。今年直属企业的第一批整顿名单已在去年直属单位计划会议上确定了，各省、市、自治区交通厅（局）也应根据这个精神，确定今年整顿重点企业的名单。

进行企业全面整顿的目的是要把经营管理提高到一个新水平，提高经济效益。全国计划会议要求，1982 年企业各项经济技术指标，应争取不低于 1980 年的实际水平，按照这个要求，我们多数企业还有很大差距。各企业要在企业整顿中认真查清问题，分析原因，找出办法，努力把各项经济技术指标搞上去。

通过企业整顿，进一步完善企业的各项管理制度，建立健全企业的各项基础工作。去年年底，直属水运企业推行全面质量管理评选出了 9 个先进单位，他们的经验，各单位可联系自己情况，学习推广。

推行经济责任制是进行企业全面整顿的突破口。一定要在提高运输生产质量，降低成本，确保安全的前提下，实行经济责任制。纠正片面追求利润，利大大干、利小小干、无利不干的偏向，树立全局观点，根据国家计划和社会的需要来进行运输生产。要把推行经济责任制的重点放在落实企业内部的各级责任制上，建立和健全各级岗位责任制，制订考核标准和平均先进定额，严格奖罚制度，做到人人职责明确，有奖有罚，切实解决“吃大锅饭”和平均主义的弊病。

在实行经济责任制中，要教育职工正确处理国家、企业和个人三者利益的关系，首先是要保证国家多收，职工奖金一定要按照国家的规定发放，职工个人收入不能增加太多，更不能高于生产和利润的增长速度，应基本稳定在现有水平上。特别要防止产生挑肥拣瘦、拼体力、拼设备、不顾质量和安全的现象。

（三）切实抓好技术改造，充分发挥现有企业的作用

要改变交通运输的落后状况，不能单纯依靠增加新建项目。当前要特别抓好对现有企业的技术改造，包括对港口、航道、公路等基础设施的技术改造，更好地发挥它们的作用。要认真制订进行技术改造的规划，并纳入国家计划，有重点、有步骤地进行。要把基建投资、折旧费、企业的生产发展基金和可能争取到的各种资金结合起来，首先用于对现有企业和现有设施进行技术改造。交通工业和交通科研工作，要更好地为交通运输的技术改造服务。

（四）切实加强交通安全工作

交通事故多，是当前交通运输工作中的一个突出问题，各级交通部门一定要把交通安全工作抓紧抓好，力求在今年内使交通安全有个较大的转变。我们交通部门不仅有责任抓好本系统车、船的交通安全，而且还有对社会上其他部门车、船的安全进行技术监督和行政管理的责任。最近，我们遵照耀邦、万里同志指示，起草了一个加强交通安全工作的报告，已报送国务院，建议批转全国。

从每年发生的交通事故情况来分析，交通部门的专业运输发生的事故只是其中的一部分。因此，今后交通部门在管理交通安全上：一是要抓好本系统运输企业的交通安全工作；二是要管好路政、航政，在各级政府的领导下，根据有关规定，坚决制止侵占和破坏公路与航道的行为，维护好公路、航道上的交通秩序，搞好监理工作，抓好车、船检验和驾驶人员的考核工作；三是要求各个有车有船单位和部门，对本单位、本部门的交通安全都要负起责任来，交通部门有责任进行检查督促和技术指导。对交通安全事故要分别部门进行统计上报，对发生事故多的部门和单位，要追查他们的责任，以促使其他各部门把交通安全工作管好。

（五）要切实抓好节约能源工作

交通运输系统是能源消耗的主要部门之一，仅全国汽车消耗的燃料油即占全国成品油耗用量的30%。因此，抓好运输单位的节能工作，是在今后相当长一段时间内实现增产的重要任务之一。当前的节能工作，要从整顿企业入手，加强油料管理，堵塞各种浪费油料的漏洞；要大力组织合理运输，减少空驶；要对耗油高的老旧车船继续封存或报废，限制高油耗设备的使用；要加强定额管理，制订平均先进定额，并把能耗的考核与经济责任制挂起钩来，做到节约有奖，浪费要罚；要加强技术管理，积极采用和推广行之有效的节能技术措施和先进经验，把节能工作尽快落实。概括起来讲，也就是：一靠政策法令抓限能；二用经济办法抓节能；三以技术改造抓省能；四要建立健全机构抓管能；五要开动脑筋抓能源利用。

（六）加强交通科研和教育工作

目前，交通系统的科研、教育工作都很薄弱，不能适应形势发展的要求。各级交通部门一定要有远见，认真抓好科研、教育工作。

交通运输的科学研究，一定要与解决交通运输中的实际问题相结合，开展各项技术政策和技术改造重大科技项目的研究。在水运方面，重点围绕港口建设的前期工作、港口疏运、运力结构、客运、内河开发利用、节能等重大课题进行研究。公路运输方面，要有重点地抓好修建一级公路和高速公路、提高公路等级标准的技术措施、新型桥梁结构、特殊地区筑路技术等研究。同时，还要认真进行交通运输经济的研究。

加强交通教育工作，把培养技术力量，进行智力开发，作为一项战略任务来安排。在抓好现有的大专院校、各级交通学校和技工学校的同时，还应抓好职工业余教育和职工技术培训工作，进行全员培训，以提高职工队伍的文化技术水平。

（七）精简机构，克服官僚主义，提高工作效率

中央决定，在今、明两年内搞好精简机构，这是关系到四化成败的一个革命性措施。在精简机构中，中央已决定保留交通部，但机构要精简，人员要减少。各级交通部门的机构如何设置，要遵照省、市、自治区党委和政府的决定来办。各级交通部门要切实做好思想政治工作，妥善安置好老干部，不仅要把机构搞精干，而且要选拔优秀的中青年干部到领导岗位上来，达到提高工作质量和工作效率的目的。

（八）加强党的领导，加强思想政治工作

要改变目前在思想领导中存在的软弱涣散状况，各级领导要敢抓敢管。对四项基本原则，要理直气壮地进行宣传教育；对错误的思想，要敢于开展批评；对严重违法乱纪的人和事，要敢于处理，敢于斗争。要切实加强党的纪律检查工作，严肃党纪，端正党风。要认真贯彻中央紧急通知的精神，严肃处理经济上和其他方面的重大犯罪案件，坚决打击投机倒把、贪污受贿、走私贩私等犯罪分子。交通运输部门手中掌握着车船运输工具，在走私贩私方面已发现了不少问题，这方面的问题一定要抓紧进行处理，首先要抓那些与负责干部有牵连的重大案件，绝不能姑息养奸。要健全党的集体领导和民主集中制，加强党委内部的团结，同时要注意发挥工会和共青团组织的作用，发动大家一起来做思想政治工作。

要积极响应中央号召，努力建设社会主义精神文明。最近，中央决定，每年 3 月为“全民文明礼貌月”，要重点抓好三件事：搞好环境卫生，解决“脏”字；整顿公共秩序，解决“乱”字；提高服务质量，解决“差”字。交通运输部门是直接为城乡亿万人民服务的，接触面广，影响大，更应该有一个好的思想和作风，树立好的道德风尚和劳动态度，以此去影响人民群众。

同志们，摆在我们面前的任务是艰巨的，有很多新情况、新问题需要我们去了解、去研究、去解决。我们一定要在党中央的正确领导下，遵循三中全会以来党的路线、方针、政策，“深入实际抓问题，破除框框走新路”，学先进、学大庆，发扬艰苦创业的精神，争取更大的胜利。

解放思想　努力改革
为开创交通运输工作新局面而奋斗

——李清部长在全国交通工作会议上的讲话

（1983年3月7日）

同志们：

这次全国交通工作会议，是在我国新的大好形势下召开的。自党的十二大和五届人大五次会议以来，全党和全国人民都在为开创社会主义现代化建设的新局面而奋斗，我国的社会主义建设已进入了一个新的历史时期，各条战线都取得可喜的成绩，到处呈现出一片生机勃勃的气象。最近，中央领导同志又作了要搞四个现代化建设必须进行一系列改革的重要指示，各个方面的改革正在逐步展开。我们这次会议，就是要认真学习和贯彻中央领导同志关于改革的重要指示，研究如何搞好交通运输的改革，以期通过实践，通过调查研究，逐步探索出带有中国特色的社会主义的交通建设的道路，开创交通运输工作的新局面。现在，我代表部党组讲以下几个问题。

一、1982年交通工作情况

1982年，全国交通系统在党中央、国务院和各级党政部门的领导下，在广大干部和职工的共同努力下，继续贯彻调整、改革、整顿、提高的方针，各项工作都取得了显著成绩。

第一，全面超额完成了国家计划

去年，全国水运和公路运输共完成货运量12亿4 000万吨，比1981年增长9.8%；客运量共完成32亿多人次，比1981年增长12.5%。其中，直属水运货运量完成1亿4 900万吨，超过年计划10.47%，比1981年增长5.8%；港口吞吐量完成3亿3 000万吨，超过计划14.1%，比1981年增长8.4%；客运量完成3 607万人次，超过计划20.2%。

1982年交通基本建设取得历年少有的好成绩。部属基建共完成投资13亿9 500多万元，超过年计划的4%，比1981年增长60%。各省、市、自治区交通部门的基本建设也完成得很好，一年来共新建公路1.1万多公里，桥梁10万余延米，加铺沥青、渣油路面4 800多公里。全国交通系统建成验收的大中型项目有：宁波港北仑矿石中转码头、四川泸州大桥、济南黄河公路桥、河北宣安沙洺公路等。特别是晋东南地区采用民办公助办法，一年就修公路118条，共长1 240公里，使98%的公社、85%的大队通了汽车，人民群众非常高兴，尝到了“若要富、先修路”的甜头。江苏动员了24万民工整治京杭运河宝应至淮安段，只用了35天时间完成了52公里的疏浚工程，提前一个月完成了任务，为南水北调、北煤南运创造了条件。

在抓好新建项目的同时，各级交通部门还对现有企业大力进行了技术改造。部直属企业重点抓了港口技术改造，安排了144项技术改造项目，目前已完成71个，共新增港口吞吐能力500万吨。各省、市、自治区交通部门在交通运输企业的技术更新改造上，也取得了显著成绩。湖北省交通部门，近4年大力进行更新改造，新增客货汽车7 500辆，占现有汽车总数的64%；新增钢质船舶25万吨，占现有船舶的51%。更新车船，以新代旧，使运输效率提高了1/3，成本和油耗降低了1/4。

全国交通系统上缴财政利润17亿3 000多万元：其中部直属企业上缴利润9亿7 000万元，比1981年增长11%多；地方国营企业上缴利润7亿6 000多万元，比1981年增长7.3%。扭转了地方交通近几年来财务收入下降的局面。

在交通安全、质量方面，各级交通部门继续贯彻了“安全质量第一”和“综合治理，预防为主”的方针，积极开展“安全月”和“安全质量月”活动，认真整顿公路和航道秩序，加强了对职工的思想政治工作，在汽车驾驶员和站务工作人员中开展了“争当传播社会主义精神文明的前哨兵”活动，同时，整顿劳动纪律，开展遵纪守法教育。1982年，交通安全和运输质量都有所好转。尤其是公路交通安全，去年的事故次数和伤亡人数分别比1981年下降了9.5%和8.3%。全国交通系统共评选出74个安全质量好的先进单位。

其他方面的工作，如救助打捞、物资供应、车辆监理、船舶检验、港务监督、科研教育、援外承包和后勤服务等，也都取得了新的成绩。

第二，交通机构改革稳步前进，已初见成效

遵照党中央、国务院的指示，部和各省、市、自治区交通部门的机构已经进行了改革或正在进行改革。去年，对部机关的行政机构进行了全面的比较合理的撤并和调整。将原有的21个厅、局撤并为16个，机关行政人员由原来的932人减少到800人。部正副部长由12名减少到5名，平均年龄由65岁下降到54岁，具有大专文化程度的由原来的50%，上升到80%。行政厅局的正副局长（主任）由原来的80名减少到41名，平均年龄由59岁下降到53岁，具有大专程度的由原来的25%，上升到44%。部直属在京企事业的领导班子的调整工作已接近完成，其他机构改革工作也正在逐步展开。

各省、市、自治区交通厅（局）的机构和领导班子，有的已经进行了调整和改革，有的正在进行中。各省市根据中央指示，都正在积极进行精简机构和大量选拔符合四化条件的中青年干部到领导岗位上来。

另外，经国务院批准，从1982年1月份开始，部在大连港进行了政企分开的体制改革试点工作，将原大连港务管理局分开，设立港口局和装卸公司，分别负责港口的行政工作和装卸生产。经过一年多的试点，已经取得初步经验，现正进行总结。港口政企分开的改革，涉及很多方面。就对外开放口岸来讲，港口改革属于整个口岸体制如何改革的一个重要方面。港口的改革，需要从整个口岸体制如何改革出发，慎重地进行研究。上海、大连、天津等市加强了口岸工作，对抓好计划平衡、港口装卸、疏通车船等工作，起了很好的作用。各省、市、自治区交通运输体制进行政企分开的改革比较复杂，有的省正在研究政企如何分开问题，有的省已经进行了试点。看来政企分开是必然的趋势，究竟如何实行，希望各省、市、自治区交通部门在试点的基础上很好地加以总结。部机关在适当时机也拟成立若干公司，扩大公司的权力，使之成为名副其实的经济实体，部内各厅局则主要抓真正属于行政方面的工作。

第三，进行了各种形式的以承包为中心的经营责任制的试点工作

几年来交通系统在各方面都进行了经营责任制的试点工作。部直属赢利企业实行了各种形式的利润留成办法，亏损企业实行了亏损包干和减亏分成办法，都取得了一定效果。如大连港装卸联合公司和天津港务局，1982 年的利润分别比计划增长 11.54% 和 25.6%。安徽省交通系统全行业实行经营责任制后，企业的生产效率和经济效果一般提高 1/3 以上，有的甚至成倍增长。安徽巢湖船厂从 1978 年至 1981 年，年年亏损，仅 1981 年就亏损 18 万元。去年以来，这个厂在搞好定员定额的基础上，实行经济责任制，层层包干，落实到人，迅速改变了工厂面貌，上缴税收达 9 万多元，实现利润 5 万元，一举扭转了亏损的局面。大连汽车公司 1982 年上半年以来，学习首钢经验，在企业内部推行经济责任制，做到："人人头上有指标，千斤重担众人挑"，全年超额完成利润计划 230 万元。江苏省江宁县汽车客、货运输公司进行包干到车的试点，利润分别翻了一番和两番。安徽宿县和辽宁复县的集体所有制运输企业实行车船包干到人，国家、集体和职工的收入都有了较大的增加。上海港九区集装箱码头的建设，实行了概算包干责任制后，提前 3 个月建成投产，质量良好。第一航务工程局实行了经济责任制以后，1982 年的建筑、安装工作量，劳动生产率和成本降低率，都突破了历史最好水平。黑龙江省和安徽省在养路工作中实行"五定一奖"和"四定三奖一罚"的经济责任制，好路率已有很大提高，并节省了经费和材料。上海港二区试行单船装卸承包制，加速了装卸工作，成绩显著。远洋运输公司在一些远洋船上试行经费包干责任制，船员对修理费、备料费、航修费、修理天数和物料消耗实行包干和节约提成，既节约了开支，船员收入又有增加。

一年来，交通工作虽然取得了显著成绩，但运输紧张的局面尚未根本好转，交通运输仍然是国民经济中的一个突出的薄弱环节。外贸运输、能源运输、农村运输、旅客运输都还不能适应客观需要。随着我国经济的发展，这种不适应性还将增加。如何扩大交通运输的能力，特别是扩大港口、长江、公路运输等方面的能力，是我们必须认真对待的问题，部已经向有关上级部门反映了这个问题，正在研究具体解决方案。在改革方面，近年来虽然有了一些进展，但必须清醒地看到，其广度和深度都还很有限，只能说进行了一些小改小革，还未触及到根本问题。耀邦同志指出："一年以前，我们只是在党的指导思想上完成了拨乱反正，而不是说，在一切实际工作中都完成了，也不是各行各业的指导思想上都已经端正了"。这完全符合我们交通行业的实际情况，要把交通工作的指导思想彻底搞端正，并在实际工作中体现出来，还需要我们认真进行调查研究，总结 30 年来正反两方面的经验，探索出带有中国特色的社会主义交通运输的发展道路。只有这样，我们才能真正开创交通运输工作的新局面。

二、当前交通系统面临的新形势

今年，是党的十二大提出全面开创社会主义现代化建设新局面的头一年，全国各行各业都在研究新问题，走出新路子，夺取新的胜利。党中央把交通运输作为四化建设的战略重点之一，我们交通部门更要跟上形势，适应新时期的要求，努力加速建设，坚决改革，更好地为四化建设服务。当前，交通工作面临的形势很好，党中央、国务院很重视关怀交通运输工作，各省、市、自治区党委和政府，也都非常重视交通工作，加强了领导，增加了投资，加快了交通建设的步伐。

但我们还应清醒地看到，随着全国经济形势日益好转，对交通运输提出了更高的要求。外贸运输要增加，但今年一季度到港外贸船舶平均每天200多艘，运输大量进出口物资的船舶，很可能在二、三季度骤然增加，或拥挤在某一港口。这种计划不平衡的形势，可能要比去年有所增加。加以铁路正在改造过程中，也将影响港口对车皮的要求。我们新建的泊位或对港口的技术改造，还不能马上生效，因而今年口岸出现堵塞的危险不但存在，还可能增大。港口不但由于外贸运输而紧张，随着国内市场的日益扩大，内贸运输也很紧张。对此，我们要有充分精神准备，研究解决办法。另外，随着农村形势的不断发展，对短途运输和客运的要求也将大量增加。内河运输，县社公路运输，都将出现一个较大幅度的增长。同时，工业、能源的增长速度也将比去年增加，从而运力不能适应运量的矛盾将更为突出。总之，外贸运输、能源运输、旅客运输、农村运输的紧张有可能发展，我们绝不能掉以轻心，等闲视之。各大经济区正在统筹规划整个区域的发展设想，交通部门应在当地党委领导下，经过调查研究，充分向省市委反映这方面的问题，把交通运输作为战略重点之一的思想，真正贯彻到各方面各地区去。

今年是大改革的一年，各个方面、各条战线都在进行改革。交通系统必须跟早、跟好，坚决而有秩序地改革好。这是大势所趋，人心所向，势不可挡。交通作为城乡、工农业之间联系的纽带，必须从实际出发，研究出改革的路子来，以利于全局的发展。

总之，我们面临着四化和改革都将进一步发展的形势，我们必须扎扎实实地做好工作，为四化为人民服好务。

三、打开新局面，必须抓好3个重点

第一，大打港口翻身仗。要发展我国主要经济区，发展运输是个大问题。港口更是我国内外贸易运输的重要枢纽，通过这一枢纽，才能把各种运输工具，设备连结起来，真正发挥交通运输在流通过程中的作用。多少年来，由于港口的泊位少，设备落后，加以经营水平低，以及各方面协调组织的不够好，致使压船压货的现象经常发生，影响了生产和流通过程的发展。因此，各方面都必须同心协力，抓紧港口的建设与改造，力求做到派船平衡以及努力提高港口装卸、疏运、仓储的能力，以改变港口落后的面貌。“六五”期间，国家已安排建设132个深水泊位，其中建成投产54个。到1985年，全国沿海直属港口的深水泊位将达到近200个，吞吐能力将由1980年的2亿1 700万吨增加到3亿1 700万吨。等到1990年，深水泊位要达到300个。到20世纪末，我国沿海港口万吨级以上的深水泊位要由1980年的143个增加到600个左右，并相应增加一些中小泊位。也就是说，在“六五”期间，每年要求建成深水泊位11个左右；“七五”期间，每年要求建成20个；在1990年以后的10年中，每年要求建成30个。从我国的建设能力来看，这是一个十分艰巨的任务。

为了打好港口翻身仗，要在提高经济效益的前提下，加快港口建设的速度。除了报请计委随着形势发展增大建设港口的投资外，很重要的一条是港口建设要实行大、中小并举的方针，调动各方面建港的积极性。对大港口，部和省市可以合建，或请计委批专款补助各省建设。至于中小港口，希望更多地由各省市进行建设。最近召开了沿海省市中小港口建设规划座谈会，与会代表反映，港口的发展规划是有可能实现的。

大打港口翻身仗，要抓紧一批骨干港口的建设，使它们发挥更大的经济效益。除了新建港口外，要抓紧上海、大连、黄埔、天津、连云港等现有主要港口的扩建。目前，这些港口老港区的泊位都已达到饱和状态，迫切需要选定新港区，以便成批地建设新泊位。需要抓紧时间及早确定建设方案。各省市也要抓紧研究对地方老港的改造建设方案。大打港口翻身仗，单就港口论港口是不行的。因为港口是运输枢纽，不只是个装卸问题，还有储存和疏运等问题。因此必须对港口的装卸能力、仓储能力和疏运能力全面地进行同步建设。特别是疏运能力的建设，是保证港口畅通的重要环节，不仅要与铁路搞好同步建设，还应重视公路和水运疏港能力的建设。如果仓储和疏运能力不能适应，等于捆住自己的手脚，使港口有限的装卸能力也无法充分发挥出来。

港口是交通运输这个薄弱环节中最为薄弱的一环，我们要下活交通运输这盘棋，非把港口这步棋走好不可。在国务院直接领导下，部和各地都要重视，紧密配合，打好这一仗。

第二，提高水运的比重，发挥水运在国民经济中的作用。我国内河共有大小河流5万多条，湖泊900多个，具有发展水运的优越条件。建国以来，尤其是在50年代，在中央和各省、市、自治区领导下，内河航运取得了一定成绩，对各地工农业生产和人民生活起了很大的作用。但是，现在全国除江苏省外，大多数省、市、自治区的内河航运事业日益减弱，有的处于很困难的局面。内河通航里程由1961年的17.2万公里减少到目前的10.8万公里。航运量在5种运输方式中所占比重，从1957年的14%下降到1981年的7%，这是个很严重的问题，已经到了非解决不可的地步。

沿海自南北航线打通后，从华南可以直航东北，在中间又和长江相通，从而成为沿海地带以及与长江相通的宝贵航道。特别在铁路运输很紧张的情况下，充分发挥沿海航运及长江航运的作用，越来越显得重要。

在财力人力有限的情况下，建设水运更要突出重点，以点带面，搭起内河航运的骨架。内河以长江水系、珠江水系、京杭运河、淮河为重点，点面结合，全面规划内河航运的建设。“七五”期间继续完成京杭运河（济宁至杭州段）、西江和淮河的整治工程。到1990年，要使长江、珠江、黑龙江水系通航条件得到某种程度改善；长江干线综合运输能力由4 700万吨增加到1亿吨以上；京杭运河从杭州通到济宁；西江从南宁通到广州；淮河正阳关以下按规划建成。这样，全国就可增加1 800多公里千吨级航道，使全国通航千吨级驳船队的航道增加到8 000公里。其他有条件的省、市也要搞好水运发展规划，积极发展水运。

部正在与有关部门协商，请国务院批准，按水系建立内河航运规划委员会和航道管理机构，并制定航道法，尽快改变航道无人管理的混乱局面，通盘考虑航道的整治和合理利用水资源。对各地综合治理水资源的机构，交通部门也要积极参加，提出发展航运的合理要求。

发展水运要按照自然、经济规律，做到干支畅通，逐步形成运输网。长期以来，主要是我们部内对运输要干支相通，要形成网的概念认识不足，因而未能把许多航线很好地组织起来，使之调度灵活，承运能力增强。解决干支结合，可以采取多种形式，比如，在一个水系里，可以采取组织协会、联合、合营、航线合作等多种形式。绝不能由于行政隶属关系不同，搞“封建割据”，人为地割断了经济流通渠道，使得水运的优越性不能充分发挥。

发展水运要使用经济杠杆，同时请国家进行必要的行政干预。水运和其他运输方式比较，具有节约能源、节省土地、节省投资、运价低、运量大，以及可以结合灌溉、防洪、发电、绿化、综合利用水资源等优点。但是如果综合利用不好，忽视综合利用中航运的要求，就将造成航运里程缩短，碍航闸坝增加，水运反而受到影响，这从全国经济利益来看是可惜的，子孙后代是要责备我们的。为了扩大通航里程，打通碍航闸坝，已与水电部商妥，共同派人逐条河流地进行研究，加以解决。同时建议计委编制综合利用水资源的规划时，要足够注意发挥水运的优越性，创造发展水运的条件。

要发展长江和沿海航运，必须从整个水系的货畅其流、人便于行的全局出发，协调好各航运部门的关系，加强相互间的合作，做到干支结合，相互促进，使我国得天独厚的水运网能够得到更好地利用和发展。

第三，进一步发挥公路运输的作用。党的十一届三中全会以来，公路运输比重不断提高，公路建设也日益发展。我们的汽车客运，今年可达到33亿人次，比1978年翻一番多；汽车货运也有了新的发展，特别是在分流铁路客货运输和搞活农村运输方面，已取得了不少成绩。但目前全国公路总里程还不多，一些主要港口通往内地大城市的公路标准大都很低，省际间还有不少断头路，国道、省道的油路比重还很小，这些问题都需要很好解决。为了提高公路运输的比重，我们必须根据“全面规划，加强养护，积极改善，重点发展，科学管理，保证畅通”的方针，搞好公路的建设和养护以及车辆的改造发展。要认真贯彻国务院“关于限期接通国家干线断头路的通知”和国务院批转交通部“关于召开全国县社公路建设现场会情况报告的通知”，充分发挥广大群众的积极性，加速干线断头路和县社公路的建设。同时要加强公路养护，有计划地对运输繁忙的公路进行技术改造，不断提高公路的质量标准和通过能力。“六五”后3年，计划新建公路3.3万公里，改建公路、铺筑沥青路面1.5万公里，新建独立大桥15座。在近几年内，要重点改造京广线的衡阳～广州、北京～大名区段，京哈线的长春～哈尔滨区段等干线公路。并由部与北京、天津、河北三省市共同集资，修建京津塘一级公路。天山公路、青藏公路等重点工程，要求按计划完成，以适应汽车运输发展的需要。

要进一步发挥公路运输在经济发达地区的作用。实际上，越是在经济发达地区，越需要发挥公路运输“门到门”的优势。比如天津港集装箱运输，到港一条装1 200个箱子的集装箱船，如果没有汽车把集装箱分别拉到天津有关单位以及北京和保定等地去，那就要在天津港大量拆箱换票，手续繁杂，压船压货，发挥不了集装箱运输的优势。各省市也要发展小集装箱船和能装运集装箱的汽车。公路除在国防运输方面起重大作用外，在短途运输、旅客运输、港口疏运、分流铁路运输、鲜活货物运输、专线运输、发展县社公路运输等方面，都是很有发展前途的。

上面我们谈到了3个重点，说明了我们近几年来要努力建设的方向，实际上需要我们做的事还很多。但是不明确我们的重点在哪里，我们就不能很好贯彻中央发展交通运输的指示。突出了重点，我们工作起来方向就更明确，决心也就越大，措施就更有力。抓好这三个重点的必要性是很明显的：这关系到整个交通事业发展的前途；关系到能否打开新局面；更关系到交通能否更好地为四化建设服务。我们要按照不同重点的不同要求，进一步研究如何采取积极有效的措施，抓好这些重点。各省市交通部门在党委领导下，对以上几个方面，也请进一步研究。由于各省市情况不同，发展的重点不会一样，但总的来说，必须发展交通运输才能适应四化的要求则是相同的。

四、提高对交通必须改革的认识，坚决而有秩序地进行改革

最近，中央领导同志一再指出，搞四个现代化，必须进行一系列的改革，要把改革贯穿到四个现代化的整个过程。这完全符合交通部门的情况。解放以来，我们的交通事业虽然有了很大的发展，但也确实存在着某些弊病，必须坚决进行改革。我们交通部门必须提高进行改革的责任感与紧迫感的认识，全面而有系统、坚决而有秩序地进行改革。

交通是为四化和人民服务的公共基础设施，公共基础设施不改革好，势必影响整个经济建设和人民生活。30多年的经验证明，交通搞不上去，对各方面都有影响。交通的社会效益超过本身的效益，交通本身不改革好，效益差，将影响各个方面和各个部门。比如目前能源紧张，是和运输紧张分不开的，又如农村商品经济发展后，出现了农民卖农副产品困难和买工业品困难的情况，这既有商业方面的改革问题，也有交通运输方面的改革问题。更不用说随着外贸、客运的发展，运输非相应发展和改革不可了。

我国的交通运输结构是多层次、多形式、多渠道的：既有部直属的，又有地方的；既有国营的现代运输，又有集体的个体的运输；而且水陆交通四通八达，并不和行政区划相一致。这就是目前我国交通运输的实际情况。我们过去的经营管理方法和这种实际情况并不很适应。由于受某国模式的影响，不按多层次、多形式、多渠道的实际情况合理对待，从而不能充分调动各方面的积极性，相反的存在着某些一统天下、平均主义的思想和作法，影响了整个交通运输的发展。因此，我们必须坚持国营运输的主导地位和发展多种运输形式的原则来进行改革，使我国交通运输事业更活跃起来。

还有我们交通部门的管理方式，存在着偏重管直属、当直属船队长、直属公司经理的思想。对研究全面性的运输政策，制定长远规划，进行计划管理，发挥技术作用，推广先进经验，以及制定法规等行政管理工作重视不够。总之，在管理上是政企不分，重企轻政。中央领导同志一再指示我们要管理整个交通运输，不能只管直属单位。我们对此领会不深，改革不够，从而影响全面地发展交通事业，提高整个交通运输比重。因此，我们必须从作为管理全国、全省的交通运输的地位出发，针对存在的问题进行改革。这种改革同样是不容易的，但也是非改不可的。

总之，中央把交通运输作为战略重点之一，这是我们光荣而又艰巨的任务，除了要解决发展交通运输建设方面的一系列问题外，我们还必须坚决进行改革，使我们的上层建筑更好地适应经济发展的需要，使生产关系更好地适应生产力的发展。

经济改革是一件艰巨复杂的事情，不是短时期内就能完成的。农业的改革经过了5年的时间才在全国普遍推广。交通牵涉面广，流动分散，有全民的，有集体的，有个体的，既有现代化大生产性质的，还有民间传统运输性质的。因此，这种改革要复杂得多。必须经过周密地调查研究，通过试点取得经验，逐步地分期分批地进行。不能一哄而起，不能搞一刀切。任何改革都必须把对国家的责任放在首位，不能犯本位主义，违反国家得大头，企业得中头，职工得小头的根本原则。不能把单位经济效益与社会效益对立起来，更不能化大公为小公，化小公为私有，如果发现这种不符合国家利益的恶劣行为要坚决制止，使改革有秩序地进行。

五、放宽搞活，调动各方面的积极性

要从我国交通运输结构是多层次、多形式、多渠道这一实际情况出发，放宽政策，调动各方面的积极性，把交通运输搞通、搞活、搞上去。具体设想是：

第一，要继续支持各省市建立外贸运输船队，可以航行香港、东南亚和日本。为了使货源组织得合理，这些船队应该参加全国货源平衡会议。地方外贸运输公司主要承运本地区的外贸物资，与中远公司要配合好，一致对外，避免被外商钻空子。船队建设要大中小并举，以增加我国外贸运输船队的灵活性，扩大对小宗货物、特种货物的运输能力，减少不必要的中转等载。各种船队要按照统一规定进行船舶检验，船员考核，以及服从统一的行政管理。部已经制定外贸运输船舶的管理办法，正在报请国家经委批准中。航行日本的船舶，因为过去中日双方已经商定由中国远洋运输总公司作为与日本联系海运业务的窗口，因此，凡属跑日本航线的船队，均要通过这一渠道。至于经营自主权，可以由各船队自行负责。

第二，鼓励支持各省、市、自治区多建港口，扩大码头、泊位。有些大型港口，除前面讲的由交通部与省、市自治区共同投资建设外，有的港口拟请计委批准专款给各省市一定的补助，由省市负责进行建设。并要鼓励货主自建码头、仓库，实行谁建、谁管、谁受益的原则，除了要执行国家统一的政策法令、规章制度外，交通部门不要随意加以干涉。直属的港口，建议有关部门同意给地方以一定比例的利润留成，以照顾到港口所在地的利益。

第三，长江航运的管理体制必须坚决进行改革。目前改革方案已报国务院，待批准后，还需制订实施细则。长江航运改革的总的原则是：长江干线和支线要允许大家跑，各个港口，不论是长航的还是地方的，都要允许各种船舶停靠，为大家服务。但在航道和航政管理上，则应统一。制定实施细则是个复杂的工作，待国务院批准长航改革方案后，部拟召集有关单位共同研究确定。

第四，改革对集体所有制运输企业的管理方法，由限制、改造的政策，改为合理发展的政策。集体所有制的船舶和车辆，可以实行职工经营承包责任制。在燃物料供应渠道上、税制上，建议有关部门对集体企业与国营企业同等待遇，予以适当扶持和照顾。所有集体所有制企业按照具体情况，适当地把经营单位划小，实行独立核算、自负盈亏。管理干部要实行民主选举，进行民主管理，不要机械照搬国营企业的管理方法。

第五，个体运输业是国营运输业不可缺少的补充力量。各地交通部门要坚决贯彻中央关于允许私人买拖拉机、机动船舶和汽车从事运输及进行长途贩运的政策。交通部门要坚决贯彻中央的决定，并为此搞好服务和管理工作。要在驾驶人员的培训和车船的修理等方面，给予帮助和支持。并制订正确的政策，采取合理的措施，妥善处理好运价、税收、检验、发证、燃物料供应、运输市场管理等问题，使个体运输业沿着正确的轨道健康发展。

第六，任何通航河流和公路都不要人为割据，一家把持或受行政区域限制。有河大家走船，有路大家走车，做到干支相连，干支直达。要坚决破除对车船运输搞地区封锁，制止控制货源，到处设卡，乱收手续费、管理费等做法，允许跨省运输。

第七，允许供销社、农村社、队自己筹资修建公路。同样贯彻谁修谁管谁受益的原则。各级交通部门要在修养技术方面给予必要的指导，在公路路政方面制定适合这些公路具体情况的规章制度。

第八，为了放宽搞活，还要广泛开辟筹集交通建设的资金渠道。交通基础设施所需的投资较多，如果只要求国家投资是不可能加快建设速度的，需要广泛地开辟资金渠道。要收好、管好、用好养路费，充分发挥养路费的作用。要实行以港养港，港务费除正常开支外，还可以用于港口的技术改造。要积极鼓励货主部门和地方投资建设自己的专用港口、码头和公路，实行谁建、谁管、谁受益的原则。在实行财政分灶吃饭后，不少省市扩大了对交通的投资。希望各省市按照交通是战略重点之一的要求，继续尽可能扩大对交通的投资。为了搞好交通企业的技术改造，可以把生产发展基金、折旧基金、大修理基金捆起来，在保证设备大修理的前提下，用于企业的技术改造。除上述方面外，鉴于国家目前对交通运输大量投资还有困难，实行民办公助、民工建勤的办法修建县社公路和整治内河航道，还是必要的。在农民愿意干的前提下，组织群众集资或派出人力投入劳动积累修建本社队的路、桥、河流。

以上说的放宽搞活，必须遵照以计划管理为主，市场调节为辅的原则，只有这样才能保证放宽搞活不致走向歪路。为了保证这一原则的实现，必须和加强组织管理统一起来。没有必要的组织，实际上不可能做到真正符合国家利益的放宽搞活。像船舶登记检验法、航道法、运输市场管理法及有关规章，都需要尽快搞出来，以便把放宽搞活组织好。

六、推行以承包为中心的多种形式的经济责任制，逐步改革工资制度

实行以承包为中心的各种形式的经济责任制，是经营管理上的一个重大改革，有利于解决“吃大锅饭”、“端铁饭碗”问题，可以更好地调动企业和职工的积极性，实现工人当家作主，提高企业的经营管理水平。

实行经济责任制要做到责、权、利相结合，国家、企业、个人三者利益相结合。企业要把对国家承担的责任放在第一位，实现出效益、出速度、出财源、出精神文明、出人才的要求。在实行责任制时，必须保证完成国家规定的生产任务和增加国家的财政收入，真正做到国家得大头，企业得中头，职工得小头，并使职工理解水涨才能船高的道理，杜绝弄虚作假、增加货主负担和变相多拿多分的现象发生。要根据“总额不突破，单位不拉平，个人不封顶”的原则，拉开奖金档距，允许一部分工人先富起来，干得好的多拿，干得少的少拿，干得不好的受罚。企业的领导干部也应有奖有罚，企业经营得好的，奖金可以比工人多拿，经营不好的则应受罚，以至免去职务。

实行以承包为中心的经济责任制可以采取多种形式，不要急于定型。现在各省市在试点中办法很多，各显其能是好事。问题是要在试点的基础上，认真加以总结，找出更适合实际情况的道路来。国务院已经批转财政部关于国营企业利改税试行办法（草案）的报告，明确指出在处理国家与企业之间的分配关系上，实行利改税是改革的方向。财政部还将专门就此开会研究，制定有关具体规定。具体规定出来，我们要坚决贯彻执行。

根据上述草案的精神，对增产增收潜力较大的企业实行递增包干上交办法。部党组考虑，上海港、大连港、上海远洋公司和一航局4个单位，参加了首钢经验学习班，学习了首钢递增包干的经营责任制。希望根据各自的特点，学习首钢经验，在两年内做出明显效果来，以便在全国推广。两年后部将按照首钢标准验收。学首钢要在完善企业内部责任制上下功夫，切实做到将指标和各方面工作要求层层分解，落实到人。首钢分解到人的条文有3 000多万字，辽宁大连汽车运输公司把责任制分解到人，写成了1 000 多万字的规定。对每

个人都有了明确规定，便真正实现了“责任大小看系数，工作好坏看分数”的要求，使职工利益和国家、企业的经济利益真正结合起来。对于递增包干上交的数字，由部财务局以1982年数据核定。

对少数利润比较稳定的企业，实行定额包干上交办法，有的企业可以试行按固定比例包干上交办法。这些企业能否学习首钢实行内部责任制分解到人，可以根据实际情况，具体规定。

对一些小型企业或大型企业的汽车、小型船舶以及生活服务设施，可以实行职工集体或个人经营承包制，把小型车船交给他们经营。至于对这些企业的税率交法，按财政部将来颁布的规定办理。

经营管理方法的改变将带动工资制度的改革。目前港口工人虽然实行计件工资，但各港反映由于定额有问题，出现“抱着金娃娃哈哈笑，职工难得到”的情况。要解决这个问题，要对现有定额加以审核，使工人“蹦一蹦就可以拿得着”。对港口装卸工人多拿不能眼红。船员中要逐步实行职务工资制，干得好的多拿，干得少的少拿，干得不好的降低职务，工资也相应降低。有条件的单位还可实行浮动工资制度，根据企业经营好坏和任务完成情况，工资实行浮动。各地已经试行浮动工资制的要总结经验，不断改进。

七、要大力促进运输企业之间的联运和联合经营

联运和联合是加强各种运输方式和各个运输企业之间的配合协作，提高运输效率的有效办法。要学习和推广上海、江苏、重庆、长沙等地在省、地、县、社普遍建立联运公司的经验，逐步形成联运服务网，广泛开展公公、水水、水公铁以至与民航的联运业务，做到就地托运，送货上门，一票到底，方便货主，节省运输费用。我们过去有“一条龙”运输经验，应该在已有基础上进一步发展起来。

要在现有基础上进一步提高联运工作的水平，根据国务院以长江三角洲为中心，重点进行经济规划和经济体制改革的决定，建立铁路、水运、公路综合性的联运体系，摸索经验，逐步推广。要大力培训联运骨干，逐步创出一条符合我国特点的联合运输道路来。在即将成立的各大经济区，交通部门也要主动参加联运工作，搞好联运工作。

要积极组织各种运输企业的联合公司，包括交通部门的专业运输企业之间，各部门的运输企业之间，国营以及集体和个体运输企业之间，以及运输和贸易部门之间都可以组织联营，以充分调动各方面办运输的积极性。进行运输企业之间的联合经营，要按照协商、自愿、平等、互利的原则，正确处理联营各方的利益。不管哪种形式的联合，都不能依靠行政命令，强制进行。

各种形式的联合经营，可以是紧密的也可以是松散的。六省一市就长江运输的协商是可取的，当然最好把长江航运管理局也组织进去。中远与各公司的合营，基本上也是成功的。比如珠江水系，港澳线等航线都可以定期协商，协调货载和运力，交流各种经验。社员、个体户自动联合起来办运输，也要加以鼓励。

八、今年要抓紧抓好的几件大事

最近，中央书记处在听取国家经委汇报时指出：“交通运输第一位的要抓好体制改革，抓承包责任制，抓自身的思想建设，抓党风的根本好转，在此基础上抓技术改造。”这一指

示为我们今后的工作指明了方向。具体来说，今年要抓紧抓好以下几项工作：

第一，切实认真地抓好改革工作。前面已经谈了很多，不再重复了。要求各单位在已经改革试点的基础上，认真总结经验。看准了的要坚决推广，看不准的要继续经过调查研究，试点后再改。

第二，要全面完成和超额完成水运、公路各方面的生产基建财务计划，以及改造断头路计划、技术改造计划等。部对直属企业和省市对所属单位都已下达了1983年计划，我们要保质保量，争取超额完成。

第三，坚决贯彻安全质量第一的方针，消除重大事故。最近连续发生重大事故，造成人民生命财产的重大损失，我们十分痛心，必须引起我们高度注意，采取切实有效措施，防患于未然。当前台风、雾季已到，更要特别注意安全质量，加强防台以及防火、防爆等工作。各级领导和每个职工都不能有半点疏忽大意，要以对人民生命财产高度负责的精神，切实认真地抓好安全生产工作。

第四，要集中力量抓紧编制“七五”计划和后十年的规划设想。根据国务院的要求，这次制定的规划是行业规划与地区规划相结合，行业规划和重点企业规划相结合，全面规划和专项规划相结合。交通部的规划要包括部直属和地方的全国交通运输发展规划，而且要求在八、九月份拿出初稿来。省、市、自治区的交通发展规划既要纳入地区经济规划，也要报部纳入行业规划。各省市自治区交通部门和部直属重点企业都要把这项工作安排好，如期完成任务。

第五，大力抓好技术改造。中央领导同志指出，我们现在经济工作面临两大任务：一是体制改革，二是技术改造。“六五”期间，国家对交通运输虽作了重点安排，但数量不可能太多，加之运输基本建设的周期比较长，在近期内能够用得上的很少，因此，必须把对现有企业的技术改造作为一个突出的任务来抓好。

在进行技术改造时，部和各省、市、自治区交通部门及各个交通运输企业，都要认真制订进行技术改造的长期规划和近期的要求，做到有明确的方向、重点，并把技术改造规划纳入整个交通运输的发展规划。

当前的重点首先是抓好沿海港口技术改造，扩大接卸能力、仓储能力以及各种疏运能力。目前，内、外贸运输骤增，而口岸能力却严重不足，尤其在接卸进口粮食、木材、散装化肥、集装箱运输及国内外煤炭运输上，不仅码头泊位不足，而且机械设备落后，效率很低，不能适应运输量日益扩大的要求。必须大力进行技术改造来扩大港口各方面的能力。

港口的技术改造，要立足于自力更生。但必须注意有个抢时间的问题，否则会给国家造成大量的外汇损失。为了抢时间，争速度，尽快解决当前突出的薄弱环节，必要时要成批、成套引进国外的先进技术设备，以提高港口的效率。特别是对高效率吸粮机和配有计量、熏蒸设备的圆筒仓，20至50吨大型轮胎吊和木材专用装载机，以及扩大散装化肥接卸的灌包机，要尽快购置。另外，要扩大库场面积，添置港区备用车皮，改造港区车站站线，以加大铁路运输能力。还需引进大型汽车，加强汽车疏运工作。在目前深水码头很少的情况下，要大力开展过驳运输。为此，要增加浮筒、装卸平台、驳船等设施，这些都已与经委商定了具体方案，要力争尽快实现。因为即令实现了这些改造，真正获益还要等到明年。如果今年不抓紧，还要拖长时间。此外要积极利用中小港口，在小港与小港、小港与大港之间要实行直达运输，不要在大港中转。以上措施所需资金，除国家已安排的和企业自筹资金外，还要敢于和善于利用银行贷款和外资。除此之外，还要搞好现有港口装卸机械的改造，特别是“三内”（仓内、库内、车内）作业的装卸工艺改革至今未解决，要组织力量进行攻关。

不论部直属企业和各省市运输企业，都要认真抓好车船运输工具的更新，这不仅提高了运输能力，而且加速实现了本身现代化。目前大多数省、市、自治区交通部门的老旧车船比重还相当大，因此，要大力学习和推广湖北省交通部门大搞设备更新的经验。

第六，大力开展文明车、文明船、文明港、文明路、文明站的建设。要进一步加强职工的思想教育，严格奖惩制度，使广大职工深刻理解我们生产的目的是为四化为人民服务。要讲职业道德，任何不文明的行为，野蛮生产，野蛮装卸，态度粗暴，服务质量低劣等等，都要受到舆论的谴责，以至行政上的处分、法律上的制裁。要表扬奖励好人好事，倡导文明生产、礼貌待客的风气。

第七，要切实加强科学技术和教育工作，充分发挥各院校、各科研单位和技术人员的作用。生产部门要重视科学技术的进步，注意依靠科研单位与科技人员，吸收他们参加制订企业的发展规划，进行技术攻关，研究制订技术政策，为企业出主意，当参谋。科研单位的工作一定要面向生产，密切与生产结合，重视应用科学的研究，把选择科研课题与解决生产中的关键问题紧密结合起来。企业与科研单位可以直接签订科研和技术协作合同，凡是取得成果的科研项目和对企业提高经济效益发挥了重大作用的，企业要给科研单位、院校一定的报酬。科研人员协助企业进行技术攻关，提高了经济效益，也应得到一定的物质奖励。要进一步有计划地开展职工教育和干部教育工作，提高职工队伍的专业技术和知识水平。技术人员要进行合理的交流，不能有的单位需要用人而调不去，而某些单位又有人浮于事闲置未用的情况。学校教育也要进一步改革，改革招生与分配办法，改革教学法，改革学校管理，使学校教育有个较快的发展。这个问题在科技教育分片讨论时还要专门研究，这里就不加详述了。

第八，根据中央的部署和各地的具体安排，认真做好整党的准备工作，搞好整党。整党是全党的一件大事。整党工作必须适应改革之风兴起的新形势，通过整党进一步提高战斗力，加强党对改革的领导。整党，也涉及到党内思想、组织、作风、工作方法等各个方面的改革。共产党员要站在改革的前列，对于一切沿着社会主义方向进行的改革工作，都要积极保护、支持；对于一切阻碍改革顺利进行的错误言行，都要坚决反对。整党，既要解决党内存在的问题，纯洁党的组织，也要发扬正气，表彰先进。要注意发现人才，吸收具备条件的人入党，特别是要把中青年知识分子、运输生产第一线中的先进分子吸收到党内来。

九、加强党的领导，加强思想政治工作

为了保证我们交通运输事业的社会主义性质和发展方向，保证党的路线和方针、政策的正确贯彻执行，保证经济效益不断提高，更好地完成交通运输生产、基建任务，我们就必须进一步加强党的领导，加强思想政治工作。要在抓好交通运输生产建设的同时，抓好社会主义精神文明的建设，做到物质文明和精神文明两个建设一起抓，把生产建设工作和思想政治工作结合起来，互为条件，互相促进。只有这样，才能既做到不断完成和超额完成生产建设

任务，又培养出一代又一代有理想、有道德、有文化、守纪律的新人。我们这次会议也要两手抓，既要讨论交通运输生产建设，也要讨论思想政治工作。

根据今年1月举行的全国职工思想政治工作会议的精神，结合我们交通系统的实际，当前，首先必须抓好改革中的思想政治工作。整个改革过程中，从交通部党组到基层党组织都应当把加强思想政治工作列入重要议程，以及采取有力的措施。要使交通系统全体党员和全体职工受到一次社会主义制度优越性和社会主义经济的经营管理方式的生动教育，认清改革同实现共产主义远大目标的关系。要把思想认识统一到中央确定的改革的三条标志（是否有利于建设有特色的社会主义，是否有利于国家的兴旺发达，是否有利于人民的富裕幸福）和改革的总方针（从实际出发，全面而系统地改，坚决而有秩序地改）上来。要正确认识和处理整体利益和局部利益，国家利益、集体利益和个人利益的关系。要正确认识和处理共产主义思想教育和物质利益原则的关系。要把改革和企业整顿结合起来，以改革的精神来抓好整顿。只有紧紧抓住改革中的思想政治工作，才能使改革沿着中央确定的轨道健康地前进。

第二，要认真抓好共产主义系统教育和日常教育。交通系统各单位要在所在地方党委的领导下，抓好系统的马列主义、毛泽东思想基本理论教育，抓好共产主义思想和党的路线方针政策的教育。教育要密切联系实际。为了加深理解党的十二大文件精神，还要按照中央宣传部的通知，认真抓好《三中全会以来重要文献选编》、《邓小平文选》（待出版）和《陈云文稿选编》（1949~1956年）三本重要政治理论书籍的学习。在进行这些教育时，都要结合进行爱国主义教育。我们所讲的爱国主义教育，就是要热爱中国共产党领导下的社会主义祖国，就是要树立全心全意为人民服务的崇高思想，自觉地把个人的命运、前途同党和国家的命运、前途结合起来。在实行对外开放、对内搞活的新的历史条件下，由于我们交通运输涉外较多，联系面广，更要保持清醒的头脑，反对崇洋媚外，反对资本主义和各种剥削阶级思想的腐蚀。同时，还要继续搞好打击经济领域中的严重犯罪和其他刑事犯罪活动，一抓到底，决不放松。

第三，要抓好党员教育和整党工作。根据今年2月14日中共中央关于加强党员教育工作的通知的精神，在各地开始整党以前，要把党员教育作为进行全面整党的准备；在整党开展以后，要继续进行这一教育，作为整党的中心环节；在整党结束以后，还要结合每个时期的中心任务和党员的实际情况经常进行教育，并把党员教育制度化，巩固整党成果。加强党员教育，是加强党的建设，团结全党进行伟大斗争的中心环节。这次党员教育，要以学习新党章为主要内容，并与学习其他重要文件很好地结合起来。进行党员教育，首先必须正确估计和分析目前党的基本情况。充分肯定主流，同时清醒地认识党内还不同程度地存在着错误倾向和不正之风，以便把文件的要求与现实状况相对照，动员全党为克服这些错误倾向和不正之风而努力。要坚持理论联系实际，认真开展批评与自我批评；要着眼于教育、提高和团结绝大多数党员，要运用正确的教育方法，讲究教育效果。要把县以上领导机关的党员领导干部的教育放在十分重要的地位，下最大的决心切实抓好。这次党员教育，是全党的一件大事，是提高党员素质，提高党组织战斗力和实现党风根本好转的重要一环。实现党风的根本好转是全党的大事，各级党委都要亲自抓，每个党员都要积极参加，都要认真学习贯彻中央批转的王鹤寿同志的报告，认真学习，身体力行，促进党风的根本好转。部直属企业的各级党组织，一定要在地方党委领导下，按照各地统一部署，认真抓好这项工作。

第四，要把各级领导班子调整配备好。对这项工作，我们既不能草率从事，又必须加快步伐，宜早不宜迟。现在，我们交通部门的各级领导班子，都程度不同地存在着老化，青黄不接，学过专业技术的干部比较少的情况。因此，这个问题早一天解决，早一天对工作有利，晚了工作会受影响。我们要把德才兼备、有真才实学的人，大胆地提拔到领导岗位上来。要重视知识和知识分子。我们要进行现代化建设，没有现代化知识是不行的。我们在选拔中青年干部时，要看到他们不少人是符合四化要求的，是可以提拔到领导岗位上来的。对年轻的留在原来岗位上而知识需要提高的同志，也要轮流送去学习。只有这样，才能有一个具有现代化知识的符合四化要求的领导班子。对退居二、三线的老同志要按照中央的有关规定，做好妥善安排，发挥他们传帮带作用，很好地向他们学习。有些同志担心中年知识分子领导经验不足，提到领导岗位上拿不起来。这种担心有他一定的客观原因，但必须看到，在交通系统中，有不少是解放后 50 年代、60 年代的大学生，他们虽然缺乏某些组织领导经验，但也有一定的实践经验。对他们中间可以选拔到领导岗位上来的同志，只有尽早尽快地把他们放到领导岗位上去锻炼，才是提高他们组织管理能力的好办法。中央最近很强调这个问题，有的省也给我们提供了很好的例子，一些在历史上很有功绩的老同志甘愿退居到后边的位置，而把 50 多岁的人推上去当第一书记、当省长。我们对这个问题同样要坚决，在数量、编制、年龄上都要坚决按中央规定办。

第五，为了加强党的领导，加强思想政治工作，就必须加强政工队伍的自身建设。三中全会以来，交通系统各级党委在思想政治工作方面做了大量的工作，在保证生产建设任务的完成；在拨乱反正，落实各项政策；在整顿和调整各级领导班子；在理论和宣传教育，培训干部和职工；在开展“五讲四美”活动，表彰先进模范；在开展遵纪守法教育，打击严重经济犯罪；以及对台湾工作等等方面，都做出了很大成绩。我们的政工队伍是好的，绝大多数政工干部是积极努力，做出了贡献的。但是，我们交通系统的思想政治工作一度也曾有所削弱，不同程度地出现过软弱涣散的现象。“左”的错误思想还没有完全克服，思想政治工作结合经济工作一道去做，还做得不够。

政治工作本身，无论是组织工作，还是宣传工作，都需要根据新的情况，进行改革，摸索新的经验。各级党委首先要进一步改革领导方法，坚决摆脱一些应由行政来管的行政事务，克服党不管党的现象，切实加强思想政治工作的领导。交通系统各单位的政工机构，只能加强，不能削弱。设有政治部、政治处的，要进一步加强和充实健全起来。未设政治部、处的要加强党委的所属机构，同时还要加强总支、支部的工作，进一步发挥战斗堡垒的作用。

交通部门各级党的领导同志和广大干部职工，要团结起来，同心同德，振奋精神，埋头苦干，勇于改革，善于改革，为开创交通运输工作的新局面，为实现四个现代化而努力奋斗。

面向全国　立足改革
总结经验　继续前进

——钱永昌副部长在全国交通工作会议上的讲话

（1984年3月3日）

1983年，是遵循党的十二大纲领，开创交通运输工作新局面的一年。在党中央和国务院的正确领导下，我们进一步认真贯彻了党的十一届三中全会以来的路线、方针、政策；加强了对交通运输新情况、新问题的调查研究；明确提出了加强交通运输建设的三个重点：第一，大打港口翻身仗，尽快改变港口不适应内外贸易运输需要的状况；第二，提高水运特别是内河运输在整个运输中的比重，充分发挥水运的作用；第三，进一步加强公路建设，适应城乡商品经济发展的要求。同时，根据我国交通运输结构多层次、多形式、多渠道的特点，着手进行交通体制的改革，努力把交通运输搞通、搞活。

一、经过全国交通战线广大职工的奋发努力，1983年的交通建设和运输生产全面完成了年度计划

全国交通部门水路、公路运输货运量完成12亿2 700多万吨，货物周转量完成6 106亿8 800多万吨公里，分别与上年持平和增长5.7%；客运量完成36亿多人次，比1982年增长9.7%。沿海、长江主要港口吞吐量完成3亿5 610万吨，为年计划的108.6%，比1982年增长6.7%。

1983年，部统一安排的基本建设投资完成12亿1 000多万元，比1982年增长19.5%。在港口建设方面，共建成6个万吨级海轮深水泊位，新增年吞吐能力1 745万吨。在内河建设上，中央补助地方建设的昌江渠化工程、湘江航道工程、钱塘江沟通工程等已经开工，京杭运河不牢河段的疏浚工程基本完成，地方投资的浙东运河已初步建成。全国公路共新建、改建1万多公里，天山公路和包头黄河大桥已竣工验收。另外，1983年交通系统修造船工业和客车、挂车的生产也取得了较好成绩，一年中生产客车8 500多辆、挂车1.6万多辆。

全国交通系统1983年共实现利润27.2亿元，比1982年增长12.86%；全年共上缴利润和所得税18.2亿元，比1982年增长5.14%。

一年来，交通运输工作在体制改革、调整结构、理顺经济、推行责任制和扶持发展个体户、联户运输等方面，也取得了新的进展，开拓了一些新路子。

第一，立足改革，搞活交通

根据中央八三年一号文件精神，积极发展农村交通运输，并相应加强了组织管理工作。一年来，全国广大农村的个体运输和专业运输户有了很大的发展。这些运力补充了国营专业运输力量的不足，缓和了客、货运输紧张状况，加速了城乡物资交流，促进了农村商品经济的发展。使我国交通运输开始向着以全民所有制运输企业为主导，集体所有制运输企业为辅助，个体运输业为补充的多层次的、适应性比较强的运输结构发展。

打破地区界限和人为分割，明确提出“有路大家走车，有河大家行船”，大力开展直达运输。去年，许多省、市、自治区改变了过去省际间运输按行政区划管理的办法，根据货流需要，进行了省际间的直达运输。湖南省湘沪干支航线实现直达运输后，1983年完成货运量52.3万吨，比上年提高了56.12%。云南省船队最近经金沙江直达长江下游，航程近3 000公里，提高了运输效率和效益。实施了长江航运管理体制的改革，实行港、航分管，设立了长江航务管理局和长江轮船总公司；长航所属港口实行单独核算，面向所有到港船舶，一视同仁；为搞活长江水系运输，实现干支直达，创造了条件。

联合运输和联合经营有了进一步的发展。全国各省、市、自治区以多种形式积极开展联合运输和联合经营。京、津、冀、晋四省、市和部汽车运输总公司联合组织了晋煤外运，保证了京、津两市的冬季用煤。苏、豫、皖三省在徐州至商丘的公路上，组成了客运联营公司。江苏和四川两省航运部门以运输进出川物资为重点，正在积极组建联合航运公司。不少省、市、自治区开辟了零担货班车运输，发展趋势很好。

公铁分流有新的发展。1983年，全国公路分流铁路的客运线路已开辟了400多条，日均流量达到40多万人次；分流铁路的货运量已达700多万吨，初步形成了华东和华北两大分流运输网。内河航运，在分流工作上也有成效。四川省政府正式作出决定，凡能走河运的物资，铁路不予承运，并开辟了14条分流线路，完成货运量62万吨。

加强了交通运输的行政管理。各级交通部门在机构改革中，相应地加强了政府的职能部门作用，逐步加强了交通法制工作。部制订和修改经全国人民代表大会和国务院批准实施的有《中华人民共和国海上交通安全法》、《中华人民共和国防止船舶污染海域管理条例》、《中华人民共和国外国籍船舶航行长江水域管理规定》和《关于加强路政管理，保障公路安全畅通的通知》，还与国家经委联合发了《关于改进公路运输管理的通知》。各省、市、自治区也结合本地情况，制订了有关法规和实施细则。

第二，加强了交通运输的规划和重点建设工作

为了搞好交通运输的规划，部分别召开了港口、内河、公路运量预测会议。初步拟定了交通运输建设的“七五”规划和2000年的设想。在进行规划过程中，坚决贯彻了交通运输的发展必须与整个国民经济发展的速度相适应，前十年要为后十年打好基础的指导思想。并立足于全国，进行行业规划，做到统筹安排，合理布局。

交通运输的重点建设，港口重点抓了能源、件杂货泊位的建设；内河重点抓了解决碍航闸坝复航问题；公路重点放在大中城市卡脖子路段、能源运输、疏港线路以及重要的断头路改建、新建。对各项重点建设工程，注意发挥各方面积极性，广开资金来源。江苏省在疏浚京杭运河不牢河段中，动员了26万民工，在较短时间内就完成了这一工程。河南省一年修建山区公路190多公里，社队道路900多公里，主要靠民办公助。洛阳地区与嵩县人民政府签订修路合同，由地区补助130万元，县动员了数万人上路，新建山区公路40多公里，改建山区公路119公里，建桥125延米。

第三，加强了科学技术和智力开发工作

一年来，交通科学技术工作，贯彻生产建设依靠技术进步，科学技术面向生产建设的方针，为运输和交通建设服务，取得了一些成效。广大科技人员积极参加了交通运输发展规划的制订，对港口建设、煤炭运输、集装箱运输、公路疏港、散粮装卸等5个方面的20个技术课题，采取了“一条龙”、“联合体”或“网络”等多种形式，组织了有关科研、设计、使用部门参加，进行技术攻关。对海上煤炭运输，用系统工程的思想和方法，从运输、装卸、堆存到疏运等，进行整体技术经济论证和造型，做了初步的尝试，取得了一些经验。

进一步加强了应用技术的研究和交通科技新成果的推广，使科技成果的应用率，从过去的40%左右，提高到70%左右，去年重点推广的科技成果有：微型计算机应用、车船节能、分节驳顶推以及汽车不解体检验等成套技术。微型机在港航单位使用数已达100台，应用于科学研究、基本建设、企业管理、情报检索等方面，效果明显。大连港联合装卸公司使用该机后，全港作业区票据，只需二至三人半天内即可处理完毕。不仅使统计人员从繁杂的数据中解放出来，也为经营决策最佳化提供了可靠依据。

各省、市、自治区和部属企业，普遍加强了车船更新和技术改造。1983年，沿海港口的技术改造完成了57项，新增吞吐能力245万吨。湖北省对船舶技术改造抓了3个方面：抓技术改造方针政策的研究及落实措施；抓经验交流，典型指导，推动技术改造；抓船舶标准化，制订了《湖北省驳船船型尺度系列标准》，有力地推进了船舶技术改造。全省新增钢质船六万吨，经过连续几年的改造，到年末，钢质船吨位比重已达72%。各省、市、自治区交通部门的汽车更新改造，也取得了较好成绩，河南省更新客货汽车1 300多辆，大大提高了经济效益。

新的运输方式有了进一步发展。1983年，国际集装箱运输的定期航线由12条增至14条，运量达13万多标准箱（计140多万吨）。沿海和长江航运完成集装箱运量近10万吨。公路集装箱运输也有相应发展。上海等五大港口的国际集装箱运输，交通部门汽车疏运量达7万多箱。北京市大型物资汽车运输公司，年承运国际国内集装箱5万多箱。

在智力开发方面，抓了人才预测工作。在调查研究的基础上，编制了1990年至2000年专门人才拥有数预测方案。同时，进行了招生及教学改革，去年部属高校招生比1982年增加50%，全国交通系统中专学校招生增加11%；改革了函授、干部专修生招生办法，扩大了函授、干部专修生招生人数，职工教育也取得了较好成绩。

第四，进一步整顿了企业，注意抓两个文明建设

全国交通系统企业整顿工作取得较好的成效。部属一级36个大中型企业，经过整顿，领导班子的素质有明显提高。领导班子成员由299人降为198人，每个班子的成员平均从8.3人降为5.5人；年龄由平均57.1岁降为48.5岁；具有大专文化程度的从54人增加到126人，提高45.6%。各省、市、自治区交通厅的领导班子，绝大多数已进行调整，其素质也有较大的改善。企业经营管理素质和经济效益均有明显的提高。据部属验收合格的5个港口统计，1983年与1982年相比，吞吐量增加3.5%～17%，上缴利润增加11.6%～19.8%。辽宁省交通运输企业通过整顿，实现利润比上年增长39%。黑龙江省交通厅验收的11个国营运输企业，总收入比1982年提高2.1%，利润提高19.24。重庆轮船公司，经过整顿，由1982年亏损86万元，转变为1983年盈利350万元。

一年来，全国交通系统普遍重视了质量管理，在提供优质运输、优质服务、优质工程方面都取得了一些成绩。大连港联合装卸公司获得了1983年国家质量管理奖预评单位。7个质量管理小组出席了全国优秀质量管理小组代表会议。4个工程得了国家优质工程奖。38个质量管理小组被评为部级优秀质量管理小组。100多个单位被评为1983年部级优秀运输先进集体。在建设精神文明提高服务质量方面也出现了很多好的事例。如长江航运局的“东方红”三十四号轮，在党支部的领导下，全船一条心，同办文明船，取得了显著成绩，一年中，收到旅客表扬信7 000封，旅客为该船送了一副对联：“歌声笑声礼貌声声声暖人”，“大事小事琐碎事事事贴心”，横额是“面貌全新”。该船已被命名为“文明船”，长江轮船总公司已决定在长江全线开展向“东方红”三十四号轮学习的活动。各省、市、自治区也出现了一批文明车、船，文明车队、船队、文明港、站和文明路。云南省交通厅以职业道德教育为重点，掀起了创建文明运输线的热潮，提高了职工的思想觉悟和服务质量。

1983年，在中央统一部署下，部和部分省、市、区交通厅机关，先后开始了整党。根据中央整党决定的精神，普遍加强了思想政治工作，清除精神污染。开展了打击经济领域犯罪和刑事犯罪活动。

1983年的工作虽然取得了不少成绩，但也存在着不少问题：

一是在交通运输管理体制改革中，一些同志存在有不同程度的畏难情绪，缺乏勇于改革，积极探索的精神。尤其是对农村私人购买机动车船从事营业性运输问题，缺乏足够的思想准备，组织管理工作也跟不上，须改进和加强。

二是交通事故比较严重。1983年，公路事故达10万零7 700多件，死亡2万3 944人，伤7万多人，经济损失达5 800多万元。事故件数、死伤人数和经济损失，均比1982年有所上升。船舶海损事故也十分严重，发生海损事故2 700多件，沉船538艘，死亡398人，经济损失达7 100多万元。重大恶性事故和经济损失，均比1982年有所上升。广东省“312”号客轮沉船事故，致使147名旅客和船员遇难；上海海运局“战斗67”号货轮沉船，有23名船员死亡。造成这些交通事故的主要原因是缺乏高度责任感，劳动纪律松弛，规章制度与安全措施不落实。有关领导部门对生产不断发展，货种经常发生变化，车船更新换代加速，职工新老交替频繁的新情况、新问题认识不足，工作停留在一般化的水平上。特别是农村私人车船的技术性能较差，缺乏维修保养条件，驾驶人员技术不熟练，缺乏严格的训练和教育。所有这些，都暴露了我们安全工作中存在的问题。

三是企业整顿的步伐尚不够快。截止1983年底，部属大中型企业整顿，经验收合格的不到20%。整个交通系统的企业，总的管理水平都比较低，特别是企业的基础工作较差，经济效益水平不平衡，少数企业仍有亏损。

二、关于1984年交通运输工作

1984年将全面开展整党，一定要根据整党的精神，做好各方面工作。最近，国务院召开了全国经济工作会议，为经济工作提出了明确的指导方针和基本任务。结合交通战线的情况，全年工作的重点是：继续贯彻调整、改革、整顿、提高的方针，进一步解放思想，从宏观经济出发，打破旧框框，探索新路子；切实把工作重点转到以提高经济效益为中心的轨道上来，不断提高企业素质，全面完成交通运输生产计划；进一步加强港口、公路、内河3项重点建设，逐步调整交通运输的结构和布局，理顺运输经济；同时做好编制交通运输发展规划等各项工作。

第一，全面完成运输生产和财务计划

1984年运输生产计划指标，已有部文下达，按文件执行。

在完成今年运输生产和建设任务中，应注意以下几点：

坚持以提高经济效益为中心，开展各项经济活动，港、航和工业单位要努力降低成本，减少消耗，节约能源，提高车、船、设备的利用率，实现运输生产与利税同步增长。一定要努力完成国家规定的年内要消灭经营性亏损企业，大力减少政策性亏损的任务。工程单位要努力降低工程造价，加快工程进度，保证工程质量，按期建成投产，形成生产能力。

进一步端正经营方向，按社会需要组织运输生产。更好地为农村经济服务、为外贸进出口服务、为能源及重点物资运输服务，实现货畅其流。中央1984年一号文件指出，“今年农村工作的重点是：在稳定和完善生产责任制的基础上，提高生产力水平，疏理流通渠道，发展商品生产”。交通运输必须根据这个要求，采取多种办法集资、依靠国家、集体和个人的力量，大力发展农村水陆交通运输，支援农业，解决商品滞流问题。1984年外贸进口钢材、废钢铁、木材、化肥和金属矿等物资以及原油出口，都比去年有较大增长，国内粮食调拨量比去年增长1倍多，这些进出口物资的运输，关系到国民经济全局，各港、航企业要发挥主观能动性，充分挖掘潜力，改善运输组织管理，组织好汽车和内河船舶进行疏港，争取超额完成计划。公路和内河航运，要进一步发挥各自的优势，承担更多的短途客货及零担鲜活货的运输，逐步做到把铁路沿线100公里以内的客货运输任务由公路、内河承担起来，今年内要完成1 000万吨的分流货运量。同时，要重点解决华北、西南地区煤炭运输困难的问题，有关省、市、区公路、内河运输部门，要做好运煤的准备和实施工作，努力完成国家下达的增运煤炭任务，并应相应加强有关地区的公路建设。

努力提高运输质量，改善服务态度，加强全面质量管理，总结和交流全面质量管理小组的经验，今年内要求有30%的企业开展这项活动，并要采取切实措施，防止野蛮装卸、野蛮运输、粗暴待客的不良现象发生。大力开展建设文明单位和文明车、船，文明港、站和文明路的活动。直属企业和各省、市、自治区交通厅，都要在公路、航运部门建设成若干文明单位，树立先进典型，带动全面。四川、西藏、青海等省，要密切配合解放军，共同把川藏公路、青藏公路建设成文明交通运输线。在航运系统，要大力宣传、学习和推广长江轮船总公司“东方红”三十四号轮的先进事迹和经验。

第二，采取切实措施，减少交通事故，加强安全工作

继续贯彻落实1983年全国交通安全工作会议精神，切实贯彻“预防为主，综合治理”的方针，坚决刹住重大恶性事故，减少一般事故。各单位要把安全工作当作头等大事来抓，应根据本单位的实际现状，安全工作的薄弱环节，采取切实有效的安全措施。各港、航单位，特别要注意防止爆炸、火灾事故的发生，抓好易燃易爆危险品装卸、运输过程中安全措施的落实。同时要认真搞好配载、积载工作。对雾航、防台等季节性安全措施，也绝不能放松。更为重要的是，各级领导应亲自抓各项安全措施的落实，经常督促检查，防患于未然。要进一步抓好航政、路政管理，机构整顿工作，加强领导，充实人员，提高他们的政治责任感和管理素质；要严格执行车、船驾驶人员的审查和考核制度，加强对他们的思想教育和技术培训，特别是对个体运输的驾驶人员尤其要做好这方面的工作；要严格对车、船、机械设备性能的检验，对技术状况不好、影响安全的车、船，坚决禁止行驶；要建立危险品专业检验队伍，完善危险品装卸、运输的检验系统和责任制；要开展“安全月”、“安全车、船”活动，大力表彰安全无事故的好人好事；对重大恶性事故，要进行认真的分析解剖，按照三不放过（即发生事故的原因分析不清不放过；事故的责任者和群众没有受到教育不放过；没有防范措施不放过）的要求，处理好每一事故。对主管领导至直接责任者，都要追究责任，分别不同情况给予行政纪律或刑事处分。

第三，进一步加强交通运输基础设施建设

1984 年交通运输的基本建设任务比去年更为繁重。已被列入国家重点工程的有 13 个项目，除去年已开工的 8 个项目外，今年又新增青岛港、南京港、京航运河、哈尔滨松花江大桥和青藏公路等 5 个建设项目。今年基建投资为 23.35 亿元，比去年增加 17.6%。大中型项目共安排 24 个，比去年多 7 个，要求年内完成的有秦皇岛港煤码头二期工程，厦门港散杂货码头，共 6 个泊位。

在公路建设方面，除各省、市、自治区自行安排的重点路段，接通计划中规定的干线断头路和县社道路建设外，还要重点抓好青藏公路、泰和至从化、衡阳至青远、呼和浩特至准格尔么的公路建设，以及北京到天津、塘沽，广州到深圳，沈阳到大连三条高标准公路干线建设的前期工作；落实胡耀邦同志关于闽南、赣南、湘南三省地区公路建设的调查研究，提出方案，做好实施准备；对山西、内蒙和东北能源基地的公路建设作出规划，并着手逐步实施。在公路建设中，要继续采取民办公助、民工建勤的办法，调动各方面的积极性，广开资金来源。

内河航道的建设要进一步做好调查研究，为开发和通航提供依据；为了更好地研究综合利用水资源，部将与有关方面协商，以赣江和大渡河作为典型，搞好试点工作；继续进行昌江渠化工程、湘江航道工程、钱塘江沟通工程的建设，西江建设工程要争取尽快开工，为开发云、贵的煤炭和磷矿创造条件。根据交通部、水电部解决碍航闸坝复航小组关于 1984 年由国家投资补助地方专款解决碍航闸坝的复航安排，抓紧解决碍航闸坝问题。去年四川省政府批发了《关于坚持水资源综合利用，认真解决碍航闸坝问题的通知》，决定从 1984 年起，由水电站在税后利润中提取 15% ~20%，作为复航资金，做到以电治河、以电养航。这是解决水资源综合利用的较好途径，有关省、市、区交通部门可以参照四川省的做法，逐步解决本地区的碍航闸坝复航问题。

第四，继续修改和编制交通运输发展规划

“七五”计划和 2000 年规划，要在去年调查研究的基础上，继续组织有关专家和人员，对沿海港口、内河航运及公路建设的规划进一步进行论证工作。在国家计委下达计划控制数字后，完成编制交通运输的行业规划方案上报国家计委。各省、市、自治区交通厅要编制本省、市、自治区的交通运输发展规划，凡列入经济区的有关省、市、自治区要积极参加经济区的规划工作。

第五，继续进行交通运输管理体制的改革

去年全国交通工作会议上提出了《交通体制改革和若干政策问题的初步意见》，今年要在此基础上进一步进行研究，继续改革、调整交通运输管理体制和运输政策，以适应放宽搞活和加强管理的需要。

为了使交通运输适应农村商品经济的发展，必须进一步解放思想，在加强国营和集体运输企业的同时，积极支持、保护农村个体和联户运输业的发展，对个体和联户运输业，要在业务技术上、经营管理上、驾驶员的技术培训以及车、船维修上，给以具体帮助。对他们要与集体、国营运输业一视同仁，严格禁止把报废车、船卖给农民。交通监理部门既要加强管理，按章办事，又要简化手续，给以方便，不得借故刁难。为了方便旅客，在需要的地段，支持农民代办客运站点，提取少量的服务费用。根据个体和联户运输的发展情况，在自愿互利的原则下，逐步引导他们组织合作运输。

进一步发展和扩大联合运输和联合经营，除国营专业运输部门外，还要逐步把其他部门的车辆组织起来，充分发挥联合运输和联合经营的优越性。进一步打破部门和行政区划的人为分割。大力组织实施合理的直达运输，以提高公路与航运效率和效益。同时要积极发展零担货班车和汽车集装箱运输。

根据赵总理的指示精神，组建长江三角洲4港联合委员会，当前主要是要协调平衡发展规划，组织好合理分流。进一步抓好大连港政企分开试点的经验总结，年内向国务院写出书面报告。对长江航运体制改革方案实施中遇到的新问题，要采取积极的态度，及时研究解决，巩固和发展改革成果，逐步实现搞活长江水系运输的总目标。对珠江水系的管理体制，要积极提出改革方案。在国务院领导下，积极配合有关方面，做好中远公司和外运公司合并工作，完成中国国际运输公司的组建任务。对各级交通行政机关改革后存在的某些问题，要从实际出发，继续进行调整。

第六，大力进行技术改造

对现有企业的技术改造，是从内涵方面扩大再生产的重要途径之一，一定要认真抓好。对已经确定的从挖潜中增加泊位作业数的措施，一定要认真落实，如大连港要尽快完成4个作业浮筒和甘井子改造工程，青岛港八号码头一、二号泊位要争取提前投产，天津港要积极采取措施，开放海河船闸，利用海河塘沽的泊位。各港凡有条件的，都要积极组织好过驳作业和扩大后方库场，提高疏港能力，以缓和泊位不足和压船压货的情况。公路部门要积极更新老旧车辆，逐步实现大、中、小型以及专用车辆结合的合理结构；有关省、市、自治区要根据本地区的航运特点，继续有计划地实施船舶的更新改造。

第七，进一步抓好交通运输的法制工作

目前已上报待批的交通运输法规有：《水路货物运输合同条例》、《公路货物运输合同条例》、《关于农民个人或联户购置机动车船和拖拉机经营运输业的若干规定》。今年内要重点修订的还有：《海商法》、《公路法》、《海、河运输条例》、《航道条例》、《内河交通安全条例》。对正在修订中的各项法规，要抓紧和各有关部门协商，完善成文，成熟一个，报批一个。通过法规建设，加强交通运输的法制。

第八，继续抓好企业的全面整顿，完善经济责任制

1984年，要继续贯彻落实全国交通系统企业整顿工作会议精神，提高认识，加强领导，落实措施，加快整顿步伐。企业整顿的指导思想是：以增强企业素质、提高经济效益为目标，确保整顿质量。部属和省属的大中型企业，争取在年内全部整顿验收完毕，中小型企业的整顿要争取在今年内完成60%。对已经验收合格的企业，要做好巩固提高的工作，争取创建“六好”企业。

在整顿企业中，必须坚持质量标准。首先根据“四化”要求，建设好企业的领导班子，抓好第三梯队的建设；健全企业管理的各项基础工作，积极推行现代化的科学管理办法；改革企业内部的组织机构，逐步建立和健全企业的生产经营系统、智力开发系统、新技术开发系统和政治工作系统。1983 年试行的各种形式的经济责任制要继续总结完善，从部到省、市、自治区交通部门都要总结出自己的先进典型，并有计划地推广典型经验，不断推动企业整顿工作的开展。

第九，加强科技工作

继续贯彻“依靠”和“面向”的科技工作方向，准备在今年内召开全国交通系统科技会议，总结交流这方面的经验，并落实科技规划和有关科技政策。

深入开展“六五”攻关项目，部重点抓京、津、塘汽车专用公路、煤炭海上运输、港口水上交通管理等的科技攻关。

今年要加快微型电子计算机推广、应用的步伐，首先要在水运调度、计划统计、情报资料检索等方面建立起微型机的应用系统，抓好机型选择和人才培训，交通系统的大专院校，要积极配合生产单位担负起这方面的任务。各省、市、自治区也要选择若干个重点单位，进行微型机试用。

第十，加强教育工作

在继续搞好交通系统人才需求预测的基础上，1984 年要制定出到 1990 年高等院校发展规划。同时，加强现有中等技术学校和职工业余教育，使其逐渐形成交通科技人才梯级结构的培训系统。

1984 年要对航海专业及管理专业的教育进行改革。在集美航专试办招收初中毕业生的五年制专科；在大连海运学院试办船长培训班，解决船长继续提高的问题。各院校要配合航运部门大力开展短期培训，有的放失地做好现职人员技术业务上填平补齐的培训工作。对管理专业争取统一《运输管理工程》专业教学计划。

各高等院校、中等学校，除已办干部专修科和职工中专班外，还应发展函授教育，并积极创造条件，发展电化教育，以适应职工教育的需要。各企业要继续抓好青壮年职工的思想政治以及文化知识、专业技术的“三补”教育，在保证质量的前提下，加快进度。根据国务院对企业经理、厂长进行统考的决定，有计划地安排对企业领导进行普及党的社会主义经济建设基本方针、政策和企业管理基本知识的培训。

今年，全国将开展全面整党，各级组织要积极贯彻党的十二届二中全会通过的整党决定和中央整党指导委员会、中纪委关于搞好整党工作的各项通知精神，坚持理论联系实际、边整边改，实现统一思想、整顿作风、加强纪律、纯洁组织的整党任务。认真做好清理“三种人”的工作。党的各级领导干部要以身作则，同广大党员一起学习整党文件，积极开展批评与自我批评，增强党性，提高觉悟；在思想上和行动上与党中央保持一致，认真解决以权谋私、官僚主义作风等问题。

在整党的同时，为不断提高企业职工的思想政治觉悟，要认真按照党中央批转的《国营企业思想政治工作纲要（试行）》的要求，切实加强以共产主义思想为核心的思想教育，继续开展“五讲四美三热爱”活动，大力提倡精神文明，广泛组织振兴中华的读书活动，让社会主义思想牢固地占领交通职工业余文化活动阵地，不断增强职工清除和抵制精神污染的能力。

根据中央的统一部署，要继续深入地开展打击经济、刑事犯罪活动。

1984 年，交通战线的任务是十分繁重的，我们一定要在党中央和国务院的正确领导下，振奋精神，群策群力，做出更好的成绩，向建国 35 周年献礼。

搞好交通改革　发展大好形势

——钱永昌部长在全国交通工作会议上的讲话

（1985年3月25日）

同志们：

自1983年3月召开全国交通工作会议以后，至今已经两年了。两年来，全国交通系统广大职工遵循党的十二大纲领和十二届二中全会、三中全会的决定，认真搞好整党，积极探索改革，努力开创新局面，使交通运输事业出现了蓬勃发展的大好形势。我们这次会议，就是要认真分析全国交通运输的新形势，总结交通系统两年来进行改革的新经验，研究解决交通运输发展中的新问题，讨论进一步改革交通运输体制和加速交通事业发展的措施。现在，我代表部党组讲几点意见，提请大会讨论。

一、大好形势和我们的责任

两年来，全国经济体制的改革从农村到城市逐步深入，国民经济持续、稳定、协调的发展，人民生活有了进一步的改善。交通运输同全国的形势一样，生机盎然。运输生产以较大的幅度年年持续增长；交通运输的体制改革，正在以积极稳妥的步伐，不断探索，开拓前进。我国交通运输从体制到生产建设、经营管理等方面，都正在发生着历史上未曾有过的深刻变化：

（一）各级政府交通部门从主要抓直属企业逐步转向抓全行业管理

长期来，各级政府交通部门都直接管理着一批直属企业，政企职责不分，行政领导陷入了具体生产事务中，既影响了企业的自主经营，又削弱了行政管理职能。两年来，我们通过学习中央有关指示，总结了历史上的经验教训，进一步端正了业务工作的指导思想，提出了以“转、分、放”和“实现两个转变”为主要内容的改革设想。这个设想得到了中央、国务院的肯定。围绕这个设想，各级交通部门做了大量工作，取得了一些突破性的进展。

各省、市、自治区交通部门，普遍结合各地情况，研究制定了实现“两个转变”的方案；有些已开始对厅、局行政领导机构进行调整，通过调整初步实现政企职责分开，使企业与行政脱钩；不同程度地给企业下放了一些权力，增强了企业的活力；有些省、市、自治区交通部门，已在放权的基础上，开始将一些企业下放到中心城市。交通部也先后在沿海港口和长江进行了管理体制改革的试点。这些改革，目前虽然还都是处在起步阶段，但从实践的情况看，效果是好的。各级政府交通部门，开始扭转当“车队长”、“船队长”的局面，使更多的精力转向抓全行业的管理，政府职能作用有了明显的加强。企业的权力扩大了，为进一步实现自主经营，成为相对独立的经济实体，创造了条件。

（二）运输生产由统得过死，转向放宽搞活，实行多家经营，鼓励竞争

多年来，交通运输管理体制上的弊病，最集中的反映就是“统”。十一届三中全会以后，商品经济迅速发展，原有的那套统得过死的管理制度和管理方法，愈益不适应了。但改变这种做法需要一个过程，真正从思想认识的转变到落实各项实际措施，是在近几年开始的。运输生产由统得过死逐渐转向了放宽搞活，一个多家经营、相互竞争的局面，正在日益形成。

两年来，个体运输有了迅猛的发展。到去年底，全国农民个人和联户的客、货汽车已达13万辆，内河运输个体船近23万艘，约300万载重吨。据江苏省统计，个体运输户承担了该省乡镇内货运量的80%，乡镇外货运量的1/3。个体运输已成为运输中一支重要的补充力量。各部门、各地区、各企业的运输力量也有很大发展。远洋运输已从“一家经营”发展为多家经营。两年来，各地、各部门从事远洋运输的已达几十家。中国远洋运输公司在国际航运萧条中改善经营，克服困难，稳步前进，1984年完成运量4 960万吨，超计划14.3%。长江航运自1984年起，体制进行了改革，实行港、航分开，港口面向社会，为各家船舶服务，营运的企业迅速增加，1984年港口为地方船只装卸的吞吐量增长了30%，水系3/4的运力参加了干线和支流到干线的运输，四川出川物资已达320多万吨。1984年长江干线货运量创造了历史最好纪录，达到了1亿7 233万吨，长江航运由于改革开始出现繁荣兴旺的势头。个体运输以及其他各种运输力量的发展，不仅壮大了整个社会运输能力，而且在相互竞争中，有力地促进了国营运输业改进经营方式，改善服务态度，提高服务质量。目前全国汽车零担货运线路已达500余条，夜宿农村的客运班车已达1万余辆；有的省、市最近还增设了“赶集班车”；江苏省江都县及有些地区已实现零担运输“乡邮化”，大大方便了人民群众。随着多家经营局面的形成，部门所有、地区分割的状况有了很大的改变，合理的直达运输和联营、联运有了进一步的发展。1984年，四省与交通部联合开展的晋煤外运，完成的运量比1983年增长32.8%。上海市还采用铁、公联合办公方法，组建了“笨大件联营、联运站”，实行服务一条龙运输。全国公铁分流线路已增加到500多条（段），日分流旅客约40万人。徐商三省公路客运联合公司开办以来，使该区段铁路客运量下降15%，对缓和铁路运输紧张状况起到了一定作用。

运输能力的发展促进了运输生产任务的持续增长。1984年全国交通部门公路、水运货运量已达12亿7 200万吨，客运量达到了40亿4 400万人次，沿海与长江主要港口吞吐量完成3亿8 500万吨，分别比1983年增长2.5%、11.2%和8.1%。

（三）交通运输基础设施由主要靠交通部门一家建设，转向调动各方面的积极性，一起干，一起上

以往大、中型港口泊位和内河航道，主要是交通部门一家建设，路子越走越窄。这种情况近两年来有很大改变，出现了中央和地方，各部门、各地区、各企业多家办交通的大好势头。不少省、市和部门已开始自行建设大、中型港口泊位。山东省在岚山头自建的万吨级泊位主体工程已经完工，并正在兴建石岛5 000吨级客运码头。广东省中山市已建成包括5 000吨级泊位在内的一批中小泊位。冶金部武钢八、九号专用码头建设也正在进行。连云

港经济腹地内的9个省区共同开会商讨开发连云港。江苏省政府提出了联合开发张家港、加速发展苏锡常，建立港口城市群体设想。东北三省提出要共同建设利用大连港。在内河建设上，四川渠江、重庆綦江、杭州的青山航道等正在组织河流开发公司。一批内河建设项目正在各方面的协作配合下进行。

公路的建设和养护，过去虽然一直是坚持“民办公助、民工建勤”的方针，但有些地区在思想认识上，对农村商品经济发展后，群众建路的积极性估计不足，组织和指导也不够有力。近两年来，各省、市、区交通部门，依靠各级党政领导，广开资金渠道，积极利用农村丰富的人力资源，使公路的新建和改造出现了历史上少有的大好局面。1984 年新建公路1.4 万多公里，改造和加宽公路 2.9 万公里，其中改造成一、二级公路的近 1 300 公里。辽宁省正在集资建设沈（阳）大（连）一级公路（部分路段建成高速公路）。由上海市投资的上海至嘉定高速公路已正式动工。广东省与港商合资建设的广（州）深（圳）高速公路和由省、市参加集资的京津塘高速公路正在进行建设的前期工作。县乡公路总里程已达62 万余公里，通公路的乡与村，分别从 1981 年的 90% 和 60%，提高到 93% 和 64%。近两年来，“要想富，先修路”已成为广大群众的一致呼声，各地群众性的改造公路的高潮，其规模和效果都是建国以来少有的。四川省 1983 年入冬以后，利用 9 000 多万个工日，改造公路 1 万余公里。吉林省 1984 年共整修公路 2 万多公里，占总里程的 87%。云南省利用粮棉布“以工代赈”，去冬以来，每天上路民工近 90 万人，到今年元月止，开工修路近 8 000 公里，已完工 2 000 多公里。

（四）运输企业正在逐步由单一生产型向生产经营型转变

两年来，运输企业横向经济联系有很大发展，企业的经营方式和管理方式发生了很大变化，经营管理水平有了很大提高。湖南益阳地区交通局与上海内河局组成产运销结合的益沪联营船队，以运为主，兼搞购销，实现了干支直达，经济效益显著。目前，产运销相结合、联营联运等经营方式已相继在很多地区推行。多种形式的以承包为中心的经济责任制，在各个交通运输企业中，得到进一步的健全和完善。河北省石家庄市交通局所属 13 家企业，承包前有 6 家亏损，自 1981 年 9 月承包后，迅速扭亏为盈，3 年来利润不断增加，1984 年实现利润达 1 700 万元，是 1981 年的 8 倍。水上运输的船舶承包也有很大的发展。公路养护部门也较普遍地实行了“包”字进段，“包”字上路，好路率不断提高。在基本建设中，比较普遍地推行了投资包干制和招标承包制。大连港香炉礁码头实行投资包干后，比原投资节约了 13.3%；辽宁省腾鳌堡大桥工程实行省内外招标，总投资比原计划降低了 1/3；长航安庆港五里庙煤码头实行招标制后，原定 23 个月的工期，缩短到 16 个月。经济责任制的推行，促进了企业素质的提高，如大连港 1984 年获得国家质量管理奖，烟台港被评为企业质量管理先进单位。运输企业经济效益显著增长，上缴利税普遍增加。1984 年，全国交通系统共实现利润 33 亿 5 000 万元，上缴利税 20 亿 8 000 多万元，其中直属与省、市、区交通部门实现利润分别比 1983 年增长 16.4% 和 6.2%。

近年来，交通运输所以能有上述这样大的变化，主要是：

党中央和国务院对发展交通运输提出了明确的指导方针。党的十二大把交通运输列为发展国民经济的战略重点之一。近两年来，中央领导同志对公路、水运的地位和作用，加强交通运输建设的方针和任务，作出了一系列重要指示。并就一些实际问题，作出了很多重大的决定，为我们解决了多年想要解决的问题，如公路、海港的建设资金问题，以粮、棉、布补助困难地区修建道路和内河航道问题等。中央领导同志的这些重要指示和决定，为发展我国交通运输事业，指明了方向，大大鼓舞了交通系统广大职工加速交通运输建设的信心和决心。各地党政领导根据中央和国务院的指示，把发展交通运输摆到了重要议事日程，加强了这方面的组织领导。很多省、市、区政府都根据本地区情况，制订了发展交通运输的规划和措施；党政领导同志亲临第一线，调查研究，指导工作，解决问题。四川省委把发展交通运输作为该省“富民升位”，全面开创四川经济工作新局面的战略决策来抓，对发展交通运输的资金来源，提出了十条措施。福建省政府为了发展交通运输事业，对交通运输企业上交的利润，实行二八分成，80%留归交通部门使用，有力地促进了交通运输事业的发展。

国民经济的迅猛发展，既为交通运输发展创造了条件，又对交通运输提出了更高的要求。近些年来，我国工农业生产的持续发展和人民生活的不断改善，带来了货运量和旅客流量的大幅度增长。据测算，农村人均收入每增加1%，公路客运量将增长1.7%，农业总产值增加1%，农村货运量将增加0.9%。同时，随着我国经济技术构成的提高，产业结构和产品结构的变化，不仅商品流量加大，商品种类增多，而且高档产品和鲜杂货在货运比重中显著上升。工农业的发展，有力地推动和促进了交通运输事业的发展。

交通部门各级领导和广大职工艰苦努力，是取得交通运输大好形势的重要保证。十一届三中全会以来，特别是近两年，同志们进一步学习了中央有关文件和指示，通过整党，联系交通部门实际，“议大事、懂全局、管本行”，逐步从“左”的思想影响中解放了出来，突破了传统的旧观念、老框框的束缚，加深了对建设社会主义交通运输业客观规律的认识。更加深切地体会到，要从中国的实际情况和中国交通运输具有多层次、多形式、多渠道的特点出发，努力探索具有中国特色的社会主义交通运输事业的发展道路。思想认识的提高，开阔了眼界，进一步端正了业务工作的指导思想，大大激发起广大职工发扬奋发图强、勤俭建国的拼搏精神。

同志们，交通运输虽然出现了前所未有的大好形势，但是应该看到，我们的思想解放得还不够，体制改革还处在起步阶段，放宽搞活后出现的一些新情况、新问题，有待进一步分析、研究、解决，这些方面与中央对我们的要求和期望相比还存在着很大差距；特别是交通运输的基础设施还十分落后，运输能力严重不足，是影响国民经济发展的制约因素。如果不抓紧解决这些问题，就有可能拖了国民经济发展的后腿，贻误90年代的经济振兴。我们肩上的责任是很重的，真是“任重而道远”，需要我们作出加倍的努力。当前，摆在我们面前的主要任务，一是要搞好交通运输的体制改革；二是要加速交通基础设施建设的步伐。我们必须要进一步解放思想，更好地学习党的方针政策，学习新知识、新技术和新的管理方法，认真总结经验，戒骄戒躁，在实践中不断探索，不断前进。

二、关于交通运输的改革问题

《中共中央关于经济体制改革的决定》是我国经济体制改革和社会主义建设的纲领性文件。交通运输的体制改革，一定要遵循《决定》的精神和中央书记处149次会议纪要向交通部门提出的要求，进一步解放思想，大胆探索，不断完善，继续前进。改革的中心要求，是要调动各个方面的积极因素，加速交通运输事业的发展，使交通运输能够与整个国民经济的发展相适应，真正做到货畅其流，人便于行。

当前的主要任务是：

（一）实现全行业管理，加强各级政府交通部门的行政职能

进一步实现政企职责分开，简政放权。交通部和各省、直辖市、自治区交通厅（局），原则上不再直接经营管理企业。实施安排上，要根据国务院的部署，区分不同情况，采取不同做法：一是改变和调整隶属关系，将一些企业下放到中心城市。对这些企业，要先扩权，后下放，避免出现仅仅是隶属关系的改变、权力的转移，把企业从一个行政“婆婆”，转给另一个行政“婆婆”。二是对部直属沿海港口，根据国务院最近在天津召开的港口体制改革座谈会纪要精神，要分期分批下放，实行“双重领导，地方为主，经过试点，不断完善，分批实施”的方针。在实施步骤上，既要积极，又要稳妥。1986 年，正式将上海、大连两港下放，其余各港在两三年内完成。港口体制改变后，中央和地方要按不同的职能划分明确的职责。三是对部分跨地区的大型骨干企业，要切实把企业应有的权力，彻底放给企业，使企业真正能够实现自主经营，成为相对独立、具有活力的经济实体。

逐步实现政府交通部门对交通运输的全行业管理。交通运输的生产、经营方式具有自身特点，是国民经济中的一个特殊的行业。作为交通运输行业，应该包括各种层次、各种渠道、各种形式的交通运输，政府的交通部门，对它们应一视同仁，从宏观方面加强管理和指导。交通部门进行行业管理的职能大体上可归纳为 3 个方面：

其一，从宏观经济方面加强对交通运输的管理和指导。制定全国和地区的交通运输发展规划，使交通运输能够更好地适应国民经济的发展；运用国家赋予交通部门的经济调节手段，调整和协调交通运输内部的结构、布局和企业之间的关系；部署和实施交通运输重点工程的建设；下达和监督完成国家有关交通运输的指令性计划；组织实施交通运输重大科研攻关、技术开发、成果推广和技术改造项目等。

其二，实施交通运输的行政管理。制定和监督执行交通运输的法规和各项方针政策；对路政、航政、路监、港监、船舶检验、水上救助、航行水域的环境保护实施统一的行政管理；制定运输价格政策，管好运输市场等。

其三，为各种运输力量做好服务工作。汇集和交流运输经济的信息；搞好交通运输全行业的统计和分析；组织交流先进经验；大力进行智力开发，搞好各种形式的职工培训；组织和指导引进外资和先进技术等。

为了更好地发挥政府部门的职能作用，必须加强各级交通部门行政领导系统的建设。要在现有基础上，进一步健全中央，省、市、自治区，市（地），县，区（乡）五级交通部门行政领导机构。前些时有些地区，在改革中把政府的交通部门撤销了，严重削弱和影响了交通运输的行政管理工作，这种情况应该纠正，凡撤销和合并的要尽快恢复起来。交通部和各省、市、自治区交通厅（局）要逐步强化五个管理系统，即：交通运输的规划建设系统；法规、政策的研究、制定和监督系统；交通运输的安全保障系统；交通运输的科研和人才开发系统；交通运输的信息和统计系统。

（二）坚持放宽搞活的方针，进一步调动各方面力量，共同发展交通运输事业，真正做到各部门、各行业、各地区一起干；国营、集体、个人以及各种运输工具一起上

我们总的设想是：今后各级交通部门，除了加强行政管理外，主要任务要侧重于搞交通基础设施的建设，即“修路、建桥、筑港、治河”八个字，为各种运输力量提供发展条件。运输方面，放手让大家搞。

运输生产实行多家经营，鼓励竞争。对个体运输户的发展，要更好地落实各项扶持和服务措施。帮助他们改善经营管理，提高经济效益；加强对他们的技术培训；组织他们学习交通运输的有关法规条例，使他们能够自觉地遵纪守法，确保安全；建立运输服务中心，为他们提供各种经济信息，帮助他们沟通渠道，更好地参加运输行业的竞争；开放港口、站点，为个体车、船提供停靠方便；国营和集体的车船维修企业，要一视同仁地接受个体运输车、船的维修业务。根据各地个体运输的发展情况，在自愿互利的基础上，引导他们组成新型的运输合作组织。

继续鼓励和支持各部门、各地区、各行业发展各自的运输力量。只要符合国家和交通部门的有关规定，均可经营公路运输、内河运输、沿海运输和远洋运输。坚决按照运输经济的客观要求，实现合理的直达运输，纠正各种形式的部门所有和地区分割、干支分割、江海分割、海域航区分割，积极开展各种运输方式之间、各地区之间、各运输企业之间的联营和联运，以达到最好的运输效益。为了运输的协调发展和保证国家指令性运输计划的完成，在运输区域和线路上，可以有个大体的划分，划分的目的，是为了完成各自分工的指令性任务，绝不能画地为牢，各据一方，抵制和排斥其他运输力量进入本地区、本航区、本线路。允许省际间相互承揽货源，自由通行。目前在一些地区、一些路段，设立的关卡过多，既有交通部门的，也有其他部门的，要在当地政府的统一领导下，进行认真的清理，克服关卡过多状况。对必须设立的关卡，要经县以上交通部门批准，严格按章办事，杜绝各种乱收费、乱罚款的现象发生。

交通运输的基础设施建设，是为全社会服务的公益事业，要进一步调动各方面的积极性，继续实行“谁建、谁用、谁受益”的政策。国务院最近在解决公路和海港的建设资金上，作出了一些重大决定，将大大有利于改善我国交通运输基础设施的落后面貌。但应看到，由于这方面欠账太多，现有的资金仍然是不足的。必须进一步调动各方面的积极性，充分利用我国丰富的人力资源，群策群力，共同来加强交通基础设施的建设。

公路的建设与养护，要继续贯彻“民办公助、民工建勤”的方针。支持各部门、各大企业自修自养专用道路，对这些部门和企业只在专用道路上行驶的车辆，交通部门免收养路费。一些路段、桥梁，鼓励群众集资入股进行修建。凡是集资修建的重要路段，改渡为桥的重要桥梁，可以实行收费制，定期偿还投资单位和个人的投资本息，有条件的地方，还可在一定时期分享红利。为了确保路况良好，必须收好、用好养路费，坚持由省、直辖市、自治区一级交通部门统收统支、专款专用。考虑到乡、镇道路建设资金的困难，拟将拖拉机的养路费下放到县，由县交通部门征收，专门用于县乡道路的维修、改造和建设。

内河航道实行分级建设，分级管理。三江两河及重要干线航道，主要由国家投资建设，

地方在财力和人力上给以协助配合；地方性的航道和港口，由地方自行建设，国家酌情给予一定的补助。

鼓励港口腹地各省、区联合建设港口，共同经营。支持货主自建专用码头。地方和企业可以根据本地区的需要，申请建设各种码头，在国家统一规划下，可以自建也可以与国家联合建设，共同经营；或者由国家为主投资建设基础工程，由地方或企业建设配套设施，租给地方或企业经营；或可由国家给予少量补助，以地方为主建设，建成后，交地方使用。凡自建码头，所有权、使用权属投资单位，国家只行使行政管理权。

港口、公路、内河航道的工程建设，要广泛推行投资包干和招标承包制，以努力降低造价，节约材料，缩短工期。

为了适应国家物资供应体制改革的新形势，要重视和利用市场的调节作用，开辟物资渠道，以保证基础设施的材料供应。

（三）充分发挥国营运输企业的骨干作用和集体运输企业的辅助作用，扩大企业权力，把企业搞活

运输企业是实现运输任务的直接承担者，在这些企业中，国营运输企业是完成国家运输计划的骨干力量，是完成大宗物资、重点物资和外贸物资运输的保证力量，是调节运输市场的主导力量，是采用新技术、实现交通运输现代化的中坚力量。目前，我国交通部门共有职工500多万人，其中国营企业职工约占57%，交通部门完成的货运总量中国营企业约占44%。如何加强国营运输企业的活力，是个十分重要、迫切的问题。

两年来，交通运输大中型企业经过整顿，企业素质有了提高，基础工作得到了加强，为搞好改革创造了条件。在这个基础上，必须按照《决定》精神和国务院有关规定，紧紧抓住增强企业活力这个中心环节，扩大国营企业权力，把国营企业搞活。当前特别要抓好以下几件事：

各级政府交通部门，要把企业应有的权力放到企业，使企业逐步成为相对独立的经济实体。在计划体制上，缩小指令性计划范围，今后部对查属运输企业作为指令性计划下达的，是水运货运量和港口吞吐量中的重点物资和外贸物资，其他均作为指导性计划。对指导性计划，企业有权根据自己的情况作出调整，在有余力的情况下，可以承担计划外货物运输，价格可以按国家的规定在一定幅度内浮动。同时放宽固定资产投资计划和企业自筹资金投资计划的管理权限，简化基建项目的审批手续。在财务体制上，企业根据国家有关规定上交利税和各种规费后，有权按规定支配自留资金，有权自行处理多余的物资和设备。在劳动工资体制上，企业根据国家有关规定，有权自行决定工资奖励形式和用工办法。企业的工资奖励形式实行联系经济效益的工资总额包干浮动办法。在国家核定企业工资总额后，企业要切实按照按劳分配的原则搞好内部分配。要重视劳动制度的改革，对现有的固定职工，要逐步实行劳动组合和聘任制；对招收的新工人，要推行合同制；在有条件的港口，要推行农民轮换工制度。

企业内部的经营管理要改革，真正从单一生产型转向生产经营型，实行“一业为主，多种经营”，以适应有计划的商品经济的需要。积极扩大企业的横向联系，使运输业务更直接地与经济市场挂钩；广泛开展产运结合、产运销结合；组织各种综合开发企业和运输服务

中心。在运输企业之间开展联营、联运，努力减少运输过程中的周转环节，实现合理的直达运输。在责、权、利相结合的基础上，进一步完善各种形式的、以承包为中心的经济责任制。在一些大型企业中，要更好地发挥分公司、作业区、船队、车队的作用，更好地调动他们的积极性和主动性。

国营运输企业，作为国家运输的主导力量，必须以现代化的手段壮大自己，使用新技术，加强技术改造和车船、设备的更新，努力提高技术构成。

实行经理（厂长）负责制。交通运输企业生产具有高度的连续性，协作关系复杂，必须建立统一的、强有力的、高效率的生产指挥和经营管理系统。只有实行经理（厂长）负责制，才能适应这种要求。经理和厂长，要从全局出发，正确地处理好国家、企业和职工三者利益的关系。不能只顾企业的局部利益，损害国家和货主的利益。在实行经理（厂长）负责制的同时，必须健全职工代表大会制度和各项民主管理制度，更好地体现职工的民主权利和发挥工会的监督作用。

集体所有制经济是我国社会主义公有制经济的一个重要组成部分。交通系统集体所有制企业有1万多个，200多万职工。每年完成的货运量，约占全国公路、水运总货运量的一半左右，是建设社会主义一支重要的运输力量。目前，这些企业普遍比较困难，主要问题是，对它们关心、重视不够，有些政策不够落实。必须要进一步清除“左”的影响，真正按照集体企业的性质，放宽政策，切实实行“自愿组合，自负盈亏，民主管理，按劳分配，职工集资，适当分红，集体积累，自主支配”等原则。同时，要在可能条件下，采取一些扶持措施，帮助它们逐步解决企业负担过重，运输成本过高，设备技术落后等问题。

（四）加强行政管理，政的管理要集中统一

政的管理实行集中统一，这与放宽搞活是相辅相成的一个问题的两个方面。一方面要改革、开放、搞活，一方面要讲管理、制度、纪律。强调管理，不是要回到老路上去，沿用老办法，而是要建立一套同改革、开放相适应的新的管理制度和管理方法，保证和促进改革的顺利进行，使各个层次的运输力量，能够有秩序地、协调地、健康地发展。各级交通部门，应多在这方面下工夫。交通运输行业的行政管理，从广义上讲，政府交通部门的职能，都属于行政管理的范围。这里着重就放宽搞活后出现的一些新情况和需要注意的问题，谈几点意见：

所有从事公路、内河、沿海、远洋运输的企业和个人，必须按照国家有关规定，取得合法的营业执照，车、船必须具有检验部门签发的合格证书，驾驶人员必须经过监理、航政、港监部门考核取得合法证书，方可从事社会运输。凡参加公路客运的车辆，其营运线路须经县、市以上交通部门批准，实行定线、定点、定班。

外贸运输要确保国家的权益，防止“肥水流入外人田”。从事外贸运输的船舶，必须严格遵守外贸运输船舶管理办法；外贸运输的运价要实行统一管理；沿海和内河的国内运输外商不得参与，也不得与外商组织合营。

路政、监理、航政、港监要实行统一领导，集中管理。根据中央领导同志关于交通部要把企业脱开，抽出力量来抓全国交通的行政管理，不论是谁的车船，你们都要管起来的指示，目前在交通行政管理上，要坚决克服政出多门的现象，切实行使交通部门行政管理的职

能。在这个问题上，与一些部门存在的矛盾，要严格按照国务院［1984］27号文件执行。对海上和内河的航行安全，要严格执行“海上交通安全法”。要争取国家尽快地颁布公路法、航道法等有关交通运输迫切需要的重要法规。在这些全国性的法规未颁布之前，各省、市、自治区交通部门可从当地实际出发，制订一些地方性的交通运输法规，报经省、市、自治区人大或政府批准后实施。

运输生产中的事故，近几年来有所上升，1984年公路机动车辆肇事，死伤超过了10万人，水运方面的恶性事故虽比1984年有些好转，但近几年来连续发生重大事故，这个问题必须引起我们高度重视。各级交通部门，一定要加强这方面的宣传教育。坚持安全质量第一的方针，始终是交通运输部门的重要任务。各级领导干部要坚持“严字当头，以身作则，敢于管理，狠抓落实”。在当前新老干部的交替过程中，各级新干部一上任就要在头脑里、工作上把安全生产摆在首位，抓紧抓好。各个企业要抓好三个环节，即“建立安全岗位责任制，建立科学管理制度和现代化管理手段，提高职工素质”。对每个职工一定要强调严格执行规章制度，遵守劳动纪律和不断提高自己的技术业务水平。安全工作不能靠突击，要人人、事事、时时抓安全，安全生产是衡量每一干部和职工是否守职尽责的最基本标志。希望通过全体职工的共同努力，不发生重大恶性事故，并把一般事故降到最低限度。同时，要切实加强交通系统的公安保卫工作，维护好运输生产的治安秩序。

三、关于交通运输的规划和建设

今年是执行“六五”计划最后的一年，从目前情况看，各项指标均可完成或超额完成。公路部门汽车货运量预计今年可提前一个月实现“六五”计划规定的指标，交通部门轮驳船货运量去年实际完成数已达“六五”计划的95.1%，超过了“六五”规定的增长进度，货运周转量和沿海港口吞吐量都已提前一年实现了“六五”计划规定的指标。在水运和公路建设方面，沿海港口5年内预计共可建成深水泊位54个；内河建设项目也可按计划完成；5年内预计新建公路6.2万公里，到今年底，全国公路通车里程可达94万多公里。

“六五”计划实现后，水运和公路运输能力将有所提高，但仍然不能适应国民经济发展的需求。根据对我国社会总运量的预测，到2000年，我们总的奋斗目标是“增长双百亿、适应翻两番”，公路、水运年货运量要从今年预计完成50亿4 000万吨，达到143亿吨，比1980年增长2.3倍；年客运量要从今年预计完成的42亿5 000万人次，达到138亿人次，比1980年增长4.5倍。公路、水运能力的发展规模是：等级公路翻一番，公路总里程达到120万公里；港口深水泊位达到600个；内河300吨级以上航道达到3万公里。为了实现这个目标，当前的关键问题是要安排好“七五”计划，并制定好到2000年的长远战略建设布局规划，使“七五”期间的建设与后10年的发展很好地衔接起来。

“七五”期间，水运、公路客、货运输发展的趋势和特点是：以煤炭、原油为重点的能源运输，将继续是水上货运的大宗货源，处于稳定增长的趋势；外贸物资的运输将会以更高的速度持续发展；城镇间、地区间、特别是沿海城市、中心城市之间，短途货运会有很大发展，客运量将增长更快。面临上述情况，交通运输“七五”计划要继续以能源运输、外贸运输、农村运输和旅客运输为重点，努力扩大港口吞吐能力；加强内河建设，更好地发挥内河航运的作用；加速公路的改造和新建，使公路运输在短途运输中发挥优势；继续发展和更新沿海、远洋运输船队，以适应国民经济发展的需要。

“七五”期间，计划在沿海港口建成深水泊位120个，中小泊位36个。到1990年，沿海港口泊位达到542个，其中深水泊位319个。港口吞吐能力从1985年的3亿1 000万吨提高到5亿吨。内河航运的建设以三江两河（长江、西江、黑龙江、京杭运河、淮河）为重点，相应地改善主要支流的通航条件，有计划地解决碍航闸坝180座。改善航道1万公里，使通航千吨级以上驳船队的航道达到7 000公里。公路建设要大力提高现有公路通过能力，提高公路等级标准，接通主要干线断头路1 500公里。有计划、有步骤地将日交通量在5 000车次以上的路段改为一级公路，日交通量在2 000车次以上的路段改为二级公路，修建京津塘和广深等高速公路，修建县乡公路6万公里以上。到1990年，公路总里程要超过100万公里，其中：高速公路和一级公路2 000公里，二级公路3万公里。5年内，增加远洋运输船舶310万吨，沿海运输船舶190万吨。长江、黑龙江干线运输船舶100万吨，沿海干线客船8万客位，地方内河船舶270万吨。到1990年，交通部门货运量达到18.2亿吨，其中公路12亿吨，水运6.2亿吨。

1985年，是从“六五”转向“七五”关键的一年，在交通基础设施建设上，要切实抓好几件事：确保沿海港口建成投产33个深水泊位，同时要抓紧完成国家急需的大连港甘井子装运玉米措施项目和大连、青岛、南京港的3个原油码头改建工程。大连港鲇鱼湾油港二期和青岛港黄岛油港二期工程，从现在起就要抓紧设计、咨询、设备招标、施工准备等各项工作，待任务书批准后，基槽挖泥、沉箱制作等关键工程要立即开工，以确保21个月建成投产。新建公路2万公里，改造加宽公路3万公里；全长1 900公里的青藏路今年要全部铺上沥青、渣油路面；在汉江、黄河、渭河、永定河、红水河、小清河等江河上建成公路大桥72座；新增长途客运汽车1.1万辆。抓好西江整治第一期工程和10座内河碍航闸坝复航工程。完成这些任务，不仅将在我国交通基础设施建设史上揭开新的一页，而且为“七五”期间交通运输的更大发展打下了基础。

下面我就加速交通基础设施建设若干方针政策讲几点意见：

（一）逐步改变运输结构，提高综合运输能力

党的十一届三中全会以来，中央和国务院领导同志多次指示要调整运输结构，大力发展公路和水运。最近，赵总理又提出把“改变交通结构”作为国家“七五”建设的一条指导方针，这是一项十分重要的决策。

运输的结构，要从综合运输网出发，发挥综合运输能力，不能强调各自成网。调整运输结构，除国家要作适当安排外，作为我们主管水运、公路运输的部门来说，一定要抓好基础设施的建设，逐步提高公路和水运在5种运输方式中所占的比重。公路运输要在改善路面等级、配备大吨位货车和舒适性客车、发展集装箱运输这3个方面下大工夫，努力争取200～300公里以内的客运，100～200公里以内的百杂货、高档货，1 000公里以内的鲜活货，逐步从铁路转为由汽车承担，充分发挥公路中、短途运输优势。内河航运必须在解决航道的自然状态、港口的原始状态、船舶的落后状态和碍航闸坝上花大气力，以干线为主，相应改善主要支流的通航条件，逐步提高内河航运在整个社会运输中的比重。

（二）公路建设要实行普及和提高相结合，以提高为主的方针

目前，我国虽然已有公路92万多公里，但质量太低。全国一级公路仅占公路总里程的0.03%，而四级公路和等外路却高达85%以上；国道、省道尚有4 000多公里的断头路没有接通；有40%左右的路段交通量超过了设计能力，还有不少危桥和荷载标准低的桥梁。由于路况差，加上混合交通，汽车平均时速只有30公里左右，几乎是两辆汽车顶一辆用。“有路难行”已成为突出矛盾，在一定程度上制约了国民经济的发展和人民生活的提高。这种状况要求我们在公路建设上，要改变长期以来偏重于增加通车里程，忽略提高公路质量的问题。在今后一段时间内，对公路建设必须实行普及和提高相结合，以提高为主的方针。

公路建设提高的重点，要放在经济发达地区。要按照我国经济布局由东向西逐步展开的特点，从各个经济中心向外辐射，从沿海向内地辐射。根据交通量的发展，有计划地建设和改造能源基地外运路线，疏港及经济特区的路线，铁路“卡脖子”路段的分流路线，大中城市的进出口路线，各经济区内部的重要城镇的干线公路；并根据需要和可能建设一些高速公路。在目前已形成的改造和新建公路的高潮中，一定要加强规划和技术指导，确保按照等级标准，修一条成一条，达不到标准，决不勉强通车。

与此同时，要抓好公路的普及。积极扶持乡、镇道路的建设，努力使老、少、边、穷地区少路无路的局面尽快得到改善。

（三）内河航运建设要实行大力扶持、积极发展的政策

中央领导同志曾经指出，内河航运建设有失误，这是完全正确的。多年来，内河航运建设的投资比例过低，其他筹资渠道又不畅，再加上在水资源综合利用方面不当，在工业布局上没有注意沿江沿河建厂等原因，致使内河航运在相当长一段时间内，出现了萎缩的局面。采取大力扶持、积极发展的政策，关键要解决建设资金问题。最近，我们正在向国务院写报告，要求国家增加对内河航运的投资，并提出一些具体措施和建议。交通部准备在可能的条件下，集中一部分资金用于内河建设。但是，我们不能单纯依靠国家投资，还必须充分发挥各地区、各部门、各企业的积极性，都来重视对内河航运的开发和建设，采取多种渠道筹集资金。各省、市、自治区交通部门，可根据实际情况，适当提高航道养护费的费率，组织河流综合开发公司和实行电航结合、以电养航，真正把发展内河航运，作为发展流域经济的重要组成部分，同步建设。

加速内河航运建设，还要逐步解决闸坝碍航问题。今年1月份，我部与水电部共同商定，今后在综合利用水资源工作中要团结协作，和衷共济，相互支持，共同发展。对于现有的碍航闸坝，属于水电部直属工程的复航项目要在“七五”期间全面安排解决；其他复航项目有关省市可以仿照四川省的做法，在水电站的税后留利中，提取部分资金作为复航基金；对一些投资较少、效益较大的复航项目，各地要尽最大努力及早解决，在资金上确有困难的，国家择优补助。

（四）大力建设南北海运通道，充分发挥南北海运优势

我国沿海地区人口密度大，是经济、技术比较先进的工商业基地，是对外开放的前沿阵地。华东、华南沿海城市的大部分原料和能源需要由北方输入，而加工产品和消费资料，很

多又是由南向北，为南北运输提供了大宗稳定的对流货源。南北海运又与东西走向的几大内河航道相交，为沿海地带的经济向内地辐射，提供了重要的运输通道。目前铁路南北运输能力已经饱和，充分利用我国的天然优势，加强南北海运的建设，在交通建设上是一项战略性措施。

大力建设南北海运通道，要统筹安排港口、船队、集疏运等各个环节，形成一个完整的运输体系，并使其与铁路、公路、内河航运联成一体，以发挥更大的综合效益。

要继续加强沿海港口的建设。要以沿海开放城市和三个三角洲的港口为重点，连同四个经济特区和海南岛，建成我国对外开放的前沿地带。既要建设一批设备和管理现代化的、发挥骨干作用的大港口，又要多布点、布好点，建设一批中小港口。码头泊位也要大中小结合，以发挥港口总体功能。大力发展海运船队，加速海运船舶的更新，既要有专业化的大吨位船舶，又要有多用途的中小船舶，以适应海运各方面的需要。建立多种方式的港口集疏运系统，改变单一依靠铁路的状况，充分发挥公路、水运在集疏运港口物资方面的作用。

（五）坚决贯彻以现有企业的技术改造和改建扩建为主的方针，充分挖掘潜力

最近，赵紫阳总理指出："要下决心来一个转变，使'七五'计划真正体现以现有企业的技术改造和改建扩建为主的方针。"建国以来，经过35年的建设，我国交通运输事业已经具有相当的规模和基础。加强对现有企业的技术改造和科学管理，走内涵扩大再生产的路子，是一条投入少、产出多、周期短、效益好的途径。几年来，上海港对老码头进行技术改造，挖掘内部潜力，去年吞吐量突破了1亿吨大关。

"七五"期间，水运技术改造的重点是逐步将沿海和内河主要港口的老旧泊位分批进行改造，提高其效率及使用功能；改善内河航道通航条件及港口设施，改革装卸工艺，提高库场储存和集疏运能力，对消耗高、成本大的老旧运输船舶逐步进行更新换代。公路运输技术改造的重点：一是提高公路等级，改造路面10万公里；二是汽车更新换代，增加大吨位柴油车的比重，将已行驶50万公里的客、货汽车要逐步更新完毕；三是改善客运设施；四是发展集装箱运输。此外，要提高管理手段的现代化水平，逐步推广电子计算机技术。

（六）坚持对外开放，积极引进、利用外资和先进技术，加快交通运输技术进步的步伐

近几年，在港口建设上，我们已利用了一批外资，引进了部分先进的大功率的装卸设备。各地也有许多好的做法，我们要很好地总结这些经验。今后除了在港口建设上要继续吸收世界银行和日本协力基金会的贷款外，在公路和内河建设上，要争取尽快打开利用外资的局面。为了更好地利用外资、引进先进技术、学习先进的管理方法，我们准备采取一些更为优惠的条件和特殊政策，吸引外商、侨商来我国合资建设交通基础设施。为取得合资建港的经验，经国务院批准，我们已在南通港与荷兰进行合资建港、合作经营的试点。

交通运输的发展，必须要解决尊重知识，尊重人才与培养人才的问题。当前，一是要增加智力投资，大力搞好交通院校建设，加速人才培养，逐步扩大招生规模。到1990年，使交通大专院校规模达到3.6万人，招生人数达到9 000人；中等专业学校规模达到5万人左右，年招生人数达到1.2万人以上。发展中专、办好中专是尽快改变交通运输干部队伍，特

别是基层干部队伍专业结构状况的重要途径，我们要予以充分的重视。在办好专业院校的同时，还要大力加强职工教育，实行电大、函授、夜大、职工大学、职工中专等多种办学形式，鼓励自学成才。部准备举办电视（闭路）中专学校，以录像、录音为主要教学手段，便于大规模地培训45岁以下，具有初中文化水平的在职干部，学制两年。二是要加强交通科技工作。要进一步贯彻实施“依靠”、“面向”的科技发展新方针，促进科技与交通运输生产的结合。最近国务院召开了全国科技工作会议，中央领导同志在会上作了重要讲话，作出了《中共中央关于科学技术体制改革的决定》，我们要认真贯彻执行。部党组决定，尽快召开全国交通科技工作会议，研究和部署在交通系统如何全面贯彻落实《决定》的问题。我们要克服保守思想和老习惯，具有长远的战略眼光，在智力投资和采用新技术上要肯于花钱，切实改革科技拨款制度，建立科技发展基金。要开拓技术市场，强化企业的技术吸收和开发能力。同时，我们要改革人才管理制度，充实科技力量，增加先进的科学技术手段。要和世界新技术革命结合起来，研究交通运输的发展战略问题，要围绕交通运输生产建设中的关键问题，积极组织力量进行技术攻关，要注意科技成果的推广应用，使其迅速转化为生产力。在引进技术方面，要注意适用、急需，做好引进技术的消化吸收工作。

四、加强思想政治工作，保证改革和各项工作的顺利进行

今年，全国经济体制改革将逐步全面展开，工资制度和价格体系要进行重大改革，交通运输系统的改革工作也将要逐步深入，必须根据中央的统一部署，坚持实事求是，进行精心指导，“慎重初战，务求必胜”。今年又是“六五”计划的最后一年，一定要保证各项生产建设任务的完成，全面实现“六五”计划规定的指标，制订安排好“七五”计划。改革和各方面的工作任务都是很繁重的，必须加强思想政治工作，以保证各项工作的顺利进行。

继续搞好整党工作。我们的各项工作任务，都要与整党密切结合起来，以整党促进改革，促进经济，以经济和改革的成效检验整党。当前特别要把纠正新的不正之风，增强党性，加强纪律，作为整党的突出重点，抓紧抓好。第一期整党已结束的单位，也要根据这个要求，巩固和发展整党成果。从去年下半年，特别是第四季度以来，在经济体制改革的进程中，出现了几股新的不正之风。我们交通系统在一些地方和单位，问题也是相当严重的。这些歪风严重违背了党纪、政纪和国家的政策、法令，损害了国家和人民的利益，干扰了经济建设和经济体制改革的进行，同时也腐蚀了一些党员、干部和群众的思想。我们一定要按照中央书记处关于第二期整党工作四条意见和省长会议提出的要求，通过整党，把新的不正之风坚决刹住。在纠正新的不正之风中，各级领导干部都要从我做起，从自己身边做起，带头起表率作用。各级交通部门的党组、党委，都要层层负起责任，提高认识，见诸行动。要特别强调党性教育，特别强调严肃执行党的纪律。要严格各项财经制度，加强审计工作。我们强调刹住新的不正之风，不是简单地回到老路上去，一切沿用老办法，而是要正党风，促改革、促开放。

要抓好精神文明的建设。在最近召开的全国科技工作会议上，小平同志作了重要讲话，希望全国人民在建设有中国特色的社会主义社会时，要做到有理想、有道德、有文化、有纪律。他强调说，这四条里面，理想和纪律特别重要。这一指示具有重大的深远意义。改革是极其复杂的，需要有领导、有秩序、有步骤地进行。有理想，就是把改革同实现共产主义远

大目标联系起来，想问题，办事情，想着十亿人民的利益，着眼于使国家富强，人民共同富裕。交通系统广大职工，都要进一步牢固树立全心全意为人民服务的思想，发扬艰苦奋斗、勤俭建国的革命精神，把社会经济效益放在首位，决不能听任“一切向钱看”、“金钱万能”的腐朽思想在我们职工队伍内部滋长、蔓延。守纪律，就是自觉地维护和执行党和国家的政策、法令，做到有令则行，有禁则止。有了这种崇高的理想，才会有高度的觉悟，才能团结起来，搞好改革。而有了这种严格的纪律，又是实现崇高理想的保证。我们必须牢牢记住：我们干的是社会主义的交通运输事业，下放自主权不等于各行其是，搞活经济不等于目无法纪，有理想，有纪律，是我们的改革取得成功的两个基本条件。为了促进两个文明的建设，今年内，我们将召开全国交通系统建设两个文明先进集体、先进个人经验交流会。在交通系统中，要坚持“五讲四美三热爱”，广泛深入地开展建设文明车、船，文明港、站、路的群众性活动，不断改善服务态度，提高服务质量，杜绝野蛮装卸，制止粗暴待客，树立起新的职业道德风尚。

要加强党的领导，做好思想政治工作。十二届三中全会《决定》指出：“在新的时期，党的思想工作和组织工作必须坚定地贯彻执行为实现党的总任务、总目标服务，密切结合经济建设和经济体制改革的实际来进行的指导方针”。因此，我们加强思想政治工作，首先要端正指导思想，自觉地主动地为实现党的总任务、总目标服务。思想政治工作要继续解决好“转移”的问题，在当前和今后一个时期，就是要为经济体制改革服务，保证各项改革健康地、卓有成效地向前发展。实行经理（厂长）负责制后，企业党委的整个工作必须实行新的转变。各级党委要集中精力抓好党的建设，抓好职工队伍的建设，抓好第三梯队的建设，抓好党的路线、方针、政策的贯彻执行，把企业的思想政治工作真正转到以提高企业素质、增强企业活力、提高经济效益为中心的轨道上来，坚决克服政治工作同经济工作相互脱节的现象，坚决纠正党不管党、包揽生产行政事务的偏向。要加强政工干部队伍的组织建设和思想建设，像重视配备技术管理干部那样，重视配备好政工干部，坚决改变和克服思想政治工作的软弱涣散状态，以及一部分政工干部存在的精神不振和消极埋怨情绪。当前，尤其要注意纠正在实行各种不同形式的经济承包责任制后，有些地方和企业单纯依靠重奖、重罚，忽视甚至取消思想政治工作的倾向。要转变领导作风和工作方法，使思想政治工作的内容越来越丰富。从而增强思想政治工作的吸引力、说服力和战斗力，在提高实际效果上下工夫，反对形式主义。

同志们，为了搞好交通运输体制改革和各项工作，希望大家都要从全局出发，在微观搞活的同时，多研究一些宏观方面的问题。我们之间多通通气，在有关全局性的重大决策、部署、措施上，要坚决与中央保持一致，统一认识，统一步调。在今后工作中，我们要进一步大兴调查研究之风，在实践中不断探索，一步一个脚印开拓前进，为搞好交通运输经济体制改革，为发展交通运输事业的大好形势，做出新的成绩。

预祝大会圆满成功。

认清新形势　开创新局面

——钱永昌部长在全国交通工作会议上的讲话

（1986年2月19日）

同志们：

在全国交通系统全面和超额完成交通运输第六个五年计划的捷报声中，我们满怀胜利的喜悦，迎来了第七个五年计划的第一年。第七个五年计划，在我国四化进程中是一个极为重要的时期，我们不仅要巩固和发展“六五”以来的大好形势，还要为后10年的经济振兴打下坚实的基础。关于第七个五年计划的指导原则、总的奋斗目标及方针、政策、任务，在全国党代会通过的中共中央《建议》中已作了明确的阐述。我们这次会议，就是要认真贯彻落实全国党代会精神，在总结“六五”工作的基础上，全面安排“七五”期间及今年的交通运输工作。这次会上印发了《交通运输第七个五年计划的总体安排》。下面，我想结合这个安排，以“认清新形势，开创新局面”为题谈几点意见。

一、交通运输的新局面正在逐步形成

实事求是地估计和分析当前的经济形势，是我们拟定政策和经济发展计划的依据，也是我们统一思想，正确领会和贯彻党的方针、政策的前提。“六五”期间，交通运输工作在党中央和国务院的正确领导下，通过端正业务指导思想，贯彻对外开放，对内搞活经济的方针，交通运输体制改革取得了很多新的突破；交通运输生产和建设保持了持续、稳定、协调的发展。交通运输的形势确实是建国以来最好的时期之一。主要标志是：

第一，运输生产超额完成五年计划，交通建设创造历史最好水平

“六五”期间，交通部门汽车货运量已提前一年全面完成了“六五”计划指标，1985年完成6亿5 100万吨，比1980年增长21%；客运量42亿人次，比1980年增长87.5%，平均每年增长13.6%。轮驳船货运量1985年达到4亿8 000多万吨，比1980年增长23%，其中部直属企业完成1亿8 000多万吨，平均每年增长5.3%；客运量完成2亿6 000多万人次。沿海主要港口货物吞吐量提前一年完成“六五”计划，1985年完成3亿5 000多万吨，比1980年增长62%，年平均增长10.1%。其中上海港“六五”后两年吞吐量连续突破1亿吨大关，跨入了世界亿吨大港行列。中国远洋运输公司面对国际航运市场萧条，运力过剩、竞争激烈的局面，坚持在竞争中求发展，努力改善经营管理，从1984年起运量和经济效益逐年上升，1984年运量比1983年增长15%，去年又比1984年增长17.5%。中国港湾公司和路桥公司，去年在承包国外工程和劳务出口方面也取得了很大成绩，其中，中港公司实现合同额1亿零172万美元，路桥公司实现合同额7 250万美元，分别在全国64家承包公司中居第三位和第五位。

“六五”期间，交通基础设施建设速度是建国30年来最快的时期。港口建设，5年中，共建成深水泊位54个、中级泊位25个，新增吞吐能力1亿吨以上，年均建成深水泊位近

11 个，新增吞吐能力 2 000 万吨。到 1985 年底，我国沿海主要港口深水泊位已达 199 个，中级泊位 156 个，吞吐能力 3 亿 1 700 万吨，比 1980 年增长 50%。5 年建设成果接近前10 年的总和。5 年来，货主自建、地方集资建设与联合开发、利用外资建设码头，也都有了新的发展。仅 1985 年，湖北省物资部门建设的码头泊位就有 32 个，吞吐能力 200 多万吨。陇海铁路沿线七省市联合开发利用连云港现已成立了协调小组，并签订 7 个万吨级以上泊位建设的协议书，为联合集资建港开了好头。在内河建设上，长江干线重点改造了沿线港口，并在下游建设了一批外贸码头。京杭运河 400 公里航道整治已经完成；复线船闸等工程项目正在建设中。对西江广西贵县至广州 575 公里航道进行了开发整治。为解决碍航闸坝，5 年共投建通航船闸 11 座，建成 3 座。内河通航里程中，1 米以上水深航道 5 年增加 2 800 公里。公路建设，5 年新增通车里程 5 万 2 000 公里，有路面的公路增加 8. 3 万公里，新建各种桥梁 1. 5 万座。到 1985 年底，全国公路通车里程已达 94 万公里，其中高级、次高级路面 19. 3 万多公里。去年 9 月建成的晋城至张路口等 4 条晋煤外运公路，每年可增运煤炭 1 000 多万吨。目前我国标准最高的天津疏港一级公路，已于去年 10 月建成，昼夜可通过 2 万车次。全长1 900多公里的青藏公路，经过改建，全线铺上了沥青路面，通过能力提高了两倍以上。“六五”期间，建成的重点项目还有天山独库公路，宜川至兰州公路，济南黄河大桥，泸州长江大桥等等。近几年来，全国群众性的修路热潮一浪高过一浪。四川、河南、湖南、湖北等省近两年来依靠地方和发动群众，改造、加宽公路近 2 万公里，并涌现了一批热心公路建设的“路专员”、“路县长”。

第二，“两个转变”正在逐步实现，行业管理有所加强

一年多以前，中央对我们提出了“实现两个转变”的要求，经过一年多的实践，各级交通部门对这个问题的认识有了明显提高，考虑问题和安排工作，都开始注意了面向全行业。部与各省、市、自治区交通厅（局），省厅与各地、市、县交通部门的关系更加密切了。正如有的同志所说，在这之前，有事只向同级政府汇报，现在不同了，是既向部汇报又向同级政府汇报。过去到部谈工作，主要是要投资，现在是除了要求解决投资问题，更重视要方针政策。为了实现“两个转变”，加强行业管理，一年多来，我们主要做了以下几件工作：

首先，各级政府交通部门通过调整、充实，正在逐步健全交通行政五级管理机构，不同程度地强化了行政机构中的规划建设、法规政策、安全保障、科研教育和信息统计 5 个系统。湖北省交通厅在加强行业管理中，突出抓了组织机构调整与建设，初步健全了四级交通管理组织。目前，该省已有 85% 的区镇建立了交管站；在简政放权中，将集中管理的公路、航道管理体制，改革为省、地、县三级管理体制；建立起省、地两级调研系统，进行了 10 个专题的调查研究。为了健全统一的交通管理机构，浙江等一些省、市、区交通厅（局）还对路政、监理、运管及航政、港监，按照本地实际情况，实行了“三合一”或“二合一”，加强了集中统一领导。

其次，各级交通部门针对运输市场放宽搞活后的新情况，就如何实行“多家办、一家管”问题进行了调查研究，加强了行政管理。近年来，安徽省交通厅在交通企业下放以后，把主要精力转向行业管理，先后开展了长江、淮河水系情况调查，江南旅游区及山区、老区交通情况调查，并提出了一些行业管理方案和意见。云南省为加强行业管理的基础工作，已着手进行社会运输量的调查统计工作，以便为实现宏观控制提供依据。

其三，加强了方针政策的研究。在港口建设上提出了中央与地方并举、大中小并举、新建与改造并举等六条方针；提出了鼓励港口腹地内陆省区集资建设码头的办法，并已在连云港付诸实施；经国务院批准，公布了关于《中外合资建设港口码头优惠待遇的暂行规定》和对通过沿海主要港口的货物加收过港费，扩大了港口建设的资金来源。在公路建设上，经国务院批准，提高了养路费征收标准，并征收车辆购置附加费，为公路建设提供了一项长期、稳定的资金来源，并提出了普及与提高相结合，以提高为主等方针。在内河建设上，提出了组建河流开发公司，实行航运与工农业生产和工商贸易结合；与水电部门达成了解决碍航闸坝的协议等。此外，为了适应1997年我国将收回香港主权和“保持香港的稳定繁荣”的方针，对香港招商局的工作方针也相应进行了调整。提出了“围绕航运，增强实力，扩大阵地，形成体系；发展多种经营；办好蛇口工业区；充分发挥航运支柱和内外交流的窗口作用”。很多省、市、自治区交通厅（局）也根据本地情况提出了相应的方针政策。如安徽、江苏、四川、广东、广西等省、区已相继实行了加收客运附加费政策，每人公里加收几厘钱用于站点建设和改造公路，这对促进交通发展产生了很好的效果。

其四，抓了政企职责分开，简政放权的工作。部和各省、区交通厅（局）陆续下放一批直属企业。部直属天津港已经下放，大连港通过政企职责分开试点，初步摸索了一些经验，并将在近期内同上海港一起下放到所在市。长江航运在实行港航分管基础上，目前正在逐步落实港口下放，其中湖南境内长江港口已下放移交完毕，湖北，江西境内长江港口也正在移交中，武汉港下放问题也与所在省、市取得了一致意见。为调整北方、华东、华南沿海运输布局，部在改革中又成立了大连轮船公司。各省、区交通厅也分期分批下放了一批企业。四川省交通厅在改革中，提出“加强行业、调整事业、下放企业”的原则，运输企业基本上放到了中心城市。下放中，各地普遍注意了先扩权，后下放。对暂不下放的企业，正在逐步扩大企业权力。

第三，交通运输已初步放宽搞活，“多家经营”、“多方集资”局面开始形成

“六五”初期，我国交通运输的经济形式主要是单一的公有制经济，个体运输几乎没有，其他经济部门的运力也基本上是自货自运，随着放宽搞活政策的提出，特别是贯彻中央书记处1984年149次会议精神后，交通运输的生产和建设基本改变了独家经营和一家包办的局面，出现了多家经营、多方集资、多种经济成分、多种经营方式并存的繁荣景象。到1985年底，全国个体运输汽车已达29万辆，超过了交通部门专业营运汽车的拥有量。个体运输船舶24万艘、320万吨，约占国营和集体内河运输船舶的1/2。此外，各经济部门和社会团体从事社会运输的能力也大幅度增长。远洋运输企业，目前已有73家。长江航运放宽搞活以后，长江水系已相继建立800多家船公司，水系货运量每年增长1 000万吨，货物周转量，“六五”期间约增长50%。由于长江水系干支直达运输的发展，使内河货物平均运距比1980年增加73公里，长江港口外贸吞吐量1985年达到590万5 000吨，比上年增长一倍，为减轻沿海港口压力做了贡献。部门所有、地区分割的封闭式状况已开始打破，运输的横向联系有很大发展。公路运输已相继建立东北公路集装箱联运总站、京沪集装箱中转联络中心等联营机构。全国汽车零担货运线路达2 500余条，一个以上海为中心的华东公路运输网及以北京、沈阳为中心，联结华北、东北八省的公路运输网已经形成。到“六五”末，公铁分流线路达2 300余条（段），营运里程50万公里，日分流客运量75万人次，从而大大减轻了铁路短途运输的压力，进一步发挥了公路运输的优越性。农村公路客运网也正在形成，运输线路已有1.5万多条，夜宿农村班车1.4万多辆。

第四，加强了企业管理，经济效益显著提高

“六五”期间，全国交通系统全面进行了企业整顿。部直属50个列入计划的国营企业和地方631个县、团级交通企业已全部验收合格，其中烟台港务局被评为全国企业整顿先进单位。通过整顿，企业领导班子年龄结构和文化结构有很大改善。部属33个大中型企业领导班子平均已降至46.8岁，具有大中专以上文化程度的占95%。各省、市、自治区交通厅（局）领导班子素质也普遍增强。企业经营管理水平与经济效益也明显提高，据统计，1985年部直属沿海港口吞吐量和实现利润分别比1982年增长28.4%和80.93%，装卸成本降低6.5%。直属沿海运输实现利润也比1982年增长21.8%。为了全面提高企业管理水平，近几年，各地交通运输部门在部1983年长沙质量管理工作会议推动下，较普遍地开展了全面质量管理，其中较为突出的是大连装卸联合公司荣获了国家质量管理奖；烟台、上海两港荣获了部级质量管理奖。各省、市、自治区交通厅（局）也积极开展这一工作，松花江航运局荣获部级质量管理奖，湖南省交通系统，1984年以来，两次在全省成果发表会上发表成果42项。常德汽车南站4个全面质量管理小组，积极开展质量管理活动，连续33个月运送行包无事故，被评为部优质运输先进集体。大连汽车运输公司，几年来坚持抓质量管理，利润连年上升，1984年实现利润1 330万元，比上年提高20%，去年又超过1984年水平，被授予部级质量管理奖。几年来，交通运输企业和基本建设单位普遍推行了各种形式的经济责任制和工程投资包干、招标承包、测设承包及公路养护承包。辽宁省沈阳市交通局，分别对客、货运输推行了单车核算、线路承包责任制和单车核算、联产联利计酬责任制，客、货运输周转量1985年分别比上年增长3%和11.8%。部对在建的30多个大中型项目基本上实行了投资包干，其中，大连港香炉礁杂货码头包干后，节约投资1 800万元，占包干投资的14%，缩短工期3个月。部对5个设计单位也实行了技术经济责任制，由于把任务和职工利益紧密结合，仅去年，5单位即完成初步设计46项。在分配制度上也进行了一些改革，其中在部直属公路、水运工程部门9个局中的7个局，实行了百元产值工资含量包干；在上海港七区试行了吨煤工资总额含量包干和百元净收入工资含量包干，取得了显著成效。企业管理的进一步加强，促进了运输企业利润的普遍增长。“六五”期间，交通部门共实现利润151亿6 100万元，上缴利税100亿零8 900万元，年平均利润增长10.6%。

第五，技术和人才得到重视，科技教育有较大发展

各级交通部门，对发展交通运输必须立足科技进步，重视智力开发，有了进一步的认识，普遍加强了科技教育工作，取得了可喜成绩。科技方面，据统计，“六五”期间国家下达的科研指令性计划和科技攻关任务已全部按计划完成。有些项目，如软基处理及大管桩已居国际领先地位或达到了国际同等水平，软基处理已开始向国外进行技术转让。科研项目中有51项获得了国家奖励，其中内河分节驳顶推运输方式，其船队成套技术已在国内研究成功并推广应用。在计算机应用方面，也已从工程计算发展到了企业管理，从单个应用程序发展到了应用系统。目前，远洋运输的调度、财务系统，集装箱码头管理系统，港航统计系统均已实现了计算机化，一个有统一规划、结构一致的，包括港、航、公路和部级基本数据在内的管理信息系统，正在有计划地稳步发展。为了使科学技术应用于生产建设，我们还把系统工程思想与方法应用于建设布局的规划研究上。组织科研力量对煤炭海运装卸系统进行了总体优化论证和可行性研究，从而为编制沿海煤炭装卸运输建设计划提供了论据。

教育方面，交通高等院校办学规模进一步扩大，初步形成了多层次、多规格、多形式的办学局面。到1985年在校大学生已达1.9万多人，比1980年增加58%，其中在校研究生700余人，是1980年的11倍。“六五”期间，交通高校毕业生已达1.8万多人，其中本科生1.5万余人。中等专业学校和中等技工学校毕业生达7.8万多人。交通院校培养的人数占全系统历年接受人数的80%以上。此外，5年中，根据交通运输事业发展需要，加强了交通主干专业建设，增设了急需的短线专业，注意发展了管理学科。并加强了职工教育，仅据去年23个省、市、自治区交通厅（局）和部直属单位的不完全统计，参加各类文化、业务学习的职工就有58万多人，占职工总数的24.3%，其中在职工高等学校学习的就有近6万人。

第六，加强了两个文明建设，在各项工作中贯彻了全心全意为人民服务的宗旨

各级党委认真抓了整党工作，目前，绝大部分单位已胜利完成了整党任务。通过整党，党员的党性有了进一步提高，党内不正之风正在得到纠正，对“三种人”进行了清理，经常性的思想政治工作有所加强。前不久，我们召开了部属高等院校思想政治工作座谈会和全国交通系统思想政治工作会议，结合当前大专院校学生和交通系统职工思想实际与交通运输特点，研究了加强思想政治工作和政工队伍建设的措施。在公路系统大力宣传了全国劳动模范焦红及修筑青藏公路的指战员们的先进事迹，宣传了水运系统劳模杨怀远、贝汉廷的模范事迹，并组织了巡回报告与展览，在交通系统职工中引起了强烈反响。

根据耀邦同志提出的交通系统要成为传播精神文明前哨兵的指示，我们在各项工作中，积极开展“四有”教育和全心全意为人民服务教育，并将其贯彻到交通运输的各项经济活动中去，教育职工从全局出发，从方便人民群众出发，为确保安全质量第一、提高交通运输的社会效益做出贡献。各省、市、自治区交通厅（局）为努力改善服务态度，提高服务质量，杜绝野蛮装卸和粗暴待客，积极开展了“五讲四美三热爱”活动和争创文明车（队）、文明船（队）、文明港（站）、文明路的活动。5年中，涌现出长江轮船总公司东方红三十四号轮和黑龙江省肇州客运站等55个先进单位，为加强精神文明建设树立了榜样。

同志们，“六五”以来，交通运输系统和全国一样形势大好。正如耀邦同志对全国形势概括的那样，几年来，“确确实实开创了新局面，开始了一个振兴时期，至少是有了这样一个势头”；“确确实实找到了一条建设具有中国特色的社会主义的道路，至少是看到了这样一个轮廓”。但是，我们也应该认识到，随着交通运输的放宽搞活，也出现了一些新情况和新问题。主要表现在：一是随着企业的下放，一些跨省、跨地区的运输又出现了新的地区分割。过去省际间运输由两省之间协调就可解决，现在企业下放到市，增加了省与市之间、市与市之间的协调环节；有些地区片面理解行业管理，排斥邻省、市车船进入本省（市），或者按自定办法收费，影响了跨地区直达运输，妨碍了经济效益的提高。二是由于立法不健全，行政管理又不够集中统一，各项管理工作跟不上，造成运输市场比较混乱，一些地方运力不平衡的矛盾十分突出。好货、好路、干线抢着运，而偏远地区、坏路、难运的货无人运，运力严重浪费。尤其是随着大量个体车船进入运输市场，由于驾驶人员素质低，部分车、船老旧，性能差，交通事故比较突出，近一两年来，全国公路和水上运输的事故均出现上升趋势。三是近几年来，企业竞争的局面已经形成，但是在一个不平等条件基础上的竞争，不能真正反映经营管理的好坏和体现实际劳动成果与按劳分配的原则。在各项经济杠杆的利用上，如运价、税收、信贷等都还很不完善，未能发挥应有的作用。突出表现是交通部门专业运输企业困难较大，留利水平普遍下降。四是基础统计工作薄弱，预见性不足。主要表现是全行业的交通统计网络尚未形成，机构不完整，现代化设施缺乏，基础数据不全。五是压船压港问题严重。尽管我们做了极大努力，沿海主要港口外贸吞吐量年均递增达28.7%以上，但外贸物资的无计划到港，以及港口本身管理上存在一些问题，致使在港停泊船数在去年下半年月均达到441条，最高一天曾达到572条，说明在管理工作上缺乏预见性及宏观控制能力。

对上述新形势下出现的新问题，我们必须要高度重视，认真研究，采取切实措施予以解决。

二、坚持改革、抓好建设，把交通运输事业提高到一个新水平

今年全国交通工作会议的重要任务，是要把“七五”计划安排好，切切实实研究清楚在今后的5年中要做好哪几件大事、怎么做。

现在提出的《交通运输第七个五年计划的总体安排》，侧重体现两个要求：一是根据《中共中央关于制定国民经济建设和社会发展第七个五年计划的建议》精神，对交通运输工作进行整体安排，对交通运输的体制改革、基础设施建设和运输生产统筹规划。二是着重阐述方针政策，为“七五”期间交通运输的体制改革和生产建设，提出一些指导性的意见。

下面，我想着重讲一讲“七五”期间交通运输基础设施建设和交通运输体制改革的问题。

第一，集中力量，精心组织，逐步改变我国交通运输基础设施的落后面貌

基础设施建设，是发展交通运输的前提条件。交通基础设施建设上不去，不仅会制约当前经济的发展，而且将影响后10年经济的起飞。交通运输要先行一步，首先是交通基础设施要先行。在去年交通工作会议上，我们就提出要抓好八个字：“修路、建桥、筑港、治河”，今后要继续贯彻执行。

“七五”期间交通运输基础设施建设，基本要求：一是要在国家财力、物力的可能条件下，加快建设进度；二是提高基础设施的质量，建成一批标准比较高的港口和公路，内河运输设施也要争取有所改善；三是改善基础设施的结构和布局，提高总体综合功能；四是既要保证当前的急需，又要为后10年的经济起飞，打下一定的基础。

“七五”期间交通运输基础设施建设总的规模，在全国计划工作会议上已经初步定下来了，我们一定要精心安排，争取做成几件大事。

港口建设。“七五”期间计划建成投产深水泊位100个，在财力可能的条件下，争取建成120个，建成投产中小泊位80个，深水泊位比“六五”建成投产数提高一倍多一点，比“六五”前30年新建泊位的总和80个还多20到40个。完成这个建设规模的设想，我国港口的适应能力将有明显提高：一是压船压港的现象，将会有一定的缓和，到“七五”期末，我国沿海港口泊位可达1 200个左右，其中深水泊位可达300～320个。泊位与到港船舶数初步测算，大体是一比二。二是港口重点物资的运输，如煤炭、原油、矿石、粮食、木材等的

吞吐能力，能够基本适应，大体上可以实现与铁路、管道运输能力相衔接，装船和卸船相配套的海上煤炭运输系统和水上原油运输系统。三是港口现代化程度将有所提高，港口的结构和布局将进一步合理，港口的装卸设施和公路疏运条件将会有一个较大改善。

公路建设。"七五"期间的重点是经济干线、疏港线、能源线和重点旅游线。按照这个要求，部准备集中资金补助地方新建、改建20几条标准比较高的干线公路。在《总体安排》中，列了27条公路，全长8 500公里。

完成这个建设计划，我国公路的面貌将会发生以下变化：一是大城市的进出口、港、站枢纽地区疏运线路，以及重要干线卡脖子路段的拥挤堵塞状况，将会得到一定程度的缓和；二是我国公路等级标准，将有适当的提高，高速公路将从无到有。一级公路（包括二级专用公路），将从现在的400公里提高到1 800公里，等级以上公路将从现在的20%提高到67%；三是将为我国10万公里干线公路网，打下一个基础。我们考虑，"七五"建成一批，"八五"、"九五"坚持不懈搞下去，我国公路的落后面貌，将一定会发生较大的改观。

当然，"七五"期间公路建设，不只是这27条路，各省、市、自治区，还将根据各自地区的规划和财力、物力的可能，新建和改建一批公路和县乡道路。

内河建设。在交通基础设施建设中，相对讲，内河航运建设的投资少、困难大，要将有限的资金集中用于"三江两河"干线和几条主要支流，重点用于长江干线港口的建设和改造。争取在"七五"期间，使我国内河航运建设，也能有一定程度的改善。

在《总体安排》中，对基础设施建设的各个方面，分别地提出了一些方针政策，这里我想集中地讲几点意见：

1. 一定要搞好规划布局。交通运输基础设施建设，一定要有一个适应国民经济发展的战略规划。特别是交通基础设施，许多项目不是一年或几年能够完成的，必须要有全面的、长远的安排。港口的建设规划，要坚持大中小港口和一个港口内大中小泊位相结合，形成合理布局。港口泊位和疏运、库场能力要配套安排，疏运方式要多样化，注意提高公路疏运和水路疏运的比重，发挥港口的总体功能。公路建设规划，要坚持以提高、改造为主的方针，以经济发达地区为中心向外辐射，注意与其他各种运输方式相配合，形成综合运输网络。

规划确定之后，就要切实做好以可行性研究为中心的各项前期工作，按部就班地进行建设。

2. 要集中力量打歼灭战，切实完成一批重点项目。"七五"期间，我们交通建设的资金是很紧的。如果我们把摊子铺得过大，全国遍地开花，到处撒胡椒面，把资金分散了，到头来，什么问题也解决不好。必须集中财力物力，建设一批对国民经济和交通战略布局有影响的重大项目。重点要突出，周期要缩短。我们希望这个指导思想能够为大家所接受，共同从国民经济的全局以及交通运输的全局来考虑问题，保证全国统一安排的项目按时、保质、保量地完成。各省、市、自治区也有自己的全局与局部的问题，要参照这个精神安排。

3. 调动各方面的积极性，多渠道集资，加速交通运输基础设施建设。从1986年开始，对列入国家计划建设的港口泊位，逐步实行国家承担水下基础工程的投资，港口地面设施由港务局或经营单位用贷款或自筹资金建设。在统一规划下，支持货主自建专用码头，提倡和鼓励港口腹地各省、市、自治区自建或联合建设码头，投资分配，按上述精神分担。凡地方或企业自建或联合建设的码头，实行"谁建、谁用、谁受益"，所有权和使用权属投资单位，国家只行使行政管理权。公路建设，继续贯彻“民办公助、民工建勤”的方针，对国家统一规划下的重点公路，一般由地方自筹2/3资金，国家补助1/3。凡是有积极性，能够解决配套资金和具备建设条件的，优先列项目安排建设。近一两年来，广东、安徽、四川、江苏、福建等省，为了加快公路和站点设施的建设，采取了一些政策性措施，如增加地方对公路建设投资，将超收的能源交通基金优先安排公路建设，以及增收客票附加费、重点桥梁费等，这些做法只要经过省政府的批准即可实施。内河建设，也应从实际情况出发，积极打开集资渠道。要大力和大胆吸收外资用于交通基础设施建设。

4. 收好、管好、用好多种渠道筹集的资金。将应该征收的钱收好，坚持专款专用。目前，公路养路费、汽车购置附加费和沿海主要港口货物过港费，是交通基础设施建设的重要资金来源，我们一定要把这部分资金收好、管好，避免浪费。建设工程要实行“分期建设、分期投产、分期受益”的原则；大力推行投资包干制和从可行性研究开始的各个阶段的工程招标制，利用外资项目可实行国际招标；努力缩短工程周期、降低工程造价、节约消耗，提高工程建设的效率和效益。

第二，加强行业管理，改善宏观控制

赵紫阳总理在关于制定“七五”计划建议的说明中指出：“第七个五年计划期间，是全面改革我国经济体制的关键时期，我们一定要坚持把改革放在首位，争取在今后5年或者更长一些的时间内，基本上奠定有中国特色的、充满生机和活力的社会主义经济体制的基础”。交通运输管理体制是国家经济管理体制中的重要组成部分，交通改革必须与整个国家经济体制改革配套和同步进行。

当前，交通运输体制改革的中心任务是要在继续放宽搞活的同时，实现行业管理，加强和改善对运输经济的宏观控制。实现行业管理的目标，主要是三项内容：一是各级交通部门，要从原来主要抓直属企业，转到面向全行业，对从事商品流通领域的公路、水路客货运输以及为公路、水路交通运输服务和配套的企事业单位，不论隶属关系和经济形式如何，都要作为行业经济的一个组成部分，一视同仁地实施行业管理。二是通过方针政策的指导、行业经济的规划建设和运用经济杠杆的调节作用，协调各部门、各地区、各种运输方式、各运输企业的关系，对运输经济从宏观上进行控制，争取交通行业的最佳经济效益和社会效益。三是加强行政管理，通过立法和各种必要的行政手段，以及做好各项服务工作，为交通行业的发展提供良好的环境，确保交通运输的安全和秩序。

为了实现这个任务，要认真抓好一个为主、三种手段、五个方面。

一个为主，就是中共中央《建议》中提出的“国家对企业的管理逐步由直接控制为主转向间接控制为主”，要“着重在从宏观上加强经济活动的间接控制方面下工夫”。长期以来，各级政府交通部门，都直接管着一批直属企业，直接指挥企业的具体生产经营活动，既影响企业的活力，又削弱了政府对全行业管理的职能作用。为了改变这种状况，一方面要扩大企业的权力，把一部分企业下放，使企业能够自主经营，搞活企业的微观经济，同时要加强宏观的间接控制。

实施宏观控制应主要运用好三种手段：

一是经济手段。主要是要利用运价、税利、信贷、利率、折旧等经济杠杆的调节作用，对需要发展的给以引导、支持，对不需要发展的、或暂缓发展的，给予调整、控制，以保证交通运输能够沿着正确、健康的方向协调发展，避免盲目性。

过去我们对利用经济杠杆比较生疏，而且认为这一方面我们的权力有限，想办的事难以办到。从近些年来的实践看，情况不完全是这样，许多事情只要我们加强调查研究，提出合情合理又有利于提高经济效益的建议，许多方面是可以突破的。国家允许运价在20%以内浮动，我们要很好地利用这个浮动比例。好几个省在客运票价上做文章，每人公里增收几厘钱的附加费，已经省政府批准实施，效果很好。关于减免运输企业调节税问题，国务院已同意部直属企业减免8 000万元。江苏省经省政府同意，对市、县国营水运企业免征所得税，全年可留利近400万元；省属4家大中型国营水运企业免交调节税，减征所得税，全年可增加留利100余万元；12家大中型国营汽车运输企业一次性减免税利，全年企业受益670万元；对人均留利不足250元的集体水运企业，全部减免所得税和部分减免营业税，使企业受益1 300万元。各省、市、自治区交通厅（局）对所属企业的减免调节税问题，应提出具体建议，报请政府批准。车船折旧费，有的省已全部返回给企业，这是应该争取做到的。交通部要帮助大家争取银行信贷和降低一些信贷的利率，但有些事情全国统一解决有困难，各地从实际情况出发，分别解决，有时倒容易一些。对个体运输，目前国家已提出征税办法，通过这个杠杆，可初步解决各运输力量平等竞争条件问题，减少个体运输盲目发展。总之，我们要学会利用经济杠杆，加强和改善宏观控制能力。

二是法律手段。交通运输涉及到社会各个方面，联系着千家万户，而且内部的分工、配合、平衡、衔接十分复杂。必须健全交通运输的法制，完善各项交通运输的法律、规章、条例以及相应的实施细则，把各种相互间的关系和行为，用法律的形式使之规范化，大家共同遵守统一的法规，依法办事，这样才能为交通运输事业的发展，提供一个良好的环境和条件。

去年，交通部根据国务院指示，对建国以来有关交通法规文件进行了清理。30多年来，共制定了967件，其中462件已过时失效，仍然有效和继续使用的有505件。近几年来，由交通部制定上报的交通法规14件，已被批准发布实施的9件，正在协商和修改的5件，正在起草的6件，计划起草的2件。但当前实行行业管理所急需的海商法、公路法、公路运输法、航道法、航运法和港口法等交通基本法规的制订工作，因有些内容需同有关部门反复协商，还未能完全取得一致，进展比较缓慢。这方面的工作一定要抓紧进行。在全国统一的交通法规未发布之前，各省、市、自治区交通厅（局），应根据本地区的情况和实际需要，加强法制机构建设，制定区域性的交通规章和办法，经省人大或省政府批准实施，以适应行业管理的需要。

三是行政手段。在经济手段和法制手段尚不健全的情况下，对于那些不顾全局只顾局部，不顾长远只顾眼前，钻改革空子的单位和个人，必须采取必要的行政干预，对加强宏观控制是十分重要的。行政手段要和经济手段、法律手段互为补充，相辅相成。改革的方向是逐步减少行政手段的运用，但是必要的行政手段始终是不可缺少的。要不断加强方针政策、审计监督、路政航政管理，要逐步减少指令性计划，扩大指导性计划和适当的市场调节。在新旧交通体制更替的一定时期内，行政手段不仅不能削弱，而且需要加强。在改革中还要处理好破与立的关系，要做到先立后破，以保证改革健康地发展和有秩序地进行。最近，我们分别与税务总局、汽车工业总公司、石化总公司等部门进行协商，准备就税收、汽车和油料分配问题，共同行文，提出一些行政干预性的建议。

为了加强行业管理，实施宏观控制，各级政府交通部门，必须要在以下五个方面，更好地发挥政府职能部门作用。

1. 方针政策。方针政策是发展交通运输的依据和保证，交通运输接触面广、政策性强，在制定战略决策、编制发展计划、筹集建设资金以及建设、运输、管理、科技、教育等方面，都离不开方针政策的指导。方针政策对头了，我们的工作就有了正确的方向，各方面的关系就能得到更好地协调。有些实际问题，只有通过方针、政策的制定，才能得到较彻底的解决。长期以来，交通建设资金严重不足，去年，国务院批准我们征收汽车购置附加费和沿海主要港口实行征收货物过港费，这两项政策，就为加强交通建设筹集了相当一笔资金，并提供了一个稳定的、长期的资金来源。各省、市、自治区交通厅（局），也正在分别提出一些政策，效果也很显著。事实证明，有了正确的政策，就能充分调动各方面的积极性，加速交通运输事业的发展。目前各级交通部门，对方针政策的调查研究和制定，虽然比较重视，但这方面工作还做得很不够，需要从组织机构、人员配备、工作安排等方面予以加强，通过切实的工作，使交通运输各方面的方针政策形成完整的体系。

2. 统筹规划。交通运输的建设和发展，一定要有一个与国民经济发展相适应的规划，通过规划明确发展方向和奋斗目标。从全局上安排好交通运输的结构和布局、控制好交通运输的发展方向、发展重点、发展速度和规模，这是实行行业管理和宏观控制的重要方面。不仅要搞五年、十年的，还要搞更长远的。不仅要搞路、桥、港、航、站等基础设施和车船运力发展规划，还要对科技教育、救助打捞、通信导航、安全监督、环境保护、交通工程、交通工业等各种配套服务设施做出具体安排。规划定下来之后，就要做好建设前期的各项准备工作，持之以恒、坚持不懈地进行建设。

3. 组织协调。随着国民经济的发展，交通运输的放宽搞活，在中央和地方之间、地区之间、部门之间、企业之间、各种运输方式之间、各种运输形式之间、港航之间、长途短途运输之间，各方面的关系出现了很多新的问题，必须要进行很好的协调。政府交通部门，必须从行业和国民经济的全局出发，抓好组织协调工作，通过处理好相互间的关系，明确分工，加强协作，使其各得其所，发挥各自的优势，实现更高的总体经济效益。

4. 综合平衡。经济发展的不平衡性是始终存在的，经济体制的改革更促进了产业结构和产品结构的变化。交通运输的各个方面，也相应地出现了很多新的不平衡，必须要不断地调节好运力与运量、运力与基础设施、运力结构和基础设施的配套，如此种种比例关系，必须要进行全面研究、统筹安排、综合平衡，才可能使交通运输发展实现良性循环。

5. 监督服务。监督，主要是政府交通部门和所属的有关管理机构，对从事交通运输的有关单位、企业、个人，对交通运输的方针政策、法律规章、指令性计划、缴纳税费、安全质量等方面进行检查和监督，这是实施行政管理的重要内容，为了加强这方面的工作，当前迫切需要提高这方面工作人员的素质和管理水平，逐步实现管理手段现代化。服务工作是运输部门一项重要任务，许多管理工作，要寓于服务之中。服务的内容很多，主要要做好人员培训、技术指导、信息交流、车船维修、站点服务。

第三，“七五”期间，交通运输体制改革要着重抓好5件事

1. 进一步实现政企职责分开，简政放权。各级政府交通部门，要继续实行两个转变，面向全行业，加强行业管理。对企业要下放权力，逐步使企业能够成为自主经营、自负盈亏的相对独立的经济实体。交通部和各省、市、自治区交通厅（局），目前所属企业，其中一部分将要在“七五”期间逐步下放。下放的进度，下放后的管理形式，要从实际情况出发，在改善宏观控制的基础上，经过试点有步骤地进行。对已经下放的企业，要按照“巩固、消化、补充、改善”的要求，认真解决好下放后出现的新情况、新问题，特别是企业下放到中心城市后，中心城市的交通局如何管理，新的地区分割问题如何解决，要进行研究，提出办法。

2. 搞活交通运输的大中型企业。在对过去工作评价中，我们说交通运输放宽搞活的局面正在逐步形成，这主要是指“多家经营”、“多方集资”说的，至于交通运输企业的搞活，还有很大差距，目前大中型交通专业运输企业还相当困难。这些企业是交通运输行业中的主导骨干力量，是整个运输市场的中坚和稳定因素，它们的地位和作用是其他社会运输力量代替不了的。赵总理在关于“七五”计划《建议》的说明中特别强调指出：“必须坚决落实中央和国务院已经发布的关于扩大企业自主权的决定和条例，继续从外部和内部两方面采取措施，增强企业特别是大中型企业的活力”。我们要坚决贯彻这些指示精神，一是要进一步下放权力，扩大企业的经营自主权；二是要采取一些政策措施，增强企业的活力，在《总体安排》中，提了一些原则性意见，这次会议上还将发一批典型材料，有些经验是很值得借鉴的；三是要进一步整顿企业，提高企业的素质和经济效益，建立健全企业内部的经济责任制和岗位责任制，逐步实现企业管理的定级、升级工作，争取企业管理上等级、创先进；完善工资总额与经济效益挂钩，工资含量包干等各种形式的按劳分配制度；实行一业为主多种经营等。

3. 做好行业管理的基础工作。加强调查研究，搞好各类数据的统计分析，结合普查，整理和掌握港口、公路、航道等基础设施的数量、质量、分布；运力的种类、数量、技术状况、经营效益情况以及货源分布、货种结构、货物流向和它们之间的比例关系等资料，逐步实现交通统计、分析、论证、预测一体化。目前，这方面工作十分薄弱，机构不全，人员短缺，手段落后，一定要设法加强。最近，部已发了一个关于加强交通统计工作的通知，希望各单位认真贯彻执行。两年内利用计算机将交通系统数据库建立起来。

4. 要加强立法和方针政策的研究制定。这个问题在有关部分已经说过，就按照那些安排办。此外，要完善财务和审计系统，加强财务工作和审计监督。

5. 调整、充实行政领导机构，提高行政部门人员的素质。实现“两个转变”，加强行业管理，改善宏观控制，各级交通部门的机构设置必须要做相应的调整、充实。要逐步健全交通部门的部、省（区、市）、地（市）、县、区（乡）等五级行政机构；强化交通部门的规划建设、政策法规、科技教育、信息统计和安全保障等五个系统，从组织上保证各项改革任务的落实。这里我想着重谈一谈提高人员素质的问题。

过去，各级交通部门主要忙于微观经济的组织和指挥，对这一套比较熟悉。随着改革的深入，工作内容有很大变化，要逐步转向行业管理，要加强从宏观方面实行间接控制。这样，原有的业务知识和管理方法，就不完全适应了。摆在我们大家面前的任务，都有一个更新知识和积累新经验的问题。首先，要学习马列主义的基本理论，学习党的方针政策，学习现代化管理知识，还要提高文化、技术水平。其次，要改变我们的工作作风和工作方法，加强调查研究，探讨实际工作中出现的新情况、新问题，从广义上讲，这也是一种学习，是在实践中学习。交通体制改革能不能顺利发展，很大程度上取决于我们各级领导学习的成果如何，取决于我们工作作风和工作方法能否有个较大的转变。

三、1986年的几项主要工作

千里之行，始于足下。要全面完成“七五”期间的任务，首先要抓好今年的工作。下面我说一说今年工作的要点：

第一，运输生产与基本建设

今年运输生产计划，直属水运货运量要完成1亿8 700万吨，沿海港口（直属港口和年吞吐量100万吨以上的地方沿海港口）吞吐量要完成3亿4 000万吨。

各省、市、自治区汽车、轮驳船货运量分别为6亿6 560万吨和2亿9 483万吨，比1985年增长1.4%和1.7%。交通部门公路、水运客运量要完成47亿2 000万人次，比1985年增长5.6%。公路、水运社会总货运量争取达到70亿吨。交通基础设施建设，除抓紧抓好已列入国家计划的港口、公路、内河建设项目和科技教育、救助打捞、环境保护等设施建设外，各单位一定要花大力量抓好“七五”计划已确定项目的前期工作，按完成时间，逐项落实到单位。并要做到责任明确，定期检查。

在完成好上述任务中要注意做好3方面的工作：

一要坚持质量第一。通过继续推行企业的质量管理，提高企业管理现代化水平，要制定企业管理基础工作规划，搞好信息、标准、计量工作及定额管理，完善各项规章制度。针对推行全面质量管理骨干与师资缺乏的实际，抓好培训工作。同时，要积极开展交通企业管理现状调查，搞好质量管理奖评审诊断及企业管理咨询和优质服务、文明装卸等工作。

二要把交通安全工作作为今年一项突出的任务来抓。去年，我们连续发生了几起重大恶性事故，死亡人数及经济损失出现上升趋势。为了改变这种状况，今年，我们一定要认真贯彻去年下半年召开的水运、公路交通安全会议精神，进一步整顿好交通秩序，下决心把交通事故降下来。特别是要抓好个体车船及拖拉机、渡船的安全管理。

三要努力提高经济效益。把提高经济效益的重点放在提高车船利用率和降低消耗、节约能源上来。

第二，研究和制定交通运输长远发展规划

今年要安排和审查重点港口总体布局规划，着手研究和修订2000年交通运输发展纲要。为了做好长远规划，对全国港口要进行一次普查，对公路和水运的基础数据要进行综合的统计、分析。

第三，交通运输体制改革，今年重点抓4件事

1. 加强调查研究。今年内我们希望各级交通部门在安排好全面工作的同时，要集中研究两个问题：一是交通运输行业管理问题；二是如何搞活大中型企业的问题。

2. 根据中央关于对“巩固、消化、补充、改善”的指示精神，对下放到中心城市的企业，中心城市交通部门如何进行管理？扩大企业权力是不是落实了？对下放后出现的地区之间、企业之间的一些新的矛盾，如何解决等问题，要重点研究，提出解决办法。

3. 做好行业基本情况的数据统计工作。数据不齐、情况不明，何以谈“行业管理”？所以必须首先要抓好这项最基本、最基础的工作。

4. 对已经确定要下放的企业，继续下放。上海港、大连港和长江部分港口，将在近期内下放。各省、市、自治区的企业下放，按各地情况自行安排。

第四，搞好交通运输的法制建设

今年内要做好3件事：

1. 在清理建国以来交通法规文件的基础上，对其中继续有效的500多件，经过审定之后，出版《交通法规汇编》。

2. 抓紧制定一批基本法规。目前已报国务院的有《海商法》、《内河交通安全条例》、《航道条例》、《水路货物运输合同条例》、《公路货物运输合同条例》等五项法规。现在正在起草修改的有《水路运输管理条例》、《公路法》等六项。我们还准备起草《港口法》和《公路交通事故处理规定》等。对此要认真抓好，争取今年内颁布一批。

3. 希望各省、市、自治区交通厅（局）相应加强这方面的工作，根据本地区情况，制定一些加强管理的条例、规定和办法。

第五，抓好技术改造

抓好交通运输的技术改造工作，是走内涵扩大再生产的重要途径，是在物质、技术条件方面为20世纪90年代经济与社会发展准备后续力量不可缺少的手段。在中共中央的“七五”《决议》中将它作为我国国民经济建设的主要方针之一，明确指出：“立足现有基础，对老企业进行技术改造和改建、扩建，是加速国民经济现代化的基本途径”。对此，我们一定要引起足够重视。这不仅是整个“七五”期间交通行业必须遵循的原则，也是我们今年技术改造工作必须认真贯彻的指导思想。

今年技术改造的规模，维持在1985年的水平上。各省、市、自治区交通厅（局）在安排项目时，一定要对续建和重点项目优先安排，对已签约的引进项目，在财力、物力上予以保证。对前期准备工作完备的项目，要优先安排，手续不全的，一律不列入计划，对于新上项目一定要经过技术论证。

港口技术改造的重点，要放在能源、外贸和客运站点方面。主要是改造工艺设备落后的沿海、内河码头泊位，扩建库场及改善疏运条件，进一步落实过驳作业措施。

公路的拓宽改造，要集中力量巩固近一二年来的成果，一定要坚持改造一条，就要按标准、按质量完成一条，在财力物力不具备的情况下，不要铺新摊子。

运输方面，要调整车船结构，搞好车、船运输工具的更新，并推广集装箱系列运输。

第六，加强科技教育工作

今年开始要加强宏观技术经济研究，继续以系统工程方法研究水、路运输系统的总体布局、规模与发展步骤；研究交通宏观控制与决策的依据；落实好“七五”期间部重点科技攻关项目的各项准备工作。

教育方面，要搞好“七五”交通教育发展规划。加大交通事业急需专业的招生比例。今年，部属高等学校招生人数将达到7 000人。要办好函授专科大学、职工大学、职工专科学校。积极发展职业技术教育，继续办好交通电视中专，其中电视中专今年计划招生7 000人。同时还要抓好领导干部培训、科技人员知识更新和新工人上岗前的培训工作。

第七，加强思想政治工作，抓好党风建设

有关这方面的要求，我在全国交通系统思想政治工作会议上已经讲过了。在这里有必要再强调几点：一是各级领导必须充分认识思想政治工作在交通运输生产、建设和改革中的保证与促进作用，切实加强思想政治工作的领导。思想政治工作不仅是党委书记与政工部门的事，每个党员领导干部都有责任。尤其是行政领导干部在抓业务工作时，也要抓思想，要结合生产与在经营管理，主动配合党委做好思想政治工作。二是要搞好党政分工。今年除已试行厂长（经理）负责制的单位外，各单位都要遵循党委集体领导、职工民主管理、厂长行政指挥的原则办事。书记与厂长（经理）在工作中要互相尊重、互相支持，在抓好思想政治工作的同时，齐心协力把企业办好。三是要加强“四有”教育。当前要从交通运输行业的实际情况出发，结合理想、道德教育，努力培养职工全心全意为人民服务的思想，从而使广大职工自觉地把理想与本职工作联系起来，发扬“人民交通为人民”的优良风尚，为当好精神文明前哨兵做出贡献。四是要深入学习贯彻全国党代会精神和中央领导同志在中央机关干部大会上的讲话，抓好党风建设。要坚决按照胡耀邦同志关于应当提高效率，应当努力学习，应当严肃纪律，应当增强党性的要求，提高交通系统职工的觉悟，改进我们的工作。今年特别要抓好党风建设，除了根据中央、国务院办公厅通知中要求纠正六个方面的不正之风外，还要结合交通系统一些突出问题，如利用车、船进行走私、倒卖车、船票证以及其他各种非法活动，一定要严肃查处。

同志们，随着时间的推移，我们又迎来了一个新的春天，进入了一个新的历史阶段。我们一定要在党中央和国务院的正确领导下，与全国交通系统500万职工一起，发扬愚公移山精神，“团结奋斗，再展宏图”，努力完成1986年的各项工作任务，为完成第七个五年计划奠定胜利的基础。

坚持四项基本原则 深化交通体制改革 广泛开展增产节约运动

——钱永昌部长在全国交通系统厅局长会议上的讲话

（1987年3月27日）

同志们：

党中央提出，1987年要集中力量抓好两件大事：坚持四项基本原则，反对资产阶级自由化；深化改革，增产节约，增收节支，保证国民经济持续稳定地发展。我们这次会议的主要任务，就是要遵照中央这一部署，在总结去年交通工作的基础上，着重研究深化交通体制改革的方案，加强行业管理的办法，开展增产节约、增收节支运动的目标和措施，加强精神文明建设的规划。有关的几个材料，已经印发给了大家。现在，我就会议的主要议题，讲几点意见。

一、1986年交通形势的回顾

去年，全国交通工作坚持了两个文明建设一起抓，认真贯彻“改革、开放、搞活”的方针，进一步加强行业管理，增强企业活力，加快基础设施建设，圆满地完成了“七五”计划第一年的各项任务。一年来，全国交通工作的发展形势很好，主要表现在：

（一）加强精神文明建设，行业风气有所好转

根据中央书记处听取部党组关于交通系统职工队伍建设情况汇报时所作的六条指示精神，交通系统精神文明建设的根本任务，就是要按照“有理想、有道德、有文化、有纪律”的要求，努力建设一支具有改变交通运输落后面貌雄心壮志的、具有全心全意为货主旅客服务思想的、具有能够在精神文明建设中发挥“前哨兵”作用的职工队伍。为实现这一奋斗目标，一年来各级交通部门重点抓了以下几件事：

加强了思想政治工作，广泛开展了创建文明单位活动。部党组于去年召开了全国交通系统思想政治工作座谈会，着重研究了如何在改革、开放、搞活的新形势下，开创交通系统思想政治工作新局面的问题，并作出了《关于加强交通系统思想政治工作的决定》。接着，召开了全国交通系统两个文明建设经验交流会，表彰了61个先进单位、集体和个人。各省、区、市交通厅（局）和直属企事业单位，采取多种形式，认真贯彻了这些会议的精神，对职工队伍情况进行了调查，大力加强了“四有”教育。全系统有26万人次听取了英模事迹报告，收到良好的效果。广泛开展了以“树行业新风，创优质服务，建文明窗口”为主要内容的创建文明单位活动。涌现出一大批两个文明建设先进典型，有51名职工获得了国家“五一劳动奖章”。为适应新形势需要，改进思想政治工作，去年成立了中国交通职工思想政治工作研究会。目前全系统共有90个团体会员，初步形成了一支活跃在思想政治工作战

线上的骨干力量。

普遍抓了职业道德教育，大力纠正行业不正之风。针对行业风气存在的一些突出问题，交通部先后发出了《以查处路霸事件为突破口，认真纠正交通行业不正之风的通知》等3个文件，提出年内要重点纠正公路客运部门私拿票款和运费，港航企业滥收费用和私拿货物，交通监理部门和管理人员以权谋私，以及野蛮装卸、粗暴待客等四股比较突出的不正之风。各级交通部门采取了“抓调查、抓教育、抓管理、抓稽查、抓监督”等办法，形成了群众性的纠正行业不正之风的强大声势。部和各地又结合组织春运，派出了纠正行业风气检查组，到一批基层单位进行了检查。经过去年的努力，交通系统四股突出的行业不正之风已有比较明显的好转，有关制度正在逐步建立。

加强领导班子建设，努力提高职工队伍的科学文化素质。各级交通部门按“四化”要求，继续对各级领导班子进行考核、调整、充实，各级领导班子的年龄、知识、专业结构有较大的改善。加强了干部和职工的培训工作，举办了经理、厂长统考培训班。去年底，全国交通系统参加厂长、经理统考人数已达2 174人。召开了全国交通职工技术教育工作会议，对职业技术教育和成人教育进行了安排，电视中专教育目前在校学员已达1.5万余人，分布在除西藏、新疆以外的27个省、市、自治区。加强了大中专院校的规划和改革工作，提高了教学质量，去年大中专毕业生达1.36万多人。特别值得提出的是，上海海运学院等院校对散布资产阶级自由化的代表人物进行了有力的抵制和批判。

（二）“七五”计划开端良好，交通建设进展顺利

1986年的交通建设形势是历史上最好的一年。去年全国交通工作会议对交通运输“七五”计划作了总体安排。落实了国务院对交通建设的几个重大的政策，为“七五”交通建设创造了良好条件。各级地方政府普遍把交通建设作为振兴经济、搞活流通的战略重点来抓，在资金、材料、征地、拆迁、劳力组织等方面采取了许多实在措施。在调动各方面积极性的基础上，“国家补助、地方自筹、单位集资、群众投劳”的方针得到了进一步的落实，在全国范围内形成了热气腾腾的“修路、建桥、筑港、治河”的新局面。许多地方反映，1986年是交通建设投资额最大、开工项目和工作量最多、质量速度和效益最好的一年。辽宁省确保交通建设中的重点项目，高效率地建成了沈大一级公路沈阳至鞍山段93公里。安徽省交通厅提出“七五”公路建设要实现“18167”的奋斗目标，去年在全省范围内开始建设18条干线公路、1条一级公路、6条山区公路、7条旅游线断头路，并贯彻了“分期投产、分期收益”的原则，有些路段已开始形成能力。各级交通部门在交通建设中，十分注重讲求投资效益，积极推进招标投标制，收到了显著的效果。宁波港镇海杂货码头实行投资包干后，节约投资1 000多万元，为原概算的12%，工期提前了一年半。广东、安徽、辽宁、湖北、甘肃等省的公路建设实行招标后，中标价一般比原概算降低了5%～10%，交通部的大中型项目，中标价比概算要降低9.5%～15%。秦皇岛港煤三期码头工程装卸设备实行了国际公开招标，中标价比原概算降低了3 200万美元，西江桂平枢纽土建及安装工程招标，中标价比原概算降低了11%。

交通重点建设项目全部完成了年度计划任务。各级交通部门普遍加强了对重点项目的领导和管理，去年在重点港口建设现场，共召开了11次现场办公会，及时协调解决了工程建

设中的问题，确保了建设进度和投产时间。全年沿海港口建成深水泊位15个，中级泊位6个，新增吞吐能力2 700多万吨，约为原有港口吞吐能力的9%。通过港口技术改造和过驳措施，新增吞吐能力620万吨。改造内河航道520多公里，长江干线港口10个中级外贸泊位、西江桂平航运枢纽工程全面开工，京杭运河的航道、船闸建设及钱塘江沟通工程进度较快。公路建设实行普及与提高相结合、以提高为主的方针，全年新建公路2万公里，改造公路1.5万公里，新建桥梁3 000多座，其中新建、改建的一、二级公路2 500多公里，是历史上最多的一年。

利用粮棉布帮助贫困地区修建道路、航道取得了显著成绩。到去年底，两年已修建和改善道路4万多公里，整治航道700公里，其中经过验收合格的等级公路1.6万多公里。四川、贵州、云南、湖北、内蒙等省、区修建等级公路均达2 000多公里。贫困地区交通条件的改善，促进了乡镇企业和商品生产的发展，缓解了部分山区“行路难”、“乘车难”的问题。

交通建设前期工作的被动局面已初步扭转。部于去年先后召开了各省、区、市重点交通建设项目前期工作座谈会，着重研究和落实了前期工作的指导思想，工作方法，工作进度，基建程序，项目组织，资金落实等方面的问题。工程规划设计单位较好地完成了勘测设计任务，基本上保证了国家重点工程开工和工程进展的需要。到去年底，“七五”水运重点建设项目前期工作已基本完成，公路重点建设项目的前期工作也有很大进展。

交通科技工作贯彻“两个面向”的方针，编制了“七五交通科技重点项目计划”。明确了“七五”期间要以降低工程造价，提高建设速度和质量，减少原材料、燃料消耗，提高运输效率，加强交通安全等技术作为交通科技的主攻方向。总计31个项目、184个课题。去年“七五”重点科技项目已全面展开，到年底已有一半以上的课题签订了合同，其中国家攻关项目“公路运输技术开发”等已明确了工程依托对象，组成了科研—设计—生产相结合的联合攻关队伍。全年部评选出交通优秀科技成果46项，这些项目都具有较高的技术水平和较大的经济效益。

（三）坚持改革方针，加强了行业管理

继续实行政企职责分开，企业活力有所增强，企业管理和企业经营形式有所改善。全国大部分省、自治区交通厅（局）已将所属企业全部或部分下放给了中心城市。部去年以来又将大连、上海等七个港口下放给所在城市，实行“双重领导，以市为主”的管理体制。并将下放港口的港务监督划出，组建了海上安全监督机构，加强了政府统一行使航政、港政管理职能。根据国务院决定，从今年1月起，把公路交通监理工作移交给公安部门领导，目前各地正在认真办理交接之中。多年来，全体交通监理人员在维护道路交通安全方面，做出了很大的贡献，我们有深厚的共事感情，在体制调整以后，我们相信全体监理人员一定会在道路安全管理上做出新的贡献。希望到会领导同志，转达交通部对全体交通监理人员的问候。各级交通部门在前几年扩大企业自主权的基础上，又进一步按企业的不同层次，给企业下放了权力。各种形式的责任制正在普遍推开，企业内部的劳动制度、分配制度进一步改善。去年经国务院批准，对全国26万船员实行了职务工资制，适当提高了船员的工资待遇，解决了多年来一直未解决的问题。企业质量管理有所加强，去年交通系统涌现出国家级优秀

质量管理小组 10 个，部级优秀质量管理小组 94 个，烟台港获得了“国家质量管理奖”。运输企业的横向联合有了新的发展。交通系统客运挂车生产已由 84 个单位组成联营企业，具有年生产 2 万台客车、3 万台专用车辆的能力。到去年底，全国已开辟汽车零担货运班车线路 3 000 余条，其中运距在 1 000 公里以上的省际班车线路 50 多条。长江航运联营联运公司的业务已扩展到 20 多个省、区、市。水陆联运已形成覆盖西南、华南、华东、华北和东北地区的综合联运网。

行业管理进一步加强。去年，交通部共制订法规 23 个，其中《公路货物运输合同实施细则》等 3 个法规已颁布实行；《公路法》、《海商法》等 8 个法规已上报国务院审批；《港口法》等 12 个法规正在抓紧起草。各省、自治区、直辖市也陆续颁布了一些地方性交通法规，强化了各级交通部门的管理职能。各地针对交通建设和管理中出现的问题，加强了调查研究，提出了一批政策性措施。对中心城市交通部门的管理职能，部和各省厅做了有益的研讨。交通运输经济的政策研究工作和政策调研机构、人员得到了加强。根据国家计委、经委、科委的部署，去年部编制了《二〇〇〇年水运、公路交通科技、经济和社会发展规划大纲》，这个大纲对交通行业 2000 年的发展有宏观指导作用，是进一步编制 2000 年和“八五”交通发展规划的依据。沿海各港务局和长江干线部分港口根据“一城一港”的原则，先后开展了编制港口发展总体布局规划工作。辽宁和吉林等省编制全省综合交通网布局规划工作正在进行。各地普遍加强了运输市场管理。贵州省在客运市场整顿中，颁布了《公路旅客运输管理的若干规定》，组建了公路联合检查站 47 个，初步理顺了各种运输力量办客运的关系。山东省针对运输秩序混乱，运输效率低的问题，对全省 56 个重点港站厂矿的货物运输，有计划、有组织地进行了整顿，取得了很好的效果。四川省成都市对全市汽车维修行业进行了整顿，统一开业条件，统一质量标准，统一收费标准，统一结算凭证，统一大修合格证，有力地加强了对汽车维修市场的管理。加强了对全行业交通安全管理工作。去年省、区、市交通部门运输船舶海损事故比上年下降7.7%，死亡人数比上年下降 50.8%，船舶沉没艘数比去年下降 18.9%，经济损失比上年下降 24.9%。大连轮船公司和上海、广州、天津远洋运输公司等单位全年未发生重大海损事故。各级交通公安保卫部门大力整顿港口和汽车站的治安秩序，狠抓倒卖车船票、流氓卖淫、传播淫秽物品、书刊等突出的治安问题，交通治安秩序明显好转。行业管理基础工作得到重视和加强。部和各省、区、市交通厅（局）分别组建了不同层次的信息、统计网络。部颁发了交通行业统计实施方案，普查了交通工业、港口等基本情况。辽宁、广西等省区对本地区的交通基础设施、各种运力的基本情况和经济效益以及货源的分布、货种结构、客货流向等进行了普查，为行业管理打下了基础，创造了条件。

通过贯彻国务院领导同志提出的抓早期计划、均衡到货、季月平衡、装卸能力、港口疏运五个环节的指示，加强了对外贸运输任务的宏观控制，使多年来沿海主要港口严重压船、压港的局面得到了缓解。去年沿海港口吞吐量完成 3 亿 8 000 万吨，比上年增长 12.7%，超过了“七五”时期每年增长 7.4% 的计划水平，外贸船在港停时比上年缩短了 3.8 天。

经过全国交通系统广大职工的共同努力，去年运输生产全面完成了国家计划。据初步估算，去年全社会公路客、货运输量完成 51 亿 7 000 万人、1 906 亿 9 000 万人公里、57 亿 6 000 万吨、1 790 亿吨公里，分别比上年增长 10%、13.5%、0.2% 和 1.1%；其中交通部门完成44亿1 000万人、1 686亿1 000万人公里、7亿8 000万吨、368亿7 000万吨公里，分别比上年增长3.2%、7.2%、3.0%和4.1%；城乡个体（联户）完成7亿6 000万人、220亿8 000万人公里、14亿8 000万吨，448亿5 000万吨公里，分别比上年有较大增长。全社会水路客、货运输量完成3亿3 000万人、180亿3 000万人公里、7亿4 000万吨、8 473亿2 000万吨公里，分别比上年增长17.8%、1.1%、25.4%和10.7%；其中交通部门完成2亿5 000万人、170亿4 000万人公里、5亿2 000万吨、8 355亿2 000万吨公里，分别比上年下降6.5%、2.0%和增长4.7%、10.2%；城乡个体（联户）完成8 000万人、9亿9 000万人公里、2亿2 000万吨、118亿吨公里，分别比上年也有较大增长。

一年来全国交通工作虽然取得了很大成绩，但还存在不少问题。主要是：改革还需要进一步配套完善；行业管理和宏观控制亟待加强；企业经济效益有所下降，成本普遍增高；部分非生产性基建项目控制不严，有待进一步清理调整；重大恶性事故时有发生，内河客渡船安全问题十分严重；行业不正之风仍然比较普遍存在。对这些问题，要结合今年的工作安排，认真加以研究解决。

二、深化改革，搞活企业

探索具有中国特色的社会主义交通运输体制，是一项长期的任务。几年来，我们在交通改革方面，做了不少工作，取得了一些成效，但与社会主义有计划的商品经济发展需要相比，还相差甚远，必须进一步深化改革。一方面，要继续放宽搞活；调动各方面办交通的积极性，促进交通运输的发展，特别要解决好企业内在的经营机制，搞活企业，增强企业活力；另一方面，在放宽搞活的同时，要逐步探索和加强交通运输行业管理、改善宏观控制，使多层次、多渠道、多形式的交通运输能够得到协调的发展。

（一）进一步改革交通管理体制

根据政企职责分开，所有权和经营权分离的原则，部党组提出了近期内交通运输管理体制改革方案。这个方案侧重于当前交通运输管理体制方面的改革任务，同时也为交通部门进一步实现“两个转变”，深化体制改革创造条件。主要内容：一是对部直属的沿海港口，除个别专业性很强的以外，全部下放给地方，实行“双重领导、以市为主”的管理体制；长江干线港口全部下放，有中心城市依托的下放给中心城市，少数原属长江轮船总公司的专用泊位、锚地仍由轮总管理，部分小港小站实行大港带小港；部直属的七个工厂原则上全部下放。二是对仍由部直属的几个大型骨干运输企业、基建企业，进一步实行政企分开，逐步将所有权与经营权分离，使其成为相对独立的经济实体。三是实行行政和科研分开，恢复和加强交通科学研究院，统一组织实施交通科研任务；加强水运、公路两个规划设计院，两院今后应以搞好规划工作为主，并负责制定标准、规范及对可行性研究和初步设计提出初步审查意见报部审定。四是随着政企职责分开，行政和科研分开，部机关要进一步适应“两个转变”的要求，将工作重点逐步转向加强行业管理和改善宏观控制，机关各局的职能要进行相应的调整。

各省、区、市交通厅（局）的管理体制改革，要在总结前一段改革工作的基础上，根据各地情况，进一步探索改革的路子，在当地政府的领导下，自行安排，不套用模式，不搞一刀切。

为了使交通管理体制改革工作能够更加深入、更加健康地发展，在企业下放问题上，必须认真抓好两方面工作。一方面，对已经下放的企业，要一如既往地予以关心。下放企业不是改革的终结，只是改革的一个重要步骤，要认真加强调查研究，了解企业下放后在新的管理体制和新的经营环境下，出现的新情况和新问题，不断总结新经验，采取深化改革的新措施，巩固和完善改革的成果。另一方面，对将要下放的企业，要把应该给企业的权力，落实到企业。在下放的全过程中，都要搞好调查研究工作，与有关方面进行充分的酝酿和协商，考虑各方面的意见与要求，制定好具体的实施方案和工作步骤，成熟一个，下放一个。

（二）继续探索搞活企业的新路子

深化企业改革，增强企业活力，是交通改革的一个重要任务和中心环节。几年来，国家就搞活企业问题颁发了一系列文件，提出了一系列的政策规定。去年底国务院又颁发了103号文件，要求今年要在深化企业改革、增强企业活力方面迈出较大的步子。明确提出：推行多种形式的经营承包责任制，给经营者以充分的自主权；加快企业领导体制改革；进一步增强企业的自我改造、自我发展的能力；改进企业的工资、奖金分配制度；继续缩减对企业下达的指令性计划；限期清理、撤销行政性公司；鼓励发展企业集团。我们要认真学习和贯彻这些规定的精神。

目前交通企业由于种种原因，仍然活力不够，困难很多，不仅再投入能力低，而且有些企业连简单再生产也难以维持。改变这种状况的重要途径之一，就是要深化企业改革，扩大企业自主权，积极促进所有权与经营权分离，探索适合企业情况的经营形式，进一步完善企业的内在机制。

根据这一要求，我们准备今年内要探索、推行两个层次的经济承包责任制。一是在国营大中型交通企业中，试行投入产出包干、税后承包或工资总额与经济效益挂钩承包经济责任制。建设单位要进一步推行和完善招标投标和投资包干责任制。通过这些责任制形式，重点解决国家和企业的关系。二是在企业内部，进一步推行各种经济承包责任制，如单车单船承包，工资含量包干，经营项目承包，燃物料定额承包等，更好地解决企业和职工的关系。小型国营交通企业、集体企业可实行多种形式多种内容的租赁制和股份制。大企业可承包小企业，经营好的企业可承包经营差的企业。

经济责任制的形式和内容，需要根据各地区、各企业的具体情况区别对待。但是，不论哪一种形式，都要贯彻落实以下原则：

第一，要坚持正确的改革方向，使各项改革有利于巩固和发展社会主义制度的优越性；有利于提高经济效益；有利于确保安全质量；有利于技术进步。防止分光吃光、拼设备吃老本等短期行为，处理好局部与全局、近期与长远的关系。

第二，切实减少行政部门对企业的直接干预，把企业应有的权力，全部下放给企业，使企业真正具有经营自主权，敢于负责，善于用权，减少对国家的依赖。

第三，完善企业经营机制。把企业和职工的责权利结合和统一起来，使责任、权力和利益相配套，使企业行为能够得到自我约束。处理好国家、企业和职工三者的利益关系，使经济责任与分配直接挂钩，保证国家税收稳步增长，使企业具有自我发展的能力，职工收入和生活水平逐步提高。

第四，推行厂长负责制，进一步完善企业的领导体制。认真贯彻执行全民所有制厂长、基层党组织和职工代表大会的三个工作条例。在实行厂长负责制的同时，要实行厂长任期目标负责制和离任经济责任审计制。明确厂长是企业法人的代表，对企业负全面责任，在企业中处于中心地位，起中心作用。要明确企业党组织的保证和监督作用，进一步健全职代会制度和各项民主管理制度，充分发挥工会和职工代表的作用，厂长要自觉接受党组织和职工群众的监督，共同把企业办好。

为了促进企业搞活，拟从宏观管理方面进一步采取一些政策性措施：一是在保证国家重点物资运输任务，保持企业各自的基本分工的前提下，逐步放宽区域划分的限制；对国内水运企业，放宽国际运输船舶参加国内运输的限制，以提高营运效率和效益。二是在保证完成指令性运输计划的前提下，扩大指导性计划的范围，进一步放开运输市场，加强承托运双方的直接业务往来，更多地通过经济合同，建立承托运双方的经济关系。三是进一步发展横向经济联合，在大中型企业中进行企业集团试点。四是继续争取国家在同步改革中，为企业搞活改善必要的外部条件。

（三）加强行业管理，改善宏观控制

目前全国交通运输放宽搞活的局面已初步形成，客观形势要求我们在继续放宽搞活的同时，必须进一步加强行业管理和宏观控制。

为了加强行业管理和改善宏观控制，近年来，部和各级交通部门加强了调查研究，对行业管理进行了探讨，部制定了《关于公路水路交通行业管理暂行办法》（征求意见稿），提交会议讨论修改，争取尽快定稿颁布执行。这个管理办法，是根据中央关于“专业经济管理部门要从具体管理直属企业生产经营转向搞好全行业管理”的精神，结合交通行业的特点和实际情况提出来的。对交通运输行业管理的原则与目标，范围与任务，手段与权限，机构与职责分工，步骤与措施等，做了规定。

行业管理的基本任务：一是要健全交通法制，加强方针政策的研究和指导；二是要搞好统筹规划，逐步调整好交通的结构和布局；三是要搞好综合平衡，使交通运输各个方面能够有一个合理的比例，相互衔接配套；四是要搞好组织协调，使各种运输力量能够协调发展；五是要强化行政监督职能，为发展交通运输做好技术、人才、信息等各项服务工作。

加强交通行业管理，健全宏观管理制度，是一项复杂的系统工程，需要在较长的实践过程中不断地完善充实。今年要着重抓好以下几件工作：

第一，部制定的行业管理办法，主要是从全国和部的角度与层次来考虑的，虽然兼顾了各级交通部门的职能，但不可能详尽。交通行业管理具有多层次的特点，各级交通部门要从各自的实际出发，按此精神，制定具体实施细则。

第二，随着企业下放到中心城市，中心城市的政府交通部门既要加强行业管理，又要领导好企业，成为决策与执行的结合部，情况复杂，矛盾集中，要认真探索中心城市在实施行业管理中的地位、作用、任务和具体的工作方式与方法。

第三，加强运输市场管理，做好运输市场发展形势的预测，采取相应的措施，管好开业和歇业，运输秩序和安全，开展合理运输和加强车船维修管理。使运输市场活而不乱，管而

不死，各种运输力量能够在合理分工和平等条件下竞争，各得其所，协调发展。

第四，继续加强方针政策的研究制定，今年要集中研究如何进一步深化企业改革，提高企业效益，以及中心城市交通部门如何加强行业管理和对所属企业实施领导的问题。在法规建设上，要抓紧《公路法》、《港口法》等二十个交通基本法规的起草和报批工作。按照部的2000年规划大纲，做好“八五”交通发展规划工作。

第五，加强行业管理的基础工作。各级交通部门一定要尽快健全这方面的机构和工作制度，配备必要的工作人员，摸清各地交通运输的基本情况，特别是非交通部门运输情况，提高预测和定量、定性分析的水平，为宏观决策提供科学依据。

第六，在发挥政府部门实施行业管理主渠道作用的同时，要注意发挥行业协会、学会和行业公会在行业管理方面的咨询、参谋、助手作用，沟通企业间的横向信息交流和资金、技术、人才与业务等方面民间性的融通。

三、开展增产节约、增收节支运动，全面提高经济效益

党中央、国务院提出，今年要在全国范围内，在各行各业中，提倡艰苦奋斗、勤俭建国、多做贡献、严守纪律的社会风气，广泛开展增产节约、增收节支运动。这是根据我国国情提出的长期战略任务，是确保国民经济持续稳定发展的正确方针。它符合经济发展的客观要求，也完全符合我们交通系统的实际情况。我们一定要坚决贯彻中央指示精神，把增产节约、增收节支运动在交通系统广泛、深入、持久地开展下去。

在交通运输系统开展增产节约、增收节支运动，要认真处理好三个关系：一是短线与长线的关系。既要正确认识交通运输在整个国民经济中是短线，是国家建设的重点，是必须保证的，又要认识在交通运输内部也有重点与非重点、生产性建设与非生产性建设的区别；在重点工程中，有需要调整的非重点项目，在生产性建设中，也有需要调整的非生产性建设项目。二是长远与近期的关系。既要依据交通运输业具有投资大、周期长的特点，注意尽早安排，超前建设，使其能有一定的储备能力，又要注意解决近期迫切需要解决的问题。尤其是在当前国家财力紧张的情况下，必须量力而行，注意建设中的同步协调，把着眼点放在既先进又适合中国国情、且能尽早发挥效益的项目上，以解决资金不足问题。三是内涵与外延的关系。一定的外部条件是必需的，但更要注重内部因素，把着眼点放在改善企业管理、挖掘企业内部潜力、提高劳动生产率和节约物化劳动方面。争取通过主观努力，用较少的投入，为国家提供较多的运输能力和资金积累。目前，交通系统的经济效益比较低，车辆实载率及船舶载重量利用率等都有下降。据辽宁省对社会运输车辆调查，在13.5万辆机关企业和个体货车中，上路汽车占83.5%，而空驶率达58%左右。省、区、市交通部门内河驳船航行率1986年比1985年略有提高，但载重量利用率和平均吨船年产量却有下降；部直属沿海运输也有类似情况。提高车、船的营运率、实载率、车、船吨年产量，减少运力的浪费，是最主要的增产手段，这方面潜力是很大的。

根据中央、国务院指示精神和交通部门的实际情况，交通系统开展增产节约运动，总的目标是：安全优质、多装快运、节能降耗、增收节支，全面提高效益；更好地适应国民经济的发展和人民生活的需要。

下面，我就今年增产节约运动中要着重抓好的几项工作谈点意见：

第一，切实抓好安全质量，提高服务水平。社会主义运输生产能否确保安全优质，是关系到国家财产和人民生命安全的大事，也是交通系统增产节约的前提及最大的社会节约。我们一定要牢固树立把安全质量放在首位的指导思想，坚定不移地执行“安全质量第一、服务信誉至上”的方针。充分发挥安全管理部门作用，加强综合管理，严格安全岗位责任制，建立科学管理制度和现代化管理手段，减少一般事故与杜绝重大恶性事故的发生。要努力改善服务态度，提高服务水平，杜绝野蛮装卸，减少货损货差。以文明优质服务，提高交通部门信誉。加强交通公安工作，严厉打击危害交通完全的犯罪分子、维护交通治安秩序。

第二，合理多装快运，确保运输生产稳步增长。要加强经济调查，掌握市场信息，积极组织货源，搞好调度指挥，提高车船利用率与实载率。通过落实行之有效的各种增产措施，力争使交通部门水运货运量在已下达计划基础上增长5%；公路运输客货换算周转量要争取比1986年计划增长3%，总营运收入增长5%。沿海旅客运输要按经济规律调整航线；远洋运输要进一步巩固与发展班轮航线，积极承揽第三国货载；内河运输要组织干支直达、减少中转环节，搞好一条龙运输。港口装卸作业要坚持“三先三后”的原则，注意搞好船、港、货的平衡，加速车、船、库场周转与物资流通；要搞好疏运工作，除继续搞好铁路疏港外，要积极搞好公路、水运疏港，开展水上过驳作业，确保今年沿海港口吞吐量在已下达计划基础上增长4%。要积极发展横向经济联合和专业协作，大力推行运、销结合和产、运、销结合及合同运输。继续巩固、发展公路零担货运班车线路，夜宿农村班车和赶集班车，积极组织集装箱运输及大件货物运输，充分发挥公路运输的优势，组织好公路与铁路运输的合理分工。并要广泛开展方便货主与群众的各种服务项目，发展综合配套的多种经营。

第三，基本建设要贯彻“三保三压”方针，全面完成建设计划。要确保投产项目，加快续建项目，抓紧收尾项目建设，合理安排建设项目的投资和进度。努力缩短工期，保证工程质量，降低物资消耗，节约项目投资，提高投资效益。要完成新建公路1.6万公里，改建公路1.5万公里，特别是12条（段）重要经济干线、旅游、疏港公路和20座大桥的建设任务；建成10个沿海深水泊位，18个中级泊位；抓好长江干线航道建设和武汉、黄石、九江、芜湖四港外贸泊位的续建工程，京杭运河苏北段续建工程和西江航运建设，完成四座碍航闸坝的建设任务。与此同时，要进一步调整与清理重点工程中的非重点项目，在建项目中的非生产性项目，注意搞好建设中的同步和协调，使建成的项目尽快形成能力。对已开工项目，要贯彻“分期建设、分期投产、分期受益”方针，确保能同步配套投产及投资效益好的项目，压缩暂时难以配套投产、不能尽快发挥效益的项目。要严格按基建程序办事，认真做好前期工作，搞好设计方案优选及设计复查。通过大力加强施工管理，调整与降低工程造价，力争使投资概算压缩3%～5%。对补助地方交通的资金，部今年仍按原计划总数没有减少，各省要配足配套资金，确保重点工程建设；今后部将根据各地实际情况及工程项目的重要程度，因地制宜，适当调整投资补助比例。要落实好贫困地区交通建设，保质保量地完成国家拨给的粮、棉、布“以工代赈”任务。继续坚持行之有效的多方集资办法，加快交通基础设施建设步伐。

第四，加强企业管理，提高效率效益。增产节约、增收节支，最根本的途径是深化企业改革，搞好多种形式的经济责任制。关于这个问题，我在前面已经讲过。这里主要讲一下加强企业管理的问题。1987年，要以企业升级为中心，改善与提高企业的现代化管理水平。

要实行厂长负责制和任期目标责任制；全面推行质量、设备、能源、物资、财务管理，促进企业提高质量、降低消耗、提高效益；要用系统工程的方法，建立科学管理体系，把各项管理工作融为一体，配套进行。今年6月前，部将分别制订出交通企业国家一、二级标准。三季度前，争取部分企业达到国家二级企业标准。为此，各级交通部门要把企业升级工作提到议事日程，加强组织领导，制订好升级规划，下大力气搞好各项管理基础工作，推动企业管理工作的开展。

第五，大力加强技术改造。加强技术改造，是实现技术进步，降低成本，提高效益，走内涵为主扩大再生产的有效途径；也是当前开展增产节约、增收节支运动的有效措施。因此，必须根据交通企业基础设施落后、设备陈旧、车船老化，亟待更新改造的实际，大力加强技术改造工作。要首先抓好大中型骨干企业技术改造的分类规划，并要把已经列入国家技术改造重点的14个大中型企业作为重点，这在全行业中是有典型示范意义的。要研究确定技术改造的方向、目标，用以指导技术改造的实施计划，有步骤、有计划地对老企业进行技术改造。要搞好车船设备更新及维修保养，在保证完成生产任务的前提下，对超耗老旧车辆实行封存。要坚决贯彻“经济建设必须依靠科学技术，科学技术工作必须面向经济建设”的方针，积极采用新技术、新工艺、新设备，以改变交通运输的落后状况。注意发展集装箱运输、滚装船运输、零担运输及联合运输等。为确保有限的技术改造资金更好地发挥效益，要防止把技术改造资金转向搞基本建设。

第六，遵守财经纪律，加强审计监督，搞好增收节支和降低消耗工作。要严格执行财经法规制度，加强成本控制与考核。禁止乱摊成本费用与营业外支出。要全面完成国家下达的税利、能源交通建设基金和国库券等财政上缴任务。完善各项收入检查与审核制度，定期进行收入检查，进一步健全营运费用及各项交通建设基金（养路费、车辆购置附加费、港口建设费、航养费等）的征收机构，充实人员，加强征收工作，防止漏收错收现象发生。要狠抓扭亏增盈工作，部属二级单位要力争在1987年内消灭亏损；各省、市、自治区交通厅（局）所属交通运输企业的亏损额，也要比去年降低30%。要把扭亏增盈指标层层分解，落实到基层。对完成增盈指标或超额完成征收任务的单位，给予表扬与奖励；对完成增盈指标差的单位，给予批评与惩罚。要加强经济核算，通过努力使企业管理费比上年节减10%。各行政、事业单位经费支出也要按国家核定的预算范围安排，做到包干使用，节余留用，超支不补。并要注意节约行政、事业费用开支，反对铺张浪费，确保交通教育、科研等事业经费支出在上年预算执行数的基础上压缩10%。对有条件的事业单位，要逐步扩大有偿服务项目，合理组织收入，以提高事业经费自给水平，逐步减少预算拨款。

要切实抓好清仓利库和节能节材工作，加强定额管理，堵住各种浪费漏洞。在落实行之有效的节能节材措施基础上，确保企业燃料原材料消耗降低2%，企业流动资金占用压缩2%～3%。

增产节约、增收节支运动是今年交通工作的一件大事，各省、市、自治区交通厅（局）及部属各单位一定要加强对这一工作的领导，制定出切实可行方案。搞好增产节约教育，发扬节约“一分钱、一度电、一滴油”的精神，树立节约光荣、浪费可耻的良好风尚，从大处着眼，从小处着手，扎扎实实地完成增产节约、增收节支的各项任务。

四、坚持四项基本原则，加强精神文明建设

根据中央关于坚持四项基本原则，反对资产阶级自由化，加强精神文明建设的指示精神，部党组提出了《七五期间交通系统社会主义精神文明建设实施规划》。这个规划明确提出了交通系统精神文明建设的战略地位，把建设一支符合“四有”要求的三具有职工队伍作为精神文明建设的根本任务；把动员和团结全体职工开展增产节约运动，实现交通运输现代化，不断满足国民经济发展和人民生活的需要，作为交通系统全体职工的奋斗目标；把深入开展全心全意为人民服务的教育，树立安全优质、文明服务的职业道德风尚作为宗旨，把深入开展创建文明单位活动，大力表彰先进典型作为促进两个文明建设的重要途径。各级交通部门，要按照这个总体规划的要求，具体规划自己的工作。今年要着重抓好以下几项工作：

第一，坚持四项基本原则，反对资产阶级自由化。坚持四项基本原则，反对资产阶级自由化的斗争，关系到我们国家的命运和前途。从去年12月传达中央指示，开展反对资产阶级自由化斗争以来，我国政治思想领域已经发生了很大变化，资产阶级自由化思潮泛滥的情况已经开始扭转。但是，反对资产阶级自由化的斗争是长期的，我们要充分认识这场斗争的艰巨性和复杂性，下决心锲而不舍地把反对资产阶级自由化的斗争进行下去。各级交通部门要坚决按照党中央关于反对资产阶级自由化的方针、政策和方法，抓紧抓好这件大事。要组织全体党员认真学习马克思主义理论，学习中央的有关文件，学习中央领导同志的重要讲话，提高认识，统一思想，端正方向，明辨是非。要对党员、职工和青年学生进行以宪法为核心的法制教育，增强法制观念和公民意识，使广大职工在坚持改革、开放、搞活的同时，更好地坚持四项基本原则，自觉地维护安定团结的政治局面。要针对交通职工具有流动分散、点多线长、分布面广的特点和港口职工处于开放前沿、远洋船员常年航行在国外的特殊环境；采取有效的教育方式，切实搞好反对资产阶级自由化的正面教育工作。各级领导干部要克服官僚主义，改进工作，密切联系群众，倾听群众意见，关心群众生活，及时解决各种实际问题。各级院校要端正办学思想，不断提高对教书育人重要性的认识，培养德智体美全面发展的社会主义一代新人。学校要建立必要的制度，使学生有经常表达意见和要求的正常渠道。交通系统报刊要成为宣传坚持四项基本原则，反对资产阶级自由化的坚强阵地。

第二，加强职业道德建设，继续纠正行业不正之风。各级交通部门对纠正行业不正之风的长期性、艰巨性要有足够的认识，要通过加强思想教育、行政管理、改革措施、稽查工作、社会监督等多种方式，把纠正行业不正之风引向深入。各单位要在调查研究、总结经验和广泛发动群众讨论的基础上，制定出各自的职业道德准则和岗位守则。要严格遵守车规、站规、船规、港规、校规等各种规章制度和纪律条例，逐步培养起适应本单位发展需要的车风、路风、船风、港风、厂风、校风。今年要重点抓好公路、水运“窗口”单位的司售人员、站务员、理货员、餐务员、装卸工、监督执法人员和管理人员的职业教育，提高他们的职业道德素质，争取在服务态度和服务质量方面有较明显的进步。领导干部要起表率作用，各级党政工团要齐抓共管。各级交通部门对纠正行业不正之风要坚持不懈地抓下去，巩固和发展已取得的成果，使目前较差的单位迎头赶上。要对社会上个体和集体联营的车、船加强职业道德教育，这是形成整个行业良好风尚的一个重要组成部分。今年6、7月间，部将准

备召开全国交通系统端正行业风气和加强职业道德建设经验交流会。今年底，将再次在全行业开展行业风气的群众性自查自纠活动，把树立良好的职业道德风尚，纠正不正之风的工作提高一步。

第三，加强思想政治工作，深入开展创建文明单位活动。要适应"改革、开放、搞活"的要求，努力探索新时期思想政治工作的新方法和新路子。要围绕当前交通改革等各项工作的实际，有针对性地回答群众在改革中出现的种种认识问题。要围绕经济工作，把思想政治工作渗透到各项业务工作中去，解决好两张皮的问题。要加强政工队伍的建设，保持政工队伍的相对稳定。政工队伍本身要有好的作风，以身作则，密切联系群众，振作精神，增强信心，积极主动地开展工作。

各级交通部门要把创建文明单位、争当文明职工的活动作为建设"四有"职工队伍的重要途径，深入开展下去。各单位要在搞好自身创建的同时，进一步开展港航共建、车路共建、军民共建等多种共建活动，做到共同促进，互相提高。要制定不同层次的文明标准、条例、公约、措施，做到"活动有规则，评定有标准，好坏有奖惩"。要把创建文明单位活动与企业上等级工作紧密结合起来，动员广大职工为企业上等级做出贡献。对交通系统在两个文明建设中涌现出的先进单位、集体和个人，要继续进行表彰和宣传。

第四，进一步加强领导班子建设，加速人才培养。各级领导班子要继续抓好端正党风工作，严肃党的政治纪律，坚持不懈地进行党性教育，提高党员、干部的政治觉悟。要继续强调领导干部起表率作用，发扬党的优良传统，坚持原则，公道正派，廉洁奉公，既要严于律己，又要敢于同不正之风作坚决斗争。要加强院校建设，抓好职工教育工作。各级各类学校对教育思想、内容和方法，要积极地进行改革，提高教育质量，做好调整改善专业结构和层次结构工作。要积极发展和改革成人教育工作，贯彻"短期为主、业余为主、自学为主和按需施教、学以致用、讲求实效"的原则，把开展岗位职务培训作为成人教育的重点。要制定相应的政策措施，充分发挥各单位举办成人教育的积极性，加快人才的培养。

同志们，今年我们的任务十分繁重。我们一定要在党中央和国务院的领导下，振奋精神，艰苦奋斗，团结一致，开拓前进，带领交通系统广大职工，为完成今年各项光荣任务而努力奋斗。

以改革统揽全局　加快发展交通运输事业

——钱永昌部长在全国交通系统厅局长会议上的讲话

（1988年1月20日）

同志们：

党的十三次全国代表大会，从理论和实践的结合上阐明了建设有中国特色的社会主义道路的纲领。我们这次会议的中心议题是，贯彻十三大精神，总结、回顾以往的工作，安排1988年的任务，进一步深化交通运输体制改革，以改革统揽全局，加快发展交通运输事业。

下面我讲两个问题：

一、1987年的工作概况和近几年来改革与发展的回顾

1987年根据中央、国务院提出的坚持四项基本原则，加强精神文明建设和深化改革，开展双增双节运动的要求，重点抓了3方面的工作，经过交通系统全体职工的艰苦努力，取得了较好的成绩。

（一）交通运输改革取得了显著进展

第一，进一步下放了企业，调整了管理机构

下放企业的任务已经基本完成。全国26个省和自治区的交通厅（局），都已将企业全部或大部分下放到中心城市。交通部直属的沿海港口，即将全部下放完毕。在港口体制改革中，为了加强水上安全监督管理，相应地加强了海上安全监督管理体系的建设。长江航运第二步改革方案，经国务院批准，已开始实施，沿江港口将下放地方管理。对目前尚未下放和不予下放的企业，也都按照政企职责分开、所有权和经营权分离的原则，扩大了企业的经营自主权，增强了企业的活力。

为了适应政府交通部门的职能转变，加强行业管理，到去年底，全国政府交通部门五级行政管理机构已基本建立起来。各级政府交通部门的内部机构，也作了相应的调整，加强了行政管理职能。

第二，加强了行业管理和宏观经济调控

一是交通法制建设取得了显著成果。1987年正式颁布的交通法规有63件，其中由国务院颁布的《中华人民共和国航道管理条例》、《中华人民共和国水路运输管理条例》、《中华人民共和国公路管理条例》、《长江干线航道养护费征收办法》、《国务院关于加强内河乡镇运输船舶安全管理的通知》等5个；由交通部制定颁发的规章58个。各省、自治区、直辖市也根据各自的情况，制定和颁布了大量的交通法规性文件。交通法制建设的加强，为交通行业管理提供了重要的依据和手段，使行业管理逐步进入法规化、制度化、规范化的轨道。

二是各级交通部门普遍加强了交通运输方针政策的调查研究。提出了《交通行业管理办法》的讨论稿，交通运输企业开展承包经营责任制的意见以及大量的现行经济政策的专

项报告，对交通运输行业管理和适应商品经济发展，起到了积极的推动和指导作用。为了加强政策调研工作，多数省、自治区、直辖市和中心城市的交通厅局，相继建立了政研机构，充实了调研力量。

三是进一步抓了规划工作。编报了《2000年水路公路交通科技、经济和社会发展规划大纲》，各省和有关单位正在根据《大纲》的要求，制定“八五”、“九五”规划方案，区域性交通综合规划和港口总体布局规划，为逐步形成综合运输体系，调整交通运输产业结构和布局，促进运输经济协调发展，提出设想。

四是行业管理的基础工作有了进一步加强。全国交通系统的信息网络有了改善，成立了领导小组和办事机构，召开了全国交通系统经济信息工作会议。完成了全国港口普查、工业企业普查和主要港口能力的核定工作。在统计工作中，全系统广泛应用了计算机技术，提高了统计的速度和准确性。

另外，根据国务院《关于改革道路交通管理体制的决定》，在交通和公安部门共同努力下，公路监理工作已全部顺利移交完毕。监理移交后，各地针对新的情况，相应加强了养路费的征收和运输管理工作，保证了工作的连续性。

第三，搞活企业、改善企业经营管理，企业间的横向经济联合有了进一步的发展

两个层次的承包经营责任制正在普遍推开。5月部对直属大中型企业推行承包经营责任制工作进行了安排，经部与财政部多次协商，已确定了总的承包基数，目前正在按这个方案分解落实。8月部在西安召开了搞活地方交通企业研讨会，交流了经验，进行了若干理论问题的探讨，并对进一步搞活企业的工作作了部署。据不完全统计，目前公路运输企业已有60%以上与上级主管部门签定了承包合同；交通企业内部普遍实行了各种形式的经济责任制和承包制。水运基建管理进一步推行了工程项目概算降系数承包和招标投标制。吉林等省养路系统全面推行了经济承包责任制，河南省实行了公路建设养护大包干。

企业间的横向经济联合有了进一步发展。全国已有26个省、自治区、直辖市建立了联运公司250家，开辟公铁分流线路2 300多条。西南地区组建了五省六方联运协作委员会，扩大了联运范围。东北、华北、华东、中南地区成立了汽车零担运输专业协会。福建省100家交通运输企业组成了全省地市交通运输协作中心。上海港、武汉港和长江集装箱运输公司，联合开展上海至武汉国际集装箱运输业务。产、运、销一条龙综合联营形式也有很大发展。这些在自愿互利基础上组建起来的横向经济联合组织，大大推进了联营联运，加强了运输的协调衔接，显著地提高了运输经济效益。

进一步贯彻了《全民所有制工业企业厂长工作条例》、《中国共产党全民所有制工业企业基层组织工作条例》、《全民所有制工业企业职工代表大会条例》。全国交通系统已有一半以上的企事业单位实行了厂长（经理）负责制。鉴于水运的特殊性和复杂性，部对船舶实行船长负责制问题，采取了积极慎重的态度，进行了调查研究，制定了方案，正在组织实施中。9月，部召开了企业管理工作会议，对企业升级工作作了部署。以企业升级为中心，交通企业普遍加强了质量管理、安全管理、能源管理、设备管理、财务管理，信息、标准、计量、定额、培训、经济活动分析等各项基础工作，企业管理水平有了提高。去年评选出：国家级质量管理奖企业一个，国家级QC小组15个，国家级优质工程4项，部级各种管理优秀先进企业、集体392个和优质工程项目13项。

（二）运输生产和交通基础设施建设取得了较好成绩

第一，公路、水路运输均超额完成了1987年计划

据快报统计，去年全社会公路客、货运量完成66亿人、66亿2 000万吨，分别比上年增长5.7%和6.8%；其中交通部门完成46亿1 500万人、8亿1 100万吨，分别比上年增长4.6%和3.2%。

全社会水路客、货运量完成4亿人、8亿8 000万吨，分别比上年增长2.8%和6.0%；其中交通部门完成2亿4 000万人、5亿4 700万吨，分别比上年下降5.1%和增长4.4%。

通过双增双节运动，取得了较好的经济效益。部直属企业预计全年实现利润11亿3 000万元，上缴税利6亿2 000万元，超额完成上缴计划6 000万元；地方国营交通企业全年实现利润10亿5 000万元，上缴税利2亿6 000万元。部属单位国库券和重点建设债券认购都超额完成了任务。预计节能折合标准煤20万吨，实现经济效益1亿元。与此同时，加强了审计监督工作。

第二，交通基础设施建设成绩显著

全年由部统一安排的基建投资计划已胜利完成。其中27个大中型项目完成年计划的108.4%，15个国家重点项目完成年计划的111.4%。全年共建成投产35个泊位（其中深水泊位10个，中小泊位25个），新增吞吐能力983万5 000吨。全年新建改建公路3万2 000公里，其中一级公路595公里，二级公路4 400公里，是历年修建一、二级公路最多的一年；新建桥梁4 056座，总长14万延米。内河航运建设81个项目基本完成了年计划，提高等级航道650公里，恢复通航里程500公里，解决碍航闸坝8座。

在基础设施建设上，坚决贯彻了“三保三压”的方针。对非生产性建设项目进行了复查清理，停建单项工程2个，缓建单项工程7个，压缩投资2 400万元，推迟建设进度的单项工程23个，压减投资1 400万元。调整了投资结构，提高了重点项目的投资比重。山东、河南等省集中精力抓主要干线建设，近两年每年新增二级公路500公里以上；辽宁省交通厅重点抓好沈大公路建设，沈山线改造；陕西省交通厅重点抓好西安至临潼高速公路、西安至三原一级公路等六项重点工程建设。为了弥补基建资金不足，积极组织利用外资，完成了京津塘高速公路，黄埔港新沙港区一期工程，大连港大窑湾新港区一期工程与世界银行签订贷款协议工作；并提出了第三批日元贷款的备选项目。国内集资建港工作也有所进展，山西省在秦皇岛港投资3 500万元建码头，北方工业公司集资在大连港建设特资码头，陇海沿线河南、陕西、安徽、甘肃等省集资在连云港建码头，正联合上报任务书。港湾和路桥公司在组织实施对外承包工程和劳务输出中，取得了很好的成绩，部驻香港招商集团的业务近几年有较大扩展，为我国交通运输向外向型发展提供了经验。

第三，交通扶贫工作取得了新成绩

去年安排扶贫公路建设资金3 400万元，用于全长2 100公里的76条公路和全长5 700延米的140座桥梁的建设，这些项目涉及82个贫困县。到去年底，已竣工29条公路和9座桥梁。安排扶贫地区内河建设资金1 590万元，完成整治河道286公里，船闸2座，港口码头4座。几年来，利用粮、棉、布以工代赈共修建县乡道路和机耕道12.1万多公里，其中等级公路5万多公里，桥梁7 200座；治理航道1 500多公里，改建码头40余座，兴建船闸

3 座。国务院决定从去年 9 月开始，用库存中低档工业品，采取以工代赈方式分别在四川、江西、宁夏三省（区）的贫困地区进行试点。

第四，狠抓了安全大检查工作，安全情况有所好转

根据国务院全体会议精神，交通系统认真吸取大兴安岭森林大火的惨痛教训，狠抓了安全生产。部先后召开了几次会议，研究情况，部署这项工作，并作出了关于深化安全大检查的决定，组织了 5 个检查组，分别由部、局领导同志带队，分赴北方、华东、华南、华中和长江沿线，深入开展以“查思想、查纪律、查制度、查隐患”为主要内容的安全大检查。各省、自治区、直辖市交通厅局也十分重视和认真抓了安全工作，并由领导同志带队，深入基层进行检查。

今年在这方面工作的特点：一是领导重视，从上到下各级领导，都从克服官僚主义入手，深入到生产第一线了解情况，现场指导；二是群众发动面广，宣传教育的声势大；三是在安全检查中，贯彻了整顿基层，加强基础，改变面貌的要求；四是工作比较扎实，防止形式主义，力求实际效果，对查出的不安全因素、事故隐患和问题，及时制订整顿要求，一条一条措施落实。

经过一年的努力，去年部直属运输船舶海损事故比上年下降 9%；沉船比上年下降 63.6%；死亡人数比上年下降 88.1%；直接经济损失比上年下降 59.95%。

与此同时，去年还重点抓了对内河乡镇运输船舶的安全管理工作。国务院批准颁布了部代起草的《关于加强内河乡镇运输船舶安全管理的通知》，明确了各级地方政府对乡镇运输船舶安全管理的责任。《通知》发出后，各省领导都十分重视，很多省、自治区、直辖市对内河渡口情况进行了调查，加强了管理。江西省组织力量普查了全省近 3 000 处渡口、渡船，进行了安全整顿工作，初步扭转了沉船死人事故严重的局面。湖北、湖南、四川、安徽、江苏、广东、广西等省、区的一些县，也都开展了乡镇船舶普查、整顿和加强管理的试点工作。经过努力，内河安全管理有了明显加强。

港航、公路的公安保卫工作也有所加强，严厉打击了严重刑事犯罪和经济犯罪活动，大力整顿、维护了水运、公路治安秩序。

第五，科技、教育工作取得了新进展

部承担的“七五”期间国家科技攻关项目中的“内河航运开发”和“公路运输”两项共 46 个专题，去年全部完成科技合同的签订工作。全年共取得重大科研成果 120 余项，获得国家进步奖 6 项，其中“青藏公路多年冻土区路基路面试验研究”项目获国家进步一等奖。对外科技合作也取得了较大进展，先后与 6 个国家签订了科技合作协定。

1987 年部属院校和交通系统成人高校、中等专业学校共培养出 6 900 名大专毕业生（其中包括 316 名硕士研究生），1.9 万名中专毕业生，进一步充实了交通系统的科研力量和管理人才队伍。几年来，交通行业大中型企业经理、厂长已有 2 300 人经过培训，参加和通过了国家统考。

（三）加强了精神文明建设

第一，坚持四项基本原则的正面教育，加强了思想政治工作

年初，部党组发出了《关于在交通系统开展坚持四项基本原则，反对资产阶级自由化教育的通知》，通过“两本书”的学习和其他形式的正面教育，提高了广大干部、职工坚持四项基本原则的自觉性。

5月，部在上海召开了中国交通职工思想政治工作研究会常务理事（扩大）会，总结交流了一年多来交通系统思想政治工作的成绩和经验，探讨了新时期思想政治工作的方法和路子。部还在大连召开了交通系统院校思想政治工作会议，贯彻了中央关于加强院校思想政治工作的决定，交通院校思想政治工作有了加强，学生的思想觉悟有所提高。同时，基本上完成了交通系统报刊整顿工作。

第二，加强了职业道德教育，进一步纠正行业不正之风

在各省、自治区、直辖市领导的关心下，各省厅进行大量的工作，取得了成效。1月，部派出了公路、海洋、内河3个检查组，分赴11个省市，与省厅一起，检查了98个单位纠正行业不正之风的工作。7月，部在烟台召开了全国交通系统端正行业风气、加强职业道德建设经验交流会，对近两年来各地的经验进行了总结交流，同时强调指出，新形势下行业不正之风具有长期性、隐蔽性、反复性、复杂性的特点，一定要坚持不懈地抓下去。为贯彻烟台会议精神，部颁发了《交通行业“窗口”岗位人员职业道德规范》，组织编写了《交通职业道德简明教程》。各地各部门也制定了各自的职业道德标准和岗位守则。目前，交通系统纠正四股突出不正之风已初见成效，行业风气正在逐步好转。

第三，深入开展了创建文明单位活动

部制定和颁发了《“七五”期间交通系统加强社会主义精神文明建设的规划》，交通系统各单位也分别制订了规划和措施。全系统普遍开展了创建文明单位、争当文明职工的活动，促进了两个文明建设。去年共评选表彰了113个全国交通系统双文明先进单位、先进集体和190名标兵。继前年烟台港、上海港被评为全国优秀政工企业后，去年烟台汽车运输公司、大连港务局又被评为全国优秀政工企业。全年有11个单位被评为全国交通系统先进政工部门（集体），22人被评为全国交通系统优秀政工干部。

同志们，1987年的工作，是在以往几年工作基础上的发展和完善。为了从连续性和整体性上来认识交通系统的改革与发展，下面我想就过去几年的工作作一简略的回顾。

十三大报告指出：“马克思主义与我国实践的结合，经历了六十多年，在这个过程中，有两次历史性的飞跃”。“第二次飞跃发生在十一届三中全会以后，中国共产党人在总结建国三十多年来正反两方面经验基础上，在研究国际经验和世界形势的基础上，开始找到一条建设有中国特色的社会主义道路，开辟了社会主义建设的新阶段”。交通系统全体职工，在这个新阶段中，坚决按照中央提出的路线、方针、政策，解放思想，实事求是，不断在实践中探索交通运输发展的道路。

在十一届三中全会以前的相当长一段时间内，我国交通运输事业同整个国民经济一样，长期受“左”的思想影响，使我国交通运输的管理体制，存在着很多弊端。随着改革的深入，这些弊端暴露得更加突出。主要是：政企职责不分，以政代企，企业成了政府部门的附属物，既无活力，也无动力；集中过多，统得过死，运输上实行独家经营，建设上主要靠国家投资，影响了多种经济成分、多种经营方式、多种运输力量的发展；部门分割、地区分割，造成陆域线路不能畅通，水域干支不能直达，难以形成具有竞争机制的运输市场，严重影响了运输的综合经济效益。

十一届三中全会以后，在端正思想路线，拨乱反正，贯彻以整顿为中心的八字方针的基础上，开始了交通运输的体制改革。几年来，在中央和国务院领导下，交通运输体制改革，大体上抓了3方面工作：

第一，1982年开始提出放宽搞活交通运输

一是改变交通运输单一的公有制形式，发展个体运输；二是打破“三统”模式，消除部门分割和地区分割，发展多种经营、鼓励竞争；三是在交通基础设施建设上，改变主要依靠国家投资的格局，调动各方面积极因素“一起干、一起上”，共同兴建。在港口建设上，提出了“谁建谁用谁受益”的方针。在公路建设上，提出了进一步贯彻民办公助、民工建勤、多方集资的方针，并允许集资建设的某些重要路段和桥梁收取过路费、过桥费。在此期间，国家给了几项大政策，提高了养路费率，开征车辆购置附加费和港口建设附加费，为交通建设增加了长期稳定的资金来源。

第二，政府交通部门实行职能转变，逐步下放了企业，加强了行业管理和宏观控制

1984年在端正业务指导思想的基础上，提出了政府交通部门要实现“两个转变”，即：从主要抓直属企业，转变到面向交通运输行业；从主要抓企业的具体经营活动，转向抓好行业的行政管理、对运输经济从宏观上进行间接控制。根据“两个转变”的要求，部、省两级逐步将企业下放到中心城市，相应加强了交通行政机构建设和行业管理工作。

第三，深化企业改革，搞活企业

随着企业下放，企业失去了依赖国家吃“大锅饭”的条件，同时由于多种运输力量的发展，形成了企业间的竞争，提高企业管理水平和经济效益成为迫切问题。几年来，交通运输企业逐步由实行各种形式经济责任制，发展到全面开始推行两个层次的承包经营责任制。同时，横向经济联合也蓬勃发展起来。

通过这几年的工作，交通运输的改革和发展发生了深刻变化，主要表现在：

——政府交通部门的职能已基本上从主要抓直属企业转到面向全行业，加强行业的行政管理；从直接抓企业经营活动，转向从宏观上对运输经济进行间接控制。建立健全了政府交通部门五级行政管理机构，加强了交通法制建设、方针政策的研究指导、规划工作、监督协调以及信息服务等行业管理工作。政府工作人员的思想观念和工作方式也随着改革而转变。

——单一的公有制的经济形式已经改变，个体（联户）从无到有，迅速发展。目前个体和联户拥有的汽车已达41万辆，船舶吨位已达341万吨，这些运力遍布全国城乡各地，为促进商品经济发展，解决短途、分散的客货运输困难的问题作出了积极贡献，已成为我国交通运输的重要补充力量。

——打破了封闭式的运输经济格局，多家经营、相互竞争的局面已经形成。多层次、多渠道、多形式的交通运输均有较快发展，远洋运输由原来的几家发展到85家，长江水系航运企业已发展到907家，部门分割、地区分割有较大程度的改变，促进了运输市场的发育，强化了竞争机制，推动了企业经营管理的改善和服务质量的提高。

——企业开始向相对独立的经济实体过渡。通过政企分开，所有权与经营权分离，企业一方面改变了政府部门附属物的地位，增加了活力，同时迫使企业进入市场，在竞争中求得生存和发展，促进了企业内在机制的发挥。

——多方集资，加速交通基础设施建设的路子有所开拓。初步改变了交通基础设施建设主要靠国家投资的做法，积极开拓了多方投资的渠道，如：中央地方共同集资或群众集资集劳政府补助建设公路和内河航道；货主独资兴建或联合集资兴建码头；利用粮棉布、工业品，采用以工代赈办法修路、治河；以及引进外资进行基础设施建设等。

——交通运输全面紧张的局面已经有所缓和。目前从全国运输的总体情况看，全面告急，到处压货、压客的现象已有所缓和。港口通过加快建设和体制改革，抓好“五个环节”的管理，严重压船、压货、造成港口严重堵塞的情况，已基本缓解。全社会公路、水路货运总量1987年比1979年增长了86.1%，其中交通部门增长了8.8%；全社会公路、水路客运总量1987年比1979年增长了244.8%；其中交通部门增长了139.2%；沿海主要港口吞吐量1987年比1979年增长了86.7%，其中外贸货物吞吐量增长了104.9%。党的十二大提出在本世纪末实现两个翻番战略任务的第一个翻番，交通系统是完全可以实现的。

——交通基础设施建设的速度和规模，是建国以来最好的时期。1979年到1987年新增公路10万多公里，使我国公路总里程达到了98万公里；新建各种桥梁2.8万座，使很多江河实现了“天堑变通途”；9年中建港口深水泊位89个，相当于建国后30年新增的总和。我国车船运输能力有了很大的发展，海洋运输船舶已近2 000万载重吨，为世界第八位；内河运力已达1 000余万载重吨，全社会民用汽车已达400多万辆。交通运输的结构和布局，有了较大程度的改善。

——交通运输的技术构成有了一定程度的提高。全立交全封闭的高速公路从无到有，开始进入试验阶段，一级公路已达1 248公里，二级公路已达2.8万公里，等级路的比例已由1979年的59%，上升到66%。50多个大中城市建成进出口道路1 000多公里。港口已建成一批具有世界先进水平的集装箱和其他专业泊位。内河通航三、五百吨级船舶以上的航道里程增加了1 100公里。车船运力的技术构成也有很大变化，集装箱船舶、专用船舶、大吨位车、专用车、集装车占整个车船的比例正在逐步提高。

——交通科研体系基本形成，交通教育初具规模。扩大了科研机构的自主权，加强了科技与运输生产建设单位的横向联系，基本形成了中央和地方相结合、技术开发与应用研究相结合的交通科研体系。进行了煤炭运输系统、集装箱运输系统的优化论证；分节驳运输方式已大量推广，成功地研究了真空预压处理软基技术等处于国际领先地位的交通科研项目。交通系统科技队伍不断壮大，目前共有68个科研机构，1万余人的科技队伍。9年来交通系统共获国家科技进步奖51项，国家发明奖11项，部科技成果奖400多项。交通系统人才紧缺的状况正在改善中，部属高校从1979年的4所发展到11所，中专学校从40所发展到50所。9年来交通系统共培养大专毕业生3万多人，中专毕业生6.4万人。交通系统职工文化素质有了提高，青壮年职工初中补课取得合格证书为66万人，初级技术补课合格40万人，基本上完成了“双补”任务。

——交通系统职工队伍素质有了提高，一支“三具有”的“四有”职工队伍正在成长。广大职工坚决拥护党的十一届三中全会以来的路线、方针和政策，以饱满的政治热情和劳动热情，投入四化建设，为发展交通运输事业做出了积极贡献。涌现出了一大批“安全优质、文明服务”的先进单位和先进个人。1985年至1987年获全国总工会颁发的“五一劳动奖章”的有150多人；1986年和1987年获得“全国交通系统两个文明建设先进单位、先进集体”称号的有140多个，获得“全国交通系统两个文明标兵”称号并享受部级劳动模范待遇的有220多人。

回顾十一届三中全会以来，我们所走过的道路，是在中央正确领导下，随着国家经济、政治体制改革的进程，积极探索，不断改革，稳步发展的，为实现我国交通事业的现代化打下了基础。但前进中的问题还很多：交通运输体制改革有待于进一步深化，对运输经济的宏观控制还很不完善；企业普遍困难，内在机制和外部环境亟待改进；运输能力从总体上看仍然很不适应国民经济发展的需求；基础设施还很薄弱，公路技术标准低，内河航运尤为落后，沿海港口能力很脆弱；交通系统职工队伍的文化、技术素质普遍偏低。我们决不能满足已有的成绩，要正视问题，放眼未来，踏踏实实地改进我们的工作。

二、以改革统揽全局，推动交通运输各项工作全面发展

1988年是全面贯彻十三大精神的第一年。国务院领导同志指出，今年工作的中心任务是：稳定经济，深化改革。根据这一要求，从交通运输的实际情况出发，我们在新的一年要紧紧抓住改革这个中心环节，把深化改革和发展交通运输有机地结合起来，重点抓好以下几方面的工作：

（一）根据政治体制改革的要求，搞好机构改革，进一步实现政府交通部门的职能转变

十三大报告明确提出："必须下决心对政府工作机构自上而下地进行改革"。国务院的机构改革方案，在充分听取各方面意见的基础上已经形成，待今年3月七届人大审议批准后将付诸实施。交通运输系统的机构改革，要按照十三大提出的，以建立综合运输体系为主轴的交通业，作为指导思想。根据国家总体改革的要求，合并裁减专业管理部门和综合管理部门内部的专业机构，使政府由直接管理为主转变为间接管理为主，提高政府对宏观经济活动的调节控制能力。

现代交通运输是一个相互联系的有机整体。只有加强各种运输方式的相互配合，相互补充，扬长避短，协调发展，形成综合运输体系，才能提高运输经济的综合效益，适应和满足社会经济发展的需要。这有利于统筹规划，优化运输结构，充分发挥各种运输方式的优势；有利于各种运输方式协调配合，减少和避免分属几个部门管理带来的弊病和矛盾；有利于开发完善我国综合运输大通道，促进社会经济的发展；有利于开展联合运输，降低物流成本，提高社会经济效益；有利于统一法规政令，加强全行业管理。我们相信，通过机构改革，将促进我国综合运输体系的发展，加速交通运输业实现现代化的步伐。

同志们，政府机构改革是我国政治体制改革的一个重要组成部分，我们一定要坚定不移地遵照中央和国务院的部署，按照"转变职能，下放权力，调整结构，精简人员"的要求，做好这项工作。必须看到，实现这次改革方案的难度还是比较大的。因为它不仅涉及工作职能、工作方法和领导方式的转变，而且还涉及到对原有机构和干部的调整。因此，解决好思想认识问题，使大家都能够顾全大局，同心同德，扎扎实实地做好工作，是这次改革成功的前提条件。

中共中央政治局第二次全会已讨论并原则同意国务院机构改革方案。省、自治区、直辖市地方政府机构改革步骤，要按国务院的部署进行。但在工作中，要贯彻落实国务院关于这

次机构改革的精神，继续实行政府交通部门的职能转变，加强行业管理，改善宏观控制。要进一步强化政策法规、统筹规划、综合平衡、组织协调、监督服务五个方面的管理，更好地发挥政府交通部门的职能作用。随着政治体制、经济体制改革的深入发展，国家将有重点、有步骤地进行计划体制、投资体制、物资体制、金融体制、外贸体制的改革，交通部门的体制也必须作相应的调整和改革。既要根据新体制的需要，理顺各方面关系，使其协调衔接，保证交通运输生产建设的正常进行，又要按照转变职能的要求，在机构设置上相应强化规划、政策法规、安全监督、科研教育、信息服务5个系统，为加强行业管理，改善宏观控制做好组织保证。在今年的工作安排上，各地交通部门不要受上面机构变动的影响，要根据这次会议的部署，扎扎实实地做好各方面的工作。

中心城市是交通运输的枢纽。抓好中心城市交通运输管理体制改革，是交通运输五级行政管理中的关键层次。各省、自治区交通厅局对中心城市的工作要加强领导。中心城市的体制改革是要逐步形成统一的行政管理，加强对运输市场的监督整顿，以及对归口管理的企业进行指导和服务。各省、自治区交通厅局对还未下放的企业，要根据政企分开的原则，继续搞好企业下放工作。部在今年要按照国务院的决定，重点抓好长江港口下放工作。长航局和有关省市交通部门要按改革方案，抓紧时间做好准备，加快工作进度，成熟一个，办理一个。

（二）以搞活企业为中心，进一步落实和完善两个层次的承包经营责任制，推进企业间的横向经济联合

深化企业改革，是经济体制改革的中心任务。深化企业改革的方向，是要进一步解决好政企分开和所有权、经营权分离的问题，使企业建立起既有自我激励，又有自我约束的责权利相结合的经营机制，充分调动企业和职工的积极性，改善企业的经营管理，提高企业的经济效益。今年深化企业改革的重点是，进一步落实和完善各种形式的承包经营责任制，以及企业内部领导体制和经营机制的改革，推进企业间横向经济联合。

第一，进一步落实和完善各种形式的承包经营责任制

目前交通企业正在普遍推行两个层次的承包经营责任制。凡是已经实行承包经营责任制的企业，各级交通部门要帮助它们认真总结经验，研究解决实行承包后出现的新情况和新问题，不断改进和完善承包制。对尚未实行承包的企业，要帮助它们创造条件，及早实行。推行承包经营责任制，要从实际出发，不搞一个模式。盈利企业可实行上缴利税基数定额包干，超收分成，或实行上缴利润递增包干。亏损企业可实行减亏包干。国营中小型运输企业和集体企业可实行租赁制。单车和小型船舶可包给个人。集体运输企业可实行股份制。除此之外，还要结合交通企业的特点，创造更多的承包形式。不管采取哪种形式，都要体现“包死基数，确保上缴，超收多留，欠收自补，自我积累，自我发展”的要求。部属企业今年要全面推行和完善承包经营责任制。部根据同财政部商定的承包方案，已将承包基数分解落实到各个企业。各企业要按分解的指标，修订、完善自己的承包方案，争取第一季度即能签署一批企业的承包合同，上半年内全部完成。

推行承包经营责任制，要继续贯彻以下基本原则：正确处理国家、企业和职工三者之间的关系；正确处理责权利的关系；承包基数要定得合理可行；要采用招标等形式择优选聘承

包经营者；要促进企业内部各项配套改革。

要加强承包经营责任制审计，主要审计承包方案的可行性、承包基数、承包指标和分配比例的合理性。

第二，改革企业领导体制，完善企业经营机制

今年，全国交通系统全民所有制企业要认真贯彻“三个条例”，全面实行厂长（经理）负责制，任期目标责任制和任期终结审计制。要全面贯彻行政决策指挥、党委保证监督、职工民主管理的要求，更好地发挥职工代表大会在民主管理中的作用。目前，全国人大常委会已将酝酿已久、反复修改、多次审议的《企业法（草案）》全文公布，广泛征求意见。待七届人大一次会议审议批准后，我们要坚决贯彻执行。部在第一季度要完成所有直属企业厂长（经理）负责制各项文件的审批工作。各地交通企业推行厂长（经理）负责制的审批工作，按当地政府的安排进行。推行厂长负责制要与推行承包经营责任制有机结合起来，两项工作不能单打一，要统筹考虑，同时进行。今年要按部的部署积极、稳妥地进行航运企业和船舶领导体制改革，推行船长负责制。

继续搞好企业升级工作。交通企业分为25个专业，部已下发16个国家级企业标准（试行）和国家级企业审定办法（试行）。各企业要按升级标准的要求，制定升级规划，抓好各项基础工作，改善企业管理，全面提高企业素质，使企业在安全、质量、消耗、效益等方面达到一个新的水平。部将在年内进行国家级企业试点单位的审定工作。

第三，继续推进企业间横向经济联合，积极发展联营、联运

企业推行承包经营责任制后，横向经济联合有了更为有利的条件。当前，在交通系统要重视发展以下四种形式的横向联合：不同经济成分的联合；不同隶属关系的联合；不同运输方式的联合；产运销等不同经营方式之间的联合。近几年公路运输企业横向联合进展较快，今年要注意加快发展航运企业的横向联合。提倡货主与运输企业直接见面，变封闭型的运输市场为开放型的运输市场，要制定相应的航运市场政策，逐步做到变目前的水运月度调度会为向社会开放的水运市场，指导和促进航运企业的横向联合。

横向经济联合，要尊重和维护企业的自主权，坚持自愿互利、共同发展的原则；要采取多种形式，不搞一种模式。

（三）以提高经济效益为中心，抓好运输生产和基础设施建设

全国计划会议确定，今年计划安排的总方针是，收紧财政和信贷，控制需求，稳定物价，保持经济的平衡和稳定发展。根据这一方针，今年运输生产要在注重效益的基础上稳定增长，直属水运货运量要确保完成2亿1 200万吨，比去年计划增长6%；直属水运客运量要确保完成4 000万人次，比去年计划增长1.8%；沿海主要港口吞吐量要确保完成3亿9 000万吨，比去年计划增长5.4%。各省、自治区、直辖市交通部门轮驳船货运量要完成3亿零500万吨，比去年计划增长0.3%；客运量要完成1亿8 600万人次，比去年计划减少4.3%；汽车货运量要完成6亿9 000万吨，比去年计划增长7.8%，客运量要完成46亿人次，比去年计划增长4.5%。

今年是执行“七五”交通建设计划的关键一年，交通基础设施建设的重点，一是港口建设要确保建成深水泊位14个，中小泊位27个。二是要提高公路建设养护机械化程度，抓

好27条重点公路建设，新建公路1万公里，改建公路8 000公里，其中建成一级公路300公里，二级公路3 000公里。确保建成中巴公路国内段，京广公路武汉市段，赣粤公路江西段，济南~曲阜公路，包头~府谷公路，以及5座重点大桥。三是继续加强内河航运建设，主要建设长江重点港口，西江桂平枢纽，整治京杭运河苏、浙境内部分河段，整治岷江、湘江、赣江、昌江、长湖申线、油墩港等航道，以及11座碍航闸坝复航工程。四是加强安全保障设施和行政管理手段建设，包括航道航标、安全监督、船舶检验、打捞救助、通讯导航、交通管制、消防以及质量监督检测等安全、通讯设施。

为完成今年的运输、建设任务，必须认真抓好几方面的工作：

第一，进一步深入开展增产节约、增收节支运动

开展双增双节运动是一项长期的战略任务。要认真总结去年开展这一活动的经验，继续贯彻“安全优质、多装快运、节能降耗、增收节支，全面提高效益，更好地适应国民经济发展和人民生活需要”的总方针，把双增双节运动在交通系统广泛、深入、持久地开展下去。今年双增双节的重点，要放在抓好安全质量，提高服务水平；加强企业管理，提高运输效率、效益；开展技术革新，加强技术改造；抓好清仓利库，加快资金周转；搞好增收节支，降低燃料、物料消耗等方面。同时，要严格财经纪律，加强专项资金、成本和亏损单位的审计监督，坚决压缩行政事业经费的开支。目前我国财政情况还很困难，而发展交通又需要大量的资金，交通系统的各级领导要胸怀全局，从自己做起，坚决按照国务院要求，厉行节约，努力减少各种非生产性支出，自觉制止各种挥霍浪费现象。

第二，合理调整运力，挖掘运输潜力，确保完成重点物资运输任务

今年煤炭、木材等重点物资运输任务很重，需要通过合理调整运力，挖掘运输潜力来解决。各港航单位要从大局出发，细致地做好港口、船舶运力等各个环节的衔接安排，努力提高运输效率和港口装卸效率。

第三，继续贯彻“三保三压”方针，努力抓好交通重点项目建设

全国计划会议指出，今年基本建设计划安排的指导思想是：保证必要的重点建设，压缩一般性的建设，停建一批无效益的项目和楼堂馆所。坚决控制住固定资产投资规模，并使投资结构有一个较大的调整。国家安排的我部今年基建投资规模比去年减少了将近10%。资金渠道也作了较大调整，国家拨款减少得更多。在这种情况下，我们必须要对原来的建设部署作适当调整，从紧安排各项资金，集中力量保证重点项目的建设，压缩一般性建设项目，使基础设施建设项目安排得更合理。

一是要严格控制新开工项目和非生产性项目。除与电力建设相配套的项目，以及已签正式合同、非新开不可的涉外项目外，今年一律不新开大中型项目及其单项工程。

二是要认真清理在建项目，使在建规模与财力、物力相适应。在建项目要注意同配套项目同步建设。对那些确实不具备建设条件和投产后不能正常发挥效益的项目，要坚决停建和缓建。要根据“七五”计划前两年的执行情况和今后3年的资金可能情况，相应调整“七五”计划。

三是要严格按照基建程序办事，认真做好前期工作。对于补助地方的建设项目，各省要安排足配套资金，集中财力、物力保证重点项目建设，满足工程进度需要。

四是要进一步推行和完善工程概算降系数包干、招标投标、公路建设养护大包干、工程监理制度等基本建设管理体制改革措施。要合理安排工程进度，努力降低工程造价，坚决保证工程质量。要继续按照分期建设、分期投产的要求，使建设项目尽快形成生产能力。加强建设项目的跟踪管理，做好项目的后评估工作。

这里强调说一件事，各地在进行公路改造时，要先修好便道，设置标志，制定相应的管理办法，确保不影响正常通车，方便群众，避免不良影响。

第四，充分依靠科学技术，促进生产、建设的发展

科技工作要坚决按照以经济建设为中心的思想，抓好科研项目的检查和协调，确保科研计划进度。积极开拓技术市场，进一步扩大科技成果的商品化，充分发挥竞争机制，促进科技转化为社会生产力的进程。要重视科技情报信息交流，努力为发展交通运输决策服务。要继续推进科研体制改革，进一步推行所长负责制。要加强科研基地的建设，为我国交通科研发展增添后劲。要积极准备、编制“八五”科技发展规划，使“七五”与“八五”很好地衔接起来。今年要着重抓好高等级公路建设、内河航运关键技术、新型客车技术等一批国家科技攻关项目，以及港口装卸、高等级公路路面施工、内河航运关键设备及检测设备、汽车检测成套设备等一批引进消化吸收项目。

第五，要继续加强院校建设，抓好职工教育和人才培养

“百年大计，教育为本”。发展交通运输事业，人才是关键。交通系统的各级领导，要遵循十三大精神，不断深化对搞好交通教育工作重要性的认识。各级各类交通院校都要坚持社会主义办学方向，加强交通主干专业的建设，调整专业、层次结构，提高教育质量，为交通运输事业培养和输送大量合格适用的人才。要逐步推行院校长负责制，给院校以更多的办学自主权。要加强岗位职务培训和电视中专等各种成人教育，做好工程技术干部的继续教育。

第六，树立交通运输为社会经济发展服务的观念，调整交通运输的产业结构，逐步形成交通运输的新格局

根据十三大提出的我国经济发展战略，在实现第二步奋斗目标中，我国的产业结构和生产力布局将发生一系列重大变化，第三产业在国民经济中的比重将会有较大的提高；农业人口向非农业转移的速度加快，城乡经济结构将有所改变，农副产品的商品率和乡镇企业的产品将显著增长；沿海开放地带逐步转向发展外向型经济的轨道，外贸事业有新的发展；贫困地区的经济将得到进一步开发。最近，中央决定加快海南岛的开发建设，在海南实行更加开放、更加优惠的特殊政策；要加速开发长江三角洲、珠江三角洲和闽西南三角地区；要研究走国际大循环经济发展之路的问题。交通运输必须根据社会经济发展的需要，作出相应的安排。我们一方面要搞好“八五”和2000年发展规划，继续做好地区交通网、港口布局总体规划和内河航运水系规划，一方面要从现在做起，使运输生产、建设逐步形成为社会经济发展服务的新格局。要适应加快电力建设，能源需求量加大的特点，继续搞好西煤东运、北煤南运、北油南运；要根据进一步对外开放，发展外向型经济的需要，加强沿海港口和沿海地带的内河、公路建设，积极建设一批符合我国国情国力的汽车专用路，大力发展成组运输、滚装运输和集装箱运输；要适应农村商品经济发展的需要，搞好中短途、小批量、门到门的运输；要根据改变一亿人口贫困地区落后面貌和建设海岛、开发海岛资源的要求，加强贫困地区的交通建设，发展岛屿运输和陆岛运输；要从旅游事业迅速发展，人民生活水平不断提高的要求出发，加速发展客运，不断提高客运的方便性、时效性和舒适程度。

（四）继续抓好安全工作

安全是交通运输的生命线，是第一位的重要工作。任何时候都不能掉以轻心。去年部直属企业的安全状况有了较为明显的改善，但从全局来看，仍然缺乏稳固的基础，问题还很严重。我们要在去年工作的基础上，继续下大力气抓好今年的安全工作。

第一，牢固树立“安全第一”的思想，坚持不懈地抓好安全工作

继续贯彻国务院关于大兴安岭特大森林火灾事故处理决定的精神，切不可刚稳定了一段就松懈麻痹起来，必须持之以恒，常抓不懈。几年来，在安全工作上，已积累了一整套行之有效的方法，要坚持下去。要按照“一个精神”（以对人民高度负责的精神，严肃地对待安全工作）、“四句话”（严字当头，以身作则，敢于管理，狠抓落实）、“三个环节”（树立高度的政治责任心；加强严格的组织纪律性；提高职工素质及管理水平和手段），抓好经常性的工作。在安全大检查中，要贯彻“远近兼顾，标本兼治，综合治理”的方针，以及“从严治理，全面整顿，逐一验收”的要求，把安全工作提高到一个新的水平。

第二，进一步深化安全大检查

要在去年的基础上，把深化安全大检查作为今年安全工作的重点，狠抓落实。安全检查不要停留在就事论事的检查上，必须贯彻整顿基层和加强基础、改变面貌的要求，特别要注意抓好机关作风的整顿，克服官僚主义，做到深入基层，面向基层。不解决好这个问题，大检查的成果难以巩固。对检查出来的问题，要及时采取整顿措施，并落实到责任单位和人头。处理解决一个问题，要注意举一反三，以点带面。各单位整顿后，可先自行组织验收，不要等待部的统一部署检查。

第三，依法治安全，认真贯彻落实《国务院关于加强内河乡镇运输船舶安全管理的通知》

要向社会广泛宣传国务院98号文件精神。乡镇运输船舶安全管理难度很大，交通部门和港航监督、船舶检验等部门要积极主动配合地方政府，共同研究辖区乡镇运输船舶安全管理措施，加强现场监督检查，取缔违章，把乡镇运输船舶安全管理工作切实抓紧抓好。长江航政局和有内河乡镇运输船舶管理任务的海监局，在第一季度内，要以贯彻落实98号文件为重点，作出工作计划安排报部。部将在二季度召开贯彻98号文件的全国现场会。

第四，继续抓好海监局的组建和组建后的建设工作

今年要继续完成秦皇岛等港口海上安全监督局的组建工作，各有关港口和港监部门要认真做好准备。当前各海监局要按照“完善体制机构，理顺内外关系，健全工作制度，提供航海保障，加强监督服务，改善水上秩序”的要求，搞好自身建设，树立良好的工作作风，充分发挥监督管理和服务保障两个职能。要积极争取地方政府对海监工作的领导和支持，与各港航单位加强协作，为加强我国水上安全行政管理工作尽职尽责，做出贡献。

与此同时，要加强救助打捞建设，不断增强海上搜救能力，提高救助工作水平。

第五，抓好春运安全

春节即到，客运将逐步进入繁忙高峰时期。各级交通部门和运输企业要以搞好春运安全为重点，抓好当前的安全工作。要从车、船技术状况，客运站安全设施，人员技术素质、规章制度、劳动纪律等方面入手，逐项进行落实，不允许有任何疏忽。要严格按核定定额载客，严禁超载，尤其要注意严禁旅客携带易燃、易爆危险品上车上船，加强严密的检查措施。发生超载及携带易燃易爆危险品上车上船，要追究车、船、港、站和安全监督管理部门的责任。

交通公安机关，要会同有关部门，落实各项安全防范措施，维护好客运治安秩序，加强消防监督管理，严防火灾、爆炸事故发生。

（五）进一步加强社会主义精神文明建设

精神文明建设是建设具有中国特色的社会主义的长远指导方针，要结合交通系统的实际，坚持不懈地抓下去。今年要重点作好以下几件工作：

第一，进一步学习和贯彻十三大精神

按照部党组《关于学习党的十三大文件的通知》要求，围绕社会主义初级阶段的理论和基本路线，针对职工的思想实际，继续组织深入的学习和宣传，进一步领会十三大精神，准确把握重点。广大党员干部，特别是党员领导干部，要带头通读、精读文件，把思想提高到十三大提出的各种新的观念及认识上来。对院校师生，要根据他们的特点和思想情况，用研讨、切磋以及指导他们走向社会、进行调查研究等办法，有针对性地解决学习中的问题。

第二，进一步加强职业道德教育，端正行业风气

要注意从整体上提高职工队伍的思想道德素质和科学文化素质，不断地抵制和清除封建主义、资本主义腐朽思想的影响，这是一项长期任务。当前要认真贯彻交通行业十大窗口职业道德规范，逐步培养和建立良好的车风、路风、船风、港风、厂风、校风。对于纠正行业不正之风，要立足于“两个估计”，即：对行业不正之风的严重性不能估计过低，对纠正行业不正之风的效果不能估计过高。我们端正行业风气的基本方针是：提高认识，常抓不懈，狠抓落实，注重实效。要反对形式主义走过场，克服松劲“厌战”情绪，防止用“刮风”的办法来“纠风”。在纠正行业不正之风的过程中，要认真落实“八个抓”和“四句话”，注意“堵”、“导”双管齐下。一方面认真查纠，加强管理，堵塞漏洞；另一方面着眼于疏导，通过加强思想政治教育和改革措施，使纠正行业不正之风成为广大职工的自觉行动。当前，我们正在全行业开展端正行业风气的群众性的自查自纠活动，这次自查自纠的重点，一是行业风气不正的一些“死角”；二是过去已经查纠，现在又反复、回潮的问题；三是单位内外群众反映强烈，影响很坏的典型事件。这三个重点问题，各单位都要高度重视，认真查纠。尚未开展自查自纠活动的单位，要立即抓紧进行。

第三，加强思想政治工作，建设“四有”职工队伍

实行党政分开以后，将形成以精干的专职政工干部为骨干，以广大行政业务干部为主力军的思想政治工作新格局，这是一个具有重大意义的变化，将会进一步改善和推动思想政治工作。交通系统的各级专职政工干部和行政业务干部要切实做好经济、政治体制改革过程中的思想政治工作，把协商对话制度建立起来，及时地、畅通地、准确地做到下情上达，上情下达，彼此沟通，相互理解。我们的各级领导，对职工中涌现出来的改革热情和创新精神要积极支持；对各种思想认识问题要正确疏导，使干部职工正确对待各种利益关系的调整，提高对改革的理解程度和承受能力，自觉地支持改革和投身改革。要教育广大职工发扬自力更生、艰苦奋斗的创业精神，发扬脚踏实地、埋头苦干的奉献精神。要激励广大职工建设社会主义的积极性，积极投入交通运输生产建设中去。要把继续开展创建文明单位的活动，作为建设“四有”职工队伍的重要途径。

长期以来，交通系统的广大政工干部在发展交通运输事业，加强交通职工队伍建设等各项任务中，做了大量的卓有成效的工作。我们要正确地看待政工干部的历史地位和作用，在实行党政分开的过程中，要更好地发挥他们的作用。

同志们，十一届三中全会以来，在党中央国务院的领导下，我们交通系统的广大职工，以献身于四化的巨大热情和创造精神，深化交通体制改革，加快运输生产建设，使交通运输业的面貌发生了历史上从未有过的深刻变化，为国民经济和社会发展作出了积极的贡献。随着改革的深化，各种运输方式将会更加有机的结合和协调起来，逐步完善综合运输体系。这个变化给我们提出了新的、更高的要求，我们要善于学习，不断更新知识，适应新的变革。在机构改革过程中，领导机关和广大干部要坚决按照国务院的决定和部署，统一认识，顾全大局，保持思想稳定，同心同德，尽职尽责，做好各项工作的衔接，完成各项任务。

同志们，我国的国民经济和社会发展正朝着实现第二步奋斗目标迈进。我们要在巩固已有成绩的基础上，保持和发扬交通系统的优良传统和作风，沿着已经制定的交通改革和建设的方针、规划，继往开来，加快改革步伐，加速交通运输生产建设，不断提高交通运输的社会效益和经济效益，为进一步开创交通运输事业的新局面，为国民经济的稳定和发展，做出更大的贡献。

最后，我代表交通部和部党组，向到会同志、并通过你们向交通系统的全体建设者、生产者、干部、科技人员和教职员工转达崇高的敬意和亲切的问候！

抓好治理整顿　继续深化改革
推动交通运输事业发展

——钱永昌部长在全国交通工作会议上的讲话

（1989年2月27日）

党的十三届三中全会作出了治理经济环境、整顿经济秩序、全面深化改革的重大决策。我们这次会议的主题，就是根据三中全会精神，总结1988年的工作，研究治理整顿交通运输秩序，深化交通改革，探讨交通建设长远规划设想和“八五”计划的目标，部署今年运输生产和基本建设等项工作，进一步推动交通运输事业的发展。

一、1988年工作回顾

1988年，全国交通系统认真贯彻党的十三大精神，以改革统揽全局，各方面工作取得了新的进展。

（一）交通改革逐步深入

第一，部机关的机构改革顺利完成。根据七届人大通过的《国务院机构改革方案》和李鹏总理的指示精神，我部从去年4月开始，着手进行机构改革。经过8个月紧张细致的工作，拟定了“三定”方案；进行了职位分解；按照干部四化标准和民主推荐、双向选择的方法，配备了各级干部。这次机构改革的主要特点，一是以转变职能为核心，强化了综合业务管理部门，加强了行业管理和宏观调控的职能；二是进一步下放了权力，淡化了对企事业单位的直接控制；三是从优化管理结构、减少业务交叉和提高机关办事效率着眼，调整了机构，精简了人员；四是在改革调整过程中，注意稳妥过渡，确保运输、建设等各项工作的正常进行。通过改革，撤销了3个专业局，成立了运输管理司和工程管理司；撤销了政治部，将其职能分别划归有关部门；新设了政策法规司、体制改革司、人事劳动司和外事司；组建了公路、港湾两个总公司和交通通信、信息、水上货运3个中心；恢复交通部科学研究院，组建科技基金会。从而基本上理顺了运输、基建、工业、科研、教育、通信等管理体制。这次机关机构改革，不仅对部机关更好地行使政府部门职能具有重大意义，也为交通管理体制改革探索了一些路子。

去年，国务院决定对交通投资管理体制进行改革，成立了国家交通投资公司。这一改革，将有利于实现项目决策的科学化，提高固定资产投资效益。

第二，行业管理体制改革进一步深入。全国政府交通部门的五级管理体制逐步完善，很多省、市着重加强了基层管理机构的建设。山东省新建和完善了乡镇交通管理所1 490个。在交通管理体制中，处于承上启下关键地位的中心城市的交通管理体制改革，也有了一定的进展，不少城市正在积极探索改变政出多门、管理多头的问题。交通部直属的沿海港口（除国务院决定的秦皇岛港不下放以外），已全部完成管理体制的改革；同时，相应组建了

14个海上安全监督局。部直属的长江干线26个重点港口，已有20个下放到当地政府，其余港口也将于近期办理移交手续。

第三，企业改革不断深化。全国交通企业，认真贯彻《企业法》，加快了企业内部的配套改革，进一步完善了两个层次的承包经营责任制。据全国29个省、市交通厅（局）统计，到1988年底，交通系统2 277个全民所有制企业中，已有1 774个实行了各种形式的承包经营责任制。其中实行招标承包的有552个，实行工资总额同经济效益挂钩的有628个。多数省、区、市实行承包的企业已达80%以上。部直属企业和实行企业化管理的事业单位普遍实行了厂长、经理负责制，航运企业实行船长负责制的船舶已达80%以上。通过这些改革，企业的活力普遍增强，经济效益普遍提高，一些企业生产滑坡的局面开始好转。

交通企业的横向经济联合和企业兼并逐步发展，出现了一批跨地区、跨行业的联营企业或企业集团。沈阳北方公路市政联营公司由沈阳、长春、吉林等14个单位组成；四川雅安交通机械厂与成都微型汽车厂、北京二汽组成联营公司；攀枝花汽车修理厂与波兰一企业组成联营公司。这些企业集团通过联营兼并，优化了企业结构，促进了企业集约化经营和规模效益的提高。

企业升级工作开始起步。全面加强了企业管理，开展了企业升级的评审活动，不同程度地提高了企业素质和产品质量。大连港务局等13个企业被评为国家二级企业；烟台港务局等6个企业被授予“全国设备管理优秀单位”称号；评出部级经济效益先进单位55个；评出部优产品22个，有几家客车厂分别获得部优产品开发奖、“中华杯”综合奖和设计优秀奖。

第四，开始进行清理整顿工作。在清理涉外经济合同之后，相继开展了财务、税收、物价大检查，清理在建项目，清理整顿公司，压缩集团购买力等，取得了积极成果。

根据治理整顿的精神，对运输市场进行了调查研究，提出了《关于整顿治理道路、水路运输市场的决定》。

在改革和整顿过程中，加强了法制建设。1988年，经部批准发布的行政规章有《汽车货物运输规则》、《汽车旅客运输规则》、《港口以港养港资金管理暂行办法》等39件；上报国务院的交通法规草案有《道路运输管理条例》等3件；经修改后拟报国务院审议的行政法规草案有《海港管理条例》等4件。

（二）交通运输生产和基础设施建设取得了新的成绩

1988年，全国交通运输企业在高成本、低运价，油料和原材料十分紧缺的情况下，千方百计，挖掘潜力，开源节流，增收节支，圆满地完成了生产和基建任务。

全国公路、水路运输生产继续保持稳定增长的势头，社会客运量和货运量分别达到76亿人次和81.6亿吨，比1987年增长1.7%和2.3%。沿海主要港口吞吐量完成4.5亿吨，比上年增长10.6%。

交通部门汽车客运量完成45亿人次，比上年减少1.6%，汽车货运量完成6.8亿吨，比上年减少3%，客货周转量有所增长。交通部门轮驳船客运量完成2.4亿人次，比上年增长1.3%；轮驳船货运量完成5.8亿吨，比上年增长5.8%。

1988年运输生产的特点是，煤炭、粮食、集装箱、外贸物资运输有较大幅度的增加，并都超额完成了任务。沿海、长江8个港口，共发运煤炭7 300万吨，比上年增长13.1%。沿海、长江干线运输煤炭6 330万吨，比上年增长6.9%。对确保华东、华南沿海地区电力、工业及民用生活用煤发挥了作用。圆满地完成了调运东北玉米支援灾区的任务。同时还抢运大兴安岭过火木材，共运出30.3万立方米，为下达任务22万的137.7%。国际集装箱港口吞吐量完成94.7万标准箱，国轮远洋集装箱运量完成90万标准箱，公路专业运输部门国际集装箱疏运量完成22.5万标准箱，比上年都有较大幅度增长。沿海港口外贸压船情况进一步缓和，沿海主要港口日均在港外贸船344.4艘，虽比上年有所增加，但由于港口提高了效率和新建泊位投产，港口日均作业船开工艘数增加到151艘，比上年提高了18.3%，作业船与待作业船比为1∶1.28，低于1∶1.3的国家考核指标。国际班轮航线有较大发展，由95条增加到115条，核心班轮由20条增加到33条。全国现有公路客运分流线路2 800多条，营运客车9 300多辆，全年运送旅客3.4亿人，减轻了铁路客运压力。全国现有货运零担班车线路2 500多条，年分流零担货运量近500万吨，全国零担运输网络已初步形成。

基础设施建设情况良好，建成了一批重点工程并开始发挥效益。全年建成深水泊位17个，中小泊位27个，增加港口吞吐能力1 439万吨。全国新建公路1.5万多公里，其中，高速公路151.5公里，汽车专用公路113公里，一级公路370公里，二级公路3 750公里，建成公路桥梁3 000多座，长15万延米。沈阳至大连南北两段高速公路和上海至嘉定高速公路的建成通车，结束了我国大陆上无高速公路的历史，经济效益和社会效益都很好，显示出了高速公路的优越性。近几年来城市出入口拥挤状况得到了一定程度的缓解，去年新建和扩建大中城市出口公路590公里。京杭运河徐州至扬州段的续建工程全部完成，并通过国家验收，航道达到二级标准，通过能力达到1 000万吨。

"双增双节"取得了较好成绩，部属企业上交税利为承包上交任务的115.6%，非贸易外汇收入比计划超收7.5%；地方国营交通企业实现利润比上年也略有增加；燃料和原材料消耗也有所下降。

交通科技、教育继续发展。国家科技攻关项目取得一些重大阶段成果，分节驳顶推运输工业性试验效益显著。1988年部评审出科技进步奖51项（二等奖10项，三等奖41项）。获得国家科技进步奖3项，发明奖3项。对部属高等学校和中专学校的办学层次和专业结构进行了调整，提高了交通主干专业比重，改革了招生和毕业生分配工作。1988年交通系统各级各类学校共招生2.6万人，毕业2.6万人，在校学生达8.3万人。

加强了交通运输发展战略的研究。中央提出沿海地区经济发展战略以后，我们通过调查研究和论证，提出了为适应沿海地区对外开放、大进大出的需要，加快交通运输发展的初步设想，并组织有关单位召开了"沿海地区交通发展战略研讨会"。各省、自治区、直辖市、计划单列市、经济特区的交通部门也加强了交通发展战略的研究。

（三）加强了交通安全工作

1988年国务院召开了全国交通安全工作会议，这是建国以来第一次。国务院领导提出要从"改善领导，提高职工队伍素质，加强管理，严格纪律，遵守制度，加强设备维修管理"等六个方面对安全工作进行全面治理，并作出了关于加强交通运输安全工作的决定。我部根据国务院的指示和决定，提出了"远近兼顾，标本兼治，综合治理"的方针及“从严治理，全面整顿，逐一验收”的要求，制订了全面治理的35条决定及一系列安全规章制度。各单位对原有规章制度、操作规程普遍进行了清理和修改，建立了主要领导对安全工作负第一位责任，分管领导负重要责任，所有领导按业务分工负综合治理责任的领导安全责任制。健全了港监、船检部门的各级岗位责任制，船员技术证书、海员证书和船员服务簿管理及培训等制度。沿海助航设施有了明显改善，助航效果有所增强。重点抓了客船、油船和客渡船的安全管理，从船舶的稳性和技术状况到船员的政治、技术素质，都严格把关。在调查研究基础上，作出了《长江干线港航监督管理若干问题的决定》。制定了新建船舶和营运船舶的检验工作程序和职责两个规定。狠抓了国务院国发〔1987〕98号文件的贯彻落实，加强了乡镇船舶的安全管理。全国大型骨干航运企业发生的海损事故、沉船艘数、死亡人数分别比上年减少60%、100%、31.7%。地方交通运输船舶事故在连续五年大幅度上升之后，去年开始出现下降趋势，事故件数、沉船艘数和死亡人数分别比上年减少9.9%、22.7%、16.2%。严厉打击了刑事犯罪活动，强化了港航治安管理，保持了港航治安稳定。

（四）改善和加强了思想政治工作，促进了精神文明建设

坚持两个文明一起抓的方针，加强了职工队伍的建设。通过各种形式组织干部和群众认真学习了十三大和十三届三中全会文件，提高了对当前形势的认识，统一了思想，为全面深化改革和搞好治理整顿打下了比较好的思想基础。普遍加强了职业道德教育，开展了纠正行业不正之风的自查自纠活动，强化了监督检查措施，推动了良好行业风气的建设。逐步建立了厂长负责，行政主管，政、党、工、团密切配合，干群结合、专兼结合的思想政治工作网络体系。注意发挥了交通职工思想政治工作研究会的作用。通过开展创建活动，有130个单位被命名为1987年度部级文明车站，70个单位被命名为部级文明车队，59人获得“五一劳动奖章”，4个企业获得“五一劳动奖状”。

一年来，在国务院的领导下，交通部门各项工作取得了较好成绩。但我们的工作中还存在着不少的问题，主要是：行业管理和宏观调控缺乏有力手段，运输市场混乱现象比较严重；企业改革不配套，外部环境严峻；运输经济效益差，企业亏损面大，多数企业缺乏后劲，没有自我发展能力；交通基础设施能力（包括公路、港口）和水上运力不足；交通运输安全的基础仍然薄弱，重大事故时有发生。所有这些，都需要我们在今后工作中认真研究解决。

二、搞好治理、整顿，深化交通改革

今明两年要根据三中全会精神和国务院的一系列决定，除贯彻落实国务院的要求外，结合交通运输特点，重点抓好治理、整顿运输市场，完善行业管理体制和企业内在机制，进一步促进交通运输事业的发展，为保障社会有效供给作出贡献。

（一）努力完成交通运输在国民经济调整中的任务，保障社会有效供给

交通运输是国民经济的基础产业，要正确认识自身在当前国民经济治理整顿中的作用，摆好位置。一是交通运输要在国民经济调整中继续发展。根据中央精神，在治理、

整顿和调整中，交通运输业是需要加强的部门，按照全国产业发展序列，在基本建设方面排列第二位，是国家重点支持的产业。国家根据产业倾斜的政策，对公路、水运基建投资今年比去年略有增加。我们一定要不辜负国家对交通的期望，安排好交通运输的建设和发展。二是交通运输要努力为国民经济调整服务。根据“保重点”的原则，急国家之急，确保工农业生产和人民生活急需的粮食、煤炭、石油、木材和支农物资的运输，搞好外贸运输和旅客运输。这是保证国民经济在调整中持续稳定发展和人民生活稳定提高的重要环节。各级政府交通部门要采取切实措施，保证完成国家下达的任务，在为提供社会有效供给方面发挥积极作用，特别是煤炭、粮食的运输。三是交通运输本身也要调整结构。为了更好地发展交通运输事业，必须进一步调整交通运输结构，除在“八五”规划中着重加以体现外，还应体现在今年的固定资产投资上。交通基本建设项目，要按国务院有关规定进行清理。对生产性建设项目，也要区分轻重缓急，严格控制基建规模和标准。对于为保证重点物资运输所需要的运力和工程项目，除充分挖掘潜力外，要采取应急措施，尽可能增加投资比重，发挥投资效益。

（二）整顿运输市场秩序，加强运输市场管理

几年来，在放宽搞活的政策指引下，我国运输市场出现了繁荣活跃的局面，对国民经济的发展起到了积极的作用。但是，在目前新旧体制转换过程中，由于受到各方面条件的制约和影响，运输市场还比较混乱。在一些方面和地区对运力发展缺乏有效管理，结构和布局不够合理；运价与物价改革不同步，价格背离价值；竞争机制不健全，竞争条件不平等；管理体制尚未理顺，政出多门。因此，迫切需要对运输市场进行全面、有效的治理和整顿。

治理、整顿运输市场的目的，是要在进一步放宽搞活的前提下，培育运输市场，完善运输市场的机制。对凡是从事公路水路客货营业性运输、搬运装卸、车船维修、地方船舶制造、运输服务业的单位和个人的经营条件、范围、行为及证照，要进行认真的清理。对合法经营者，应予以支持和保护。对不符合政策规定的，要限期整顿改正，经过整顿仍不符合条件者，要会同工商部门令其停业，收回证照。通过治理、整顿，加强宏观调控，改善对运力和货源的管理。对车、船运力的发展，必须进行综合平衡，使车、船运力大体与客货源相适应。对申请参加客货营业性运输的单位和个人，要根据其所要求经营范围内的客源、货源、运力的分布和供需情况，以及燃油供应情况，道路、航道、港站基础设施的能力等条件进行审批。对重点物资、防汛、抢险、救灾等紧急运输任务，要实行指令性计划；要进一步放宽搞活货运市场，推行合同运输，鼓励货主择优托运，交通主管部门要加强组织协调和管理工作。任何单位和个人都不得封锁、垄断货源，对倒卖货源、运力，居间盘剥者要坚决予以取缔。交通主管部门要有计划地兴办面向社会开放的水、陆货运中心，组织合同运输，为承托运双方提供运力、货源及运输信息等各种服务。要逐步完善运输市场的各项制度和规则，各种运输力量进入运输市场交易，必须遵循一定的行为规范，依法经营。政府交通主管部门要根据《水路运输管理条例》、《公路运输管理暂行条例》和国务院国发（1984）152号《关于改革我国国际海洋运输管理工作的通知》等有关规定，进行整顿和管理。所有被准予参加营业性运输的车、船，必须纳入政府交通部门的行业管理。交通系统的运管、航管部门，要切实履行对运输市场监督检查的职责，船检、港监、路政等部门要密切配合。

除了治理整顿客货运输市场外，还要加强基建市场的整顿和管理。重点是整“倒”治贿，清查非法经营。对行贿受贿、泄露标底、倒手转包、出卖证照、倒卖材料、无照施工等不法行为，要认真查处。要制定交通基建市场管理办法和各项规则，加强管理，形成公平交易、平等竞争的市场新秩序。

要正确认识和处理治理整顿与改革开放的关系。治理整顿的目的，是为了巩固、完善改革成果，并为进一步深化改革创造条件，不能回到旧体制的老路上去。

（三）深化交通改革，完善行业管理体制和企业内在机制

在行业管理体制方面，主要是健全和完善全国五级交通管理体制和港口体制改革的一些后续工作，进一步理顺各方面的关系。

继续深化企业改革，逐步建立起自主经营、自负盈亏、自我发展和自我约束的机制，增强企业经营活力，提高经济效益。

第一，要认真贯彻《企业法》，在交通企业全面推行厂长（经理）负责制和航运企业内的船长负责制，在船检和港监系统实行局长负责制。进一步理顺党、政、工三者关系，真正做到厂长（经理）全面负责，党委保证监督，职工民主管理。要对1988年实行任期目标责任制的企业进行检查和考核。继续加强企业领导班子建设，采取短期培训、经验交流和问题探讨等多种形式，进一步提高领导班子的业务、技术和政治素质。

第二，继续推行和完善两个层次的承包经营责任制。今年1月，国务院已批准交通部直属企业以1988年为基数，实行工资总额同换算周转量和实现税利复合挂钩的承包办法，做到职工工资奖金分配随着劳动生产率和经济效益上浮或下降。地方大、中型企业也可参照这个办法选点试行。中小企业可实行招标承包，积极推行风险抵押承包。小型企业，要因地制宜，实行多种承包经营形式并积极推行租赁经营。要选择有条件的企业实行资金分账试点。

第三，深化企业内部配套改革。要根据《企业法》赋予的权力和本企业的特点，因地制宜地逐步改革人事制度、劳动制度和分配制度。企业内部各级管理人员，要实行竞争，择优选聘。稳步推行优化劳动组合，实行动态组合，保留一定的待岗率，富余人员主要靠企业内部消化，另行开辟门路，扩大就业领域。企业有权根据生产经营情况，本着工资收入增长要低于劳动生产率增长的原则，层层建立与分配挂钩的责权利关系。

第四，探索企业改革深化和发展的新路子。近几年，交通系统企业出现的企业兼并和企业集团，是商品经济和社会化大生产发展的产物，是企业改革的新发展，要在总结经验的基础上推行。企业兼并要做到兼容并蓄，宜包则包、宜租则租、宜并则并。要有计划地发展企业集团，当前主要是促进重点企业集团的发展。

第五，加强企业管理，提高经济效益。继续开展企业升级工作，促进企业“抓管理、上等级、全面提高素质”。认真抓好企业各项基础管理工作，加强对职工的岗位职务培训，继续推行和应用“全面质量管理”、“内部银行”、“满负荷工作法”等各种现代化管理方法。认真做好部归口的工业产品生产许可证发放工作及许可证制度的监督检查工作，提高产品质量。广泛深入开展企业经济活动分析，着手研究企业管理整体优化，提高企业整体素质、管理水平和经济效益，逐步实现企业管理现代化。

（四）加强法制建设和监督工作

加强交通法规建设。积极做好已经上报国务院的海商法、道路运输管理条例、海上集装箱运输管理条例等五个交通法规的协调与修改工作，力争尽早出台；争取完成海港管理条例、中外合作打捞沿海沉船沉物管理办法、海上搜寻救助办法、内河航道养护费征收办法等4个交通法规的审定工作并上报国务院；完成港口建设管理条例、船舶代理、危险货物运输管理等8个法规的起草、审查、报批工作。协同铁道、公安、机械电子部完成铁水联运、船舶治安消防等5个交通运输规章和管理办法的联合起草任务。

加强监察工作。认真贯彻全国监察工作会议精神，主要抓好三件事：一是加强执法监察，保证政令畅通，当前要着重监督贯彻执行三中全会精神和国务院各项通知的情况；二是开展以反贪污受贿为重点的反腐败斗争；三是促进和加强廉政建设。坚持“公开办事制度，公开办事结果，依靠群众监督”的“两公开、一监督”，认真执行部制定的12条廉政措施，务必保持为政清廉。

加强审计工作。认真贯彻执行《审计条例》，健全审计机构，充实审计人员。主要抓好自筹基建资金的审计，坚持实行本单位内审签证等制度，坚持厂长任期目标年度考核及离任经济责任审计，开展各项专项资金审计，重点抓好以港养港资金、养路费和运管费的审计工作。

三、树立长远观点，抓好“八五”起步

今年是“七五”第四年，前三年“七五”计划的执行情况总的来看是比较好的。现在，我们一方面要继续抓好“七五”后两年的工作，完成“七五”计划；一方面要下力量抓好交通建设长远规划设想和“八五”计划的研究、编制工作。

交通事业经过10年改革和“六五”、“七五”的建设，取得了很大成绩。但由于欠账太多，交通建设在很大程度上带有“还账”、“补课”的性质，运输能力仍处于“滞后”状态，制约着经济和社会发展。为此，最近国家通过产业政策调整，确定对交通运输业采取倾斜政策，给予优先发展。我们面临着压力与机遇共存的形势，既要有“危机感”，也要看到有利因素，努力把各项工作跟上去。下面讲3点意见。

（一）关于交通建设的长远规划设想

首先，交通建设必须要有长远的规划设想。紫阳同志曾经指出，经济建设要有一个长远的部署，五年、五年的搞不行。这对交通建设来说，尤为重要。交通系统的同志在规划和建设工作中必须树立长远观念。交通运输是国民经济的基础产业，只有超前进行规划和建设，才能适应国民经济和社会发展的需要。交通建设投资大、周期长，许多项目不是短时间能够完成的。一条大江大河的整治，一个港口或港口群体的建设，高等级公路网的形成，都需要几十年的时间。只有搞好三五十年的长期规划，才能有利于把近期目标与长远目标相衔接，有利于建设工作的连续性和系统性，有利于更好地提高建设效率和投资效益。

第二，对我国水路、公路建设长远规划的基本设想是：从“八五”开始，用几个五年计划的时间，在发展以综合运输体系为主轴的交通业的总方针指导下，统筹规划，条块结

合，分层负责，建设公路主骨架、水运主通道、港站主枢纽，以适应国民经济和社会发展的需要。

公路主骨架，主要是：重点建设12条共2万至2.5万公里国道主干线，将全国重要城市、工业中心、交通枢纽、对外口岸连接起来，逐步形成一个与国民经济发展格局相适应，与其他运输方式相协调，由高速公路和一、二级汽车专用公路组成的快速、安全的国道主干线系统。

水运主通道，主要是：按照我国生产力布局和水运资源T型分布的特点，重点强化贯通东南沿海经济发达地区的海上南北运输大通道，以长江、珠江干线及主要支流为重点，发展三江两河航运，形成沿海、长江、珠江、京杭运河等水运主通道，并以千吨级航道为骨干，三五百吨级航道为基础，改善航道3万公里，建成干支直达、江海相通、水陆联运的航运体系。

港站主枢纽，主要是：重点建设与水运主通道、公路主骨架相连接的沿海、内河港口和公路交通枢纽，形成多功能的对内、对外辐射扇面。继续发展大连、营口、秦皇岛、天津、烟台、青岛、石臼、连云港、上海、宁波、温州、福州、厦门、汕头、广州、湛江、防城、海南等18个枢纽港；开发建设大连大窑湾、宁波北仑、福建湄州湾、深圳大鹏湾4个国际深水中转港；建设长江的重庆、武汉、南京及其他内河枢纽港；分层次地发展对外开放城市、开发区和岛屿的中小港口。沿海港口泊位要达到2 000个，其中深水泊位1 200个。在中心城市，重点建设客货集散枢纽和服务中心，形成设施配套的中转换装系统。

第三，规划和建设要分层负责。国家主要负责全国性“三主”的规划布局、建设协调和部分投资补助；省（区、市）主要负责全国性“三主”在本地区的工程项目的施工建设，以及区域交通网与全国性“三主”项目的衔接。各地交通部门要在当地政府领导下，围绕全国性“三主”建设的总体布局，搞好本地区交通运输网的规划和建设。

第四，长远规划要分阶段实施。各个五年计划要与长远规划相衔接。“三主”的线路建设项目不一定都从起端开始，要按轻重缓急，从客、货运输繁忙地段开始建设。

突出建设重点，优先发展“三主”，并不是其他项目一概不搞，而是要在集中财力、物力建设重点项目的同时，统筹兼顾。

（二）切实抓好“八五”起步工作

“八五”是交通建设承前启后的重要时期。这次会议印发了《一九九一年～一九九五年水运、公路交通发展计划要点》（讨论稿），请与会代表研究讨论，提出修改意见。下面讲一下“八五”期间的主要发展目标。

公路建设：初步确定，5年新增公路9万公里。重点建设国道主干线系统。其中：高速公路1 000公里，一、二级汽车专用公路4 200公里；建设省级干线公路1.5万公里，大中城市出入口公路700公里。继续扶持老、少、边、穷地区公路建设，相应发展县乡公路，共建6万公里。逐步消除干线公路上交通繁忙的渡口，改渡为桥，加快桥梁建设，建独立大桥、特大桥30座；同时，建设、改造一批客货站场设施，使80%的县级站、90%的地市级站达到部颁标准。

沿海港口建设：以连接大通道、大骨架的开放城市港口为重点，按大、中、小泊位相结合的原则，加快建设为能源、原材料和外贸运输服务的港口码头。改善港口布局，加强杭州湾到珠江口沿岸的港口建设。加强陆岛间、岛屿间交通设施建设，并为海峡两岸直接通航、实现祖国统一创造条件。有重点地改造老港，强化集疏运通路，为实施沿海经济发展战略服务。5 年建成泊位 250 个，其中深水泊位 160 个，中级泊位 90 个，共新增吞吐能力 2.5 亿吨。基本形成从产地到销地，从集疏运通路经装船港到卸船港，码头、航道、船舶相衔接的海上运输系统，包括能源运输系统、矿石运输系统、木材运输系统、集装箱运输系统和客运系统。

内河航运建设：以三江两河干流为重点，干支结合，协调发展。要改善航道 1 万公里，其中三级以上航道 4 000 公里，四、五级航道 3 600 公里，六级航道 2 800 公里。航道建设要标准化、规范化，以便干支连通，提高运输效益。长江干线要以扩大港口通过能力为主，提高汉江、湘江等主要支流的通航标准；珠江水系，要完善西江运输通道，完成西江一期工程，开工建设二期工程，整治红水河和南北盘江，并适当疏浚珠江三角洲地区水网航道；扩建京杭运河，建设徐州至济宁段，改善江南运河通航条件；开发淮河，整治淮河干流和对煤炭运输有重要作用的支流；改善中苏界河黑龙江的通航条件，重点建设松花江佳木斯至同江段航道和三姓浅滩二期工程；建设闽南三角洲地区水网航道；着手黄河局部性整治工程。

运输装备：要继续多层次、多成分、多渠道地发展车、船运力，并着重调整、改善运力结构，提高技术构成。“八五”期间需新增运输船舶 1 025 万吨、30 万客位、100 万匹拖轮马力。要下大力气研究改进船舶结构，发展适合我国海洋运输特点的、高效率的专用船型，如：矿石散货船、粮食专用船、散装化肥船、木材船、集装箱船、滚装船、液化专用船、成品油船、高速客船、中小型船舶等；内河航运，在条件较好的干线航道大力推广千吨级和三五百吨级分节驳顶推船队，在长江中下游积极发展三五千吨和万吨级浅水江海直达船。“八五”期间需新增民用汽车（包括更新车辆）350 万辆（其中货车 240 万辆，客车 100 万辆），调整车型结构，提高大型车和柴油车的比重。

“八五”期间，还要相应加强现代化的通信导航、安全保障系统和行业行政管理手段的建设。

实现上述目标，水路、公路运输紧张的局面将得到进一步缓解，并为 2000 年及其以后的发展奠定基础。

以上只是初步的设想，还需与各单位、各省市区交通厅（局）进一步研究，修改后报国家计委综合平衡。

（三）有关政策措施和前期工作

首先，要根据国家调整确定的产业政策，具体研究拟订交通行业的产业政策实施细则，以及相关的集资、投资等方面的政策措施，巩固、开拓资金渠道和更加有效地使用资金，提高建设效益。国家投资部分，主要用于全国性运输大骨架、大通道、大枢纽建设和对经济发展有重大影响、社会效益显著的项目，另外还要通过投资补助、参股等不同形式，有重点有选择地对地方和企业给予资助。地方政府要立足本地区经济发展，采取国家补助、地方集资、民工建勤、民办公助、以工代赈等办法，加快本地交通建设。要继续贯彻执行近几年来行之有效的各项政策措施，调动各方面的积极性，一起上，一起干，共同兴建交通基础设施。鼓励各方对交通投资，本着谁投资、谁使用、谁受益的原则，提倡货主自建专用码头、专用公路和专用航道。要进一步加强利用外资的工作，改善投资环境，争取吸引更多的国外投资，加快我国交通事业的发展。

第二，大力加强规划和前期工作。应该看到，交通系统的规划和前期工作力量，尤其是内河水系的规划和前期工作力量比较薄弱，必须大力加强。各地、各单位要分层次做好规划工作，进一步建设规划工作机构和体系。认真做好“八五”建设项目的前期工作，今明两年要完成“八五”初期开工项目的项目建议书、可行性研究、计划任务书以及初步设计的报批和审查。并力争用三、五年的时间，使交通建设的前期工作能够超前，有一定的储备。

第三，加快人才培养。培养人才是发展现代化交通事业的必备条件，必须把搞好交通教育工作摆在重要的战略地位。人才的培养要提前进行规划和安排，在条件许可下适当增加智力投资和办学经费。“八五”期间，随着高等级交通设施的增多、新的运输方式的推广和先进技术装备的采用，需要大批掌握新技术、适应新发展的设计人员、工程技术人员和管理人员；同时，一大批具有丰富经验和较高技能的老职工将要退休，新补充的人员急需培训。因此，交通教育要面向全行业，多形式、多层次地加快人才培养与人员培训。高等教育要在提高教学质量、调整专业结构的前提下，稳步扩大招生数量；职业技术教育要以中等职业技术教育为重点；成人教育要以岗位培训为重点，对交通系统主要基层干部（包括汽车站长，汽车队长，交通管理站、所长，公路段长，装卸队长等）进行岗位专业培训，同时加强培训中高级技术工人。

第四，抓好科技工作。交通发展必须充分依靠科技进步。“八五”期间交通科技工作要重点发展先进的适用技术，促进科技成果向生产建设的转化，解决实际问题。攻关重点，一是为建设发展大骨架、大通道、大枢纽提供成套技术，包括设计施工的新技术、新工艺、新材料、新设备，以及新型专用车、船和交通安全保障体系；二是为加强行业管理提供手段，包括开发交通行业管理信息系统和宏观决策支持系统；三是为大幅度提高运输效率、降低运输成本提供关键技术，包括开发高效、新型水上运输系统，快速直达汽车运输系统和多式联合运输系统，开展节能技术和新燃料、代用燃料的应用研究。

四、认真做好今年的各项工作

李鹏总理在国务院第四次会议上对今年的工作提出了九条要求，我们要根据这些要求，结合交通运输系统的情况进行认真安排，贯彻落实。一方面抓好经济建设和改革开放，一方面要进一步抓好政治思想领域的工作。

（一）交通运输的治理整顿工作今年内要重点抓好几件事

第一，要切实抓好运输市场的治理整顿。运输市场的治理整顿，既是现实情况的需要，也是深化改革的必要条件。今后政府交通主管部门对运输经济的宏观调控，很重要的一个方面就是要通过运输市场进行指导。各级政府交通主管部门要根据部制定的《关于整顿治理道路、水路运输市场的决定》，结合各自的情况，拟订具体实施方案，并要争取各地政府的领导和各有关方面的支持配合，纳入整个国民经济治理整顿工作部署中去，切实抓出成效。

第二，继续完成清理交通基本建设项目的工作。坚决按照国务院关于清理固定资产投资在建项目和全面彻底清查楼堂馆所的3个通知精神，对交通在建项目进行清查。凡属国务院国发〔1988〕84号文件中规定实行先停工后清理的九类项目工程，均应立即停止施工，注意做好停缓建项目的善后工作，努力减少损失。

第三，继续进行清理整顿公司的工作。在抽查和自查的基础上，提出撤销、合并和保留的方案。对已查出需要立案的重大问题，要抓紧立案处理；对党政机关和党政干部参加经商的，要限期脱钩。

（二）深化交通改革，今年内要着重抓好3项工作

第一，继续做好部机关机构改革的后续工作。部机关的机构调整完成以后，落实职能转变还有大量的工作要做，要不断强化宏观管理职能，完善职责分工和各项工作制度。各省、区、市交通厅（局）的机构改革，要根据国务院部署，在各地政府领导下进行。厅（局）的机构改革，可以吸取交通部机构改革中的一些基本经验，但不要求上下对口，应从实际出发，进一步实现政府交通部门的职能转变，切实强化行业管理和宏观调控的职能，逐步理顺管理体制上的内外部关系。

第二，完成长江港口体制改革工作。对体制改革后的沿海港口要进行一次全面的总结，年内拟召开一次会议，研究解决体制改革后出现的新情况、新问题，探讨港口进一步深化改革等有关事项。

第三，为了进一步深化企业改革，部将在今年内研究制定《承包条例实施细则》，逐步使承包经营责任制实现规范化和制度化。

对企业改革和管理工作，要充分发挥工会、行业协会和学会的作用。

（三）努力完成运输生产任务

今年的运输计划是：全国水路、公路社会货运量90亿吨，周转量1万3 100亿吨公里；全国水路、公路社会客运量88亿人，周转量3 000亿人公里。交通部门汽车货运量7.1亿吨，周转量411.5亿吨公里；交通部门汽车客运量45.85亿人，周转量1 976亿人公里。直属水运货运量2.3亿吨，周转量8 600亿吨公里；直属水运客运量4 100万人，周转量105亿人公里。沿海主要港口吞吐量4.35亿吨。地方轮驳船货运量3.32亿吨，周转量855亿吨公里；地方轮驳船客运量2亿人，周转量72亿人公里。

1989年水路、公路运输生产的特点是：煤炭运输紧张，船舶运力严重不足；粮食调运紧急，港口接卸任务很重；农用物资和化肥大量增加；原材料和矿建材料有所下降。总的态势是，沿海与长江干线运输紧张，地方内河、公路在一些地区则货源不足。

为了保证国民经济的稳定发展，必须千方百计地完成国家下达的重点物资运输计划。沿海要努力实现比去年增运1 000万吨的煤炭运输任务。在立足于挖掘企业潜力的前提下，同时采取应急措施增加沿海运力。抓好秦皇岛港煤三期工程的收尾配套和调试，确保今年达到中转600万吨吞吐能力，改善华东、华南港口和货主码头接卸组织工作，压缩船舶停港时间，骨干航运企业要保证煤船保有量；各省、区、市地方航运企业也要抽调运力承担部分国家指令性煤运任务；鼓励各地区、各重点用煤企业发展船队，自营或与航运企业联营，纳入统一计划。沿海各主要港口，要把进口粮食的卸船，国内粮食中转，作为重点任务安排，做

到不压船、不压港，对救灾用粮放在首位优先安排，不受到港排队限制。

继续抓好路、港、贸协作，做好港口集疏运的组织协调，发挥公路、水路联运优势，争取将外贸作业船和待作业船比例控制在1:1.28以内。

加强国际班轮的组织管理，制定外轮国际班轮的审批办法，逐步增加班轮航线和班期，巩固和提高准班率。

要进一步扩大水路、公路客运能力，抓好公铁、水铁客运的合理分工及大连至烟台、宁波镇海至上海金山客/车滚装运输试点工作。

（四）抓好交通基础设施建设，收好、管好、用好“三费”

今年，在研究长远规划设想和编制“八五”计划的同时，对一批计划新建的重点港口泊位、重要航道和重要路段，要先行开展建设前期准备工作，以便使“八五”和“七五”的建设工作更好地衔接起来。1989年交通建设投资的重点和原则是：确保建成投产和收尾配套项目；保国家按合理工期组织建设的重点项目，加快利用外资项目的建设进度；优先安排与能源运输相关的项目；保水上安全保障设施及科研、教育建设项目；严格控制新开工项目；压缩非生产性建设项目。根据这个精神，今年要确保建成26个深水泊位（包括湛江港老码头改造4个泊位），中小泊位18个；新增公路1.3万公里；改善航道里程1 450公里；碍航闸坝复航工程15项。在抓好新建工程的同时，要加强对现有基础设施的维修保养和管理，保持良好状态。

努力增收节支，收好、管好、用好“三费”。养路费、车购费和港口建设费，是国家为公路和水路交通运输建设制定的几项大政策，为交通建设提供了部分稳定的资金来源。国务院领导同志一再指示，要把国家规定的几项建设资金收好、管好、用好，集中用于建设交通骨干工程，我们一定要按这个指示精神办。采取积极措施，减少物资消耗，降低工程造价；合理调节融通各项基金，提高资金使用效率；压缩各种非生产性开支。

（五）切实抓好交通安全工作

今年1月2日凌晨发生了南京长江油轮公司六二〇〇八号油轮船队两艘油驳在长江中游爆炸燃烧的重大事故，为我们敲响了警钟，再一次提醒我们，对安全工作千万不能有丝毫的松懈，要扎扎实实做好预防事故的工作，真正做到“安全第一”。

各级交通部门，要根据去年全国交通安全工作会议精神和国务院的统一部署，贯彻“远近兼顾、标本兼治、综合治理”的方针，认真组织实施交通安全工作规划所确定的任务。要逐项落实部制定的35条决定，在搞好“四查”的基础上，加强安全法规建设。继续贯彻国务院国发〔1987〕98号文件精神，依靠各级地方政府抓好乡镇船舶安全管理，重点是加强客渡船的管理。要全面实施《关于长江干线港航监督管理若干问题的决定》。对油轮、油码头、油库和危险品库等要害部位加强监督和管理。加强沿海航标、港标和重点内河导航基础设施的建设。今年要组织对地方中小型航运企业安全状况的调查，下半年召开一次地方航运企业安全工作会议，研究加强安全管理的措施。

救捞系统，要严格遵守和坚持沿海救助值班规定，保证随时执行救助和抢险打捞任务、港航公安部门要坚持打击、防范、管理相结合，以预防为主的方针，切实加强公安保卫工作。

（六）努力发展科技和教育事业

科技工作要加强面向全行业技术进步的职能，除大力推进科技体制改革以外，着重抓好：加强交通运输发展战略、政策法规和宏观经济控制方面的软科学研究；制定《一九八九年至一九九〇年交通重点科技项目执行计划》（通达计划），组织实施一批效益显著的重点项目，包括国际集装箱运输系统工业性试验，配合高等级公路建设的“新三样”成套技术（沥青路面结构、CAD、路面施工机械），配合水上大通道的新型船舶和大管桩码头，以及汉江、湘江整治成套技术，并积极做好十项重点技术推广应用工作；恢复组建交通部科学研究院和筹建交通科技发展基金会，运用经济杠杆促进科技工作；制定《“八五”交通运输行业科技攻关计划》；抓好公路交通工程综合试验场和其他科研试验基地的建设，重视并组织好科技人员的继续工程教育。

要重视全行业信息系统的建设。加强信息的采集、处理，提高信息和统计工作现代化水平，更好地为交通运输和建设服务。

在教育方面，今年要在已有预测的基础上，抓紧2000年交通教育发展战略研究第一阶段的人才现状调查和需求预测工作，拟订好“八五”期间公路、水运专业人员培养的总体规划，调整和核定部属普通高校发展规模，并继续做好专业与层次结构的调整。继续深化交通教育体制改革，切实加强和改进思想政治工作，于今年适当时间召开交通教育工作会议，进一步落实交通教育发展和改革的有关问题。加强职业技术教育和成人教育，认真抓好岗位培训和专业证书教育。加强对不同层次学校教育质量的评估和检查。治理教学环境，整顿校风校纪，从严治校，切实提高办学水平和教育质量。

（七）改进思想政治工作，加强精神文明建设

做好思想政治工作是全面贯彻十三届三中全会精神的一个重要环节，也是一个长期的战略方针，是我们做好各项工作的根本保证。各级政府交通部门和企业事业单位的党政领导，要依靠工会、共青团等群众组织，认真抓好两个文明建设。

首先，要进行广泛深入的形势教育，宣传改革和建设的巨大成就，实事求是地分析存在的问题和一些消极现象，用党的方针、政策回答群众所关心的问题。要对职工进行“实现四化、振兴中华”的理想教育。

其次，要认真学习贯彻《中共中央关于加强和改进企业思想政治工作的通知》精神。这个《通知》是在改革开放和现代化建设的新形势下加强和改进思想政治工作的一个重要文献。抓紧落实《通知》是企业思想政治工作面临的迫切任务。要把加强和改进思想政治工作当成一件大事来抓，联系实际，制订规划，认真实施，做得更实在、更有效。要按照企业党政职能分开的原则，继续积极探索思想政治工作的新路子。当前要加快建立企业思想政治工作的新体制，厂长和书记应尽快到位。同时，要进一步发挥职工思想政治工作研究会的作用。

第三，要继续加强行业风气建设。各单位一定要认真贯彻落实1987年7月烟台会议精神，狠抓端正行业风气，加强职业道德建设，培育企业精神。这是一项丝毫不能放松的经常性工作。当前，比较突出的仍然是公路客货运输单位司售人员私拿票款、私收运费的问题。

对于问题严重的，应进行党纪、政纪处理，触犯刑律的要追究刑事责任。

第四，要继续开展创建文明单位和争当先进模范人物的活动。今年，全国总工会要在国庆节前评选、表彰全国劳动模范。全国交通系统应在上半年开展评选、表彰先进单位、先进集体和劳动模范的活动。希望各单位的行政领导和工会组织，按照部的要求，共同做好评选的各项工作，在今年四月底前将评选名单、材料报部，部将会同全国海员工会、公路工会搞好审批工作。

同志们，在全国交通系统广大职工的辛勤努力下，1988 年交通运输的改革与发展，取得了较好的成绩，但在我们面前也存在着一些严峻的问题。我们一定要根据十三届三中全会的精神，努力做好我们的工作，为争取国民经济的稳步发展，做出更大的贡献。

治理整顿　深化改革　稳步发展

——钱永昌部长在全国交通工作会议上的讲话

（1990 年 2 月 20 日）

同志们：

全国交通工作会议今天开幕了。这次会议的主要任务是：认真贯彻党的十三届五中全会精神，联系交通系统的实际，回顾 1989 年的交通工作，总结交流经验；研究公路，水路交通运输进一步治理整顿、深化改革的措施；部署运输生产、基本建设、思想政治工作等各项任务。动员交通系统的广大干部职工振奋精神，艰苦奋斗，夺取交通事业的新胜利，为稳定国家大局，实现国民经济的持续、稳定、协调发展作出贡献。

一、1989 年工作回顾和对交通改革的基本认识

1989 年，是不平凡的一年。全国交通系统在党中央、国务院领导下，为制止动乱和平息反革命暴乱作出了积极贡献，在治理整顿、深化改革、生产建设和思想政治工作等方面取得了新的成绩和进展。

（一）广大交通职工坚决拥护中央关于制止动乱和平息反革命暴乱的英明决策，确保公路、水路运输安全畅通

1989 年春夏之交，北京发生了动乱和反革命暴乱，并且影响到全国。一小撮社会主义敌人，在动乱中首先企图以破坏交通，窒息国民经济，搞乱社会秩序。面对严峻形势，交通部根据党中央、国务院的决策和部署，于 5 月 17 日、20 日和 6 月 16 日 3 次向全国各港航单位和交通厅局发出紧急通知，要求各级领导和广大干部职工坚守岗位，确保交通畅通和重点物资运输。

各省、自治区、直辖市交通部门，为维护公路、水路畅通，做了大量工作。北京、河北、天津等省市公路部门采取措施，确保戒严部队和车辆进京执行任务。北京市交通运输总公司及其基层单位的各级干部和广大职工，日夜坚守岗位，加强指挥调度，冒着危险，保证了全市粮食、煤炭、食油等生活必需品的供应，承担了天安门广场及全市几百辆被破坏和作为路障的车辆、坦克的清理、拖运或维修等任务，并为救护戒严部队和保障部队生活用品运输作出了贡献。哈尔滨市交通局，针对该市交通堵塞的情况，组织数千名职工维护交通秩序，加强对运输车辆和重要设施的保护，被评为市“制止动乱，坚守岗位”先进集体，局领导等 17 名同志被评为先进个人。

各港航单位坚决贯彻执行中央和上级指示，圆满地完成了运输生产任务，5 月份沿海煤运量及进口粮食接卸量均创历史记录。在上海市交通一度中断的情况下，交通部门广大职工坚持步行上下班。上海港煤炭装卸公司职工出勤率比平时还高，保证了煤炭接卸任务的完成。上海海运局紧急抽调运力，超额完成了煤炭运输任务，确保了上海的用煤需要，受到了

国务院、交通部和上海市的表彰。广州市在动乱期间缺少食盐，广州海运局迅速抽调船舶抢运，保证了市场供应。武汉长江大桥5月中旬交通受阻，长江轮船总公司抽调运输船舶参加轮渡运输，并增加客运航班运送进城农民和武钢上下班工人，缓解了交通压力。各港航单位还组织力量加强对要害部位的安全保卫工作，防止坏人破坏和偷渡、外逃。

各交通院校的绝大多数领导和教职员工，坚持原则，明辨是非，坚定地与党中央保持一致，对学生做了大量艰苦细致的思想政治工作，基本上保持了教学秩序的稳定。

事实证明，交通系统的广大党员、干部和职工的政治素质是好的，在党和国家生死存亡的紧要关头，立场坚定，旗帜鲜明，是经得起考验的，是一支可以信赖的队伍。

（二）治理整顿和深化改革取得了成效

根据党的十三届三中全会精神，部确定把治理运输经济环境，整顿运输市场秩序作为1989年工作重点之一，发布了《关于整顿治理道路、水路运输市场的决定》。各省、自治区、直辖市制定了实施方案，开展了各项治理整顿工作。一年来，大多数省、自治区、直辖市已经完成了对运输经营者经营证照的审验和经营资格的审查；开始了对市场秩序和经营行为的整顿；在加强货源与运力管理，建立有形货运市场，推行合同运输，强化行政、经济、法规手段等方面，都取得了进展。部于去年10月在苏州召开了全国道路、水路运输市场治理整顿工作会议，进一步提出了全面治理整顿的目标、任务、要求和措施，推进了治理整顿工作。总的来说，治理整顿运输市场工作发展是顺利的、健康的。在治理整顿运输市场的同时，对交通建设市场也进行了多方面的治理整顿。

1989年企业深化改革，以完善承包经营责任制和改善企业经营机制为重点，提高企业整体素质。企业内部改革与企业升级紧密结合起来；推行工资总额与经济效益挂钩；调整部分运价，改善企业环境；实行一业为主，拓宽主业，多种经营，提高经济效益，增强企业活力；开展评选经济效益先进单位和优秀企业活动。1989年有28个交通企业被评为国家二级企业。大连港务局被评为全国“十佳”企业之一。

部属系统清理整顿公司工作进展顺利。对该撤销合并的公司已经撤销合并，对该保留的公司进行了重新登记。在公司兼职的现职干部和离退休干部均已办完了辞去一头的手续。对清查出的各种违纪案件进行了严肃处理。部直属单位581个公司，经过清理整顿撤销180个，撤销率为31%。

在交通法规建设方面，去年交通部发布了《公路工程施工招标投标管理办法》、《船闸管理办法》、《出租汽车、旅游汽车客运管理规定》等32个行政规章。

（三）运输生产和基础设施建设稳步发展

1989年由于国家控制经济过热，压缩基建规模，交通系统的运输生产和基本建设遇到了新的情况。各单位努力克服困难，挖掘潜力，较好地完成了任务。

全国公路、水路运输社会客运量完成66.2亿人次、2 711亿人公里，社会货运量完成81.24亿吨、14 480亿吨公里。货物周转量比1988年增长9%，其余指标略有下降。

交通部门汽车客运量完成43.3亿人次；比上年减少5%，货运量完成6.18亿吨，比上年减少9.1%；客运周转量基本与上年持平，货运周转量比上年减少4.8%。交通部门轮驳船客运量完成2.22亿人次，比上年减少8.5%，周转量比上年减少7.7%；货运量完成5.68亿吨，比上年减少1.9%，周转量比上年增长10.8%。客货运量有所下降，从一个侧面反映了国民经济过热现象得到了一定程度的抑制。

沿海主要港口完成货物吞吐量4.8亿吨，比上年增长5.5%；内河港口完成7亿多吨，其中，长江、黑龙江主要港口完成货物吞吐量1.5亿吨，比上年增长2.5%。

1989年，国家重点物资运输较大幅度地超额完成了计划，受到了国务院的表彰。水运煤炭运量完成9 100多万吨，比上年增长17%；江海主要煤炭港口发运量完成1.02亿吨，比上年增长14.7%。沿海、长江原油运量完成3 756万吨，比上年增长6.3%。外贸物资运输比上年有所增长，为促进外贸发展作出了贡献。

1989年共建成深水泊位27个，中小泊位68个，新增吞吐能力4 800多万吨。全年公路新增里程1.5万多公里，其中高速公路179公里，一级公路421公里，二级公路4 000多公里。新增大桥158座。改善和提高航道等级里程452公里，复航里程316公里。其中属于“七五”重点工程的有：沈大高速公路鞍山至鲅鱼圈段建成通车，为今年全线竣工奠定了基础。京哈公路长春至哈尔滨的二级公路建成通车，使北京通往吉林、黑龙江的里程缩短了80公里。甘肃省七道梁公路隧道的建成通车，沟通了西北腹地的交通。河南开封黄河公路大桥的建成通车，为中原地区又连通了一条南北通道。秦皇岛港煤码头三期工程建成投产，增加装煤设计能力3 000万吨。京杭运河与钱塘江沟通工程竣工验收，使京杭运河的航线延伸了400多公里。这些基础设施的建成，进一步改善了我国的运输条件，提高了交通运输在国民经济中的适应程度。各地交通部门加强了对公路、航道和码头泊位的养护、改造，并在107、102国道上进行了标准化和美化试点。

加强了交通建设前期工作，抓了机构建设、人员配备和筹措基金，开展了对全国公路主骨架、水运主通道和港站主枢纽规划的研究与论证。制定了全国公路、水运交通“八五”计划要点及“八五”初期新开工重点项目前期工作计划。

（四）交通支持保障系统进一步加强

交通科技工作，着重编制了《中长期科学技术发展纲要（交通运输）》、交通科技进步《通达计划》及“八五”交通行业科技攻关计划的可行性研究报告。组织实施“七五”国家科技攻关项目，大部分专题进展良好，有四个专题受到了国家主管部门的表彰。国际集装箱运输系统（多式联运）工业性试验的研究已组织实施。标准化、软科学研究、科技成果鉴定及奖励、新技术推广、科研基地建设及交通科技对外合作等都取得了进展。

交通教育工作，克服了学潮与动乱的影响，坚持了社会主义办学方向。各院校发挥了党委的领导作用，加强了领导班子和教师队伍建设。对学生加强了马列主义基础理论教育、坚持四项基本原则教育和法制教育。去年交通系统院校共毕业大中专学生2.6万人，招生2.62万人。干部岗位培训、工人高中级技术培训和成人高中等专业证书教育取得较大发展。

交通安全保障工作，坚持贯彻“安全第一、预防为主”的方针。大型骨干港航企业进一步落实部制定的加强安全的35项措施，安全情况保持了比较稳定的局面。地方中小型航运企业和乡镇运输船舶的安全管理，经过整顿后，有所加强。各省、自治区、直辖市政府和交通部门，加强了对水上交通安全工作的领导，去年地方船舶发生的事故，除经济损失比上年上升15%外，事故次数、沉船数和死亡人数分别减少17%、23%和26%。在治安方面，各港航公安保卫部门全力投入了制止动乱和平息反革命暴乱的斗争，严厉打击了刑事犯罪分子，为保障运输生产的正常进行和港航治安的稳定作出了贡献。

（五）思想政治工作和廉政建设取得了进展

交通系统各单位在制止动乱、平息反革命暴乱中做了大量的思想政治工作，学习了党的十三届四中全会、五中全会精神和中央领导同志的重要讲话，开展了坚持四项基本原则、反对资产阶级自由化的教育和国际国内形势教育，思想认识有了较大提高。中国交通职工思想政治工作研究会召开了常务理事扩大会议，总结交流了思想政治工作的经验。研究会所属公路、港口、海监、航务工程、院校等分会和学组，也积极开展活动，研究探讨新形势下思想政治工作的内容、体制和方法。在全国交通系统评选表彰了两个文明建设先进单位、先进集体123个，部级劳动模范225人。在全国评选的劳动模范中，交通系统有120人荣获全国劳动模范称号。

结合治理整顿和深化改革，加强了廉政建设。部和各级交通部门都制定了廉政制度和措施，建立和健全了监察、审计体系。认真贯彻了最高人民法院、最高人民检察院和监察部的通告，着重抓了以反贪污受贿为重点的反腐败斗争，取得了一定成绩。

1989年是80年代的最后一年。80年代是建国以来交通运输发展最快、变化最大的10年。1989年同1978年相比，全国公路、水路客运量增长了2.8倍，货运量增长了1倍，客货周转量增长的幅度更大。目前，我国公路、水路客运量已达全社会客运总量的85.2%，周转量达45.7%；货运量达全社会货运总量的83%，周转量达56.7%，在综合运输体系中显示出了越来越重要的地位和作用。1978年全国民用汽车拥有量为136万辆，1989年达到500多万辆，增长近3倍；全国民用船舶的净载重吨位，1989年达到3 600万吨，增长1倍多。其中，国际海洋运输船舶1989年增加到1 982万吨，我国已成为一个举世瞩目的航运大国。基础设施建设步伐明显加快，沿海港口深水泊位，1989年已达到251个，10年新增118个，年平均新增11个，大大超过历史水平。全国公路通车里程，1989年达到了101万多公里，新增14万公里。其中，高速公路326公里；一、二级公路从1.18万公里，增加到3.7万公里，增长两倍。10年来，随着技术进步和管理进步，交通运输业的劳动生产率也有显著提高。

事实证明，交通改革的方针是正确的，取得的成就是巨大的。但由于改革是一项新事物，在新旧体制转换过程中，也出现了一些亟待解决的新问题。对这些问题应该予以重视，但在认识上，必须坚持全面的历史的观点。在交通运输处在僵化、封闭的状况下，强调放宽搞活是完全必要的；在放宽搞活以后，针对前进过程中出现的问题，采取相应的对策和措施，加以解决，使改革的措施从不配套到逐步配套，管理工作从不完善到逐步完善，这既符合事物本身的发展规律，也符合人们的认识规律。改革是一项系统工程，要求一步到位、尽善尽美是不切实际的。只要我们坚持实事求是的科学态度，认真调查研究，正确引导，逐步完善，就完全有可能使交通改革沿着健康的方向继续发展。

回顾交通改革的实践，我们认为有以下几点应当肯定：

一是必须坚持交通改革的社会主义方向。调动各方面积极性发展交通运输，实行三个

“一起上、一起干”是正确的必要的，但要解决好各种运输力量的协调发展，坚持公有制运输经济的主导地位，对个体运输要正确引导，加强管理，发挥其积极作用，限制其消极因素。历史上那种集中过多、统得过死的做法是不利于交通运输发展的，但是我国国民经济的社会主义性质和交通运输所处的重要地位，以及运输生产环节多、连续性强、社会化协作程度高等特点又决定着交通运输经济不能没有计划管理。必须把计划运输和市场调节很好地结合起来。

二是必须坚持“放”和“管”的有机结合。要有放有管，越是放宽搞活，越要加强管理。加强管理的目的，是为了更健康而有秩序地放宽搞活，更快地发展运输生产力，而不是再回到“三统”的老路上去。

三是必须坚持从交通行业的复杂性、特殊性和发展不平衡性的实际出发。在改革的形式上不搞一个模式，在改革的步骤上不搞“一刀切”，积极、慎重、稳妥地把交通改革不断引向深入。

四是必须发挥中央和地方两个积极性。交通运输社会性强，涉及面广，改革和建设中的许多问题，只靠交通部门是难以解决的，一定要依靠各级政府的支持和协调。

五是必须加强党对改革的领导，坚持两个文明一起抓。认真贯彻执行党的路线、方针和政策，坚决按中央的规定和统一部署，组织推进交通改革，服从大局，加强纪律性。同时，要在改革过程中，加强精神文明建设和思想政治工作，把培养人、教育人，全面提高职工队伍的素质作为重要环节来抓，调动广大职工支持改革、参与改革的积极性、主动性和创造性。

当前，我国交通运输仍然是国民经济中的薄弱环节。运力发展不平衡，结构不合理，基础设施尤为落后；管理体制还没有完全理顺，法制建设跟不上发展的需要，宏观调控能力较弱；企业外部环境严峻，效益不高，缺乏自我发展能力；行业风气和服务质量都还存在不少问题。在新的一年里，我们要在稳定大局的前提下，把治理整顿、深化改革作为重点抓紧抓好；努力完成“七五”计划最后一年的运输生产和基本建设任务，搞好“八五”准备工作；加强党的领导和思想政治工作。争取在一些方面登上新的台阶。

二、继续坚定不移地抓好治理整顿和深化改革

《中共中央关于进一步治理整顿和深化改革的决定》明确提出要继续坚定不移地执行治理整顿和深化改革的方针，用3年或者更长一点的时间，基本完成治理整顿任务。全国交通系统必须坚决贯彻《决定》精神，搞好公路、水路交通的治理整顿和深化改革。

（一）努力为国民经济提供运输保障

各级政府交通部门和交通企事业单位，必须把为国民经济服务作为第一位的任务。在运输安排上要确保重点，切实贯彻“一支、三保”的方针。一是搞好支农运输，对农用物资运输要优先安排，确保运输质量，不误农时。二是保证重点物资运输，沿海港航企业要采取有效措施，落实运力，抓紧煤码头的技术改造，确保完成国家下达的煤炭运输计划。对粮食、原材料和国家重点企业的物资运输任务，交通部门都要给予保障。三是保证外贸物资运输，按质按量完成国家外贸运输计划。四是保证人民生活必需品的运输，以保障供给，稳定

市场。在旅客运输方面，要进一步整顿客运秩序，提高服务质量，确保运输安全。

根据国务院关于加强生产调度工作，完善生产指挥调度系统的要求，为了适应国家重点物资紧急调度的需要，部将采取相应措施，加强运输生产的调度机构，强化调度工作，以便及时解决运输生产中的重大衔接和协调问题，更好地组织指令性计划的实施，确保国家指令性计划的完成。

（二）调整交通内部结构，加强重点项目建设

加强交通建设是国民经济治理整顿的重要内容之一。从公路、水运自身来说，内部结构也需调整。根据国家的产业政策，部于今年1月份印发了《公路、水运交通产业政策实施办法（试行）》，确定了运输生产、基本建设、技术改造方面的发展序列和实施措施，在结构调整中要把加强基础设施和管理手段建设作为重点，望各单位结合实际情况贯彻落实。

要努力调整好基础设施的内部结构，使其相互衔接、配套，形成综合能力；在交通生产系统和交通支持保障系统的关系上，要相应强化支持保障系统，加强人才和科技开发，改善管理手段和管理设施；车、船的技术结构也要逐步调整、完善，鼓励发展多用途船、大型散货船、专用船、沿海中小型运煤船和大吨位柴油车、轻型车、专用车等，限制高耗低效的落后运输工具的发展，逐步实现运输工具更新换代。

交通基础设施建设要保证国家重点项目，优先安排“七五”计划内要建成投产的项目，控制新开工项目，严格限制非生产性建设。要重点建设为能源、外贸等物资运输和旅客运输服务的公路主骨架、水运主通道、港站主枢纽。目前，特别要加强最薄弱环节的建设，一是扩大沿海通道的运煤综合能力，加强卸煤码头建设，形成水陆联运枢纽；二是抓好沿海、长江外贸码头和利用外资的港口建设；三是加强公路运输主干线项目的建设。在抓好新建工程的同时，还要加强现有设施的养护、管理和技术改造。近年来，在一些地方存在着不同程度的“重建轻养”忽视管理的倾向，使不少公路和航道等设施严重失修失养。这种情况如果发展下去，有可能使简单再生产也难以维持，从现在起一定要处理好建设与养护的关系，把养护工作列入工作计划，切实加强养护工作，再不能忽视这个问题了。

要进一步抓好交通建设市场的治理整顿。对设计、施工单位要严格进行资质审查，加强行业管理，健全有关交通建设的行政法规，修订和健全公路、水运工程的有关标准、规范、定额，逐步建立良好的交通建设环境和秩序。

（三）继续治理整顿运输市场

关于治理整顿运输市场3个阶段的任务，在去年10月苏州会议上已经作了部署，要继续抓好落实。通过3年或者更长一段时间的治理整顿，要达到5个目标：一是逐步完善运输市场行为规则，为形成平等竞争的经营环境创造条件；二是建立健全运输管理体制和市场监督管理体系，管理覆盖面达到所有运输单位和经营者；三是提高对运输市场宏观调控的能力，重点抓好车、船运力和货源的管理；四是逐步形成合理的运输经济结构，坚持以公有制为主体，多种运输经济成分协调发展，各展其长，各得其所；五是强化国际海运管理体系，必须加强对国际海运企业、国际船舶代理公司和国际班轮的行业管理。

1990 年，运输市场的治理整顿进入关键阶段，要重点抓好以下几项工作：

1. 继续抓好运输经营者的资格审验和清理

道路运输要结合年度营运证审验、换证和维修企业的审验，对经营者的经营资格进行严格的考核和审定，对发现的问题，如无证经营、公车挂私牌、私车挂公牌以及维修达不到相应技术标准的，都要按有关规定及时作出处理。水路运输要结合工商行政管理部门年检和重新登记，作好行业归口审查工作，对运输经营者加强管理和监督。加强对国际海运公司和国际船舶代理公司的资格审验，对无经营权、不按经营范围经营以及没有经营能力的公司要进行清理和整顿。对从事运输的“三资”企业要清理整顿，过去已由地方政府批准的，均应按国务院规定，报部补办审批手续。

通过对经营者的资格审验和清理，达到基本上消除无证经营的现象，经营范围有比较合理的划定。

2. 开展运输业经营行为的整顿

经营行为的整顿主要包括：以行贿受贿、收受回扣和其他不正当手段争揽客源、货源，进行非法违章交易，或以各种形式垄断、倒卖货源和运力，画地为牢，居间盘剥，强装抢卸，非法牟利等各种欺行霸市的行为；违反国家规定，乱涨价、滥收费和野蛮装卸、偷盗承运物资等损害旅客、货主、用户利益的行为；不使用规定的票据，以各种手段偷漏国家税金和各项规费的行为；伪造、倒卖票证，侵吞票款、运费等损害国家和企业利益的行为；擅自改变经营范围、运输线路以及其他各种扰乱市场秩序的行为。

上述各种违法违纪的经营行为，要在整顿中认真查处，触犯刑律的依法追究法律责任。通过对经营行为的整顿，树立符合社会主义法律和道德规范的市场风气。

3. 加强运输服务业的清理整顿

整顿的重点是各种货代、船代、信息配载服务、运输交易所和公用型站点。通过清理整顿，解决一哄而起、失之过滥的问题，实现合理布点、合理收费，充分发挥其市场“媒介”的作用，方便货主、车主、船主，合理配载，提高运输效益。

4. 清理自备车辆运输活动，合理划分运输范围

积极推动厂矿企事业单位的自备车辆实行独立核算，自负盈亏，对营业性运输部分执行规定运价，承担国家税赋。自备车辆的营运性质的划分仍执行现行规定，即为本单位生产和职工生活服务，不发生费用结算的为非营业性运输，其余的运输包括运送本单位产品的运输，均为营业性运输。厂矿自备车辆主要承担本厂矿的物资运输（含产品运输），运力有余，在同等条件下，也可以承担外单位的物资运输。

5. 在治理整顿中，努力强化宏观调控和运输生产的计划指导

要对车船运力的投放加强管理，实现新增车船先审批后购置。努力做到运力和运量大体平衡。要按照计划经济与市场调节相结合的原则，根据当地的实际情况，合理确定指令性计划、指导性计划以及市场调节的比例。通过合同运输的形式，明确承托双方的权利、义务。市场调节部分，要通过组织有形市场纳入管理。要调整运力布局，合理安排营运线路，使各种运输力量各得其所。

通过上述工作，在运输市场的治理整顿方面，上一个新的台阶。

另外，今年还要继续抓好清理整顿公司的工作。

（四）完善承包经营责任制，增强大中型交通企业的活力

交通系统大中型骨干企业，在各级党组织和政府的领导下，坚持改革，开拓进取，发挥了主导作用和骨干作用。但是，当前企业面临的问题和困难很多，普遍缺乏自我积累、自我改造、自我发展的能力。为增强大中型企业的活力，要做好以下几个方面的工作：

一是加强对大中型企业的领导，积极扶持其发展。交通部门各级领导要同企业一起，认真进行总结、分析，积极主动地会同有关部门帮助企业逐步解决存在的问题和困难。目前，部正组织力量开展这方面的调查，将进一步研究提出搞活大中型交通企业的政策措施。在运价方面，继客运价格调整以后，国家准备有步骤地适当提高货运价格，以缓解运输行业的困难。在资金油料供应方面，根据产业发展政策和承担计划内指令性运输任务比重，争取能给予一定优惠。交通部门要积极向各级政府反映情况，制止不合理的费收和摊派，以减轻大中型企业负担。加强对市场的管理和调控，为大中型企业创造合理的竞争环境。

二是大中型企业要眼睛向内，向管理要效益。面对目前的困难，除了政府要为企业创造必要的外部环境，企业自身要努力提高管理水平，增强内涵扩大再生产的能力。强化企业管理的要求是：以确保安全质量、降低消耗、提高效益为中心，以突出人的管理和现场管理为重点，以企业升级为手段，以强化基层、基础工作为突破口，以全面质量管理为主线，推进管理现代化，提高企业管理的整体功能。同时，要积极推行技术进步，加快车船、设备的更新改造；深入开展增产节约、增收节支工作，特别要强化能源和物资管理，最大限度地降低能耗和物耗。

三是深化企业改革，完善承包经营责任制。企业的改革要保持连续性和稳定性。厂长（经理）负责制和承包经营责任制要继续执行，但要进一步完善。企业承包的形式，要根据国家和各地政府的有关规定执行。企业主管部门要认真研究，制订出正确处理国家、企业、职工三者利益关系的承包方案，承包合同尚未到期的企业，要继续执行承包合同；承包合同到期的企业，大体按治理整顿期，延长承包期限。但都要认真总结经验，合理地调整承包基数，提倡为国家多做贡献；进一步健全考核指标体系，除按承包指标考核外，还应考核技术进步、经营管理指标和承担指令性计划的完成情况；完善工效挂钩办法，控制消费基金过快增长，按规定提取的效益工资分配时要留有余地，以丰补歉；合理核定企业留利三项基金的比例，生产发展基金比例一般不得少于50%，克服短期行为；完善对企业经营者的奖惩办法，经营者的收入必须限制在承包条例规定的范围之内；对企业承包经营的经济责任进行审计监督，实行“先审计、后兑现”，维护国家、企业、经营者和生产者的合法权益。

（五）进一步整顿加强水上交通安全管理工作

对交通安全工作不能有丝毫的松懈，要在前几年工作的基础上，坚持全面治理，狠抓基础，突出重点，强化管理。认真吸取去年“金山”轮翻沉和今年初“东挂114”与“大庆407”碰撞后沉没的惨痛教训，坚决杜绝此类重大恶性事故的发生。在加强大型骨干港航企业安全工作的同时，按照去年长沙会议精神和具体要求，用两年时间，对地方航运企业、乡镇运输船舶的安全工作进行全面整顿。各省厅要主动向省政府请示汇报，取得省政府的领导和支持，进一步落实县、乡政府在安全管理方面的责任。省厅要加强对这方面工作的指导和

监督检查。同时，加强港航监督队伍的建设，完善管理规章，严格执法，取缔违章，整顿和维护好水上交通秩序。在统一政令的前提下，充分发挥中央港监和地方港监的作用，合理分工，相互配合，地方港监要接受中央港监的业务指导。长江干线要继续执行“统一政令，分工管理，机构不变，收费不动”的原则和所确定的实施方案。船舶检验由中央和地方船检部门分工管理，各负其责，严格按照规范、标准进行检验和监督，消除各种隐患。进一步加强海上救助打捞，改善搜救手段，提高救助效率和水平。公路运输企业要搞好企业内部的安全管理，减少交通事故和损失。

要进一步提高公安队伍的素质，增强应付突发事件和隐蔽斗争的能力，坚决打击各种刑事犯罪和扫除“六害”，打击扒窃、斗殴和其他聚众闹事等破坏港站车船秩序和设施的违法犯罪活动，取缔倒卖车、船票的不法行为。

（六）加强交通法制建设

搞好交通法制建设，以法治交通，是交通行业治理整顿的重要内容，是维护运输经济秩序、实现运输市场长治久安的重要保证。各级交通部门一定要重视和加强法制工作。今年交通法制建设的重点，一是继续抓紧海商法、道路运输管理条例等主要的行业管理法规的立法工作，完善交通法规体系；二是抓好《行政诉讼法》的学习和宣传，修订有关规章，培训管理人员，建立健全交通系统的行政复议、应诉制度，以适应《行政诉讼法》的实施，更好地依法行政；三是推动交通系统的法律顾问工作，使交通企事业单位更好地依法经营和保护合法权益。

三、努力完成“七五”计划最后一年的生产和建设任务，做好“八五”计划准备工作

“七五”计划已经执行了4年。总的看，全国交通系统前4年完成“七五”计划的情况是比较好的。“七五”期间计划建成港口深水泊位120个、中级泊位80个，新增吞吐能力2亿吨。由于投资安排不足，前4年建成深水泊位66个、中级泊位58个；1990年计划建成深水泊位30个、中级泊位30个；预计“七五”期间共可建成深水泊位96个、中级泊位88个、小型泊位57个，新增吞吐能力1亿3 618万吨。“七五”期间计划整治改善航道5 000公里，由于推迟了汉江和西江工程进度，预计可改善4 270公里。“七五”期间计划建成公路7. 8万公里，其中干线公路27条、8 596公里（高速公路488公里）。预计到“七五”期末可建成公路7. 5万公里，其中干线公路32条、9 380公里（高速公路488公里）。

今年是“七五”计划的最后一年，在生产建设方面，交通系统要努力完成以下各项任务。

（一）运输生产和基础设施建设

根据全国计划会议确定的任务，运输生产要确保国家重点物资运输任务的完成。今年能源运输特别是煤炭运输，支农物资和冶炼物资运输，都将有程度不同的增长。必须抓紧解决装、运、卸3个环节中存在的问题，确保运输任务的完成。今年运输生产主要计划指标大体

上与1989年实际完成水平相近，其中交通部门汽车客运量43.7亿人次，货运量6.3亿吨；轮驳船客运量2.3亿人次，货运量5.68亿吨。沿海主要港口吞吐量4.68亿吨。

根据国家计划安排的投资规模，1990年交通基本建设，计划建成投产的沿海港口深水泊位30个、中级泊位30个，新增吞吐能力3 878万吨。完成西江航道广东段整治工程等，改善内河航道里程1 378公里，新增内河港口吞吐能力486万吨。改建、扩建、新增公路里程1万公里，其中高速公路211公里，一、二级公路3 350公里，建成沈大路等干线公路25条。要加强公路、航道的养护和管理，提高公路好路率和抗灾能力，确保公路、航道畅通。今年各省、自治区、直辖市要在干线公路上选择一、两条路段，进行标准化、美化试点，取得经验后，在"八五"期间全面推开，使公路养护上一个新的台阶。尤其是在近几年内，在二级以上公路的标准化、美化方面，要出现一个新的面貌。

今年，要贯彻落实全国财政工作会议精神，以提高经济效益为中心，树立过几年紧日子的思想，抓好增产节约和增收节支工作。必须确保完成上交利税和专项上交的任务，严格控制行政事业经费的开支。对部属单位的经费预算，一律以从严和削减的精神核定。继续大力压缩社会集团购买力和严格控制专控商品的购买，把经费开支压缩到最低限度。

加强各种规费的征收工作。目前我国公路内河航道建设和养护的资金来源主要靠几项费收，要把征费工作作为一项重点工作来抓，收好、管好、用好各项资金。防止漏征、漏收，严格控制免征范围，加强代征工作的管理。坚持专款专用，未经部同意，不得乱开口子。今后每年要召开一、两次征费工作会议，总结交流经验，研究解决存在的问题，制定相应的措施。

加强审计工作，重点抓好经常性财务收支审计，做好经理离任和任期终结责任审计、承包经营审计和各项专项资金审计，开展基建投资项目开工前审计，堵塞漏洞，避免浪费，提高资金周转及使用效率。要认真贯彻落实部《关于进一步健全部属单位内部审计机构的通知》，凡是尚未健全审计机构的单位，要在今年上半年内按要求完成。

（二）科学技术和教育工作

要继续依靠科技进步振兴公路、水运交通事业。坚持经济建设必须依靠科学技术、科学技术工作必须面向经济建设的方针，切实贯彻执行有关科技体制改革的方针、政策、法规，进一步完善科研单位内部责任制等各项改革措施。1990年是我部组织实施"七五"通达计划关键的一年，要着重抓好国家科技攻关等科技主战场项目的进度和质量，按计划进行验收鉴定，并进一步加强软科学研究工作，努力提高研究水平，重点推广对提高运输经济效益有重大影响的10项科技成果。在继续开展公路、水运科技发展战略研究的基础上，完成"八五"科技进步通达计划的编制工作。

在实现交通运输事业发展目标的整个过程中，要把交通教育放在优先发展的战略地位。坚持社会主义办学方向，深化教育改革，提高教育质量和办学效益。调整专业层次结构。加强成人教育和青工扫盲工作。特别要加强对学生的马列主义、毛泽东思想、共产主义理想、党的领导和党的方针政策的教育，切实抓好校风建设，提高学生的思想政治素质。继续开展交通教育发展战略研究，制订"八五"期间职业技术教育、成人教育和普通高等教育发展规划纲要，继续组织开展公路、水运等交通主干专业教学质量评估检查，努力办好重点学科、专业，积极创造条件加强实践性教学环节，并抓好外派留学生的选拔、派遣、学成回国的分配使用等工作。

（三）交通建设“八五”计划准备工作

制订交通建设计划的基本原则，一是首先要抓好发展战略研究和总体布局，抓好建设序列；二是要根据国家的财力、物力等条件，抓好中长期规划和五年计划；三是在前两项工作基础上，按建设序列和经济发展要求，安排具体建设项目。这3个层次，不能颠倒。要改变那种热衷于争投资、上项目，而对发展战略、总体布局、中长期建设规划和五年计划心中无数的被动情况。

交通建设“八五”计划要以“三主一支持”（公路主骨架、水运主通道、港站主枢纽及支持系统）的长远发展设想为目标。公路主骨架，重点建设国道主干线系统，使公路运输紧张局面得到进一步的缓解。水运主通道，重点建设骨干河流，改善内河航道，有重点地解决碍航闸坝，优先发展江海运输船队，确保能源、外贸、旅客运输和陆岛运输的急需。港站主枢纽，重点建设与公路主骨架、水运主通道相适应的枢纽港口码头，建设省会城市和计划单列城市的客货站场，逐步更新长途客车和大吨位能源运输车辆，改善能源、外贸物资和旅客运输中转、换装、集散条件。“八五”期间对支持系统着重安排安全监督、交通专用通信网和信息管理现代化3个方面的设施建设，使之有一个较大的改观。安全监督方面，重点建设交管系统，增设灯塔灯标，增加巡逻船艇和消防设施；通信方面，积极研究建设以部为中心的交通专用通信网；信息网络方面，重点建设一、二级信息系统并实现联网，积极开发计算机软件。各省、自治区、直辖市要在保证共同完成上述规划的前提下，制定好区域性规划。

1990年必须抓好“八五”建设计划的前期工作：一是部要集中力量继续完善“三主一支持”的规划方案。二是各地方、各单位要抓紧深化“八五”建设方案，切实做好经济调查，从“发展以综合运输体系为主轴的交通业”的大局出发，进一步对运输量进行预测和论证。三是根据国务院的产业政策决定及交通部提出的产业政策实施办法，研究交通建设项目的建设序列和建设资金的筹措方案。四是必须如期完成“八五”初期准备开工建设项目的前期工作。凡是计划在1992年前开工的建设项目，必须在今年内完成包括初步设计在内的全部前期工作。今后凡未纳入国家、省级交通总体布局规划，未完成前期工作，未执行基建程序的项目，不得列入年度计划，不安排投资和补助。五是必须加强领导，一把手要亲自过问，进一步抓好前期工作机构、人员、经费三落实。

四、加强党的领导，搞好思想政治工作

今年1月，部召开了直属单位政工会议，对有关工作已经作了研究和部署。这里，就全国交通系统有关的问题讲几点意见。

（一）树立稳定高于一切的思想，积极做好稳定大局的工作

制止动乱和平息反革命暴乱以后，总的情况是国家稳定，政策稳定，人心稳定。但是，潜在的不安定因素仍然很多，我们绝不能有丝毫麻痹。各级领导要在思想上确立稳定高于一

切、压倒一切的观念，把稳定大局作为我们各项工作的指导思想和前提。为此，必须加强坚持四项基本原则、反对资产阶级自由化的教育，加强马列主义、毛泽东思想基本理论的教育，提高职工对西方反动势力图谋在我国搞“思想渗透”、“和平演变”的警觉性。继续开展国内外形势教育、社会主义和爱国主义教育、艰苦奋斗和奉献精神教育、奉公守法和组织纪律教育，提高广大职工热爱党、热爱社会主义的政治觉悟。

关心群众生活，是我们党和政府的优良传统，也是全心全意为人民服务宗旨的体现。前一个时期，由于经济过热，出现了通货膨胀、物价上涨，使部分企业的生产经营遇到了暂时困难，职工生活受到不同程度的影响。在这种情况下，各级领导尤其要关心职工疾苦，安排好他们的生活，对职工的合理要求认真加以解决，暂时不能解决的，也要做好耐心细致的教育解释工作，保持职工队伍的稳定。

（二）加强职业道德建设和廉政建设

交通运输是广泛接触人民群众的“窗口”行业，必须抓好职业道德建设和行业风气建设。今年要在继续狠抓狠刹以权谋私、贪污票款、私收运费、走私贩运、索贿受贿、倒买倒卖等违法乱纪行为的同时，在车、船、港、站，深入开展“学雷锋，树新风，让旅客满意，让货主放心”的文明服务活动，做到热情服务，礼貌待客，秩序井然，环境整洁，实行服务工作标准化、制度化，树立“安全优质，文明服务”的行业风尚。各省、自治区、直辖市交通厅（局）和各港航单位，要根据这样的目标，结合实际，认真研究，提出具体要求，作出具体安排，并进行统一部署和动员，组织各种形式的为民、便民、利民活动。要大力宣扬本行业、本单位在开展学雷锋、树新风活动中涌现出来的好人好事，总结推广好作法、好经验，使这一活动既有声有色，又扎扎实实。总之，今年要在改进服务态度，提高服务质量方面，抓出新的起色，迈上新的台阶，使一些单位的“脏、乱、差”的落后面貌有较大改观，逐步把交通行业建设成为社会主义精神文明的“窗口”。

加强廉政建设，坚决克服严重脱离群众的各种腐败现象。各级领导要支持纪检、监察、审计部门依法行使职权。各单位的党政监督机构，要抓好各项廉政制度、规定的检查和落实。对各种大案要案，要彻底清查处理，触犯刑律的，要绳之以法。要发动广大群众积极检举揭发，加强民主监督。各级领导要严以律己，不搞特殊化，与群众同甘共苦，带头过紧日子，为职工群众作出表率。

（三）认真贯彻全心全意依靠工人阶级的思想

首先，要处理好厂长（经理）负责制同职工当家作主的关系。厂长（经理）要紧紧依靠职工群众，尊重、保障职工民主管理的权利，坚决按照有关法律的规定，组织职工对企业生产经营的方针、决策和利益分配等重大问题，进行广泛讨论，充分听取职工群众的意见。对职代会按照有关条例、规定作出的决议，应认真贯彻执行。职工群众要发扬工人阶级的光荣传统和无私奉献精神，时刻牢记自己的责任和义务，自觉服从厂长（经理）的生产指挥与行政管理，同厂长（经理）共担风险，为厂长（经理）分忧解难，为企业和国家作出更多的贡献。二是要充分发挥工会组织的作用。多年来，各级海员工会、公路运输工会为动员职工完成交通运输生产和建设任务，加强职工队伍建设，进行了卓有成效的工作。各级政府交通部门和各企事业单位的领导同志都要重视和支持工会工作，提高对工会工作重要性的认识，提高对工会参政议政必要性的认识；关心涉及职工利益的政策问题，关心职工中存在的实际问题。政府部门应当认真听取、尊重和采纳各级工会提出的正确意见。最近，交通部已和全国海员工会建立了定期联席会议制度，以开通民主渠道，听取职工群众的呼声。要在政治上使广大职工的主人翁地位和权利得到落实，在经济上使广大职工的合法利益得到保障。同时，要重视和支持共青团的工作，充分发挥它们的作用。三是要进一步对职工进行工人阶级历史使命和崇高理想的教育，启发广大职工树立领导阶级主人翁思想和当家作主的意识。今年开始将对职工进行基本国情、基本路线的教育。教育的重点是35岁以下的青年职工，采取以脱产轮训为主的办法，分期分批进行，大体上用3年左右的时间。党、政、工、团要密切配合，厂长（经理）要在时间、人办、物力等方面提供条件。

（四）各级领导机关和干部要改进工作作风

党中央、国务院要求各级领导机关和领导干部深入基层，深入群众，深入实际，倾听群众呼声，宣传解释党的方针政策，帮助群众认清当前形势和任务，认真解决群众普遍关心的问题，改善党群关系和干群关系。这是发扬党的优良传统，克服官僚主义、转变机关作风、改进领导工作的一件大事。部党组决定：在这次全国交通工作会议结束后，立即组织各种形式的工作小组和调研小组，由部领导和有关司局的干部参加，分期分批轮流下去，深入到一些老、少、边、穷地区，沿海港口，长江沿线的港航企事业单位和一些交通院校，进行调查研究，努力帮助他们解决一些问题。我们也希望，各省、自治区、直辖市交通部门和各交通企事业单位的领导，按照中央要求精神和地方政府的部署，进行认真安排。

（五）加强基层党组织建设，发挥政治核心作用

交通系统各级党组织，要按照中央指示精神，加强思想、组织和作风建设，进一步发挥政治核心作用，坚持“一个中心，两个基本点”，搞好思想政治工作。要处理好党组织政治核心地位和厂长（经理）中心地位的关系，心心相印，互相支持，同心协力，办好企业。

交通企事业基层单位点多线长，流动分散，远离领导，独立工作，不少单位还直接涉外，特别要抓好基层党支部的建设，使它们真正发挥战斗堡垒作用。对基层党支部书记要分期分批进行培训；对党员要进行党的基本理论、基本路线和基本知识的教育，切实发挥党员的先锋模范作用；要加强专职党务干部和政工干部队伍的建设，提高这支队伍的素质，并关心和解决他们的实际问题，以适应加强党的建设和改进思想政治工作的需要。

同志们！我们面临的任务是光荣而又艰巨的。让我们在党中央、国务院领导下，认真贯彻党的十三届五中全会精神，齐心协力，艰苦奋斗，为夺取今年各项工作的新成绩而努力！

再接再厉　抓好“八五”为交通事业的新发展而奋斗

——钱永昌部长在全国交通工作会议上的讲话

（1991年1月25日）

同志们：

1991年全国交通工作会议今天开幕了。这次会议的主要任务是：认真学习贯彻党的十三届七中全会精神，回顾、总结“七五”期间交通发展的成就和经验，进一步研究“八五”期间交通发展计划和指导思想，部署1991年的工作任务，动员全国交通系统广大职工振奋精神，克服困难，再接再厉，搞好“八五”各项工作，为交通事业的新发展而奋斗。

一、“七五”期间我国交通发展的成就和经验

在第七个五年计划期间，全国交通系统遵循党中央、国务院制定的改革开放的方针和政策，积极探索，奋力开拓，在交通工作的各个方面都迈出了较大的步伐。通过“七五”的实践，大家深深感到，交通发展的路子越来越宽，战胜困难的信心越来越足，建设具有中国特色的交通运输业的蓝图越来越清晰。

回顾“七五”工作，我们认为有以下几个特点。

（一）“七五”是交通改革全面展开的5年

“七五”期间，交通改革进入了全面展开的时期，并逐步深化，取得了显著成效。

各级政府交通部门逐步实现了“两个转变”，从主要抓直属企业，转到加强全行业管理；从具体抓企业的生产经营活动，转到对运输经济进行宏观调控。先后实行了政企分开、企业下放和港口管理体制改革，逐步建立健全了五级交通行政管理机构，使交通行业管理得到了加强。

在“各部门、各行业、各地区一起干，国营、集体、个体一起上”的放宽搞活方针指引下，坚持以公有制为主体，积极发展多种运输力量，调动各方面的积极性，发展交通运输事业。在较短的时间内，全社会的车、船运力迅速增长，交通基础设施建设速度加快，逐步缓解了交通运输全面紧张的状况。随着政企分开，企业下放，扩大企业自主权等改革步骤的实施，实现了所有权和经营权的分离，使企业成为相对独立的经济实体。在这个基础上，全面推行了企业承包经营责任制，增强了企业活力，调动了广大职工的积极性。与此同时，开展了抓管理、上等级活动，使企业的整体素质和经营管理水平逐步提高。在工程建设中，实行了招标投标和工程监理制度，降低了工程造价，提高了施工质量。

遵照党中央、国务院关于治理整顿、深化改革的指示精神，“七五”后期，针对改革开放以来，交通运输市场、交通建设市场出现的新情况、新问题，在全国范围内，进行了运输

市场和建设市场的治理整顿工作，完成了经营资格审验和设计、施工单位的资质审查、等级评定，进行了经营行为的整顿，取得了初步成效，运输市场和建设市场秩序正在逐步好转。部分省、自治区、直辖市交通部门还对建立计划经济与市场调节相结合的运输经济运行机制，加强对运输经济的宏观调控，积极地进行了探索。

（二）“七五”是在各级政府领导下，实施产业政策调整，取得显著成效的5年

在国务院提出的产业政策调整中，把交通运输列为国民经济的基础产业，置于优先发展的地位。“六五”末和“七五”初，国务院陆续批准了几项政策，如开征车辆购置附加费和港口建设费，提高养路费征收标准，允许集资和贷款修建的公路、桥梁收取过路过桥费，动用库存粮棉布和中低档工业品以工代赈修建公路、整治航道，以及引进外资建设交通基础设施等。这一系列政策措施，为交通建设开辟了新的资金来源，提供了必要的物质基础。

各级地方政府认真落实中央对交通的倾斜政策，对交通工作进一步加强了领导，给予了多方面的关怀和支持，采取了一系列行之有效的政策，如多方筹集建设资金，返还一部分能交基金，完善民工建勤、民办公助办法，并在征地、拆迁方面实行优惠等。还进行了大量的协调工作，为交通部门排忧解难，解决了他们难以解决的许多实际问题，有力地支持了交通事业的发展。

（三）“七五”是交通基础设施建设取得突破性进展的5年

“七五”期间，交通基础设施建设成绩突出，是建国40年来发展速度最快，技术构成改善最大的5年。

——5年中新建公路8万多公里，使我国公路总里程达到102．8万公里，提前两年实现了“七五”计划。公路建设不仅数量增加，而且开始发生质的变化。5年内新增二级以上公路2.4万公里，相当于前35年修建二级以上公路里程的总和。以沈大公路为代表的500多公里高速公路的建成，结束了我国大陆没有高速公路的历史，标志着我国的公路事业开始进入重点建设高等级公路的新阶段。5年中新建桥梁2.5万座，比“六五”多60%。一批重要桥梁的设计、施工达到了世界或亚洲先进水平。多年困扰我们的城市出口道路，有了明显的改善。汽车站场建设得到加强。

——沿海港口，建成深水泊位96个，中级泊位90个，加上过驳措施，新增吞吐能力1.38亿吨，使我国港口能力全面紧张的状况得到了较大程度的缓解。建国后的前23年共建成深水泊位31个；70年代加快建港步伐，建成深水泊位50个；“六五”期间建成深水泊位56个。平均每年建成深水泊位数，由开始的一两个增加到十来个，到“七五”达到近20个，而且大多是具有先进技术水平的专业化泊位。港口的仓储能力和集疏运条件也有明显改善。

——内河航运建设，“七五”期间完成投资23亿元，改善航道4 200多公里。内河港口建成码头泊位59个，新增吞吐能力2 200多万吨。国家投资和改善的航道里程，比以往几个五年计划有较大增长。

——到1990年底，我国民用汽车保有量达到550多万辆，比“六五”末增加71.3%。

其中营运汽车290万辆，比“六五”末增加一倍。运输船舶吨位达到3 750万吨，比“六五”末增加23.6%。其中海洋运输船舶2 000多万吨，居世界第八位，我国已成为世界主要航运国家之一。在车船增加的同时，运力的技术状况和结构也有所改善。

针对我国交通基础设施十分薄弱的局面，在“七五”期间，我们继续贯彻落实“六五”期间提出的“修路、建桥、筑港、治河”的工作方针。在港口建设中继续贯彻落实大中小港口相结合、大中小泊位相结合、新建与改造相结合的方针。同时，对公路建设实行普及与提高相结合、以提高为主，新建与改建相结合、以新建为主的方针。根据我国国情和国家财力物力条件，提出了在公路建设中重点修建汽车专用路。为了摆正公路建设与养护的关系，提出了建养并重的方针，在抓好新建公路的同时加强养护工作，“七五”后期已局部实施GBM工程。这一系列方针的贯彻落实，对于加快交通基础设施建设的速度和提高质量，产生了很好的效果。

（四）“七五”是交通运输生产为国民经济服务的适应程度进一步提高的5年

全社会公路、水路客货运量、周转量都完成了“七五”计划，在综合运输体系中所占的比重进一步提高。“七五”末，公路和水运承担的客、货运量分别占社会总运量的88%和83%，客、货周转量也分别达到50%和57%，在综合运输体系中发挥着十分重要的作用。

多种运输方式发展较快。以港口为中心，以铁路、公路和水路集疏运相配套的水上运输网的建设，提高了远洋运输和近海运输的能力；国际集装箱运输和国际定期班轮开通以来，一直保持着较快的发展势头，提高了我国出口货物的国际航运竞争能力和我国船队在国际上的信誉；国际多式联运使集装箱运输开始向正规化方向发展。汽车零担班车在全国已形成网络；公路集装箱运输1990年达到30多万箱；民用大型客车已拥有30多万辆，缓解了铁路干线短途旅客运输的紧张状况。全国已有87.3%的乡镇通了班车，方便了农民进城，促进了农村经济的发展。内河运输进一步发展了干支直达、江海直达运输，减少了中转、倒载环节，提高了运输效率。

各级政府交通部门和交通企事业单位，积极贯彻“一支三保”的方针，努力搞好支农运输，保证重点物资运输，保证外贸物资运输，保证人民生活必需品和旅客的运输。5年间，化肥、农药运输完成了2亿2500多万吨，为农业丰收提供了运输保障。重点物资运输成绩显著，煤炭水运量完成6亿3000多万吨，江海主要港口完成煤炭发运量5亿9000多万吨，石油水运量完成3亿多吨。外贸物资运输完成的情况也比较好，江海主要港口外贸吞吐量完成8亿多万吨，远洋运输企业完成外贸物资运输3亿6000多万吨，超额完成了计划。为国民经济和对外贸易发展作出了贡献。

（五）“七五”是交通科技、教育出成果、出人才最多的5年

“七五”期间，进一步明确了依靠科技振兴交通的指导思想，积极组织实施交通科技进步“通达计划”，把对公路、水运发展具有全局性、关键性意义的重大科技项目放在首位，先后开发了一批具有80年代先进水平的成套技术，取得了大批科研成果，推动了生产建设的发展。交通科技进步“通达计划”中所列课题基本完成，70%达到80年代国际水平，

60%填补了国内技术空白。5年中，交通系统所属单位荣获国家科技进步奖27项；国家发明奖10项；部科技进步奖227项。在全国交通行业，基本形成了以企业为基础，以部属研究所为骨干，以大专院校和地方研究所为重要力量的，具有较高研制开发能力，层次结构比较合理，专业门类比较齐全的交通科研体系。

交通教育取得显著成绩，为运输和建设提供了有力的智力支持。"七五"期间，交通院校的社会主义办学方向和为交通发展培养合格人才的办学方针更加坚定明确，办学规模有了很大发展。"七五"末中专以上交通院校在校生比"六五"末增长约35%，"七五"期间部属高等院校培养本、专科毕业生2万4600多人，研究生1400多人，分别比"六五"增长53.5%和7.4倍；师资队伍建设得到加强，专业水平有明显提高；办学条件有一定改善，实验课的开出率提高到60%~80%；同时，突出交通教育特点，对专业和层次结构进行了调整，加强了航海、路桥、港航等交通主干专业建设；强化了培养过程中的实践环节，实施了水上专业的半军事化管理；多种形式的交通成人教育取得成效，提高了职工队伍素质。

（六）"七五"是运输安全形势明显好转的5年

"七五"期间，我们认真贯彻了"安全第一、预防为主"的方针和国务院关于加强交通安全工作的决定精神，坚持"全面治理、狠抓基础、突出重点、强化管理"，为实现交通运输安全状况的好转，做了大量工作。

对海上安全监督管理体制进行了改革，组建了十四个海上安全监督局。按照"统一政令、分工管理、机构不动、收费不变"的原则，对长江水系港航监督业务分工进行了调整。加强了安全监督的法规建设和水上安全监督管理的装备建设，改造、新建了部分管理设施。加强了船舶检验和救助打捞工作。狠抓了安全工作重点和薄弱环节：一是抓国营大型骨干企业。全面整顿强化安全管理工作，坚持港航季度安全例会，定期分析安全生产形势，针对存在的问题，研究解决的办法。目前，虽然重大事故尚未杜绝，但从整体看，是呈下降趋势。"七五"与"六五"相比，事故件数下降43.2%，沉船数下降69.9%，死亡人数下降50.7%，经济损失下降25.6%。二是抓乡镇运输船舶。1987年国务院发布了《关于加强内河乡镇运输船舶安全管理的通知》，明确了由县、乡人民政府管理乡镇运输船舶的责任，并设立了必要的机构和管理人员。各有关省、自治区、直辖市的交通部门对乡镇运输船舶安全工作加强了领导，进行了整顿，做了大量的工作。乡镇运输船舶事故在连续几年大幅度上升以后，从1988年开始连年大幅度下降。1990年与1986年相比，事故件数下降13.3%，沉船数下降26.6%，死亡人数下降36.9%。三是抓客船、客渡船和危险品运输的安全，推行了"五定"（定渡口、定渡船、定渡工、定乘员数额、定规章制度）的办法，对油区、油船、危险品货物库场进行检查，堵塞漏洞，消除隐患，全面落实消防、防爆、防雷击的措施，对保证运输安全起了积极作用。

对交通港航治安秩序进行了治理整顿。各级交通港航公安保卫部门，坚持专门工作与群众路线相结合，打击与防范并举的方针，持续开展"严打"斗争，开展打击"车匪路霸"和打击江盗的"水网行动"等专项斗争，严厉打击了危害交通运输安全的刑事犯罪活动，大力整顿和治理港、站、车、船治安秩序，加强治安管理，维护了交通港航治安局势的稳定。

（七）“七五”是交通法制工作逐步完善的5年

随着交通运输的改革和发展，法制工作越来越受到重视。“七五”期间，对建国以来的交通运输法规进行了全面清理，基本摸清了家底，为《行政诉讼法》的实施和下一步交通法制建设打下了基础。制定、颁发了一批交通法规。5年来，国务院颁布交通行政法规（含法规性文件）12件，部制定颁布规章215件。在公路运输方面，以《中华人民共和国公路管理条例》、《公路运输管理暂行条例》、《车辆购置附加费征收办法》为主体，相应制定了一批公路建设、公路养护、公路管理、公路运输、公路规费征收等方面的实施细则和规章；在水路运输方面，以《中华人民共和国水路运输管理条例》、《中华人民共和国航道管理条例》等为主体，相应制定了一批航道建设、航道管理、水上运输管理等方面的实施细则；在交通安全管理方面，以《中华人民共和国海上交通安全法》、《中华人民共和国内河交通安全管理条例》、《中华人民共和国对外籍船舶管理规则》等为主体，相应制定了一批有关船舶、船员、救捞等方面的实施细则和规章。各地方政府也制定了一批法规。这些法律、法规和行政规章的制定，为依法治理交通提供了依据。

（八）“七五”是交通行业精神文明建设进一步加强的5年

“七五”期间，交通系统坚持不懈地抓了全行业的精神文明建设，实现了思想工作和组织工作指导思想的转变。我们提出了建设“三具有”的交通职工队伍的奋斗目标；重点抓了坚持四项基本原则、反对资产阶级自由化的教育和斗争；加强了党风、行风、廉政建设和职业道德建设；开展了“学雷锋、树新风”，创建文明单位、争当文明职工活动；大力宣扬了杨怀远、严力宾等一批先进模范人物的事迹；加强了各级领导班子和干部队伍的组织、思想、作风建设和政治业务培训，并对干部制度不断进行了改革；强化了党的纪律检查工作和行政监督工作，建立和不断完善监督机制；发挥了各级工会和共青团在加强企业思想教育、民主管理和青年工作中的作用。所有这些，从思想上、组织上保证了交通改革和建设任务的完成。5年中涌现出全国交通系统两个文明建设先进单位109个，先进集体152个，全国和部级劳动模范602人，“五一劳动奖章”获得者214人，国家级有突出贡献的中青年科技专家53人。特别值得提出的是，在1989年春夏之交的政治风波中，交通系统广大干部职工经受住了严峻的考验，立场坚定、旗帜鲜明地反对动乱和暴乱，确保了运输畅通，充分证明是一支可信赖的队伍。

1990年是“七五”计划的最后一年，在这一年里，全国交通系统广大干部职工艰苦奋斗，努力工作，克服了市场疲软，货源不足，资金紧缺等困难，较好地完成了生产和建设任务。在运输生产方面，全社会公路、水路客运量和旅客周转量分别完成69亿人次和2 800亿人公里；货运量和货物周转量分别完成80多亿吨和1万5 000亿吨公里。在基础设施建设方面，全国新增公路1.4万公里，其中二级以上公路为4 600多公里。其他各项工作也都取得了新的进展和成绩。

回顾“七五”的实践，我们认为有以下几条基本经验：

——坚持改革、开放的方针，在确保公有制运输经济为主体的前提下，发展多种经济成分，并不断深化、完善其他各项改革和管理措施，是振兴交通运输经济的强大动力。

——紧密依靠各级政府的领导和支持，并按照国家调整产业政策的要求，对交通行业实行倾斜、优惠，是交通运输事业不断发展的关键。

——充分调动各方面的积极性，实行交通投资渠道多元化，是加快交通基础设施建设的基本途径。

——根据全国和区域经济发展的要求，对交通基础设施建设统筹规划，合理安排，并制定正确的建设指导方针，是提高投资效益，尽快形成综合运输能力的重要前提。

——大力加强社会主义精神文明建设，全面提高人员素质，建设一支政治、思想和作风过得硬的职工队伍，是交通改革和建设不断开拓，取得胜利的根本保证。

同志们！“七五”期间，交通工作虽然取得了重大成就，但仍然存在不少问题和困难：一是交通基础设施仍然十分薄弱，公路数量少、标准低、质量差；港口吞吐能力仍显不足，尤其是缺少专业化泊位。内河航运建设进展不快，在许多方面还没有摆脱落后状况。建设资金紧缺，国家给予的政策，有些尚未完全到位。随着物价指数的上升和工程造价的提高，如果没有新的资金来源，“八五”建设资金不足的矛盾会更加突出。二是运输装备老化，专业运输企业的车、船有1/3急需更新，但因资金短缺，仍在带“病”营运。三是管理体制在一些方面还没有理顺。部门之间、上下之间、各地区之间还存在一些矛盾，亟待解决。法制建设还不适应交通发展新形势的要求，由于种种原因，有些法规至今未能出台。四是交通部门大中型企业由于外部经营环境得不到改善，加之内部经营管理上的问题，经济效益下降，困难严重，缺乏活力和自我发展能力。五是交通行业风气和服务质量还存在不少问题，有的还相当严重。这些困难和问题，需要在今后的工作中认真研究解决。

二、“八五”交通事业的发展目标和指导思想

20世纪后10年，在我国社会主义现代化建设的历史进程中是非常关键的时期。党的十三届七中全会审议通过的《中共中央关于制定国民经济和社会发展十年规划和“八五”计划的建议》，确定了我国社会主义四化建设第二步战略目标，到本世纪末，使国民生产总值再翻一番，人民生活达到小康水平，综合国力大大增强。为了实现这个战略目标，同时提出了一系列重要的指导方针。这些关系国民经济和社会发展全局的总任务、总方针，是我们制定交通“八五”计划和今后十年规划必须遵循的根本依据。

我国国民经济经过两年多的治理整顿，形势正在向着好的方向发展，对交通运输的需求将会有新的增长。预计，“八五”期间公路客运量年均增长速度为6.8%，5年净增27亿人次；水运客运量年均增长速度为0.7%，5年净增1 000万人次；公路货运量年均增长速度为6.2%，5年净增25.1亿吨；水运货运量年均增长速度为4.8%，5年净增2.2亿吨；沿海港口吞吐量年均增长速度为7.2%，5年净增2.1亿吨。面对这样的运输需求，交通运输综合能力在“八五”期间仍然处于滞后状态，运输生产和建设任务是非常艰巨的。

“八五”是我国交通运输现代化建设历史进程中承前启后的重要时期。

（一）“八五”期间，交通工作的总要求

——努力提高交通运输为国民经济服务的适应程度，使交通运输的紧张状况得到进一步缓解，为国民经济持续、稳定、协调发展提供安全、优质、及时的运输保障；

——抓好“三主一支持”建设的起步工作，集中力量完成一批重点工程，为逐步实现长远规划创造良好开端，打下坚实基础；

——根据国家产业政策的要求，在保持现行政策连续性、稳定性基础上，从实际出发，完善有关方针、政策，并争取开拓一些新的领域，加速基础设施建设；

——继续深化改革，理顺管理体制，完善管理手段，加强法规建设，进一步加强行政管理和行业管理；

——继续搞好运输市场治理整顿，逐步建立既是开放活跃的又是有秩序的运输市场，使公有制为主体的各种运输力量协调、健康地发展；

——在实践中积极探索、逐步形成计划经济与市场调节相结合的运输经济运行机制；

——以提高效益为中心，完善承包经营责任制，增强大中型交通企业活力；

——大力抓好交通教育和科技工作，为运输生产、基本建设和管理工作提供智力和技术支持；

——坚持抓好精神文明建设，进一步端正行业风气，加强职工队伍建设，保证各项任务的顺利完成。

（二）“八五”建设的主要任务

1. 新增公路6万公里。重点建设国道主干线4 000多公里，其中高速公路500多公里，汽车专用一、二级公路3 600公里；继续改建扩建大中城市出入口公路和过境公路，基本解决车辆出入和过境的拥挤问题；相应发展省干线公路和县乡公路；认真抓好GBM工程规划的实施，除部分老、少、边、穷地区外，各省区、各地市、各县市至少要有一两条完整贯通的标准化美化公路；继续加强汽车站场建设，到“八五”末要基本完成地市级汽车站的改建工作。

2. 沿海港口建成泊位180个，其中深水泊位100个，中级泊位80个，新增吞吐能力1.7亿吨。重点加强沿海煤炭、集装箱和陆岛滚装运输系统建设。煤炭运输系统重点增加接卸能力，“八五”期间争取基本满足煤炭运输需要；集装箱运输系统新增吞吐能力1 000万吨；重点解决5 000人以上岛屿交通，力争实现5000人以上岛屿有一个泊位；加强岛屿间、陆岛间、海湾海峡两岸之间客货滚装运输系统建设，进一步完善现有滚装运输航线，开辟新航线，鼓励发展各种专业化运输船队。

3. 内河航运，重点建设长江干线、西江干线、京杭运河、黑龙江等水运主通道的基础设施，改善航道4 000公里，新建泊位60个，新增港口吞吐能力3 500万吨。长江干线重点加强港口和主要客运站建设，长江支流重点搞好汉江、湘江及信江航道建设。

4. 支持系统，基本建成海上救助系统，沿海灯塔成链，救助站点大体布齐；基本建成长江口、珠江口、沿海重要水域和港口辖区的安全监督体系和交通管制系统；建成交通专用一级通信网，建设全球海上遇险和安全通信系统，海洋通信技术接近80年代末国际先进水平；进一步完善交通信息系统，实现一、二级信息系统联网。

5. 运输装备建设，重点增加能源运输船、客船、支持系统专用船和专业运输车辆。计划建造运输船舶1 200万吨、13万客位，新增专业运输汽车8万辆。同时大力加强现有车船的更新改造，努力提高技术构成，增加装备先进的适用船舶，发展大吨位车、集装箱车、特种车，使运输工具同“三主”建设协调发展。交通工业，重点加强修船、筑养路机械和公路客车生产设施建设，提高生产工艺水平和产品质量。

6. 开拓劳务市场，扩大海员外派，建设好一批外派海员培训基地。

（三）“八五”期间坚持贯彻的指导思想

为了实现“八五”期间交通发展的目标和运输、建设任务，必须遵循党的十三届七中全会精神，坚持贯彻以下指导思想。

1. 坚定不移地贯彻改革、开放的方针

继续推进交通体制改革，进一步健全、完善五级交通行政管理体制，尤其要加强乡镇交管站建设，以强化行业管理的基础工作；抓紧研究、逐步建立比较完备的交通法规体系和法制工作体系；政府交通部门要不断改进管理方式和管理方法，综合运用行政手段、经济手段和法律手段，加强对运输经济的宏观调控和行业管理，继续深化沿海和长江干线港口的体制改革，逐步理顺管理关系。

坚持以公有制为主体、各种运输力量协调发展的方针，在这个前提下，继续进行运输市场治理整顿，形成既是开放活跃的又是有秩序的运输市场，更好地发挥国营运输企业的骨干作用、集体运输企业的辅助作用和个体运输的补充作用，逐步形成以公有制为主体，计划经济与市场调节相结合的运输经济体制和运行机制。

交通企业要进一步完善承包经营责任制和厂长（经理）负责制，在建立和形成良好的内在机制上下工夫。正确处理国家、企业和职工个人三者利益关系，为国家多做贡献。企业经营管理者要紧紧依靠职工群众，尊重、保障企业职工的民主管理权利，全心全意依靠工人阶级办好社会主义交通企业。

2. 依靠各地政府，调动各方面积极性，加速交通发展

交通运输事业是社会性的事业，涉及面广，必须紧密依靠各级人民政府的领导和支持。各级交通部门要将交通运输发展规划、计划，以及发展过程中的情况、问题和建议，及时向当地政府请示、汇报，争取当地政府进一步加强对交通工作的领导和支持。1991 年是“八五”的第一年，各地正在制订区域经济发展计划，应争取将区域交通发展计划纳入区域经济总体计划之中，以达到交通发展与区域经济发展相协调。“七五”期间各地政府对交通发展给予的扶持政策，应当充分肯定，并进一步加以完善。“八五”交通建设任务比“七五”更为繁重，而国家财政比较困难，不可能给交通更多的投资，必须继续坚持调动各方面积极性共同办交通。特别是在基础设施建设上，要坚持和用好国家和各地政府已给予的扶持政策，同时要进一步开拓思路，提出一些新的政策和办法。

3. 集中力量，保证重点，正确处理点面关系

根据“三主一支持”长远规划的要求，“八五”期间要上一批主干工程。在基础设施建设中，必须相对地集中财力物力，保证重点，真正把建设重点转移到落实长远规划上来，切切实实地抓好“八五”起步。部和各地都要集中力量确保“三主一支持”重点项目，国家的重点也就是地方的重点，要从大局出发，作为第一位的任务安排实施。在重点项目中，要优先保证收尾项目、续建项目。在完成国家重点项目的同时，要注意处理好重点和一般的关系，对省、市交通发展具有重要意义的、资金落实的、前期工作具备条件的急需项目要作出安排；对农村交通建设、扶贫交通建设和公路、航道养护要同时兼顾。

“八五”期间，部要对投资补助和资金调拨办法进行调整。由于各省市给予公路建设的优惠政策不同，因此征地拆迁费用相差悬殊，过去部一般按总投资的1/3补助，这种补助办法不尽合理。“八五”期间用车购费给各地公路建设的投资补助，改为按项目的直接工程费补助。各地条件不同，补助额可上下浮动10%～20%。对贫困省、区，采取特殊的照顾政策，补助比例可再高一些。在资金调拨上，哪里的工作抓得紧，工程进度快，我们的补助资金一定跟上去，以便工程早日建成。汽车站场建设资金，要逐步过渡到主要用于扶持公路主枢纽的建设，以提高公路运输的总体效益。在内河航运方面，部将集中一部分资金，重点支持经济效益好的跨省或跨地市的主要内河航道建设。

4. 按照产业政策的要求，调整运输经济结构，进一步抓好支农交通建设

“八五”期间，要继续落实国家产业政策，进一步调整运输经济的布局和结构，协调好基础设施建设、运输生产和支持系统的比例关系，使其更加协调衔接，并逐步调整改善车船运力结构。在建设安排上，要注意搞好工程项目的配套，沿海航运建设要搞好港-船-港的配套衔接，内河建设要搞好航-港-船的配套衔接，公路建设要搞好路-车-站的配套衔接，支持系统要从“硬件”和“软件”两个方面加强，以便尽快形成综合能力，发挥整体最佳功能。

农业是国民经济的基础，发展农村经济对我国的经济发展和社会稳定具有重大意义。必须重视和加强农村公路的建设，在建设中要充分依靠当地政府和人民群众，继续执行和完善以工代赈、民工建勤、民办公助等行之有效的政策。改进对农村公路建设的投资补助办法，为农村公路建设提供更多的资金。交通部门的主要任务是加强调查研究，搞好农村公路建设规划，坚持建设标准，进行技术、业务指导。当前主要应修好出境路、联网路和资源开发路，促进农村的经济开发。同时，要在当地政府的统筹规划下，结合农田水利和水电建设，搞好内河航运建设。

5. 坚持把科技、教育作为振兴交通的战略重点来抓

必须进一步树立依靠科技振兴交通的思想。交通部门各级领导一定要增强科技意识，坚决贯彻中央确定的“经济建设必须依靠科学技术，科学技术工作必须面向经济建设”的战略方针。交通科技工作的重点主攻方向应放在对生产建设的发展带有全局性、关键性、突破性的项目上。继续深化科技体制改革和完善相应的配套政策，加强科技队伍建设，进一步改善科研设备和手段，为科研人员发挥聪明才智创造更好的环境和条件；组织各级交通科技力量，为加快搞好“三主一支持”建设，为大幅度提高运输效率效益和确保运输安全，提供成套技术、关键技术；强化科技成果的转化工作，抓好新技术的推广应用，将行业的科技工作真正落实到企业的技术进步上；加强软科学研究，为各级领导提供科学的决策依据。

教育工作对实现交通运输现代化具有重要的战略地位，必须优先发展。交通教育应当紧紧围绕运输生产建设对人才的实际需要，培养各级各类专门人才，特别是培养急需人才。“八五”期间，教育工作要继续坚持社会主义办学方向，深化教育改革，提高教育质量和办学效益，初步建立起与交通事业发展相适应的，结构基本合理，面向21世纪的交通教育体系，不仅满足“八五”期间交通运输和建设对各级各类专门人才的需要，还要为2000年前后交通事业的发展做好智力准备。交通高等教育要下力量抓好一批重点专业建设，航海类专业要在教育质量和学术水平上争取达到世界先进水平，路桥工程、工程机械、港航工程、汽运工程和运输管理等专业要达到国内先进水平；交通职业技术教育以办好现有普通中专和技工学校为重点，合理调整专业结构和布局，有计划地发展航海和公路工程等一批短线专业；交通成人教育要本着“学用结合、按需施教”的原则，重点抓好岗位培训，进一步推行关键岗位“先培训、后上岗”的制度。继续搞好交通教育扶贫工作，为贫困地区培养交通专业人才。

6. 发扬艰苦奋斗精神，努力提高运输经济效益

我国目前还是发展中国家，经济基础比较薄弱，经济建设任务很重，必须坚持勤俭建国、艰苦奋斗的方针。交通建设投资大、周期长，更需要从资金投向、规划、设计、施工管理等方面，精打细算，厉行节约，把有限的资金真正用在最急需的项目上，提高投资效益。

交通运输企业目前困难较多，改善外部环境是必要的，但应该看到，企业内部还有很大潜力，一定要眼睛向内，大力进行挖潜，向管理要效益。“八五”期间，交通企业要进一步深化改革，以确保安全质量、降低消耗、提高经济效益为中心，以企业升级为手段，以突出人的管理、基础管理、现场管理为重点，全面推进管理现代化，使企业整体素质和经济效益得到明显提高。争取有一部分大中型骨干企业在经营管理上，在质量、消耗、效益上达到80年代的国际先进水平，在投入产出比例上达到同行业历史最好水平。

7. 坚持贯彻“安全第一”的方针，争取安全工作再上一个新台阶

继续贯彻落实“安全第一，预防为主”的方针，按照“全面规划、综合治理、远近兼顾、标本兼治、狠抓基础、强化管理”的要求，大力加强安全基础工作，使水上交通安全管理和交通企业的安全工作登上一个新的台阶，实现“八五”安全工作规划。为此，要建立健全各级交通部门的安全领导、交通企业的安全保障、水上安全监督管理、海上搜救打捞和水上消防五个体系；完善安全法规，严格安全管理；增加安全设施的投入，加强设备维修；提高人员素质；依靠科技进步，掌握安全生产的主动权。要进一步加强乡镇运输船舶管理，一是扩大管理覆盖面，不留死角；二是继续解决县、乡政府对乡镇船舶进行实质性管理这个关键问题；三是落实交通部门对乡镇船舶安全工作的行业管理责任。要抓紧抓好统一港监、船检体制的试点工作，逐步理顺港监、船检体制，更好地发挥中央港监、船检对地方港监、船检的业务指导作用。要加强交通港航公安保卫工作，严厉打击破坏交通运输的刑事犯罪活动，深入开展治安综合治理，落实安全保卫责任制和安全防范措施，维护好交通港航的治安秩序。

8. 坚持两个文明一起抓的方针

大力加强职工队伍建设，从“治本”入手，以确立正确的世界观、人生观、价值观为主要目标，深入进行爱国主义、集体主义、社会主义教育，进一步建设以“安全优质、文明服务”为主要内容的交通职业道德，提高干部职工的思想道德素质。各级领导干部都要认真学习和努力掌握马克思主义基本理论，特别是社会主义理论，提高理论素养；长期不懈地对干部职工进行坚持四项基本原则的教育，抵制和反对资产阶级自由化；在广大职工特别是青年职工中深入开展基本国情和基本路线的教育，提高职工的政治觉悟；大力开展艰苦奋斗、勤俭建国的教育，勤俭办交通事业；把搞好学雷锋、学严力宾、奉献在岗位的活动贯穿在“八五”的全过程，进一步端正行业风气，树立行业新风。交通系统各单位要把精神文明建设纳入发展规划，并逐步增加必要的投入。

“八五”计划的顺利实施，关键在于各级领导。必须加强各级交通部门和交通企事业单位的领导班子建设，提高领导干部素质，把各级领导班子建设成为忠于马克思主义的团结、务实、开拓进取、廉洁奉公的领导集体。领导干部要认真执行党的十三届六中全会决议，坚持深入基层、深入群众、深入实际，研究新情况，解决新问题，带领广大职工夺取生产建设的新胜利。

三、努力完成1991年交通工作的各项任务

1991年是“八五”计划的头一年，也是继续治理整顿和深化改革的一年。全国交通系统要在党的十三届七中全会精神指导下，着重抓好下列几方面的工作。

（一）认真学习贯彻七中全会精神

党的十三届七中全会，是开创未来10年的重要会议，是动员全党全国人民为实现我国社会主义现代化建设第二步战略目标而奋斗的重要会议。《中共中央关于制定国民经济和社会发展十年规划和“八五”计划的建议》的制定和实施，标志着我国现代化建设进入了一个新的发展阶段。交通部门对实现《建议》提出的宏伟任务，负有重要责任。全国交通系统的各级领导和广大职工，必须把学习和贯彻七中全会精神，作为今年各项工作的首要任务。要认真学习七中全会公报，江泽民总书记、李鹏总理在全会上的重要讲话和中央的《建议》，正确认识国际国内形势，深刻领会《建议》提出的建设有中国特色的社会主义的12条原则，明确今后十年我国国民经济和社会发展的基本任务和方针政策，明确中央对公路、水路交通建设的基本要求。各级领导要集中精力把学习和贯彻七中全会精神作为一件大事抓深抓实，要带头学习，并结合本单位实际制订贯彻落实的措施，向干部职工进行宣传教育，动员他们为实现国家长远规划和“八五”交通发展计划团结奋斗，埋头苦干，建功立业。

（二）搞好运输生产和基础设施建设

1991年，各项运输生产指标大体上与去年实际完成量持平或略高于去年。

交通运输部门汽车、轮驳船客运量为44.15亿人，其中汽车客运量为42.25亿人，轮驳船客运量为1.9亿人。

交通运输部门汽车、轮驳船货运量为11.22亿吨，其中汽车货运量为5.8亿吨，轮驳船货运量为5.42亿吨。

沿海主要港口吞吐量为4.68亿吨。

交通部直属水运客运量为3 200万人，旅客周转量为85亿人公里；直属水运货运量为2.5亿吨，货物周转量为1万亿吨公里。外贸出口略有增长，约8 300多万吨。

地方汽车客运量为42.25亿人，货运量为5.8亿吨。地方轮驳船客运量为1.58亿人，货运量为2.9亿吨。

基本建设，国家投资略有增加。今年计划安排的重点和原则是：优先安排建成投产和收尾项目；重点安排“八五”计划的“三主一支持”项目。开工和续建沿海港口深水泊位及

中小泊位53个，要求建成深水泊位10个、中级泊位8个、小泊位19个，共新增吞吐能力2 841万吨。建成内河中级泊位3个。新增公路1.3万公里，其中：改建、扩建和新增干线公路里程623公里（一级公路164公里，二级公路459公里），改建和新增农村公路1万公里，修建扶贫公路2 000公里。

今年安排民用钢质船开工量64万吨，完工量54万吨。归口安排钢质船12万吨、水泥船15万吨。直属船舶重点安排安监、救助、航道工程船以及长江、黑龙江、京杭运河工程配套和内河运输船。改装公路客车1万3 390辆，生产汽车挂车1万2 770辆。

为了加速车船更新改造，必须用好技改资金，努力改善交通专业运输部门的技术装备。有条件的地区可酌情建立客货车船更新基金，重点发展大吨位、集装箱、特种货车和舒适型客车，逐步提高交通专业运输部门车辆的技术构成。

（三）继续治理整顿运输市场

李鹏总理提出，今年的经济工作，要处理好治理整顿与执行“八五”计划的关系，以治理整顿为主，并开始执行“八五”的发展计划，在治理整顿中求发展。今年是治理整顿运输市场的第三年，也是最重要的一年，重点是要搞好经营行为的整顿。这是一项长期的任务，要经常抓、反复抓，逐步建立起运输市场的良好秩序。要依靠当地政府的领导，取得有关部门的配合与支持，抓紧、抓细、抓实。要保护合法经营，严禁非法经营，打击犯罪活动。对各类问题的查处，要实事求是，依法行政。要提倡合理运输，防止以治理整顿为由，搞画地为牢的地方保护主义，真正实现货畅其流，人便于行。在治理整顿经营行为的同时，要对完善宏观调控体系，逐步建立交通运输计划经济与市场调节相结合的运行机制等深层次问题作进一步的探索与实践。路检路查，是交通部门进行交通监管的职责和手段，为了加强和改进这项工作，方便行车，一要坚持在以源泉管理为主的原则下，进行必要的路检路查；二要逐步实行路政、运政、稽征“三结合”，统一设站，联合上路，各司其职，配合协作；三要加强运管队伍建设，严格按照规定配备人员，控制经费开支，加强服务工作；四要坚持禁止乱设卡、乱罚款、乱收费和以权谋私的行为，纠正行业不正之风。

（四）开展“质量、品种、效益年”活动

国务院决定，今年要在全国范围内开展“质量、品种、效益年”活动，这是提高经济效益的重大措施。交通系统要根据自己的实际和特点，以安全、质量、服务、效益为主题，扎扎实实地搞好“质量、品种、效益年”活动，在安全、质量、服务、效益指标等方面收到明显实效。首先要抓好安全工作。要组织好春运安全大检查，搞好各项预防工作。各省、自治区、直辖市交通厅（局）今年要完成安全整顿的验收工作。继续加强救助打捞、船舶检验和交通港航治安工作。在确保安全的同时，抓好“质量、品种、效益年”的其他活动。这项活动要有具体目标，初步意见是：安全事故件数、沉船数、死亡人数、事故经济损失各降低十个百分点以上；工程建设，优质工程率争取提高5个百分点以上；工业企业产品一次合格率和优质产品产值率争取分别提高十个百分点以上；维修企业的返修率降低一半；所有企业能源、原材料消耗节约一个百

分点以上；所有亏损企业要求一半以上扭亏增盈；广泛开展增产节约和增收节支活动，达到增收节支5个百分点以上，使经济效益各项指标优于前3年的最好水平或平均水平。部决定在第二季度召开全国交通系统质量工作会议，以推动“质量、品种、效益年”活动健康发展。

（五）搞活大中型交通企业

搞活大中型企业，是今年深化交通企业改革的一项主要任务。部拟组织调查组对若干公路运输企业和港航单位进行调查研究，提出搞活大中型企业的切实可行的政策措施。要坚持和完善企业承包经营责任制，在认真总结第一承包期经验的基础上，认真搞好第二期的承包工作。第二期承包要根据实际情况调整承包基数，选择好经营者，保持各项企业政策的稳定，并适当加以完善。要坚持和完善企业组织体制、领导体制、人事制度、分配制度改革，形成竞争机制，增强企业活力。大型骨干企业，要制订企业经营发展战略，确定长远发展目标，增强企业自我发展能力。

（六）加强精神文明建设

要继续开展马克思主义基本理论的宣传教育，进一步抓好《关于社会主义若干问题学习纲要》的学习。继续开展学雷锋、学严力宾、树行业新风的“两学一树”活动。要把开展“两学一树”活动的情况作为今年新评或复查国家二级企业、全国优秀政工企业的重要标准。为了把学先进的工作落实到最基层，确定在今年适当时候召开交通系统班组建设座谈会，研究搞好班组建设和职工队伍建设的措施。今年上半年要在交通系统评选两个文明建设先进单位、先进集体和劳动模范，在此基础上，召开全国交通系统的表彰大会，大力表彰交通系统各行各业在两个文明建设中成绩卓著的单位和个人，以弘扬正气，推进交通职工队伍建设。各级党政领导，要进一步重视发挥工会和共青团的作用，齐抓共管，形成合力，共同抓好思想政治工作。

要加强廉政建设，进一步端正行业风气。继续贯彻部《关于加强廉政建设、纠正行业不正之风的决定》，狠抓狠刹交通行业不正之风。按照党中央、国务院治理“三乱”的部署，在1990年第四季度各单位进行自查的基础上，1991年第一季度至第三季度，按要求完成重点检查、审核处理和整章建制工作。

继续加强领导班子的组织与思想作风建设，坚持“四化”方针，选好配好班子，加强后备干部培训。各级领导机关和领导干部，要进一步转变作风，深入基层，调查研究，解决问题。本着“下基层，办实事，订措施，抓落实”的精神，今年部领导将继续实行定点联系制度，确定到一些省、自治区、直辖市的交通部门和部属及双重领导交通企事业单位，进行调查研究，重点解决一些问题。

在保证完成今年各项重点任务的同时，还要做好其他各项工作。科技工作，要认真组织实施部级“八五”科技进步“通达计划”，逐步推行地方（企业）的二级“通达计划”，组织好对先进、成熟的科技成果的推广应用工作。教育工作，今年要着重抓好交通普通高等教育、职业技术教育、成人教育三个规划纲要的贯彻和落实，制定好具体规划和实施计划，进一步加强学生的思想政治工作。教育学生弘扬爱国主义精神，坚定社会主义信念，使之成为交通建设事业的合格人才。加强法制建设，着手研究交通法规体系，加快立法步伐，抓好《行政诉讼法》的贯彻实施和企业法律顾问工作。财务工作，要认真贯彻全国财政、会计工作会议精神，落实部直属企业第二期承包基数，重视和加强交通规费的征收工作，收好、管好、用好各项规费。审计工作，要继续加强对国家资金和各项经济活动的审计监督，完善交通审计法规，抓好第一轮承包经营责任制审计和领导人任期终结经济责任审计，严格财经纪律。监察工作，要进一步完善监察机构，继续开展执法监察和廉政监察工作，抓好反腐败斗争，抓紧对各种违纪案件的查处。我们要以各项工作的优异成绩，迎接建党七十周年。

同志们！交通系统面临的任务是艰巨而光荣的。我们要坚定信心，脚踏实地，知难而进，为开创“八五”交通发展的新局面而努力奋斗。

管好行业　搞好企业　调整结构　提高效益

——黄镇东部长在全国交通工作会议上的讲话

(1992年1月11日)

同志们：

去年下半年，党中央相继召开了中央工作会议和十三届八中全会，着重研究了进一步搞好国营大中型企业、加强农业和农村工作的问题。在当前风云变幻的国际形势下，我们要立足于把国内的事情办好，牢牢抓住经济建设这个中心，集中力量把国民经济搞上去，增强抵御和平演变的能力，使我们党开创的社会主义事业永远立于不败之地。交通运输是国民经济的基础产业，进一步搞好交通运输事业，对国民经济的持续、稳定、协调发展具有重大意义。这次全国交通工作会议，要认真贯彻中央工作会议和八中全会精神，回顾1991年交通运输的形势，研究、部署1992年工作。根据党中央、国务院确定的我国经济工作的指导思想，今年交通工作的主要任务是：继续坚持物质文明建设和精神文明建设一起抓的方针，管好行业，搞好企业，调整结构，提高效益。

一、1991年交通运输形势

1991年是执行“八五”计划的第一年。经过治理整顿，国民经济逐步走上持续、稳定、协调发展的轨道，工农业生产、进出口贸易、固定资产投资等都保持增长势头，为交通运输的生产和建设提供了有利的条件。但是，国际形势的复杂多变和国内的严重洪涝灾害，也给交通工作带来了压力和困难。在党中央、国务院的领导下，在地方各级政府的关心、支持下，交通系统广大干部职工努力克服困难，积极挖掘潜力，运输生产、基本建设、工业生产等基本上都完成或超额完成了年度计划指标。“八五”交通发展开端良好。

第一，公路、水路运输生产全面回升

1991年，运输生产扭转了前两年徘徊不前的局面，运输总量开始增长，沿海港口外贸货物吞吐量、直属水运货运量和货物周转量均创历史最高水平。

全国公路社会运输量预计完成客运量66.52亿人次，旅客周转量2 778亿人公里，货运量73.78亿吨，货物周转量3 398亿吨公里，比1990年分别增长2.6%、6%、1.9%和1.1%。全国水路社会运输量预计完成客运量2.64亿人次，旅客周转量171亿人公里，货运量8.38亿吨，货物周转量1万3 000亿吨公里，除客运量比上年下降2.9%外，其余比上年分别增长3.6%、4.6%和12.1%。

据快报统计，交通部门完成汽车客运量44.04亿人次，旅客周转量2 075亿人公里，货运量5.96亿吨，货物周转量362亿吨公里，分别比上年增长4.2%、9.4%、4.3%和1.3%。轮驳船客运量1.85亿人次，旅客周转量163亿人公里，货运量5.68亿吨，货物周转量1万2 700亿吨公里，除轮驳船客运量比上年下降1.4%外，其余分别比上年增长6.4%、6%和11.6%。

沿海主要港口完成货物吞吐量5.05亿吨，比上年增长9.1%。

重点物资运输完成情况较好。煤炭运输量基本与上年持平，原油运输比上年增长7.5%。外贸物资运输有较大增长，沿海主要港口外贸物资吞吐量较上年增长16.3%。国际集装箱吞吐量比上年增长27%，继续保持了高速增长的势头。

支农物资运输继续贯彻了优先安排运力，确保运输质量，不误农时的原则，圆满完成了粮食、化肥、农药等农产品和农业生产资料的运输任务。去年，化肥进口数量较大，港航企业采取各种措施，加快化肥的接卸、疏运。全年沿海和长江主要港口完成外贸进口化肥接卸量1 700多万吨，比上年增长12%。

第二，基础设施建设继续稳步发展

基本建设按照调整结构、提高效益的方针，突出了重点建设，确保年内竣工投产项目和“七五”跨“八五”期建设的续建项目。全年预计完成投资额52.8亿元，为年计划的103.4%。其中港口建设21.8亿元，为年计划的113.8%；公路建设20.6亿元，与年计划持平；内河航道建设5.9亿元，为年计划的109.6%。建成深水泊位7个，中小泊位18个，新增吞吐能力411万吨；建成公路1.2万公里，其中部与地方共同投资新建公路971公里，包括高速公路45公里，一、二级公路561公里，建成独立大桥3座；改善航道里程158公里。

国家重点建设项目，港口安排12项，预计完成投资额15.21亿元，为年计划的133%，宁波港北仑二期、营口港鲅鱼圈一期、湛江港三区等重点工程项目已竣工验收；公路安排225项，经济干线南京至上海（江苏段）、北京至广州（湖南段）等改建工程已经完成，京津塘高速公路和武汉至江陵、济南至青岛、成都至重庆等汽车专用公路以及新开工的黄石、铜陵长江公路大桥等进展顺利。交通战备和国边防公路建设也取得了成绩。内河航道建设，国家重点工程西江航运一期工程、汉江航道整治工程等完成情况较好。

在加强重点工程建设的同时，重视了扶贫交通建设。去年部下达扶贫计划投资6 400多万元，建成了一批项目，促进了老少边穷地区的经济发展。

公路虽然遭受严重水毁，但经过广大职工的努力，养护质量仍比上年有所提高，干线公路好路率达到79%。国道107线基本达到GBM工程建设要求，使这条纳入亚洲公路网的洲际公路达到了二级以上标准。航道养护管理工作也逐步走向规范化。

第三，交通工业生产完成年度计划

指令性造船计划重点安排了长江等内河运输和港航工程辅助船舶，全年船舶完工量45.6万吨，为年计划的101.3%。地方归口船舶完工量12.8万吨，为年计划的106.6%。公路客车改装完成1.5万多辆，为年计划的114%。港机、筑养路机械和挂车生产、销售情况略好于上年。

回顾去年一年，交通工作有这样几个主要特点：

——团结协作，战胜了严重洪涝灾害。去年6至8月份，全国有28个省、自治区、直辖市先后遭受不同程度的洪涝灾害，交通基础设施受到严重毁坏。据统计，共冲毁公路59 200多公里，冲毁桥梁3 600多座，冲毁涵洞40 300多道，中断、淤塞航道10 800多公里，流失航标3 100多座。公路、航道水毁直接经济损失约18亿3 500多万元。自然灾害发生后，各级交通部门和广大职工，全力以赴投入了抗洪救灾斗争，出动客货汽车88.58万多辆次，船舶5.9万多艘次，运送灾民，抢运物资，进一步显示了国营交通企业的骨干作用，有力地保证了抗洪救灾的需要，赢得了各级政府和广大人民的赞誉。安徽、江苏、河南、湖北、四川、黑龙江等重灾省份的交通部门和广大职工，灾后全面开展了生产自救，积极抢修水毁公路、航道。部千方百计筹措资金3亿2 600万元，用于公路、航道水毁抢修补助和水毁公路无息借款，为保证灾后公路、航道的畅通提供了资金支持。至年底，全国水毁中断的县级以上公路和内河航道，已全部恢复通车、通航，因水灾停产、半停产的水陆运输企业已基本恢复生产。

——治理整顿运输市场取得了明显效果。去年，各地交通部门在完成经营资格审验收尾工作的基础上，及时把工作重点转向经营行为的整顿，使运输市场的治理整顿进入了关键阶段，并对建立计划经济与市场调节相结合的运行机制等深层次问题进行了一些有益的探索和实践。通过运输市场治理整顿，无证经营现象基本得到控制，各种运输力量在经营范围、经营内容合理分工的基础上继续得以发展；一些省市，对营业性运力增长实行了“先审批，后购置”的管理办法，运力布局、结构有所调整；客运市场建立和完善了“三定”（定线路、定站点、定班次）和“五定”（定航线、定船舶、定时间、定港口，定码头）的制度，运输秩序有所好转；货源管理加强了指令性、指导性运输计划的组织实施，并通过组建有形市场，推行合同运输，强化了市场管理。初步建立了运输市场规则和行为规范，为以法治运、依法经营奠定了基础。

——把搞好交通企业的工作摆到了突出的位置。去年部组织调查组对直属企业和地方交通企业进行了调查研究，召开了部属和双重领导企业工作会议。在对第一轮承包企业进行审计和认真总结经验的基础上，与部属十五家港航企业签订了第二期承包合同，合同条款中增加了资金利税率、技术进步、固定资产增值等指标。根据国务院关于改善企业外部条件的政策措施，部制定了《关于进一步搞活部直属和双重领导大中型交通企业的若干意见》和《进一步搞好地方交通企业的若干意见》。各地交通部门也积极争取为企业创造条件，扶持、指导企业的发展。

——“质量、品种、效益年”活动健康发展。在。“质量、品种、效益年”活动中，交通系统根据自己的特点和实际，以安全、质量、服务、效益为主题，加强领导，发动群众，广泛开展活动，安全、质量、服务、效益有了改善和提高。交通安全保障方面，突出抓了老旧船舶的技术管理，认真开展了运输船舶和工程救捞船舶的安全整顿，完善了各项安全措施。进一步落实了县、乡政府对乡镇运输船舶的管理责任和中小航运企业安全规章制度的建立。去年交通运输安全状况比较好，全年没有发生重大恶性事故，直接经济损失比上年下降了38.3%，公路运输企业安全情况也好于上年。海运、内河船舶效率，装卸千吨货停时等经济效益指标均达到或超过计划指标。车、船正点率保持了较高水平，公路客运班车正点率平均达到97.5%，水运客运班轮正点率平均达到95%，国际货运核心班轮准班率达到100%。

——科技进步有力地推动了运输生产和建设的发展。为了加快新技术向运输生产力的转化，科技推广工作在计划和组织实施上有了进一步的改进。公路和桥梁设计CAD系统目前已在19个部省级公路设计院推广应用，提高了效率，缩短了设计周期。国际集装箱运输系统（多式联运）工业性试验去年9月正式鉴定验收，取得了显著的社会效益和经济效益，是我国集装箱运输发展史上的一次突破，对推动我国国际集装箱运输的正规化、现代化具有深远的意义和作用。水泥路面修筑新技术得到推广应用，目前总修筑里程已达1.1万多公里，在去年战胜洪涝灾害中发挥了巨大的作用。各级交通部门和交通企事业单位的科技进步工作也取得了成效。

在去年一年中，交通系统的精神文明建设和其他各项工作取得了显著成绩。各级领导班子建设得到加强；广大干部特别是领导干部的马列主义、毛泽东思想基本理论学习逐步深入；在青年职工中，基本国情、基本路线的教育广泛开展；“学雷锋、学严力宾，树立行业新风”的“两学一树”活动，向深度发展；交通院校从严治校，对青年学生做了大量工作，维护了良好的教学秩序；交通港航公安保卫和治安综合治理工作取得进展，交通港航治安秩序进一步好转；交通纪检、监察、审计、财务监督和党风党纪教育继续加强，促进了廉政建设和行业风气建设；各级领导干部深入实际、调查研究的风气逐步树立起来。在此基础上，评选表彰了全国交通系统两个文明建设和抗洪救灾先进单位和先进人物，弘扬了正气。这些都保证了运输生产和基础设施建设这一中心任务的顺利完成。

在肯定成绩的同时，我们必须对交通经济工作中存在的问题保持清醒的认识。

一是交通企业经济效益继续下降。相当一部分运输企业完成的运输生产量、营运收入与实现利润的反差增大。虽然1989、1990年进行了水路、公路运价的调整，但运输企业实现利润下降趋势并没有得到扭转。去年地方运输企业亏损面比上年增加，在运输、施工和交通工业企业中还有相当数量的潜亏企业。

二是运输经济技术结构不适应运输生产力整体水平的提高。在各种运输力量发展中，公路、内河专业运输的运力比重逐步下降，技术装备水平严重落后，先进适用的技术装备率很低，这种状况与专业运输的地位和作用不相适应，并且影响到社会化生产专业分工。航务、航道和公路施工企业，设备老旧，不配套，影响着企业效率和效益的提高。

三是交通基础设施建设仍处于“滞后”状态。港口建设“七五”时期投资留有缺口，致使港口吞吐能力不足，特别是煤炭卸船、粮食和杂货码头泊位仍是短线。内河航运的落后面貌仍未改变。公路等级低、抗灾能力差，近些年来平均每年公路水毁损失达10亿元左右。交通运输的支持系统非常落后。交通科技进步还不适应生产建设发展的需要。

四是交通行业管理体制对内对外都不同程度地存在职能交叉、管理分散的弊端，直接影响和制约着政府交通部门对运输经济的宏观调控和有效管理。

在今后工作中，我们必须抓住这些带有全局性、关键性的问题，研究解决办法和改进措施。

二、抓好1992年运输生产和基础设施建设

1992年交通运输生产和基础设施建设，要坚持持续、稳定、协调发展的方针，把重点转移到调整结构和提高效益的轨道上来。要按照国家产业政策和调整结构的要求，确保“一支三保”（即搞好支农运输，保证重点物资运输，保证外贸物资运输，保证人民生活必需品和旅客运输）任务的完成，抓好交通基础设施重点项目和农村交通基础设施的建设，加强交通运输内部结构中的一些薄弱环节，提高运输生产和建设的效益。

第一，确保运输计划指标的完成

目前，整个国民经济已经恢复到正常的增长速度，今年国民生产总值的计划增长速度为5.5%，运输需求也将随之进一步增长。华东、华南沿海沿江地区将有一批新建、扩建的火力

发电厂投产，煤炭运输需求将有较大增长；对外开放进一步扩大，外贸运量稳中有升，外贸集装箱运量和港口吞吐量将保持增长势头。预计今年全社会公路客运量和旅客周转量分别为68亿人次和2 850亿人公里，比去年分别增长2.2%和2.6%；全社会水运客运量和旅客周转量分别为2.74亿人次和178亿人公里，比去年分别增长0.4%和1.1%；全社会公路货运量和货物周转量分别为74亿吨和3 400亿吨公里，比去年分别增长0.3%和1%；水运货运量和货物周转量分别为8.6亿吨和1万3 300亿吨公里，比去年各增长2.6%。

根据国民经济发展对运输的需要，今年运输计划指标为：交通部门汽车客运量45亿人次；轮驳船客运量1.835亿人次，其中直属轮驳船客运量3 350万人次；交通部门汽车货运量5.85亿吨；轮驳船货运量5.6亿吨，其中直属轮驳船货运量2.7亿吨；沿海主要港口吞吐量4.9亿吨。

在运输生产中，要继续认真贯彻安全第一、预防为主的方针，坚持不懈地抓好安全工作。要坚持行之有效的制度和做法，狠抓落实。针对当前安全状况尚不稳定，安全工作存在着不少薄弱环节，要加强对老旧船舶的监督检验，防止带病航行；加强对新职工和年轻技术人员的培训，使之尽快成长；加强对水上交通安全秩序的整顿，积极改善通航环境。特别要抓好客船（包括渡船）、乡镇运输船舶、危险品船和油船、油区的安全管理，杜绝重大恶性事故的发生。地方交通部门要认真抓好公路运输企业车辆（特别是客车）的行车安全。同时，要进一步加强交通港航公安保卫工作，充分发挥交通公安机关的职能作用，更有效地防范和打击严重刑事犯罪活动，积极推进交通治安综合治理，抓好港航消防等安全保障工作，努力维护交通港航治安秩序。

第二，搞好基础设施重点项目的建设

国家计委初步确定，今年交通基本建设规模与去年计划规模基本持平，去年和今年计划安排的投资，实际上已比“八五”计划平均每年安排投资减少了15%。因此，今年交通基本建设计划安排的原则是量力而行，有多少资金安排多少项目，优先考虑收尾和建成投产项目，确保“八五”计划中的“三主一支持”骨干项目。今年安排的建成项目工程，投资要打足。各项基本建设必须严格按照国家规定的建设程序办事，严格控制建设项目的规模和标准，努力提高设计和施工质量，坚持和推广工程监理制度。

今年公路建设，计划建成1.2万公里，其中半幅高速公路140多公里，一级公路250多公里，二级汽车专用路260多公里，二级公路近1 100多公里，重点建设京津塘、杭甬、沪宁等高速公路，济青、成渝等一、二级汽车专用公路，黄石、铜陵等公路大桥和天镇~走马驿等国防公路，计划建成干线公路8条。沿海港口计划建成深水泊位20个，中级泊位10个,新增吞吐能力1 972万吨，重点安排大连大窑湾一期起步工程等收尾项目和上海为浦东开发服务的外高桥港区等项目。内河航运，计划改善航道里程224公里，碍航闸坝复航1座,建成内河港口中小泊位14个，新增吞吐能力952万吨，优先安排西江广西段和湘江航道整治等续建项目，重点建设长江干线的航道、客运站、煤码头、外贸码头、通信和水上安全保障设施建设项目以及汉江、新安江和京杭运河的续建项目。要重视对现有公路、航道的养护，落实费用，保证畅通，并不断提高通过能力和技术等级。支持系统，重点安排全国交通专用通信网和船舶交管系统等项目。科技、教育的投入仍然保持适当的水平。

今年交通技术改造的重点是沿海港口基础设施、运输企业和交通工业企业。技术改造专项贷款，重点安排上海民生路1～4号泊位等沿海港口老码头改造项目，以及公路客车生产线和水运修船基地等交通工业改造项目。

交通工业生产，今年拟安排民用钢质船舶开工量64万吨，完工量54万吨，其中指令性计划开工量为52万吨，完工量42万吨，重点安排长江、黑龙江、京杭运河及部分沿海运输船舶和安监、救捞、航务航道工程辅助船；地方归口钢质船开工量和完工量各12万吨。安排公路客车改装1.5万辆，汽车挂车1.1万辆。

第三，加强支农物资运输和农村交通基础设施的建设

八中全会通过的《中共中央关于进一步加强农业和农村工作的决定》，是今后相当长时期指导我国农业和农村工作的纲领性文件。交通运输是发展农村经济、搞活农村商品流通、推进农业现代化的重要基础，各级交通部门要认真贯彻落实中央决定中对交通运输提出的要求，进一步加强支农物资运输和农村交通基础设施的建设，为开创农业和农村工作新局面作出贡献。

1. 坚持“一支三保”的方针，保证各项支农运输任务的完成。随着农田水利建设的加强，对农业投入的增多，支农物资运输任务将很繁重。直属水运企业和沿海主要港口要采取有力措施，保证粮食、化肥和农药等运输。各地运输部门要优先安排农用物资的运输，不误农时，确保运输质量。

2. 增强交通干线的防洪自保能力。去年的严重洪涝灾害，使各地交通基础设施遭受严重毁坏，但“七五”期间新建、改建的一批骨干项目，特别是已建成的高等级公路，抗洪能力强，在抗洪救灾中发挥了重大作用。要认真总结这方面的经验教训，把有计划地发展高等级公路作为进一步增强交通干线防洪自保能力的一条重要措施。同时，新建、改建的国、省道干线公路也必须严格执行部颁标准中对公路、桥涵的洪水频率和防护工程的规定，提高抗洪防灾能力。

3. 抓好县乡公路的建设。县乡公路建设是发展农村商品经济的必备条件，部已把发展县、乡公路列为“八五”公路建设的重点之一，今年计划建设约9 000公里。各地交通部门要依靠各级政府，继续执行民办公助、民工建勤、以工代赈等政策，调动各方面的积极性，多方筹集资金，大力搞好县乡公路的建设。

4. 做好交通扶贫工作。贫困地区的交通设施建设是脱贫致富的必要条件之一，部和省厅、市局都要拨出专项资金，用于交通扶贫。要充分使用中央和地方各级政府的政策措施，发动群众，改善贫困地区的交通设施。要按照“八五”期间计划修建扶贫公路2万公里，打通200个乡和1万个行政村的要求，今年要安排在全国77个贫困县建成73条扶贫公路，近1 300多公里；桥梁15座，约3 000延米。

第四，深化“三主一支持”长远规划

在去年审定《国道主干线系统规划》的基础上，今年还要组织力量，深化“三主一支持”长远规划，继续完成和审定全国水运主通道、公路主枢纽、港口主枢纽布局规划以及交通支持系统的各单项总体规划。各地区、各部门、各单位要在全国“三主一支持”长远规划指导下，分工负责，认真组织编制本地区、本部门、本单位的交通发展总体规划。当前要特别注意抓好珠江三角洲、长江三角洲等带有战略意义的地区交通运输综合发展规划。各省要认真组织力量，按照去年部关于编制1991年～2020年全国公路网规划的要求，编制好国、省、县乡公路网规划。今年要首先做好省内国道网调整工作，上半年提出调整方案报部。同时，要研究本省公路交通对社会经济发展的适应状况及其地位、作用和发展态势，确定本省境内每条国道主干线的主要控制点和具体线位，提出建设的技术标准和五年建设序列。

第五，抓紧完成“八五”建设项目的前期工作

“八五”建设项目的前期工作是今年基本建设的工作重点之一。为了改变建设项目前期工作薄弱的被动局面，在去年的前期工作会议上，我们提出了关死后门的倒排时间表，要求准备在“八五”期间建成的一般建设项目在去年底做到初步设计阶段，重大项目在今年9月、最迟在年底前必须做完，否则就要贻误大事。从目前前期工作存在的主要问题来看，一是任务重，时间紧，大量的上报和审批工作集中在今年；二是进度不均衡，一些单位未按时完成和上报文件；三是一些项目的前期工作，深度不够，质量不高。为了切实抓紧抓好前期工作，各单位必须按时上报文件，部有关司局要在规定的时间内审批或提出意见。在审批前，各单位不要等，交叉进行下一步工作。切实保证前期工作质量，防止为了争投资而草率对待前期工作的错误倾向。需有关部门协调的建设项目，要抓紧做好协调工作。对“八五”后期开工转“九五”建成的项目和预备项目，也应抓紧开展前期工作。对三峡工程有关航运的问题，要积极做好研究论证工作，配合有关部门为三峡工程尽快开工建设做好准备。

这里，应该强调指出，交通事业的发展，离不开各级政府的领导和支持。各级交通部门要积极争取和坚持用好地方政府给予的扶持政策，依靠当地政府协调解决交通部门在基础设施建设和运输生产中难以解决的实际问题，在各级政府领导下，动员全社会力量办好交通。

为了搞好交通运输生产和基础设施建设，我们必须深刻领会邓小平同志提出的“科学技术是第一生产力”的论断，认真贯彻落实江泽民总书记提出的“把经济建设真正转移到依靠科技进步和提高劳动者素质的轨道上来”的重要指示。在这次交通工作会议上，部已印发《关于我国公路、水运交通行业近期技术进步的方向和任务》，郑光迪副部长将代表部就交通科技发展讲一些意见和要求，请各级交通部门和交通企事业单位研究贯彻。

三、努力搞好国营大中型交通企业

去年9月召开的中央工作会议，提出了改善国营大中型企业外部条件的12条措施和企业内部加强管理的八项工作，为搞好国营大中型企业指明了方向。同时明确提出，整个“八五”计划时期为集中力量增强大中型企业活力和提高企业效益的时期。我们要全面贯彻落实中央工作会议精神，从巩固公有制经济的主体地位，建设有中国特色的社会主义，增强抵御和平演变的能力的高度来认识搞好国营大中型企业的重要意义。

为了搞好国营大中型交通企业，部成立了搞好企业领导小组，负责研究、提出搞好企业的政策、措施和意见，以及检查、督促、落实工作。确定对搞好国营大中型交通企业采取“总体规划、分工负责、分类指导、突出重点、兼顾一般”的方针。重点解决内河航运、施工、交通工业和汽车运输企业的问题。

第一，改善企业外部环境。各级交通主管部门要按照各自职权范围和企业的隶属关系，明确分工，深入企业，把国务院及部、省（市）政府已出台的改善企业外部环境的政策措施，尽快逐条逐项落实到企业。对于改善部属企业的外部条件，部有义不容辞的责任。对于改善地方交通企业的外部条件，由所在地区交通主管部门按照企业的隶属关系积极争取地方政府的支持，部也要从行业管理上加强指导和协调。

当前，一要抓紧继续向国务院和省、市有关主管部门反映交通企业的特点，争取交通企业比照工业企业，全面落实国务院和省、市政府关于搞好国营企业的各项政策措施；二要按照工作程序继续做好运输价格、港口费率、施工定额等各项费收的调整改革工作；三要制定搞好企业的计划目标，分年度采取有力措施，力求取得实际效果；四要深入企业，尤其是问题较多、困难较大的企业，具体帮助企业排忧解难。这里的关键是要狠抓落实。

第二，认真贯彻执行《企业法》，支持企业依法自主经营。各级交通部门要按照《企业法》的规定，对照企业实际，逐条逐项贯彻落实。企业领导体制要坚持三句话：进一步发挥党组织的政治核心作用，坚持和完善厂长负责制，全心全意依靠工人阶级。

现在，企业普遍反映存在“四多”现象，即：企业机构设置不断增多，文件多，会议多，检查多。部明确重申企业有权根据生产经营的需要设置企业内部机构，非机构编制管理部门，无权规定企业机构设置和定员数量。任何部门和单位都不得要求企业设置对口机构和规定相应的人员编制及级别待遇。企业对原有的机构有权根据生产经营的需要，本着“精简、效能”的原则进行调整。部和省、自治区、直辖市交通厅（局）要狠抓精简文件、压缩会议和尽量减少对企业的各种检查。部各厅司局召开的专业会议，必须经主管部领导批准，否则一律不得召开。凡是按照规定必须进行的检查，也要避免交叉重复。

第三，调整企业组织结构和经营结构，推动生产要素的优化组合。要创造条件逐步把企业推向市场，促使企业增强市场意识和竞争观念，根据市场需求开拓经营，不断扩大市场占有率。要加强对交通运输企业组织结构的调查研究，有计划、有重点地组建企业集团。国务院决定组建远洋和长江航运两个企业集团，我们要积极做好工作。要加强企业经营结构和发展战略的研究，认真贯彻“一业为主，拓宽主业，内引外联，多种经营”的方针，充分挖掘和综合利用现有企业的人力、财力、物力，提高经济效益。对长期亏损、几经“输血”无效的企业，对设备陈旧、消耗高、成本高、效率低又无货源的运输企业，对原材料无保障、产品无销路的工业企业，要实行企业兼并或转产，甚至采取必要的关、停措施。

第四，进一步完善承包经营责任制，建立起强有力的约束机制和监督机制。部在去年颁发了《全民所有制交通企业承包经营责任制实施办法》和《部属企事业单位承包经营责任审计暂行规定》，目的在于兴利除弊，逐步做到企业既要负盈，也要负亏，不吃国家“大锅饭”，保证国有资产的保值和增值。去年部与直属运输、工业企业签订了1991至1992年承包经营合同，批复了施工企业及企业化管理的事业单位的行政领导1991至1992年任期目标，部将全面考核这些单位承包合同与任期目标的执行情况，重视消除企业存在的潜亏问题，并着手研究制定部属企业“八五”后3年承包经营方案。各地交通部门也要做好承包制的检查考核和“八五”后3年的企业承包工作。

第五，深化企业改革，转换经营机制。一要完善内部经济责任制，把承包指标和任期目标层层分解，落实到基层和个人，做到职权清楚，责任落实，考核严格，奖惩分明。二要深化企业内部人事、用工制度改革，破除“大锅饭”、“铁饭碗”、“铁交椅”，继续完善劳动合同用工制度，对职工逐步实行合同化管理，在科学定员、定额的基础上，搞好优化劳动组合，对富余人员，允许企业建立内部待业制度。三要完善工效挂钩办法，加强劳动工资计划管理，做到企业工资总额的增长低于经济效益的增长幅度，职工个人平均收入的增长低于全员劳动生产率的增长幅度；企业发生经营性亏损，应停发奖金，限期内未能扭亏的，还要适当降低标准工资。四要改革分配制度，使职工的收入同企业完成承包或任期目标规定的任务联系起来，同职工个人技术高低、责任大小、劳动轻重、工作条件好差、贡献多少联系起来，逐步推行岗位技能工资制度，建立起真正体现按劳分配原则，多劳多得、少劳少得、不劳不得和向生产第一线苦、脏、累、险及高技术岗位、工种倾斜的分配制度。

第六，加强企业管理，提高服务质量。朱镕基副总理多次指出，交通企业要以服务质量为中心，提高经营管理水平，我们要认真贯彻。今年要继续开展“质量、品种、效益年”活动，并把提高服务质量作为今年企业工作的重点。公路、水路客货运输都应做到安全及时、保质保量、手续简便、费用合理。在客运方面，要认真贯彻落实部《关于加强客运管理，进一步提高服务质量的通知》，切实解决一些客运部门在服务质量、服务态度上存在的“脏、乱、差”问题。抓好“三容”（站容、车船容、仪容）整顿，维护好公共秩序，为旅客创造良好的旅行环境；抓好车船运输正点率，消除脱班误点现象；抓好食宿管理，汽车客运班车实行定点就餐住宿，客船餐食价格要适宜，保护旅客经济利益，严禁乱收费。在货运服务方面，要大力开展方便用户的联合运输、一条龙运输、门到门运输、一票到底运输。部将制定关于提高货运服务质量的规范，各地、各运输企业要认真贯彻落实。各级交通部门和运输企业要建立和公开运输服务质量投诉电话，自觉接受社会舆论监督。施工企业、工业企业要狠抓工程质量和产品质量。目前在建设项目的设计、施工管理中，还存在着一些不容忽视的问题，如国家重点建设项目秦皇岛港丙丁码头散粮泊位筒仓，因设计事故造成直接经济损失近千万元，而且影响投产。各级领导部门要对玩忽职守造成严重质量事故和安全事故的单位和个人追究责任，进行严肃处理。

要提高服务质量，必须继续加强企业内部管理。在国务院决定停止企业升级工作后，国家二级企业标准规定的企业管理基础工作以及全面质量管理和质量监督仍应进一步加强。要认真宣传贯彻国家技术监督局颁发的GB/T 10300《质量管理和质量保证》国家系列标准，提出管理目标，采取有效措施，提高企业素质。

第七，加强技术改造，改善技术构成。各级交通部门和交通企业，要认真实施部制定的科技进步“通达计划”，制定企业技术进步方向，明确任务，落实措施，改善企业的技术构成。要充分运用国家为了搞好国营大中型企业，允许从企业营收中提取一定比例的技术开发基金的政策，以及增加企业资金积累和贷款等政策，大力推进技术进步。要从交通企业车、船运力和技术装备水平陈旧、落后的实际情况出发，帮助企业筹集车、船运力的更新资金，扶持专业运输企业优化运力结构，增强交通部门专业运输的技术和经济实力。目前，已有一部分省、自治区交通部门按照调动各方面积极性的原则，筹集运输发展资金，以补助、贴息或低息等形式用于专业运输企业技术更新，集中用于发展先进适用的车、船，这些政策性措施对交通运输的发展是具有战略意义的，应给予积极和充分的肯定。这部分资金投向要择优用于那些经济效益好，有偿还能力的企业。要加强监督和管理，防止资金“沉淀”和“移位”。企业也应对自身的技术改造承担责任。

科技进步和发展教育是紧密相连的。各级交通部门和交通企业，都要重视和支持交通教育事业。通过发展教育事业，提高劳动者的素质，培养出更多的科技工作者、各种技术人员和熟练劳动者。

在搞好企业的各项工作中，必须全心全意依靠工人阶级，加强企业民主管理，发挥职代会和工会的作用。海员工会、公路运输工会各级组织，在动员广大交通职工积极参与各项改革、广泛开展社会主义劳动竞赛和合理化建议、加强职工思想教育等方面，做了许多工作，为促进企业技术进步、提高经济效益作出了自己的贡献。今后，我们要继续重视、支持各级工会的工作，进一步发挥工会的作用。

四、不断完善交通行业管理

改革开放以来，各级政府交通部门按照政企分开的精神，逐步实现了职能转变，积极探索运用行政的、法律的、经济的手段，加强交通行业管理，取得了显著成效。但是交通行业管理中还有许多问题需要进一步解决。

第一，加强交通法制建设，以法治交通

交通行业管理的任务十分繁重，各项管理工作都要依靠法律、法规、规章和规范性文件进行。近年来，交通法制工作取得不少成绩，但与客观要求相比，差距还很大。我们要继续努力，进一步加强对交通法制工作的领导，加快交通法制建设的步伐。

一是加强交通立法。今年内要完成交通法规体系的研究编制工作，逐步使交通立法做到上下有序，结构合理，协调衔接，覆盖面广，有计划地分批分期进行交通立法，为交通行业管理提供依据。“八五”期间，交通立法工作，要坚持突出重点、确保质量、完善提高、形成体系的原则，重点抓好海商、公路、港口、船舶、船员、公路运输等一批基本法规，以及有关运输价格、费收管理和水上交通安全管理等配套法规的制定工作和颁发、实施工作。

二是各级交通部门要认真开展执法监督检查，严格行政执法。要继续抓紧完成法规清理工作，该废止的废止，该修订的修订。做好交通行政复议、应诉工作，培训复议、应诉工作人员，努力提高复议、应诉案件的质量。

三是加强企业法制工作。一方面企业的各项经济活动必须在法律的约束下进行；另一方面企业的合法权益需要依法保护。各级交通部门和交通企业要高度重视企业法制工作，逐步建立一支既懂交通业务又懂法律知识的企业法制工作队伍。

同时，各级交通部门和交通企事业单位要认真抓好“二五”普法教育，进一步增强干部职工的社会主义法治意识。

第二，善始善终完成运输市场治理整顿任务

运输市场经过3年的治理整顿，已进入收尾阶段。为善始善终完成治理整顿任务，今年要抓好几项工作：一是根据各地实际情况，对整顿经营行为中的薄弱环节要进一步加强工作，对大案要案抓紧立案查处；二是搞好总结验收，各省、自治区、直辖市交通厅（局）要作出治理整顿运输市场的工作总结，9月份部将召开总结会议；三是由集中治理整顿转到加强对运输市场的正常行政管理。治理整顿作为一个阶段性的工作虽然即将结束，但是对运输市场的管理工作不能放松。我们要把在治理整顿过程中探索、积累起来的好做法、好经验运用到日常管理工作中去，使之规范化、制度化，以巩固扩大治理整顿的成果，并对逐步建立计划经济与市场调节相结合的运输经济运行机制作进一步的探索和实践，使运输市场继续朝着活跃、有序的方向发展。

第三，加强乡（镇）交管站（所）建设

交管站（所）是五级交通管理的最基层一级，在加强行业管理方面发挥着重要作用。为了把交管站（所）建设好，需要注意以下几个问题：

一是各地交管站（所）的建设要统筹规划，合理布局。要根据区域经济、社会发展状况和交通运输管理的实际需要，以及道路、航道、车辆、船舶、运量等综合指标，经过调查论证，本着“精简、效能”的原则，制定建站建所规划，人员编制要严格控制。

二是要明确交管站（所）的职能，充分发挥交管站（所）的作用。由于公路、水路交通运输管理体制和规费征收体制不一样，各地赋予交管站（所）的职能有很大的不同。有的起“小交通局”的作用，把公路、水路交通行业管理的方方面面都管了起来，这样做有利于加强交通运输的源泉管理。但不搞一刀切，要因地制宜确定管理的职能和形式。

三是要加强对交管站（所）的领导。交管站（所）面广、分散，各级交通部门，特别是县交通局要加强对交管站（所）工作的指导，健全管理制度，开展人员培训，抓好行风建设。

第四，按“三位一体”原则进行路检路查

路政、运政、稽征三部门是公路交通管理的基本组成部分。多年来，它们根据各自的职责，做了大量工作，作出了重要贡献。但是，路检路查多头对外的状况，带来了一些问题，不适应新形势的要求。改革现行路检路查办法，已成为当务之急。要按照“联合设站，合署办公，统一标志，各司其责”的原则，由路政、运政、稽征部门人员联合进行路检路查，使监督管理、规费征收等项工作融为一体。这样做的好处是：在现行公路管理体制不作大的变动情况下，保持工作的连续性和稳定性，把第一线从事监督检查工作的力量集中起来，变“分力”为“合力”；简化监督检查手续，避免重复设站，重复检查，方便运输经营者。要采取切实有效措施，制止公路“三乱”（乱检 查、乱罚款、乱收费）现象。各项规费征收主要应抓好源头检查，并坚持以教育为主，不准任意罚款。

关于联合检查的有关问题，部有关部门已经起草了一个暂行办法，待进一步修改后颁布实施。

根据国务院要求，为了解决汽车驾驶员持证过多问题，部经过研究，初步意见是：把交通部门全国统一要求检验的证件，减少合并为两个，一个是养路费缴讫证，一个是道路运输证（含车辆购置附加费证、营运证和运管费缴讫证）。这个方案待与国务院有关部门商定后即将实施。

这里，我还要谈一下关于交通行业管理中一些职责交叉的问题。同国务院有关部委之间的职责分工问题，我们将积极地向国务院请示汇报，同有关部门协商解决。关于同公安部门的职责交叉问题，我们将按照李鹏总理的指示精神，争取得到妥善处理。交通内部管理体制上存在的矛盾和问题，有的是历史上遗留下来的；有的是在改革开放，交通运输经济迅速发展，管理工作跟不上而带来的。这些问题都是客观存在。交通行业的情况比较复杂，出现这样那样的矛盾和问题，是难以完全避免的，关键在于我们应该采取积极的态度，努力做好工作，逐步加以解决。在理顺内部体制方面，应该遵循以下一些原则：一是采取积极、稳妥的态度，深入调查研究，根据我国国情及国际上的规定和惯例，提出切实可行的解决办法，条件成熟一个解决一个；二是要把有利于交通运输事业的发展，有利于提高政府行政管理效能，作为解决问题的出发点和落脚点；三是要提倡顾全大局，遵守纪律，大家都要跳出自身利益的圈子，从交通运输发展的全局出发处理问题，对上级主管部门作出的决断，要坚决照办，不能我行我素，各自为政；四是在客观条件不具备，体制尚难以理顺的情况下，有关方面都要从有利于工作出发，多通气，多商量，避免造成工作上的损失。

五、加强交通行业精神文明建设

在去年10月召开的全国交通系统两个文明建设表彰大会上，部党组已就当前交通行业精神文明建设提出了四项任务：一是各级领导干部要进一步提高两个文明一起抓的自觉性；二是向广大干部、职工、院校学生进行马列主义、毛泽东思想的教育，使他们坚定社会主义信念，增强抵御和平演变的能力；三是紧紧围绕经济建设做好思想政治工作，保证各项经济工作任务的完成；四是加强廉政建设和行业风气建设，坚决纠正行业不正之风。今年，交通行业精神文明建设的重点是抓班子，抓班组，进一步搞好廉政工作和行业风气建设，从组织上、思想上、作风上保证各项交通工作任务的完成。

第一，在当前复杂多变的国际形势下，为了坚持社会主义方向，抵制和平演变，必须进一步加强领导班子建设，确保各级领导权掌握在忠于马克思主义的人手中。各级领导干部要努力提高政治水平，善于从政治上观察和处理问题，坚持正确的政治方向，实行两个文明一起抓，防止埋头经济工作，忽视思想政治工作的倾向；提高理论水平，刻苦学习马列主义、毛泽东思想基本理论，善于应用马克思主义的世界观和方法论，在错综复杂的情况下正确地处理各种矛盾；提高思想水平，牢固树立全心全意为人民服务的思想，正确运用人民赋予的权力，增强全局观念和领导班子团结，增强接受监督的意识，以身作则，廉洁奉公，坚决反对腐败行为；提高领导水平，深入实际，注重实干，勇于负责，创造性地做好工作。今年要着重抓好各级领导干部的培训，要按照部《一九九一年至一九九五年全国省地县交通厅局长岗位培训规划》、《一九九一年至一九九五年交通系统大中型企业领导干部岗位职务培训规划》和《一九九一年至一九九五年交通部直属单位处以上干部马克思主义理论培训规划》的要求进行。

交通院校领导班子成员，也要分期分批进行培训，努力提高水平，坚定社会主义办学方向，全面贯彻党的教育方针，深化教育改革，加强学校管理，优化育人环境，加强思想政治工作，把学校建设成为宣传和捍卫马列主义、毛泽东思想，建设社会主义精神文明的坚强阵地；成为坚持四项基本原则，反对和平演变，维护安定团结局面的坚强堡垒；成为培养社会主义事业的建设者和接班人的重要基地。

各地方交通部门和交通企事业单位，也应加强对基层领导（基层党支部书记、公路段长、工程队长、汽车站长、车队长、船长、船舶政委等）的政治、业务培训。

与此同时，大力加强对青年干部的培养教育，抓好后备干部队伍的建设，逐步建立一支适应领导班子近、中、远期需要的后备干部队伍。

第二，班组是企事业两个文明建设的第一线，是最基本的生产单位，是管理工作和思想政治工作的基础和前沿阵地，也是职工队伍建设的基本环节。今年，班组建设要着重抓好4项工作：一是加强班组建设的组织领导。班组建设是一项综合性的工作，党政工团对班组的工作既要有明确的职责分工，又要各方面积极主动配合。应由一个职能部门牵头，统一部署，督促检查，改变过去分散、多头、各自为政的状况。二是提高班组骨干队伍素质，选拔一批思想作风好、责任心强、会管理、能团结人的班组长，以他们为骨干，形成班组核心。要对他们进行政治、管理和专业知识培训，不断提高他们的工作能力。重视在一线生产工人中培养和发展党员，逐步消除党员空白班组。三是加强班组基础管理工作，建立健全各项管理制度，使班组工作标准化、制度化、规范化，防止无章可循或有章不循，以及形式主义的倾向。四是加强班组的思想政治工作。要继续开展“两学一树”活动，基本完成“双基”教育任务。要关心职工生活，特别是要逐步改善边远地区、偏僻地区基层班组和流动工种职工的工作条件和生活条件，妥善解决子女就业入学等问题，以解除后顾之忧。要逐步在全国交通系统树一批标杆式的好班组，树一批交通系统各个行业的先进人物，做到学有榜样，以先进带动后进，推动班组建设和职工队伍建设。

第三，为了贯彻落实党中央、国务院关于保持党政机关清正廉洁的指示精神，部先后制定了《交通部机关工作人员为政清廉的若干规定》及相应的文件，部机关全体同志（特别是领导干部）和交通系统各单位均应严格执行。各级领导机关和领导干部要在反腐败斗争和廉政建设中起表率作用，尤其是党员领导干部要加强党性观念，以身作则端正党风，严格执行党的纪律，亲自抓好所在单位的党风建设。当前，特别要刹住用公款请客送礼和吃请受礼的不良风气。要严肃认真地贯彻执行党中央、国务院的有关规定，各级党政机关及其工作人员，在国内进行公务活动，严禁用公款搞任何形式的宴请，一律吃工作餐，坚决取消每到一地要请吃一顿的做法；不得以任何名义赠送和接受礼物，下级单位不得给上级单位或上级领导送礼。凡违反规定的，更据实严肃处理，并实行经济退赔。各级领导要大力支持监督部门的工作。

关于交通行业风气建设，部已于去年10月制定了5个方面的阶段性目标。今年，我们要集中力量狠刹两股歪风：一是狠刹航运企业部分船员以船谋私、倒买倒卖、走私闯关的歪风；二是狠刹汽车运输企业部分司机、乘务员私吞票款、运费的歪风。今年要分别召开纠正这两股歪风的工作会议，专题研究“纠风”的措施和办法。

为了抓好廉政工作和行风建设，要继续加强纪律检查、行政监察、审计监督和财务监督，建立和完善监督机制。有关部门要密切配合，使各种不正之风逐步得到遏制和清除。

1992年全国交通工作的任务是十分繁重的。为了完成这些任务，必须加强党对交通工作的领导。各级交通部门的党组织和党政领导，要坚决贯彻执行党的基本路线和各项方针政策，坚持正确的政治方向；要积极向上级党委和政府领导主动汇报、请示工作，取得各级党政领导对交通工作的更大支持。

同志们！新的一年已经来临。我们要在党中央、国务院的正确领导下，团结一致，振奋精神，兢兢业业，扎扎实实，圆满完成各项工作任务，以优异的成绩迎接党的第十四次全国代表大会的召开。

把思想认识统一到十四大精神上来 把十四大精神落实到交通工作中去

——黄镇东部长在全国交通工作会议上的讲话

(1993 年 1 月 11 日)

同志们:

1993 年全国交通工作会议今天开幕了。这次会议是在全国深化改革、扩大开放、国民经济加速发展的新形势下召开的。会议的主要任务是:认真贯彻十四大精神,进一步研究交通工作面临的一些重大问题,动员全国交通系统广大干部职工,加快交通改革开放,努力攀登新的台阶,为国民经济和社会发展提供有效的交通运输保障。

现在,我讲 6 个问题。

一、1992 年全国交通改革开放和建设事业出现新的发展势头

1992 年全国交通工作的特点是,以贯彻邓小平同志南巡讲话精神为主线,加大改革开放力度,加快交通建设步伐,呈现出很好的发展势头。

(一)全国各地大办交通的积极性更为高涨

1992 年,江泽民总书记、李鹏总理、朱镕基、邹家华副总理等中央领导同志,先后对交通工作作了许多重要指示,鲜明地提出:当前,制约国民经济加速发展的最主要的薄弱环节之一是交通;交通运输必须先行和超前发展;交通等基础设施要摆在优先发展的战略地位;经济越是加速发展,交通越要发展得更快;交通工作要深化改革,扩大开放,依靠地方,服务群众;今后 3 年,要大搞交通基础设施建设。党的十四大报告,把交通放在各项基础设施和基础工业的首位,强调指出:"加快交通、通信、能源、重要原材料和水利等基础设施和基础工业的开发与建设。这是当前加快经济发展的迫切需要,也是增强经济发展后劲的重要条件。"这些战略性的指导思想,对动员全国人民,调动各方面的积极性,加快交通事业的发展,起了巨大的促进作用。

各级政府和交通部门为保障国民经济和地区经济的加速发展,相继提出了交通运输上新台阶的规划目标和措施。交通部提出了到 2000 年全国交通运输上新台阶的规划设想和区域交通发展布局的基本思路。各省、自治区、直辖市也都结合地区经济发展规划,拟定了加快、提前完成交通发展规划、"八五"计划和重大建设项目的措施。各地党政领导亲自管交通、抓交通、促交通,出现了全社会关心交通、支持交通、大办交通的大好局面。为了解决建设资金不足的问题,各地政府采取了一系列倾斜政策和优惠措施。这些对交通事业的发展创造了极为有利的条件。

(二)交通运输改革开放加快了步伐,增强了力度

1992 年,交通系统进一步解放思想,踏踏实实地推进交通运输的改革开放,先后迈

出了3步：第一步，是贯彻邓小平同志南巡讲话和3月政治局全体会议精神，对交通运输深化改革、扩大开放提出了具体方案。第二步，是在国务院颁布《关于全民所有制工业企业转换经营机制条例》后，交通系统上下结合，反复研究，根据交通企业的特点，提出了贯彻意见和实施办法。第三步，是在十四大之后，在认真学习十四大精神的基础上，着重就交通运输如何适应建立社会主义市场经济体制的需要，提出了新的思路和措施。

这些改革开放措施正在逐步落实，有些已初见成效。去年是交通部门和交通企业在国内筹集建设发展资金效果最好的一年，发行债券、集资入股、建立股份有限公司等新事物、新办法应运而生，应时而起。去年也是交通基础设施建设利用外资贷款最多的一年，贷款总额超过10亿美元，签订中外合资建设项目的合同额超过10亿元人民币，达成意向性合资项目投资额近5亿元人民币。去年又是中外合资公路、水路运输企业发展最快的一年，经我部批准立项的中外合资公路运输企业74家，中外合资水运企业6家，中外合资汽车维修企业30家,分别为改革开放以来至1991年批准的各类合资企业数的2.5倍、3倍和6倍。上海港务局与李嘉诚先生的香港和记黄埔集团达成了合资经营上海港集装箱码头的协议。招商局集团在上海、广东、山东等地进行长线投资，特别是联合中银集团等，按照“蛇口模式”，开发福建漳州经济开发区，为内地建设作出了贡献。

（三）以运输生产和基础设施建设为中心，各项交通工作取得显著进展

1992年全国公路、水路运输结束了前几年徘徊的局面，由逐步回升走向全面增长。据快报统计，全国公路客运量和旅客周转量均比上年增长5.5%，货运量和货物周转量比上年增长2.2%和2%。水路客运量和旅客周转量比上年增长3%和2%，货运量和货物周转量比上年增长4.3%和2.5%。全国主要港口货物吞吐量比上年增长8.1%，其中外贸吞吐量比上年增长5%，国际集装箱吞吐量比上年增长26.5%。直属水运企业重点物资运输完成煤炭9 260万吨，比上年增长15.8%；原油5 380万吨，比上年增长9%；粮食1 955万吨，比上年增长3.8%。

在运输生产组织方面，一是坚持为国民经济加速发展提供运输保障。特别是在朱镕基副总理提出增运晋煤任务后，部和有关港航企业克服各种困难，保证了运输任务的完成。二是为适应进一步对外开放、发展外贸的需要，扩大班轮航线，增加班轮密度，保持了正点准班。三是积极拓宽服务领域，发展滚装运输、陆岛运输、江海直达运输、长途旅客运输、卧铺客车运输、旅游运输和农村客运。同时，交通企业坚持一业为主，大力发展多种经营，安排了富余人员，提高了经济效益。

交通基础设施建设速度加快，从前期工作到建设工程的具体实施都取得了明显进展。

1. 前期工作得到加强。按照“三主一支持”的长远设想，研究编制了2000年交通基础设施建设上新台阶的规划纲要，国道主干线系统规划，水运主通道总体布局规划，公路、水路主枢纽布局规划，支持保障系统单项发展规划，以及“八五”计划调整方案，“九五”建设计划草案和大中型建设项目初步方案等。组织审查、审批了一批“八五”重点建设项目，加快了项目前期工作进度。

2. 基本建设超额完成了年度计划。全年新增公路通车里程1.31万公里，其中汽车专用

公路1 130公里（含高速公路62公里）。全国公路总里程已达到105.4万公里。沿海港口建成投产深水泊位29个，新增吞吐能力4 260万吨；中级泊位18个，新增吞吐能力190万吨和89万人次；小泊位37个，新增吞吐能力75.5万吨和392万人次。其中，深水泊位比年计划（25个）多建成4个，多增吞吐能力1 760万吨。内河港口建成泊位20个，新增吞吐能力820多万吨。

3. 大中型交通基础设施项目完成情况良好。其中，广州至汕头公路、哈尔滨至大庆公路、三元至铜川公路、合肥至南京公路、武汉至仙桃公路、天镇至走马驿公路、上海的扬高路等，已建成通车。兰州至敦煌千里国道改造胜利竣工，全线达到GBM工程要求。大连、青岛、连云港、张家港、宁波、福州、镇江、南通等港口建成了一批工程，并已验收投产。在抓好大中型交通基础设施建设的同时，加强了公路和航道的养护管理。

过去的一年，交通科技教育、安全监督、法制建设、审计监察、交通战备等工作也有新的发展。研究制定了深化科技体制改革方案，开始试行行业联合科技攻关计划，进一步重视了科技工作面向行业、面向基层、面向生产实际，加强了交通科技成果的推广应用工作。调整了学校布局和专业、层次结构，扩大了学校的办学自主权，部分高校内部管理综合改革试点顺利展开，交通干部职工岗位培训工作取得了成效。水上安全监督、救助打捞、船舶检验和港航公安工作得到加强，全国水上安全生产情况比较好，事故稳中有降。北京海事卫星地面站正式开通，为交通系统提供了船岸之间的直拨电话。交通法制建设，全年共制订法规33项，全国人大常委会审议通过的《中华人民共和国海商法》标志着我国交通法制建设迈出了一大步，对建国以来交通法规文件的清理和认定工作也已大部分完成。围绕搞好国有大中型企业和提高经济效益，开展了各项审计工作，对加强财经纪律、增收节支、堵塞漏洞发挥了积极作用。从执法监察入手，以廉政监察为重点，全面实施监察任务，严肃查处了一批违法违纪案件，促进了廉政建设和反腐败斗争。交通战备工作也取得了很好的成绩。

过去的一年，在各级党政领导、政工部门和工会、共青团等群众组织的共同努力下，全国交通系统加强了社会主义精神文明建设和干部职工队伍建设。通过调整、充实和培训，领导班子的“四化”建设步伐加快，干部队伍的结构得到改善，素质有所提高。在全国交通系统，表彰了人民的好司机、江西省吉安汽车运输公司司机晏军生和模范党务干部、安徽铜陵长江港务监督处党支部书记徐章元，弘扬了雷锋精神和焦裕禄精神。通过去年4月交通行业风气建设经验交流和44个单位，75名交通厅（局）长深入基层，调查研究，查处不正之风，行业风气有所好转。

同志们，1992年全国公路、水路交通运输发展势头虽然很好，但应该清醒地看到，随着国民经济的快速发展，各种运输需求明显增长，交通运输出现了严重的“瓶颈”现象，制约了国民经济的发展，其主要表现是：

1. 交通基础设施欠账太多，严重滞后。公路数量少，等级低，路况差，混合交通严重，至今没有一条能贯穿我国东西或南北的高等级公路，国道网中年均昼夜交通量超过设计通行能力上限的路段占国道网总里程的一半以上，约3万公里的国道主干线交通量超过通过能力一倍以上。沿海港口的煤炭卸船能力、集装箱泊位吞吐能力以及堆存、疏运能力严重不足，作业船与待作业船比已上升到1∶1.2，压船压货严重。内河航运落后状况一直未能得到改变，高等级航道少，碍航闸坝多，干支不能直达，水系互不沟通。内河港口约有40%的岸线处于自然状态，50%以上的内河港口没有装卸设备，完全靠人力装卸。大部分内河港口的客运设施落后，许多旅客甚至在露天候船、购票。内河航运企业几乎全面亏损，陷入严重困境。施工技术力量和机械设备也非常缺乏，更新缓慢。

2. 专业运输企业运力不足，车船陈旧。近年来沿海客运量以每年6%以上的速度递增，而客船运力却几乎没有增加，脱班断航情况随时可能发生。远洋船队平均船龄已达15年，沿海船队20年以上船龄的船舶已占全部运力的20%左右，内河船舶中严重失修的和不符合建造标准的约占40%。公路运输企业营运车辆车型落后，缺少大马力、低油耗的柴油客车和大吨位的载重货车。

3. 交通运输管理手段极为落后。水上安全监督和导航缺少现代化手段，航标设施老旧、亮度不够，严重危及船舶航行安全；缺少快速有效的救助救生设备，消防设施严重不足，一旦发生海事，难以组织及时有效的施救；通信设备设施落后，通信不畅的问题极为突出；运输组织管理缺少现代化的计算机和通信手段，没有形成高效的联运网络，运输能力难以得到充分利用。

上述问题的存在，主要是由于对交通运输长期投入不足，交通建设规模与国民经济发展速度不相适应。要改变这种落后被动局面，实现交通运输上新台阶的任务，最大的困难仍然是资金缺口过大，尤其是内河航运建设资金短缺更为严重。

还应当指出，交通运输管理体制不顺也是一个长期没有解决好的问题。部门之间职责不清，直接影响了行业管理工作的正常进行。

总之，当前交通运输面临的形势是机遇与压力同在，希望与困难并存。我们要遵循党的十四大精神，坚持“一个中心，两个基本点”的基本路线，紧紧抓住有利时机，解放思想，转变观念，实事求是，真抓实干，把交通工作搞上去。

二、抓好交通运输上新台阶的实施工作

为了保证国民经济实现90年代预期目标，必须加快交通运输发展步伐，攀登新的台阶，力争到2000年基本适应国民经济和社会发展的需要。

根据我国经济年均增长8%～9%的发展速度来测算，以1990年为基数，到2000年交通运输上新台阶的主要目标是：

——全社会公路客运量和旅客周转量分别增长1.33倍和2.09倍；货运量和货物周转量分别增长1.35倍和1.80倍。全社会水运客运量和旅客周转量分别增长32%和51%；货运量和货物周转量分别增长94%和1.16倍。沿海港口吞吐量增长1.27倍。

——公路总里程增长22%，达到125万公里，其中汽车专用公路翻两番，达到1.85万公里。联结我国主要经济区域一百多个省会、中心城市、重要口岸的“两纵两横”国道主干线基本贯通。国道主干线及通往重要港口和陆上主要口岸的干线公路混合交通和拥挤状况有明显改变。

——沿海港口吞吐能力翻一番，主要货种装—卸—运的能力达到相互平衡，粮食、水泥等大宗物资达到散装专业化运输。

——内河航运基本形成以三级以上航道为骨架，以四、五级航道为基础的航运网络，连

通区域省会、主要工矿基地、交通枢纽、主要城镇及发达的工农业经济区域，干线和主要支流基本实现直达运输。

——支持保障系统，建成以卫星通信为主的全国交通专用长途通讯网以及海上遇险和安全系统；沿海重要水域建立起较完整的水上安全监督保障体系；沿海及内河建立起船舶及水上设施技术检验体系。逐步建设配套的交通工业。形成适应公路、水路交通事业发展需要的科技进步体系。交通教育主干专业人才培养得到增强。继续重视和加强交通战备工作，使交通保障能力与国防建设相适应。

90 年代，我国区域经济将有较快发展，根据国务院区域经济规划的指导方针和主要原则，必须相应加强重点区域的交通基础设施建设，使全国公路、水路交通上新台阶的目标与区域交通发展规划形成有机的整体。

——长江三角洲和长江沿江地区，为适应浦东开发、沿江开放、外轮开进、三峡开工的需要，重点建设上海、宁波港及南京、镇江、张家港、南通港的海轮泊位，整治长江干线航道并建设一批江轮泊位，建设沪宁、沪杭、杭甬高速公路和江南运河，搞好与三峡工程配套的交通基础设施建设。

——广东沿海及珠江三角洲，要根据广东二十年赶上亚洲四小龙的发展目标，搞好沿海及珠江三角洲港口布局，重点建设能源和外贸泊位；加快沿海、沿京广国道主干线广东境内公路的建设，打通两广国道主干线，并搞好西江航运建设。

——西南地区，交通建设重点是西南出海通道，开发通往东南亚国家的国际通航河流，建设连接长江通道和区域内主要经济中心的国道主干线及干线公路网。加强沿边地区口岸公路建设。

——西部地区，要基本贯通从连云港至宝鸡的国道主干线，并继续向西延伸至新疆边境霍城，形成横贯东西的主通道。建设银川～兰州～西宁公路，并通过东西主通道将西部地区最重要的经济中心连接起来。加强沿边地区口岸公路和进藏公路的建设。

环渤海湾、东北、中原等经济区域的交通基础设施建设也要做出相应的发展规划。

实现上述目标和长远规划设想，任务是十分艰巨的。我们要积极贯彻“统筹规划，条块结合，分层负责，联合建网”的方针，充分发挥各地区、各部门、各行业和广大人民群众建设交通、发展交通的积极性。要努力解决建设资金问题，积极争取国家给予必要的政策支持，并加强交通各项规费的征收管理。要调整投资方向和投资结构，突出重点，集中力量，办好几件大事。要切实加强建设项目概算管理。进一步抓好建设项目的前期工作，建立一批储备项目，使前期工作真正超前一步。

今年是实现交通运输上新台阶目标的第一年，也是实现“八五”计划目标的关键一年，要全力以赴抓好运输生产和基础设施建设工作。

（一）努力完成各项运输生产任务

今年公路、水路客货运输量、港口吞吐量将继续增长，其中沿海煤炭运输量和外贸货物吞吐量将比去年有较大幅度增长，水路干线客运将日趋紧张。

1993 年全社会公路、水路客货运输量计划指标是：公路、水路客运量分别为 80 亿人和 2.75 亿人，其中交通部门 46.6 亿人和 1.86 亿人；公路、水路货运量分别为 75.5 亿吨和

9.2亿吨，其中交通部门两项均为6.2亿吨。沿海主要港口吞吐量5.9亿吨。

安全工作是保证运输生产正常进行的基本前提。去年运输生产中的重大事故集中在上海海运局和一些省市，必须引起高度重视。对过去行之有效的办法要一如既往地坚持下去，企业领导一定要处理好生产与安全、经营与管理的关系，增强安全意识，贯彻“安全第一”的方针，切实加强安全工作。要充分发挥港航公安机关的职能作用，预防和打击各种刑事犯罪活动，积极推进治安综合治理。

（二）加强交通基础设施建设

1993年，全国预计建成公路1.3万公里，其中，与省、自治区、直辖市合资计划建成汽车专用公路730公里，一般二级以上公路730公里。优先安排济青公路、三门峡黄河大桥、东明黄河公路桥等一批建成投产项目和京津塘高速公路、成渝公路、沪宁高速公路、黄石和铜陵长江公路大桥等续建项目。新开工项目中，重点安排沈阳~本溪公路、佛山~开平公路等。

沿海港口计划建成深水泊位15个，中级泊位14个，新增吞吐能力2 447万吨。优先安排镇江、张家港和南通等港口工程收尾和建成项目，重点安排大连港大窑湾后6个泊位、烟台港西港池二期工程、广州港新沙港区一期工程等续建项目。新开工项目中，重点安排秦皇岛港煤四期工程、上海港罗泾煤码头工程等。港口配套建设，重点安排水上交通管制系统、沿海航标以及航务航道等建设。

内河航运，计划建成中级泊位9个，新增吞吐能力461万吨；改善航道里程298公里。重点安排建设万县港牌楼作业区、城陵矶外贸码头、铜陵港横港作业区等项目；建设重庆、芜湖等客运设施；安排西江航运一期工程（广西段）、汉江航运工程、信江航运工程和江南运河工程等续建项目。

在交通基础设施建设中，要进一步推行工程监理制度，保证施工质量。重视节约土地资源。同时，要切实加强现有公路、航道的管理养护工作，改善通行条件，提高技术等级和通行能力。继续贯彻民办公助、民工建勤、以工代赈的方针，抓好县乡公路和扶贫公路建设。抓好交通专用长途通信网北京主站和各端工程建设，确保1993年底开通。

要重视交通运输结构调整。去年交通工作会议后，对这个问题进行了调查研究，提出了几个课题报告，应在这个基础上继续深入下去。对于公路交通的结构调整，当前要努力抓紧“两纵两横”国道主干线的建设，这四条国道主干线总长约1.45万公里，占规划的国道主干线3.5万公里的41.4%，基本达到二级以上公路标准，基本解决混合交通问题，形成公路运输大通道的功能。对于内河航运的结构调整，要争取在调查研究基础上提出可操作的方案，部准备在适当的时候召开全国内河航运工作会议。

（三）紧密结合交通运输生产和基础设施建设的要求，大力发展科技教育

要深刻认识并牢固树立“科学技术是第一生产力”的观念，在“面向”、“依靠”、“结合”、“转化”上下功夫。要大力加强交通运输发展战略和技术经济政策的研究。在进一步抓好国家级科技攻关项目的同时，要切实组织实施好《交通部行业联合科技攻关计划》，更好地发挥部和地方（企业）的积极性，促进科技与生产的紧密结合，加速科技成果转化为

生产力。要强化科研成果后续工程化的研究，积极组建“船舶运输控制系统”和“公路计算机辅助设计”两个国家级工程研究中心，建立行业技术开发中心，使之成为科研成果向产业转化的“通道”。积极兴办科工贸一体化的高新技术产业和科技咨询业。

教育要更好地为交通运输生产建设服务。要进一步扩大部属普通高等院校办学自主权，使学校在专业设置与调整、委托培养和招收自费生、毕业生分配、经费预算管理、机构设置和人事管理、基本建设年度实施计划等方面，有相应的自主决定权。积极发展职业教育、成人教育和高等教育，重点抓好航海、公路、港口和航道等工程技术人员的继续教育，航海院校要抓好培养复合型、通用型人才的试点工作。鼓励和支持交通院校发展校办产业，扩大办学经费来源。

三、积极培育和发展交通运输市场

党的十四大按照建设有中国特色社会主义的理论，确定把建立社会主义市场经济体制作为我国经济体制改革的目标。这是马克思主义经济理论的重大突破。改革开放以来，交通运输经济体制已逐步向市场经济转变，地方道路水路货运、国际海运、汽车维修、交通建设施工已基本进入市场，地方道路水路客运和交通工程设计已部分进入市场。但直属水路客货运输和港口作业基本上还没有进入市场。从总体上看，现时的交通运输市场还是一个发育很不完全的市场。

根据江泽民总书记在十四大报告中关于建立社会主义市场经济体制的基本要求，一个发育比较完全的交通运输市场应当具有这样一些基本的特征：

——市场对进入的主体是开放的，各个主体都是自主经营、自负盈亏、自我发展、自我约束的商品生产者和经营者。

——调节交通运输经济运行的动力，主要是市场内在规律即价值规律的机制作用，使进入市场的主体公平竞争，优胜劣汰。

——政府行业主管部门对运输经济的宏观控制，主要运用各种经济信号，通过经济手段、法律手段和必要的行政手段进行引导与调节。

——形成全国统一的、开放的运输市场，不受地区、部门的约束和限制。

——与交通运输相联系的运力、运输对象以及服务于交通运输的信息、人才、科技和劳动等要素都进入市场，形成较为完整的交通运输市场系统。

——有较为健全的市场规则，对进入市场的资格、条件和市场行为有一定的标准和规范，使经营者依法经营，管理者依法行政。

目前交通运输市场的状况与上述要求相比还有很大的差距。为加快交通运输市场的发育，提出以下步骤与措施：

（一）扩大市场开放范围

1. 积极推动公有制运输企业走向市场。鼓励企事业单位的自备车队、船队实行单独核算、自负盈亏，以独立的经济实体参与社会营运，也可以以入股的形式与其他运输企业联合经营。继续发展个体、私营运输。

2. 扩大重点物资运输的市场范围，使计划运输逐步过渡到市场运输。改革水运月度平衡会制度，逐步向运输交易洽谈会和货运交易中心过渡。今后国家保留的计划运输部分，列入月度平衡，实行计划运输；非计划部分列为市场调节，组织港、航、货主三方洽谈，实行合同运输。

3. 在渤海湾地区进行水路客运放开经营的试点。试点地区内航线、航班、运价由经营者自主决定，接受市场调节。试点办法另行制定。

4. 支持国有或集体运输企业设立独立核算的国内车、船代理企业，在产权不变的前提下，代理个体运输户和零散车、船的办证、揽客、揽货、结算和事故处理等经营事务。

5. 积极试行“线路牌证有偿使用”（即招标经营），不继总结经验，制订必要的规范。

6. 在交通建设方面逐步推行项目业主责任制，建立实体性项目特许公司，作为项目的业主。由业主根据市场和生产发展的需要，筹划建设项目，自主筹措和使用资金，自主通过招标选定设计、施工、监理、设备制造单位，对建设项目进行组织实施，并负责生产经营、归还贷款。

（二）改革市场运价体制

逐步改革现行的运价管理体制，建立以市场形成价格为主的运价机制。当前可从以下几个方面加大运价的调节力度。

1. 国际海运运价、汽车出入境运输运价，应与国际行市接轨，实行随行就市。直属水运运价，实行国家指导价，在国家确定中准价基础上按20%的幅度上下浮动。中准价随物价的变化每年作相应的调整。非计划运输的货物，按水运货物运价规则的规定，可以开展租船运输，按双方签订的租船协议执行。

2. 地方道路、水路货物运价，可以实行指导价。在中准价的基础上上下20%浮动，也可以按地方政府的规定价格执行。零星货物和特定条件下的货物运输，允许议价。运量比较集中，有一定时限要求的货物运输，采用招标承运的办法，执行中标运价。

3. 道路、水路客运运价，执行国家或地方按不同线路、航线、不同车型、船型有区别的定价，并允许企业根据客流的变化，实行季节性浮动。出租汽车客运运价，可逐步试行同行议价，报当地交通和物价部门核准执行，但必须实行明码标价，经营者不得任意浮动。

其他的运输价格改革，部运管司提出了一个初步设想，请代表们讨论。

（三）搞好市场组织工作

搞好市场组织工作，逐步形成方便、畅通的运输服务网络，当前要着重抓好：

1. 积极发展各种形式的货运交易市场，建立市场中介组织，并逐步形成区域性的、全国性的相互联通的市场网络。第一步，对现有的道路、水路货运中心、信息中心、配载中心等货运代理和货运服务机构，全部实行商业化经营，排除各种形式的行政干预。第二步，在北京和沿海、沿江港口发展货运交易中心，与45个公路主枢纽联结在一起，形成全国性的货运代理网络，建立统一的货运市场。

2. 在统筹规划下，积极发展公用型汽车客运站，推动企业自用站对外开放，形成布点合理、多家经营、开放有序的道路客运市场。在水路客运市场上，以港口客运站为基础，发展各种形式的客运代理，联成统一的水路客运市场。

3. 随着交通运输科技市场的建立和发展，以及人事用工制度的改革，逐步形成与交通运输市场配套的科技市场、人才市场、劳动市场，以及与交通建设有关的设计、咨询、监理等服务市场，建立起较为完善的交通运输市场系统。

（四）加强市场规则建设

广泛深入地开展《海商法》的学习、宣传和培训，抓紧制定与之相配套的法规。修订与社会主义市场经济体制不相适应的交通法规。抓紧制定《公路法》，争取年内上报；加快《港口法》的起草和协调；争取《中华人民共和国道路运输管理条例》早日出台。尽快制定道路、水路运输业的开业标准和有关市场规则、行为规范。加强对执法人员的培训和执法监督检查，做到严格依法行政，改善交通运输的市场管理。

四、切实转换交通企业的经营机制和转变政府交通部门的职能

（一）转换企业经营机制

根据国务院颁布的《全民所有制工业企业转换经营机制条例》，部在大量调查研究的基础上，已经制订了《国有交通企业转换经营机制实施办法》，提出了《关于认真贯彻执行〈全民所有制工业企业转换经营机制条例〉的意见》，各级交通部门和交通企业要认真贯彻落实。

交通企业转换经营机制的重点是落实企业的经营权。国务院条例规定的 14 项经营权，要全部放给企业，使企业真正成为自主经营、自负盈亏、自我发展、自我约束的法人实体和市场竞争的主体，并承担国有资产保值增值的责任。

企业自主经营的核心是生产经营决策权。今后交通企业根据国家宏观计划指导和市场需要，在核准的经营范围内，可自主做出生产经营决策，开展公路、水路客货运输、装卸、仓储、工程设计和施工、交通工业、国内外货物和船舶代理、理货、燃物料及生活品供应等各项业务；凡符合国家产业政策导向的，可自主决定在行业内或跨行业调整生产经营范围，交通主管部门都应当予以支持；企业可根据市场需求，在核定的货运经营范围内自主经营，在核定的旅客运输线路上经协商决定班次密度；航运企业有自营客、货业务自主权，可以自主选择客票发售和货运代理人；在批准的规模内企业有权自行决定买、造船舶和出售、租赁船舶；今后国家安排的年度运输生产总量和分货类计划全部为指导性计划，属于指令性生产物资的运输，有关部门需提供相应的保障；在统一规划下，有条件的企业可以结合公路工程、航道疏浚和港口建设，营造土地和进行土地开发。

交通企业要根据国务院条例和部的实施办法充分运用国家赋予的经营自主权，维护自己的合法权益，抵制各种侵犯企业经营权的行为。要强化自负盈亏的责任感，主动建立自我约束机制，正确处理好国家、企业、职工三者关系，确保国有资产的保值和增值。建立健全企业内部各项管理制度，加强质量工作，积极吸收国外适合市场经济发展的经营方式和管理方法，不断提高管理水平和经济效益。

同时，我们还要在搞活大中型交通企业上下功夫。一是抓好组建企业集团的工作，除了组建中远、长航两个国家级企业集团外，还要组建其他大、中、小型企业集团，其中

公路车辆、机械集团将尽快组建起来；二是加快股份制试点工作步伐，部已确定上海海运局、上海港机厂、上海长江轮船公司等作为股份制试点企业，各地也确定了一些股份制试点企业，要通过试点，摸索总结经验，加以推广；三是搞好交通企业的税利分流，部属港、航、厂企业按统一税率上缴所得税，免交能源交通建设基金和预算调节基金，实行税后还贷、税后定额上交利润；四是继续推行和完善承包经营责任制，有的企业经批准还可实行长期投入产出承包或比照“三资”企业经营；五是搞好财务会计制度改革，抓紧清产核资工作，列入试点的广州海运（集团）公司、第一航务工程局、长江南京油运公司等企业，要通过清产核资逐步明确所有者与经营者之间的产权关系，促进所有权与经营权的分离。

专业运输企业是我国交通运输的骨干力量，要采取措施，帮助他们优化结构，走集约化、专业化经营的道路，提高技术构成和服务档次，增强竞争能力。近两年来，一些省市为帮助专业运输企业更新技术装备，相继建立了专项发展基金，效果很好。各地都应创造条件，加快这项工作进程。

交通企业要坚持一业为主、多种经营，发挥自身优势，开展延伸服务，实行运工贸结合，做到主业精、副业兴，提高企业的经济效益。

（二）转变政府交通部门职能

改革开放以来，各级政府交通部门都不同程度地逐步实行了管理职能的转变。但由于各种原因，政企不分、管得过细的问题仍然存在，宏观调控的职能没有得到充分发挥。根据党的十四大精神和建立社会主义市场经济体制的要求，政府交通部门必须进一步转变职能。

1. 实行政企职责分开。界定政府交通部门管理经济的职能和国有资产代表者的职能，把政府部门和企业在经济活动中的职权范围划分清楚。凡是规定属于企业的自主权力全部放给企业，政府交通部门在决定或批准国有交通企业的资产经营形式之后，通过与企业签订经济契约，确定各自的责任和义务。政府只管政府的事，让企业行使企业应有的权力。

2. 简政放权。把部应该下放的权力尽快放给下级行政机关和交通企事业单位。部已确定下放部分运输线路、运力额度、边境口岸运输的审批权；下放大中型建设项目以外自筹资金的交通基建工程的审批权；下放和简化出国人员及设备的审批权限和手续；下放部属二级单位领导干部的部分管理权，以及专业技术职务设置、评审和高级专业技术干部的部分管理权；下放部分事业单位机构编制管理权。

3. 加强行业管理和宏观调控。行业管理是宏观调控的重要手段，是政府部门的重要职能，也是各项交通工作顺利进行的重要保证。建立社会主义市场经济体制，对政府交通部门的管理工作赋予了新的内容，提出了更高的要求。交通行业管理，只能加强，不能削弱。要积极探索在市场经济体制下管好行业的新路子、新方法，不断提高管理水平。今后，政府交通部门的职能主要是行业管理和宏观调控，抓好统筹规划、掌握政策、信息引导、组织协调、提供服务和检查监督等6个方面，具体地说：

一是加强规划计划的宏观调控职能，重点是加强交通发展战略研究，组织编制全国公路、水路交通行业的中、长期发展规划和年度计划，对公路水路交通布局、大的比例关系、投入总量、资金投向等实行宏观调控；

二是充分运用政策法规，对运输经济进行调节、规范和指导，主要是通过制定产业政策指导行业结构调整，利用运价、规费等经济杠杆调节企业经济活动，制订行业的各种规章和标准，采取经济、法律和必要的行政手段加强行业管理；

三是强化信息引导的功能，主要是加强公路、水路交通信息网的建设，搞好全行业基本情况和经济活动的统计分析，采集国内外有关公路、水路交通情报资料，及时发布各种市场信息，引导企业搞好经营决策，引导生产要素合理流动；

四是搞好对运输经济活动中重大问题的组织协调，主要是理顺行业内外和多种所有制交通企业的关系，解决跨区域运输线路、运力配置、货源组织等方面出现的问题，打破地区封锁，组织完成重点和紧急物资运输以及重点工程的建设任务，协调行业体制改革中的重大问题，帮助建立大型企业集团，组织协调对重大事故、重大灾害和非常事件实施紧急行动；

五是为企业提供有效的服务，主要是培育市场，建立相应的货物配载、信息咨询、资产评估、工程监理、会计审计、科技成果推广应用、人才培训与交流、劳动保护、外事服务、法律服务、运输争议仲裁等社会服务组织，建设和完善交通支持保障系统，为国内国际交通运输创造必要的条件；

六是负责检查监督，主要是检查规划、计划、政策、法规的执行情况，监督重点工程的建设质量和建设进度，对国有资产的经营管理和交通建设专项资金的征收、使用进行审计监督，实施船舶及水上设施的检验和安全管理，加强路政航政管理和公路、水路交通行业的技术监督，对交通运输业户的经营行为和经营作风进行监督检查，维护交通运输市场的正常秩序。

4. 分清职责，理顺关系，提高工作效率。按照精简、统一、效能的要求，合理调整机构设置，明确各部门的职责，减少业务交叉，健全运行机制，规范行政行为，提高机关效能。

政府部门的职能转变需要有一个全局性的配套过程，要注意与国家计划、投资、财政、价格、人事、劳动等各方面的改革同步进行，注意各项工作的稳妥过渡，确保运输安全和生产建设的顺利进行。

五、进一步扩大交通运输的对外开放

在新形势下，交通运输要加大对外开放的力度，加快对外开放的步伐，扩大对外开放的领域，逐步形成我国公路、水路交通运输多层次、多渠道和全方位的开放格局。

（一）对外开放国内交通运输市场

根据我国运输市场需求情况，依据有关法规，在有利于引进交通发展资金、先进技术装备和科学经营管理方式的条件下，经部批准立项，适度发展中外合资公路、水路运输企业。

鼓励中外合资建设并经营公用码头泊位，允许合营企业经营货物装卸、堆存、拆装、包装及相关的国内公路、水路运输业务。

允许中外合作经营码头装卸作业。

允许外商独资建设货主专用码头和专用航道。

允许中外合资租赁码头，中方合营者可以实物形式（包括水下基础设施）入股，经营码头装卸业务。

允许外商投资开发经营成片土地时，在开发范围内建设和经营专用港区和码头。

鼓励中外合资或外商独资建设公路、独立大桥和隧道。

部正在制订发展中外合资运输企业和吸引外资加快交通基础设施建设的具体实施办法。

（二）积极开拓国际交通运输市场

经部批准，凡有远洋运输经营管理能力的我国国际船公司，均可经营远洋运输。从事国际海运兼国内运输或从事国内运输兼国际海运的船舶，可相互调剂使用。

为充分调动各方面发展国际海洋运输事业的积极性，凡符合开业条件、合法经营的企业（包括大型企业集团和专业进出口公司），经部批准，都可以建立船公司，从事国际海洋运输业务。

放开国际运输船舶代理、货物代理，允许多家经营，鼓励竞争。凡符合开业条件、合法经营的企业，按有关规定可从事船代、货代业务。

对国内船公司目前无力开辟的航线或航班密度不够的航线，应本着对等原则，经过审批可吸引外资班轮或侨资班轮挂靠我国港口，但不得经营沿海运输和内河运输。

按照国际惯例和对等原则，经批准，有步骤地允许外国船公司在我境内开办独资或合资船务企业，为其自有船舶办理揽货、签单、结汇、签订业务合同，从事国际运输经营活动。

对进出我国港口的船舶，逐步简化联检手续。

加强边贸运输，支持对外开放的口岸与周边国家和地区的口岸之间开展公路、水路客货运输业务。尽快与周边国家签订政府间汽车运输协定。搞好边贸口岸交通基础设施建设。

鼓励有条件的交通企业，在国外、境外承包交通工程建设项目。对周边国家和地区可采用以实物补偿等形式开展境外工程建设项目承包业务。扩大海员以及其他交通专业人才的劳务输出。鼓励在海外、境外兴办企业，参与国际竞争。

（三）做好“入关”准备工作

从1986年起，我国就与有关方面谈判恢复我国在关贸总协定的成员国地位。如果进展顺利，我国有可能在近期内“入关”。交通运输企业属于“乌拉圭回合”谈判中的服务贸易议题，关贸总协定已制定了适用于包括海运等运输部门在内的《服务贸易总协议》。“入关”后，我国海运业应遵守我国在谈判中所作的承诺，承担《服务贸易总协议》中规定的各项义务，我国国际海运市场将随之进行调整。在这种形势下，我国航运企业要努力增强竞争意识，积极参与国际运输市场竞争。我国政府职能部门，要认真研究关贸总协定的文件精神，调整我国的航运政策，制定有关法规，加强宏观调控。

六、坚持两手抓，加强交通行业精神文明建设

十四大报告强调了“精神文明重在建设”的指导思想，并提出了许多新的要求。各级交通部门要根据实际认真贯彻，切实负起领导责任。

（一）用邓小平同志关于建设有中国特色社会主义的理论武装头脑，加强党员、干部队伍建设

当前，学习马克思列宁主义、毛泽东思想，中心内容是学习建设有中国特色社会主义的理论。要用这一理论来武装头脑，解放思想，统一认识，改变在产品经济条件下形成的旧观念，树立与社会主义市场经济相适应的新观念，这是加强党员、干部队伍建设的关键。领导干部要带头学习，多学一点，学深一些，努力提高思想政策水平。

队伍建设的重点，是各级领导班子建设。要按照十四大报告提出的衡量干部的标准选拔任用各级领导干部。抓紧选拔优秀年轻干部进入各级领导班子，并坚持先培训后任用的原则，加强对他们的岗位培训。今年，要结合深化人事劳动制度改革，在全国交通系统组织实施《交通行业主要管理干部岗位规范》。

（二）坚持以经济建设为中心，加强和改进思想政治工作

改革开放愈是深入，愈要加强思想政治工作。思想政治工作要找准位置，服从和服务于经济建设这个中心，适应改革开放新形势、新任务的要求，从内容到方法认真加以改进。今年，我们要在调查研究的基础上，认真总结思想政治工作与经济建设紧密结合、为经济建设服务的好典型、好经验，在适当时候召开全国交通系统思想政治工作会议。

各级领导要从思想上、工作上、生活上关心政工干部，加强政工队伍建设，保护和调动他们的积极性。政工干部要主动学习经济，熟悉业务，自觉地为经济建设服务；行政领导要善于两手抓，并为政工干部熟悉经济工作创造必要条件。要按照中央有关指示和《工会法》的规定，按照部〔1992〕22 号文件精神，充分认识新时期工会工作的重要性，进一步重视和支持工会工作，更好地发挥工会的作用。要加强共青团的建设，加强对青年职工和青年知识分子的工作，开展爱国主义、集体主义、社会主义教育。同时，要关心职工的物质文化生活，制定养路工行业工资标准，并按国务院国发〔1992〕65 号文件解决好远洋船员家属农转非的问题。

（三）加强行业风气和职业道德建设，提高交通行业服务水平

长期以来，影响交通行业服务水平提高的因素，一是行业风气不够端正，二是一些单位职工的职业道德比较差。抓行业风气的转变，从根本上说，还是要提高干部职工的整体素质。各级交通行政管理、执法部门要加强廉政建设，坚决克服以权谋私等腐败现象。搞好行政监察和纪律检查工作，加强对领导干部的监督。各级交通部门的领导同志要把以普通旅客身份深入基层、调查研究、解决问题这种工作方法形成制度，坚持下去，抓出实效。要以职业道德教育为重点，继续开展“学雷锋、学严力宾、树行业新风”的“两学一树”活动，推动交通行业风气的进一步好转。

经十四大部分修改的《中国共产党章程》规定，党组的主要任务之一，是指导机关和直属单位党组织的工作。部机关要按照“团结、求实、廉洁、效率”的要求，抓好机关作风建设。部属单位各级党委要加强领导班子自身建设，抓党风，促廉政，促行风，保证改革开放和经济建设的顺利进行。部党组决定，今年将在部属单位中表彰党风建设先进单位，以推动党风和廉政建设工作的深入发展。

同志们：当前交通工作的各项任务都已明确，关键是要下定决心，狠抓落实。我们要把十四大精神的学习、宣传和贯彻，作为第一件大事，真正把思想认识统一到十四大精神上来，把十四大精神落实到交通工作中去。让我们在党中央和国务院的领导下，一心一意、聚精会神地抓好各项交通工作，为国民经济和社会发展作出应有的贡献！

加大交通改革的力度
加快培育和发展交通运输市场的步伐

——黄镇东部长在全国交通工作电话会议上的讲话

（1994 年 1 月 18 日）

同志们：

今天下午，召开 1994 年全国交通工作电话会议。这次交通工作会议的主要任务，是分析当前交通工作的形势，提出贯彻党的十四届三中全会精神的初步思路；根据国务院召开的全国经济工作会议的精神和我们的初步思路，部署今年交通改革和发展的任务，动员全国交通系统广大干部职工统一思想，统一行动，奋力开拓，真抓实干，为圆满完成今年的各项工作任务而共同努力。

当前交通工作的形势和贯彻十四届三中全会精神的初步思路

当前，各项交通工作正朝着建立社会主义市场经济体制要求的方向发展，形势总的说是好的。在邓小平同志建设有中国特色社会主义的理论和党的十四大精神指引下，去年全国交通系统各单位抓住机遇，深化改革，扩大开放，加快发展，做出了扎扎实实、卓有成效的努力。继去年 1 月全国交通工作会议对贯彻党的十四大精神的各项任务做了全面部署之后，在国务院领导同志的关怀下，6 月和 11 月又先后召开了全国公路建设工作会议和全国交通系统精神文明建设经验交流会。这两个会议在我们全行业影响很大。全国公路建设工作会议，是一次动员加快公路国道主干线建设的历史性会议，为到本世纪末我国公路建设规划了蓝图，制定了落实措施，对全国公路建设特别是国道主干线“两纵两横”和 3 个重要路段的建设产生了重要影响。全国交通系统精神文明建设经验交流会，总结了近年来交通系统精神文明建设和思想政治工作的 7 条主要经验，提出了在发展社会主义市场经济的新形势下，加强精神文明建设的 3 项任务和 8 项工作，树立了包起帆和“华铜海”轮等具有鲜明时代精神的先进典型。这两个重要会议的召开，标志着交通基础设施建设和精神文明建设迈出了新的步伐。

——在国民经济快速发展的推动下，去年全国公路、水路客货运输全面增长。特别是公路运输出现了近年来少见的快速增长势头。根据快报统计，1993 年全社会公路客运量完成 81 亿人，比上年增长 10.7%；旅客周转量完成 3 517 亿人公里，比上年增长 10.2%；货运量完成 82.8 亿吨，比上年增长 6.1%；货物周转量完成 3 964 亿吨公里，比上年增长 5.6%。全社会水运客运量完成 2.71 亿人，比上年增长 2.3%；旅客周转量完成 198 亿人公里，与上年基本持平；货运量完成 9.8 亿吨，比上年增长 5.7%；货物周转量完成 13 670 亿吨公里，比上年增长3.1%。全国主要港口吞吐量完成9.5亿吨，比上年增长8.3%，其中外贸货物吞吐量完成2.5亿吨，比上年增长14%。集装箱吞吐量自1981年以来连续13年以两位数速度增长，1993年增长28%。去年安全生产形势总的说比较稳定，水上交通事故数、沉船数、死亡人数、经济损失、大事故、重大事故等6项指标全面下降，公路运输企业特大事故明显减少。但是，安全生产的形势不容乐观，去年年末和今年年初，水上连续发生了几起重大事故，我们必须从中吸取深刻教训，进一步加强安全管理工作。

——交通基础设施建设，从规划工作到工程进度都明显加快。高等级公路新增里程达到历史最高水平。继完成国道主干线系统规划之后，去年又向国务院上报了公路主枢纽规划。水运主通道规划、港口主枢纽规划以及支持系统中的全国海上救助打捞系统长远发展规划，也已通过部审。经过几年的工作，交通部提出的“三主一支持”长远发展规划设想已经有了比较清晰的蓝图。公路建设速度加快，去年全国公路通车里程已达到107.5万公里，比1992年增加1.8万公里，其中高速公路已达到1 145公里，比1992年增加493公里（我国大陆高速公路突破1 000公里，这在我国公路发展史上是值得纪念的一年），一、二级汽车专用公路达到7 281公里，比1992年增加1 620公里，为历年高速公路和高等级公路通车里程增加最多的一年。首都机场高速公路、京津塘高速公路天津段、济青高速公路、京石高速公路（京涿段、石新段）、山东东明黄河大桥、三门峡黄河公路大桥等公路建设项目已经建成通车。国边防公路、边境口岸公路、扶贫公路建设获得了新的发展。沿海港口深水泊位的建设也超额完成任务，建成19个泊位，比年计划增加4个。青岛港、南通港、张家港港、天津港、秦皇岛港和连云港港等一批重点建设项目已建成投产。内河航运和交通支持保障系统的建设，也取得了较好的成绩。交通建设市场体制正逐步完善，工程质量明显提高，公路养护管理进一步加强。

——各项改革进一步深化。一是在国有大中型交通企业转换经营机制方面做了一系列工作，进一步落实了企业经营自主权，组建了一批企业集团，成立了一批高等级公路、大桥建设股份有限公司及船务、水运股份有限公司，有的经国家批准发行了股票，企业走向市场迈出了新的步伐。二是根据培育和发展交通运输市场的需要，全面开放了渤海湾客运市场，企业自择航线，按市场法则公平竞争，这是沿海地区开放客运市场的尝试；外贸运输（国际航运）已全面放开，国内运输进一步缩小了计划运输范围，扩大了市场调节范围；公路运输市场化程度不断提高，客货运输已基本上进入了运输市场；水路运输进行了运价改革，除计划运输的运价执行国家指导价外，非计划运输的运价已经放开，非计划运输的港口费收与运价同幅度浮动；交通运输劳动力市场和技术市场开始起步，融资渠道拓宽，港区和高等级公路沿线以发展运输设施为主的开发性项目也正在积极试验。特别是高速公路（如沈大、京津塘高速公路）沿线地带经济发展很快，形成了沿高速公路的经济开放带。三是改革企业财务和会计制度，改革企业承包制，率先实行“利税分流”，开展清产核资，改革专项资金征收办法，加强国有资产管理，强化企业承包经营、任期经济责任、财务收支、经济效益等各项审计监督及审计咨询工作，对转换企业经营机制、提高经济效益、维护财经纪律产生了积极作用。四是交通科技、教育体制改革继续深化。市场机制在科技运行和科技管理中的作用进一步增强，促进了科技成果向现实生产力的转化，国家科技攻关和行业联合攻关工作开展情况良好，特别是长江口、珠江口航道整治取得了可喜的攻关成果。交通教育进一步挖掘办学潜力，扩大学校办学自主权，改革教学内容和方法，提高了教育质量和办学效益。在国家教委的关怀下，大连海运学院和武汉水运工程学院已改为大学建制。

——对外开放继续扩大。一是进一步加强了国际运输合作，与9个国家签订或草签了政府间汽车运输协定、海运协定或区域交通运输合作会议纪要。二是按照有条件适度开放运输市场的原则，继续发展了中外合资公路、水路运输企业和汽车维修企业。到1993年底，已审批中外合资公路运输企业立项381家，航运企业85家，汽车维修企业66家，进一步引进了先进装备、技术和管理经验。三是除继续利用国际金融组织和外国政府贷款外，外商直接投资进行港口、公路基础设施建设取得了实质性的成果，去年是外商直接投资最多的一年。此外，对外工程承包、劳务合作和境外企业也取得新的成绩。

——在改革开放中解决了一些多年没有解决的问题。如开征了水运客货运附加费，扩大了港口建设费征收范围和提高征收标准，这是依靠政策为水运基础设施建设建立比较稳定的资金来源，增强了水运发展的后劲；在全国海员工会的积极配合下，解决了部属企业离退休职工养老保险金统筹和远洋船员家属农转非问题，为职工办了两件实事；中国船级社按照与国际质量管理标准接轨的原则，建立了符合ISO9000和国际船级社认证计划要求的质量体系，并通过了国际船级社协会高水平质量认证的审核。

按对外开放和交通运输市场管理的客观要求，加强了法规建设，制定了与《海商法》相配套的部分法规，抓紧进行了《公路法》的起草工作，并制定、修订了一批管理规章。

——转变政府交通部门职能、理顺内外职责关系取得了进展。按照中央、国务院的部署和要求，交通部进行了机构改革工作。这次部机构改革把重点放在自身职能转变和理顺内外关系上，取消和弱化一部分工作职责，将一部分事权放给省市交通部门和部属企事业单位；按照专业分工和归口管理相结合的原则，拟撤并、调整一些机构，组建新的管理机构。在机构改革过程中，我部与公安、外贸、城建等有职责交叉的部门交换了意见，增进了相互了解；经国务院领导同志和中编委协调，明确了公安、交通两部在道路交通管理上的职责分工，确定交通部是国务院管理全国公路和水路交通行业的职能部门，公安部是国务院管理全国道路交通安全和交通秩序的职能部门。

——反腐败斗争取得了阶段性成果。根据中央的统一部署，认真落实反腐败斗争的3项任务：一是对照党政机关廉洁自律的5条规定，严肃认真地进行了自查。对查出的问题，按中纪委的有关规定正在进行纠正和处理，并相应制定和完善了加强党风和廉政建设的规定。二是群众举报案件数量增多、质量提高、问题集中，根据举报情况严肃查处了贪污受贿、公费出国旅游等一批案件，案件查处的自办结案率已达到73.6%。三是在全国交通系统深入开展了治理“三乱”（乱设卡、乱收费、乱罚款）的行业不正之风。去年11月25日全国交通系统治理“三乱”电话会议以后，各省、自治区、直辖市领导同志和交通厅局非常重视，把它作为一件大事来抓，组织了由2 100多名厅局长率领的万名干部上路检查，部机关组织了15个检查组，由部领导、司局长带队，到25个省、自治区、直辖市的34条国道、60多条省道和部分港航企业进行检查。部和省市交通部门检查合计行程34万公里，约占全国公路通车里程的1/3。这次治理“三乱”的行动，声势较大，范围较广，效果较好，是近几年交通系统领导机关、领导干部深入实际、深入基层调查研究规模最大的一次，不仅对“三乱”情况有了一个比较全面的了解，而且对进一步明确治理“三乱”的方针、措施起了重要作用。经过检查，各地撤除了未经省级人民政府批准的站卡467个，取消了一批不合理的收费项目，部公布了第二批取消的公路、水运不合理收费项目42项。

——社会主义精神文明建设的主旋律教育取得了新的成效。全国交通系统坚持“两手抓”和精神文明重在建设的方针，加强了主旋律教育。各级党组织认真组织干部职工学习邓小平同志建设有中国特色社会主义的理论和《邓小平文选》第三卷，举办领导干部理论学习研讨班，进一步推动了广大干部解放思想，转变观念，实事求是，真抓实干。在继续学习杨怀远“为人民服务到白头”的“小扁担精神”、深入开展“学雷锋、学严力宾，树立行业新风”的“两学一树”活动的同时，去年在全国交通系统又树立了包起帆和“华铜海”轮等具有鲜明时代精神的先进典型，为在社会主义市场经济条件下加强交通职工队伍建设和企业基层建设提供了新的样板和动力。此外，还坚持进行“扫黄”和扫除各种丑恶现象的斗争，加强了社会治安综合治理工作，严厉打击了严重危害港航治安的刑事犯罪活动，在长江水域开展了打击“江盗水贼”的斗争，协助公安部门在重点公路区段开展了打击“车匪路霸”的斗争。

所有这些工作，都有利于国民经济的加速发展和社会主义市场经济体制的逐步建立。但是，另一方面，我们应该看到，当前交通运输仍然是国民经济的主要薄弱环节，存在着一些比较突出的问题：一是交通基础设施建设严重滞后，公路通过能力、港口吞吐能力，航道通行条件等都远不能满足需要。二是交通运输市场的发育程度不高。地区封锁、部门分割影响全国统一开放的运输市场的形成；主要由市场形成价格的机制和调节机制刚刚起步；不平等竞争的问题较为突出；港航体制不顺；一些在计划经济体制下形成的管理方式方法仍在沿用，发挥市场对资源配置的基础性作用的管理手段还不熟悉，交通法制还不健全。三是国有大中型交通企业的经营自主权尚未全部落实，运输、施工企业困难重重，缺乏更新改造能力，交通企业经营机制的转换还需要有一个改革过程。企业安全生产很不稳定，恶性事故尚未遏制。四是在加快改革开放、建立社会主义市场经济体制的新形势下，如何更好地贯彻“两手抓”、“两手都要硬”的方针，加强行业精神文明建设和思想政治工作，要研究许多新的情况，解决许多新的问题。

改变交通发展的滞后局面，解决现实存在的一些突出问题，必须认真学习邓小平同志建设有中国特色社会主义的理论，特别是要学好《邓小平文选》第三卷，深入贯彻党的十四大和十四届三中全会的精神。十四届三中全会通过的《中共中央关于建立社会主义市场经济体制若干问题的决定》，是建立新经济体制的宏伟蓝图，是90年代进行经济体制改革的行动纲领，我们要认真学习，深入领会，联系实际，贯彻落实。

结合交通工作的实际情况，我部贯彻落实中央《决定》精神的初步思路是：

第一，要制订一个规划。部和省、自治区、直辖市交通行业管理部门要组织力量，在深入调查研究和充分论证的基础上，提出贯彻落实中央《决定》精神的规划。这个规划可以是一个总的规划，也可由若干个专题规划组成，例如培育和发展交通运输市场的专题规划，国有大中型交通企业建立现代企业制度的专题规划，交通法制建设的专题规划，精神文明“重在建设”的可供操作的具体规划等，以此作为整体推进交通运输各项改革和发展、全面推进两个文明建设、建立适应社会主义市场经济的交通运输体制的蓝本，使交通系统各级干部特别是领导干部能够胸有全局。

第二，要明确两个目标。一个是发展的目标，这个目标已在1992年7月交通部《关于深化改革、扩大开放、加快交通发展的若干意见》（即25条）中明确提出，即到2000年实现公路、水路运输生产和基础设施建设上新台阶的目标，使交通运输的紧张状况得到明显缓解，对经济发展的制约状况得到明显改善。一个是改革的目标，这个目标应与中央《决定》中提出的到本世纪末初步建立起社会主义市场经济体制的目标相一致，即到2000年初步建立起统一、开放、竞争、有序的交通运输市场和现代企业制度。要做到远近结合，把这两个目标与当前的任务有机地结合起来，首先要把完成“八五”期间的各项任务作为实现上述目标的重要步骤，抓紧抓实。

第三，要抓好3个突破。我们要选择与发展国民经济和建立社会主义市场经济体制关系最紧密、最具有全局性影响的重大问题进行突破。一是要在运输生产和基础设施建设上取得突破性进展，这是交通部门的主业，是我们的主要职责；二是要在培育和发展交通运输市场上取得突破性进展，这是建立全国统一开放的市场体系的需要，是交通行业管理部门应该主动承担的责任；三是要在交通系统建立现代企业制度上取得突破性进展，这是社会主义市场经济体制的基本要求。为了在本世纪末实现3个突破，交通法制建设和科技、教育等都要围绕这3个重点开展工作，政府交通部门要转变职能，实行政企分开，加强行业管理。

第四，要贯彻“四个坚持”。坚持四项基本原则，加强和改善党的领导，认真贯彻“两手抓”、“两手都要硬”的方针，一手抓物质文明、一手抓精神文明，一手抓建设、一手抓法制，一手抓改革开放、一手抓惩治腐败。努力提高干部职工的思想道德素质和科学文化素质。

贯彻中央《决定》的上述初步思想，可以概括为：全面规划，远近结合，整体推进，重点突破。我们要按照这一初步思路，部署、安排各项交通工作，并在实践中使这一思路进一步深化和细化。

1994年全国交通工作的任务

今年是国民经济继续保持良好发展势头的重要一年，也是推进建立社会主义市场经济体制改革的关键一年。国务院要在财税体制、金融体制、计划体制、投资体制、外汇管理体制等方面出台一系列改革措施，改革的力度加大，特别是在深化国有企业改革、建立现代企业制度方面将有很多新的举措。我们要适应新的形势，落实部贯彻十四届三中全会《决定》的思路中提出的目标和任务，加快交通改革和发展的步伐，努力做好全年各项工作。

（一）抓好交通运输生产建设，在内河航运发展规划和组织实施方面取得新进展

1994年预计全社会公路、水路客运量分别为93亿人和3.2亿人，货运量分别为85.5亿吨和11亿吨。沿海主要港口吞吐量为6.3~6.6亿吨。运输生产要确保关系国计民生的重点物资运输，为国民经济的持续、快速、健康发展和各项改革措施的顺利实施创造条件。当前，要集中精力抓好春运工作。

1994年预计全国建成公路1.8万公里，其中部与地方合资建成二级以上汽车专用公路960公里。公路建设要保证重点，兼顾一般，重点抓好“两纵两横”和3个重要路段的建

设。对三峡工程的交通配套建设，要给予积极支持。继续扶持贫困、边远地区的交通建设，搞好交通战备工作。要进一步建立和完善公路建设质量管理制度，加强公路养护和管理工作，确保公路完好畅通。

沿海港口计划建成泊位59个，其中深水泊位30个，总计新增吞吐能力3 093万吨。内河航运计划改善航道里程370公里，建成泊位19个，新增吞吐能力320万吨。要抓好内河航道养护管理工作，各部门、各企业要积极支持航道部门的工作，按章及时缴纳航道养护费。

抓好安全生产，对于保证改革开放、维护社会稳定具有重要意义。要继续贯彻落实国务院关于加强安全生产工作的通知和紧急电话会议精神，广泛开展安全生产宣传教育，抓好各项安全生产法规、规章、制度及措施的落实，以运输工具、客运安规、防火防爆等为重点，深入开展安全检查，消除事故隐患。从去年12月16日到今年1月13日，不到一个月的时间内，接连发生了4起船舶和港口恶性火灾事故。12月16日，华海石油运销公司“华海1号”油轮，在青岛港锚地起火；12月30日，日照港煤码头皮带机和栈桥发生火灾，中断生产；1月2日，南京长江油运公司“大庆423”轮和江苏远洋运输公司“苏鹤”轮在高港附近江面相撞后，“大庆423”轮爆炸起火；1月13日，烟台救捞局大型拖轮“沪救101”，在台湾海峡北端海面执行拖带任务时机舱起火。连续发生火灾事故，是近几年来少见的。这些事故，人员伤亡不大，但损失严重，社会影响很坏，暴露了安全生产上的很多问题。各级交通部门和港航单位要引以为戒，采取有力措施，加强老旧船舶的管理，迅速扭转被动局面。在政府转变职能、企业转换经营机制过程中，千万不能放松安全生产。要克服重经营轻管理、重生产轻安全的错误倾向。我们交通系统的各级领导干部和广大职工都要清醒地认识到，作为交通运输部门，确保旅客和货物的安全是我们最基本的职责所在，任何放松安全、忽视安全的思想和行为都是错误的。对领导干部严重官僚主义、忽视安全生产而导致事故，要从严处理，对连续发生事故的企业要进行整顿。同时，要重视和加强交通环境保护工作，倡导文明生产，文明装卸，文明施工。

为了解决我国内河航运基础设施落后这一制约内河航运发展的主要矛盾，去年已经作了大量的调查、论证工作，重点研究了内河航运建设规划目标、“九五”建设重点和政策措施，以及内河航运管理体制改革方面的一些指导性意见。这些意见将报国务院审批，批准后即召开全国内河航运工作会议。

（二）培育和发展交通运输市场，在组建运输交易市场和组织合同运输方面要有新突破

今年要按照中央《决定》的精神，组织制订培育和发展交通运输市场的规划，并从实际出发，积极创造条件，选准方向，重点突破。

1. 围绕培育和发展交通运输市场，加快法制建设步伐。重点是抓紧修订不适应发展社会主义市场经济要求的管理规章，制订和完善市场准入条件、规范市场行为的有关规章。要按照立法规划，推动《港口法》和《道路运输管理条例》早日出台，着手进行《道路运输法》、《水路运输法》、《船舶法》的起草工作。凡是有上述立法任务的部内各司局，都要实行三定：定任务、定班子、定时间，抓好有关法规、规章的起草、修订工作。同时，要进一

步加强交通执法工作和执法队伍建设，不断提高思想道德素质，树立良好的社会形象。

2. 培育和组织水路客货运输交易市场，积极发展合同运输。在航、港、货、客交易集中的区域或枢纽，组建水路运输交易市场。年内要重点抓紧组建大连、上海、武汉3个水路货运交易市场，争取试点工作取得较大进展；继续搞好渤海湾客运市场全面放开试点工作，按照国务院领导的指示精神，有计划、有步骤、有秩序地展开。各地交通部门可从实际出发，逐步推动本地区组建交易市场的试点工作。

长江航运体制的深化改革要迈出新步子。年内重点形成港航之间正常的经济关系，理顺长航局内部关系，使长江航运体制改革朝着有利于促进运输生产力发展、适应社会主义市场经济要求的方向不断深化。

3. 积极推进全国统一开放的道路运输市场的建立。各地要加强公用型客运站场的建设，进一步促进运输企业所辖车站向社会开放，建立以客运站为主要依托、优质服务、秩序良好的客运市场。货运市场要适应市场经济的需要，重点研究在商品流通的集散地和枢纽港站地建立仓储、配载、运输一体化的运输市场，总结和推广建立新型货运市场的经验。道路运输市场的对外开放，要坚持适度发展的原则，加强宏观调控，按照部最近颁发的《外商投资道路运输业立项审批管理暂行规定》，上下配合，共同做好立项审批工作。此外，要在建立保证质量、方便及时、秩序良好的汽车维修服务市场方面加强调研，选择试点，提出比较具体的意见。

4. 搞好运价调整，推进运价改革。以建立主要由市场形成运价的机制为目标，年内要增大直属水运客运运价浮动幅度，进一步缩小水路货运指导价的适用范围，调整内贸港口费收，指导地方运价的改革与调整，并着手研究市场经济条件下各种运输方式的比价关系以及运价调控手段和管理方法问题。

5. 交通基础设施建设要逐步推行建设项目业主负责制。项目业主作为企业法人，对建设项目的筹划、筹资、建设直至生产经营、归还贷款本息以及资产保值增值全过程负责。要继续全面推行招投标制度，通过招投标公开竞争，择优选定施工队伍；加强对施工单位、设计单位和监理咨询单位的资格审查，完善交通建设市场的管理和资质认证制度；坚持工程质量的三级管理体系，强化监理和监督职能。加强对基础设施建设项目竣工决算的审计监督，正确评价投资效益。

建立统一、开放、竞争、有序的交通运输市场，与政府交通部门转变职能、加强和改善行业管理是密切相关、同步配套的。交通部和各省市交通部门机构改革后，要按照国务院或省市批准的“三定”方案，切实转变职能，从具体事务中解脱出来，集中精力抓好重大问题的研究决策，引导行业经济按市场规律健康运行。各级交通行政管理部门工作人员要按照国家公务员制度的要求，进一步提高素质，努力贯彻执行党和国家的路线、方针和政策，改进思想作风、工作作风和各项管理工作，提高办事效率。

（三）搞好交通企业经营机制的转换，积极探索建立现代企业制度的新路子

要根据中央、国务院深化改革的总体部署和交通企业的实际，点面结合，努力做好建立现代企业制度的各项基础工作。

1. 继续贯彻落实《全民所有制工业企业转换经营机制条例》和交通部的“实施办法”。

《条例》是建立社会主义市场经济的一块基石。各级交通部门要不折不扣地把《条例》和“实施办法”赋予企业的14项经营权和责任落实到企业。部首先要把属于自己职责范围内能解决的逐条落实好；其次，随着国务院有关部门配套规章的陆续出台，及时做好实施工作；第三，对难度大的条款如生产经营决策中的缩小计划运输和自主调整经营范围、运价、投资决策权、进出口权等，要制订方案，作出安排，继续加以落实。年内，部要进行地方交通企业改革和经营状况的调查研究，总结交流情况，研究地方交通企业落实经营自主权、走向市场以及减轻企业负担等实际问题，提出指导性意见。

2. 认真贯彻实施《公司法》和即将颁布的《国有企业财产监督管理条例》。要按照《公司法》和《监管条例》的要求，把国有大中型交通企业逐步规范化地改组为国家独资有限责任公司和国家控股为主的股份有限公司。要抓紧做好交通企业的清产核资、产权登记、产权界定和资产评估等工作；建立国有资产报告制度；制订企业资产保值增值考核指标体系；加强对交通企业国有资产保值增值的审计监督。

3. 积极开展建立现代企业制度的试点工作。建立现代企业制度是一项艰巨复杂的任务，必须通过试点，积累经验，逐步推进。在探索建立现代企业制度过程中要牢牢把握企业法人制度、有限责任制度和科学的组织管理制度3个基本内涵，加强分类指导，切实抓好不同类型的试点工作。

（1）选择1至2个大型航运企业参加国家100家现代企业制度试点。大型交通企业也可选择下属个别企业进行现代企业制度试点。要按国家统一部署和要求，对试点企业的公司化改造加强指导。

（2）选择少数交通企业进行股份有限公司试点。争取这些企业1994年在境外或国内公开发行股票或定向募集法人股，并按《公司法》和建立现代企业制度的规定进行股份制改造。

（3）选择1至2个沿海港口和长江内河港口进行港口体制改革试点。政企分开是港口体制改革的方向，是建立社会主义市场经济体制的需要，势在必行，要根据实际情况积极稳妥地做好试点工作。在政企分开未解决前，港口进行整体公司化改造条件还不成熟，但港务局对有条件的基层单位可进行国家独资公司、有限责任公司、股份公司等形式的改制试点。

（4）要针对交通企业的不同情况，研究逐步减少企业的社会职能，帮助企业解决一些历史包袱，发展和完善各种中介组织，为企业进入市场和建立现代企业制度创造条件。

4. 加快企业的配套改革。企业要眼睛向内，苦练内功，加强企业经营管理。按照社会主义市场经济的要求，强化市场意识和竞争意识，完善和严格内部管理，加快技术进步，狠抓品种、质量和安全生产。全面深化企业内部3项制度改革，积极实行全员劳动合同制。加快企业组织结构调整，通过中外合资、合作“嫁接”改造国有大中型交通企业；对效益不好的企业可采取局部包、租、卖、破等办法，分块搞活。地方小型国有交通企业、城镇集体企业，要加快产权改革的步伐，采取承包经营、租赁经营、改组为股份合作制、出售给集体或个人等方式调整结构。

（四）抓住宏观经济体制改革的有利时机，逐步建立交通运输计划、投资管理的新机制

今年国家出台的财税、金融、计划、投资、外汇管理体制等项重大改革，既为交通行业

和企业进一步深化改革提供了配套的改革措施，同时也会引发一些新的情况。部和省、自治区、直辖市交通厅局要积极采取相应措施，做好各项改革举措的平稳过渡和衔接配套工作。

交通计划和投资体制改革的主要任务是：

1. 转变计划管理职能，争取用几年的时间建立起适应社会主义市场经济要求的交通运输全行业指导性计划管理体制。今年首先要全面开展全行业运输统计抽样调查工作，健全固定资产统计工作，为编制全行业指导性计划打好基础。

2. 改革计划管理方式，主要运用政策、法规和经济杠杆调节交通运输的运行。各级交通部门要把重点放到研究提出与交通发展目标和宏观调控任务相适应的配套实施政策上来。国家将提出交通运输产业政策，部将研究提出交通运输产业政策实施办法。各地区也要结合本地区实际，研究制定并实施加快交通发展的具体政策。

3. 进一步改革年度计划，逐步把重点放在中长期计划上。今年交通各部门、各地区要在“三主一支持”长远发展规划指导下，抓紧开展研究制定“九五”计划和到2010年的规划工作，同时要继续做好区域规划工作，深化国道主干线规划工作，开展公路主枢纽和港口主枢纽总体布局规划编制工作等。凡是“九五”期间要开工建设的重点项目，其前期工作必须在1995年前全部完成；特别是“九五”初期开工的项目，前期工作一定要抓紧抓实。我们各级领导重视交通基础设施建设，首先就要重视建设项目的前期工作。根据国家计划体制改革要求，年度计划要继续减少计划指标，增加少量必需的宏观经济总量指标。

4. 规范计划管理权限，正确处理中央与地方、国家与企业之间的关系。交通基础设施建设，要明确划分中央与地方的事权范围，中央投资重点支持公路国道主干线、重要港口、主要内河航道、重要国防公路及交通支持系统建设，并努力支持贫困、边远和少数民族地区的交通建设。地区内及区域联络的交通基础设施投资主要由地方负责。要继续鼓励和广泛吸收地方、外商参与交通基础设施投资。各类项目都要严格执行固定资产投资决策程序，按规定由政府部门审批的项目，要简化审批程序，并承担审批责任。

5. 财税体制的改革，在总量上不增加企业税赋负担的原则下，规范中央与地方、国家与企业的利益分配关系，有利于加强国家宏观调控能力，促进平等竞争。在某些方面，如柴油、汽油开征消费税，调高城市建设维护税和土地使用税等，将会使运输企业、施工企业成本增加，各级交通部门要指导企业逐项分析，提出增收节支的可行办法，帮助企业克服困难。

6. 关于外汇体制的改革，我们要结合交通工作的实际，一方面继续扩大对外开放，做好非贸易外汇的创汇工作，更大规模地引进外资，加快交通基础设施建设的步伐；另一方面，要强化管理，科学决策，统筹考虑借贷、效益、汇率风险和还贷能力，运用合同条款减少风险。对有外汇收入的借贷外债的单位，要建立还贷基金。交通企业的境外投资项目，要严格按国家的有关规定办理报批手续。

7. 要强化对国家批准设立的养路费、车购费、港建费、客货运附加费、航养费等专项资金的征收管理，把按规定该收的钱收上来，及时解交，不许挪用、截留、坐支，保证各项建设、养护任务的资金供应。开征水运客货运附加费后，航运企业的认识不一致，部要进行调查研究。

（五）加强精神文明建设，在主旋律教育和纠正行业不正之风方面取得新成效

各单位党政领导，各级工会和共青团组织，要共同努力，扎扎实实地抓好全国交通系统精神文明建设经验交流会提出的3项任务和8项工作的贯彻落实。其中，最重要的是认真组织好《邓小平文选》第三卷的学习。要按照《中共中央关于学习〈邓小平文选〉第三卷的决定》，把这一学习摆在党的思想建设和干部理论教育的主要地位，继续办好各种学习研讨班，认真研读原著，密切联系交通工作的实际，尤其要在社会主义市场经济的理论上、实践上、知识上下功夫，使广大干部特别是领导干部以邓小平同志建设有中国特色社会主义的理论武装头脑，指导实践。我们交通系统的各级领导干部要清醒地认识到，我们面临着建立社会主义市场经济体制的新形势，问题很多，任务艰巨。对领导干部来说，最迫切的是加强学习。我们很多领导干部计划经济的观念意识很强，操作起来可以说是得心应手，但对社会主义市场经济还不熟悉，甚至一些基本知识还没有掌握。因此，我们要重新学习，更新知识，特别是要学习邓小平同志建设有中国特色社会主义的理论，学好《邓小平文选》第三卷，学习党的十四大和十四届三中全会的文件精神，学习国务院关于深化改革的一系列重要文件。把理论学好，把文件精神吃透。学好理论是各级领导干部取得领导交通系统建立社会主义市场经济体制主动权的关键。在新的形势下，要特别重视加强各级领导班子的建设，选拔大批德才兼备的优秀中青年干部进入领导岗位。各级领导要改变工作作风，深入基层，深入生产第一线，关心职工生活，掌握职工的思想脉搏，依靠职代会，依靠各级工会，依靠各级共青团组织，调动各方面的积极性，实实在在地为职工群众办几件实事。同时，要进一步加强离退休老干部工作。要处理好改革、发展和稳定的关系，维护职工队伍的安定团结。

近期，要下大力气宣传包起帆、“华铜海”轮等先进典型，使他们那种具有鲜明时代特点的精神在全行业开花结果，涌现一大批包起帆式、“华铜海”式的先进模范人物和基层班组，成为带动整个行业精神文明建设的动力。上海会议之后，部已将会议情况向中共中央、国务院写了报告，建议中央有关部门对包起帆和“华铜海”轮这两个先进典型进行审定，在全国范围进行广泛宣传。

交通系统的反腐败斗争，要在去年底取得阶段性成果的基础上，进一步深化、展开，继续抓好3项任务的落实。要把反腐败斗争融于建立社会主义市场经济体制的过程之中，做到标本兼治，加大治本的力度，主要是完善监督约束机制，支持纪检、监察、审计部门履行职责。领导干部要严格要求自己，进一步加强廉洁自律，真正做到廉政勤政。要严肃查处大案要案。对治理交通行业乱设卡、乱收费、乱罚款，纠正行业不正之风，认识要深化，决心要坚定，措施要得力，效果要明显。工作方针是常抓不懈，综合治理。根据交通厅局长和部检查组发现的问题，在今年春节后召开部分省市交通厅局长座谈会，研究一些政策性问题，提出下一步工作意见，努力巩固现有成果，切实防止“三乱”的反复、回潮。中央纪委、监察部对下一阶段反腐败斗争将作出部署，我们要结合实际制订具体方案。同时，要进一步加强社会治安综合治理和交通公安保卫工作，狠抓严重暴力性案件的预防和侦破，切实维护港航治安秩序，配合公安机关继续打击“车匪路霸”。

在全面推进两个文明建设的进程中，要高度重视和切实加强科技教育工作，依靠科技进步，提高劳动者的素质。交通科技体制改革要进一步深化，积极促进科技经济一体化，实行

“稳住一头，放开一片”的方针。部要根据不同类型的科研单位，在科技事业的管理、人才合理分流、技术市场开拓、科研院所经营管理和结构调整等方面提出一些政策性指导措施，逐步建立适应市场经济发展、符合科技自身规律的新型体制。要加快交通教育改革的步伐，继续扩大学校办学自主权，转换办学机制，开拓办学资金来源渠道，增加教育的投入，增强交通院校的活力和凝聚力。继续加强重点学校和重点学科专业建设，积极做好有条件的普通高校进入“211 工程”的申报工作。

以上我们从 5 个方面部署了今年的交通工作。这里再强调一下，在全面完成今年各项任务中，要抓好 5 个重点工作：一是在内河航运建设的规划和组织实施方面要有新进展；二是在促进运输市场发育、组建运输交易市场和组织合同运输方面要有新突破；三是在建立现代企业制度方面要探索新路子；四是在深化港口体制改革和长江航运管理体制改革方面要迈出新步子；五是在社会主义精神文明建设主旋律教育和纠正行业不正之风方面要取得新成效。

同志们！今年的交通工作任务是艰巨繁重的。为了顺利完成各项任务，必须加强党的领导，各级领导机关和领导干部要改进领导方式，按照江泽民总书记在全国经济工作会议讲话中的要求，多挤点时间学习，少搞一点应酬；多做些调查研究，少一些主观主义；多干些实事，少说些空话。这样，我们的领导水平就会提高一大步，就能够更好地领导广大交通职工，在邓小平同志建设有中国特色社会主义的理论指引下，在党的十四大和十四届三中全会精神鼓舞下，坚持党的基本路线，同心同德，锐意改革，加快交通事业发展步伐，为国民经济和社会发展，为建立社会主义市场经济体制作出应有的贡献。

认清形势　统一思想
推进交通改革和发展
——黄镇东部长在全国交通工作会议上的讲话

（1995年1月10日）

同志们：

现在，我代表部党组向全国交通工作会议作工作报告。

这次全国交通工作会议的任务是：总结1994年的工作，并根据党的十四大、十四届三中全会、四中全会和中央经济工作会议的精神，部署今年的交通工作，继续围绕“抓住机遇、深化改革、扩大开放、促进发展、保持稳定”的全党全国工作大局，进一步处理好改革、发展和稳定的关系，加大交通改革的力度，推进交通事业的发展，做好与“九五”计划的衔接工作，为国民经济持续、快速、健康发展和维护社会稳定作出新的贡献。

一、认清形势，统一思想

最近召开的中央经济工作会议，对全国经济形势作了科学的、全面的、实事求是的分析。会议认为，我国的经济形势总的看是好的，改革开放、经济建设和各项事业都取得了新的进展，在改革向前推进和经济快速发展中保持了社会稳定。在好的形势下，也要看到农业基础相对薄弱、物价涨幅过高、部分国有企业生产经营困难，有的地方社会治安秩序不好，群众反映强烈，对这些突出的问题，全党特别是各级领导干部都要保持清醒的头脑，采取有效措施，扎扎实实地加以解决。

1994年全国交通工作的形势也是好的。各级政府对发展交通的重要性和紧迫性有了更加深刻的认识，把交通建设作为重中之重，采取了一系列倾斜政策和扶持措施，广大人民群众热情支持、积极参加交通建设，使交通事业继续保持了良好的发展势头。全国交通系统紧紧围绕全党全国工作的大局，努力做好各项交通工作，运输生产持续发展，基础设施建设步伐加快，改革稳步推进，对外开放进一步扩大，精神文明建设得到加强。

（一）抓住机遇，加快发展，运输生产和基础设施建设取得新的成就

在运输生产方面：公路运输发展迅速，水路货运增长、客运下降。据快报统计，1994年全社会公路客运量完成91.55亿人，比上年增长6.4%，旅客周转量4 146亿人公里，增长12%；货运量89.4亿吨，增长6.4%，货物周转量4 481亿吨公里，增长10.1%。全社会水运客运量完成2.24亿人，比上年减少了17.3%，旅客周转量175亿人公里，减少了10.8%；货运量完成10.2亿吨，增长4%，货物周转量完成15 704亿吨公里，增长13.9%。全国主要港口吞吐量完成10.2亿吨，比上年增长6.2%，其中外贸货物吞吐量2.9亿吨，增长12%。公路、水运在五种运输方式的运输总量中所占比重继续提高。

在基础设施建设方面：去年全国公路通车里程已达111.2万公里，新增2.9万公里。其中高速公路1 638公里，新增493公里；一、二级汽车专用公路8 776公里，新增1 393公里。沿海港口新建泊位63个，其中深水泊位20个，新增吞吐能力2 580万吨。内河改善通航里程349公里，内河港口新增吞吐能力274万吨。在去年的基础设施建设工作中，深化细化了中央和地方交通发展规划工作；拓宽了公路建设的筹资、融资渠道；强化了三级质量管理体系和开展建设项目竣工决算审计，促进了工程质量和投资效益的提高；按照《国家八七扶贫攻坚计划》的要求，加快了扶贫公路建设，全年共建成扶贫公路1 940公里，一批不通公路的乡镇和行政村通了汽车。交通战备工作和公路养护、管理工作得到加强。

在支持保障系统建设方面：国家级科技项目和行业联合科技攻关取得了一批有价值、有水平、先进适用的科研成果，其中长江口拦门沙深水航道演变规律和整治技术研究取得了重大突破，滑模摊铺和碾压摊铺水泥混凝土路面及码头新结构技术取得了实质性进展。交通教育进一步深化体制改革，调整专业结构，提高了办学质量。安全保障、救助打捞、公安消防和通信系统建设进一步加强。上海港交管（一期）、北京海事卫星地面站等10个项目建成投入使用，全国交通专用通信网部分开通，船舶检验实现了同国际标准接轨，运输车辆技术管理有新的进步。

（二）深化改革，扩大开放，交通各项改革稳步推进

积极培育和发展交通运输市场，加快了运输交易市场建设。公路运输方面，在运输企业的汽车站场对社会开放的同时，兴建了一批汽车客运站场和货运市场。水路运输方面，渤海湾水路客运市场全面放开后，基本上解决了旅客乘船难的问题。大连、上海水路货运交易市场正在筹建，进展顺利。

认真开展交通企业转机建制工作。一是坚持政企分开，多数企业的经营自主权进一步得到落实。二是开展了建立现代企业制度的试点工作。交通系统有一批企业被列入国家或地方建立现代企业制度的试点规划，18个省市的部分交通企业进行了股份制试点，上海海运（集团）公司所属海兴公司的H股在香港上市成功。90%的部属企业已完成了清产核资任务。三是调整经营战略，发展多种经营。初步估计，全国交通运输企业的多种经营产值已占总产值的30%以上。四是采取多种形式，到境外创办独资、合资企业，承包国外工程，扩大劳务输出。中国港湾建设总公司承包的澳门国际机场工程，合同金额达6.6亿美元，其施工管理、质量和进度得到了葡萄牙政府和澳门当局的高度评价。五是开展了水运企业建立安全管理新机制的试点，促进了法定代表人第一位安全管理责任制的落实。

进一步扩大对外开放。一年来经部批准立项的中外合资合作运输企业153家。其中，公路108家，水路45家。去年还与6个周边和邻近国家分别签定了内河客货运输协定、汽车运输协定或海运协定。经全国人大常委会和国务院批准，我国加入了有关船舶碰撞、救助、便利运输等3个国际公约。积极参加了“乌拉圭回合”服务贸易谈判，维护了我国的合法权益。

为深化水运管理体制改革做好准备工作。改革开放十几年来，水运管理体制进行了多项改革，取得了很大的成绩。但由于思想认识和历史条件等主客观原因，水运体制改革措施受到局限，有些改革措施没有完全到位。目前水运管理体制还存在很多矛盾和问题。深化水运

管理体制改革，部里已经酝酿准备了很长时间，特别是去年，作为工作重点之一，进行了较为深入和全面的调查研究，形成了深化水运管理体制改革的指导思想和初步方案。

去年是国家宏观改革措施出台最多、力度最大的一年，交通系统积极采取相应措施，为各项改革举措的平稳过渡和衔接配套做了大量工作。机构、人事、劳动、工资、劳保统筹等项改革和交通立法，也取得了新的进展。在中央的关怀下，在有关部门和地方政府的支持下，远洋船员家属农转非的政策进一步得到了落实。

（三）坚持“两手抓、两手都要硬”的方针，加强交通行业精神文明建设，为做好交通工作和维护社会稳定提供保证

以学习《邓小平文选》第三卷为主线，加强了建设有中国特色社会主义理论的学习。交通系统各单位组织广大干部和职工，特别是处以上领导干部认真读好原著，密切结合本地区、本单位的实际，加强调查研究，努力解决交通改革和发展中出现的问题，推动交通行业两个文明建设。去年是近几年来理论学习抓得最紧、集中时间最多、收到效果最好的一年。

以包起帆和“华铜海”轮的先进事迹为典型，认真抓了职工队伍建设。包起帆是具有鲜明时代精神的先进典型，“华铜海”轮是全面加强基层建设的先进典型。去年通过中宣部、交通部联合召开“新时期创业精神报告会”，中央宣传部门进行广泛的宣传报道，部组织安排包起帆到全国23个省市作报告100多场，使包起帆这个典型走向全国，引起强烈反响。中远系统和交通系统其他单位积极开展了学习“华铜海”轮活动，取得较好效果。同时，在全国交通系统还评选出156个先进单位和先进集体，394个劳动模范和先进工作者。全国海员工会和全国公路运输工会为交通行业精神文明建设做了大量富有成效的工作。

以中纪委三次全会确定的3项任务为重点，认真开展反腐败斗争，取得了阶段性成果。领导干部对照廉洁自律规定进行了自查自纠，提高了反腐倡廉的自觉性。大力查处案件，揭露了一些深层次的腐败现象，突破了一些重大案件。在纠正行业不正之风方面，以治理公路上的“三乱”为重点，对全国公路收费站（点）进行了普查和抽样调查，初步摸清了底数。我部和国家计委、财政部联合下发了《关于在公路上设置通行费站（点）的规定》，对收费站设置进行规范和管理。特别是国务院发布了《关于禁止在公路上乱设站卡乱罚款乱收费的通知》，为治理公路上的“三乱”提供了主要依据。交通、公安两部为贯彻国务院的通知，联合召开了电话会议，邹家华副总理在会上作了重要讲话。会后，我们加大了治理公路上“三乱”的力度，建立了治理“三乱”的责任制。为摸索经验，树立典型，我们将107国道作为部直接抓的全国治理“三乱”的“样板路”，进行了明察暗访和综合治理，取得了初步成效。省地两级交通部门也都根据部的要求，抓了各自境内的“样板路”建设。在水运方面，重点治理了乱收费，清理了一批不合理的收费项目。交通港航治安工作也取得了新的成绩。

在肯定交通工作取得成绩的同时，还必须看到存在的问题和困难。当前最突出的问题：一是交通基础设施仍然滞后，“瓶颈”制约现象没有得到明显缓解，特别是内河航运发展滞后的问题更加突出，已成为我国5种运输方式中最薄弱的环节。通货膨胀、物价上涨，造成

了工程造价大幅度上升，加剧了建设资金严重不足的矛盾。二是国有交通企业生产经营困难很多，历史包袱沉重，设备老化，资金不足，企业互相拖欠严重，资产负债率高，约1/3国有交通企业亏损。三是水运管理体制矛盾很多，港口政企不分，政出多门，产权关系不清，财税关系不顺；水上安全监督、船舶检验机构重叠，政令不畅，重复检查，重复收费，加大了企业负担，社会影响不好；长江航运行政管理不统一，港航之间运作不协调。四是对港口建设宏观调控不力，一些地方没有按照国家的统一规划和布局，不按照建设程序和国家关于利用外资，合资、合作建港的有关规定，越权审批，盲目上项目，造成重复建设。五是公路运输企业和水上安全生产形势不稳定，重大事故时有发生。六是交通法制建设滞后，行业管理缺乏有效的法律依据，许多矛盾不好解决。对这些问题，决不能掉以轻心。在新的一年里，一定要采取切实有效的措施，加以改进和解决。

在认清全国经济形势和交通工作形势的基础上，我们要以邓小平同志建设有中国特色社会主义理论和党的基本路线为指针，按照中央经济工作会议的精神，对一些重大问题统一思想，取得共识，这是我们做好今年工作的思想基础。

第一，要把我们的思想认识统一到总揽全局的指导方针上来。中央把“抓住机遇、深化改革、扩大开放、促进发展、保持稳定”作为总揽全局的指导方针，提出在改革开放和现代化建设的伟大变革中，既要抓住机遇积极进取，又要妥善处理改革、发展、稳定的三者关系，实现国民经济持续、快速、健康发展和社会全面进步。这是改革开放以来基本经验的总结，对我们交通工作具有长远的指导意义。我们交通系统的各级领导和广大职工要站在全党全国工作大局的高度想问题、办事情，自觉做到局部服从全局，坚决维护中央政令畅通和大局的稳定。

第二，要把我们的思想认识统一到今年全国经济工作的主要任务上来。中央经济工作会议提出的必须认识、把握的7个问题和7个方面的工作，是今年全国经济工作的主要任务，其中控制物价涨幅、抑制通货膨胀是宏观调控的首要任务和正确处理改革、发展、稳定三者关系的关键，各行各业都要认真贯彻落实。我们不仅要搞好交通自身的改革和发展，而且要为抑制通货膨胀、加强农业等全局性经济工作做出自己的努力。

第三，要把我们的思想认识统一到从实际出发妥善安排交通工作上来。既要抓好物质文明建设，又要抓好精神文明建设；既要保持必要的发展速度，又要特别注重提高质量和效益；既要尽力而为，积极发展，又要实事求是，量力而行；既要保证重点，又要统筹兼顾；既要重视基础设施建设，又要重视企业改革和培育运输市场；既要抓好新建工程，又要重视养护管理；既要抓好生产经营，又要做好安全工作。只有这样，才能使交通事业保持良好的发展势头，开创更为有利的局面。

二、抓好“八五”最后一年的生产建设和“九五”准备工作

今年是“八五”计划的最后一年。做好今年的交通工作，对完成“八五”计划和“九五”的继续发展具有重要作用。国家确定今年经济增长速度的宏观调控目标为8%～9%，预计公路、水路运输将是平稳发展的态势，基础设施建设将保持去年的规模。在这种情况下，运输生产和基本建设更要强调确保重点、提高质量、注重效益。

（一）努力实现运输生产目标

今年全社会公路、水路运输预期目标是：公路货运量95亿吨，货物周转量4 660亿吨公里，分别比上年增长6.2%和4.0%；公路客运量97.0亿人，旅客周转量4 360亿人公里，分别比上年增长6.0%和5.2%。水路货运量10.7亿吨，货物周转量16 300亿吨公里，分别比上年增长4.9%和3.8%；水路客运量2.5亿人，旅客周转量178亿人公里，与上年基本持平。全国主要港口吞吐量10.6亿吨，比上年增长4.1%。

根据当前经济形势的特点，在今年的运输生产中要进一步贯彻落实“一支三保”的方针，重点搞好农业、能源、重要原材料和外贸进出口物资的运输，为国家抑制通货膨胀、支援农业、扩大开放和经济发展贡献力量。要认真抓好春运及民工疏远工作，落实国务院领导提出的有序流动的要求。

（二）搞好交通基础设施建设

根据国家计委下达的基本建设计划规模，按照保投产、保收尾、保重点的原则，对今年交通基础设施建设作如下安排：

——公路建设，新增里程15 000公里，其中中央与地方合资建设高速公路和一、二级汽车专用公路1 500公里。主要建设沪宁、杭甬、佛开、泉厦、沈长、长湘、石新等高速公路及成渝、西宝、贵遵、深汕、沈本等一级汽车专用公路，建设黄石、铜陵、江阴等长江公路大桥。

——沿海港口建设，竣工投产泊位32个，其中深水泊位18个。优先安排日照港二期工程、南通港狼山港区二期工程、汕头港深水港区一期工程等建成项目，重点安排大连港大窑湾一期工程后6个泊位、秦皇岛港煤四期工程、营口港鲅鱼圈港区二期工程、连云港墟沟港区一期工程、上海港罗泾煤码头等续建项目。

——内河航运建设，改善航道1 300公里，建成码头泊位17个。重点安排长江干线、西江航运一期工程、汉江和信江航运工程、京杭运河苏南段等建成和续建项目。

——支持保障系统建设，重点安排珠江口交管系统、全球海上遇险和安全系统、国家级工程研究中心和重点试验室，以及大连海事大学、西安公路学院有关“211工程”的项目。

在今年的基础设施建设中，要特别强调严格按基建程序办事，不搞计划外工程，不得建造高档消费娱乐设施；部和省合资建设的项目，一定要落实配套资金，部安排的资金将根据工程进度与各省配套资金同步到位；在资金有限的情况下，要缩短战线，有取有舍，集中财力，保证重点，使重点工程早建成、早投产、早受益；在建设中要坚持质量第一的方针，并要千方百计降低工程造价。

（三）狠抓安全工作

几年来，全国交通系统认真贯彻“安全第一、预防为主”的方针，做了大量的工作，但目前安全生产形势仍不稳定。各级交通部门要强化管理，搞好安全生产工作，扭转被动局面；国际航运企业要及早着手做好《国际安全管理规则》的实施准备工作。各单位要认真贯彻去年底全国水上交通安全工作会议精神，切实加强安全管理，进一步落实地方政府对水上交通安全的管理责任，组织水运企业建立健全安全管理新机制，引导个体船舶运输走组织化的道路，建立安全约束机制。要坚决清理取缔“三无”船舶，认真开展船舶证照整顿和通航秩序整顿。公路运输企业要加强安全管理，尤其是要加强客运的安全管理。各单位要重视和加强消防安全工作，特别是落实船舶消防措施，消除火灾隐患，防止火灾事故发生。要按照国家环保政策，继续认真做好交通环保工作。

在抓好上述工作的同时，要抓紧研究编制“九五”交通发展计划。

“九五”是世纪之交，交通事业的发展不仅要着眼于实现国民经济第二步战略目标的需要，而且要着眼于21世纪第三步战略目标对交通运输的全面需求。“九五”期间，国民经济将是一个持续、快速、健康发展的态势，运输需求旺盛。社会主义市场经济体制的逐步建立和沿海、沿江、沿边对外开放的进一步扩大，以及区域经济的发展，对交通运输将提出新的要求。随着农业结构的转变、人民生活水平的提高和消费结构的变化，客运将持续增长。预测“九五”期间，全社会客运量年均增长7.5%，其中公路年均增长7.3%，水运年均增长3.1%；全社会货运量年均增长6.1%，其中公路年均增长6.1%，水运年均增长7.8%；沿海港口吞吐量年均增长11.1%。

基于上述形势分析，并根据交通发展长远规划，“九五”期间交通发展的目标是：实现交通运输和基础设施建设到2000年上新台阶的目标，使我国交通运输的紧张局面有明显的缓解，对国民经济的制约状况有明显的改善。为此，要继续按照“统筹规划、条块结合、分层负责，联合建设”的方针，切实抓好交通发展“三主一支持”建设。公路主骨架，重点建设同江至三亚、北京至珠海、上海至成都、连云港至新疆霍尔果斯的“两纵两横”国道主干线以及北京至上海、北京至沈阳和西南出海通道等3条重要路段，形成贯穿我国东西、南北的快速公路运输通道。同时必须重视中西部地区、贫困地区和少数民族地区的交通建设，为这些地区发展经济、扩大开放创造条件。水运主通道，重点建设长江干线、西江干线和京杭运河“两横一纵”内河航运基础设施，建设长江口深水航道，配合三峡工程搞好航运设施建设。港站主枢纽，重点建设沿海港口集装箱、煤炭、矿石、滚装和其他散装运输系统，起步建设“两纵两横”和3条重要路段上的公路主枢纽。交通支持保障系统，重点建设四大交管系统，一个全球海上遇险和安全系统，两所院校争取进入国家“211工程”，建成公路、水路工程和船舶运输3个科研中心。在“三主一支持”建设的同时，加强交通技术管理，着力改善车船技术构成，相应发展先进适用的专业化车船装备。交通发展要一手抓“硬件”，一手抓“软件”，把交通行业管理和法制建设也提高到一个新的水平。

实现“九五”交通发展目标，必须研究采取有效的政策措施。一是总结和完善“八五”经验。改革开放以来，尤其是“七五”、“八五”期间，交通行业以改革开放促发展，创造了许多好经验，特别是公路建设有了好的政策和好的机制。国家和地方政府出台了一系列发展交通的扶持政策和优惠措施，形成了发挥中央与地方两个积极性，调动社会各方面和广大人民群众积极性，共同发展交通的良好机制。最近，《人民日报》、《中国交通报》分别报道了山西省陵川县锡崖沟村艰苦奋斗30年，从大山腹底凿开入村的洞路；河北省灵寿县油盆村7位先富起来的山民自发倾囊，用积攒多年的10余万元钱修通了与外县沟通的盘山路；山东省沂蒙山区人民像当年推着小车支前那样，以工代赈，修建了一条横贯南北的二级公路等感人事迹。这雄辩地说明，随着改革开放的深入发展，不但经济发达地区的群众发展交通的意识越来越强，而且在经济落后地区，群众也已日益看到了发展交通的重要性，修路的积极性非常高。只有发挥群众的积极性，才能做到少花钱、多修路、修好路，才能创造出前所未有的奇迹。“九五”要保持政策的连续性、稳定性，进一步完善这个好机制，在更大的范围发挥它的作用。二是进一步完善“国家投资、地方筹资、社会融资、利用外资”的投资体制，并开拓新的思路，如转让收费公路经营权，组建交通基础设施建设股份公司，在公路沿线和港区附近进行综合开发，进一步吸引外商直接投资交通基础设施建设。三是搞好交通规费的征收、使用和管理。既要做到应征不漏、专款专用，又要注重节支降耗，防止和纠正人头费过于膨胀的趋向。养路费的使用要注意建养结合，防止重建轻养，提高现有公路好路率。四是加强交通建设市场的管理。进一步搞好设计、施工、监理单位的资质管理，规范招投标行为，积极推行工程监理制度，落实项目业主责任制。五是依靠科技进步，加速人才培养。编制并组织实施交通科技和教育发展“九五”计划和2010年长期规划，进一步深化科技、教育体制改革，充分发挥科学技术的“第一生产力”的作用，采取多种办法加大科技、教育投入，特别是交通职业教育的投入，组织实施跨世纪人才工程。

各地编制“九五”计划，要与交通发展长远规划相衔接，符合全国“九五”交通总体规划和本地区经济发展的要求。尤其是要注意进一步加强和完善港口发展规划，做到合理分工、合理布局，防止和克服重复建设，提高港口建设投资效益。同时，抓紧做好“九五”大中型建设项目前期工作，部拟于今年3、4月份与省市交通厅局以及有关港航单位具体研究落实前期工作计划。

三、进一步深化交通改革

今年交通行业的改革工作，要根据经济体制改革整体推进、重点突破、全面规划、分步实施的要求，继续培育和发展运输市场，为在本世纪末建立起与社会主义市场经济体制相适应的运输市场体系迈出新的步伐；深化交通企业改革，增强企业活力，逐步建立起符合现代企业制度要求的交通企业制度，在新的形势下发挥新的优势；深化水运管理体制改革，进一步解放和发展水运生产力；围绕交通改革和发展，加强交通法制建设。

（一）加快培育和发展运输市场

到本世纪末初步建立起统一、开放、竞争、有序的运输市场，是一项重要而又艰巨的任务。各地对此已经进行了多方面的有益探索。部有关司局在组织力量调查研究和反复征求各方面意见的基础上，提出了《关于加快培育和发展道路运输市场的若干意见》，还起草了《关于培育和发展水运市场的基本思路》。希望大家结合各地的实际情况，提出修改意见，争取尽早下发。这里强调一下当前要注意抓好的几项工作。

1. 继续开放市场，发挥市场机制作用

运输市场要继续坚持开放的政策，坚持以公有制为主体、多种经济成分共同发展的方针。在积极促进国有经济和集体经济发展的同时，鼓励个体、私营经济的发展。符合市场准入条件和规则的，都应允许进入市场。同时坚持对外开放的方针，一方面，在有利于引进资金、先进设备和管理技术的前提下，继续适度对外开放国内运输市场；另一方面，要加强与有关国际组织的联系，提高我国交通运输企业在国际运输市场的竞争能力。

发挥市场机制作用，必须打破地区封锁、部门分割和行业垄断，鼓励竞争。市场竞争主要是质量、技术、人才和价格的竞争。要引导和鼓励广大经营者围绕安全、及时、舒适和设备先进等方面，开展正当、公平竞争，在满足社会需求的同时，不断提高自身的综合素质和效益。要帮助国有大中型运输企业提高适应市场的能力，凭借国有企业的优势，扩展集装箱运输、快捷运输、特种运输、物流服务、旅游客运、长途客运等服务领域。要引导和促进企事业单位自备运力实行独立核算，进入市场，公平竞争。要鼓励个体运输户采取股份合作、合伙和“挂靠”经营等多种形式，走向规模经营。

2. 抓好运输交易市场建设，发展和规范市场中介组织

现有运输场站设施，无论在规模上还是管理体制上，都难以满足运输发展的需求，必须有计划分步骤地建设一批有一定规模和服务功能的运输交易市场，并逐步联网。水路运输交易市场的建设，拟分3步走：第一步为试点阶段，部在沿海、长江的枢纽港所在地，选择大连、上海、武汉为试点组建交易市场；第二步为组建区域性交易市场阶段，要形成东北以大连为中心、华北以天津为中心、华东以上海为中心、华南以广州为中心、长江以武汉为中心的区域性交易市场；第三步扩大联网，形成以北京为中心的全国性水运市场网络。道路运输市场建设，拟分两步走：第一步，客运市场主要抓公用站的建设和企业站的开放；货运市场在做好规划的基础上，因地制宜，依托中心城市和重要商品市场，建设各种类型的运输交易市场。第二步扩大联网，形成大区域以至全国性的道路客货运输市场网络。

要重视发展和规范运输市场中介组织，发挥其沟通、服务、公证、监督作用。要大力发展配载信息中心、货运服务站、物流中心等运输服务组织，提高运输组织化程度。有条件的，要采用计算机和信息技术应用为主的先进技术手段，扩大运输服务领域和增强服务功能。但要注意防止一哄而起和形式主义。要注意发挥运输行业协会在培育和发展运输市场中应有的作用。交通部门现有的行业协会要逐步转换职能，努力办好那些不宜由政府出面，又不是一个企业能办好的事情。

3. 加强宏观调控，搞好行业管理

对运输市场宏观调控的主要任务是保持运力供需总量的基本平衡、运输结构的优化和布局的合理。对发展高、新、特运输和开辟农村、山区支线的，要在政策上给予扶持。要继续探索和完善宏观调控的经济手段，促进运力尤其是客运运力的合理布局。

要认真贯彻执行交通运输各项开业条件和标准，依法对运输主体的经营资格、运行班线实行审批制度和年审制度。要加强市场监督，坚决取缔非法运输和制止各种经营不轨的行为。

要稳步推进运价改革，规范运价行为。运价改革和调整必须服从经济全局的稳定。国内水运、道路客货运和重点港站装卸的指导价格，其基准价及浮动幅度等由政府主管部门按管理权限确定，企业在规定的浮动幅度内自主定价。要按照运价政策和规定加强对运价的监督管理，严肃查处运价违法和欺诈行为。

最近，我部与公安部联合转发了国务院国阅〔1993〕204号会议纪要，进一步明确了交通、公安部门在道路交通管理方面的职责分工，各地要据此做好各项行业管理工作。当前，要与公安部门相互配合，抓紧搞好汽车驾驶学校和驾驶员培训管理等交接工作，理顺管理关系。各级交通部门在今年地方政府机构改革中，还要主动与有关部门协商，争取当地政府的支持，理顺与有关部门的其他职责交叉问题，加强和改善行业管理。

（二）深化交通企业改革

国有企业改革，是今年国家经济体制改革的重点。各级交通主管部门要提高对交通企业改革工作的认识，树立搞好国有交通企业的信心，要像抓交通基础设施建设那样抓好交通企业转换经营机制和建立现代企业制度的工作，打好这场攻坚战。当前，面上主要是进一步贯彻《转机条例》，尽快落实《监管条例》，切实转变企业经营机制；同时选择少数企业进行建立现代企业制度试点，在一些难点问题上取得突破。

1. 转变政府职能，进一步实行政企职责分开

转换企业经营机制的关键在于政府转变职能。按照国家统一部署，今年地方政府要完成机构改革的任务。各级交通主管部门要在机构改革中把着眼点放在转变职能上，理清政府和企业的职责，精兵简政，提高效率。政府交通部门主要是负责宏观调控和行业管理，抓好统筹规划、掌握政策、信息引导、组织协调、提供服务和检查监督等6个方面工作。按照《转机条例》，把属于企业的14项经营权真正落实到企业，改变国家对企业承担无限责任的状况，使企业独立享有民事权利，承担民事责任，成为拥有法人财产权的企业法人实体。按照政府的社会经济管理职能和国有资产所有者职能分开、国有资产产权管理和资产运营分离的原则，部将研究部国有资产管理和经营的实现形式，明确国有资产投资主体，逐步实现政资分开。

《国有企业财产监督管理条例》是《转机条例》的进一步完善和发展。依据《监管条例》的规定，国务院授权的行业主管部门，是国务院管辖企业和国务院指定由其监督的地方管理企业的监督机构。今年，部将向列入经贸委确定的千家企业名单中的部属企业派出监事，与有关各方代表共同组成监事会。交通企业要普遍建立资产经营责任制，承担国有资产保值增值的责任。部将制定国有资产经营的考核指标体系和奖罚办法，在部属企业中实行。

2. 调整结构，练好“内功”，提高效益

各级交通主管部门对国有大中型交通企业，要区别情况，分类指导，加大企业组织结构重组或调整的力度，盘活存量资产，促进经济效益的提高。有的可调整组建为以资产连接纽带为主，跨地区跨行业的企业集团，增强参与市场竞争的实力，向规模经营要效益、求发展。有的可划小核算单位，实行一企多制，分块搞活。交通企业要继续利用分布网络广、传递信息快等优势，开辟新的经营项目，发展多元经营，增强在市场竞争中的应变能力。交通主管部门在企业走向市场的过程中，在政策允许的情况下，要给予必要的扶持。

科学管理是建立现代企业制度的一项重要内容。交通企业要进一步加强管理，苦练“内功”。现在企业管理相当松散，重经营、轻管理的现象比较突出，必须引起高度重视，采取切实措施，扭转这种状况。要强化企业的基础管理、专项管理及现场管理。实行新的财会制度后，更要加强财务管理，管好财产，用好财权；建立健全企业内部审计制度，完善自我约束机制；进一步加强质量管理，按照国际通行的质量管理和质量保证标准的要求，建立健全企业的质量体系，强化质量责任制；狠抓扭亏增盈工作，进一步搞好增产节约、增收节支，努力克服和消化“两则”实施后的影响和价格上涨带来的不利因素，压缩成本，增加收入；继续深入开展“转机制、抓管理、练内功、增效益”活动，促进交通企业在安全管理、降低物耗、经济效益、技术进步等方面上一个新水平。

3. 做好各项配套改革工作

今年国家配套改革工作的重点是建立以失业保险、养老保险和医疗保险为主要内容的社会保障体系，各级交通主管部门要积极与各有关部门搞好协调、配合，帮助交通企业制定劳动、人事和分配制度改革方案和实施细则。完善对企业工资宏观调控管理机制，指导企业搞好内部分配，形成“两个低于”的约束机制，控制消费基金增长。继续深化劳动保险制度改革，逐步完善相应的制度、办法，为深化企业改革提供保证。要培养和发展各种劳务市场，开展职业技能培训，为待业人员提供就业机会。要帮助企业解除历史包袱，用好国家的有关政策，减轻企业的负担。要认真贯彻《劳动法》，规范劳动关系，进一步发挥工会的作用，维护劳动者的合法权益。

4. 抓好建立现代企业制度试点工作

部属企业中广州海运（集团）公司已列入国务院百家试点企业，第一航务工程局已列入建设部建筑施工企业试点单位。中远集团、长航集团是国务院确定的55家企业集团试点单位，可根据自已的改革思路，参照试点方案进行试点。部拟再选择一、二个部属企业作为部建立现代企业制度的试点单位。地方交通企业中已有一些被各省市政府列入试点范围。这些企业要按照《公司法》和国务院批准的试点方案进行试点。试点中要把企业改组、改制和改造结合起来，在理顺产权关系、建立科学的公司管理体制、优化企业组织结构、补充生产经营资金、加强技术改造、分流富余人员、分离企业办社会职能、减轻企业债务负担等方面进行突破，在制度创新和配套改革方面取得实质性进展，为下一步在交通企业中普遍推行现代企业制度积累经验。

按照国务院的统一部署，交通系统的建制试点工作，1994年开始起步，分为前期准备阶段、改组运行阶段、总结完善阶段3个阶段，大体用两年半的时间完成。为了便于交流经验、研究问题，使交通系统建立现代企业制度工作更好开展，请各省、自治区、直辖市、计划单列市交通厅局将列入省市政府试点范围的交通企业试点情况及时报部备案。

（三）深化水运管理体制改革

目前的水运管理体制还存在着许多深层次的矛盾和问题，需要进一步深化改革。这些矛盾和问题突出表现在“两个不适应”上，一是与发展社会主义市场经济、建立统一开放的市场体系不相适应，二是与建立“产权清晰、权责明确、政企分开、管理科学”的现代企业制度不相适应。因此，在新的形势下，水运管理体制必须进一步改革。不改革，就跟不上全国经济体制改革的步伐，就会一步滞后，步步滞后；不改革，就不能进一步解放和发展水运生产力。我们应抓住时机，坚定不移地对这些难点问题进行攻坚。

深化水运管理体制改革的指导思想是：认真贯彻党的十四大和十四届三中全会精神，遵循“三个有利于”的标准，根据解放思想、实事求是的原则，发挥中央和地方两个积极性，积极稳妥，分阶段、有步骤地进行，促进水运生产力更快更好地发展。根据这一指导思想，按照全面推进、重点突破的实施步骤，部确定的改革初步思路是：

——深化港口管理体制改革，实行政企分开；按照新的财税体制，改革或进一步完善“以港养港，以收抵支”的财务管理体制；明晰港口的产权，加强对国有资产的管理。

——深化水上安全监督管理体制改革，统一政令，明确责权，分工管理。对沿海、对外开放的江河和部分跨省的重要通航水域，由中央按水域、分管区设置机构统一管理；对非开放的内河、湖泊、水库等，由地方人民政府设置机构管理，部实行行业管理。

——深化船舶检验管理体制改革，实行局、社分开；改革地方船检体制，划清职责，理顺关系；与水上安全监督管理体制改革同步进行。

——深化长江航运管理体制改革，成立长江航运委员会，强化长江航运行政管理机构；长江干线主要港口、长江水上安全监督和船舶检验的管理体制改革，与沿海同一模式；改革长江港航公安体制。

最近，国务院领导同志亲自听取了我们的汇报，认为深化水运管理体制改革是必要的，交通部提出的改革思路和方案待国务院正式批准后即部署实施。

除改革水运管理体制外，对公路管理体制问题也要进行调查研究，为深化改革做好准备。

（四）加快交通立法步伐，引导、推进、保障交通改革和发展

交通改革和发展，需要有完备的法制来引导、推进和保障，因此要高度重视交通法制建设。当前要下大气力加强交通立法工作，建立与社会主义市场经济体制相适应的交通法规体系。要抓紧修改《公路法》草案，上半年上报国务院。要加快《港口法》的起草进程，力争年内上报。对已报国务院的《汽车运输条例》、《航标条例》、《国际航行船舶进出中国口岸检查办法》等行政法规草案，要积极促成早日出台。着手起草《道路运输法》、《水路运输法》、《船舶法》、《国际海运管理条例》等法律和行政法规。在上述法律和行政法规尚未出台的情况下，要抓紧制定一批培育和发展运输市场、推进交通改革和发展急需的规章，包括规范交通建设和运输市场主体，维护基础设施建设和运输交易秩序，规范政府交通主管部门宏观调控行为，建立和完善中介组织等方面的规章。各地也要结合本地实际情况，制定有关地方性法规。在制定新法规的同时，还要修订《公路货物运输合同实施细则》、《水路货物运输合同实施细则》等法规及《货规》、《管规》、《危规》等不适应市场经济体制要求的规章。

要加强对立法工作的领导，把改革决策与立法决策结合起来，提高立法质量。要加强调查研究，既要从我国国情出发，又要注意借鉴国外的立法经验。凡是列入立法计划的项目，要按照定任务、定班子、定时间的要求，抓紧起草、修订工作。

四、加强党的建设和精神文明建设

最近出版了《邓小平文选》第一卷、第二卷（第二版），这两卷和第三卷是一个整体。交通系统广大干部职工，特别是领导干部，要进一步认真学习，掌握精髓，联系实际，学以致用。在全面学习邓小平同志建设有中国特色社会主义理论的同时，今年要在加强党的建设和精神文明建设方面抓好以下工作。

（一）认真学习贯彻党的十四届四中全会精神，进一步加强党的建设

党的十四届四中全会通过的《中共中央关于加强党的建设几个重大问题的决定》，是在新形势下加强党的建设的纲领性文件。我们要认真学习和贯彻落实《决定》精神。一是要进一步坚持和健全党的民主集中制的组织制度和领导制度。领导机关和领导干部要发扬民主作风，切实保障党员的民主权利，重视决策的民主化、科学化，防止因缺乏民主作风而造成决策失误和影响党员、干部积极性的发挥；另一方面，要加强民主基础上的集中，坚持党章规定的“四个服从”，特别是全党服从中央，坚决执行党的路线方针政策，反对“上有政策，下有对策”、分散主义等错误倾向。二是要进一步加强和改进党的基层组织建设。国有交通企业要充分发挥党组织的政治核心作用，坚持和完善厂长（经理）负责制，全心全意依靠工人阶级。各级党组织要用3年时间，在全体党员中有计划、有步骤地开展一次建设有中国特色社会主义理论和党章的学习活动。三是要进一步培养和选拔德才兼备的领导干部。要重点抓好现有领导干部素质的全面提高，各级领导干部特别是党政一把手，都必须严格要求自己，讲党性，顾大局，公道正派，廉洁勤政，艰苦奋斗，全心全意为人民服务，防止以权谋私、争权揽权及铺张浪费等不良思想作风。同时要重视培养选拔优秀年轻干部，经过三、五年的努力，在各级领导班子中充实一批30多岁、40多岁的优秀干部。部在今年一季度将召开组织工作会议，专门研究部署组织建设工作。还将组织几个调查组，深入到一些基层单位，就加强党的组织建设的3个重点问题进行调查，了解现状，找出问题，制定措施，狠抓落实。

（二）加强思想政治工作，搞好主旋律教育，保持交通职工队伍的稳定

在建立社会主义市场经济体制的新形势下，必须加强思想政治工作。一方面，要加强思想教育和思想政治工作研究，提高广大职工的认识，纠正不良思想倾向；另一方面，要关心职工疾苦，多为他们办一些实事，解决一些实际问题。只有这样，才能理顺情绪，化解矛盾，保持职工队伍政治上、思想上的稳定。

在教育方面，今年要着重抓好4项工作：一是要根据中央发布的《爱国主义教育实施纲要》的要求，抓好全系统职工的爱国主义教育。要加强爱国主义教育的制度建设和基地建设，制定教育活动规划，结合交通行业实际，开展形式多样的爱国主义教育活动。二是要加强职业道德教育。部已组织力量编写了新形势下进行职业道德教育的教材《交通职业道德》。各单位要以此为基本教材，培训骨干，组织广大职工认真学好。三是要继续深入开展学习包起帆和“华铜海”轮活动。要在继续抓好学习包起帆活动的同时，把学习“华铜海”活动提到重要位置。各单位要加强领导，制定学习规划，强化学习措施。各级交通部门要重视培养、树立自己的具有时代精神的先进典型。下半年召开全国交通系统学习包起帆和“华铜海”轮经验交流会。四是交通系统各级各类院校要全面贯彻落实《中共中央关于进一步加强和改进学校德育工作的若干意见》，培养德智体全面发展的合格人才。

（三）深入持久开展反腐败斗争，把治理“三乱”工作引向深入，为维护社会稳定作出应有贡献

今年的反腐倡廉工作，要按照中央和中纪委确定的原则、方针、基本任务、工作重点和措施意见，精心组织，狠抓落实。要坚决打好当前的攻坚战，在继续抓好领导干部廉洁自律的同时，特别要集中力量查处大案要案。要认真学习和贯彻《审计法》，强化审计监督，严肃财经纪律，促进廉政建设。

纠正行业不正之风、治理“三乱”是交通系统开展反腐败斗争的一项重要工作。要全面贯彻落实国务院通知和两部一委规定，坚持常抓不懈、综合治理、突出重点、标本兼治的方针，进一步加大工作力度。一是要继续整顿收费站（点），不符合国务院和两部一委规定的收费站（点）要一律撤销。要抓紧做好现有站（点）设置布局和规范征费稽查站（点）的工作。二是要大力宣传和推广“样板路”的经验。部在去年抓107国道“样板路”的基础上，再抓一条“样板路”，即北京至福州的104国道。各省市交通厅局也要抓好本省市“样板路”的建设，今年要组织各省对去年创建的“样板路”进行互检，在此基础上各省要再搞一条“样板路”。三是加强交通行政执法队伍建设，提高交通行政执法人员的素质，逐步推行交通行政执法资格考核认证制度。四是要落实责任制。按国务院通知的要求，治理公路上“三乱”的工作，由各省、自治区、直辖市人民政府组织实施，公安部、交通部、林业部会同监察部、财政部、国家计委监督执行。各级交通部门要在当地人民政府领导下，建立和落实纠风治乱工作责任制，坚决杜绝“三乱”现象的反复和回潮。

要继续抓好治安综合治理工作，贯彻落实中央和全国人大作出的关于社会治安综合治理的两个“决定”，加强交通港航治安管理，为交通改革和发展创造良好的治安环境，并为社会安定作出贡献。

同志们！今年全国交通工作任务艰巨繁重。交通系统各级领导要进一步改进领导方法和工作作风，发扬艰苦奋斗、求真务实的作风，坚决克服官僚主义、形式主义，深入基层，深入实际，团结和带领广大职工为完成各项任务而努力。

齐心协力　奋发图强
扎扎实实做好“九五”交通工作

——黄镇东部长在全国交通工作会议上的讲话

（1996年1月23日）

同志们：

这次全国交通工作会议的主要任务是：认真贯彻落实党的十四届五中全会和中央经济工作会议精神，回顾总结“八五”交通工作，研究部署“九五”及1996年工作任务，动员全国交通系统广大干部职工齐心协力、奋发图强、扎扎实实做好“九五”各项工作，力争交通事业的更大发展。

一、对“八五”全国交通工作的基本估价

“八五”是我们实施“三主一支持”交通发展规划的第一个5年。在这5年中，全国交通系统在党中央、国务院的领导下，以邓小平同志建设有中国特色社会主义理论和党的基本路线为指导，认真贯彻落实党的十四大精神和“抓住机遇、深化改革、扩大开放、促进发展、保持稳定”的指导方针，较好地完成了各项任务，使“八五”成为继“六五”、“七五”之后，交通事业取得重要成就的又一个5年。

（一）交通基础设施建设取得显著进展

5年来，我们集中力量相继完成了“三主一支持”交通发展规划中的一批主干工程，交通基础设施面貌大为改善。

公路建设，新增公路11.2万公里，是计划目标的124%。到1995年底，我国公路总里程达到114万公里。特别是高等级公路发展迅速。5年中，一级、二级汽车专用公路增加7 300多公里，高速公路增加1 619公里（到1995年底高速公路达2 141公里）。新增桥梁2.35万座、90万延米。新增县乡公路7.9万公里，实现了县县通公路的目标，通公路的乡镇、行政村分别达到98%和80%，对农村经济的发展起到了积极的推动作用。大中城市出入口公路和过境公路继续得到改善，口岸公路、陆岛公路、国防交通建设得到加强。

沿海主要港口，建成泊位283个，其中万吨级以上深水泊位100个，中级泊位51个，新增吞吐能力1.2亿多吨。其中集装箱专用泊位14个，新增集装箱吞吐能力100多万标准箱；建成煤炭专用泊位11个，新增装船能力1 500多万吨，卸船能力1 300多万吨。到1995年底，沿海主要港口深水泊位达到412个。一批重点港口建设项目的建成投产，缓解了我国港口能力紧张的状况。

内河建设，改善航道4 200多公里，新建、改建内河港口码头泊位92个，其中千吨级以上泊位42个，新增吞吐能力2 400多万吨，比“七五”多增加800余万吨。长江干线建

成客运站14个，新增客运泊位15个，初步改变了长江沿线客运设施的落后面貌。到1995年底，我国内河通航里程达到11.1万公里，其中300～500吨级航道11 000公里，1 000吨级航道5 800公里，内河主要港口码头泊位达到4 500多个。

交通扶贫，包括公路、航道建设和教育扶贫、科技扶贫等，都取得了新的成绩。5年中，投入交通扶贫建设资金62.75亿元，为贫困地区新改建公路1.33万公里，新建桥梁、隧道160座、2.8万延米，整治航道139公里，受益面达30个省、市、自治区；同时，加大了对民族地区特别是藏区交通建设的投资力度，新改建公路6 895公里，新建桥梁、隧道12座、2 000多延米，对促进民族团结、维护稳定大局发挥了重要作用；部和各地交通部门开展了多层次、多形式的教育扶贫工作，共投入资金1亿多元，为贫困地区培养专业技术人员3.2万人；各级交通部门还根据统一安排，开展定点扶贫，帮助贫困地区脱贫致富。

交通支持保障系统中的安监、救捞、通信、教育、科研、信息、消防等基础设施建设得到加强。建成上海水上交管（一期）工程、长江南京—浏河口航段交管系统，配套建成大连港大窑湾、天津港东突堤、广州港新沙和青岛港二期交管站，新建、改建了一批航标设施；建成北京海事卫星地面站和交通一级卫星通信网；建成天津、汕头、广州等救助码头；重点投资装备了10个交通主干专业实验室，建造万吨级实习船2艘；公路综合试验场一期工程等一批科研项目竣工。船舶检验实现了与国际质量标准接轨，并开始检验首批入CCS级的集装箱，结束了多年来我国作为产箱大国而只能代理外国船级社检验集装箱的历史，这对于巩固我国在国际海事界的大国地位，促进相关产业的发展具有重要意义。

（二）公路、水运在国民经济中的作用明显增强

“八五”期间，公路、水路运输能力迅速增长。全国民用运输车辆由1 476万辆增加到3 000多万辆，5年间翻了一番。其中汽车保有量由551万辆增加到1 100多万辆，营业性汽车增加了75%左右。民用运输船舶达到36万艘、5 000多万载重吨，5年间载重吨位增加了25%。车船运力的技术状况明显改善，运输效益得到提高。专用车辆发展较快，车型结构由单一的普通车辆逐步向多档次、多规格的方向发展。船舶平均吨位有较大的提高，江海直达船、专用船舶不断增加。从事国际航运的船舶运力达到2 200万载重吨，集装箱船队跻身世界四强之列。在国际海事组织第19届大会上，我国以最高票数当选为A类理事国。

公路、水路客货运量在综合运输体系中所占的比重进一步提高。“八五”末，全国公路客运量占各种运输方式的总运量从1990年的83.9%上升到1995年的88%，旅客周转量从1990年的46.6%上升到1995年的50.5%，公路货运量从1990年的74.6%上升到1995年的76.6%，货物周转量从1990年的12.8%上升到1995年的13.6%；水运客运量从1990年的3.5%下降到1995年的2.2%，旅客周转量从1990年的2.9%下降到1995年的1.9%，货运量从1990年的8%上升到1995年的9%，货物周转量从1990年的44.2%上升到1995年的48.8%。运输结构的这一变化，说明我国交通运输开始进入5种运输方式各展其长、优势互补、协调发展的综合运输体系阶段。

“八五”期间，江海主要港口完成吞吐量平均以8%的速度递增，“八五”末，沿海、内河主要港口吞吐量达到10.8亿吨，比“七五”末增加3.67亿吨。全国港口国际集装箱吞吐量平均以30%的速度递增，“八五”末达到610多万箱，比“七五”末增长了2.8倍。

“一支三保”运输取得很大成绩。5年间，水运交通部门运输化肥、农药、粮食、棉花2.13亿吨，全国已有94%的乡镇和73%的乡村开通了班车，较好地完成了春节运输和民工疏运任务。煤炭水运量完成7.6亿吨，江海主要港口完成煤炭发运量7.8亿吨，石油水运量完成4亿吨，江海主要港口外贸吞吐量完成12.9亿吨。此外，我国与周边国家的汽车出入境运输、内地与港澳地区间的汽车运输也发展很快。

水上交通安全形势进一步好转。“八五”期间，我们认真贯彻“安全第一、预防为主”的方针，坚持全面治理、狠抓基础、突出重点、强化管理，在船队规模迅速扩大的情况下，水上交通事故件数、沉船艘数、死亡人数分别比“七五”下降51.1%、47.3%和49.9%。特别是乡镇运输船舶事故明显下降。救助打捞工作、交通港航治安秩序管理也得到加强。

（三）交通改革开放有了进一步发展

“八五”期间，积极推进了交通各项改革，向建立社会主义市场经济体制的方向转轨。以转换经营机制为重点，继续深化交通企业改革，贯彻落实《全民所有制工业企业转换经营机制条例》和部实施办法，加大政企分开的力度，交通企业的经营自主权进一步得到落实，市场主体地位逐步增强。推进大型交通企业向集团化发展。48家交通企业开展了建立现代企业制度的试点工作。部分交通企业进行了股份制试点，有的在境内外上市成功。按照产业政策引导企业调整经营战略，发展多元化经营，效果较好。企业内部配套改革和各项管理工作也取得新的进展。同时，在交通企业推行了《企业会计准则》、《企业财务通则》和新的财会制度。经过全面深入的调查研究，提出了关于深化水运管理体制改革的方案。海南和深圳水监体制改革已率先完成。

加强了交通运输市场的培育。扩大了交通运输的市场调节范围，推进了货运交易市场的建设。进一步理顺了公路、水路运价，除部分运输执行国家指导价外，其他运价基本放开，以市场价格为主的运价机制、竞争机制正在逐步形成。货运配载中心、信息中心、联托运站、货物仓储等货运代理组织发展较快。引导专业运输企业汽车站场对社会开放，并兴建了一批集运输、维修、商贸等多种功能为一体的运输交易市场。在放开市场的同时，加强了宏观调控。完善了招标投标和工程监理制度，推行了交通建设项目法人负责制，加强了对勘察设计单位、施工企业的资质管理和交通建设项目的审计监督。

交通对外开放不断扩大。“八五”期间，通过各种形式利用外国政府贷款及国际金融组织贷款34亿美元。吸收外商投资合办交通运输企业，经部批准立项的中外合资合作运输企业590多家，其中公路520多家，水运60多家。交通运输国际合作进一步加强，5年间我国与周边国家签订双边、多边汽车运输协定10个、内河运输协定3个，与有关国家签订海运协定46个。经全国人大常委会和国务院批准，我国加入了有关船舶碰撞、救助、便利运输等国际公约。积极参加了“乌拉圭回合”服务贸易谈判，维护了国家利益。还利用各种渠道，与30多个国家和地区开展了智力、技术交流。对外承包工程、劳务输出也有了较大发展。

（四）交通行业管理继续得到加强

按照中央、国务院的部署，政府交通部门进行了机构改革和职能转变的工作，进一步理顺了与其他部门的职责分工。特别是对长期以来矛盾较多的汽车维修市场、车辆综合性能检测、客运线路审批和班次安排、公路标志标线的设置和管理、驾驶学校和驾驶员培训等明确由交通部门负责行业管理。

加强了交通法制工作。5年来，完成了公路、水路交通法规体系研究，全国人大常委会、国务院、交通部分别制定颁布交通法律、行政法规、规章共178件。《海商法》的公布和实施，标志着我国交通法制建设向前迈进了一大步。各地方人大和政府也制定了一批地方性交通法规、规章。加强了交通行政执法和执法监督，建立健全了交通系统行政复议制度，受理了大量的交通行政复议案件。全面完成了交通系统“二五”普法工作。

编制、修订了一批交通技术标准和规范。到1995年底，已批准发布国家、行业规范和标准、定额600多个，基本形成了较为完整的标准、定额体系，有6项标准、规范获部科技进步奖，部分标准的技术水平已居世界前列。

积极开展了交通审计工作和财税大检查。5年来，共完成审计项目7.33万项，查出各种违纪违规金额29.2亿元，促进增收节支6亿多元。在财税大检查中，部属单位累计查出各种违纪金额6 473万元。这对严肃财经纪律，加强管理，提高效益，发挥了重要作用。

（五）交通科技教育获得可喜成绩

“八五”期间，狠抓了国家科技项目的组织实施工作，同时组织实施了部行业联合科技攻关计划，把对公路、水运发展具有全局性、关键性意义的重大科技项目作为重点，取得了大批的科技成果，有的已得到推广应用，效益很好。交通软科学研究也取得了进展。5年中，由省、部级组织鉴定的科技成果年均达500项左右，获部科技进步奖295项，获国家奖励26项，为加快交通事业发展提供了一批先进适用的成套技术和装备。目前，我国公路科技总体上已达到发达国家80年代的技术水平，部分技术接近或达到当代世界先进水平；水运科技总体水平已达到发达国家70年代中后期技术水平，远洋运输、部分外贸港口已接近世界先进水平。涌现了一批国家有突出贡献的中青年专家和交通系统青年科技英才，3位老专家当选为中国工程院院士。

“八五”期间，全国交通系统用于交通教育的经费达40多亿元，大约是“七五”的3.5倍，办学条件大为改善，办学规模有了较大发展。“八五”末，交通各类院校在校生21.4万人，比“七五”末增长55%。“八五”期间，交通院校培养研究生971人，普通本、专科毕业生3.68万人（比“七五”增长49.8%），中专毕业生5.45万人（增长14.6%），技校毕业生9.22万人（增长72.5%）。多种形式的交通成人、职业技术教育和岗位业务培训取得较好成绩。教师队伍结构有了明显改善，专业水平有了较大提高。一批优秀教学成果、学校获得国家级奖励，一批交通中专、技工学校被评为省部级或国家级重点学校。交通系统学校规范化建设取得成效。经国家教委同意，大连海事大学、西安公路交通大学列为“211工程”建设预审学校，并已通过部门专家预审。

（六）交通行业精神文明建设迈出新的步伐

“八五”期间，全国交通系统坚持“两手抓，两手都要硬”和“精神文明重在建设”的方针，以职工队伍和行业风气为重点，切实加强精神文明建设。重点抓了学习邓小平同志建设有中国特色社会主义理论和党的基本路线教育、基本国情教育。在全国交通系统相继开展了学习杨怀远“为人民服务到白头”的“小扁担”精神、“学雷锋、学严力宾、树行业新风”的“两学一树”活动和学包起帆、学“华铜海”轮、学青岛港“三学”活动。涌现出全国交通系统两个文明建设先进单位83个，先进集体73个，全国和部级劳动模范、先进工作者787人，“五一劳动奖章”获得者222人，巾帼建功先进个人88人、先进集体49个，见义勇为先进个人144名。全国海员工会、全国公路运输工会、全国交通职工思想政治工作研究会以及基层党团组织为交通行业两个文明建设做了大量的富有成效的工作。

同时，加强了各级领导班子和干部队伍建设，大力培养选拔优秀年轻干部。强化了党的纪律检查和行政监察工作。各级领导干部按照中纪委两个“五条规定”和“两不准”的要求，开展廉洁自律自查自纠，取得较好效果。查办案件工作有了大的进展，共查处违纪违法案件7 178件，特别是突破了一批大案要案，共挽回直接经济损失1.2亿元。

以治理公路“三乱”为重点，纠正行业不正之风，取得明显成效。各级交通部门按照党中央、国务院的部署和规定，切实加强领导，对全国公路收费站点进行了普查和抽样调查，撤销了一批非法设立的收费站点；组织了国道万里行活动，进行明察暗访和监督检查；对107、104国道样板路和寿光至北京的蔬菜运输“绿色通道”等路段进行了重点检查，对顶风搞“三乱”的典型公开曝光，严肃处理。通过采取这一系列措施，治理“三乱”工作取得了明显成效，使一度十分严重的公路“三乱”现象有所遏制，全国公路初步畅通。

1995年是“八五”的最后一年。在这一年里，全国交通系统广大干部职工团结奋斗，努力工作，较好地完成了生产建设和各项工作任务。在运输生产方面，全社会公路、水路客运量和旅客周转量分别完成106.6亿人次和4 907亿人公里；货运量和货物周转量分别完成106.5亿吨和22 459亿吨公里。在基础设施建设方面，全国新增公路2.2万公里，其中高等级公路2 532公里，建成港口泊位54个，其中深水泊位15个，新增吞吐能力1 967万吨。特别值得一提的是，继1993年6月召开全国公路建设工作会议之后，去年10月又召开了全国内河航运建设工作会议，提出了我国内河航运建设发展规划和政策措施，这对建设内河水运主通道，振兴我国内河航运事业将产生重大影响。去年还对今后一个时期的交通发展、科技教育、市场培育、行业管理、企业改革、安全监督、救助打捞、公路养护、交通扶贫和行业精神文明建设等各项工作，分别进行了认真研究和部署。

总起来说，“八五”是全国交通系统广大干部职工团结奋斗的5年、开拓进取的5年、成绩突出的5年。成就的取得，是在党中央、国务院领导下，各地人民政府重视和广大群众支持的结果，是全国交通系统凝聚力进一步增强、全体干部职工共同努力的结果。我代表交通部，向各地人民政府表示衷心的感谢！向全国交通系统广大干部职工表示崇高的敬意和亲切的慰问！

通过“八五”交通工作的实践，我们得到以下5条体会。

——必须牢牢把握“抓住机遇、深化改革、扩大开放、促进发展、保持稳定”的大局，正确处理改革、发展、稳定的关系。这是我国改革开放和现代化建设历史经验的科学总结，也是振兴我国交通事业的根本经验。交通行业必须抓住机遇，加快发展，发展是硬道理；交通行业必须深化改革，扩大开放，改革开放是发展交通的动力；交通改革与发展既有赖于稳定的社会环境，也要为社会稳定作出贡献。正确处理好改革、发展、稳定三者关系，是我们必须长期坚持的指导方针，三者关系处理得当，就能总揽全局，推进交通事业的不断发展。

——必须有一个好机制、好政策、好规划。好机制就是要紧紧依靠各级政府的领导和支持，充分调动各方面办交通的积极性；好政策就是要把交通放在应有的位置，切实采取倾斜政策和优惠措施给予扶持；好规划就是要根据全国和区域经济发展的要求，做好交通发展的总体规划和合理布局。“统筹规划、条块结合、分层负责、联合建设”，是加快交通发展必须坚持的一条正确方针。

——必须在发挥市场机制对资源配置的基础性作用的同时，大力加强交通运输宏观调控和行业管理。在计划经济向市场经济转轨，培育和建立交通运输市场过程中，放开搞活运输市场，防止和克服地区封锁、部门分割，允许各种运输力量开展竞争，优胜劣汰，这对提高交通运输经济效益和技术进步是十分必要的。同时，为了减少市场经济的自发性和盲目性，还必须综合运用经济手段、法律手段和必要的行政手段，加强对运输市场的宏观调控和行业管理，鼓励保护依法经营和平等竞争，打击、取缔非法经营和不正当竞争。这样，才能逐步建立起统一、开放、竞争、有序的交通运输市场。

——必须依靠科技进步和提高劳动者素质。科学技术是第一生产力，只有加快科技进步，交通运输经济才能由粗放型向集约型转变；人才是科学技术的载体，抓好科学技术第一生产力，很大程度上取决于交通教育的发展和人才的培养。不断推进交通科技进步，加快人才培养，提高劳动者素质，是实现交通运输现代化的关键。

——必须坚持“两手抓，两手都要硬”的方针。在推进物质文明建设的同时，要大力加强精神文明建设，努力造就一支有理想、有道德、有文化、有纪律的职工队伍。精神文明既是我们的重要目标，也是交通改革和发展的重要保证。两个文明要互相促进，共同进步。

同志们！我们在肯定“八五”成绩的同时，也要清楚地看到，交通工作中还有许多不足，交通发展中还存在不少困难和问题。主要是：交通运输至今仍然是国民经济的薄弱环节和重要制约因素，尤其是内河航运更为滞后；交通运输市场的发育程度不高，市场行为不规范；交通企业困难较多，管理落后，缺乏活力和竞争力；交通管理体制没有完全理顺，在一些方面还影响着运输生产力的发展；交通法制建设不适应要求，一些重要的法律法规至今尚未出台，现有交通法规层次较低，力度不够，影响和制约着对交通行业的有效管理；水上交通和公路运输企业的安全形势还不够稳定，重大事故时有发生；行业文明程度不高，“三乱”现象尚未得到彻底治理；特别是在实行两个根本性转变和职工队伍素质等方面存在着一些深层次问题。这些困难和问题，必须引起我们的高度重视，采取积极措施努力加以解决。

二、“九五”交通工作的主要任务

“九五”是承前启后、继往开来、迈向21世纪的重要时期。在这一时期，我们国家既有不可多得的历史机遇，也面临着严峻挑战。从国际形势看，和平与发展是当今世界的主题，我国仍有可能集中力量进行经济建设。从国内形势看，国民经济仍将继续保持持续、快速、健康发展的态势，我国将全面完成现代化建设的第二步战略目标，初步建立社会主义市场经济体制，为下世纪初实施第三步战略部署奠定坚实基础。在党的十四届五中全会通过的《建议》中，将交通继续列为经济建设的重点之一，要求在今后15年内取得明显进展，到2010年，使我国交通运输与国民经济发展相适应。这对我们既是鼓舞也是鞭策。我们必须站在国民经济发展全局和交通事业以什么样的姿态进入21世纪的战略高度，增强历史责任感和时代紧迫感，努力开创交通工作新局面。

“九五”期间交通工作的指导思想是：以邓小平同志建设有中国特色社会主义理论和党的基本路线为指针，继续围绕“抓住机遇、深化改革、扩大开放、促进发展、保持稳定”的工作大局，加大交通改革的力度，加快交通运输生产力的发展，实行两个具有全局意义的根本性转变，集中力量办好几件大事，实现两个文明共同进步，为国民经济持续、快速、健康发展和维护社会稳定作出新的贡献。

做好“九五”期间的交通工作，关键是实行两个具有全局意义的根本性转变，一是经济体制从传统的计划经济体制向社会主义市场经济体制转变，二是经济增长方式从粗放型向集约型转变。这是中央在全面分析我国经济和社会发展状况及其客观趋势基础上作出的重大决策，是我们经济工作的重要指导思想，是国民经济持续、快速、健康发展的重要保证，也是我国现代化建设进入新阶段的必然要求和根本性任务。转变经济体制，对于交通行业来说，就是要按照中央关于建立社会主义市场经济体制的总体部署，理顺交通各方面的管理体制，深化交通企业改革，培育和发展交通运输市场，建立符合市场经济规律的宏观调控体系，为交通事业的更快更好发展奠定经济体制基础。转变经济增长方式，对于交通行业来说，就是要在加快交通发展过程中，着力改变传统的增长方式，提高交通运输经济的质量，走出一条既有较高速度又有较好效益的交通运输发展新路子。交通运输作为国民经济的基础产业，目前仍然是薄弱环节和“瓶颈”制约因素，需要加快发展，这是硬道理。但在加快发展时，不能仅仅依靠外延扩张，必须高度重视质量和效益，注意防止和克服重速度轻效益、重建设轻养护、重生产轻安全、重经营轻管理、重创收轻服务、重开源轻节流、重外延轻内涵等倾向。实行第一个转变，实质是“体制转轨”，是进行生产关系方面的改革；实行第二个转变，实质是“增长转型”，是对生产力发展途径和发展方式进行重大调整。两个转变相互关联，相互促进。我们必须把两个转变摆在交通工作的突出位置，切实贯彻到“九五”各项工作中去。可以说，“九五”交通工作做得好不好，“九五”奋斗目标能不能实现，关键的一条就是看我们交通行业的各级领导对实行两个根本性转变的落实程度。

根据上述指导思想，“九五”期间交通工作的主要任务是：抓好6件大事，实现6大奋斗目标。

（一）狠抓“交通基础设施建设工程”，实现交通基础设施建设上新台阶目标，使交通运输的紧张状况有明显缓解，对国民经济的制约状况有明显改善

“九五”期间，我们要抓好两大工程，一是“交通基础设施建设工程”，二是“交通人才工程”。“交通基础设施建设工程”主要是建设公路主骨架中的“两纵两横三条线”，建设内河水运主通道中的“一纵两横两网”，建设上海国际航运中心的基础设施，建设港站主枢纽和交通支持保障系统。

具体地说，公路方面，重点建设“两纵两横三条线”，形成几条通过能力大、规模效益好的南北向、东西向的公路运输大通道；建设其他国道主干线和对区域经济至关重要的其他公路以及重要国边防公路，加强中西部地区、贫困地区的公路建设。“九五”期间预计新增公路里程11万公里，其中高速公路6 500公里，一、二级汽车专用公路3 500公里。沿海港口，重点建设能源、集装箱、主要原材料装卸泊位；以上海为中心，浙江、江苏为两翼的格

局，进行港口组合，形成和完善上海国际航运中心；建设部分陆岛运输的客货码头及配套设施。“九五”期间预计新增中级以上泊位200多个，新增吞吐能力3亿吨以上。内河航运，按通航1 000吨级（部分航段通航500吨级）船舶标准，以提高航道等级为重点（长江干线港口、航道并重），集中力量建设“一纵两横两网”，形成长江干流、西江干流、京杭运河（济宁至杭州）水运主通道和长江三角洲江南航道网、珠江三角洲航道网基本贯通的格局。预计改善航道里程2 400公里，建设内河港口泊位160个，新增吞吐能力4 200万吨。支持保障系统，重点建设“两口、两峡、两水道”及长江重点桥区的交管系统，建成全球海上遇险和安全系统，建设交通通信信息工程，建设公路、水运工程、船舶运输3个科研中心和两所大学的“211工程”项目。运输装备方面，重点发展集装箱船、散货船、高速客船、江海直达船和适应不同江河特点的分节驳船队，使船型系统化、标准化，重点发展中高档客车和大吨位专业运输车，调整车船结构，提高技术装备水平。

完成“九五”期间的交通基础设施建设任务，需要采取有效的政策措施：一是要坚定不移地贯彻落实“统筹规划、条块结合、分层负责、联合建设”的方针，坚持和完善公路建设的好政策、好机制、好经验。水运建设要借鉴公路建设的经验，在更大的范围内发挥这些方针、政策、机制的作用。要加强对建设项目特别是港口建设项目的宏观调控，防止和避免重复建设。二是要进一步广开筹资渠道，加大投入力度。完善“国家投资、地方筹资、社会集资、利用外资”的投资体制，研究深化交通投资体制改革，并在争取国家和地方政府优惠政策方面取得新的进展；加强各项交通规费的征收、管理和审计监督，把有限的资金用在建设上；扩大利用外资规模，弥补国内建设资金不足；更好地发挥市场机制的作用，探索筹集建设资金、有偿使用、滚动发展的新路子。三是切实加强建设前期工作。今明两年开工项目的前期工作，要查漏补缺，认真完善；“九五”后3年开工的项目，今年年底前要完成各项前期工作。对下世纪初的工程项目，要及早安排，提前论证，滚动进行，有所储备。四是顾全大局，集中力量，保证重点。要集中必要的人力、物力、财力，确保对国民经济全局和交通战略布局有重大影响的项目建设，充分发挥高等级公路和水运主通道联网的规模效益。五是提高工程质量，控制工程造价。要正确处理速度与效益、速度与质量的关系，以效益、质量为前提。近年来，工程造价持续上升，严重影响了交通基础设施建设投资效益，而且在社会上造成一些不良影响。要通过加强前期工作和项目管理、规范招投标活动、强化施工监理、严格验收等多种办法，将工程成本增长过快的势头降下来，做到投入少、产出多、质量高、效益好。六是把新建与改造挖潜结合起来，加强对现有公路、水运设施的养护维修，提高技术水平和使用效能。

（二）初步建立起统一、开放、竞争、有序的交通运输市场，为国民经济提供安全、优质、及时的运输保障

“九五”时期的运输需求旺盛，全社会公路、水路客货运量将高于“八五”期间增长幅度，其中公路客货运量还将高于同期国民生产总值增长幅度。要贯彻把农业摆在首位的国策，切实把支农运输安排好。继续贯彻“一支三保”方针，采取有力措施，优先安排粮食、化肥、农药等农产品和农用物资运输，为加强农业和发展农村经济作出贡献。同时，要抓好能源、原材料、外贸进出口、防汛抢险救灾等重点物资运输和客运工作。

要继续坚持“安全第一、预防为主”的方针，建立“企业负责、行业管理、国家监察、群众监督”的安全生产宏观机制，实现安全形势的基本稳定。水上交通安全工作要全面贯彻落实《水上交通安全工作纲要》，重点加强长江等内河安全管理。国际航运企业要全面做好《国际安全管理规则》实施工作。公路运输企业要以客运安全为重点，抓好实施运输车辆强制维护制度等各项安全工作。要推行 ISO 9000 系列标准，提高运输质量和服务水平。要按照国家环保政策，认真做好交通环保工作。

“九五”期间，要积极培育和发展交通运输市场。一是加快运输交易市场建设。水运市场方面，首先建成上海、天津、武汉、大连 4 个货运交易市场；在此基础上，建设东北以大连为中心、华北以天津为中心、华东以上海为中心、华南以广州为中心、华中以武汉为中心、全国以北京为中心的全国性交易市场网络。道路运输市场方面，首先建成若干个具有一定规模的区域性交易市场；在此基础上，建设若干个区域联网和全国性的道路客货运输市场网络。二是发挥市场机制作用，推进运价改革。要在保持运价总水平相对稳定的前提下，合理确定国家调控的价格范围，统一运价政策，稳步放开竞争性运输和运输服务业的价格，逐步形成主要由市场决定价格的机制。要建立运价监管制度，制止价格欺诈和价格垄断行为。三是进一步打破各种形式的地方保护主义和部门保护主义。凡是符合市场发展规划和准入条件的运输经营者经批准都可进入市场依法经营。要引导和鼓励广大经营者在质量、价格、技术、服务水平方面开展正当、公平竞争，在满足社会需求的同时，不断提高经营者的综合素质和效益。要防止和纠正不正当竞争行为。四是充分发挥市场中介组织的作用。运输市场中介组织要明确和规范职责，真正起到服务、沟通、公正、监督的作用。运输市场中介组织要依法通过资格认定，并接受交通主管部门的监督和管理。五是进一步扩大交通运输领域的对外开放。根据我国交通运输市场需求情况，依据国家法律法规规定，在有利于引进交通发展资金、先进技术设备和科学经营管理方式的条件下，适度发展中外合资、合作公路、水路运输企业；继续鼓励有条件的企业参与国际市场竞争，扩大海员及其他交通专业人员的劳务输出；进一步发展出入境运输；加强国际合作与交流；认真研究港澳回归、两岸直航的新情况、新问题；做好加入世界贸易组织的准备工作。

（三）进一步转换交通企业经营机制，国有大中型交通企业基本建立起现代企业制度

实行两个转变，企业是重点。“九五”期间，要坚决贯彻落实江泽民总书记去年 5、6 月份在上海、长春召开的企业座谈会上的讲话精神，坚定信心，明确任务，积极推进国有企业改革。交通企业要按照国有企业改革与改组、改造和加强管理结合起来的要求，初步建立起与社会主义市场经济体制相适应的经营机制和现代企业制度，提高国有交通企业的整体素质。重点解决政企分开、加强国有资产管理与监督、社会保障体系、企业负担过重 4 个问题。结合交通实际，具体说：一是转换国有交通企业经营机制，建立现代企业制度。按照“产权清晰、权责明确、政企分开、管理科学”的原则，2/3 以上的国有大中型交通骨干企业要按照《公司法》改制为规范的有限责任公司或股份有限公司，建立法人财产制度、有限责任制度和科学的企业内部领导体系与组织制度，完成企业制度创新和经营机制转换两大任务。逐步建立职工养老和失业、待业社会保障制度，创造条件分流企业富余人员，减轻企

业办社会负担。二是抓好大的，放活小的。通过交通企业较大范围的资产重组和结构优化，形成若干个全国性、地区性的大公司、大集团，充分发挥其在交通行业中的骨干和“排头兵”作用，提高规模经济效益。要通过改组、联合、兼并、股份制、承包、租赁等多种形式，使众多国有小型交通企业找到适合自身发展的组织形式和管理模式，提高素质和效益。企业要发展多元经营，建立新的经济增长点，增强在市场中的应变能力。要多渠道增加国有交通企业资本金，调整资产负债结构，把过高的负债率降下来。三是加强企业管理。要学习青岛港，苦练内功。继续深入开展“转机制、抓管理、练内功、增效益”活动，在市场、质量、效益上下功夫；以提高效益为中心，充分发挥财务会计在促进两个转变中的作用，着重抓好安全、质量、现场、设备、资金、成本等各个环节的管理工作；要建立健全内部审计制度，加强审计监督，防止国有资产流失；加大企业技术改造力度，走以内涵发展为主的路子；强化以人为本的管理，提高干部队伍素质，全心全意依靠工人阶级，充分发挥广大职工的积极性和创造性。四是各级交通部门要进一步实行政企分开。政府交通部门对企业要“不干预、多支持、办实事”，同时做好必要的引导和监督工作。

（四）全面实施科教兴交战略，抓好“交通人才工程”，使交通事业的发展转移到依靠科技进步和提高劳动者素质的轨道上来

实施科教兴交战略，就是要在全国交通系统全面落实“科学技术是第一生产力”的思想，增强科技实力和向现实生产力转化的能力，坚持教育为本，提高交通职工队伍的科学文化素质，培养大批优秀的科技人才和管理人才，推进交通运输现代化建设。

“九五”期间，交通科技工作要认真组织实施《公路、水运科技发展“九五”计划和到2010年长远规划》，围绕“三主一支持”建设，实现科技进步对交通增长的贡献率在现有基础上提高到50%左右、交通科技水平接近发达国家90年代初水平的目标。一要集中力量解决交通发展中的重大和关键技术，重点解决国道主干线系统、沿海和长江“T”型主通道建设与管理的15个重大和关键技术问题，积极推进行业联合攻关，使交通全行业的技术水平和技术构成有一个较大幅度的提高和新的突破。二要加速科技成果商品化、产业化进程，重点建设船舶运输控制系统、公路系统和港口工艺系统3个高新技术工程研究中心和相应的产业化基地，继续完善和发展示范性推广和推荐性推广两种政府主导型的推广应用工作，使交通科技成果能尽快转化为现实生产力。三要充分利用现代化通信和计算机技术，促进交通技术市场和信息市场的发展，最终建成交通科技信息网。四要按照“稳住一头，放开一片”方针，深化交通科技体制改革，优化科研组织机构，合理分流人才，加快公路、水运工程、船舶运输3个科研中心的建设步伐。五要促进交通企业技术进步，使企业逐步成为技术开发和科技成果推广应用的主体，并通过产学研一体化形式，加强科研院所与企业、高等院校间的联合与合作。六要加强软科学研究，为各级领导决策提供科学依据。七要增加科技投入，改善科研条件，加强科研队伍建设。

“九五”期间，“交通人才工程”的目标是：各级各类交通专业人才的培养数量要基本满足交通发展的需要，到2000年基本改变高级专业技术人员年龄老化、中青年骨干人才不足、新一代学术和技术带头人缺乏的状况，交通职工队伍的素质有明显提高。为此，交通各级各类教育要协调发展，交通教育的质量和效益在整体上要达到全国行业办学的先进水平，

初步建立起结构合理、形式多样、优质高效的面向21世纪的交通教育体系。一是交通高等教育要稳定办学规模，努力提高办学质量和效益，积极探索和实践适应社会主义市场经济体制的自我发展的办学机制；二是交通职业技术教育要着重抓好一批国家级重点和交通系统规范化普通中专、技工学校的建设，建设好一批部级重点专业点；三是交通成人教育要初步建立起规范化的岗位培训和继续教育体系，重点开展航海、路桥工程中高级技术人员的继续教育；四是继续支持大连海事大学和西安公路交通大学进入国家“211工程”的建设工作；五是改善教职工生活、教学条件，加快教职工住宅和实验室建设；六是继续做好交通教育扶贫工作，为贫困地区培养交通专业人才。

（五）加快交通法制建设步伐，理顺交通行业管理体制

一是各级交通主管部门要进一步转变职能。要把重点转到制定和执行宏观调控政策，研究交通发展战略，抓好基础设施建设，规划和引导运输生产力合理布局，促进运输结构优化，为交通发展创造良好环境上来，把不应由政府行使的职能逐步转给企业、市场和社会中介组织，把交通管理工作从繁琐的事务中解脱出来。要加强公务员队伍建设，提高工作效率和管理效能。

二是加快交通法制建设步伐，建立较为完整的交通法规体系。要抓紧制定一批培育和发展交通运输市场、加快交通基础设施建设、规范政府交通主管部门宏观调控行为等交通改革和发展急需的法律、法规、规章。要抓紧制定、出台《公路法》、《港口法》、《航道法》、《道路运输法》、《水路运输法》、《船舶法》、《船员法》等交通龙头法。要认真开展交通法制宣传教育工作，全面提高交通系统广大干部职工的法律意识。要进一步加强交通行政执法和执法监督工作，搞好交通行政执法人员的岗位培训，提高执法队伍素质，严格依法行政。

三是深化管理体制改革，理顺管理关系。重点抓好水运管理体制改革。对公路管理体制方面的问题也要进行调查研究和必要的改革。各地交通主管部门要结合地方机构改革，积极争取当地政府的支持，主动与有关部门协商，逐步理顺汽车检测站、出租车客运、营业性汽车停车场、通航水域和岸线、高等级公路交通管理等方面的多头管理问题。要按照《汽车驾驶员培训行业管理办法》，加强汽车驾驶员培训的行业管理。

（六）加强思想政治工作，搞好“两班建设”，实现“两个提高”，使交通行业精神文明建设达到新水平

要把物质文明和精神文明作为统一的奋斗目标，各级领导特别是第一把手要坚持“两手抓，两手都要硬”。“九五”期间，要坚持不懈地用邓小平同志建设有中国特色社会主义理论武装全国交通系统广大干部职工；坚持不懈地加强艰苦奋斗的优良传统教育和职业道德、经济伦理的教育，倡导敬业创业精神；坚持不懈地加强爱国主义、集体主义、社会主义思想教育，树立正确的世界观、人生观、价值观；坚持不懈地开展群众性精神文明建设活动。把学习包起帆、“华铜海”轮、青岛港的“三学”活动作为全国交通行业两个文明建设的重要内容和任务，搞好“两班建设”（领导班子和基层班组建设），实现“两个提高”（提高交通职工队伍素质、提高交通行业文明程度）。交通企业要认真贯彻中宣部、国家经贸委制定的《关于加强和改进企业思想政治工作的若干意见》，全面加强企业思想政治工作。要

制定精神文明建设规划，并提供必要的物质保障。各单位党政工团要一起动手，共同搞好精神文明建设。

要按照中纪委的要求，进一步加强党风廉政建设，深入持久地开展反腐败斗争。领导干部要认真学习和落实江泽民总书记关于“领导干部一定要讲政治”的重要指示，以身作则，廉洁自律。要严肃查处违纪违法案件，惩治腐败分子，建立健全防范干部滥用职权的监督机制。坚决纠正行业不正之风，加大治理公路“三乱”力度，突出重点、综合治理、标本兼治、在治本上下工夫，防止“三乱”现象的反复和回潮。

要加强交通公安保卫工作，深入开展治安综合治理，切实维护好交通港航治安稳定，为交通改革和发展提供良好的治安环境。

三、1996年工作安排

今年是“九五”计划的第一年。做好今年的工作，为今后的5年开好头，起好步，打好基础，对巩固和发展“八五”的成果，保持交通行业两个文明建设的良好势头，顺利完成“九五”的各项任务，具有重要意义。

（一）抓好运输生产和安全工作

1996年全社会公路、水路客运量预计分别为109亿人次和2.6亿人次，与上年相比分别增长5.2%和1.2%；旅客周转量预计分别为4 900亿人公里和182亿人公里，分别增长4.7%和1.1%。全社会公路、水路货运量预计分别为99亿吨和12.6亿吨，分别增长4.2%和9.6%；货物周转量预计分别为4 900亿吨公里和17 000亿吨公里，略有增长或持平。沿海主要港口吞吐量7.5亿吨，增长2.7%。在今年的运输生产中，一定要保证粮食、化肥和煤炭、石油、矿石等关系国计民生的重点物资运输，保证外贸物资运输，特别是抓好进口粮食的接卸工作。认真贯彻落实国务院领导同志的指示，积极认真地与上海、江苏、浙江配合，立足现有条件，形成上海国际航运中心。抓好国际班轮运输的组织、调控、监督和检查，贯彻执行《货规》、《管规》和《客规》，加强路、港、船、货的协调。当前，要集中精力抓好春运和民工疏运工作，提高客运服务质量。

全国交通系统要继续贯彻既定的安全工作方针，坚决防止重大恶性事故的发生。今年要重点抓好：建立水运企业安全管理新机制和实施《国际安全管理规则》的试点工作，在国际公约规定的时间内完成实施准备工作，并研究提出企业安全状况与运力增长等挂钩的办法，安全状况恶化的企业不得增加运力规模；起草上报《乡镇船舶交通安全管理条例》，着力抓好乡镇船舶管理员队伍的建设与巩固；抓紧出台《中国水上安全监督工作发展纲要》，并组织实施；要把乡镇运输船、旅游船、高速船、客滚船、液化汽船、危险品船和老旧船作为重点管理对象，切实做好事故预防工作；继续开展交通系统“反三违月”活动，贯彻落实《船舶登记条例》，清理取缔“三无”船舶；做好履行新《海员培训、发证和值班标准国际公约》的有关工作；加强交通行业环境保护管理，重点抓好船舶防污管理，建立区域性海上溢油应急反应机制；改进和加强海难搜寻救助的指挥协调工作，建立中国的船位报告制度；贯彻落实《航标条例》，改善船舶通航条件；加强劳动保护工作，改善交通职工劳动条件；同时要抓好公路运输企业的安全管理。

（二）抓好交通基础设施建设

根据需要和可能，按照“保建成投产和收尾配套项目，重点建设续建项目”的原则，对1996年交通建设作如下安排。

1. 公路建设，新增里程1.5万公里，其中高速公路600公里，一、二级汽车专用公路1 100公里。重点建设沪宁、沪杭、杭甬、济德、佛开、泉厦、沈长、石新、长湘、太旧、京沈（宝坻—山海关）等高速公路，沈本、贵遵、深汕、楚大、吐乌大等一级汽车专用公路，以及江阴长江公路大桥等项目；同时，要进一步抓好扶贫公路的建设。

2. 沿海港口建设，建成投产泊位29个，其中深水泊位9个，新增吞吐能力548万吨。优先安排汕头港深水港区二期工程，南通港狼山港区二期工程等竣工投产项目；重点安排秦皇岛港煤四期工程，上海港罗泾煤码头工程，烟台港西港池二期工程，青岛港前湾二期工程等续建项目；争取开工建设秦皇岛港戊巳码头工程。

3. 内河航运建设，今年要加大投资力度，起步建设“一纵两横两网”内河水运主通道。计划改善内河航道约400公里，建成内河港口泊位5个，新增港口吞吐能力100多万吨。重点安排长江干线、湘江航运二期工程等续建项目，做好京杭运河徐州—济宁段、西江航运二期工程等新开工项目的工作。要搞好全国航道技术等级评定工作，争取年内完成航道定级征求意见稿的编制工作。

4. 支持保障系统，建设公路实验场二期工程、水运科研试验场一期工程、船舶运输控制系统国家工程研究中心等重点科研建设项目；建成烟台成山头船舶交管系统及天津、连云港海监工作船码头，湛江、三亚海岸电台等。实施部属科研单位和院校的“康居工程”。

要按照进度要求，确保完成重点项目的前期工作，特别是开工前审计，保证及时开工。要整顿交通建设市场，切实加强资质审查、招投标和承发包管理，抓好工程技术标准、规范、定额的编制工作。施工中要强化质量监督检查，确保工程质量。要依靠科技进步，提高工程和施工工艺的科技含量。做好BOT项目立项前的准备工作，重点抓好湖北军山大桥试点。

要进一步加强现有设施的技术改造。部将研究加大投资力度，加快集装箱运输系统、港口散粮装卸系统和交通重点工业项目的技术改造，促进内涵扩大再生产。继续实施GBM工程。

今年国家审计署将对养路费、车购费以及成渝公路等26条高等级公路和1座长江公路桥进行专项审计，各有关单位要严肃认真地接受审计。

（三）深化改革，强化管理

今年企业改革工作，一是要组建中国港湾建设集团、中国公路桥梁建设集团、中国海运集团3个大型企业集团。在报批过程中，港湾、路桥两个总公司先按集团模式运作。海运集团要抓紧筹备。二是抓好建立现代企业制度试点工作。列入部和省、自治区、直辖市、计划单列市建立现代企业制度试点范围的48家交通企业，今年要初步建立起现代企业制度的领导体制和组织制度，实现机制转换。三是面上的企业主要是深化内部改革，加强企业管理，为实行现代企业制度创造条件。面向国际市场的运输企业、建筑和服务企业要抓好ISO 9000标准的贯彻，做好质量体系的认证工作。国有小型企业要加快改革步伐。四是实施资产经营责任制。部将制定部属企业资产经营责任制的考核指标体系和考核办法，从今年起开始实施。五是进行交通勘察设计单位改制工作，使之成为独立的企业法人，参与市场竞争。六是贯彻《监管条例》，继续做好向国有企业、国有独资公司派出监事会的工作，确保国有资产的保值增值。七是整顿会计基础工作，保证会计资料真实、完整。

《深化水运管理体制改革方案》去年上报国务院后，现已征求了11个有关部门的意见，国务院将进一步研究后进行批复。水运管理体制改革的内容有港口管理体制、水上安全监督管理体制、船舶检验管理体制和长江航运管理体制4个方面，要做好各方面的工作，处理好中央与地方关系，充分发挥两个积极性，充分考虑到地方经济利益。改革要先行试点，取得经验后，全面推开。

要贯彻落实去年部颁布的《关于加强培育和发展道路运输市场的若干意见》。道路客运的重点是打击甩客、卖客等不轨行为，抓好车进站、人归点工作，完善客运站服务功能，推行微机售票，实行规范化服务。要研究建立干线公路快速客货运输系统，其中道路货运的重点是研究建立零担货物快运系统和物流信息系统。汽车维修市场要以维修质量为中心加强管理。水上运输，要集中精力抓好货运交易市场试点工作，力争有所突破。要加快上海国际航运中心建设步伐，这是今年一开年国务院李鹏总理、吴邦国副总理亲自抓的一件大事，年内一定要抓出成效。一些地方交通部门在培育运输交易市场方面进行了有益的探索，要认真总结、推广。

（四）抓紧交通法制工作

对已经上报国务院的《公路法》、《港口法》以及《汽车运输条例》、《国际海上运输管理条例》，要积极、主动地配合国务院法制局进行有关调查研究和修改工作，争取早日出台；《航道法》和《船员管理条例》要尽早报送国务院；抓紧起草《水路运输法》、《船舶法》。各地交通部门要主动做好工作，在地方人大、地方政府领导下，完善地方交通法规。在立法工作中，要正确处理好地方与中央的关系，处理好部门之间、地方之间的关系。要进一步完善立法体制，今年部将聘请一批专家参与立法工作，组织有关交通行业协会起草专业性规章草案。

要加强交通行政执法和执法监督工作。从今年开始，用5年时间，完成对全系统10个执法门类的25万行政执法人员岗位培训，并结合普法教育，普遍进行一次业务、职业道德和法制教育。认真贯彻落实部《交通行政执法监督规定》，建立健全行政执法监督制度，改进行政执法工作方法。按照国家行政处罚的法律法规，修改有关交通行政处罚规定。

（五）抓好交通科技、教育工作

要启动“九五”交通科技突破计划、行业联合攻关计划和软科学研究计划、政府主导型推广应用项目计划，组织实施“国际集装箱运输电子传输和运作系统及示范工程”等国家级科技项目。进一步推进企业技术进步工作。要加快公路、水运工程和船舶运输3个科研中心的建设，争取进入国家重点科研机构序列。加强青年科技人才的培养工作，组织落实1996年度交通系统青年专业技术人才科研项目。加强国内外科技合作与交流，开展“技术市场信息网络”和“国际互联网交通信息资源开发利用研究”两项基础性建设工作。

要研究制定“九五”交通教育发展计划。根据中央的要求，探索和推进部属普通高校的管理体制改革。加强重点学科建设，改革教学内容和教学方法，特别是改革海上专业与新修订的有关国际公约接轨的课程。加快大连海事大学、西安公路交通大学的建设，争取进入国家“211工程”建设立项。抓好院校的稳定和学生思想政治工作。加强师资队伍建设，开展培养100名跨世纪中青年优秀人才和100名职业技术学校教学带头人的工作。

（六）深入开展“三学”活动

按照去年全国交通行业学习“华铜海”轮经验交流会的部署和要求，在全国交通系统深入开展“三学”活动，把“三学”活动作为抓好“两大工程”、搞好“两班建设”、实现“两个提高”的重要保证。今年部要在交通系统各单位和部有关司局制订规划的基础上，提出“三学”活动的总体规划，在今年准备召开的全国交通系统“三学”经验交流和表彰大会上作出部署。

（七）加强党风廉政建设

今年要继续抓好领导干部的廉洁自律。各级领导干部要讲政治，加强党性锻炼，努力改造主观世界，全心全意为人民服务，光明磊落，堂堂正正地做人，自觉接受党和群众的监督，并管好自己的亲属和身边工作人员。要加大查办违纪案件的力度，遏制腐败现象的滋生蔓延。治理公路“三乱”仍然是今年纠风工作的重点，任务十分艰巨。要继续贯彻落实去年国务院41号文件和“4·18”电话会议精神，坚持治理目标不变、措施力度不减。各省市交通厅局要加强领导，同有关部门密切配合，以治理国、省道“三乱”为重点，同时加大对县乡公路上“三乱”的治理力度；对水上出现的“三乱”现象，要引起重视，及早治理，防止扩大蔓延。要进一步抓好样板路建设和保障大中城市特别是北京蔬菜运输“绿色通道”畅通工作。加大监督检查和查处力度，对顶风搞“三乱”的单位和个人，要严肃查处。各单位要加强源头管理，严格规范公路收费站、公路征费稽查站的设置；研究并逐步推行现场处罚实行票款分离的方法；建立和完善监督机制，各地要在大的批发市场、运输企业和司机中设立监测网点和监督员，设立举报电话；实行对贷款集资建设项目进行审计监督。通过这些办法，使治理工作逐步走上法制轨道。

同志们！完成这次全国交通工作会议确定的今后5年交通工作的奋斗目标和主要任务，关键在于加强领导，改进作风，狠抓落实。要把交通工作搞上去，必须提高各级领导干部自身素质和领导水平。要按照江泽民总书记提出的领导干部“要讲学习、讲政治、讲正气”的要求，加强学习和世界观的改造，保持正确的政治方向、政治立场、政治观点，严守政治纪律，清正廉洁，光明磊落，公私分明，严以律已。各级领导要减少事务性和礼节性活动，防止陷入“文山会海”，精简劳民伤财的会议和文件，花更多的时间和精力深入基层、深入群众、深入到生产建设第一线，检查指导工作，关心职工疾苦。工作要求真务实，注重实际效果，不做表面文章，不搞形式主义。只有这样，才能使各项工作扎扎实实，富有成效。让我们在邓小平同志建设有中国特色社会主义理论和党的基本路线指引下，在党中央和国务院的正确领导下，站在迎接21世纪的高度，齐心协力，奋发图强，夺取交通改革、发展的更大成就！

认清形势　稳中求进

——黄镇东部长在全国交通工作（电话）会议上的讲话

（1997年1月9日）

同志们：

今天，召开1997年全国交通工作电话会议，贯彻党的十四届五中、六中全会和中央经济工作会议精神，分析交通工作形势，部署1997年主要任务。

一、当前交通工作形势

当前，全国经济形势是好的。在党中央、国务院的正确领导下，以治理通货膨胀为首要任务的宏观调控达到了预期目标，国民经济进入适度快速和相对平稳的发展轨道。1996年交通工作形势也是好的。各级政府继续把交通建设作为经济发展的重点，实行相应的倾斜政策和扶持措施。全国交通系统围绕实行两个具有全局意义的根本性转变，集中力量抓好“九五”期间交通工作的6件大事，两个文明建设取得了新的成绩。总的看，“九五”交通工作开局是好的，主要标志是：

（一）公路、水路运输发展势头良好

1996年公路客货运输继续增长。全国公路客运量完成114亿人，旅客周转量5 060亿人公里，货运量100亿吨，货物周转量5 000亿吨公里，比上年分别增长9.5%、9.9%、6.4%和6.5%。水路货运增长，客运下降。全国水路货运量完成11.89亿吨，货物周转量17 760亿吨公里，客运量2.2亿人，旅客周转量168亿人公里，货运量和货物周转量比上年分别增长5%和1.2%，客运量和旅客周转量比上年分别下降7.9%和2.3%。港口吞吐量有所增长。全国主要港口吞吐量完成11.55亿吨，比上年增长3.8%，港口国际集装箱吞吐量完成769万标准箱，比上年增长26.3%。支农物资和重点物资运输完成情况较好。水上交通安全和港航治安秩序基本稳定。

（二）交通基础设施重点建设得到加强

公路建设继续保持了较快的增长速度，去年新增公路2.5万公里，全国公路通车里程达到118万公里，其中高等级公路达到1.78万公里。高速公路全年建成1 117公里，是历史上增长最快的一年，年末全国高速公路已达到3 258公里。

港口建成泊位26个，新增吞吐能力340万吨。同时，安排了一批能源、集装箱、重要原材料和粮食装卸泊位等续建项目。

内河建设贯彻落实全国内河航运建设工作会议精神，加大了投资力度，加快了建设步伐。全年改善通航里程518公里，其中三级航道281公里。到年末全国内河通航里程达到11.16万公里。

按照“九五”交通扶贫工作规划，进一步加大了交通扶贫力度，在贫困地区安排扶贫建设项目427个。

交通支持保障系统完成了船舶交管系统、海监工作船码头、航标、海岸电台、大马力救助船等一批基建项目。

交通环保工作得到加强。开展了行业环保执法大检查。对16个重点基建项目和9 000多艘船舶实施了环保审查和防污检查。

（三）改革开放稳步推进

企业改革，部和各省市交通厅局主要抓了6件事：一是组建了一批企业集团，实行资产重组和规模经营。二是进行了建立现代企业制度试点，又有一批交通企业改制为规范的股份有限公司。三是狠抓扭亏增盈工作，对大中型交通企业国有资产保值增值情况进行了考核。四是交通企业通过学邯钢、学青岛港、学“华铜海”轮，苦练内功，加强了管理。五是总结推广了搞活汽车运输企业的经验。六是继续进行了交通企业职工养老保险制度改革试点。

水运管理体制改革，国务院已原则同意总体方案，目前正在修改完善具体实施方案。

对外开放进一步扩大。与有关国家签定海运协定4个、草签汽车运输协议议定书等2个；利用外国政府贷款及国际金融组织贷款18.2亿美元；中外合资合作公路、水运企业和外企驻华代表机构有所增加；中国船级社首次出任国际船级社协会主席，扩大了我国在国际海事界的影响。

（四）市场管理有所改善

在国务院领导同志的直接关心和有关部委、省市的支持下，上海航运交易所挂牌开业。

开展了整顿道路客运市场秩序工作，加强了省际客运和零担货运管理，对机动车驾驶员培训管理工作进行了协调。同时对全国水运市场状况进行了调查研究。

在交通建设市场方面，实行了施工企业资信登记等制度，开展了重点建设项目执法监察和工程造价分析工作，规范了公路经营权有偿转让和公路资产重组上市工作，发布了一批交通技术标准和规范。

交通法制建设得到加强。发布了《上海航运交易所管理办法》、《水路运输服务业管理办法》、《公路建设市场管理办法》等23个交通法规、规章，进一步健全了交通行政执法和执法监督制度。国务院法制局已将《公路法》提交国务院领导审核，对《港口法》正在进行协调、修改。

（五）科技教育工作进展顺利

“九五”交通科技突破计划、行业联合科技攻关计划、软科学研究计划、政府主导型推广应用项目计划已全面启动。一批国家级科技项目已经国家有关部门批准立项。落实了一批青年专业技术人才科研课题。部属科研机构体制改革正在按国家科委批准的总体方案组织实施。《公路、水运交通信息化“九五”规划和2010年发展纲要》已经编制完成。由部组织实施的“八五”国家科技攻关项目顺利通过国家验收，有3个成套技术、9个单项技术，以及与水利部合作实施的2个有关三峡航运的单项技术被国家计委、国家科委、财政部评为重大科技成果。1996 年度，交通科技项目获部科技进步奖 57 项，获国家科技进步奖和国家发明奖 6 项。并完成了一批软科学研究项目。

"交通人才工程"开始实施。交通系统高等院校继续探索适应社会主义市场经济体制的办学机制，重点学科建设得到加强。大连海事大学已完成"211 工程"建设立项程序。多种形式的交通成人教育、岗位业务培训取得较好成绩。交通教育扶贫有所进展，并为云南、河南 11 个贫困县建立了"交通部希望工程助学专项资金"。部属科研单位和院校的"安居工程"已经启动。

（六）精神文明建设取得明显效果

认真组织学习邓小平建设有中国特色社会主义理论，领导干部"讲学习、讲政治、讲正气"的自觉性明显提高。群众性精神文明建设活动取得丰硕成果，有 37 个"三学"标兵和 250 个"三学"先进个人、集体和单位受到部表彰，石家庄市出租车行业和青岛汽车站等单位以良好的服务赢得了社会好评。

认真贯彻落实中纪委六次全会和国务院第四次反腐败工作会议精神，积极开展了领导干部廉洁自律、自查自纠，查处了一批有影响的大案要案，进一步完善了党风廉政建设的监督制约机制。加大了治理公路"三乱"的工作力度，取得明显成效，国省道基本无"三乱"的省份现已达到 22 个。

加强了交通审计工作，并积极配合国家审计署对交通部门、部分交通企业及 28 条高等级公路建设项目等进行了审计，严肃了财经纪律，促进了廉政建设。

同志们，当前交通工作形势尽管是好的，但也还存在着不少问题，有的还相当突出。

一是国有交通企业经营困难，活力不足，市场占有率下降，经济效益滑坡。相当部分企业经营机制转换迟缓，管理不善，资产流失，亏损额上升。

二是交通运输市场发育不良，开放、竞争的格局虽已形成，但统一、有序的目标远没达到。地方保护、区域分割，市场行为不规范，恶性竞争比较严重，使运输服务水平难以提高。

三是有的地方和单位在基本建设中不顾需要与可能，盲目攀比，片面追求高标准，追求"大而全、小而全"，加剧了资金紧张，甚至影响重点工程建设。有的不重视工程质量，甚至发生了恶性的工程事故。

四是干部职工队伍的素质亟待提高。在发展社会主义市场经济的新形势下，有的同志思想观念不适应，开拓进取精神不足；也有的同志经不住市场经济负面效应的考验，理想信念动摇，思想道德滑坡。"两班建设"亟待加强。

上述问题充分说明，交通系统在体制转轨、增长转型方面还存在深层次的矛盾需要解决，实行两个根本性转变的任务十分艰巨。在今后的工作中必须狠下工夫，取得突破性进展。

二、1997 年交通工作的主要任务

今年，在我国历史上将是一个重要年份。政治上有两件举世瞩目的大事：一是我国将恢复对香港行使主权；二是召开党的第十五次全国代表大会。为此，必须保持政治、经济和社会的稳定。认真安排和积极做好 1997 年的交通工作，具有十分重要的意义。

中央对 1997 年经济工作的总体要求是：坚持以邓小平建设有中国特色社会主义理论为

指导，全面贯彻党的基本路线和基本方针，落实十四届五中、六中全会精神，切实推进两个根本性转变，继续实行适度从紧的财政货币政策，降低物价上涨幅度，加强农业基础地位，加快改革特别是国有企业改革步伐，加大结构调整力度，培育新的经济增长点，积极开拓市场，提高对外开放水平，促进国民经济持续、快速、健康发展和社会全面进步。

根据中央对经济工作的总体要求，结合交通实际，1997 年我们交通工作的基本思路是：认清形势，突出重点，抓住关键，稳中求进，切实推进交通行业两个根本性转变，卓有成效地完成各项任务。

认清形势，就是要对当前交通发展面临的形势和机遇、困难和问题，有一个全面的分析。只看到成绩和有利的一面，就可能沾沾自喜，盲目乐观；只看到问题和困难的一面，就可能精神不振，踌躇不前。这两种思想上的片面性，都会使我们丧失新的发展机遇。因此，对这两个方面都要有清醒的认识，这是统一思想、振奋精神、继续开拓前进的前提条件。

突出重点，就是要对影响全局的重点问题、重点环节抓住不放，一抓到底，抓出成效。当前，要围绕实现两个根本性转变，搞好企业、管好市场、理顺体制、调整结构、培育新的经济增长点，带动整个交通工作上一个新台阶。

抓住关键，就是要抓好交通系统各级领导班子建设，这是搞好工作的关键所在。实践证明，一个地区、一个部门、一个单位、一个企业搞得好不好，领导最重要。要把各级领导班子建设成为讲政治、顾大局、守纪律、富有开拓和献身精神的坚强集体。有了这样的领导集体，我们才能克服困难，做好工作。

稳中求进，就是首先要从政治角度处理好改革、发展与稳定之间的关系，保持交通系统的稳定和为社会稳定作出贡献。同时交通工作本身也要处理好稳和进的关系。稳是前提，进是目的。各项交通工作都要扎扎实实、稳步推进。

根据上述基本思路，1997 年要着重抓好以下主要工作。

（一）抓好运输生产和安全工作

今年，国民经济将继续保持一定的增长速度。预计除水路旅客运输外，其他各项运输总量仍将进一步增长。在运输工作中，一定要围绕国民经济的发展需要，精心组织，搞好协调，保证化肥、农药等支农物资运输，保证粮食、石油、煤炭、矿石、防汛抢险救灾等关系国计民生的重点物资运输，保证外贸进出口物资运输，组织好旅客运输，抓好国际集装箱班轮运输。继续推进上海国际航运中心的各项工作。近期要注意安排好春运和民工疏运工作。

今年的安全工作，要以建立健全安全管理新机制为核心，狠抓管理，强化监督，确保安全生产形势的进一步稳定。要严格控制运输企业重大恶性事故的发生，加大船舶检验和安全检查力度，全面治理通航环境和通航秩序。加快国际航运企业实施《国际安全管理规则》的进程；做好有关安全国际公约的履约准备工作。继续贯彻第四次全国环保大会精神，完成部环委会第六次扩大会议确定的工作任务。

今年 7 月 1 日，我国将对香港恢复行使主权。为继续发挥香港自由港和国际航运中心的作用，去年我们已经研究制定了香港与内地之间的运输政策和管理办法，今年要认真抓好实施工作。同时，要贯彻执行《台湾海峡两岸间航运管理办法》，继续加强两岸航运界的民间沟通与交流，推动两岸海上直航有关问题的逐步解决。

（二）搞好国有企业

今年，我们一定要按照中央要求，把搞好国有交通企业放在更加突出的位置，从深化改革入手，按照“抓大放小”和“三改一加强”的工作思路，力求取得较大进展。这是深化改革、确保社会稳定的重要工作。

一是要抓好大企业。要通过存量资产的重组和流动，对国有交通大型企业实施战略性改组，形成若干个全国性、地区性的大公司、大集团，提高规模经济效益。今年，国家将把纳入银行联网运行的重点企业扩大到500户，要积极争取部属境内的五大集团都能够进入国家试点。部属企业要理清改革思路，制定改革措施，在转变经营机制上取得新进展。各地交通部门都要下工夫抓好一批骨干企业。

二是要放活小企业。对那些不具备经济规模、管理和控制难度大、生产力水平比较低的国有小型交通企业，要采取更灵活的改革措施，通过多种形式放开搞活。比如县营的运输公司，就可以推行股份合作制，采取共同出资、共同劳动、共担风险的方式，实行劳动合作与资本合作相结合，按劳分配与按资分配相结合。有的地市在搞好交通企业问题上，提出了“分散突围、重新集结”的改革思路，我认为很明确。“分散突围”就是分片、分块、分部位搞活，“重新集结”就是实行资产重组，建立新的内部机制，实现企业经营机制的根本转变。当然，交通企业量大面广，情况千差万别，在放开搞活的具体措施上不应一刀切，要从实际出发，区别对待，分类指导。部将研究制定《关于放开搞活交通行业公有制小型企业的若干意见》，下发各地试行。

三是选择扶植新的经济增长点。交通基础设施的改善和社会新的需求，给企业提供了新的发展空间。比如，以高速公路为依托的快速公路运输系统、水上快速客运业务、现代化集装箱车船运输等许多新的运输方式，都可以作为新的经济增长点加以开发扶植。在选择扶植新的经济增长点时，要注意克服盲目性，切忌抛开主业去开发自己完全生疏的产业，以避免经营无方造成失误。

四是加强企业管理。要认真学习邯钢和青岛港的企业管理经验，积极探索市场经济环境中企业管理的内容和方法。抓管理，重点是加强企业的成本管理、资金管理和安全、质量管理。要建立科学的企业评价体系，促进企业不断提高经营管理水平。要完善激励与约束机制，切实做到个人收入与企业效益挂钩。大力分流富余人员，切实解决下岗职工后顾之忧。

五是各级交通主管部门要履行政府的行政职能，切实加强对企业工作的领导，做到“一抓二帮三引导”：抓好企业的领导班子，帮助企业深化内部改革和改善外部环境，引导企业合理调整经营结构，实现由粗放型经营向集约化经营转变。

（三）抓好交通基础设施建设

按照李鹏总理关于交通建设的重要谈话精神，1997年，交通基本建设要集中力量，保证对国民经济全局和交通战略布局有重大影响的重点项目建设，并向中西部地区倾斜，认真抓好交通扶贫项目的建设。

——公路建设，新增里程20 000公里，其中高速公路900公里，一、二级汽车专用公路1 000公里。坚持建设、养护、改造并重，提高路网的整体水平。

——沿海港口建设，建成投产深水泊位 28 个，新增吞吐能力 5 000 万吨。除了保证续建收尾项目外，争取再新开工一批建设项目。

——内河航运建设，改善航道 360 公里。加快“两横一纵两网”的建设步伐。三峡工程，要做好大江截流期的通航工作，搞好库区航运的规划和复建。

——支持保障系统建设，根据部“九五”规划和国务院领导关于安排专项资金用于科研教育的指示，进一步加强科研、教育、安全监督、船舶检验、救助打捞、信息通信、消防等方面的基础建设。

在基础设施建设过程中，要注意抓好 4 个环节：

一是加强对交通基本建设的宏观调控，下决心解决“大而全、小而全”和分散建设、重复建设问题。今后，凡是没有经过充分论证，违反基建程序的；凡是不按规划布局搞分散、重复建设的；凡是前期工作不到位和建设资金不落实的，一律不得立项，更不允许开工建设。对不听招呼的，要采取必要的制约措施。部内有关司局和各地交通主管部门务必高度重视，严格把关。

二是根据国务院《关于加强预算外资金管理的决定》，认真研究车购费、港建费、公路建设基金、养路费等纳入预算管理的有关具体问题，做好与财政部门的协调和衔接，保证交通专项资金征管和使用工作的稳定性、连续性。同时，要加强对专项资金的审计监督。

三是根据规划，做好项目的前期工作。公路建设，要围绕“两纵两横”和 3 条重要路段的建设，加快前期工作进度。前期工作尚未到位的省市，要抓紧工作，尽快完备各阶段的审批手续。港口和内河建设，要按照国务院关于固定资产投资项目试行资本金制度的规定，抓紧落实“九五”建设项目的资本金，争取按计划开工。今年还要着手“十五”公路发展战略研究，各地要积极配合做好有关工作。

四是要把利用外资的重点放在交通基础设施和高新技术方面。按照国际惯例，采取 BOT、发行股票、债券等新的融资方式，鼓励和引导外商更多地投资于交通基础设施项目。要着力提高利用外资的质量和水平，减少和克服负面效应。

（四）抓好交通运输市场的管理和建设

培育和发展交通运输市场工作，按照体制转轨的要求，今年要抓好以下几个方面：

一是整顿市场秩序。要把好市场准入关，防止和避免恶性竞争；切实加强对运输市场的源头管理、现场管理和经营行为的监督，及时查处各种形式的欺诈行为，坚决打击宰客、甩客、倒客、乱收费等不法行为。要加强交通建设市场管理，落实项目法人责任制，从严审查设计、施工单位资质，规范招投标行为，杜绝非法分包、转包，加强工程监理，控制造价，保证质量。

二是加快运输交易市场建设步伐。水运市场，首先要办好上海航运交易所，实现国务院提出的“调节航运交易价格，规范航运交易秩序，沟通航运交易信息”的要求，发挥其对全国水运市场的先导示范和联结国际航运市场的纽带作用；道路运输市场，要加快公路主枢纽建设，争取有一批区域性交易市场投入运作。要注重对现有站场设施的挖潜改造，建立和完善运输服务体系。

三是深化管理体制改革。重点抓好水运管理体制改革方案的实施，力争取得较大突破。

各地各单位要从建立社会主义市场经济体制、解放和发展运输生产力这一大局出发，局部利益服从全局利益，眼前利益服从长远利益，齐心协力推进这项改革。

四是加强交通法制建设。抓紧制定交通行业管理急需的法律法规，修订不符合市场经济要求和不适应《行政处罚法》规定的交通规章。积极做好《公路法》和《港口法》出台前的各项工作，加快《水运法》、《船舶法》的起草进度。组织落实好“三五”普法教育，加强交通行政执法队伍建设，规范行政执法行为。继续治理“三乱”，坚持标本兼治，防止反弹和回潮。按照《交通行业内部审计工作规定》，强化审计监督。继续加强治安综合治理工作，维护港航治安秩序稳定。

（五）抓好科技教育工作

坚持科教兴交，把交通发展转移到依靠科技进步和提高劳动者素质的轨道上来。这是我们必须长期坚持的战略方针，也是提高交通发展整体素质，实现交通运输业增长方式转变的重要环节。

交通科技工作，要按照《公路、水运交通科技发展“九五”计划和到2010年长期规划》的要求，组织搞好各项科研计划的实施，抓好科技成果向现实生产力的转化：加快公路、水运工程、船舶运输3个科研中心的建设；充分利用我部已有的专用通信网和国家公用通信网的能力，启动“金交工程”（交通信息公路），推进交通信息网络建设。

交通教育工作，要按照实施“交通人才工程”的目标要求，稳定交通高等教育办学规模，提高办学质量和效益；抓好交通系统重点职业技术学校和部级重点专业点建设，组织开展重点专业点及航海类专业的教育改革试点；搞好交通成人教育工作，组织实施各类人员的岗位培训。要在抓好大连海事大学“211工程”建设的同时，继续做好西安公路交通大学“211工程”申报立项工作。加快教育和科技人员“安居工程”的进展。

（六）创建文明行业，搞好廉政建设

贯彻党的十四届六中全会精神，加强精神文明建设，是1997年交通工作的一项重要任务。去年底，部在南京召开了全国交通系统创建文明行业大会，对精神文明建设作了安排部署，各地各单位要认真抓好贯彻落实。在南京会议上，我们提出用10年至15年的时间，把交通行业基本建成文明行业。今年创建文明行业活动有7项重点工作，其中最主要的，一是要深入学好六中全会的《决议》，深刻领会精神实质，把广大干部职工，特别是各级领导干部的认识，真正统一到六中全会精神上来；二是要制定好交通系统各行各业创建文明行业的标准，使群众性的创建活动具有可遵循的规范标准和考核尺度；三是要扎扎实实抓好中宣部和我部联合确定的30个示范窗口，为创建文明行业活动提供新的经验；四是要抓好公路交通的行业文明建设，确定今年第三季度，在河北省石家庄市和山西省太原市，召开一次专题会议，总结交流公路交通行业开展“三学一创”活动的经验，使这一与广大人民群众关系最密切的行业先走一步。要通过创建活动，提高人的素质，提高交通职工队伍的整体素质，这是精神文明建设的根本任务，也是创建文明行业的重要基础。

要按照中纪委的部署和要求，进一步加强党风廉政建设，深入持久地开展反腐败斗争。继续开展领导干部廉洁自律、自查自纠工作，加大国有企业反腐倡廉的声势和力度，加强违

法违纪案件的管理和查处，坚决惩治腐败分子，使党风政风进一步好转。

（七）改进领导作风，加强调查研究，提高政治、业务素质

当前，我国正处在由计划经济向市场经济转变的过程中，交通工作不仅有老问题需要解决，而且随着形势的发展又出现了许多新情况、新问题，这就要求我们各级领导机关、各级领导干部必须加强理论学习，在掌握马克思主义的立场、观点、方法并用以指导实践上下工夫，提高政治、业务素质，改进工作作风，深入实际，深入群众，开展调查研究，拿出解决问题的办法。我们考虑，今年要围绕以下几个重点问题开展调查研究：交通行业如何实行两个根本性转变？如何搞好国有交通企业？如何解决“大而全、小而全”重复建设问题？如何选择和开发新的经济增长点？如何加快中西部地区和贫困地区交通建设？如何培育和发展交通运输市场？如何深化交通管理体制改革？如何加快“科教兴交”战略实施步伐？如何把创建文明行业活动落到实处？这些课题部内有关司局要列入年度工作计划，会同省市交通部门和有关单位一起进行调研，争取在年内拿出一批高质量的调研成果。

同志们！今年的交通工作任务十分繁重。我们一定要以邓小平建设有中国特色社会主义理论和党的基本路线为指导，紧密团结在以江泽民同志为核心的党中央周围，正确处理改革、发展与稳定的关系，把握大局，再接再厉，同心同德，开拓前进，圆满完成 1997 年各项工作任务，以实际行动迎接党的十五大胜利召开。

认真贯彻十五大精神
创造交通工作新业绩

——黄镇东部长在1998年全国交通工作会议上的讲话

（1998年1月14日）

同志们：

1998年是全面贯彻落实党的十五大提出的各项任务的第一年，又是“九五”计划承上启下的一年，做好今年的交通工作，对于顺利实现“九五”计划的各项目标，把我国交通现代化事业全面推向21世纪意义重大。这次会议的主题是：高举邓小平理论伟大旗帜，贯彻落实党的十五大精神和中央经济工作会议精神，认清形势，明确思路，部署1998年的工作任务，推进交通行业两个文明建设。

一、一年来的工作回顾与交通现状的基本估价

过去的一年，全国交通系统广大干部职工，以实际行动继承邓小平同志的遗志，在香港回归祖国和党的十五大胜利召开这两件大事鼓舞下，团结拼搏，扎实工作，稳中求进，较好地完成了各项任务，两个文明建设取得了新的成绩。

运输生产继续保持良好势头。公路运输的基础地位进一步增强。水路货运稳中有升，客运在结构性调整中继续下降。主要港口吞吐量持续增长。全社会公路运输完成客运量114亿人，旅客周转量5 183亿人公里，货运量99亿吨，货物周转量5 164亿吨公里，分别比上年增长2%、5.6%、0.6%和3%。水路运输完成货运量12.8亿吨，货物周转量19 352亿吨公里，分别与上年持平和增长8.3%；完成客运量2.2亿人，旅客周转量152.6亿人公里，分别比上年下降3.9%和5%。全国主要港口完成吞吐量12.96亿吨，比上年增长1.6%。海峡两岸海上通航取得重大突破，4月19日开始实施的福州、厦门至高雄间的试点直航，结束了近50年来海峡两岸间无商船往来的历史。水运企业建立安全管理新机制和从事国际航运的船公司实施国际安全管理规则工作进展顺利，水上交通安全4项指标与去年同期相比经济损失上升、其他3项下降。加强了有关船员培训、发证和值班管理等方面履行国际公约的准备工作。船舶检验、救助打捞、交通环保工作得到加强。在与解放军总后勤部协调的基础上，经国务院办公厅和中央军委办公厅批准，军车的收费管理得到规范。

交通基础设施建设成绩显著，工程质量提高。新建高速公路里程和新增港口吞吐能力创历史最高纪录。内河航运建设取得较大进展。公路新增里程2.7万公里，其中高速公路1 313公里，一、二级汽车专用公路3 300公里。到去年底，全国公路通车里程达到121.4万公里，高速公路达到4 735公里。两纵两横、3条重要路段中完成了德州至齐河、石家庄至新乡、泉州至厦门等重点工程，以及长春至吉林、哈尔滨至大庆、贵阳至遵义、南昌至樟树等高等级公路工程。具有国际先进水平的虎门大桥和万县长江大桥建成通车，江阴大桥、海

沧大桥、济南黄河二桥、南京长江二桥和吐乌大高速公路等建设工程进展顺利。GBM 工程、文明样板路创建和干线公路改造、养护管理工作得到加强。青藏路一期整治工程竣工，二期工程开始实施；川藏路部分路段实行了机械化专业养护。继续开展了交通扶贫工作，为贫困地区新改建公路 6 268 公里、桥隧 55 座 8 300 延米。1995 年全国交通工作会议上倡议的“为西藏养路工人送温暖活动”提前一年完成，部和有关省市交通厅、局共投入资金 3 900 万元，支援西藏自治区新改建道班房 156 座。沿海港口，建成深水泊位 40 个，新增吞吐能力 9 800 万吨，秦皇岛港煤码头四期工程、上海港罗泾煤码头一期工程、烟台港西港池二期工程等重点工程竣工投产。内河航运，改善航道 1 192 公里，新改建内河港口泊位 6 个，新增吞吐能力 525 万吨。江南运河江苏段整治工程为内河航道建设树立了样板，西江贵港二期工程截流成功。长江口深水航道治理一期工程即将开工，上海组合港正式成立，建设上海国际航运中心的工作取得较大进展。紧密配合三峡工程大江截流，重点做好了施工期的通航以及库区的航运和复建规划工作。审查、审批了 41 个公路主枢纽总体规划，其中有 24 个公路主枢纽的 46 个站场开工建设。船舶交管、救助打捞、交通专用通信等支持保障系统建设顺利实施。

改革开放步伐加快。国有企业改革进一步深化。对外开放取得新的实效。去年 8 月，部在南戴河专门召开了搞好国有大中型交通企业座谈会，分析了企业状况，提出了搞好企业的措施。按照“抓大放小”的要求，组建了一批交通企业集团。中远、长航、中海、中港集团经国务院批准列入国家 120 家大型企业集团试点，路桥集团组建完毕正式挂牌运转。中远、长航、中海集团积极深化内部体制改革，按照专业化、规模化、集约化的原则，推进了资产重组。部与重庆市政府共同拟定了重庆港口体制改革试点方案，待国务院审定。完成了深圳港口引航和安全监督体制改革。长江航运管理局深化内部体制改革，精简机构，分流人员，提高了工作效率。地方交通部门认真贯彻玉林会议精神，积极探索国有企业改革的路子，取得明显成效，有将近半数省份的国有汽车运输企业在综合平衡后可以实现扭亏为盈。有关省、市交通厅、局，围绕选择和培育新的经济增长点，依托已建成的高等级公路，以股份制的形式，组建了一批跨地区经营的快速客、货运输企业，对汽车运输的集约化、规模化经营进行了大胆探索，并取得良好的经济效益和社会效益。企业管理基础工作得到加强，已有 100 多家交通企业通过了 ISO 9000 标准质量体系的认证。利用外资的质量和水平有了提高，实际利用外国政府贷款及国际金融组织贷款 2. 6 亿美元，公路、港口等基础设施建设直接利用外资有了较大增加。宁沪、成渝、沪杭甬、深圳等 4 家高速公路股份公司成功地在香港发行了 H 股，募集建设资金 110 亿元人民币，开辟了多元化筹资的新路子。国际运输合作进一步扩大，分别同 8 个国家签定了政府间海运和汽车运输协定等。到去年底，我国已与 51 个国家签订了海运协定，与 4 个周边国家签订了内河运输协定，与周边国家签订了 10 个政府间双边、多边公路汽车运输协定。进一步规范了国际运输业务，提高了对外开放水平。

交通运输市场宏观调控、监督管理工作得到加强，法制建设取得重大成果，市场秩序进一步好转。上海航运交易所运作以来，在稳定航运价格、组织运价报备、提供信息服务、遏制不正当竞争等方面发挥了重要作用。按照“控制总量、优化结构、加强管理、提高效益”的原则，对航运市场进行了整顿，运力盲目增长的势头得到抑制，运输结构得到调整；加强了内支线和班轮运输市场的管理，加大了对 5 种重点货源的调控力度，取消了一批严重违规企业的经营资格。道路运输市场重点抓了工作规划的实施和客运市场秩序的整顿，加强了省际客运的管理，实施了货物运单制度，对兴办道路运输企业进行了规范。交通建设市场，开展了工程项目执法检查，进一步落实了项目法人责任制，规范了招投标行为，加强了勘察设计单位、监理单位和施工企业的资信登记、资质管理工作，严格了项目设计文件的审查，普遍推行了工程监理制，完善了“政府监督、社会监理、企业自检”的质量保证体系，使工程质量普遍有所提高。在交通法制建设方面，全国交通系统盼望已久的《公路法》于去年7月3日经全国人大常委会第26次会议通过，今年1月1日正式实施。《港口法》、《航道法》、《水运法》、《船舶法》的起草工作都取得了一定的进展。“三五”普法教育全面展开，交通行政执法队伍建设得到加强。

交通科技教育工作进展顺利。科技体制改革稳步推进。办学质量进一步提高。公路、水运工程、船舶运输3个科研中心的建设已正式启动。部分科研单位向企业分流调整工作初见成效。行业联合科技攻关工作的运行机制渐趋完善。软科学研究得到加强。一批国家重点科技攻关项目取得可喜成果，上海、天津、青岛、宁波4港和中远集团的国际集装箱运输EDI系统已建成运转，并已通过国家级验收鉴定。新修订的公路、水路交通技术政策已颁布实施。信息资源网的建设向前迈了一大步，交通运输信息网络的总体框架初步成型。实施“交通人才工程”，加强了交通高等教育主干学科和重点学科建设，加大了师资队伍培养力度。以航海类专业为代表的教育改革工作取得进展，招生“并轨”改革平稳过渡到位。交通职业技术教育和成人教育进一步发展，职业技术学校汽运、路桥专业部级重点专业点已经评审，部级教学带头人评定工作开始启动。交通系统成人高校教育评估工作全面完成，青岛远洋船员学院、云南省公路职工大学、西安公路交通大学等3所学校被国家教委评为全国优秀成人高校。部属院校“安居工程”建设顺利实施。

行业精神文明建设取得可喜成绩。以“服务人民，奉献社会”为宗旨的“三学一创”活动广泛开展。反腐倡廉工作继续加强。在交通部向全国公布30个示范“窗口”和制定了12项优质服务标准、5项具体服务措施的基础上，各地交通部门又向社会公布了529个示范“窗口”单位，加强了“窗口”单位建设。对个别不合格的“窗口”单位及时进行了整顿。总结交流了公路系统创建文明行业的经验，推广了山西“太旧精神”、石家庄市出租汽车行业、青岛长途汽车站和养路工陈德华、稽查科长朱同汝等5个先进典型，命名表彰了公路运输系统8个门类522个文明单位，创建文明行业活动全面展开。按照中央纪委的部署和要求，继续开展了领导干部廉洁自律、自查自纠工作，制止各种形式的奢侈浪费，加大了国有交通企业反腐倡廉的力度，查处了一批违法违纪案件。根据《审计法》，积极开展了领导干部经济责任审计、交通专项资金审计等多项审计，审计监督工作进一步加强。治理公路“三乱”工作，做到了决心不变，力度不减、防止反弹，基本巩固了几年来的治理成果。交通港航治安综合治理取得成效，破获了一批重大刑事案件，港航治安状况进一步改善。

同志们，改革开放近20年来，我国交通事业得到了迅速发展，取得了举世瞩目的成就，发展速度之快是世界少有的。但是，我们应当看到，我国的公路、水路交通事业还处在社会主义初级阶段，历史欠账多，发展不平衡，从总体上说还不能适应国民经济和社会发展的需要，相当一部分地区的“瓶颈”制约状况尚未扭转。主要表现是：

——公路方面。通车里程增长较快，已达到121.4万公里，但大部分还是低等级公路，二级以上公路只占总里程的10.4%，比重很低。高速公路建设尚属起步阶段，至今没有一条横贯东西或连通南北的高等级公路大通道，无论是全国还是区域均未形成具有规模效益的路网。混合交通严重，车辆拥挤度大，干线公路上的平均行车速度只有经济时速的一半左右。公路主枢纽刚开始规划建设。中西部有些贫困地区至今舟车不通，制约着当地经济的发展和人民生活水平的提高。

——水运方面。虽然港口能力增长较快，压船压港状况有所缓解，但总体上仍然能力不足，特别是缺乏专业化码头。管理先进、效率高的现代化沿海港口还比较少，我国大陆至今还没有一个港口能够成为国际航运枢纽港。多数内河港口设施落后，机械化程度低。有的地区港口重复建设比较严重，现有港口能力“吃不饱”，又在兴建同类型码头。内河航道多数处于自然状态，通航能力低。

——车船装备。近些年数量大幅度增加，但总体上看，性能较差，技术构成不高，现代化的车船装备少，超期服役的老旧装备比较多，相当一部分报废淘汰汽车仍在参与公路运输，车辆超载严重，交通事故多，对公路设施损坏大。运输车辆结构不合理，缺重少轻、效益不好的问题十分突出。从事国际航运业务的运输船舶平均船龄已接近20年，在港口国检查中，被扣船舶数量增多，严重损害了我航运大国的形象。内河船型杂乱，安全性差，经常堵塞航道。

——支持保障系统。作为政府行政手段的水上交通安全监督和通信导航、救助打捞、港航消防等仍然薄弱；科技对交通发展的贡献率只有发达国家的一半左右，信息化建设才刚刚起步；交通教育还不能满足交通发展对专业人才的需求，交通行业从业人员科学文化素质较低的问题还没有得到根本解决。

——国有交通企业，在计划经济体制向社会主义市场经济体制转轨的过程中，由于种种原因，机制不活，经营粗放，冗员过多，负担过重，造成效益滑坡，缺乏后劲。这是交通运输发展中急需解决的一个突出矛盾。

——交通运输市场目前尚处于发育阶段。总体上说，发展较快，问题较多，既有开放程度不够的问题，也有秩序混乱的问题。交通行业管理内外关系不顺。在交通外部，部门职能交叉、职责不清，经常出现相互掣肘、相互扯皮，甚至发生社会影响极坏的事件。在交通内部，水运管理体制不顺的问题比较突出，公路管理体制也有一些需要研究解决的问题。

以上分析，说明我国交通运输还处于社会主义现代化发展的初期。已经取得的成绩是非常可喜的，江总书记在十五大报告中对交通等基础设施的“迅速发展”给予了充分肯定。但是，我们必须保持清醒的头脑，不能盲目乐观，对存在的问题和差距更要有忧患意识。摆在我们面前彻底改变“瓶颈”制约状况，实现“两个根本性转变”，适应国民经济和社会发展需要的历史任务十分艰巨。

二、贯彻落实十五大精神的基本思路

江总书记在十五大报告中指出：“把我们的事业全面推向二十一世纪，就是要抓住机遇而不可丧失机遇，开拓进取而不可因循守旧，围绕经济建设这个中心，经济体制改革要有新的突破，政治体制改革要继续深入，精神文明建设要切实加强，各个方面相互配合，实现经济发展和社会全面进步。”根据党的十五大精神，基于国民经济和社会发展对交通运输的客观需求，在分析我国交通现状的基础上，我们提出交通发展与改革的基本思路。

思路之一：在社会主义初级阶段，必须始终如一地抓住交通发展这个中心任务，经过几十年的不懈努力，实现交通运输现代化的奋斗目标。

发展是硬道理。对作为国民经济和社会发展基础设施的交通运输业更是如此。从根本上改变我国交通运输的落后状况和被动局面，实现交通运输现代化，是一个渐进的历史过程，要经过几代人的艰苦奋斗。从社会主义初级阶段公路、水路交通的实际来看，大致需要经历3个发展阶段。

第一个阶段，从“瓶颈”制约、全面紧张走向“两个明显”（即交通运输的紧张状况有明显缓解、对国民经济的制约状况有明显改善）。如能保持“八五”以来的交通发展势头，这个目标到下世纪初可以实现。到那时，在总体上能够达到“两个明显”，但局部的制约、紧张状况还会存在。经过改革开放近20年特别是“八五”以来的努力，公路、水路交通的紧张状况有了一定的缓解，目前正处于从“瓶颈”制约到“两个明显”的过渡当中。对此，我们必须有一个正确的估量和认识。

第二个阶段，从“两个明显”到基本适应。这个目标争取到2020年左右实现。到那时，在总体上交通运输能够适应国民经济和社会发展的需要，但局部还会有不适应的情况。

第三个阶段，从基本适应到基本实现现代化。这个目标要在下世纪中叶即建国100周年的时候达到。这与我国国民经济基本实现现代化是同步的。到那时，我国交通运输的发展水平将进入中等发达国家行列。

要完成上述交通发展的历史任务，必须从建设全国统一的综合交通运输网络体系出发，研究公路、水路交通发展战略和产业政策。交通运输是国民经济的基础产业，由5种运输方式组成。因此，我们要认真研究国民经济和社会发展对公路、水路交通的需求变化；研究公路、水路交通在综合运输体系中的地位和作用；研究其结构调整变化中的影响和对策；研究国际航运市场发展趋势和科技进步对公路、水路交通的影响等等。在此基础上提出发展战略和产业政策，适时调整发展的部署和规划。

要坚持行之有效的“好规划、好机制、好政策”，并保持其连续性和稳定性。我国公路、水路交通发展的“三主一支持”总体规划已经确定，我们要立足全局，上下一致，齐心协力，保证规划的顺利实施。继续坚持充分发挥中央和地方两个积极性的好机制，紧紧依靠各级党委、政府，紧紧依靠广大人民群众，保持全社会关注交通、支持交通、发展交通的良好势头。资金短缺是影响交通发展的关键问题。要继续采取倾斜和优惠的好政策，深化投资体制改革，坚持“国家投资、地方筹资、社会融资、利用外资”等多种方式，实行滚动开发，进一步拓宽资金渠道。

实现交通运输现代化，必须转变增长方式，依靠科技进步，充分发挥科学技术第一生产力的作用，这是交通发展的基本出路。到2010年，科技进步对交通发展的贡献率要在现有38%的基础上提高到50%左右，使我国的交通科技水平接近发达国家90年代初的水平。

思路之二：坚持社会主义市场经济的改革方向，使交通改革在一些重大方面取得新的突破。

改革是交通发展的动力。只有在几个关键问题上取得突破性进展，才能为交通发展排除障碍、开辟道路、创造条件。

一是要打好企业改革的攻坚战，努力实现两个目标，即：用3年左右的时间，通过改革、改组、改造和加强管理，使交通系统大多数国有大中型亏损企业摆脱困境；力争到本世纪末使大多数国有交通大中型骨干企业初步建立现代企业制度。能否实现这两个目标，关系到国有交通企业的前途命运，这不仅是一个经济问题，而且是关系到社会主义制度的政治问题。江总书记在十五大报告中指出："国有企业是我国国民经济的支柱。搞好国有企业改革，对建立社会主义市场经济体制和巩固社会主义制度，具有极为重要的意义。"我们必须坚定信心，下定决心，加强领导，精心组织，坚决完成这一具有重大意义的历史任务。

二是要以改革创新的精神，推进交通运输业的市场化进程，尽快建立统一开放、竞争有序的道路、水路运输市场和交通建设市场。要抓住依法治交通这个关键环节，加强宏观调控，健全市场规则，强化市场管理，整顿市场秩序，清除市场障碍。要积极探索和解决在社会主义市场经济条件下，对交通运输市场管什么、如何管的问题。

三是要澄清疑惑，走出误区，进一步调整和完善所有制结构。十一届三中全会以来，我国公路、水路交通事业迅速发展的主要原因之一是调整了所有制结构，实行了"国家、集体、个体一起上和各地区、各部门、各单位一起干"的新的运输经济政策，解放了运输生产力。今后必须以十五大精神为指针，坚持社会主义初级阶段的基本经济制度，全面认识公有制经济的含义，努力探索交通行业公有制经济的多种实现形式；正确理解公有制的主体地位，确立国有经济有所为、有所不为的指导思想；确立非公有制经济是社会主义市场经济重要组成部分的地位，充分调动和保护社会各方面兴办交通的积极性。

四是要改革管理体制，理顺内外部关系，解决政企不分、多头管理、职能交叉、体制不顺等困扰多年的矛盾和问题。要把政企职责分开、改革管理体制、理顺内外部关系，列入各级交通主管部门的重要议事日程。深入分析研究，设计出符合交通改革与发展的管理体制模式，突出重点，成熟一个，理顺一个。同时认真做好调研工作，协调好有关方面的关系，争取下一轮机构改革中能够在解决外部职责交叉问题上有所进展。

思路之三：交通发展与改革需要强大的精神动力、智力支持和思想保证，为此必须加强行业文明建设，全面提高队伍素质。

邓小平理论是我们的精神支柱和行动指南。高举邓小平理论的伟大旗帜，用邓小平理论武装我们的头脑，是一项带根本性的具有长远意义的战略任务。交通系统各级领导和广大职工，要不断提高认识，增强学习和掌握邓小平理论的自觉性，学会用邓小平理论认识问题、分析问题、解决问题。

要提高干部职工队伍的科学文化素质。抓好"交通人才工程"，培养各方面合格人才，为交通事业的发展提供智力支持。要坚持"立足交通，面向社会，立足当前，面向未来，注重质量和效益"的方针，加强交通教育工作。到2000年，要基本改变高级专业技术人员年龄老化、中青年骨干人才不足、新一代学术和技术带头人缺乏的状况。到下世纪初，各级各类专业人才的培养数量要满足交通事业发展的需要，干部职工队伍的科学文化、技术业务素质有显著的提高。

要提高干部职工的思想道德素质。在全国交通系统深入持久地开展以为人民服务为核心、集体主义为原则的社会主义道德教育，加强民主法制教育和纪律教育，引导交通职工树立正确的世界观、人生观、价值观，大力弘扬爱国主义、集体主义、社会主义和艰苦创业精神。同时，要加强行业文明建设，在车、船、港、站、路以及交通行政执法部门广泛开展文明行业创建活动。进一步加强党风廉政建设，深入开展反腐败斗争，加大交通系统反腐倡廉的声势和力度，坚决纠正行业不正之风。力争到2010年或更长一点时间，把整个交通行业建成文明行业，使交通行业两个文明建设相互促进、协调发展。

三、1998年交通工作安排

1998年是全面贯彻落实党的十五大精神的第一年。中央经济工作会议对今年经济工作的总体要求是：高举邓小平理论伟大旗帜，全面贯彻落实党的十五大精神，继续推进经济体制和经济增长方式的根本转变，进一步加强农业基础地位，加快国有企业改革步伐，加大经济结构调整力度，加强和改善宏观调控，提高对外开放水平，安排好群众生活，实现国民经济持续快速健康发展和社会全面进步。会议还强调指出，在1998年经济工作中要继续贯彻稳中求进的方针，保持稳定的宏观经济环境和社会环境，更好地推进改革和发展。

根据中央经济工作会议的总体要求，今年交通工作要把握全局，抓住重点，精心组织，稳中求进。把握全局，就是要正确认识当前国家的经济形势和交通的现状，从全局出发考虑问题，安排工作；抓住重点，就是要把搞好国有交通企业作为重中之重，加大改革力度，打好今年的攻坚战，为实现3年目标奠定基础；精心组织，就是要深入实际调查研究，精心谋划，周密部署，把各项任务落到实处；稳中求进，就是要处理好改革、发展与稳定的关系，扎扎实实地稳步推进各项交通工作。

（一）抓好基础设施建设和运输生产

1. 加快基础设施建设

今年，要继续执行“保建成投产和收尾配套项目，保重点建设续建项目”和“建设、改造、养护并重”的原则，重点建设“三主一支持”项目，同时向中西部地区倾斜，加强交通扶贫项目建设。

——公路建设，重点是两纵两横、3条重要路段上的项目，即：北京—沈阳、北京—上海、上海—杭州、福州—泉州、湘潭—耒阳、万县—重庆、贵阳—新寨、乌鲁木齐—奎屯等高速公路和江阴长江大桥、南京长江二桥、济南黄河二桥、厦门海沧大桥等。全年省部合资建设公路里程2 370公里，其中高速公路800公里，一、二级汽车专用公路540公里（按原技术标准审批的项目）。加强现有国省道干线的技术改造，做好以路面为主的全面养护，充分发挥老路的作用，提高路网整体服务水平。各省安排公路养护大中修工程不能少于国省干线里程的7%。继续实施GBM工程。坚持搞好文明样板路的创建工作。

——沿海港口，重点建设青岛港前湾港区二期工程、连云港墟沟港区一期工程、大连港大窑湾一期工程、广州港新沙港区一期工程、烟台港西港池三期工程、秦皇岛港戊巳码头和上海港汇山客运站等项目。开工建设长江口深水航道治理一期工程、洋浦港二期工程。争取开工建设上海外高桥港区二期工程、广州港新沙港区配套航道工程，及秦皇岛港煤码头配套十万吨级航道工程。建成投产深水泊位9个，新增吞吐能力470万吨。同时，加强港口的技术改造，挖掘现有码头的潜力。

——内河航运，继续重点建设长江干线、西江航运二期工程、湘江航运二期工程和京杭运河（徐州—济宁）航运工程，改善航道370公里。三峡工程，要做好大坝建设期间特别是汛期的通航工作，三峡库区的航运和复建规划部已审批，请有关省市和部属有关单位认真抓好落实工作。

——支持保障系统，抓好船舶交管系统、工作船和救助船码头、差分GPS台、北方海区船舶溢油应急示范工程、“三个科研中心”重点试验室、交通信息化“金交工程”等项目的建设。购置先进的海上救助装备，增强搜救能力。

明年是建国50周年，要力争建成一批对国民经济和社会发展全局有较大影响、能展示交通建设成就的工程项目，向建国50周年献礼。初步确定，公路项目包括京珠高速公路京漯段、江阴长江公路大桥等6项，水运项目包括江南运河整治工程、西江航运二期工程等4项。基础设施建设周期长，我们应早作部署，加强领导，精心组织，保证资金，保证进度，保证质量。

2. 做好“十五”计划前期准备工作

未来十几年，是我国实现第二步战略目标、并向第三步战略目标迈进的关键时期，也是建立全国统一的交通运输体系的重要时期。我国将建立和逐步形成比较完善的社会主义市场经济体制，实现经济增长方式从粗放型向集约型的转变，产业结构和区域经济结构都将有进一步的调整和变化，这些都将对交通运输结构产生重大影响，对公路、水路交通提出新的要求，带来新的发展机遇。

今年除继续抓好“九五”工作外，还要面向21世纪，着手开展“十五”计划编制的前期准备工作。初步设想，从今年起，分两个阶段开展“十五”计划和2010年发展规划的编制工作。今年的重点是开展公路、水路交通发展战略性和政策性研究，提出“十五”计划和2010年发展规划思路。部拟于第四季度召开全国公路、水路交通2010年发展规划和“十五”计划前期工作座谈会，拟定建设的目标和重点，为第二阶段具体编制2010年发展规划和“十五”计划打下基础。

3. 搞好运输生产和安全工作

今年，国民经济将继续保持一定的增长速度，预计除水路旅客运输外，其他几项客货运输总量仍将进一步增长。随着高速公路的不断延伸，高速公路客运将保持较快的增长速度。今年的运输工作要继续贯彻“一支三保”的方针，搞好支农运输，为加强农业的基础地位作出贡献。同时要确保国家重点物资、外贸进出口物资、人民生活必需品的运输，组织好旅客运输。要深入研究随着基础设施的改善，如何培育运输经济新的增长点。加强国际交流，研究和分析国际航运市场变化规律，不断扩大市场占有份额。加大建设上海国际航运中心的工作力度。妥善处理内地与香港的航运关系，充分发挥香港航运中心的作用。在“一个中国、双向直航、互惠互利”的原则下，继续促进对台海上直航。

在抓好运输工作的同时，要高度重视安全工作。目前，安全形势不容乐观，重大事故时有发生。要以全面落实安全生产责任制为核心，以建立健全安全管理新机制为重点，狠抓管理、强化监督，确保公路、水路运输和工程施工安全。要严格船员发证管理制度和船员管理工作，努力提高船员技术素质。要加大船舶特别是老旧船、油船、液化气运输船的检验和安全检查力度。要全面降低国际航行船舶在国外港口国检查的滞留率。要进一步完善汽车运输企业内部安全管理制度，加快实施营运客货车辆驾驶员准驾证制度。继续搞好交通环保工作。

春运工作已经开始。春运工作的核心是服务质量，关键是运输安全。搞好春运工作，是社会对交通行业文明建设的一次全面检查，检查的标准是群众满意不满意。各级领导要高度重视，深入第一线检查指导。各级交通部门要按照统一部署，与有关部门密切配合，研究客流情况，组织运力，加强车船安全技术保障，强化运输组织领导，确保春运和民工流动安全、有序。

（二）把推进国有交通企业改革作为重中之重

1. 加强领导，制定规划

搞好国有企业的改革和发展是当前经济工作中一项十分紧迫的重要任务。从交通企业的实际情况看，完成国企改革的两个目标，任务非常艰巨。李鹏总理在中央经济工作会议重要讲话中明确了国有企业改革的6条基本方针政策，交通部门各级领导要认真学习，领会内涵，贯彻落实。要把搞好国有交通企业的认识提高和统一到党的十五大精神上来，明确这是各级交通主管部门义不容辞的责任。要切实加强领导，认真做好两个方面的工作，一是要搞好直属企业，二是要抓好行业指导。在深入分析研究的基础上，制定搞好国有交通企业的3年规划，从今年开始，认真组织实施。企业也要根据各自情况，制定这样的规划。

2. 结合实际，用好政策

近年来，中央出台了一系列搞好国有大中型企业的政策措施。这些政策措施对于解除企业历史包袱、缓解企业困难、深化企业改革、增强企业活力具有十分重要的意义。国有交通企业要从实际出发，积极主动地用好国家已出台的政策措施。

一是关于兼并破产、减亏增效政策。国务院去年决定由国家银行拿出部分呆坏账准备金，支持111个试点城市和重点企业的兼并、破产、重组和减员增效，用于核销呆账、坏账和停息免息。今年总金额有所增加。这项政策原适用于资本结构试点城市的工业企业，后扩大到建筑安装等行业。部已向国家提出交通企业也应享受这项政策。

二是关于增资减债政策。具体有两项，第一是1988年以前拨改贷形成的债务转为国家资本金，已于去年底基本完成。我部共转资本金48.7亿元，减轻了部分企业还本付息的负担，受益的主要是港口企业。第二是经营性基金形成的债务，也要逐步转为国家资本金。我们要继续做好增资减债政策的落实工作。

三是关于股票上市，增加资本金的政策。今年国家已经确定了股市筹资指标，支持国有企业，明确要求把一些经营状况良好的国家重点企业改为股份制上市公司，用所筹集的资金进行技术改造。在国家下达的股票发行指标范围内，部选择符合条件的大型企业，通过发行股票，利用证券市场直接融资，支持搞好大型企业。部继续做好对地方交通企业利用当地指标发行股票及上市的行业审查和推荐工作。国有大中型交通企业要研究资本运营的学问，搞好资本经营。交通系统上市公司要规范运作，维护在股市上的形象，以利于交通企业在股市上进一步融资。

在去年12月份召开的全国财政工作会议上，财政部又提出了搞好国有企业的若干政策，我们要争取落实到交通企业。其中有：下岗职工的基本生活费和实施再就业工程经费政府负担的部分，中央企业由中央财政负担，地方企业由地方财政负担；国有企业实施资产重组，将优质资产剥离成立的公司，其所得税可返回弥补被剥离企业的亏损；对高新技术项目、国家产业政策鼓励的内外资项目，进口国内不能生产的设备和技术，免征关税和进口环节增值税；争取给交通系统企业特别是航运企业享受“适当调整增值税、企业所得税等优惠政策”。

此外，国家还有一些针对某类企业的具体政策，部去年在调查研究的基础上出台了《交通部关于搞好国有大中型交通企业的若干政策和措施》，各地政府也有一些政策措施，交通企业要认真研究，用好用足这些政策措施。

3. 抓大放小，重点突破

“抓大”，就是要抓住那些对国家和区域经济发展具有深远影响的企业和企业集团。具体到交通系统，主要是搞好中央和地方的重点企业和企业集团，以及在实施国有企业战略性改组过程中，以市场为导向、以资本为纽带、以股份制的形式新组建的跨地区、跨行业、跨所有制的大企业和企业集团。交通系统内部，不是层层都有“抓大”的问题。

“抓大”，主要应做好以下4项工作：

一是国有大中型交通骨干企业，要按照“产权清晰、权责明确、政企分开、管理科学”的要求，实行规范的公司制改革，建立以资产为主要连接纽带的母子公司体制，切实转变企业经营机制。按照《公司法》的规定，母公司改组为国有独资公司、有限责任公司或股份有限公司，所属子公司根据需要改组为有限责任公司、股份有限公司或分公司，建立科学合理的法人治理结构和组织管理制度，建立决策、执行和监督体系，形成有效的激励与制约机制，并按照现代企业制度规范运作。

二是按照规模经营、集约经营的要求和市场的需求，进行企业内部结构调整，向专业化经营管理方向发展。我部管理的6大企业集团，有的目前还没有进行资产重组和结构调整，内部分工不是按市场需求，仍然维持着计划经济形成的格局，这样，集团的优势不能发挥，失去了组建企业集团的意义。今年大型企业和企业集团都要进行企业结构调整，优化资源配置，解决各个企业“小而全”的弊端；进行业务、产品调整，提高市场占有率；进行职工队伍调整，减员增效，提高劳动生产率。

三是积极推动存量国有资产的流动和重组，搞好国有资产结构的调整，提高国有资产的质量。在总结组建部属企业集团经验的基础上，进一步扩大组建集团的范围，通过改组、兼并、联合、股份制等方式，组建一批跨地区、跨行业的企业集团。坚持以市场为导向，支持大企业、企业集团强强联合，实行优势互补，共同发展。鼓励大企业、企业集团以资产、业务为纽带与大货主、大客户共同组建有限责任公司或股份有限公司，形成利益共同体，建立稳固的业务渠道。交通系统内的中远、中海、长航几大集团间，也应以市场为导向，优势互补，在互惠互利的基础上，采取合资、共同投船、互租箱位等方式加强合作，减少消耗，降低成本，提高船舶利用率和市场竞争力。按照国有经济要有所为、有所不为的思路，对不适于国有交通大型企业经营的领域，对市场不了解，没有人才，需要大量投入，或多年实践下来确实搞不好的，要果断地退出来，集中资金用到适于经营发展的领域。

四是大企业、企业集团要加快技术改造步伐，加大技术改造资金投入，走依靠科技进步发展企业的道路，在本行业内要占领科技制高点，取得竞争中的主动地位。要鼓励和支持国有大中型交通企业、企业集团建立技术中心，逐步形成面向市场的技术创新机制。对技术改造资金的投入要进行充分论证，科学、民主决策，防止将技改资金用于炒股票、搞房地产等不符合产业政策的项目。

在“抓大”的同时，还要认真做好“放小”的工作。“放小”，就是要加快放开搞活国有小型企业。对大量的国有小型交通企业，要从实际出发，采取多种多样的形式进行改革。可以实行股份合作制，可以职工持股、租赁、承包，还可以实行产权转让，把国有小型交通企业的资产出售给其他法人或职工个人。但是不能刮风，不能搞一股就灵、一股就化、一股就了，防止国有资产流失。在调查研究的基础上，部将进一步修改完善《关于放开搞活交通系统公有制小型企业的若干意见》，并研究制定《交通系统小型企业实行股份合作制暂行管理办法》，指导交通企业改革工作。

国家确定今年把纺织行业作为深化改革和扭亏解困的突破口。我们也要抓好重点，在“抓大”和“放小”两个方面选择有代表性的企业进行试点，争取有所突破，取得经验，加以推广。

4. 加强管理，苦练内功

一是重点抓好决策管理、营销管理、财务管理、质量管理。决策管理，就是要按决策程序搞好科学论证，防止草率决策、少数人说了算，最大限度地减少决策失误。营销管理，目的是打开市场、占领市场、扩大市场，为此必须组织得力的营销队伍，制定既能调动营销人员积极性，又能管好这支队伍的管理制度，形成激励与约束相结合的机制。财务管理，要加强资金管理和成本管理，提高资金利用效率，合理使用、调度资金，减少坏账风险，降低财务费用，严格成本核算，实行目标成本责任制，降低成本费用支出。质量管理，要全面贯彻落实国务院《质量振兴纲要》，实行科学的质量管理方法，努力提高运输服务质量、工程质量、产品质量，增强市场竞争能力，走质量效益型道路。

二是大力推行资产经营责任制。资产经营的核心是确保价值形态的国有资产增值，企业在搞好生产经营的同时，要结合资产重组，运用有偿转让、折价参股、资产上市等多种形式，盘活存量资产。部将在总结秦皇岛港、广州海运（集团）有限公司、第三航务工程局试点工作的基础上，修改完善《资产经营责任制考核办法》，扩大推行资产经营责任制试点范围，落实国有资产保值增值的经营责任，同时加强资产经营责任审计，加大监管力度。

三是抓好下岗分流、减员增效工作。这是国有企业改革的必由之路。目前国有交通企业富余人员大体占职工总数的1/3，又面临着其他行业向交通行业分流的巨大压力。要打破“大锅饭”、“铁饭碗”的思想，树立正确的择业观念，有计划地组织职工下岗分流。企业经济效益好的时候就要抓，不能等企业搞垮了再下岗分流。部属亏损企业，今年下岗分流人员不得低于10%。同时要抓好下岗职工的再就业工作，对他们进行再就业培训，积极开辟新的就业门路。并积极采取各种措施，帮助特困职工解决生活困难。

四是狠抓扭亏增盈工作。今年扭亏增盈的形势仍很严峻，有的亏损企业如再亏损下去，就到了资不抵债的边缘。亏损企业都要认真研究扭亏措施，制定减亏目标，落实扭亏增盈目标责任制。

国有交通企业改革的上述工作，今年一定要一抓到底，抓出成效。

搞好国有企业，关键是建设好企业领导班子，充分发挥企业党组织的政治核心作用，坚持和完善厂长（经理）负责制，全心全意依靠工人阶级。企业的领导班子既要保持相对稳定，又要加强考核，对不思改革、闹不团结、群众威信低的领导班子及时进行调整。要增加考核领导干部的透明度，广泛听取群众意见，坚持民主评议领导干部制度，充分发挥职工群众的监督作用。要认真贯彻“以人为本”的原则，注意加强对职工的政治思想和职业道德教育，充分尊重职工的主人翁地位，关心他们的切身利益，上下一心，同心同德，党、政、工、团拧成一股绳，打好企业改革攻坚战。

各级交通部门，都要增强服务意识，切实转变职能，积极投入企业改革攻坚战，全力支持企业改革。要帮助企业协调外部关系，帮助企业制定改革措施，帮助企业实施改革方案，帮助企业解决在改革中出现的新矛盾和新问题，当好企业改革的后盾。

（三）加快交通运输市场培育，加强交通行业管理

交通运输市场，包括运输市场和建设市场两个方面。在运输市场中，客运市场的发展势头好于货运市场，管理比较规范、运行比较有序、体系比较健全，向高层次发展的态势已经形成。货运市场的发展很不平衡，经营主体极度分散，缺乏有效的管理方法、管理手段和必要的组织引导。建设市场管理乱、造价高、质量差的问题前几年十分突出。对建设市场的管理起步较晚，但起点较高、力度较大、把关较严，市场架构基本形成。培育和发展交通运输市场总的要求是，要加强宏观调控和政策引导，把好市场准入关，保持供给和需求大体平衡；要打破条块分割、地方封锁，建立统一、开放的市场格局；要加强对交通运输市场的监督管理，制止和查处违反国家价格政策、任意抬价或杀价等不正当竞争行为，建立有序的市场竞争秩序。

水运市场，要完善上海航运交易所功能，加快计算机联网，扩大服务网络，积极发挥航交所的作用，组织推动在航交所实施海关“大通关”。要认真履行国务院批准的上海组合港管委会职责，逐步理顺关系，按照“统筹规划、信息交流、政策调研、组织协调”的要求，促进上海港尽快成为全国集装箱枢纽港。要以监督企业价格行为为重点，规范市场竞争。在港口价格方面，加大对执行港口费收规则的检查力度；对国内航运价格，允许航运公司之间订立价格同盟，由行业协会监督各个企业的行为；对国际航运价格，在遵守公平竞争和符合国际惯例的原则下，加强对企业价格行为的监管，贯彻落实国际集装箱运价报备制度。

道路运输市场，要加快公路主枢纽建设步伐，发挥其综合服务功能，促进区域性道路运输市场的培育和发展。加强省际干线客运的管理和协调，积极组织引导依托高速公路建立快速客运系统。加强对货运市场的组织和管理，积极发展快速货运，建立和完善运输信息网络。修订、完善外商投资道路运输业管理办法。规范汽车、摩托车维修和机动车检测等行业的运作行为。推行公路运输管理费收支两条线的管理体制，严格控制运管队伍编制，压缩人员，提高工作效率和服务水平。

对交通建设市场，要继续以提高工程质量、规范市场行为、控制工程造价为重点，搞好整顿工作。要严格基本建设程序管理，加强设计文件、招标文件的审查和施工单位、监理单位的资格预审，规范建设单位项目报建、开工报告审批和招投标行为，强化对建设单位、施工单位和中介机构的监督约束，杜绝非法分包、转包。加强建设项目开工前、建设中和竣工决算审计，强化工程监理，严格控制造价，保证工程质量。

理顺行业内外关系。切实推进水运管理体制改革，根据国务院对我部上报的《港口体

制改革试点方案》的批复精神，进一步落实试点单位，加快实施。围绕与有关部门之间存在的职能交叉、职责不清等问题，做好有关准备工作，为理顺关系创造条件。公路养护管理工作，要依据《公路法》，分清养护和路政管理职责，理顺管理体制，改革分散和粗放的作业方式，研究限编减员的措施。要进一步明确行业社团组织的地位和作用，使行业社团组织真正成为沟通政府与企业的桥梁。

加强交通法制建设，做到依法治交通。要认真学习宣传、全面落实《公路法》，尽快制定与《公路法》相配套的法规、规章。积极做好汇报工作，争取《港口法》早日出台，上报《航道法》，抓紧起草《船舶法》、《水运法》，以及制定其他部门规章。加强执法队伍建设，规范执法行为，逐步实行执法责任制。进一步抓好“三五”普法教育和交通行政执法岗位培训，严格实行持证上岗。强化审计监督和行政监察。继续加强治安综合治理工作，维护港航治安秩序稳定。

（四）做好交通科技教育工作

继续推进部属科研单位的结构调整和人员分流工作。加快公路、水运工程、船舶运输3个科研中心的建设。加强以交通发展战略为重点的软科学研究，抓好深水枢纽港建设关键技术研究和国道主干线设计集成系统等国家级重大科技项目的实施，搞好行业联合科技攻关项目的协调管理。组织执行公路路面评价养护和桥梁管理系统等政府主导型科技成果推广计划，使科技成果尽快转化为现实生产力。按照“公路、水运交通信息化‘九五’规划和2010年远景目标纲要”的要求，加快实施交通运输EDI信息网一期工程，加强部、省两级管理信息系统和交通科技信息网的开发建设，建成交通卫星数据网及网络管理中心。加强交通行业标准化和计量工作。

交通教育工作要加快体制改革步伐、优化教育结构，充分利用现有教育资源，实行多种形式的联合办学。继续开展部级重点学科的评审和确认，力争部级重点学科总数达到15个；抓好部属普通高等院校重点实验室的建设，“九五”后3年要建成6~9个部级重点实验室，并为创建国家重点实验室打好基础；加强交通职业技术重点学校和重点专业的建设，全面开展部级教学带头人的选拔工作；做好对交通行业成人教育的管理指导，推动交通企业教育综合改革，采取多种形式搞好在职干部职工的培训，全面提高队伍素质。继续加强交通教育扶贫工作。完成西安公路交通大学“211工程”立项。加快“安居工程”进度。

（五）扎实推进行业精神文明建设

采取多种形式认真组织广大干部职工学习邓小平理论和十五大文件。要根据江总书记在十五大报告中提出的“抓住机遇而不可丧失机遇，开拓进取而不可因循守旧”的精神，增强改变交通落后面貌的责任感和紧迫感，不断破除封闭保守的陈腐观念，摒弃在计划经济体制下形成的旧习惯，树立开拓进取、改革创新的思想观念，为交通行业物质文明建设提供精神动力和思想保证。

要按照十五大报告提出的“三项建设”、“三个根本”，“三种优势”的要求，从严治党，加强各级党组织建设。坚持党中央确定的反腐败的指导思想、基本原则、领导体制和工作格局，坚持“教育是基础，法制是保证，监督是关键”的原则，抓好干部特别是领导干部的廉洁自律，厉行节约，制止奢侈浪费，查处违法违纪案件，纠正行业不正之风。各级交通主管部门要依据《公路法》，全面履行职责，做到依法治路。要加大治理公路“三乱”力度，巩固治理成果，坚持标本兼治，防止反弹和回潮。要严格执行部最近发布的《交通行政执法证件管理规定》，逐步建立交通行政执法人员资质考核认证制度。要重视水上“三乱”现象，抓住苗头，坚决治理。同时，进一步贯彻落实《中共中央、国务院关于治理向企业乱收费、乱罚款和各种摊派等问题的决定》，帮助企业减轻负担。

要大力推进行业文明建设，创建文明行业的关键是提高队伍素质，要把素质教育放在突出位置。去年10月召开的全国公路系统创建文明行业经验交流会上树立了公路系统5个先进典型之后，交通系统“三学一创”活动的内涵进一步丰富。今年的“三学一创”活动，要以包起帆、陈德华、朱同汝、“华铜海”轮、青岛长途汽车站、石家庄出租汽车行业、青岛港和山西“太旧精神”等8个典型为样板，抓好提高认识、发动群众、注重实效等关键环节，继续深入开展。要制定全国交通系统创建文明行业的管理办法，具体解决文明行业的考核、认定、命名等操作性问题；召开示范“窗口”单位工作汇报会，检查示范活动进展情况；组织创建文明行业报告团，请5个公路系统先进典型到部分省市巡回报告；在黑龙江省召开公路收费站系统“青年文明号”活动推广大会；开展“在深化改革中如何切实加强精神文明建设”课题的专题调研；与人事部联合评选表彰1994年以来的全国交通系统劳动模范、先进工作者和先进集体；与全国总工会联合评选表彰100名优秀养路工、100个文明养路道班。

在改革不断深化、发展步伐加快的同时，要切实做好稳定工作。要关心职工生活，尽力多办实事，特别要重视为下岗职工、离退休干部职工排忧解难，多做深入细致的思想工作，保持干部职工队伍的稳定。

今年政府换届后要进行机构改革。我们要按照国务院的统一部署和安排，切实做好机构改革工作。机构改革中必须按照社会主义市场经济的要求，转变政府职能，理顺职责分工，实现政企分开，根据精简、统一、效能的原则，建立办事高效、运转协调、行为规范的行政管理体系。在机构改革中要认真做好思想政治工作，做到思想不散、秩序不乱、工作正常运转、人员妥善安排。

同志们！全国交通系统面临着两个文明建设的繁重任务，我们要高举邓小平理论伟大旗帜，在以江泽民同志为核心的党中央领导下，按照中央经济工作会议提出的“统揽全局，精心部署，狠抓落实，团结一致，艰苦奋斗，开拓前进”的要求，扎扎实实地做好我们的工作，努力创造交通工作的新业绩。

努力做好世纪之交的交通工作
以优异成绩迎接建国50周年

——黄镇东部长在1999年全国交通工作会议上的讲话

（1999年1月18日）

同志们：

1999年是本世纪的最后一年，我们将迎来新中国成立50周年和澳门回归祖国两件盛事。做好世纪之交的各项交通工作，具有十分重要的意义。这次会议的主题是：贯彻落实党的十五大和十五届三中全会精神，按照中央经济工作会议提出的总体要求和工作指导方针，在总结回顾1998年交通工作和改革开放20年来交通发展成就的基础上，安排部署1999年的工作任务，统一思想、坚定信心，抓住机遇、知难而进，团结一致、艰苦奋斗，以优异的成绩迎接建国50周年，为把我国公路、水路交通事业全面推向21世纪创造更好的条件。

一、1998年交通工作回顾

1998年是极不平凡的一年，是全党、全国各族人民全面贯彻落实党的十五大精神，经历国内外形势的严峻考验并取得重大胜利的一年。一年来，交通系统广大干部职工，认真贯彻落实党中央、国务院作出的重大决策，全力加快交通基础设施建设，奋力参加抗洪抢险，不断深化改革，努力做好各项工作，完成了党中央、国务院赋予的光荣任务，为国民经济和社会发展作出了新的贡献。

（一）以加快公路建设、超额完成1 800亿元投资规模为标志，交通基础设施建设打了一场硬仗

去年年初，面对亚洲金融危机不断扩大的影响，党中央、国务院决定，把加快包括公路在内的基础设施建设作为扩大内需的重点，确保国民经济持续快速健康发展。部在福州召开了全国加快公路建设工作会议，吴邦国副总理亲自到会作了重要讲话，充分体现了党中央、国务院对加快公路建设的高度重视。部还先后多次召开了加快公路建设座谈会和电话会议。确定了加快公路建设的主要目标和建设重点，公路建设投资规模由年初的1 200亿元调整到1 600亿元，在党中央、国务院确定了采取积极的财政政策后又增加到1 800亿元，比年初计划增长50%，达到历史最高水平。各省、区、市按照加快公路建设的要求，及时增加了投资规模，其中，广东、山东、河北、江苏、四川、浙江6省的投资规模超过100亿元，山西、河南、广西、新疆等中西部省区的投资也有可观的增长。地方各级党委、政府把加快公路建设摆在了十分突出的位置，广大人民群众积极支持加快公路建设，形成了加快公路建设的良好态势。

一年来，经过交通系统广大干部职工的艰苦努力，公路建设完成的投资达到2 118亿

元。据快报统计，全年新增公路里程3.7万公里，其中高速公路1 487公里，一级公路2 195公里，二级公路8 800公里，新建公路桥梁6 000座、30.8万延米。全国公路通车总里程达到126万公里，提前两年实现了“九五”计划目标。高速公路总里程达到6 258公里。在建重点项目285个，建设总里程2.7万多公里，其中高速公路12 600多公里，一级公路2 400多公里，二级公路5 800多公里。国道主干线“两纵两横三条重要路段”中完成了沈阳至四平、新疆吐乌大等路段，共1 000多公里，并新开工3 000多公里，“五纵七横”中大部分路段开工建设。路网技术等级水平又有一定程度的提高，二级以上公路占总里程的比重达到11.3%。县乡公路建设继续保持较快增长，全国通公路的乡镇、行政村比重分别达到99%和87%。与此同时，公路养护管理工作得到加强，好路率稳中有升，创建文明样板路与实施GBM工程相结合，取得了显著成效。

加快公路建设扩大了内需、带动了经济增长。据抽样调查显示，公路建设市场平均每月吸纳劳动力253万人，其中交通业以外的劳动力157万人，占62%，有效地促进了劳动力的就业，增加了农民的收入。全年累计消耗钢材306万吨，水泥4 030万吨，沥青276万吨，木材105万立方米，汽柴油514万吨，砂石类材料40 817万立方米，拉动了钢铁、建材、能源等相关行业的生产。

一年来，公路建设的质量特别是重点项目的工程质量总的情况是好的。为确保工程质量，我们认真贯彻落实国务院领导要高度重视并切实抓好工程质量的指示精神，坚持质量第一的原则，部组织专家组进行现场技术指导和质量检查，对公路建设项目质量情况进行了通报，对辽宁沈四路青洋河大桥和云南昆禄路等质量事故及时进行了严肃查处。部还召开了公路建设质量工作会议，提出了加强公路建设质量管理的10条措施，各地迅速贯彻落实，加大了质量监督力度。这次会议前，部组织专家组分别对云南、辽宁公路建设的重点工程进行了质量检查。

在加快公路建设的同时，沿海港口、内河航道和支持保障系统等重点工程建设进展顺利。沿海港口，建成泊位56个，其中深水泊位20个，新增吞吐能力1 649万吨。去年年初部在江苏、广西召开了全国内河航运建设现场会，邹家华同志到会并作了重要讲话，进一步推动了内河航运建设。改善内河航道774公里，湘江航运二期工程大源渡枢纽船闸通航，第一台机组运行发电。长江口深水航道治理一期工程进展顺利。长江船岸移动通信工程，水监信息系统，海南、湛江水上交通管制中心等一批重点项目取得进展。

召开了“十五”交通建设前期工作会议，提出了“十五”交通建设的目标和重点，部署了“十五”交通重点建设项目的前期工作。

（二）弘扬伟大的抗洪精神，全力以赴投入抗洪抢险斗争

去年汛期，长江流域和嫩江、松花江流域发生了历史上罕见的洪涝灾害，交通基础设施和运输生产受到严重损失和影响。公路水毁里程共计2.9万公里，冲毁桥梁3 160座，长江沿线被淹码头76座，长江航运因封航停产43天。据不完全统计，交通系统因洪涝灾害直接经济损失70多亿元。交通系统各单位在自身遭受损失的情况下，按照党中央、国务院和地方各级政府的统一指挥，组织动员广大干部职工，全力投入了抗洪抢险斗争。

一是严防死守，奋力抢救重大险情。湖北、湖南、江西、安徽、江苏及黑龙江、吉林、

内蒙古等地的交通部门和部属有关单位，承担了大量艰巨的堤防任务。长航集团守护了近8公里的长江干堤和91个闸口，其中包括最为险峻的武汉龙王庙段。他们日夜巡查，及时排除险情，确保了责任堤段的安全。8月1日晚牌洲湾民垸溃口，湖北省交通厅紧急调集船舶199艘次，救出受灾群众4.3万人。8月7日九江大堤溃口，长江航务管理局等单位立即组织船舶50多艘投入抢险，长航集团将一艘满载的千吨级驳船沉船堵口，为溃口合龙赢得了宝贵的时间。

二是不惜一切代价，抢运救灾物资和人员。据统计，全国交通系统参加抗洪抢险的人数达89.3万人，投入车辆67万余台次、船舶3.2万余艘次，运送救灾人员470.4万人次，救灾物资1 395万吨。公路收费站免费优先放行运送抗洪抢险物资、人员的车辆95.8万台次，免收通行费3 122万元。

三是迅速修复水毁公路、桥梁和港航设施，确保抗洪抢险运输线路的畅通。部及时安排资金3.7亿元，用于补助在建工程和水毁公路、港航设施的修复。公路、港口、航道等部门和单位增拨经费，调集力量，连续作战，使抗洪抢险物资和人员运输得到了可靠保障。许多公路、水路通道被当地党委、政府、解放军和人民群众誉为抗洪救灾的生命线。

在抗洪抢险斗争中，交通系统广大干部职工发扬江总书记倡导的万众一心、众志成城，不怕困难、顽强拼搏，坚韧不拔、敢于胜利的伟大抗洪精神，各级领导干部身先士卒，积极组织指挥，起到了表率和带头作用，广大职工舍小家、保全局，日夜奋战在抗洪抢险第一线，涌现出大量英模人物和先进集体。湖北省阳新县公路段养路女工柯琴芳，南京新华船舶股份有限公司保卫干部张玉金，武汉交通科技大学学生李伟，在抗洪抢险中英勇献身，部授予他们荣誉称号并号召交通系统广大职工向他们学习。湖北省交通厅、长航集团等4个抗洪先进集体，哈尔滨市交通局副局长印有伦等5名抗洪模范受到国家防总等3部门表彰，其中九江长江港监局局长陈纪如同志，在九江沉船堵口决战中表现突出，还被全总授予全国“五一”劳动奖章。湖北省公路运输管理局积极组织车辆参加抗洪抢险，被全总授予抗洪救灾先进集体荣誉称号。全国交通系统干部职工心系灾区，投入救灾物资20.7万吨，提供救生衣18 769件，单位和职工捐款捐物折合人民币1.48亿元。

抗洪抢险斗争取得的重大胜利，极大地振奋了交通系统广大职工的精神，增强了交通职工队伍的凝聚力。

（三）公路、水路运输努力适应市场需求，安全生产形势保持稳定

去年，公路、水路运输在竞争更加激烈的形势下，努力开拓市场，积极参与竞争，调整结构，保持了正常发展的势头。据快报统计，全社会公路运输完成客运量125.3亿人，旅客周转量5 950亿人公里，货运量100亿吨，货物周转量5 438亿吨公里，分别比上年增长4%、7.4%、2.4%和3.2%。水路运输完成货运量11.8亿吨，货物周转量19 363亿吨公里，分别比上年增长4.6%和0.7%；完成客运量2.06亿人，旅客周转量138亿人公里，分别比上年下降8.8%和11.4%。全国主要港口完成货物吞吐量12.5亿吨，比上年下降2%。水上交通事故件数和直接经济损失同比下降12%和46.8%，但沉船艘数和死亡失踪人数分别上升了11.8%和14.2%。公路客运重特大事故也有所下降。水运企业建立安全管理新机制推行面达到30%，从事国际航运的第一批船舶及其公司如期实施国际安全管理规则，我

国船舶在国外港口的滞留率大幅度下降。“反三违月”活动取得明显成效。通航保障、船舶检验、救助打捞、交通环保工作得到加强。海峡两岸海上直航试点稳步发展。

（四）突出重点，交通各项改革取得进展

国有交通企业改革稳步推进。按照“抓大放小”、“三改一加强”的方针，各级交通部门加强了搞好国有交通企业的工作。中海集团作为部党组确定的深化国有交通企业改革的“突破口”，认真贯彻部党组提出的“一年扭亏持平，三年基本建立现代企业制度”的要求，采取资产重组、调整结构、加大船舶技改力度、加强各项基础管理等措施，实现了一年扭亏持平的阶段性目标。山西省13家厅属汽车运输企业全部实行了规范的公司制改造，建立健全了法人治理结构。山东省50%的国有交通企业完成改制。着手组建华北高速公路股份有限公司、东北高速公路股份有限公司、湖南长永高速公路股份有限公司和广西五洲交通股份有限公司，作为第一批使用国家特批指标的企业，在国内发行A种股票。交通汽车运输企业扭亏增盈工作初见成效。加大了国有交通企业减员增效的力度，并积极做好下岗职工基本生活保障和再就业工作，企业基本建立了再就业服务中心。按照国务院的统一部署，部属企业职工基本养老保险行业统筹已经移交地方管理。

交通部机构改革圆满完成。按照国务院批准的交通部机构改革“三定”方案，一是精简了机构和人员。部内设机构精简比例为21.4%，处室机构精简比例为40%，行政人员编制精简比例为50.3%，机关分流人员已基本得到妥善安置。二是进一步转变了职能。我部划出、转交给企业、社会中介组织和地方的职能共5项，这有利于我们集中精力抓好交通行业管理。三是初步理顺了部分长期交叉的行业管理体制。明确了中央和地方水上交通安全管理的事权划分和职责分工，组建了交通部海事局。完成了大连等6个海事法院移交司法系统的全部准备工作。此外，配合财政部对公路、水路交通“费改税”问题进行了调查研究，并提出了改革方案。

根据中央关于军队、武警部队和政法机关不再从事经商活动的决定，开展了武警交通部队、港航公安经商办企业的清理整顿工作。为贯彻执行党中央、国务院关于中央党政机关与所办经济实体和管理的直属企业脱钩的决定，在对直属企业进行调查摸底和充分征求企业意见的基础上，研究提出了部与直属企业脱钩的分类处理意见。去年底，部从行政隶属关系上已同所属企业脱钩，移交的具体工作正着手进行。

（五）依法行政，交通运输市场管理得到加强

在立法方面，修订后的《海上国际集装箱运输管理规定》经国务院批准已重新发布实施。《收费公路管理条例》等行政法规草案已上报国务院。配合国务院法制办审核了《港口法（送审稿）》。在执法方面，加强了《公路法》的宣传教育，交通行政执法人员岗位培训工作全面展开，行政执法证件得到统一规范。行政执法监督、行政复议和行政应诉工作有所加强。

交通运输市场宏观调控和监督管理进一步改善。对我国国际海上运输加强了市场准入管理，依法取消了一批不符合规定的外国航运公司在华代表处，对违规开辟班轮航线的公司依法进行了处罚。对国内航运市场采取了控制新增运力、鼓励船舶更新等政策。运力盲目增长和过度竞争的势头得到抑制，运力结构得到优化。公路运输市场严格市场准入资格审查，重

点抓了经营行为和市场秩序的整治，整顿规范了中外合资、合作企业。建设市场按照有关规定，加大了执法和监管力度。强化了对建设单位、施工单位、设计单位和监理单位的监督约束，制止非法分包、转包。严格执行资格预审、招投标文件审查、开工报告审批等制度，加强了施工、监理单位的资信登记和资信复审管理，停止了一批不合格的施工和监理单位的资信登记。

（六）以提高干部职工队伍素质为根本，行业精神文明建设取得新的成果

交通系统广大干部职工积极响应党中央提出的掀起学习邓小平理论新高潮的号召，通过举办领导干部培训班和辅导讲座等多种形式，深入学习邓小平理论，紧密联系交通改革和发展实际，思想和行动进一步统一到了十五大精神上来。

科技教育工作健康发展。科技进步在交通建设、运输生产等领域取得新的成果，评定部级科技进步奖79项，一批重大科研项目开始实施，科技成果转化率有了新的提高。召开了交通高等教育工作会议，进一步明确了交通高等教育跨世纪改革与发展的目标和任务。交通高等教育体制改革取得了实质性进展，“211工程”和重点学科建设取得了一批标志性成果。专业技术队伍和“十百千人才工程”建设进一步得到加强。院校“安居工程”进展顺利，“筒子楼”改造工程完成了3.5万平方米，教职工住房条件有了进一步改善。

深入开展“三学一创”活动，并使创建文明行业活动走向制度化、规范化。制定了《全国交通系统创建文明行业实施办法》，对部颁30个行业文明示范窗口进行了检查，并及时处理整顿了个别受到批评的“窗口”单位。命名表彰了“舍身救旅客的优秀船员”刘敏同志，评选表彰了全国交通系统劳动模范、先进工作者和先进集体以及“巾帼建功”先进个人、集体，推广了黑龙江省301国道创建青年文明号一条路的经验。在水监系统开展了“三整顿一清理”活动。交通港航治安综合治理取得成效。在巩固国、省道基本无“三乱”、防止反弹回潮的同时，开辟了新的向大中城市运输蔬菜的“绿色通道”，对县乡公路和水上“三乱”加大了治理力度。

加强了党风廉政建设和反腐败斗争。重点落实党中央、国务院关于制止奢侈浪费行为的8条规定，清理通信工具，压缩会议、端正会风和切实执行公务活动接待标准3项工作基本达到预期目标。集中力量查办了一批违纪案件。重点开展了水监系统、航道施工企业和车辆通行费等的审计工作。

一年来，我们完成了艰巨繁重的各项工作任务，这是在党中央、国务院正确领导下，全国交通系统500万干部职工共同努力的结果。在此，我代表交通部向全国交通系统广大干部职工表示衷心的感谢和崇高的敬意！

在充分估量一年来交通工作取得成就的同时，我们也要看到工作中存在的几个突出问题：一是行业管理不适应建立社会主义市场经济体制的需要。管理体制不顺，行业管理手段不到位，政令不畅通，法规不健全，运输市场和建设市场秩序比较混乱，与统一、开放、竞争、有序的要求还有较大差距，一些地方港口重复建设的问题也没有得到很好解决。二是公路建设质量有待进一步提高。虽然全国上下对公路建设质量、特别是重点建设项目的工程质量是高度重视的，但由于当前公路建设规模巨大，建设市场不规范，组织领导和队伍素质不适应，因此在一些项目上出现了设计、施工、监理等方面把关不严，发生了严重的质量事

故，甚至搞了“豆腐渣工程”，受到国务院领导的严肃批评。我们应当举一反三，引以为戒，深刻总结经验教训。三是由于部分地区公路、水上设站收费点审批把关不严，收费站点过多过密，存在着乱设站、乱收费的问题，社会各界和广大群众反映强烈。四是国有大中型交通企业效益滑坡，企业经营机制不活，市场占有率低。一些地方交通企业处于困境，下岗职工多，再就业压力大。五是交通干部职工队伍建设仍然是一个薄弱环节，部分干部职工政治思想素质和职业道德素质比较低，缺乏敬业精神和全心全意为人民服务的意识，工作上进取精神不足。还有少数人经受不住市场经济的考验，发生了腐败行为，甚至跌入了犯罪的泥坑。对这些问题我们要高度重视，认真研究，采取对策，加以解决。

二、十一届三中全会以来交通发展道路的探索和实践

党的十一届三中全会距今已整整20年，党中央召开了隆重的纪念大会，江总书记发表了重要讲话。对交通系统来说，十一届三中全会以来的20年，也是值得我们回顾和总结的。在十一届三中全会以来的路线、方针、政策指引下，我们密切联系交通行业的实际，积极探索社会主义初级阶段交通发展道路，使我国公路、水路交通事业进入了一个崭新的发展阶段。这20年，是我国历史上交通发展速度最快、规模最大、最具活力的时期。公路总里程增加了38.7万多公里。高速公路从无到有，公路通达深度和覆盖面有了很大改善，乡镇、行政村通公路的比重分别比1978年增加了7.5和21.2个百分点。沿海主要港口建成泊位总数比1978年增长3.4倍。改善内河航道6 173公里。全国民用汽车从1978年的135.8万辆增加到1998年的1 326万辆，增长了8.8倍。民用船舶已达26.6万艘、4 850万载重吨，比1978年分别增长1.58倍和2.05倍。在各种运输方式的总运量中，公路运输完成的客货运量和客货周转量所占比重从1978年的58.7%、34.1%和29.9%、2.8%分别上升到1998年的91.3%、77.2%和55.9%、14.5%。水路运输完成的货物周转量所占比重从1978年的38.4%上升到1998年的51.5%。

我国交通事业的历史性变化说明，20年来我们坚持解放思想、实事求是的思想路线，坚持以经济建设为中心的政治路线，坚持改革开放的基本国策，坚持“两手抓、两手都要硬”的方针，努力探索社会主义初级阶段交通发展的道路，取得了积极的进展。在不断探索的过程中，我们有以下几点认识：

第一，必须把社会主义初级阶段交通行业的实际，作为发展交通的立足点和出发点。这是发展的基点问题。我国的公路、水运交通事业，从建国初期到70年代末，经过30年的建设，形成了初步的规模，但是交通十分落后的状况还未得到根本改变。交通运输长期处于紧张状态，压船、压港、压货相当严重，乘车难、运货难成为我国社会经济生活中的一个突出矛盾，制约了国民经济的发展，而交通建设的资金又十分短缺，这就是改革开放初期我国交通的实际。20年来，我们想问题，办事情，作决策，解决发展中的机遇问题、动力问题、战略问题、方针政策问题等等，都是从交通运输是国民经济发展的薄弱环节和制约因素这个最大的实际出发的。交通必须加快发展，必须扩大规模，必须提高质量，把彻底改变交通运输落后面貌作为几代人坚持不懈、努力奋斗的目标，不断适应国民经济和社会发展的需要，尽快缩短与发达国家的差距，这是我们探索社会主义初级阶段交通发展道路的立足点和出发点。

第二，必须牢牢抓住历史机遇，不失时机地加快交通发展步伐。这是发展的机遇问题。改革开放以来，中央把交通运输作为国民经济发展的战略重点之一，为我们提供了极好的发展机遇。20年来，我们抓住了发展交通的几次重大机遇：改革开放初期，为了推进农村的改革，中央连续5年发了“1号”文件，相继提出了允许农民个人或联户购置小型拖拉机和小型机动船从事运输，不再禁止私人购置大中型拖拉机和汽车，依靠国家、集体和个人的力量，兴建商品流通所需的交通等基础设施。我们抓住机遇，因势利导，提出了“要努力把交通搞通、搞活、搞上去”，“有河大家行船、有路大家走车”，“各部门、各行业、各地区一起干，国营、集体、个人和各种运输工具一起上”的方针，运输领域凭借农村改革之势放开，公路、水路运输出现了空前活跃的新局面。1992年邓小平同志视察南方重要谈话发表和党的十四大召开，我们进一步解放思想，研究提出了交通运输上新台阶的目标和深化改革、扩大开放、加快发展的25条政策措施，全国各地大办交通的积极性更为高涨。去年初以来，我们又抓住了加快公路建设的机遇，提出了快干7条线，建设主骨架，改善公路网，扩大覆盖面，力争全国公路在总量、质量和管理水平上实现新的突破。回顾交通改革发展的实践，正如江总书记指出的“能否抓住机遇，历来是关系革命和建设兴衰成败的大问题”。我们在继续探索交通发展道路的实践中，应该牢记这一重要论断。

第三，必须坚持改革开放，积极探索，敢闯敢试。这是发展的动力问题。探索交通发展道路就是要敢闯敢试。一是在发展多种所有制经济上敢闯敢试，单一的所有制结构被突破，运输经济结构发生了很大的变化，形成了多形式、多层次、多成分的运输经济新格局。二是在培育和发展交通运输市场上敢闯敢试，公路水路运输中市场机制的作用不断增强。三是在体制改革上敢闯敢试，五级交通管理体制、港口管理体制、海事管理体制和企业管理体制等在改革的不同历史时期取得了积极的进展。四是在筹资渠道多元化上敢闯敢试，形成了“国家投资、地方筹资、社会融资、引进外资”的格局。五是在扩大交通对外开放上敢闯敢试，开放运输市场，与国际惯例接轨。在交通基础设施建设中，采取BOT、转让公路收费权和在境外发行H股票等多种形式，积极引进国外的资金、先进技术和管理经验。20年来，累计利用外资达170多亿美元。六是在创建外向型工业园区上敢闯敢试，创办了蛇口工业区，为我国的改革开放提供了宝贵的实践经验。七是在闯和试的过程中，对不同意见采取“不争论”的方针。80年代末，我国起步建设高速公路时，曾经引起很大争议。我们坚持大胆地闯，大胆地试，争取了时间，带动了全国范围内的高速公路建设。探索交通发展道路是一项既充满希望又非常艰巨的开创性事业。如果不敢闯、不敢试，不实行改革开放，是走不出一条新路来的。

第四，必须明确交通发展的总体设想和制定长远规划，分阶段有步骤地组织实施。这是发展的战略问题。根据国民经济和社会发展的总体目标，我们大力加强了交通发展战略、发展规划、发展政策的研究，制定了我国公路、水运“三主一支持”的战略构想，即：从“八五”开始，用几个五年计划的时间，在发展以综合运输体系为主轴的交通运输业的总方针指导下，基本建成我国的公路主骨架、水运主通道、港站主枢纽和支持保障系统。在实际工作中，我们又不断加以深化和充实，并认真做好交通建设项目的前期工作，坚持不懈地分步组织实施。一年前，我们又提出实现交通现代化3个发展阶段的目标：第一个阶段是从“瓶颈”制约、全面紧张走向“两个明显”；第二个阶段是从“两个明显”到基本适应国民经济和社会发展的需要；第三个阶段是从“基本适应”到基本实现交通运输现代化。这样，我国交通发展的蓝图更加清晰，步骤更加明确，这是对探索交通发展道路的战略性的科学谋划。

第五，必须坚持“两个充分发挥”、“两个紧紧依靠”的方针，正确执行国家制定的政策。这是发展的方针政策问题。20年来，交通的发展坚持充分发挥中央的积极性，坚持充分发挥地方的积极性，逐步形成了“统筹规划、条块结合、分层负责、联合建设”的机制。国家为了加强交通基础设施建设，相继出台了提高养路费征收标准，开征车辆购置附加费、航道养护费、港口建设费、公路客货运附加费，允许贷款修路、收费还贷，以及动用国家库存的粮、棉、布，以工代赈修建贫困地区交通基础设施等重大政策。各级地方党委、政府也采取了一系列扶持和优惠政策措施。“要想富，先修路”成为社会的共识，广大人民群众怀着脱贫致富奔小康的强烈愿望，积极支持、踊跃参与交通建设。我们在紧紧依靠地方党委、政府，紧紧依靠广大人民群众办交通的过程中，严格按政策办事，并对出现的“三乱”现象和偏离政策的行为进行治理整顿和纠正。在探索交通发展道路中，只有严格执行国家的方针政策，才能保持交通发展的良好势头。

第六，必须加强交通法制建设，依法治交通。这是发展的法制保障问题。改革开放以来，我们坚持立法与执法并重、执法与执法监督并举，依法治交通的局面正在逐步形成。《海上交通安全法》、《海商法》、《公路法》和一批交通行政法规、规章相继出台，初步搭起了交通法规体系框架，为交通改革和发展提供了法制保障。交通法制工作是各项交通管理工作的基础，必须把法制建设提到更加突出的地位，坚持改革、发展与法制建设同步进行，实现各项交通工作的法制化，这是探索交通发展的必然要求。

第七，必须坚持“科教兴交”战略，把科学技术作为交通发展的第一生产力。这是发展的智力支持问题。改革开放以来，交通科技工作紧密结合基础设施建设、运输生产中的关键技术问题，通过软科学研究、重大装备开发、行业联合科技攻关、引进先进技术、科技成果推广应用等多种形式，开发应用了一批先进适用的成套技术和装备，使公路、水运的技术水平和技术构成发生显著变化。交通行业科技进步的机制初步形成，促进了科技成果转化率和科技进步贡献率的提高。“交通人才工程”建设也取得很大进展。我们从交通的实际出发，加强了重点院校、重点学科和专业的建设，为公路、水运交通的发展输送了一批又一批的合格适用人才。事实证明，实施科教兴交，是探索交通发展道路的一项根本性的措施。

第八，必须以科学的理论武装人，以先进的思想、高尚的道德教育人，促进交通行业两个文明建设协调发展。这是发展的思想保证问题。改革开放20年来，交通系统以邓小平理论为指导，以交通建设为中心，以提高职工队伍素质为根本，以加强领导班子建设为基础，以具有行业特点的精神文明建设为重点，积极开展了“两学一树”、“三学一创”等活动，大力宣传了杨怀远、严力宾、包起帆，“华铜海”轮、青岛港等一批先进典型。弘扬了“自力更生、艰苦奋斗、不屈不挠、拼搏奉献”的筑路精神，埋头苦干、默默奉献的养路工人的“铺路石”精神，四海为家、艰苦创业的筑港精神，以苦为荣、无怨无悔的航标职工的“灯塔精神”，把生的希望让给别人、把危险留给自己的“救捞精神”。这些典型的英雄事迹、先进思想和高尚道德，教育、激励了广大交通职工，推动了交通职工队伍建设，成为我们探索交通发展道路的强大思想保证。

上述交通发展的基点问题、机遇问题、动力问题、战略问题、方针政策问题、法制保障问题、智力支持问题、思想保证问题，都是探索社会主义初级阶段交通发展道路的重要组成部分，不仅为我们继续进行探索和实践提供了基础，而且也创造了新的起点。在新世纪到来之际，我们要在邓小平理论指引下，在以江泽民同志为核心的党中央领导下，坚决贯彻十一届三中全会以来党的路线、方针、政策和十五大精神，进一步探索和完善交通发展之路，推动全国交通事业沿着正确道路继续前进，迈向充满希望的21世纪。

三、新世纪的展望和1999年工作安排

党的十五大制定了把建设有中国特色社会主义事业全面推向21世纪的宏伟蓝图和行动纲领。展望下一个世纪，第一个10年，国民生产总值将比2000年翻一番，人民的小康生活将更加富裕，形成比较完善的社会主义市场经济体制；第二个10年，国民经济更加发展，各项制度更加完善；到世纪中叶，基本实现现代化，建成富强、民主、文明的社会主义国家。

我国经济和社会发展对公路、水运的发展提出了新的更高的要求，交通必须继续加快发展，逐步与之相适应。公路、水路交通在下个世纪发展的总体构想是：到2010年，基本建成“三主一支持”的骨干工程，形成相应的规模效益；到2020年，基本实现“三主一支持”长远发展规划，交通运输基本适应国民经济发展的需要；到2050年左右，我国交通运输将达到中等发达国家的水平，基本实现现代化。这个总体构想，是在分析了我国交通运输的现状，发展的有利条件和制约因素的基础上，根据需要与可能作出的预测性、轮廓性、指导性的设想。经过我们的不懈努力，是可以实现的。

1999年，在我们党和国家历史上，是具有特殊意义的一年，深化改革，促进发展，保持稳定，任务十分繁重。中央经济工作会议确定1999年经济工作的总体要求是：“高举邓小平理论伟大旗帜，深入贯彻落实党的十五大和十五届三中全会精神，继续推进改革开放，把扩大国内需求作为促进经济增长的主要措施，稳定和加强农业，深化国有企业改革，调整经济结构，努力开拓城乡市场，千方百计扩大出口，防范和化解金融风险，整顿经济秩序，保持国民经济持续快速健康发展和社会全面进步，迎接建国五十周年。”

按照中央经济工作会议精神，确定1999年交通工作的重点是：切实转变政府职能，全面加强交通行业管理；保质保量地完成交通基础设施建设的任务，为扩大内需、拉动经济增长和加强农业作出新的贡献；组织协调好公路、水路运输，为社会经济发展和扩大出口提供高效优质的运输服务；积极促进国有交通企业的改革，不断完善交通管理体制；加强行业精神文明建设，在交通改革和发展中维护稳定的大局。

（一）切实转变政府职能，全面加强交通行业管理

去年国务院政府机构改革的一条重要原则，是按照建立社会主义市场经济体制的要求，转变政府职能，实现政企分开。国务院在批复交通部机构改革“三定”方案中明确规定的交通部主要职责，基本上属于行业管理的范畴。我们要认真贯彻落实朱镕基总理提出的“切实转变政府职能、转变工作方式、转变工作作风”的要求，不断适应新形势、新任务，全面加强行业管理。

1. 研究制定交通发展战略和规划。在“三主一支持”长远规划的基础上，研究制定分阶段的交通发展战略和规划。今年着手进行“十五”计划编制工作。同时，今明两年完成“十五”前两年开工的重点项目的前期工作。各省、区、市交通厅局要及早动手部署安排，抓紧开展工作。

2. 制定交通运输结构调整政策。根据中央提出的优化结构、提高经济增长的质量和效益的要求，要结合交通行业实际，抓紧制定交通运输结构调整的政策，不失时机地进行结构调整。

公路运输结构的调整主要是：加快高速公路快速客运和农村客运的发展，引导运输企业积极发展集装箱、快件、零担和合同运输。要以市场需求为导向，积极调整车辆结构，发展适应高速公路和中长途客运的大中型高档客车、卧铺客车，以及适合农村中短途客运的普通中型客车。大力发展适应集装箱、快件、零担货运的重型货车和各种专用货车。同时，要加强在用车辆的技术管理，限期淘汰各种老旧车辆。

水路运输结构的调整主要是：国内航运，要继续发挥大宗货物运输的优势。大力发展国内水路集装箱规模运输，加快国内水路件杂货运输集装箱化的进程；在适度竞争的前提下，大力发展集装箱国内支线运输，促进我国集装箱干线运输的发展和集装箱干支线运输网络的完善，扩大多式联运。推动国内水上客运向高速化、旅游化发展。鼓励发展液化汽船、化学品船、滚装船、高速客船等船型，提高船舶技术水平，逐步淘汰老旧船舶。国际航运，引导企业优化船队结构，加快建立全球货运网络和运用计算机管理航运的步伐。

3. 加强交通运输市场的监督管理。航运市场重点解决我国国际航运市场准入法规不健全、无序竞争、杀价竞争等问题；依法清理整顿和规范外国航运公司驻华代表机构；查处航运公司的违规经营行为，以及解决好国内航运市场准入管理混乱和运输服务质量不高的问题。公路运输市场重点解决无序竞争、竞相杀价、欺行霸市，以及坑害、欺诈旅客货主等违规行为。

建设市场方面，要进一步加大建设市场监管的力度。对设计、施工、监理、检测单位的资质和实际能力进行严格审查，坚决清退不合格单位。要重点解决公路建设中的业主行为不规范、不遵守基建程序问题；招投标管理和项目合同管理不规范，招投标中的压价抢标问题；转包和层层分包、违反施工规范和工艺标准等问题。

4. 加快交通信息化建设。运用信息科技是政府交通部门提高管理效率和服务水平的重要途径，也是加强行业管理的重要手段。在科技进步突飞猛进和知识经济出现的今天，我们要加快运用信息科技进行行业管理的步伐。要抓好《公路、水运交通信息化“九五”计划和2010年远景目标（纲要）》的落实。抓紧建设交通运输信息网主网、交通运输电子数据交换信息网和基本数据库群。同时，各地要抓紧建立为货主、运输企业服务的区域运输信息网。

5. 加强交通法制建设。要加强对交通法制工作的领导，加快交通立法步伐，提高立法质量。各级交通部门都必须依法行政，努力提高行政执法水平。要加强交通行政执法监督和交通行政复议工作。广泛开展交通法制宣传教育，增强全民的交通法律意识。今年要重点抓紧制定基本的、急需的、重要的交通“龙头法”和行政法规的起草、修订、上报、审核工作。同时，部将根据行业管理的需要，制定和修订有关规章、规范、标准和定额。各省、区、市要制定适合本地实际的地方交通法规和规章。要严格执行《交通行政执法监督规定》，年内将进行一次全国交通行政执法检查。

（二）继续加快交通基础设施建设，确保工程建设质量

中央经济工作会议确定，1999年，要继续实行积极的财政政策，加大国内投资需求的力度，增加国家投入和社会投资，促进国民经济的适度快速增长。全国计划工作会议确定，今年全社会固定资产投资增加12%，基本建设投资增加15%。今年全社会公路建设投资总规模，要在去年计划1 800亿元的基础上，增加12%～15%。公路建设的重点：一是去年确定的285个重点项目中的续建项目和国道主干线的新开工项目。二是路网改造和口岸公路设施、扶贫公路等其他专项建设。三是要贯彻落实十五届三中全会精神，调整县乡公路建设计划，加快县乡公路建设。各省、区、市要制定县乡公路网发展规划和政策措施，逐步实现农村公路在公路网中的比重进一步提高，等级公路在县乡公路中的比重进一步提高，县乡公路通达深度进一步提高。在加快公路建设中，要贯彻建养并重的方针，加强现有公路的养护和管理。

要结合国民经济结构调整的实际，研究、修订沿海港口发展规划，根据需要与可能安排港口重点建设项目。要将港口技术改造与调整码头功能结合起来，提高港口通过能力。内河航运重点安排长江、西江、京杭运河、湘江航运和长江、珠江三角洲水运网等重点项目建设，特别是长江口深水航道整治工程和其他出海航道建设。抓好三峡库区航运设施淹没复建和三峡工程有关通航配套设施建设。继续建设支持保障系统。有关地方和单位要加强组织领导，如期完成去年确定的10项重点建设工程项目中的未完工项目。

同志们！在交通基础设施建设中，我们要高度重视、认真抓好建设质量。采取积极的财政政策，增加基础设施建设投入，是我国应对亚洲金融危机的重大政策措施，而成败的关键，在于基础设施建设项目的质量和效益。交通基础设施建设质量，是交通职工队伍素质的体现，直接关系到交通健康发展和行业形象。质量责任重如泰山。交通部门各级领导同志要以对党对人民对交通事业高度负责的政治责任感，严肃对待。今年，我们要在全国开展公路建设质量年活动。部将组织专家对全国所有在建重点项目进行质量检查。各地交通部门也要加强领导，严密组织，抓好落实，严格考核，对所有的在建项目进行检查。在质量问题上，要树精品意识，创一流水平，向人民交上满意的答卷。这次会上，部印发了《公路工程质量管理办法（征求意见稿）》和《公路建设质量年活动实施方案（征求意见稿）》，经讨论修改后下发执行。部今年要对各地落实抓好公路建设质量10项措施的情况进行全面检查，对出现的质量事故进行严肃处理，同时，要坚决扣减公路建设的中央投资，触犯法律的，还要依法追究其法律责任。

在交通基础设施建设中要坚持可持续发展战略，节省耕地资源，加强环境保护，切实做到环境保护设施与主体工程同时设计、同时施工、同时投产使用。

（三）组织协调好公路水路运输，加强交通安全生产管理

要确保国家重点物资的运输，为国民经济保持适度快速增长和扩大出口提供高效优质的运输服务。

要以市场需求为导向，加强运输的组织协调。水路运输要重点抓好大宗货物和外贸货物运输的组织、监督和协调。公路运输要发挥优势，进一步提高市场组织化程度。要继续抓好抢险救灾物资运输，优先运输农用物资和农副产品。要做好春运期间的旅客运输，组织民工

有序流动。各级交通部门要在当地政府的领导下，与有关部门建立强有力的工作协调机制，加强运输组织管理，搞好运力组织调配，保证春运安全、有序、畅通。

继续抓好安全管理。一是继续推进水运企业建立健全安全管理新机制和国际安全管理规则；落实企业安全管理责任、县乡政府的乡镇船舶安全管理责任、交通部门的行业安全管理责任和水上安全执法部门的监督责任。二是要加强船舶和通航秩序的管理，加强船员培训、提高素质，进一步强化对个体船舶的安全监督，加大对“三无”船舶的执法力度，有效控制事故发生率、重特大事故件数和重大船舶污染事故。三是要加强对汽车运输企业安全生产的指导，重点预防群死群伤重大事故的发生，强化驾驶员培训行业管理，尽快制定营业性机动车辆准驾证制度和办法。四是要加强交通基建施工安全管理，引导施工企业细化安全措施，强化施工现场安全监督，及时发现和消除安全隐患。

（四）积极促进国有交通企业改革，不断完善交通管理体制

1. 深化国有交通企业改革。今年，是实现国有大中型企业改革和脱困三年目标的关键一年。在实行政企分开、转变政府职能的过程中，各级交通部门要指导国有交通企业坚持建立现代企业制度的改革方向，把改革、改组、改造和加强管理结合起来，转换企业经营机制。要搞好减员增效、下岗分流和再就业工作。要从行业政策上引导交通企业坚持速度、结构、质量和效益的统一，贯彻落实国务院《质量振兴纲要》，提高运输服务质量、工程质量和产品质量。要继续做好节能降耗工作，推行交通工业产品生产许可证管理制度。继续推进一批资产优良、效益良好的股份制交通企业上市。

原部直属企业特别是企业集团，是国民经济和交通行业中的骨干。多年来，这些企业为国民经济的发展作出了巨大贡献。政府部门与直属企业脱钩，有利于政府部门更好地履行职责、搞好行业管理，有利于企业更好地行使经营自主权。部今后将继续关心和支持这些企业的改革和发展，一视同仁地对各企业从行业发展规划和行业政策咨询、建立健全行业法规规章、加强交通市场监管、维护平等竞争等方面提供服务。希望这些企业在党中央、国务院关于搞好国有大中型企业的方针政策指引下，更好的行使企业经营自主权，建立健全激励和约束机制，创造更好的经济效益和社会效益，为国民经济发展作出更大的贡献。

2. 积极推进全国水上安全监督管理体制改革。做好全国水上安全监督管理体制改革，是交通行业体制改革的一项重要任务。国务院批准的交通部机构改革方案中明确指出，全国水上安全监督管理体制改革的目标是：在我国沿海（包括岛屿）海域和港口、对外开放水域及主要跨省、自治区、直辖市内河（长江、珠江、黑龙江）干线及港口，合并中央和地方的水上安全监督机构，统一政令、统一布局、统一监督管理，实行“一水一监、一港一监”、由交通部领导的垂直管理体制。我们要积极稳妥地推进水监体制改革，注意在改革中妥善处理中央和地方的关系。希望有关省、区、市交通厅局以大局为重，积极配合这项工作，确保改革实施到位。

3. 深化港口管理体制改革。部初步研究确定的港口体制改革的基本思路是：改革目前交通部与地方政府双重领导、政企合一的港口体制，按照建立社会主义市场经济体制的要求，实行政企分开，并与部脱钩。同时，进行港口投资体制、财税体制、公安管理体制等配套改革。

4. 深化公路管理体制改革。深化公路管理体制改革，目的是从根本上实现公路管理体制从计划经济体制向市场经济体制的转变，解决目前公路管理存在的政企不分、事企不分、机构重叠、关系不顺、人员膨胀、队伍庞大、成本增加等突出问题。各省、区、市要认真贯彻去年福州会议确定的公路管理体制改革的指导思想、基本原则、主要任务以及公路养护体制改革的总体要求和目标，统一认识，加强领导，积极推进。

5. 积极稳妥地做好公路、水运“费改税”的配套改革。“费改税”是深化和完善财税体制改革的重要内容。将费收制度改为税收制度，从根本上看，符合建立社会主义市场经济体制的要求，有利于规范公路、水运建设，养护与管理资金的征收和使用。各级交通部门要积极配合有关部门共同搞好“费改税”的调查研究和各项准备工作，研究制定与“费改税”相配套的规费稽征机构改革，公路水运建设、养护与管理资金制度改革等方案，及时向政府和有关部门请示汇报，特别要做好改革中的职工队伍稳定工作。在国家“费改税”的有关法规政策出台前，各地要继续按现行规定加强公路、水运各项规费的征收管理，确保各项规费应征不漏。

今年，地方将进行政府机构改革。各级交通部门在机构改革中，要加强对交通行业管理体制的研究，针对机构改革的新情况、新问题，按照建立社会主义市场经济体制的要求，确定行政管理职能和行业管理职责。在机构改革过程中，要保证各项工作不断不乱。

（五）坚持科教兴交战略，提高交通科技教育水平

为推进科教兴交战略的实施，部和各省、区、市交通厅局今年要着手进行《“十五”交通科技发展计划》和《交通教育事业“十五”发展计划》的编制工作。

交通科技工作。要继续推进行业科技体制改革，在国家有关部门统一规划下，继续抓好公路、船舶运输和水运工程3个科研中心的建设。科技工作要面向交通基础设施建设主战场，积极推广科技成果，应用新材料、新工艺、新技术、新方法，加快科技成果向现实生产力的转化。要抓好国家级和部级科技项目，加大行业科技工作力度，力争在交通建设重大技术疑难问题上有所突破。要抓好以交通发展战略为重点的软科学研究，为决策提供科学依据。重视交通科研人力资源开发。抓紧解决计算机2000年问题。

交通教育工作。要进一步加强重点学科、重点专业建设，力争有2至3个部级重点学科成为国家级重点学科，交通职业技术学校部级重点专业点达到36个。同时，要抓好部属普通高校重点实验室建设。组织实施交通高等职业教育发展规划。继续搞好“211工程”建设。抓好部属高校“安居工程”建设和“筒子楼”改造工程。

（六）加强行业精神文明建设，在交通改革和发展中保持稳定的大局

当前，交通改革和发展面临的新情况、新问题很多。交通行业广大干部职工特别是各级领导同志，要紧密结合交通工作和思想实际，深入学习邓小平理论和十五大精神，学习新知识、研究新问题，积累新经验，不断推进交通改革和发展。

1. 认真开展好“三讲”教育。党中央要求在县级以上领导班子、领导干部中开展以“三讲”为主要内容的党性、党风教育。这是进一步落实江泽民总书记关于领导干部要“讲学习、讲政治、讲正气”的重要指示，加强领导班子思想政治作风建设，提高领导干部素

质的需要。交通部门党委特别是主要领导同志，要以高度的政治责任心、足够的领导精力和良好的精神状态，带头搞好“三讲”教育。要以中央要求把握好的5个问题为重点，制定教育方案，精心组织实施，扎扎实实的搞好教育。通过教育，做到思想上有明显提高，政治上有明显进步，作风上有明显改善，纪律上有明显增强。

2. 把交通行业精神文明建设不断引向深入。各地要按照《全国交通行业精神文明建设“九五”规划和2010年远景目标》、《全国交通系统创建文明行业实施办法》以及行业文明创建规范标准，围绕交通改革和发展的大局，推动“三学一创”活动不断深入。部拟于今年第二季度召开全国交通系统创建文明行业经验交流会，推动文明建设进一步做到点面结合，落实到基层。

3. 继续高度重视治理公路、水路“三乱”。要在巩固国省道基本无“三乱”的基础上，重点抓好公路收费站（点）的清理整顿。部已经发布了《关于清理整顿公路收费站（点）的措施意见》，各省、区、市要认真抓好落实。通过清理整顿，要在解决收费站点设置过多过密，费收管理和使用监管不力，收费机构庞大、收费成本过高，收费不规范等问题上收到明显成效。要加强水上“三乱”的治理力度，重点纠正和查处执法人员执法行为不规范，滥罚款、乱收费问题。

4. 进一步加强廉政建设和反腐败斗争。坚持中央确定的反腐败指导思想、基本原则、领导体制和工作格局，突出重点、整体推进、标本兼治、综合治理，既抓惩处，又抓防范，牢固树立两道防线，使党风廉政建设和反腐败斗争逐步规范化、制度化。抓好党员领导干部廉洁自律工作，坚决落实制止奢侈浪费的八项规定和《廉政准则》。在加快公路建设中，各省、区、市交通厅局的党政一把手，要充分认识腐败行为的严重危害性，切实抓好反腐败斗争。要鼓励群众举报揭发公路建设中的腐败行为，查处腐败分子，清除公路“蛀虫”。同时，要加强审计监督，确保公路建设资金的安全。

5. 处理好改革、发展和稳定的关系。今年，仍然是我国公路建设的高峰年，也是交通系统改革力度较大的一年。各级交通部门的党委和主要领导，要做好深入细致的思想政治工作，保持稳定。要关心群众生活，注意工作方法，善于在各项工作中走群众路线，充分发挥工、青、妇等群众组织的作用，群策群力，依靠广大干部职工搞好各项工作。特别要做好国有交通企业下岗职工基本生活保障，加强和改善交通院校大学生的思想政治工作。总之，要把保持交通干部职工队伍稳定放在突出位置，为改革和发展创造更加良好的环境。

同志们！1999年的交通工作任务十分繁重。我们要高举邓小平理论的伟大旗帜，更加紧密地团结在以江泽民同志为核心的党中央周围，以交通改革和发展的新成绩，迎接建国50周年！

面向新世纪　开创新局面

——黄镇东部长在2000年全国交通工作会议上的讲话

（2000年1月24日）

同志们：

这次会议是世纪之交的一次全国交通工作会议。党中央、国务院对交通工作非常关注和重视。吴邦国副总理亲自致信交通工作会议，充分肯定了全国交通系统在两个文明建设中所取得的成绩，特别是对抓好安全生产和工程质量提出了明确的要求。这是对全国交通系统干部职工的鼓励和鞭策。我们要在实际工作中认真贯彻落实吴邦国副总理的重要指示。

这次会议的主要任务是：深入贯彻落实党的十五大和十五届三中、四中全会精神，按照中央经济工作会议提出的指导思想和总体要求，在回顾1999年交通工作的基础上，部署安排2000年的交通工作。

下面我讲8个问题。

一、1999年交通工作简要回顾和2000年交通工作总体要求

过去的一年，在党中央、国务院的正确领导下，在庆祝建国50周年和迎接澳门回归两件盛事鼓舞下，全国交通系统干部职工认真贯彻落实党的十五大和十五届三中、四中全会精神，坚持中央扩大内需的方针，继续加快交通基础设施建设，不断推进交通各项改革，扎扎实实做好各方面的工作，较好地完成了年初确定的各项工作任务，为国民经济和社会发展做出了新的贡献。

交通基础设施建设成绩显著，建设质量明显提高。公路建设迎来了又一个丰收年。全年完成投资2 157亿元，新增公路5.8万公里，其中高速公路2 825公里，一、二级公路1.25万公里。新增桥梁隧道4 300座、30.08万延米，其中500米以上特大桥梁63座，江阴大桥、海沧大桥等具有世界先进水平的交通重点工程相继建成投入使用。全国公路通车总里程达到133.6万公里，高速公路总里程达到1.1万公里。通公路的乡镇和行政村比上年分别增加0.2%和0.9%，实现了“两个突破，三个提高”，即：全国公路通车里程突破130万公里，高速公路里程突破1万公里；等级公路在路网中的比重进一步提高，通公路的乡村比重进一步提高，公路工程建设质量进一步提高。在水运工程建设方面，沿海港口建成深水泊位20个，新增吞吐能力1 785万吨；内河港口建成泊位35个，新增吞吐能力807万吨；整治内河航道1 236公里。在交通基础设施建设中，各级交通部门结合深入开展公路建设质量年活动，狠抓质量管理，质量意识明显增强，市场秩序明显好转，质量管理明显改善，工程质量明显提高。

公路运输稳中有升，水路运输有升有降，集装箱吞吐量大幅度增长。1999年公路客货运输继续增长。全国公路运输完成客运量126亿人，旅客周转量6 145亿人公里，货运量99亿吨，货物周转量5 793亿吨公里，分别比上年增长0.8%、3.4%、1.4%和5.6%。水路运输完

成货运量近12亿吨，货物周转量21 856亿吨公里，分别比上年增长8.1%和12.6%；完成客运量近2亿人，旅客周转量117亿人公里，分别比上年下降2.9%和2.5%。全国沿海主要港口完成货物吞吐量10.4亿吨，比上年增长13.9%，上海、广州港去年完成货物吞吐量分别为1.86亿吨和1.01亿吨，我国已有两个年货物吞吐量超过亿吨的港口；完成外贸货物吞吐量3.8亿吨，比上年增长12.8%；完成国际标准集装箱吞吐量1 500万箱，比上年增长39%，上海、深圳两港国际标准集装箱吞吐量年增长均超过100万箱，创造了历史新纪录。

各项改革继续推进，行业管理得到加强。水上交通安全管理体制改革稳步推进，部与沿海各省、自治区、直辖市政府签订了协议，上海、天津等14个海事局已先后挂牌运转。对港口管理体制提出了深化改革的方案，已上报国务院。按照国务院统一部署，配合交通费税改革做了大量工作。对地方交通部门机构改革提出了指导性意见。在公路系统开展了以养护经费按工程量支付为切入点的公路养护机制改革，养护道班重组，试行招标养护和内部承包养护，有效地促进了养护机制的转换。根据中央政企分开、企业脱钩的精神和有关要求，进行了与我部脱钩企业的人事、财务、资产、劳动工资和党的关系的移交，完成了中介组织与部的脱钩工作。对国有交通企业改革和发展情况进行了广泛的调查研究，积极协助一些交通企业集团推进“债转股”工作，交通企业股票发行工作进展顺利，东北高速、华北高速已挂牌上市。航运市场，重点加强国际船舶代理、集装箱运输的管理，强化了市场监督，依法处罚了一批有违规行为的公司。内河航道技术等级评定工作全面完成。针对水上交通安全出现的新情况、新问题，采取了一系列安全管理措施。道路运输市场，以发展高速公路为依托的快速客货运输为重点，加强管理和引导，提高了竞争力和市场占有率。建设市场，严格了施工企业的资信复审、资格预审和项目招投标管理，市场逐步走向规范和有序。

科教兴交战略进一步实施，精神文明建设取得新的成果。科技创新体系建设进展顺利。3个科研中心建成验收，交通科学研究院重组完毕。企业技术进步工作得到加强，部分国有大型交通企业建立了技术中心。关键性技术的攻关研究取得一批新成果，深水筑港技术、公路设计集成系统和智能交通系统等高新技术的研究获得进展。交通运输信息网卫星枢纽站和网管中心建成。交通行业的重点单位和关键部位的计算机2000年问题没有出现问题。交通各类教育进一步发展。部属高校完成扩大招生任务，重点学科建设进一步加强，交通职业技术教育重点专业教改工程启动，17个重点实验室的认证工作顺利完成。以“三学一创”为主要内容的文明行业创建活动，取得了显著成果。全系统共有62家单位晋升为国家级创建文明行业工作先进单位和精神文明建设先进单位，受到中央文明委的表彰。去年10月底，部在青岛召开了全国交通系统创建文明行业经验交流会，确定了下一阶段“三学一创”的主要任务和工作重点。交通系统厅、地级以上领导班子、领导干部分期分批开展了以“讲学习、讲政治、讲正气”为主要内容的党性党风教育、领导干部的思想政治素质得到提高，存在的一些突出问题得到了整改。在与美国霸权主义、“法轮功”邪教及李登辉分裂主义3场大的政治斗争中，交通系统广大干部职工立场坚定，旗帜鲜明，在思想上、行动上和党中央保持了高度一致。党风廉政建设和反腐败斗争深入开展，查处了一批大案要案。审计工作发挥了监督、服务和参谋的职能。与国家计委配合对交通收费问题进行了清理。在巩固国省道基本无“三乱”的基础上，向治理县乡公路、省区交界公路和水上“三乱”延伸，对公路收费站点进行了全面清查和撤并，并与国务院纠风办、公安部联合下发了《关于禁止在水路上乱设站、乱收费、乱罚款的通知》和《实现所有公路基本无“三乱”考核办法》，增辟了山东到东北的“绿色通道”。

去年交通行业存在的突出问题是安全问题。一是水上交通安全形势非常严峻。进入四季度以来，恶性事故不断发生。11月24日，山东省烟大汽车轮渡公司所属的“大舜”轮发生了特大海难事故，死亡245人，失踪35人，造成人民生命财产的重大损失，社会影响恶劣。二是工程施工中发生了数起拱桥垮塌、隧道塌方事故，造成人员伤亡。三是一些汽车运输企业发生了客车翻车的重大伤亡事故。如此下去，不仅会严重损害交通行业的形象，人民群众也是不会答应的。这些事故充分暴露出安全生产中存在的漏洞和薄弱环节，也说明行业管理和监督不到位，我们必须认真汲取深刻教训。此外，公路建设的外部环境逐渐趋紧，向公路建设项目收取的各类费用增大了建设成本。交通系统各级领导干部要有忧患意识，清醒地认识到我们工作中的缺点和失误，认真分析和解决交通发展所面临的新情况和新问题。

2000年是完成“九五”计划和20世纪末奋斗目标的最后一年。按照中央经济工作会议对2000年经济工作提出的指导思想和总体要求，今年的交通工作要以党的十五大和十五届三中、四中全会精神为指针，认清形势、明确任务，抓住机遇、开拓进取，坚定信心、团结奋斗。以加强行业管理为主线，重点抓好5个方面的工作：继续加强交通基础设施建设，加快西部地区交通发展步伐；积极推进国有交通企业改革与发展，力争实现中央确定的3年目标；采取切实有效措施，抓好安全生产、工程质量和市场监管；进一步实施科教兴交战略，推进行业技术创新；加强和改进思想政治工作，搞好职工队伍建设。

二、努力完成“九五”最后一年交通基础设施建设任务

中央经济工作会议明确指出，今年要继续实施积极的财政政策，在投资方向上继续以基础设施建设为重点。按照这一要求，2000年仍是交通基础设施建设的高峰年，公路建设全社会投资总规模大体与去年持平。我们要抓住机遇，再接再厉，把交通基础设施建设提高到一个新的水平。

一是加大“五纵七横”国道主干线的建设力度，逐步完善公路主骨架系统。到今年底，“五纵七横”将建成50%，“两纵两横三个重要路段”将建成1.2万公里，占67%以上。同时，加快建设省会城市到地市或主要县城公路，以及国道主干线连接线等干线公路，加快区域干线公路和大中城市过境公路及城市出入口公路建设，加强公路主枢纽建设，提高干线路网整体服务水平。加强国边防公路等专项建设。要坚持建改养并重的方针，切实解决重建轻养、失修失养和管理不善等问题。

二是加大农村公路的建设力度，改善农村公路状况。要坚持“统筹规划、分类指导、因地制宜、建养并重”的方针，把发展农村公路与当地山、水、林、田综合治理及小城镇发展、扶贫开发结合起来，进一步提高农村公路的通达深度、路况水平和抗灾能力，力争到今年底实现全国99%的乡镇和90%的行政村通公路。要按照国家“八七”扶贫计划的要求，完成交通扶贫攻坚目标，继续做好交通定点扶贫工作。

三是搞好港口、航道建设，加强现有基础设施的技术改造。今年沿海港口建设计划安排大中型项目13个。重点抓好集装箱等专业化码头建设，加强对现有杂货码头的技术改造，适应进出口贸易发展的需要。内河航道，重点建设长江干线、西江航运二期工程、京杭运河

山东段、湘江航运二期工程和嘉陵江航运等大中型项目。继续实施三峡库区重点水运基础设施的淹没复建工程。抓好支持保障系统建设，重点是水上安全、搜救打捞等设施、设备的完善和更新，提高在复杂情况下的搜救打捞能力。

四是切实加强交通建设资金管理，提高资金使用效益。要牢固树立勤俭意识、责任意识、效益意识和风险意识，管好用好建设资金，尤其是国债专项资金。严格按照基本建设程序，加强对建设项目资金使用全过程的监督管理，加强概算、预算和竣工决算的审查和审计，严禁挤占、挪用和浪费建设资金。

三、贯彻落实西部大开发战略决策，加快西部地区交通基础设施建设步伐

实施西部大开发战略，是党中央落实邓小平同志关于“两个大局”的思想，总揽全局、面向新世纪作出的重大决策，具有重要的现实意义和深远的历史意义。中央明确指出，进行西部地区大开发，必须加强基础设施建设，近期要以公路建设为重点。根据中央这一战略部署，今后一段时期，西部地区公路水路交通基础设施建设的重点是：一要打通西部地区与中部和东部地区、西南地区与西北地区、通江达海、连接周边国家的运输通道。西部地区国道主干线建设应以二级公路为主，适当发展高速公路，近期主要抓好“五纵七横”上的77个在建项目；建设通往长江、西江出海通道的航道和澜沧江航道，相应建设其他区域性航道。二要加快西部地区城市之间的干线公路建设，以二、三级公路为主，尽快形成区域性快速通道。三要加快口岸公路和国边防公路建设，扩大开放，促进边贸发展。四要加大农村公路建设力度，使有条件通公路的乡和行政村基本实现通公路。

西部地区要抓紧制定交通发展规划，从实际出发，突出重点，量力而行，分步实施，讲求实效。要做好项目前期工作，准备一批新开工项目，特别是列入使用国家债券计划的项目，这是加快交通发展的前提。要充分发挥中央和地方两个积极性，紧紧依靠西部地区各级政府和人民群众，艰苦奋斗，奋发图强。坚持科技进步，注重人才培养，针对西部地区的地质、地貌情况，加强交通基础设施建设中的科技攻关。

目前西部地区自我积累、自我发展的能力还很低，我们要积极争取国家加大对西部地区交通基础设施建设的投资力度，通过财政债券、公路建设债券、“以工代赈”等政策，筹措更多的建设资金，并对建设用地采取减免税费政策，降低建设成本。部拟修订“公路建设项目投资安排标准和管理办法”，加大对西部地区公路建设支持和倾斜力度。西部地区也要进一步解放思想，扩大开放，多渠道筹措建设资金，多出台一些优惠政策。同时要发挥市场机制的作用，按照优势互补、互惠互利、长期合作、共同发展的原则，鼓励和引导有条件的东部省市积极帮助西部地区加快交通建设。部研究起草了《关于加快西部地区公路、水路交通发展的若干意见》，请同志们提出修改意见。

四、贯彻十五届四中全会精神，推进国有交通企业改革和发展

党的十五届四中全会通过的《中共中央关于国有企业改革和发展若干重大问题的决定》，确立了国有企业改革和发展的指导方针和目标。《决定》是推进国有企业改革和发展的行动纲领，我们要认真贯彻落实。

近年来，各级交通部门在推进国有交通企业改革和发展过程中做了大量工作。去年8、

9月份，部组织了4个调查组，对港口、公路运输、水路运输、交通施工、公路经营等310家企业进行了调查研究。总的来看，国有交通企业在深化改革、转换经营机制方面做出了很大努力，取得了较好的成绩，但是也面临着许多亟待解决的问题，主要是：企业经营机制不活，竞争能力不强；整体素质不高，技术创新能力弱；资产负债结构不合理，债务负担沉重；富余人员较多，分流难度大；经营管理不善，经济效益不高。

中央经济工作会议提出，实现国有企业改革和发展的3年目标是今年经济工作中的重中之重，我们要按照中央的要求，着力推进国有交通企业的改革和发展，打好攻坚战。

（一）努力实现国企改革和发展的阶段性目标

中央对国企改革和发展提出了3年阶段性目标和10年中长期目标。今年底要完成3年阶段性目标，这一目标是两项任务：一是大多数国有大中型亏损企业摆脱困境，二是大多数国有大中型骨干企业初步建立现代企业制度。这两项任务不是孤立的，而是有机联系在一起的，不能顾此失彼，重此轻彼。脱困是发展问题，建立现代企业制度是改革问题，二者不可分离开来，更不能对立起来，特别是对于大中型亏损企业更是如此。只有建立现代企业制度，转换经营机制，依靠企业自身努力摆脱困境才是真脱困。如果仅仅靠政策，即使一时脱困，迟早也会重新陷入困境。各级交通主管部门和国有交通企业要根据本地区、本企业的实际情况，处理好改善企业外部环境与转换企业经营机制的关系，采取切实可行的措施，完成攻坚目标。

（二）从战略上调整交通行业国有经济布局

交通行业国有经济分布宽、数量多、战线长、力量比较分散，要着眼于从整体上搞好国有经济，以市场需求为导向，以提高国有经济的整体素质为重点，对交通行业国有经济布局进行战略性调整，促进国有交通企业战略性改组。

公路、水路交通是为社会提供重要公共产品和服务的行业。从战略上进行结构调整，要“坚持有进有退，有所为有所不为”，集中力量，加强重点，提高国有经济的控制力。部里研究提出的基本思路是：在国道主干线、水运主通道、港站主枢纽和国际海运等对国民经济和社会发展具有重要影响的运输领域，国有经济要占支配地位。不仅要保持必要的数量，更要有分布的优化和质的提高。在高速公路客运系统和快件货运系统中，要充分发挥国有经济的主导作用。国有交通大中型骨干企业要进行战略性改组，国有经济的作用可以通过国有独资企业来实现，也要大力发展股份制，探索通过国有控股和参股来实现。要遵循经济规律，以国有企业为主体，以资本为纽带，通过市场进行改组、改造，组建跨地区经营的现代化运输企业或运输企业集团，并积极发展物流业。

在普通公路和航运支线以及汽车维修、搬运装卸、货运配载、出租客货运等领域，要充分发挥非国有经济的作用。国有交通中小企业的改革要以“三个有利于”为标准，继续采取改组、兼并、租赁、承包、股份合作、出售等多种形式，因地制宜，因企制宜，放开搞活。

（三）做好国有交通企业改革和发展的指导工作

各级交通主管部门要把国有交通企业的改革和发展列入重要议事日程，加强研究，分类指导，提供帮助，努力为国企改革和发展创造条件。要健全市场规则，规范市场行为，加强市场监管，清除分割、封锁市场的行政性壁垒，营造公平竞争的市场环境；要积极争取符合条件的国有交通企业实行“债转股”，切实减轻企业债务负担；积极帮助具备条件的企业规范上市，吸纳更多的社会资金，放大国有资本的功能；健全和规范行业中介组织，充分发挥它们的作用，加强行业自律；搞好交通运输信息统计，为行业管理和企业经营提供及时准确的信息。同时指导国有交通企业苦练内功，提高经营管理水平。

五、切实转变政府职能，加强交通行业管理

今年，地方政府要完成机构改革任务，按照中央的要求，省级政府组成部门的设置应与国务院组成部门基本对口。各级政府交通主管部门在机构改革中，要按照政企分开、责权一致，精简、统一、效能的原则，切实转变政府职能，全面加强行业管理，处理好职责交叉和条块关系，逐步建立和完善办事高效、运转协调、行为规范的交通行政管理体系。

交通行业管理主要包括 8 个方面：研究制定交通发展战略和发展规划；起草制定交通运输法律、法规和产业政策；对交通运输市场实施监督、管理和调控；组织实施交通基础设施的建设、改造和养护；制定交通行业技术标准、技术规范和有关定额；负责行业安全生产的监督和管理；及时向社会发布各类交通信息；抓好行业精神文明建设和职工队伍建设。

国务院要求我们，要切实加强行业管理，我们要在落实上狠下工夫，特别是对交通重点工作和工作中的一些薄弱环节，更要有针对性地采取有效措施，加强管理。今年，加强行业管理要着重抓好以下 3 个方面的工作。

（一）安全工作

首先，要认真抓好水上交通安全工作，切实整顿安全秩序。各级交通主管部门要以对国家、对人民群众高度负责的态度，针对当前水上交通安全暴露出来的薄弱环节和面临的严峻局面，从“11·24”特大海难事故中汲取深刻教训，从讲政治、促发展、保稳定的高度，坚持“安全第一，预防为主”的方针，正确处理市场经济条件下安全和生产、安全和效益的关系，建立健全安全管理机制和各项规章制度，明确企业是安全生产责任主体，认真落实安全生产责任制，加强企业安全教育，形成人人讲安全、人人重视安全的氛围。部已决定在今年开展水上运输安全管理年活动。当前，要结合春运工作，对水上运输企业进行一次全面检查，重点是企业的安全管理机制是否建立，规章制度是否健全，安全措施是否落实。要对渤海湾、长江干线、琼州海峡等重要水域的重点客运航线和其他水域的陆岛间客运航线采取有效措施，整顿通航秩序，改善通航环境，特别是要对客（渡）船、客滚船、液化气船以及其他危险品运输船舶的安全适航状况进行严格检查，加强老旧船舶管理，严禁“三无”船舶投入运营。对存在严重事故隐患的船舶要坚决予以停航整改，对不具备旅客和危险品运输条件的船公司要取消经营资格。

其次，要加强道路运输安全的检查指导工作，督促运输企业提高安全生产意识，落实安全生产责任制。对不符合安全要求的营运车辆，不许参加营运。遇恶劣天气，公路管理机构要及时封闭高速公路，避免发生汽车连续追尾的恶性事故。

第三，要加强施工安全管理。各级交通主管部门和施工企业要采取切实可行的措施，确

保施工安全。今后，工程中标单位在签订施工合同时，必须有保障施工安全的条款；业主单位不仅要监督检查工程质量，还要监督检查施工安全；施工单位要确保工程施工的安全防护、救生设备齐全有效。同时加强对施工人员的安全教育，增强安全意识，严格按章操作，杜绝“三违”（违章指挥、违章操作、违反劳动纪律）现象。

（二）质量工作

去年以来，虽然我们在加强质量管理方面做了大量工作，取得了较好成效，但是在设计、监理、招投标、施工现场管理等方面还存在着差距。各级交通主管部门的领导同志要始终保持清醒的头脑和高度的警觉，把质量工作放在基础设施建设的突出位置来抓，继续贯彻落实国务院有关工程质量管理的要求，继续实行质量一票否决制，落实工程质量责任制，建立健全三级质量保证体系，严格奖惩措施。要继续加强质量监督力度，实行质量事故报告处理制度和举报投诉制度，发生质量问题和事故，不仅要追究当事人的责任，同时要追究领导责任。今年要继续开展公路建设质量年活动，坚持搞 3 年。部要出台《公路建设市场准入规定》，从源头抓质量管理。同时重点加强对业主、设计和监理的监管和整顿。继续组织工程质量大检查，对履约差和出现严重质量问题的建设、设计、施工和监理单位，要严肃查处。尽快制定《公路勘察设计招投标管理办法》，进行“双设计院”的试点，促进设计质量的提高。

（三）市场监管工作

在社会主义市场经济条件下，依法对交通运输市场实施监督管理，是加强行业管理的主要内容。各级交通主管部门要制定切实可行的措施，对交通运输市场进行组织、引导和监督，加强宏观调控，依法规范经营行为，建立和完善统一、开放、竞争、有序的交通运输市场。今年，部决定在全国开展道路运输市场管理年活动，整顿营运秩序，加强市场监督和行政执法，查处客运市场宰客、甩客、超载等违规行为，提高运输服务质量。

加强行业管理要坚持依法治交，加快立法进度，提高立法层次。按照部制定的交通法规体系框架，抓紧《水路运输法》、《道路运输法》、《船舶法》、《船员管理条例》和《公路管理条例》等法律、行政法规的起草修订工作，积极配合国务院法制办做好《港口法》、《航道法》、《道路运输条例》、《国际海运管理条例》、《内河交通安全管理条例》的审核工作，争取出台《收费公路管理条例》等行政法规。

我国加入 WTO 是改革开放和建立社会主义市场经济体制的内在要求，我们要服从和服务于这个大局。我国政府已对公路水路运输开放作出了承诺。面对新的机遇和挑战，要加紧交通行业产业政策研究和有关法律、行政法规的起草制定，认真研究和提出有针对性的、可操作性的应对措施，充分利用 WTO 的规则，提高国有交通运输企业的市场竞争力。

六、认真做好公路水路交通“十五”规划编制工作

“十五”规划是实施邓小平同志提出的我国经济发展第三步战略的第一个中长期规划，也是我国初步建立社会主义市场经济体制和跨入新世纪后的第一个中长期规划，关系到 21 世纪初我国社会经济发展的总体部署。交通运输是国民经济的基础产业，我们必须高度重视，认真组织，高标准、高质量地完成公路水路交通“十五”规划的编制工作。

（一）“十五”规划要充分体现宏观性

体现规划编制的宏观性，就是要大视野、全方位地研究和编制未来 5 年、15 年的公路水路交通的发展蓝图，做到高屋建瓴，统揽全局，整体配套，互相衔接。

一是要从分析宏观经济大背景、大格局、大趋势的高度，准确把握公路水路交通的发展方向和总量，立足当前，谋求长远。从国际经济环境看，经济全球化和技术创新将对我国 21 世纪的发展产生重大影响。从国内经济环境看，“十五”期间国民经济仍将保持适度快速的发展，对外开放将进一步扩大，外贸运输将有较大增长，我国步入小康社会，人们生活水平显著提高，这对交通运输业提出了更高要求。

二是要从建立和完善综合运输体系的高度，充分发挥公路的基础性作用和水运优势，确定“十五”发展思路。随着全国公路运输网的逐步完善和高等级公路大通道的逐步贯通，公路运输的基础性和大动脉双重作用越来越突出。水运在国际海运、沿海运输和内河主干线运输的优势是其他运输方式不可替代的。我们要在建立综合运输体系方针的指导下，研究公路、水路交通与其他运输方式优势互补、协调发展的问题。

三是要从提高公路水路交通运输整体水平、服务能力和综合效益的高度，通过推进两种运输方式内部的结构调整和技术进步，实现产业结构的优化和升级。我国公路水路交通虽然取得了很大进步，但内部结构性矛盾还很突出。横跨东西、纵贯南北的高等级公路大通道尚未建成，需要加快公路网化建设。沿海港口虽然拥有相当数量的万吨级泊位，但早期建成的港口码头吨级小，设施陈旧，需要建设适应国际海运船舶大型化、专业化需要的泊位。车船装备结构不合理，公路运输要发展大吨位、专用化、低能耗的货运运输工具和高速、安全、舒适的高中档客车；内河船型杂乱、老旧船舶多、平均吨位小，海洋船舶结构失调，必须发展大型化、专用化、标准化、系列化的运输船舶。支持保障系统仍然是薄弱环节，必须加强现代化管理手段建设。这些都是编制“十五”规划时，需要高度重视和加以解决的问题。

（二）“十五”规划要充分体现战略性

体现规划编制的战略性，就是要明确交通发展战略目标、战略重点和战略步骤等。

公路水路交通“十五”发展的战略目标是：交通基础设施和车船运力总量保持稳步增长，结构趋向合理，质量明显提高，完善“三主一支持”建设，充分发挥规模效益和整体效益，逐步缩小地区间交通发展的差距，进一步改善农村交通条件，建立和完善统一、开放、竞争、有序的交通运输市场。

公路水路交通发展的战略重点是：建设“一个系统三个网络”，即全国公路主骨架系统、区域干线公路网络、县乡公路网络、公路运输服务网络，同时加大公路主枢纽建设力度，提高道路运输的整体效益。强化主枢纽港口功能，逐步拓展以物流为中心的现代化港口功能，积极发展地区性重要港口，适度建设中小港口。内河建设的重点是继续实施水运主通道总体布局规划，建成“两横一纵两网”高等级内河骨干航道。

公路水路交通发展的战略步骤是：公路方面，确保在 2002 年基本建成“两纵两横三个重要路段”，到 2010 年“五纵七横”国道主干线基本建成通车，到 2015 年国道主干线和公路主枢纽系统全部建成，构筑起以高速公路为主体的公路运输主骨架。水路方面，到 2010

年沿海港口初步实现现代化，并形成完善的内河航运体系，到2015年全国水运主通道大部分完成。“十五”期间，支持保障系统要基本适应交通运输和行业管理的需要，到2015年海事系统全面实现管理信息化，救助网络立体化。

（三）“十五”规划要充分体现政策性

体现规划编制的政策性，就是要根据需要和可能，积极争取出台与规划相配套的好政策、好措施，保证规划的实施。

要继续坚持“统筹规划，条块结合，分层负责，联合建设”的基本方针，充分发挥中央、地方和全社会兴办交通事业的积极性。要争取各级政府对交通基础设施建设采取优惠政策，加大对交通建设的投入，为交通基础设施建设创造宽松的环境，减轻公路建设还贷压力；要继续完善多渠道、多元化投融资机制，解决交通发展资金不足的问题；要继续扩大对外开放，积极利用外资，注重引进先进的管理技术、管理经验和管理人才，提高行业整体竞争力；要坚持可持续发展战略，提高资源利用效率，减少污染，加强环境保护。

七、实施科教兴交战略，加强交通技术创新，深化教育体制改革

党中央、国务院作出关于加强技术创新，发展高科技、实现产业化的决定，充分体现了邓小平同志“科学技术是第一生产力”的重要指导思想。公路水路交通要实现跨越式发展，必须依靠科技创新，广泛运用新技术、新工艺、新装备，改造传统产业。

今后一个时期交通技术创新和发展高科技、实现产业化的总体目标是：继续深化科技体制改革，建立以企业为主体的交通技术创新体系，逐步形成有利于科技成果转化的体制和机制，促进高新技术成果快速转化为现实生产力，改造和提升公路水路运输业，科技进步对交通行业的贡献率再提高10%～15%，力争实现跨越式发展。

公路科技领域，围绕公路建设、改造和养护，加快高等级公路建设养护成套技术和大跨径桥梁施工养护技术的研究和开发，提高公路基础设施建设质量和使用性能。结合加快西部地区公路建设，研究适应西部地区地质地貌和气候特点的筑路和养护技术。开发以智能公路运输系统为代表的公路网运营管理技术，完善高速公路交通综合信息服务系统、交通事故预防和紧急救援系统、网络环境下电子收费系统等技术，建立快速高效的公路运输管理系统。

水运科技领域，结合深水枢纽港建设，在深水筑港技术、内河航道整治与疏浚技术装备、大型高效集装箱装卸机械和大宗散货装卸机械等方面的开发有大的进展。围绕提高水路运输效率和管理水平，加快集装箱港口智能管理集成系统、枢纽港集疏运及多式联运系统、船舶运输和港口管理系统、港航电子商务系统等方面的开发。

支持保障系统，要加强交通信息网、交通运输EDI信息网、客货运输信息服务网、交通科技信息网、水上安全监督信息网以及救助打捞体系建设，不断提高和完善支持保障能力和水平，并在环境保护、节约能源等方面取得较大进展。

要实现科技创新的目标和完成科技创新的任务，必须做好以下几项工作：一是制定交通科技发展规划，安排好资金，组织好力量。二是深化交通科技体制改革。三是要充分发挥企业在技术创新中的主力军作用，逐步在国有交通大中型企业建立起技术中心。四是以市场需求为导向，推进交通科技成果转化，加快科技成果商品化、产业化进程。五是建立和完善激

励机制，充分调动科技人员的积极性和创造性。

关于科技创新问题，部已在去年11月召开的交通行业技术创新电视电话会上，作了统一部署。这次会议发了《关于加强技术创新推进交通事业发展的若干意见》，请大家认真讨论修改。

实施科教兴交战略，加强技术创新，人才培养是关键。长期以来，部属院校认真贯彻党的教育方针，努力提高教育质量和办学水平，培养了大批专门人才，为公路水路交通事业的发展作出了重要贡献。去年底，国务院决定，调整部属院校管理体制和布局结构。除少数部门外，今后，国务院部门和单位不再直接管理学校。我们要按照国务院的统一部署，搞好部属院校管理体制改革。在调整期间，院校要深入细致地做好思想政治工作，确保院校稳定和新学期开学后按调整后的教育管理体制运转。

八、加强和改进思想政治工作，推进交通行业精神文明建设

去年11月，党中央发出的《中共中央关于加强和改进思想政治工作的若干意见》，是做好新时期思想政治工作的重要指导性文件。各级交通主管部门要认真学习掌握《若干意见》的主要精神，深刻认识当前我国经济成分和经济利益多样化、社会生活方式多样化、社会组织形式多样化、就业岗位和就业方式多样化，给思想政治工作带来大量的新情况、新问题，采取有效措施，加强和改进思想政治工作。要坚持思想政治工作的6条方针原则，从4个方面深入开展思想政治教育（即：用邓小平理论武装全党、教育干部和人民；加强马克思主义唯物论和无神论教育；加强形势政策、民主法制和维护社会稳定的教育；加强以为人民服务为核心、以集体主义为原则的社会主义道德建设），切实加强党对思想政治工作的领导，把思想政治工作任务落实到基层。

各级领导干部要对本行业、本部门、本单位人员的思想政治状况有清醒的认识，对可能发生的各种问题要有高度的警觉。在由计划经济体制向市场经济体制过渡的过程中，市场经济、商品经济对我们每个人，都是一场考验，对各级领导干部更是一种考验。我们队伍中少数人经不起考验，跌到以权谋私、经济犯罪的泥潭。这几年，交通系统收受贿赂，贪污费收和票款的案件时有发生，有的案件触目惊心。产生这种状况的原因，一是计划经济体制下的“大锅饭”、平均主义分配制度被打破以后，新的利益机制尚未完全建立和完善，一些人放松了世界观的改造，经不住金钱的诱惑，走上了犯罪的道路。二是交通行业正处于快速发展时期，建设规模大、分布面广，各级各类管理人员手中都掌握了一定的权力。有一些人不是把手中的权力用于为人民服务，而是作为以权谋私的手段。三是有些单位和部门的领导班子、领导干部，或是政治上比较弱，或是班子涣散不团结，或是没有坚持两手抓、两手都要硬，忙于事务，疏于管理，致使一些人有了可乘之机。有的领导干部对行业文明建设和廉政建设盲目乐观，粉饰太平，对存在的问题麻木不仁、熟视无睹，问题出来后，才恍然大悟。这种状况必须坚决纠正。

加强和改进思想政治工作，必须抓紧抓实。一是各级领导干部必须严格自律，以身作则，勤政廉政，作出表率。二是各级领导干部要深入基层调查研究，经常和群众谈心交朋友，及时准确地掌握职工的思想状况。三是要针对新形势下干部职工中的思想问题，有的放矢地做工作，特别是对一些进入实权岗位的工作人员，更要严格把关，严格管理。四是有了

问题要大胆揭露，严肃查处。处理一个案件，可以挽救有这样那样错误的人，也可以教育大多数人。总之，交通系统的各级领导干部要能经受住各种考验，政治上过得硬，工作上有建树，真正做到两手抓、两手都要硬。

加强和改进思想政治工作，必须与坚持不懈地进行反腐败斗争结合起来。根据中纪委第四次全体会议的要求，今年的反腐败斗争要继续坚持领导干部廉洁自律、查处违纪违法案件、纠正部门和行业不正之风3项任务一起抓的工作格局。交通部门的工作重点有4项：一是要认真贯彻青岛会议精神。今年适当的时候将召开现场会议，推广安徽省淮北市运输管理处的经验，加大交通行政执法干部队伍建设的力度，通过思想教育、严格管理和加强监督，建设一支具有促进交通改革和发展的理想信念，具有服务人民、奉献社会的思想道德，具有依法行政、文明管理的业务技能，具有廉洁、勤政、务实、高效的纪律作风的交通行政执法队伍。二是要继续治理公路“三乱”，用3年时间实现所有公路基本无“三乱”的目标，两部一办将根据所有公路基本无“三乱”的考核标准，对达标的省市进行考核验收。三是要在交通基础设施建设中加强廉政建设，建立工程项目廉政建设责任制，在项目前期工作中、招投标过程中和工程建设中加强廉政建设，强化建设项目投产后的效能监督，建立和健全廉政建设的监督机制。四是要继续贯彻落实“收支两条线”的规定，从源头上预防和治理腐败。思想政治工作要渗透到上述4项重点工作中去，发挥有力的保证作用。各级领导干部要增强廉政意识，按照党风廉政建设责任制的要求，对自己管辖的部门、单位党风廉政建设切实负起责任，加强廉政建设。

同志们！今年交通改革与发展的任务十分繁重，我们要在以江泽民同志为核心的党中央正确领导下，励精图治，扎实工作，面向新世纪，开创新局面，为促进我国公路水路交通事业持续、快速、健康发展而努力奋斗！

承前启后　开拓进取
推进交通改革发展再上新台阶

——黄镇东部长在2001年全国交通厅局长会议上的讲话

（2001年1月9日）

同志们：

这次全国交通厅局长会议是在跨入新世纪，开始实施“十五”计划之际召开的。会议的中心议题是：贯彻党的十五大和十五届五中全会精神，按照中央经济工作会议的要求，总结“九五”交通成就，部署“十五”主要任务，安排2001年重点工作，统一思想，明确目标，承前启后，开拓进取，推进交通改革发展再上新台阶。

一、“九五”交通发展的基本情况和主要特点

“九五”时期，全国交通系统广大干部职工坚持发展是硬道理，全面推进交通改革与发展，取得了“五大进展”，交通运输生产力跃上了一个新台阶。运输全面紧张状况得到缓解，交通瓶颈制约状况得到改善，两个文明建设协调发展，为国民经济和社会发展作出了重要贡献。

（一）基础设施建设取得重大进展，建设的规模、速度和质量达到历史最好水平

过去的5年，特别是近3年，我们认真贯彻中央扩大内需的方针和实施积极的财政政策，牢牢把握历史机遇，加快以公路为重点的交通基础设施建设，建设的规模大，速度快，质量好，实施“三主一支持”长远发展规划取得了显著成绩。

公路基础设施实现了跨越式发展。其标志：一是公路总量增长幅度大。5年新增24万公里，全国公路通车里程已超过140万公里。二是高速公路建设突飞猛进。5年新增1.3万公里，通车里程已达1.6万公里，京沈、京沪高速公路实现了全线贯通，在我国华北、东北、华东之间形成了一条公路运输大通道。三是建成了一批具有世界先进水平的公路桥梁及长大隧道。四是路网结构逐步优化。“五纵七横”国道主干线已建成1.8万公里，占规划里程的一半以上，为我国国道主干线的提前建成奠定了基础。二级以上公路里程增加到18.8万公里，比1995年翻了近一番，占公路总里程的比例由8.3%提高到13.4%。高级次高级路面占有路面总里程的比重已达到43.6%。五是公路通达深度进一步提高。5年中又有500多个乡镇、5 000多个行政村通了公路。公路密度由每百平方公里12.1公里提高到14.6公里。贯彻落实中央实施西部大开发的战略决策，研究提出了以加快公路为重点的西部地区交通建设的目标、任务并已起步实施。

内河航道落后面貌得到了明显改善。“九五”我国内河航运建设规模近200亿元，是建

国以来内河航运建设投资最多、成效最显著的时期。5年共整治内河航道4 267公里，五级以上航道达到2.22万公里，占通航总里程的19%。其中水运主通道建成三级以上航道1 398公里，四级航道300公里，达到规划标准的航道6 870公里，占规划里程的46%。京杭运河江南段建成通航500吨级标准的四级航道，山东段建成通航1 000吨级标准的三级航道。西江、湘江、嘉陵江航电结合的尝试，取得了显著的经济效益。5年新增内河港口泊位340个，新增港口吞吐能力5 931万吨。

沿海港口建设取得了新的进展。5年建成中级以上泊位133个，其中深水泊位96个，新增吞吐能力1.9亿吨，新增集装箱吞吐能力848万标准箱。沿海20个主枢纽港建成深水泊位75个，新增吞吐能力1.5亿吨。煤炭、原油、散粮、散水泥等运输系统不断完善。上海国际航运中心的功能和作用开始发挥。长江口深水航道整治一期工程已经完成，水深达到8.5米。

支持保障系统进行了重点加强。沿海港口和重要水域建成交管系统17个，新建、改造航标300余座，并建成无线电指向标——差分全球定位系统20个台站，基本实现了航标成链的目标。我国全球海上遇险和安全系统投入运行。救助基础设施和技术装备得到改善，海上立体救助系统起步建设，一批先进的海上救助打捞船舶投入使用。交通专用卫星长途通信网建成并实现了全国联网，在推进交通信息化方面发挥了作用。

在交通基础设施建设中，大力开展了以“公路建设质量年”活动为重点的质量管理工作，公路、水运建设强化了质量意识，完善了质量管理保证体系，工程建设质量有了明显提高。

（二）运输能力增长取得重大进展，服务水平有了新的提高

公路、港航设施、车船运力的发展和技术构成的改善，大大提升了公路、水路客货运输能力和服务水平，增强了公路、水路运输的市场竞争力，促进了综合运输体系的发展和完善。

公路运输的基础地位进一步增强。到2000年底，全国民用汽车保有量预计达到1 580万辆，5年新增540万辆。其中营运客车已达到200万辆，营运货车达到470万辆。公路客运线路已达12.5万条，日发客运班次74万个，其中农村客运班线6万多条，日发班次近40万个。2000年全年完成客运量133亿人次，旅客周转量6 600亿人公里，货运量102亿吨，货物周转量5 973亿吨公里。改革开放20多年来公路新增客运量115亿人次，与同期全社会增长的客运量基本相当。平均运距由“九五”初的44公里增加到“九五”末的49.6公里。特别是高速公路客运和快速货运的迅速崛起，扩展了公路运输的空间，提高了服务效能，增强了在综合运输体系中的基础性地位。

水路运输的优势进一步发挥。到2000年底，我国船舶运力达到23万艘，5 000多万载重吨，其中，从事国际航运的船舶超过2 000万载重吨。2000年全国水路货运量完成12.1亿吨，周转量完成23 061亿吨公里，水运货物周转量占全社会货物周转量的一半以上。2000年全国港口吞吐量达到23.5亿吨，其中，沿海港口吞吐量达到13.8亿吨，上海港突破2亿吨，广州、宁波港跻身世界亿吨港口行列；港口集装箱吞吐量已突破2 500万标准箱，其中沿海主要港口达到2 200万标准箱，继续保持年均30%以上的快速增长，上海、深

圳、青岛、天津、广州、大连、厦门7港集装箱年吞吐量已超过百万箱。

运输服务水平进一步提高。“九五”期间，运输车船继续向大型化、多品种、专用化方向发展。快速客运、旅游运输、客滚运输、快件运输、零担运输、集装箱运输、特种运输的发展，为旅客和货主提供了安全、便捷、多样化的服务。

在运输生产中，以开展“水上运输安全管理年”活动为载体，建立和落实水运安全管理责任制，总结和汲取重特大事故的深刻教训，采取多项整顿和改革措施，标本兼治，取得了积极进展。

（三）交通改革取得重大进展，行业管理进一步加强

按照建立社会主义市场经济体制的总要求，“九五”交通改革又有新的推进和突破。主要是：

中央和地方省一级政府交通部门进行了机构改革。根据交通行业特点和部党组关于交通行政管理体制改革的指导意见，省、区、市逐步建立完善了“交通厅＋专业管理局”的行业管理体制架构，部分直辖市和中心城市还进行了城市交通建设、运输管理一体化的体制改革。此外，还进行了水上安全监督管理体制改革、口岸管理体制改革试点、党政机关与所办经济实体和直属企业及行业中介机构脱钩、武警交通部队管理体制调整、交通科技、教育、勘察设计体制改革等，在政企分开、理顺职责交叉、转变职能方面取得了实质性进展。

从行业指导上积极推进国有交通企业改革，引导企业以资产为纽带实行兼并和资产重组，组建企业集团，建立现代企业制度，努力实现国有交通企业改革和发展的阶段性目标。明确了政府交通部门行业管理的主要工作，建立了公路、水运行业的企业联系制度，发挥社会中介组织的作用，在加强行业管理方面取得了显著进展。

在提高交通运输和交通建设市场开放度的同时，加大了整顿和规范市场秩序的力度。一是交通法制建设得到加强，出台和修订了《公路法》等一批法律、法规和规章；二是进一步打破地区及行业界限，引入公开招投标等竞争机制，增加了市场透明度；三是改善宏观调控，严格市场准入，加强经营行为监管，强化对市场主体资质资信的审核。在建立统一开放、竞争有序的交通运输市场方面取得了明显进展。

（四）科教兴交取得重大进展，科技创新能力不断增强

“九五”期间，加强了对交通科技工作的领导和政策扶持，注重突破重点、整体推进和应用转化，加强了人才培养，成效比较显著。

一是选题准。抓住交通基础设施建设和运输生产中的关键技术难题，采取联合攻关等形式，加大科研和开发力度，累计完成国家级科研项目20项。深水枢纽港建设关键技术、公路设计集成系统研究等项目达到世界先进水平，对交通产业的升级和现代化建设起到了推进作用。

二是成果多。高速公路建设成套技术、深水基础大跨度桥梁和长大隧道的建设技术、集装箱运输电子信息传输技术等，填补了交通科技领域的多项空白，缩短了我国与发达国家的差距。

三是效益好。科技成果的转化应用，增加了交通发展的科技含量。“水泥混凝土路面滑

模施工技术”，提高了水泥混凝土路面的施工进度和施工质量。数字摄影测量技术、遥感技术和计算机辅助设计以及全球卫星定位系统等技术应用，提高了公路、水运工程勘察设计的精度和效率，加快了前期工作。电子数据交换网络系统的建立，实现了集装箱运输的单证无纸化流转，速度提高20倍以上，每年为港口节约4.5亿人民币。

在努力推进交通科技进步的同时，加大了教育投入，开展了多形式的职业技术教育，职工队伍的科学文化、技术业务素质有了明显提高。组织实施了“十百千人才工程”，加快培养交通学术和技术带头人，在大规模、高水平交通基础设施建设实践中，锻炼和造就了一大批技术人才和专家，为交通科技进步和交通事业的发展提供了智力支持和人才保障。

（五）行业文明建设取得重大进展，有力地促进了交通事业的健康发展

在推进交通改革发展中，我们坚持两手抓、两手都要硬，紧紧把握社会主义精神文明建设的主旋律，加强和改进思想政治工作，以科学的理论武装人，以先进的思想、高尚的道德教育人，有力地推动了交通职工队伍建设，涌现出包起帆、“华铜海”轮、青岛港和公路系统一批具有鲜明时代特点和行业特色的先进典型。广泛深入地开展了“三学一创”活动，对整个交通系统乃至全国产生了重大影响。以“为人民服务、树行业新风”为主题，加大了行业示范窗口工作的力度。努力实践江总书记“三个代表”的重要思想，坚持讲学习、讲政治、讲正气，抓好交通系统领导干部队伍建设，“三讲”教育取得了显著的成绩。落实从严治党、从严治政的方针，坚持不懈地开展党风廉政建设和反腐败斗争。坚持常抓不懈、综合治理、标本兼治、在治本上下工夫的指导思想，认真开展了治理公路“三乱”的纠风工作并取得了明显成效。5年来，精神文明建设和思想政治工作贯穿于交通工作的各个方面，从形式到内容不断丰富，对促进交通改革、发展、稳定起到了重要作用。

“九五”交通发展取得的成绩，是党中央、国务院正确领导以及各级人民政府高度重视和广大人民群众积极支持的结果，也是交通系统广大干部职工团结拼搏、艰苦奋斗的结果。

我们也要清醒地看到，交通改革和发展中还存在不少矛盾和问题。总体而言，交通运输对经济社会发展“瓶颈”制约的缓解，是低水平和初步的缓解，交通运输仍然滞后于经济和社会的发展。地区间交通发展还很不平衡，特别是西部地区的交通基础设施还比较落后，交通建设资金严重不足；路网结构不合理的状况尚未根本改变，沿海港口集装箱等吞吐能力增长滞后于实际需求增长，大部分内河航道还未得到整治；行业内部结构性矛盾突出，运输组织的集约化程度不高，管理水平较低；管理体制尚未完全理顺，行业管理和宏观调控的手段不力，市场秩序不够规范，交通立法滞后，不能适应依法行政的需要；水上交通安全生产形势还比较严峻；带有交通行业特点的违法违纪问题和案件时有发生。我们必须增强忧患意识，努力解决多年积累的深层次矛盾，解决面临的许多新问题。

二、“十五”交通工作的指导思想和奋斗目标

从现在起到2005年是第十个五年计划时期。党的十五届五中全会通过的《中共中央关于制定国民经济和社会发展第十个五年计划的建议》明确提出：加强基础设施建设是今后5至10年一项十分重要的任务。交通建设要统筹规划，合理安排，加强公路、铁路、港口、机场、管道系统建设，健全畅通、安全、便捷的现代化综合运输体系。加强公路国道主干线

建设，完善公路网络，逐步提高路网通达深度。加强沿海枢纽港口建设和内河航道治理，发展水路运输，建设国际航运中心。今后5年交通发展的目标已经十分明确，任务艰巨，责任重大。我们一定要认真贯彻落实十五届五中全会精神，加快交通发展步伐。

“十五”交通工作的指导思想是：坚持以邓小平理论和党的基本路线为指导，认真贯彻落实党的十五届五中全会精神和中央的一系列重要部署，以发展为主题，以结构调整为主线，以改革开放和科技进步为动力，以提高人民生活水平为根本出发点，按照健全畅通、安全、便捷的现代化综合运输体系的要求，加快实施“三主一支持”长远规划，建立和完善统一开放、公平竞争、规范有序的交通运输市场，不断提高公路水路交通发展的质量和效益，为国民经济和社会发展作出新的贡献。

“十五”交通改革发展的奋斗目标是：继续加快交通基础设施建设，为提前10年建成国道主干线系统奠定基础，主枢纽港通过能力有较大增长，水运主通道通航条件进一步改善，西部地区交通建设取得明显进展；交通结构调整取得显著成效；消除影响交通运输生产力发展的体制性障碍取得实质性突破；交通法制建设有新的推进；交通科技创新能力提高到一个新的水平；行业文明建设得到进一步加强。

实现“十五”交通改革发展的奋斗目标，必须围绕主题，抓住主线，加大动力，做好保证。

围绕主题，就是坚持发展是硬道理，继续加快交通基础设施建设。

公路方面，重点建设“一个系统三个网络”。即：国道主干线系统，区域干线公路网络，县乡公路网络，公路运输服务网络。到2005年，全国公路总里程达到160万公里。其中高速公路超过2.5万公里，二级以上公路里程达到28万公里，公路密度达到每百平方公里16.7公里，全国99.5%的乡镇和93%的行政村通公路。全面建成“两纵两横三个重要路段”，“五纵七横”国道主干线系统建成2.6万公里，力争到2010年比原计划提前10年基本建成国道主干线系统。

沿海港口，重点建设上海国际航运中心、长江口深水航道和主枢纽港的大型专业化码头。到2005年，沿海港口的适应能力、服务功能、专业化水平进一步提高，主枢纽港和主要运输系统进一步完善。“十五”计划新增深水泊位135个，改造深水泊位45个，新增吞吐能力2.5亿吨以上，使沿海港口总吞吐能力达到14亿吨左右，新增1 650万标准箱吞吐能力。解决千人以上岛屿进出的交通问题。

内河航运，加快建设“两横一纵两网”骨干航道，整治长江中游碍航浅滩，打通珠江西南出海中线和南线通道，建成珠江三角洲、长江三角洲等级航道网。“十五”期间，改善航道里程3 350公里，其中，改善内河水运主通道2 500公里。改造和新建内河泊位200个，新增吞吐能力2 500万吨。

加快西部地区交通基础设施建设是今后交通发展的重中之重。根据中央提出的力争用5到10年时间，使西部地区基础设施建设有突破性进展的要求，西部地区今后10年交通建设的主要任务是：加快国道主干线建设，总长1.26万公里，除已建成和在建的以外，还有3 900公里需要开工建设。加快区域路网改造，重点是西部省际通道，总规模为1.5万公里，除已建和在建的以外，还有1万公里需要开工建设。实施乡村公路通达工程。有条件通公路的乡、村，特别是老、少、边、穷地区的乡村，要逐步实现乡乡村村通公路，使公路通达深度有明显提高。实现上述目标，建设里程约35万公里。有条件的地方要加快水运基础设施建设，积极发展内河航运。

支持保障系统，进一步完善布局，注重技术创新，提高管理水平，重点建设交通运输信息网，建成海事信息系统工程，南、北方海上救助直升机基地，以及海上搜救、打捞船舶等项目。加强交通环境保护。

抓住主线，就是坚持对交通运输结构进行战略性调整，提高行业整体素质和服务水平。

交通运输结构调整，是贯穿“十五”时期交通工作的一条主线。我们要遵循交通发展的规律和现代化进程的客观要求，坚持在发展中推进结构调整，在结构调整中保持快速发展。

首先，要从优化交通运输产业布局和行业结构出发，进行整体性、系统性、战略性的调整，实现由传统产业向现代产业转变。结构调整的实质就是处理好公路水运行业内外的重大比例关系，优化产业结构，提高公路、水运行业的发展水平、效益和持续发展能力。在行业外部，要处理好交通运输和国民经济之间、公路、水运相互之间以及与其他运输方式之间的比例关系；在行业内部，既要处理好基础设施与运输装备之间的比例关系，又要处理好基础设施内部和运输装备内部的比例关系，互动并进、协调发展。

其次，要明确行业结构调整的重点，找准突破口。一是要通过强化国道主干线系统，改造干线路网，提高通达深度，完善配套设施，解决我国公路路网结构不合理，技术等级低和站场设施不配套的问题。二是要通过加快主枢纽港建设、大型专业化集装箱泊位的建设和对老港区码头的改造，解决沿海港口大型深水和专业化码头明显不足，以及设备陈旧落后的问题；通过对内河航道整治和渠化，解决等级航道里程偏低的问题。三是要通过发展专业化程度高、技术先进、高效低耗的车船装备，减少普通车船的比重。强制报废不符合安全规范、技术落后的老旧运输车船，解决运力结构不合理的问题。

第三，要坚持高起点、高水平推进公路、水运行业结构调整。要以加入世贸组织以及运输方式之间的竞争作为结构调整的重大机遇和新的动力，面向国际国内两个市场，以高新技术和新型运输组织形式为基础，积极向现代物流等新的领域扩展，通过引导运输企业走经营组织化、管理集约化、生产专业化的道路，解决企业多、小、散、弱的问题。

第四，行业结构调整要因地制宜，讲求实效。由于公路、水运行业的结构性矛盾不同，东、中、西部地区的交通发展水平存在着差异，所以结构调整的方向、重点和途径也不相同。各地交通部门要认真研究本地区公路、水运的结构性矛盾和问题，有的放矢地进行结构调整，发挥比较优势，拓宽发展领域。

第五，结构调整是一项长期任务，不可能一蹴而就。要充分注意到交通运输生产力水平的多层次性和所有制结构的多样性，正确处理好公路、水运行业吸纳劳动力和淘汰落后生产力之间的关系，使结构调整在保持稳定的前提下顺利进行。

加大动力，就是坚持改革开放和科技进步，推进体制创新、管理创新和科技创新。

未来5年，要进一步推进交通事业发展，实现再上新台阶目标，关键靠两条，一是改革开放，二是科技进步。我们要围绕上述两条，做好有关工作，实现3个创新。

一是体制创新。要按照发展社会主义市场经济的要求，继续深化交通行政管理体制和交通行政运行机制改革；针对交通和车辆税费改革带来的新情况，继续深化投融资体制改革，多渠道筹措交通建设资金；根据高速公路发展的实际需要，大胆探索建立适合我国国情的高速公路管理体制；针对目前公路养护存在的问题，积极推进公路养护运行机制改革；理顺和完善海上搜救体制，提高海上搜救能力；按照政企分开的原则，积极推进港口管理体制改革；继续扩大公路、水路交通对内对外开放的领域和深度。

二是管理创新。要积极探索社会主义市场经济条件下，加强行业管理的有效途径。要进一步坚持政企分开，转变职能，加快信息化，运用法律的、经济的和必要的行政手段，加强行业管理。加快交通立法步伐，建立和完善适应社会主义市场经济体制的交通法规体系，依法行政，维护交通运输市场和交通建设市场秩序，保护公平竞争。正确处理开放市场和加强监管的关系，减少行业的行政性审批项目，完善宏观调控。交通运输行业的国有大中型企业要建立现代企业制度。充分发挥交通运输社团中介组织的作用。针对加入世界贸易组织面临的新形势，抓紧实施应对措施。

三是科技创新。要建立和完善交通科技创新体系，提高行业技术创新能力，加快科研成果向现实生产力的转化，实现交通发展与科技进步协调互动。在交通行业的重点领域，要以信息技术为核心，推进行业整体技术水平的提高。同时，加快人才培养，增强持续创新能力。

做好保证，就是坚持搞好精神文明建设，提高行业文明程度，在全社会树立良好的行业形象。

要始终坚持“两手抓，两手都要硬”的方针，切实加强交通行业精神文明建设。要坚持用马列主义、毛泽东思想、邓小平理论和江泽民同志关于“三个代表”的重要思想武装交通系统广大干部职工，提高整个队伍的思想道德素质和科学文化素质。今后5年要着力抓好“两支队伍建设”，即领导干部队伍建设和行政执法队伍建设。坚持不懈地开展群众性的文明行业创建活动，使行业文明程度进一步提高，行业形象显著改善。加强和改进职工思想政治工作，在继承优良传统的基础上，从内容、形式、手段、机制等方面加以创新。

实现“十五”交通改革发展的奋斗目标，关键在交通系统的各级党组织和各级领导班子。要坚持从严治党、从严治政。领导干部要努力实践“三个代表”的重要思想，讲学习、讲政治、讲正气，自尊、自重、自警、自励，作廉洁勤政的表率。根据社会主义市场经济条件下反腐败斗争的新形势和交通行业反腐败斗争的新特点，进一步加强党风廉政建设，深入持久地开展反腐败斗争。建立健全党风廉政建设责任制和监督机制，开展领导干部的经济责任审计工作，从源头预防在交通工程建设中和交通管理过程中的腐败行为。继续治理公路“三乱”，实现纠风工作的3年目标，防止公路“三乱”现象反复和回潮。

三、2001年交通工作面临的形势和主要任务

今年是“十五”计划的开局之年，中央经济工作会议对国内外形势的发展和变化、加快经济发展的有利条件和困难因素，进行了正确的分析和判断。我们要按照中央要求，认清形势、坚定信心，统揽全局、把握重点，狠抓落实、乘势前进。

当前，公路、水路交通发展面临着扩大规模和结构调整，行业发展的体制环境的深刻变化，加入世界贸易组织对行业的冲击和挑战，交通和车辆税费改革和加快西部地区交通建设等许多新情况。总体看，保持公路、水路交通的加快发展态势还是有利条件多于困难。一是中央明确提出，坚持扩大内需是我国经济发展的一项长期战略方针，实施积极的财政政策是当前扩大内需所采取的重大措施，重点是搞好在建基础设施项目和实施西部大开发的重点项

目，使在建项目尽快发挥投资效益，推动西部大开发战略的实施。二是“十五”期间国家要办几件大事，抓紧建设交通网络干线是大事之一。为此，公路建设要以国道主干线为重点，同时加快区域路网改造。三是中央实施西部大开发战略，要加快基础设施建设，为交通建设带来了新的发展机遇。四是我们在连续几年的加快发展中，丰富和积累了大规模、高强度、高质量建设交通基础设施的规律性认识和经验。我们要抓住机遇，充分利用有利条件，把握工作的主动权，力争“十五”交通改革与发展有一个良好的开局。

（一）关于交通基础设施建设

今年，中央决定坚持积极的财政政策和稳健的货币政策，继续发行国债，主要用于在建项目和西部开发的基础设施建设，我们要积极做好有关工作。部计划安排的公路重点项目和水运大中型项目共计214个，总投资规模基本保持去年水平。

公路基础设施建设。“两纵两横三个重要路段”计划完成约1 500公里，“五纵七横”国道主干线计划新开工931公里，安排建设74个公路主枢纽站场建设项目。西部地区计划安排项目80个，主要建设西南出海通道、上（海）瑞（丽）主干线、衡（阳）昆（明）主干线、二（连浩特）河（口）主干线、丹（东）拉（萨）主干线，以及西部区域通道中部分项目，进一步加强川藏公路等重要国防公路建设和整治。抓好国省道危桥改造，继续做好公路环境保护工程、GBM工程和文明样板路建设，抓好绿色通道建设。

沿海枢纽港口和内河航道建设。积极推进上海国际航运中心的建设，并取得实质性进展。重点抓好秦皇岛港戊已码头工程、宁波港北仑港区国际集装箱码头工程等在建工程建设。内河航运建设要重点抓好长江干线航道整治、清淤工程，三峡库区航运设施淹没复建工程，西南水运出海通道工程等，争取长江口深水航道整治二期工程开工。支持保障系统建设重点是：海事信息系统工程；续建大连、宁波、厦门水上交通管制系统工程以及长江口和珠江口水上交通管制系统的改造工程，配置海事巡视船和大功率救助船舶等。

加强基础设施建设，必须抓好3个方面的工作。

一是抓好质量管理。各级交通部门要按照今年“公路质量年”活动上水平的要求，把过去两年来质量年活动中好的经验和做法，通过建章立制使质量管理规范化和制度化，推动质量管理向更高水平发展。

二是抓好建设资金监管。对各种挤占、挪用和贪污、浪费建设资金的现象，要坚决纠正，严厉查处。去年，国家审计署对16个省、区、市的公路建设资金和54个重点公路建设项目进行了审计。各地交通部门对审计发现的问题要认真整改和纠正，切实加强建设资金的监督管理。在燃油税改革方案未实施之前，各地交通部门要加强各项交通规费的征收征管工作。

三是抓好项目前期工作。抓住机遇，加快交通基础设施建设，做好项目前期工作是前提和条件。各级交通部门要充分认识加强项目前期工作的重要性和紧迫性，严把前期工作质量关，加大前期工作的投入，尽快建立一批储备项目。

（二）关于交通运输结构调整

要把公路、水运结构调整作为促进行业发展、提高增长质量和效益的关键举措，突出主线，选准重点，稳步推进。

公路交通结构调整。一是要在公路基础设施结构逐步改善的基础上，加大运力结构的调整力度，实现基础设施结构和运力结构优化的良性互动。运力结构调整重点是加快运输车辆的更新，发展技术先进的高档客车、箱式货车、大型拖挂车。今年预计更新运输车辆15万辆。二是加快国有经济向行业主要经济增长点和优势领域集中，实现进而有为、退而有序的良性互动。鼓励和支持国有运输企业大力发展高速客运、集装箱运输和特种运输，尤其是在现代物流等领域发挥主导作用，政府交通部门要积极制定扶持政策，降低这些新型运输形式的通行费收费标准。三是加快运输组织结构调整，实现资源优化配置和发挥比较优势的良性互动。要充分运用网络技术，进一步完善公路主枢纽的功能，使之成为现代物流中心。同时，以市场为导向，以企业为主体，以资产为纽带，推进运输企业改组、联合，组建具有市场竞争能力和抵御风险能力的企业集团。

水路交通结构调整。一是抓好内河船舶船型标准化工作。今年上半年部将制定内河船型主尺度系列标准，颁布实施《内河船型标准化实施办法》。二是修订《老旧船舶管理规定》，通过建立船龄标准和船舶技术标准相结合的老旧船舶管理制度，把好市场准入关。对现有老旧船舶实行特别勘验制度，增加检验次数和范围，非标准化船型和老旧船舶要逐步退出航运市场，严重超龄的船舶实行强制退出制度。三是对二手船进入国内市场要从严控制，禁止新造水泥船等非标准化船型投入水路运输。四是要研究对退出航运市场的船舶的具体实施办法。五是鼓励和支持国际、沿海、内河集装箱运输、商品车滚装运输以及煤、油、粮、矿等散装专业化运输的发展。推动多式联运、现代物流以及电子信息化。同时，扩大对外开放的广度和深度，引进外资，加快航运业结构调整。

（三）关于规范和整顿交通市场秩序

中央经济工作会议提出，今年必须狠抓管理，把规范和整顿市场经济秩序作为一项重要任务。我们要进一步打破部门、行业垄断和地区封锁，提高市场开放度和透明度，加强市场准入管理，对从业单位实行严格的资信登记和动态管理，整顿和规范市场秩序，健全和完善市场监管机制，鼓励和支持充分而有序的竞争，积极应对加入世界贸易组织的新挑战。

近期要重点对公路、水运建设市场招投标行为进行规范，依照《招标投标法》，进一步清理和纠正招投标暗箱操作等违规行为，从严打击工程项目招投标中各类腐败现象。对在工程招投标中采取行贿等手段，扰乱市场秩序的设计、施工、监理单位，要将其列入“黑名单”并予以曝光，3年内取消其在全国交通建设市场中的投标资格。从源头整顿和规范建设市场秩序，加强对建设市场的经营主体资信审核登记，重点解决设计、施工、监理在项目招投标中的资信登记与实际作业名不副实的问题，严肃查处非法转包、分包工程项目的行为。

要按照国办转发交通部等五部委《关于清理整顿道路客货运输秩序的意见》的通知要求，结合开展道路运输市场管理年活动，整顿和规范运输市场秩序。按照企业分级、线路分类、按资质经营的原则，继续抓好挂靠车辆的清理，积极推行企业资质管理和服务质量招投标制，并对企业资质等级、车辆技术等级、经营范围等实行浮动定级制度。严厉打击非法营运。严肃查处无证无牌经营和宰客、甩客等违规行为，配合公安等部门打击车匪路霸，制止违章超载，维护经营者和广大旅客、货主的合法权益，确保道路交通安全。加快运政管理职能转变，认真清理有关收费项目，进一步简化办事程序、提高工作效率。建立健全从业人员的资格认证制度。关系安全的关键岗位和从事旅客运输的服务人员，必须具备相应的安全驾驶、操作和服务技能。停止道路客货运输经营权的有偿转让，减轻企业和经营者的负担。各地交通主管部门要与有关部门通力合作，力争在年内完成清理整顿工作，使道路客货运输秩序有明显改善。

今年，部将出台《船舶运输经营资质管理办法》，通过实施资质管理制度，建立起严格的航运企业资质认证制度和监督检查制度。今后，凡新进入市场的航运企业都必须达到新标准的要求。要对现有航运企业和个体船户重新审核发证，对达不到资质条件的要限期整改，整改后仍达不到条件的要取消其经营资格。同时，要加强船舶管理企业资质管理，出台《船舶管理业管理规定》。

加强交通法制建设。今年要抓紧《船舶法》、《船舶和海上设施检验条例》、《水路运输管理条例》、《公路管理条例》、《船员管理条例》的起草、修订工作；同时，积极配合国务院法制办做好《港口法》、《道路运输法》、《内河交通安全管理条例》的审查修改工作，争取《国际海运管理条例》、《收费公路管理条例》出台。要建立和完善交通行政执法责任制、评议考核制实施办法，切实做到严格执法。

（四）关于水上交通安全管理

要继续开展和深化“水运安全管理年”活动。各级交通部门要针对当前水上安全工作的突出问题和薄弱环节，从航运企业安全责任体系、船舶技术状况、船员素质3个方面依法进行整顿和规范，不合格的企业、船舶和船员要坚决淘汰。特别要对承运旅客运输和危险品运输的企业和船舶严格把关。加强重点通航水域的安全管理，依法治理整顿在航道上挖砂、捕捞、养殖等碍航行为。建立和完善水运安全责任体系和责任追究制度，加快搜救、打捞体制改革。同时，要积极探索市场经济条件下水上交通安全工作的新思路、新机制、新方法、新手段。

当前，我们要集中精力抓好春运期间的安全生产工作，根据冬季运输生产的特点和规律，有针对性地采取措施并严格实施，尽力避免事故的发生。

（五）关于交通科技创新

今年科技创新重点做好3个方面的工作。

一是加快科技进步，促进产业升级。重点推广应用公路设计集成系统，研究开发公路建设新材料、新工艺和新设备，加强智能运输系统、港航设施技术、先进运输装备的研究和开发，抓好国家技术创新项目“公路快速货运系统”的研究。

二是加快交通信息化进程。按照“统一规划、配套协调、稳步推进”的原则，启动政府交通部门办公业务资源网络建设，推进面向社会的政府公众信息服务网建设，尽快改变交通系统信息不畅的局面。抓好交通运输信息系统网络工程和区域性客运售票系统建设和货运信息系统建设，为实现公路、水路交通电子商务奠定基础。抓好网络环境下电子收费系统和高速公路监控系统建设。

三是加快实施西部地区交通建设中的科技攻关工作。经国务院批准，从今年起，每年从车购税中安排一定数额资金作为西部交通建设科技经费投入，针对西部地区交通基础建设与养护中急需解决的重大科技问题，集中攻克一批在西部地区具有典型意义而又长期未解决的技术难题，研究制定符合西部地区实际的交通技术政策和技术标准。西部地区交通部门也要配套一部分资金。要抓好项目的选题和联合攻关，避免重复，实现科技成果共享。重大科研项目要引入竞争机制和创新机制，实行招标制。

科技创新，人才是关键。要抓紧制定和实施人才战略，培养和吸引交通建设急需的各类人才，通过职业培训、技术培训和学历教育，培养一批具有实践经验的技术骨干和管理人员，进一步改善交通队伍的人才结构。

（六）关于行业文明建设

要认真贯彻江总书记“三个代表”的重要思想，坚持两手抓，两手都要硬，加强行业精神文明建设。继续开展“三学一创”活动，并在新形势下有所创新和发展。今年部将召开全国交通系统精神文明建设工作会议，部署今明两年行业精神文明建设的各项任务。同时，开展全国交通系统文明行业、先进集体、劳动模范、先进工作者的命名和表彰工作。

要认真贯彻中央思想政治工作会议精神。《交通部关于加强和改进交通职工思想政治工作的若干意见》，提出了落实中央思想政治工作会议精神需要做好的10项工作，各单位应从实际出发，明确工作重点，把中央思想政治工作会议精神落到实处。

当前，必须大力加强交通系统领导干部队伍建设和行政执法队伍建设。要继续坚持不懈地加强党风廉政建设，坚持从严治党、从严治政的方针，今年要重点贯彻落实部党组制定的党风廉政建设责任制实施办法和反腐败抓源头实施办法，坚持标本兼治，加大治本力度，深化领导干部廉洁自律工作，进一步规范党员领导干部从政行为。要加强执法监督和审计监督，认真查处具有交通行业特点的大案要案。去年10月合肥会议上已对加强交通行政执法队伍建设作了部署，各交通行政执法单位务必按照会议要求，做好各项工作。要继续治理公路“三乱”，巩固治理成果。按照所有公路基本无“三乱”的考核标准，在巩固国省道干线公路基本无“三乱”的基础上，力争到明年底实现全国所有公路基本无“三乱”的目标。

做好交通各项工作，进一步开创交通改革发展新局面，要求交通各级领导干部要努力提高领导水平。一是要善于学习，勤于思考，不断深化新形势下对交通发展的特点和规律性的认识，创造性地开展工作；二是要对交通改革发展中的重大问题进行深入研究，增强工作的系统性、前瞻性、原则性和主动性；三是力戒官僚主义和形式主义，真抓实干，狠抓落实。要深入基层，加强指导，及时解决实际问题，认真倾听群众呼声，切实关心群众生活，正确处理改革、发展和稳定的关系，促进交通事业健康发展。

同志们！我们已经踏进新世纪的门槛，让我们迎着新世纪的曙光，高举邓小平理论伟大旗帜，紧密地团结在以江泽民同志为核心的党中央周围，承前启后，再接再厉，为推进交通改革与发展再上新台阶和做好“十五”开局工作而奋斗！

把握形势　抓住机遇
扎扎实实做好2002年交通工作

——黄镇东部长在全国交通厅局长会议上的讲话

（2001年12月18日）

同志们：

这次全国交通厅局长会议的主要任务是，以邓小平理论和“三个代表”重要思想为指导，贯彻党的十五届六中全会精神，按照中央经济工作会议要求，总结2001年交通工作，部署2002年工作任务。

即将过去的2001年是不平凡的一年。中国共产党隆重庆祝了建党80周年，北京获得2008年奥运会举办权，上海成功举办亚太经合组织第九次领导人非正式会议，我国正式加入世界贸易组织，这些具有历史意义的大事，提高了我国的国际地位和影响，激发了全国人民的爱国热情，进一步坚定了全国人民建设有中国特色社会主义的信心，也使我国赢得了在新世纪加快发展的重大机遇。全国交通系统认真贯彻落实中央的方针政策，坚持以发展为主题，以结构调整为主线，以改革开放和科技进步为动力，以不断满足人民群众交通需求为根本出发点，真抓实干，开拓创新，使“十五”交通工作有了良好的开局，实施党中央西部大开发战略，加快西部地区交通基础设施建设，取得了明显的进展。其主要标志是：

公路、水路运输总量继续增长。预计全年公路完成客运量143.4亿人次，旅客周转量7 047亿人公里，完成货运量105.4亿吨，货物周转量6 180亿吨公里，比2000年分别增长6.5%、5.8%、1.4%和0.8%。水路客运继续呈结构性下降趋势，预计全年完成客运量1.91亿人次，旅客周转量94.9亿人公里，分别比去年下降1.5%和5.6%；完成货运量13.5亿吨，货物周转量24 860亿吨公里，分别增长10.7%和4.7%。预计港口完成货物吞吐量24亿吨，增长8.8%，其中国际集装箱吞吐量2 700万标准箱，增长15%，上海港集装箱吞吐量突破了600万标准箱。继上海、广州、宁波3个港口之后，今年又有天津、青岛、秦皇岛港货物吞吐量超过亿吨。

交通基础设施建设取得新的突破。预计全年累计完成投资2 600亿元以上。新增公路3.2万公里，其中高速公路3 017公里。到2001年底，全国公路总里程达到143.5万公里（不包括公路普查增加的26.7万公里），其中高速公路达到1.9万公里。继京沈、京沪高速公路建成之后，西南公路出海通道又顺利贯通，标志着“三个重要路段”基本建成。西部地区8条省际通道建设步伐加快，通县油路工程建设全面启动，今年1～11月份，西部公路建设投资规模同比增长23%。沿海港口新扩建中级以上泊位37个，新增吞吐能力6 187万吨。内河航运建设，新增和改善航道402公里，新扩建泊位43个，新增吞吐能力536万吨。澜沧江—湄公河国际航道正式通航，开辟了西南地区新的对外运输通道。通过3年的公路建设质量年活动，质量意识增强，质量管理逐步规范化、制度化，交通基础设施建设质量明显提高。

整顿和规范市场秩序工作取得阶段性成果，交通运输和建设市场秩序有所好转。安全生产管理得到加强，各项安全措施逐步落实。交通结构调整开始启动，路网结构、运力结构、运输组织结构都发生了积极变化。交通科技创新、行业体制改革、法制建设、行业文明建设和党风廉政建设等工作取得了新的成效。

与此同时，我们也要清醒地看到一年来工作中还存在着一些突出问题。主要是：安全管理虽然下了很大气力，但形势依然比较严峻，水上重大事故仍有发生，公路长途旅客运输和危险品货物运输事故增多；部分工程建设项目招投标不规范，公开性和透明度不高；公路"三乱"在一些地区仍未得到有效遏制；交通系统特别是基础设施建设中违法违纪问题时有发生。这些问题也说明我们在领导作风、工作作风等方面还有差距，必须引起高度重视，认真加以解决。

同志们，2002 年交通工作面临着新形势、新任务、新机遇、新挑战。我们要把握形势、统一思想，坚定信心、振奋精神，转变作风、扎实工作。根据中央经济工作会议确定的经济工作的基本思路和总体要求，明年交通工作要继续抓住党中央、国务院实施积极财政政策的机遇，以确保工程质量为前提，加强国道主干线系统、西部省际通道和通县油路工程建设，加强主枢纽港口和内河水运主通道建设；以建立统一开放、竞争有序的交通市场为目标，继续整顿和规范市场秩序，推进依法行政；以加入世贸组织为契机，推进交通管理创新、体制创新和科技创新，加快结构调整；以强化安全生产管理为手段，防止重特大事故发生；以加强领导干部队伍和行政执法队伍建设为重点，抓好党风、政风、行风建设。按照这一总体要求，着重抓好以下几项工作。

一、继续加快交通基础设施建设

中央经济工作会议指出，明年要继续实施积极的财政政策。我们要继续加快交通基础设施建设，力争保持较高的投资规模，为扩大内需，保持国民经济持续、快速、健康发展作出贡献。

公路建设　重点是国道主干线、西部省际通道和通县油路工程建设。预期目标是新增公路 4 万公里左右，其中高速公路 2 500 公里左右。"五纵七横"国道主干线新开工 1 300 公里，继续抓好甘肃兰州到云南磨憨等 8 条西部省际通道的在建项目。基本完成西部地区 250 个项目、2.5 万公里通县油路工程建设任务，西部地区各级交通部门要高度重视，精心组织，加强质量管理，把这项西部地区各族人民受益的好事办实，实事办好。加快农村公路建设步伐，提高农村公路覆盖面和通达深度。继续抓好 GBM 工程、文明样板路和绿色通道建设。

沿海港口　重点是上海国际航运中心、主枢纽港集装箱码头以及长江口深水航道二、三期工程等出海航道建设。加快港口多用途码头的技术改造。计划新开工大中型水运建设项目 5 个，预期目标是新增深水泊位 9 个，新增吞吐能力 1 040 万吨。

内河航运　重点是长江干线中游航道整治工程、长江三峡库区水运设施淹没复建工程、西部地区通江达海水运主通道，以及嘉陵江、湘江、西江红水河航电枢纽建设工程等。预期目标是改善内河航道 570 公里，新增港口吞吐能力 240 万吨。

支持保障系统　重点是海上救助船舶、码头、直升机和船舶交管系统建设，提高海事预控和救助能力。以交通部门办公业务网、资源网和信息资源库建设为龙头，推进交通信息化进程。加强重点实验室建设，为行业重大科技攻关和成果转化提供必要条件。

连续3年开展的公路建设质量年活动取得了一定成效，但工程质量管理必须常抓不懈。要认真总结近年来公路建设质量管理的经验和教训，深化对工程质量的认识，进一步增强质量意识，完善质量保证措施，落实质量责任制，促进质量管理稳步提高。同时要切实加强建设资金监管，对各种挤占、挪用和浪费、贪污建设资金的现象，要坚决纠正，严肃处理。

二、稳步推进交通运输结构调整

交通运输结构调整，是贯穿于“十五”计划的一项战略性、长期性的任务，要继续突出重点，稳步推进。

依靠加快发展和加强技术改造，调整交通基础设施结构。目前，在交通基础设施总量不足的情况下，必须通过继续加快建设，改善公路、水运基础设施的结构。一是以“五纵七横”国道主干线建设为重点，形成国家公路主骨架；二是以西部省际通道建设为重点，形成区域干线网；三是以通县油路建设为重点，形成县乡公路网；四是以主枢纽港、航道建设和专业化码头建设为重点，拓展港口功能，发展综合物流。

加强对现有基础设施的技术改造，也是盘活存量、调整结构的有效途径，特别是在建设资金紧张的情况下，要把技术改造放在更加突出的位置。做好基础设施的管理和养护工作，保持和提高现有设施的能力。在交通基础设施的新建与改造中，各地要结合实际，因地制宜，不搞一刀切。

依靠政策引导和市场导向，调整运力结构和经营结构。加快基础设施建设是基础，发展运输是目的。要通过政策引导和加强市场准入管理，促进运力结构、组织结构和经营结构的调整和改善。运力结构调整要以车船更新为重点，加快淘汰老旧车船，发展适应市场需求的客车、箱式货车和大型拖挂车，大型船舶、专业化船舶和标准型船舶。运输组织结构调整要通过加强资质管理，引导和鼓励运输企业以资产为纽带，通过联合、重组、收购、引进外资等多种形式，组建跨地区、跨行业的大型运输集团，实现集约化、规模化、专业化经营，发挥优势，成为优化行业结构，带动产业升级的主导力量。运输经营结构调整要以市场为导向，以资源优化配置为重点，以拓宽服务领域为途径，培育新的经济增长点，大力发展高速客运、集装箱运输、特种运输和综合物流等现代产业，促进客运快速化、货运物流化、服务多元化产业结构的形成。

三、继续整顿和规范市场秩序，切实加强安全管理

（一）治理整顿交通运输、建设市场秩序

整顿和规范市场秩序是建立和完善社会主义市场经济体制的基础性工作，也是安全生产的前提和保证，明年要继续作为交通工作的一项重要任务抓紧抓实。

运输市场，加大查处扰乱市场秩序的不正当经营行为的力度，严厉打击无证无照等非法经营；严格企业经营资质审核，清理挂靠经营的运输车船；禁止客运线路经营权有偿使用和非法转让；开展超载超限和危险化学品货物运输专项治理。禁止利用内河以及其他封闭水域运输剧毒化学品和国家禁止运输的其他危险化学品。

建设市场，严格执行项目法人制、工程招投标制、工程监理制和合同管理制，完善监督措施，规范经营行为。严禁在工程建设中规避招标和招投标中弄虚作假，严厉惩治以权谋私、权钱交易等不法行为。加强招标后的管理，严禁转包、违法分包和无证、越级承包工程。严肃查处不落实工程质量责任制、不执行强制性技术标准，造成质量事故的单位和个人。严格执行新的施工企业资质标准，加强市场准入管理和企业资质动态监管，逐步建立和完善市场运行的信用机制。

（二）加强法制建设，坚持依法行政

一是进一步加快交通立法步伐，积极配合全国人大常委会和国务院有关部门，做好《港口法》、《道路运输管理条例》、《收费公路管理条例》、《水路运输管理条例》等行业管理急需的法律法规的起草和修改工作，同时要做好《国际海运条例》等新出台的法律、法规的宣传贯彻工作。二是贯彻国家规范行政执法行为的法律规定，进一步整顿交通行政执法队伍，提高行政执法水平。三是认真落实交通行政执法检查、交通行政执法错案追究等有关制度，强化行政执法监督。四是组织开展交通系统“四五”普法教育，提高交通干部职工的法治意识和法律素质。

（三）强化安全生产管理，防止发生重特大事故

继续开展水上运输安全管理年活动，落实安全生产责任制。工作重点仍是“四区一线”水域和“四客一危”船舶。加强专项整治和源头治理，加大对客滚运输、车滚运输、危险品运输的监管力度，严禁船舶超载等违章行为，严防危险化学品运输恶性事故的发生。改善通航环境和秩序，建立健全应急反应体系。建立航运企业和客船、液化气船、化学品船等船舶安全管理机制，存在安全隐患的船舶不得投入运营。加强对重点船舶的检验，建立健全验船质量责任追究制，规范船检秩序，提高船检质量。加强船员培训和跟踪管理，提高特殊船舶船员适任资格标准。督促落实乡镇船舶安全管理责任制，加强小型船舶的安全检查，严禁货船、渔船、农用船等非客运船舶从事客运。

道路运输要以旅客运输和危险品运输为重点，加强安全监督检查。要将公路通行条件作为班线审批的一项重要指标，对达不到夜间安全通行要求的路段进行确认，严格班线审批。及时对公路桥梁、隧道进行病害检测和防治，保证安全畅通。完善高速公路在雨雾、冰雪等特殊情况下的安全保障措施。加强汽车站场的安全管理，防止爆炸品、易燃品及其他危险品进站上车。

工程建设要认真执行安全施工、文明施工制度，落实施工安全责任制。加强施工安全教育和安全知识培训，严禁违规操作、野蛮施工。认真查找和消除施工安全隐患，严肃查处重大安全责任事故。

四、积极推进交通改革和科技创新

（一）改革行政审批制度

要按照国务院行政审批制度改革的部署和要求，积极推进交通行政审批制度改革。各级

交通部门要对现行的审批项目在法规核实、效能分析、责任和监督界定的基础上进行全面清理，对不符合政企分开和政事分开原则、妨碍市场开放和公平竞争，以及实际上难以发挥有效作用的行政审批，要坚决予以取消；对可以用市场机制代替的行政审批，要通过市场机制运作；对于确需保留的客货运输业务和交通建设项目的行政审批，要严格审批程序，规范运作方法，明确审批时限，提高审批环节的透明度。实行审批项目责任制，加强审批监督，严格责任追究。要利用交通部门政府网站，建立行政审批信息平台，公布有关审批项目，接受社会监督。

（二）抓好港口管理体制改革和救捞体制改革

最近，国务院办公厅转发了深化中央直属和双重领导港口管理体制改革的意见。基本要求是：中央直属及双重领导港口全部下放地方管理；港口下放后原则上由所在城市人民政府管理，需由省级人民政府管理的，按照“一港一政”的原则确定管理形式；实行政企分开，港口企业作为独立的法人依法经营，不再承担行政管理职能，同时配套进行港口计划、财务、理货、引航等改革。深化港口管理体制改革，政策性强，涉及面广，有关省、市交通部门要在地方人民政府领导下做好实施工作，同时要抓好港口生产管理和稳定工作，确保思想不散、工作不乱、国有资产不流失。部将会同有关部门，配合地方人民政府做好港口管理体制改革，于明年3月底前完成港口下放工作。

海上救助打捞体制改革方案已报国务院。按照救助与打捞分开和转变职能的原则，海上搜寻救助由事业单位承担，所需经费争取列入财政预算，打捞单位暂按自收自支的事业单位管理。要积极推进救捞体制改革，妥善解决改革中的问题，保证救助打捞队伍的稳定，确保海上救助任务的完成。

此外，要进一步完善水监体制改革，加快长江航务管理局机构改革。完善公路养护运行机制，加强高速公路特许经营相关政策研究。车购税费改革以来，交通稽征人员克服困难，超额完成征收任务，为公路建设作出了贡献，各级交通部门要继续做好改革的收尾工作。目前，国际市场原油价格正处于一个低水平，有关部门正在完善燃油税征收方案，我们要积极做好相关工作。在燃油税征收方案未实施之前，各地交通部门要做好各项交通规费的征收征管工作。

（三）提高科技持续创新能力

根据“十五”交通发展目标，要继续深化交通科研体制改革，加大重大科研项目的研究和开发力度，加强交通信息化、交通建设与运输生产、交通安全保障和交通决策支持等领域的科技创新，特别是要加快突破西部地区基础设施建设关键技术。进一步加快人才培养，优化人才结构，建设一支高素质交通人才队伍。

五、抓紧做好加入世贸组织后的相关工作

我国已正式成为世贸组织成员，标志着我国对外开放进入一个新的阶段，将在更大范围、更广领域和更高层次上参与国际经济技术合作。在我国入世谈判过程中，作为服务业的交通运输在市场开放方面做出的承诺，涉及公路运输、水路运输、仓储、船舶检验、基础设

施建设等多个领域，有的开放程度深、时间早。我们要积极主动适应加入世贸组织的新形势，抓紧做好以下几个方面的工作。

1. 加强对世贸组织的基本原则和有关规则的学习掌握。要从本地区实际出发，对入世后给行业带来的风险和影响进行深入分析，明确工作思路，充分利用过渡期，研究制定相关措施，抓紧做好调整工作，发挥各自的比较优势，增强交通行业的竞争力和抵御风险的能力。

2. 加快清理、修改和完善有关政策法规。要根据交通运输、建设市场开放承诺的进程和步骤，清理、修订和完善有关法律、法规和规章。凡是不符合世贸组织规则和国际惯例的法律、法规和规章，要抓紧予以修改和废止。

3. 加快转变政府职能。各级交通部门要按照政府职能主要是转到经济调节、市场监管、社会管理和公共事业的要求，改变管理内容和管理方式，创造良好的体制环境，建立和完善全国统一、公平竞争、规范有序的交通运输市场。

4. 抓紧建立健全行业中介组织。要加快行业组织改革步伐，建立健全代表企业利益的行业中介组织，充分发挥其沟通和自律的功能。

适应入世新形势的要求，必须处理好3个关系：一是权利与义务的关系。我们既要善于运用世贸组织规定的权利，更好地促进交通对外合作与交流，提高我国运输生产力发展水平，又要切实履行义务和承诺，敢于开放市场，大胆引进资金、技术和管理经验，在竞争中求发展、求提高。二是对外开放与对内开放的关系。对内开放是对外开放的基础，只有对内全面开放，打破地区封锁和市场分割，营造公平竞争的市场环境，才能进一步扩大对外开放，参与国际竞争。三是政府与企业的关系。世贸组织的基本原则及协议、协定，主要是针对政府的经济管理行为。政府交通部门要提高按照国际通行规则进行行业管理的能力，增强政策的统一性和透明度，促进管理的规范化，为企业提供有效的服务。企业是市场的主体，要自觉规范经营行为，提高信用度，改善经营管理，增强竞争实力。

六、抓党风、促政风、带行风，促进交通行业两个文明建设协调发展

要认真贯彻落实党的十五届六中全会精神，切实加强和改进党的作风建设，抓党风、促政风、带行风。要把领导机关、领导班子和领导干部的作风建设放到首位，重点抓好领导干部队伍和交通行政执法队伍建设。对各级领导干部要严格要求，严格教育，严格管理，严格监督。针对思想作风、学风、工作作风、领导作风和干部生活作风方面存在的突出问题，按照“八个坚持，八个反对”的要求，认真加以整改，并取得明显成效。

中央明确要求，把明年作为转变作风年、调查研究年。我们要切实转变作风，深入实际，调查研究，求真务实，把各项工作落到实处。首先要抓好交通部机关的作风建设，要在前一段征求交通系统各单位意见和建议的基础上，认真研究落实整改措施，加强教育和管理，完善各项规章制度和监督制约机制，增强机关工作人员的服务意识，提高工作效率和水平，使部机关真正成为廉政勤政的表率。各级交通部门也要按中央要求，认真转变作风，加强调查研究，努力推进各项工作。

要切实加强交通职工思想道德建设。按照《公民道德建设实施纲要》的要求，把交通职工思想道德建设放在突出位置来抓，倡导爱国守法、明礼诚信、团结友善、勤俭自强、敬

业奉献的基本道德规范，抓好以爱岗敬业、诚实守信、办事公道、服务群众、奉献社会为主要内容的职业道德建设，深入开展群众性的“三学四建一创”活动，努力提高交通干部职工的思想道德素质和科学文化素质，提高行业文明程度。

要扎扎实实抓好党风廉政建设，切实落实党风廉政建设责任制和完善责任制的考核办法。对违法违纪行为，要认真查实，严肃处理，以党风廉政建设和反腐败斗争的实际成果，为交通改革发展提供强有力的保障。

要巩固扩大治理公路“三乱”成果，严防公路“三乱”反弹。各级交通部门要按照有关规定，继续整顿和规范公路收费站点，努力实现全国所有公路基本无“三乱”的目标。

同志们！明年交通工作的目标已经明确，关键在于狠抓落实。我们要在党中央、国务院的正确领导下，实践“三个代表”，埋头苦干，扎实工作，全面完成明年的各项工作任务，以新的业绩迎接党的十六大的召开！

认真贯彻党的十六大精神
努力实现交通新的跨越式发展

——张春贤部长在2003年全国交通厅局长会议上的讲话

（2003年2月11日）

同志们：

2003年全国交通厅局长会议是党的十六大召开后的第一次交通厅局长会议。会议的主题是：以邓小平理论和“三个代表”重要思想为指导，贯彻落实党的十六大精神，回顾总结本届政府5年来的交通工作和13年来交通发展的基本经验，研究确定本世纪头20年实现交通新的跨越式发展的奋斗目标，按照中央经济工作会议的要求，安排部署2003年交通工作的主要任务，动员全国交通系统广大干部职工，与时俱进，开拓创新，为实现交通新的跨越式发展而共同奋斗。

一、过去5年的交通工作和13年来交通发展的基本经验

过去的5年，是我国公路、水路交通发展速度最快、投资规模最大、技术水平提高最显著的历史时期。全国交通系统广大干部职工在党的十五大精神指引下，坚持发展是硬道理，团结拼搏，求实奋进，紧紧抓住扩大内需、实施积极财政政策的机遇，以调整交通运输和基础设施结构为主线，以改革开放和科技进步为动力，以抓好质量和安全为前提，以不断推进行业文明建设和加强党风廉政建设为保障，加快发展公路水路交通，使交通运输生产力水平跃上了一个大台阶，为拉动国民经济增长和改善人民群众的出行条件作出了重要贡献。

交通基础设施建设取得显著成绩。实施“三主一支持”长远发展规划取得了突破性进展。相继建成了一大批高速公路、大型桥梁和长大隧道、港口深水泊位、集装箱码头及高等级内河航道等基础设施。京沪、京沈和西南公路出海通道“三个重要路段”全线贯通，长江口深水航道整治一期工程胜利完成，西部地区交通基础设施建设取得初步成果，通县公路建设任务基本完成，农村公路和扶贫公路建设进一步得到加强。“公路建设质量年”活动的广泛深入开展，促进了工程质量明显提高。交通规费征收工作克服困难，为交通发展提供了资金保障。

交通运输服务质量取得显著改善。以市场为导向，以适应经济社会发展和人民生活水平提高为目标，交通运输服务质量和水平不断改善，由“走得了”向“走得好”加快转变。道路运输的基础地位进一步增强，水路运输的优势得到发挥。整顿和规范公路水路运输市场、建设市场秩序取得阶段性成果。开展了“水上交通安全管理年”活动，交通事故四项指标全面下降。水上专业救助队伍建设得到加强，救助能力有所提高。

交通改革开放取得显著进展。按照建立社会主义市场经济体制的要求，各级交通部门转变政府职能，积极推进交通行政审批制度改革。实施了水上安全监督管理体制改革和长航局

体制改革。进一步深化了港口管理体制改革，救捞体制改革开始实施。交通科技、教育、勘察设计体制改革等也取得了重要进展。交通国际合作与交流取得丰硕成果。先后建立了中国—东盟交通部长会议机制和上海合作组织交通部长会晤机制。我国加入亚洲公路网的路线方案正式提交联合国亚太经社会，中老缅泰4国澜沧江—湄公河上游航道改善工程和昆明—曼谷国际公路建设项目正式启动。与有关国家签署了一系列交通领域的双边或多边合作协定和协议。

交通科技创新取得显著成果。“科教兴交”战略稳步推进，交通专业人才队伍素质得到优化，科技整体水平和贡献率不断提高。高速公路建设成套技术、深水大跨径桥梁和长大隧道的修筑技术接近或达到世界先进水平；港口、航道建设与整治技术取得新突破，大型集装箱起重设备制造技术达到发达国家水平；交通信息化不断推进，信息网络技术得到推广应用。西部地区交通基础设施建设科技攻关力度明显加强。通过重大科研、工程项目和岗位培训、继续教育，培养造就了一大批技术和管理人才，为交通事业发展提供了人才保障和智力支持。

交通行业文明建设取得显著成效。坚持“两手抓、两手都要硬”的方针，广泛深入地开展了“三学一创”和“三学四建一创”活动。在创建活动中，始终坚持以“服务人民、奉献社会”为宗旨，充分发挥具有时代精神的先进典型的作用，逐步完善领导体制、工作机制、活动措施和规范体系。坚持与时俱进，不断深化文明示范窗口、青年文明号、巾帼建功、公路水路文明单位、文明样板路、文明样板航道等文明行业创建活动，行业风气得到改善。深入扎实地推进党风廉政建设和反腐败斗争，加大从源头遏制腐败的力度。治理公路“三乱”取得明显成效，已有17个省区市实现了所有公路基本无“三乱”。

交通工作5年来的成绩，是在改革开放特别是十三届四中全会以来交通发展的基础上取得的。13年来，交通固定资产投资规模持续扩大。1989年，全社会完成交通固定资产投资只有156亿元，“八五”期间年均完成投资619亿元，“九五”期间年均完成投资2 062亿元。据快报统计，2002年突破3 000亿元，完成3 150亿元，创历史新高，是1989年的20倍。投资规模的不断扩大对加快基础设施建设起到了关键性作用。交通运输实现了跨越式发展，瓶颈制约和全面紧张状况得到缓解。主要标志是：

——公路通车里程迅猛增长。到2002年底，全国公路通车里程达175.8万公里，比1989年增长了74%；公路密度达每百平方公里18.3公里，13年每百平方公里增长了7.7公里。

——高速公路建设连创新高。到2002年底，全国高速公路里程达到2.52万公里。1989年我国高速公路通车里程仅为271公里，到1999年突破1万公里，到2002年突破2万公里，用短短十多年的时间走完发达国家高速公路建设三四十年的发展历程。有10个省的高速公路里程突破1 000公里，其中辽宁、山东和浙江三省省会到地市全部通了高速公路。

——农村公路覆盖面明显扩大。到2002年底，全国农村公路总里程发展到130万公里，乡镇通公路率达到99.4%，行政村通公路率达到92.5%，分别比1989年提高了5个和17.5个百分点。

——港口泊位成倍增加。到2002年底，我国沿海和内河共有生产性泊位33 450个，其中深水泊位达到822个，主要港口生产性泊位比1989年增长了1.1倍。

——内河航道建设成绩显著。到2002年底，我国内河通航里程达12.15万公里，其中内河水运主通道标准航道里程为6 870公里，占规划总里程的46.8%，比1989年提高了20个百分点。航道渠化步伐加快，江南运河全部建成四级标准样板航道。

——车船装备水平不断提高。到2002年底，全国民用汽车保有量超过1 950万辆，是1989年的3.8倍，其中营运车辆发展到700余万辆，是1989年的2.6倍。高档化、舒适化、大型化、专业化车辆比重上升。民用船舶结构得到优化。到2002年底，全国民用船舶拥有量为20多万艘，比1989年减少43%，但总载重吨达到5 500万吨，比1989年翻了一番，船舶平均吨位大大提高。

——客货运输量持续攀升。2002年，全社会完成公路、水路客运量148.45亿人，旅客周转量7 727.6亿人公里，完成货运量124.7亿吨，货物周转量33 184.9亿吨公里，分别比1989年增长了119%、171%、51%和127%。

——港口货物吞吐量快速递增。2002年，全国港口货物吞吐量完成26.8亿吨，比1989年增长了3.6倍。有7个港口跻身世界亿吨港行列，上海港货物吞吐量超过两亿吨，成为世界第四大港。港口集装箱吞吐量连续十多年以30%的速度递增，2002年完成3 700万标准箱，比1989年增长了31.4倍，上海和深圳两港已进入世界集装箱大港十强行列。

党的十六大对13年来我国改革开放、建设中国特色社会主义的基本经验进行了科学总结，这些基本经验也是完全符合交通实际的。13年来，我们不断积累和深化对交通改革发展稳定等重大问题的基本认识，主要有：一是必须坚持发展是硬道理，用发展的办法解决前进中的困难和问题，从实际出发，抓住机遇，千方百计加快发展步伐，扩大总量，提高质量，实现速度和结构、质量、效益相统一。二是必须坚持发挥中央和地方两个积极性，紧紧依靠各级政府，紧紧依靠广大人民群众，形成发展交通的强大合力。三是必须坚持“三主一支持”长远发展规划和阶段性目标相结合，分步组织实施，不断提高交通运输的适应能力。四是必须坚持深化改革、扩大开放，培育统一、开放、竞争、有序的运输市场和建设市场，多渠道、多形式地筹集交通建设资金，为实现交通跨越式发展提供资金保障，增强交通发展的活力。五是必须坚持依法治交，加强交通法制建设，依法行政，提高交通执法队伍的执法能力和执法水平。六是必须坚持加强和完善行业管理，不断探索和创新市场经济条件下行业管理的范围、内容、手段和方法，创造良好的交通发展环境。七是必须坚持“科教兴交”战略，不断加大人才资源的开发力度，加强科技创新，解决交通建设、管理中的重大问题和关键技术，积极推进信息化建设，为交通发展提供智力支持。八是必须坚持两手抓、两手都要硬，不断推动群众性的行业文明创建活动广泛深入地开展，为交通发展提供精神动力和思想保证。加强党风廉政建设和反腐败斗争，为交通发展提供有力的政治保障。

交通改革发展取得的巨大成绩，是党中央、国务院和地方各级党委、政府高度重视和正确领导的结果，是人民群众热情关心和积极支持的结果，也是交通系统广大干部职工团结奋斗和努力拼搏的结果。在此，感谢地方交通厅局、部机关和直属单位、交通企业的同志们多年来的辛勤工作，感谢部的老领导和地方交通厅局的老厅长为交通事业作出的重要贡献。

在充分肯定成绩的同时，我们也应该清醒地看到，交通总体上不适应经济社会发展和人民生活水平提高的矛盾还没有得到根本性的解决，特别是与全面建设小康社会的目标和要求还有更大的差距。当前，交通发展中面临着很多突出的矛盾和问题，主要是：运输市场和建设市场秩序不够规范；行业管理中的一些体制性障碍尚未消除；交通建设债务负担沉重；农村公路等级低、抗灾能力弱；沿海港口集装箱吞吐能力比较紧张，内河水运投入不足、整体水平较低；安全管理还存在薄弱环节，水上救助能力和水平不适应需要；交通基础设施建设中的腐败现象时有发生。这些问题要引起我们的高度重视，并采取切实有力的措施加以解决。

二、交通新的跨越式发展的奋斗目标

党的十六大对全面建设小康社会、加快推进社会主义现代化作出了战略部署。发展社会主义市场经济、走新型工业化道路、繁荣农村经济和加快城镇化进程、推进区域经济协调发展、参与国际经济技术合作和竞争、提高人民生活水平等都对交通运输提出了新的更高的要求。我们要认真分析交通工作面临的新形势新任务，以十六大精神为指导，统一思想认识，紧紧抓住加快发展这个交通工作的第一要务，发展要有新思路，改革要有新突破，开放要有新局面，各项工作要有新举措，为全面建设小康社会实现交通新的跨越式发展。

本世纪头20年交通发展的总体要求是：以邓小平理论和“三个代表”重要思想为指导，坚持速度、结构、质量、服务、管理、效益和可持续发展相统一，努力实现交通新的跨越式发展，到2010年使公路水路交通紧张状况全面缓解，对国民经济的制约状况得到全面改善，到2020年基本适应国民经济和社会发展需要，为全面建设小康社会、适应人民群众的出行需求提供更畅通、更便捷、更安全的交通运输条件。

交通新的跨越式发展的主要目标是：

（一）公路交通

到2010年，全国公路总里程达到210万~230万公里。全面建成“五纵七横”国道主干线，基本建成西部开发8条省际间通道，高速公路连接90%目前人口在20万以上的城市，东部地区基本形成高速公路网，高速公路总里程达到5万公里。二级以上公路里程达到40万~45万公里，干线公路基本达到二级以上标准，东中部地区二级以上公路连接所有的县。提高通达深度，改善农村交通条件，所有具备条件的乡镇和行政村通公路，县到乡公路基本达到高级、次高级路面标准，乡到行政村公路消灭无路面状况。基本建立起全国快速客货运输网络，通公路的行政村班车通达率达到95%以上。车辆技术状况进一步优化，营运客车中高级客车比重达到1/3。

到2020年，全国公路总里程达到260万~300万公里。高速公路里程达到7万公里以上，连接所有目前人口在20万以上的城市，基本形成国家高速公路网。二级以上公路总里程达到60万~65万公里，连接所有的县。乡到行政村公路基本达到高级、次高级路面标准。建成比较完善的全国快速客货运输网络，基本实现通公路的行政村通班车。营运客车中高级客车比重达到60%以上。

（二）沿海港口

到2010年，沿海港口总吞吐能力达30亿吨，集装箱码头总吞吐能力达1亿标准箱，基本形成干线港、支线港、喂给港层次分明、布局合理的港口集装箱运输体系。远洋运输集装箱直达率达到70%；大型专业化原油、铁矿石等码头建设布局基本形成，进口原油20万吨级以上大型泊位接卸能力达1.6亿吨，采用大型泊位接卸原油的比重达到95%；进口矿石15万吨级以上大型泊位接卸能力达1.65亿吨，采用大型泊位接卸矿石的比重达到90%。主枢纽港航道与大型深水码头的建设相匹配，基本适应到港船舶的要求。远洋、沿海船队船舶结构合理，船队总载重吨和集装箱船队运力规模居世界前五位。

到2020年，沿海港口总吞吐能力达44亿吨，集装箱码头总吞吐能力达1.7亿标准箱。远洋运输集装箱直达率达到80%；进口原油20万吨级以上大型泊位接卸能力达2.2亿吨，采用大型泊位接卸原油的比重达到95%；进口矿石15万吨级以上大型泊位能力达2.1亿吨，采用大型泊位接卸矿石的比重达到90%以上。主枢纽港航道基本满足大型船舶到港的要求。临港工业和商贸活动成为沿海港口的重要功能，港口物流作用明显。海运船队实力雄厚，运力规模位居世界前列，船型和船龄结构合理，具有较强的国际竞争力，基本满足国民经济和对外贸易发展的需要。

（三）内河航运

到2010年，70%的内河水运主通道达到规划标准，三级以上航道里程达到1.1万公里，五级以上航道里程达到3万公里，长江、珠江三角洲地区基本建成现代化骨干航道网。港口机械化和专业化水平明显提高，长江干线和主要支线及三角洲地区、珠江干线及珠江三角洲水网地区的集装箱专业化运输系统基本形成，港口集装箱通过能力达到800万标准箱。长江、珠江三角洲水网地区以及其他主要水域基本实现船舶标准化，运力结构明显改善，集装箱、液货危险品、滚装船等比重明显提高，货运船舶平均吨位达到200吨以上。

到2020年，内河水运主通道全部达到规划标准，三级以上航道里程达到1.5万公里，五级以上航道里程达到3.6万公里，基本形成以三级航道为骨架，以四、五级航道为基础的高等级内河航道体系。港口基本实现机械化，集装箱、石油及液化气、煤炭、矿石等专业化运输系统形成，港口集装箱通过能力达到1 300万标准箱。部分重要港口成为地区性的综合物流中心。运输船舶实现标准化、专业化，货运船舶平均吨位达到500吨以上。

（四）交通运输市场

建立完善的市场准入、竞争、监督、退出机制和信息、规划、投资等宏观调控措施，健全与社会主义市场经济相适应的交通法规体系，综合运用经济的、法律的和必要的行政手段，高效率、高质量优化配置交通资源，形成统一、开放、竞争、有序的交通运输市场。

（五）支持保障系统

公路交通安全和可靠性全面提高，事故率明显下降，力争使每万辆汽车死亡人数由2000年的58.3人到2010年降至43人，到2020年再降至32人。

基本建成全方位覆盖、全天候运行、快速反应的现代化水上交通安全保障系统，到2010年，100海里内的重要航线和海上设施等纳入监管范围，50海里内的重要干线航道和主要港口的应急到达时间不超过150分钟。到2020年，监管范围扩大到200海里专属经济区，50海里内的重要干线航道和主要港口的应急到达时间不超过90分钟，对发生在我国搜救责任区内的海上险情进行有效、快速救助。

继续实施“科教兴交”战略，完善科技创新体系，在重点领域取得一批具有自主知识产权的成果，交通科技水平有明显提高。

加强防污、消防、通信等系统建设。提高政务的透明度，建立交通政务公共信息平台。

（六）人才资源

建立起高效的行业人才资源开发、使用与激励机制，建设一支由行政管理、专业技术和经营管理人才构成的高素质队伍，行业从业人员的整体素质明显提高。到2010年，建立重要专业岗位的职业资格认证制度，人员持证上岗率达到100%。到2020年，交通专业技术人才队伍整体水平接近或达到发达国家21世纪初的水平。

（七）精神文明建设

紧紧围绕公路水路交通现代化建设，适应社会主义市场经济发展需要，加强和改进党风、政风和行风建设，提高队伍素质，塑造交通形象，全面深化创建文明行业活动，为交通改革发展稳定提供思想保证和精神动力。

为实现上述目标，必须紧紧抓住本世纪头20年这个重要战略机遇期。一是坚持加快发展不动摇，处理好速度、质量、结构、效益和可持续发展之间的关系，实现质量型、效益型、功能型和可持续的跨越式发展，不断提高公路水路运输的总体供给能力和服务水平。二是把发展农村交通摆在更加突出的位置，为推进农村小康建设创造有利条件。交通基础设施建设要集中力量抓好两个重点，一个是加快高速公路、港口专业化码头、内河水运主通道建设，促进国民经济持续快速健康发展；另一个是加快县乡公路、农村公路和西部地区交通基础设施建设，改善农村生产、生活条件，加快推进城镇化，促进区域经济协调发展。三是积极推进交通体制创新、管理创新和科技创新，不断改进和完善行业管理的内容、方法和手段，建立规范有序的市场体系，树立安全新理念，积极探索市场经济条件下加强安全管理的有效途径，提高建设资金、基础设施、车船装备、科技教育、信息网络、政府管理等资源的整合和优化水平，加快推进高速公路联网收费，促进农村客运班线网络化和内河船型标准化。四是发挥交通的比较优势，不断拓宽对外合作领域。按照WTO的规则和要求，充分利用“两个市场”和“两种资源”，提高交通“引进来”、“走出去”的水平。五是坚持以人为本，不断完善交通基础设施和运输车船的规划、布局和规范标准，逐步提高出行的便利程度、舒适程度和安全程度，不断满足人民群众多层次、多方面的出行需求。六是坚持交通发展与保护环境和维护生态相统一，大力推广应用环保技术，逐步实现交通基础设施与环境的协调和谐，节约资源，减少污染，保护环境。

三、2003年交通工作的主要任务

2003年，我们要按照党的十六大精神和中央经济工作会议要求，扎扎实实做好各项交通工作，为全面建设小康社会，推进交通新的跨越式发展开好局、起好步。

（一）以提高质量和效益为中心，抓好基础设施建设

交通基础设施建设总投资规模与去年基本持平。要进一步调整和优化资金使用方向和结

构，确保公路、水路重点项目建设，增加县际公路和农村公路建设的投入，继续加快西部地区交通建设步伐，加强内河航运建设，加强交通环境保护。

公路方面　以国道主干线建设为重点，年底基本贯通“两纵两横”，基本完成“两纵两横三个重要路段”建设任务。“五纵七横”国道主干线建设计划新开工800多公里，东部和中部地区启动国家重点公路建设。新建阳逻大桥、南京三桥、苏通大桥和跨深圳湾、杭州湾大桥，继续建设巴东长江大桥、安庆长江大桥、润扬长江大桥。加强同江至三亚公路江密峰—珲春段、青岛段、阳江—茂名段，上海至瑞丽公路安宁—楚雄段，二连浩特至河口公路阎良—禹门口段、户县—洋县段，连云港至霍尔果斯公路山丹—临泽—清水段，西部通道银川至武汉公路孝感—襄樊段、重庆至长沙公路常德—张家界段建设。继续进行国省干线路网改造，加大危桥改造力度。继续建设公路主枢纽。全面完成西部通县公路建设。加强川藏、青藏、新藏公路整治改建和养护保通工程、GBM工程和文明样板路建设。

集中力量组织实施县际公路和农村公路改造工程。计划中央投资500亿元（国债和车购税），用3年时间建设一批东部地区到村、中部地区到乡、西部地区县际间的公路。这是继实施西部通县公路建设后的又一重大举措，对促进县域经济发展，改善广大农民出行条件具有重大意义。部将专项进行布置，各级交通部门一定要把这项工作作为重中之重，扎扎实实地为农民办实事。

水运方面　继续建设上海国际航运中心，抓好长江口深水航道整治二期工程和洋山深水港区一期工程。搞好营口港成品油及液体化工品码头、南京港龙潭港区一期工程、日照港东港区三期工程、连云港庙岭港区三期工程、上海港外高桥港区四期工程、天津港北大防波堤一期工程等一批续建和新建的大中型项目。计划年内新增深水泊位17个。内河航运重点建设水运主通道，续建湘江株洲、嘉陵江金银台、新政航电枢纽工程。加强文明样板航道建设。基本完成长江三峡围堰发电期库区水运设施淹没复建工程。抓好澜沧江—湄公河国际航道建设。计划改善航道里程300多公里，新增内河泊位16个。

基础设施建设　要以提高质量和效益为中心，重点抓好以下3个环节。

一是加强质量管理。要始终把质量管理贯穿于工程建设的全过程，建立健全全员质量责任制，完善交通建设质量管理法规，推动质量管理科学化、规范化和制度化，提高质量管理水平。重点研究制定县际和农村公路改造工程质量管理的机制和办法，加强管理，确保质量。

二是加强交通建设资金的筹措和监管。要狠抓交通规费征管，克服不利因素，强化稽征手段，严格执行“收支两条线”，确保依法征费、应征不漏，及时足额上解。项目资金必须专款专用，严禁挤占挪用和贪污浪费。要加强内部审计和项目审计，加大监督检查力度，对发现的问题要切实加以整改和纠正，并依法追究有关责任人的责任。

三是抓紧做好前期工作。要从现在起着手准备“十一五”计划的编制工作，并结合全面建设小康社会的奋斗目标，抓紧组织研究和补充完善交通发展战略、规划和相关政策措施，加强交通重点项目的前期工作。

（二）以健全制度和落实责任为途径，加强安全管理

要针对当前交通安全生产和管理中的突出问题和薄弱环节，以贯彻实施《安全生产

法》、《危险化学品安全管理条例》和《内河交通安全管理条例》为契机，积极探索市场经济条件下加强交通安全管理的有效途径和手段，建立健全安全生产责任制、安全监督机制和责任追究制度，把安全管理建立在稳固的基础之上。

水上交通安全要坚持长效管理与专项整治相结合，确保水上安全生产形势稳定。继续抓好“四客一危”重点船舶、“四区一线”重点水域、春运和“黄金周”等重点时期的安全监督管理工作，特别要对从事旅客运输、危险品运输的航运企业、船舶和船员的资质条件严格把关。落实好乡镇船舶安全管理责任制，加强现场监督，强化乡镇船舶安全管理工作。要依法整治“三无”船舶、船舶超载以及在航道上养殖、挖砂、捕捞等行为。海事、救捞、船检、港航公安、航管等部门要协调配合，建立水上安全预警系统和重特大事故应急预案，逐步提高海上救助能力，形成相互衔接的安全管理链，最大限度地减少特大恶性责任事故的发生。

在道路交通安全管理中，交通部门要按照“严把三个关口，搞好一个监督”的工作职责，认真把住运输经营者市场准入关、营运车辆技术状况关和营运驾驶员从业资格关，搞好汽车客运站、场的安全监督，落实安全责任制，切实抓好安全监督管理。

（三）以专项整治为重点，整顿和规范市场秩序

继续抓好整顿和规范运输市场、建设市场秩序工作，组织开展专项整治，并与制度建设相结合，进一步打破市场壁垒和地区保护，提高市场的开放度和透明度，建立公开、公平、公正的市场秩序，营造诚信守法的市场环境。

道路运输市场整顿和规范的重点是，要在认真总结道路客货运输市场秩序治理整顿和危险货物运输专项整治经验的基础上，从加强法规建设和完善执法机制等方面入手，开展汽车维修市场专项整治和道路货运代办及中介服务市场整顿，清理和规范高速公路客运企业的挂靠及承包经营等工作，把整顿和规范道路运输市场秩序工作引向深入。要加强出租汽车客运市场和危险货物运输的行业管理，继续完善企业资质管理，建立健全从业人员资格认证制度，进一步规范运输经营行为，使道路运输市场秩序有明显好转。各地在进行客运线路调整和服务质量招投标特别是出租汽车经营权招标拍卖时，一定要依法制定完备的方案，履行审批手续，稳妥实施。

要按照国务院治理向机动车辆乱收费和整顿道路站点的工作部署和要求，坚决取消交通部门向机动车辆收取的各种不符合规定的收费项目，全面整顿道路收费站点，严格执行向机动车辆收费和设置道路收费站、检查站的审批管理制度，加大监督检查和执法力度，加强监督管理。同时，继续加强超限运输车辆行驶公路的管理。

整顿和规范水运市场秩序的重点是加强市场准入管理，健全市场准入、市场监管和市场退出制度，淘汰老旧船舶，加大二手船市场管理力度。加强对航运企业的资质审查，加强对验船机构的资质认证和验船人员的资格审查，逐步实现持证上岗。对进入航运市场的老旧船舶、二手船及滩涂造船严格把关。

建设市场秩序治理和整顿的重点是规范招投标行为，狠抓《招标投标法》以及相关管理办法的贯彻落实，加强市场准入管理，搞好动态监管。要严肃清理和查处暗箱操作、虚假投标、串通投标等违规行为，禁止转包、非法分包工程项目。要认真解决业主对施工单位、

施工单位对材料设备供应商及民工工资的拖欠行为。部将组织检查组对各地重大工程项目招投标行为和履约行为进行检查，对发现的问题要坚决依法处理并追究有关人员的责任。要坚持和完善《廉政合同》，健全举报制度，充分发挥舆论监督和群众监督的作用。各地区也要结合本地实际，对省管项目及市县级项目进行检查，发现问题要严肃查处。在组织工程建设过程中，要坚持合理确定标价、合理安排项目、合理安排工期，严禁搞“献礼工程”。

（四）以优化结构为目标，加快运输结构调整

道路运输结构调整的重点是，以市场为导向，通过政策引导、行业推动、企业自愿、外引内联等途径，按照建立现代企业制度的要求，到“十五”末，形成一批具备一级经营资质的跨地区、跨行业的运输企业集团，发挥规模经营效益，逐步改变当前“多、小、散、弱、差”的状况。

水路运输结构调整的重点是，引导和支持发展大型集装箱、液化天然气和液化石油气船，原油船，汽车滚装船，客滚船，高速客船，促进船舶大型化、现代化、标准化，推进企业向规模化、专业化、集约化方向发展，不断提高航运的总体水平。

要紧紧依靠科技进步，加强技术创新，加快改造和提升传统运输业，以发展现代物流为方向，优化产业结构。要加强软、硬件建设，加大实施“品牌”战略的力度，出精品、创名牌，提高企业的市场竞争力。

各级交通部门要加强引导、规范、监管和服务，找准切入点和突破口，形成适应市场经济发展要求的运输结构调整新机制。

（五）以加强行业管理为目的，坚持依法行政

要把深化改革、加强行业管理作为今年工作的重要方面。按照国务院的部署和要求，遵循合理、合法、效能、责任、监督原则，继续推行行政审批制度改革，努力提高交通部门政务工作的透明度。继续完善水监体制、港口体制的改革，抓紧实施救捞体制和长江港航公安体制的改革。发挥行业中介组织的作用，促进行业自律。

要进一步研究完善交通法规框架体系。抓紧有关交通法规的制定工作，积极配合做好《港口法》、《道路运输条例》等法律、法规的审核修改工作。积极推进交通系统“四五”普法工作。继续加强交通行政执法队伍建设，通过理顺机制、核定编制、加强培训等手段，进一步提高交通行政执法队伍的思想政治素质和业务素质，促进依法行政、依法治交。积极探索交通综合执法的有效途径和办法，进一步完善交通行政执法监督机制，切实做好交通行政复议工作。

（六）以创新为突破口，促进科技进步

一是要加强交通建设和运输生产领域的科技攻关，继续抓好西部地区交通建设科研项目的实施，重点攻克一批在西部地区交通基础设施建设中的重大关键技术。以新技术应用为切入点，开发新材料和新工艺，研制和推广先进、高效、实用的技术和装备。二是加强交通安

全保障领域的科技创新，研究推广水上安全监督、防止船舶污染、船舶及海上设施检验、海上救助、航海保障管理等先进技术。三是加快交通信息化建设，积极推进电子政务建设，逐步实行面向社会的网上行政审批。加快行业技术标准规范、公路水路数据库、智能交通运输系统、现代物流技术的开发研究和推广应用。四是加大交通人才资源开发和教育培训力度，实施新世纪十百千人才工程，调整人才结构，优化人才成长环境，建设具有持续创新能力的交通人才队伍。

（七）以深入开展“三学四建一创”活动为载体，推进行业文明建设

要以深入学习和宣传十六大精神、牢牢把握社会主义先进文化的前进方向为工作主线，深入进行党的基本理论、基本路线、基本纲领、基本经验的宣传教育，认真贯彻公民道德建设实施纲要，引导广大干部职工树立正确的世界观、人生观和价值观。

要扎扎实实地推进“三学四建一创”活动，完善创建思路，拓宽创建范围，丰富创建形式，发展创建内容，大力发展和形成多形式、多层次、群众性的企业文化、道班文化和站所文化，增强交通行业的凝聚力。“四建”工程要结合实际，制定具体规划、阶段性目标、规范标准和实施措施，全面提高交通经济效益和社会效益，树立交通行业良好形象。各省区市交通厅局的主要领导要认真抓好精神文明建设和“三学四建一创”活动，发挥思想政治工作研究会在群众性创建文明行业活动中的作用。今年第四季度部将表彰一批全国交通系统文明行业和创建文明行业先进单位。

（八）以加强领导干部队伍作风建设为根本，搞好党风廉政建设

交通系统各级领导干部要认真学习领会和实践“三个代表”重要思想，带头把十六大精神学习好、领会好、掌握好、贯彻好。以昂扬向上、奋发有为的精神状态，带领广大干部职工推动交通工作不断取得新进展。

要按照“八个坚持、八个反对”的要求，加强和改进作风建设，加强业务知识的学习和培训，不断提高各级领导干部的决策能力和领导水平。正确处理交通改革发展稳定的关系，加强交通国有资产管理、高速公路管理体制和公路养护运行机制改革、现代物流技术、部门职责交叉等重大问题的研究。保持和发扬“两个务必”的光荣传统，深入群众、深入基层，加强调查研究，解决实际问题。厉行节约，反对奢侈浪费，关心职工疾苦，做好下岗职工再就业工作和离退休干部工作。

坚持以经济建设为中心，深入开展反腐败斗争，为交通改革发展稳定的大局提供坚强的政治保证。坚持反腐败指导思想、基本原则和工作格局，进一步抓好领导干部廉洁自律、查处大案要案、纠正部门和行业不正之风工作。加强交通系统领导班子和干部队伍的廉政建设，建立健全权力制约和监督机制，严肃查处在权力运行过程中权钱交易特别是交通基础设施建设中的腐败现象。坚持标本兼治、综合治理的方针，进一步加大治本的力度，加强教育、强化监督、创新体制，把反腐败寓于交通改革发展各项重要政策措施之中，从源头上预防和解决腐败问题。坚持和完善反腐败领导体制和工作机制，认真落实党风廉政建设责任制，形成防止和惩治腐败的合力。认真开展一把手的述职述廉工作、反腐倡廉的警示教育和戒勉教育活动。交通系统各级领导干部特别是党政一把手，要对党风廉政建设切实负起责

任，以身作则，廉洁从政，并自觉地与各种腐败现象作坚决的斗争。

继续加强治理公路“三乱”工作，逐步建立和完善治理公路“三乱”的长效机制，不断巩固和扩大治理成果。

同志们！党的十六大已经绘就新世纪初我国全面建设小康社会、加快推进社会主义现代化的宏伟蓝图。我们要在以胡锦涛同志为总书记的党中央领导下，把思想和行动统一到党的十六大精神上来，把“三个代表”重要思想贯彻到交通改革、发展和稳定的各项工作中去，求真务实，真抓实干，昂扬向上，奋发有为，不断开创交通发展的新局面，为全面建设小康社会、加快推进社会主义现代化，实现交通新的跨越式发展而努力奋斗！

坚持科学的发展观
为促进经济社会全面发展提供交通运输保障

——张春贤部长在2004年全国交通工作会议上的讲话

（2004年1月11日）

同志们：

2004年全国交通工作会议是贯彻落实党的十六届三中全会精神、全面推进交通各项工作的一次重要会议。会议的主要任务是，总结2003年交通情况，按照中央经济工作会议的部署和黄菊副总理对交通工作的重要指示精神，坚持全面、协调和可持续的新发展观，把握大局，统一思想，明确任务，狠抓落实，做好2004年交通工作，着力提高交通发展的质量和水平，为国民经济持续快速协调健康发展和社会全面进步提供交通运输保障。

下面，讲3个问题。

一、2003年交通工作的基本情况和主要特点

2003年交通工作取得了较好的成绩。全年共完成交通基础设施投资3 900亿元，同比增长12%。公路、水路完成客运量146亿人和1.7亿人，旅客周转量7 700亿人公里和65亿人公里。完成货运量114亿吨和16亿吨，货物周转量7 000亿吨公里和32 000亿吨公里，同比分别增长2.5%、10.6%、3.4%、17.3%。运输总量在各种运输方式中稳列首位。全年工作成效比较显著，特点比较明显。概括起来，有8个进展和7个特点：

——全国有一半以上的省份高速公路里程超过1 000公里、交通建设完成投资超过100亿元。全年新增公路通车里程4.6万公里，其中新增高速公路4 600公里，全国公路通车总里程达到181万公里，其中高速公路近3万公里。同江至三亚、北京至珠海、连云港至霍尔果斯、上海至成都4条公路国道主干线基本贯通，从而实现了“五纵七横”国道主干线系统第一阶段建设目标，即“两纵两横三个重要路段”的全部贯通。山东省高速公路突破3 000公里，江苏、广东省高速公路突破2 000公里，河北、山西、辽宁、浙江、河南、湖南、湖北、江西、安徽、广西、四川、云南、陕西13个省区高速公路突破1 000公里。全年公路建设完成投资3 500亿元，同比增长11%。江苏、浙江、山东、河南、广东5个省交通固定资产投资超过200亿元，河北、山西、内蒙古、辽宁、上海、安徽、福建、江西、湖北、湖南、重庆、四川、云南、陕西14个省区市投资超过100亿元。

——同时在建和新建的世界级桥梁是历史上最多的。在建的一批公路桥梁，无论是工程规模、建设条件，还是技术难度、科技含量，都代表着当今世界的先进水平，极具挑战性和创新性。主要有：位于长江中游的阳逻长江大桥，为主跨1 280米的悬索桥；位于长江下游的南京长江三桥，为主跨648米的斜拉桥；润扬长江公路大桥，为跨江连岛的主跨1 490米悬索桥和406米斜拉桥组合；深圳湾跨海大桥，为主跨180米独塔单索面斜拉桥；苏通长江

公路大桥，为主跨1 088米的斜拉桥，居世界第一；杭州湾跨海大桥，按双向六车道高速公路标准建设，全长36公里，是目前世界上在建的最长的公路跨海大桥。一个国家同时建设这么多世界级桥梁，在各国都不多见。

——农村公路建设力度之大、新改建沥青路和水泥路里程之长，是前所未有的。全年共完成新改建农村公路10.2万公里，完成投资718亿元。除西藏自治区外，西部地区实现了县县通油路，中部地区又有1 000多个乡通了油路，东部地区又有23 491个村通了油路。辽宁、山东、广东省实现了乡乡通油路。建成了四川省三州藏族、彝族、羌族等少数民族称之为“民族地区第二次翻身解放”的通县油路，共计4 326公里。

——沿海港口建设投资突破200亿元，内河航运建设投资完成50亿元。沿海港口建设去年完成投资206亿元，同比增长48.8%。新开工建设中级以上泊位199个，其中深水泊位127个。建成万吨级以上泊位45个，新增吞吐能力8 220万吨。长江口深水航道二期整治、上海洋山深水港区一期、湛江港铁矿石码头以及天津港、大连港、深圳港、黄骅港等一批新建和续建重点工程进展顺利。内河航运基础设施建设总体情况良好，完成投资50亿元，同比增长24.8%，改善内河航道里程1 600多公里。长江三峡船闸进入试通航，三峡库区淹没复建工程进度满足了三峡工程135米蓄水及航运要求，长江干线航道整治工程初见成效。株洲航运枢纽工程、常德至鲇鱼口航运工程、杭甬运河改造工程、嘉陵江梯级渠化工程等进展顺利。

——港口集装箱吞吐量突破4 000万标箱，跃居世界首位。2002年，我国港口集装箱总量为3 700万标箱，美国为3 732万标箱。去年，我国港口集装箱吞吐量增长超过1 000万标箱，达到4 800万标箱；美国最高达到3 970万标箱左右。上海港和深圳港集装箱吞吐量双双突破1 000万标箱，分别跃升为世界集装箱大港的第三、第四位。全年主要港口货物吞吐量完成26亿吨，其中外贸货物吞吐量完成9亿吨，同比分别增长16.9%和21.6%。上海港货物吞吐量突破3亿吨，位居世界第二大港，我国亿吨大港增至8个。

——加强创新，实施四项示范工程，行业管理取得新突破。实施京沈高速公路联网收费示范工程，第一次实现了跨省区高速公路不同管理主体间的联网收费；实施四川省川主寺至九寨沟公路改造示范工程，第一次引进了新的设计施工理念改造公路；实施京杭运河船型标准化示范工程，使内河船型标准化进入了实质性操作阶段；实施农村客运网络化示范工程，通过政府引导、市场运作的方式加快农村客运班线网络化。这些示范工程推进了制度创新和管理创新，为提高公路水路建设、运输、管理、服务水平积累了经验。

——实施船舶定线制、海空立体救助、“安保工程”，安全管理上了一个新水平。在长江江苏段和三峡库区实施船舶航行定线制，提高了航行安全保障能力。实施航路改革以来，长江下游航运秩序井然，三峡库区安全状况更加好转。与香港合作开展直升机救助，完成了北海、东海、南海3个救助局和烟台、上海、广州3个打捞局的组建，加强搜救设施和装备建设，增加值班船舶待命点，实施“动态值班待命救助制度”，救助快速反应能力和救助效率得到了提高。实施了西部山区公路交通安全保障工程，在危险路段完善安全设施，增设警示标志，加装防护栏、防撞墩等。去年全年发生水上交通事故634起，死亡失踪人数498人，沉船艘数343艘，直接经济损失3.8亿元，与2002年相比，事故起数和沉船艘数分别下降了6.8%和10.7%。

——交通对外合作与交流领域大大拓宽，取得的成果是历年来最显著的。一是区域交通合作全方位、长期稳定的格局初步形成，提出中国—东盟交通合作6项新倡议，得到各国积极回应；在上海合作组织交通部长会议上，提出的签署多边汽车运输协定和建立包括中吉乌汽车运输通道在内的运输干线网络的主张成为交通合作优先项目；与31个成员国就《亚洲公路网政府间协定》达成一致；大湄公河次区域便利运输协定谈判工作取得初步成果，上湄公河航道改善工程基本竣工。二是与美国、挪威等主要海运国家签署了海运协定，特别是中美海运协定结束了两国长达6年的海运关系不正常局面；与美国、加拿大和德国等发达国家签订了新的交通合作协议，双边交通合作与交流取得突破性进展。三是我国连续第八次当选国际海事组织A类理事；参与了国际海事组织国际船舶和港口设施保安规则、淘汰单壳油轮等重大议题和规则的制定修改工作；参加了WTO新一轮服务贸易谈判；参与了国际劳工组织海员新公约的制定工作。四是积极落实内地与港澳建立更紧密经贸关系的安排，在海运和公路运输领域分别作出了3项承诺。

回顾过去一年的工作，有以下7个主要特点：

1. 积极贯彻全面建设小康社会的部署和要求，明确提出了交通新的跨越式发展奋斗目标。2003年是全面贯彻十六大精神的第一年，贯彻落实中央全面建设小康社会的部署和要求，交通怎么办？提出一个什么样的奋斗目标？这是我们新一届部党组首先要回答好的问题。为此，我们进行了比较广泛深入的调查研究，认真总结实践经验，集思广益，研究提出了交通实现新的跨越式发展的主要目标和基本思路。这个主要目标就是：到2010年使公路水路交通对国民经济的制约状况得到全面改善，到2020年基本适应国民经济和社会发展需要。这个基本思路就是：要全面树立可持续的发展观，正确把握发展度、协调度、可持续度三者的关系，正确处理局部与全局、眼前与长远的关系，正确处理发展与人口、资源、环境的关系，实现质量型、效益型、功能型和可持续的跨越式发展。现在回过头来看，这个基本思路是完全符合十六届三中全会精神的。年初，我们开了一个振奋人心、增强行业凝聚力的交通厅局长会议，交通新的跨越式发展目标得到了全系统广大干部职工的广泛认同。会后大家行动迅速，抓贯彻、抓落实，效果是好的。

2. 谋全局、抓大事，认真解决在新的起点上交通发展的战略性问题。交通怎样实现新的跨越式发展目标？需要抓住哪些重点和关键？这是我们新一届部党组必须回答好的第二个问题。我们理清思路，抓住关系交通发展全局的一系列重大战略问题，进行深入研究，提出了加快“五纵七横”国道主干线建设及编制国家高速公路网规划、加强农村公路建设的意见和建议。党中央、国务院领导同志多次对交通工作做出重要指示和批示。这些重要指示，充分表明了党中央国务院高度重视和支持交通加快发展，肯定了交通工作取得的成绩和今后一个时期的发展思路，对交通的快速健康发展是至关重要的。

我们狠抓贯彻落实，开展全面建设小康社会公路、水路交通行业发展目标的研究制定工作，进一步深化和细化了交通实现新的跨越式发展的目标和相关政策措施。组织落实加快“五纵七横”国道主干线建设的任务，确保在2007年底前建成。组织开展了国家高速公路网规划的编制工作。组织编制农村公路建设规划和技术标准。明确了到2020年农村公路建设新的发展目标和主要建设任务；组织实施了县际公路改造工程和通畅、通达工程，农村公路形成新的建设高潮；召开了全国农村公路建设工作电视电话会议和农村公路示范工程经验交流会，明确了加快农村公路建设关键在发动，重点是管理，成败在质量，提高靠科技，长效在养护，核心是政策；农村公路建设的宏观调控和技术指导得到加强。研究制定了进一步加快沿海港口发展的意见，重点是加强上海国际航运中心、沿海集装箱枢纽港、大型铁矿石和原油接卸码头、长江口和珠江口公用航道以及主枢纽港航道的建设。组织开展了长江、珠江、淮河水系航运规划编制工作。开展了公路、水路交通中长期科技发展规划的编制工作，大力推进交通科技进步和信息化建设，围绕西部交通建设的重大关键技术问题开展联合攻关，取得一批成果，有效地解决了交通建设中的关键工程技术问题。对交通行业的国家标准、行业标准和行业规程进行了制订和修订。组织对去年提出的交通改革发展中的8个重大课题进行深入调研，交通政务公开、防止和处置重大油污染、进口石油海上运输安全等课题研究取得了阶段性成果。通过谋大事，抓落实，促重点，攻难点，把握住了交通加快发展的机遇，开创了交通工作的新局面。

3. 以新理念、新思路、新举措推进交通工作。如何适应新形势新任务新要求？如何用创新的办法推进工作？这是我们新一届党组要回答好的第三个问题。一是明确提出交通部要做一个负责任的政府部门，推动交通行业成为一个负责任的行业。在实际工作中，我们把增强执政为民意识和提高执政能力，作为加强机关建设的关键，注意通过工作实践，努力落实交通部所肩负的政治责任、行政责任、法律责任和道德责任。二是跳出行业看行业。在实际工作中，我们注意从经济社会发展中看交通运输需求，从发达国家交通现代化中看我国交通运输差距，从服务对象的愿望和要求中看本行业存在的问题，根据新情况、新特点、新变化、深化和更新管理理念、管理方式、管理内容和管理手段，把为全行业以及社会各界和广大人民群众提供良好服务作为工作的出发点和归宿，以人民群众是否满意作为行业管理的最终评价标准。三是注重联系上下、协调各方。针对交通基础设施建设、体制改革、行业管理等方方面面的重大问题，注意对上、相关部委和省区市的联系沟通，加大协调力度，努力为交通发展营造一个良好环境。去年，与10多个省区市领导就交通发展问题交换意见，达成共识，促进工作。四是加强对各地交通工作的指导。加强部与省厅之间的联系、交流、沟通，及时指导和帮助解决各地在工作中存在的困难和问题。对事关行业发展的重大问题，注意实行民主决策和科学决策，充分听取各级交通厅局的意见和建议，集中全行业的智慧，凝聚全行业的力量。五是不回避矛盾，敢于碰硬。从行业发展的大局出发而不是从个人得失出发思考问题，开展工作，对事关行业发展的事，就是再难，也要下大力气去做。如高速公路跨省联网收费问题、船舶标准化问题、内河航道定线制问题、治理超限超载运输问题等等，都是多年来想做而没有做成的事。只要我们上下齐心协力，步调一致，就没有迈不过的坎。六是用“示范工程”的办法推进行业管理理念、方法和手段创新，为树立以人为本的新理念，探索交通全面、协调和可持续发展的新路子积累经验。“示范工程”难点多、难度大，但通过扎实的工作，取得了显著成效，起到了引导和示范作用。广东、浙江、江苏、重庆、山东、山西、辽宁等省的高速公路也都实行了联网收费，高速公路主线一卡通行。更重要的是，转变观念，加快创新，已成为交通部门各级领导干部的一个共识。

4. 抓试点、抗非典、促重点，切实做到“两不误、两促进”。根据中央的统一部署，交通部机关，在京直属单位和离退休老同志开展了以学习实践“三个代表”重要思想为主要内容的保持共产党员先进性教育活动试点工作。贺国强同志来我部组织召开试点工作座谈会，对我部教育活动给予了充分肯定。党员先进性教育活动在解决“三个代表”重要思想入脑入心、解决增强执政为民意识和提高执政能力这两个关键问题上，取得明显效果。

教育活动期间非典疫情形势严峻。提高应对和处置突发事件的能力，处理好教育活动、防控非典和交通工作的关系，是对新一届党组的考验。我们明确提出要“抓试点、抗非典、促重点”，做到早预见、早主动，早部署、早落实，以抓好试点促进抗击非典和交通重点工作，以抗击非典和做好交通重点工作检验试点的成效。研究制定了多项防控措施，加强行业防控非典的指导、部署和督促检查，建立领导机构和落实责任制，畅通信息报送渠道，形成统一协调、保障有力的疫情防治工作机制，率先实施了旅客登记，卫生防疫、巡视测温、信息报告和进站上下客等5项制度，制定了处置紧急突发情况的预案，防止和阻断疫情通过公路水路旅客运输传播。同时，采取有效措施推进交通重点工作。在防控非典期间，交通系统共出动运输车辆8.73万车次，运送各类紧急物资28.4万吨，对近8.64亿人次的旅客进行了登记，投入消毒工作人员965万人次，对7 950万辆次车辆、11.5万艘次船舶进行了消毒。各地共设置防非典检疫站4 815个，检查车辆5 249万辆次，查出发烧病人8.1万人次。防控非典打胜了一个“攻坚仗”，实现了“交通不断、货流不断、人流不断、传染源切断”的“三不断一切断”的目标。防控非典斗争也进一步增强了行业的凝聚力和战斗力，树立了良好的行业形象。去年5月，胡锦涛总书记在四川交通基层站点视察时，对交通系统防控非典工作给予了充分肯定。

5. 坚持以人为本、执政为民，积极解决人民群众反映强烈的突出问题。组织开展了对公路收费站点的全面清理整顿，共撤销收费站点300个。实施《收费公路车辆通行费车型分类》行业标准，进一步规范了收费行为。在年终岁末开展了征地拆迁补偿不到位、拖欠农民工工资等专项清理。加强了运输市场整顿和监管，组织开展了以危险品运输车船及其经营者为重点的运输市场专项整顿；加强道路和水上运输市场准入管理，继续对老旧船舶实行强制报废制度。北京、天津、河北、山西、内蒙古五省区市开展了区域联动治理超载超限运输；贵州、辽宁、陕西等省在全省范围内开展公路超限整治活动，遏制了干线公路超限运输加剧的势头。组织长江中下游八省一市及珠江运砂船舶超载运输整治联合行动，有效遏制了水上运输超载行为，长江口、珠江口的航运秩序好转。针对三峡水利枢纽明渠截流后造成的碍断航情况，长江航务管理局、库区沿线省市交通主管部门急企业之所急，联动组织翻坝转运，保证旅客、集装箱等的运输。在国内用电和燃油需求增加煤炭和原油结构性供应吃紧的情况下，采取措施，保证沿海重点电煤的运输和进口原油的接卸转运。积极推动建立我国战略原油储备和原油运输船队，以及船舶溢油应急反应和赔偿机制，为国家能源安全提供有力保障。

6. 坚持依法行政，推进行业文明建设。交通法制建设取得重要突破。《港口法》今年1月1日起施行，使港口管理纳入法制化轨道。《收费公路管理条例（草案）》经国务院常务会议审议，决定向社会公开征求意见，目前，部正在汇总意见。《道路运输条例（草案）》已经国务院法制办审核原则通过，近期报送国务院审议。为推进交通依法行政创造了有利条件。去年，部机关进一步加快转变职能，推行政务公开，深入调查研究，加强民主科学决策，不断提高管理水平和服务水平。积极推进交通行政审批制度改革，部取消了28项行政审批项目，制定了后续监管措施和具体管理规定。组织专门力量对建国以来发布的部颁规章进行全面系统的清理，依法废止了219件规章。加强交通行政执法队伍整顿，组织开展以端正执法观念、树立执法为民思想的专题教育活动和执法专项检查，对执法中存在的不规范，不公正的问题进行了清理和纠正。

坚持“两手抓、两手都要硬”的方针，充分利用有效载体，进一步加强行业文明创建。深入开展“三学四建一创”活动，组织推进京杭运河山东段、长江三峡段的文明样板航道建设。在107国道开展创建交通文明执法示范路活动。广泛开展学习模范养路工陈德华的活动，树立起新时期具有交通特色、弘扬时代精神的先进典型，展现交通职工爱岗敬业、艰苦奋斗、无私奉献的精神风貌，激发了广大干部职工立足本职、干事创业，为实现交通新的跨越式发展多做贡献的积极性。同时，认真贯彻执行《党政领导干部选拔任用条例》，开展以公道正派为主要内容的“树组工干部形象”学教活动，加强了干部培训和公务员交流锻炼，推动职业资格制度建设工作，提高交通干部职工队伍素质。

7. 进一步加大反腐倡廉工作力度，交通系统党风廉政建设取得新的明显成效。交通系统各级党政组织认真贯彻落实中央纪委二次全会和国务院廉政工作会议精神，进一步加大党风廉政建设和反腐败的工作力度，采取积极有效的措施，加强组织领导，狠抓任务落实。继续深化领导干部廉洁自律工作，增强领导干部执政为民、廉洁从政意识；深入开展治理公路“三乱”工作，着力解决群众反映强烈的突出问题；推进行政审批制度改革、干部人事制度改革和财政制度改革，努力从源头上预防和治理腐败。特别是坚持以交通基础设施建设领域廉政工作为重点，部成立了交通基础设施建设领域廉政工作领导小组，对重点工程建设项目实行纪检监察派驻制，健全和完善组织领导机制和监督制约机制。认真落实廉政建设各项制度规定，深入开展对交通建设管理体制、机制和制度的调查研究，总结了一批交通基础设施建设中廉政工作的先进典型和经验，对容易出现问题的一些薄弱环节，采取切实有效的措施，强化了建设资金建设项目和经济责任审计。同时，及时开展对农村公路建设廉政情况的调研，提出对策措施。在部机关和部属单位，突出对权力运行过程的监督，加强对领导干部和党员队伍的党性党风党纪教育，集中力量查处在全系统有影响的大案要案，纯洁了党员队伍，教育了广大干部。从总体上看，交通系统党风廉政建设和反腐败工作朝着更积极、更深入、更有效的方向推进。

走过这一年，我们感到，全国交通系统广大干部职工，以全面建设小康社会、积极推进交通新的跨越式发展的雄心壮志，上下一盘棋，拧成一股劲，昂扬向上，求真务实，使交通工作在继承以往的好思路、好经验，好做法的基础上，与时俱进、开拓创新，实现了开好局、起好步的目标。这是在党中央、国务院的正确领导下，交通系统干部职工和离退休老同志共同努力的结果，也是社会各界大力支持的结果。在此，我代表交通部向全国交通系统干部职工和离退休老同志以及社会各界表示衷心的感谢和崇高的敬意！

二、交通改革发展中应重视的若干问题

党的十六届三中全会精神是今后较长一段时期交通工作的指导方针。我们必须坚持以人为本，树立全面、协调、可持续的发展观，按照“五个统筹”、“五个坚持”的要求，深化改革，扩大开放，保护好、引导好、发挥好各方面的积极性。要认真贯彻落实好中央经济工作会议的部署和要求，解决经济周期上升阶段出现的交通运输“瓶颈”制约。立足当前，

着眼长远，保持交通持续快速健康发展。

（一）正确把握交通发展面临的新形势

正确把握交通发展面临的新形势，深化认识交通工作目前出现和可能出现的问题，对于统一思想，增强工作的主动性和预见性，是十分重要的。当前，有以下几个问题值得我们高度关注。

1. 交通发展面临一个全新的环境。当今时代，信息传递速度加快，社会更加开放，法制更加健全，过去的许多老观念、老经验、老方法，老手段已经不能适应，我们必须用时代的要求审视交通工作，推进观念创新、管理创新、体制创新，不断提高管理水平，提供更为优质的服务，才能赢得主动。尤其是今年7月1日《行政许可法》的正式施行，将改变我们习惯的行政管理方式，要求我们必须确立要做法制政府、诚信政府、责任政府的理念，必须遵循权由法定、有权必有责、用权受监督、侵权须赔偿的权力运行规律。

2. 经济社会发展对交通工作提出了更高要求。推进全面建设小康社会，国民经济将保持较快的发展速度，经济总量和人均国内生产总值再上一个新台阶。工业化、城镇化的加快，人民生活质量的改善，人口数量的增加，对外开放的深入，将给交通发展带来多重压力。特别是私人小汽车的快速、持续增长，使许多过去交通问题解决得较好的地方面临新的挑战。东部地区和中部地区重要交通走廊可能面临新的拥挤。交通工作要增强主动性、预见性、前瞻性，保持适度的建设规模和适当的发展速度，防止出现新的“瓶颈”。

3. 交通后续发展能力值得高度关注。前几年我们赢得了难得的发展机遇，实现了交通的跨越式发展，但由于好多经验来不及全面回顾，许多教训来不及系统总结，加快发展中产生的一些后续问题有可能在今后几年中暴露出来，如资金制约、资源制约、人才制约的矛盾可能会越来越突出，前期工作准备不足、建设力量不足、技术储备不足的问题将越来越显现，债务包袱、人员包袱将会越来越沉重，城乡差距、东中西部差距在短期内难以缩小。对这些问题思想上重视不够，工作中处理不好，会造成交通发展的后续能力不足。

当前交通工作存在的突出问题，表现在“一个不适应，五个落后于”。

“一个不适应”是：交通建设不适应经济社会发展的需求。国民经济的快速发展与人民生活水平的不断提高，同交通基础设施总量不足、质量不高的矛盾；交通建设能力的有限性，同社会需求不断增长的矛盾，将是今后交道发展的主要矛盾。

“五个落后于”是：

——管理落后于新形势。在全球视野、依法行政、管理能力、服务水平等方面有欠缺，存在“会用的办法不管用，管用的办法不会用”的问题，长于审批而短于监管，习惯于发文件、下指示、搞整顿，运用经济杠杆、发挥市场机制方面有待提高。

——道路运输落后于公路建设。公路建设是手段，发展运输是目的。目前对运输工作，思想上重视不够，投入不多，研究不深；政府对企业的服务不到位，企业对客户的服务不到位，现代物流发展缓慢，运输成本高，效率低；站场设施分布不均、设施陈旧、功能不全、管理落后，尤其是广大农村地区缺站少场的问题突出。

——改革落后于发展。交通发展比较快，体制改革推进比较慢。公路养护管理运行机制改革进展不平衡，高速公路管理体制不完善，城乡交通一体化进程不快。如何突破体制性障碍，已成为当前和今后一段时间需要重点对待和认真解决的难题。体制改革问题复杂，涉及面广，还面临着许多历史遗留问题。我们要以坚定的决心，科学的态度，严谨的作风，坚忍的毅力，去解决当前行业面临的一些突出的体制性问题。

——认识落后于实践。对政府交通部门管什么、怎么管，对运输发展的内在规律，对非公有经济如何进入交通基础设施建设领域等等，缺乏应有的超前研究。

——交通安全监管落后于经济社会全面发展的更高要求。当前，公路水路运输存在一些安全隐患，一些安全处置应急预案还不完善、管理不到位，车船技术状况、从业人员素质等基础性工作还很薄弱。

这里，还要强调一个问题，目前交通基础设施建设领域反腐败的形势还十分严峻，腐败现象仍处于易发多发期。由于消极腐败现象及其产生的土壤和条件依然存在，反腐倡廉的任务还十分繁重。

我们要清醒地认识和深入思考这些问题，认真加以解决。

（二）坚持以科学的发展观指导交通工作

交通能否实现新的跨越式发展，归根结底是能否实现全面发展、协调发展和可持续发展。

第一，要在加快发展中实现交通全面、协调和可持续的发展。目前，交通由瓶颈制约向基本适应转变，在这个转变过程中，质量与数量、建设与管理、基础设施与运输服务、硬件与软件、东部与中西部、城市与乡村之间出现不平衡是难以避免的。我们要认识不平衡性，把握规律性，坚持用发展的办法解决不平衡问题。交通从不适应到基本适应，再到新的不适应，再到更高水平上的适应，是一个螺旋式上升和波浪式前进的过程，这是交通发展的一个规律性认识。我们要历史地辩证地看交通的适应和超前问题，解决交通运输能力滞后将是一个长期问题。我们要始终把加快发展作为交通工作的第一要务，紧紧抓住重要战略机遇期，聚精会神搞建设，一心一意谋发展。

第二，要贯彻“五个统筹”，实现交通全面、协调和可持续发展。重点是两个：一个是要解决农村公路通达和畅通问题。我国东部地区还有15个乡镇、近1万个行政村不通公路，1 000多个乡镇、近14万个行政村不通沥青（水泥）路；中、西部地区还有169个乡镇、近4.5万个行政村不通公路，近1.2万个乡镇、31万个行政村不通沥青（水泥）路。这些不通公路的乡镇、行政村大多是偏僻山区、贫困地区，工程艰巨，造价高，是难啃的“骨头”。要把解决好农村公路发展问题作为交通工作的重中之重。另一个是统筹好区域交通发展。针对区域经济社会发展不平衡的实际，加强分类指导，打破行政地域界限，按客观经济规律办事。按照区域经济发展的客观要求，东部加大路网密度，中部加快联网，西部实现联通。

第三，要做到“一个坚持，三个绝不能”，“一个坚持”就是要坚持以人为本，把维护人民群众的利益作为工作的出发点和落脚点。在对待群众利益上，不能把人民群众的整体利益与具体利益、长远利益与眼前利益对立起来，不能用损害群众利益的方式推行“改革”，“加快发展”。群众利益无小事。凡涉及群众切身利益的政策、措施出台前，一定要通过各种方式和途径广泛征求群众意见，维护好群众的切身利益。“三个绝不能”就是：一是绝不能搞不切实际的政绩工程。要认真了解和分析人民群众需要我们做什么，到底在哪些方面对我们不满意，真正做人民群众需要我们做的事，从人民群众不满意的方面改起，坚决不搞那些华而不实的东西，不做劳民伤财的事情。我们要通过扎扎实实的工作在群众心中树起丰碑，不能落下骂名。二是绝不能搞经不起考验的劣质工程。如果我们搞了“豆腐渣”工程，就会严重挫伤人民群众的积极性，就会失去群众的支持。三是绝不能搞权钱交易的腐败工程。干干净净做工程，认认真真树丰碑，这是对交通基础设施建设的基本要求。交通基础设施建设领域的腐败案件时有发生，危害甚大。权钱交易的腐败现象不根除，不仅会造成国有资产的流失，威胁工程质量，而且会在社会上造成恶劣影响，挫伤广大群众的积极性。

（三）交通工作要自觉地服从和服务于国家的大局

这里，强调两个重点：一是要自觉执行最严格的耕地保护制度；二是要为扩大就业作贡献。

最近几年，我国出现了粮食播种面积减少，粮食生产能力削弱，粮食库存逐步下降的情况，粮食安全隐患增加。党中央、国务院对此高度重视，把粮食安全摆到了国家安全的战略高度，要求实行最严格的耕地保护制度，坚决遏制乱占耕地的现象。

公路交通里程长，总量大，节点多，对土地资源的依赖较大。当前和今后一段时间，公路建设的任务非常繁重，必须千方百计地节约每一寸土地，精打细算地用好每一寸土地。

首先，思想上要高度重视。土地是国家的战略资源，是农民兄弟赖以生存的命根子。修路架桥，富裕一方百姓，人民群众是欢迎的，但公路建设决不能以浪费土地、破坏资源环境为代价。

其次，在工程建设过程中，要以最严格地保护耕地制度为准则，优化工程设计。确定路网布局时，能利用老路进行改扩建的，就不要新建；确需新建的，也要尽量少占用耕地。对废弃的老旧路，能复垦的要复垦；不能复垦的，要尽可能绿化。设计标准以满足功能为目标，绿化应采用自然、不占用耕地方式。坚决杜绝不切实际的贪大求洋。

第三，要处理好征地拆迁费用上涨和建设成本增加的矛盾。市场经济是法制经济，即使国家为公共利益征用土地，也应该给予公平的补偿。降低建设成本，不能把眼睛盯在对农民的征地拆迁补偿上。各级交通部门要增强成本意识，在项目立项时，要充分论证经济社会效益；在建设过程中，要确定合适的技术标准，减少不必要的附属设施和不必要的工程量，努力降低工程造价。要向依靠科技进步要效益，要向提高管理水平要效益。

就业为民生之本，安国之策。我国人口基数大，每年全国城镇新增劳动力1 000万人左右，城镇下岗和失业人员有1 400万人左右，全国城镇需要安排就业的劳动力总量达2 400万人。再加上大量农村富余劳动力需要转移，高校扩招后的毕业生走向社会，就业压力特别大。交通是传统产业和服务性行业，具有吸纳劳动力量大、面广等特点。我们要把以民为本、民生为先作为重要的执政理念，为民解忧，多为扩大就业创造条件。

（四）把提高质量放在首要位置

质量是工程建设的永恒主题。交通作为向社会提供公共产品和公共服务的部门，在新的历史时期，我们应向社会、向人民、向国家交一份什么样的产品呢？是经久耐用、外表美观、使用方便的优秀成果，还是金玉其外、败絮其中的劣质产品？这是关系交通行业形象，关系到交通行业是不是一个负责任行业的大问题。

质量是工程的生命，更是一个行业的生命。如果几年后我国建成的几万公里高速公路没到大修年限就大面积翻修，我们今天所为之奋斗的事业就可能被否定。我们修路架桥，实则是在书写历史。一座优质工程，万人称赞，千古流芳；一座劣质工程，同样也会在历史上留下不可挽回的败笔。一条条公路，一座座桥梁，一道道隧洞，看似冰冷的混凝土结构物，实则是人类克服艰险、发展进步的文明标志。一定要以对国家、对人民、对历史负责的精神，建优质工程，建精品工程。这是我们这代人，对人民、对历史、对后人，做出的庄严承诺和郑重交代。

当前一个重点是要处理好质量与速度的关系。要把解决建设能力的有限性与社会需求不断增长的矛盾作为工作重点，无论是高等级公路、农村公路还是现代化港口，宁可速度慢一些，也要把事情做精、做细、做好，使交通基础设施既满足经济社会发展需求，又与自然环境、人文环境和谐统一。

首先要提高业主自身的水平。世界银行的专家曾经说过，只有高明的业主，才能拥有高明的施工企业和咨询公司。意思是业主水平高，选择的设计、施工和监理单位的水平也就高一些，业主要求严，设计、施工和监理单位也就必然要尽心去做。我很赞成这种意见，只有业主自身的水平提高了，工程质量才能真正得到提高。

二是要提高设计质量。设计是项目质量的核心，没有好的设计，就不可能有高质量的产品。目前，设计上千篇一律，照搬照抄，死套标准的情况比较普遍，“用心”设计不够，其结果是大填大挖，破坏了环境，增加了造价，有的还留下了日后的隐患。2004 年，部将召开全国公路勘察设计工作会议，专题研究和部署提高勘察设计水平问题，要重点抓好几个公路勘察设计典型示范项目，全面提高公路工程勘察设计水平。

三是要有针对性地引进国外成熟的技术、标准和规范。科研成果是实践经验的总结，是人类文明的结晶，我们要善于借鉴一切先进的科研成果。在公路建设和管理领域，国与国之间技术问题及其解决方法具有很多共性。发达国家研究早、实践早，积累了丰富的经验，许多技术、标准和规范属于政府所有，没有知识产权的障碍，我们要把技术引进作为公路交通实现新的跨越式发展的重要手段。

四是要切实改进工程监理工作。工程监理是工程实体质量的保障，必须高度重视监理工作。提高监理队伍素质、切实履行监理职责当前已成为一个亟待解决的问题。要逐步提高工程监理的收费标准，吸引高素质的工程技术人员加入监理队伍，同时加快监理人员的培养，尽快造就一支素质高、与公路建设规模相适应的监理队伍。

（五）以更加开放的姿态看待投融资问题

资金是交通发展的基础。过去 20 年，是我国交通建设不断推进投资主体多元化的历史时期。从改革开放初期的几乎全部依靠政府投资，到 80 年代中期的“贷款修路，收费还贷”，90 年代中后期的外商投资、境内外上市等，我们闯出了一条多元化融资的新路子。研究表明，我国是当今世界上交通融资活动最丰富、实践最多的国家。这在其他国家是很少见的。

随着我国经济社会发展和全面建设小康社会的推进，交通需求将持续在一个较高的平台上增长，建设资金需求也将持续快速增长，仅靠政府财政性资金的投入和交通规费远远不能满足建设需求，资金短缺将是相当长时期内制约交通发展的主要因素。在新形势下，以什么样的姿态，用什么样的手段，如何筹集更多的建设资金，值得认真思考。

要以更加开放的态度利用好现有筹资渠道，坚持“国家投资、地方筹资、社会融资、利用外资”和“贷款修路、收费还贷、滚动发展”等行之有效的筹资方式，充分发挥各方面的积极性。同时要积极探索新的市场融资方式，降低筹资成本，优化资金组合，防范资金风险，最大限度地发挥社会资金的积极作用。

要以更加开放的态度吸引非公有资本进入交通基础设施领域。党的十六届三中全会指出，要大力发展和积极引导非公有制经济，放宽市场准入，允许非公有资本进入法律法规未禁入的基础设施、公用事业及其他行业和领域。非公有资本是我国当前最具活力的经济成分，引入到交通基础设施领域，对提高效率，降低建设和管理成本具有积极意义。我们要按照三中全会的要求，尽快清理和完善有关法律法规和政策，消除体制性障碍，破除准入壁垒，大胆引进和利用。

同时，还要看到，交通设施作为公益性基础设施，具有一定的自然垄断性，涉及重大公众利益。投资主体多元化，要求我们必须妥善处理好基础设施的公益性与商业资本逐利性的矛盾，做到趋利避害，努力追求“双赢”结局，为此，必须做到以下两点：

一要规范投融资行为，保护投资者正当权益。一方面，为保证交通设施的公益性和公众利益，在吸收非政府投资时，必须经过政府的特别许可，并对经营主体的收费价格、服务水平和设施安全进行严格的监管。另一方面，要切实保护投资者的合法权利和正当收益。只有合法利益得到切实保障和尊重，非政府投资主体才会愿意到交通基础设施领域投资。

二要加强运营中的监管。在目前大量非政府资本愿意进入交通基础设施建设的情况下，要改变个别谈判和个案操作方式，采用招投标，实行阳光操作，通过充分的市场竞争和公平、公开、公正的动作，决定特许权的授予者，以降低融资成本，防止国有资产流失。在特许条件上要体现风险与收益对等原则，政府要站在公众利益和国家利益上，按照成本加合理利润的原则确定价格，加强价格监管，防止投资者的暴利行为。

（六）规范有序地发展收费公路

近一段时期以来，收费公路成为一个热门话题，百姓关心，舆论关注，领导重视，驾驶人员反映强烈。如何看待收费公路？要不要继续发展收费公路？怎样控制收费公路规模，减少收费站点，降低收费标准？成为我们必须回答的重要问题。

公路作为国民经济和社会发展的重要基础设施，从理论上讲，属于政府必须提供给社会的公共产品，应该无偿提供给用户。但由于我国公路建设是在国家财力严重不足，交通“瓶颈”制约日益严重的情况下起步的，国务院在1984年出台了“贷款修路，收费还贷”政策。从20年来的实施情况和取得的综合效益看，这一项政策对公路发展极为重要。其主要意义在于，它建立了一种有效机制，缓解了建设资金严重不足的矛盾，充分调动和发挥了各方面的积极性。在政府不能有效投资的情况下，我们能保持这么大的建设规模，这么快的发展速度，取得这么大的成就，收费公路政策作出了巨大贡献。可以这么说，没有“贷款修路，收费还贷”政策，就没有我国公路交通事业兴旺发达的今天。这一历史性功绩不容抹杀。

好政策只有理解好、执行好，才有生命力。今后相当长时期内，我国公路建设任务依然十分繁重，“贷款修路，收费还贷”政策仍将是我们筹集公路建设资金的重要渠道之一，必须保持这一政策的连续性和稳定性。否则，新的跨越式发展目标难以实现，历史积淀的债务也难以偿还。这是中国国情决定的。既有历史原因，也有深层次问题，有些也是发展中必须付出的代价。

目前收费公路存在的问题，除了社会各界反映强烈的规模大、里程长、标准高、违规转让收费权等突出问题外，还要看到收费公路积淀的债务逐年增多，偿还本息压力大，成为影响公路交通可持续发展的制约因素。同时，对运输结构调整和运输市场秩序也带来不利影响，超限运输久治不愈，其中也有收费标准过高的因素。

发展中的问题，要用发展的办法去解决。总的思路是：

一是理顺收费公路管理体制，正确界定政府在收费公路管理上的职责，合理设置管理机构，减少管理人员，降低收费成本。更加重要的是，要防止车辆通行费外流，真正做到取之于路，用之于路。

二是研究降低收费标准过高的政策措施。不能以投资额的多少来确定收费标准，而要充分考虑公路的技术等级以及其向社会所能提供的服务水平，合理确定收费标准。宁肯年限长一些，也要把过高的收费标准降下来。尤其是要研究使农民兄弟得利的方式和办法。要通过调整收费标准，反映鼓励什么，不鼓励什么，以通过经济杠杆的作用，引导运力结构加快调整。

三是减少收费站点，规范经营权转让行为。继续做好站点清理工作，凡是不符合规定的收费站点，必须坚决撤销。要规范经营权转让，避免低价转让，并着力解决转让后的后续管理问题。

四是《收费公路管理条例》今年就要颁布实施了，要做好条例宣贯工作，严格控制规模，保持适度发展。

（七）坚持科教兴交和人才强交

交通新的跨越式发展有赖于科技创新，有赖于建设一支高素质的交通人才队伍。

随着交通建设和生产向深度和广度不断推进，建设项目所处的自然条件越来越复杂，特别是在西部山区高速公路建设和深水港口建设方面，我们将面临越来越复杂的技术难题；解决质量通病，提高建设质量，降低建设成本，必须依靠先进的科学技术；满足日益多样化、高层次的运输需求，解决管理中的一些难题，也有赖于技术创新和管理创新。面对挑战，我们必须牢固树立“科学技术是第一生产力”的观念，实施好科教兴交战略，真正发挥科技的保障作用。

实施科教兴交战略，当前要切实解决好以下几个带有全局性的问题：

一是科研和生产相结合的问题。科研最终目的是解决生产实践中的各种技术和管理问题，因此，科研课题必须来源于实践，着眼于实践，服务于实践。我们既需要注重成果的先进性，更应注重成果对解决实际问题的针对性。要改变立项的方式，使用户成为课题来源的主体；要改变课题求大、求全、求集成的惯性思维，更加注重那些专业性很强，看似很“小”，但对提高质量、降低成本、改进管理起重大作用的实用技术；要研究改进成果的评定方法，使实践成为评判科研成果水平高低的主要手段。

二是科研开发与成果推广应用的关系问题。“七五”、“八五”和“九五”期间，交通领域涌现了一大批优秀的科研成果，这些成果的广泛应用，支撑了交通跨越式发展。要加大成果推广和应用的力度，使好成果真正发挥效益。今后凡是政府交通部门资助的科研项目，除涉及国家机密的外，都必须在一定范围内无偿公开，以利于成果的尽快推广和应用。

三是充分利用社会资源。广泛利用社会资源，引入竞争机制，是提高科研质量和降低成本的重要途径。要有大行业的气魄，无论系统内外，凡是愿意参与交通科研的队伍，我们一概欢迎，凡是有志于交通科教的人员，我们一视同仁。我们要公平、公正地对待所有从事交通科研的队伍和人员，保护好、发挥好全社会参与交通科研的积极性。

交通大业，人才为本。有人才就能出思路，有人才就能出精品，有人才就能克服想像不到的困难，有人才就能处处“棋高一招”。总之，人才是事业成败的关键。我们一定要认真贯彻落实《中共中央、国务院关于加强人才工作的决定》，大力推进交通人才队伍建设。

一是创新人才的工作机制。给想成才的人创造条件，为能成才的人提供舞台，让政治上靠得住、工作上有本事的人很吃香，让成事不足、败事有余的人吃不开，形成事业成就人才、行业凝聚人才、环境留住人才的激励机制，使交通成为各类人才尽情施展才华、建功立业、实现自身价值的热土，真正把人才当作第一资源，求贤若渴，为交通事业发展识才、聚才、用才。

二是拓宽用人的视野和渠道。当前大中专毕业生生源比较丰富，我们要尽可能多地吸纳一些优秀大中专毕业生，充实到基层，充实到一线，充实到执法队伍。积极吸引国外优秀人才、留学归国人员，从国内外、行业内外引进人才。善于借才、借脑。交通科研项目及设备、试验室等，要向外开放，让各界优秀人才为我所用，为交通发展尽力。

三是拓宽人才培养方式。搞好培训和继续教育，建立学习型的行业，使从业者能够随着交通事业发展补充新的知识，获得新的技能。选送基础素质好、有发展潜力的同志到西部开发交通建设实践中，压任务、压担子，在基层经受锻炼，到国外研修，促进早日成才。

（八）正确对待群众监督和舆论监督

现代社会是一个信息社会，是一个开放的社会，是一个民主的法制社会。以互联网为代表的现代信息工具的普及，使信息的传播早已超越国界，速度也越来越快，渠道也越来越多。作为一个开放和民主的社会，公民的知情权、参与权和监督权的意识越来越强，老百姓关注的问题往往成为传媒争相报道的焦点，公众的需求很快就会变成传媒的呼声。这是时代进步的表现。

交通工作社会性强、服务性强，同人民群众的生产生活联系密切，社会关注的热点、难点问题多，加上我们的社会和政府都处在一个转型时期，新旧矛盾交织在一起，对于很多问题的认识不是很清晰，措施不是很到位，因而往往容易成为群众和媒体关注的焦点。这中间，既有对我们取得成绩的肯定和表扬，也有善意的批评和提醒。其中，批评比较多的地方，往往也是我们工作不到位或存在突出问题的地方。如工程质量和腐败问题，收费公路过多、收费标准过高问题，服务意识不强、执法不规范、执法扰民问题，重大特大运输安全事故等等。这些问题，往往在特定时期和特定场合，成为群众和媒体关注的焦点。

媒体的大量介入，信息的自由传递，能够宣传党和国家的方针政策，发挥典型引导和激励、教育作用。更为重要的是，还可以减少因信息不对称引发的矛盾，及时地发现一些潜在的问题，给政府和民众传递一个明确的讯息：什么地方出现了问题？问题是怎么出现的？深层原因是什么？媒体把真相告诉政府和民众，有利于问题的尽快解决，实际上起到了一个社会调节器的作用，对于政府完善社会事务管理、改进工作作风是非常重要的，也表明公民的知情权，参与权和监督权受到尊重和重视。我们应当把媒体的批评看作爱护，把群众的监督当作动力，通过不断改进自己的工作，改善我们的服务，进一步赢得媒体的承认和老百姓的认同。

能不能适应信息时代的要求，把握好、发挥好、引导好舆论导向，不仅是考验领导水平高低的尺度，对一个行业的发展也极为重要。要高度重视交通行业的宣传工作，在重大行动上，要精心策划，注意新闻导向，及时了解老百姓的想法和舆论的意见。要防止千篇一律、口号式的宣传。对社会反响强烈的热点问题，可以通过召开新闻发布会、记者招待会，在新闻媒体开辟专栏，发表专稿等形式，主动答疑解惑，消除群众误解。

三、2004 年交通工作的主要任务

今年工作的总体思路是：突出一个重点，提高两个能力。即：围绕以加快交通运输发展这个中心，重点加强交通基础设施建设，着力提高交通公共服务和交通市场监管两个能力。

（一）努力实现调整后的“十五”计划目标和今年的预期目标，启动“十一五”规划编制工作

根据经济社会发展的要求和交通加快发展的新形势，我们对“十五”计划的主要目标进行了调整。即到“十五”末，全国公路总里程达到 195 万公里，新增里程由 15 万公里提高到 28 万公里，年均增长 5.6 万公里。其中高速公路由 2.5 万公里提高到 3.5 万公里，二级以上公路里程由 27 万公里提高到 30 万公里。路网密度由 16.1 公里/百平方公里提高到 20.3 公里/百平方公里。公路通乡率由 99.5% 提高到 99.8%，使 687 个不通公路的乡通公路；公路通行政村率由 93% 提高到 96%，使 49 000 多个不通公路的村通公路。沿海港口建成的深水泊位数由 135 个增加到 164 个，新增吞吐能力由 2.31 亿吨提高到 3.4 亿吨，其中新增集装箱泊位由 54 个提高到 69 个，新增吞吐能力由 1 200 万标准箱提高到 1 940 万标准箱。到“十五”末，全国沿海港口深水泊位数由 800 个增加到 820 个，总吞吐能力由 14.5 亿吨提高到 17 亿吨，其中集装箱专业化泊位达到 152 个，通过能力达到 3 735 万标准箱。届时沿海港口吞吐量预计将超过 20 亿吨，其中集装箱吞吐量将超过 5 800 万标准箱。改善内河航道里程数由 3 350 公里提高到 4 360 公里，建设内河港口泊位数由 200 个增加到 248 个，新增吞吐能力由 2 500 万吨提高到 3 500 万吨。各地交通部门要按照调整后的计划目标，抓紧开展工作。

根据调整后的“十五”计划，今年交通发展的预期目标：新增公路通车里程 7 万公里，其中新增高速公路 3 500 公里，到年底全国公路通车总里程达到 188 万公里，高速公路里程

达到3.3万公里，新改建农村公路10万公里；港口新增中级以上泊位170多个，其中万吨级以上泊位50个，新增港口吞吐能力1.2亿吨。全年全社会完成公路、水路旅客运输量152亿人，货物运输量137亿吨，完成公路、水路旅客周转量8 350亿人公里，完成公路、水路货物周转量41 500亿吨公里。

启动"十一五"规划的编制工作。规划是政府履行宏观调控、经济调节和公共服务职责的重要依据，国务院已批准将今后的"5年计划"改为"5年规划"。要在基础调查、信息收集、课题研究、项目论证等基础上，精心组织，编制好公路水路交通"十一五"规划和有关专项规划。要迅速启动这项工作，抓紧完成"十五"计划实施的中期评估工作，做好"十一五"规划的编制准备工作，加强前期工作，建立前期项目储备。部在今年适当时机要召开"十一五"建设前期工作会议，部署今明两年的前期工作，总的要求是，"十一五"前两年开工建设的项目，前期工作要在2005年底前完成。

编制和实施"十一五"规划，要更多地依靠科技进步和科技创新。今年要着手编制"十一五"交通科技发展规划，整合和集成交通科技资源，结合交通的重大工程建设，解决一些关键性技术难题，加快信息技术的开发和运用，为"十一五"交通的发展提供科技保障。

（二）加强公路交通干线建设

截至2003年底，"五纵七横"国道主干线在建和未开工项目还有6 200多公里，占规划里程的18.1%，其中在建4 556公里，占13.2%；未开工1 663公里，占4.9%。未开工项目主要集中在中西部地区的崇山峻岭，需要修建的桥梁隧道比较多，技术难度大，成本高，重点在云南、陕西、内蒙古、贵州4省区。从现在到2007年底还有整整4年的工作期，涉及到建设任务的省区市必须加快工作进度。部拟采取五项措施确保质量、加快进度，一是加强督查，对投资大、任务重的13个省区市的国道主干线建设从质量、进度、招投标等方面进行督导；二是建立部省联席会议制度，定期、不定期地集中研究解决工程建设中的重大问题；三是敦促有关省区市优化投资和建设环境，确保重点项目；四是部要进一步简化审批程序；五是加大投资力度，凡是前期工作到位的国道主干线建设项目，在年度投资计划中将首先给予安排。通过以上措施，确保在本届政府任期内全面建成"五纵七横"国道主干线系统。

今年纳入国家重点公路建设计划的高速公路3 100多公里。拟开工的国道主干线主要有海拉尔—满洲里公路、宜昌—恩施公路、水富—麻柳湾、石林—蒙自—河口等多条高速公路项目，上海崇明越江通道、安徽铜陵—黄山、合肥—六安、山东济南—菏泽—关庄、重庆—遂宁等国家重点公路项目也要在年内开工。未开工的国道主干线项目要抓紧做好前期工作，争取能在今年开工，最晚务必在明年开工，以确保科学合理的建设工期，确保质量和进度。在此基础上，要统筹研究和规划早期建成的高速公路的改造扩容问题。目前，沈大、杭甬、沪杭、沪宁高速公路已在进行拓宽扩建，京津、京石、济青、西宝等高速公路已在进行通道扩容建设方案研究规划。西部省际通道要加快建设，尽快形成通行能力。今年计划开工十堰—漫川关高速公路，四川川主寺—郎木寺公路，陕西吴堡—子洲—王圈梁、靖边—安塞、苏家河畔—榆林公路，青海扁都口—大通公路等项目。加强东北地区对内、对外贸易通道和运输枢纽的建设，积极支持和配合东北老工业基地的调整和改造。

（三）抓紧规划和建设国家高速公路网

我国目前建成和在建的高速公路，主要是依据“五纵七横”国道主干线规划和各地的高速公路规划，是一个阶段性的建设规划。按照党的十六大提出的全面建设小康社会的宏伟目标，在我国人均GDP已达1 000美元，住房和汽车消费快速增长的条件下，尽快制定一个通行能力大、通行效率高、安全便捷的国家高速公路网规划，既是全面建设小康社会和实现现代化的迫切需求，也有助于我国在激烈的国际竞争中占据有利地位，提高国家竞争力。

国家高速公路网建成后，其作用和效果主要表现在：一是可以覆盖10多亿人口，直接服务范围，东部地区超过90%、中部地区达83%、西部地区近70%，覆盖地区的GDP占到全国总量的85%以上；可以实现东部地区平均30分钟上高速公路，中部地区平均1小时上高速公路，西部地区平均2小时上高速公路。二是连接全国所有的省会城市（含港、澳、台三个特殊地区），以及所有目前城镇人口在20万以上的大中城市。三是连接全国所有重要的交通枢纽城市，包括铁路枢纽、航空枢纽、公路枢纽和水路枢纽，形成综合运输大通道和较为完善的集疏运系统。四是加强了长三角、珠三角、环渤海等经济发达地区之间的联系，使大区域间有3条以上高速通道相连；在三大都市圈内部，形成了较完善的城际高速公路网，同时强化了北京、上海、广州、重庆、西安等地的对外辐射能力。五是连接主要的国家一类公路口岸，加强了对外联系通道。另外，这个网络还连接了国内主要的4A级著名旅游城市。六是对节约土地资源，为促进国民经济增长、带动相关产业发展、扩大就业作出重要贡献。据测算，国家高速公路网建设期间可累计创造国内生产总值6万亿元以上，创造就业岗位4 200万个。

实施这个规划，一是要坚持统一规划、条块结合、分层负责、联合建网的原则。二是要保持现有政策的连续性和稳定性。坚持车购税专款专用，收费还贷的政策也要继续坚持下去，形成发展的良性循环机制。鼓励和支持民间资本进入交通基础设施建设领域。三是要统筹考虑国家高速公路网的建设、管理和养护，把管理和养护提到与建设同等重要的地位上来。四是要节约土地资源和保护生态环境。五是处理好与其他运输方式的衔接以及与城市交通的衔接，实现优势互补。

（四）加快水运交通建设

今年加快港口建设的重点是：上海国际航运中心洋山深水港、长江口深水航道二期整治和沿海主要港口集装箱、原油、矿石等专业化码头及配套深水航道，通过挖潜、改造和新建，缓解运输紧张状况。政府交通部门要切实做到三条：第一是合理布局，即加强统筹规划和宏观调控，遵循经济发展规律，通过市场化运作，对现有港口资源进行整合。第二是优化结构，即调整港口功能，鼓励港口走规模化、集约化和集装箱化发展模式，发挥主枢纽港的整体功能。第三是加强政策引导，消除体制性障碍，允许各种资本参与港口建设，加强公用设施建设，制定管理法规和标准规范，引导港口发展走上市场化、法制化轨道。

加快内河航运的发展。继续建设内河“两横一纵两网”骨干航道，配合区域现代化综合交通体系建设，加速形成长江、珠江三角洲高等级内河航道网。全面实施京杭运河船舶标准化工作。这项工作涉及11万艘船舶和20多万船民的切身利益，对于内河运力结构调整、保护运河的水环境，提升内河航运生产力将产生积极的作用。部会同沿线五省一市人民政府出台了相应的经济补偿政策，组织开发了经济环保型的标准化船13个系列25种，得到了广大船民和经营业户的广泛支持和欢迎。要按照黄菊副总理的重要批示精神，有步骤、分阶段地稳步推进这项工作。三峡库区也要开展船型标准化工作。内河水运发达的有关省区要借鉴经验，积极试行船型标准化工作。在内河航运干线推行船舶定线航行管理制度，提高航道通过能力和航行安全保障能力。

（五）改善农村交通条件

今年中央1号文件明确提出要对加强包括乡村道路在内的“六小工程”，增加投资规模，充实建设内容，扩大建设范围。我们要紧紧围绕增加农民收入这一中心和基本目标，加快农村交通基础设施建设，优化农村公路路网结构，完善公路客货运输网络，为农业产业结构调整、促进农村经济发展和农民增收创造条件。

部在“十五”期和本届政府任期内将加大资金投入力度，重点向西部和“老、少、边、穷”地区倾斜，建设县际及农村公路改造工程，提高农村公路的“通达率”和“通畅率”，总规模32万多公里，“十五”期总共解决687个乡、49 000多个行政村通公路问题。东部地区以通村路为主，中部地区以通乡和通村路为主，西部地区以县际公路为主，兼顾通乡（镇）和通村公路。

今年重点做好以下8项实事：

一是继续组织实施通畅工程和通达工程。通畅工程新开工建设西部地区县际公路项目200个、中部地区通乡项目1 000多个、东部地区通村项目3 000多个。通达工程全年解决42个乡、11 000个行政村不通公路问题，占不通公路乡村总数的1/5。二是加大对国家商品粮基地公路基础设施建设的规划和指导，突出重点，加强公路路网建设和改造，改善粮食主产区农民的生产生活条件。三是中央资金投资的项目要切实做到两个“不拖欠”，即不拖欠农民征地拆迁费、不拖欠农民工工资。继续开展专项清查活动，建立失信惩戒制度，对恶意拖欠农民工工资的施工企业，要在市场准入和监管上，采取警告、经济处罚、取消一定时期的投标资格、降低或取消经营资质等措施，保护农民工的合法权益。四是加强海岛码头、河流渡口、渡船的建设和改造。五是落实最严格的耕地保护制度，统筹考虑农村公路建设的技术标准、质量管理和养护等问题，改进和完善农村公路的绿化，对不切实际的做法进行纠正。六是建立高效率的绿色通道，对运输鲜活农副产品的车辆实行通行便利措施，对运输鲜活农副产品的船舶优先过闸。七是新建农村公路达到标准的，要积极创造条件，开通定线、定点客运班线。对专门接送小学生上下学的农村客运班车，免征交通规费。八是在国省干线公路实施以“消除隐患、关爱生命”为主题的公路交通安全保障工程，今年重点在210、319、202、105、109五条国道整治急弯、陡坡、视距不良等行车危险路段，改善安全防护设施，为行车安全创造条件。

（六）提高公路水路交通运输服务能力

公路、水路运输生产要推进“四项工作”，做到“四个确保”。“四项工作”是：一要掌握能源、原材料、外贸进出口以及农业生产资料、城市居民生活物资的运输情况信息，及时为运输企业提供相关信息，搞好服务。二要完善应急预案，确保紧急物资运输及“绿色通道”畅通。三要加快运力结构调整，推进车辆和船舶大型化、专业化、箱式（集装箱）化、经营集约化和管理现代化，加快发展远洋、沿海商船队。四要加快物流业发展，降低运输成本。“四个确保”即：确保关系国计民生的煤炭、原油、铁矿石等国家战略资源的运输；确保外贸进出口货物的运输；确保农用物资和城市居民蔬菜、副食品的运输；确保旅客运输和化学危险品的运输安全。

（七）积极推进交通各项改革

在处理好改革力度、发展速度和职工可承受程度之间的关系的前提下，有重点、有步骤、有创新地推进交通改革。

实施《行政许可法》，进一步提高政府交通部门的公共服务能力和市场监管能力。一是抓紧组织交通干部职工深入学习和贯彻执行《行政许可法》。部将在今年举办交通行业《行政许可法》培训班，对交通厅局长进行培训，并就行业的行政许可事项进行研讨。同时抓紧做好《行政许可法》实施前的各项准备工作，深化行政审批制度改革，清理和规范行政审批事项，建立行政审批责任制度。二是推进政务公开，切实履行好政府宏观调控、市场监管、社会管理、公共服务的职能，充分发挥政府部门规划指导、政策引导、信息发布、市场监管的作用，提高决策的科学化、民主化和规范化，增强政策措施制定和执行的透明度和公开性，做政务最透明、最讲效率的政府部门。三是围绕政府职能转变，加强管理创新，精简管理内容，改变管理方式，提高管理效能。加快交通电子政务建设，增强交通行业管理的信息收集、报送、发布及行政审批等功能。四是进一步重视和支持行业学会、协会的培育和发展，发挥其在推进技术进步、行业自律和规范市场秩序等方面的作用。总之，通过贯彻实施《行政许可法》，提高行政管理能力，做到依法有据、权责明确、公开透明、便民高效，在提高透明度上取得明显进展，在事后监督上取得明显进展。

认真贯彻实施《港口法》，建立健全港口行政管理机构，完善港口分级管理行政体制，加快《港口法》配套法规和规章的制订，加强行业管理，创造公开、公平、公正的市场环境。

积极探索公路特许经营制度。今年要对符合《收费公路管理条例》规定的经营性公路，建立政府特别许可制度，规范收费权转让行为，明确出让方和受让方的职责、权利和义务，以及监督、检查和管理等方面的职责，实现公路的社会公益性和特殊条件下的商品属性的有机统一。部支持各省市积极研究探索适合本地区的高速公路特许经营的路子，可以先搞试点，部将及时总结和推广各地的经验。

要按照解决社会养老保险统筹是前提，管养分离、疏养分离是途径，市场化运作是方向，专业化养护是目的的基本要求，继续推进公路和航道养护运行机制改革。

（八）治理公路超载超限运输

今年要下决心打好这场攻坚战。要按照“广泛宣传，统一行动；多方合作，严管重罚；把住源头，经济调节；短期治标，长期治本”的工作思路，做到“五个结合”，处理好“四个关系”。

“广泛宣传，统一行动”，就是从今年1月份开始，在全国范围内进行集中治理。1～3月份为广泛宣传期，交通部门要利用各种新闻媒体，向广大车主和货主以及货源地广泛宣传超载超限运输的危害性，以及治理的必要性和相关处罚措施，形成强大的舆论氛围和有利的治理环境。

“多方合作，严管重罚”，就是加强部门间的合作和协调，进行多部门、多环节、多方式的综合治理，以重量超限的煤炭、砂石等建筑材料运输车辆为主，采取设站检测、卸载等手段，对超载超限运输车辆严格监管。重罚要区分情况，突出重点，确保鲜活农产品和人民群众日常生活物资的正常运输。

“把住源头，经济调节”，就是会同有关部门落实车辆生产标准，全面整顿车辆“大吨小标”和非法改装。尽快制定《道路汽车外廓尺寸、总质量与轴荷限值》国家强制性标准，加强货源地运输市场管理，从源头上遏制超限超载行为。同时，对多轴大型车辆适当给予收费优惠。要提高制定征收标准和计量方式的科学性和合理性。

“短期治标，长期治本”，就是在一段时间内，对车货总重和轴载质量严重超标、对公路和桥梁造成严重危害的车辆进行集中整治，查处和取缔货运代理环节存在的不规范行为，遏制恶性竞争，加快运力结构调整，促使运价到位，减少利益驱动。尽快出台和完善公路设施保护、运输市场管理等相关法规，严格市场准入，加强市场动态监管，将治理工作纳入法制化、规范化轨道。

做到“五个结合”，就是专项治理与源头治理相结合，部门联手与区域联动相结合，行政手段与经济手段相结合，治理力度与社会可接受的程度相结合，严格处罚与人性化管理相结合。

在治理公路超载超限运输中要处理好“四个关系”。一是与经济发展的关系。开展超限运输治理的根本目的是规范市场行为，创造良好的道路运输环境，使市场秩序规范有序，促进经济的快速健康发展，不能因为治理而影响和制约经济发展。二是与其他相关部门的关系。公路超限运输治理涉及部门多，治理难度大，交通部门要主动与有关部门加强协作，密切配合，取得各方支持。三是与车主、货主的关系。在治理中要增强服务意识，以人为本，以车为本，创造良好的车辆运输环境，通过治理，使运价趋向合理，车主和货主也能获得合理的经济效益，这样也就能够取得他们的理解和支持。四是与管理的关系。不能单纯以治代管或者罚款了事。要积极探索采取法律的和经济的手段，堵疏结合，防止一治就死、一放就乱。还要分析现象，研究措施。

今年，水路运输也要继续开展船舶超载专项治理工作。

（九）抓紧抓实交通安全管理

加强水上旅客运输的安全监管是水上交通安全工作的重点，也是防范重特大事故的有效保证。要突出重点，重点仍然是“四区一线”和“四客一危”，特别是渤海湾水域、三峡库区和乡镇渡口。针对安全管理的重点，今年要加强监管和专业救助建设，逐步形成重点领域的全方位覆盖、全天候运行的安全保障体系，避免发生死亡失踪30人以上的水上交通恶性责任事故，保持水上安全形势的稳定。加强对人、船、环境和船公司的监管力度，严格签证制度，适航放行，继续加强旅客运输密集地区的安全监管力度。加强以人命救助为主的专业救助建设，加快立体救助装备和设施建设，完善“关口前移、站点加密、动态待命、随时出击”的救助值班制度。对专业救助人员要加强培训，提高素质，提高快速反应能力及救助的有效性。继续推进长江航道特别是三峡库区船舶分航道航行，利用卫星定位系统等高科技手段进行监控，加强救助点建设。加强乡镇船舶改造力度，督促乡镇渡口和运输船舶安全责任制的落实，防止发生群死群伤的重特大事故。重视船舶防治污染工作，尽快推动建立船舶油污损害赔偿基金和船舶污染事故应急反应体系。加强船舶检验工作和市场准入管理，坚决杜绝不合格船舶进入航运市场，按照国际海事组织的要求，在规定的时间内，淘汰单壳油轮。各级交通部门尤其是主要负责人要全面落实安全责任制，既要管路，也要管水，海事管理机构要加强监管，确保船舶适航、船员适任。

道路运输安全要继续按照“三关一监督”的工作职责做好监管工作，狠抓安全生产责任制的落实。同时要加强道路交通安全设施建设。当前正值春运，各级交通部门要把安全监管放在首位，采取切实的措施，在安全可靠的前提下，组织好春运工作。

（十）继续加强对外合作与交流

继续加强交通对外合作与交流，积极开展交通领域的多双边合作，特别要在周边区域性和双边交通合作上取得新突破，做到“服从战略、服务大局、突出重点、实质合作”。

一是积极推进区域交通合作。磋商签署中国—东盟交通合作谅解备忘录，启动“10＋1”海事磋商合作机制；组织好大湄公河次区域便利运输协定各项技术附件和议定书的谈判工作，以便为将来昆明—曼谷国际公路开通运营、为中国与东盟建成自由贸易区做好交通运输方面的准备；签署《亚洲公路网政府间协定》，并做好相关后续工作，协调研究加入相关的国际便利运输公约；充分利用上海合作组织的机制，推动我国与上海合作组织5国交通合作，推动多边运输协定的签署；与有关部门共同推动中吉乌公路运输通道项目建设，为我国新疆开展区域经贸合作与南疆地区打通一条通往中亚、欧洲的新通道创造条件。

二是积极参与多边合作进程。继续做好与国际海事组织、世界贸易组织、联合国亚太经社会、国际道路联合会、国际道路运输联盟等国际组织相关的工作，承办好国际路联倡议的“丝绸之路”世界大会。

三是加大与发达国家开展交通领域合作交流的力度。要充分利用已建立的合作机制，有重点地开展技术合作与人才培养，促进我国交通事业发展。

四是积极鼓励和支持有条件的企业“走出去”，为中国企业在海外承揽交通工程项目和开拓运输市场，做好政府支持和服务工作，提升交通企业的国际竞争力。

五是落实国际海事组织海上保安和国际反恐新规则。

（十一）推进行业文明建设和廉政建设

要把兴起学习贯彻“三个代表”重要思想新高潮不断引向深入，交通部门各级领导都要力求把理论学习学深学透，把交通工作干对干好。同时，要教育和引导广大职工用“三个代表”重要思想武装头脑，指导实践，推进工作。要认真贯彻落实中共中央召开的全国宣传思想工作会议精神，切实做好新形势下的宣传思想工作，加强行业文明建设，进一步开展群众性的文明创建活动，把以“三学四建一创”为载体的行业文明建设不断推向前进。2005年是著名航海家郑和下西洋600周年，我们要以“热爱祖国、睦邻友好、科学航海”为主题，做好纪念活动的有关准备工作，为不断增强民族自信心、自豪感和凝聚力，作出应有的贡献。

加强和推进廉政建设是一项重要而紧迫的任务，必须抓紧抓好，切实抓出成效。今年要继续坚持标本兼治、综合治理的方针，以交通基础设施建设领域为重点，加强廉政工作，坚决遏制交通基础设施建设领域腐败现象易发、多发的势头。

首先，各级交通部门领导要进一步提高认识。交通基础设施建设领域腐败现象的产生有体制、机制以及人的主观因素等多方面的原因，但主要还是一些领导干部不能正确认识和对待手中的权力。腐败毁的是党和国家的事业、交通行业的成果、个人的前途、家庭的幸福。各级领导干部要掂量一下孰轻孰重，要对自己负责、对家庭负责、对交通行业负责、对党和国家的长治久安负责，切实做到洁身自好、廉洁自律。

其次，要总结交通基础设施建设领域腐败现象产生的规律和防治腐败的经验教训，查问题、找原因、订措施，从加强制度建设入手，进一步规范交通部门领导干部兼职以及招投标、工程分包、材料设备采购、设计变更、公路经营权转让等行为，实施阳光工程，完善《廉政合同》，推行《廉政档案》，坚决堵住容易产生腐败问题的漏洞。

第三，要积极总结和推广各地在重点工程建设项目中加强廉政的经验，树立一批先进单位和优秀领导干部正面典型，加强宣传，使社会和人民群众了解我们的行业，理解我们的艰辛。同时要在行业内部开展警示教育，把近年来交通行业暴露出来的腐败案件拍成警示片，在系统内部巡回放映，起到警示和教育作用。

第四，不断完善和创新反腐倡廉机制。要把教育、制度、监督统一于党风廉政建设和防治腐败工作的全过程，做到“三个结合”，即把反腐倡廉同交通建设和发展有机结合起来，同交通业务和管理工作有机结合起来，同交通各项改革措施有机结合起来，加大从源头上预防和遏制腐败的治本力度。要深入开展党纪党风教育，落实党风廉政责任制，加强对领导干部的教育、管理和监督，建立对权力运行制约监督的反腐败机制。要认真贯彻执行《中国共产党党内监督条例》和《中国共产党纪律处分条例》，健全和完善党内监督，严守党的各项纪律。加强交通行政执法队伍建设和治理公路“三乱”，着力解决群众反应强烈的突出问题，开展交通综合执法改革试点工作，进一步规范交通行政执法行为，提高队伍整体素质。

第五，坚持党政齐抓共管、部门各负其责，上下联动，切实形成防止和惩治腐败的防范体系和合力，推进行业廉政建设。在以地方为主的原则的基础上，部将加大国家重点项目的纪检监察力度，强化执法和审计监督，加强对建设项目、建设资金和领导干部经济责任审计，并与地方加强研讨和信息通报。各省交通部门也要进一步完善交通基础设施建设领域的纪检监察员派驻制，落实党风廉政建设各项措施。

我在这里要特别强调重温“两个务必”的重要性和必要性。务必继续保持谦虚、谨慎、不骄、不躁的作风，务必继续保持艰苦奋斗的作风，这是毛主席在解放前夕对全党同志的忠告。“两个务必”曾经激励了几代人为中国社会主义现代化建设作贡献，才有了今天的基业。全面建设小康社会仍然需要艰苦奋斗。因此，学习“两个务必”，按照“两个务必”的要求指导我们的实践，仍然具有现实意义和深远的历史意义。过去的一年，交通取得了很大成绩，但我们始终要居安思危，永不懈怠；始终要清醒地看待权力；始终要清醒地对待成绩；始终要清醒地看待个人的作用，永不自满，谦虚谨慎，兢兢业业，殚精竭虑，造福一方百姓，留一世清名。

春节将至，我希望交通系统各级领导干部要眼睛向下，心要向民。心要向民，就是我们的一切工作要围绕让老百姓过好春节来展开，保安全，保畅通，提供最优质的服务。眼睛向下，就是要关心基层，关心困难职工的冷暖疾苦。

同志们，新的一年开始了，让我们在以胡锦涛同志为总书记的党中央坚强领导下，努力把科学的发展观和正确的政绩观转化为交通工作的前进指针，努力把执政为民的理念转化成为民服务的实际行动，努力把保护好群众利益体现在每一项政策措施上，努力把中央对交通工作的重视和支持变成强大的精神动力。每一点进步都是一个新起点，每一个目标都需要我们为之奋斗。只要我们团结一致，扎实工作，不怕困难，勇于创新，我们一定会创造出更加辉煌的 2004 年。

以科学发展观为统领　加强行政能力建设 促进交通运输全面协调可持续发展

——张春贤部长在2005年全国交通工作会议上的讲话

（2004年12月26日）

同志们：

2005年全国交通工作会议的主要任务是：以邓小平理论和“三个代表”重要思想为指导，认真贯彻落实党的十六大和十六届三中、四中全会精神，总结2004年交通工作，按照中央经济工作会议要求，研究部署2005年交通工作任务。

一、2004年交通工作基本情况

在党中央、国务院的正确领导下，2004年各级交通部门坚持科学发展观，广大干部职工发挥积极性、主动性和创造性，交通各项工作取得了显著成绩。预计全年完成交通基础设施投资突破5 000亿元，比上年增长21.2%。公路基础设施建设“抓两头”取得新的重大进展。全长4 395公里的连云港至霍尔果斯国道主干线、全长2 389公里高速公路的北京至珠海国道主干线全线通车，“两纵两横三个重要路段”全部建成，“五纵七横”国道主干线完成建设任务的86%，西部开发省际通道建设进展顺利。预计全年完成公路建设投资4 400亿元，比上年增长19.9%。到2004年底，全国公路通车总里程达185.6万公里，新增4.6万公里。高速公路里程达3.42万公里，新增4 400公里。江西温家圳至沙塘隘、广西南宁至水任、沈大高速公路拓宽扩建等一批重点工程建成通车，润扬长江大桥主体工程全部建成，安庆长江大桥、湖北巴东长江大桥实现贯通，苏通长江大桥、杭州湾跨海大桥全面开工建设。农村公路建设加快，预计全年完成投资1 240亿元，比上年增长51.8%；新改建农村等级公路25万公里，其中新增沥青路、水泥路13万公里，又有123个乡镇和11 200多个行政村通了公路。港航基础设施建设明显加快。完成沿海、内河投资376亿元，增长33%；沿海港口新扩建泊位67个，其中万吨级深水泊位47个，新增吞吐能力1.2亿吨；内河港口新增吞吐能力710万吨，改善内河航道里程691公里。公路、水路客货运输生产全面增长。预计全年完成公路、水路客运量163亿人和1.8亿人，旅客周转量8 765亿人公里和65亿人公里，同比分别增长11.3%、7%、13.9%和3.4%；完成货运量122亿吨和18亿吨，货物周转量7 597亿吨公里和38 900亿吨公里，同比分别增长5.6%、13.8%、7%和35.7%。沿海港口吞吐量继续保持高速增长。预计全国港口吞吐量突破40亿吨，增长21.3%；集装箱吞吐量达6 150万标准箱，增长26.4%。上海港货物吞吐量达3.8亿吨，宁波、广州和天津港货物吞吐量均突破2亿吨。

回顾总结2004年交通改革发展情况，我们重点抓了以下5项工作：

（一）坚决贯彻党中央、国务院的决策部署

按照中央解决“三农”问题的部署和要求，及早采取了加快农村公路建设和发展农村

客运、保护农民工权益等实质性措施并取得显著成效。一是把农村公路建设与国道主干线建设摆在同等重要的位置，作为服务“三农”的实质性措施，加大工作力度。2003 年、2004 年两年，全国共建成农村公路 35.2 万公里，其中沥青路、水泥路 19.2 万公里，超过了 1949 年至 2002 年 53 年间农村建设沥青路、水泥路的总和。农村公路建设改善了农民生产生活条件，促进了农民增收和农村经济发展，“修好农村路，服务城镇化”成为各级党委、政府的共识，“让农民兄弟走上油路和水泥路”得到了农民群众的广泛欢迎。二是加强政策引导，积极做到路通车通，加快农村客运网络化进程。全年新增农村客运班车 8 500 多辆，又有 286 个乡镇、28 424 个行政村新开通了班车。三是加快解决交通建设拖欠工程款问题，确保中央投资项目不拖欠征地拆迁费，不拖欠农民工工资。

落实中央统筹区域协调发展的决策部署，及早加快了区域交通规划和建设。大力推进长江三角洲、泛珠江三角洲公路水路交通区域协调发展，提出了交通一体化发展思路，编制了发展规划。中央提出实施振兴东北等老工业基地战略后，部及时研究制定了促进东北区域交通发展的规划并加以支持。加强了对革命老区农村公路的发展规划和建设支持力度。制定和实施了粮食主产区公路建设规划，有力推动了粮食主产区的公路发展。

贯彻中央加强宏观调控、保障煤电油运的部署，及早加强了煤炭、原油等重点物资的运输协调。针对煤电油运紧张、电力迎峰度夏的状况，紧急组织和协调运力，实施铁水、公水煤炭联运，用最短的时间开辟了两条煤炭公水联运通道，确保电煤等重点物资运输。预计全年各主要港口累计完成煤炭发运量 3.4 亿吨，同比增长 17%。组织港航企业挖潜扩能，加快原油接卸和转运，全国港口接卸进口原油 1.1 亿吨，同比增长 37%。港航企业结构性调整加快，主营效益明显增长。温家宝总理对交通为保障煤电油运所作的努力给予了充分肯定。

（二）自觉服从服务于经济社会发展需要

交通发展规划编制工作进一步加强。编制完成了《国家高速公路网规划》和《长江三角洲、珠江三角洲、渤海湾三区域沿海港口建设规划（2004—2010 年）》，12 月 17 日和 12 月 22 日国务院常务会议已原则通过。编制完成了《全国农村公路建设规划》并上报国务院。完成了长三角地区和东北老工业基地公路水路交通规划纲要的编制，《泛珠三角公路水路交通规划》编制基本完成。《全国沿海港口布局规划》、《全国内河航道及港口布局规划》、《水上安全和救助设施建设规划》等规划编制工作进展顺利。编制了《公路水路交通中长期科技发展规划》。全面启动了公路、水路交通“十一五”规划编制工作。

交通服务区域经济和地方经济发展的主动性进一步增强。积极落实国家关于西部开发、东北振兴、中部崛起、东部加快的发展战略，主动为地方经济发展服务，加强调研工作，加强与地方沟通，了解掌握地方经济社会发展的交通需求，深入研究地方交通发展规划和思路，促进各方形成共识。一年来，部先后就长三角、泛珠三角公路水路交通一体化发展思路、东北区域交通发展、新疆和西藏等西部省份交通发展的重大问题与地方党委和政府交换意见，达成了广泛共识，形成了交通发展的合力。

交通可持续发展的理念进一步提升。一是正确处理交通建设与环境保护的关系。加快推广川九路示范工程经验，组织实施了 12 条公路勘察设计典型示范工程。二是正确处理交通建设规模、速度和质量的关系。加强项目前期工作，科学组织基础设施建设，加强监督检查，保证合理工期，确保工程质量。三是正确处理交通建设与保护耕地的关系。制定了26项具体措施，落实最严格的耕地保护制度。

交通对外开放与合作交流进一步拓展。正式签署了《亚洲公路网政府间协定》，为开展区域性公路运输合作提供了基础条件；《中国—东盟交通运输合作谅解备忘录》的签署，为中国与东盟各国建立长期稳定的交通合作关系提供了制度保障；《上海合作组织国际公路运输便利化协定》和《大湄公河次区域六国便利运输协定》附件和议定书的谈判取得新进展；中老缅泰4国上湄公河航道改善工程竣工；昆曼公路老挝段工程和中吉乌公路运输通道工程正式开工；交通施工企业承揽了印尼的马都拉大桥等大型工程。成功召开了第三届国际丝绸之路大会，签署了12国部长联合声明。与美国、德国等签署了多项交通领域合作协议。参与了国际海事组织、国际劳工组织多项国际公约的起草、制定或修正，完成了国际船舶和港口设施保安规则的履约工作。

（三）认真解决交通发展中的热点难点问题

开展了车辆超限超载的集中整治。经国务院同意，由我部牵头，八部委联合制定了治理车辆超限超载实施方案，从6月20日起在全国范围内对超限超载、“大吨小标”和非法改装等不法行为进行集中整治。交通部门步调一致，令行禁止，数十万交通执法人员日夜工作在治超一线，治超7个月来取得了阶段性成果：一是车辆严重超限超载现象得到有效遏制。超限超载车辆从治理前的80%以上下降到目前的10%左右。二是因超限超载引发的道路交通事故明显下降。三是运力结构调整加快。与发改委联合出台了关于降低车辆通行费标准的指导性意见，10吨以上多轴大吨位货车公路通行费标准下调20%～30%。这将促进符合标准和发展方向的汽车成为今后道路货运的主导产品。四是通行效率提高，交通流量增长，物资供应正常，社会秩序和群众生产生活未受影响。

加强了交通法制工作。《道路运输条例》、《收费公路管理条例》相继出台实施，《船员条例》已提交国务院法制办审核，《水路运输管理条例》、《海上交通安全法》完成了修订送审稿。制定了《交通行政许可实施程序规定》、《交通行政许可监督检查及责任追究规定》、《港口经营管理规定》、《公路建设市场管理办法》等部门规章。对行政审批项目和交通法规、规章进行全面清理，取消行政审批项目9项，改变管理方式、不再作为行政审批的4项，对18件行政法规和106件现行规章提出了处理意见。

继续推进内河船舶标准化。制定了淘汰非标准船舶的财政补贴政策，部与6省市联合确定了淘汰非标准船舶的具体实施方案。京杭运河已全线禁航水泥质船，6省市共完成拆解挂桨机船8 800多艘。

（四）始终把人民群众生命财产安全放在首位

水上安全监管进一步加强。继续重点抓好“四客一危”重点船舶、“四区一线”重点水域和春运、“黄金周”等重点时段的水上安全监管，加强源头管理，开展专项整治，加强危险品运输管理，消除安全隐患，加强搜救力量建设和动态值班，防止发生水上重大交通恶性事故。截至12月20日，全国运输船舶水上交通事故起数、沉船艘数、死亡失踪人数、直接经济损失同比分别下降14.7%、4.0%、5.5%和5.8%。

公路“安保工程”和危桥改造进展顺利。210 和 109 国道“安保工程”示范路段全部完成。全国共完成3.5 万处、1 万公里的整治任务。加快国省干线公路和部分县乡路危桥改造，3 年共投入63 亿元，维修、加固和改造危桥 8 326 座。进一步落实道路运输安全“三关一监督”职责，开展道路运输安全生产大检查。

交通应对突发事件的能力进一步提高。根据国务院统一部署，组织编制了公路、水运和水上搜救 3 部综合应急预案和 21 部分预案，应急反应机制初步建立，增强了应对突发事件的能力。加强治安防范，港航治安形势稳定。深化救助管理体制改革，建立了部际联席会议制度，进一步明确了海上搜救的职责。成功组织了“11・16”“辽海轮”海难救助、“11・21”东航空难黑匣子搜寻、“11・26”“海鹭 15”货轮海难救助、“12・4”东沙避风渔民救助、“12・7”船舶重大溢油事故处理等一系列水上救助行动。截至 12 月 20 日，全国共组织水上救援 1 028 次，成功救起 12 827 人，救助成功率达 94%。

（五）积极推进行业文明建设和党风廉政建设

行业文明建设取得重大成果。交通行业涌现出许振超、赵家富两个先进典型，在全社会引起了强烈反响。许振超同志是新时期产业工人的杰出代表，赵家富同志是基层交通局长的楷模，这两个先进典型集中体现了交通系统多年来一以贯之加强行业文明建设的丰硕成果，代表了交通干部职工队伍的主流，在促使社会了解交通、理解交通、支持交通方面起到了积极作用。同时，“振超精神”，“家富精神”极大振奋了广大交通干部职工。以学习宣传许振超、赵家富先进事迹为契机，进一步加强了交通新闻宣传工作，营造了有利于交通发展的社会舆论氛围。

党风廉政建设进一步加强。狠抓交通基础设施建设领域反腐倡廉工作，及时总结推广了广东开阳高速公路、江苏润扬大桥等建设项目加强廉政建设，实行阳光操作、科学管理、制度创新、严格监管、以人为本的经验和做法，在行业内外产生了示范效应，促进了交通系统教育、制度、监督并重的预防和惩治腐败体系的建立。领导干部从政行为进一步规范、廉洁自律意识明显增强，查处违法违纪案件工作取得新进展，从源头上预防和治理腐败工作深入推进。加大了建设资金、建设项目和经济责任的审计监督力度。制定实施了部机关政务公开规定和交通系统政务公开的指导意见，交通部门政务工作透明度进一步提高。

交通工作取得的成绩，是党中央、国务院正确领导的结果，是国务院有关部委、地方党委政府和人民群众支持的结果，也是交通系统广大干部职工艰苦奋斗的结果。各级交通部门认真落实科学发展观，理清发展思路，转变发展理念，开拓创新，真抓实干，交通系统风正、心齐、气顺、劲足，以实际行动履行了做负责任部门和负责任行业的承诺。交通发展取得的成绩，也倾注了老同志的理解和支持。部党组向全国交通系统干部职工以及离退休老同志表示衷心感谢！

从 2005 年 1 月 1 日开始，车购税正式移交税务部门征收，交通系统近 7 500 名征管人员将同时划转税务部门。车购费（税）开征 19 年来，累计征收车购费、车购税 3 300 多亿元，为交通建设提供了可靠的资金保障，作出了重大贡献。部党组对全国 12 000 多名车购费（税）征管人员表示崇高的敬意！

在充分肯定成绩的同时，也要清醒地看到交通工作中还存在一些突出问题和薄弱环节，主要表现在：交通基础设施还不适应经济社会快速发展的需要，部分区域通道严重饱和，沿海港口吞吐能力缺口5亿吨以上，特别是去年以来煤电油运供求紧张，凸显交通运输能力不足；围绕缓解运输瓶颈做好运输保障、服务经济工作还缺乏成熟经验；全面贯彻落实科学发展观还有差距；车辆超限超载在局部地区有所反弹，巩固治理成果、推进治超工作的压力很大；行业管理水平还不能适应新形势新任务的要求；少数领导干部违纪违法案件还时有发生，交通基础设施建设领域廉政建设任务仍较繁重。对此，各级交通部门要高度重视，进一步增强责任感和紧迫感，采取切实措施认真加以解决。

二、贯彻党的十六届四中全会精神的基本思路

按照中央加强党的执政能力建设的要求，树立和落实科学发展观，提高政府交通部门的行政能力，是加强党的执政能力建设在政府交通部门的实际体现，也是各级交通部门面临的新课题。部党组在深入调研、广泛听取意见和认真研究的基础上，提出交通部门必须着力提高5个方面的能力：一是要提高交通运输适应经济社会发展需求的能力；二是要提高交通运输统筹规划和协调发展的能力；三是要提高交通运输公共服务和组织保障的能力；四是要提高交通运输和建设市场依法监管的能力；五是要提高交通安全管理和重大突发事件应急处置的能力。提高这5个方面的能力，是交通部门贯彻落实党的十六届四中全会精神、全面履行政府职能、提高行政能力的总体部署和要求。

（一）着力提高交通运输适应经济社会发展需求的能力

交通运输适应经济社会发展是一个持续的动态过程，原有的适应被新的需求打破，产生新的发展空间，逐步实现新的适应，这是一种规律性的认识。20世纪80年代，交通运输严重制约我国经济发展，成为国民经济和社会发展的“瓶颈”。经过多年特别是1998年以来的加快建设，交通运输紧张状况基本得到缓解。

进入“十五”后期，我国交通运输又重现紧张局面。全国港口货物吞吐量已由2000年的22亿吨，增长到今年的40亿吨，4年增长了82%。特别是去年第四季度和今年入夏以来，煤电油运供求紧张，实行运力倾斜，确保电煤供应，使煤炭运输面临巨大压力。许多港口能力缺口大，设备超负荷运转，煤炭、原油、铁矿石、集装箱等出现了新的压船压港现象。

在东部沿海经济发达地区，一些重要的城际快速通道出现了严重的交通拥堵现象，影响通行速度和效率，不得不进行扩能增容。长江三峡船闸的实际通过能力很快就不适应航运量增长的需要。京杭运河经过整治，通航条件大大改善，但船舶运量的快速增长，使得船舶堵塞现象日益严重。这些情况说明，随着新一轮经济社会发展周期的来临，加快交通运输能力建设仍是摆在交通部门面前的首要问题。如果不加快发展，交通运输就有可能再次成为经济社会发展的“瓶颈”。

“十一五”及今后相当长的一段时期内，我国的运输需求仍将保持较快的增长速度。主要因为，第一，“十一五”时期，我国国民经济将继续保持平稳较快的增长，对交通运输产生新的较大需求，要求交通运输以相应的或适度超前的发展速度来适应。第二，我国经济发展对外依存度依然较高，外贸货物运输进出口将继续增长。第三，我国将在较长时期内以钢

铁、化工、汽车、机械、有色金属等为代表的重化工业作为主导产业。重化工业是能源和原材料资源的消耗大户，运输量很大。第四，在货物运输结构上，高附加值的货物将会以更快的速度增长。公路运输，特别是通过高速公路的长距离集装箱运输将会有较大发展。第五，我国已跨入人均GDP1 000美元的门槛，经济社会进入了发展的关键时期，城乡结构和居民消费结构将会出现重大变化，城乡二元经济结构不断调整，城市群和城镇带更加密集，人民群众对“行”的需求更为广泛和多样化。

经济社会和人民群众日益增长的交通运输需求与交通运输生产力滞后的矛盾，仍然是当前和今后一个时期交通发展的主要矛盾。建设便捷、安全、高效、舒适、环保的交通运输体系，提供效率高、成本低、污染小、质量优、安全好的运输服务，是交通运输不断适应经济社会发展需求追求的目标。实现这一目标，必须注重“四个需求”，解决好“三个问题”。一是更加注重人本需求。把坚持以人为本作为交通工作的出发点和落脚点，在设计、建设、运营、管理等诸多环节体现人文关怀。二是更加注重经济需求。服从和服务于国家经济发展大局，加快建设，为经济社会发展做好交通运输保障。三是更加注重安全需求。保障经济、国防安全和人民群众的生命财产安全，加强交通运输组织保障和安全管理，为巩固国防和保持国家领土完整提供服务。四是更加注重自然需求。做到交通发展与自然生态环境的和谐统一，合理开发、利用、保护和节约自然资源，实现交通可持续发展。

更快更好地促进交通运输的发展，必须认真解决好3个问题，第一，要准确判断经济社会发展趋势，不断深化规律性认识，密切关注经济社会发展动向，认真分析和预测未来交通运输需求；第二，要科学谋划交通发展，增强工作的前瞻性、主动性和系统性，重视加强交通规划和运输组织工作，科学决策、民主决策、依法决策；第三，变需求压力为发展动力，进一步加快交通基础设施建设，引导发展运输装备，提高运输组织保障能力，适应经济社会发展的需要。

（二）着力提高交通运输统筹规划和协调发展的能力

交通运输统筹规划、协调发展涉及方方面面。目前，交通发展规划的科学性、前瞻性和指导性有待进一步提高，建设规模、速度与质量管理不协调，区域交通发展不平衡，还存在着很多制约交通运输发展的因素，主要有：建设资金短缺、债务负担沉重，土地、能源等资源约束加剧，公路运输组织化、规模化和专业化程度低，内河航运发展缓慢，水上搜救专业力量比较薄弱，农村公路发展任务艰巨，行业管理水平有待进一步提高等。

加强和改善统筹规划、协调发展，首先是要加强部省互动。交通部既是落实中央发展交通有关决策部署的执行层，同时也是制定交通产业政策、实行统筹规划、促进协调发展的决策层。各省区市交通厅（局）既是落实国家和省交通发展政策的执行层，也是推进当地交通发展、实施行业管理的决策层。可以说，这两个层面是加强交通统筹规划和促进协调发展的关键。部在通盘考虑全国交通统筹协调发展的基础上，也要照顾东中西部实际，分类指导，区别对待；各省厅在考虑本地区交通发展的同时，也要服从国家交通发展的整体规划。只有部省上下整体互动，步调一致，才能促进交通行业全面协调可持续发展。其次是要加强统筹规划，增强权威性、前瞻性和指导性。科学预测国民经济和社会发展趋势，正确处理交通发展中建设与管理、质量与速度、运输与建设不协调的矛盾，整合交通资源，合理、节约、集约利用土地资源、岸线资源，节约能源、保护环境，促进区域交通、城乡交通一体化，发挥各种运输方式的比较优势，推进建立健全现代综合交通运输体系。第三是要进一步加强农村公路建设。建设农村公路不仅仅是为农民办一件实事，要把这一问题提升到贯彻落实“三个代表”重要思想、全面建设小康社会、构建社会主义和谐社会的高度来认识，使农村公路建设成为国家发展的重要战略任务之一，为发展农业、繁荣农村经济、推进城镇化、加快农民致富奔小康提供重要基础条件。目前全国农村交通基础设施薄弱，还有145个乡、50 124个行政村不通公路，实现农村公路通达和通畅的目标任重道远。要学习和借鉴国外建设农村公路的经验，针对我国农村公路建设任务重、资金短缺、施工技术力量薄弱等实际，本着既加快建设又量力而行的原则，加快让农民群众走上水泥路、沥青路的步伐。同时要研究通过统筹建养、民养公助、自建自养等方式切实加强农村公路养护，把这项支持“三农”的工作办到底，决不半途而废。第四是要加强市县交通局的建设。市县交通局是完成各项交通工作的执行层，对部和省厅来讲，是基层和一线。要加强调查研究，虚心听取基层的意见和呼声，高度重视基层工作，理解基层、相信基层、关心基层、依靠基层，加强基层建设，为基层工作创造良好的环境。

（三）着力提高交通运输公共服务和组织保障的能力

强化公共服务，是落实新一届政府施政理念的重要内容。要紧紧围绕全面建设小康社会的奋斗目标，围绕经济社会和人民群众日益增长的交通运输需求，切实提高交通公共服务水平和运输组织保障水平。

首先要体现经济原则。加强路、港、站等公共基础设施建设，为社会和公众提供优质便捷、成本低廉、经久耐用的交通公共产品，提升交通运输服务的整体功能。其次要体现安全原则。人民群众乘坐车船，行驶在公路上或江河湖海中，安全是最基本的要求。近年来，我们实施了公路“安保工程”，加大危桥维修改造力度，整治内河和沿海港口公用航道，改造乡镇渡口，推行船舶标准化，加强海上搜救力量建设，等等，这些工作都是为了不断提高公共产品的安全性，让人民群众放心，这也是今后交通部门强化公共服务努力的重点和方向。三要体现通畅原则。既要保“通”、又要保“畅”。一方面要加强运输组织保障和运力调配，确保事关国计民生的重点物资运输和人民群众生产生活资料的运输；另一方面要确保基础设施的完好状态，保障正常运行。四要体现效能效率原则。交通部门要提高行政透明度和工作效率，推进建立管理服务型交通部门，为社会公众及时提供交通信息，不断提高交通公共服务的有效性和针对性。

（四）着力提高交通运输市场和建设市场依法监管的能力

培育和建立统一开放、竞争有序的交通运输和建设市场，依法行政，依法监管，是建立和完善社会主义市场经济体制的要求。目前交通运输市场和建设市场管理存在的主要问题是市场主体行为不够规范、诚信度不够高，主管部门监管还不到位、执法还不规范。

对交通运输市场和建设市场依法实施监管，推进交通运输市场和建设市场公正、透明、开放、规范，是交通部门依法行政的根本要求。多年来，以《公路法》、《港口法》、《海上交通安全法》等为龙头，交通法制建设不断推进，为规范交通运输、建设市场秩序提供了法律保障。今年国务院颁布实施了《道路运输条例》、《收费公路管理条例》，各级交通部门要以贯彻实施这两个条例为契机，强化依法立交、依法治交、依法兴交的意识，学法、懂法、用法，依靠和运用法律法规不断增强市场监管的能力，引导和规范交通运输市场和建设市场。一要依法行政。简化和改革审批程序，切实转变以审批代管理、以管理代服务的传统做法，将工作重心从审批、处罚转向为市场主体服务和创造良好的公平竞争环境上来，运用高科技信息技术改造提升市场监管的硬件和软件，提高监管水平。二要健全交通法律法规体系。制定和颁布相关的配套管理办法和规则，完善市场准入和退出机制，打击非法运营，破除地方保护和区域封锁，引导行业中介组织充分发挥作用，完善行政执法、行业自律、舆论监督、群众参与相结合的市场监管体系。三要推进交通行政执法体制改革，加强交通执法队伍建设，提高执法人员的业务素质和执法水平，做到文明执法、规范执法。四要推进诚信政府和法制政府建设。营造诚信体系建设，构建诚信机制，做到公开、公正、公平，不断提高交通行业的诚信度。依法加强诚信监管，对市场主体以及社会合作组织或协会建立信用登记，设立跟踪档案，一经发现失信行为，要公开曝光，严肃惩处。

（五）着力提高交通安全管理和重大突发事件应急处置的能力

交通运输与经济社会和人民群众生产生活密切相关，一方面是应对社会公共突发事件、加强应急反应能力建设的重要保障，另一方面交通运输业本身也是高风险行业，易发、多发突发事件。加强交通安全管理，提高重大突发事件应急处置的能力和水平，是政府交通部门加强社会管理的重要职责。近年来，我们在加强水上交通安全管理方面采取了许多标本兼治的办法，理顺了管理体制，明确了中央和地方的安全监管职责，建立了监管责任制，初步形成了海空立体监管和救助体系，组织编制了处置水上交通突发公共事件的各种应急预案，开展了海上救助演练，成功进行了多起海难救助，应急反应能力得到提高。在道路交通安全管理方面采取了许多积极的措施。

但是，提高交通安全和应急处置的能力，还需要在完善应急预案和机制、落实组织机构、改善技术装备、建设专业队伍等方面下工夫，特别是要从与管理服务对象联系最密切的环节入手，从管理服务对象反映最强烈的问题入手，完善重特大安全生产事故、重特大交通安全事故、群体性事件、国防事件、恐怖事件、自然灾害事故、公共卫生事件、道路拥堵等重大突发公共事件的防控预案，完善应急反应机制，做到事前能够预防，事中能够控制和处置，事后能够妥善处理。

当前和今后，道路交通安全管理及预防和处置公共交通突发事件，要继续履行“三关一监督”职责，加强公路和桥梁险情的排查，把危桥诊断和维修加固技术、高速公路路面快速修复技术纳入应急处置体系。高速公路一旦发生拥堵，要与有关部门密切配合，迅速启动疏通预案，提供必要的紧急救援和有序疏导。

水上交通安全管理和重大突发事件应急处置，要建立长效机制和完善应急预警机制。一是树立以人为本的安全理念，提高从业人员的安全意识和安全素质；二是进一步健全制度，落实责任，突出重点，深化专项整治，对重点水域、重点时段和重点船舶严防死守，提高对人命救助的应急反应和处置能力；三是加强水上安全监管应急反应机制和立体救助建设，加强海上执法和专业搜救队伍建设，优化结构，整合资源，形成水上交通安全管理和应急处置合力；四是进一步创新管理手段，以信息化提升水上交通安全管理水平和增强重大突发事件应急处置能力；五是加强水上油污染应急体系建设，完善相关法规，建立油污染赔偿基金，提高船舶油污染防控和应急处置能力。

把提高五个方面的能力落实在各项交通工作中，使交通部门成为负责任部门，推动交通行业成为负责任行业，是交通各级领导干部的共同责任。

三、2005 年交通工作的基本任务

2005 年交通工作的总体要求是：牢固树立和全面落实科学发展观，紧紧围绕加强行政能力建设，创新发展理念，增强发展能力，保障宏观调控，加快重点改革，强化行业管理，促进行业文明。

明年要重点完成以下 8 项工作：

（一）高度重视和切实做好运输保障工作

初步预测，2005 年全社会公路水路客运量将达到 173 亿人，货运量 149 亿吨，分别增长 5% 和 6.4%；全国港口货物吞吐量将达到 46 亿吨，集装箱吞吐量 7 500 万标准箱，分别净增 5 亿多吨、1 300 多万标准箱。煤炭、石油、矿石、粮食、化肥等重点物资运输仍将保持大幅度增长。

1. 加强交通运输的组织、协调和领导。遵循市场经济规律，加强运力的组织和协调。要根据公路运输市场主体分散，运输组织专业化、组织化、规模化程度低的实际，进一步健全应急运输组织体系和协调机制。

2. 保障重点物资和人民群众生产生活的运输需求。2005 年煤电油运紧张仍然是经济运行中的突出矛盾，华中等地区更加明显。一要加强重点物资运输，缓解煤电油运紧张状况。继续做好煤炭运输，强化运力储备和调度，加强铁、公、水联运的组织协调，加强路、港、车、船、货各方衔接配合，提高集疏运效率，增加运输能力。二要保障公路、水路交通干线和重要港口枢纽的畅通，全力保障石油、粮食、化肥、矿石等国家重点物资运输，保障军运、抢险救灾物资及农副产品和人民生活必需品运输。三要切实做好春运和“黄金周”假日运输组织工作。春运和“黄金周”期间是人员流动高峰期，要加强对客流集中的部分城市和旅游景点的客流情况分析，加强客运组织和运力调配，储备足够运力。当前特别要加强春运的组织工作，加强安全监管，确保广大旅客“走得了、走得好、走得安全、走得有序”。

3. 建立和完善公路、水运应急运输保障体系、预警机制和突发事件应急预案。要针对季节性和不同时段的物资运输需求，适时启动应急运输预案，提高应急反应水平。要加强行业保障协调信息机制建设，确保信息及时、准确、顺畅、高效，加强公路、水运运输信息整合，提高预警、判断、决策能力。

（二）加大公路交通基础设施建设力度

1. 以国家高速公路网为重点，加快全国运输大通道建设。国务院已原则通过《国家高速公路网规划》。国家高速公路网是国家运输大通道的重要组成部分，将对国家经济社会发

展产生重大影响。国务院领导同志对《国家高速公路网规划》高度重视，规划的研究论证工作前后历经3年多时间。规划的出台来之不易，是全行业的大事，对今后几十年公路交通事业快速发展十分有利。我们一定要倍加珍惜这一成果，统一思想、集中力量，保证国家高速公路网的顺利实施。要结合“十一五”规划，尽快制订高起点、高水平的高速公路网建设实施计划，加快地方高速公路网规划工作，高质量推进干线公路建设有序、持续发展。重视对建设、融资、运营、服务和养护管理等重要问题的深入研究，理顺体制，加强管理，降低成本，规范运营，提高投资效益和服务水平。同时，要加强对国家高速公路网的宣传，取得方方面面对高速公路建设的理解、重视和支持，促进国家高速公路网加快建设。

要按照2007年底全部建成“五纵七横”国道主干线的要求，组织好、建设好在建的高速公路项目，科学施工，确保质量。同时要协调相关省区市和有关部门给予支持，争取多开工一批新项目。

2. 加快让农民兄弟走上沥青路和水泥路的步伐，以实际行动支持“三农”工作。明年要进一步加大对农村公路的投入，继续实施“通达”和“通畅”工程，中央投资补助项目计划建设15万公里。要在加快发展的基础上，适当控制建设规模和速度，切忌相互攀比，搞不切实际的政绩工程和形象工程。要因地制宜、科学确定适合当地实际的建设标准。人口少、交通量小的地方可以搞一些砂石路、弹石路、小油路，先通后畅。要加强质量监督和资金监管。把农村公路质量问题作为农村公路建设的关键，常抓不懈，抓紧抓好。同时，要采取切实措施加强资金监管，保证建设资金专款专用。

抓紧做好实施农村公路建设“五年千亿元规划”的前期准备。“十一五”期间国家将投入1 000亿元，力争到2010年东部地区所有具备条件的行政村通沥青（水泥）路，中部地区80%以上的行政村通沥青（水泥）路，西部地区90%以上的乡镇通沥青（水泥）路。同时，继续实施“通达”工程，力争到2010年全国所有具备条件的行政村通公路。乡镇渡口建设也要纳入农村公路建设总体规划。部将在明年召开全国农村公路建设会议进行部署。

在农村公路建设中要切实引导好、保护好、发挥好农民群众积极性。严格遵循“一事一议”和群众自愿的原则，不增加农民负担，不侵害农民利益，不建农民不需要的路，不搞任何形式的非法集资或强行摊派，不强行征地拆迁。要研究和调整资金政策，努力减少地方资金缺口，不拖欠征地拆迁费和民工工资。

加快推进农村客运网络化。继续完善农村客运站点设施，新建农村公路要同步规划建设客运站点，把客运站建在乡镇，把停靠点设在村头。切实让老百姓在家门口就能坐上安全舒适车，享受交通带来的文明。

3. 加强节能节耗，努力建设节约型行业。要研究制定引导节约能源的行业政策，努力节约建设成本，节约能源和资源，促进交通可持续发展。

第一，节约建设成本。不追求不切实际的高标准、高指标，避免重复建设或工程衔接不合理造成的资源浪费。在保证安全、满足功能的前提下，提高工程质量，降低工程造价，优化工程细部构造和建设方案，减少不必要的附属工程，增强工程的可靠性和耐久性。

第二，节油、节能、节土地。在公路、水运建设中，要合理选择和利用线位资源、岸线资源。落实最严格的耕地保护制度，农村公路要尽量利用老路建设和改造。引导和支持在工程建设中采用新技术、新工艺、新材料，推广可再生资源和资源的再生利用，发展交通循环经济。研究制定行业节能标准和规范，落实节能和节约各类资源的措施，鼓励发展大型车船，降低能耗，研究推广燃油替代产品。

第三，树立安全、环保的工程建设新理念。要从勘察设计入手，交通规划、设计、施工、运营、管理等方面，都要围绕安全畅通和环境保护的目标，通过规划协调、科技创新、设计周密和施工精细，提高安全水平，保护生态。

（三）进一步推进水运交通基础设施建设

1. 加快沿海港口能力建设。目前，我国沿海港口总能力缺口5亿吨，与2010年需要相比，缺口分别为8 200万标准箱、3.3亿吨、0.8亿吨、3.5亿吨。当务之急要加快港口建设、尽快解决能力不足的问题。一要加快沿海专业化码头和公用航道建设。加强港口深水岸线资源的管理，重点建设煤、油、矿、箱专业化大型码头，整治长江口、珠江口深水航道，提高四大货种运输能力。二要拓展港口功能，优化港口结构，整合港口资源，把港口作为城市和区域的物流中心，带动城市经济和区域经济的发展。三要加强港口规划指导，落实好港政管理职能，强化港政对市场秩序监管的职能。

2. 加快长江航运建设，充分发挥黄金水道作用。一是加强长江航道整治和维护，保证航道畅通。按照“深下游、畅中游、延上游”的思路，加快长江干线航道整治。实施芜湖—南京段、丰都—忠县段航路改革。建设南浏段智能航运示范工程。加快长江干线和主要支流航道的高标准沟通和网络化运输。

二是加强长江航运综合协调和管理。建立与长江涉水管理部门及沿线地方航运管理部门的协调沟通机制，加强航运支持保障系统建设，推进依法治航，规范航运市场秩序。尽快完善川江和三峡库区运输船舶标准化船型主尺度系列，研究和推广长江干线标准化船型，制止非标准船型进入航运市场。

三是研究制定政策措施，进一步加快长江集装箱运输的发展，与上海国际航运中心实现良性互动。

四是加强长江干线特别是三峡库区的安全管理。积极推进库区及长江干线重点水域交管系统建设，加强海事、公安、航道等部门综合执法。编制库区专项应急预案，加强长江干线巡航救助一体化建设。重视和加强防污染工作。

五是研究并实施三峡长期翻坝方案，提高综合通过能力。2006年两线船闸轮流施工，全年只有单侧船闸通航，将严重制约库区及以上流域经济和航运发展。要尽快研究和实施旅客、汽车滚装和集装箱永久翻坝方案，统筹翻坝码头布置与建设、后方公路衔接及建设。

3. 切实解决京杭运河堵航问题。第一，加大重点堵航航段、船闸及分流航道的改造、扩容建设力度。在浙江长湖申线建设湖嘉申线分流通道。对苏北段115公里航道进行续建，航道标准由三级提高为二级，适当建设三线船闸；启动微山湖西线航道建设前期工作；对苏南运河常州市河段按三级航道标准改线建设。加快实施长江三角洲地区部分高等级航道网建设。

第二，继续大力推进京杭运河船型标准化工作。完善标准船型有关政策，加快标准船型的推广使用。确保2005年1月1日上海段率先禁航挂桨机船，确保2007年底前全线完成挂桨机船的拆解改造工作。

第三，建立协调机制，制定排堵保畅应急预案。部将与沿线三省一市人民政府成立京杭运河航运管理协调领导小组，尽快制定排堵应急预案，强化通航管理，疏导，控制船舶分流和避让，迅速排除堵航。

第四，建立治理水上运输超载的长效管理机制。严格控制船舶装载量和签证管理，严厉查处超载运输船舶。

（四）组织完成“十一五”交通发展规划编制工作

要按照科学发展观要求，深入研究发展方针，准确把握发展阶段，认清发展“瓶颈”，选准发展重点，完善保障措施，实行规范化的民主参与制度、衔接制度、论证制度、公布制度以及评估修订制度，全面完成公路水路交通“十一五”规划的编制工作，同时要做好“十五”计划的评估工作。部要在各单位工作的基础上编制完成“十一五”公路水路交通发展规划及各专项规划，指导全行业。

（五）巩固和扩大治理车辆超限超载运输成果

要认真贯彻国务院领导的批示精神，按照“巩固成果、力度不减、突出重点、有效推进”的工作思路，综合采取经济、法律、行政手段，继续加大车辆超限超载综合治理力度。明年力争将超限超载率控制在6%左右，并使80%以上的“大吨小标”车辆的标定吨位得到更正。

一是加大源头治理力度。推进国家强制性标准《道路车辆外廓尺寸、轴荷及质量限值》的贯彻实施，加强运输市场监管，加大对货物集散地的监控力度，对公路沿线小煤场及货物分装场加强整治，确保车辆在运输源头装载符合要求。

二是加强路面执法。要抓住超限超载重点车型、以驳载为手段的短途超限超载运输方式、华北等超限超载严重地区这三个重点，进一步加大执法力度，保持联合执法的高压态势，实行严管重罚。打击暴力抗法、野蛮闯关、威胁执法人员人身安全的恶性案件。进一步规范执法行为，严格执行“五不准”要求。建立群众举报制度，接受舆论和社会公众的监督，组织明察暗访，严肃处理营私舞弊、充当“车托”等违法乱纪的执法人员。

三是充分运用经济调节手段。降低车辆通行费标准，鼓励发展大型多轴运输车辆，降低运输成本。在收费公路上推广计重收费，规范计量设备，鼓励车辆合法装载运输。

四是探索建立长效治理机制。在坚持运用法律法规、经济调节、技术管理等综合治理措施的基础上，建立全国性超限超载车辆监控网络。从2005年开始，各地在新建公路时要结合路网检测站点的总体布局，将治超检测站列为建设内容；合理布局非收费公路超限超载检测站点，并进行规范化建设；对现有公路上的治超检测站点，在合理调整基础上进行改造，达到标准要求，部将给予适当补助。

（六）进一步加强交通安全监管和应急救助

继续把“四区一线”水域、“四客一危”船舶和春运、“黄金周”时段作为安全监管的重点，特别要加强渡船及短途客船的安全管理，会同相关部门开展乡镇渡口和渡船的专项整治。按照“人员精干、装备精良、技术精湛，在关键时刻能起关键作用”的要求，加强交通海事和救助队伍、装备建设。充分发挥海上搜救部际联席会议制度的作用，进一步整合海上搜救资源，完善工作机制，加强指挥组织和协调，坚持专业救助与社会救助相结合，加强搜救演练，不断提高应急反应能力。加强防止船舶污染监管和水上污染应急反应机制建设，提高防止和处理船舶污染水域的能力。

道路交通运输安全监管要继续加强“三关一监督”继续组织实施公路交通安全保障工程和危桥改造工程，加快整治全国国省干线公路行车危险路段。加强建设工程安全生产监督，防止出现施工重大伤亡事故。

（七）推进交通法制建设和改革开放

1. 加快交通法制建设，推进依法治交。继续抓好《道路运输条例》、《收费公路管理条例》的贯彻实施，抓紧制定配套规章制度。做好《船员条例》的审核修改。抓紧《公路保护条例》、《海上交通安全法》、《国内水路运输条例》、《防治船舶污染海域管理条例》等的制定和修订。加快《航道法》的审核准备工作。

加强交通行政执法检查监督。认真贯彻《全面推进依法行政实施纲要》，推行交通行业政务公开制度，积极探索建立交通行政执法绩效评估和责任追究制度。完善交通行政执法程序，推行和完善执法责任制。加强交通执法队伍建设，完善交通行政执法人员培训和考核制度，加强执法资格管理。

2. 积极推进交通重点改革。一是深化公路建设市场管理改革。推行投资人招标制度。部将在各地先行试点基础上，研究制定相关规章，规范公路建设项目投资人招标管理。开展设计施工总承包的试点工作。积极培育公路建设项目的代建市场，鼓励原有的建设指挥部或项目公司通过改制成为专门从事公路建设项目管理的代建公司，为非公有资本投资建设的项目提供代建服务。政府投资的项目也可以开展代建制试点。

二是加快农村公路养护管理体制改革。部正与国家发改委联合制定相关的实施方案，拟报国务院批准后实施。各地要以明确各级政府的职责为主线，以创新和完善管养体制为手段，以确立稳定的资金来源为保障，建立完善的农村公路养护与管理体制，做到“有路必养”，实现农村公路管养工作的正常化和规范化。

三是开展交通综合执法改革试点。提出综合执法改革指导意见，积极推进交通行政综合执法试点，争取在试点地区实现公路路政、运政、规费征稽综合执法的突破性进展。

3. 进一步加强对外合作与交流。一是继续积极推进区域交通合作。落实中国—东盟交通合作谅解备忘录，加强海事、海运领域的磋商与合作，促进昆曼公路运输通道建设，完善澜沧江—湄公河国际航运管理，加快大湄公河次区域便利运输协定附件及议定书谈判，促进中国—东盟自由贸易区建设。推动上海合作组织成员国政府间国际公路运输便利化协定的制定和正式签署，积极开展中俄运输合作分委员会和中哈交通合作分委员会的相关工作，加快中吉乌公路运输通道建设进程，启动孟中缅印4国公路过境运输合作，加紧研究落实加入亚洲公路网的相关后续工作。

二是进一步拓宽和加强与欧盟国家、发展中国家在交通领域的交流合作。继续推动有条件的交通企业“走出去”，鼓励支持以“工程换资源”、“贷款换资源”等多种合作方式，加快拓展国际市场。

三是积极参与国际组织相关工作，落实国际海事组织有关海上安全、保安和环保公约、规则的实施，积极参与世贸组织谈判，为我企业创造公正、公平的海外经营环境。

四是与相关国家和国际组织加强海上运输通道的多双边合作，保障我国海上运输的安全畅通。提高交通涉外突发事件应急处置的能力。

五是抓紧做好我国加入世界贸易组织过渡期后，交通运输、建设市场开放和管理的各项工作。

（八）加强行业文明建设和反腐败工作

1. 加强行业文明建设。继续开展群众性的精神文明创建活动，丰富和创新“三学四建一创”活动内容，深入学习和弘扬“振超精神”，以赵家富同志为榜样，凝聚行业力量，推动行业文明建设向纵深发展。进一步加强行风建设，抓好创建交通文明执法、文明窗口、文明行业示范工程和示范站、点、路活动。进一步加强舆论宣传工作，完善相关机制和制度，为交通发展营造良好的社会环境和舆论氛围。

2. 加强党风廉政建设和反腐败工作。明年的重点工作有三项：一是继续加强交通基础设施建设领域廉政建设和反腐败工作。紧紧抓住工程建设招标投标、转包分包、物资采购、设计变更、资金拨付、公路经营权转让等关键环节，加强监督管理和源头治理。进一步强化对重点公路、港口项目及农村公路资金使用管理情况的监督，对重点工程项目的工程质量、建设资金使用和建设工程用地、征地拆迁、拖欠工程款等开展审计和执法监察。部将尽快出台公路工程设计变更管理规定等措施。二是认真解决人民群众反映强烈的突出问题。深入研究从源头上预防和治理公路“三乱”的措施，把纠风工作与行业管理紧密结合起来，继续加强执法队伍建设，加强对执法人员的教育，切实解决执法不规范，乱收费、乱罚款、吃拿卡要、刁难群众以及工作方法简单粗暴、损害群众利益等突出问题。三是加强部机关和部属单位权力运行的制约监督。要严格执行中央对领导干部廉洁从政、廉洁自律的有关规定，加强对部机关和部属单位各级领导干部的监督，规范从政行为。以重大项目审批、重大资金拨付、重要人事任免、大宗物资设备采购和维修以及办公楼、住宅楼等基础设施建设为重点，进一步明确“三重一大”范围和议事规则，完善规章制度，严格执行审批程序，实行领导集体决策，防止决策失误、行为失范和违纪违法问题的发生。

要坚持做到“四个结合”，即抓案件查处与抓事前防范、源头治理相结合，抓全局性工作与抓重点项目相结合，抓直属单位与抓行业相结合，抓先进典型弘扬正气与抓反面典型警示教育相结合，抓紧探索建立具有交通特色的教育、制度、监督三者并重的惩治和预防腐败体系。

3. 加强交通系统各级领导机关、领导班子和领导干部队伍建设。做负责任的部门和负责任的行业，关键在各级领导机关、领导班子和领导干部。交通系统各级领导机关，首先是交通部机关要继续巩固党员先进性教育成果，转变职能，强化服务意识，提高行业管理水平，努力建设为民、务实、清廉、高效的政府机关，为行业作表率。各级领导班子一定要加强思想政治建设，坚持用“三个代表”重要思想武装头脑，指导实践，推动工作，对干部一定要严格要求、严格管理、严格教育、严格监督，努力把各级领导班子建设成为团结有力的战斗集体。各级领导干部一定要自重、自省、自警、自励，做勤奋工作、廉洁自律的榜样。

2005年是我国伟大的航海家郑和下西洋600周年。中央确定举行6项纪念活动，我部要按照中央提出的“热爱祖国、睦邻友好、科学航海”的纪念活动主题，积极有效地开展各项纪念活动，做好组织协调工作，圆满完成中央交办的任务。做好设立“航海节”的申办工作。

同志们，2005年交通工作任务重，要求高，责任大。我们要在以胡锦涛同志为总书记的党中央领导下，切实加强行政能力建设，凝聚行业的智慧和力量，上下一心，团结一致，开拓创新，促进交通事业全面协调可持续发展。

站在新的历史起点上推进“十一五”交通事业又快又好发展

——李盛霖部长在2006年全国交通工作会议上的讲话

（2006年1月15日）

同志们：

党中央、国务院对交通工作非常重视。今天，中央政治局常委、国务院副总理黄菊同志亲自出席交通工作会议并作了重要讲话，充分肯定了“十五”交通发展取得的成绩，对“十一五”交通工作提出了明确要求。黄菊副总理的重要讲话，既是对广大交通干部职工的鼓舞和鞭策，也是我们做好今后工作的动力。我们要深入学习领会和认真贯彻落实。

去年年底我从国家发改委来交通部工作。虽然我在地方工作过，也在国务院综合部门工作过，但对我来说，交通还是一个新的领域。当前，我国正处于经济发展的重要战略机遇期，也是交通发展的黄金时期。我深感使命光荣，责任重大。我决心和大家一道，在以胡锦涛同志为总书记的党中央领导下，以科学发展观统领交通工作全局，虚心向广大交通干部职工学习，虚心向老同志学习，求真务实，扎实工作，尽职尽责，努力做到不负重托，不辱使命，为新时期交通事业的发展而不懈努力。

2006年全国交通工作会议的主要任务是：贯彻落实党的十六届五中全会、中央经济工作会议、中央农村工作会议精神，按照黄菊副总理重要讲话的要求，回顾总结“十五”交通工作情况和基本经验，研究部署“十一五”交通发展的目标和主要任务，安排2006年交通工作。下面，讲3个方面的问题：

一、“十五”交通发展回顾和基本经验

“十五”是新世纪的第一个五年期，交通工作认真贯彻落实党中央、国务院一系列重大战略部署，坚持落实科学发展观，团结拼搏，求真务实，交通事业保持了持续快速健康发展的好势头。全社会累计完成交通建设投资21 957亿元，年均增长18.7%，超过建国以来51年完成投资总和，是“九五”期间完成投资的1.92倍。其中公路建设完成19 505亿元，沿海港口建设完成1 313亿元，内河建设完成326亿元，分别是“九五”期的2倍、2.7倍和1.3倍。

2005年是“十五”计划的最后一年，交通各项工作取得了新成绩。全年新增公路里程4.9万公里，其中高速公路6 700公里，全国公路总里程达192万公里；沿海港口新扩建泊位129个，其中万吨级深水泊位76个，新增吞吐能力1.9亿吨；内河港口新增吞吐能力3 188万吨，改善内河航道里程1 289公里。全年完成公路、水路客运量169亿人次和2亿人次，旅客周转量9 300亿人公里和67亿人公里，同比分别增长4.2%、3.6%、6.3%和1.3%；完成货运量133亿吨和21亿吨，货物周转量8 574亿吨公里和48 058亿吨公里，同

比分别增长6.7%、12.8%、9.3%和16%。完成港口吞吐量49.1亿吨，增长17.7%；完成集装箱吞吐量7 580万标准箱，增长23%。

回顾“十五”的交通发展，归纳起来，有6个历史性突破和6个重大进展。

6个历史性突破是：

第一，高速公路建设实现历史性突破

5年建成高速公路2.47万公里，是“八五”和“九五”建成高速公路总和的1.5倍，总里程达到4.1万公里。“两纵两横三个重要路段”全部建成，山东、广东两省高速公路突破3 000公里，江苏、河南、河北3省高速公路突破2 000公里，有14个省区高速公路突破1 000公里。高速公路成为经济社会发展的重要助推器，不仅显著提高了运输能力，降低了运输成本，增强了运输安全性，节约了国土资源，而且在改善投资环境，优化产业布局，促进资源开发利用，提高国家经济的机动性，增强国家竞争力，以及保障国防安全等方面，发挥着越来越重要的作用。高速公路建设成绩斐然，“十五”期间先后跃上了2万公里、3万公里和4万公里三个大台阶。

第二，农村公路建设实现历史性突破

5年完成农村公路建设投资4 178亿元，是“九五”的3倍。2003年以来，启动了建国以来规模最大的农村公路建设，新改建农村沥青（水泥）路30多万公里，农村沥青（水泥）路总里程发展到63万公里，比建国以来53年翻了一番。圆满完成了西部地区通县油路建设任务，建成2.6万公里，惠及17个西部和中部省市区、133个地州市、1 100个县市区，西部地区基本实现县县通油路。粮食主产区、革命老区、红色旅游公路建设得到加强。有278个乡镇和3.6万个建制村实现通公路，全国乡镇、建制村通公路率分别达到99.8%和94.5%，10个省实现乡乡通油路，3个省基本实现村村通油路。农村客运同步发展，新建农村等级客运站3 232个，停靠站点10.2万个，新增农村客车1.23万辆，乡镇客车通达率达98%，建制村通车率达81%。“十五”农村公路建设投资力度之大、增长里程之快、经济社会效益之好前所未有，成为交通发展的一大亮点，是农民群众得益受惠的民心工程。

第三，公路桥梁建设实现历史性突破

“十五”期间，建成了润扬长江大桥、南京长江三桥、巫山长江大桥等一批施工难度大、科技含量高的世界级公路桥梁。在建的桥梁中，杭州湾跨海大桥全长36公里，是世界上最长的跨海大桥；苏通长江大桥的主跨跨径、主塔高度、斜拉索长度和群桩基础规模创造了斜拉桥型的四项世界之最；浙江舟山西堠门跨海大桥主跨跨径在悬索桥中居世界第二位。目前，我国有8座斜拉桥、5座悬索桥、5座拱桥和5座梁桥分别在世界同类型桥梁中，按跨径排序居前10位。我国公路桥梁建设技术水平跻身世界先进行列。

第四，港口建设与发展实现历史性突破

5年相继建成投产集装箱、原油、矿石、煤炭等专业化码头泊位920个，其中万吨级以上泊位188个，新增港口吞吐能力5.4亿吨，分别是“九五”期间的1.3倍、1.7倍和2.1倍。改善内河航道里程4 146公里。截至2005年年底，全国港口拥有万吨级以上生产泊位1 030个，内河航道通航里程12.3万公里，其中等级航道6.1万公里。长江口深水航道整治二期工程圆满完成，10米水深延伸至南京。上海国际航运中心洋山深水港一期工程建成开港。珠江口和部分主枢纽港深水航道工程建成投入使用。港口建设明显加快，扭转了“九五”以来徘徊不前的被动局面。

“十五”期间，港口货物吞吐量和集装箱吞吐量年均分别增长17.3%和26.4%。2005年港口货物吞吐量、集装箱吞吐量分别是“九五”末的2.2倍和3.2倍。有10个港口进入世界亿吨大港行列。上海港吞吐量由“九五”末的2亿吨达到4.43亿吨，由世界第四跃居世界第一大港。2005年上海港、深圳港完成集装箱吞吐量1 800万和1 618万标准箱，分别是“九五”末的3.2倍和4.06倍，跃居世界第三和第四位。我国港口货物吞吐量和集装箱吞吐量已连续3年稳居世界第一位。长江干线、京杭运河成为世界上运量最大的通航河流和运河。

第五，交通长远发展规划的编制实现历史性突破

“十五”期间，制定出台了一批国家级交通长远发展规划。《国家高速公路网规划》、《农村公路建设规划》、《长江三角洲、珠江三角洲、渤海湾三区域沿海港口建设规划》经国务院批准实施；编制完成了《全国沿海港口布局规划》、《全国内河航道与港口布局规划》、《国家水上安全和救助设施建设规划》；还编制了长三角、泛珠三角、东北老工业基地、中部崛起、京津冀暨环渤海等区域交通发展规划，以及交通科技、教育、信息化等专项规划。地方交通部门结合实际制定了相应的发展规划。交通发展长远规划增强了前瞻性、科学性、有序性和指导性，为行业的全面协调和可持续发展创造了有利条件。

第六，交通法制建设实现历史性突破

“十五”期间，《港口法》、《道路运输条例》、《收费公路管理条例》、《国际海运条例》等法律法规先后颁布实施。其中，《港口法》和《道路运输条例》出台历经20多年，结束了港口、道路运输管理无法可依的历史。适应社会主义市场经济发展的要求，制定和修订了54件部颁规章，精简了48%的行政审批项目，清理废止247件部颁规章。各级交通部门的行政审批事项大幅度减少，行政效率提高。5年来，交通法制建设不断加强，为依法行政、依法治交奠定了坚实基础。

6个重大进展是：

第一，公路水路运输保障有重大进展

“十五”期间，公路水路客运量、旅客周转量、货运量、货物周转量年均增长4.6%、6.7%、5.8%和13.7%。公路运输承担了全社会新增客运量和货运量的96%和59%。在综合运输体系中，公路和水路运输客运量、旅客周转量、货运量、货物周转量所占比重分别达93%、54%、84%和61%，公路客运量和周转量、公路货运量、水路货物周转量4项主要指标均占第一位。公路水路交通的基础性地位更加巩固，保障了经济社会发展。

2003年以来，交通行业积极落实国家宏观调控政策，缓解煤电油运紧张局面，开通了煤炭公路运输通道，北方7港两年共发运煤炭6.5亿吨。建成了覆盖全国的2.7万公里鲜活农产品运输“绿色通道”。公路水路交通在抢险救灾和应对突发事件中发挥了重要作用。组织实施了国省干线“安保工程”和危桥改造工程，改造存在安全隐患的路段6.1万公里、21万处，改造危桥7 665座。与中国气象局联合开通了公路交通气象信息服务。

车船运力加快向大型化、专业化方向发展。截至2005年年底，全国营运汽车发展到760万辆，比“九五”末增长41.8%。目前，中高档客车占全部客车的36%，专用和重型货车数量比5年前翻了一番。运输船舶达22.1万艘，船舶净载重量和集装箱箱位分别比

"九五"末增长 84.6%和127.8%，超大型油轮、大型散货船和大型集装箱船拥有量显著增加。

第二，交通运输和建设市场监管有重大进展

我部与七部委联合开展了车辆超限超载治理工作，经过一年半的集中整治，车辆超限超载比例从80%下降到10%左右，交通安全事故和死亡人数降低，道路运输市场秩序好转，公路、桥梁基础设施得到有效保护，多轴大吨位重载汽车工业的发展得到有力推动。治超工作得到了社会各界的广泛理解和积极支持。加强运输市场管理，开展了低质量船舶、水上运输超载、渡口渡船安全管理等专项整治，推行京杭运河船型标准化，加强道路危险化学品运输专项整治。

交通建设市场管理得到进一步规范，先后制定实施公路、水运建设市场管理规范性文件11个，健全完善了项目法人负责制、工程招投标制、合同管理制、施工监理制和质量终身负责制。

第三，海事监管和搜救能力建设有重大进展

按照突出人命救助和"三精两关键"的要求，加强了海事监管和搜救能力建设。建立了海上搜救部际联席会议制度，制定了国家海上搜救应急预案。加强重点水域、重点船舶、重点时段的安全监管和基础性建设。在长江部分航段和成山头、珠江口实施了船舶航行定线制，水上安全监管能力和航行安全可靠性得到全面提升。初步建立了海陆空搜救网络，实施动态值班待命救助制度，加强搜救演练，救助快速反应能力和搜救成功率显著提高，关键时刻冲得上、救得下。成功组织了一系列重大海难救助和油污染处置行动，保护了人命和国家财产安全，避免了重大环境污染。"十五"期间船舶进出港数量、港口货物吞吐量成倍增长，水上交通事故件数和死亡人数分别下降了32.7%和41.3%。共组织、协调重大搜救行动3 780多次，救助遇险人员5万多人，救助成功率达94%。

第四，交通改革开放有重大进展

历时7年的水上安全监督管理体制改革全面完成，建立了14个部直属海事局和27个省级地方海事局。完成了救捞体制改革，实行救助打捞分开。港口管理体制改革进一步深化，中央直属和双重管理的38个港口下放所在城市政府管理。颁布实施了《农村公路管理养护体制改革方案》，实行以县为主的农村公路养护管理体制，建立了稳定的农村公路养护资金渠道。国省干线公路养护机制改革稳步推进。交通科技、教育、勘察设计体制改革以及长江口航道管理体制改革、交通综合行政执法改革、交通企业改制等，都取得了新成效。

建立了中国—东盟（10+1）和上海合作组织交通部长会议机制；签署了《亚洲公路网政府间协定》、《中国—东盟交通运输合作谅解备忘录》、《大湄公河次区域六国便利运输协定》；完成了中、老、缅、泰4国上湄公河航道改造工程。与美国、欧盟签署了海运协定。双边、多边合作交流取得新成效。鼓励和支持交通企业"走出去"开拓市场。"十五"期间利用世行和亚行贷款46亿美元，占同期全国利用总额的43%。

第五，交通科技创新有新的进展

积极推进科技创新，特殊地质成套筑路技术、高墩大跨径桥梁和公路长大隧道设计与施工技术、码头建设和航道治理技术等取得重大成果，自主研发了一系列成套技术装备。在工程测量与设计、公路综合管理、集装箱码头管理、船舶助航导航等领域广泛集成应用先进信息技术。组织实施西部科技项目306项，产生直接经济效益290多亿元。加强交通教育和人才培养，全国交通职业技术院校发展到260多所，在校生规模达30余万人。5年引进专门人才100多万人，为交通发展提供了智力支持和人才保障。

第六，行业文明建设和党风廉政建设有新的进展

"十五"期间，交通系统先后涌现出陈德华、许振超、赵家富、曹广辉等全国重大先进典型，1 290个先进集体和先进单位，1 147名劳动模范、先进工作者和先进个人受到国家和部的表彰。"振超精神"已成为激励交通职工、鼓舞全国人民的时代精神。学习宣传这些先进典型，激发了广大交通干部职工立足本职、干事创业的积极性，增强了行业凝聚力，也促进社会更加了解交通，理解交通，支持交通。开展了以"热爱祖国、睦邻友好、科学航海"为主题的郑和下西洋600周年纪念活动，设立了"航海日"，在国内外产生了良好反响。

党风廉政建设进一步加强。深入开展保持共产党员先进性教育活动，增强了广大党员干部立党为公、执政为民意识。建立健全具有交通特色的教育、制度、监督并重的惩治和预防腐败体系。把基础设施建设领域作为廉政工作重点，狠抓关键环节的监督制约，推广了润扬大桥、广东开阳高速公路等项目廉政建设的经验。加强交通内部审计和财务管理，规范建设资金管理使用。治理公路"三乱"成效明显，全国绝大部分公路基本实现无"三乱"。加强了政务公开，交通部门政务工作透明度进一步提高。

"十五"交通发展取得的历史性突破和重大进展，是党中央、国务院和地方各级党委、政府高度重视和正确领导的结果，是各有关部门、人民群众热情关心和积极支持的结果，是行业上下团结奋斗和努力拼搏的结果。在此，我代表部党组，向一贯支持交通工作的地方党委、政府和中央各有关部门，向广大交通干部职工和离退休老同志，表示衷心感谢！这里要特别感谢黄镇东同志和张春贤同志，他们在"十五"期间先后担任过交通部部长，为交通事业的发展倾注了大量心血，作出了重要贡献，创造了宝贵的经验，为交通进一步发展打下了良好的基础。我们要在历届党组工作的基础上，继续把交通事业推向前进。

回顾5年来交通发展实践，可以总结出以下6个方面的基本经验：

第一，交通发展必须坚持紧紧围绕党中央、国务院重大战略部署，科学谋划，积极主动，抓好落实。党中央、国务院高度重视和关心支持交通工作，5年来中央领导同志多次视察交通工作，作出了一系列重要指示，使交通工作始终保持正确的前进方向，实现又快又好地发展。这是做好交通工作的根本前提。

第二，交通发展必须坚持以科学发展观为统领，紧紧围绕经济社会发展大局，始终抓住加快发展不放松，拓宽视野，跳出行业看行业，准确把握交通发展的规律性，增强前瞻性和预见性，创造性地开展工作。紧紧依靠各级党委、政府和相关部门的支持，凝聚共识，形成合力，切实体现交通为经济社会发展服务。这是做好交通工作的本质要求。

第三，交通发展必须坚持以人为本，做负责任部门和负责任行业，始终把实现维护发展人民群众的根本利益作为交通工作的出发点和落脚点，着力解决人民群众关心的热点难点问题，使交通发展根植于深厚的群众基础之中。这是做好交通工作的检验标准。

第四，交通发展必须坚持深化改革，扩大开放，用新理念、新思路、新举措推进交通工作，以市场为导向，完善交通体制、机制和多元化投融资等政策，加强建设、运输和管理创新，深化对外合作与交流，实现新进展和新突破。这是做好交通工作的持久动力。

第五，交通发展必须坚持科教兴交和人才强交，加强各级交通部门的能力建设，着力提高适应经济社会发展能力、统筹规划和协调发展能力、公共服务和组织保障能力、运输和建设市场依法监管能力、安全管理和重大突发事件应急处置能力，依靠科技进步，转变增长方式，提高交通发展的质量和效益。这是做好交通工作的内在需要。

第六，交通发展必须坚持不懈地推进行业文明建设和党风廉政建设，抓党风、促政风、带行风，弘扬正气，保持昂扬向上、拼搏奉献、奋发有为的精神风貌。这是做好交通工作的重要保障。

这些经验是多年实践的结晶，要在今后的工作中进一步坚持并不断创造新的经验。

交通发展中也存在一些不容忽视的问题，从总体上说，交通仍然是经济社会发展的薄弱环节：交通基础设施总量不足，发展质量不高；市场秩序有待进一步规范；交通管理的手段、方式和理念还有不适应的地方；运输发展相对滞后。对此，我们要高度重视，采取切实措施认真加以解决。

二、“十一五”交通工作基本思路

“十一五”是全面建设小康社会、构建社会主义和谐社会、推进社会主义现代化的关键阶段。党的十六届五中全会明确了“十一五”经济社会发展的指导思想、主要目标和工作重点。我们要站在新的历史起点，把握机遇，科学谋划，实现“十一五”交通事业又快又好发展。

（一）“十一五”交通工作的总体要求和主要目标

“十一五”交通工作的总体要求是：以邓小平理论和“三个代表”重要思想为指导，以科学发展观统领交通工作全局，不断提高交通发展的全面性、协调性和可持续性，推进交通改革，建设便捷、通畅、高效、安全的公路水路交通运输体系，促进经济社会全面协调可持续发展。

“十一五”要着力办成6件大事：一是完成“五年千亿元”任务，推进农村公路“通达”、“通畅”工程，基本实现全国所有具备条件的乡镇、建制村通公路，95%的乡镇和80%的建制村通沥青（水泥）路；二是基本形成国家高速公路网骨架，“五纵七横”国道主干线和西部开发省际通道全部建成；三是沿海港口新增吞吐能力80%以上，适应度接近1∶1；四是大力发展内河水运，加快长江黄金水道建设；五是基本建立起海陆空搜救体系，重点水域安全监管和救助能力明显提高；六是公路水路运输枢纽站场建设取得显著进展。

具体来说：

——公路发展目标：进一步完善公路网络，发挥路网整体效率。全国公路总里程达230万公里，5年增加38万公里。高速公路里程达6.5万公里，5年增加2.4万公里。继续完善国省干线公路网络，提高技术等级，二级及以上公路里程达45万公里，5年增加13万公里。县乡公路达180万公里，5年增加30多万公里，新改建农村公路120万公里。

区域交通一体化进程明显加快。东部地区基本形成高速公路网，长江三角洲、珠江三角洲和京津冀地区形成较完善的城际高速公路网，基本实现所有乡镇和具备条件的建制村通沥青（水泥）路；中部地区基本建成比较完善的干线公路网络，承东启西、连南接北的高速公路通道基本贯通，基本实现所有乡镇和88%以上的建制村通沥青（水泥）路；西部地区公路建设取得突破性进展，实现内引外联、通江达海，90%以上的乡镇和近50%的建制村通沥青（水泥）路。

——沿海港口发展目标：建设上海等国际航运中心；进一步完善沿海港口布局，建设集装箱、煤炭、进口油气和铁矿石中转运输系统，扩大港口吞吐能力；改善港口航道条件；港口集疏运体系建设取得明显进展。陆岛交通进一步改善，1 000人以上岛屿全部建有交通码头，力争5 000人以上岛屿基本具备滚装运输条件。

——内河水运发展目标：完成长江口深水航道整治三期工程，长江干线航道进入系统治理阶段，航行条件明显改善，黄金水道优势进一步发挥；京杭运河堵航明显缓解；基本建成珠江三角洲高等级航道网；长江三角洲高等级航道网建设全面展开；西江航运干线通过能力明显提高；航电结合、梯级开发建设取得重大进展，湘江、嘉陵江全线渠化，右江梯级渠化全面展开。推进江海联运，内河主要港口基本实现机械化、规模化，部分成为地区性物流中心。内河船型标准化取得突破性进展。

——支持保障系统发展目标：水上安全监管和专业救助现代化水平明显提高，监管和救助力量基本覆盖我国管辖水域和搜救责任区，险情预防和监控能力进一步提高。重点水域6级海况下实施有效救助，9级海况下救助力量能够到达指定位置。

初步建立适应交通现代化要求、符合交通发展规律的科技创新体系和人力资源支撑体系，建设布局合理、资源共享、配置优化的科研基础设施和共享平台。以信息化带动交通产业升级，着力解决重大关键技术，取得一批拥有自主知识产权和具有世界领先水平的科技成果，提高科技持续创新能力。

——行业文明建设目标：深入开展以“学建创”为主要内容的群众性行业文明创建活动，推动交通干部职工学科学理论和先进典型；建负责任的部门和负责任的行业；创一流的队伍、一流的作风、一流的窗口、一流的业绩。交通职工队伍思想政治和文化业务素质明显提高，树立一批具有重大影响的先进典型，建成一批省市县交通部门文明单位，打造一批交通知名服务品牌。

（二）实现“十一五”交通发展目标要注意把握好的几个问题

“十一五”交通发展任务艰巨繁重。我们要站在经济社会发展全局的高度，围绕实现“十一五”交通发展目标，研究分析和认真解决好重大问题，不断推进交通事业全面协调可持续发展。

第一，关于交通发展面临的形势

正确认识交通发展面临的形势，这是做好“十一五”交通工作的重要前提。交通运输是国民经济和社会发展的重要基础设施和基础产业，是经济运行的命脉，也是改善人民生活的重要条件。“十一五”期间，中央提出要保持经济平稳较快发展，这既是交通事业发展的极好机遇，同时也对交通事业发展提出了新的更高要求。中央强调，要不断促进城乡区域协调发展，形成东中西优势互补、良性互动的协调发展机制，区域协调发展的重要条件是交通协调发展。中央要求加快转变经济增长方式，建设资源节约型、环境友好型社会，这就要求交通部门落实好节约的基本国策，积极制定相关标准和规范，推动交通行业向节约化、集约化方向发展。中央确立科教兴国和人才强国战略，交通行业要加快关键领域重大技术开发和急需人才的培养，为行业发展提供技术和人才的支撑。中央把加强安全生产工作摆在更加突出的位置，要求坚决遏制住重特大事故频发的势头，这方面交通行业负有重要责任，也有许多艰苦细致的工作要做。总之，“十一五”时期，交通发展机遇和挑战并存。我们一定要认真分析判断交通面临的新形势和新任务，进一步增强加快发展的责任感和紧迫感，认真把握和抓住机遇，坚定信心，积极应对挑战，把思想统一到党的十六届五中全会精神上来，统一到为经济社会发展全局提供更好服务保障上来，统一到推进交通全面协调可持续发展上来，以交通事业的新发展来适应新形势，满足新需求，这是历史赋予我们的重要和光荣使命。

第二，关于以科学发展观统领交通工作全局

坚持以科学发展观统领交通工作全局，这是做好“十一五”交通工作必须坚持的指导方针。坚持这一指导方针，一是在交通发展的指导思想上，要坚持以人为本，把不断满足人民群众对交通的需求作为交通工作的出发点和落脚点，不断提高服务质量和服务水平；二是在交通发展理念上，要坚持交通与自然相和谐，依靠科技进步，节约土地，保护环境，促进交通的可持续发展；三是在交通发展规划上，要注重合理布局，做好各种运输方式的相互衔接，发挥组合效率和整体优势，推进形成便捷、通畅、高效、安全的综合交通运输体系；四是在交通发展政策和措施上，要坚持从国情出发，充分考虑交通与经济社会发展的协调性、可持续性，实现良性互动，为建设和谐社会作出贡献；五是在交通法制建设上，要坚持依法行政，进一步转变职能，服务市场主体；六是在行业文明建设上，要坚持“两手抓、两手都要硬”，做到两个文明建设同步推进、协调发展，为交通发展提供精神动力。

第三，关于加快农村公路建设

建设社会主义新农村是中央提出的一项重大战略任务。近年来，交通部门把建设农村公路作为支农惠农的实质性举措，同时积极推进农村客运网络化建设，探索农村客运公交化，取得了明显成绩。不久前，家宝总理、黄菊副总理分别作出批示，给予充分肯定，并要求把加快农村公路建设作为改善农村基础设施的一项重大任务，按照国务院通过的《全国农村公路建设规划》，不断完善政策措施，总结经验，继续抓好农村公路规划、建设、管护，为建设社会主义新农村作出新的贡献。各级交通部门一定要站在全局的高度，把加快农村公路建设作为“十一五”交通工作的重中之重，在坚持以往成功经验的基础上，采取更加有效的措施，修好农村路，服务新农村。一是在资金上要给予更多的倾斜；二是充分依靠和发挥好地方政府、农民群众以及受益企业的积极性，形成建设农村公路的合力；三是“一事一议”，不强行摊派和集资；四是量入为出，实事求是，标准规范以及线形选择等要因地制宜，依法征地拆迁，保护耕地和环境，不滥采滥挖；五是落实《农村公路管理养护体制改革方案》，明确责任，加强养护；六是继续推进农村客运网络化建设，做到路通车通，方便农民群众出行。

第四，关于加强高速公路建设与管理

加快高速公路建设，疏通大动脉，形成大通道，不仅能带动国省干线和农村公路发展，改善微循环，而且能有效促进高速公路、国省干线和农村公路的有机衔接，为更好地发挥路网整体效能，形成便捷、机动、安全的运输大通道提供条件。《国家高速公路网规划》是国家重要的专项规划之一，我们要坚定不移地组织好、实施好，这是国家发展战略和宏观经济发展的客观需要，也是交通发展的长远大计。目前，我国还没有形成完善的高速公路网，与一些发达国家相比，在发展质量、发挥规模效益等方面存在着差距。借鉴发达国家高速公路建设经验，大规模建设期一般需要20多年的时间，然后是逐步完善阶段。我国高速公路起步于1988年，大规模建设大致从1998年开始，至今还不到10年时间，再经过大约10年左右的建设高峰期，全国高速公路大通道将基本形成。现在，行业内外都充分肯定高速公路对经济社会发展的巨大促进作用，各地建设的积极性高，为高速公路进一步发展创造了良好的环境。可以说，高速公路正处在发展的关键时期。要珍惜和利用这一好的局面，进一步健全完善已经形成的多元化投融资机制，不断推进高速公路发展。同时，要切实研究解决高速公路管理、特许经营、滚动发展等问题，理顺管理体制，促进高速公路健康发展。

第五，关于加快水运发展

水运是实现交通可持续发展的优势所在，也是建设资源节约型、环境友好型社会的积极举措。“十一五”要把加快水运发展摆在更加重要的位置，把占地省、污染小、运量大的水运优势发挥好。

加快水运发展，要积极促进沿海港口健康发展。要重视编制和协调好港口规划，加强建设项目前期工作。《全国沿海港口布局规划》经国务院批准后，是我国今后一段时期沿海港口建设和发展的指导性文件，各有关省区市要按照这个规划做好省级港口布局规划和主要港口总体规划编制工作，同相关规划做好衔接，切实防止港口低水平重复建设。要重视港口岸线的有效保护与合理开发。港口岸线是国家经济、国防安全的战略资源，也是不可再生的宝贵资源，要按照“深水深用、合理开发”的原则，切实做好港口岸线的管理工作，鼓励港口资源整合，把港口岸线保护好、使用好。要加大港口功能结构调整。在积极开发建设新港区的同时，要采取扶持政策，推进老港区功能的调整、改造、开发和功能置换，全面提升港口整体素质，促进港口可持续发展。

加快水运发展，要突出重视内河建设，采取多项措施扎实推进。要以长江黄金水道建设为重点，加大《长江干线航道发展规划》、《长江三角洲高等级航道网规划》的实施力度。充分利用发展内河水运的有利时机和较好氛围，进一步健全部和沿江省市合作机制，细化和落实方案措施，分阶段稳步推进。规划和建设好其他具有发展潜力的内河航运。部已印发了《珠江三角洲高等级航道网规划》，正在编制《全国内河航道与港口布局规划》，要按照规划确定的方案和项目组织实施。部每年安排一定比例的资金用于内河水运基础设施建设，“十一五”将加大投入力度。地方要结合建设需求，落实资金，使内河水运建设有稳定的资金来源。

第六，关于资源、能源和资金约束

交通行业是资源占用型和能源消耗型的行业，同时也可以成为节约型行业。在资源、能源和资金约束日趋明显的情况下，必须采取更加有效的措施，节约土地，节能降耗，开源节流，以保证实现“十一五”发展目标。

节约土地就是要落实最严格的耕地保护制度，最大限度地保护环境，按照安全、经济、环保、实用的理念，提升行业管理水平，加强工程项目审批、工程设计和施工管理，从严把关，尽量利用荒地和废弃耕地，避免大填大挖，不片面追求过高的技术标准。

节能降耗就是要努力降低交通建设、运输管理各个领域、各个环节的建设成本和管理成本，抓紧研究车辆、船舶用油，码头装卸设备用电等行业节约型技术、标准和规范，推广先进的标准化车船装备，发展循环交通经济，推进节约型行业建设。

开源节流就是要千方百计落实资金保障。国家对“十一五”交通建设投资比例将比“十五”有一定幅度的提高，但支撑较大的交通发展规模需要发挥多方面的积极性，特别是地方要切实落实好配套资金。要进一步完善投融资机制，进一步拓宽筹资渠道，鼓励和引导社会资本进入基础设施建设领域。同时，要充分利用好现有政策，确保各项规费应征不漏。

第七，关于提高创新能力

创新是交通行业发展的灵魂、动力和源泉，也是实现“十一五”发展目标的重要条件。要贯彻落实全国科学技术大会精神，始终把提高交通行业的创新能力摆在突出位置。交通行业是一个传统的行业，但当今发展日新月异，新设备、新技术、新工艺、新材料层出不穷。我们要站在世界交通发展趋势、发展规律的角度审视中国交通发展水平，站在我国国民经济发展全局的角度审视交通适应能力，站在人民群众对交通需求的角度审视交通服务水平，站在行业以外的角度审视交通存在的问题，开阔视野、创新理念，在体制机制创新上有新思路，在人才培养和引进上有新进展，在推进科技进步上有新成果，在实现可持续发展上有新突破，努力增强自主创新能力，加快创新型行业建设，推动增长方式的转变，进一步加快交通行业由传统产业迈向现代产业的历史进程。

第八，关于加强队伍建设

落实并完成好“十一五”发展目标和任务，必须要有一支政治强、业务精、作风好的干部职工队伍作保证。我们要结合交通实际，从思想上、组织上、作风上、制度上入手，着力建设一支自觉奉献、勇于创新、拼搏进取、团结协作的职工队伍；建设一支热情服务、作风严明、素质过硬、严格执法的行政执法队伍；建设一支政治坚定、求真务实、廉洁高效、执政为民的领导干部队伍。

交通行业与人民群众的生产生活密切相关，我们所做一切工作的着眼点都是为人民群众办好事，办实事。各级领导干部要牢记“两个务必”，自觉保持与人民群众的血肉联系，经常深入基层、深入实际、深入群众，了解和掌握群众对交通的需求是什么，我们能为群众做些什么，始终想着群众，心里装着群众，切实把群众最关心、最直接、最现实的事情办实办好。

团结是做好交通各项工作的重要基础。搞好团结、维护团结是各级领导干部必须具备的基本素质。当前，交通行业上下比较团结，整个行业的凝聚力强，要倍加珍惜和维护这来之不易的大好局面。各方面要继续互相支持、互相补台、互相谅解，使大家始终能够聚精会神搞建设，一心一意谋发展。要在实践中加强探索和研究，努力建设具有鲜明行业特点和时代特征的交通文化，用文化和精神的力量凝聚全行业，使交通行业更加充满活力，不断开创交通事业发展的新局面。

三、2006年交通工作主要任务

2006年是“十一五”的第一年，交通工作要承上启下、与时俱进，坚持以科学发展观为统领，贯彻落实中央经济工作会议精神，组织实施“十一五”公路水路交通发展规划，实现开好局、起好步。具体要抓好以下10项工作。

（一）建设全国公路运输大通道

组织实施国家高速公路网规划和加强国省干线改造升级。全年建成高速公路约5 000公里。一是加快国家高速公路网建设，开工建设四川雅安—石棉—泸沽段，广西恒昆公路全州—兴安段等重点项目。“五纵七横”国道主干线组织实施好海拉尔—满洲里、户县—洋县—勉县等续建项目。加快早期建成的高速公路扩容改造。继续支持主要港口集装箱港区疏港高速公路建设。二是加大国省干线公路改建力度，提高路网技术等级。三是加强红色旅游公路建设，建成精品旅游线路约700公里，提高经典景区出口路等级标准。四是加强主要方向和重点地区国、边防公路建设，加强部队进出口路建设。五是支持亚洲公路网、上海合作组织、东盟区域合作涉及的口岸公路建设。六是加快完善国家公路水路运输枢纽站场规划方案。

加强和改进公路养护管理工作。在全国10个省市开展公路灾害防治工程试点，研究检测评价新技术和养护维修技术，提高工程抗灾能力。今年召开全国公路养护管理工作会议，研究确定“十一五”公路养护管理工作任务和措施。

（二）继续加快农村公路建设

落实中央1号文件精神，组织实施农村公路“五年千亿元建设工程”，加强社会主义新农村的交通基础设施建设。今年中央规划投资新改建农村公路约18万公里，其中沥青、水泥路约13万公里。加快革命老区、民族地区、边疆地区、贫困地区以及粮食主产区农村公路建设。建立和完善农村公路管理养护体制，制订《农村公路养护管理办法》。加强对中西部和老少边穷地区农村公路建设管理人员培训和技术指导，提高工程质量。完成全国农村公路通达情况和技术状况普查，制定农村公路通达统计标准，尽快将村道纳入统计范围。

加强农村公路渡口渡船改造，对现有汽车渡口实施渡改桥；对其他渡口基本建成人行桥或规范码头，改善通行条件，使农民群众走便利桥、乘放心船、过安全渡。

按照“路、站、运一体化”原则，积极发展农村客运，做到路通车通，优先安排客运量大、班次多、经济效益好、地方积极性高、运营机制较完善的乡镇客运站场建设。大力推广适合农村特点的客车车型。

（三）加快沿海港口发展

加快煤油矿箱四大货种专业化码头建设。煤炭码头重点建设和改造秦皇岛、唐山、天津、黄骅、青岛、日照和连云港煤炭装船码头。原油接卸码头重点加快大连、津冀沿海、青岛、宁波—舟山、泉州、惠州等港20万吨级以上原油接卸码头建设。矿石码头重点加快沿海和长江口内20万吨级以上矿石码头建设。集装箱码头以新建和改造相结合，重点加快建设上海国际航运中心和大连、天津、青岛、厦门、深圳、广州等干线港大型集装箱码头，相应建设支线港和喂给港。

加快进港航道建设。重点是长江口深水航道治理三期工程，实施12.5米水深向上延伸工程。加快广州港二期和防城港、钦州港等出海航道工程建设，提高沿海主要港口和部分地区性重要港口航道等级。进一步完善港口管理体制。

重点安排建设5 000人以上岛屿滚装码头，继续完善1 000人以上岛屿陆岛交通码头及接线公路建设。

（四）积极推进以长江黄金水道为重点的内河水运建设

认真贯彻“合力建设黄金水道，促进长江经济发展”座谈会精神，健全长江沿江省市水运发展协调机制，细化相关措施，落实相关工作，加大《长江干线航道发展规划》实施力度，切实加快长江黄金水道建设步伐。

加快京杭运河扩能建设，落实排堵应急预案各项措施。推进长江三角洲、珠江三角洲高等级航道网建设，重点是与洋山深水港相衔接的大芦线一期，西江干线扩能工程及西江出海通道整治工程等。加快湘江、嘉陵江、汉江、松花江、右江等重要通航河流航电枢纽建设，确保在建的10个航电枢纽按期建成。积极推进航道管理体制改革，加强航道管理和维护，严格审批跨河、拦河、临河建筑物通航净空尺度，加强航道养护费征收协调工作。

实施《全国内河船型标准化发展纲要》，在京杭运河、川江和三峡库区推广标准船型，加快推进内河船型标准化工作。

（五）提高运输服务保障水平

做好重点物资的运输组织协调，加强路网衔接以及公水运输转换，畅通公水联运通道，提高运输效能。周密安排和精心组织好春运、“黄金周”旅客运输工作，确保旅客出行安全便利。进一步完善“绿色通道”网络，落实整车鲜活农产品运输优惠政策，做到省际互通。

促进运力结构、运输组织结构调整优化，鼓励道路运输企业推行公车公营，鼓励、引导单船公司和个体船舶集约化经营。

提高信息服务水平，建设省市县三级道路运输管理信息系统及数据库，实现异地违章处罚信息共享。开通全国公路交通服务热线电话。推进全国水运行业信息中心建设，初步建立港航动态数据中心和基础数据库。

（六）坚持依法治交，加强市场监管

抓紧《海上交通安全法》、《航道法》、《船员条例》、《防止船舶污染海域管理条例》、《国内水路运输条例》、《公路保护条例》等法律法规的修订、起草和制定工作。继续抓好《道路运输条例》和《收费公路管理条例》宣贯工作，组织开展贯彻《道路运输条例》及配套规章的执法监督检查。建立完善道路运输企业质量信誉考核制度和客运班线经营权服务质量招投标制度，坚决打击无证经营，纠正违章违规，保护合法经营者和旅客、货主的权益。研究提出出租车经营权管理行业指导政策。加强水路运输企业年度核查，淘汰不符合经营资质条件的企业。加强港口经营市场秩序监管，规范经营行为。

继续推进交通综合执法改革试点和交通行政执法责任制，界定执法职责，完善执法程序、执法评议考核机制和执法过错责任追究制，规范和监督行政执法行为。加强社团工作，促进行业自律。

严格建设市场准入，加强动态监管，狠抓各项制度落实，建立公路、水运建设行业市场

信用体系。开展建设管理创新活动和以“履约诚信”为主要内容的建设市场执法监察活动，曝光不守法、不诚信单位。对重点工程项目实行信息化、网络化管理，对项目法人、负责人实行培训上岗制度。落实质量事故上报分析和质量责任追究制度，发布违规企业“黑名单”。对进入交通建设领域的重点产品实施认证制度，从源头上加强交通建设用产品质量控制。深化建设管理体制改革，全面推进投资人招标制度，积极推进工程施工合理低价中标制度，深入研究政府投资项目代建制，在试点基础上推行设计施工总承包制度。

继续开展车辆超限超载治理。按照突出源头治理、强化执法力度、完善监控网络、建立长效机制的要求，会同公安部门保持路面联合执法力度。配合工商、发改委等部门制定出台车辆非法改装企业整顿管理以及车辆生产、改装规范化管理的相关办法。加强市场准入、货物装载等源头监管。以北京至大同沿线10个治超站点为示范，开展全国第一批治超站点规范化建设，逐步建立健全全国治超监控网络。建立治超长效机制，明确各部门职责和任务，实行考核评价制度。加大资金投入，改善治超站点的工作条件，做到机构、人员、经费三保障。

（七）加强安全监管和救助能力建设

开展全国海事系统规范管理年活动。继续做好重点船舶、重点水域和重要时段的水上安全管理。深入开展渡口渡船、低质量船舶等专项整治，加强危险化学品运输安全管理，建立水上安全管理长效机制。推进长江干线海事与航道、通信和港航公安联合执法，加快长江干线、渤海湾老铁山水道、琼州海峡船舶定线制步伐。建立完善安全责任制和督察机制，进一步落实乡镇船舶管理责任制。完善水路运输和港口企业经营安全资质评估制度，实行动态管理，完善市场退出机制。理顺港口安全监督管理职责，做好船舶和港口设施保安工作。加快专业救助装备设施建设，进一步提高人命救助效率和救助水平。

继续落实“三关一监督”职责，建立严格的道路运输企业安全生产责任制，强化对营运车辆的监控，加强驾驶员培训和考核工作。继续实施好公路交通“安保工程”和危桥改造工程。切实加强建设项目施工安全监管。

（八）依靠科技创新推进节约型行业建设

交通科技创新要围绕建设节约型行业，深入探索研究土地、岸线、能源和建筑材料等科学合理利用的有效途径，大力发展交通循环经济，实现基础设施耐久化、运输结构合理化、资源利用高效化。

重点开展交通基础设施建设和养护、智能交通系统、交通安全保障等重大专项攻关和重大项目研发，开展交通科技项目绩效评价。继续组织西部交通建设科技项目开发，推广沙漠公路建设、青藏公路改造等西部科技项目成果应用示范工程。加强交通行业科技信息共享平台和重点实验室建设，启动新增交通行业重点实验室认定工作。重点推进交通运输动态信息采集和监控、交通信息资源整合和开发利用、交通综合运行分析辅助决策和交通信息服务、海事业务信息及应急指挥辅助决策等信息化建设。抓好交通电子政务建设。充分发挥部专家委员会和部长政策咨询组、学会、协会、交通科研教育等机构的决策咨询作用。

落实人才强交战略，大力发展交通职业技术教育，建设交通行业人力资源支撑体系，实施交通管理干部、专业技术人才、技能型人才培养工程，完善交通行业专业技术拔尖人才培养选拔机制，创新培养方式。

（九）继续扩大交通对外交流合作

继续推进区域交通合作。落实中国—东盟交通合作谅解备忘录，重点推动签署中国—东盟海运协定和海事领域合作，促进中国—东盟自由贸易区建设。积极参与大湄公河次区域和中亚区域交通合作，落实大湄公河次区域便利运输协定。推动上海合作组织政府间国际公路运输便利化协定制订，加快中吉乌公路运输通道建设进程。进一步发展双边汽车运输合作，开展孟、中、缅、印4国公路过境运输合作，做好加入亚洲公路网的相关后续工作。继续做好国境河流的管理工作。

加强与周边国家和重要发达国家的交通双边合作，加大参与国际海事等组织的相关工作力度，加强有关海上安全、保安和环保公约及规则的履约工作。加强重要海上运输通道多双边合作，保障我国海上运输安全畅通。提高交通涉外突发事件应急处置能力。积极参与世贸组织谈判，为交通企业创造公正公平的海外经营环境。继续推动有条件的企业“走出去”，加快拓展国际市场。

（十）深入开展行业文明建设和党风廉政建设

认真贯彻落实去年年底部召开的全国交通行业精神文明建设工作座谈会精神，开展以“学建创”为主要内容的行业文明创建活动，促进行业文明建设向纵深发展。今年要召开全国交通行业精神文明建设大会。加强信访工作，推进政务公开，组织开展第二个“航海日”活动。要认真贯彻落实胡锦涛总书记在中央纪委六次全会上的重要讲话和对交通行业廉政工作的重要批示，建立完善具有交通特点的惩防体系。有关工作在廉政工作会议上具体部署。

同志们，“十一五”及2006年的各项工作任务已经明确，关键是抓好落实。我们要在以胡锦涛同志为总书记的党中央领导下，继续发扬团结拼搏、开拓进取、默默奉献的光荣传统，保持求真务实的作风和昂扬向上的精神状态，扎实工作，全面完成“十一五”的奋斗目标，为经济社会发展作出新的更大的贡献！

努力做好“三个服务”
推进交通事业又好又快发展

——李盛霖部长在2007年全国交通工作会议上的讲话

（2006年12月29日）

同志们：

2007年全国交通工作会议是在深入贯彻落实科学发展观、积极推进社会主义和谐社会建设的新形势下召开的。党中央、国务院高度重视和关心支持交通工作。会前，中央政治局常委、国务院副总理黄菊，中央政治局委员、国务院副总理曾培炎分别听取了交通工作情况汇报并作了重要指示，充分肯定了今年交通工作取得的成绩，对做好明年交通工作提出了明确要求，我们要认真贯彻落实。

这次会议的主要任务是：贯彻落实党的十六届六中全会和中央经济工作会议精神，总结2006年交通工作，分析交通发展面临的形势，部署安排2007年工作，做好“三个服务”，推进交通事业又好又快发展，以优异的成绩迎接党的十七大胜利召开。

下面，讲3个方面的问题。

一、2006年交通工作回顾

今年是“十一五”开局之年。全国交通工作在新的历史起点上，坚持以科学发展观为统领，按照中央的部署和“十一五”交通工作的基本思路，一手抓“十一五”6件大事的精心筹划，一手抓今年10项重点工作的组织落实，各项工作取得了新的进展，实现了开好局、起好步，向全面完成“十一五”目标迈出了坚实的一步。主要体现在以下8个方面。

（一）交通发展规划和重点项目建设取得新的成果

编制了《全国沿海港口布局规划》并经国务院常务会议审议通过。编报了《全国内河航道与港口布局规划》、《国家水上交通安全监管和救助系统布局规划》。制定颁布了《公路水路交通科技“十一五”发展规划》、《公路水路交通信息化“十一五”发展规划》、《“十一五”交通教育与培训发展规划》。制定了《我国与东盟国家公路水路交通合作规划纲要》、《环渤海地区现代化公路水路交通基础设施规划纲要》、《天津北方国际航运中心交通基础设施发展规划指导意见》、《海峡西岸公路水路交通基础设施发展规划指导意见》等。这些规划增强了交通发展的系统性、前瞻性和科学性。认真落实中央加强和改进宏观调控各项措施，细化“十一五”交通建设规划，加强了建设项目前期工作，完善审查、咨询制度和质量管理体系，加强了安全、环评、土地等审查工作。各地交通部门制定了本地区“十一五”交通发展规划和专项规划，加大了建设项目前期工作力度。沿江七省二市与部共同签署了《“十一五”期长江黄金水道建设总体推进方案》，以长江黄金水道建设为重点的内河水运建设取得新的开端。

“五纵七横”国道主干线京沪公路天津段、沪瑞公路三穗至凯里段、连霍公路清水至嘉峪关段，西部省际通道阿北公路黄陵至延安段、兰磨公路思茅至小勐养段，国家高速公路网京承高速公路北京段二期、杭瑞高速公路景德镇至婺源段等重点项目建成通车。苏通长江大桥、杭州湾跨海大桥、武汉阳逻长江大桥、厦门翔安海底隧道等重点工程建设进展顺利。上海国际航运中心洋山深水港区二期工程、深圳港盐田港区三期集装箱码头工程、大连港30万吨级矿石码头工程、秦皇岛煤码头五期工程等项目竣工投产。长江口深水航道治理三期工程开工。

交通建设项目质量管理进一步加强，对17省的40个交通建设项目进行了质量安全专项检查，组织了治理水运工程建设质量通病示范项目。加强公路建设市场信用体系建设，对10个省区市公路建设市场进行了督查，出台了《建立公路建设市场信用体系指导意见》，并在高速公路建设领域组织了试点工作。开展了公路工程设计施工总承包试点工作。

预计，全年新改建公路里程34万公里，其中高速公路4 460公里。到今年底，全国公路通车总里程达348万公里（包括从今年开始纳入统计的155万公里村道），高速公路达4.54万公里。沿海港口新扩建泊位252个，其中万吨级深水泊位144个，新增吞吐能力4.95亿吨。内河港口新增吞吐能力6 720万吨，改善内河航道里程521公里。

（二）农村公路建设实现新的突破

围绕贯彻落实今年中央1号文件提出的“十一五”农村公路建设目标的要求，部署和组织了加快农村公路建设的各项工作。一是全面开展了全国农村公路通达情况及技术状况普查工作，摸清了农村公路新改建规模和资金需求。二是按照“省部联手、各负其责、统筹规划、分级实施、因地制宜、量力而行”的原则，就农村公路建设、养护管理、资金筹措等问题与地方人民政府交换意见、达成共识。除个别省外，省部共同签订了落实中央1号文件农村公路建设任务的意见。启动了“五年千亿元”农村公路建设工程。三是部对车购税投资结构进行重大调整，进一步向农村公路建设倾斜，车购税投资比重由2005年的29.5%提高到39.5%。四是地方政府加大了省级财政对农村公路建设的支持力度，湖南、陕西、山东、内蒙古、广东等省区省级财政每年安排一定资金支持农村公路建设；贵州、湖北、辽宁、安徽、江苏、宁夏等省区每年从财政收入增量中安排一定比例的专项资金用于农村公路建设和养护；山西、福建等省实行了“以奖代补”政策。各地市县乡政府也都出台了很多措施。五是农民群众以“村民自治、一事一议、民主决策”等方式，积极投工投劳，承担土石方工程施工和自采材料的采备、运输，加快了农村公路建设，增加了农民收入。六是农村渡口改造和渡改桥、农村公路安保工程等8项服务新农村建设实质性措施得到认真落实。七是贯彻落实《农村公路管理养护体制改革方案》，天津、河北、内蒙古、山东、河南、海南、四川、重庆、广西、新疆等省区市出台了实施意见，全国87个县（市）开展了农村公路管养体制改革示范工作。制定了《农村公路建设管理办法》，组织了农村公路建设经验交流和技术管理培训。八是坚持农村客运同步发展。浙江、河南、山东、甘肃等省加大农村客运站建设支持力度，大多数省份对新开农村客运班线实行减免交通规费的优惠政策。

预计，全年新改建农村公路26万公里。共建设农村客运站8 711个，停靠站点2.93万个，又有19 759个行政村新开通客运班车，行政村通公路率达84.1%，客车通达率由81%提高到83.2%。

（三）交通运输保障能力得到新的提高

围绕方便人民群众安全便捷出行，制定了"十一五"公路养护管理目标，加强了公路养护管理；加大道路客运车辆结构调整力度，中高档客车比例已超过营运客车总量的40%；开通了"全国公路气象预报预警系统"、"公路水路信息服务系统"，及时提供气象预报、航行预警和路况等公众信息服务；进一步完善应急保障机制，采取有力措施迅速疏导因雨雪雾等恶劣天气导致的旅客滞留。春运、"五一"和"十一"黄金周期间，各级交通部门加强运力调配，完成客运量分别比去年同期增长4.2%、7.1%、1.5%。进一步加强"绿色通道"建设，建成了4.3万公里全国"绿色通道"网络，建设了省域"绿色通道"网络，对包括台湾水果在内的整车鲜活农产品运输实行优惠政策，全年减免通行费超过25亿元，为搞活城乡流通、促进农民增收、扩大农村消费作出了积极贡献。

围绕重点物资和应急物资运输，着力加强组织协调和完善应急预案，组织运力储备，加强运输衔接，提高港口集疏运效率，煤、油、矿运输紧张局面得到缓解。针对三峡库区156米蓄水和三峡船闸完建期单线运行的实际，加强船舶调度和船闸运行管理，保证集装箱、商品车及重点物资优先过闸，启动了新的水—陆—水滚装车翻坝路线，缓解三峡船闸通过能力严重不足的压力。加强交通应急管理"一案三制"建设，建立了公路、水路运输应急保障体系。今年广东、福建、湖南等省遭受了严重的洪涝灾害，交通干部职工深入抗洪抢险一线，抢通水毁公路，抢运受灾群众和救灾物资，为抢险救灾提供了有力的交通保障。山西省组建了国家战略物资道路运输应急保障车队，启动了公路运煤通道建设。

坚持用经济手段、法律手段综合治理超限超载运输，推行车辆计重收费，超限超载率控制在9%左右。开展了北京至大同沿线10个治超示范站点建设。加强和规范收费公路管理。按照国务院《收费公路管理条例》的规定，对二级收费公路的规模、收费站点的设置、经营权转让以及依法监管等提出了明确要求。开展了"特权车"、"人情车"违规减免车辆通行费专项整治活动。规范国际海运市场秩序，完成了对国际班轮公司在中国港口收取码头作业费的调查，对违规班轮公司进行了行政处罚；针对中日班轮航线"零运费"、"负运费"问题，采取了相应措施。

预计，全年公路、水路完成客运量184.4亿人和2.1亿人，旅客周转量10 136亿人公里和74.9亿人公里，同比分别增长8.7%、5%、9.1%和10.5%；完成货运量146亿吨和24.4亿吨，货物周转量9 647亿吨公里和53 908亿吨公里，同比分别增长8.8%、11.9%、11%和8.5%。全国港口完成吞吐量56亿吨，同比增长15.4%；完成集装箱吞吐量9 300万标准箱，同比增长26%。上海港货物吞吐量达到4.65亿吨，继续保持世界第一。日照港、南通港进入亿吨港行列，我国目前已经有12个亿吨大港。

（四）交通安全监管和人命救助取得新的成效

按照"安全第一，预防为主，综合治理"的方针，切实加强安全生产责任制的落实和安全监管、应急机制、救助能力建设。一是进一步明确了安全管理架构体系和责任体系。明确重点抓好客滚船安全管理、水上交通安全专项治理等12件实事，修订下发了《2006年国内航行海船法定检验规则》和《老旧运输船舶管理规定》，提高新建造客滚船的安全标准，并对现有老旧客滚船进行追溯。二是加强水上安全监管和搜救能力建设。完善应急机制和动态救助待命值班制度，继续加大对重点水域、重点船舶、重点时段和重点环节的监管预防力度，开展了渡口渡船安全管理、低质量船舶和水上危险品运输专项整治，对乡镇渡口渡船加大了规范和整治力度。三峡库区135米航路改造配套设施建设通过竣工验收。加强对大功率救助船、海上救助直升机和水上安全监管设施的建设。在渤海湾水域举行2006海上联合搜救演习，国务委员华建敏出席演习并作了重要讲话。与国家气象局签署了《关于共同做好海上搜救气象服务的协议》。三是早准备、早检查、早安排、早落实，加强防台防汛工作。成功组织了16次防抗台风工作，成功救助越南遇险渔船22艘、渔民330人，完成了灾后沉船打捞任务。全年水上交通事故件数、死亡人数、沉船艘数、直接经济损失同比分别下降17.2%、21.5%、18.5%和10.6%。组织搜救1 620次、救助16 753人，救助成功率达95.7%。四是按照“三关一监督”职责，加强道路运输安全监管。继续推进干线公路灾害防治、公路安全保障和危桥改造三项工程，开展了公铁立交安全整治工作。全年改造和加固危桥1 719座，组织实施了2.2万公里国省干线公路安保工程，在辽宁、湖南、湖北等10个省区24条干线公路上开展了公路灾害防治工程试点。五是加强交通建设项目施工安全管理，组织了以公路桥梁、隧道建设项目为重点的专项整治，事故隐患得到整改。六是组织开展了交通平安建设，港航治安、交通信访形势保持了稳定。

（五）行业创新工作迈出新的步伐

贯彻落实中央建设创新型国家的战略决策和部署，召开了建设创新型交通行业工作会议，明确了建设创新型交通行业的指导方针和目标，提出加强理念、科技、体制机制和政策“四个创新”。制定下发了《建设创新型交通行业指导意见》，分解落实了建设创新型交通行业各项任务并制定了实施方案。

在科技创新方面，加强了公路桥梁隧道建设关键技术、大型深水港口建设关键技术、智能交通技术等的研究。研制成功动态交通信息导航系统。“重大交通基础设施核心技术”和“综合交通运输系统与安全技术”课题研究首次进入国家“863计划”，国家科技支撑计划对交通重大科研项目也给予了重点支持。示范推广了西部科技项目沙漠公路修筑技术、冻土地区公路修筑技术、省域道路运政信息系统技术等。在北京、山东、江苏、浙江、成都等省市组织了“省级公路交通信息资源整合工程”、“区域性道路客运综合信息服务系统”和“公众出行信息服务系统”三个交通信息化示范工程建设，并通过验收。推动人才培养平台建设，加快了交通职业教育培训基地和主干专业建设工作。组建了交通产品认证中心。

在资源节约和环境保护方面，认真贯彻《国务院关于加强节能工作的决定》，积极配合全国人大财经委开展《节约能源法》的修订工作。制定了《建设节约型交通指导意见》和《交通行业全面贯彻落实<国务院关于加强节能工作的决定>的指导意见》，提出了“十一五”交通行业节能降耗主要指标。天水至宝鸡、景婺黄高速公路江西段等30个环保公路示范工程建设进展良好，启动了内河水运建设示范工程。胡锦涛总书记今年5月13日视察了云南思小高速公路，对公路建设注重环保与生态，节约土地资源给予了充分肯定。开展了港口新改建工程项目的节能评估和审查工作。在全行业开展节能降耗活动，降低了车船单位运输能耗。积极探索交通审计共建模式，充分发挥内审机构的作用。

（六）交通法制建设取得新的进展

加大了交通立法责任制的实施力度，编制实施了交通2006年立法工作计划，有1件和3件交通立法项目分别列入了今年国务院一类和二类立法计划。《船员条例》已经国务院法制办审议通过，即将上报国务院常务会议审议；《航道法》（送审稿）已报送国务院。配合国务院法制办开展了《防治船舶污染海洋环境管理条例（修订）》、《海上交通安全法（修订）》、《国内水路运输条例（修订）》的审核修改工作。制定颁发了12件部门规章，废止了33件旧规章。现有有效交通法律4件，行政法规30件，规章320件。各地正在制定近30件地方性交通法规和政府规章，交通立法进度明显加快。积极推行行政执法责任制。研究制定《交通行政执法责任制实施办法》，界定执法职责，明确执法程序，建立执法评议考核机制和执法过错责任追究制，规范行政执法行为。重庆交通综合执法试点工作进展顺利，广东交通综合执法试点已经启动。组织了《行政许可法》贯彻情况的监督检查，组织了《道路运输条例》及配套规章执行情况的检查。依法受理了有关行政复议案件。

（七）交通对外交流合作开创新的局面

认真贯彻中央外事工作会议精神，交通对外交流不断扩大，合作领域不断拓宽。一是与周边国家多双边合作不断深化。签署了加快制订上海合作组织成员国政府间国际道路运输便利化协定谅解备忘录。首次召开了中日韩海上运输及物流部长会议，会议发表了联合声明和行动计划。完成了中国—东盟海运协定的谈判工作，举办了第二届中国—东盟海事磋商会议。全面完成了大湄公河次区域便利运输协定所有附件和议定书的谈判工作。澜沧江—湄公河国际航运合作顺利开展。积极参与亚洲公路网、欧亚公路运输通道连接、东北亚物流系统、中亚区域经济合作、大湄公河次区域经济合作等多边合作。成功举办了中俄边境地区运输合作研讨会和航海夏令营中俄国家年活动。二是与发达国家的交通合作进一步扩大。举办了中美商贸联委会运输工作组第二次会议，商定了中美交通合作行动计划，参与了首次中美经济战略对话。与西班牙、意大利、希腊等重要欧盟国家签订了交通合作文件，完成了与欧盟交通合作备忘录的制订工作。三是与发展中国家的交通合作更加密切。加强与印度尼西亚、马来西亚、巴基斯坦、塔吉克斯坦等国家建立交通部间的合作关系，签署合作文件，组织和参与交通领域各种双边合作活动，为我国交通企业在上述国家承揽公路、桥梁、港口等项目创造了有利条件。我国政府援建的中吉乌公路吉境内部分路段、昆曼公路老挝境内路段顺利完工。塔乌公路顺利开工、巴基斯坦喀喇昆仑公路改扩建工程已签署商务合同。马来西亚槟城大桥、巴基斯坦瓜达尔港一期工程等项目建设取得新进展。四是在多边国际合作中，积极参与了国际海事组织、国际劳工组织、联合国亚太经社会、亚太经合组织、世界贸易组织等多边国际合作，承办了国际航标协会第十六届大会。积极参与了海上安全和保安、防止船舶造成海洋污染、保护海员权利、国际公路运输合作及运输服务贸易市场开放等方面国际规则的制订和修正。通过多种形式与马六甲沿岸各国充分协商，就开展实质性合作、维护海上运输通道安全畅通达成了共识。

（八）行业文明和党风廉政建设取得新的进步

召开了全国交通行业精神文明建设工作会议，明确提出“十一五”行业文明建设要以践行社会主义荣辱观为主线，以开展“学先进、树新风、创一流”活动为载体，把行业文明建设提高到一个新的水平。制定了《全国交通行业“十一五”时期精神文明建设指导意见》和《交通文化建设实施纲要》。继“新时期产业工人的杰出代表”许振超之后，又推出全国重大先进典型“新时期援藏交通工程技术人员的楷模”陈刚毅、“新时期知识型产业工人”孔祥瑞。中央政治局常委、国家副主席曾庆红亲切接见陈刚毅事迹报告团成员并作了重要讲话。组织宣传了青岛港“落实科学发展观、构建和谐社会、创建四好班子”的先进经验，进一步总结推广了“新时期知识型、创新型职工的先进代表”包起帆的先进事迹，开展了“宣传刚毅事迹、弘扬刚毅精神、做刚毅式职工”活动，极大地激发了交通广大干部职工学习先进典型的自觉性和积极性，增强了行业的凝聚力、创造力和进取精神。开展了“长征路上看交通”、“交通行业劳动者之歌”等大型宣传活动。

按照中央的统一部署，以专项治理交通建设领域商业贿赂为重点，围绕建设项目招标投标、工程转包分包、工程设计变更、设备材料采购、质量管理以及收费公路经营权转让，组织开展自查自纠，完善工作措施和制度办法，规范从业单位和人员的行为。截至目前，已查结商业贿赂案件38起。治理工作得到了中央领导和中央治理商业贿赂领导小组的肯定。各地结合交通建设领域商业贿赂专项治理，探索了许多好的经验和办法。

进一步转变交通部门政府职能、工作作风和工作方式。交通各级领导干部深入一线，加强调研，狠抓落实，帮助基层解决实际问题，对涉及交通发展的重大问题深入研究。高度重视人大代表建议、政协委员提案的办复和人民群众来信来访的办理工作。继续推行政务公开，推进电子政务和行业信息网络建设，实现了部与国办、各部委、各省政府内部网络的互联互通。改进审批方式，试行网上审批、“窗口式”办公、联合审批等，精简审批事项。

回顾一年来的工作实践，主要有以下6条体会：

一是必须坚持科学发展的理念。今年以来，交通工作紧密联系交通发展面临的新形势、新特点、新任务和新要求，明确提出在比较好的工作基础上，要牢固树立以人为本、好中求快、全面协调、可持续发展的理念，以新理念、新思路统一交通干部职工特别是领导干部的认识。实践证明，这些发展理念、发展思路体现了科学发展观的本质要求，符合交通实际，对推进交通各项工作起到了重要的指导作用。

二是必须把农村公路建设作为交通工作的重中之重。中央把建设社会主义新农村作为我国现代化进程中的重大历史任务和全党工作的重中之重。农村公路建设是推进社会主义新农村建设的重要内容，是增加农民收入的有效途径，是扩大内需、拉动经济增长的重要措施，也是构建综合交通运输体系的客观要求。今年中央1号文件提出了“十一五”农村公路建设目标。完成中央提出的新要求、新任务，开创农村公路建养管运的新局面，是交通部门的政治责任。实践证明，把农村公路建设作为交通工作的重中之重，符合中央的要求，符合农民群众的意愿，是交通服务“三农”和新农村建设的实质性举措。

三是必须突出重点、量力而行。加强和改进宏观调控关系经济健康发展的全局。一年来，交通工作主动适应和贯彻落实国家宏观调控各项措施，坚持从实际出发，突出重点，统筹兼顾，量力而行，加强薄弱环节，保证“四个重点”，实行“两个倾斜”，强化“两个监管”。实践证明，紧密结合交通实际贯彻落实宏观调控各项措施，促进形成合理的交通结构，是将好中求快的发展要求落到实处的重要环节。

四是必须坚决走出一条资源节约和环境友好的交通发展之路。交通发展面临的资源和环境形势日趋严峻，继续沿用传统的增长方式推进交通发展难以为继。贯彻落实最严格的耕地保护政策和环境保护政策，走自主创新和资源节约、环境友好的交通发展之路，事关国家战略实施、事关交通可持续发展。今年以来，在这方面进一步做了积极探索。实践证明，适应新形势新要求，着力增强创新能力，加快建设创新型和资源节约型、环境友好型交通行业，使交通发展与资源、环境的可承载能力相适应，交通发展就可以充满活力，增强动力，实现可持续发展。

五是必须切实加强安全监管和人命救助。安全是经济发展和社会进步的重要内容。发生交通运输事故，会使人民群众生命财产受到损失，甚至引起社会震动，不仅有违于以人为本的初衷，也有违于构建和谐社会的要求。实践证明，更新安全理念，强化安全意识，加强安全监管，完善应急机制，提高预控及处置事故险情和人命救助的能力，做到认识到位、工作到位、责任到位、措施到位，始终把安全工作放在交通工作的突出位置，这是保持交通平稳发展的重要前提。

六是必须深化行业文明建设。人是做好一切工作的决定性因素。做好交通各项工作，要靠交通广大干部职工的拼搏和努力，靠职工队伍政治素质、思想道德素质和科学文化素质的不断提升。实践证明，实现交通又好又快发展，必须不断推动行业文明建设向纵深发展，不断提升行业文明程度，促进物质文明建设和精神文明建设协调发展。

2006 年交通工作取得的成绩来之不易，这是党中央、国务院正确领导的结果，是各有关部委、地方政府关心重视的结果，是人民群众积极支持的结果，也是交通广大干部职工努力拼搏的结果。在此，我代表交通部党组，向交通广大干部职工、离退休老同志表示衷心感谢！向关心支持交通工作的有关部委和地方政府、向广大人民群众表示衷心感谢！

二、对做好“三个服务”的认识和要求

不久前召开的中央经济工作会议，深入分析了当前国内经济形势和国际经济环境，全面总结了今年的经济工作，部署了明年的经济工作，这对于深入落实科学发展观，加快构建和谐社会，统一全党认识，团结带领全国各族人民做好明年的经济发展工作，具有十分重要的意义。我们一定要把思想认识切实统一到中央经济工作会议精神上来。

今年 7 月召开的建设创新型交通行业工作会议上，部党组明确提出在建设创新型交通行业的过程中，要做好“三个服务”。服务国民经济和社会发展全局；服务社会主义新农村建设；服务人民群众安全便捷出行。“三个服务”逐步为交通系统广大干部职工所认同。我们要把握全面落实科学发展观的本质要求，结合交通实际做好“三个服务”，切实把中央经济工作会议精神落实到各项工作中去。

做好“三个服务”，必须深化对交通运输本质属性的认识。马克思在《资本论》中对交通运输的作用作过经典的论述：商品在空间上的流通，即实际的移动，就是商品的运输，这

种位置的变化就是向乘客和货主提供的“服务”。我国经济产业布局中，交通运输一直是重要的基础产业之一，发挥着支撑经济发展、引导生产力布局、沟通城乡、保障国家安全和社会稳定的基础性作用，公路、港口、航道等公共设施和公共产品，直接承载着“人和物空间位置移动”的运输服务，为商品流通和人员流动提供基本条件。正因为如此，交通运输的服务属性十分突出，在国民经济产业构成中又属于服务业范畴。交通运输提供的生产性服务，面向国民经济的所有生产部门，服务过程贯穿于社会生产、流通的各个方面，是与国民经济其他生产部门关联度最高的行业之一；交通运输提供的消费性服务，与人民群众的生活息息相关，是惠及千家万户的普遍性服务，服务对象涵盖所有社会群体和个体。因此，服务是交通运输的本质属性。十届全国人大四次会议批准的《国民经济和社会发展第十一个五年规划纲要》，明确把交通运输定位为服务业，并作为服务业中优先发展的领域，这对搞好交通工作，有着重大的现实意义和长远的战略意义。

首先，发展服务业是我国当前和今后较长时间经济发展的重要增长点。国际经验表明，服务业加速发展期一般都发生在一个国家由中低收入水平向中上收入水平转变的时期。我国经济发展目前正处于这样的历史阶段。把交通运输定位为服务业，意味着交通运输是我国经济发展的战略重点之一。其次，发展服务业不仅能扩大就业，而且能满足人民群众的消费性需求。随着人民群众生活水平的不断提高，参与交通活动愈加频繁，交通服务内容、服务方式、服务质量发生了新的变化。把交通运输定位为服务业，意味着全面建设小康社会和构建和谐社会对交通运输提出了新的要求。第三，发展服务业是提高整体国民经济效益的重要途径之一。交通运输是传统服务业，运用现代经营方式，依托信息技术，提高交通运输的机动性、便捷性，降低运输成本，就能促进整体国民经济效益的提高。把交通运输定位为服务业，意味着交通运输要由传统产业向现代服务产业转变。

在深化认识交通运输本质属性的基础上，我们必须站在世界交通发展趋势、发展规律的角度审视中国交通发展水平，站在我国国民经济发展全局的角度审视交通适应能力，站在人民群众对交通需求的角度审视交通服务水平，站在行业以外的角度审视交通存在的问题，进一步强化服务意识，提高服务能力，改进服务水平，努力做好“三个服务”。

服务国民经济和社会发展全局。这是交通工作的总任务。做好这个服务，就要按照中央的决策部署，根据经济社会发展和改革开放的要求，统筹规划，科学安排，强化管理，抓好公路水路交通基础设施建设，加强能源、重点物资、农副产品、外贸货物的运输保障，做好抢险救灾的应急运输，实现覆盖范围更广、服务水平更高的货畅其流、人便于行，把运输保障和运输服务落在实处。

服务社会主义新农村建设。这是交通工作的重中之重。之所以单独提出服务新农村建设，是因为解决“三农”问题、建设新农村在经济社会发展全局中具有至关重要的作用，是我国全面建设小康社会的关键所在，是我国实现现代化的关键所在，是构建和谐社会的关键所在。做好这个服务，就要积极落实中央建设社会主义新农村的部署和要求，把加强农村公路建设作为重中之重，从农村公路面广、量大、保通保畅任务重的实际出发，因地制宜地推进农村公路建设，解决好建养管运的问题，为农村经济发展、农业产业结构调整、农民增收提供良好的交通条件。

服务人民群众安全便捷出行。这是交通工作的根本要求。社会公众从最基本的出行要求到安全便捷的更高诉求，是经济发展和社会文明进步的重要标志。交通发展为了人民，交通发展依靠人民，交通发展成果由人民共享，这是交通坚持为人民服务的根本宗旨，是实现好、维护好、发展好最广大人民根本利益的本质所在。做好这个服务，就要坚持以人为本，把安全放在交通工作的突出位置，既要重视交通基础设施建设中的安全监管，落实安全生产责任制，又要不断提高交通基础设施的安全性，让人民群众出行放心；就是要不断增加交通有效供给能力，不断提高运输服务的效率、质量和水平，让人民群众出行满意。

“三个服务”相互联系，相互促进，是一个有机的整体。“三个服务”的提出，既是对多年来交通实践经验的总结，也是对交通发展规律认识的深化，更是对交通工作全面落实科学发展观本质要求的新认识。

长期以来，交通处于对经济社会发展的瓶颈制约状态，基础设施严重不足，往往容易注重基础设施的建设，而对发挥现有设施的效率和提高服务水平关注不够，重于增长、轻于服务。随着我国国民经济转入科学发展的轨道，交通增长转型的任务越来越紧迫，发展模式、发展重点、有效供给必须随着需求变化而加以调整。强调做好“三个服务”，就是要求交通工作必须服从、服务于经济社会发展全局，从人民群众的根本利益出发，转变发展理念、明确发展内涵，注重依靠科技进步和管理创新促进科学发展，实现交通由外延式的粗放型增长向内涵式的集约型增长转变、由以生产增长为导向的发展向以服务质量为导向的发展转变。这是交通工作贯彻落实科学发展观的本质要求、实现交通又好又快发展的必由之路。

当前，我国正处在全面建设小康社会、构建社会主义和谐社会的关键时期，交通发展既有良好机遇也有严峻的挑战，准确把握面临的机遇与挑战，是做好“三个服务”的重要前提。交通发展面临的机遇主要体现在以下几个方面：一是中央已经把优先发展服务业作为拉动国内消费需求、转变增长方式的重要途径，并把建设社会主义新农村、增加农民收入作为拉动国内消费需求的重要方面。交通作为服务业中优先发展的领域，将在拉动国内消费需求和建设社会主义新农村方面发挥更大的作用。二是中央把努力解决城乡发展不协调、地区发展不协调作为加快调整经济结构的重点任务，交通在沟通区域和城乡之间的纽带作用将会更加凸显。三是中央把解决民生问题摆在更加突出的位置，解决人民群众出行问题已经成为构建和谐社会的重要组成部分。四是发达国家已经把经济发展的重心转向服务业，全球产业结构呈现出由“工业型经济”向“服务型经济”转型的趋势。这就要求不仅要发展国内便捷的交通服务业，而且要积极发展现代物流业，加快建设连接全球服务系统的运输网络。

与此同时，交通发展也面临着严峻挑战。一是我国的服务业正在由传统产业向现代产业迈进，交通是传统产业，如何向现代服务业转型还没有破题。二是资源、环境对交通发展提出的要求越来越高，还没有走出一条资源节约和环境友好的交通发展路子。三是建设综合交通运输体系已经成为交通发展的迫切要求，我们还没有探索出积极促进建立完善综合交通运输体系的有效途径。四是随着人民生活水平的提高，人们选择交通方式的理念正在发生重大变化，安全、便捷、舒适、高效及个性化需求增强，对交通提出了新的更高要求。

尤其应该强调的是，面对上述这些机遇与挑战，还要看到目前交通发展中存在的突出矛盾和问题。交通结构不尽合理，有效供给不足，仍不适应经济社会发展的要求；公路、水路交通与其他运输方式相互衔接不够，运输效率不高，也不适应综合运输体系的要求；交通增长方式还比较粗放，资源消耗多，质量效益有待提高；交通面临的环境压力增大，与环境友好型的发展要求有差距；交通事故仍时有发生，安全形势不容乐观；交通行业管理水平还不高，与以人为本、建设服务型政府的要求有差距。我们一定要认真对待这些突出矛盾和问题，紧紧抓住机遇，积极应对挑战，调整交通结构，转变增长方式，注重推进创新，强化行业管理，不断提高“三个服务”的水平。

——调整结构，这是做好“三个服务”的重要保障。交通结构调整既是落实加强和改进宏观调控的具体体现，也是推进交通又好又快发展的重要措施。要妥善处理好4个关系：公路水路交通与国民经济和社会发展的关系；公路水路交通与综合运输体系的关系；公路交通与水路交通的关系；公路水路交通各自内部的关系。当前要重点抓好投资结构、基础设施结构和运输结构3个层面的优化与调整。优化投资结构，就是要保证“四个重点”，实行“两个倾斜”。调整基础设施结构，是公路水路交通产业升级的重点，特别要重视薄弱环节的建设。运输结构调整，要引导运输管理、运输组织结构和运力结构向信息化、专业化和规模化方向发展，促进运输产品多样化。积极做好各种运输方式的衔接，加快主要运输通道和运输枢纽建设，促进综合交通运输体系的完善，为经济社会健康有序运行，提供畅通有效的运输服务。

——转变方式，这是做好“三个服务”的有效途径。依靠科技进步、优化资源配置、提高运输效率、创新管理模式以及提高人的素质，实现由粗放型增长转变为集约型增长。当前，要高度重视能源、资源和环境对交通发展的刚性约束，切实摆正交通发展与资源节约和环境保护的关系，把资源节约、环境友好作为推动交通增长方式根本转变的重要抓手，走出一条资源节约、环境友好的交通发展路子。要结合行业实际制定产业政策，落实各项措施，下最大决心、用最大气力，科学合理利用土地、岸线等稀缺资源，切实保护环境，加强节能降耗，发展交通循环经济，实现交通可持续发展，为做好“三个服务”不断创造新的条件，开辟新的途径。

——注重创新，这是做好“三个服务”的内在动力。不断提高行业创新能力，激发创新活力，增强创新实力，加快创新型交通行业建设。坚持以理念创新为先导，科技创新为引领，体制机制创新为动力，政策创新为保障，做到发展要有新思路，改革要有新突破，工作要有新举措，作风要有新转变，方法要有新创造，业绩要有新成效，为做好“三个服务”不断注入新的活力和动力。

——强化管理，这是做好“三个服务”的坚实基础。综合运用法律、经济和必要的行政手段，培育和建立统一开放、竞争有序的运输市场。加快政府交通部门的职能转变，强化社会管理和公共服务职能，建设服务型政府，在服务中实施管理，在管理中体现服务，增强政府交通部门的行政执行力和公信力，推进交通政务公开，规范行政权力运行。进一步创新交通公共服务体制，健全完善惠及全民的交通公共服务体系，着力解决交通建设、运输管理、安全监管中直接关系到人民群众切身利益的问题。把安全理念牢牢植根于交通规划、生产建设、管理服务各个环节，建立快速高效的应急反应和安全防控体系，提高事故预防、人命救助和事故处理能力，为广大人民群众安全便捷出行，提供满意放心的运输服务。

总之，努力做好“三个服务”，既是交通工作贯彻落实科学发展观的根本要求，也是做好交通工作的时代要求。我们一定要不断增强做好“三个服务”的主动性、积极性和创造性，并在实践中不断深化、丰富和完善，加快推进交通由传统产业向现代服务业转型的进程，为经济社会发展当好先行，提供保障。

三、2007 年的交通主要工作

2007 年交通工作的总体要求是：以科学发展观为统领，认真贯彻落实加强和改善宏观调控各项措施，突出“四个着力”，调整结构，转变方式，注重创新，强化管理，努力做好“三个服务”，推进交通事业又好又快发展。

主要是做好以下 8 个方面的工作。

（一）坚持质量速度结构效益相协调，加强重点项目建设管理

继续深入落实中央宏观调控各项措施，调整结构，突出重点，切实加强工程质量管理，提高工程的耐久性，有效推进公路水路重点项目建设。

1. 加强专项规划编制和重点项目前期工作。一是完善和整合西部大开发、东北振兴、中部崛起、长三角、泛珠三角和环渤海等区域公路水路交通规划。二是争取尽快批准《全国内河航道和港口布局规划》，启动主要水系航运规划的修编和长江口航道规划编制工作。组织港口普查试点工作。加快主要港口规划审查审批工作。继续协助完成省级港口布局规划审批工作。三是颁布国家高速公路网命名编号方案，组织开展国道网调整研究。四是审批并组织实施国家公路运输枢纽规划，推进枢纽城市公路运输枢纽总体规划的编制和审批工作，开展特大型城市公路客运枢纽换乘系统规划建设试点。五是抓紧研究公路、水路交通结构调整的近期、中期和长期的思路，进一步提高公路水路建设项目前期工作深度，保持合理的建设规模和前期工作周期。六是改进和完善交通经济运行分析制度，改革交通统计制度，健全工作体系，完善指标体系，充分发挥统计分析的预测、预警功能。

2. 确保完成“五纵七横”国道主干线建设任务，加强国家高速公路网建设。明年计划建成高速公路 5 000 公里以上。要坚持速度服从质量，加强管理和实施力度，确保明年底完成“五纵七横”国道主干线系统最后 2 385 公里的建设任务，履行本届政府既定的目标。继续加快西部开发 8 条省际通道建设。积极协调有关部门做好国家高速公路网建设项目的审批、环评等工作，以解决断头路、区域通道贯通路段为重点，积极抓好新开工项目，继续抓好续建项目。加强公路水路运输站场建设，严格收费公路服务区的建设标准和建设规模。

加强公路养护管理，落实养护资金。加强桥隧设施的养护监管，大力推行预防性养护，提高通行保障能力。

3. 加强沿海煤油矿箱大型专业化码头和深水航道建设。重点是上海国际航运中心洋山深水港区集装箱码头、天津港北港池集装箱码头、大连港大窑湾港区二期、营口港鲅鱼圈港区四期工程、唐山港曹妃甸港区和京唐港区煤炭码头、天津港 30 万吨级原油码头、青岛港前湾港区 30 万吨级油码头、连云港庙岭三期突堤工程、广州港南沙港区二期工程等项目建设，推进沿海港口结构调整。继续加快进出港深水航道建设，重点建设长江口深水航道治理三期工程、大连大窑湾港区航道工程、天津港 25 万吨级航道工程、营口鲅鱼圈 15 万吨级航道工程、连云港 15 万吨级航道工程、深圳铜鼓航道工程等。

4. 加快推进以长江黄金水道为重点的内河水运建设。建设长江黄金水道，对于节约能源、减少污染、提高运输效率等都具有重要的意义。要积极组织实施长江黄金水道建设总体

推进方案，分阶段有步骤地对长江上中下游主要碍航航段进行整治，改善通航条件。继续做好三峡船闸完建期的通航保障工作，积极推进南岸翻坝公路和升船机建设，推进船型标准化，做好库区进一步抬高蓄水位的各项准备工作。建成湘江株洲航电枢纽，加快嘉陵江航电枢纽建设，稳步推进西江、松花江等内河重点项目。开工建设西江桂平二线船闸工程。

5. 整顿规范建设市场秩序，推进建设项目管理创新。一是建立信用评价体系和评价标准，健全完善黑名单制度。构建统一的从业单位和从业人员信用管理平台，加强履约检查，对履约差、信誉差的企业，依法清退或限制其进入交通建设市场。推进交通建设市场信用体系建设，扩大试点面。二是继续落实工程建设四项制度，完善工程质量保证体系和监督管理体系，加强动态监管。三是改进和创新工程项目管理模式，积极推广现代大型工程项目组织、造价控制等专业化管理方式，对典型示范工程项目管理加强指导，促进项目管理精细化、信息化。引进新工艺、新技术、新材料、新设备，提高工程建设管理水平，提高投资效益。四是杜绝工程发包暗箱操作，规范业主行为，查处工程转包、违法分包行为，严禁试验数据造假。进一步规范劳务用工制度。五是开展建设市场和安全专项督查。重点是在建项目基建程序和质量法律法规执行情况，工程勘察、设计、施工、监理各环节以及施工工期、主要控制工程、细部工程的质量管理情况。六是加强标准规范的制定和修订工作，减少强制性规范。开展项目法人、评标专家和一线工程人员培训。

（二）坚持建养管运并重，全面加强农村公路建设

明年新改建农村公路30万公里，其中中央投资计划安排建设农村公路21万公里。要继续落实省部协议，坚持尽力而为、量力而行，充分发挥中央和地方两个积极性，把中央精神和各地实际有机结合起来，健全完善各项措施，推进农村公路建养管运一体化。

一是建立部省工作协调机制和建设目标考核制度，加强与有关部门的协调，把农村公路建设纳入当地社会主义新农村建设总体规划，同部署、同实施。二是继续加大资金投入，坚持中央投资向中西部倾斜。研究改进和完善中央投资管理方式，鼓励实行“以奖代补”政策。加强资金监管，提高资金使用效率。积极搭建农村公路建设投融资平台。鼓励农民群众积极投工投劳，参与本乡、本村的道路建设。三是推广因地制宜的技术标准和新材料、新工艺，加强技术交流和人员培训工作。采取符合农村公路建设特点的质量管理办法，充分发挥农民群众的监督作用，抓好督促检查，把好质量关。四是加强农村公路养护管理，继续推进农村公路养护体制改革，努力做到机构落实、责任落实、人员落实、资金落实。五是加大农村公路渡口改造、渡改桥以及防护工程建设力度，提高抗灾能力和安全保障水平。六是继续加快农村客运网络化建设，落实燃油补贴政策，推进路站运一体化和城乡客运一体化进程。

（三）加强运输市场监管，提高运输服务水平

要按照建立统一开放、竞争有序的交通运输市场的要求，进一步规范市场秩序，提高运输保障能力。

1. 加强和改进运输市场监管手段。一是严格市场准入，制定推行以服务质量招投标为主要内容的道路客运班线经营权制度，提高水路运输市场准入标准。二是建立健全运输市场信用机制，推进交通行业信用体系建设，建立运输企业诚信档案、信用等级制度，落实运输

企业质量信誉考核制度。三是依靠科技和信息手段，加强有效监管。争取两年内建立起全国道路运输信息系统，对客货营运车辆、营运驾驶员、道路运输违章处罚信息实行联网查询；建立省级道路运管机构 GPS 监控平台，长途客车、危险品运输车和大型货车安装车载监控终端。四是严厉打击无证经营、违章经营，保护合法经营者和旅客、货主的权益，净化市场环境。继续开展清理违规减免“特权车”、“人情车”通行费专项工作。贯彻国办文件精神，加强养路费征收管理。五是以国际班轮运输为重点，整顿和规范国际海运市场秩序。六是积极发挥中介组织作用，规范中介组织行为。

2. 加强运输组织协调，保障重点物资和紧急物资运输。精心组织春运和黄金周的旅客运输工作。建立重点物资运输保障体系，加强煤、油、矿等重点物资和粮食、农资以及城乡居民生活用品的运输。健全完善防灾抗灾应急机制和应急预案，强化公路路网的应急保通能力。继续完善和扩大全国“绿色通道”网络建设，促进省际互通成网，进一步便利鲜活农产品运输。鼓励发展甩挂运输、厢式运输等先进运输组织方式，提高运输效率。

3. 加强五星红旗船队建设，提高综合竞争力。积极研究采取有效措施，扩大五星红旗船队规模，保障国家经济安全。改善船舶运力和组织结构，加快进口能源、重要原材料运输国轮船队建设，促进船队经营规模化、集约化，提升整体发展水平。

4. 继续加强车辆超限超载治理。综合运用法律、行政、经济和技术管理手段，建立健全车辆超限超载治理长效机制。进一步强化路面联合执法的工作机制和部门联动的协调机制，加快推进治超检测站点规范化建设和信息管理系统建设，力争用两到三年时间，逐步完善全国治超监控网络。研究加强超限超载运输源头监管的政策措施，继续稳妥推广计重收费。

（四）提高交通安全监管和人命救助能力，完善应急保障机制

要不断总结经验教训，改进和完善水上、道路、基础设施建设安全监管机制，落实责任制，切实做到“安全第一、预防为主、综合治理”。

1. 加强水上安全监管和救助能力建设。坚持按照规划，加强水上安全防控、监管和搜救体系建设，加大资源整合力度，加强海事监管、专业救助装备和队伍建设。继续完善重点水域、重点船舶、重点时段和重点环节的监管措施，建立水上交通安全长效机制。继续深化渡口渡船安全专项整治，加快海船更新改造和老旧客滚船淘汰步伐，完善载货汽车滚装码头危险品检测手段。督促乡镇船舶进一步落实安全生产责任制，加强旅游船安全管理，组织低质量船舶专项整治的验收。加快淘汰非标准船，改善船舶技术状况。深入开展交通平安建设，抓好 15 项具体措施的落实。加强港口治安防控体系建设，维护港航治安稳定，建立健全港口安全评估制度和体系，启动建设全国港口保安信息系统。

2. 推进道路运输安全管理长效机制建设。继续按照“三关一监督”的要求，加强道路客运和危险货物运输安全管理，开展道路运输企业安全评估。监督道路运输企业切实履行安全生产主体责任，认真解决挂靠车辆安全管理缺失问题。

3. 加强交通建设项目施工安全监管。进一步强化各级交通质量监督机构的作用，继续深化施工安全专项整治。开展行业施工安全技术研究，加快行业安全标准、规程的修订。规范工程安全事故统计工作。完善重大施工安全事故预控机制，做到抓关键、早预防。

4. 加强交通安全应急体系建设。加快编制《交通突发公共事件应急体系建设规划》，完善公路水路交通突发公共事件应急体系，提高应对公共突发事件的能力，提高事故预防、处置和救助能力。深入开展公路水路交通各类突发公共事件风险普查和监控，加快交通应急平台建设，完善应急预案，加大公共安全设施建设投人，继续组织好公路交通安全保障工程、危桥改造工程、干线公路灾害防治工程及公铁立交安全整治，确保道路运输安全畅通。

5. 加强从业人员职业资格管理。加快交通行业关键专业技术岗位职业资格制度建设，重点建立危险货物运输从业人员、船舶检验人员、机动车检测维修人员职业资格制度和注册管理制度，推进驾驶员素质教育工程，提高从业人员的职业道德水平和安全保障能力。实施交通产品认证制度，提高安全保障水平。

（五）深化管理体制和运行机制改革，提高行业管理水平

研究提出高速公路管理体制改革指导意见。积极稳妥地推进引航管理体制改革，研究指导港口、航运管理一体化行政管理体制改革，加强经营性港口招商规范性研究。结合事业单位改革，逐步理顺管理体制，稳步推进综合执法体制改革试点。推进经营性公路建设项目投资人招标投标工作，规范多元化投融资的运行机制。深化投融资体制改革，充分发挥政府投资的导向作用，积极争取国内外信贷资金支持，拓宽筹融资渠道。

按照《关于进一步规范收费公路管理工作的通知》要求，严格把好建设项目立项、站点设置、收费权转让、收费性质界定和资金监管“五个关口”，进一步规范收费公路的审批、站点设置和管理工作，组织开展公路经营权转让清理整顿工作。

一是调整结构，控制规模。要以非收费公路为主，适当发展收费公路。从严控制二级收费公路建设项目的审批，东部地区按照《收费公路管理条例》规定，不再发展新的二级收费公路，中、西部地区要严格控制增设新的二级公路收费站，逐步实现收费公路集中在高速公路和部分一级公路的目标。

二是统贷统还，撤并站点。健全完善“统贷统还”制度，逐步撤并现有二级公路收费站点。建立高速公路与其他收费公路统筹发展机制，减少二级收费公路的规模。完善相关制度，加强对通行费收支及价格的监管，规范收费行为和资金使用，提高透明度。

三是政府主导，严格监管。要严格界定政府还贷收费公路与经营性收费公路，严格收费公路经营权转让行为，严格控制经营性收费公路规模，强化政府在收费公路投资、管理中的主导地位。任何单位不得以任何形式非法设立经营性公路或人为改变还贷公路性质。对未依法转让收费权，将政府还贷公路按经营性收费公路建设管理的，要坚决进行清理和属性归位。加大政府监管力度，督促收费公路经营管理者在运营管理中更好地体现公众利益和社会责任。

（六）加强交通法制建设，扩大交通对外交流合作

坚持依法行政、依法治交，推进交通法制建设，扩大对外交流合作，为交通发展创造良好环境。

进一步加快立法和制度建设步伐。抓好《船员条例》、《防治船舶污染海域环境管理条

例》、《海上交通安全法》、《国内水路运输管理条例》和《航道法》的制定修订工作，推进《公路保护条例》、《水域搜寻救助条例》、《潜水条例》的起草工作，加快《收费公路管理条例》配套法规建设。实施新的《交通法规制定程序规定》，推动交通立法工作科学化、规范化、制度化。推行交通行政执法责任制，规范交通行政执法，推出一批示范单位。加强行政复议工作。

继续扩大对外合作交流。深化与周边国家的合作交流。落实中国—东盟交通合作项目，签订中国—东盟海运协定；组织实施大湄公河次区域六国便利运输协定，推动上海合作组织成员国政府间国际道路运输便利化协定的制订；推动中巴、中吉乌、塔乌和中蒙俄等重要国际公路运输通道的建设，加快中俄重点界河桥建设，加强中日韩海上运输与物流领域的合作。扩大与发达国家的合作交流。进一步落实中美海运协定、交通科技合作谅解备忘录和中美商贸联委会运输工作组第二次会议行动计划项目，与欧盟委员会签订交通合作谅解备忘录。促进与发展中国家的合作交流。落实中非合作论坛北京峰会成果，争取在中非合作基金的框架下组织培训项目。积极参与多边合作交流。继续做好与马六甲海峡沿岸国在能力建设、信息交流和人员培训方面的合作；进一步加大参与国际海事组织工作的力度，积极参与和影响海运业国际规则的制订和修正；全面开展关于批准和履行《2006 年国际海事劳工公约》的研究；继续推动亚太经合组织成员间运输领域的自由化和便利化。积极实施“走出去”战略，为交通企业开拓海外市场创造条件。

（七）加快创新型交通行业建设，提高节能降耗水平

以提高行业创新能力为重点，转变交通增长方式，在落实资源节约、环境友好要求上尽快取得实质性进展。

充分发挥交通科技的支撑和引领作用。一是组织实施“国家高速公路不停车收费与服务系统”、“苏通大桥建设关键技术研究”、“远洋船舶压载水净化和水上溢油应急处理关键技术研究”等国家科技支撑计划项目，加强国家“863 计划”现代交通技术项目科研攻关，抓好公路交通安全、沥青路面长期使用性能、桥梁耐久性等关键技术的研究。二是强化科技成果推广应用，组织实施四川雅泸高速公路等一批科技示范工程，推广农村公路建养技术、废旧橡胶粉应用于筑路技术和公路旧桥检测评定与加固技术等成果的应用。三是推动科技创新体系建设，组织开展新一轮交通行业重点实验室认定工作，促进产学研相结合，管好用好科研经费。四是大力推进电子政务，加快交通行业专网基础设施和网络信息体系建设，巩固部网站建设成果，完善公路水路管理信息系统及交通科技信息资源共享平台建设，加快交通电子口岸建设，抓紧制定相关标准和管理办法，进一步提高行业监管和服务水平。五是以高层次创新型人才培养为重点，推进交通专业技术人员和创新人才培养平台建设，创新管理干部队伍、专业技术人员培养机制，进一步加强领导干部、管理干部和人才队伍建设，建立完善交通人力资源支持保障体系。

切实转变交通增长方式。落实最严格的耕地保护制度和环境保护政策，把资源节约、环境友好的要求切实落实到交通规划、设计、建设和管理各个环节，努力实现节约发展、绿色发展。要研究提出资源节约型、环境友好型交通行业发展政策和评价指标体系以及发展模式。一是节约土地、岸线资源。继续开展公路环保示范工程和水运环保示范工程的建设，推

动交通预算项目绩效评价试点工作。二是节约能耗。大力发展交通循环经济，推进工业废物综合利用，再生资源回收利用，扩大废弃路面材料的回收利用，研发推广能源替代、材料再生等新技术，调整优化交通能源消费结构，引导和鼓励发展客货运输配载中心，降低车船空载率。三是污染减排。加快车船技术装备升级换代，逐步淘汰高耗能、污染大、安全性能低的车辆、船舶，推进建立主要耗能装备市场准入和退出机制。四是建立交通节能指标体系。落实加强节能工作的指导意见，健全节能工作组织体系，抓紧研究交通循环经济指标体系、交通节能管理标准规范以及用能考核指标体系，抓紧编制《交通行业节能中长期规划》，开展节能工作交流、培训和技术信息服务。加强政府采购管理，增收节支。

（八）加强行业文明建设，继续开展治理商业贿赂工作

贯彻落实"十一五"行业精神文明指导意见和交通文化建设纲要，以学习实践社会主义荣辱观为主线，深入开展"学、树、创"活动，扎实推进行业文明创建活动，提高交通职工的整体素质。进一步完善行业文明建设长效机制。加大交通宣传力度，继续组织开展宣传学习许振超、陈刚毅、包起帆、孔祥瑞、青岛港等先进个人和先进集体活动，弘扬新时期交通行业精神，宣传党的十六大以来交通发展成就，营造良好的舆论环境。开展"知荣辱、讲正气、树新风、促和谐"、"共铸诚信交通"、"文明礼仪伴我行"以及创建学习型组织等主题实践活动，丰富群众性创建活动，提升行业文明建设水平。开展"文明执法"主题活动，加强交通执法队伍建设和管理，规范交通执法行为，提高文明执法水平。开展"创建文明机关，争做人民满意公务员"主题活动，不断强化"立党为公、执政为民"的意识，倡导"负责、创新、协作、廉政"精神，积极推进政府职能转变、机关作风转变、工作方法转变，发扬求真务实精神，加强调查研究。要进一步加强舆论宣传工作。开展交通文化建设研究，培育交通文化建设示范单位，组织实施"五个一工程"，将全行业文化建设提高到一个新水平。这里强调一点，各级交通部门要高度重视和关心离退休老同志、困难职工的生活，在现有基础上，为改善他们的生活创造条件，营造和谐的交通发展环境。

加强从源头上防治腐败的力度，健全具有交通特色的惩治和预防腐败体系，深入开展治理商业贿赂工作，努力打造廉政交通。继续把交通基础设施建设领域工程招标投标等6个环节作为重点，加大防治工作力度，坚决查处违规违纪行为，推进商业贿赂治理工作，推进政府采购。加强对权力运行的监督制约，深入推进政务公开，实施"阳光工程"。完善廉洁从政教育监督机制，强化对领导干部的监督制约，健全和完善"三重一大"集体研究决定的制度。进一步发挥内部审计的作用，继续加强和深化领导干部任期经济责任审计等工作。加大监察力度，重点对党中央国务院关于科学发展观和构建社会主义和谐社会方针政策的贯彻落实情况、"五不准"执行情况及党风廉政建设责任制落实情况进行监察，保障党风廉政建设各项政策制度落到实处。加大政风行风建设力度，切实解决损害人民群众利益的突出问题。继续巩固治理公路"三乱"成果，严防出现反弹。进一步加强对征地拆迁补偿费和农民工工资到位情况的监督，防止发生新的拖欠。

同志们，2007年的交通工作任务艰巨繁重，关键是狠抓落实。我们要在以胡锦涛同志为总书记的党中央领导下，全面落实科学发展观，以更加扎实有效的工作，推进交通又好又快发展，为全面建设小康社会和构建和谐社会作出新的贡献，迎接党的十七大胜利召开。

认真贯彻党的十七大精神
努力提高交通“三个服务”的能力和水平
——李盛霖部长在2008年全国交通工作会议上的讲话
（2008年1月5日）

同志们：

2008年全国交通工作会议的主要任务是：认真贯彻党的十七大精神，高举中国特色社会主义伟大旗帜，以邓小平理论和“三个代表”重要思想为指导，深入贯彻落实科学发展观，总结2007年和十六大以来的交通工作，分析交通发展面临的形势和任务，按照中央经济工作会议的部署和要求，安排2008年的工作。

党中央、国务院非常重视和关心支持交通工作。胡锦涛总书记、吴邦国委员长、温家宝总理等中央领导同志多次对交通工作作出重要批示和指示。曾培炎副总理致信交通工作会议，充分肯定了多年来交通工作取得的成绩，就深入贯彻党的十七大精神，落实中央经济工作会议的部署，做好今后一个时期的交通工作提出了明确要求。我们要认真学习，抓好落实。

下面，讲3个问题。

一、2007年和十六大以来的交通工作

2007年，交通工作坚持以科学发展观为统领，深入贯彻中央确定的经济工作大政方针，围绕做好“三个服务”，转变发展方式，调整交通结构，注重推进创新，强化行业管理，促进又好又快发展，完成了各项任务，取得了新的成绩。主要体现在8个方面：

（一）长远发展规划编制提高到新的水平

去年，国务院先后批准实施《全国内河航道与港口布局规划》、《国家水上安全监管和救助系统布局规划》。这两部规划与《国家高速公路网规划》、《农村公路建设规划》、《全国沿海港口布局规划》等，共同构成了覆盖国家高速公路、农村公路、沿海港口、内河航道与港口、水上安全监管和人命救助等较为完整的交通长远发展规划体系。完成了国家高速公路网路线规划和命名编号方案。发布了《国家公路运输枢纽布局规划》。进一步整合区域交通发展规划，编制完成了《公路水路交通基础设施区域规划纲要》、《西部地区公路水路交通发展规划》。开展了沿海主要港口集装箱港区疏港高速公路方案和建设规划编制工作，启动了流域水运规划修编工作。简化了国家高速公路网建设项目审批程序。出台了进一步加强民族地区交通工作的意见。

（二）公路水路重点项目建设取得新的突破

全年完成交通固定资产投资7 500亿元。经过15年的不懈努力，总规模约3.5万公里的

"五纵七横"国道主干线系统比原规划提前13年基本贯通，实现了本届政府的既定目标。国家高速公路青岛至莱芜段、景德镇至鹰潭段、重庆至遂宁段等建成通车，全年建成高速公路近8 300公里，是历史上建成里程最多的一年。西部开发8条省际通道建设完成总量的80%。苏通长江大桥、杭州湾跨海大桥、舟山连岛工程西堠门大桥合龙。预计全年新增公路通车里程11.6万公里。到去年底，全国公路通车总里程达357.3万公里，其中高速公路5.36万公里。有21个省区市高速公路里程超过1 000公里，其中，河南、山东两省突破4 000公里；江苏、广东两省突破3 000公里，河北、浙江、云南、湖北、安徽、陕西、江西7省超过2 000公里。

煤油矿箱等大型深水专业化码头和港口深水航道建设继续推进。上海国际航运中心洋山深水港区二期工程、秦皇岛港煤码头四期和五期扩容工程、营口港鲅鱼圈15万吨级航道工程等竣工验收，上海国际航运中心洋山深水港区三期工程、唐山港曹妃甸港区工程以及长江口深水航道治理三期工程、深圳铜鼓航道工程等项目进展顺利。长江黄金水道建设总体推进方案加快实施。长江航道整治工程、京杭运河扩能改造工程扎实推进，杭甬运河改造工程基本完成。株洲航电枢纽基本建成，松花江大顶子山航电枢纽工程主体完工，嘉陵江、右江、汉江等航电枢纽项目加快建设。全年建成港口泊位300个，其中万吨级深水泊位200个，新增吞吐能力5.37亿吨，改善内河航道里程342公里。到去年底，我国港口共拥有生产性泊位35 753个，其中万吨级深水泊位1 403个；内河通航里程12.3万公里，其中50%为等级航道。

加强工程建设质量监管和规范交通建设市场秩序。推进施工企业信用评价体系建设，建立工程质量信息统计分析制度。开展了以高速公路、大跨径桥梁、长大隧道为重点的工程建设质量安全督查和试验检测专项治理活动。内河航运建设质量年活动圆满结束。高速公路路基、路面工程抽检指标总合格率达99.2%，桥梁工程达96.5%。进一步强化了建设项目资金安全与使用效益监管，出台了交通部门预算项目绩效考评试点办法，对重点项目和农村公路项目资金使用进行了检查。

（三）农村交通发展取得新的成效

按照2006年、2007年中央1号文件的要求，部与29个省区市签署了共建农村公路的意见，建立了部省工作协调机制和建设目标考核制度。进一步加大资金投入，车购税投资同比增长61.5%，占车购税总投资的44.1%。改进了农村公路计划管理方式，完善了农村公路基础数据和电子地图，建立了农村公路项目库和动态更新管理机制。进一步完善了农村公路建设"政府监督为主、群专结合"的质量监管模式，组织开展了质量回访活动。推广了四川仪陇尊重农民意愿、实行民主决策，广东徐闻多渠道筹资建设农村公路的经验。北京、天津、上海、江苏、河南等省市具备条件的建制村全部通了沥青（水泥）路。全年新改建农村公路42.3万公里。到去年底，乡镇通公路率达98.54%，建制村通公路率达88.15%。农村公路养护管理制度建设和标准规范制定取得进展，起草了《农村公路养护管理暂行办法》和《农村公路养护技术指南》，26个省区市出台了农村公路养护体制改革方案。支持农村公共交通和运输发展，落实农村客运燃油补贴政策，农村路站运协同发展，客运网络化建设加快，进一步提高了农村客货运输的能力和水平。

（四）运输服务和市场监管迈上新的台阶

公路水路客货运输继续较快增长。预计全年公路水路完成客运量208.2亿人，旅客周转量11 522亿人公里，同比分别增长10.6%、12.9%；完成货运量190.1亿吨，货物周转量73 440亿吨公里，同比分别增长10.8%、12.6%。港口货物吞吐量达64.1亿吨，同比增长15.1%，营口港进入亿吨港行列，我国已有14个亿吨大港；港口集装箱年吞吐量突破1亿标准箱，达到1.127亿标准箱，同比增长20.4%。

加强运输组织和运力协调，确保煤炭、粮食、石油、铁矿石等重点物资运输，完成了春运和“五一”、“十一”黄金周的旅客运输任务。针对全国生猪及猪肉等副食品供应趋紧的状况，加强城镇居民生活必需品运输。积极应对台风、洪涝等恶劣气候影响，抢通水毁公路和通航设施，保障抢险救灾物资运输和城乡居民正常生活。基本建成了4.3万公里鲜活农产品运输“绿色通道”网络，全年减免通行费约30亿元。建立了全国道路水路运输信息系统，实施部省道路运输管理信息系统联网试点。推进进口能源、重要原材料运输国轮船队建设，完成了三峡船闸完建期和156米蓄水期的通航保障和运输组织。

进一步加强运输市场监管。出台了促进道路运输业又好又快发展的若干意见，制定了道路旅客运输班线经营权服务质量招标投标办法，开展了道路运输和机动车维修企业质量信誉等级评定，积极推进承运人责任险工作。加强交通行业职业资格制度建设，实施驾驶员素质教育工程，进一步规范了从业人员市场准入。建立车辆超限超载治理长效机制，完善了全国治超监控网络。加强和规范养路费征管工作，联合开展了车辆外挂专项治理活动、打击盗用伪造军车号牌专项斗争。健全国内航运企业经营资质动态监管措施，整顿班轮运输和无船承运人市场，进一步规范了中日集装箱运输市场。与国家电子口岸成员单位建立了定期沟通协商机制，提高了大通关效率。出台了促进海峡两岸海上直航5项改革措施，扩大了两岸合作与交流。京杭运河已全线完成挂桨机船拆解、改造，长江船型标准化稳步推进。港口引航管理体制改革基本完成。落实中资国际航运船舶特案免税登记政策，壮大五星红旗船队规模，首批25艘、102万载重吨船舶已回国登记。

（五）安全监管和人命救助能力得到新的提高

完善重点水域、重点船舶、重点时段、重点环节的安全监管和动态待命救助值班制度，加强海陆空立体救助网络建设。开展了船舶“防碰撞、防泄漏”、渡口渡船、低质量船舶、方便旗船舶、危险品运输等专项整治。加快了海船更新改造和老旧客滚船淘汰步伐。与相关部委建立了海上搜救协作联动机制，建立了鼓励社会搜救力量参与海（水）上搜救行动的奖励机制。表彰了在海（水）上搜救工作中表现突出的37个先进单位、75个先进集体和113名先进个人。“南海救111”轮全体船员和潜水员祖旭峰获得国际海事组织首次颁发的“海上特别勇敢奖”。

加强交通安全应急体系建设，提高突发事件应对能力。颁布实施了《防抗台风等极端天气应急预案》和《长江干线水路交通应急预案》，举行了长江三峡库区联合搜救演习、渤海溢油应急演习和港口设施保安演习。成功组织了30多次防抗台风和寒潮大风工作。去年11月下旬组织营救了在西沙、南沙被困的52艘船舶、1 022名中外渔民。温家宝总理作出重要批示，充分肯定了交通部门多次成功实施海上救助、保护国内外渔民安全的救助行动。多次组织应急打捞行动，成功打捞“南海一号”南宋古沉船。初步统计，全年水上交通事故件数、死亡人数、沉船艘数、直接经济损失同比分别下降4.5%、1.1%、0.8%和9.3%，组织搜救1 861次、救助24 277人，救助成功率96.8%。

推进道路运输安全管理长效机制建设。加强道路客运和危险货物运输安全管理，开展安全评估，监督道路运输企业履行安全生产主体责任，继续组织公路交通安保工程、危桥改造工程、干线公路灾害防治工程及公铁立交安全整治工程。

按照国务院要求，组织开展了交通安全生产隐患排查活动。加强交通建设项目施工安全监管。实施《公路水运工程施工安全监督管理办法》，进一步完善了重大生产安全事故快速反应机制，开展了以公路桥梁为重点的交通基础设施安全隐患排查治理专项行动。推进平安交通建设，治安综合治理和港航治安防控体系建设得到加强。

（六）科技创新和节能减排取得新的成果

国家科技支撑项目“国家高速公路联网不停车收费和服务系统”与苏通大桥、舟山连岛工程等大跨径桥梁建设关键技术研究取得显著进展；“离岸深水港岩基浅埋关键技术研究”、“海难搜救机器视觉技术系统研究”等一批项目列入“国家863”高技术研究计划；冻土、沙漠等特殊地质筑路技术和大深度饱和潜水应用技术等关键技术取得了重大突破；“长江口深水航道治理工程成套技术”等3个项目获得国家科学技术进步一等奖和二等奖。完成了第二批交通行业重点实验室认定工作，实验室已达30个。四川雅泸高速公路等4个科技示范工程、湖北神宜科技环保示范路建设取得明显成效。农村公路建养成套技术、高等级公路路面再生、废旧橡胶粉筑路应用等新材料、新技术得到推广。完成了交通信息基础数据元标准制定。推进了交通管理干部培训工程和交通专业技术、创新人才、技能型人才培养工程。

认真落实国务院关于加强节能减排工作的部署与要求，制定了交通行业节能减排工作方案和加强节能减排工作的意见，开展了交通行业节能中长期规划的研究，完成了交通运输行业能源消耗状况分析及能源标准体系建设研究。制定和修订了一批节能减排行业标准体系。加强了港口新（改、扩）建工程可行性报告节能评估审查、在用车船节能产品（技术）推优和港口集装箱轮胎吊“油改电”等的研发推广工作。组织开展了运输车辆燃油经济性检测方法、营运性车辆燃油消耗市场准入与退出专项行动计划等研究。20个节能示范项目在全行业得到推广。

（七）法制建设和对外交流合作取得新的成绩

《中华人民共和国船员条例》颁布实施，《海上交通安全法》、《防治船舶污染海域环境管理条例》、《港口间旅客运输赔偿责任限额规定》制定修订工作取得进展，起草了《公路保护条例》、《海上人命搜寻救助条例》、《潜水条例》，制定了12件部门规章，实施了新的《交通法规制定程序规定》。完成了清理行政审批事项和法规规章工作，取消了3项交通行政审批项目，废止了47件部门规章。重庆、广东等地的交通综合执法改革试点工作取得新进展，完善了交通行政执法责任制。实施了《交通部行政复议工作规则》。

交通对外区域、双边、多边交流合作进一步深化。签署了中国—东盟海运协定，承办了中国—东盟港口发展与合作论坛，建立了港口合作机制；通过了大湄公河次区域交通合作第二个十年战略规划，形成了未来十年中亚区域交通合作战略规划框架；推动上海合作组织交通领域合作及便利化运输协定的制定；落实中日韩海上运输及物流行动计划，中韩陆海联运汽车运输合作取得实质性进展，签订了中韩海上搜救合作协定。与欧盟委员会、加拿大等国签署了合作谅解备忘录或合作协议，中加政府合作项目“中国西部道路发展”圆满完成。落实中美商贸联委会运输工作组确定的行动计划。积极推动交通企业“走出去”，中吉乌公路、马都拉大桥等重点项目进展顺利。马六甲海峡航行安全合作取得阶段性进展。积极参与拆船公约等海运领域国际规则的制定和修正。推动亚太经合组织运输领域的自由化和便利化，启动了港口服务网络建设。举办了第十四届世界智能交通大会暨部长论坛、2007 年上海国际海事论坛和中国国际救捞论坛。

（八）行业文明建设和廉政建设取得新的进展

推出了孔祥瑞、熊文清、青岛港、“李瑞班”等全国先进典型，包起帆、许振超、曹茜当选全国道德模范。各级交通部门开展了“建设服务型机关、努力做好‘三个服务’”等主题实践活动。深化了交通文化研究，开展了交通文化示范单位建设。交通新闻宣传工作进一步加强，组织了“老区新路”、“一亿标箱”、“五纵七横”、海上搜救等重大主题宣传报道活动，制定了《交通行业新闻宣传工作管理办法》。

具有交通特色的惩治和预防腐败体系建设稳步推进，交通建设领域商业贿赂专项治理工作不断深化。进一步加强交通基本建设资金、建设项目和领导干部经济责任等内部审计工作。总结推广了河北省高速公路建设“十公开”、江苏省农村公路建设纪检监察巡查制、长江航道局制度防腐等 3 个典型经验。开展了交通部门廉政教育活动。建立和完善了查处公路“三乱”问题快速反应机制。开展了清理评比达标表彰和违规减免“特权车”、“人情车”车辆通行费专项活动。积极推进政务公开，制定了《政府信息公开条例》实施办法，规范公务活动管理。交通信访工作进一步得到加强。

2007 年是本届政府的最后一年，经过广大交通干部职工的共同努力，圆满完成了全年任务和本届政府确定的目标。党的十七大对过去 5 年来交通工作取得的成绩给予了充分肯定。5 年来，交通工作最突出的特点，就是发展理念更加科学，发展目标更加明确，发展成果更加显著。建成高速公路 2. 8 万公里，超过过去 15 年的总和；新改建农村公路 130 万公里，超过过去 53 年的总和；港口货物吞吐量、集装箱吞吐量连续 5 年世界第一，亿吨大港增长一倍达到 14 个；形成了建设世界级桥梁、隧道工程的成套技术，集装箱装卸设备研发制造达到世界领先水平；初步建成了全方位覆盖、全天候运行的安全监管和救助体系，突发事件应对能力和人命救助能力明显提高；培育和树立了许振超、陈刚毅、孔祥瑞、青岛港等一批在行业内外有重大影响的先进典型。

十六大以来的交通实践，为交通今后发展积累了十分宝贵的经验：

一是要有科学的指导思想。以科学发展观统领交通工作全局，坚持以人为本和全面协调可持续，明确交通发展战略和发展目标，努力做好“三个服务”。

二是要有不竭的发展活力。坚持改革开放，把创新作为交通发展的战略基点，推进理念创新、科技创新、体制机制创新和政策创新，积极探索资源节约、环境友好交通发展之路，不断破解影响交通发展的难题。

三是要有三个积极性的充分发挥。坚持统筹规划、条块结合、分层负责、联合建设，充分发挥中央、地方和人民群众的积极性，形成促进交通又好又快发展的合力和联动机制，拓宽筹融资渠道，鼓励和引导社会资本参与交通建设。

四是要有有效的行业管理。加强服务型政府建设，推进政府职能、工作作风和工作方法转变，在服务中实施管理，在管理中体现服务，健全完善交通法律法规体系和政策措施，增强政府交通部门的行政执行力和公信力。

五是要有坚强的组织保证和精神动力。不断深化行业文明建设，加强领导班子和领导干部、公务员和高素质人才队伍建设，保持干部职工队伍昂扬向上、风清气正的精神风貌，建立健全具有交通特色的惩治和预防腐败体系，打造廉政交通。

交通发展取得的成绩，是党中央、国务院正确领导的结果，是各有关部委和地方各级党委政府重视关心的结果，是人民群众大力支持的结果，是广大交通干部职工努力拼搏的结果。在此，我代表部党组向关心支持交通事业发展的各有关部委、地方党委政府和人民群众、交通干部职工、离退休老同志表示衷心的感谢！

二、推进交通科学发展面临的形势和任务

党的十七大高举中国特色社会主义伟大旗帜，系统总结了改革开放近30年的历史经验，深刻阐述了科学发展观的科学内涵和根本要求，明确提出了实现全面建设小康社会奋斗目标的新要求，全面部署了建设中国特色社会主义事业的各项任务，突出强调了以改革创新精神全面推进党的建设新的伟大工程。我们要认真学习、深刻领会，结合交通实际，抓住新机遇，落实新要求，谋划新思路，研究新举措，勇于新创造，把党的十七大精神落到实处。

当前和今后一个时期，是我国改革发展的关键时期，也是推进交通科学发展的重要战略机遇期。要深刻认识交通发展面临的新形势，适应新要求，开创新局面。一是要适应经济社会发展对运输的新需求。党的十七大提出，要坚持扩大国内需求特别是消费需求的方针。随着进一步拓展国内消费市场特别是农村消费市场，提高外向型经济水平，物流、人流、信息流将更加活跃，安全、经济、可靠、高效和舒适、便捷、个性化的运输需求更加明显。交通运输要适应经济社会日益增长的新需求，实现规模、速度与质量、效益的协调发展。二是要适应工业化、信息化、城镇化、市场化、国际化的新变化。党的十七大指出，要全面认识工业化、信息化、城镇化、市场化、国际化深入发展的新形势新任务。“五化”反映了经济社会发展在社会分工、科技进步、产业结构升级、人口布局调整、生产方式和交换方式等方面的深刻变革，要求交通进一步发挥好先导和支撑的作用，努力缩小区域、城乡间公共服务差距，促进基本公共服务均等化。三是要适应建设创新型国家的新要求。党的十七大强调，提高自主创新能力，建设创新型国家，是国家发展战略的核心和提高综合国力的关键。交通是国民经济的基础性、先导性产业，要把增强行业创新能力作为交通发展战略的核心，积极推进理念创新、科技创新、体制机制创新和政策创新，加快建设创新型交通行业。四是要适应资源节约和环境友好发展的新路子。党的十七大要求，加强能源资源节约和生态环境保护，增强可持续发展能力。节约资源和保护环境既是紧迫的工作，也是长期的任务，无论是交通

建设还是运输生产，都必须把节约土地、降低能耗和保护环境摆到更加突出的位置，以最小的资源消耗和环境代价实现交通又好又快发展。五是要适应加快发展服务业的新任务。党的十七大指出，要发展现代服务业，提高服务业比重和水平。这是加快转变经济发展方式、推动产业结构优化升级的重要内容。交通运输是服务业的重要组成部分。要抓住我国经济发展向第一、第二、第三产业协同带动转变的历史机遇，增强交通运输的服务能力，不断拓展新的发展空间和服务领域。六是要适应发展综合运输体系的新趋势。党的十七大强调，要加强基础产业基础设施建设，加快发展综合运输体系。公路水路交通要进一步发挥技术经济和服务等方面的比较优势，强化在综合运输体系中的基础和骨干作用，促进与其他运输方式的有效衔接，为发展综合运输体系创造更为有利的条件。总之，党的十七大从经济、政治、文化、社会以及生态等方面对全面建设小康社会奋斗目标提出了新要求，确立了新目标。我们一定要把思想统一到党的十七大精神上来，把力量和智慧凝聚到实现党的十七大确定的各项任务上来，推进交通又好又快发展，更好地服务经济社会发展全局，服务社会主义新农村建设，服务人民群众安全便捷出行，为确保2020年实现全面建成小康社会奋斗目标提供交通保障。

去年，在深化对交通运输本质属性认识的基础上，部党组明确提出，交通工作要进一步强化服务意识，增强服务能力，提高服务水平，努力做好“三个服务”。一年多来，“三个服务”作为交通工作的重要指导原则，逐步为广大交通干部职工所认同。实践证明：“三个服务”，是对多年来交通实践经验的总结，是对交通发展规律认识的深化，是交通工作贯彻落实科学发展观的本质要求，也是交通工作深入贯彻党的十七大精神、适应新时期新阶段新要求、推进科学发展的出发点和落脚点。广大交通干部职工要从深入贯彻党的十七大精神、推进交通科学发展的高度，进一步在思想认识上增强做好“三个服务”的自觉性和主动性，在工作实践中提高做好“三个服务”的能力和水平。

贯彻落实党的十七大精神，提高做好“三个服务”的能力和水平，需要不断深化认识新时期交通发展的阶段性特征。新中国成立以来特别是改革开放以来，经过几代交通人的艰辛努力，我国公路水路交通事业取得了举世瞩目的历史成就。基础设施规模不断扩大，运输服务水平明显提高，安全保障能力显著增强，公路水路交通瓶颈制约得到有效缓解，在综合运输体系中的地位和作用进一步加强，为促进经济社会发展和提高人民生活水平作出了重要贡献。在肯定成绩的同时，我们也要清醒地看到，去年交通工作会议上提出的新时期新阶段交通发展面临的4个方面的严峻挑战依然存在，6个方面的突出矛盾和问题还没有得到根本性解决，同时，又出现了一些新情况新问题。概括起来：一是公路水路交通基础设施建设成效显著，但规模总量仍显不足，交通结构不尽合理；二是公路水路交通运输快速发展，但部分领域资源利用效率不高，发展方式比较粗放；三是交通行业具备一定的发展实力，但创新能力仍显不足，核心竞争力仍需提升；四是行业管理初步适应建立社会主义市场经济体制的要求，但管理能力和服务水平还比较低，体制机制性障碍仍需进一步消除。这些特征表明，交通发展成绩显著，矛盾和问题也很突出，这是社会主义初级阶段基本国情在交通行业的具体体现。

针对新时期交通发展的阶段性特征，我们曾经提出要推进交通由传统产业向现代服务业的转型。经过积极探索和实践，在认真总结多年来交通发展经验的基础上，部党组认为，交通是国民经济的基础性产业和服务性行业，推进交通由传统产业向现代服务业转型，实质上就是推进现代交通业的发展。要紧紧抓住我国经济发展战略转型的历史机遇，加快发展现代交通业，促使交通继续成为新时期国民经济发展的战略重点。这是进一步提高“三个服务”能力和水平的重要抓手。

发展现代交通业，就是用现代科学技术、管理技术改造和提升交通，提高交通基础设施、运输装备的现代化水平和运营效能；适应现代服务业发展要求，不断拓展交通服务领域；走资源节约、环境友好的发展之路；促进综合运输体系发展，提高交通现代化水平。推进现代交通业的发展，关键在于促进发展方式的根本性转变。要努力做到“三个转变”，即交通发展由主要依靠基础设施投资建设拉动向建设、养护、管理和运输服务协调拉动转变；由主要依靠增加物质资源消耗向科技进步、行业创新、从业人员素质提高和资源节约环境友好转变；由主要依靠单一运输方式的发展向综合运输体系发展转变。

推进现代交通业的发展，必须与国民经济和社会发展相适应，与人民生活水平的提高相适应，与实现全面建设小康社会的奋斗目标相适应。党的十七大在十六大确定的全面建设小康社会目标的基础上，对我国到2020年的奋斗目标提出了新的更高要求。交通发展要按照十七大确定的全面建设小康社会新的奋斗目标，调整规划，明确新的目标要求。初步考虑，到2020年，交通发展的质量和效率显著提高，运输服务和管理显著改善，行业创新实力显著提升，资源节约、环境保护显著增强，基本建成更安全、更通畅、更便捷、更经济、更可靠、更和谐的交通运输服务体系，交通发展成果惠及城乡、人民共享，适应全面建成小康社会的需要，为本世纪中叶实现交通现代化打下坚实基础。

“十一五”后3年，要确保公路水路交通“十一五”规划目标任务的完成，为“十二五”期交通发展创造良好条件。到2010年，基础设施网络化程度、信息化水平和运营管理水平得到提升；运输组织进一步优化，服务质量得到提高，公众交通服务领域得到拓展；资源利用水平明显提高，单位运输能耗和污染物排放量明显下降；安全监管、救助打捞和应急保障能力显著提高；行业创新能力不断增强；基本建立符合社会主义市场经济体制要求的交通管理体制机制，形成比较完善的政策法规体系。

完成上述目标任务，要继续加强“四个环节”，在八个方面下工夫。

“四个环节”是：调整交通结构，促进结构的优化升级，增强交通运输服务保障的能力；转变发展方式，建设资源节约、环境友好型交通，增强交通可持续发展的能力；推进自主创新，建设创新型行业，增强交通发展的内在动力；完善行业管理，建设服务型政府交通部门，增强交通公共服务的能力。

八个方面是：

第一，在基础设施结构调整方面。主要是：中央投资继续向中西部地区特别是西部地区倾斜，向公益性强的项目倾斜，突出国家规划的公路水路重点工程、农村交通、科技创新和安保工程建设；加强国家高速公路网和农村公路建设，加大国省干线改造力度；整合港口资源，完善功能，加快以长江黄金水道为重点的内河航运设施建设；加强运输枢纽站场建设，促进各种运输方式有效衔接。

第二，在运输结构调整方面。主要是：优化运输组织结构，发展规模化、集约化、网络化运输，逐步实现货运无缝衔接和客运零换乘；优化运力结构，引导营运车船向标准化、专业化、清洁化方向发展；发展公共客运，构建由快速客运、干线客运、农村客运、旅游客运组成的多层次客运网络服务体系；推进城乡交通一体化和区域交通一体化；优化远洋船队结构，扩大国轮船队规模，适应保障国家经济安全的需要。

第三，在自主创新方面。主要是：加快交通行业科技创新体系建设，加强重点实验室建设，加大促进交通先进生产力发展的重大关键技术攻关力度，保护知识产权；加强智能交通、现代物流、现代管理、信息技术、交通安全、环境保护、减灾防灾以及新材料、新能源等高新技术在交通领域的研发和应用；推进高速公路联网不停车收费与服务系统建设；建立和完善建设创新型交通行业的政策措施和激励机制，加强创新型人才队伍建设；加强交通科技国际交流合作。

第四，在节约能源资源和保护生态环境方面。主要是：把落实节约资源和环境保护贯穿于交通规划、设计、施工、运营的全过程，节约集约利用土地资源和岸线资源，积极推广应用交通节能新技术、新设备、新产品、新工艺；完善运输装备的市场准入和退出机制，严格执行车船排放标准，控制和减少营运车辆、船舶的污染排放。

第五，在拓展交通服务领域方面。主要是：积极发展交通工程总承包、交通设计咨询、交通运输代理、交通商务服务等新兴交通服务业务；扩展科技咨询、技术交易、成果推广、信息服务、检验检测、知识产权等交通科技服务；进一步发挥公路水路技术经济优势，推动现代物流信息公共平台建设和物流技术开发应用，促进现代物流业发展；建立和完善交通行业服务标准体系。

第六，在行业管理方面。主要是：培育和建设统一开放、竞争有序的交通市场体系，进一步规范市场秩序；强化交通建设和运营精细化管理，不断提升质量、技术和服务水平；加强和规范收费公路管理，继续加强超限超载治理，完善鲜活农产品“绿色通道”建设管理；加强交通安全监管和人命救助能力建设，建立健全长效机制；完善交通突发公共事件应急预案和应急体系，提高应急保障能力。

第七，在体制机制改革方面。主要是：进一步完善适应社会主义市场经济体制要求的交通法规体系；推进和完善高速公路管理体制、干线公路养护机制、农村公路管理体制、航道管理及养护体制、航运管理体制以及港口管理体制等改革。

第八，在建设服务型政府交通部门方面。主要是：积极推进交通部门转变政府职能、转变工作作风、转变工作方法，强化公共服务职能，完善交通公共服务体系；减少和规范行政审批，依法行政；厉行节约、反对浪费，建设节约型机关；深化行业文明建设和廉政建设。

推进现代交通业发展是一项创新性很强的工作，要在实践中勇于探索，积极推进。这次会上印发了《关于加快发展现代交通业的若干意见》，提出了发展现代交通业的指导方针、总体要求和重点任务，希望各地交通部门结合实际抓好落实，不断创造出好的经验和好的做法。

三、2008 年的交通工作安排

2008 年是全面贯彻落实党的十七大精神的第一年，是新一届政府工作的开局之年，是改革开放 30 周年和举办北京奥运会之年，也是推进现代交通业发展、搞好“三个服务”的重要一年，做好今年的交通工作非常关键。总体要求是：深入贯彻落实科学发展观，按照中央经济工作会议的部署要求，围绕提高“三个服务”的能力和水平，做到“四个坚持”，即：坚持稳中求进，推进交通科学发展；坚持好字优先，促进交通发展方式转变和结构调整；坚持创新驱动，建设创新型交通行业；坚持以人为本，努力提高交通公共服务能力。

重点做好以下10项工作：

（一）抓好运输保障和市场监管

全力保障石油、矿石等重点物资和粮食、农副产品、抢险救灾物资及城乡居民生活必需品运输。根据新的《全国年节及纪念日放假办法》实施后出现的新情况，认真研究和组织协调好春运、黄金周和其他放假节日的旅客运输工作。加强鲜活农产品“绿色通道”建设管理，落实省内外运输车辆无差别减免通行费政策。完善北京奥运会应急运输保障体系。做好三峡库区通航保障和长江干线、京杭运河、西江航运干线保通保畅工作。务实推动海峡两岸直航工作。提高公路水路运输应急反应能力和服务水平，加强恶劣天气条件下公路水路运输保通工作。拓展交通公众信息服务功能。

加强运输市场监管，严格市场准入，打击非法营运，建立运输市场监管信息平台，建设诚信体系。推进道路运输违章处罚和运政稽查信息全国联网，实施新的营运车辆综合性能要求和检测方法，开展道路危险货物运输管理法规、规章和标准执行情况专项检查。继续开展以建立长效机制为重点的车辆超限超载治理工作，坚持政府领导，严格执法，源头监管，责任追究，使车辆超限超载治理纳入法制轨道。开展水运行业管理规范年活动和水路内贸集装箱超载专项治理，进一步规范长江引航秩序。推进长江干线船型标准化，研究推进珠江船型标准化。积极促进现代海运船队建设尤其是油轮船队建设，落实好中资国际航运船舶特案免税登记政策。强化国际客运市场准入管理，完善国际海运市场监管。加强交通统计和经济运行分析，组织开展公路水路运输量专项调查和第三次全国港口普查。进一步发挥社团组织作用，规范社团管理。

（二）抓好重点项目建设

完成“五纵七横”国道主干线系统收尾工作。推进国家高速公路和西部开发8条省际公路通道建设，全年建成高速公路5 000公里。优化路网结构，提高等级标准，继续加大国省干线改造力度，与高速公路和农村公路建设相互衔接，用3年左右的时间，东中部地区力争实现所有国道达到二级以上标准，西部地区（除西藏外）国道达到三级以上标准，基本消灭国道网中的断头路；力争实现中部地区县级、西部地区（除西藏外）地州盟市通二级以上公路，西藏自治区基本实现80%的县通沥青路。积极推进综合运输枢纽建设，重点加强客运站场建设，支持客货运输信息网络建设。统筹区域交通协调发展，整合完善区域交通发展规划，推进区域交通基础设施建设，促进区域交通一体化。组织实施国家高速公路网路线命名编号方案。启动西藏扎墨公路建设，尽快结束墨脱县不通公路的历史。推进煤油矿箱大型专业化码头和港口深水航道建设，加快老码头改造。加大长江黄金水道建设、京杭运河扩能改造、西江航运干线改造的力度，基本建成松花江大顶子山和右江纳吉航电枢纽工程。启动并完成“十一五”规划中期评估与调整工作，开展专项规划编制和重点项目前期工作，抓好主要港口总体规划编制工作。

加强重点工程建设监管。强化公路工程施工许可管理并进行重点督查，公路建设项目未取得用地手续的不得批准施工许可。加快交通建设市场诚信体系建设，严格落实工程质量责任制，开展工程质量执法检查，促进精细化管理。建立信用信息公开制度，加强对从业单位和从业人员的动态管理。开展内河水运建设项目管理绩效考核试点工作。

（三）抓好农村交通工作

积极落实中央农村工作会议精神，按照今年中央 1 号文件的要求，大力发展农村公共交通。加大中央和地方财政性资金、国债资金投入力度，继续加强农村公路建设，强化农村公路质量监管，推进农村公路管理养护体制改革，加快实施渡改桥及渡口渡船改造等工程。完善扶持农村公共交通发展的政策措施，推进农村客运网络化，探索农村客运公交化改造，推动城乡客运协调发展。全年计划新改建农村公路 27 万公里。在继续支持革命老区农村公路建设的同时，加大对边疆地区、少数民族地区、贫困地区农村公路建设支持力度。积极争取将特殊困难地区的农村公路养护纳入公共财政支持范围。开展农村公路交通安全保障工程试点。组织开展农村公路建设质量年活动，用 3 年时间，进一步规范农村公路建设市场准入，严格合同管理，建立适合农村公路特点的质量保证体系，落实从业单位质量责任制，建立质量责任档案，强化政府监督，推进群众监督。

（四）抓好交通安全工作

组织实施《国家水上交通安全监管与救助系统布局规划》，强化水上交通安全监管，提高人命救助和应急抢险打捞能力。开展“两防”等专项整治“回头看”活动，落实隐患排查治理和分级管理制度，抓好源头管理，严把船舶检验关、船公司审核准入关、船员适任关。突出重点，强化现场监管手段，加强动态待命值班。加强应急反应能力建设，健全专业力量与社会力量相结合的应急救援联动机制，做好预警预控。建设沿海船舶污染应急反应体系，健全内河船舶污染防治体系，强化危化品运输船舶的管理。加强港口和船舶设施安保工作，做好奥运赛事城市的港口设施安保工作，依法打击码头、相关水域和船舶上的违法犯罪活动。加强交通信访工作，切实维护行业稳定。

完善道路运输安全生产管理长效机制。制定道路客运企业安全评价办法，提高安全管理应急反应和处置能力。加强公路养护管理。加大公路交通安保工程的实施力度，重点支持西南地区和中西部山区公路安保工程建设。推进干线公路灾害防治工作。全面开展危桥集中整治和改造，力争用 3 年时间基本消灭现有国省干线上的所有危桥、县道中桥以上、乡道大桥以上的危桥。建立危桥改造项目库并实施动态管理，落实桥梁养护工程师制度，明确桥梁养护管理的责任单位和监管单位，建立完善桥梁运行监控机制和养护管理机制。加强对特大型桥隧设施的动态监控，强化临近铁路、交叉的公路桥梁的安全防护。

加强建设项目安全监管。建立桥隧工程设计和施工安全风险评估制度并开展试点工作。建立工程安全监管联络员制度，推动行业安全技术标准建设。继续开展工程建设安全生产专项整治和隐患排查。

推进公路水运工程建设领域职业资格制度建设，加强营运汽车驾驶员、机动车检测维修、危险货物运输、国际海运、理货等岗位从业人员的职业技能培训和评价工作。

（五）抓好交通科技创新

加强交通建设、运输、管理关键技术攻关和成果转化、推广。组织落实国家级科技项目和行业重大科技专项研究。开展节约型公路建设、海上船舶溢油应急快速反应、智能交通等重大关键技术研究。与科技部合作开展交通安全专项行动，重点做好道路交通安全科技创新和技术成果推广、农村道路交通安全工作、预防道路交通伤害社会宣传以及驾驶员素质教育等。加快推进交通服务领域标准体系建设，将先进适用的科技成果纳入标准规范，强化安全标准和运输服务标准，促进交通服务标准化、规范化。抓好科技示范工程，做好四川雅泸高速公路等科技示范工程和湖北神宜科技环保示范路的推广工作。

加快交通行业信息化建设。完善行业信息化标准体系，制定电子政务标准，完善交通电子政务网络基础设施。积极推动交通管理业务应用系统建设，启动交通电子口岸信息共享平台建设。

加强交通教育培训和人才培养。推进管理干部、专业技术干部、创新人才和技能型、应用型人才培养平台建设，重点加强交通管理干部培训和西部地区交通干部培训。

（六）抓好节能减排工作

制定下发交通行业贯彻《节约能源法》实施细则，落实国务院节能减排各项政策措施，全面完成国家节能减排工作方案中对我部提出的各项任务指标。组织实施交通行业节能减排中长期规划和能源统计与分析制度，对公路运输、水路运输温室气体排放对气候变化的影响进行重点分析，提出相应的对策措施，探索建立交通节能减排长效机制。继续深入研究交通行业节能减排指标体系和监测、考核体系及配套办法，出台有关标准规范。落实运输环节节能减排措施，发布营运客车、货车燃油消耗量限值及测量方法，组织实施营运车辆准入和退出制度。用先进的科学技术和管理技术武装交通设施装备，提高交通节能减排水平，推进交通发展方式转变，继续抓好交通节能减排示范项目，推出一批新产品、新技术。落实好船舶防污染、防泄漏及港口防污设施建设。努力建设节约型机关，发挥各级交通主管部门在节能减排中的示范和表率作用。今年要召开全国交通行业节能减排工作会议，具体部署相关工作。

（七）抓好交通法制建设和体制改革

积极配合做好《水路运输管理条例》、《公路保护条例》、《海上交通安全法》、《海上人命搜寻救助条例》、《航道法》、《潜水条例》等法律法规的审核修改工作。进一步规范交通行政许可与行政执法，建立和完善行政执法评议考核制、行政执法过错责任追究制、行政执法责任制，加强执法人员资格、证件和执法标志管理，推进交通综合行政执法改革试点工作。建立和落实交通行政复议责任追究制度，逐步推行行政复议人员持证上岗制度。

继续推进交通管理体制改革。逐步建立产权明确、集中统一、依法监管的全国高速公路管理体制。深化收费公路管理体制改革，完善收费公路发展政策，规范收费公路建设、运营、收费、转让行为，按照“调整结构、控制规模、统贷统还、撤并站点、降低收费、政府主导、严格监管”的思路，积极推进东部地区二级公路收费站点撤并试点工作，控制其他地区二级公路收费站点数量。整合资源，加大投入，探索建立界河航道管理新模式。

（八）抓好交通对外交流合作

继续深化与周边国家的区域合作。加快中国—东盟交通合作战略规划制订，落实海运协定、港口论坛和海事定期磋商机制；推动上海合作组织公路运输通道网络化建设，落实大湄公河次区域和中亚区域交通合作战略规划，推动中韩陆海联运汽车运输合作；促进中俄重点界河桥建设，推动中巴、中吉乌、中蒙俄等重要国际公路运输通道建设。加强与发达国家的交流合作，扩大与发展中国家的交流合作。深化中美、中欧、中日、中韩、中日韩部长会议机制下的务实合作；落实与欧盟及美、加、澳、韩、挪、新等国的合作协议及中非合作论坛北京峰会成果。继续实施“走出去”战略，支持我国交通企业开拓海外市场；进一步做好CEPA框架下交通领域开放措施的落实工作。加大参与国际组织事务的力度。落实参与国际海事组织事务的机制和程序，深化马六甲海峡等重要能源运输通道的国际合作，分步落实亚太经合组织港口服务网络项目和亚洲公路网后续工作。积极参与 WTO 市场准入、贸易便利化和双边自贸区谈判工作；完成加入 WTO 后过渡期交通应对措施研究；完成《2006 年海事劳工公约》的研究工作，适时启动批准或加入程序；切实履行国际公约，加强相关国际便利运输公约的研究，推动加入公约的进程。探索建立交通对外咨询、教育服务培训等机制，开拓海外技术服务，加强安全、环境和可持续发展、职业教育等领域的国际合作。

（九）抓好行业文明建设

今年，我们将迎来改革开放 30 周年，交通发展在新时期取得的巨大成就源于改革开放，要总结好、宣传好、运用好交通改革开放的宝贵经验，使之成为凝聚广大交通干部职工、不断推进交通科学发展的强大力量。要以改革创新精神推进交通各级党组织建设和领导干部队伍建设，加强思想、作风、制度和反腐倡廉建设，落实科学执政、民主执政、依法执政的要求，建设服务型、节约型政府交通部门。要切实加强对深化“学树创”活动的领导，加强行业文明长效机制建设。开展文明执法主题活动，推行交通行政执法禁令和交通行政执法忌语，推出一批依法行政示范单位、文明执法示范路。开展向交通行业全国道德模范学习活动，发掘落实“三个服务”典型，开展青年文明号、青年岗位能手、巾帼建功标兵、巾帼文明岗的表彰活动。探索建设交通行业精神文明建设监督信息平台，建立精神文明建设先进集体、先进个人管理信息系统。深化交通文化研究和开展交通文化建设实践活动，实施交通文化建设“五个一”工程。关心和支持经国务院批准的上海中国航海博物馆的筹办工作，展示中华民族悠久航海历史，弘扬爱国主义为核心的民族精神。加强交通新闻宣传工作，精心筹划和周密组织好交通重大题材宣传活动。重视和加强离退休干部工作。

（十）抓好交通廉政建设

坚持标本兼治、综合治理、惩防并举、注重预防的方针，更加注重预防，更加注重治本，更加注重制度建设，扎实推进具有交通特色的惩治和预防腐败体系建设，推进交通廉政文化建设，加强反腐倡廉宣传教育。以加强交通基础设施建设领域廉政工作为重点，探索治理商业贿赂长效机制。加强行风建设，巩固治理公路“三乱”成果，切实解决群众反映强烈的突出问题。严格落实党风廉政建设责任制，认真贯彻党内监督条例，强化内部审计，加强对权力运行重点岗位、重点环节和重点领域的制约和监督。积极推进交通部门政务公开，认真组织实施《政府信息公开条例》。改进会风文风，继续推进政府职能、工作作风和方法转变，简化办事程序，减少行政审批，提高行政效能，降低行政成本。

同志们，今后一个时期交通发展的思路已经明确，2008 年交通各项工作任务繁重，我们要在以胡锦涛同志为总书记的党中央领导下，认真贯彻党的十七大精神，深入贯彻落实科学发展观，求真务实，锐意进取，不断提高“三个服务”的能力和水平，加快发展现代交通业，为全面建设小康社会提供交通运输保障作出不懈努力。

图书在版编目(CIP)数据

中国交通运输改革开放30年——综合卷/中华人民共和国交通运输部,《中国交通运输改革开放30年》丛书编委会编.—北京:人民交通出版社,2008.12

ISBN 978-7-114-07470-7

Ⅰ.中… Ⅱ.①中…②中… Ⅲ.交通运输业—成就—中国—1978～2008 Ⅳ.F512.3-53

中国版本图书馆CIP数据核字(2008)第173746号

书　　名:**中国交通运输改革开放30年——综合卷**
著 作 者:中华人民共和国交通运输部　《中国交通运输改革开放30年》丛书编委会
责任编辑:张征宇　赵瑞琴
出版发行:人民交通出版社
地　　址:(100011)北京市朝阳区安定门外外馆斜街3号
网　　址:http://www.ccpress.com.cn
销售电话:(010)59757969,59757973
总 经 销:北京中交盛世书刊有限公司
经　　销:各地新华书店
印　　刷:北京密东印刷有限责任公司
开　　本:787×1092　1/16
印　　张:37.75
字　　数:937千
版　　次:2008年12月　第1版
印　　次:2008年12月　第1次印刷
书　　号:ISBN 978-7-114-07470-7
定　　价:100.00元
(如有印刷、装订质量问题的图书由本社负责调换)

(内部发行)